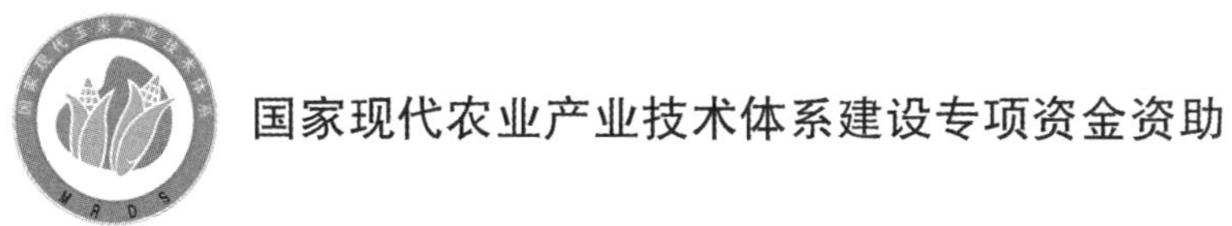

国家现代农业产业技术体系建设专项资金资助

中国玉米灌溉与排水

Irrigation and Drainage of Maize in China

肖俊夫　宋毅夫　编著

中国农业科学技术出版社

图书在版编目（CIP）数据

中国玉米灌溉与排水 / 肖俊夫，宋毅夫编著．—北京：中国农业科学技术出版社，2017.12

ISBN 978-7-5116-3419-1

Ⅰ.①中… Ⅱ.①肖…②宋… Ⅲ.①玉米-灌溉②玉米-排水 Ⅳ.①S513.07

中国版本图书馆 CIP 数据核字（2017）第 319645 号

责任编辑 徐　毅
责任校对 马广洋

出 版 者 中国农业科学技术出版社
北京市中关村南大街 12 号　邮编：100081
电　　话 (010)82106631(编辑室)　(010)82109702(发行部)
(010)82109709(读者服务部)
传　　真 (010) 82106631
网　　址 http://www.castp.cn
经 销 者 各地新华书店
印 刷 者 北京科信印刷有限公司
开　　本 787 mm×1 092 mm　1/16
印　　张 49.75
字　　数 1 250 千字
版　　次 2017 年 12 月第 1 版　2017 年 12 月第 1 次印刷
定　　价 200.00 元

《中国玉米灌溉与排水》编著人员名单

主 编 著：肖俊夫　宋毅夫

副 编 著：刘战东　刘祖贵　宁东峰　秦安振

编　　审：李英能　陈玉民

第 一 章　肖俊夫　陈玉民　王俊河　蒿宝珍

第 二 章　肖俊夫　南纪琴　宋毅夫　张中东

第 三 章　宋毅夫　南纪琴　肖俊夫

第 四 章　宁东峰　宋毅夫　牛晓丽　张伟强

第 五 章　刘祖贵　赵　犇　陈金平　柳家友

第 六 章　肖俊夫　陈玉民　常建智　钱春荣

第 七 章　肖俊夫　陈玉民　边少峰　赵海岩

第 八 章　宋毅夫　刘祖贵　秦安振　董国豪

第 九 章　秦安振　宋毅夫　芦　玉　王秀全

第 十 章　肖俊夫　宋毅夫　陈金平　张　建

第十一章　刘战东　孔晓民　洪德峰　孟繁盛

第十二章　宋毅夫　芦　玉　秦安振　宋　炜

第十三章　肖俊夫　宋毅夫　南纪琴

第十四章　宋毅夫　肖俊夫　赵鹏利

内容简介

本书是在广泛收集国内外有关文献的基础上，结合编者多年的试验研究成果和经验，并博采和旁引国内外玉米灌溉排水领域最新研究成就，撰写而成的一部系统论述玉米灌溉排水区划、灌溉排水理论与技术和中国灌溉排水现状的科技专著。

全书共14章，包括中国粮食生产与玉米、中国玉米灌溉区划、中国玉米排水区划、玉米生长发育的水分生理特征、异常水环境对玉米生态与产量的影响、玉米需水量与需水规律、玉米灌溉制度、玉米地面灌溉技术、玉米节水灌溉技术、玉米灌溉排水工程、墒情预测与灌溉预报、玉米旱涝灾害对策与水环境治理、玉米灌溉分区的节水工程措施分析、玉米排水分区工程措施分析等内容。

本书内容系统完整、资料较为丰富，采用理论联系实际的写法，突出反映玉米灌溉排水学科的最新成就。可供从事农田水利、灌溉排水、作物栽培、节水农业、水环境等专业的科技人员阅读，也可作为有关专业研究生的教材和大学本科生的教学参考书。

序

玉米是我国第一大作物。“十二五”期间，玉米增产对我国粮食增产的贡献率达到49.4%，有力保障了国家粮食安全。玉米适应性强、增产潜力大、经济价值高，在饲用、工业加工领域用途广泛，在我国国民经济发展中占有重要地位。

但是，由于受季风气候影响，我国玉米种植区降水量季节分布不均，每年都逢有旱、涝灾害，且发生频率高、持续时间长、波及范围广，导致玉米减产幅度较大。为了防御玉米旱涝灾害，保障玉米稳产高产，从20世纪50年代起我国科技人员开始从事玉米灌溉与排水研究。进入21世纪，先进实用灌溉排水技术不断涌现，成为新时期保障玉米安全生产的重要措施之一。

2007年，国家启动建设玉米产业技术体系，下设水分管理研究岗位，由中国农业科学院农田灌溉研究所肖俊夫研究员及其团队承担。围绕玉米生产中存在的水分管理问题，该团队脚踏实地，潜心研究，取得多项丰硕成果，在此基础上进一步博采和旁引国内外玉米灌溉排水领域最新研究成果，归纳提炼，编写成《中国玉米灌溉与排水》著作。该书是国家玉米产业技术体系水分管理团队的智慧结晶。

该书将中国玉米灌溉与排水的理念与技术进行了系统梳理，提出了适合我国国情的玉米灌溉排水技术措施和不同自然条件下抵御旱涝灾害的对策，阐明了玉米生产与灌溉技术的发展方向，是专门针对玉米灌溉排水理论和技术的著作，对从事农田水利、作物栽培、水环境等方面的科研人员具有指导作用，也为相关专业研究生、教师提供了参考书。

细细品读，该书将专业的灌溉与排水理论与技术写得通俗易懂，贴近生产，对经典理论与技术进行了凝练，内容深入浅出，文字通俗顺畅，体现了系统全面性、专业实用性和技术创新性。在系统全面性方面，该书介绍了我国玉米灌溉区划、玉米排水区划、玉米灌溉制度、玉米节水灌溉技术等内容，阐述了玉米生产中的灌溉与排水的理论与实践。在专业实用性方面，该书从水分与玉米生长发育和生理、异常水环境对玉米生长的影响、玉米需水量与需水规律、墒情预测与灌溉预报、玉米旱涝灾害对策与水环境治理等方面，阐释了玉米生产的灌溉理论基础，研发了灌溉预报系统，提出了旱涝应对措施。在技术创新性方面，该书对我国不同生态区玉米生产的灌溉与排水关键技术进行了集成与创新，构建了我国玉米灌溉与排水技术模式。

针对我国玉米生产发展的新形势和新要求，体系提出了“一机两改一保障”为核心的玉米产业技术发展思路，并在科技创新和生产实践中积极落实，也为玉米生产中的水分管理提出了更高要求。“一机”指玉米生产全程机械化技术；“两改”指改良土壤和改良品种；“一保障”指搞好病虫害综合防治和自然灾害防御，保障玉米安全生产。《中国玉米灌溉与排水》这本书正为玉米生产防御自然灾害、实现稳产高产提供了科学依据和技术支撑。我相信该书的出版对提高玉米灌溉与排水研究水平，创新灌溉排水理论与技术，保障玉米安全生产将起到重要作用。

国家玉米产业技术体系首席科学家
中国农业科学院作物科学研究所研究员　李新海

2017 年 9 月 28 日

前　　言

玉米是全世界第一大粮食作物，原产于美洲，传入中国已有500多年历史，早已入乡随俗，成为中国主要粮食作物。由于玉米对环境的适应性很强，中国玉米种植分布宽广，从南到北、从东到西都能种植，近年玉米种植面积及其产量都属中国第一大粮食作物。由于中国受季风气候影响，雨量年内呈单峰型分布，月和日的雨量变差大，各地区农作物生长过程中，常受旱涝灾害影响，为保证粮食稳产高产、保证国家满足粮食自给，已成为中国从古到今的重大生存问题。中国自古就以农立国，班固《汉书·郦食其传》中有"王者以民为天，而民以食为天。"此言虽短，却悟出国泰民安之道，作为世界第一人口大国，粮食生产是民生大事。2007年，农业部为加快国家现代农业产业建设步伐，提升国家、区域创新能力和农业科技自主创新能力，为现代农业和社会主义新农村建设提供强大的科技支撑，在实施优势农产品区域布局规划的基础上，决定在水稻、玉米、小麦等10种农产品开展现代农业产业技术体系建设实施试点工作，中国农业科学院农田灌溉研究所部分灌溉试验技术骨干人员参加了国家玉米产业技术体系工作。2007—2016年的10年间，农田灌溉研究所玉米组全体成员开展了玉米灌溉排水相关项目试验研究，并会同各省（自治区、直辖市）相关水利部门（全国灌溉试验站网部分试验站）、农业部门（国家玉米产业技术体系部分试验站）开展协作，对玉米旱涝灾害发生机理、预防措施、灌排工程效果展开了调查、试验与研究，取得了大量试验资料和研究成果，在此基础上汇编成本书。

本书以玉米灌溉排水为主轴，在总结中国近年及不同年代玉米灌溉排水试验研究成果的基础上，分析了中国季风气候给玉米生产中旱涝灾害带来的影响，揭示了玉米需水量和需水规律，首次对中国玉米产区进行灌溉排水分区，提出了适合中国国情的玉米灌溉排水技术措施以及不同自然条件下抗御玉米旱涝灾害的方法与对策。

本书共14章，分为4部分：第一部分为第一章至第三章，分析了玉米在中国粮食生产中的地位与作用，在详细分析玉米种植季节特征及自然资源条件的基础上，为分区指导灌溉排水管理，对全国342个地市进行了《中国玉米灌溉区划》与《中国玉米排水区划》，其中，灌溉区划划分4个大区：一是华东北部春玉米灌溉与补偿灌溉混合区；二是华西北部春玉米灌溉农业区；三是华北中东部夏玉米补偿灌溉区；四是西南春夏秋玉米补偿灌溉区。第二部分为第四章至第七章，总结了近年与前期的玉米灌溉排水试验研究成果，揭示了水分与玉米的生长发育和生理特性、阐述了水分逆境对玉米生理生态特性的影响、异常水环境对玉米生长发育的影响、玉米需水量与需水规律，提出了玉米的灌溉制度。第三部分为第八章至第十一章，总结了适用于中国的玉米灌溉排水技术，我国自古就非常重视对水的利用与防范，古代起就以“兴利除害”作为治水的总方针，展开了与水旱灾害的斗争，有文字记载就有5 000年历史，禹王治水对江河筑堤坝浚河道治其害，修沟渠引河水溉农田，逐步形成了中华民族与自然灾害斗争的一套完整的水利学说，并修建了大量的水利防洪、灌溉、排水工程。当今我国承继了先人的智慧，自改革开放以来完成了近百年想完成而没有完成的事业，如世界最宏伟的三峡大坝、世界最大调水工程，经过半个世纪的努力，在承继先人的基础上，我国不同自然条件地带地区创造了适用当地的灌溉排水系统的工程形式，并重点介绍了玉米灌溉、节水、排水工程以及灌溉预报技术。第四部分为第十二章至第十四章，全球气候变化，引起我国近年旱涝灾害频频发生，为防御旱涝灾害，这3章总结了我国治理旱涝的经验与教训，对灌溉排水各分区自然特点进行分析，提出了玉米旱涝灾害治理的对策。

从20世纪50年代起中国的灌溉科技人员就开始从事玉米灌溉与排水研究，80年代水利部农田灌溉研究所组织了全国灌溉试验站网开展包括玉米在内的主要作物需水量、需水规律研究，90年代膜下滴灌技术在玉米等大田粮食作物上开始探索性使用。21世纪初有更多的先进灌溉排水技术不断涌现，玉米灌溉与排水试验研究已成为热点问题之一。回顾中国玉米灌溉与排水试验研究的进程，对前期玉米灌溉排水实践进行系统研究梳理十分必要，对展望未来玉米灌溉排水发展趋势更有重大科学意义。全国多年的灌溉排水科学试验研究为编写《中国玉米灌溉与排水》一书打下良好的基础。

在本书编写过程中不仅收集了水利系统的有关玉米灌溉排水试验研究成果，同时，也收集了相关学科的论文、资料，如植物水分生理、玉米育种、水文地质、气象观测、地质灾害、水利统计年鉴、水旱灾害统计年鉴、农业统计年鉴、31个省份的政府网、31 个省份 2014 年统计年鉴、300 多个地市政府网等方面资料与文献数万件，地图资料 1 000件。

本书在编写过程中，得到国家现代玉米产业技术体系首席专家李新海、玉米产业技术栽培功能研究室多位岗位专家和玉米体系试验站多位站长的支持与帮助，在此表示衷心的感谢！同时，对李英能研究员在本书校审过程中给予的大力支持深表谢意！本书的内容虽然经过 10 余年的工作积累和编者 3 年的编辑，但限于编者的水平，书中难免存在不足与欠缺，恳请同行与读者批评指正。

编　者

2017 年 8 月 29 日

目　录

第一章　中国粮食生产与玉米

中国自古就以农立国，班固《汉书·郦食其传》中有“王者以民为天，而民以食为天。”此言虽短，却悟出国泰民安之道。作为世界第一人口大国，粮食生产是民生大事，而在粮食生产中水稻、玉米、小麦是3种主要作物，三者的生产也就成为国内外关注的焦点，更是相关科技人员确保粮食自给的责任。

第一节　玉米在中国粮食生产中的地位

中国2013年粮食作物（不含大豆和薯类）水稻、玉米、小麦播种面积占谷物播种面积的97%，其中，玉米面积大于水稻和小麦位居第一位，玉米生产状况备受关注。

一、中国粮食生产需求与供给现状

随着中国人口的增长与人民生活水平的提高，对粮食的需求逐步增加，而中国改革开放后随着工业化与城市化发展，耕地面积被挤压，出现了粮食需求与供给的矛盾，其中，玉米的供需平衡在粮食生产更显重要。

（一）玉米种植与生产

1. 玉米种植地域

玉米原产于美洲，虽然根据考古资料对其起源地说法有多种地方，有说中美洲墨西哥、有说南美洲秘鲁、有说亚马逊河流域巴西等，但产于美洲是世界共同的认知。由于玉米对环境的适应性很强，随着人类交流的逐步扩大，近300年已广泛传播到世界各地。当今世界玉米生产主要集中在美国、中国、乌克兰三大地域和国家（图1-1），其中，比重最大属中美两国，其他各地虽有种植，但十分分散。

据明朝医书《兰茂滇南本草》[1]记载“玉麦须，味甜，性微温。入阳明胃经，宽肠下气……玉蜀黍，气味甘，平……”，兰茂是明朝医学家生于公元1397年卒于1476年，可见，玉米传到中国早于哥伦布1492年发现美洲玉米50多年，并有史书记载。由此推算，中国种植玉米已有500多年历史。中国史书记载玉米早期是一种稀罕之物，只是作为果类供儿童食用及向皇上进献的食品，大量传播是近200年的事，根据众多的方志资料统计，在乾隆至道光年间（1736—1850年）全国已有直隶、盛京、山西、陕西、甘肃、现今的新疆维吾尔自治区（以下简称新疆）、四川、云南、贵州、现今的广西壮族自治区（以下简称广西）、广东、湖南、湖北、河南、安徽、江西、福建、浙江、江苏、山东等20个省（区）种植玉米。

中国现今玉米种植主要分布在北方的华北、东北、西北地区（图1-2）。

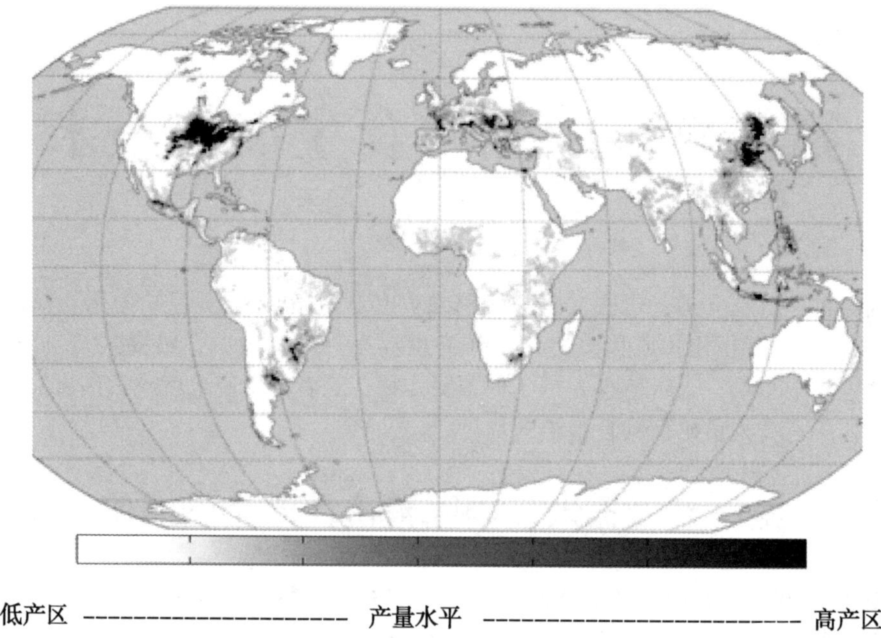

图 1-1　世界玉米主要种植区及产量水平统计[2]

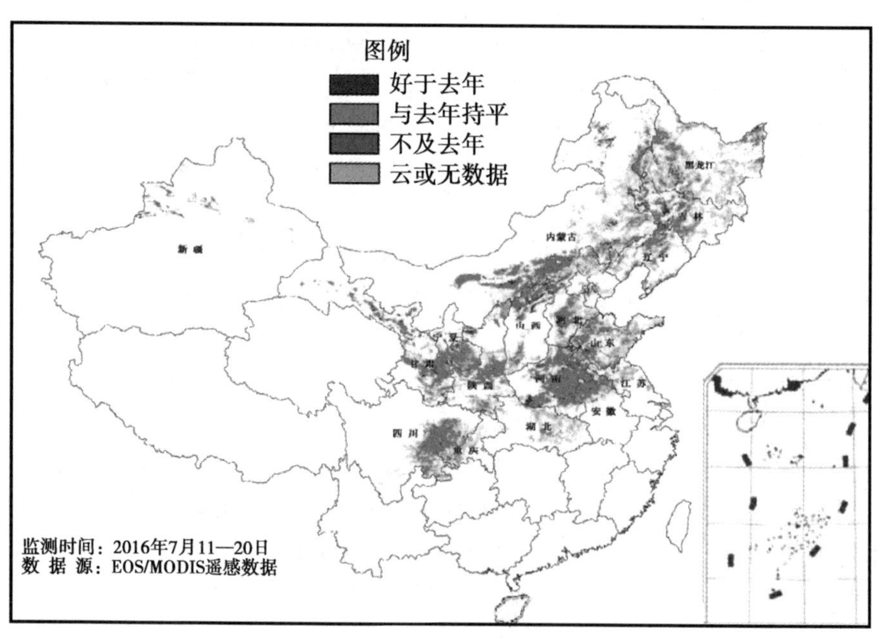

图 1-2　中国玉米分布与长势遥感

（根据近年遥感图片整理）引自百度图片

2. 玉米种植面积

虽然玉米原产热带地区，但适应性很强，经过多年的试种可以生长在各种土壤和满足气候条件要求的平原、丘陵山区、高原，也能适应轻度盐碱地区。是否适合玉米种植主要决定因素一是气候条件，要求无霜期大于 100d，积温大于 1 000℃[2]；玉米对土壤条件要求不很严格，中国的黑土、草甸土、黄壤及红壤等都可以种植玉米，土壤含盐浓度小于 0. 017mol/L[1]，都能获得较好收成；玉米是喜水喜肥作物，对水分要求较高，在自然降雨区降水量要大于 500mm，当小于 500mm 时，需要有灌溉措施。由此来看，中国所有省份都能满足玉米的生长条件。

玉米在中国种植分布也极为广泛，南起海南岛，北至黑龙江，西至新疆，东至东南沿海均有分布。但主要分布在 2 个玉米种植区上，即北方春玉米种植区和黄淮海夏玉米种植区。北方春玉米种植区主要分在东北三省春玉米带和黄淮海春玉米带，据 2000—2008 年统计，北方春玉米种植面积占全国总面积的 45. 0%，已达 1 286. 7 万hm^2。黄淮海夏玉米种植区，2006—2008 年统计，夏玉米种植面积为 1 011. 8 万hm^2，占全国总面积的 34. 7%。这 2 个玉米种植区的玉米种植面积之和占全国玉米总面积的 80%之多，玉米生产在全国占有举足轻重的地位。另外，在西南山地、丘陵玉米种植区约占全国玉米面积的 21. 5%，西南玉米种植区的面积为 413. 6 万 hm^2，南方玉米种植区的面积为 128. 1 万 hm^2。

从玉米产量上看，北方春玉米区的产量占全国的 45. 2%，黄淮海夏玉米区产量占全国总产量的 36. 5%。前者平均单产为 5 932. 3kg/hm^2，后者平均单产为 5 715. 2kg/hm^2，西南丘陵玉米区产量占全国总产量的 11. 4%，平均单产为 4 509. 8kg/hm^2，南方丘陵玉米区产量占全国总产量的 3. 7%，平均单产为 4 473. 7kg/hm^2。

中国玉米年均总产量 20 世纪 70 年代已达 4 558. 1 万 t，90 年代达 11 046. 0 万 t，到 21 世纪初增加到 17 754 万 t，目前玉米的年均产量已占全国年均产量的 1/3 强，超过水稻、小麦，位居第一大产量作物。

中国玉米单产水平，20 世纪 70 年代已达到 2 468. 3kg/hm^2，80 年代为 3 621. 7kg/hm^2，90 年代为 4 834. 0kg/hm^2，超过了世界年均单产水平，21 世纪初则为 5 460kg/hm^2。随着中国科学技术进步，生产条件，尤其是在农田基础建设条件的改善，节水灌溉技术的发展与应用，使中国的玉米生产水平逐年提高，步入了玉米生产的黄金时代，从图 1-3 中看出，玉米种植面积呈逐年扩大趋势。

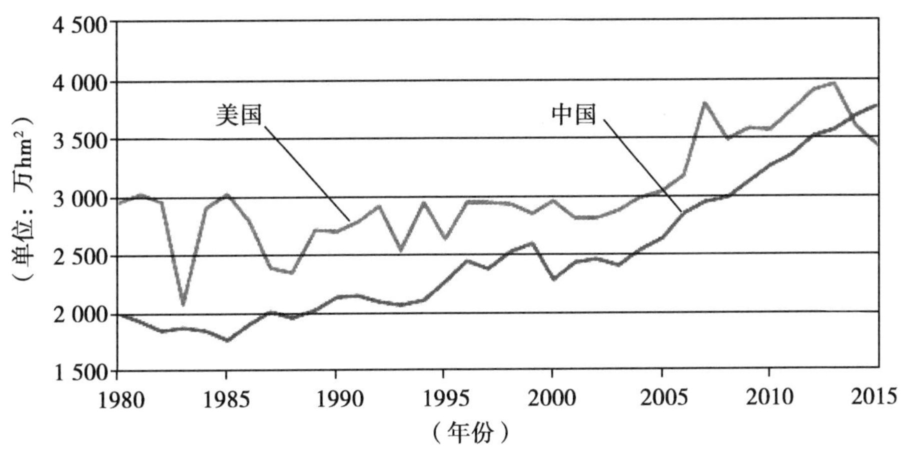

图 1-3　中美玉米种植面积发展趋势

（二）粮食需求的变化

进入21世纪以来，就总产而言，玉米已超过了水稻、小麦，成为全球第一大作物，被誉为“谷中之王”。在中国玉米种植面积、总产均占第一位[11]。

20世纪90年代以来，中国玉米总产量的18%作为口粮，65%作为饲料，5%作为工业原料，6%出口贸易。玉米被公认为饲料之王，籽粒、叶、茎均为优质饲料，世界上畜牧业发达国家，已将70%～80%玉米田用作为饲料生产地。中国每年用作饲料的玉米已达7 500万t，进入21世纪以来，伴随着人们对奶业、肉类的需求，预期畜牧业将会大力发展，对玉米需求将会更加增大，中国已从玉米出口型转变成进口型国家（图1-4）。

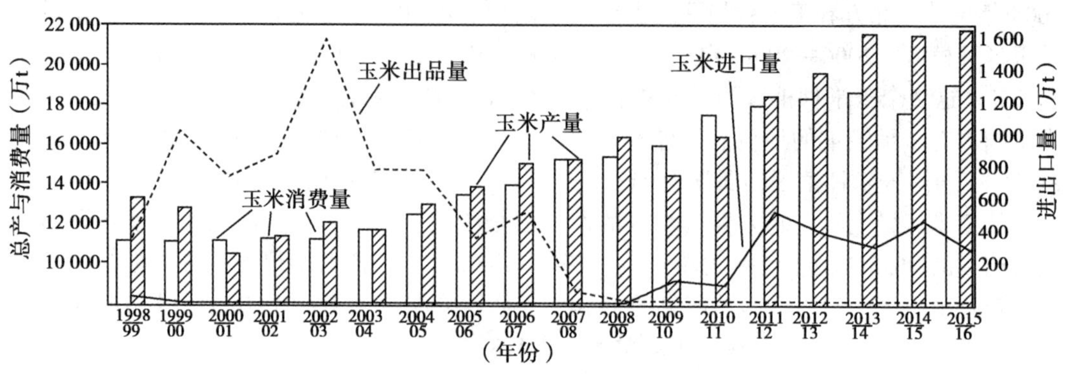

图1-4　中国玉米生产与消费量及进口量变化

（三）玉米生产的意义与在国民经济中的地位

玉米又是重要的工业原料，20世纪70年代以来，世界上兴起了以玉米为原料的现代玉米工业，玉米已成为人类加工和使用最多的谷类作物。玉米的深加工品种超过了3 000多种，玉米淀粉工业已发展为规模巨大的工业体系。工业上生产的淀粉、淀粉糖类、糊精等产品已广泛用于食品、纺织、石油、造纸、医药、冶金等行业中。美国的玉米工业最为发达，工业用玉米年均达2 200万~2 400万t，中国工业用玉米年均达450万~500万t。

近期，以玉米为原料的生物燃料—乙醇产业的崛起已构成全球玉米需求的持续增长的基本格局。中国也将会沿着这个方向快速发展，届时，对玉米的需求将会更大，在国民经济发展中的地位更加凸显。无论是人们的食用，还是饲料用，或为工业用，玉米产业的价值，对国民经济发展均具有长远的战略意义。

二、玉米栽培技术与生产潜力

1. 玉米高产生产技术

在同一地区由于管理技术的不同，会对玉米产量造成很大差别，如黑龙江各地在降水600~700mm年份，土质基本相同和积温均衡下，2013年玉米单产差异却很大，变化在4 000~9 000kg/hm^2（图1-5），除水旱灾害影响外，生产管理也是重要因素（密度、施肥、病虫害防治、风霜预防、微量元素监测与控制）。

2. 玉米新品种的增产潜力

中国在不同地区都有根据自然条件繁殖选育玉米新品种科研单位，目前全国有数百家

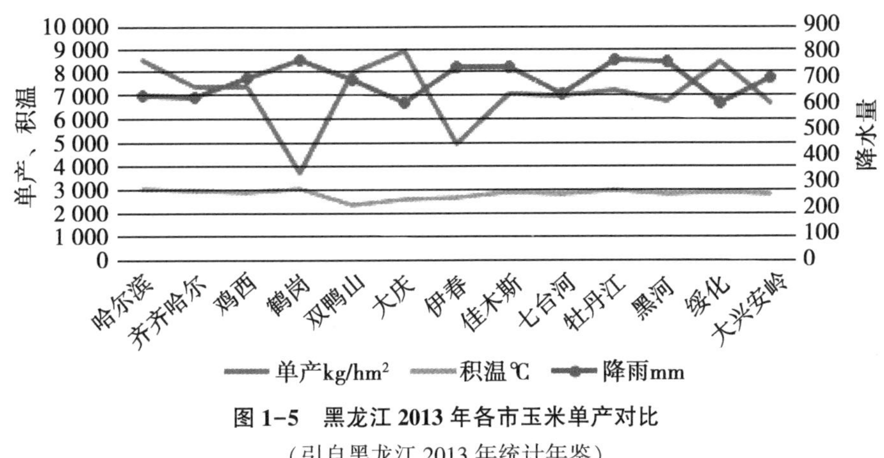

图 1-5　黑龙江 2013 年各市玉米单产对比

（引自黑龙江 2013 年统计年鉴）

省市县农业院、校、所、站，从事品种培育工作，在中国玉米生产中发挥重要作用。随着育种技术发展，玉米品种经历了多次的更新换代，如 20 世纪 80—90 年代以丹玉 1、中单 2 为代表的新品种，到了 21 世纪出现了以郑单 958、先玉 335 为代表的新品种，得到数百万公顷推广，使中国玉米单产水平不断上升（图 1-6 至图 1-9），新品种功不可没。据全国农技推广中心与韩俊强资料，2016 年玉米育种面积 26.7 万 hm^2，推广面积约 0.2 亿 hm^2（图 1-6）。

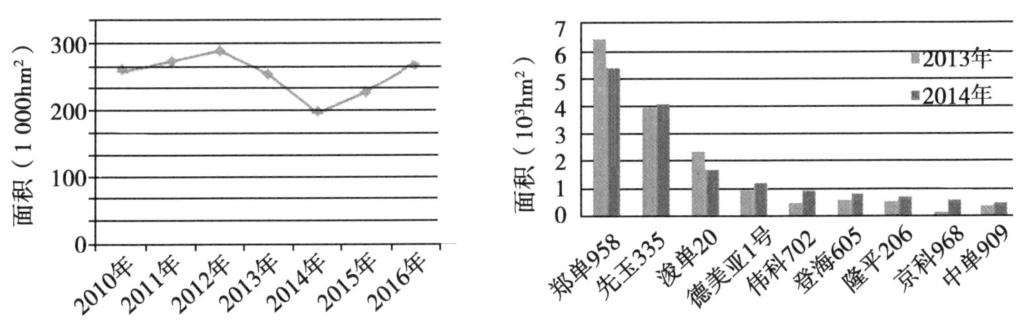

图 1-6　玉米育种面积与推广新品种（单位：千 hm^2）

注：引自全国农技推广中心与韩俊强博客

第二节　中国玉米种植分布与灌溉特点

一、玉米种植类型

中国从南至北全国各省区都能种植玉米，但从经济考虑，东南沿海省份适宜水稻与亚热带果木生长，玉米很少种植。玉米种植按播种季节可区分为春玉米、夏玉米、秋玉米、冬玉米。玉米分类有多种：按生育期长短分类、食用特点分类、按饲料用途分类、按甜食分类、按种子形状分类、按工业用途分类，等等，这里只从灌溉角度简介按播种季节分类的特点。

（一）春玉米

春玉米分布很广，南北方均能种植，但由于各地积温不同，略有差别。

1. 北方一年一季春玉米种植区及灌溉特点

该区主要分布在中国北方，一般一年一季。多种植生育期较长型玉米，从播种到收获需要 5 个月，中国北部地区 4 月中下旬至 5 月上旬播种，9—10 月收获。

灌溉特点：北方有 3 种情况，一种是年降水量在 500～800mm 地区，降水高峰期遇玉米需水高峰期几乎同步，该类型一般年份是靠雨养，灌溉只在干旱年进行属抗旱型灌溉；第二类是中国最北边界地区，年降水量在 200～400mm，属于补偿灌溉，靠雨养获不到好收成，必须进行灌溉；第三类是西北干旱区，年降水量小于 200mm，不灌溉就没有农业，该区需要全生育期进行灌溉。

北方玉米一季产量高，是中国主要玉米产区，种植面积占耕地 50%以上。

2. 中南部一年两季春玉米种植区及灌溉特点

该区年积温在 4 500℃以上，适宜一年两季种植，春玉米收获后还能与其他作物配合，再收获一季，播种 4 月初，收获 8 月中旬前后。该区年降水量在 800～1 200mm，大部分为雨养，少部分进行春灌，进入夏季雨水来临，玉米不但要防干旱，还要注意渍涝。

3. 南部一年三季春玉米种植区及灌溉特点

南部四川、湖南以南年积温大于 6 000℃地区，虽然都能种植玉米，但平原水资源多的地区多种植水稻，玉米多在丘陵山区。一年三季是春玉米与蔬菜、杂粮、豆类结合。近年在一年两季的地区，农业推广春玉米与早春蔬菜套种，形成一年三季的耕作模式，抢收一季增加收入。三季区春玉米播种在 2—5 月，2 月播种为第一季作物，5 月为接早春小作物属一年的第二季作物，玉米收获后播种秋季粮菜类作物。该区春玉米恰在南方缺雨季节，而收获赶在雨季，南方雨季多雨常发生洪涝，所以这里种植的春玉米需有防旱涝的工程措施才能获得好收成。

（二）夏玉米

中国夏玉米主要产区在华北平原，华北年积温 4 500℃左右，适合两年三季种植，除华北外，一年两季和一年三季种植区，也有夏玉米种植。

1. 两年三季夏玉米种植区

该区主要分布在黄淮海平原，在甘陕南部也有与春玉米重复区。夏玉米标准种植模式是与冬小麦轮作，冬小麦头年秋播种，来年 5—6 月收获，有的套种有的麦收后播种，至 9—10 月前后收获。该区年降水量在 700mm 左右，无法满足一季半作物需水，属补偿灌溉区。涝灾发生频率较低。

2. 一年两三季夏玉米种植区

该区位在中南部地区，夏玉米与春秋作物配合，也是和春玉米种植区重叠，但面积要小于春玉米。播种期类似华北地区。

（三）秋冬玉米

湖南以南，年积温大于 6 000℃，随着农业科学技术进步，为充分利用光热条件，耕作制度不断向前推进，两季作变三季，三季作变四季，进行各种粮豆菜相接、长短生育期配合、间套复种相搭配，提高了光热生产效率。

秋冬玉米播种在秋冬季节，秋玉米播种在9—10月，冬玉米播种在10—11月，翌年4—5月收获。秋冬玉米，都是跨年生长，关键点在玉米抽雄期要躲过中间的低温期，保证授粉期正常生长。该区玉米生长旺期恰好在干旱的早春，是南方的少雨季节，容易遭遇春旱，要有抗旱能力。

二、玉米种植分布

玉米种植分布很复杂，东北、西北较单纯，是一季春玉米种植区，但南部是春夏秋冬四类玉米混杂种植区，同一地区，山上山下不同，一年内四季均可播种，采用耕作制度可多样组合，造成春玉米不但在一季耕作区有分布，而且在两季耕作、三季耕作区均有分布。

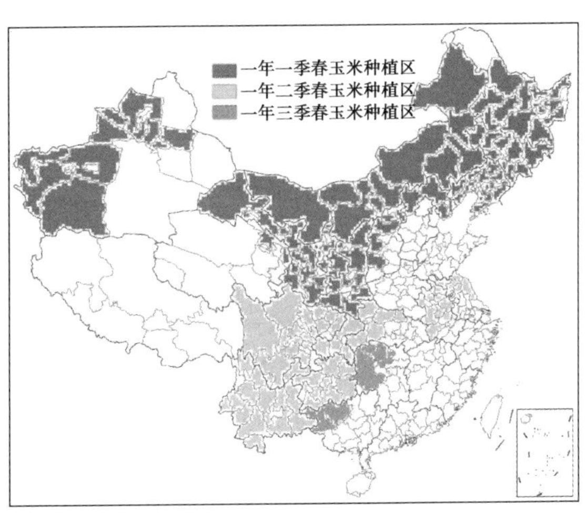

图1-7　春玉米三类耕作区分布

1. 春玉米分布

春玉米分布很广，分布在全国各地，它与夏玉米、秋玉米、冬玉米都有重叠，因为在南方的山丘区、乃至高山海拔3 000m地区也有春玉米种植，图1-7是中国玉米种植面积大于5%的种植分布图。

图中有3种类型：一年一季、一年两季、一年三季地区，两三季地区春玉米与其他作物间套复种。

2. 夏玉米分布

夏玉米主要分布在华北地区，但在一年两三季玉米种植区，也有夏玉米种植，有些地区一年两季，可以春玉米与夏玉米轮作，更多是玉米和小麦、玉米和水稻轮作。在一年三季地区多与蔬菜或小作物间套复种。图1-8所示是夏玉米主要分布区和夏玉米一年两三

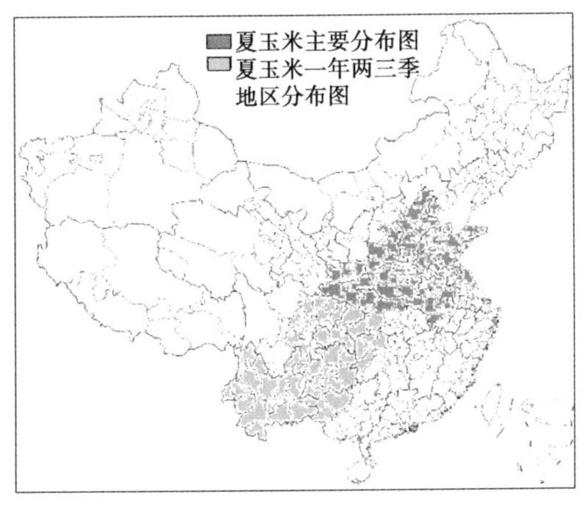

图1-8　夏玉米分布

图1-9　秋冬玉米分布

季种植区的分布。

3. **秋冬玉米分布**

秋冬玉米主要分布在积温高的华南，一年三季，都是跨年种植，主要分布在玉米种植面积较多的四川、湖南、云贵地区（图 1–9）。

三、玉米重点产区分布

虽然全国都适宜种植玉米，但根据环境资源条件对比，经过数百年的适应筛选，已形成比较经济布局。图 1–10，对全国市地级种植玉米面积，按春玉米、夏玉米、多季节玉米分类，分别区分为 3 个级别：一级为种植面积大于 1 000 千 hm^2，二级为 500~1 000 千 hm^2，三级为 200~500 千 hm^2，小于 200 千 hm^2 没有上图，以凸显重要种植地市。从图 1–10 看出，明显区分为两个重点地区：一是春玉米种植区，在东北辽、吉、黑、内蒙古 4 省区。二是夏玉米种植区，在华北平原，在晋冀鲁豫四省。南方虽有玉米种植，但不占作物主导地位，在 2 湖云贵川渝 6 省区才只有 3 个市地种植面积超过 200 千 hm^2，并且春夏秋冬四季种植，种类十分分散。集中分布有利作物产业带形成，适宜发展农业现代化，可集中攻关农业产业现代化、信息化、机械化、灌溉现代化、服务专业化中遇到的难题，促进中国玉米大产业带的形成与发展。

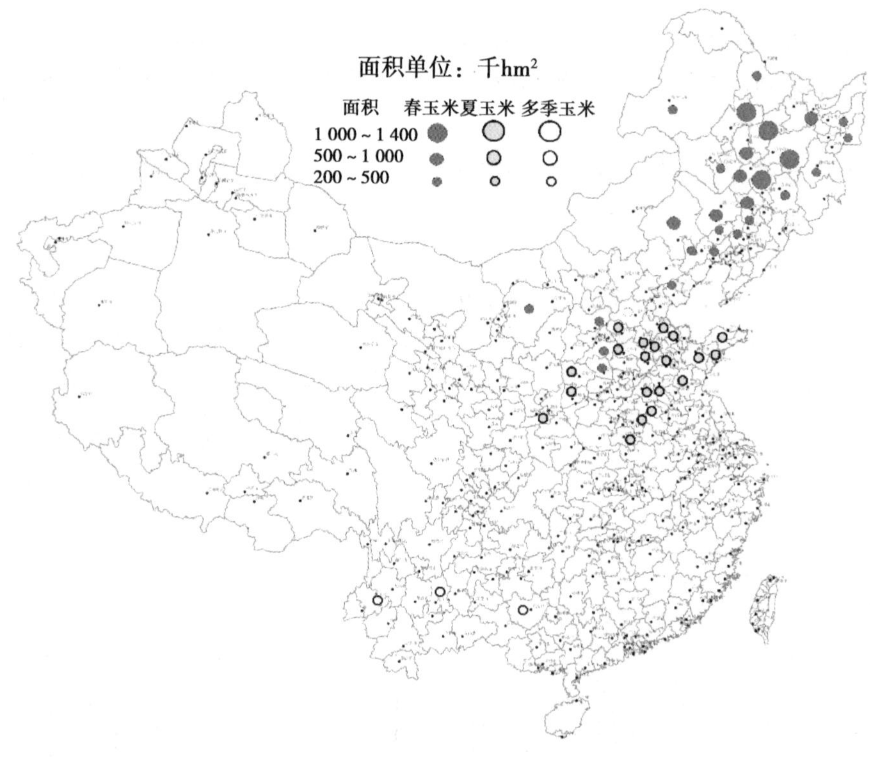

图 1–10　全国重点玉米产区分布

第三节　季风气候对中国玉米生产影响

中国西北地处欧亚大陆腹地，东南濒临太平洋，西南为世界高原——青藏高原，如此地理配置，致使中国气候具有明显的季风性与大陆性，类型多样。东南季风气候区，有一定的大陆性气候表现；西北强烈的大陆性气候区，也有季风性气候区的特征，复杂多变。

如上所述，东北春玉米带与黄淮海夏玉米带是中国玉米主产区，这两个地区的玉米种植面积，总产量均占全国玉米种植面积、总产量的 80%以上，对全国玉米生产，有举足轻重的影响。这两个玉米带相连，穿越东北松辽平原与黄淮海平原，蜿蜒的分布在中国东南沿海地区。因季风气候的影响，本区降水条件多变，夏季风长驱直入影响当地降水时间与空间上的变化。夏季携带着雨带由南向北推进，给这里带来充沛的降水，但因雨带到达时间与玉米生育需水期并不十分吻合，致使玉米生育期间的干旱、渍涝等问题频繁发生。这里有降水适中的雨养地区，也有干旱常年发生的灌溉地区，有些年份又产生严重的淹涝问题，这就是季风性气候对中国玉米带的影响。

每年由南太平洋暖湿气流形成的雨带，在夏季风的携带下，逐渐向北推进，大约在 5 月到达中国的华南地区，6—7 月到达江淮平原，7—8 月到达华北、东北地区，这是一般的规律。但由于夏季风的多变，推移时间，停留时间均有很大变化。当夏季风很强时，雨带迅速到达华北，这时华北多雨；反之，如果夏季风不强，雨带在长江流域滞留，华北、东北就出现干旱，因此使这里灌溉排水问题复杂多变，年际间，一年内月际间，降水时间，降水量分布都在变化，尽管玉米产区降水总量满足玉米需水要求，但由于降水量、降水时间变化，便有干旱与涝渍发生，相比之下，美国的玉米带降水条件比中国好得多，不仅总量可满足玉米需水量要求，而且月际间分配适中，与玉米需水吻合，年际间也十分稳定，为美国玉米生产创造了得天独厚的水分基础。

一、黄淮海夏玉米带旱涝发生与季风气候

中国夏季风属于东亚夏季风系统。夏季风的来临以雨量突然增加为特征，雨带由南向北推进，6 月中旬到达长江流域，而后进入淮河流域，即黄淮海平原的南端地区，此时，正是当地玉米的苗期，因而这里玉米苗期主要是三叶期，常有渍害与涝害发生，称为芽涝。此时，由于水分过多，通气状况差，致使玉米苗黄，芽弱，不利于玉米苗生长。苗期淹涝、渍害是影响当地玉米生产的主要灾害之一。灌水时，要注意天气预报，不要与降水重叠，同时，也要做好田间排水与防渍工程，一旦发生淹涝，可以及时排除地面积水与降低地下水位，使根层土壤水分状况适宜，通气条件良好，以有利根系下扎深层土壤，形成强大的根群。

夏季风携带的雨带，7 月上中旬北推至黄淮海平原的中北部地区，此时，已错过了这里玉米的播种期，当地玉米播种期在六月初，恰是干旱时节。农田土壤水分经过一个麦季，已被冬小麦消耗殆尽。土壤水分降至很低，据在豫北地区观测，6 月上旬降水满足玉米播种和出苗要求的年份为零，必须灌水补墒，才能确保玉米播种、出苗对水分的要求，灌播种水或播后灌蒙头水是当地玉米出苗、壮苗的关键灌水时间。

7月上中旬黄淮海区夏玉米已进入拔节期，又是营养生长转为营养生长与生殖生长并进阶段，耗水、耗肥量增大，而此时夏季风雨带已至，降水量增大，雨热同步，十分有利于玉米生长，发育，一般年份不需要浇水。为了防止降水量过大而形成淹涝，事先做好田间排水工程，一旦发生淹涝，要及时排水除涝，杜绝淹涝灾害发生。

虽然干旱是该区域主要威胁，但经过新中国成立以来60多年农田基本建设，该区域玉米单产处于平稳增长状态，以河北省为例（图1-11），2000—2014年的15年间，单产并不因旱涝渍害而变化。

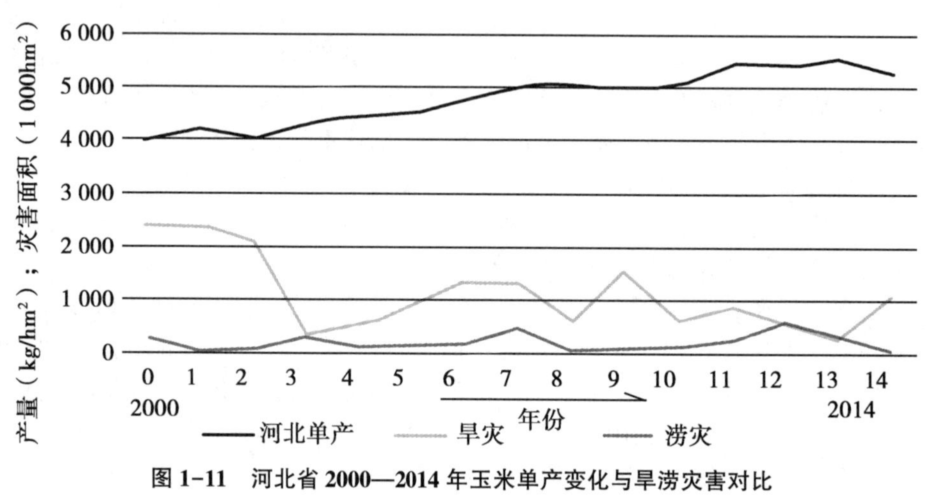

图1-11　河北省2000—2014年玉米单产变化与旱涝灾害对比

二、东北春玉米带受季风影响与旱涝发生

7月中下旬，受夏季风影响，雨带进至黄淮海平原中北部后，几乎也同时进入东北春玉米区，给这里带来充沛的雨量。此时正是本地春玉米拔节期，雨热同步对玉米生长有利。

本地春玉米播种是在四月中下旬，此间干旱少雨影响春玉米播种与出苗。以吉林省为例，冬季降水很少，12月至翌年3月降水量仅为全年降水量的5%，4—5月降水量也很少，一般为30~100mm，为全年的10% 。

东北春玉米带播种时干旱常年发生，尤其是中、西部地区，例如，靠近内蒙古的白城地区，春季干旱发生频率极高，一般为3~4年发生1次严重干旱，干旱发生频率在60%以上。中部地区如长春，四平一带，干旱频率也在20%~50%。春季干旱严重影响玉米播种与出芽，对玉米产量影响很大，成为当地玉米生产中的重要灾害。东北玉米带东部地区如辽宁丹东一带，雨水充沛，玉米生长以雨养为主，无需灌溉。反之常有淹涝发生。尤其在7—8月雨季，大雨滂沱会造成严重的内涝，要做好排水工程，及时排除积水，减少涝灾对玉米生长的影响，维护玉米稳产、高产。吉林玉米带是东北春玉米带的核心地区，降水条件，旱涝发生规律，基本上反映了东北春玉米生长期的总体状况。从辽宁省朝阳地区经由吉林白城地区，至黑龙江省的肇州地区，这一狭长地带是东北春玉米带的干旱地区。旱灾发生频率高，春旱为常态。夏秋旱也时常发生，产量不稳定。而东部地区如辽宁丹东，吉林省延边，黑龙江省的三江平原地区，夏季降水丰盈，一般情况下，玉米生长期无需灌水，以雨养为主，雨季时涝灾时有发生，这里冬季降雪多又可补充积蓄土壤底墒，缓解春季气象干旱对播种的影响，三江平原是东北玉米带高产地区，稳产，高产，是东北也是中国商品粮生产基地。

总体而言，随着玉米单产的提高，干旱成为影响玉米单产的主要因素，以黑龙江为例，2000—2014 年 15 年间干旱导致单产下降，但涝灾面积小，几乎对总产没有影响，也与涝灾的防御能力提高有关（图 1-12）。

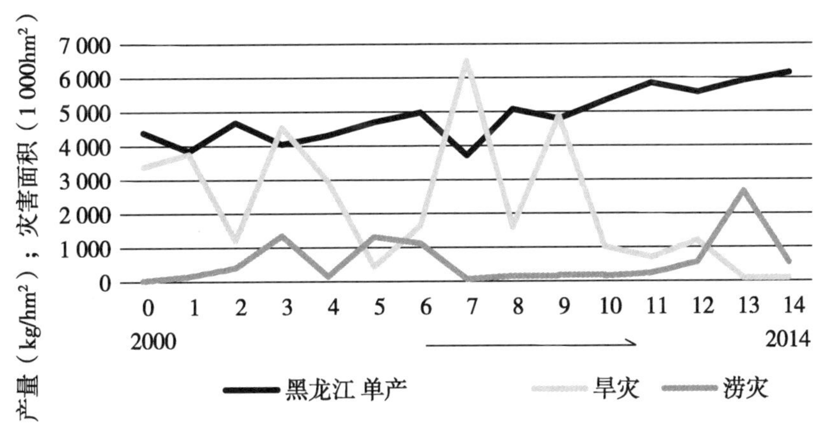

图 1-12　黑龙江省 2000—2014 年玉米单产变化与旱涝灾害对比

三、南部与西南地区玉米旱涝灾害与夏季风关系

南方玉米区，主要包括广东、海南、福建、浙江、江西、上海、台湾等省（市）的丘陵地区，与江苏省、安徽省南部、广西壮族自治区、湖南省、湖北省的东部地区，是中国甜、糯玉米的主要种植区，本区为热带、亚热带的湿润气候区，降水充沛，气温高，玉米一般以雨养为主，不需要灌溉。本地玉米分布在丘陵山地，土层较薄，土壤蓄水能力低，不耐旱，尽管雨水充沛，但因夏季风的影响，偶有夏旱、春旱、伏旱、秋旱发生。为了解决临时干旱问题，常在地边修造蓄水池，积蓄雨水，一旦发生干旱，可用临时性提水设施提水灌溉，避免干旱为害。

西南玉米区包括四川、云南、贵州、重庆等省区市。玉米也常种植在丘陵、山地，田间土层贫瘠容水量小，抗旱能力差，季节性干旱时有发生。西南地区玉米生长季节干旱，一般表现为春旱，影响玉米播种与出苗，夏旱使玉米植株早衰，穗部发育受到抑制，伏旱影响籽粒灌浆，粒重降低。再加上农田基本建设条件差，缺少抗旱机制因而干旱减产常有发生。以云南为例 2000—2014 年的 15 年间，干旱成为影响玉米单产的主要因素（图 1-13）。为了确保当地玉米稳产，高产，加强农田水利基本建设是当务之急。尤其是建设水源工程极为迫切。如因地制宜的修蓄水池，塘坝，拦截雨季径流，变水害为水利。改善灌溉条件，利用自然落差发展山地喷灌，滴灌等节水灌溉技术，以确保玉米稳产、增产与玉米生产可持续发展。

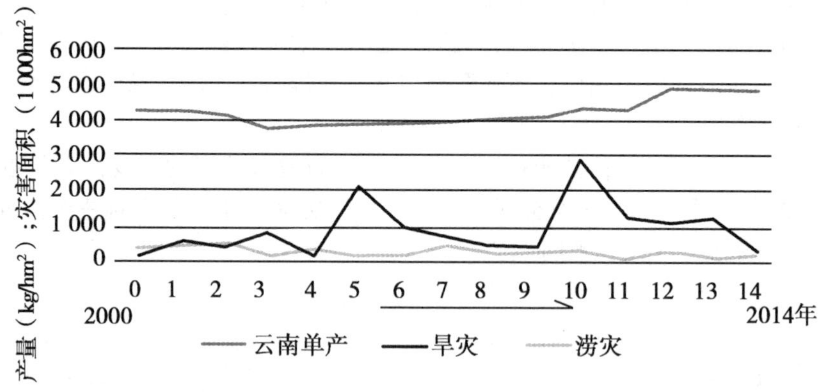

图 1-13　云南省 2000—2014 年玉米单产变化与旱涝灾害对比

南方地区与西南地区玉米生长期干旱发生与季风气候关系不如华北、东北地区密切，但仍然受季风气候左右，降水时，时空分布不均，形成区域性与季节性干旱，频率也很高。春夏秋冬季节均有干旱发发生，加上土壤保水力差，抗旱能力脆弱，干旱仍给当地玉米生长造成很大威胁。

四、西北干旱地区玉米生产与干旱威胁

西北干旱地区玉米区，主要包括新疆维吾尔自治区，甘肃省河西走廊，内蒙古西部，陕北等地。这里常年干旱少雨，没有灌溉就没有农业，也就没有玉米生产。是典型的大陆性气候，夏季风降水对这里的影响很小，是典型的灌溉玉米区。依靠河水灌溉的绿洲农业，由于河水的径流量随季节变化与玉米生长期需水并不匹配，干旱时有发生。为了确保这里玉米的正常生产，首先要解决水源问题，非灌溉季节，储蓄径流把水储起来，以备灌溉季节用水，在灌溉季节实施节水灌溉（如管灌、覆膜灌溉等）。蓄、节结合，维系当地玉米的可持续生产。

该区属灌溉农业区，玉米基本都有灌溉工程，旱灾虽有发生，但灌溉工程保证率高，对玉米单产影响很小，反而是洪涝灾害来临，排水工程不足单产下降，其中，新疆尤为明显（图 1-14）。

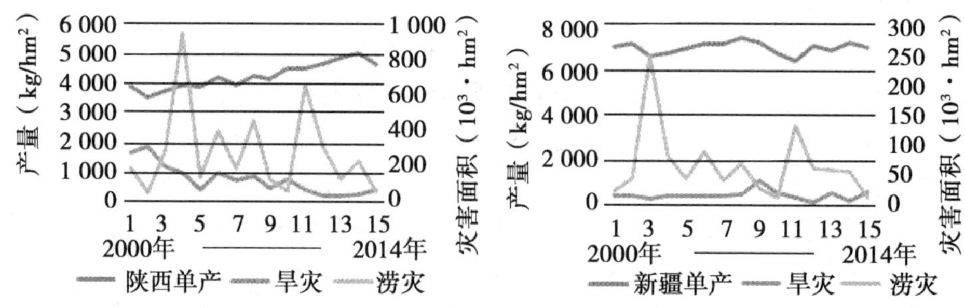

图 1-14　陕西省、新疆维吾尔自治区 2000—2014 年玉米单产变化与旱涝灾害对比

第四节　农田基本建设对玉米生产的影响

一、中国农田水利建设发展概述

新中国成立以来，中国的农田水利事业经历了辉煌的发展，有效灌溉面积从 1949 年的 16 000千 hm^2 发展到 2015 年的 72 061千 hm^2（其中，耕地灌溉面积 65 873hm^2），占总耕地面积的 48. 8%（2016 年中国统计年鉴数据耕地 20. 2498 亿亩）；规划 2020 年中国农田有效灌溉面积要发展到 67 000千 hm^2。20 世纪 70 年代以来，中国的节水灌溉事业逐渐发展起来，80 年代以来，低压管道输水灌溉在井灌区发展迅速，喷、微灌技术也有了很大的发展，2015 年全国节水灌溉工程面积已达 31 060千 hm^2，占灌溉面积的 43. 1%，其中喷灌 3 747. 97千 hm^2，微灌 5 263. 6千 hm^2，管道输水控制面 8 911. 76千 hm^2。其中，2012 年防渗渠道控制灌溉面积 12 823. 89千 hm^2，节水灌溉技术的推行，大力缓解了水资源的供需矛盾，直接支援了城市生活与工业用水，缓解了生态与环境用水的紧张趋势，取得了巨大的经济与社会效益。

图 1-15 反映了中国改革开放以来农田基本建设大量投入，中国灌溉面积直线上升，由之前的约 0. 47 亿 hm^2 发展到近 0. 67 亿 hm^2，而洪涝灾害逐年下降，响应效果是玉米单产跟随灌溉面积平行上升。从图 1-15 中看出干旱对产量仍然是主要影响，但减产幅度波动变大。

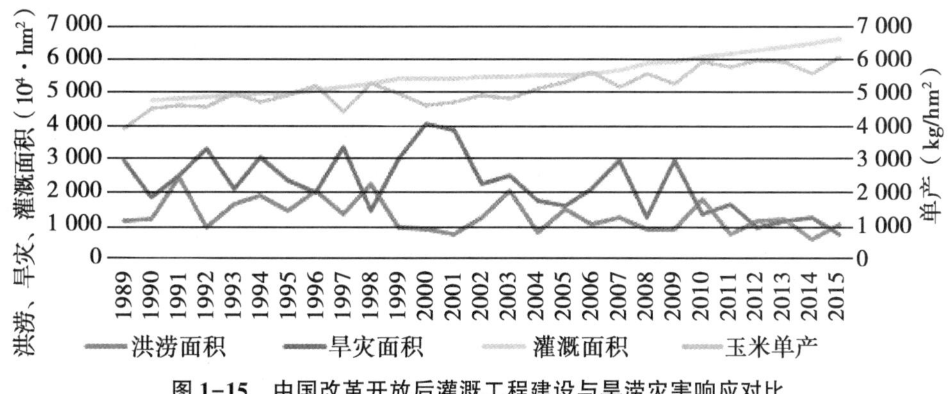

图 1-15　中国改革开放后灌溉工程建设与旱涝灾害响应对比

目前，中国已有 250 多个大型灌区与 100 个中型灌区，进行了以节水为中心的技术改造，在全国建设了 300 多个节水增产重点县，900 多个节水增产示范项目，灌溉与节水增产工作取得了长足发展。

中国对解决未来发展中的水问题十分重视，2011 年中共中央国务院一号文件（简称中央一号文件，全书同）明确提出："水是生命之源，生产之要，生态之基。兴水利除水害事关人类生存，经济发展，社会进步，历来是治国安邦的大事，促进经济长期平稳，较快发展和社会和谐稳定，争取全面建设小康社会的胜利，必须下决心加快水利发展，切实增强水利支撑，保障能力，实现水资源可持续利用。"在中央一号文件号召下，各级政府把节水灌溉发展放在十分重要的地位。近来国家在实施大、中型灌区节水改造的基础上，又启动东北节水增粮，西北节水增效，华北节水压采，南方节水减排等区域性、规模性节水工程建设。可以预见，中国玉米生产伴随着农田水利建设高潮发展，必将步入新的发展阶段，再上一个台阶，稳产，增产，实现玉米生产新突破。

二、农田水利建设发展与玉米生产

由于季风气候的影响，中国是一个受旱涝灾害影响严重的国家。玉米生产受旱涝影响其危害十分之大。因此，农田水利基本建设对中国玉米生产至关重要，是保证玉米正常生产，免受或少受旱、涝灾害的基本保证，是重要的基础性工作。

1. 干旱对玉米生产的影响与中国玉米带农田水利建设工作

正如前述，干旱对中国玉米生产影响，主要表现为春旱，东北春玉米带春旱对玉米播种影响极大。5月是东北春玉米带播种季节，而此时，干旱发生率高，面积大，据统计降水频率50%和75%两个典型年干旱频率均在40%以上，最多达80%，吉林省白城，黑龙江省肇庆等地区，是春旱发生的高发区。黄淮海夏玉米带干旱主要发生在播种时节，即6月，此时正是雨季未到，而土壤极度干旱的时候。土壤经过一个麦季，土壤水分已被消耗殆尽，玉米播种时土壤水分已降50%田间持水量以下，不及时补充土壤水分，玉米很难及时出苗，必须灌水补墒。

抗旱工作是中国水利事业重要组成部分，为了确保中国粮食生产安全，加大了对东北春玉米带农田水利建设的投入，除了建设与改造水源工程，提高运输水效率外，还要发展节水灌溉技术，如针对玉米春旱播种问题，大力发展坐水种技术。多年来，在东北春玉米带的西部地区，如黑龙江省西部、吉林省西部、辽宁省西部、内蒙古自治区（以下简称内蒙古）东部，已发展坐水种面积为466.67万hm^2，2010年以来，又发展玉米膜下滴灌技术抗御春旱，如大庆市肇源县等地采用玉米膜下滴灌技术，在春旱严重的年份，玉米获得15 000kg/hm^2的高产。据资料分析，膜下滴灌技术的单产可增产54%~58%，在黑龙江第一积温带，与第二积温带可增产69%~137%，此外，还较大面积地推行喷灌，管道灌溉技术，对抗御干旱，促进玉米增产，发挥了很好的作用。

在黄淮海夏玉米带，一些灌区已进行田间工程节水改造。这些灌区除了对干、支渠等输水工程进行阶段性改造外，对田间工程也进行了防渗改造。平整土地，合理调整沟渠间距，改长沟、长畦为短沟、短畦，促进了玉米节水增产。在井灌区投入大量资金，进行井灌工程改造，实行地面水与地下水联合运用，控制地下水位降落，为玉米生产创造良好的生态环境。

2. 建好排水除涝工程确保玉米生产、增收

中国玉米生长期恰处在雨季，涝灾时有发生，据1950—1990年资料统计，中国每年淹涝面积达800多万hm^2，损失粮食达28.1亿kg，其中，玉米减收10.2亿kg，东北春玉米带的东部地区，涝灾为害尤为严重。如1995年的辽宁省涝灾面积达21.8万hm^2，玉米减产46万t。黄淮海夏玉米带，涝灾对夏玉米生产影响也很大，如2011年，8—9月，山东省齐河县遭受大雨，降水量达243mm，0.23万hm^2玉米受淹没。针对这些地区应做好

农田排水工程建设，改善农田水分环境，确保玉米稳产、增收。

3. 北方旱地农田水利建设

中国北方旱地主要分布在昆仑山、秦岭、淮河以北广大地区，包括 16 个省（区、市），面积约为 542 万 km^2，占国土面积一半以上，其中，耕地面积约为 0.67 亿 hm^2，约占全国总耕地面积 51%，耕地中没有灌溉条件的旱地占 65%，玉米占有很大面积，做好旱地农业用水建设对玉米生产与提高玉米产量十分重要。研究表明，北方旱农地区，年降水量为 300~600mm。基本上可保障主要旱地作物生产需水要求。主要问题是，农田基本建设不到位，降水资源没有充分利用。根据山西气象科学研究所研究，由于农田基本建设不好，有 65%的降水流失，因此，做好农田基本建设蓄住雨水，在作物需水关键期提取利用，可明显改善玉米等作物的需水要求，保障玉米生产与增收。

实践与研究表明，北方旱地发展集雨节水工程十分有效。如甘肃省实行“121”工程，即每户造 100 个左右的雨水集流场，造 2 眼水窖，发展 1 亩左右的庭院经济，在不到一年左右的时间里，解决了 130 万人的饮水和庭院作物灌溉问题。广西壮族自治区河池地区发展水柜灌溉，一改过去仅种一茬玉米为种一茬玉米加一茬水稻，扩大了灌溉面积。如内蒙古自治区实行集雨节水“112”工程，即 1 户建 1 眼旱井或水窖，采用坐水种与滴灌灌溉技术，将 2 亩旱田变为保收田。宁夏回族自治区（以下简称宁夏）、山西等旱农地区，由于建设窖水蓄流工程，对发展玉米等农业生产起到了巨大的作用。

集雨蓄水工程配合软管灌溉、坐水种、小型移动式喷灌、滴灌工程，大大提升了旱地农业的生产力，对确保玉米生产、增收、收到了良好效果。

第五节　玉米生产现代化

一、玉米种植体制变革

党的十一届三中全会以后，一直实行的是农户承包经营，土地集体所有权与农户承包经营权实现了“两权分离”，在此次改革下极大调动了农民土地经营热情，促进了农业乃至工业及国民经济的大发展。但随着经济的发展，个体土地经营与农业现代化产生了矛盾，如玉米种植，无法实施产业大规模经营，大农业与小块地的承包权，出现了不适应的关系。2014 年《关于引导农村土地经营权有序流转发展农业适度规模经营的意见》出台，坚持农村土地集体所有，实现所有权、承包权、经营权“三权分置”由“两权分离”向“三权分置”的演变。“三权分置”促进了经营权顺利流转的格局，2016 年《关于完善农村土地所有权承包权经营权分置办法的意见》指出，深化农村土地制度改革，实行所有权、承包权、经营权“三权分置”，放活土地经营权，并开展土地三权确权登记，为城镇化、工业化和农业现代化进程打下基础。长期来看，有助于依法确认和保障农民的土地物权，形成产权清晰、权能明确、权益保障、流转顺畅、分配合理的农村集体土地产权制度。

国家一系列农村供给侧改革，为玉米产业规模化、集约化、现代化经营开辟了前进的宽阔道路，玉米种植向有经验的个体农户转移，出现了千亩规模化的家庭农场，各种形式的合作经营模式出现，城镇资本向农村流动出现玉米专业经营公司，大型国营农场也由分包向集约化回归。当前玉米产业规模经营开始向现代化迈进，但由于起步阶段也会遇到国际竞争的挑战，规模小、科技含量较低，成本较高等，玉米大户发展有一定困难，中华民族一向有迎着困难上的传统，在国家的引领下会克服种种困难创造更有利环境，使中国农业现代化不断前进。

二、玉米种植农业现代化

中国改革开放后农业也迎来大发展的势头，玉米业是主打三大粮食作物，玉米种植业离不开玉米种子培育、农业机械化、耕作制度、肥料、植保等行业的创新发展，改革开放与世界各国交流，中国各业均获得快速发展。值得骄傲的是农业机械化的飞速进步与普及，玉米育种在全国各省（区、市）根据本地自然条件培育出数百个新品种，促进了农业现代化的发展。

1. 农业现代化中农机现代化是关键

图 1-16 展示了 1978 年改革开放以来的变化，经过改革 20 年的孕育，终于在 20 年后的 1998 年农机开始发力，飞速发展，为农业机械化、自动化创造条件。中国当前从播种、施肥、打药、收获实现了较大面积的机械化，正在向现代化农业奔跑。当集约化体制更广泛的推广，大量农业合作社、农业公司、大型家庭农场普及后，一个崭新的中国特色的现代化农业将会在世界舞台展示，一条大型世界级玉米产业带也将会标注在世界地图上。

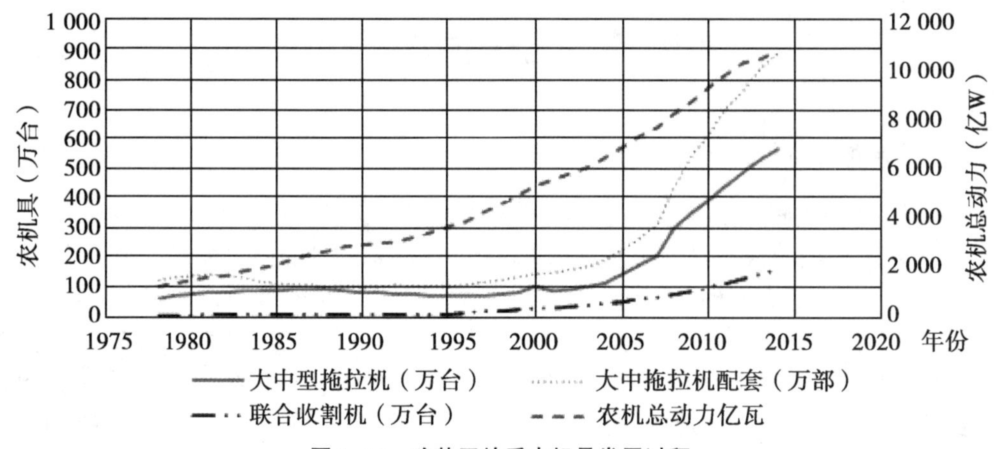

图 1-16　改革开放后农机具发展过程

（数据取自 2015 年中国农村统计年鉴）

2. 中国农业现代化水平与差距

由于长期处于小农经济状态，与发达国家经营规模、采用的现代经营理念、技术等都存在较大差距，表 1-1 收集近年资料，简单对比，看出在这些农业经济指标上要达到发达国家的水平还有很长的路，在农业管理者文化水平上，也与发达国家相差很多。农业成为中国总体现代化的短板。

表 1-1　中国与发达国家主要农业指标差距（2014 年）

对比	经营规模 hm^2/户	单产 kg/hm^2	供养人口 口/农民	灌溉效率 水利用率	化肥用量 t/千 hm^2	机械化 台/100km^2	文化 >12 年
中国	0.7	6 410	100/47	55%	366	18	>16%
美国	65	4 600	100/2	80%	60~150	2~3	>100%
差距	差 100 倍	无	差 25 倍	差一些	不利	单机效率低	>5 倍

例如，美国 2006 年农业劳动力只占全国劳动力总数的 0.7%，农业增加值占 GDP 的比重也只有 0.9%，虽然农业人口比重很小，但非常重视农业院校的建设，至今已有公立高等农业院校 150 多所，高等农业院校一直在农民教育和促进农业发展方面扮演着重要角色，使农民受到很好的专业教育，相比中国农民接受高等教育比例严重不足，农业生产效率上差距巨大，农民人均创造财富、农业机械化水平上差距悬殊，这些都是努力方向。

三、玉米灌溉生产现代化

人类社会发展经历了原始、农业、工业、知识社会四大阶段，把工业社会定义为第一次现代化，其典型特征是工业化和城市化等。将知识社会称为第二次现代化，其典型特征是知识化和信息化。如何根据中国国情走出中国特色的现代化道路，寻找中国自己的现代化路线？为此，中国制定了“实现综合现代化，也就是第一次和第二次现代化协调、复合发展，新型工业化、新型城市化、民主化、知识化、信息化、全球化和绿色化齐头并进”的战略。迎头赶上发达国家水平，建设中国特色社会主义现代化，实现水利现代化是国民经济发展的基础，是农业现代化的前提，没有水利现代化就没有农业的稳产高产基石。

1. 中国对水资源控制及开发能力

玉米是中国旱田第一大作物，是旱田灌溉主要作物之一。灌溉离不开水资源，一个地区乃至国家，对水资源的控制能力是衡量水利事业发达与否的标志型指标，新中国成立以来，中国一直致力于大型水利工程建设，到 2015 年水库总库容达 7 千多亿 m^3，中国目前径流调节系数由 1999 年 0.17 提高到 2015 年 0.32（但与美国径流调节系数 0.46 相比仍然有很大提高空间），与发达国家相比抗灾能力、污水处理用水效率仍有较大差距（表 1-2，图 1-17）。

表 1-2　中国与发达国家水利控制能力差距

对比	防洪能力	抗旱能力	供水能力	水环境安全		用水效率	管理水平
	洪灾值/GDP	径流调节系数	m^3/人	污水处理（%）	水质达标（%）	m^3/万元	
中国	2.2	0.32	530	20	69	600	法律有空缺
发达国家	0.1~0.2	0.4	2 000	>70	70~80	50	法律健全
倍数	-（22~11）	追赶	4	3	追赶	-12	有差距

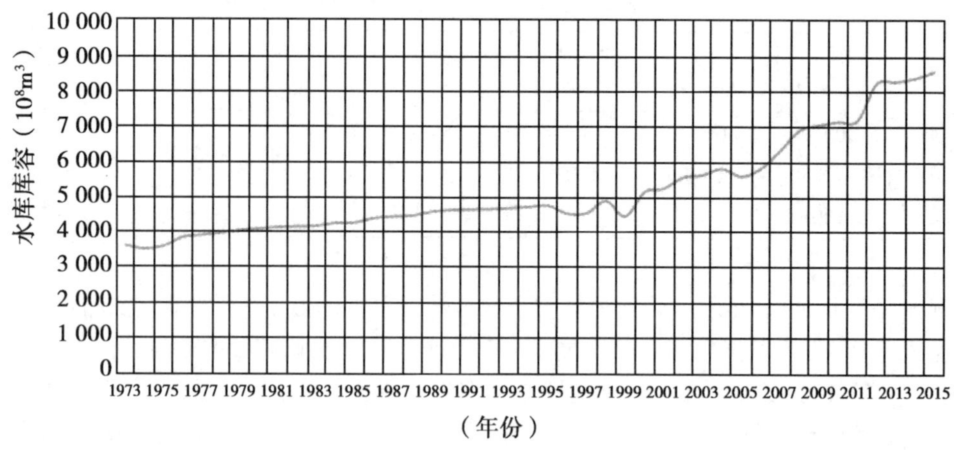

图 1-17　水库建设发展曲线[10]

2. 中国农田基本建设发展

中国农田建设自进入 21 世纪，灌溉面积获得历史发展最好时期，灌溉面积达到 6 454 万 hm^2，占耕地面积 53.8%，同时，节水灌溉也有很快的发展，节水灌溉工程总面积达 2 901万 hm^2，其中，喷灌和微灌面积 784 万 hm^2，低压管灌 827 万 hm^2。其中，旱田灌溉约占 20%（图 1-18）。

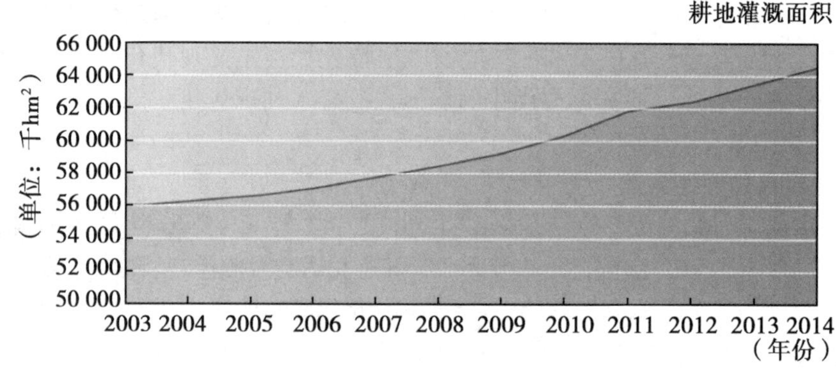

图 1-18　21 世纪以来灌溉面积发展曲线

3. 中国灌溉现代化水平

中国从自然资源上与世界土地面积大国相比，人均资源占有落后，但在改造自然上基本持平，或略有超越，从表 1-3 看出，总体上中国在灌溉现代化上正在追赶世界先进水平。

表 1-3　中国与世界较大国土面积国家灌溉因素对比

项目	单位	中国	俄罗斯	加拿大	美国	巴西
面积	万 km^2	960	1 707	998	937	851
耕地	万 km^2	150	123	47	167	66
人口	亿人	13	1.4	0.33	3.1	1.98

（续表）

项目		单位	中国	俄罗斯	加拿大	美国	巴西
人均耕地		km^2	0.115	0.879	1.424	0.539	0.333
人均耕地对比		倍	1	8	12	5	3
降水量		平均 mm	650	530	736	936	1 640
		变幅	20~3 000	100~2 500	180~1 400	100~1 600	1 000~2 900
水资源	总量	万亿 m^3	2.8	6.54	2.9	3.05	6.95
	人均	m^3	2 153.85	46 714.29	87 878.79	9 838.71	35 101.01
	对比	倍	1	22	41	5	16
灌溉面积	总量	km^2	634 984	46 000	7 850	223 000	29 200
	人均	hm^2	0.049	0.033	0.024	0.072	0.015
发展趋势			在增长	持平	持平	在下降	微增
现代化水平					已现代化	已现代化	

参考文献

[1] 明·兰茂. 滇南本草 [M]. 云南人民出版社，1959.

[2] 张永峰，殷波. 玉米耐盐性研究进展 [M]. 玉米科学，2008，16 (6).

[3] 于维学. 积温对玉米生长发育和产量的影响 [J]. 哈尔滨师范大学自然科学学报，1990，6-2.

[4] 李少昆，王崇桃. 我国玉米产量变化及增产因素分析 [J]. 玉米科学，2008，16.

[5] 董树亭，刘鹏，等. 黄淮海区域玉米生产现状、潜力与高产栽培技术 [J]. 2010 年作物栽培学发展学术研讨会.

[6] 史振声. 杨扬，等. 玉米品种丹玉 39 的增产潜力研究 [J]. 种子，2010，3.

[7] 安伟. 樊智翔，等. 玉米品种的增产潜力与改良方向 [J]. 山西农业大学学报，2003，04.

[8] 柳伟祥，薛国屏，等. 宁夏主栽玉米品种产量性状及增产潜力分析 [J]. 宁夏农林科技，2005 (4).

[9] 2015—中国农村统计年鉴 [M]. 中国统计出版社，2015，11.

[10] 水利部. 中国水利统计年鉴（2016）[M]. 中国水利水电出版社，2016，10.

[11] 国家统计局. 中国农村统计年鉴（2015）[M]. 中国统计出版社，2015，11.

第二章　中国玉米灌溉区划

玉米生产中干旱是影响玉米高产稳产的最大威胁，而解决干旱的最佳手段就是发展灌溉。中国的季风气候又常常发生干旱，为同干旱进行斗争中国各族人民创造了丰富的经验，发明了各种水利工程和灌溉方法。中国地域辽阔自然条件差异很大，玉米的种植季节、农田地形、土壤类型、气候条件、水文环境各异，所开发的水利灌溉工程也各有特点，进行分区治理干旱就十分必要。中国玉米灌溉区划主要是研究玉米灌溉在中国如何发展的问题，其宗旨是为中国各地区发展玉米灌溉提供宏观决策的科学依据和制定玉米灌溉规划的指导原则，以期用较少的投资获取较大的效益，避免在玉米灌溉发展上的盲目性。

玉米灌溉区划是一项专业性很强的科研工作，它是按照自然条件，经济条件和现代农业的要求，在总结全国玉米灌溉经验，充分收集各省（区、市）多年玉米灌溉试验成果、气象、农业、水利、水资源的统计资料基础上开展的，通过研究发展玉米灌溉的必要性和可行性以及发展玉米灌溉必须具备的条件和应采取的措施，并按照“归纳相似性、区别差异性、基本保持行政区界完整”原则，划分不同发展特点的玉米灌溉区，用科学的方法预测各玉米灌溉区的发展规模与重点，因地制宜地指导各地玉米灌溉的发展。

第一节　玉米干旱成因与分布

干旱不仅在中国也是世界人类生活的最大的威胁之一，联合国粮农组织统计种种因素造成干旱地区的土地退化，它对人类的生存构成严重威胁。荒漠化是一个全球性问题，对全世界的生态安全、消除贫穷、社会经济稳定和可持续发展都造成严重影响。据联合国统计，全球 26 亿人直接依赖于农业，而用于农业的 52%的土地受中度或严重的退化影响，其主要因素是干旱沙漠化、土地干旱农田荒芜、人类生存环境破坏，同干旱斗争是维护人类生存重要使命。

中国农作物平均每年受旱面积达 2. 2 万千 hm^2，占全部农业受灾面积的 60%以上。干旱不仅使农业受到损失，更会危及社会经济、社会安全。干旱分类有 4 个方面，称为气象干旱、农业干旱、水文干旱及社会经济干旱，其中，社会经济干旱是干旱造成的国民经济对水资源分配的失衡，形成生活、农业、工业各方面用水的混乱，但本章主要讨论全国各地玉米、水利和水资源在干旱中趋同与差异，以便制定规划与防治干旱的措施。

一、玉米干旱类型

这里研究的干旱类型是指玉米及水利中的干旱类型以及如何鉴别干旱等级。

1. **按发生季节分类**

玉米是易涝易旱作物，各级生育阶段干旱气候都会对玉米造成危害。按玉米旱情发生季节可分为春旱、夏旱、秋旱、冬旱和季节连旱干旱，可按发生的原因或发生的季节进行分类。①春旱：主要是中国北方的春玉米，在苗期降水少，土壤缺水出现干旱。②夏旱：影响面广，此时，中国南北方玉米分处于不同生长阶段，夏季多天或数月降水稀少，北方春玉米正处于拔节抽雄阶段需水高峰期，夏旱发生严重影响玉米生长。华北夏玉米种植区，处于玉米与小麦交替阶段，多天无雨，夏玉米出苗或苗期生长受到抑制。南方高山也种植春玉米，正是需水高峰，夏旱受灾损失严重。③秋旱：秋季是南北方春夏玉米收获季节，是秋玉米播种季节，秋旱影响面也很宽。④冬旱：主要发生在华南冬玉米种植区，影响面很小。⑤季节连旱：是指一年中有两季以上降水稀少，旱情自然十分严重，这种情况虽然罕见，但在中国历史上也曾经数次发生，在封建王朝时期会造成社会动乱，新中国虽然发生但抗灾能力增强，局部重灾有四面八方支援，灾后能抗灾补救。

2. **按干旱发生的原因分类**

干旱是由气象、水环境改变造成，一般分为大气干旱、土壤干旱、生理干旱。①大气干旱：大气干旱一般发生在华中和华南地区，并发生在夏秋季节，太阳辐射强，大气温度高，大气湿度低，玉米蒸腾强烈，打破了玉米体系水分输送平衡，植物细胞液膨压降低，玉米叶片萎蔫，玉米茎秆无法支撑直立能力，大片倒伏，是气象干旱特征。②土壤干旱：在玉米生育期内长期降水减少，土壤含水量迅速降低，玉米根压与土壤水势逐步趋于平衡，玉米无法从土壤中吸取水分，植物处于干旱状态。③生理干旱：生理干旱是由于土壤溶液中出现不利玉米根系活动环境造成的，如土壤含水量过多，土壤中空气容积减少，根系呼吸需要的氧气不足，吸水能力减弱，叶片蒸腾与根系供给失衡，出现干旱。或其他有害物质充填在土壤溶液中，破坏了根系正常活动，根系无法向茎叶供水。

3. **按地域划分**

干旱研究涉及很多学科，每个学科对干旱的划分有不同的类型和指标，如气象学、地理学、农学、水利学、综合自然科学等，都有分类标准。按地域划分干旱类型应该属于地理学的区分，地理学区分干旱地区是按地域进行区分，其区分指标用降水量来划分，中国干旱半干旱地区的划分大体是以 200mm 年等降水线来划分，干旱地区降水量在 200mm 以下，半干旱地区降水量在 200~400mm（表 2-1）。

表 2-1　中国干湿地区划分

干湿地区	干湿状况	主要分布地区
湿润区	>800mm 降水量>蒸发量	东南大部、东北的东北部
半湿润区	400~800mm 降水量>蒸发量	东北平原、华北平原、黄土高原南部和青藏高原东南部
半干旱区	200~400mm 降水量<蒸发量	内蒙古高原、黄土高原和青藏高原大部分
干旱区	<200mm 降水量<蒸发量	新疆、内蒙古高原西部、青藏高原西北

4. **按干旱受灾程度分类**

（1）按成灾面积百分比：指成灾面积与受旱面积的比值 k（表 2-2）。

$$K=S/S_z\times100\% \tag{2-1}$$

式中：S—因旱使农作物产量减少3成以上面积（hm^2）；S_z—区域内作物受旱面积（hm^2）

表2-2　受干旱灾害成灾面积比例区分干旱级别

干旱等级	轻度干旱	中度干旱	严重干旱	特大干旱
成灾面积比K（%）	10~20	21~40	41~60	>60

（2）按旱灾成灾程度分类[5]。作物受灾按受灾程度区分为作物受灾、作物成灾、作物绝收3个档次，①作物受灾面积：由于降水少，河川径流及其他水源短缺，作物正常生长受到影响的受旱耕地面积中作物产量比正常年产量减产1成以上（含1成）的面积。同一块耕地多季受灾，累计各季受灾面积最大值。作物受灾面积中包含成灾面积，成灾面积中包含绝收面积。②作物成灾面积：在受旱面积中作物产量比正常年产量减产3成以上（含3成）的面积。③作物绝收面积：在受旱面积中作物产量比正常年产量减产8成以上（含8成）的面积。

5．按气象干旱指标分类[5]

按气象分类，《气象干旱等级》国家标准中将干旱划分为5个等级，并评定了不同等级的干旱对农业和生态环境的影响程度：①无旱：正常或湿涝，特点为降水正常或较常年偏多，地表湿润。②轻旱：特点为降水较常年偏少，地表空气干燥，土壤出现水分轻度不足，对农作物有轻微影响。③中旱：特点为降水持续较常年偏少，土壤表面干燥，土壤出现水分不足，地表植物叶片白天有萎蔫现象，对农作物和生态环境造成一定影响。④重旱：特点为土壤出现水分持续严重不足，土壤出现较厚的干土层，植物萎蔫、叶片干枯，果实脱落，对农作物和生态环境造成较严重影响。⑤特旱：特点为土壤出现水分长时间严重不足，地表植物干枯、死亡，对农作物和生态环境造成严重影响。

具体指标按作物在正常生长期间，连续无有效降水的天数，本指标主要指作物在水分临界期（关键生长期）的连续无有效降水日数来划分干旱等级（表2-3）。

表2-3　作物生长需水关键期连续无有效降水日数与干旱等级关系参考值(单位：d)

地域	轻度干旱	中度干旱	严重干旱	特大干旱
北方	15~25	26~40	41~60	>60

注：无有效降水指日降水量<5mm

6. 降水量区分干旱等级[3]

（1）降水量距平百分率（P_a）（表2-4）。

$$P_a\ (\%)=\delta\frac{P-\bar{P}}{P}\times100 \tag{2-2}$$

式中：P_a—某时段降水量距平百分率（%）；P—某时段降水量（mm）；$\bar{P}$—计算时段同期气候平均降水量；δ—季节调节系数，夏季为1.6，春秋季为1，冬季为0.8。

表 2-4　主要农区降水量距平百分率农业干旱等级划分

等级	类型	降水量距平百分率（%）			
		时间尺度			
		30d	60d	90d	作物生长季
0	无旱	-40<Pa	-30<Pa	-25<Pa	-15<Pa
1	轻旱	-60<Pa≤-40	-50<Pa≤-30	-40<Pa≤-25	-30Pa≤-15
2	中旱	-80<Pa≤-60	-70<Pa≤-50	-60<Pa≤-40	-40<Pa≤-30
3	重旱	-95<Pa≤-80	-85<Pa≤-70	-75<Pa≤-60	-45<Pa≤-40
4	特旱	Pa≤-95	Pa≤-85	Pa≤-75	Pa≤-45

（2）以连续无有效降水（降雪、积雪）日数区分农业干旱等级。连续无有效降水日数区分农业干旱等级，见表 2-5。

表 2-5　连续无雨日数旱情等级划分　　（单位：d）

评估时段	区号	轻度干旱	中度干旱	严重干旱	特大干旱
春季（3—5 月）秋季（9—11 月）	Ⅰ-2	15~30	31~50	51~75	>75
	Ⅱ-2	15~30	31~50	51~75	>75
	Ⅲ-2	15~25	26~45	46~70	>70
	Ⅳ-2	10~20	21~45	46~60	>60
	Ⅴ-2	10~20	21~45	46~60	>60
	Ⅵ-2	10~20	21~45	46~60	>60
夏季（6—8 月）	Ⅰ-2	10~20	21~35	36~50	>50
	Ⅱ-2	10~20	21~35	36~50	>50
	Ⅲ-2	10~20	21~30	31~45	>45
	Ⅳ-2	5~10	11~20	21~30	>30
	Ⅴ-2	5~10	11~20	21~30	>30
	Ⅵ-2	5~10	11~20	21~30	>30
冬季（12 月至翌年 2 月）	Ⅰ-2	—	—	—	—
	Ⅱ-2	20~30	31~60	61~90	>90
	Ⅲ-2	15~30	31~50	51~80	>80
	Ⅳ-2	15~25	26~45	46~70	>70
	Ⅴ-2	15~25	26~45	46~70	>70
	Ⅵ-2	15~25	26~45	46~70	>70

注：全国农业旱情与旱灾评估分区及编码

表 2-6　二级分区编码

一级区		二级区	编码
东北区	包括黑龙江、吉林、辽宁及内蒙古东部	灌溉农业区	I-1
		雨养农业区	I-2
		草原牧业区	I-3

（续表）

一级区		二级区	编码
西北区	包括陕西、宁夏、甘肃、青海、新疆及内蒙古的中西部	灌溉农业区	II-1
		雨养农业区	II-2
		草原牧业区	II-3
黄淮海区	包括北京、天津、河北、山东、河南、山西以及江苏和安徽的淮河以北地区	灌溉农业区	III-1
		雨养农业区	III-2
		草原牧业区	III-3
长江中下游区	包括湖北、湖南、江西、浙江、上海以及江苏和安徽的淮河以南地区	灌溉农业区	IV-1
		雨养农业区	IV-2
西南区	包括四川、重庆、云南、贵州、西藏	灌溉农业区	V-1
		雨养农业区	V-2
		草原牧业区	V-3
华南区	包括广东、广西、福建、海南	灌溉农业区	VI-1
		雨养农业区	VI-2

7. 农业干旱指标

经过几年修改后，2015 年发布了《农业干旱等级》国家标准，提出以不同单项确定干旱等级[6]。

（1）以土壤相对湿度区分干旱等级（表 2-7）。

$$R_{sm} = a \times \frac{\left(\sum_{i=1}^{n} \frac{w_i}{f_{ci}} \times 100\%\right)}{n} \qquad (2-3)$$

式中：R_{sm}—土层平均土壤相对湿度（%）；a—作物发育期调节系数，苗期为 0.9，水分临界期为 1.1，其余发育期为 1；w_i—第 i 层土壤含水量（%）；f_{ci}—第 i 层土壤田间持水量（%）；n—作物发育阶段对应土层。

表 2-7　土壤相对湿度的农业干旱等级划分

等级	农业干旱类型	土壤相对湿度（%）		
		沙土	壤土	黏土
0	无旱	$R_{sm}>55$	$R_{sm}>60$	$R_{sm}>65$
1	轻旱	$45<R_{sm}\leq55$	$50<R_{sm}\leq60$	$55<R_{sm}\leq65$
2	中旱	$35<R_{sm}\leq45$	$40<R_{sm}\leq50$	$45<R_{sm}\leq55$
3	重旱	$25<R_{sm}\leq35$	$30<R_{sm}\leq40$	$35<R_{sm}\leq45$
4	特旱	$R_{sm}<25$	$R_{sm}<30$	$R_{sm}<35$

注：使用者可根据当地土壤性质的具体状况，对等级划分范围作适当调整

（2）以作物水分亏缺指数区分农业干旱等级（表 2-8）。作物水分亏缺指标按某时段水分亏缺距平指数大小进行分级，干旱级别分为 4 级，表中 C_w 为水分亏缺距平指数，详细计算式方法参考文献［5］。

表 2-8　作物水分亏缺指数的农业干旱等级

等级	类型	作物水分亏缺指数（%）	
		水分临界期	其余发育期
0	无旱	$C_w \leqslant 10$	$C_w \leqslant 15$
1	轻旱	$35 < C_w \leqslant 50$	$40 < C_w \leqslant 55$
2	中旱	$50 < C_w \leqslant 65$	$55 < C_w \leqslant 70$
3	重旱	$65 < C_w \leqslant 80$	$70 < C_w \leqslant 85$
4	特旱	$C_w > 80$	$C_w > 85$

（3）以农田及作物形态区分农业干旱等级（表 2-9）。

表 2-9　农田及作物形态农业干旱指数等级划分

等级	类型	旱地	旱地作物 播种出苗状况	作物状态
0	无旱	无干土层	可按季节适时播种，出苗率≥80%	叶片自然伸展生长正常
1	轻旱	出现干土层且干土层厚度小于 3cm	出苗率为 60%～80%	叶片上部卷起
2	中旱	干土层厚度 3～6cm	播种困难，出苗率为 40%～60%	叶片白天凋萎
3	重旱	干土层厚度 7～12cm	无法播种或出苗率为 30%～40%	有死苗、叶片枯萎、果实脱落现象
4	特旱	干土层厚度大于 12cm	无法播种或出苗率低于 30%	植株干枯死亡

（4）减产率农业干旱指数等级（表 2-10）。

$$y_d(\%) = \left(1 - \frac{y_i}{y}\right) \times 100 \qquad (2\text{-}4)$$

式中：y_d—减产率（%）；y_i—农作物当年产量（kg/hm^2）；y—作物近 5 年平均产量（kg/hm^2）。

表 2-10　减产率农业干旱指数等级划分

等级	类型	农作物（%）
0	无旱	$y_d < 10$
1	轻旱	$10 < y_d \leqslant 30$
2	中旱	$30 < y_d \leqslant 50$
3	重旱	$50 < y_d \leqslant 80$
4	特旱	$y_d > 80$

8. 航测干旱指标分类[7]

中国卫星航测已有30年的历史，其卫星遥感影像数据及空间遥感信息面向国家各项事业，同样也服务于农业水利，充分利用卫星影像数据于玉米灌溉排水是利好的事情。航测用于干旱预测也有多年历史，并提出一套完整的指标体系[7]。

植被指数计算方法有热惯法、特征空间法、植被状态指数法、植被健康指数法等多种，现只简介热惯法计算式及植被指数旱情等级划分表。

指标热惯量法是利用卫星热红外遥感影像资料，反演观测地区的土壤热惯量（温度日较差），通过建立热惯量与土壤相对湿度之间的线性或非线性关系模型来估算土壤相对湿度（其他计算法参考文献［7］）。计算公式如下。

$$W = f(\Delta T) \tag{2-5}$$

式中：W—土壤相对含水量；ΔT—温度日较差，可由昼夜地表温度的差值得到。

热惯量法估算土壤相对湿度涉及2个时次的卫星资料，要求如下：白天和夜间过境时，研究区必须是晴空无云，以获得最高和最低地表温度；昼夜2幅影像必须经过严格配准后得到昼夜温差；被测土壤是裸露的或植被覆盖度较低（覆盖度<0.3）。

有了土壤湿度即可参照农业旱情等级、水利旱情等级[8]来评估干旱等级。

表2-11是植被指数旱情等级划分表，有关参数计算方法参考文献［7］。

表2-11 植被指数旱情等级划分 （单位:%）

旱情等级	正常	轻度干旱	中度干旱	严重干旱	特大干旱
植被状态指数 VCI	40<VCI	30<VCI≤40	20<VCI≤30	10<VCI≤20	0<VCI≤10
植被健康指数 VHI	40<VHI	30<VHI≤40	20<VHI≤30	10<VHI≤20	0<VHI≤10
距平植被指数 AVI	-0.2<AVI≤-0.1	-0.3<AVI≤-0.2	-0.4<AVI≤-0.3	-0.6<AVI≤-0.4	AVI≤-0.6

注：VCI、VHI、AVI计算方法参考文献［7］

二、干旱成因

作物干旱形成原因很多但可归为两类，一是自然条件的多样性，自然界有些因素变化范围较小，如温度各地域按一年四季变化，或数千年不变，但有些自然因素年份间日月间却变化范围很宽，时空变化无常，如降水，虽然在地域分布有较稳定规律，但年际间月日间却变化差异很大，是造成自然旱涝灾害的主因。二是人类活动问题，人类在维持生存活动中，总要向自然索取需要的财物，当触犯了自然法则，自然界向着异样环境变化，而这种变化是缓慢的，当人们感觉到时，对人类已形成灾害。人们必须谨慎的对自然索取，时刻观察人类活动是否影响人类可持续的生存及健康的繁衍。

（一）自然条件变化规律

在自然条件中影响干旱的主要因素是降水，因为陆地上的水资源是由降水和降雪形成，而冰川上的固体水变化很小，雨雪的年际变化很大，在连续无雨日月就形成了干旱。第二影响因素是气温，连续多日高温也会形成干旱。

1. 降水时空分布不均

中国季风雨的特点就是雨量呈单峰过程变差很大，可查的中国干旱灾害告诉我们干旱是中国农业生产最大威胁，从图 2-1 中看出 1950—2013 年的旱灾与降水过程曲线相关很密切，降水量少旱灾面积大，降水量大的年份全国旱灾面积就小。图 2-1 中降水量是北京市降水量，全国各省（区、市）历年平均降水量资料不全，所以，用北京降水量与全国灾情相关，图 2-2 是近年收集到的全国省城降水量平均值[16]与全国旱灾相关曲线（并与北京降水量对比），看出大趋势相同。

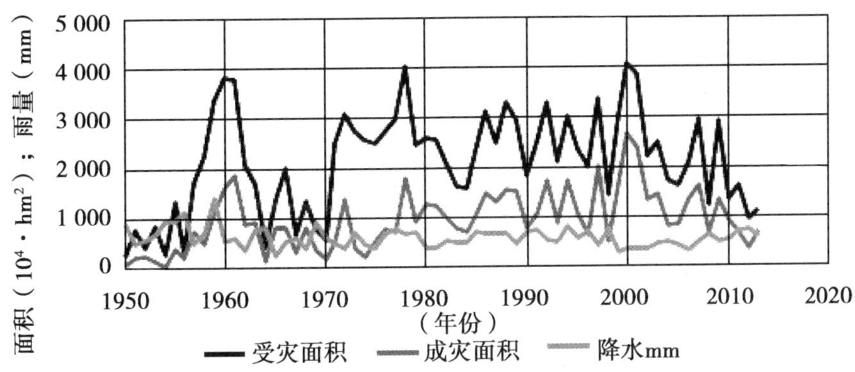

图 2-1　1950—2013 年全国受灾面积、成灾面积与降水量（北京降水量）相关曲线

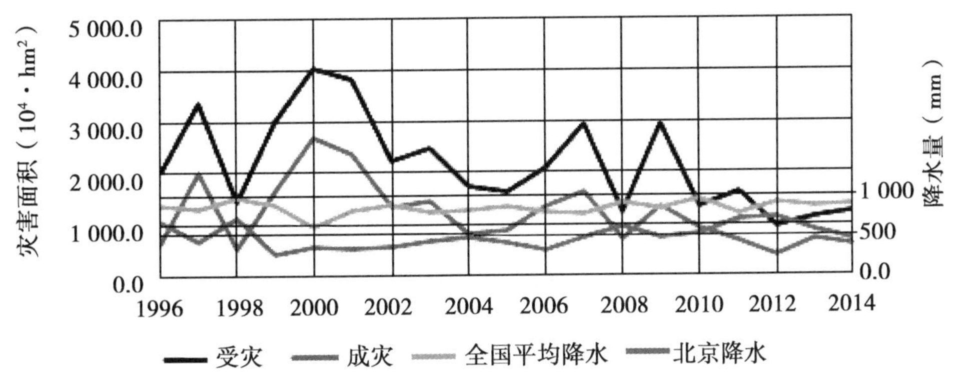

图 2-2　1996—2014 年全国受灾面积、成灾面积与降水量（全国平均、北京）相关曲线

2. 高温与干热风

形成玉米干旱的第二大因素是空气温度与干热风，这种干旱主要发生在中国北方和江淮流域中下游地区，干热风虽然发生几率不高，但分布面积也很广，尤其是北方春夏玉米主产区，一旦发生灾害较重。产生干热风主要条件是高温，多发生在极端高温时期，夏季较多，表 2-12 是中国主要城市的极端高温大于 39℃地区（年限“民国”初到 2008 年），一般空气温度大于 30~35℃时太阳辐射强，地面增温快，是干热风易发生的条件，其次是空气干燥、土壤沙性就更易发生干热风灾害，北部的内蒙古、宁夏、新疆、甘肃等省区一带是干热风多发地区。在黄淮海平原，干热风形成的主要原因是以该区雨季来临前大气干旱，小麦玉米交替阶段作物需水旺盛，稍有干热加热风条件叠加，干热灾害极易发生。在江淮流域和长江中下游平原受太平洋暖气流影响也会形成干热风灾害，但该区玉米种植面积较小。图2-3是中国玉米干热风易发区分布图，分为两大地区，一是北方玉米主产区；二是江淮玉米产区。

表2-12 中国主要城市极端最高温度纪录 (单位:℃)

西安	45.2	郑州	43	福州	41.7	温州	40.5	贵阳	39.5
天津	45	长沙	43	汉中	41.6	南宁	40.4	沈阳	39.3
安庆	44.7	开封	43	太原	41.4	上海	40.2	银川	39.3
洛阳	44.2	石家庄	42.9	武汉	41.3	成都	40.1	哈尔滨	39.2
扬州	44	北京	42.6	宁波	41.2	烟台	40	厦门	39.2
重庆	44	济南	42.5	镇江	41.1	兰州	39.8	伊宁	39.2
宜昌	43.9	南通	42.2	合肥	41	桂林	39.7	广州	39.1
蚌埠	43.7	杭州	42.1	苏州	41	柳州	39.7		
徐州	43.3	乌鲁木齐	42.1	齐齐哈尔	40.8	梧州	39.7		
南京	43	九江	41.7	南昌	40.6	长春	39.5		

引自世纪气象网气象百科，大于39℃的城市

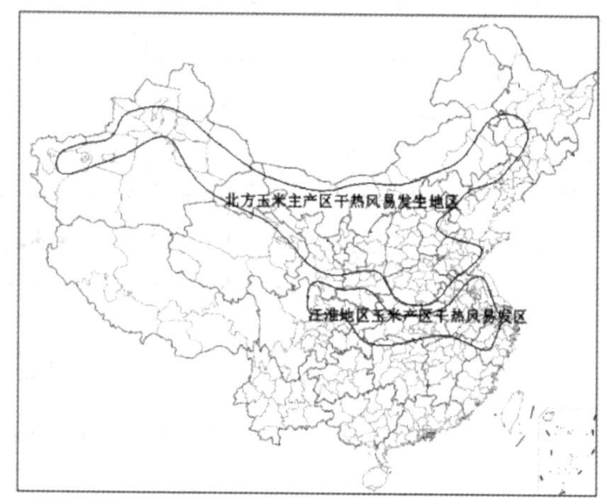

图2-3 玉米干热风易发区分布

（二）人类活动影响

人类本是地球上自生的，如果按自然规律活动一定是人与自然能够和谐发展，但人与其他动物不同，他能主宰世界，有些事物能按人的意志发展，改变某种规律，但世界上的各种因素是互相关联的，如果改变超过一定限度就会造成相关因素的变化，进而影响环境的改变，如果产生负效应就很难逆转。所以，人类在利用自然时必须遵从自然规律，要积极的认识它，不能超越自然因素可忍耐的界限。

1. 人类活动造成异常气候[10]

20世纪后期人们发现2次工业化和城市化引起地球气候变化，二氧化碳排放引起气

温升高，气温升高会引起一系列环境的变化，冰山、冰川融化，气象异常，雨雪规律变化，暴雨、干旱发生的强度、频率随之变化。厄尔尼诺现象是赤道太平洋中东部海域的海水表层温度比平均温度高出 0.5℃，海洋和大气相互作用失去平衡后产生的一种自然现象，每隔 2~7 年出现 1 次，会导致全球许多地区出现严重的干旱和水灾等自然灾害，中国科学家认为，厄尔尼诺对中国的影响明显而复杂，主要表现在 5 个方面：一是厄尔尼诺年夏季主雨带偏南，北方大部少雨干旱；二是长江中下游雨季大多推迟；三是秋季中国东部降水南多北少，易使北方夏秋连旱；四是全国大部冬暖夏凉；五是登陆中国台风偏少。

2. 地下水过度开发

中国主要玉米种植区的黄淮海平原、辽河平原地下水自 20 世纪 60—70 年代开始开发地下水至 90 年代出现地下水漏斗，并越来越严重，从单个漏斗区向连片发展，已引起广泛的关注，但至今仍然处于超采状态，已经对水环境生态产生严重影响。该区自然状态时地下水位变化在 0~4.5m，在玉米生育期地下水借助土壤毛细现象可对玉米根系补水，当漏斗地区地下水位降 4m 以下后，地下水就不能为玉米补充水分，当地面干旱发生时，干旱程度加重。图 2-4 反映河北潜层地下水位等值线图，从图中看出埋深大于 10m 的地区占平原区的大部分。要恢复自然状态相当困难，并需要多年的努力。

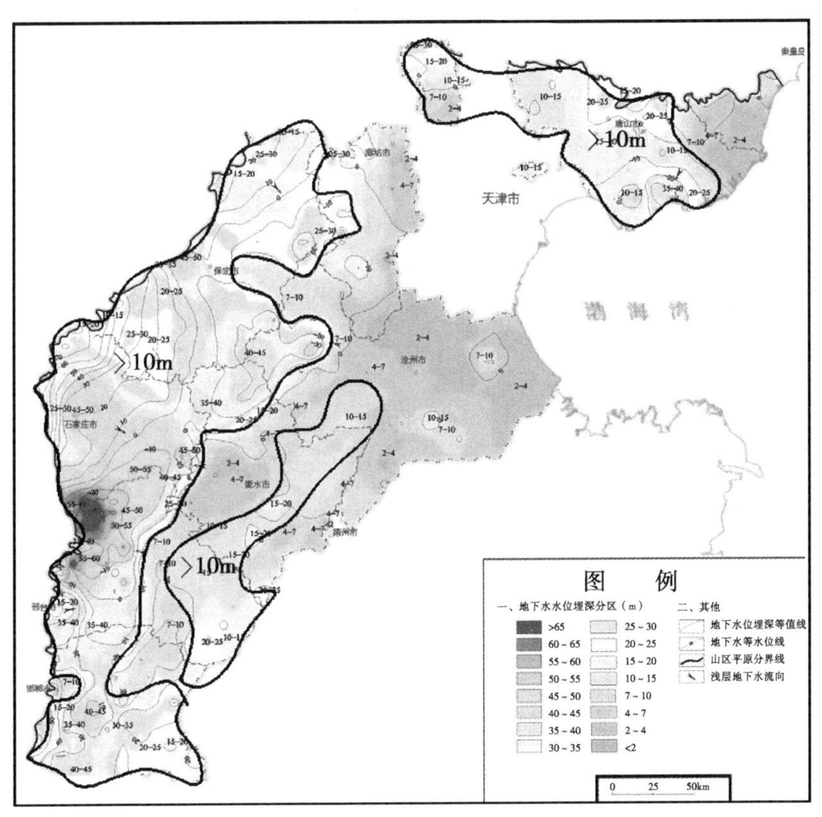

图 2-4　2012 年 6 月河北省监测绘制的地下水埋深等值线

（引自 360 好搜图片）

3. 植被破坏改变了水环境

新中国成立初期处于百废待兴阶段，森林资源开发处于高潮，但急切开发造成森林植被减少，引起生态环境的不利变化，山林失去含蓄水源作用，水土流失严重，尤其在干旱地区，更引起沙漠化扩大，干旱灾害加重。中国是世界上水土流失严重的国家，全国水土流失面积达 295 万 km^2，占国土面积的 30.7%，多年积累全国因水土流失而损失的耕地达 400 多万 hm^2，沙漠与沙漠化的土地已由 1949 年的 66.7 万 km^2 扩大到 1985 年的 130 万 km^2，约占国土总面积的 13.6%。沙化土地，除自然因素以外，由于过度农业开发、过度放牧、过度林木砍伐、工业交通建设等破坏植被是人为引起沙漠化重要因素。有资料统计土地沙漠化原因：森林过度采伐占 32.4%、过度放牧占 29.4%，土地过分使用占 23.3%，水资源利用不当占 6%。进入 21 世纪，中国荒漠化和沙化监测工作步入了科学化、规范化和制度化的轨道，并制定各种法律法规，实施综合治理，到目前治理初见成效，森林恢复、沙漠化逐年减少、植被率逐年提高[12]（表 2-13 和图 2-6）。

表 2-13　中国沙漠化土地的分布[12]

地区	总面积（km^2）	正在发展中的沙漠化土地（km^2）	强烈发展中的沙漠化土地（km^2）	严重沙漠化土地（km^2）
呼伦贝尔	3 799	3 481	275	43
嫩江下游	3 564	3 286	278	
吉林西部	3 374	3 225	149	
兴安岭东侧（兴安盟）	2 335	2 275	60	
科尔沁（哲里木盟）	21 567	16 587	3 805	1 175
辽宁西北	1 200	1 088	112	
西拉木伦河上游（昭乌达盟）	7 475	3 975	1 875	1 625
围场、丰宁北部	1 164	782	382	
张家口以北坝上	5 965	5 917	48	
锡林郭勒及察哈尔草原	16 862	8 587	7 200	1 075
后山地区（乌兰察布盟）	3 867	3 837	30	
前山地区（乌兰察布盟）	784	256	320	208
晋西北	52	52		
陕北	21 686	8 912	4 590	8 184
伊克昭盟、乌兰察布盟	22 320	8 088	5 384	8 848
后套及乌兰布和北部	2 432	512	912	1 008
狼山以北	2 174	414	1 424	336
宁夏中部及东南	7 686	3 262	3 289	1 136
贺兰山西麓山前平原	1 888	632	1 256	
腾格里沙漠南缘	640		640	
弱水下游	3 480	344	2 848	288

（续表）

地区	总面积（km^2）	正在发展中的沙漠化土地（km^2）	强烈发展中的沙漠化土地（km^2）	严重沙漠化土地（km^2）
阿拉善中部	2 600	392	2 208	
河西走廊绿洲边缘	4 656	560	2 272	1 824
柴达木盆地山前平原	4 400	1 136	1 824	1 440
古尔班通古特沙漠边缘	6 248	952	5 296	
塔克拉玛干沙漠边缘	24 223	2 408	14 200	7 615
合计	176 442	80 960	60 677	34 805

中国植被率较高在70%左右，但森林覆盖率较低，只有26.3%，远小于发达国家森林覆盖率30%~60%。中国各省分布不平衡，其中，北方干旱少雨，植被率低，而南方多雨多山，植被率高（表2-14与图2-5）。

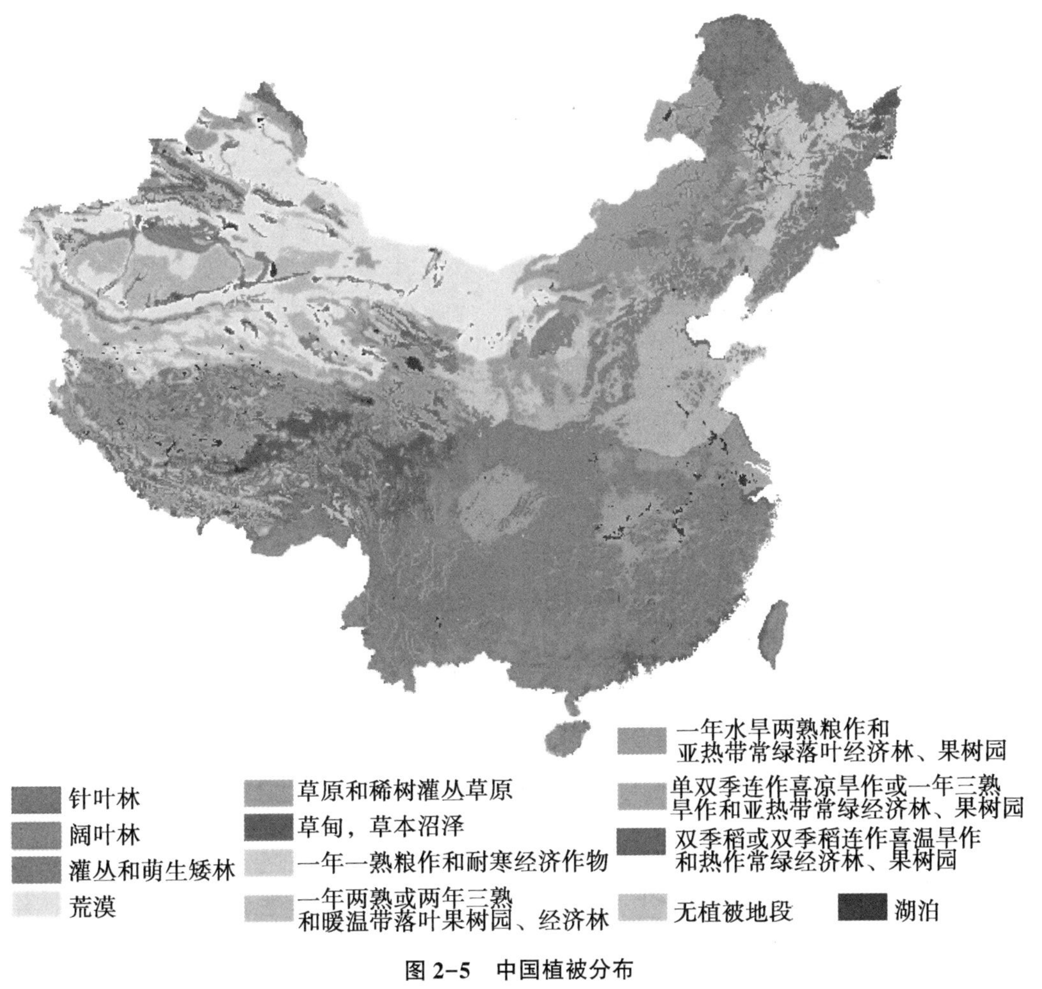

图2-5　中国植被分布

（引自360好搜图片）

表 2-14　中国省（区、市）森林覆盖率　（单位:%）

省区市	覆盖率	省区市	覆盖率	省区市	覆盖率	省区市	覆盖率	省区市	覆盖率
北　京	35.8	吉　林	40.38	福　建	65.95	广　东	51.26	云　南	50.03
天　津	9.87	黑龙江	43.16	江　西	60.01	广　西	56.51	西　藏	11.98
河　北	23.41	上　海	10.74	山　东	16.73	海　南	55.38	陕　西	41.42
山　西	18.03	江　苏	15.8	河　南	21.5	重　庆	38.43	甘　肃	11.28
内蒙古	21.03	浙　江	59.07	湖　北	38.4	四　川	35.22	青　海	5.63
辽　宁	38.24	安　徽	27.53	湖　南	47.77	贵　州	37.09	宁　夏	11.89
全国平均 26.3								新　疆	4.24

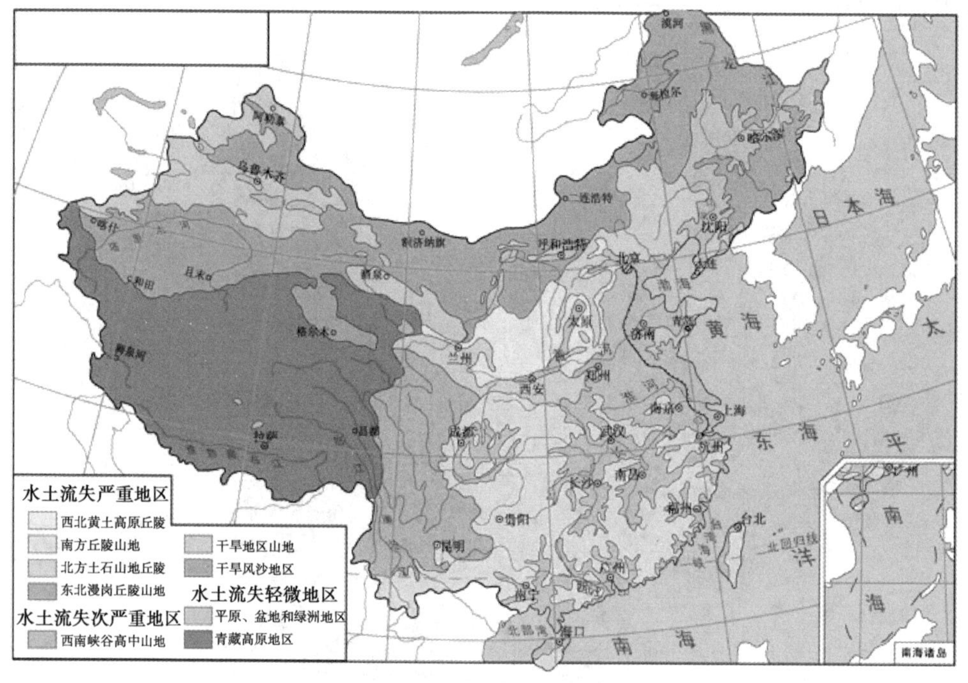

图 2-6　中国水土流失分布

（引自天气预报 10 天网站）

三、干旱对玉米生产危害及对国民经济的影响

1. 干旱对玉米生产的影响

玉米是喜水喜肥但又是怕旱怕涝的作物，在中国旱涝对玉米生产都有威胁，从中国近年（1969—2014 年）的旱涝灾害统计（图 2-7）看出，损害最大的是干旱灾害，在最近 15 年（2000—2014 年）间旱灾平均每年受灾面积 20 885 千 hm^2，洪涝受灾面积 11 089 千 hm^2，旱灾比涝灾多 1 倍。在干旱灾害中主要受灾作物是玉米（2014 年玉米种植面积

占作物总面积的 22.44%大于水稻 18.32%、小麦 14.55%)，从对粮食总产量的贡献，玉米产量（占粮食总产的 35.5%）也高于水稻（34%）和小麦（20.7%），而且干旱灾害水田受灾比重远小于旱田，所以，干旱受害最重的是玉米。如果受灾面积按减产 30%计算，那么每年平均损失粮食 3 639万 t，占粮食总产的 6%左右。直接影响粮食自给，需要国际间调剂才能满足国民经济对玉米的需求。

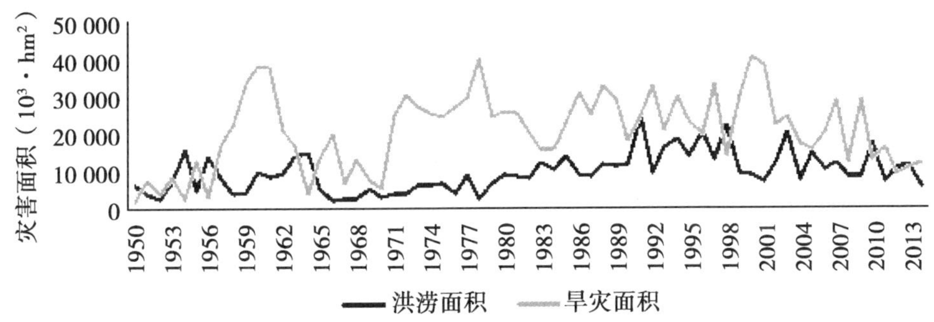

图 2-7　1950—2014 年中国旱涝灾害变化曲线[17]

2. 玉米生产波动

图 2-8 是 1996—2015 年玉米单产与降水的变化关系，该图变化曲线可分 3 段，一段是 1996—2001 年；二段是 2001—2006 年；三段是 2006—2015 年，从图 2-8 看出 1996—2001 年最高单产 5 621.0kg/hm^2，最低 4 387.3kg/hm^2，受降水影响变幅为 28%，第二段 2001—2006 年，降水变化平稳，依靠玉米农业栽培技术玉米单产平稳上升，增产幅度在 20%，没有发生产量逆向变化，但是在第三时间段上，降水年际间变化很大，干旱影响了玉米的单产，这段时间玉米单产出现减产，而且幅度很大，高低相差 17%。影响了粮食自给程度。玉米单产随着降水变化，表现出密切的相关关系，降水少干旱受灾面积增加，相反降水多又会发生洪涝灾害（参见第三章）。从图 2-9 可见，在 60 多年的灾害统计中，无论前期还是近期，中国抵御干旱灾害能力有限，农田基本建设与粮食自给要求还有差距。当我们进一步分析时，从图 2-9 中看出，旱灾受灾时成灾面积占受灾面积比例变化很异常，经过多年农田水利建设，应该抗灾能力增强，成灾比例应有所下降，但统计表明 20 世纪 90 年代以后，成灾比例上升，并且各年间变化很大，这说明成灾比例同抗灾能力关系不大，变化与灾区轻重有关，如 2012 年降水较多 934mm，在近 15 年中成灾比例最低，而 2000 年东北、华北、西北几省平均降水 450mm，旱情严重，所以，成灾率最高。从图 2-9 的成灾变化，看出新中国成立后的 60 年中，成灾呈“V”字形变化，1970—1985 年农田基本建设高潮时期，抗御自然灾害能力较强，但后期农田建设投入降低，水利工程逐年老化，成灾率随自然条件变化。提高抗灾能力是今后的重要建设任务。

3. 民生受到威胁

干旱灾害不仅对农作物产生危害，更严重的也威胁人类生存，大旱会使食物短缺、水资源干枯，人们没有充足的食物与饮用水，家畜因缺水而死亡，据史料记载自公元前 1 766年至公元 1937 年，旱灾共 1 074次，平均约每 3 年 4 个月便有 1 次；水灾共 1 058次，平均 3 年 5 个月 1 次[14]，中国近代史中就记载了 1876 年、1879 年的华北大旱灾，在总面

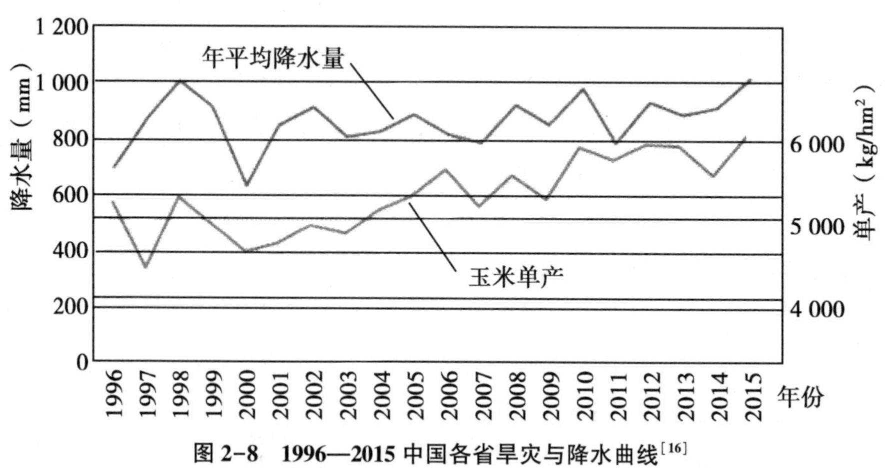

图 2-8　1996—2015 中国各省旱灾与降水曲线[16]

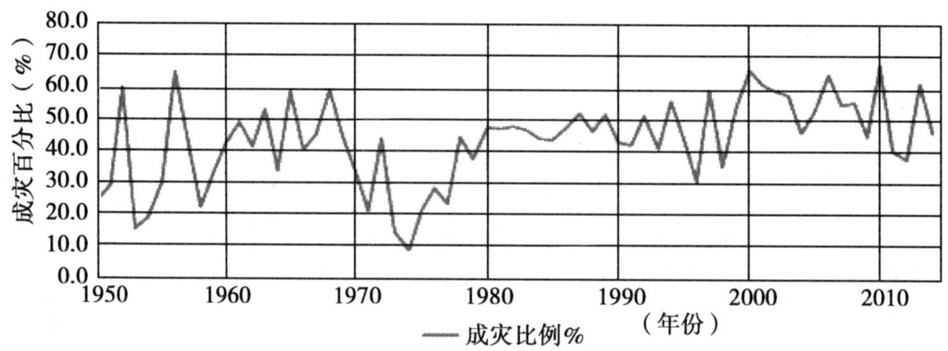

图 2-9　1950—2014 中国旱灾成灾面积百分比

（数据引自中国水旱灾害公报[17]）

积 100 万 km^2 的土地上，此次大旱灾共饿死了 1 000多万人。近年来，旱灾更是频繁发生（图 2-7 至图 2-10），如 2001 年、2010 年的干旱不仅作物减产或绝收，也危及财物的重大损失，同样也危及城市、当地工业生产，造成灾区国民经济下滑严重影响人民的正常生活。

四、干旱分布

1. 按地域分布

图 2-10 是按 1999—2014 年中国统计年鉴各省（区、市）的旱灾发生面积，绘制的旱灾面积示意分布图，可以看出虽然经过 60 多年的农田建设，但自然灾害的规律并没有大的变化，干旱发生的主要区域在中国北方，暂称为北方旱区，由 3 部分组成：东北地区、黄淮海地区、西北地区。近年南方也发生干旱，但发生频率要低，暂称西南旱区。

南北两大旱区自然条件不同，受灾面积、受灾频率、受灾程度不同。东北旱区在 3 省的西部市县，并非全省分布，对全区农业影响不如黄淮海平原区，黄淮海地区干旱区分布较广。西部旱区新疆受灾面积小，因是灌溉农业，只要水源保证，干旱年份受灾不取决于

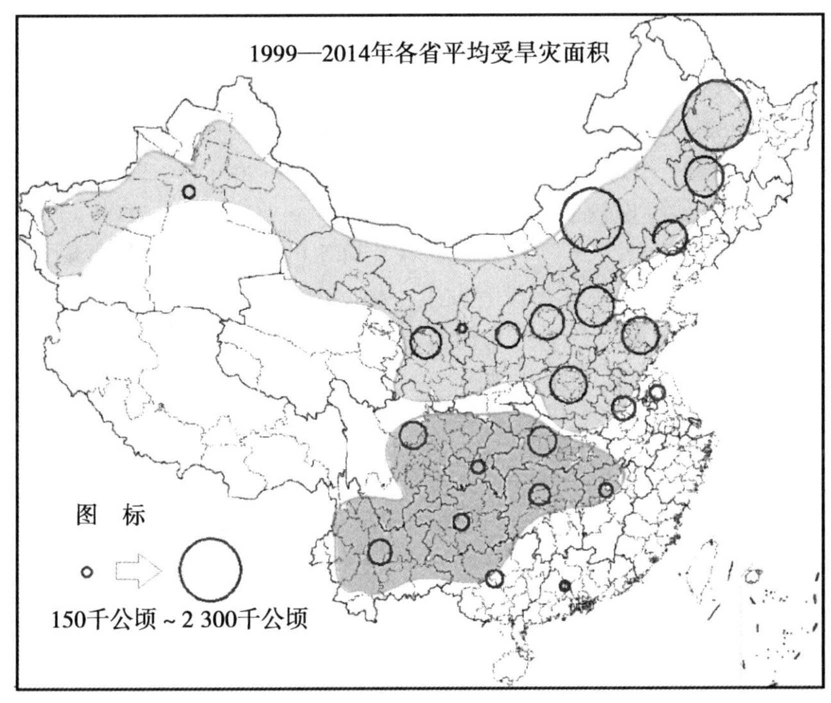

图 2-10　1999—2014 年中国各省（区、市）受旱灾害面积分布

（数据引自中国统计年鉴[16]）

降水，主要决定水源是否干枯，所以，近年的统计旱灾面积很小，也体现了水利工程的作用。

南方旱区虽然平均旱灾平均面积小，但一旦发生也是十分严重，可从图 2-11 中 2013 年、2014 年 2 年对比中看出，2013 年北方受旱面积小，而南方受旱面积远大于北方。

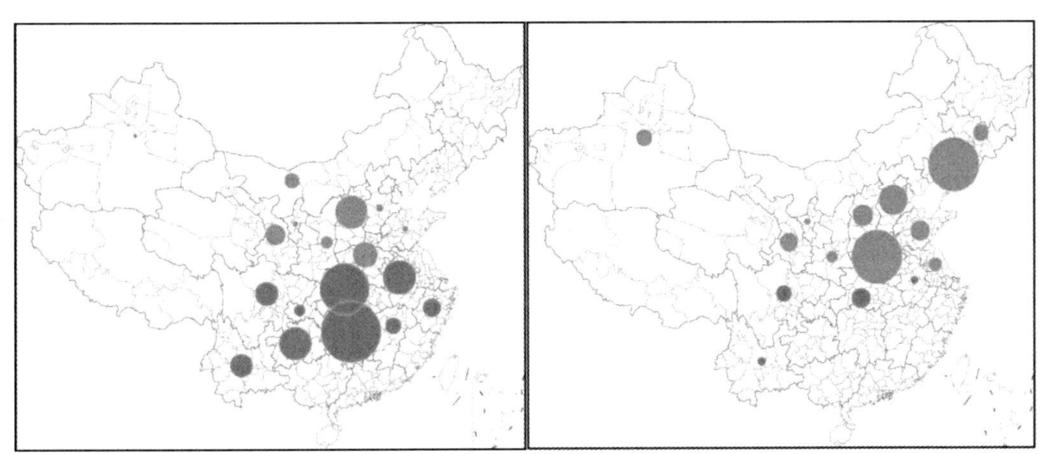

图 2-11　2013 年（左）、2014 年（右）旱灾受灾分布对比

（省受灾面积在 100~2 300 千 hm^2）

2. **旱区分布的随机性**

旱区分布是随降水时空的周期变化而变化，图 2-7 是 1950—2014 年干旱灾害面积变化图，从中看出近 65 年来，中国受旱面积存在明显的 4 个低值期，即 1950—1957 年、1963—1970 年、1982—1984 年、2010—2014 年，每年受旱面积一般在 2 000万 hm^2 以下。还有 3 个重旱期，1958—1962 年、1971—1981 年、1999—2001 年，每年受旱面积一般在 3 000万 hm^2 以上，其他年份较平稳。

从图 2-12 也能清楚看出，干旱与洪涝都决定降水的变化，2013 年出现干旱最多的湖北省、湖南省，到 2014 年旱灾几乎没有发生，相反 2014 年干旱北移，辽宁省 2013 年没有旱情，但突然成为全国最大的旱区。而恰巧 2014 年没有干旱地区湖南、广东、广西、海南、重庆等省（区市），是 2014 年洪涝灾害最重地区。

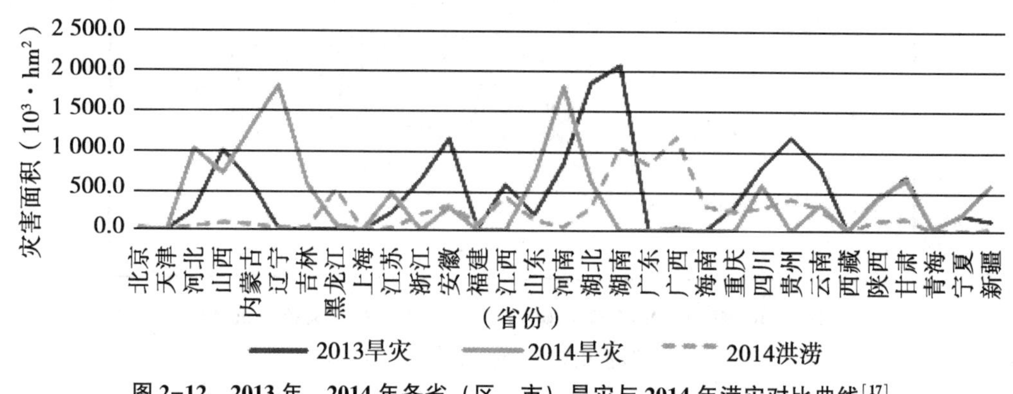

图 2-12　2013 年、2014 年各省（区、市）旱灾与 2014 年涝灾对比曲线[17]

灾害的随机性提醒我们必须时刻有防灾、抗灾意识，平时做好防灾预案，做好物资设备储备。

五、干旱与灌溉

抵御干旱有农业栽培技术措施，如选择耐旱品种、播种时采取坐水种、生育期适时中耕除草疏松土壤减少野草和土壤蒸腾损失等，但农业措施只能发挥有限的作用，真正发生旱情能解除干旱的唯一措施就是向农田供水，使土壤达到作物需要的湿度。中国灌溉文明已有 5 000年，为后人积累丰富经验，在古代称为溉水，汉沟洫志[18]中有“荥阳下引河东南为鸿沟，以通宋、郑、陈、蔡、曹、卫，与济、汝、淮、泗会。于楚，西方则通渠汉川、云梦之际，东方则通沟江淮之间。于吴，则通渠三江、五湖。于齐，则通淄济之间。于蜀，则蜀守李冰凿离，避沫水之害，穿二江成都中。此渠皆可行舟，有余则用溉，百姓飨其利。至于它，往往引其水，用溉田，沟渠甚多，然莫足数也……”。到宋代前后将溉田改称灌溉，并有“农田水利”这个中国特有的名词。有了祖先创造的治理江河排水灌溉的水利实践，才有今天的农田水利工程与灌溉文明。

1. **灌溉是防治干旱主要措施**

中国先人对抗旱有很多发明如农田建设方面有：垄田：垄作，有沟灌，始于周朝，有 4 000多年历史，适于北方旱田灌溉；井田：类似今天的方田，古称井田，沟渠成井字布置，适于大平原灌溉系统；畦田：畦作，有畦灌，考古发现西汉时的陶园圃模型有井畦系统，文字记载，西汉氾胜之著农书中有区田，可证明西汉已有畦灌，公元前200年左右，适于平原灌溉；圩田：江浙地区，太湖流域，盛于北宋年间（公元1043年），适于沿海江湖地区灌溉；垸田：两湖地区：公元1271—1840年，适于沿江湖泊岸边灌溉；梯田：旱田梯田有数千年历史。水田梯田，南宋（公元1149年）《陈旉农书》中《地势之宜》篇对高田有论述，到元王祯（公元1313年）著《农书·农器图谱集》中有“梯田”图，梯田分布云贵湖广几省，水田梯田适于多雨山地灌溉；围田：珠江下游桑园围，始于北宋公元1 100年左右，适于热带季风气候低洼区灌溉；涂田：沿海滩涂，迎海侧筑海堤防海潮，朝陆修沟渠灌排水系，适于海涂开发；架田：在湖面造漂浮之田，元王祯《农书·农器图谱集》有架田图，适于种植园艺；台田：适于低洼地。这些农田多是用于灌溉，抵御旱灾。在灌溉方法上也有发明如沟灌：中国考古表明新石器时代，于6 500年前已有小型灌溉系统。畦灌：公元前200年西汉已有畦灌，每亩15畦，灌溉效益有很大提高；地下灌：西汉时已瓦瓮罐埋于地下（公元前33—前7年），保持瓮中水不断以灌周围禾苗[65]；湿润灌：于灌溉作物周围，挖小沟灌水，湿润沟周围内田面（公元前33—前7年）。这些灌溉工程与方法至今尚在应用，适用于中国不同地区的灌溉。近30年引进国外的节水灌溉方法，但有些适用有些并不符合中国国情，中国一线的农民又结合国情创新了多种灌溉方法，如玉米覆膜灌、集雨式膜下滴灌、长畦短灌、短畦长灌等。由于中国北方处于干旱半干旱气候区，年降水量小于500mm就处于灌溉农业条件下，没有灌溉就无法保证正常农业生产。中国还有约2 000万 hm^2 应该灌溉但还没有灌溉设施的耕地，从图2-13中看出，灌溉面积增加，干旱面积就减少，但2000年全国平均降水900多mm，远低于常年降水，不在灌溉工程控制设计标准范围内，所以，干旱面积突然增加，其他几年基本处于随灌溉面积增加而旱灾面积逐步减少的状态。只有加强灌溉工程投入，扩大灌溉面积、提高灌溉工程标准，挖潜和提高灌溉效率，才能确保中国粮食安全。

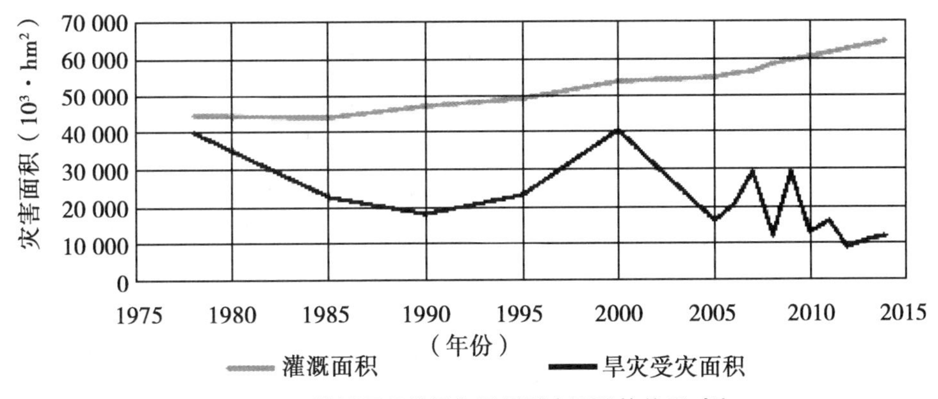

图2-13　灌溉面积发展与干旱受灾面积的关系对比

2. 灌溉对玉米抗御干旱的作用

按降水分布情况中国灌溉分区可分为三类地区。

（1）灌溉农业区。当年降水大于500mm时，基本可依赖自然降水进行农业种植，但当年降水小于500mm时，作物生长就得不到保障，尤其中国的降水分布，500mm与

200mm 地区紧相连，小于 200mm 地区占全国 36%，小于 500mm 的占全国 43%（含小于 200mm 区域），这些地区分布在新疆、青海、甘肃、宁夏、内蒙古等省区大部地区，也包括陕西、河北、辽宁、吉林、黑龙江等省的西北部部分地区，玉米必须灌溉才能获得产量，只有充分供水玉米才能创造高产。该区称为中国的灌溉农业区，也是玉米必须进行灌溉才能获得稳产高产的地区（图 2-14）。

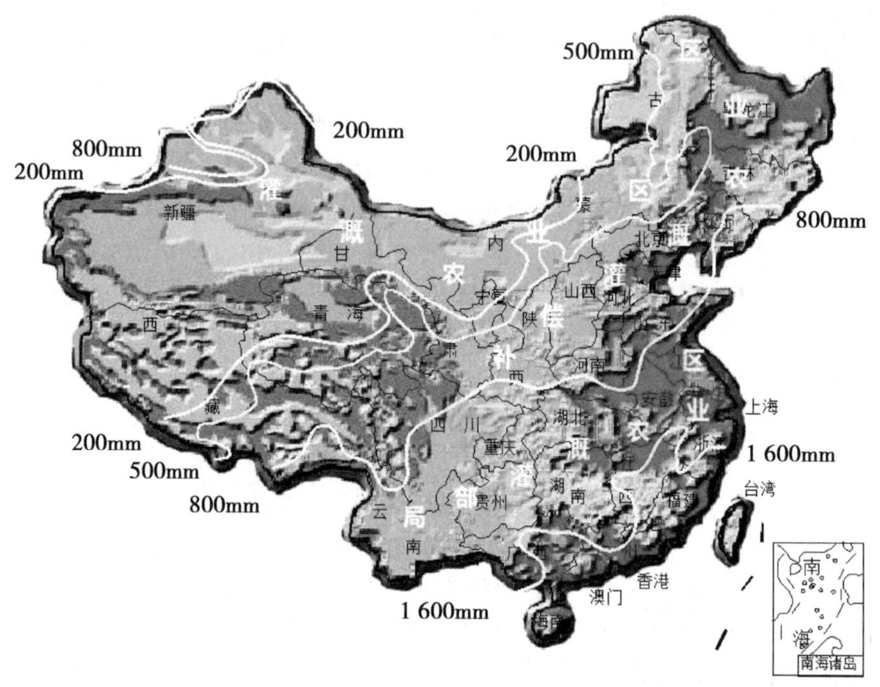

图 2-14　根据降水量灌溉农业分区

（2）补偿灌溉农业区。当年降水量在 500~800mm 时，一般年份玉米靠自然降水就会获得收获，但不能获得非常满意的产量，要想获得高产稳产必须进行补偿供水，尤其干旱年份就必须灌溉才能获得较好收成。这些地区也恰是中国玉米主产区，包括东北的辽吉黑三省，黄淮海地区的河北、河南、陕西、山西、山东及安徽、甘肃、四川、西藏等省区部分地区，分布面积占全国面积的 27%。该区的黄淮海地区人口密集，历史上发生过严重的旱灾，造成人民生命财产的巨大损失。黄淮海地区是夏玉米主产区，虽然降水在 500~800mm，但却是一年一熟半地区，作物需水量大，经不起干旱的威胁。降水稍少就会形成旱灾。

（3）局部灌溉农业区。年平均降水大于 800mm，气候处于亚热带区，年降水在 800~2 000mm，局部地区降水大于 2 000mm，气候高温湿润，阳光充足，农作物一年二季局部地区一年三季，主要农作物是水稻，玉米只在山丘区种植。局部灌溉是指旱田而言，玉米种植面积也小。该区包括江苏、安徽、湖北、湖南、四川、云南、贵州、广东、广西、海南、江西、浙江、福建、台湾等省区。年降水大于 800mm 区域占全国面积的 30%，其中，大于 1 600mm 地区占全国面积 4.7%。

受人类工业化活动影响气候异常，该区玉米干旱发生频率增加，灌溉措施也亟待加强，虽然全年雨量较大，但干旱仍有发生，玉米产量波动很大，如贵州省近10年统计显示，减产一成以上年份有66.67%的概率，减产二成以上年份有25%的概率，减产四成以上年份也高达8.3%的概率（表2-15）。说明农田水利灌溉设施不足，抵御旱灾能力有限。

表2-15 贵州省2003—2014年玉米单产变化

年份	单产（kg/hm²）	较丰产年减产（%）	减产（%）	减产（%）	减产（%）
2003	4 650.0	14	1.00	0.00	0.00
2004	4 725.0	12	1.00	0.00	0.00
2005	4 781.1	11	1.00	0.00	0.00
2006	4 582.4	15	1.00	0.00	0.00
2007	4 882.4	9	0.00	0.00	0.00
2008	5 325.0	1	0.00	0.00	0.00
2009	5 385.0	0	0.00	0.00	0.00
2010	5 325.0	1	0.00	0.00	0.00
2011	3 090.0	43	1.00	1.00	1.00
2012	4 410.0	18	1.00	0.00	0.00
2013	3 825.0	29	1.00	1.00	0.00
2014	3 975.0	26	1.00	1.00	0.00
成灾率			66.67	25.00	8.33

第二节 玉米灌溉区划原则与分区因素

玉米灌溉区划属于自然区划的一种，并且是跨学科的区划，兼有农业、水利两大类，农业水利是人类在原生的自然条件下充分利用自然资源生产人类生存需要的物资，这种地域差别包含不可改变的自然因素与人类活动因素与改变了的因素，具有自然与社会两类性质，但其社会性是与自然紧密相连的，社会因素一旦离开地域的自然条件便不复存在。所以，玉米灌溉区划是属于自然区划。如何划区也自然离不开自然条件与人类活动造成的差异，对于玉米灌溉区划更具体到农业的玉米单一作物，在水利中又关联灌溉单一学科，研究内容自然要包含于玉米生长相关的自然因素和与灌溉相关的水利工程、水资源、灌溉技术因素。一种专业性的区划目的是认识自然为专业现状更好的开发资源提供科学依据，更好规划该专业发展方向。所以，专业区划是有时间性的，不是一劳永逸的，而是有阶段的区划，随着科学的发展人类活动能力的提升，需要更新区划以便指导新形势下的人类活动。

一、玉米灌溉区划原则与分区等级

1. 分区原则

（1）区划因素原则。选择自然因素、农业因素、水利因素类同划为同区。

（2）分区兼顾原则。行政单位完整、兼顾玉米区划、兼顾水利区划。

（3）区划等级。不同级别分区，按宏观和微观因素，根据掌握近年统计资料和灌溉差异确定。

2. 参加玉米灌溉区划单元与分区级别

参加划区单元，全国四个直辖市及地市级共342个行政区（附表一）。

（1）区划最小单元（地市级行政区）。

（2）按玉米种植比例选择参加分区单元。根据近年统计资料，确定纳入玉米灌溉区划的地市级行政区，平均玉米种植面积占耕地（或播种面积）面积10%以上（含10%），参加区划，无玉米种植或玉米面积小于10%的地市不参与区划。统计最后参加区划为212个地市，小于10%的称为玉米局部种植非区划区，共130个地市。

3. 全国玉米灌溉区划分区级别

为客观全面的认识玉米灌溉分布特点，根据参加分区的自然、农业、水利因素，进行三级分区，以便从全国宏观逐步进入地区微观，区分不同类型，为后续的灌溉工程建设、灌溉管理提供科学依据。

（1）一级区。中国幅员辽阔地域自然条件差别巨大，根据中国地域的差别，玉米区域分布的差别，进行一级分区。

（2）二级区。同在一级区内，由于自然气候、水系分布不同，再进一步的区分，形成二级分区，将比一级区更进一步的了解区域间的差别，以利省区间采取不同工程、管理措施，为生产提供科学依据。

（3）三级区。同在一个二级区内，但由于地形、灌溉水源工程类型的不同，灌溉措施、玉米灌溉制度都会形成很大差别，如在山区，山上和山下，玉米种植的品种、灌溉水源、灌溉工程、玉米需水量、采用灌溉方法等差别很大。三级区，可将这些因素的差别反映出来，以利差别指导工程建设和灌溉管理。

二、玉米灌溉区划分区因素与指标

1. 分区因素

（1）一级分区因素。自然因素（行政区地理位置、区位地形）、农业因素（玉米种植季节）。

（2）二级分区因素。自然因素（干燥度、平均田均水资源、水系）、农业因素（玉米产量）。

（3）三级分区因素。自然因素（积温、区位地形）、水利因素（工程类型、供水能力）。

2．分区指标

根据对432个地市的统计资料，参照气象、地理等学科的分级标准，拟定如表2-16的分级指标。

表2-16　三级分区因素与指标

分区因素与等级		自然因素						玉米		灌溉	
		地理位置	积温℃	干燥度K 蒸发/降水	田均水资源 (m^3/hm^2)	地形坡度	水系	品种	产量 (kg/hm^2)	工程类型	供水能力 (m^3/hm^2)
级别	Ⅰ	○1				○2		○3			
	Ⅱ			○1	○2		○3		○4		
	Ⅲ		○1			○2				○3	○4
等级指标	一级	东北 华北 西北 华中 华南 华东 西南	寒温 <1 600	湿润 <1	丰水 >15 000	平原 <200	黄长 海松 辽淮 珠怒 澜	春	<5 500	井灌	强 >24 000
	二级		中温 1 600~3 400	半湿润 1~1.25	富水 12 000~15 000	丘陵500 起伏		夏	5 500~7 500	储水	中 12 000~24 000
	三级		暖温 3 400~4 500	干旱 >4.0	缺水 6 000~12 000	山地 >500		多季	>7 500	引提	弱 <12 000
	四级		亚热 4 500~8 100	半干旱 1.25~4.0	贫水 <6 000						混合

第三节　玉米灌溉区划方法

灌溉分区采用共区优选法，共区优选是一种优化方法，无需专用软件，利用电子表格即可完成所有分析计算。首先将参加分区单元的分区因素，填写在参加分区的表格中，然后进行因素数字化，通过电子表格计算，选择因素相同的分区单元为一个区，这样就组成一个方案。然后对方案分析，是否合理，能否满足分区原则要求，如果不满意，进行调整，调整分为两方面，一是选择的分区因素是否恰当；二是数字化是否能区分因素影响。最后对形成的几个方案进行共区率计算，选择共区率高的，与理想分区接近的，确定为分区成果方案。

一、共区优选人机联合

1. 分区类型

（1）经验分区。经验是指人工凭历史经验，人工拟定分区方案，但在区划影响因素太多时，很难确定取舍。

（2）计算机优化分区。计算机分区方法很多，如聚类法、模糊聚类、灰色模糊等，但比较复杂。共区优化，可同人工传统方法结合，并能优化，方法直观。

（3）共区优选法。

2. 计算模型

（1）因素数字化。为区分因素的差别，对因素不同差别进行数字化分组，以便组合成不同的数据级别。数字化用电子表格自带的函数，进行逻辑编程。

（2）数字化语句实例。

行政区：“=IF(O4="东北", 3, IF(O4="华北", 5, IF(O4="西北", 30, IF(O4="华中", 8, IF(O4="华东", 11, IF(O4="华南", 13, IF(O4="西南", 15, "")))))))”。

一日降水：“=IF(P4>=200, 10, IF(P4<200, IF(P4>=100, 8, IF(P4<100, IF(P4>=80, 5, "")))))”。

玉米类：“=IF(Q4="春", 2, IF(Q4="夏", 6, IF(Q4="多季", 10, "")))”。

（3）组成分区数据。将参加分区因素的数值，组成数组，其方法有 2 种：一是因素数值相加，由于给定不同因素的数值大小不同，相加的和相等则显示分区因素相同；第二种方法是组成数字字符串，字符串相同，也代表分区因素相同。2 种方法可以任选。该实例是数值相加。

分区数据：逻辑语句“=IF(S4="", "", IF(T4="", "", R4+S4+T4))”。

（4）根据分区数据进行分区。

分区语句：“=IF(U4="", "", IF(U4>=37, 2, IF(U4<36, IF(U4>=25, 4, IF(U4<=24, IF (U4>=16, 3, IF(U4<16, IF(U4>=10, 1, ""))))))))”。

从实例中看出，如果 U4=” ”，表示它不在分区范围，是非区划单元，所以，在分区栏中也是空，其他几个地市都有区属。

从上面分区计算看出，虽然分区有 342 个地市，但一个下拉计算，就将 342 个地市，分出 5 种类型区（表 2-17）。

表 2-17　分区计算（及优化分区）实例表格

地市	一级分区参数			一级分区				
	政区	区位地形	品种	方案 1				
			种植季节	政区	地形	品种	分区数据	分区
北京市辖区	华北	山丘平	夏	4	3	10	17	3 区
天津市辖区	华北	平	夏	4	1	10	15	3 区
石家庄市	华北	山丘平	夏	4	3	10	17	3 区
承德市	华北	山	春	4	4	1	9	1 区
张家口市	华北	山	春	4	4	1	9	1 区
秦皇岛市	华北	山丘平	春	4	3	1	8	1 区

二、共区率计算

采用共区优选法，即根据分区原则拟定几种分区方案，计算步骤如下。

（1）组成判别字符串。将区划单元的各因素数字化的代码，组成字符串：其实例语句：

" = MID(F4, 1, 1) &MID(G4, 1, 1) &MID(H4, 1, 1) "。

（2）选择标准判别数。计算每个单元共区率需要有个标准，在分区成果中，一个区内，将出现最多的判别数，作为标准判别数，令标准判别数共区率为100%，而不符合标准的判别数的共区率要小于100%（如66%或其他小于100的数，一般根据对比标准中相同分区因素多少来给予）。如实例中语句：

" = IF(K4 = "441", 100, IF(K4 = "221", 100, IF(K4 = "341", 100, IF(K4 = "841", 100, IF (K4 = "741", 100, IF(K4 = "641", 100, IF(K4 = "621", 100, , IF(K4 = "111", 100, IF(K4 = "411", 100, IF(K4 = "821", 100, IF(K4 = "311", 100, IF(K4 = "641", 100, IF(K4 = "342", 100, 66))))))))))))) "，上述语句是对4个分区和每个分区中又有不同行政区，所以，标准判别数多了些，如果在三级分区中，范围缩小，标准判别数可能只有一个。

（3）计算分区单元的共区率。根据标准判别数可很快对所有参加分区单元计算出共区率（表2-18）。

表2-18　分区计算（及优化分区）共区率计算实例表格

地市	一级分区参数			一级分区计算					共区率	
	政区	区位地形	品种	方案1					判别数	共区率（%）
			种植季节	政区	地形	品种				
承德市	华北	山	春	4	4	1	9	1区	441	100
张家口市	华北	山	春	4	4	1	9	1区	441	100
秦皇岛市	华北	山丘平	春	4	3	1	8	1区	431	66
唐山市	华北	平	春	4	1	1	6	1区	411	100
太原市	华北	山丘	春	4	4	1	9	1区	441	100

（4）计算每个方案共区率。①计算每个分区中各单元共区率。②再计算每个分区平均共区率。③计算每个方案共区率，计算公式：

$$q_{ij} = \frac{p_{ij}}{m_j} \times 100 \tag{2-6}$$

$$Q_j = \frac{1}{N} \sum_{1}^{N} q_{ij} \tag{2-7}$$

$$Q = \frac{1}{j} \sum_{1}^{j} Q_J \tag{2-8}$$

式中：q_{ij}—分区单元共区率，i代表单元序号，j表示参加分区的分区序号。

Q_j—方案中j区平均共区率，%。

Q—方案中j个分区平均共区率，%。

P_{ij}—给定单元共区率%。

m_j—通过分析，在分区数据中出现最多的判别数，作为标准判别数。

（5）选择优化方案。选择共区率最高的方案，作为分区成果。

第四节　玉米灌溉分区

中国辽阔的地域差异，和自然条件不同，形成了明显的作物布局差异，北部降水少以旱作为主，南方降水多气温高，两季作物，并以水稻为主。玉米是北方的主打作物，图2-15标示了玉米产区分布和种植比例大小，以342个地市为单位，其中，玉米面积占耕地面积超过10%的地市有213个，没有种植玉米及种植面积小于10%的地市共129个。区划采用三级分区，区划只对213个地市进行了三级分区，129个地市划为非区划区。

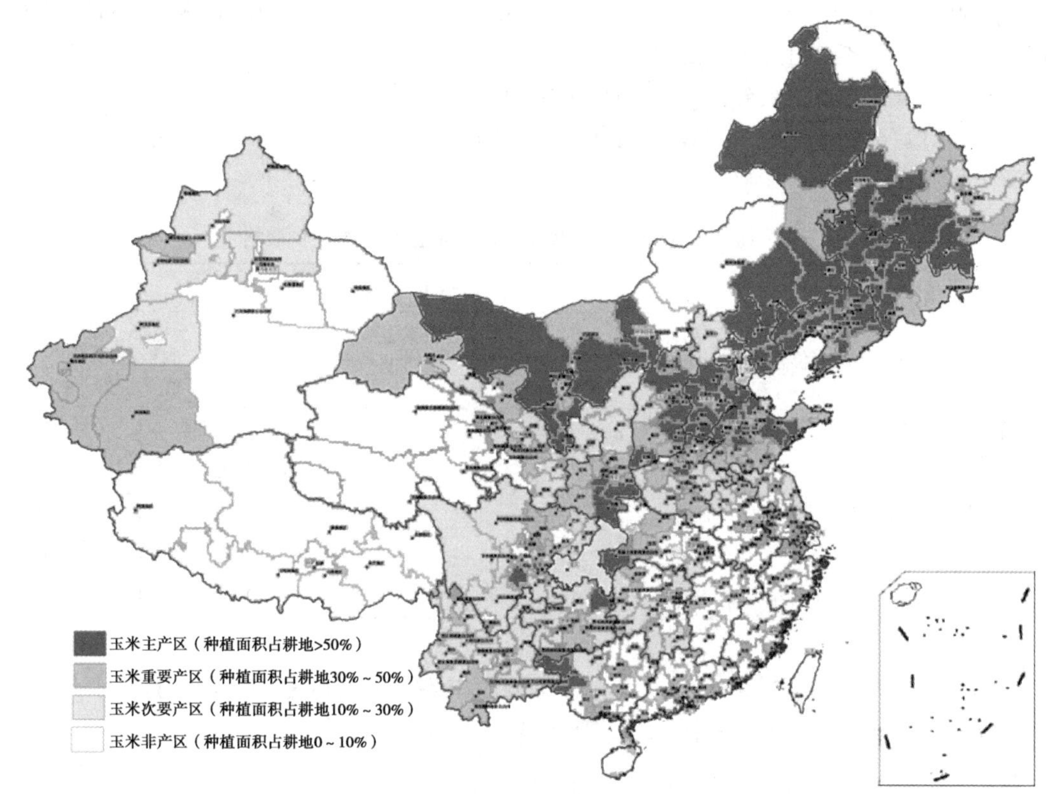

图2-15　玉米产区与种植面积占耕地百分比对比

一、一级区分区

1. 一级分区数据资料

根据图2-15和附表一，将参加区划的342个地市，资料数据列表，以备分析计算。

2. 一级分区方案拟订

（1）随机方案。根据共区优选法的计算程序，对342个地市级区划单元，随机计算分区。

（2）修正方案。对第一方案不符合分区原则的进行调整，如虽然分区因素相同，但分散，而且较多，则不符合分区兼顾原则：行政单位完整、兼顾玉米区划、兼顾水利区划。按兼顾原则，做适当调整，将分散的春、夏、秋、冬玉米化作西南区，统称多季玉米区。

3. 一级分区优化计算

通过共区优选法计算程序，用电子表格分别对两方案进行计算。

4．一级分区成果

（1）经过计算第一方案成果如下（表 2-19）。

表 2-19　玉米灌溉区划一级分区第一方案

地市数	一级分区参数			分区计算数字化					共区率	
	行政区	区位地形	种植季节	方案 1					判别数	共区率（%）
				政区	地形	品种	分区数据	分区		
承德市	华北	山	春	4	4	1	9	1	441	100.0
呼和浩特市	华北	山丘	春	4	4	1	9	1	441	100.0
沈阳	东北	平	春	2	1	1	4	1	211	66.0
长春	东北	平	春	2	1	1	4	1	211	66.0
哈尔滨	东北	丘平	春	2	2	1	5	1	221	100.0
楚雄	西南	山	春	3	4	1	8	1	341	100.0
共 68 平均										86.5
十堰市	华中	山丘	春	8	4	1	13	2	841	100.0
张家界市	华中	山	春	8	4	1	13	2	841	100.0
百色市	华南	山丘	春	7	4	1	12	2	741	100.0
兰州	西北	山	春	6	4	1	11	2	641	100.0
银川市	西北	山	春	6	4	1	11	2	641	100.0
喀什地区	西北	沙丘	春	6	6	1	13	2	661	66.0
共 39 平均										94.5
北京市辖区	华北	山丘平	夏	4	3	10	17	3	431	66.0
石家庄市	华北	山丘平	夏	4	3	10	17	3	431	66.0
淮北	华东	平	夏	10	1	10	21	3	111	100.0
济南市	华北	丘平	夏	4	2	10	16	3	421	66.0
郑州市	华中	丘平	夏	8	2	10	20	3	821	100.0
自贡市（内江）	西南	平	夏	3	1	10	14	3	311	100.0
西安市	西北	丘	夏	6	2	10	18	3	621	100.0
共 68 平均										89
岳阳市	华中	丘平	多季	8	2	22	32	4	822	66.0
苏州市	华东	平	多季	10	1	22	33	4	112	66.0
重庆	西南	山丘平	多季	3	3	22	28	4	332	66.0

（续表）

地市数	一级分区参数			分区计算数字化					共区率	
				方案 1						
	行政区	区位地形	种植季节	政区	地形	品种	分区数据	分区	判别数	共区率（%）
阿坝	西南	山	多季	3	4	22	29	4	342	100. 0
遵义市	西南	山	多季	3	4	22	29	4	342	100. 0
玉溪	西南	山	多季	3	4	22	29	4	342	100. 0
共 38 平均										84
福州市	华东	山丘平		10	3		13	5		
合肥	华东	平		10	1		11	5	5	
南昌市	华东	平		10	1		11	5	5	
长沙市	华中	丘平		8	2		10	5		
湛江	华南	平		7	1		8	5		
北海市	华南	平		7	1		8	5		
张掖市	西北	山丘		6	4		10	5		
拉萨市	西南	高山		3	5		8	5		
哈密地区	西北	沙丘		6	6		12	5		
共 129										
第一方案平均										88. 5

（2）经过计算第二方案成果如下（表 2-20）。

表 2-20　玉米灌溉区划一级分区第二方案

地市数	一级分区第二方案成果			一级分区计算					共区率	
	一级分区参数			方案 1						
	行政区	区位地形	种植季节	政区	地形	品种			判别数	共区率（%）
承德市	华北	山	春	4	4	1	9	1	441	100
太原市	华北	山丘	春	4	4	1	9	1	441	100
呼和浩特市	华北	山丘	春	4	4	1	9	1	441	100
沈阳	东北	平	春	2	1	1	4	1	211	66
长春	东北	平	春	2	1	1	4	1	211	66
哈尔滨	东北	丘平	春	2	2	1	5	1	221	100
共 60 平均										85. 8
兰州	西北	山	春	6	4	1	11	2	641	100
银川市	西北	山	春	6	4	1	11	2	641	100

（续表）

地市数	一级分区第二方案成果			一级分区计算					共区率	
	一级分区参数			方案 1					判别数	共区率（%）
	行政区	区位地形	种植季节	政区	地形	品种				
塔城地区	西北	山	春	6	4	1	11	2	641	100
喀什地区	西北	沙丘	春	6	6	1	13	2	661	66
共 30 平均										94.1
北京市辖区	华北	山丘平	夏	4	3	10	17	3	431	66
石家庄市	华北	山丘平	夏	4	3	10	17	3	431	66
临汾市	华北	山丘	夏	4	4	10	18	3	441	100
苏州市	华东	平	多季	10	1	22	33	3	112	66
蚌埠	华东	平	夏	10	1	10	21	3	111	100
济南市	华北	丘平	夏	4	2	10	16	3	421	66
郑州市	华中	丘平	夏	8	2	10	20	3	821	100
西安市	西北	丘	夏	6	2	10	18	3	621	100
共 63 平均										86
黄石市	华中	丘平	多季	8	2	22	32	4	822	66
邵阳市	华中	山丘	夏	8	4	10	22	4	841	100
永州市	华中	山丘	春	8	4	1	13	4	841	100
河池市	华南	山丘	春	7	4	1	12	4	741	100
宜宾市	西南	山丘	多季	3	4	22	29	4	342	100
宜宾市	西南	山丘	多季	3	4	22	29	4	342	100
昆明	西南	山	多季	3	4	22	29	4	342	100
共 60 平均										90.4
锡林郭勒盟	华北	山丘		4	4		8	5		
南京市	华东	丘		10	2		12	5		
杭州市	华东	山丘平		10	3		13	5		
合肥	华东	平		10	1		11	5		
福州市	华东	山丘平		10	3		13	5		
九江市	华东	平		10	1		11	5		
武汉市	华中	平		8	1		9	5		
广州	华南	丘平		7	2		9	5		
南宁市	华南	平		7	1		8	5		
129										89

5. 优选与评价

从两方案的共区率看出，调整后的共区率不但没有减少，反而略有增加，并且从两方案的分布图（图 2-16）对比可看出，满足了构筑方案二的目的，春玉米有 2 个完整一级区，夏玉米也集中在第三区中，只是将华东的苏皖零星春夏玉米混合地市并入与其连片的夏玉米区，西南变成多季玉米灌溉区。很显然第二方案满足了区划原则。故选择第二方案作为进行后续二级、三级分区基础。

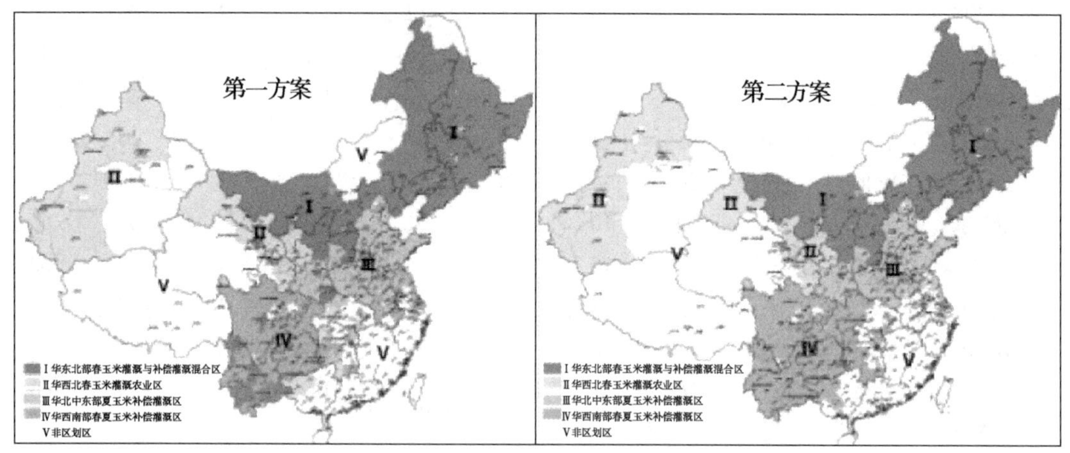

图 2-16　中国玉米灌溉区划一级分区两方案对比

6. 一级分区成果

全国按行政区和玉米种植季节的不同划分为 5 个大区：Ⅰ华东北部春玉米灌溉与补偿灌溉混合区；Ⅱ华西北部春玉米灌溉农业区；Ⅲ华北中东部夏玉米补偿灌溉区；Ⅳ华西南春夏秋玉米补偿灌溉区；Ⅴ局部种植非区划区。

（1）Ⅰ华东北部春玉米灌溉与补偿灌溉混合区。含哈尔滨、沈阳等 60 个地市（表 2-21-1，图 2-17），该区地处中国东北部，属中温带干燥半干燥气候区，年降水量 400~800mm，积温 2 500~3 500℃，生育期 5—10 月，适宜一年一季作物生长，积温与日照恰好满足春玉米生长。

该区是中国玉米主产区，主要分布在松辽平原，春玉米播种面积 2013 年 1 837.6 万 hm^2，占全国总播种面积 49%，总产 13 176万 t，占全国总产 53%。

（2）Ⅱ华西北部春玉米灌溉农业区。含兰州、银川、阿克苏等 30 个地市（表 2-21-1，图 2-17），该区地处中国西北部，属中温带干燥气候区，年降水量 00~800mm，积温 2 300~4 000℃，生育期 4—9 月，适宜一年一季作物生长，该区日照充足玉米单产最高达 11 000kg/hm^2。

该区是中国灌溉农业区，降水量少玉米必须灌溉才能生长，主要分布在西部高原和新疆沙漠地区，春玉米播种面积 2013 年达 229.6 万 hm^2，占全国总播种面积 6%，总产 1 748.4万 t 占全国总产 7%。

（3）Ⅲ华北中东部夏玉米补偿灌溉区。含北京、石家庄、郑州等 63 个地市（表 2-21-1，图 2-17），该区地处中国华北、华中地区，属暖温带半干燥气候区，地区内年降水量分布均匀在 800mm 左右，积温 4 400~5 000℃，是夏玉米主产区，生育期 6—9 月，属于 2 年三季作物农业区，由于一季半作物生长，800mm 降水量不能满足生长要求，冬小麦和玉米均需要灌水补充。夏玉米生育期较春玉米短，产量低于春玉米。

该区主要分布在黄淮海平原区，主要是夏玉米，淮河北部有极少春玉米，总播种面积 2013 年为 1 098. 8万 hm^2，占全国总播种面积 29%，总产 6 739. 8万 t 占全国总产 27%，低于一区，是全国第二大玉米产区。

（4）Ⅳ华西南春夏秋玉米补偿灌溉区。含重庆、贵阳、昆明等 60 个地市（表 2-21-2，图 2-17），该区地处中国西北地区，属亚热带湿润气候区，地区内年降水量分布在 1 000~1 300mm，积温 5 000~6 500℃，由于地势山丘纵横，处于长江上游区，海拔在 1 000~5 000m 变化，玉米能生长在海拔 1~3 000m 土壤中，该区山上山下高差很大，局部平原可种植夏玉米，而高山之上只能种春玉米。也有少数热带地区种植秋玉米或冬玉米。属于一年两季作物农业区，虽然有 1 000mm 降水量，但也常发生干旱，要获得稳定玉米产量，也需要灌溉补充雨水的不足。

该区主要分布在西南山区，玉米总播种面积 2013 年为 4 832. 8万 hm^2，占全国总播种面积 13%，总产 2 862. 2万 t 占全国总产 11%，是全国第三大玉米产区。

（5）Ⅴ局部种植非区划区。该区主要分布在中国东南亚热带和青藏高原区，包含福建、广州、南宁、南昌、拉萨、西宁等 129 地市，浙江、福建、广东、广西、南昌、湖南等省区亚热带地区，主要种植水稻和亚热带农作物，玉米播种面积很少；而青藏高原，气候寒冷，玉米很难生长，极少种植玉米。玉米面积 758 万 hm^2，占全国的 2%，产量占全国 2%。

表 2-21-1　玉米灌溉区划一级分区第二方案市地组成

Ⅰ华东北部春玉米灌溉与补偿灌溉混合区			Ⅱ华西北部春玉米灌溉农业区		Ⅲ华北中东部夏玉米补偿灌溉区		
承德	巴彦淖尔	辽源	兰州	（伊宁）	北京辖区	阜阳	洛阳
张家口	乌海	通化	嘉峪关（酒泉）	塔城地区	天津辖区	济南	平顶山
秦皇岛	阿拉善盟	白山	金昌（永昌）	阿勒泰地区	石家庄	青岛	安阳
唐山	沈阳	松原	白银（皋兰）	博尔塔拉自治州	廊坊	淄博	鹤壁
太原	大连	白城	天水	阿克苏地区	保定	枣庄	新乡
大同	鞍山	延边	武威	克孜勒苏自治州	沧州	东营	焦作
阳泉	抚顺	哈尔滨	平凉	喀什地区	衡水	烟台	濮阳
长治	本溪	齐齐哈尔	酒泉	和田地区	邢台	潍坊	许昌
晋城	丹东	鸡西	庆阳（西峰镇）	张掖	邯郸	济宁	漯河
朔州	锦州	鹤岗	定西（华家岭）		运城	泰安	三门峡
晋中	营口	双鸭山	陇南（武都）		临汾	威海	南阳
忻州	阜新	大庆	临夏州		徐州	日照	商丘
吕梁	辽阳	伊春	海东（西宁）		苏州	莱芜	信阳
呼和浩特	盘锦	佳木斯	银川		南通	临沂	周口

（续表）

Ⅰ华东北部春玉米灌溉与补偿灌溉混合区			Ⅱ华西北部春玉米灌溉农业区	Ⅲ华北中东部夏玉米补偿灌溉区		
包头	铁岭	七台河	石嘴山（惠农）	盐城	德州	驻马店
呼伦贝尔	朝阳	牡丹江	吴忠（盐池）	宿迁	聊城	西安
兴安盟	葫芦岛	黑河	固原	淮北	滨州	铜川
通辽	长春	绥化	中卫	亳州	菏泽	宝鸡
赤峰	吉林	延安	昌吉	宿州	郑州	咸阳（西安）
鄂尔多斯	四平	榆林	伊犁	蚌埠	开封	渭南（西安）

表 2-21-2　玉米灌溉区划一级分区第二方案市地组成

Ⅲ华北中东部夏玉米补偿灌溉区	Ⅳ华西南春夏秋玉米补偿灌溉区		
汉中	黄石	绵阳	铜仁
安康	十堰（郧西县）	广元	黔西南布依族苗族自治州
商洛（商州）	宜昌	遂宁	黔东南苗族侗族自治州（凯里）
	襄阳（老河口）	内江	黔南布依族苗族自治州（独山）
	咸宁（嘉鱼）	乐山	昆明
	恩施自治州	眉山（乐山）	曲靖（沾益）
	神农架林区（房县）	宜宾	玉溪
	邵阳	广安（南充）	保山
	岳阳	达州（达县）	昭通
	张家界（桑植）	雅安	丽江
	郴州	巴中	普洱（思茅）
	永州	资阳	临沧
	怀化（平江）	阿坝藏族羌族自治州	楚雄
	娄底（双峰）	甘孜藏族自治州	红河（江城）
	湘西（吉首）	凉山彝族自治州（盐源）	文山
	百色	贵阳	西双版纳（景洪）
	河池	六盘水（盘县）	大理
	重庆	遵义	德宏（瑞丽）
	自贡（内江）	安顺	怒江
	泸州	毕节	迪庆（德钦）

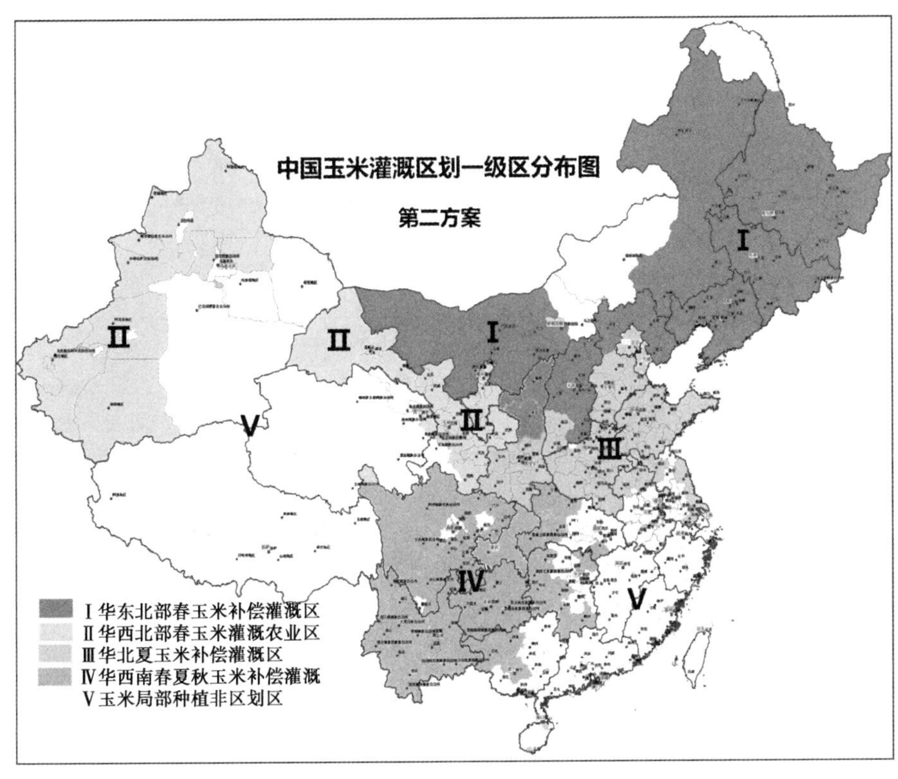

图 2-17　一级分区

二、二级区分区

1. 二级分区数据资料

根据表 2-16 中拟定的二级分区因素，由附表一种提取，格式如表 2-22（内容从简）。由于一级的第五区已定为非区划区，所以不参加二级、三级区划。

表 2-22　二级分区参数（内容从简）

一级分区	市地	二级分区参数			水系
		干燥度（K）蒸发/降水	田均水资源（m^3/hm^2）	产量（kg/hm^2）	
1 区	承德市	2	9 390	43 85	海．武烈河
	张家口市	2	1 515	4 802	海．洋河
	秦皇岛市	2	7 395	6 052	海．滦河
2 区	嘉峪关（酒泉）	2	-10 785	11 428.6	内．洪水河
	金昌市（永昌）	2	465	10 403	黄河
	白银市（皋兰）	1.5	525	4 757	黄河

（续表）

一级分区	市地	二级分区参数			水系
		干燥度（K）	田均水资源	产量	
		蒸发/降水	（m^3/hm^2）	（kg/hm^2）	
3 区	北京市辖区	1.5	8 820	6 567	海．潮白河
	天津市辖区	1.5	1 080	7 577	海河
	石家庄市	2.0	2 475	6 873	海．滹沱河
4 区	黄石市	0.8	31 845	3 666	长江
	十堰市（郧西县）	0.8	50 160	4 558	长．丹江
	宜昌市	0.8	32 565	4 791	长．丹江

2. 二级分区优化计算

（1）分区因素分级。将参与分区四因素划分等级以便归类。

干燥度：按表 2-16 定义区分为干旱、半干旱、湿润、半湿润四类；公顷均水资源按表 2-16 也分为丰水、富水、缺水、贫水四类；产量按表 2-16 分为低、中、高产三级；水系区分为：松、辽、海、黄、长、淮、珠、内（内陆）、怒、澜十类。然后用电子表格逻辑函数，进行分类。语句实例：干燥度分类” =IF(S4>=4,"干旱",IF(1.25<=S4,IF(S4<=4,"半干旱"),IF(S4<=1,"湿润",IF(1<S4,IF(S4<=1.25,"半湿润",""))))))”；田均水资源分类”=IF(T4>=15 000,"丰水",IF(12 000<=T4,IF(T4<15 000,"富水"),IF(T4<12 000,IF(9 000<T4,"缺水",IF(T4<9 000,"贫水",)))))”；玉米单产分类” =IF(U4>7 500,"高产",IF(5 500<=U4,IF(U4<=7 500,"中产"),IF(U4<5 500,"低产",)))”；水系分类取其字符串中的第一字符” =MID（V4，1，1）”。分类完成后，进入下一步。

表 2-23　二级分区参数分级（内容从简）

分区	市地	干燥度（K）	田均水资源	产量	水系	干燥度	水资源	产量	水系
		蒸发/降水	（m^3/hm^2）	（kg/hm^2）		分级	分级	分级	分级
1 区	承 德	2	9 390	4 385	海．武烈河	半干旱	缺水	低产	海
1 区	张家口	2	1 515	4 802	海．洋河	半干旱	贫水	低产	海
1 区	秦皇岛	2	7 395	6 052	海．滦河	半干旱	缺水	中产	海
2 区	嘉峪关	2	-10 785	11 428.6	内．洪水河	半干旱	贫水	高产	内
2 区	金昌市	2	465	10 403	黄河	半干旱	贫水	高产	黄
2 区	白银市	1.5	525	4 757	黄河	半干旱	贫水	低产	黄
3 区	北京	1.5	8 820	6 567	海．潮白河	半干旱	缺水	中产	海
3 区	天津	1.5	1 080	7 577	海河	半干旱	贫水	高产	海
3 区	石家庄	2.0	2 475	6 873	海．滹沱河	半干旱	贫水	中产	海

（续表）

分区	市地	干燥度（K）蒸发/降水	田均水资源（m^3/hm^2）	产量（kg/hm^2）	水系	干燥度分级	水资源分级	产量分级	水系分级
4 区	黄石市	0.8	31 845	3 666	长江	湿润	丰水	低产	长
4 区	十堰	0.8	50 160	4 558	长．丹江	湿润	丰水	低产	长
4 区	宜昌	0.8	32 565	4 791	长．丹江	湿润	丰水	低产	长

（2）分区因素数字化。因素数字化是为了计算机对不同二级分区进行辨别，找出因素参数类同的单元组成同一区组，以使共区率最好。因素数字化也是分别对 4 个因素，在分类的基础上，给予不同的数值。数值的大小，要以能明显区分因素的影响为宜，不同的类别要拉开档次，同时，要确定二级分区影响命名的因素要加大他的权重（即数值要大于其他的因素）。同样用逻辑函数一次性的给予。语句实例：干燥度数字化”=IF(W4="干旱",1,IF(W4="半干旱",2,IF(W4="湿润",3,IF(W4="半湿润",4,))))"),IF(S4<=1,"湿润",IF(1<S4,IF(S4<=1.25,"半湿润","")))))”；均水资源数字化”=IF(X4="贫水",1,IF(X4="缺水",2,IF(X4="富水",3,IF(X4="丰水",4,))))”；玉米单产数字化”=IF(Y4="低产",1,IF(Y4="中产",2,IF(Y4="高产",3,)))”；水系数字化”=IF(Z4="松",1,IF(Z4="辽",10,IF(Z4="海",20,IF(Z4="黄",30,Z4))))”。数字化完成后，进入分区计算。

（3）分区计算。二级、三级分区原则是在一级区内进行，而且因素的类型分级和数字化要以每个一级区而不同，当然在同一个一级区内必须一致。三级分区要以二级区为基础，方法同二级分区。

二级分区主要因素是水系，并以水系和干燥度进行命名。分区方法参照本章第二节。具体步骤，见表 2-22、表 2-23、表 2-24。分区逻辑函数语句：

”=IF(AE4<=13,11,IF(AE4<=19,12,IF(AE4<28,13,IF(AE4<38,14))))”。

表 2-24　分区计算实例（仅引用一级 1 区一部分单元）

地市	分级计算				数字化计算					分区
	干燥度	水资源	产量	水系	系数				合计（判别数）	
					干燥度	水资源	产量	水系		
承德	半干旱	缺水	低产	海	2	2	1	20	25	13
张家口	半干旱	贫水	低产	海	2	1	1	20	24	13
吕梁市	半干旱	贫水	低产	黄	2	1	1	30	34	14
呼和浩特	半干旱	贫水	中产	黄	2	1	2	30	35	14
包头	半干旱	贫水	高产	黄	2	1	3	30	36	14
呼伦贝尔	半干旱	丰水	高产	松	2	4	3	1	10	11

（续表）

地市	分级计算				数字化计算					分区
	干燥度	水资源	产量	水系	系数				合计（判别数）	
					干燥度	水资源	产量	水系		
兴安盟	半干旱	贫水	低产	松	2	1	1	1	5	11
通辽	半干旱	贫水	高产	辽	2	1	3	10	16	12
赤峰市	半干旱	贫水	高产	辽	2	1	3	10	16	12

3. 二级分区成果

经过分区计算 4 个一级区共区分 11 个二级区，分别为一区分为 4 个区；二区分为 2 个区；三区分为 3 个区；四区分为 2 个区，主要以水系和气候条件进行命名（图 2–18）。

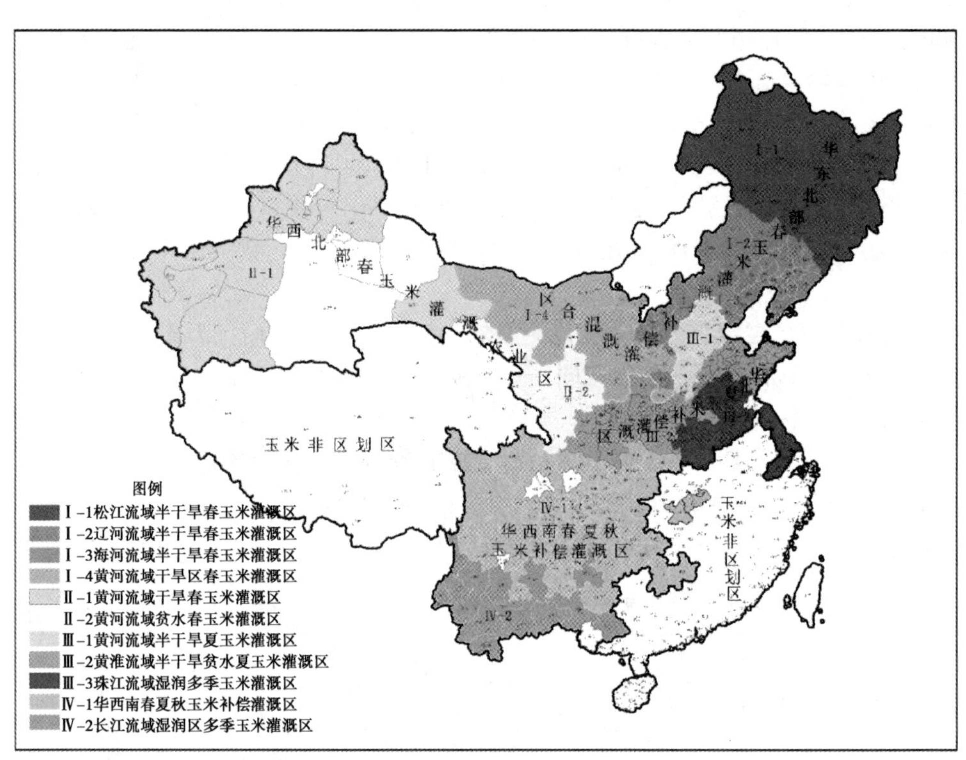

图 2–18　中国玉米灌溉区划一二级区分布

（1）Ⅰ华东北部春玉米灌溉与补偿灌溉混合区。

①11 松江流域半干旱春玉米灌溉区：该区有长春、哈尔滨、吉林、齐齐哈尔、双鸭山、大庆、佳木斯、七台河、黑河等九地市，玉米种植面积 1 022万 hm^2，总产 7 620万 t，是Ⅰ区中主要产区，面积产量均超过Ⅰ区一半的比重。区内玉米种植主要分布在松嫩平原丘平地区，气候属中温半干旱区，积温适宜春玉米种植。水资源分布不均，总体上由于耕地比重大，田均水资源较低，只在长白山系一侧雨量较大，水资源丰富。

玉米单产每公顷在 6 000~7 000kg，大部分玉米属雨养农业，主要依靠降水和地下水补给，只有西部大兴安岭山丘区降水量 400~500mm 地区，需要进行补偿灌溉。但松嫩平原遇干旱年也需要抗旱措施，以保稳产高产。

②12 辽河流域半干旱春玉米灌溉区：该区包括沈阳、通辽市、赤峰市、大连、鞍山、抚顺、本溪、丹东、锦州、营口、阜新、辽阳、盘锦、铁岭、朝阳、葫芦岛、四平、辽源等 18 个地市，玉米种植面积 508 万 hm^2，总产 3 708万 t，在Ⅰ区中位居第二也是全国 11 个二级区中居第二位，单产略高于 11 区。该区位于辽河流域，气候属中温到暖温过渡带，半干旱气候，辽河由该区中间穿过流入渤海，东依长白山西属蒙古高原，中间是辽河平原，积温高于 11 区，年降水类同 11 区。

玉米单产每公顷在 7 000~9 000kg，大部分玉米属雨养农业，水分供给主要依靠雨水和地下水，但西部高原山丘丘平区，年降水 500mm 以下，需要进行补偿灌溉。水资源分布不均，东部丰富公顷均为 15 000m^3，中间为 7 500m^3，西部为 3 000m^3。干旱年份中部也需要进行抗旱灌溉。

③13 海河流域半干旱春玉米灌溉区：13 区包括海河流域的承德、张家口、秦皇岛、唐山、大同、阳泉、长治、朔州、忻州等九地市，玉米面积 156 万 hm^2，产量 887 万 t，玉米单产是Ⅰ区中最低的二级区，每公顷 4 000~6 000kg。该区位于海河上游，多山丘是黄淮海平原与蒙古高原过渡区，降水小于 500mm，气候干旱多风沙，土壤流失严重，水土流失侵蚀模数年平均 1 944t/km^2，是中国仅次于黄河中游地区（2 500t/km^2）最严重水土流失区，田均水资源 1 500~6 000m^3，是严重贫水区。

④14 黄河流域干旱春玉米灌溉区：该区位于中国华北、西北北部黄土高原和蒙古高原，该区由太原、晋城、晋中、吕梁、呼和浩特、包头、乌海、阿拉善盟、延安、榆林市等十个地市组成。全部位于山丘区，春玉米种植面积 151 万 hm^2，总产 959 万 t。年降水大部分地区在 400mm 左右，处于干旱贫水区，大部分区域需要灌溉，玉米灌溉面积比例远大于 11 区和 12 区，日照充足积温 3 500℃，也高于 11 区和 12 区（积温 2 500~3 500℃）。玉米单产在 6 400kg/hm^2，高于 13 区（5 500kg/hm^2）。

（2）Ⅱ华西北春玉米灌溉农业区。

①21 黄河流域干旱春玉米灌溉区：该区位于中国河西走廊及陕北沙漠地区，包括兰州、金昌（永昌）、白银（皋兰）、天水、定西（华家岭）、临夏州、海东（西宁）、吴忠（盐池）、固原、中卫、武威、平凉、庆阳（西峰镇）、陇南（武都）、银川、张掖、石嘴山（惠农）等 17 个地市，玉米面积 114 万 hm^2，总产 759 万 t。自然气候恶劣：炎热、干燥、多风沙，干燥度高达 5.0，8 级大风每年有数十日，年降水量 200mm 左右是严重贫水地区，没有灌溉就没有农业。但该区日照条件好，全年日照时数大于 3 000h，由于海拔较高，积温不高为 2 000~3 000℃不等。适宜春玉米生长，灌溉条件较好的地区单产可达 10 000kg/hm^2。

② 22 西部内河流域干旱春玉米灌溉区：该区大部分位于新疆境内，含伊犁哈萨克自治州（伊宁）、伊犁哈萨克自治州直属县（市）（伊宁）、塔城地区、阿勒泰地区、博尔塔拉自治州（温泉）、内·克孜勒苏自治州（阿合奇）、昌吉回族自治州（蔡家湖）、阿克苏地区、喀什地区、和田地区、嘉峪关（酒泉）、酒泉市等 12 个地市，春玉米播种面积 115 万 hm^2，

总产 988 万 t。新疆是中国降水最少的地区大部分地区降水量 100~400mm，气候干燥，蒸发量特大，干燥度一般在 5~10，最高发生在和田地区高达 50，但日照充足全年在 3 000h 以上，积温为 3 500~5 000℃，所以，没有灌溉就没有农业区。但在灌溉条件下，充足的阳光能创造玉米高产，一般超过 9 000kg/hm^2，最高为 10 000~11 000kg/hm^2。

（3）Ⅲ华北中东部夏玉米补偿灌溉区。

①31 海河流域半干旱夏玉米灌溉区：该区地处海河流域，含天津辖区、廊坊、沧州、衡水、邢台、邯郸、北京辖区、石家庄、保定、安阳等 10 个地市，有夏玉米播种面积 282 万 hm^2，产量 1 783万 t。该区位于华北大平原，地势平坦气候温和属半干旱气候区，年降水量 800mm 左右，日照 2 700h，由于处在平原区积温很高大于 4 200℃，适宜作物生长，属于两年三季作物区，夏玉米生育期短一般在 100d 左右，所以产量较低，该区平均单产在 6 000kg/hm^2。

由于该区 2 年三季作物生长，雨水满足不了作物耗水需要，补偿灌溉是稳产高产必需条件，加之城市用水增加，农业供水不足，长期地下水超采，是中国地下水漏斗面积最大地区，也是严重贫水地区。

②32 黄淮流域半干旱夏玉米灌溉区：该区位在黄河流域中下游两岸，含东营、威海、日照、德州、聊城、滨州、开封、濮阳、许昌、济南、青岛、淄博、烟台、潍坊、郑州、鹤壁、新乡、运城、临汾、洛阳、平顶山、焦作、三门峡、南阳、西安、铜川、宝鸡、咸阳（西安）、渭南（西安）、汉中、安康、商洛（商州）等 32 个地市，夏玉米面积 521 万 hm^2，总产 3 111万 t，是夏玉米种植面积最大的二级区，该区共同特点是河水泥沙较多，积温较高为 4 300~5 300℃，干燥度在 1.5~2，年降水量 500~800mm，属半干旱区，地势大部分为丘陵，一小部分为平原，均需要补偿灌溉。由于山丘较多产量较 31 区低。

③33 淮河流域湿润夏春玉米灌溉区：该区位于淮河流域，包含盐城、宿迁、淮北、亳州、宿州、蚌埠、阜阳、枣庄、济宁、菏泽、漯河、商丘、周口、徐州、泰安、莱芜、临沂、信阳、驻马店、苏州、南通等 21 个地市，大部分为夏玉米种植区，只在山丘区有春玉米，春夏玉米面积合计 294 万 hm^2，总产 1 845万 t。该区位于亚热带半干旱到湿润气候过渡带，雨量适中年降水量 800~1 000mm，但人口密集城乡工农业用水紧张，农业田均水资源在 6 000m^3/hm^2，灌溉用水属贫水区。

（4）Ⅳ华西南春夏秋玉米补偿灌溉区。

①41 珠江流域湿润多季玉米灌溉区：该区包含南宁市、百色市、河池市、黔南布依族苗族自治州（独山）、曲靖（沾益）、玉溪、楚雄、西双版纳（景洪）、保山、普洱（思茅）、临沧、文山、德宏（瑞丽）、怒江等 14 个地市，由于山区玉米种植季节山上山下两重天，山上适宜春玉米，山下则适宜夏秋玉米，所以，玉米在同地季节也不同，本次分区称为多季玉米区，玉米种植总面积 156 万 hm^2，总产量 957 万 t。本区位于珠江流域上游，中国西南高原山区属亚热带湿润气候区，年降水量为 800~1 600mm。高原山区地面径流资源丰富，人口密度稀少，相对中国东北、西北、中原地区，水资源丰富，农业用水资源平均每公顷农田高达 30 000m^3 以上，只在局部大城市周围略显紧缺。

玉米生产能力受地形影响，耕作地块零散，耕作条件不好，产量平平，单产为

4 500~5 500kg/hm^2。

②42 长江流域湿润多季玉米灌溉区：该区涵盖长江流域玉米不同季节的种植区，区域很广，是该区玉米种植面积超过耕地 10%的地区，包含邵阳市、岳阳市、张家界市（桑植）、郴州市、湘西（吉首）、重庆、自贡市（内江）、泸州市、绵阳市、广元市、遂宁市、内江市、乐山市、眉山市（乐山市）、宜宾市、广安市（南充市）、达州市（达县）、巴中市、资阳市、黄石市、十堰市（郧西县）、宜昌市、襄阳市（老河口）、咸宁市（嘉鱼）、恩施自治州、神农架林区（房县）、永州市、怀化市（平江）、娄底市（双峰）、雅安市、阿坝藏族羌族自治州、甘孜藏族自治州、凉山彝族自治州（盐源）、贵阳市、六盘水市（盘县）、遵义市、安顺市、毕节市、铜仁市、黔西南布依族苗族自治州、黔东南苗族侗族自治州（凯里）、昆明、昭通、丽江、红河（江城）、大理、迪庆（德钦）等 47 个地市，多季玉米种植面积 326 万 hm^2，玉米总产 1 904万 t。面积在二级区中位居第四位，第一位 11 区 1 022万 hm^2；第二位 32 区 521 万 hm^2；第三位 12 区 508 万 hm^2。

该区光热资源丰富年积温 4 000~5 500℃，最高达 6 000℃，雨量与 41 区相当，地势高山峻岭，海拔为 2 000~5 000m，水资源极其丰富，农业田均水资源为 45 000~75 000m^3/hm^2。远高于其他 10 个二级区，是 21 区、22 区、31 区、32 区、33 区等二级区 10~20 倍。

4. 二级区对比分析

（1）重点产区。二级区共 11 个区，从表 2-25 中看出 11 区无论种植面积和总产都位居第一，是中国玉米重要产区，12 区紧跟其后，面积位居第三位，总产位列第二位，而单产高于 11 区，是重点玉米产区。第二重点是 32 区，面积位居第二，总产位列第三是中国玉米第二重点产区。

（2）增产潜力区。从表 2-25 中各区最高单产与平均单产的差值中，看出增产潜力，虽然产生差值是多种因素造成，但说明气候土地环境有这种潜力，只要找出影响因素，就能想出对策，挖掘潜力。其中，潜力最大是 21 区和 22 区，居第二位是 11 区、12 区、32 区。在中国增产稳产重要的因素是干旱与洪涝，两者都需要加大农田基本建设来防治。

表 2-25　中国玉米灌溉区划二级区主要参数对照

序号	区名	农田灌溉面积（万 hm^2）	玉米种植面积（千 hm^2）	玉米总产（万 t）	玉米单产（kg/hm^2）	最高单产（kg/hm^2）	差值（kg/hm^2）	积温（℃）	干燥度降水/蒸发	田均水资源（m^3/hm^2）
11	松江流域半干旱春玉米灌溉区	538	10 222	7 620	6 845	9 037	2 192	2 839	1.7	1 561.95
12	辽河流域半干旱春玉米灌溉区	268	5 081	3 709	7 123	9 358	2 235	3 388	1.6	934.05
13	海河流域半干旱春玉米灌溉区	140	1 564	888	5 683	7 145	1 462	3 506	1.7	243
14	黄河流域干旱春玉米灌溉区	173	1 510	960	6 390	7 625	1 235	3 448	3.1	238.05
21	黄河流域干旱春玉米灌溉区	148	1 144	759	6 975	10 695	3 759	3 021	2.6	235.95

（续表）

序号	区名	农田灌溉面积（万 hm²）	玉米种植面积（千 hm²）	玉米总产（万 t）	玉米单产（kg/hm²）	最高单产（kg/hm²）	差值（kg/hm²）	积温（℃）	干燥度降水/蒸发	田均水资源（m³/hm²）
22	内河流域干旱春玉米灌溉区	372	1 153	989	7 065	11 428	4 363	3 994	12.3	2 148
31	海河流域半干旱夏玉米灌溉区	414	2 827	1 783	6 438	7 785	1 347	4 335	1.8	169.95
32	黄河流域半干旱夏玉米灌溉区	704	5 215	3 111	5 656	7 935	2 279	4 529	1.8	499.05
33	淮河流域湿润多季玉米灌溉区	760	2 948	1 846	6 190	7 927	1 737	4 997	1.4	1 747.05
41	珠江流域湿润多季玉米灌溉区	158	1 506	929	5 269	7 200	1 931	6 406	0.9	3 802.05
42	长江流域湿润多季玉米灌溉区	627	3 264	1 905	5 810	7 800	1 990	5 517	0.8	41 722.05

三、三级区分区

1. 三级分区因素

三级分区是在二级分区基础上，对二级区内部进行更细微的区分参加区划单元的差异，比如灌溉工程类型，农业供水的能力等。通过水利因素的区分，对灌溉布局，灌溉工程建设，灌溉管理提供科学支撑。

表 2-26 中实例列出部分地市的三级参数，其中，积温与地形在上级分区中已应用，工程与供水只在三级分区中出现。

（1）灌溉工程类别。

①引提灌溉：指灌溉水源与工程是引江河湖之水，通过引水闸涵或提水泵站进行灌溉。在该分区单元中引提灌溉面积占主导地位。

②储水灌溉：是指通过调蓄工程，首先将水拦蓄在水库、塘坝、湖泊中然后进行灌溉。在该分区单元中大中型水库容量大，在灌溉面积占主导地位。

③井灌：指利用地下水，通过机电井泵进行提水灌溉。

④混合灌溉：各种类型无法分出主次时，称为混合灌溉。

（2）农业供水能力。

①供水能力强：农业供水能力 >24 000m³/hm²称为“强”。农业供水能力是分区单元调查当年水利向国民经济供水中对农业的供水量，与农业耕地面积的比值。

IF(AO121 < = 12 000, "弱", IF(12 000<AO121, IF(AO121 < = 24 000, "中", IF(24 000< AO121, "强",))))

②供水能力中：农业供水能力 12 000~24 000m³/hm²称为“中”。

③供水能力弱：农业供水能力 <12 000m³/hm²称为“弱”。

表 2-26　三级分区因素与数据资料（内容从简）

市地	三级分区分区参数				三级分区计算					分区	
	积温（℃）	区位地形	工程类型	供水能力（m^3/hm^2）	积温（℃）	区位地形	工程类型	供水能力	判别数	计算分区	人工调整
长春	3 057	平	储水	7 955	中温	1	1	弱	2	111	111
吉林	2 985	丘平	储水	33 619	中温	1	1	强	2	111	
呼伦贝尔	2 319	山丘平	储水	136 710	中温	2	1	强	3	112	112-1
兴安盟	3 024	山丘	储水	9 982	中温	2	1	弱	3	112	
通化	2 883	山丘	混合	35 260	中温	2	2	强	4	112	112-2
白山	2 730	山丘	混合	1 524 343	中温	2	2	强	4	112	
松原	3 132	平	混合	2 290	中温	1	2	弱	3	112	
白城	3 039	平	井灌	4 428	中温	1	2	弱	3	112	

2. 三级分区优化计算

（1）三级分区方法。分区方法仍然采用共区优选法，分区模式基本同一级、二级分区。

（2）三级分区特点。由于参加分区单元少，有些因素的共性或差别一目了然，可以减少方案对比，并且可以对主要因素类型相同，但次要因素不同，而且区内有明显地域差别，为工程规划、灌溉生产提供指导意见，可采用人工干预，在优化分区基础上，进行再分化（形成类似四级区的小区）。

（3）三级分区要领。由于三级区是在二级区内进行分区，每个二级区重点差异因素会有不同，在三级分区给予因素的权重会有区别，不一定每个二级区的三级分区因素权重都一样，要根据各区因素差异大小，要有变化以利明显区分出层次，找出分区"判别数"的界限。

3. 三级分区成果

通过对 11 个二级区的分区计算，共产生 38 个三级区，成果列于表 2-27。

表 2-27　分区成果

一级区	二级区	三级区
Ⅰ华东北春玉米补偿灌溉区	11 松江流域半干旱春玉米灌溉区	111 中温带松嫩平原储引灌溉区
		112 中温带山丘草原玉米储水灌溉区
		113 中温带农林混合灌溉区
		114 中温带长白山北段储水灌溉区
		115 中温带松江上游平原混合灌溉区
		116 中温带长白山混合灌溉区
	12 辽河流域半干旱春玉米灌溉区	121 暖温带辽河平原引提灌溉区
		122 中温带辽西山丘混合灌溉区
		123 中温带辽东山丘混合灌溉区
	13 海河流域半干旱春玉米灌溉区	131 暖温带海河北部山丘井灌灌溉区
		132 中温带海河西部山丘混合灌溉区
	14 黄河流域干旱春玉米灌溉区	141 暖温带黄河中游混合灌溉区
		142 中温带黄河中游引提灌溉区

（续表）

一级区	二级区	三级区
Ⅱ华西北春玉米灌溉农业区	21 黄河流域干旱春玉米灌溉区	211 中温带黄河中上游山丘引提灌溉区
		212 中温带黄河上游混合灌溉区
	22 内河流域干旱春玉米灌溉区	221 暖温带内陆河引提灌溉区
		222 亚热带内陆河沙丘引提灌溉区
Ⅲ华北中东部夏玉米补偿灌溉区	31 海河流域半干旱夏玉米灌溉区	311 暖温带海河中部平原混合灌溉区
		312 暖温带海河中西部山丘平井灌区
	32 黄河流域半干旱夏玉米灌溉区	321 暖温带海河平原混合灌溉区
		322 暖温带黄河下游丘平混合灌溉区
		323 暖温带黄河中游混合灌溉区
		324 亚热带黄河中游混合灌溉区
		325 亚热带黄河中游储水灌溉区
	33 淮河流域湿润多季玉米灌溉区	331 亚热带长淮出口引提灌溉区
		332 亚热带淮河中上游混合灌溉区
		333 亚热带淮河上游井灌溉区
		334 亚热带淮河下游引提灌溉区
		335 亚热带淮河上游储水灌溉区
Ⅳ华西南春夏秋玉米补偿灌溉区	41 珠江流域湿润多季玉米灌溉区	411 亚热带珠江上游储水灌溉区
		412 亚热带珠江与澜怒江上游混合灌溉区
	42 长江流域湿润多季玉米灌溉区	421 亚热带长江中游混合灌溉区
		422 亚热带长江中上游混合灌溉区
		423 亚热带长江中游南北两岸储水灌溉区
		424 亚热带长江中游南岸储水灌溉区
		425 中温带长江上游混合灌溉区
		426 亚热带长江中上游南岸储水灌溉区
		427 亚热带长江上游南岸混合灌溉区

第五节　玉米三级灌溉分区概述

通过三级分区看出，中国地域广袤自然条件多样，影响玉米生产因素差异悬殊。如玉米生长在从大兴安岭寒温带（积温 2 300℃）到亚热带广西（积温 8 000℃），海拔高度从华北的平原低地到云贵 3 000m的高山岩壁，从无雨的新疆到 2 000mm 的云南，从东北的黑土到西南的红土，从沿海盐碱海滩到荒芜的西北戈壁沙漠，中国勤劳的人民都开发出能够种植玉米的生产条件，彰显了玉米顽强的适应能力，也体现了人民的创造精神。三级区划更能贴近地区的玉米生殖、自然条件、水利措施特点，这对于灌溉规划、灌溉工程建设、玉米灌溉管理具有指导意义。

一、Ⅰ华东北部春玉米灌溉与补偿灌溉混合区

华东北部在 60 个地市 4 个二级区内，根据气象、地形、灌溉类型的不同优化出 13 个三级区。不同的三级区对地市级玉米灌溉生产和发展规划，提供了影响玉米灌溉重要数据

(图 2-19)。

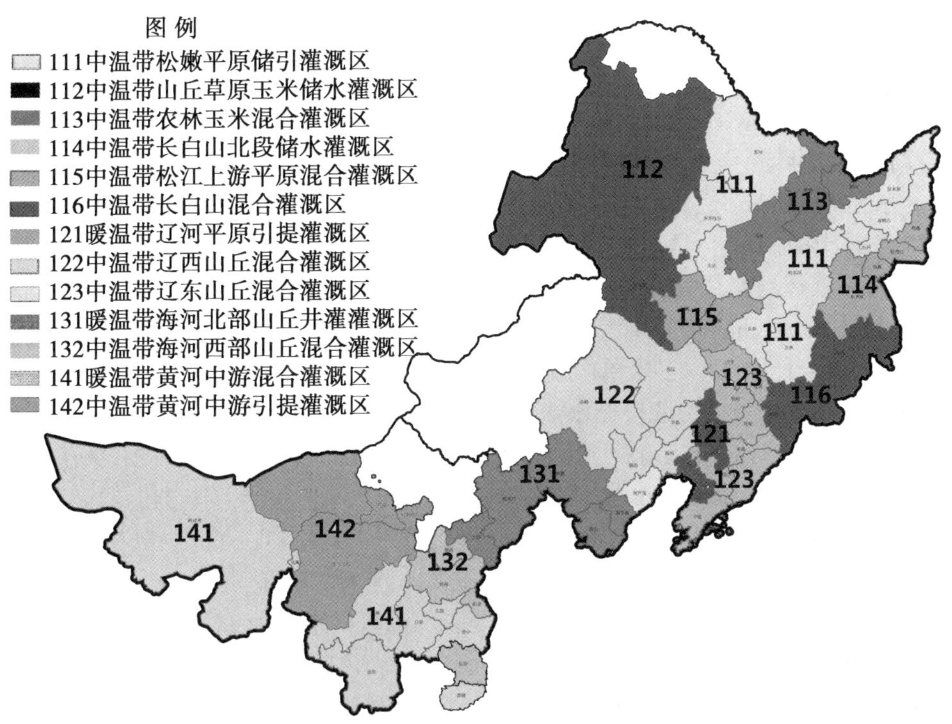

图 2-19 I 华东北部春玉米灌溉与补偿灌溉混合区三级分区

1.11 松江流域半干旱春玉米灌溉区

(1) 111 中温带松嫩平原储引灌溉区。该区位于广袤肥沃的松嫩平原，有长春、吉林、哈尔滨、齐齐哈尔、双鸭山、大庆、佳木斯、七台河、黑河等 9 个地市，地势平坦，局部有丘陵，耕地 1 227.47万 hm²，灌溉面积 287.22 万 hm²，灌溉率 0.26（灌溉面积/耕地面积比，下同）低于全国平均值 0.53 并且灌溉农田多种植水稻（185 万 hm²），玉米田多处于雨养状态（玉米灌溉面积在 15%左右），玉米面积 5 795.05千 hm²（占耕地 50%左右），玉米总产 4 465.97万 t，单产 7 556.84kg/hm²，单产处于中高产水平，是中国玉米主产区。该区气候位于中温到寒温过渡带，年积温较低为 2 000~2 500℃，年降水量 600~800mm，本区水资源中等，据不完全统计有水库库容 341 亿 m³，水资源 751.44 亿 m³，地面径流调蓄能力较高。由于耕地面积大，田均水资源 12 717m³/hm²，灌溉供水能力 9 755m³/hm²，旱田灌溉能力不足，一遇干旱年份，玉米产量有波动。2000—2013 年旱年与丰水年玉米产量相差 3 倍。稳产对该区很重要。玉米节水灌溉处于起步阶段，试点区增产效果明显。

(2) 112 中温带山丘草原玉米储水灌溉区。由呼伦贝尔市、兴安盟组成，地处大兴安岭山区，内有呼伦贝尔草原和呼伦贝尔沙地。该区耕地或播种面积 155.04 万 hm²，玉米面积 692.10 千 hm²，总产 447.2 万 t，灌溉面积 47.47 万 hm²，其中，水田很少，主要用于玉米灌溉，灌溉率 0.34。年降水量 400~500mm，年积温在 20 000℃左右，水资源 291.5 亿 m³，由于土地面积广大，耕地比重小，田均水资源 29 921m³/hm²，灌溉供水能力 3 278m^3/hm^2，单产 6 415kg/hm^2 处于中下水平，玉米产量受气象温度、降水影响很大，相关研究得出积温增减 100℃[21]，产量增减 16kg/667m^2。干旱也是影响产量的重要因素，2016 年干旱造成 20%播种玉米面积绝收，据相关研究[22]春旱发生概率为 50%，夏旱发生概率为 63%。

（3）113 中温带农林混合灌溉区。该区位于中国小兴安岭林区，地势多山丘，森林覆盖率较高，包含伊春、绥化、鹤岗 3 个地市，耕地面积 204 万 hm^2，灌溉面积 67.5 万 hm^2（其中，水稻 51 万 hm^2），灌溉率 0.33，玉米面积 1 508.31 千 hm^2，玉米总产 1 232.81 万 t，单产 5 719kg/hm^2，是玉米主要产区。该区位于中温到寒温过渡带，年降水量 600~700mm，由于森林涵养水资源丰富，水资源 280.82 亿 m^3，田均水资源 37 216m^3/hm^2，灌溉供水能力 7 309m^3/hm^2。玉米大部分属雨养农业，只在旱灾发生时需要抗旱灌溉，由于积温仅为 1 500~2 500℃，玉米单产较低。

（4）114 中温带长白山北段储水灌溉区。该区含鸡西、牡丹江 2 市，地势山丘森林覆盖率高，耕地面积 113.64 万 hm^2，灌溉面积 24.92 万 hm^2（其中，水田 21.9 万 hm^2），灌溉率 0.22 较低。玉米面积 546.06 千 hm^2，占耕地的一半，玉米总产 399.22 万 t，由于积温在 2 500~3 000℃，降水量 600~800mm，所以单产 7 318.53kg/hm^2，处于中高水平，有排灌机械 2.55 万台，装机 21.49 万 kW。水资源丰富 198.80 亿 m^3，储水水库库容 72.69 亿 m^3，调蓄能力强，田均水资源 10 208m^3/hm^2，灌溉供水能力 17 133m^3/hm^2，干旱仍然是影响该区玉米产量的重要因素，根据相关研究[23]，该区处于黑龙江省旱灾中度危害区。

（5）115 中温带松江上游平原混合灌溉区。该区位于吉林省西部平原，含松原、白城 2 市，耕地面积 220.63 万 hm^2，灌溉面积 99.25 万 hm^2（其中，水稻 24 万 hm^2），灌溉率 0.45，玉米面积 1 283.19千 hm^2，玉米总产 838.14 万 t，排灌机械 35.08 万台，灌溉井 19.42 万眼，灌溉机具配套较多高于前面几区。从灌溉面积中水旱田面积比例看出，旱田灌溉面积远大于水田，与前几区不同，主要原因是：该区年降水量 400mm，属于补偿灌溉农业，从水资源相关指标（水资源 32.96 亿 m^3，田均水资源 10 208m^3/hm^2）也能反映出农田严重缺水，灌溉供水能力 2 350m^3/hm^2，由于玉米近多半面积进行了灌溉，玉米单产 6 274.43kg/hm^2 处在中等水平，根据该区积温在 3 000℃以上，玉米单产应有提高空间。

（6）116 中温带长白山混合灌溉区。该区位于吉林省东部山区，包含通化、白山、延边 3 个地市区，耕地面积 75.25 万 hm^2，灌溉面积 12.01 万 hm^2（其中，水稻 12.0 万 hm^2）。玉米面积 397.67 千 hm^2，占耕地一半以上，玉米总产 237.04 万 t，单产 6 271.99kg/hm^2，年降水 800~1 000mm，属于雨养农业。水资源 186.12 亿 m^3，田均水资源 49 219m^3/hm^2，灌溉供水能力 6 432m^3/hm^2，水资源极为丰富，是东北地区少有市地。由于山地面积较大，积温为 2 700℃，玉米单产处在中等水平。

2.12 辽河流域半干旱春玉米灌溉区

（1）121 暖温带辽河平原引提灌溉区。该区位于辽宁中部辽河平原，包括沈阳、营口、辽阳、盘锦平原区，耕地面积 104.16 万 hm^2，灌溉面积 49.42 万 hm^2（其中，水田 30.3 万 hm^2），灌溉率 0.44，玉米面积 478.20 千 hm^2，玉米总产 373.70 万 t，单产 5 736.93kg/hm^2，是玉米主产区，产量居中。

排灌机械 26.56 万台，装机 289.45 万 kW，灌溉井 4.32 万眼，虽然灌排能力很强，但大部分为水田灌溉和排水机械。由于年降水量 800mm，又地势低洼，地下水对农田耕层有一定补给，所以玉米大部分为雨养农业，只在干旱年份有补偿灌溉，常规玉米灌溉面积不多。水资源 68. 66 亿 m^3，水库库容 56. 00 亿 m^3，水源调蓄能力很强，城市与工业用水较多，农业田均水资源 7 516m^3/hm^2，灌溉供水能力 8 909m^3/hm^2，处于中等水平。

（2）122 中温带辽西山丘混合灌溉区。该区主要位于辽河右岸丘陵山区，含通辽市、赤峰市、锦州、阜新、朝阳、葫芦岛 6 个地市。耕地（或播种面积）370. 46 万 hm^2，灌溉面积 153. 21 万 hm^2（其中，水田约 4. 5 万 hm^2），该区年降水量 300~500mm，属补偿灌溉区，灌溉面积中主要是旱田灌溉，灌溉率 0. 40，灌溉率较高。玉米面积 2 685. 80 千 hm^2，玉米总产 2 541. 56万 t，单产 7 213. 57 kg/hm^2，由于日照好，积温为 3 000~3 700℃，是玉米高产主产区。水库水资源 103. 68 亿 m^3，库容 218. 00 亿 m^3（含外域汇水），调蓄能力强，灌溉工程属混合型灌溉区，其中，灌溉井 7. 37 万眼。田均水资源 2 890m^3/hm^2，灌溉供水能力 2 565m^3/hm^2，居下等水平。

（3）123 中温带辽东山丘混合灌溉区。该区位于长白山脉南端余脉，地势低山丘陵，含大连、鞍山、抚顺、本溪、丹东、铁岭、葫芦岛、四平、辽源等 9 个地市。耕地或播种面积 269. 72 万 hm^2，灌溉面积 65. 12 万 hm^2（其中，水田约 21 万 hm^2），玉米面积 1 916. 86 千 hm^2，玉米总产 1 534. 96万 t，单产 7 015. 8kg/hm^2，是玉米高产主产区。

该区东面海洋，年降水量为 800~1 200mm，水资源丰富，水资源总量 372. 78 亿 m^3，调蓄能力强，水库库容 526. 00 亿 m^3（含外域汇水）。农业机械化较高，有排灌机械 49. 69 万台，装机 112. 35 万 kW，灌溉井 8. 40 万眼，田均水资源 14 117m^3/hm^2。灌溉供水能力 7 285m^3/hm^2，但玉米灌溉面积很少，大部分玉米为雨养农业，与辽河西岸形成鲜明对比。

3. 13 海河流域半干旱春玉米灌溉区

（1）131 暖温带海河北部山丘井灌灌溉区。该区位于燕山与太行山北段，含承德、张家口、秦皇岛、唐山、大同等 5 个地市，耕地或播种面积 214. 61 万 hm^2，灌溉面积 106. 76 万 hm^2（主要为旱田灌溉），灌溉率 0. 44 较高，其中，节水灌溉 678. 60 千 hm^2，占灌溉面积的 63%，但节水面积中含有渠道防渗灌溉面积，喷滴渗灌溉面积要小于 63%。玉米面积 910. 84 千 hm^2，玉米总产 485. 04 万 t，单产 4 414. 44kg/hm^2，居低产水平，是玉米重要产区。灌溉机械化水平较高，拥有排灌机械 39. 14 万台，总装机 222. 31 万 kW，灌溉井 23. 16 万眼，属井灌灌溉区。

区域年降水量 500~700mm，水资源 76. 66 亿 m^3，水库库容 612. 22 亿 m^3（含外域汇水），可用田均水资源 4 429m^3/hm^2，灌溉供水能力 3 674m^3/hm^2，处于较低水平。积温 2 500~3 500℃，干旱是影响玉米产量的主要因素。

（2）132 中温带海河西部山丘混合灌溉区。该区位于太行山区，含阳泉、长治、朔州、忻州 4 个地市，耕地或播种面积 118. 77 万 hm^2，灌溉面积 33. 29 万 hm^2，灌溉率 0. 26，主要是旱田灌溉，节水灌溉 209. 83 千 hm^2，排灌机械 5. 51 万台，灌溉井 2. 50 万眼，水库库容 7. 83 亿 m^3，是井灌与储水灌混合灌溉区。玉米面积 653. 10 千 hm^2，玉米总产 402. 74 万 t，单产 6 146. 41kg/hm^2，是玉米重要产区，产量处于中上水平。年降水量 500~700mm，积温 3 200~3 800℃，水资源 39. 46 亿 m^3，农业用水田均水资源 2 690 m^3/hm^2处于低水平，灌溉供水能力 13 858m^3/hm^2，灌溉率较高，玉米产量水平仍有潜力。

4.14 黄河流域干旱春玉米灌溉区

（1）141 暖温带黄河中游混合灌溉区。该区跨越山西、内蒙古、陕西 3 省区，位在黄河中游丘陵山区，含太原、晋城、晋中、吕梁、呼和浩特、包头、乌海、阿拉善盟、延安、榆林等 10 个地市，耕地或播种面积 307.44 万 hm^2，灌溉面积 83.49 万 hm^2，其中，以玉米灌溉面积居多，耕地总灌溉率 0.38。节水灌溉 251.41 千 hm^2，约占灌溉面积 1/3。玉米面积 951.09 千 hm^2，玉米总产 599.69 万 t，单产 5 785.22kg/hm^2，排灌机械 43.76 万台，总装机 383.00 万 kW，灌溉井 1.77 万眼，地下水资源少，水库库容 26.79 亿 m^3，水资源与储水库容都不多，灌溉水源主要引提黄河水较多。该区年降水量 200~600mm，水资源 108.39 亿 m^3，各市平均田均水资源 3 536m^3/hm^2，灌溉供水能力 6 849m^3/hm^2，农田水资源处在低下水平。

（2）142 中温带黄河中游引提灌溉区。该区位于黄河中游左岸，含鄂尔多斯、巴彦淖尔两个市区。耕地或播种面积 86.53 万 hm^2，灌溉面积 89.55 万 hm^2，灌溉率 0.91，玉米面积 487.50 千 hm^2，玉米总产 512.13 万 t，单产 7 728kg/hm^2，处于高产水平，年降水量 50~300mm，水资源 22.57 亿 m^3，田均水资源 3 725m^3/hm^2，灌溉供水能力 6 914m^3/hm^2，农田供水处于中水平。灌溉主要水源是黄河引水，由于靠近黄河上游，水源保证率较高，玉米产量较稳定。

二、Ⅱ华西北春玉米灌溉农业区

华西北在 29 个地市 2 个二级区内，根据气象、地形、灌溉类型的不同优化出 4 个三级区。该区位于祁连山和天山山脉地区，内有塔克拉玛干等 6 片大沙漠，占中国 12 处大沙漠的一半，是中国唯一的灌溉农业区，其中，大部分地区属于没有灌溉就没有农业（图 2-20）。

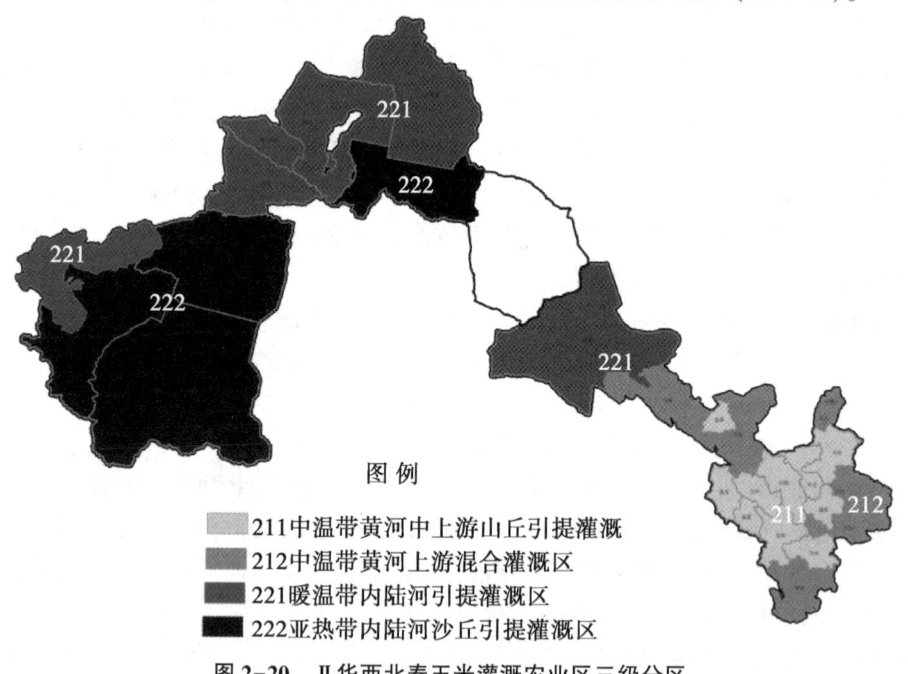

图 2-20　Ⅱ华西北春玉米灌溉农业区三级分区

1. 21 黄河流域干旱春玉米灌溉区

（1）211 中温带黄河中上游山丘引提灌溉区。该区位于贺兰山黄河中上游，含兰州、金昌（永昌）、白银（皋兰）、天水、定西（华家岭）、临夏州、海东（西宁）、吴忠（盐池）、固原、中卫等 10 个地市，有耕地面积 236. 85 万 hm^2，灌溉面积 73. 68 万 hm^2，全区平均单产 5 671. 69kg/hm^2，灌溉率 0. 30，其中，节水灌溉 509. 01 千 hm^2（含渠道防渗面积）。玉米是该区的主要粮食作物，玉米面积 695. 56 千 hm^2，玉米总产 430. 00 万 t。

年平均降水量在 200～500mm，干燥度 2～5，其中兰州、天山一带降水量在 400～500mm，宁夏较干旱，但宁夏有黄河从南向北穿过，受黄河水源的补给，光照充足积温为 3 000～4 000℃较高，又能引水灌溉，创造地市级单产超 10 000kg/hm^2。排灌机械较多有 712. 13 万台，灌溉井 8. 89 万眼，水库库容 131. 34 亿 m^3，库容远超过水资源，水资源少仅 67. 85 亿 m^3，农业用水田均水资源 2 515m^3/hm^2，灌溉供水能力 12 200m^3/hm^2，处于高水平。

（2）212 中温带黄河上游混合灌溉区。地处秦岭一带，该区包含武威、平凉、庆阳（西峰镇）、陇南（武都）、银川、张掖、石嘴山（惠农）等 7 个地市，耕地面积 183. 58 万 hm^2，灌溉面积 69. 5 万 hm^2，灌溉率 0. 57，节水灌溉 462. 97 千 hm^2，玉米面积 448. 46 千 hm^2，玉米总产 329. 76 万 t，全区平均单产 6 657. 71kg/hm^2 属中高产区。该区虽然同属混合灌溉，但又有明显区别，陇南、平凉、庆阳受秦岭影响降水量较多在 600～800mm，属湿润气候，而银川、石嘴山、武威降水量在 200～500mm，气候炎热干燥度 5. 0，属干旱气候，在灌溉条件下武威、银川分别创全市单产 10 000kg/hm^2、8 500kg/hm^2，该区属玉米高产区。灌排机械 281. 00 万台，灌溉井 10. 88 万眼，水库库容很少 0. 37 亿 m^3，水资源 132. 36 亿 m^3 较丰富，田均水资源 5 145m^3/hm^2，但该区水资源分布不均，其中，多数地市处在 2 000 m^3/hm^2 左右，只有陇南是其他市地的 10 倍左右，灌溉供水能力 56 310m^3/hm^2。灌溉类型属引水井灌混合灌溉区。

2. 22 内河流域干旱春玉米灌溉区

（1）221 暖温带内陆河引提灌溉区。该区位于祁连山、天山山脉的山丘区，嘉峪关（酒泉）、酒泉、伊犁哈萨克自治州（伊宁）、伊犁哈萨克自治州直属县（伊宁）、塔城地区、阿勒泰地区、博尔塔拉自治州（温泉）等 7 个地市，耕地面积 309. 23 万 hm^2，灌溉面积 199. 39 万 hm^2，灌溉率 0. 64，节水灌溉 624. 68 千 hm^2（含渠道防渗面积），玉米面积 724. 66 千 hm^2，玉米总产 693. 04 万 t，单产 9 339kg/hm^2，是全国单产最高的三级区。受高山影响雨量较沙漠区高，变化降水量在 400～800mm，水资源 481. 78 亿 m^3，水库库容 188. 00 亿 m^3，相对同一地区的沙漠区，水资源丰富，排灌机械 0. 89 万台，装机 11. 17 万 kW，灌溉井 1. 32 万眼，田均水资源 3 614m^3/hm^2，灌溉供水能力 56 257m^3/hm^2，灌溉机械较少，主要灌溉水源引内陆河水与水库自流灌溉。

（2）222 亚热带内陆河沙丘引提灌溉区。该区位于塔克拉玛干国内第一大沙漠，面积 32 万 km^2，居世界沙漠第十位，含阿克苏地区、喀什地区、和田地区、昌吉回族自治州（蔡家湖）4 个地市州，耕地面积 194. 73 万 hm^2，灌溉面积 172. 29 万 hm^2，灌溉率 0. 91，灌溉率居全国第一，节水灌溉 779. 52 千 hm^2，节水工程比率较高。该区耕作区年降水量 20～200mm，玉米是该区主要粮食作物，面积 428. 04 千 hm^2，玉米总产 295. 64 万 t，单产 7 064. 70kg/hm^2，属玉米高产区。排灌机械 0. 23 万台，装机 3. 22 万 kW，灌溉水源主要为河流引水或水库引水，灌溉机械很少。水资源 339.91 亿 m^3，水库库容 213.00 亿 m^3，田均水资源 28 189m^3/hm^2，由于汇流面积大，耕地少，所以，虽然降水量少，但平均农田田均水资源很高。灌溉供水能力 29 090m^3/hm^2，玉米单产有很大提高空间。

三、Ⅲ华北中东部夏玉米补偿灌溉区

华北中东部是中国玉米第二大产区，共有北京市等 63 个地市，划分为 3 个二级区，12 个三级区。该区主要位于黄淮海平原，气候属暖温带到亚热带过渡区，农作物多是冬麦与夏玉米轮作，该区人口密集城乡用水多，农田用水紧张，为解决该区的国民经济用水短缺，新中国成立初期的 1952 年 10 月 30 日毛泽东主席提出“南方水多，北方水少，如有可能，借点水来也是可以的。”国务院组织相关部委进行了长达 60 多年论证与建设，规划的东线、中线和西线到 2050 年调水总规模为 448 亿 m^3，其中，东线 148 亿 m^3，中线 130 亿 m^3，西线 170 亿 m^3。供水面积 145 万 km^2，受益人口 4.38 亿人，至今（2015 年）已完成东线和中线的南水北调的伟大工程，是世界上迄今为止最大的调水工程，是美国“加利福尼亚州调水工程”调水 35 亿~45 亿 m^3 的 10 倍，中国南水北调受益人口是美国加州受益人口（0.2 亿）21 倍。

1. 31 海河流域半干旱夏玉米灌溉区

（1）311 暖温带海河中部平原混合灌灌溉区。该区位于海河中部平原，含天津辖区、廊坊、沧州、衡水、邢台、邯郸等 6 个地市，耕地面积 336.51 万 hm^2，灌溉面积 255.54 万 hm^2，灌溉率 0.65。节水灌溉 1 551.70千 hm^2，处于全国较高水平。玉米面积 1 770.95 千 hm^2，玉米总产 1 094.21万 t，总产是夏玉米最多产区，单产 5 446.88kg/hm^2（中等水平），是夏玉米三级区中面积最大灌溉区，且节水灌溉面积比重最大。排灌机械 82.86 万台，装机 543.6 万 kW，灌溉井 29 万眼，机械化程度较高。

该区年降水量 500~700mm，水资源 57.59 亿 m^3，水库库容 163 亿 m^3，田均水资源 1 292m^3/hm^2，处于极缺状态，灌溉供水能力 2 711m^3/hm^2，当前已从外区引进调节水资源，农业用水得到部分缓解（图 2-21）。

（2）312 暖温带海河中西部山丘平原井灌区。该区位于海河流域中部山丘区，含北京辖区、石家庄、保定、安阳。耕地面积 284 万 hm^2，灌溉面积 223 万 hm^2，灌溉率 0.78，喷滴低压管道节水灌溉 1 777千 hm^2，节水灌溉占灌溉面积的 79%，灌溉率与节水灌溉面积全国最高，已接近国际发达经济体的灌溉现代化水平。玉米面积 1 056.07千 hm^2，玉米总产 688.82 万 t，单产 6 554.50kg/hm^2，单产处于夏玉米最高水平。有排灌机械 58.71 万台，装机 441.14 万 kW，灌溉井 42.51 万眼，以井灌为主，灌溉机械化水平处于全国领先水平。

年平均降水量 600~700mm，水资源 95.66 亿 m^3，水库库容 150.45 亿 m^3，北京农业田均水资源 8 824m^3/hm^2 较高（含补水），其他石家庄、保定、安阳田均水资源均低于 2 000~3 000m^3/hm^2。灌溉供水能力 6 251m^3/hm^2，也是全国水资源短缺地区。

2. 32 黄河流域半干旱夏玉米灌溉区

（1）321 暖温带海河平原混合灌溉区。该区处于黄河下游平原，含东营、威海、日照、德州、聊城、滨州、开封、濮阳、许昌等 9 个地市，有耕地面积 307.18 万 hm^2，灌溉面积 244.68 万 hm^2，灌溉率 0.78，节水灌溉 991.03 千 hm^2（含渠道防渗）。其中，喷

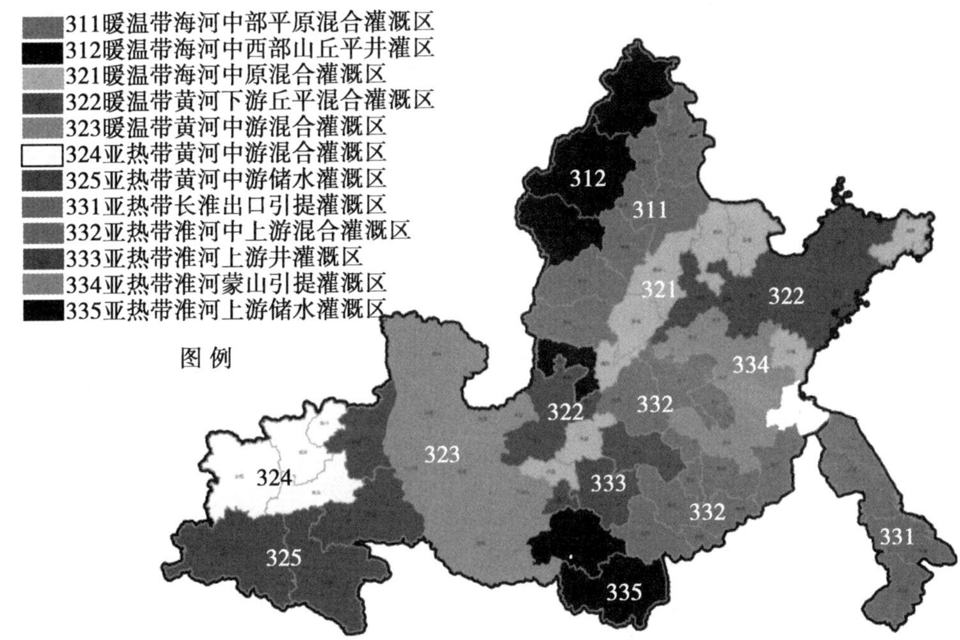

图 2-21　Ⅲ华北中东部夏玉米补偿灌溉区三级区分布

滴低压管道灌溉面积 334 千 hm^2，占灌溉面积 13.6%。玉米面积 1 534.29千 hm^2，玉米总产 1 011.40万 t，单产 6 172kg/hm^2，产量中上水平，是夏玉米主要产区。拥有排灌机械 57.33 万台，装机 433.47 万 kW，灌溉井 21.2 万眼，灌溉类型属综合灌溉类，机械化水平居中。水库库容 45.5 亿 m^3，水资源 117.6 亿 m^3，田均水资源 3 760m^3/hm^2，灌溉供水能力 4 846m^3/hm^2，从水资源指标看出也是严重缺水地区。

（2）322 暖温带黄河下游丘陵平原混合灌溉区。黄河下游混合灌溉区有济南、青岛、淄博、烟台、潍坊、郑州市、鹤壁、新乡等 8 个地市，该区地势山丘与平原交错，耕地面积 283 万 hm^2，灌溉面积 210.6 万 hm^2（其中，水田约占 1.5%），灌溉率 0.75。节水灌溉 1 289.71千 hm^2，其中，喷滴渗低压管道灌溉面积 651 千 hm^2，占灌溉面积 31%处于较高水平。玉米面积 1 545.76千 hm^2，玉米总产 987.29 万 t，单产 6 290.63kg/hm^2，是夏玉米面积较大产区。有排灌机械 63.29 万台，装机 511.34 万 kW，灌溉井 14.19 万眼，水库库容 88.68 亿 m^3，水资源 123.09 亿 m^3，田均水资源 3 728m^3/hm^2，灌溉供水能力 5 205 m^3/hm^2，是井灌、蓄水、引提灌溉的混合类型区。

（3）323 暖温带黄河中游混合灌溉区。地处黄河中游太行与吕梁山丘区，含运城、临汾、洛阳、平顶山、焦作、三门峡、南阳等 7 个地市，耕地面积 347.2 万 hm^2，灌溉面积 143.35 万 hm^2，灌溉率 0.43，节水灌溉 676.03 千 hm^2。玉米面积 1 134.19千 hm^2，也是夏玉米的重要产区，玉米总产 629.42 万 t，单产 5 475.67kg/ hm^2 处于中产水平。排灌机械 33.79 万台，装机 195.78 万 kW，灌溉井 21.98 万眼，灌溉类型由井灌、蓄水、引提混合灌溉组成。

该区年降水量 500~800mm，水资源 119.57 亿 m^3，水库库容 180.21 亿 m^3，田均水资源不足 2 988m^3/hm^2，灌溉供水能力 8 426m^3/hm^2，是缺水地区。

（4）324 亚热带黄河中游混合灌溉区。地处暖温带到亚热带过渡期带，以属亚热带气候，黄河支流渭河由西向东穿过，形成肥沃的关中平原，南靠秦岭，气候温和，养育了秦唐盛世，该区包括西安、铜川、宝鸡、咸阳（西安）等 4 个地市，耕地面积 96.57 万 hm^2，灌溉面积 55.62 万 hm^2，灌溉率 0.52。节水灌溉 440 千 hm^2，其中，渠道防渗面积占 59%以上，喷滴灌溉面积 180 千 hm^2，喷滴低压管道灌溉占灌溉面积 32%。玉米面积 485.24 千 hm^2，玉米总产 272.07 万 t，单产 5 550kg/hm^2单产位居中下水平。

该区年降水量 600~900mm，水资源 63.42 亿 m^3，水库库容 18.71 亿 m^3，田均水资源 5 491 m^3/hm^2，灌溉供水能力 2 369m^3/hm^2，灌溉水源以地下水、储水、引水为主，属混合灌溉区。

（5）325 亚热带黄河中游储水灌溉区。该区位于秦岭以南，属长江水系，气候温和，包含渭南（西安）、汉中、安康、商洛（商州）4 个地市，有耕地面积 105.57 万 hm^2，灌溉面积 49.73 万 hm^2，灌溉率 0.38。节水灌溉 145 千 hm^2，其中，喷滴低压管道灌溉面积 53.55 千 hm^2，占灌溉面积 11%。玉米面积 515.31 千 hm^2，玉米总产 210.79 万 t，单产 3 874.25kg/hm^2，单产处于低产水平，增产空间很大。

该区雨量较陕北丰富，年降水量 900~1 000mm，水资源 244.06 亿 m^3，水库库容 50.83 亿 m^3，田均水资源 30 927m^3/hm^2，灌溉供水能力 8 474m^3/hm^2，从灌溉水源丰富，积温 5 000℃与该区单产形成资源与玉米产出不相匹配，其中，需要寻找问题症结。

3.33 淮河流域湿润多季玉米灌溉区

（1）331 亚热带长淮出口引提灌溉区。该区位于长江淮河入海口一带，包含苏州、南通、盐城、宿迁 4 个地市，耕地面积 168.64 万 hm^2，灌溉面积 156.55 万 hm^2（含水稻面积 83.7 万 hm^2）灌溉率 0.61，节水灌溉 839.27 千 hm^2。该区玉米有春玉米和夏玉米同时存在，如南通有春玉米，也有夏玉米，一般山丘区种植春玉米，平原积温高，可种植二季，多为麦米轮作。玉米面积 207.93 千 hm^2，玉米总产 89.95 万 t，单产 6 362kg/hm^2，单产处中高水平，平原区玉米灌溉需要考虑滨海盐碱问题。排灌机械 23.49 万台，装机 235.47 万 kW，灌溉井 23.8 万眼机械化程度较高。水资源 94.12 亿 m^3，田均水资源 4 000m^3/hm^2左右，灌溉供水能力 5 679m^3/hm^2，受城镇与工业用水影响，农业用水紧张。

（2）332 亚热带淮河中上游混合灌溉区。该区位于淮河中上游丘陵区，含淮北、亳州、宿州、蚌埠、阜阳、枣庄、济宁、菏泽等 8 个地市，耕地面积 404.21 万 hm^2，灌溉面积 272.54 万 hm^2（其中，水稻 21 万 hm^2），灌溉率 0.51，节水灌溉 1 527.2千 hm^2（含渠道防渗），玉米面积 1 253.92千 hm^2，玉米总产 723.22 万 t，单产 5 399.1kg/hm^2。排灌机械 61.96 万台，装机 207.39 万 kW，灌溉井 18（不含安徽五地市）万眼，机械化水平较高。

该区年降水量 700~800mm，水资源 126.23 亿 m^3，水库库容 23.1 亿 m^3，田均水资源 2 350m^3/hm^2，灌溉供水能力 4 671m^3/hm^2，显然满足不了一年两季作物需水，农田用水紧张。

（3）333 亚热带淮河上游井灌溉区。该区位于河南境内淮河上游，地势平坦，含漯河、商丘、周口 3 个市，耕地面积 167.78 万 hm^2，灌溉面积 132.12 万 hm^2，灌溉率 0.78，节水灌溉 116.96 千 hm^2，玉米面积 503.37 千 hm^2，玉米总产 319.02 万 t，单产 6 362.33 kg/hm^2，单产处于较高水平是夏玉米重要产区。排灌机械 33.39 万台，装机 239.62 万 kW，有灌溉井 44.41 万眼，灌溉机械化水平很高。水资源 51.92 亿 m^3，水库库容 2.01 亿 m^3，田均水资源 2 778m^3/hm^2，灌溉供水能力 3 359m^3/hm^2，该区年降水量 600~800mm，又无储水调蓄，维持二季作物农业用水十分困难。

（4）334 亚热带淮河蒙山引提灌溉区。该区主要位于淮河山东境内蒙山地区，含泰安、莱芜、临沂、徐州 4 个地市，耕地面积 185.87 万 hm^2，灌溉面积 111.22 万 hm^2，灌溉率 0.62，节水灌溉 650.56 千 hm^2，玉米面积 638.29 千 hm^2，玉米总产 484.74 万 t，单产 7 073kg/hm^2，排灌机械 15.76 万台，装机 170.79 万 kW，水资源 99.41 亿 m^3，水库库容 51.65 亿 m^3，田均水资源 5 196m^3/hm^2，灌溉供水能力 9 755m^3/hm^2，比左右邻市地农用水处于较高水平，玉米单产在夏玉米产区处于领先水平。

（5）335 亚热带淮河上游储水灌溉区。该区位于河南淮河发源地，地势丘陵山区，有信阳、驻马店 2 个地市，耕地面积 151.04 万 hm^2，灌溉面积 87.39 万 hm^2，灌溉率 0.59，节水灌溉 98.76 千 hm^2，玉米面积 344.5 千 hm^2，玉米总产 183.42 万 t，单产 4 946.5 kg/hm^2，排灌机械 11.28 万台，装机 82.07 万 kW，有灌溉井 14.88 万眼。

该区年降水量 800~1 000mm，水资源 151.75 亿 m^3，水库库容 75.73 亿 m^3，田均水资源 10 794m^3/hm^2，灌溉供水能力 8 853m^3/hm^2，灌溉水源以储水灌溉为主，在夏玉米产区水资源较丰富。但玉米单产水平较低，有增产空间。

四、Ⅳ华西南春夏秋玉米补偿灌溉区

第四区处于中国西南高原，崇山峻岭是长江上游和珠江、澜沧江、怒江的发源地，山地气候，早穿皮袄午穿纱，谷地与山崖是两重天。玉米在该区有其独特的地位，玉米的高度适应性，成为该地的重要作物，从谷地到山腰（最高可生长在海拔 3 500m 处）。由于山上山下气候的差异，所以该区玉米春夏秋冬都有种植。该区第二个特点是水资源极其丰富，是全国其他地区望尘莫及的（图 2-22）。

四区有 2 个二级区，9 个三级区。

1. 41 珠江流域湿润多季玉米灌溉区

（1）411 亚热带珠江上游储水灌溉区。珠江西江发源地位于广西与云南地区，该区南宁、百色、河池、黔南布依族苗族自治州（独山）、曲靖（沾益）、玉溪位在其中，而楚雄、西双版纳（景洪）位在怒江上游，该区共 8 个地市区，有耕地面积 299.6 万 hm^2，灌溉面积 94.52 万 hm^2，灌溉率 0.34。玉米面积 593.85 千 hm^2，玉米总产 281.94 万 t，平均单产 5 653.25kg/hm^2，玉米面积很广，但单产中等水平，主要受高山气候影响，地块零星，积温虽然平均很高（5 000~8 000℃），但山上山下差异很大，灌溉率低玉米生产条件差。但该区水资源、光照等自然条件对玉米生产还是很有利。只要改善生产基础建设，玉米生产潜力很大。年降水量 1 000~1 200mm，水资源 687.37 亿 m^3，水库库容 733.21 亿 m^3，田均水资源 60 332m^3/hm^2，灌溉供水能力 86 263m^3/hm^2，其农业用水资源非常丰富，但有时受季风气候影响，近年也常发生春旱，对山区春玉米产量影响很大。

（2）412 亚热带珠江与澜怒江上游混合灌溉区。该区位于横断山脉，怒江、澜沧江上游区，含保山、普洱（思茅）、临沧、文山、德宏（瑞丽）、怒江等 6 个地市区，有耕地面积 258.83 万 hm^2，灌溉面积 63.61 万 hm^2，灌溉率 0.26。玉米种植季节混杂，春夏秋都有种植，玉米总面积 643.9 千 hm^2，玉米总产 242.76 万 t，单产 4 199.49kg/hm^2。年降水量 800~1 200mm，水资源 899.97 亿 m^3，水库库容 23.39 亿 m^3，田均水资源 52 792m^3/hm^2，灌溉供水能力 267 923m^3/hm^2，水资源极其丰富，光热资源也很高，年积温在 5 000~7 000℃。但

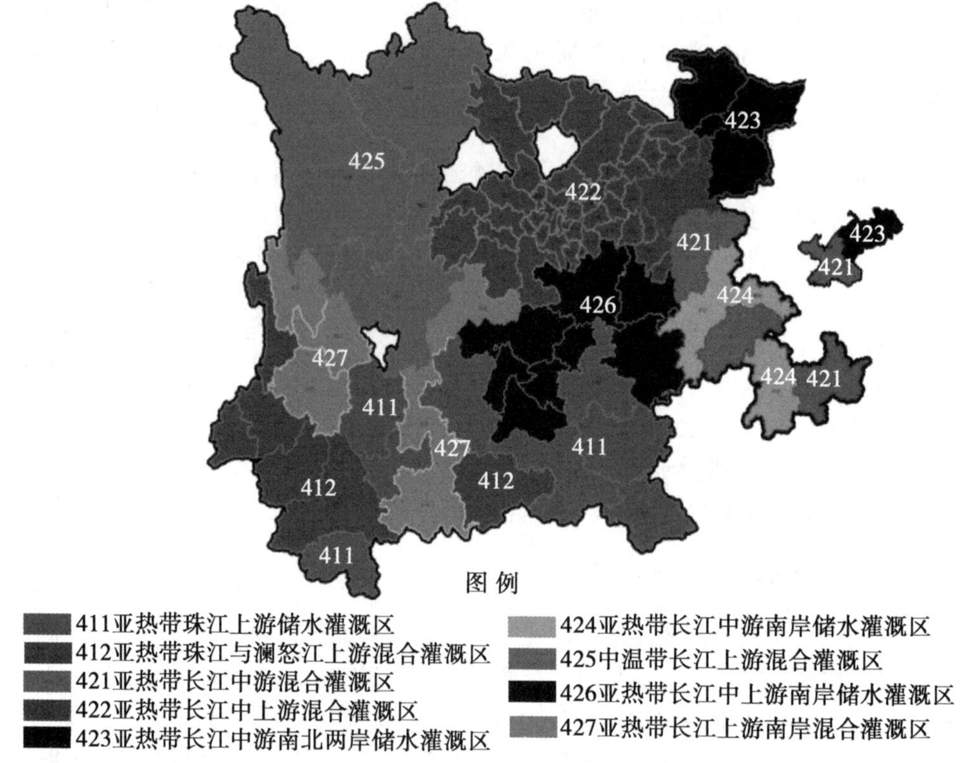

图 2-22　Ⅳ华西南春夏秋玉米补偿灌溉区三级区分布

灌溉率较低，灌溉机械化不高，所以，玉米产量在中下水平，增产空间很大。

2. 42 长江流域湿润多季玉米灌溉区

（1）421 亚热带长江中游混合灌溉区。长江中游武陵山区湖南境内，含邵阳、岳阳、张家界（桑植）、郴州、湘西（吉首）等5个地市区，有耕地面积113. 89 万 hm^2，灌溉面积100. 06 万 hm^2，灌溉率0. 61，灌溉率较高，玉米种植仍属多季类型，玉米面积212. 68千 hm^2，玉米总产105. 96 万 t，单产5 945kg/hm^2 处中上水平。排灌机械60. 78 万台，装机294. 29 万 kW，灌溉机械化水平较高。年降水量1 400～1 600mm，水资源430. 12 亿 m^3，水库库容4 787亿 m^3，田均水资源4 928 730m^3/hm^2，灌溉供水能力374 037m^3/hm^2，调蓄能力强，水资源丰富。

（2）422 亚热带长江中上游混合灌溉区。该区位于长江中上游四川盆地，地势较平缓，包括重庆、自贡市（内江）、泸州市、绵阳市、广元、遂宁市、内江市、乐山市、眉山市（乐山市）、宜宾市、广安市（南充市）、达州市（达县）、巴中市、资阳市等14个地市区，耕地463. 40 万 hm^2，灌溉面积237. 03 万 hm^2（其中，水稻211 万 hm^2），灌溉率0. 64，有世界著名的最古老而今已进入现代化管理的都江堰灌溉工程。玉米面积1 283. 73千 hm^2，玉米总产724. 71 万 t，单产5 696. 39kg/hm^2，单产居中上水平。有排灌机械111. 34 万台，装机605. 44 万 kW，灌溉机械化水平较高。

年降水量800～1 600mm，水资源1 328. 10亿 m^3，田均水资源26 496m^3/hm^2，灌溉供

水能力 46 242m^3/hm^2，灌溉水源处于高水平，但玉米面积主要在山丘区，灌溉工程很少，初步估算玉米灌溉面积在 15%左右，玉米常遭遇干旱影响[30]，玉米产量有增产空间。

（3）423 亚热带长江中游南北两岸储水灌溉区。该区位于长江中游两岸山丘区（北岸大巴山、南岸方斗山），包含湖北境内黄石、十堰（郧西县）、宜昌、襄阳（老河口）、咸宁（嘉鱼）、恩施自治州、神农架林区（房县）等 7 个地市区，耕地面积 463. 4 万 hm^2，灌溉面积 237. 03 万 hm^2（其中，水稻面积 61 万 hm^2），灌溉率 0. 64，玉米面积 1 283. 73 千 hm^2，玉米总产 724. 71 万 t，单产 5 696kg/hm^2 处于中等水平。排灌机械 111. 34 万台，装机 605. 44 万 kW，灌溉机械化水平较高。

该区年降水量 800～1 200mm，水资源 1 328. 1亿 m^3，田均水资源 89 835m^3/hm^2，灌溉供水能力 101 502m^3/hm^2，该区光热资源也较好，积温 5 000℃。

（4）424 亚热带长江中游南岸储水灌溉区。该区位于湖南西部雪峰山丘陵区，有永州、怀化（平江）、娄底（双峰）3 个地市，耕地面积 79. 76 万 hm^2，灌溉面积 57. 6 万 hm^2（其中，水稻 49 万 hm^2），灌溉率 0. 69，玉米面积 170. 04 千 hm^2，玉米总产 73. 17 万 t，单产 4 396kg/hm^2，单产处在较低水平，排灌机械 65. 35 万台，灌装机 266. 62 万 kW，灌溉机械化水平较高，年降水量 1 400～1 600mm，水资源 326. 68 亿 m^3，水库库容 3 453亿 m^3，田均水资源 38 672m^3/hm^2，灌溉供水能力 57 318m^3/hm^2，农用水资源极其丰富，但玉米灌溉面积不多，玉米单产仍然受干旱威胁，产量不高。

（5）425 中温带长江上游混合灌溉区。该区位于长江上游横断山脉四川境内，有雅安、阿坝藏族羌族自治州、甘孜藏族自治州、凉山彝族自治州（盐源）4 个地市区，耕地面积 56. 19 万 hm^2，灌溉面积 24. 63 万 hm^2（其中，水田 10 万 hm^2），灌溉率 0. 46，玉米面积 121. 33 千 hm^2，玉米总产 84. 52 万 t，单产 6 150kg/hm^2，单产处在上中等水平高于 423 灌溉区。排灌机械 6. 65 万台，装机 49. 72 万 kW，年降水量 800～1 600mm，水资源 1 340亿 m^3，田均水资源 404 484m^3/hm^2，灌溉供水能力 1 482 951m^3/hm^2，处在全国最高水平。

（6）426 亚热带长江中上游南岸储水灌溉区。该区位于云贵高原低山区贵州境内，有贵阳、六盘水（盘县）、遵义、安顺、毕节、铜仁、黔西南布依族苗族自治州、黔东南苗族侗族自治州（凯里）等 8 个地市区，是长江支流乌江、沅江的发源地，有耕地面积 403. 99 万 hm^2，灌溉面积 76. 46 万 hm^2（其中，水稻 57. 1 万 hm^2），灌溉率 0. 25，灌溉率很低。玉米面积 688. 21 千 hm^2（估测玉米灌溉面积比重在 20%左右），玉米总产 476. 15 万 t，单产 6 498kg/hm^2，单产处于中高水平。年降水量 1 000～1 200mm，水资源 1 028. 5亿 m^3，水库库容 459. 7 亿 m^3，田均水资源 68 028m^3/hm^2，灌溉供水能力 177 094 m^3/hm^2，农业用水较好，主要灌溉水源储水。

（7）427 亚热带长江上游南岸混合灌溉区。该区位于云贵高原高山区云南境内，包括昆明、昭通、丽江、红河（江城）、大理、迪庆（德钦）等 6 个地市，有耕地面积 255. 25 万 hm^2，灌溉面积 63. 23 万 hm^2（其中，水稻面积 22. 39 万 hm^2），灌溉率 0. 27，较低，玉米面积 610. 3 千 hm^2，玉米总产 384. 24 万 t，单产 5 024kg/hm^2，单产较低。年降水量 800～1 000mm，水资源 571. 74 亿 m^3，水库库容 55. 1 亿 m^3，田均水资源 45 245m^3/m^2，灌溉供水能力 193 472m^3/hm^2，水资源有待提高开发利用率，该区积温在 5 000℃以上，玉米单产水平有较大提升空间。

第二章附表　参选玉米灌溉区划全国地级单元分区基本参数

市地	灌溉区划													
	灌溉面积（万 hm^2）	玉米面积（千 hm^2）	行政区	积温（℃）	干燥度 蒸发/降水	公顷均水资源（$10^2 \cdot m^3$）	区位地形	品种季节	玉米种植比例（%）	水系	工程类型	农业供水能力（亿 m^3）	农业供水能力（m^3/hm^3）	玉米单产（kg/hm^2）
北京市辖区	14.3	114.5	华北	4 419	1.5	88.2	山丘平	夏	51.8	潮白河	混合	19.50	13 636	6 567
天津市辖区	30.8	134.8	华北	4 422	1.5	10.8	平	夏	34.3	海河	混合	11.80	3 831	7 577
石家庄市	50.8	336.9	华北	4 200	2	24.8	山丘平	夏	58.7	滹沱河	井灌	14.17	2 790	6 873
承 德市	10.8	190.9	华北	3 540	2	93.9	山	春	70.2	武烈河	引提	25.54	23 581	4 385
张家口市	24.9	176.9	华北	3 300	2	15.2	山	春	25.4	洋河	引提	10.58	4 252	4 802
秦皇岛市	13.0	95.8	华北	3 840	2	74.0	山丘平	春	56.3	滦河	井灌	12.61	9 710	6 052
唐山市	46.2	286.0	华北	3 840	2	29.6	平	春	52.5	滦河	井灌	16.07	3 476	6 175
廊坊市	23.0	212.2	华北	4 422	2	14.6	平	夏	57.6	永定河	混合	5.38	2 336	5 668
保定市	64.4	463.3	华北	4 320	2	33.8	山丘平	夏	60.7	府河	井灌	25.78	4 002	6 257
沧州市	45.7	466.9	华北	4 230	2	13.4	平	夏	62.8	南运河	混合	9.96	2 180	4 998
衡水市	47.6	290.0	华北	4 380	2	9.9	平	夏	51.5	阳河	混合	5.60	1 176	5 920
邢台市	55.9	327.3	华北	4 320	2	15.2	丘平	夏	50.5	沙河	混合	9.87	1 764	6 180
邯郸市	52.5	339.8	华北	4 320	2	13.5	丘平	夏	52.3	滏阳河	混合	8.80	1 677	7 785
太原市	5.0	55.1	华北	3 480	1.5	0.3	山丘	春	35.1	汾河	井灌	0.04	76	5 210
大同市	11.8	161.2	华北	3 120	1.5	8.7	山丘	春	34.7	桑干河	井灌	4.05	3 432	5 073
阳泉市	0.9	47.5	华北	3 720	1.5	32.9	山丘	春	65.6	桃河	混合	2.37	27 098	5 671
长治市	7.5	205.9	华北	3 780	1.5	25.2	山丘	春	59.4	漳河	混合	8.76	11 673	7 146
晋城市	4.1	89.6	华北	3 800	1.5	44.7	山丘	春	47.4	丹河	井灌	8.45	20 734	6 889
朔州市	12.2	147.7	华北	3 120	1.5	15.8	山	春	45	恢河	混合	4.29	3 527	6 510
晋中市	14.1	215.8	华北	3 720	1.5	29.1	山丘	春	55.3	潇河	混合	11.38	8 068	7 625
运城市	32.2	302.5	华北	3 800	1.5	9.9	山丘	夏	58.5	黄河	井灌	5.10	1 587	5 608

（续表）

市地	灌溉区划													
	灌溉面积（万 hm^2）	玉米面积（千 hm^2）	行政区	积温（℃）	干燥度 蒸发/降水	公顷均水资源（$10^2 \cdot m^3$）	区位地形	品种季节	玉米种植比例（%）	水系	工程类型	农业供水能力（亿 m^3）	农业供水能力（m^3/hm^3）	玉米单产（kg/hm^2）
忻州市	12.7	252.0	华北	3 300	1.5	33.8	山丘平	春	50.9	牧马河	混合	16.74	13 137	5 259
临汾市	13.9	229.2	华北	3 800	1.5	15.5	山丘	夏	46.4	汾河	混合	7.61	5 478	5 918
吕梁市	11.2	169.3	华北	3 480	1.5	12.9	山丘	春	19.8	川河	混合	11.09	9 882	5 240
呼和浩特市	20.6	162.0	华北	2 874	3	25.2	山丘	春	50.2	大黑河	混合	8.13	3 957	6 293
包头市	12.7	145.9	华北	3 060	3	20.4	山丘	春	53.6	黄河	混合	5.54	4 351	6 104
呼伦贝尔市	19.1	352.1	华北	2 319	3	572.6	山丘平	春	77.0	海拉尔河	储水	261.68	136 710	9 037
兴安盟	28.3	340.0	华北	3 024	3	25.8	山丘	春	31.1	额尔古纳河	储水	28.28	9 982	3 794
通辽市	64.0	757.0	华北	3 228	3	27.2	丘平	春	73.6	西辽河	井灌	27.94	4 363	8 018
赤峰市	40.6	920.0	华北	3 078	3	26.3	山丘	春	92.0	老哈河	混合	26.27	6 472	4 456
锡林郭勒盟	3.3	10.1	华北	2 703	3	87.5	山丘		4.1	西拉木伦河	井灌	21.41	65 189	9 675
乌兰察布市	16.9	38.3	华北	2 613	3	11.1	山丘		6.1	黄旗海	井灌	6.93	4 099	9 675
鄂尔多斯市	24.3	207.5	华北	2 823	5	68.9	山丘	春	76.7	黄河	引提	18.62	7 672	6 457
巴彦淖尔市	65.3	280.0	华北	3 474	5	5.7	山丘	春	47.1	黄河	引提	3.35	513	6 510
乌海市	0.7	4.6	华北	3 798	5	-6.6	山丘	春	20.1	黄河	井灌	-0.15	（2 266）	8 065
阿拉善盟	0.0	25.3	华北	3 735	5	99.9	丘	春	84.2	黄河	井灌	3.00	30 000 000	6 980
沈阳	25.8	330.6	东北	3 258	1.5	41.3	平	春	52.5	浑河	引提	26.00	10 094	8 336
大连	6.9	189.2	东北	3 252	1	150.2	丘平	春	57.5	渤海	井灌	49.39	71 507	6 475
鞍山	7.3	165.6	东北	3 822	1.5	141.9	山丘平	春	66.2	太子河	混合	35.52	48 822	6 624
抚顺	3.4	71.6	东北	3 096	1.5	459.2	山丘平	春	56.4	浑河	混合	58.34	173 219	7 053
本溪	1.7	35.4	东北	3 195	1.5	687.9	山丘	春	60.7	太子河	储水	40.13	231 430	6 130
丹东	7.8	100.0	东北	3 417	1	584.0	山丘平	春	48.9	鸭绿江	混合	119.52	154 084	5 540

（续表）

市地	灌溉区划													
	灌溉面积（万 hm^2）	玉米面积（千 hm^2）	行政区	积温（℃）	干燥度蒸发/降水	公顷均水资源（$10^2\cdot m^3$）	区位地形	品种季节	玉米种植比例（%）	水系	工程类型	农业供水能力（亿 m^3）	农业供水能力（m^3/hm^3）	玉米单产（kg/hm^2）
锦州	15.7	301.0	东北	3 711	1.5	26.0	丘平	春	67.2	小凌河	混合	11.61	7 386	7 126
营口	7.3	46.9	东北	3 651	1.5	118.5	平	春	44.5	大辽河	混合	12.50	17 081	5 970
阜新	9.8	261.2	东北	3 195	1.5	17.0	丘平	春	52.2	大凌河	储水	8.50	8 677	9 028
辽阳	6.8	85.4	东北	3 708	1.5	90.6	平	春	52.9	太子河	混合	14.65	21 550	6 862
盘锦	9.5	15.3	东北	3 639	1.5	50.1	平	春	10.5	辽河	储水	7.29	7 631	7 516
铁岭	15.7	379.7	东北	3 249	1.5	74.3	丘平	春	66.3	辽河	储水	42.48	27 014	8 341
朝阳	15.9	289.1	东北	3 666	1.5	23.7	山丘平	春	59.5	大凌河	混合	11.52	7 251	7 693
葫芦岛	7.2	157.5	东北	3 606	1.5	53.4	丘平	春	64.9	辽东湾	混合	12.94	17 975	7 010
长春	25.6	1 029.0	东北	3 057	1	15.6	平	春	78.5	伊通河	储水	20.34	7 955	7 693
吉林	18.1	471.2	东北	2 985	1	90.5	丘平	春	70.1	松花江	储水	60.84	33 619	6 480
四平	19.2	778.1	东北	3 123	1.5	11.0	山丘	春	85.3	东辽河	井灌	9.93	5 171	9 358
辽源	3.2	197.2	东北	3 003	1.5	17.6	丘平	春	81.2	东辽河	混合	4.25	13 457	6 606
通化	11.0	180.0	东北	2 883	1	123.8	山丘	春	57.6	哈泥河	混合	38.64	35 260	6 711
白山	0.4	28.5	东北	2 730	1	1 144.5	山丘	春	49.3	哈泥河	混合	66.16	1 524 343	7 018
松原	55.6	805.6	东北	3 132	1	10.4	平	春	65.7	松花江	混合	12.73	2 290	7 281
白城	43.7	477.6	东北	3 039	3	193.8	平	春	48.7	洮儿河	井灌	19.33	4 428	5 268
延边	0.6	189.1	东北	2 748	1.5	208.4	山丘	春	49.5	朝阳河	引提	79.64	1 284 444	5 086
哈尔滨	72.9	1 138.8	东北	3 045	1	104.7	丘平	春	62.8	松花江	混合	189.76	26 044	8 573
齐齐哈尔	62.4	1 413.2	东北	2 949	2	47.7	平	春	81.5	嫩江	储水	82.62	13 236	7 398
鸡西	16.6	249.7	东北	2 928	1.5	117.0	丘平	春	45.1	乌苏里江	混合	64.82	39 024	7 408
鹤岗	14.8	58.3	东北	3 009	1.5	129.2	丘平	春	13.2	松花江	混合	57.12	38 697	3 710

（续表）

市地	灌溉区划													
	灌溉面积（万 hm²）	玉米面积（千 hm²）	行政区	积温（℃）	干燥度 蒸发/降水	公顷均水资源（$10^2 \cdot m^3$）	区位地形	品种季节	玉米种植比例（%）	水系	工程类型	农业供水能力（亿 m^3）	农业供水能力（m^3/hm^3）	玉米单产（kg/hm^2）
双鸭山	8.3	270.4	东北	2 355	1.5	32.7	丘平	春	12.3	乌苏里江	储水	72.08	87 156	7 988
大庆	47.3	517.7	东北	2 574	2	31.1	平	春	85.3	嫩江	引提	18.89	3 993	8 941
伊春	4.8	59.8	东北	2 634	1.5	932.7	丘平	春	38.8	汤旺河	混合	143.79	298 329	4 949
佳木斯	44.5	504.7	东北	2 853	1.5	31.8	平	春	25.2	松花江	引提	63.75	14 332	7 135
七台河	2.0	117.5	东北	2 808	1.5	674.1	丘平	春	66.0	松花江	储水	9.58	48 611	7 011
牡丹江	8.3	296.4	东北	2 955	1.5	225.0	丘	春	50.9	牡丹江	储水	131.02	157 669	7 229
黑河	6.3	332.6	东北	2 790	1.5	116.6	丘平	春	17.3	黑龙江	储水	223.64	357 822	6 791
绥化	48.0	1 390.2	东北	2 922	1.5	54.6	平	春	96.3	通肯河	混合	78.76	16 425	8 499
大兴安岭	0.2	6.9	东北	2 841	1	3 754.4	山丘平		9.6	黑龙江	储水	270.50	13 525 000	6 697
上海市辖区	0.0	4.2	华东	5 793	1	0.0	平		1.6	长江	混合	0.00		
南京市	19.0	8.3	华东	5 646	1	46.8	丘		3.4	长江	引提	11.48	6 057	5 000
无锡市	9.5	0.4	华东	5 778	1	87.5	平		0.2	太湖	引提	15.81	16 696	
徐州市	43.8	153.2	华东	5 154	1	56.9	丘	多季	25.7	微山湖	引提	33.87	7 729	7 546
常州市	9.7	1.9	华东	5 724	1	64.2	平		0.9	长江	引提	12.87	13 260	
苏州市	18.8	1.5	华东	5 880	1	4 601.3	平	多季	52.9	太湖	混合	13.21	7 011	7 500
南通市	38.2	49.5	华东	5 157	1	47.7	平	多季	10.6	长江	混合	22.25	5 832	7 500
连云港市	31.1	38.6	华东	4 473	1	66.0	平		9.5	淮河	引提	26.80	8 607	8 250
淮安市	39.6	31.9	华东	4 611	1	49.7	平		6.5	洪泽湖	引提	24.28	6 133	6 400
盐城市	68.3	97.8	华东	5 019	1	39.6	平	多季	12.6	串场河	引提	30.80	4 511	5 400
扬州市	25.2	2.1	华东	5 610	1	44.3	平		0.6	长江	引提	14.60	5 799	
镇江市	11.9	5.1	华东	5 652	1	50.6	丘		3.2	长江	混合	8.16	6 876	

（续表）

市地	灌溉区划													
	灌溉面积（万 hm^2）	玉米面积（千 hm^2）	行政区	积温（℃）	干燥度 蒸发/降水	公顷均水资源（$10^2 \cdot m^3$）	区位地形	品种季节	玉米种植比例（%）	水系	工程类型	农业供水能力（亿 m^3）	农业供水能力（m^3/hm^3）	玉米单产（kg/hm^2）
泰州市	32.3	7.7	华东	5 145	1	45.5	平		2.7	长江	引提	13.04	4 043	
宿迁市	31.3	59.1	华东	5 037	1	38.3	平	多季	13.5	骆马湖	引提	16.78	5 363	
杭州市	15.3	63.4	华东	5 955	0.75	366.9	山丘平		3.7	钱塘江	储水	83.38	54 372	
宁波市	17.4		华东	5 901	0.75	248.0	山丘平		0.0	长江	储水	58.71	33 724	
嘉兴市	18.1		华东	5 730	0.75	542.0	平		0.0	杭嘉湖	混合	115.25	63 804	
湖州市	13.6		华东	5 796	0.75	10.2	山丘平		0.0	太湖	储水	1.46	1 074	
绍兴市	15.3		华东	6 093	0.75	57.8	山丘平		0.0	长江	储水	12.12	7 922	
舟山市	1.5		华东	5 613	0.75	1 664.6	山丘		0.0	东海	储水	45.94	308 529	
温州市	11.3		华东	6 399	0.75	398.4	山		0.0	东海	储水	62.88	55 469	
金华市	15.8		华东	6 108	0.75	350.3	山丘平		0.0	婺江	储水	58.09	36 763	
衢州市	11.2		华东	5 970	0.75	41.0	山丘平		0.0	蔺江	储水	4.20	3 764	
台州市	12.3		华东	5 844	0.75	549.5	山丘平		0.0	东海	储水	80.54	65 257	
丽水市	9.1		华东	6 444	0.75	2 045.4	山		0.0	丽水	储水	183.58	201 404	
合肥	45.5	12.7	华东	5 739	1	52.7	平		3.8	东淝河	混合	25.67	5 637	4 817
淮北	14.2	35.3	华东	5 286	1	20.3	平	夏	26.3	濉河	混合	5.46	3 857	4 623
亳州	44.7	101.3	华东	5 232	1	19.5	平	夏	20.3	淮河	混合	19.46	4 356	4 607
宿州	41.1	170.1	华东	5 250	1	23.1	平	夏	35.4	沱河	混合	22.37	5 443	4 003
蚌埠	22.6	51.5	华东	5 421	1	10.7	平	夏	17.4	淮河	混合	12.53	5 552	4 586
阜阳	39.5	156.4	华东	5 160	1	42.0	平	夏	27.2	颍河	混合	24.10	6 110	4 914
淮南	12.2	3.3	华东	5 829	1	21.2	平		2.9	窑河	混合	5.13	4 207	2 454
滁州	48.6	30.9	华东	5 466	1	37.4	山丘		7.6	清流河	混合	32.18	6 625	4 245

（续表）

市地	灌溉区划													
	灌溉面积（万 hm²）	玉米面积（千 hm²）	行政区	积温（℃）	干燥度 蒸发/降水	公顷均水资源（$10^2 \cdot m^3$）	区位地形	品种季节	玉米种植比例（%）	水系	工程类型	农业供水能力（亿 m^3）	农业供水能力（m^3/hm^3）	玉米单产（kg/hm^2）
六安	58.5	17.7	华东	5 718	1	80.1	山丘平		4.1	淮河	储水	67.33	11 511	4 917
马鞍山市	14.8	0.3	华东	5 706	1	90.9	平		0.3	长江	混合	9.28	6 277	6 368
芜湖	19.7	0.9	华东	5 826	1	40.4	平		0.5	长江	混合	23.90	12 156	5 299
宣城	20.1	4.7	华东	5 655	1	197.6	山丘		3.0	阳江	储水	69.66	34 708	5 792
铜陵	2.4	0.7	华东	5 910	1	122.3	山丘		2.9	长江	混合	5.28	22 094	5 445
池州	9.5	1.7	华东	5 763	1	324.3	山丘		2.0	长江	混合	59.32	62 443	3 589
安庆	32.4	0.7	华东	5 718	1	132.5	山丘平		0.2	长江	储水	96.20	29 681	4 281
黄山	4.5	7.0	华东	5 766	1	729.5	山		15.2	新安江	混合	92.64	205 869	2 587
福州市	11.5	1.8	华东	6 900	0.5	501.9	山丘平		1.2	闽江	储水	73.02	63 520	
厦门市	2.5	0.1	华东	6 780	0.5	167.4	山丘平		0.2	九龙江	混合	5.78	23 036	
莆田市	5.6	0.7	华东	6 900	0.5	348.0	山丘平		0.9	兴化湾	混合	27.20	48 823	
三明市	12.9	5.5	华东	6 540	0.5	532.4	山丘平		2.7	沙溪	混合	109.95	85 273	
泉州市	11.1	3.4	华东	6 900	0.5	526.2	山丘平		2.6	普江	混合	68.75	61 812	
漳州市	15.0	0.7	华东	7 320	0.5	401.3	山丘平		0.3	九龙江	储水	80.46	53 746	
南平市	16.4	15.6	华东	6 540	0.5	766.1	山丘平		7.6	建溪	储水	158.28	96 306	
龙岩市	9.8	3.2	华东	6 900	0.5	210.3	山丘平		0.5	雁石溪	混合	129.86	131 986	
宁德市	8.7	0.6	华东	6 300	0.5	712.2	山丘平		0.4	长江	储水	105.97	122 046	
南昌市	18.7		华东	5 610	0.5	232.2	平		0.0	赣江	混合	60.91	32 572	4 050
景德镇市	5.0		华东	5 460	0.5	9.9	丘平		0.0	昌江	储水	49.39	98 780	
萍乡市	4.1		华东	5 580	0.5	457.7	山丘		0.0	禾水	储水	30.39	74 122	
九江市	19.8		华东	5 580	0.5	435.3	平		0.0	长江	混合	132.17	66 753	

（续表）

市地	灌溉区划													
	灌溉面积（万 hm²）	玉米面积（千 hm²）	行政区	积温（℃）	干燥度 蒸发/降水	公顷均水资源（$10^2\cdot m^3$）	区位地形	品种季节	玉米种植比例（%）	水系	工程类型	农业供水能力		玉米单产（kg/hm^2）
												（亿 m^3）	（m^3/hm^3）	
新余市	5.1		华东	5 610	0.5	268.8	山丘		0.0	袁水	储水	22.98	45 059	
鹰潭市	5.8		华东	5 550	0.5	760.2	丘平		0.0	信江	混合	44.99	77 569	
赣州市	27.9		华东	5 760	0.5	1012.1	山丘		0.0	章水	储水	296.41	106 240	
吉安市	29.3		华东	5 640	0.5	428.4	山丘平		0.0	赣江	储水	191.59	65 389	
宜春市	30.5		华东	5 610	0.5	362.3	山丘		0.0	袁水	储水	172.56	56 577	
抚州市	22.3		华东	5 640	0.5	510.2	丘平		0.0	抚河	混合	170.37	76 399	
上饶市	31.0		华东	5 550	0.5	614.1	山丘		0.0	信江	混合	233.32	75 265	
济南市	24.7	211.2	华北	4 722	2	65.3	丘平	夏	78.7	黄河	混合	17.52	7 082	6 306
青岛市	33.2	258.3	华北	3 825	2	10.1	丘平	夏	62.5	黄海	混合	4.16	1 253	6 991
淄博市	12.5	125.1	华北	4 524	2	42.9	丘平	夏	59.1	小清河	混合	9.07	7 227	5 944
枣庄市	15.1	119.2	华北	4 668	2	44.0	平	夏	49.7	微山湖	混合	10.55	6 989	6 948
东营市	16.9	56.5	华北	4 545	2	36.9	平	夏	25.2	黄河	引提	8.25	4 894	5 196
烟台市	27.4	205.6	华北	3 891	2	89.3	丘平	夏	47.5	黄海	储水	38.59	14 098	6 288
潍坊市	53.7	395.0	华北	4 452	2	15.2	丘平	夏	56.9	潍河	储水	10.56	1 968	6 711
济宁市	44.1	254.2	华北	4 800	2	17.1	平	夏	42.1	南四湖	混合	10.34	2 345	7 660
泰安市	25.8	194.3	华北	4 497	2	31.4	丘平	夏	55.0	大汶河	引提	11.09	4 301	7 927
威海市	15.0	82.0	华北	3 954	2	36.5	平	夏	42.9	黄海	储水	6.95	4 641	5 709
日照市	11.7	71.0	华北	4 356	2	71.3	平	夏	43.4	黄海	储水	11.65	9 959	6 476
莱芜市	4.0	29.8	华北	4 518	2	66.3	丘平	夏	43.3	大汶河	储水	4.56	11 507	6 132
临沂市	37.7	261.1	华北	4 557	2	53.1	丘平	夏	31.0	沂河	储水	44.74	11 879	6 689
德州市	45.2	459.2	华北	4 620	2	45.5	平	夏	85.3	马颊河	混合	24.47	5 417	7 935

（续表）

市地	灌溉区划													
	灌溉面积（万 hm^2）	玉米面积（千 hm^2）	行政区	积温（℃）	干燥度 蒸发/降水	公顷均水资源（$10^2 \cdot m^3$）	区位地形	品种季节	玉米种植比例（%）	水系	工程类型	农业供水能力（亿 m^3）	（m^3/hm^3）	玉米单产（kg/hm^2）
聊城市	49.4	376.5	华北	4 512	2	32.1	平	夏	70.8	黄河	引提	17.06	3 454	6 162
滨州市	31.1	215.9	华北	4 491	2	49.2	平	夏	57.4	黄河	混合	18.49	5 952	5 933
菏泽市	51.4	365.9	华北	5 127	2	11.6	平	夏	30.1	红卫河	混合	13.98	2 720	5 852
郑州市	18.0	129.7	华中	4 440	1.5	20.0	丘平	夏	53.2	黄河	混合	4.88	2 713	4 758
开封市	31.3	95.3	华中	4 440	1.5	24.8	平	夏	21.9	黄河	井灌	10.75	3 438	5 511
洛阳市	13.3	148.1	华中	4 380	1.5	32.6	山丘平	夏	34.9	黄河	储水	13.83	10 384	4 755
平顶山市	18.9	138.9	华中	4 650	1.5	21.5	山丘	夏	21.8	黄河	储水	13.71	7 272	4 839
安阳市	29.4	141.4	华中	4 320	1.5	26.3	山丘平	夏	34.6	海河	井灌	10.75	3 653	6 521
鹤壁市	8.3	61.0	华中	4 320	1.5	30.5	丘平	夏	59.7	黄河	井灌	3.11	3 731	7 076
新乡市	32.8	159.9	华中	4 380	1.5	25.2	丘平	夏	34.5	黄河	混合	11.70	3 569	6 251
焦作市	15.8	95.0	华中	4 410	1.5	30.0	丘	夏	48.3	黄河	井灌	5.91	3 742	7 409
濮阳市	21.2	70.9	华中	4 350	1.5	20.7	平	夏	26.4	黄河	井灌	5.58	2 631	6 346
许昌市	23.0	107.1	华中	4 500	1.5	21.6	平	夏	31.1	黄河	井灌	7.43	3 229	6 288
漯河市	14.5	84.8	华中	4 500	1.5	21.8	平	夏	44.8	淮河	井灌	4.11	2 825	6 450
三门峡市	5.1	39.0	华中	4 380	1.5	44.3	山	夏	18.6	黄河	储水	9.27	18 055	4 334
南阳市	44.2	181.5	华中	5 220	1.5	55.5	山丘	夏	18.3	汉水	混合	55.12	12 470	5 466
商丘市	59.2	206.2	华中	4 560	1.5	27.3	平	夏	29.1	淮河	井灌	19.32	3 263	6 556
信阳市	39.7	28.5	华中	5 340	1.5	152.0	丘平	夏	4.6	淮河	储水	93.72	23 580	4 494
周口市	58.4	212.4	华中	5 100	1.5	34.4	平	夏	27.2	沙颍河	井灌	26.81	4 592	6 081
驻马店市	47.6	316.1	华中	4 800	1.5	63.9	丘平	夏	35.4	淮河	储水	57.13	11 991	5 399
济源市	2.1	0.0	华中	4 380	1.5	50.3	山丘		0.0	黄河	混合	2.37	11 420	5 356

（续表）

市地	灌溉区划													
	灌溉面积（万 hm^2）	玉米面积（千 hm^2）	行政区	积温（℃）	干燥度蒸发/降水	公顷均水资源（$10^2 \cdot m^3$）	区位地形	品种季节	玉米种植比例（%）	水系	工程类型	农业供水能力（亿 m^3）	农业供水能力（m^3/hm^3）	玉米单产（kg/hm^2）
武汉市	16.2	16.0	华中	5 460	0.75	77.0	平		8.1	长江	储水	15.19	9 374	5 899
黄石市	5.2	12.9	华中	5 490	0.75	318.5	丘平	多季	14.5	长江	储水	28.46	54 542	3 666
十堰市（郧西县）	3.7	82.5	华中	5 190	0.75	501.6	山丘	春	46.6	丹江	储水	88.80	242 754	4 558
荆州市	41.6	9.1	华中	5 350	0.75	122.1	平		1.9	长江	引提	57.26	13 749	6 125
宜昌市	11.1	102.4	华中	5 160	0.75	325.7	山丘平	春	38.4	长江	储水	86.77	77 946	4 791
襄阳市（老河口）	27.1	155.5	华中	5 190	0.75	98.0	丘平	夏	34.4	汉江	储水	44.32	16 351	5 197
鄂州市（黄石）	2.8	1.0	华中	5 190	0.75	101.7	丘平		2.4	长江	引提	4.11	14 810	6 186
荆门市	20.8	22.0	华中	5 340	0.75	93.6	丘平		8.2	汉江	储水	24.97	11 998	7 285
孝感市（广水）	23.3	3.0	华中	5 460	0.75	58.5	平		1.1	汉江	储水	15.60	6 702	6 846
黄冈市（黄石）	23.7	6.3	华中	5 490	0.75	189.2	平		1.8	长江	储水	64.98	27 433	3 955
咸宁市（嘉鱼）	9.2	19.6	华中	5 610	0.75	407.9	丘平	夏	12.4	长江	储水	64.70	70 088	4 310
恩施自治州	12.4	126.1	华中	5 130	0.75	1 274.9	山丘	春	87.9	长江	储水	182.75	147 332	5 242
随州市（广水）	6.8	7.0	华中	5 460	0.75	39.5	平		2.7	汉江	储水	10.26	15 035	8 451
仙桃市（嘉鱼）	8.2	5.6	华中	5 520	0.75	113.4	平		6.1	汉江	引提	10.27	12 550	10 126
天门市	11.0	5.3	华中	5 520	0.75	64.5	平		4.8	汉江	引提	7.07	6 444	3 276
潜江市（天门市）	6.0	2.9	华中	5 520	0.75	107.4	平		4.0	汉江	引提	7.74	12 992	8 293
神农架林区（房县）	0.0	2.2	华中	5 190	0.75	3 362.1	山	春	34.0	南河	混合	21.25	8 499 560	4 419
长沙市	22.3	11.9	华中	5 883	0.5	204.6	丘平		4.1	湘江	引提	59.15	26 467	6 240
株洲市	16.0	4.7	华中	6 084	0.5	318.0	丘平		2.3	湘江	储水	65.73	40 970	5 386
湘潭市（株洲）	13.9	3.4	华中	6 018	0.5	183.5	丘平		2.3	湘江	引提	26.52	19 083	4 025
衡阳市	28.7	13.7	华中	6 303	0.5	170.9	丘平		3.7	耒水	混合	63.37	22 101	5 627

（续表）

市地	灌溉区划													
	灌溉面积（万 hm^2）	玉米面积（千 hm^2）	行政区	积温（℃）	干燥度 蒸发/降水	公顷均水资源（$10^2 \cdot m^3$）	区位地形	品种季节	玉米种植比例（%）	水系	工程类型	农业供水能力（亿 m^3）	农业供水能力（m^3/hm^3）	玉米单产（kg/hm^2）
邵阳市	28.2	80.4	华中	5 772	0.5	227.4	山丘	夏	18.3	资江	混合	99.74	35 323	5 040
岳阳市	31.5	31.1	华中	6 039	0.5	230.3	丘平	多季	10.2	洞庭湖	混合	69.90	22 200	4 710
常德市	46.8	40.2	华中	5 859	0.5	190.2	丘平		8.5	洞庭湖	储水	89.81	19 188	4 980
张家界市（桑植）	5.2	13.8	华中	5 964	0.5	2 152.7	山	春	46.0	娄水	混合	64.63	124 956	12 253
益阳市（沅江）	23.5	21.4	华中	6 096	0.5	206.9	丘平		7.8	长江	引提	56.66	24 062	3 796
郴州市	18.7	47.0	华中	6 507	0.5	595.7	山丘	多季	24.2	东江	混合	115.41	61 817	4 083
永州市	28.7	52.7	华中	6 078	0.5	402.0	山丘	春	16.1	湘江	储水	131.68	45 901	4 417
怀化市（平江）	19.1	74.4	华中	5 799	0.5	495.6	山丘	多季	24.9	沅水	储水	148.31	77 527	3 886
娄底市（双峰）	9.2	43.0	华中	5 949	0.5	262.5	山丘	多季	25.2	涟水	引提	44.85	48 527	4 886
湘西（吉首）	16.5	40.5	华中	5 607	0.5	243 230.6	山丘	春	23.3	牛角河	混合	2，681.75	1 625 892	3 696
广州	7.3	无	华南	7 650	0.5	261.6	丘平		0	珠江	储水	36.70	50 145	
深圳	0.2		华南	7 650	0.5	-299.1	平		0.0	珠江	储水	-1.93	（90 761）	
珠海（南澳）	0.9		华南	8 166	0.5	329.6	平		0.0	珠江	储水	9.66	102 422	
汕头	4.1		华南	7 500	0.5	265.4	丘平		0.0	韩江	储水	10.42	25 106	
佛山（广州）	3.3		华南	7 650	0.5	83.4	平		0.0	珠江	储水	4.77	14 564	
韶关	12.5		华南	7 650	0.5	726.9	山丘平		0.0	北江	储水	162.82	130 308	
河源（五华）	10.6		华南	7 650	0.5	914.4	山丘平		0.0	东江	储水	121.99	115 010	
梅州（梅县）	12.7		华南	7 720	0.5	716.6	山丘平		0.0	梅江	储水	120.57	94 617	
惠州（惠阳）	10.9		华南	7 650	0.5	5 776.8	山丘平		0.0	东江	储水	81.29	74 456	
汕尾	7.2		华南	7 500	0.5	481.5	平		0.0	红海湾	储水	48.64	67 331	
东莞（连平）	1.3		华南	7 650	0.5	50.6	平		0.0	东江	储水	1.61	12 229	

（续表）

市地	灌溉区划													
	灌溉面积（万 hm^2）	玉米面积（千 hm^2）	行政区	积温（℃）	干燥度蒸发/降水	公顷均水资源（$10^2 \cdot m^3$）	区位地形	品种季节	玉米种植比例（%）	水系	工程类型	农业供水能力（亿 m^3）	农业供水能力（m^3/hm^3）	玉米单产（kg/hm^2）
中山（珠海）	1.6		华南	8 166	0.5	208.4	平		0.0	珠江	储水	11.26	72 441	
江门（台山）	12.7		华南	8 166	0.5	5 516.6	平		0.0	珠江	储水	86.83	68 359	
阳江	8.6		华南	8 166	0.5	441.5	丘平		0.0	阳江	储水	83.59	97 572	
湛江	22.9		华南	8 166	0.5	168.9	平		0.0	湛江	储水	85.05	37 135	
茂名（电白）	15.4		华南	8 166	0.5	388.8	山丘平		0.0	鉴江	储水	96.11	62 352	
肇庆（高要）	11.7		华南	7 650	0.5	628.2	山丘平		0.0	西江	储水	107.49	92 061	
清远	14.0		华南	7 800	0.5	668.4	山丘平		0.0	北江	储水	192.99	137 408	
潮州（汕头）	3.6		华南	7 720	0.5	525.8	丘平		0.0	韩江	储水	24.10	67 281	
揭阳（惠来）	8.1		华南	7 720	0.5	429.6	丘平		0.0	韩江	储水	52.27	64 715	
云浮（罗定）	7.4		华南	7 650	0.5	280.5	山丘平		11.7	西江	储水	44.78	60 867	
南宁市	24.7	72.1	华南	7 764	0.5	166.4	平		5.0	邕江	储水	102.30	41 464	4 526
柳州市	10.9	16.5	华南	7 704	0.5	417.8	丘平		5.4	柳江	储水	138.71	126 734	
桂林市	21.3	20.6	华南	6 972	0.5	544.1	山丘平		2.9	漓江	储水	208.92	98 034	
梧州市	7.3	5.0	华南	7 656	0.5	350.9	丘平		5.8	桂江	储水	61.04	83 743	
北海市	5.1	6.7	华南	8 322	0.5	259.5	平		6.6	北部湾	储水	29.92	59 248	
防城港市	2.9	5.4	华南	8 220	0.5	822.3	山丘平		4.8	北部湾	储水	67.16	233 033	
钦州市	8.6	11.0	华南	8 319	0.5	391.2	平		6.7	钦江	储水	89.60	104 005	
贵港市（桂平）	15.4	24.7	华南	7 896	0.5	135.6	丘平		2.6	郁江	储水	49.92	32 481	
玉林市	14.4	7.4	华南	7 983	0.5	279.0	丘平		24.3	南流江	储水	78.06	54 272	
百色市	10.6	9.3	华南	8 064	0.75	2 360.3	山丘	春	5.9	右江河	储水	89.73	84 739	
贺州市（贺县）	6.5	10.0	华南	6 684	0.5	408.2	山丘平		23.1	富川江	储水	68.85	105 131	

（续表）

市地	灌溉区划													
	灌溉面积（万 hm^2）	玉米面积（千 hm^2）	行政区	积温（℃）	干燥度蒸发/降水	公顷均水资源（10^2·m^3）	区位地形	品种季节	玉米种植比例（%）	水系	工程类型	农业供水能力（亿 m^3）	农业供水能力（m^3/hm^3）	玉米单产（kg/hm^2）
河池市	8.6	45.3	华南	7 362	0.5	635.9	山丘	春	6.6	金城江	储水	124.64	144 913	
来宾市	10.5	27.0	华南	7 815	0.5	172.1	山丘平		6.8	黔江	储水	70.69	67 075	
崇左市（龙州）	8.6	35.2	华南	8 283	0.5	165.6	山丘平		1.3	丽江	储水	86.22	100 607	
海南（海口）	19.6	无玉米	华南	8 430	0.75	1157.9	山丘平		0		储水	484.00	246 978	
重庆市辖区	67.5	460.4	西南	6 609	0.5	285.3	山丘平	多季	22.4	长江	混合	585.30	86 685	5 530
成都市	31.1		西南	5 454	1.5	281.4	平		0.0	岷江	混合	90.43	2 9075	5 471
自贡市（内江）	8.8	32.7	西南	6 420	0.5	54.8	平	夏	23.6	釜溪河	混合	7.58	8 583	4 500
攀枝花市	3.1	0.0	西南	7 569	1.5	917.3	山丘		0.0	丽江	混合	37.93	120 810	4 500
泸州市	13.2	50.0	西南	6 189	0.5	171.5	山丘平	夏	23.7	长江	混合	36.12	27 297	4 500
德阳市（绵阳）	14.5	13.3	西南	5 553	1.5	159.2	平		7.2	岷江	引提	29.38	20 203	4 500
绵阳市	21.3	94.7	西南	5 991	1.5	335.7	山丘平	多季	33.6	涪江	引提	94.68	44 519	6 000
广元市	8.5	69.3	西南	5 568	0.5	532.2	山丘	多季	41.1	嘉陵江	混合	89.82	106 193	9 000
遂宁市	11.6	68.7	西南	6 072	1.5	50.7	平	夏	44.6	涪江	混合	7.82	6 716	4 500
内江市	12.0	153.3	西南	6 231	0.5	87.5	平	夏	93.2	沱江	混合	14.39	12 005	6 000
乐山市	12.8	86.7	西南	6 243	1.5	512.1	山丘平	多季	57.9	岷江	混合	76.65	59 908	4 500
南充市	18.7	26.7	西南	6 363	0.5	148.8	平		8.8	嘉陵江	混合	44.99	24 010	5 460
眉山市（乐山市）	16.1	40.0	西南	6150	1.5	223.1	平	多季	23.5	岷江	混合	38.05	23 577	7 500
宜宾市	16.0	56.7	西南	6 423	0.5	167.3	山丘	多季	23.4	长江	混合	40.54	25 300	5 460
广安市（南充市）	8.8	46.7	西南	6162	0.5	160.2	平	夏	26.9	渠江	混合	27.75	31 497	4 500
达州市（达县）	14.8	72.7	西南	5973	0.5	431.7	丘平	多季	23.7	长江	混合	132.20	89 336	5 460
雅安市	5.2	20.0	西南	5 538	0.5	2 204.7	山	春	35.7	大渡河	混合	123.67	237 823	4 500

（续表）

市地	灌溉区划													
	灌溉面积（万 hm^2）	玉米面积（千 hm^2）	行政区	积温（℃）	干燥度蒸发/降水	公顷均水资源（$10^2 \cdot m^3$）	区位地形	品种季节	玉米种植比例（%）	水系	工程类型	农业供水能力（亿 m^3）	农业供水能力（m^3/hm^3）	玉米单产（kg/hm^2）
巴中市	8.3	20.7	西南	5 694	0.5	627.2	山丘	多季	13.5	通江	混合	95.69	114 786	7 800
资阳市	17.2	31.3	西南	6 159	0.5	70.4	平	夏	11.7	沱江	混合	18.91	11 001	4 500
阿坝藏族羌族自治州	1.5	8.7	西南	2 331	1.5	7 575.3	山	多季	14.4	岷江	引提	457.45	3 003 611	7 800
甘孜藏族自治州	2.0	10.7	西南	2 193	1.5	5 704.1	山	多季	11.9	雅砻江	混合	511.24	2 534 655	4 500
凉山彝族自治州（盐源）	15.9	82.0	西南	6123	1.5	695.3	山	多季	23.0	雅砻江	混合	247.40	155 715	7 800
贵阳市	6.2	40.7	西南	4 905	0.5	504.6	山	多季	38.1	乌江	储水	53.90	86 805	6 000
六盘水市（盘县）	4.0	70.2	西南	4 083	0.5	466.5	山	多季	23.0	北盘江	储水	142.40	356 594	7 500
遵义市	21.5	153.8	西南	5 460	0.5	90.8	山	多季	18.5	乌江	储水	75.52	35 054	7 500
安顺市	6.8	46.9	西南	4 797	0.5	735.6	山	夏	15.8	北盘江	储水	218.13	321 694	6 750
毕节市	7.6	173.6	西南	4 662	0.5	193.1	山	多季	17.4	六冲河	储水	192.30	251 746	8 250
铜仁市	7.1	70.9	西南	5 889	0.5	3 017.1	山	多季	11.6	锦江	储水	126.72	177 778	6 750
黔西南布依族苗族自治州	10.0	85.7	西南	5 649	0.5	272.4	山	多季	16.6	北盘江	储水	140.83	140 171	
黔东南苗族侗族自治州（凯里）	13.1	46.4	西南	5 358	0.5	162.3	山	多季	12.2	清水江	储水	61.54	46 913	
黔南布依族苗族自治州（独山）	11.5	83.8	西南	5 034	0.5	593.0	山	多季	45.0	南盘江	储水	110.30	96 186	
昆明	12.1	89.4	西南	5 070	1.5	56.6	山	多季	19.8	普渡河	储水	25.53	21 064	5 089
曲靖（沾益）	18.2	216.3	西南	4 770	1.5	49.4	山	多季	18.9	南盘江	储水	56.58	31 037	
玉溪	7.0	50.6	西南	5 190	1.5	101.7	山	多季	18.3	南盘江	储水	28.07	39 986	7 200
保山	13.7	86.9	西南	5 670	1.5	309.5	高山	多季	21.0	怒江	混合	127.78	92 999	

（续表）

市地	灌溉区划													
	灌溉面积（万 hm²）	玉米面积（千 hm²）	行政区	积温（℃）	干燥度蒸发/降水	公顷均水资源（10²·m³）	区位地形	品种季节	玉米种植比例（%）	水系	工程类型	农业供水能力（亿 m³）	农业供水能力（m³/hm³）	玉米单产（kg/hm²）
昭通	9.7	224.4	西南	5 100	1.5	140.6	高山	多季	29.4	金沙江	混合	107.22	110 082	7 500
丽江	6.2	38.6	西南	5 070	2	331.8	高山	多季	20.5	金沙江	混合	62.47	101 084	
普洱（思茅）	12.4	160.9	西南	6 840	0.75	487.5	山	春	32.9	澜沧江	混合	238.71	192 975	3 000
临沧	10.1	130.6	西南	6 240	0.75	242.3	山	春	26.0	南定河	混合	121.89	120 207	3 450
楚雄	9.0	75.9	西南	7 440	1.5	77.7	山	春	18.4	礼社江	储水	32.00	35 754	5 250
红河（江城）	17.8	137.3	西南	7 080	0.5	260.1	山	春	20.8	元江	混合	171.30	96 182	6 000
文山	14.3	173.0	西南	7 080	0.5	147.8	山	春	21.2	盘龙河	混合	120.40	84 078	
西双版纳（景洪）	5.0	46.9	西南	7 560	0.5	842.3	山	多季	36.6	澜沧江	储水	107.80	216 032	
大理	16.0	103.0	西南	5 070	1.5	160.5	山	多季	24.1	洱海	混合	68.61	42 989	6 750
德宏（瑞丽）	11.5	64.0	西南	5 670	0.75	459.0	山	多季	24.4	怒江	混合	120.55	105 192	6 000
怒江	1.6	28.5	西南	5 070	1.5	1 521.5	高山	春	27.1	那曲河	混合	159.91	1 012 089	3 750
迪庆（德钦）	1.4	17.6	西南	5 070	2	1765.4	高山	春	27.7	长江	混合	112.10	789 437	
拉萨市	3.2		西南	2 700	5	2 124.8	高山		0.0	拉萨河	混合	74.19	234 125	
昌都地区	2.0		西南	2 580	2	7 385.3	高山		0.0	澜沧江	混合	359.07	1 754 228	
山南地区（错那）	2.9		西南	2 820	5	22 122.5	高山		0.0	雅鲁藏布江	混合	699.51	2 416 537	
日喀则地区	7.5		西南	1 860	5	4 311.6	高山		0.0	雅鲁藏布江	混合	390.55	523 105	
那曲地区	0.2		西南	93.5	2	88 230.5	高山		0.0	那曲河	混合	440.27	22 519 053	
阿里地区（普兰）	0.0		西南	300	10	43 280.6	高山		0.0	狮泉河	混合	120.32		
林芝地区	1.6		西南	2 820	2	118 667.3	高山		0.0	雅鲁藏布江	混合	2 317.57	14 632 112	
西安市	16.3	163.8	西北	5 238	2	57.5	丘	夏	67.1	渭河	混合	14.03	8 599	5 608
铜川市	1.8	30.3	西北	3 945	2	29.6	山丘	夏	46.8	渭河	储水	1.91	10 941	5 427

（续表）

市地	灌溉区划													
	灌溉面积（万 hm^2）	玉米面积（千 hm^2）	行政区	积温（℃）	干燥度 蒸发/降水	公顷均水资源（$10^2 \cdot m^3$）	区位地形	品种季节	玉米种植比例（%）	水系	工程类型	农业供水能力（亿 m^3）	（m^3/hm^3）	玉米单产（kg/hm^2）
宝鸡市	14.8	129.9	西北	4 893	2	119.7	山丘	夏	43.3	渭河	混合	35.91	24 212	5 187
咸阳市（西安）	22.7	161.3	西北	4 935	2	12.9	丘	夏	45.2	渭河	混合	4.61	2 027	5 978
渭南市（西安）	33.1	205.9	西北	5 283	2	15.0	丘	夏	39.6	渭河	混合	7.80	2 357	5 181
延安市	2.3	80.2	西北	3 648	2	87.8	山丘	夏	3.7	延河	储水	21.11	93 426	6 114
汉中市	10.8	80.2	西北	5 082	2	703.4	山丘	夏	39.1	汉江	混合	144.24	133 684	2 986
榆林市	12.9	74.6	西北	3 702	2	39.9	山丘	夏	12.5	无定河	储水	23.75	18 482	5 116
安康市	3.8	147.6	西北	5 565	2	337.8	山丘	夏	74.6	汉江	储水	66.83	176 786	3 081
商洛市（商州）	2.1	81.6	西北	4 647	2	180.9	山丘	夏	61.2	丹江	储水	24.14	117 181	4 249
兰州	10.7	36.1	西北	2 900	1.5	−1.7	山	春	17.3	黄河	引提	−0.34	（321）	5 300
嘉峪关（酒泉）	1.0	1.0	西北	2 800	2	−107.9	山丘	春	35.2	讨赖河	混合	−0.31	（2974）	11 429
金昌市（永昌）	9.9	12.3	西北	2 000	2	4.7	山丘	春	18.3	黄河	储水	0.31	316	10 403
白银市（皋兰）	13.0	86.7	西北	2 280	1.5	5.3	山	春	28.2	黄河	引提	1.62	1 246	4 757
天水市	4.7	89.6	西北	2 600	1	65.4	山	春	23.6	渭河	引提	24.82	52 566	6 555
武威市	23.2	89.6	西北	2 500	2	33.5	山丘	春	35.3	石羊河	混合	8.48	3 656	10 695
张掖市	35.6	13.3	西北	2 400	2	177.8	山丘		7.8	黑河	引提	30.21	8 477	7 672
平凉市	3.7	56.0	西北	2 800	1	25.5	山	春	15.1	泾河	井灌	9.45	25 596	5 940
酒泉市	28.3	20.0	西北	3 200	2	158.0	山丘	春	12.5	疏勒河	储水	25.30	8 940	9 527
庆阳市（西峰镇）	3.2	62.0	西北	3 648	1	19.4	山	春	13.7	黄河	混合	8.77	27 140	4 841
定西市（华家岭）	5.4	171.0	西北	2 280	1.5	25.7	山	春		黄河	引提	13.19	24 440	4 607
陇南市（武都）	2.6	73.3	西北	3 000	1	253.2	山	春	25.6	嘉陵江	混合	72.52	283 729	5 307
临夏州	5.5	56.0	西北	3 000	1.5	55.2	山	春	38.8	黄河	引提	7.96	14 428	7 862

（续表）

市地	灌溉区划													
	灌溉面积（万 hm²）	玉米面积（千 hm²）	行政区	积温（℃）	干燥度 蒸发/降水	公顷均水资源（10^2·m^3）	区位地形	品种季节	玉米种植比例（%）	水系	工程类型	农业供水能力（亿 m^3）	农业供水能力（m^3/hm^3）	玉米单产（kg/hm^2）
甘南市（合作）	0.6		西北	3 000	1.5	1 440.2	山		0.0	黄河	引提	95.87	1 524 094	3 758
西宁市			西北	2 253	3	83.0	高山		0.0	湟水	引提	12.29		
海东市（西宁）	5.3	37.0	西北	2 865	3	43.2	高山	春	16.5	青海湖	引提	9.71	18 215	5 321
海北藏族自治州（祁连）	0.0		西北	1 701	3	1 038.0	高山		0.0	青海湖	引提	58.76		
黄南藏族自治州（泽库）	0.0		西北	2 346	2	1 693.4	高山		0.0	隆务河	引提	33.90		
海南藏族自治州（兴海）	0.0		西北	2 244	3	347.9	高山		0.0	黄河	引提	28.97		
果洛藏族自治州	0.0		西北	1 002	1.5	108 835.7	高山		0.0	黄河	混合	140.83		
玉树藏族自治州	0.0		西北	2 346	2	22 199.4	高山		0.0	长江	引提	298.72		
海西蒙古藏族自治州（格尔木）	0.0		西北	2 310	2	3 589.1	高山		0.0	青海湖	引提	147.09		
银川市	12.0	44.1	西北	4 002	5	−15.5	山	春	38.4	黄河	混合	−1.78	（1 490）	8 568
石嘴山市（惠农）	7.3	41.2	西北	3 576	5	−7.2	山	春	53.0	黄河	混合	−0.57	（771）	7 495
吴忠市（盐池）	11.9	72.4	西北	4 065	5	−0.3	山	春	69.3	黄河	储水	−0.03	（28）	8 390
固原市	4.0	84.6	西北	2 910	5	40.7	山	春	81.3	清水河	储水	4.23	10 590	5 972
中卫市	8.5	49.8	西北	3 825	5	13.4	山	春	140.9	黄河	储水	0.47	555	8 893
乌鲁木齐市	4.9	4.3	西北	3 774	5	65.4	沙丘		4.5	乌鲁木齐河	混合	6.34	13 072	9 000
克拉玛依市	1.4	1.1	西北	4 206	25	−16.7	沙丘		2.6	白杨河	混合	−0.70	（5 109）	9 000
吐鲁番地区	4.1	2.4	西北	5 997	50	144.0	沙丘		4.9	艾丁湖	井灌	6.94	16 845	5 790
哈密地区	8.0	2.1	西北	4 293	50	124.8	沙丘		2.4		混合	10.87	13 605	9 073

（续表）

市地	灌溉区划													
	灌溉面积（万 hm^2）	玉米面积（千 hm^2）	行政区	积温（℃）	干燥度蒸发/降水	公顷均水资源（$10^2 \cdot m^3$）	区位地形	品种季节	玉米种植比例（%）	水系	工程类型	农业供水能力（亿 m^3）	农业供水能力（m^3/hm^3）	玉米单产（kg/hm^2）
昌吉回族自治州（蔡家湖）	46.1	91.3	西北	3 990	25	51.9	沙丘	春	14.5	玛纳斯河	引提	32.68	7 086	9 750
伊犁哈萨克自治州（伊宁）	94.2	318.1	西北	3 768	10	0.0	山	春	23.2	伊犁河	引提	0.00	0	9 574
伊犁哈萨克自治州直属县（市）（伊宁）	33.6	135.8	西北	3 768	10	254.4	山	春	24.0	伊犁河	引提	143.94	42 839	9 911
塔城地区	4.1	144.5	西北	3 591	5	88.1	山	春	23.2	额敏河	引提	54.95	134 681	9 765
阿勒泰地区	19.8	37.8	西北	2 913	3	875.9	山	春	20.8	额尔齐斯河	引提	158.74	80 375	9 000
博尔塔拉自治州（温泉）	14.4	47.1	西北	3 801	5	184.4	山	春	34.8	博尔塔拉河	引提	24.92	17 330	10 093
巴音郭楞自治州（库尔勒）	25.7	23.9	西北	5 043	5	391.1	沙丘		7.4	孔雀河	引提	126.16	49 032	6 942
阿克苏地区	51.5	84.3	西北	4 638	10	95.0	沙丘	春	13.7	塔里木河	引提	58.43	11 346	6 782
克孜勒苏自治州（阿合奇）	4.1	20.4	西北	5 073	10	1 303.5	山	春	38.5	克孜勒苏河	储水	68.90	168 873	5 414
喀什地区	57.7	180.4	西北	4 926	10	199.1	沙丘	春	34.0	叶尔羌河	引提	105.62	18 296	5 998
和田地区	16.9	72.1	西北	5 157	50	781.5	沙丘	春	41.8	喀拉喀什河	引提	134.90	79 634	5 729
石河子市	0.0	20.9	西北	3 975	10	-4.4	沙丘		7.9	玛纳斯河	引提	-1.13		6 088

参考文献

[1] 姚玉璧，张存杰，等. 气象、农业干旱指标综述. 干旱地区［J］. 农业研究，2007，1.

[2] 中国气象局. 1956—2009 年-中国气象干旱图集［M］. 气象出版社，2010.

[3] 中华人民共和国水利行业标准. 干旱灾害等级标准（SL 663-2014），2014，2，1.

[4] 罗志成，王密侠. 中国干旱地区及其类型划分的研究现状干旱地区［J］. 农业研究，1987（2）.

[5] 国家防汛抗旱总指挥部，中华人民共和国水利部［N］. 中国水旱灾害公报. 2014.

[6] 国家标准（GB）GB/T 32136—2015 农业干旱等级. 2015.

[7] 中华人民共和国水利部. 水旱灾害遥感监测评估技术规范（征求意见稿）.

[8] 中华人民共和国水利部. 旱情等级标准：SL 424—2008［M］. 中国水利水电出版社，2009，3.

[9] 鲁小荣，周立伟，等. 昌吉州干热风的分布特征及防御规划［M］. 现代农业科技，2012（19）.

[10] 赵振国. 中国夏季旱涝及环境场［M］. 气象出版社，1999.

[11] 刘爽，宫鹏. 2000—2010 年中国地表植被绿度变化［J］. 科学通报，2012（16）.

[12] 中国荒漠化和沙化状况公报［N］. 中国绿色时报，2015，12，30.

[13] 祁海霞，智协飞，等. 中国干旱发生频率的年代际变化特征及趋势分析［J］. 大气科学学报，2011（04）.

[14] 邓云特. 中国救荒史［M］. 河南大学出版社，2010.

[15] 国家统计局. 1949—1995 中国灾情报告［M］. 中国统计出版社，1995.

[16] 中国统计年鉴. 1996、1998—2015 年鉴［M］. 中国统计出版社，2016.

[17] 国家防汛抗旱总指挥部. 中国水旱灾害公报 2006、2007—2014［M］. 中国水利水电出版社，2015.

[18] 班固（汉朝）. 沟洫志（汉书）［M］. 中华书局，1962.

[19] 全国 32 省市（不含港澳）行政单位 2014 年统计年鉴.

[20] 全国北京、河北等 13 个省农村统计年鉴 2014 年统计年鉴.

[21] 宋卫士，王彦平. 气象因子对呼伦贝尔市玉米产量的影响［J］. 内蒙古农业科技，2012（4）.

[22] 徐方奎，姜凤友，等. 呼伦贝尔草原 35 年干旱统计分析［J］. 内蒙古气象，2007（6）.

[23] 陈红，张丽娟，等. 黑龙江省农业干旱灾害风险评价与区划研究［J］. 中国农学通报，2010.

[24] 尹梅，洪丽芳，等. 滇东红壤区不同海拔高度带玉米的土壤养分丰缺指标研

究［J］. 中国土壤与肥料，2012（3）.
［25］ 美国加利福尼亚州调水工程综述（上）. 水利水电快报，2005，5.
［26］ 美国加利福尼亚州调水工程综述（下）. 水利水电快报，2005，6.
［27］ 新华网. 揭秘世界最大跨流域调水工程——南水北调工程，2014，12，12.
［28］ 黄永东，卢亚妮. 河池市玉米新品种对比试验［J］. 科学试验，2010，1.
［29］ 李颖. 2012 年百色市玉米品种对比试验初报［J］. 广西农学报，2012，10.
［30］ 侯美亭，张顺谦，等. 气候干旱影响下的四川盆地玉米熟制布局与适播期探讨［J］. 第 27 届中国气象学会年会现代农业气象防灾减灾与粮食安全分会场论文集，2010.

第三章 中国玉米排水区划

中国玉米主产区都分布区在平原区，加之季风型气候，降水量年际与年内分布不均，往往会旱涝频发，也常有干旱过后就是倾盆大雨，旱灾过后就是涝灾。但中国人民自古积累了同水旱灾害斗争的经验，尤其新中国成立以来，大兴农田基本建设，灌排工程得到飞速发展。但很多工程修建在 20 世纪 60—80 年代，工程老旧，标准偏低，急需修复与提高，编写本章目的为今后各地根据地区特点，在排水工程修建管理时，提供参考。

第一节 玉米种植区域洪涝灾害成因与危害

中国涝灾主要发生在地面平缓的东部平原地区，涝灾有洪涝、内涝、渍涝、泥涝，任何一种涝灾对玉米的生产都会造成影响，了解灾害成因以便寻找防治办法。

一、季风气候降水特征

1. 年内降水分配不均

中国季风型降水年内分布成单峰曲线型（图 3-1），图中看出 7 个地区虽然有些差别，但年内降水分布都呈单峰曲线，雨季与非雨季的雨量变幅很大，从表 3-1 中看出变化幅度在 20~50 倍，与欧洲地区雨量变幅 3~5 倍相差 10 倍左右，这样的降水过程就会产生忽旱忽涝，有时连续 2 个月无雨，而有时又会有连雨天，据文献[1]统计新中国成立后的 30 年资料，东北、华北连续降水日数在 8~11d，西北也有 8d 左右，而华南、西南连续降水多达 17~22d。这种分配不均，一遇暴雨在设防河流两岸的下游平原会造成洼地积水，是涝灾产生的重要原因。

表 3-1 中国各地区 1 月与 7 月多年平均雨量变幅[1]

地区	1 月（mm）	7 月（mm）	变差倍数
东北	5~10	100~200	50~20
华北	5~10	50~200	10~20
西北	5~10	10~100	2~10
华东	10~50	100~300	10~6
华中	10~50	100~200	5~4
华南	25~100	200~300	8~3
西南	5~25	100~400	20~16

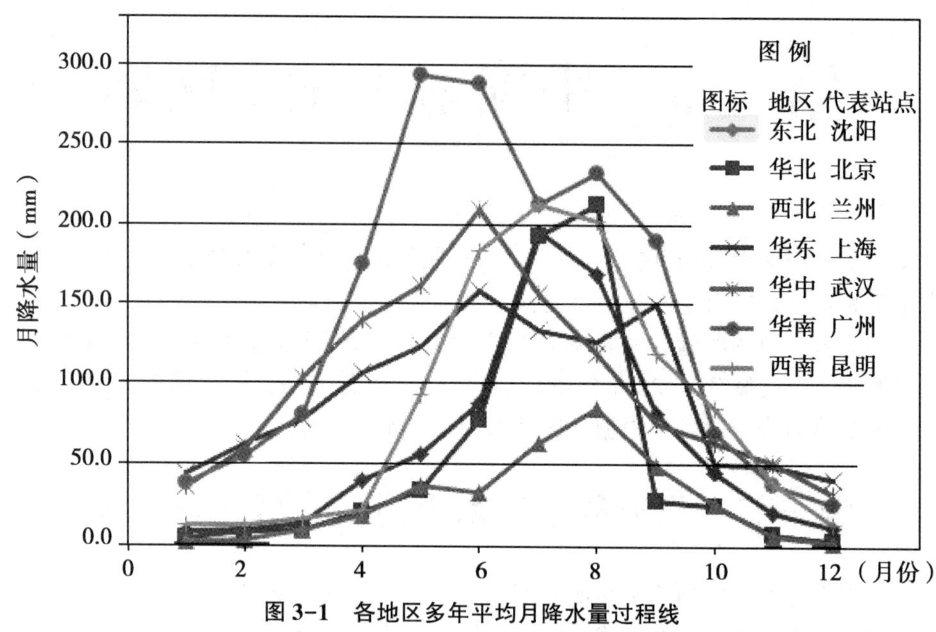

图 3-1　各地区多年平均月降水量过程线

2. 年际间变率大

各年间降水也有很大差异，如历史典型资料显示，北京 1959 年降水 1 408mm，而 1891 年只有 168. 5mm，相差 9 倍多，即使多年平均，华北年际降水变率也在 20%~30%，东北在 15%~20%，西北在 30%~50%，南方较小为 15%~20%。而按水文年讲，年际变差要远大于年际平均变率，所以，也是涝灾产生的重要原因之一。

3. 暴雨强度大

季风雨的另一特点是 1 次降水变差大，有时一日降下半年雨量，大雨倾盆而下，地表径流迅速汇成惊涛骇浪，造成农田无法抗拒的损失。图 3-2 是中国 1951—1980 年气象部门统计的一日最大降水量图，但该图中的雨量与水文统计的 24h 降水不同，水文 24h 可以统计降水开始到降水结束的时间，可能跨日，有时是两日连续降水，24h 降水比图 3-2 中要大很多。从图中绘制 30 年最大日降水量等值线看出：除西北区外，日降水都在 100mm 以上，如果按水文 24h 计算，将会超过 150mm 以上（图 3-2）。

二、洪涝灾害类型

1. 洪涝

洪涝是由河流泛滥，堤坝决口或无堤坝洪水溢漫沿河低洼地区，使作物淹水时间较长而产生的灾害，这种灾害的危害程度也最重。中国大中型河流基本都有堤防，但中小河流堤防建设标准低，当遭遇超标准暴雨洪水时，常常造成堤防决口，决口一岸农田受淹成灾，不但造成作物受灾也会形成人民财产损失。近年山丘区中小河流暴雨也常造成泥石流，破坏力更强，从图 3-3 中看出中国各省（区、市）都有灾情发生，虽然经多年治理，但超标准暴雨灾情依然会产生。但从图 3-3 中也能看出成灾系数并没大的变化。

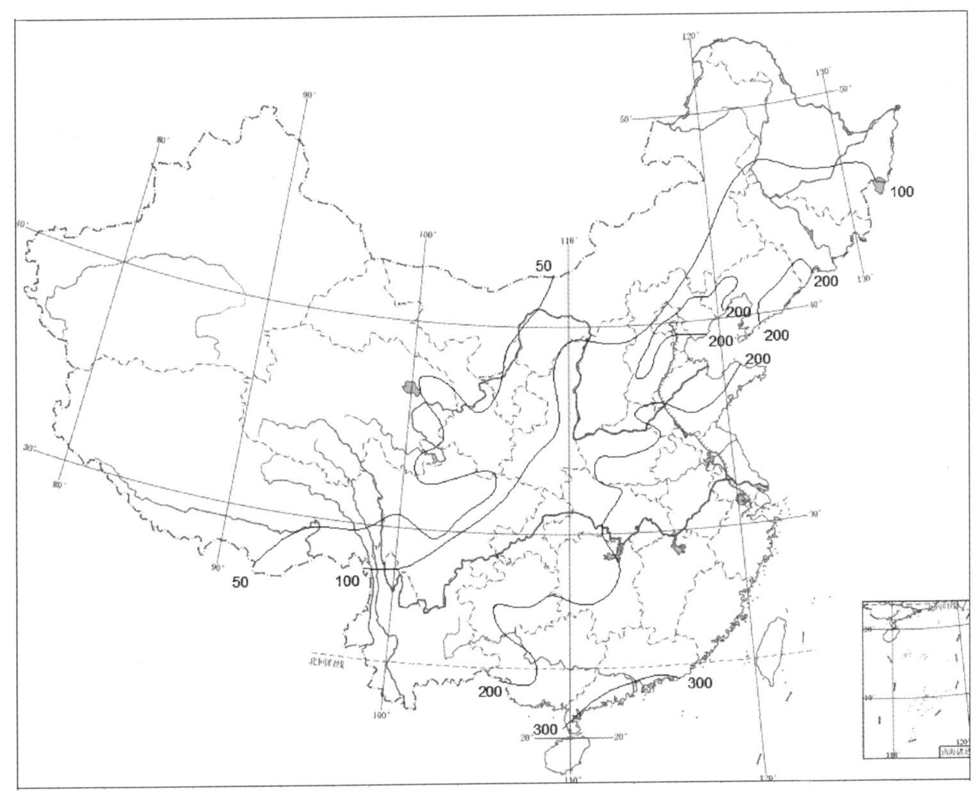

图 3-2　一日最大降水量等值线[1]

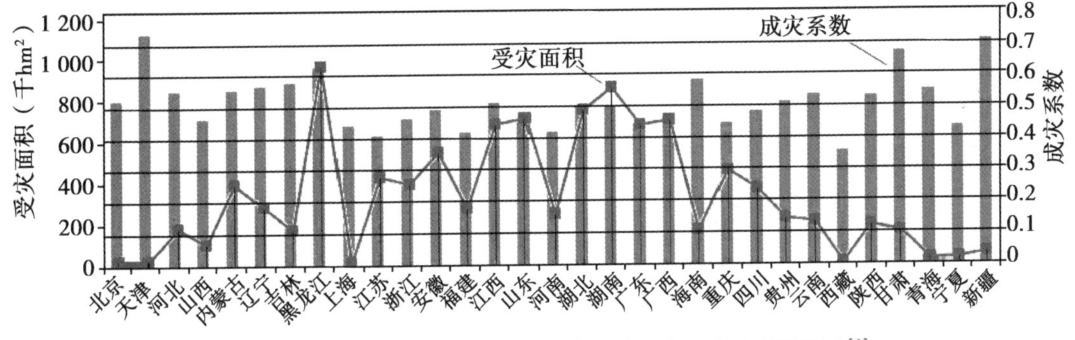

图 3-3　各省 2006—2014 年洪涝受灾平均面积与成灾系数统计[2]

2. 内涝

内涝是降水区域中高地雨水产生径流向区域内低洼地区汇集，但低洼区无排水出口，内水集聚长时间不能排泄，造成作物受灾。灾情视积水深度和时长短而轻重不同，但一般小于洪涝。内涝发生概率远大于洪涝，会每年发生，只是随暴雨大小、暴雨区域面积大小而变化。图 3-3 中统计各省（区、市）都有洪涝发生，由于中国地缘辽阔，每年总有一些省份受暴雨侵害，而表 3-2 中也看出 9 年间每年受灾变率在 100%～300%，其中，以内涝为多。内涝有多种类型，从形成内涝原因和发生季节不同，其特性也有所不同。

（1）按内涝形成原因分。

①平原涝区：平原地面平缓，多日降水造成农田积水，排泄缓慢，使作物受害。主要分布在松辽平原、华北平原地区，两大平原是中国玉米主产区。

②河岸堤内涝区：在大中型河流两岸为防洪水泛滥，河流两岸筑有堤坝，但堤坝阻挡了暴雨向河道流水，堤坝沿岸土地积水形成内涝。中国七大水系（长江、黄河、珠江、淮河、海河、松花江、辽河）都有堤防，也是内涝易发区域。

③坨间涝区：在沙漠地区，有大小的沙丘也称作沙坨，当多个沙坨围成一个盆形，雨季或冬季雨雪常先含蓄在沙坨中，然后慢慢向坨间流动，在雨季就造成坨间平地积水成灾。中国内蒙古、新疆、甘肃、宁夏等省区多有沙坨分布。

④海口涝区：沿海河流流入地区，受海潮的影响，暴雨汇流与入海口受潮汐影响，海水顶托不能及时排入海内，沿海农田积水成灾。这种涝区分布在中国沿海地区，其中，尤以受台风影响的南方沿海省份受灾为重。

⑤盆地型涝区：盆地型是周围高中间低洼，自然排水无出口，只有人工设计排水出口。该类型主要分布在内陆盆地以及平原局部洼地。内陆盆地分布在新疆、内蒙古、青海、西藏自治区（以下简称西藏）、四川等省区；局部洼地分布在松辽平原、华北平原。

⑥圩田涝区：圩田主要分布在淮河、长江流域的沿河湖泊周围，在历史延续下围垦修筑的圩垸，当暴雨发生时，周围圩垸拦蓄了雨水，如遇超大型暴雨就会成灾。在珠江、海南地区称桑园围，与圩垸类似遇暴雨也会形成内涝。

（2）按暴雨发生时间分类。

①春天内涝：春季雨水过多，也会形成内涝。在北方此时作物处在幼苗期，一般称为芽涝，小苗发红，也会造成减产。在华中和华北春涝恰是冬麦拔节孕穗期，小麦进入生长发育阶段，连阴雨涝可影响小麦授粉、灌浆及收获。

②夏天内涝：夏季正是中国雨季高峰，南北方发生涝灾最多的季节，此时受灾是最严重的季节，因为，此时是暴雨最大时期，发生面广，受灾较重，覆盖面积布满各省份。

③秋天内涝：近年秋季暴雨也常有发生，古有“秋旱多春旱，秋涝多春涝”的农谚，中国东北、华北、西南等地均有发生，而且抢救不及时，会造成严重损失。

表 3-2 2006—2014 年全国洪涝灾害统计

年份	受灾面积（千 hm^2）	成灾面积（千 hm^2）	成灾率 成灾/受灾
2006	10 521.86	5 592.42	0.53
2008	8 867.82	4 537.58	0.51
2009	8 748.16	3 795.79	0.43
2010	17 866.9	8 747.89	0.49
2011	7 191.5	3 393.04	0.47
2012	11 218	5 871.41	0.52
2013	11 777.53	6 540.82	0.56
2014	5 919.43	2 829.99	0.48

3. 渍涝

渍涝是土壤水分长期处于饱和状态，形成原因多是暴雨补给地下水位上升，不断补给土壤，并且地下水位长期处于超高状态；或北方春季冰雪消融使地表土壤水分饱和形成渍涝，灾情主要决定受渍时间长短、受灾季节温度，短时渍涝作物虽然受害，但依然有收成。渍涝类型也有多种，简介如下。

（1）按地形分渍涝类型。

①山前渍涝：雨雪沿山坡向下流动，首先要经过沟溪两旁的阶地，如果连续水流虽然只是经过阶地流向沟溪，但连续时间长会使阶地很薄的土壤被水饱和，对作物形成渍害。

②盆型渍涝：盆型渍涝，虽然没有较高的山丘雨水补给，但周围高地的雨雪会向中间洼地汇聚，局部洼地土壤水分依然会达到饱和状态。

③平原渍涝：平原渍害发生在连绵细雨时期，由于平原地面比降小，雨水流动缓慢，雨水会逐步充满土壤孔隙，土壤水分长时间处于饱和状态，对作物形成渍害。

（2）按受灾季节分渍涝类型。

①早春渍涝：早春渍害对玉米作物主要发生在北方春玉米区，最易发生在山丘区，沙漠坨前、坨间地区以及平原区，此时，恰是春玉米播种期，地表虽然解冻但深层还没化冻，雪水不能向下渗透，托在表层，严重影响玉米的正常耕作和发育。

②夏季渍涝：夏季渍涝易发生在南方，阴雨连绵地表排水不畅就会形成渍涝。但该地区玉米种植较少。

③秋季渍涝：秋季渍涝降水是主要原因，在南北方玉米种植区都有发生，而且对玉米收成影响很大。

（3）按受害水温分渍涝类型。

①冷寖渍涝：北方初春冰雪消融，山坡冷水下渗到山前农田，当农田下层还没解冻时冷水集聚上层土壤内，形成冷寖渍害，会严重影响播种日期或玉米苗期生长。

②高温渍涝：南方夏季高温，坡地雨水入侵山前农田，这时渍害加高温，灾害叠加，作物受害严重。

4. 泥涝

泥涝主要发生在丘陵山区，山丘雨水冲刷坡地泥土，在暴雨下形成高含沙水流冲向二阶台地作物种植区，由于水流急湍作物往往会被冲倒伏，造成植物茎叶沾满泥水，形成泥涝。泥涝易发生在山丘地面比降大的农田，水流一扫而过，一般时间短，但也严重影响产量，如发生泥石流后果更为严重，会造成农田严重破坏。

（1）坡前泥涝。坡前泥涝主要发生在山丘的坡脚下农田，暴雨径流含着泥沙顺坡而下，泥水或是顺山沟而下、或是顺山坡而下，掠过农田，瞬间将作物抿倒，并把泥水留在作物茎叶上，虽然水流并不长时间停留在农田，但作物的倒伏和茎叶上的泥土，严重影响作物生长发育，即形成泥涝灾害。

（2）洪水泥涝。洪水泥涝发生在河流含沙量较多的河流两岸，当河水溢漫两岸时，被淹作物茎叶挂满泥土，如遇风灾会造成灾害叠加，作物倒伏泥水挂满作物茎叶，形成严重的泥涝灾害。

（3）平原泥涝。平原地区也会产生泥涝，发生概率较少，主要发生在风雨同时发生时，降水先行随后风雨同时发生，作物倒伏，暴雨溅起泥水附着在作物茎叶上，形成泥涝。也是北方玉米会遇到的较重涝灾。

三、洪涝区域与历史灾害发生频率

1. 涝区形成条件与涝灾区几个概念

在研究洪涝区时需要理清 3 个概念（这里研究的专指农田中的洪涝灾害，不包括村庄与城镇问题），以便理解洪涝灾害发生的历史性变化。

（1）易涝区。由自然地理与降水和水文条件决定的可能形成洪涝灾害的地域，称为易涝区。易涝区发生有几个条件：①经常产生暴雨的地区。②河流泛滥地区。③无排水出口地区。④地面平旦排水不畅地区。⑤地势低洼地区。⑥地下水位高的地区。⑦土壤渗透系数小的地区。这些条件是无法改变的自然因素，当然形成涝灾不是这 7 个条件都具备，而是其中几个条件的组合，形成不同易涝类型。

（2）受灾区。系指当时发生灾害的地区，但不是所有易涝区都会成为受灾区，而是产生暴雨或河流泛滥及有外水入侵的地区才会对作物形成灾害威胁，是否真正成灾，要看防灾措施和能力，如果及时排除内涝，就构不成涝灾。

（3）成灾区。事实已经造成作物灾害的地区，由于受灾的时期、作物生育阶段、灾情的轻重不同，根据形成损失大小对成灾又划分不同的等级。

2. 易涝区分布

按上述定义，首先洪涝区域必须有暴雨，由此可以排除无暴雨地区，从图 3-2 中看出日暴雨大于 50mm 的地区分布在中国中东部地区。其次是河流泛滥地区，从图 3-3 统计发生洪涝灾害的重点地区都在河流的中下游，如七大河流（长江、黄河、珠江、淮河、海河、松花江、辽河）均是发生洪涝的重点地区，这其中东北、华北是主要玉米产区。其他 5 个因素都是形成涝灾特性因素，根据这些条件和历史产生洪涝灾害记录就可绘出中国洪涝灾害分布图。图 3-4 是根据中国 40 年灾情记录绘出的全国易涝区分布图，并给出发生的次数。次数多、自然受灾损失大，也是重灾区。从图 3-4 中看出：中国易涝区主要分布在平原和七大河流三角洲与中游地区，主要涝区可分为三大易涝区：松辽涝区、黄淮海涝区、珠江涝区。图中长江流域主要是洪水发生地，内涝渍涝较少，其他涝区是零星涝区，面积分布零散。

3. 近年洪涝灾害分布

经过水利工程建设和农田灌溉排水建设，易涝区发生灾害减少了，即使发生灾害成灾比例也会降低。原因洪水灾害与河流降水的调蓄能力有关，大量的水库建设，削弱了河流洪峰，漫堤成灾的概率大大降低，使洪涝灾害发生年份大量减少。但内涝灾害还会发生。图 3-5 是根据近年的洪涝灾害统计绘制的灾害分布图，与图 3-4 对比，可以看出灾害发生分布有了变化，重灾转移到南方，其原因是需要探讨的课题，其分布可以概括以下 4 个地区。

（1）东北涝区。包括辽吉黑蒙 4 省（区），受灾面积占耕地面积 5%～10%，其中，以黑龙江受灾比重大，其主要灾害为内涝，渍涝在山丘区有小面积发生。玉米是主要受灾作物。

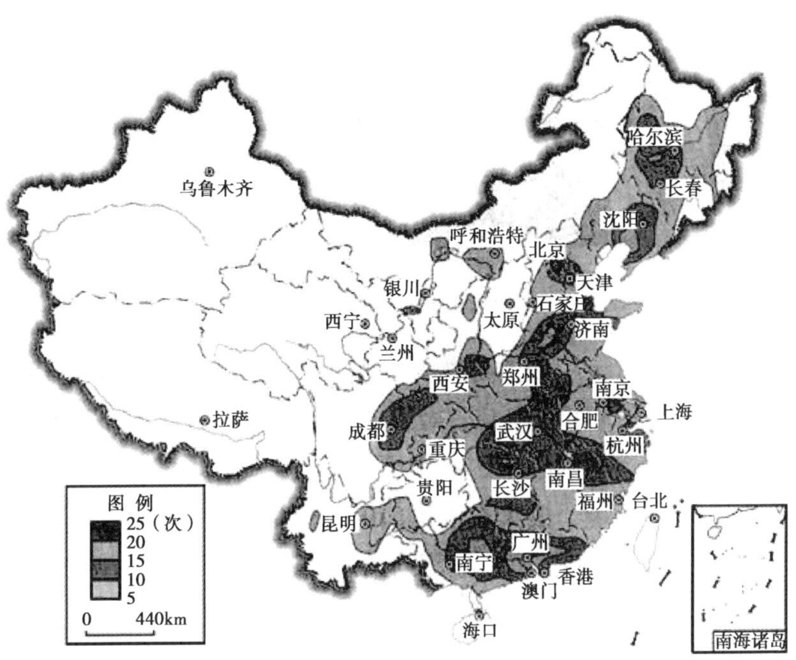

图 3-4　中国 1949—1989 年 40 年来暴雨洪涝区域分布

（引自好搜图片）

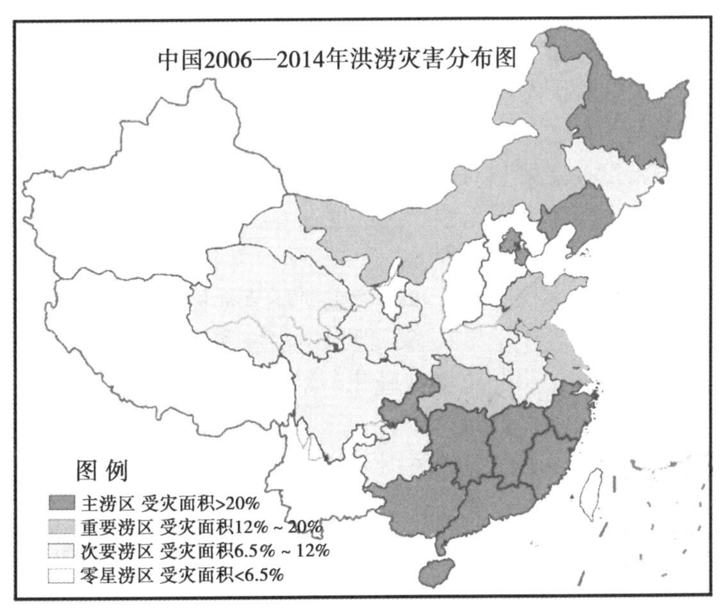

图 3-5　2006—2014 年各省平均洪涝受灾面积占耕地百分比分布

（2）黄淮涝区。包括鲁皖苏冀豫等省，受灾面积占耕地面积 5%～10%，以鲁皖苏受灾比重较大。灾害类型内涝、渍涝、泥涝均有发生。其中，山东省玉米受灾较多。

（3）西南涝区。包括川桂云贵等省（区），受灾面积占耕地面积5%以下，玉米涝灾以渍涝为主，主要发生在秋季。

（4）华东南涝区。包括浙闽赣湘粤琼等省，受灾面积占耕地面积20%以上，虽然受灾面积广，但该区主产水稻，成灾系数较低。此外，玉米面积很少，只在零星山丘区种植。

四、洪涝灾害对玉米生长危害及损失

1. 灾害水环境对玉米生长的影响

（1）玉米生长最佳水环境。每种作物对水分的需求不同，按作物耐旱与耐涝可组合为：耐旱又耐涝；耐旱不耐涝；不耐旱但耐涝；不耐旱又不耐涝等四种类型。玉米属于最后一种，既怕旱又怕涝，每种作物都有一种最适合生长的水分环境，这称作作物需水规律，这些规律需要通过实践或科学试验总结才能得出。

影响作物生长的水分环境：一是降水量与大气中水分状况；二是地表水与土壤中的水分状况；三是地下水状况。

①降水量与大气中水分状况：玉米生育期内如果遭遇日降水大于50mm时，如果排水不畅，容易产生洪涝灾害。最适宜的雨量为日降水10~30mm，土壤作物根系层可以容纳所降水量，很少产生径流，有利作物吸收及玉米生长。大气中含水汽多少，可用相对湿度表示，玉米生长期，最适宜的空气相对湿度为50%~70%，小于30%就不利玉米生长，干燥气候会引起玉米干旱。空气相对湿度大于80%，空气处于潮湿状态，玉米生长减弱，还容易发生病虫害。

②地表水与土壤中的水分状况：暴雨会产生地表积水，如排泄不及时则产生内涝。地表积水不能超过3cm，这时土壤可在一日内吸收，积水深度超过3cm就会形成内涝，内涝视积水生育阶段和长短不同，涝灾灾害的轻重也不等。土壤水是作物生长发育的最重要因素，其影响大于空气湿度，土壤相对湿度小于60%时，不利玉米出苗，而大于100%则延缓玉米生长，试验证明，玉米适宜土壤相对湿度在60%~90%，此时玉米发育适宜。当地表产生积水时，也会影响玉米生长发育。

③地下水状况：地下水埋深是地下水环境重要环节指标，地下水埋深超过4m作物根系无法吸收，在无雨时作物处于干旱状态，但地下水埋深小于0.5m时，地下水长期补给土壤，会造成地表蒸发加剧，引起土壤盐碱化。最适宜的地下水埋深为1-3m，有利玉米根系吸收。

（2）土壤水对作物发育影响。土壤中水分的多少一是影响对作物需水的供给；二是影响土壤中水、气、有效养分的组成，进而影响土壤温度、微生物组成与活动的变化。土壤水分变化是影响土壤中水、气、温、热、微生物变化的主要因素，适宜的土壤湿度才能满足作物生长发育的需要。

当土壤水分不足时，植物得不到最佳的光合作用，因为，作物生长是靠光合作用积累碳水化合物来维持，光合作用可用公式表示为：

$$CO_2+H_2O（光照、酶、叶绿体）=（CH_2O）+O_2 \qquad (3-1)$$

通俗写为：二氧化碳+水$\overset{阳光}{\Rightarrow}$干物质+氧气。

从式 3-1 中看出没有足够的水分（公式 3-1）参与，光合作用会减弱，积累物质就减少，影响了植物根、茎、叶的生长，到最后直接影响作物产量。光合作用的实质是把二氧化碳和水转变为有机物（物质变化）。

当土壤水分过多时，水分充满土壤中的所有孔隙，土壤中空气没了，微生物组成发生变化，好气类微生物死亡，土壤中养分不能分解。土壤中空气没了（少了）根系不能呼吸，作物无法生长，最终轻则叶片枯黄无法进行光合作用，严重叶片、根系、植株凋萎逐渐死亡。其中影响最大是土壤中水分环境，因为作物生长的主要条件除阳光（很少变化）外就是水肥，养分与水分供给都在土壤中由水输送。根据中国 50 多年灌溉试验得出玉米最优的土壤适宜湿度在 65%~90%，如果高于或低于最佳值，玉米生长将受到影响（表 3-3）。

表 3-3　玉米生长期适宜土壤湿度（占田间持水量百分比%）

玉米播期	播种	出苗	拔节	抽穗	灌浆	成熟
春玉米	80	75~80	78~80	85~88	80~85	85
夏玉米	80	65~70	70~80	80	80~75	
秋玉米		60~65	70~75	80	80	

（3）空气中的水对玉米发育的影响。纯净空气是由恒定空气成分组成，主要是氮气、氧气以及稀有气体，这些成分几乎不变，但空气中还含有水汽、尘埃等混合物，它的成分是很复杂的，但影响环境最大是空气中的水汽，水汽虽然不是空气的主要成分，但水汽变化范围大，对气候影响起主导作用。按空气容积计算其变化范围在 0%~4%，它的变化影响农业的旱涝。表示空气水汽含量一般用水汽压和相对湿度表示，当相对湿度很小时，地面的蒸发加大，作物蒸腾加速，则形成大气干旱。相反相对湿度大于 100%时，空气中水汽开始凝结成液态水，水滴大到空气托不住，形成雨。如果海洋的水汽不断的流向陆地，农田承受不了过多的雨水，则产生涝灾。

作物需要生长在适宜的空气湿度中，但自然力是无法抗拒的，人们只能去适应，或通过人类能控制的因素来为作物创造较好水分环境，抗拒大气干旱的条件可以增加土壤水分，来满足作物蒸腾加速需要的水分。涝灾只能采取工程措施排除农田多余的水分。大气中水分当大气相对湿度低于 30%时，花粉粒因失水失去活力，花柱易枯萎，难于授粉、受精。所以，只有调节播期和适时浇水降温，提高大气相对湿度才能保证授粉、受精、子粒的形成。花粒期要求日平均温度在 20~24℃，如遇低于 16℃或高于 25℃，会影响淀粉酶活性，使养分合成、转移减慢，积累减少，成熟延迟，粒重降低造成减产。

2. 农田过湿水环境对作物生长的危害

无论任何条件下产生农田水分过多，都会影响作物生长，对作物造成不同程度的危害，危害的机理是相同的。水分过多是指土壤水分含量长时间超过作物生长的适宜水量，无论是地面积水、地下水位补给、异地地面水侵入造成的，都会危害作物生长。

土壤水分过多对作物危害主要表现为：①土壤水长期处于饱和状态，则影响土壤的气、热因子，导致土壤理化性质的改变，温度低的土壤条件，不利于作物根系的生长发育，从而影响作物的正常生长。②作物根系层的土壤水分过多、空气含量下降，作物根系长期处在氧气不足的情况下进行无氧呼吸，不仅不能进行正常的养分、水分吸收等生理活动，还会因乙醇等还原物质积累而中毒，致使呼吸作用逐渐下降，乃至最后停止生长而死亡。③地表淹水或耕层滞水水分过多，土壤微生物中好气菌类减少，土壤中有机质分化停止，土壤肥力降低，从而使得土壤的有效养分释放缓慢，造成植物养分贫乏，有害的还原性物质却会逐渐积累起来。④农田积水还影响土壤的机械物理性质，水分过多会造成土壤耕性不良，地面支持能力降低，农事活动不能正常进行，更影响机械化作业；⑤在地下水上升状态下，蒸发强烈，地下水中所存盐分往往随土壤水分上升运移至地表，盐分会在地表和近地表的土层内积累，从而导致土壤盐碱化；⑥土壤过湿状态对玉米不同生育期生理生化过程的影响，根据文献［6］的玉米渍水试验，在不同生育阶段，玉米过湿影响不同，试验表明苗期影响较小，其他阶段影响较大。影响机理是过湿状态使玉米叶片含水量增加，细胞内电解质外渗，膜脂过氧化作用加强，丙二醛含量增加，叶绿素被降解植株失绿，叶片变黄衰老加快。在水淹条件下，植株叶片中保护酶（SOD、POD、CAT）活性迅速下降，加剧了植株膜脂过氧化作用，从而导致不可逆的伤害（表 3-4）。

表 3-4　土壤过湿状态对玉米不同生育期生理发育影响试验[6]

	处理相对含水量>90%7 日	丙二醛	叶含水量	叶绿素	过氧化氢酶
区组		0.42	0.63	0.59	0.69
处理间		205.00**	77.01**	324.00**	102.00**
处理 1	苗期、喇叭口期,	0.0877	85.14	3.698	3.683
处理 2	苗期、喇叭口、吐丝、灌浆	0.1035	91.01	1.796	3.438
处理 3	吐丝、灌浆	0.0945	88.54	2.175	3.168
对照	常态给水	0.0837	85.21	4.046	4.535

注：根据参考文献［6］盆栽试验整理，** 表示差异程度，处理 1……对照是 LSD 多重比较数据

3. 玉米对洪涝灾害抵御能力与界限

根据中国多年研究，在文献［3］农田排水工程技术规范中给出了玉米耐淹水深和耐淹历时，详见表 3-5。

表 3-5　玉米耐淹水深和耐淹历时[3]

生育期	苗期-拔节	抽穗期	孕穗灌浆期	成熟期
耐淹水深（cm）	2~5	8~12	8~12	10~15
耐淹历时（d）	1~1.5	1~1.5	1.5~2	2~3

4. 涝灾对玉米产量与品质的影响

（1）涝灾依然是影响产量的重要因素。虽然新中国成立以来进行了大量的农田基本建设，修建了田间排水工程，但距发达国家对灾害的控制能力还有差距，发达国家洪涝灾

害损失占国民经济总产值0.1%~0.2%，而中国近年洪涝灾害损失占国民经济总产值2.2%，控制洪涝灾害能力不强，如黑龙江在易涝面积中只有50%左右有控制工程，而且防治标准保证率只有5%~10%。一遇大雨多雨年份，易涝区玉米产量下降，在东北涝区，辽宁省、黑龙江省表现十分明显，如2013年辽宁省降水较多中东部玉米单产降低，西北部干旱半干旱地区玉米单产增加（图3-6），黑龙江也有同样表现，伊春、鹤岗雨量较多单产低，哈尔滨、绥化、双鸭山雨量较小玉米产量较高。表明对旱涝抵御能力低，粮食产量随气候降水因素波动较大，从全国1980—2013年多年玉米单产变化也能看出（图3-7）：1994年的单产最高，在随后十多年中都处于波动状态，其中，洪涝灾害是重要原因之一。如何加强稳定单产，是玉米持续发展保障中国粮食供给的重要建设内容。

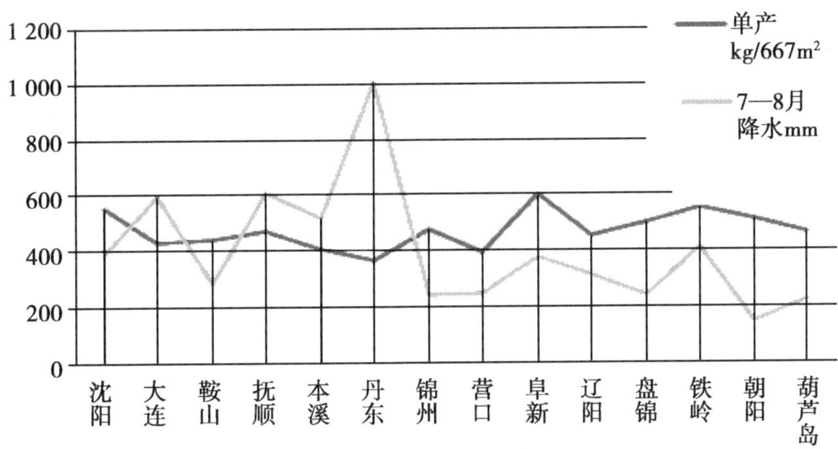

图3-6　2013年辽宁省玉米降水对玉米产量的影响

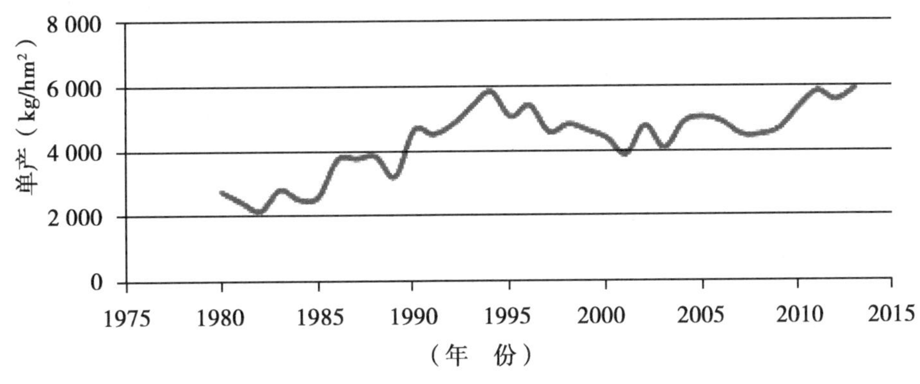

图3-7　1980—2013年全国玉米单产变化趋势

（2）涝灾对玉米品质的影响。涝灾不仅影响玉米产量而且也影响玉米品质，当涝灾发生在花期时，由于降水集中、强度大，空气潮湿田间杂草丛生，易造成病虫害滋生，不但减产也造成子粒有虫口；如果遇高温，热害导致玉米生长发育异常，给玉米的抽雄散粉带来不利影响，因花粉量过少、花粉活力低或雌穗吐丝延迟会造成花期不遇而结实不良，玉米子粒秃尖、瞎穗，千粒重下降，进而影响玉米出粉率、出油率。

（3）不同洪涝灾害危害程度。不同洪涝灾害，受灾程度和受灾影响面积有很大区别，如果涝区有排水工程保护，能及时采取排水措施，虽然遭遇灾害，但能避免成灾或只受轻微损失。如果无排水工程，灾害发生，损失无法避免，但不同灾害类型，受灾程度不同。表3-6是中国排水规范总结的不同洪涝渍害成灾程度和影响面积。

表3-6　涝灾危害程度（一次对农田与作物危害）[3]

涝灾类型		危害面积（千 hm^2）	危害程度作物	危害历时（d）	危害对象
洪涝	有堤防（大河）	10~1 000	轻度—绝收	3~30	作物
	无堤防（小河）	<10	轻度—绝收	0. 1~1	作物、农田
内涝		0. 1~10	小于绝收	3~15	作物
渍涝		<10	减产	3~15	作物
泥石流涝害		<1	绝收	1	作物、农田毁坏

五、中国近年洪涝渍害现状与特点

1. 一日暴雨量突破历史纪录

（1）一日暴雨。从图3-8（2016年前）与图3-2（1985年前）绘制的一日最大降水量等值线图中看出，100mm等值线向西推移了，并且出现了400mm线两处，最大点源为2016年7月19日邢台临城上围寺的最大降水673. 5mm，邢台农作物受灾面积11. 3万 hm^2，改写了中国最大日降水纪录，打破了广东阳江2001年6月7日23时至8日17时连续18h降水605mm的纪录。

（2）一次过程降水。2014年5月8—10日广东台山端芬镇田坑站发生了过程降水量达到829. 5mm，超200年一遇短历时降水，受灾农作物11千 hm^2。2010年6月25—27日以来的降水过程雨量惠来县葵潭镇磁窑站更达到900. 5hm^2。其中，有6h最大雨量惠来磁窑站达603. 5mm都创造了中国最高纪录。

（3）一小时降水。1981年6月20日大石槽发生历史上一场罕见的大暴雨，陕西省大石槽站一小时实测252. 8mm（世界最大降水量是1947年6月22日美国某地42min降水306mm），近年一小时超过100mm的降水每年在南北方均有发生。

2. 暴雨次生灾害连发

进入21世纪以来，中国每年都有因降水发生的地质灾害、交通事故、冲毁村庄，毁坏农田，造成人民生命财产的巨大损失，皆因暴雨突发，强度大而引起。

3. 台风雨对东部地区损害增加

查看1949年至今的台风发生次数，看出台风次数有减少趋势（图3-9），但危害程度有加重现象。灾害加重有两方面原因：一是台风强度有加大趋势；二是中国现代化建设快速发展，固定资产增多，产值增加，造成的农田、房屋、公用设备等损失较改革之前翻倍。其影响范围主要在沿海地带（图3-10）。

4. 城乡内涝灾害频发

中国在1950—1980年对农田涝区进行了治涝工程建设，农田受灾面积得到初步治理，

图 3-8　中国 342 地市级 1951—2016 年一日最大雨量资料绘制的等值线

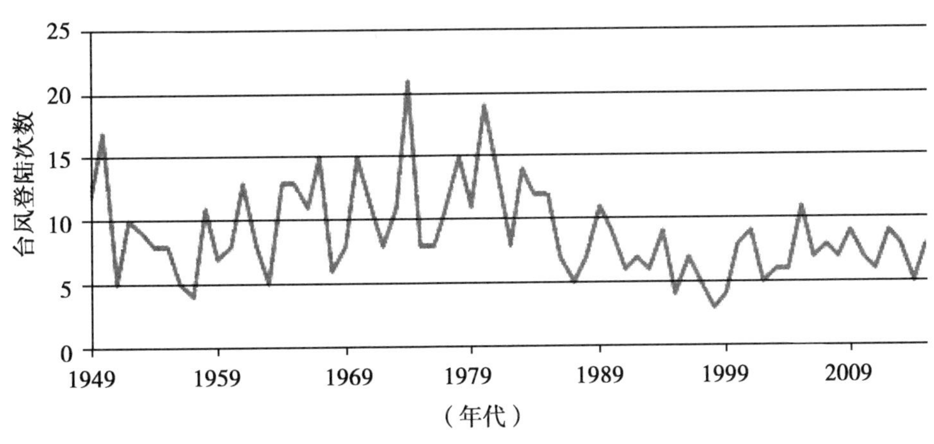

图 3-9　1949—2015 年台风登陆中国次数

但中国城镇改革后得到了飞快发展，原有的城市排水远远满足不了强暴雨的冲击，改革前城镇面积小，现代化水平低，硬覆盖比例低，排水很快散流到乡间，城镇内涝不明显，而今不一样，城镇扩大，现代化建筑比例加大，以城市排污为主的城市排水系统无法完成暴雨汇流的排水强度。近年全国南北东西各大中城市，甚至县级城镇也同样发生内涝灾害。

城镇内涝也会殃及城郊高品质保护地受灾，同样造成农业损失。

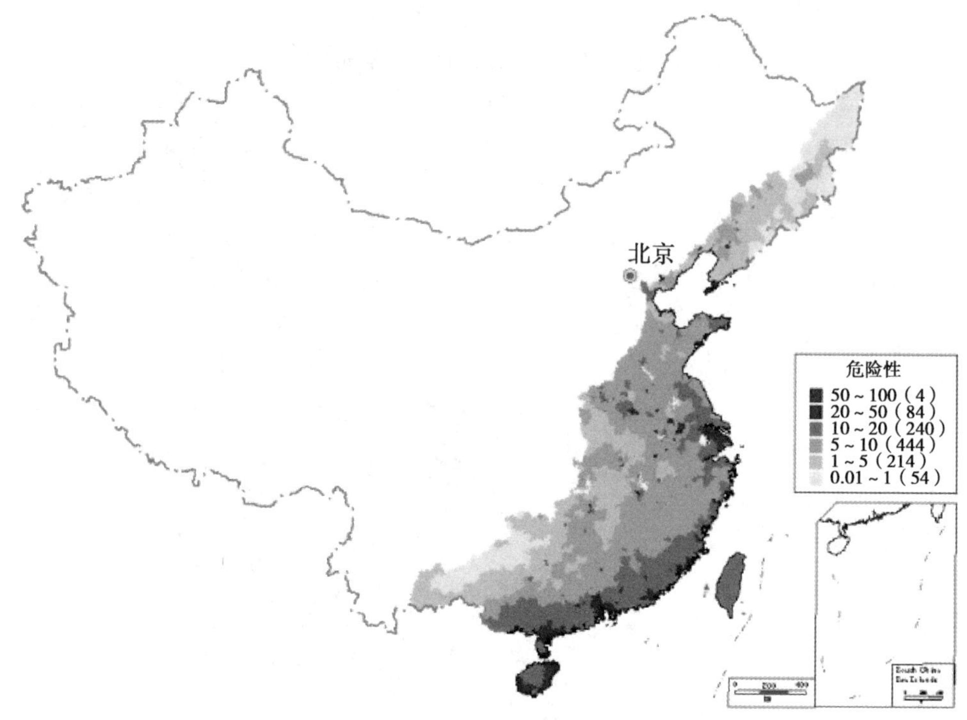

图 3-10　中国东部沿海台风危害危险性分布

（引自参考文献［9］）

第二节　玉米排水区划原则与方法

一、玉米排水区划的界定

玉米排水区划属于自然区划的一种，并且是跨学科的区划，间有农业、水利、水资源、水环境多学科，研究中国玉米种植区域如何利用农田工程在玉米过湿的环境下正常生长，及如何调节农田水资源得到最大化的利用。按照条件的趋同与差异，划分不同的区域，以便分类指导，进行玉米排水工程建设与排水管理。

1. 玉米种植的区域

区划范围主要是玉米种植区（参见第二章）。

2. 单元

参加区划的单元以地市级行政单位为基础，与国家统计层级相配合，以便收集相关资料。

3. 涝灾发生的主要因素

强暴雨是发生洪涝灾害的主因，以暴雨强度划分不同排水区域的异同（图 3-11）。

4. 灌溉农业区不参加区划

灌溉农业区，是无雨或少雨地区，暴雨产生概率很低，产生地面径流量更少，所以，

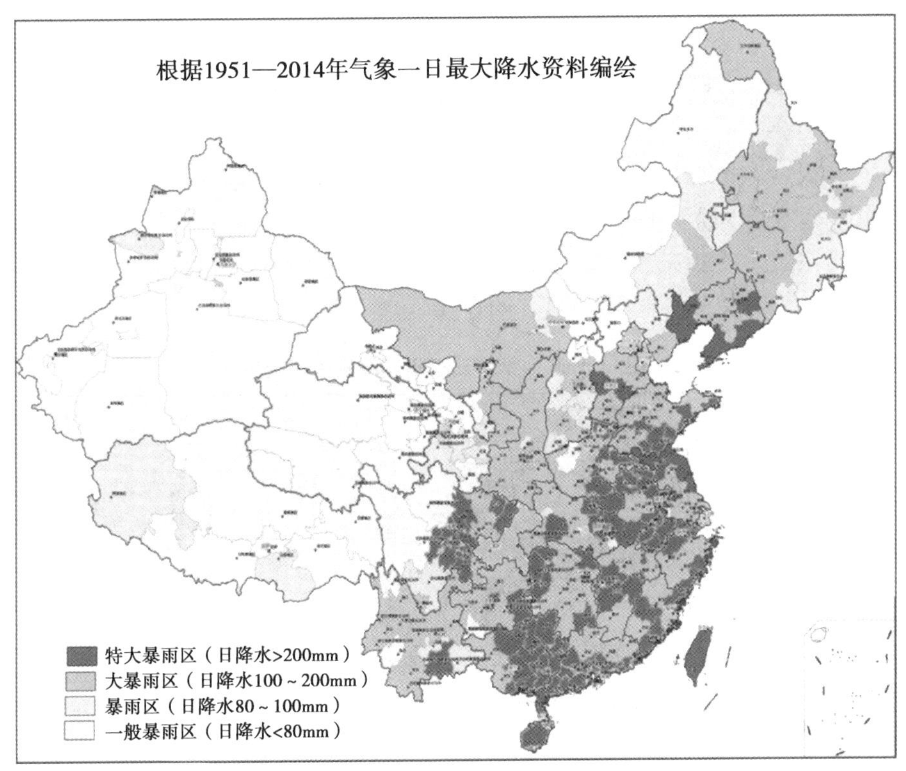

图 3-11　中国一日最大暴雨分级分布

不参加区划。但在一级排水区中列入非区划区。

二、区划原则及指标

玉米排水分区主要考虑的指标是与玉米洪涝灾害相关的主要因素，归纳为三类因素：一是自然因素（形成洪涝灾害的降水因素、地形因素）；二是农业因素，主要区分玉米播种季节；三是现有涝灾类型与治理工程类型。将趋同与差异转换成数据差异，进行分类。

1. 区划原则

（1）区分与排水工程有密切关系的自然因素。降水、地形、水系。

（2）农业因素。玉米种植季节。

（3）区分与排水工程相关的工程因素。排水工程类型、涝灾类型。

（4）尽可能与玉米、水利区划兼容。兼顾地市级行政区界和已有水利设施的完整性，以及地域的整体性。

（5）全国按三级分区。

2. 分区指标

根据分区原则分区指标。

（1）自然因素。

降水：历史发生的一日最大降水量，强暴雨是产生洪涝灾害的主因。

水系：地域属于哪条河流。

地形：地形按地理分类区分为：平原、山地、丘陵。

(2) 农业因素。

玉米分类：春播玉米，夏播玉米，多季玉米（春夏秋冬播玉米）。

(3) 水利因素。

排水工程类型：自排工程类型，机排工程类型、综合排水类型（自排和机排兼有）。

洪涝灾害类型：洪涝类型，内涝类型，渍涝类型。

(4) 易涝系数。反映灾害程度，按易涝面积占耕地的比重区别涝灾级别。

详细指标，参见表 3-7 及图 3-11、图 3-12。

表 3-7 分区因素与三级不同级别因素选择

分区因素与等级		自然因素					农业		排水工程因素	
		全国习惯政区	一日最大雨量 R（mm）	易涝系数 P（%）	水系	地形	玉米分类	单产（kg/hm^2）	工程类型	涝灾类型
级别	Ⅰ	○1	○2				○3			
	Ⅱ			○1	○2	○3				○4
	Ⅲ					○1		○2	○3	
等级指标	1	东北	>200	>20	1 松辽 2 海河 3 黄河 4 淮河 5 长江 6 珠江	平原<200	春	>7500	机自兼	洪涝
	2	华北 西北 华中	100~200	<20		丘陵 50~1 000	夏	5 500~7 500	自排	内涝
	3	华南 华东	80~100			山地 >1 000	多季	<5 500	机排	渍涝
	4	华南	<80							

三、玉米排水区划方法

1. 分区方法

采用共区优选法，即根据分区原则拟定 2~3 种分区方案，然后计算每个方案中分区因素的共区率，再计算所有因素的平均共区率，最后选择几个方案中共区率最高的方案。计算公式：

$$Q=\frac{1}{N}\sum_{1}^{N}K_i q_{ij} \tag{3-2}$$

式中：Q—方案共区率,%；

K_i—分区因素权重（参加不同分区级别因素在分区中的重要性的系数）,%；

q_{ij}—分区因素共区率，i 代表分区因素序号，j 表示参加分区的单元序号,%；

$q_{ij}=\frac{P_{ij}}{N_{ij}}$式中 pij 是参加分区单元因素在同一级别的个数，N_{ij}是参加分区的单元数。

2. 分区计算步骤

(1) 填写分区因素表。首先将参加分区各地市单元的分区因素统计数据填写在分区计算表格内。其中要注意同一因素的物理量要相同，用文字表述的因素，以文本形式填

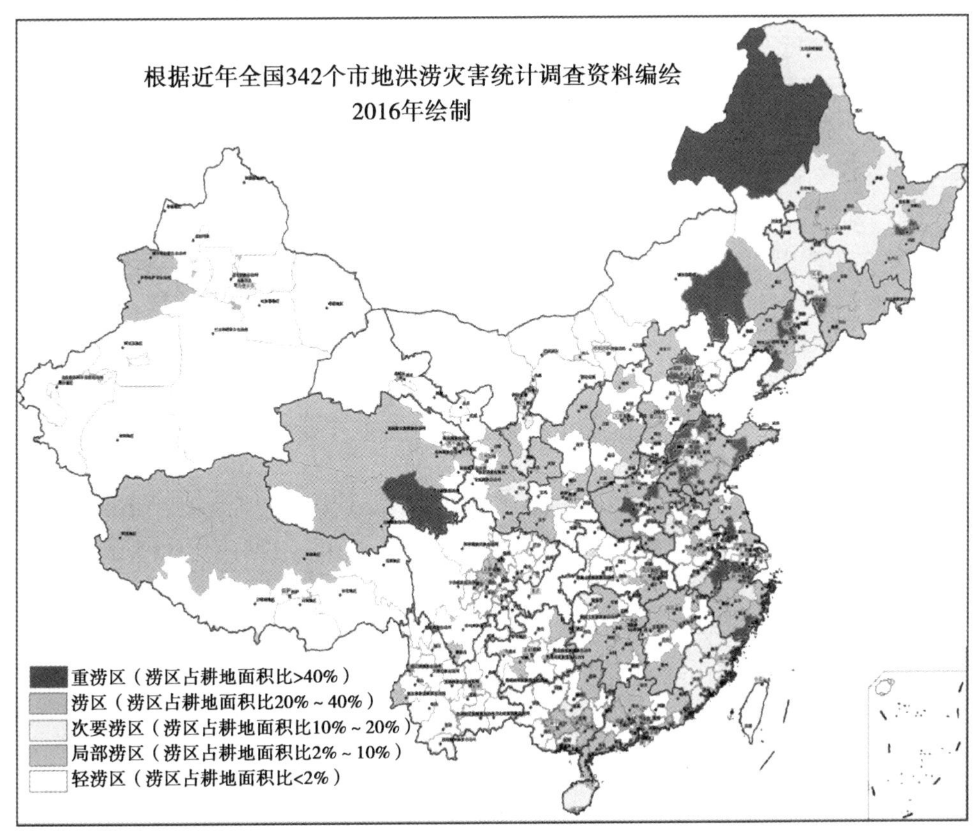

图 3-12　中国涝区分布

写。格式类似表 3-8 实例截取内容。

表 3-8　填写分区因素表（实例截取部分）

地市名	易涝系数 %	水系	地形	涝区类型
白城	11.89	松．洮儿河	平	内涝
延边	23.77	松．朝阳河	山丘	渍涝
哈尔滨	17.82	松花江	丘平	内涝
齐齐哈尔	19.83	松．嫩江	平	内涝
鸡西	7.04	松．乌苏里江	丘平	内涝

（2）对分区因素数字化。对每个分区因素进行数字化处理，在数字化中需要注意两点：第一要确定这个分区方案中，什么因素是主导因素，什么是重要因素，分清那个是影响分区第一因素。第二对每个因素不同档次要给出不同的评分，不同评分才能将参加分区各单元区分开，以利让同类相聚，显现出个单元的差异。

评分有两类：一是不同因素间的评分，不同因素间的分数即是权重，分数高的在数据判据中影响大，反之则小。分区的主导因素，给分要高，如实例表 3-9 中，水系是主导因素，它的分数（见下面②水系：编写逻辑计算语句），起分是 1，但间距很大，1、8、25、30、35，而地形因素，则给分很低，起分 1 但间隔小 1、2、3、4、5、6，这样体现了水系在分区的较大影响力。二是同一因素间的评分，该分数是区别不同单元的差异，如表 3-9 中的易涝系数在一级分区中不是主要因素，所以评分很粗，只设两档，而且给分很低。

两种评分要运用好，是分区是否成功的关键。当然电子表格计算是很快的，当给定的分数最后分区结果没有体现你的意图时，可调整两类给分标准，重新计算，因为计算只是几秒钟的事。调整的结果到你满意为止。

数字化计算程序如下。

①易涝系数：利用电子表格中逻辑函数，编写逻辑计算语句："=IF(S10>=20, 1, IF(S10<20, 2, ""))"。

②水系：编写逻辑计算语句："=IF(X10="松", 1, IF(X10="辽", 8, IF(X10="海", 8, IF(X10="黄", 20, IF(X10="淮", 25, IF(X10="长", 30, IF(X10="珠", 35, IF(X10="怒", 30, IF(X10="澜", 30, IF(X10="东", 35, ""))))))))))"。

③地形："=IF(U10="平", 1, IF(U10="丘平", 2, IF(U10="山丘平", 3, IF(U10="山", 4, IF(U10="高山", 5, IF(U10="沙丘", 6, IF(U10="山丘", 4, IF(U10="丘", 2))))))))"。

涝区类型："=IF(AA10="洪", 8, IF(AA10="内", 6, IF(AA10="渍", 7, IF(AA10="局", 5, IF(AA10="多", 20,)))))"。

表 3-9　分区因素数字化表（实例截取部分）

地市名	易涝系数（%）	水系	地形	涝区类型	计算数据判据	分区
白城	2	1	1	6	10	11
延边	1	1	4	7	13	11
哈尔滨	2	1	2	6	11	11
承德市	2	8	4	8	22	12
秦皇岛市	2	8	3	5	18	12

（3）计算分区数据判据。将每个因素得分相加，"=+AB10+Z10+W10+Y10"。从因素得分看出影响大的是水系和涝区类型。

（4）进行分区优化计算。通过数据判据大小，可以区分哪些是类同，哪些是差别大，因为数据判据接近，就说明因素相同的多，如果判据相等，说明因素基本相同，如果分在同一区，共区率就高。优化计算语句为："IF(AC10<=36, IF(AC10>13, 12, IF(AC10<=13, 11, "")))"。

第三节　玉米排水分区

一、界定分区单元与分区因素

1. 参加中国玉米排水区划单元

根据分区原则（第二节），参加全国玉米排水区划分区的全国342个地市级行政区中符合分区原则（条件数据详见附表）的共184个。其他158地市一是没有玉米种植；二是没有强暴雨；三是属于灌溉农业区，发生涝灾概率很小。但这些地市依然在排水一级区划中列为非区划区，并对洪涝渍害进行简单分析介绍（表3-10）。

表3-10　参加中国玉米排水区划的地市名单

地名							
首都	长春	长治	衡水	开封	商洛	郴州	恩施自治州
天津	吉林	晋城	邢台	洛阳	徐州	永州	神农架林区
石家庄	四平	晋中	邯郸	平顶山	苏州	怀化	安顺
承 德	辽源	忻州	运城	安阳	南通	娄底	毕节
秦皇岛	通化	吕梁	临汾	鹤壁	盐城	湘西	铜仁
唐山	白山	呼和浩特	济南	新乡	宿迁	眉山	黔西南布依族苗族
兴安盟	松原	包头	青岛	焦作	合肥	宜宾	黔东南苗族侗族
通辽	白城	鄂尔多斯	淄博	濮阳	淮北	广安	黔南布依族苗族
赤峰	延边	巴彦淖尔	枣庄	许昌	亳州	达州	昆明
沈阳	哈尔滨	乌海	东营	漯河	宿州	雅安	曲靖
大连	齐齐哈尔	阿拉善盟	烟台	三门峡	蚌埠	巴中	玉溪
鞍山	鸡西	延安	潍坊	南阳	阜阳	资阳	保山
抚顺	鹤岗	榆林	济宁	商丘	黄山	百色	昭通
本溪	双鸭山	天水	泰安	信阳	黄石	河池	丽江
丹东	大庆	平凉	威海	周口	十堰	重庆	普洱
锦州	伊春	庆阳	日照	驻马店	宜昌	自贡	临沧
营口	佳木斯	定西	莱芜	西安	襄阳	泸州	楚雄
阜新	七台河	银川	临沂	铜川	咸宁	绵阳	红河
辽阳	牡丹江	吴忠	德州	宝鸡	邵阳	广元	文山
盘锦	黑河	固原	聊城	咸阳	岳阳	遂宁	西双版纳
铁岭	绥化	廊坊	滨州	渭南	张家界	内江	大理
朝阳	太原	保定	菏泽	汉中	六盘水	乐山	德宏
葫芦岛	阳泉	沧州	郑州	安康	遵义	贵阳	怒江

2. 各级分区因素

对参加玉米排水分区的184个地市，根据三级分区因素，进行3次分区优化计算，组合成一级、二级、三级分区。各个分区单元具体数据数值见附表。

（1）一级区分区因素。一级分区，主要按玉米种植地域和产生洪涝的条件，将全国划分几个大区，所以选择与此目的相关3个参数。

①行政区位：按传统将全国划分为东北、华北、西北、华东、华中、华南、西南7个行政区，表明每个分区单元位于哪个行政区。

②一日最大降水：每个分区单元有降水纪录以来，选取一日最大暴雨纪录。

③玉米类型：按玉米种植季节区分为春、夏、多季（一地区同时有春、夏、秋不同季节播种的地区）。

（2）二级区分区因素。在一级分区基础上，对每个一级区内进行二级分区，进一步细化区内的差异，所以，选择易涝系数、水系、地形、涝区类型4个因素，作为二级分区因素。

①易涝系数：地市近年洪涝灾害面积或统计资料给定的易涝面积，同统计资料给定的耕地面积比值。在无耕地资料时用作物播种面积代替耕地面积。

$$P = M_Y / G \tag{3-3}$$

式中：p—易涝系数,%；

M_Y—易涝面积，hm^2；

G—耕地面，hm^2。

②水系：独立入海的江河或骨干支流。

③地形：按地理概念区分的平原丘陵山地地貌。

④涝区类型：根据形成涝灾的原因不同，划分为洪涝、内涝、渍涝、局部涝害四种。

A. 洪涝　由外部河道溢漫、山地洪水、河堤决口形成的涝灾。

B. 内涝　由本地域降水产生的径流，无法及时排除，引起土壤过湿及长时间地面积水造成作物生长受抑制，引起的灾害。

C. 渍涝　由本地域降水或外域地下水渗透入侵，造成土壤饱和，不能及时排除。

D. 局部涝害　为地区虽然无涝灾，但个别小区域发生涝灾，易涝系数小于1%。

（3）三级区分区因素。在二级分区基础上，再进一步细化区域内各分区单元的差异，选择在一个地市间与涝灾仍有差异的因素，选择玉米产量、排水工程类型、地形三因素做三级分区指标。

①玉米单产：选择2013年分区单元统计资料，如果省级统计资料中没有，可查阅市县级统计资料，如再没有可收集本地市相关新闻报道、学者论文等。

②排水工程类型：排水工程类型划分自排、机排、混排3种。

A. 自排　排水区域承泄区与排水区有水位落差的地域，可以通过回水堤、排水闸、防潮闸，抢时排除内水，该区是以此种排水方式为主。。

B. 机排　通过在排水系统出口建设排水泵站或临时泵站将内水强压至承泄区，该区是以此种排水方式为主。

C. 混排　在同一分区内无法区分是自排为主，还是机排为主，而是2种排水形式都兼有。

二、一级分区计算

分区计算步骤。

1. 一级分区数据资料

根据表3-7和附表，将参加区划的342个地市的排水分区因素资料数据列表，以备分析计算。

2. 一级分区方案拟订

（1）随机方案。根据共区优选法的计算程序，利用电子表格软件，对342个地市级区划单元，随机计算分区。

（2）修正方案。如果第一方案不符合分区原则或根据计算结果出现不符合分区原则的，应根据具体问题，对相关因素进行调整。

3. 一级分区优化计算

（1）第一方案计算。用电子表格软件，对每个分区因素编写逻辑语句，进行分类，给出数字评分，进行数字化，根据数字组成分区数据判据，然后再根据数据判据进行分区优化计算，最后得出每个参选的单元属于第几分区。

①行政区位：编写逻辑语句：=IF(O4="东北",3,IF(O4="华北",5,IF(O4="西北",30,IF(O4="华中",8,IF(O4="华东",11,IF(O4="华南",13,IF(O4="西南",15,"")))))))。

②一日最大降水：编写逻辑语句：=IF(P4>=200,10,IF(P4<200,IF(P4>=100,8,IF(P4<100,IF(P4>=80,5,""))))) 。

③玉米类型：编写逻辑语句：=IF(Q4="春",2,IF(Q4="夏",6,IF(Q4="多季",10,"")))。

通过共区优选法计算程序，用电子表格分别对一方案进行计算（表3-11）。

表3-11　一级分区第一方案计算表（内容已抽简）

地市名	一级分区因素			分区计算方案一				
	行政区位	一日最大降水（mm）	玉米	因素数字化			分区数据判据	分区
				行政区位	一日降水	玉米类		
				1	2	3	1+2+3	
首都北京	华北	156.2	夏	5	8	6	19	3
天津	华北	144.5	夏	5	8	6	19	3
石家庄市	华北	359.3	夏	5	10	6	21	3
阳泉市	华北	140.6	春	5	8	2	15	1
长治市	华北	98.2	春	5	5	2	12	1
榆林市	西北	105.7	春	30	8	2	40	2
安康市	西北	124.1	夏	30	8	6	44	2

（续表）

地市名	一级分区因素			分区计算方案一				
	行政区位	一日最大降水（mm）	玉米	因素数字化			分区数据判据	分区
				行政区位	一日降水	玉米类		
				1	2	3	1+2+3	
商洛市（商州）	西北	104.5	夏	30	8	6	44	2
郴州市	华中	294.6	多季	8	10	10	28	4
永州市	华中	143.5	多季	8	8	10	26	4
怀化市（平江）	华中	223.9	多季	8	10	10	28	4

（2）第二方案计算。通过第一方案优化计算，布图后发现，部分地市与分区原则不符，如春玉米混合到夏玉米区（图 3-13），为此需要调整分区因素程序，编制第二方案。

经分析影响出现春夏玉米混区的主要因素是行政区位给分造成，调整行政区位给分，以使玉米类型汇聚。这需要试验给分值，从第二方案各因素逻辑语句的内容看出，只对行政区位作了变动，其他因素程序没变，但分区成果以使春夏玉米类型归队，Ⅰ区、Ⅱ区是春玉米区，Ⅲ区是夏玉米区，区内不再混有春玉米，但含有苏皖地区的多季玉米，Ⅳ是纯多季玉米区，不符合排水区划条件的为Ⅴ区。

①行政区位：=IF(O4="东北",2,IF(O4="华北",6,IF(O4="西北",7,IF(O4="华中",8,IF(O4="华东",11,IF(O4="华南",13,IF(O4="西南",15,""))))))))。

②一日最大降水=IF(P4>=200,8,IF(P4<200,IF(P4>=100,6,IF(P4<100,IF(P4>=80,5,""))))))。

③玉米类型=IF(Q4="春",2,IF(Q4="夏",6,IF(Q4="多季",10,""))))。

（3）共区率对比。对 2 个方案进行优选，首先要进行两方案的各分区进行共区率计算。

①第一方案共区率计算：首先计算每个单元因素的共区率，对比各单元所含的因素是否相同，如果相同就是共区，共区率是 100%，要想确定单元间对比，首先要寻找本区的标准，每个单元同标准对比。从表 3-12 中看出，以Ⅰ区为例，在一区中选分区判据数出现最多的数做标准，最合适，与标准不同的数，就给一个小于标准的数。这里是给 66%，因为 3 个因素，如果不同，只能三因素中有一个不同，其他 2 个因素相同，所以，给出 66%。如果与标准数相同，就给 100%。

表 3-12 中列出共区率计算结果抽检后的简表，计算得出第一方案的平均共区率为 79.9%。

②第二方案共区率计算：用相同方法对第二方案分区成果进行共区率计算，得出第二方案的平均共区率为 80.6%。

③对比方案：从表 3-12 和表 3-13 中看出，调整后的第二方案已经没有第一方案中的同区春夏玉米混有问题，并且共区率也略有提高。

表 3-12　一级分区第一方案共区率计算表（缩减）

地市名	一级分区因素			分区计算方案一						
	行政区位	一日最大降水（mm）	玉米类型	参数数字化				分区	分区判据数	共区率（%）
			播种季节	政区	一日降水	玉米类	分区数据			
承德市	东北	99.6	春	3	5	2	10	1	352	66
秦皇岛市	东北	183.8	春	3	8	2	13	1	382	100
唐山市	东北	172.4	春	3	8	2	13	1	382	100
太原市	华北	102.8	春	5	8	2	15	1	582	66
阳泉市	华北	140.6	春	5	8	2	15	1	582	66
绥化	东北	142.2	春	3	8	2	13	1	382	100
Ⅰ共 54										81.7
西安市	西北	110.7	夏	30	8	6	44	2	3086	100
铜川市	西北	96	夏	30	5	6	41	2	3056	66
宝鸡市	西北	116.3	夏	30	8	6	44	2	3086	100
固原市	西北	98.1	春	30	5	2	37	2	3052	66
Ⅱ共 17										80.0
首都北京	华北	156.2	夏	5	8	6	19	3	586	100
天津	华北	144.5	夏	5	8	6	19	3	586	100
石家庄市	华北	359.3	夏	5	10	6	21	3	5106	66
神农架林区（房县）	华中	84.3	多季	8	5	10	23	3	8510	66
Ⅲ共 46										80.0
徐州市	华东	315.4	多季	11	10	10	31	4	111010	66
苏州市	华东	145.4	多季	11	8	10	29	4	11810	66
南通市	华东	194	多季	11	8	10	29	4	11810	66
保山	西南	117.9	多季	15	8	10	33	4	15810	100
怒江	西南	109.6	多季	15	8	10	33	4	15810	100
Ⅳ共 67										77.7
一方案平均										79.9

表 3-13　一级分区第二方案共区率计算表（缩减）

地市	一级分区因素			分区计算方案二						
	行政区位	一日最大降水（mm）	玉米类型 播种季节	参数数字化				分区	分区判据数	共区率（%）
				政区	一日降水	玉米类	分区数据			
承德市	东北	99.6	春	2	5	2	9	1	252	66
秦皇岛市	东北	183.8	春	2	6	2	10	1	262	100
盘锦	东北	174.9	春	2	6	2	10	1	262	100
铁岭	东北	145.7	春	2	6	2	10	1	262	100
黑河	东北	93.5	春	2	5	2	9	1	252	66
绥化	东北	142.2	春	2	6	2	10	1	262	100
Ⅰ共 41										86.7
太原市	华北	102.8	春	6	6	2	14	2	662	100
阳泉市	华北	140.6	春	6	6	2	14	2	662	100
吴忠市（盐池）	西北	121.2	春	7	6	2	15	2	762	66
固原市	西北	98.1	春	7	5	2	14	2	752	66
Ⅱ共 22										79.9
首都北京	华北	156.2	夏	6	6	6	18	3	666	100
天津	华北	144.5	夏	6	6	6	18	3	666	100
石家庄市	华北	359.3	夏	6	8	6	20	3	686	66
汉中市	西北	121.4	夏	7	6	6	19	3	766	66
商洛市（商州）	西北	104.5	夏	7	6	6	19	3	766	66
Ⅲ共 53										78.2
徐州市	华东	315.4	多季	11	8	10	29	4	11 810	66
苏州市	华东	145.4	多季	11	6	10	27	4	11 610	66
大理	西南	113.8	多季	15	6	10	31	4	15 610	100
德宏（瑞丽）	西南	132.4	多季	15	6	10	31	4	15 610	100
怒江	西南	109.6	多季	15	6	10	31	4	15 610	100
Ⅳ共 68										77.5
二方案平均										80.6

4. 分区成果

对两方案从两方面可以看出：一是方案二共区率略高于方案一；二是方案二解决了玉米类型混区问题。将一级分区 2 个方案分区结果绘在全国地市级地图上，明显看出第二方案更合理（图 3-13），比较全面符合分区的原则。所以，最后选择第二方案为一级分区的

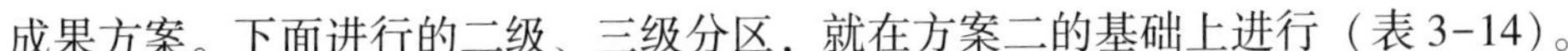

成果方案。下面进行的二级、三级分区，就在方案二的基础上进行（表 3-14）。

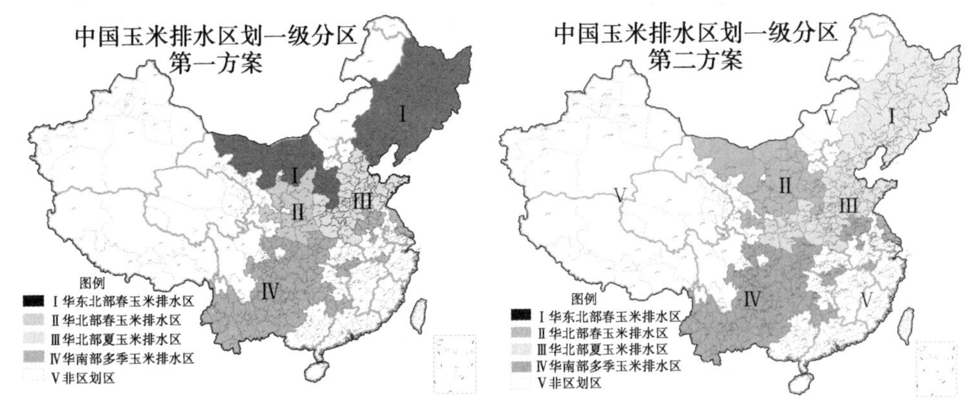

图 3-13　中国玉米排水区划一级分区一二方案对比

表 3-14　中国玉米排水区划一级区分区成果表（第二方案）

Ⅰ华东北部春玉米排水区					
承德市	大连	阜新	吉林	延边	伊春
秦皇岛市	鞍山	辽阳	四平	哈尔滨	佳木斯
唐山市	抚顺	盘锦	辽源	齐齐哈尔	七台河
兴安盟	本溪	铁岭	通化	鸡西	牡丹江
通辽市	丹东	朝阳	白山	鹤岗	黑河
赤峰市	锦州	葫芦岛	松原	双鸭山	绥化
沈阳	营口	长春	白城	大庆	
Ⅱ华北部春玉米排水区					
太原市	晋中市	包头市	平凉市	榆林市	吴忠市
阳泉市	忻州市	鄂尔多斯市	庆阳市	天水市	固原市
长治市	吕梁市	巴彦淖尔市	阿拉善盟	定西市（华家岭）	
晋城市	呼和浩特市	乌海市	延安市	银川市	
Ⅲ华北部夏玉米排水区					
首都北京	临汾市	威海市	洛阳市	南阳市	汉中市
天津	济南市	日照市	平顶山市	商丘市	安康市
石家庄市	青岛市	莱芜市	安阳市	信阳市	商洛市
廊坊市	淄博市	临沂市	鹤壁市	周口市	
保定市	枣庄市	德州市	新乡市	驻马店市	
沧州市	东营市	聊城市	焦作市	西安市	
衡水市	烟台市	滨州市	濮阳市	铜川市	
邢台市	潍坊市	菏泽市	许昌市	宝鸡市	
邯郸市	济宁市	郑州市	漯河市	咸阳市（西安）	
运城市	泰安市	开封市	三门峡市	渭南市（西安）	

（续表）

Ⅳ华南部多季玉米排水区					
徐州市	黄石市	怀化市	乐山市	毕节市	临沧
苏州市	十堰市	娄底市	眉山市	铜仁市	楚雄
南通市	宜昌市	湘西	宜宾市	黔西南布依族苗族	红河
盐城市	襄阳市	百色市	广安市	黔东南苗族侗族	文山
宿迁市	咸宁市	河池市	达州市	黔南布依族苗族	西双版纳
合肥	恩施	重庆	雅安市	昆明	大理
淮北	神农架	自贡市	巴中市	曲靖（沾益）	德宏
亳州	邵阳市	泸州市	资阳市	玉溪	怒江
宿州	岳阳市	绵阳市	贵阳市	保山	
蚌埠	张家界市	广元市	六盘水市	昭通	
阜阳	郴州市	遂宁市	遵义市	丽江	
黄山	永州市	内江市	安顺市	普洱（思茅）	

三、二级分区计算

二级分区是在一级分区的 4 个一级区基础上进行的，其中，Ⅴ区已确定为非区划区，不再进行二级、三级分区。

1. 填写分区因素表

二级分区因素 4 个：易涝系数、水系、地形和涝区类型。

根据二级区的分区因素，将附表中的数据，填写在一级分区成果表中，形成二级分区表，如表 3-15 的内容与形式。

为数字化需要，将水系按全国几大独立流入海的河流名称字头添加在支流的名称前，以便化简几大水系和便于归类，如长江水系、黄河水系，但仍然保留了支流的原名。

表 3-15　二级分区因素数据表（简化后截取部分内容）

地市名	易涝系数（%）	水系	地形	涝区类型
承德市	1.73	海．武烈河	山	洪涝
秦皇岛市	0.67	海．滦河	山丘平	局部涝害
唐山市	0.73	海．滦河	平	局部涝害
兴安盟	0.00	松．额尔古纳河	山丘	局部涝害
通辽市	9.73	辽．西辽河	丘平	内涝

2. 优化分区计算

二级分区是在一级优化分区基础上进行，不再进行多方案对比，直接进行一次性优化分区。

（1）分区因素数字化计算。

①以一级区为单位进行：二级分区是在一级区每个区内进行，所以，要以每个一级区为单位，因为一级区中每个区的因素数值或类型不同，所以数字化计算一定要以区为基础，即 4 个一级区，不能同时进行。要对 4 个一级区，一个区一个区的进行，每个一级区内数字化的程序会不同，要根据区内的特点，对因素的值按区进行赋值。用电子表格软件，对每个分区因素编写逻辑语句，进行分类，给出数字评分，进行数字化。

②数字化程序：数字化方法同一级分区在数字化赋值上有两种类型：一种是不同一级区的同一因素，因值域不同，所以，数字化中赋值要根据具体情况，进行评分。其目的是根据每个区因素差异变化范围的大小，分析计划要分几个区，来确定数字档次，如果这个因素变化很小，可能给两档，如果差异范围很宽，则层次就多，所以，要针对每个因素进行编写程序。第二种是，分区是以什么因素为主导，主导因素要拉开差距，有意以主导因素进行分区，例如二级区分区中是以水系为主导因素，在因素赋值时，将长江、黄河、海河等赋值要加大间距，以突显水系的主导作用，会弱化其他因素在判据数据中的作用。

例如，在一区分区中水系数字化：语句" = IF(T4 = "松", 1, IF(T4 = "辽", 8, IF(T4 = "海", 8, IF(T4 = "黄", 20, IF(T4 = "淮", 25, IF(T4 = "长", 30, IF(T4 = "珠", 35, IF(T4 = "怒", 30, IF(T4 = "澜", 30, IF(T4 = "东", 35, "")))))))))); "由于一区位于东北，没有黄河、长江等河流，给值大小对分区没有影响，但海河有几个市在一区中，需要同辽河中的涝区类型、地形相同的地市结合，所以，辽河、海河给了同一数值。

而在三区中" = IF(T67 = "松", 5, IF(T67 = "辽", 10, IF(T67 = "海", 10, IF(T67 = "黄", 20, IF(T67 = "淮", 30, IF(T67 = "长", 40, IF(T67 = "珠", 35, IF(T67 = "怒", 30, IF(T67 = "澜", 30, IF(T67 = "东", 35, "")))))))))) "，在三区中同样是水系，但数字化程序语句就不同了，因为三区里有海河、黄河、淮河、长江四大河流，所以，分别给了 10、20、30、40 的赋值，目的是区分开 4 个流域的地市，尽量使同流域地市汇聚在同一二级分区中。

③组成判据数据：将 4 个因素数字相加，即组成判据数据，判据数据用来划分不同的分区，如果发现分区结果有不合理的组合，则可调整判据数据，以改变判据数值，达到理想组合。

（2）分区计算

根据判据数据进行分区，如一区二级分区逻辑语句：" = IF(Y4< = 36, IF(Y4>13, 11, IF (Y4< = 13, 12, "")))"，一区只划分 2 个二级区，因为有明显的两大水系，松花江流域和辽河流域。

用同样方法进行二、三、四一级区的计算，得出 4 个一级区的二级分区，分区成果列于表 3-16 和图 3-14 中。

表 3-16　二级分区成果表（共 11 个二级区，184 单元）

11 松江流域排水区（20 个）								
兴安盟	松原	齐齐哈尔	大庆	鹤岗	佳木斯	黑河		
长春	白城	鸡西	伊春	双鸭山	七台河	绥化		
吉林	延边	哈尔滨	白山	牡丹江	通化			
12 辽河流域排水区（21 个）								
承德市	赤峰	抚顺	营口	铁岭	辽源	四平		
秦皇岛	沈阳	本溪	阜新	朝阳	通辽	鞍山		
唐山	大连	丹东	辽阳	葫芦岛	锦州	盘锦		
21 黄河中下游排水区（9 个）								
太原	晋城	晋中	吕梁	榆林	延安	忻州	长治	阳泉
22 黄河中上游排水区（6 个）								
呼和浩特	鄂尔多斯	乌海	包头	巴彦淖尔	阿拉善盟			
23 黄河上游排水区（7 个）								
天水	庆阳	银川	固原	平凉	定西	吴忠		
31 海河流域排水区（10 个）								
首都北京	石家庄	保定	衡水	邯郸				
天津	廊坊	沧州	邢台	德州				
32 黄河中游排水区（24 个）								
运城	东营	滨州	鹤壁	三门峡	渭南	宝鸡	威海	平顶山
临汾	烟台	新乡	西安	咸阳	聊城	洛阳	安阳	
济南	潍坊	焦作	铜川	淄博	青岛	濮阳		
33 淮河流域排水区（15 个）								
济宁	日照	临沂	菏泽	商丘	周口	许昌	开封	
泰安	莱芜	枣庄	漯河	信阳	驻马店	郑州		
34 汉江上游排水区（4 个）								
南阳	汉中	安康	商洛（商州）					
41 长江流域排水区（52 个）								
徐州	蚌埠	神农架林区	眉山	泸州	安顺	宿州	淮北	襄阳
苏州	阜阳	邵阳	宜宾	绵阳	毕节	恩施	怀化	资阳
南通	黄山	岳阳	广安	广元	铜仁	湘西	贵阳	丽江
盐城	黄石	张家界	达州	遂宁	黔西南布依族苗族自治州		咸宁	娄底
宿迁	十堰	郴州	雅安	内江	黔东南苗族侗族自治州		重庆	六盘水
合肥	宜昌	永州	巴中	乐山	昭通	自贡	亳州	遵义
42 珠怒江上游排水区（16 个）								
百色	昆明	保山	楚雄	西双版纳	怒江	德宏	玉溪	临沧
河池	曲靖	普洱	红河	大理	文山	黔南布依族苗族自治州		

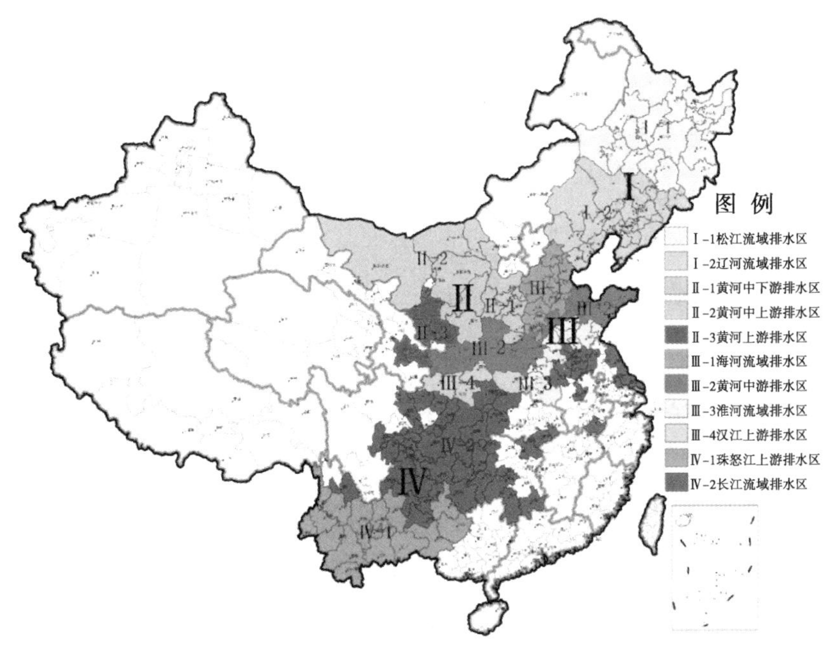

图 3-14　中国玉米排水区划一二级分区成果

四、三级分区计算

三级分区是在 11 个二级区的基础上进行，在 184 个地市共产生 34 个三级区。

1. 三级分区因素

三级区分区主导因素是排水工程类型，共有 3 个分区因素：地形、玉米单产、排水工程类型。三级分区要强调因人类活动造成的地区差异，一二级分区主要以自然条件为主导因素，进行大范围的区划，三级分区较一二级分区更细化地域差异，以便能具体体现区域间的玉米排水工程的差异。如平原区，地面平缓比降小，排水缓慢，加之河流堤坝的阻隔，无法自排，大部分平原都需要进行建站排水，以在最短时间内将雨水排除，解除内涝灾害。而山丘区，地面陡峻暴雨急剧下流，水流无任何阻隔，排水工程措施一般都是采用自排工程。

2. 编写三级分区因素表

在二级分区成果基础上，按一二级区顺序将三级区因素绘制成表格，以利用电子表格计算软件进行共区优化分区计算。详见表 3-17。

3. 分区优化计算

计算方法同二级分区，不再展开描述，详见表 3-17。

①对分区因素进行数字化。

②计算数据判据。

③分区。

表 3-17　三级区计算表（简略了其他单元）

地市名	三级分区因素			三级分区计算				分区序号
	地形	单产（kg/hm²）	工程类型	地形	单产	工程类型	合计	
				数字化	数字化	数字化	数据判据	
兴安盟	山丘	3 794. 1	自排	4	1	5	10	3
长春	平	7 693. 3	机自兼	1	3	15	19	2
吉林	丘平	6 480. 2	自排	2	2	5	9	3
通化	山丘	6 711. 3	自排	4	2	5	11	3

4. 分区成果

经过对 184 个地市的优化分区计算，得出 34 个三级区，分区成果列在表 3-18 中。

表 3-18　三级分区成果

111 三江低洼平原机排排水区	鹤岗、双鸭山、佳木斯
112 松江平原机排自排排水区	长春、松原、白城、大庆、绥化
113 大兴安岭山平区混排排水区	兴安盟、齐齐哈尔、伊春、黑河
114 长白山区自排排水区	吉林、通化、白山、延边、哈尔滨、鸡西、七台河、牡丹江
121 辽河低洼平原机排排水区	沈阳、锦州、营口、阜新、辽阳、盘锦、铁岭、辽源
122 辽宁东部山区自排排水区	大连、鞍山、抚顺、本溪、丹东
123 辽河上游山丘区自排排水区	葫芦岛、承德、秦皇岛、唐山、通辽、赤峰、朝阳、四平
211 太行山丘区自排排水区	太原、阳泉、长治、晋城、晋中
212 吕梁山丘区自排排水区	忻州、吕梁、延安、榆林
22 黄河中上游排水区	呼和浩特、包头、鄂尔多斯、巴彦淖尔、乌海、阿拉善盟
23 黄河上游排水区	天水、平凉、庆阳、定西、银川、吴忠、固原
311 海河低洼平原区机排排水区	天津、廊坊、沧州、衡水、德州
312 海河中上游山丘区自排排水区	北京、石家庄、保定、邢台、邯郸
321 黄河下游低洼平原区机排排水区	东营、威海、聊城、滨州
322 黄河中游平原区机排自排排水区	鹤壁、濮阳、新乡、安阳
323 黄河下游丘陵区自排排水区	济南、青岛、淄博、烟台、潍坊
324 黄河中游山丘区自排排水区	运城、临汾、洛阳、平顶山、焦作、三门峡
325 黄河中上游山丘区自排排水区	西安、铜川、宝鸡、咸阳、渭南
331 淮河上游山东境内低洼平原机排自排排水区	济宁、日照、枣庄、菏泽
332 淮河上游河南境内低洼平原自排机排排水区	漯河、商丘、周口、郑州、许昌、开封
333 淮河上游山东境内丘平区自排排水区	泰安、莱芜、临沂
334 淮河上游河南境内丘平区自排排水区	信阳、驻马店
34 汉江上游排水区	南阳、汉中、安康、商洛

（续表）

411 淮河中下游低洼平原机排排水区	徐州、苏州、南通、盐城、宿迁、合肥、淮北、亳州、宿州、蚌埠、阜阳
412 横断高山区无排水工程区	昭通、丽江
413 长江中上游四川盆地机排自排排水区	眉山、广安、资阳、自贡、遂宁、内江
414 长江中游湖北山丘自排排水区	黄山、黄石、十堰、宜昌、襄阳、咸宁、恩施、神农架林区
415 长江中游湖南山丘自排排水区	邵阳、岳阳、张家界、郴州、永州、怀化、娄底、湘西
416 长江上游四川山丘自排排水区	宜宾、达州、雅安、巴中、泸州、绵阳、广元、乐山
417 重庆山丘自排排水区	重庆
418 长江上游贵州山区自排排水区	贵阳、六盘水、遵义、安顺、毕节、铜仁、黔西南、黔东南
421 怒江高山区无排水工程区	保山、怒江
422 珠江上游山区自排排水区	百色、河池、黔南布依族苗族自治州、曲靖、玉溪、文山
423 澜沧江流域自排排水区	昆明、普洱、临沧、楚雄、红河、西双版纳、大理、德宏

第四节　玉米排水分区概述

根据收集全国各省份及342个地市气象、地理、玉米种植、洪涝灾害、水利工程等资料，经过筛查分析，［虽然东南沿海地市洪涝严重，但不在玉米种植区内（图3-5及附表）］，对184个有玉米种植并有洪涝灾害的地市进行了三级优化分区，一级分区4个，二级分区11个，三级分区34个，现对三级玉米排水分区相关玉米洪涝灾害及排水工程现状作简单介绍。有关涝灾治理及排水工程建设管理问题，将在第十至十三章中作详细论述。

一、一级区概述

经过对184个地市的一级分区参数优化计算，优选出4个一级区（表3-19），现分别对4个玉米排水区划一级区做概况介绍。

表3-19　中国玉米排水区划一级区主要参数

区号	耕地面积（万 hm^2）	近年洪涝（万 hm^2）	易涝（万 hm^2）	易涝系数（%）	玉米面积（千 hm^2）	总产量（万t）	玉米单产（kg/hm^2）	一日暴雨（mm）	排灌机械（万台）	水库（亿 m^3）	水库径流比（%）
Ⅰ	2 793	491.4	706.0	25.3	15 524	12 071	6 908	148	367	887	54
Ⅱ	689	27.0	39.9	5.8	2 595	1 866	7 343	118	8	45	25
Ⅲ	2 324	620.7	881.6	37.9	10 114	6 235	5 659	180	367	680	64
Ⅳ	2 407	135.6	315.7	13.1	5 536	3 070	5 361	163	352	1 299	23
全国	8 213	1 274.7	1 943.3	23.7	33 769	23 241	6 318	153	1 094	2911	34

1. Ⅰ华东北部春玉米排水区

中国东北部是玉米的主要产区，区内共有 41 个地市（表 3-13、表 3-14），涝区中玉米种植面积占耕地面积 56%，看出玉米比重不论种植面积与产量都居全国第一位，但区内的玉米重点产区位在松辽平原，其中大部分是雨养农业，影响玉米产量的重点是洪涝问题，以三江（黑龙江、松花江、乌苏里江）平原为例，面积 11 万 km^2，处于三江下游，暴雨频发，一遇暴雨洪涝渍害损失严重。据黑龙江省 2013 年统计除涝面积 337 万 hm^2，占全区除涝面积 68%，辽宁省除涝面积 91.1 万 hm^2 占全区 18%，两省合计 86%，其中，重点是松江与辽河平原。从图 3-15 看出：黑龙江省凡是年降水多的地市玉米单产都低，相反降水少的地市单产较高，证明影响该省玉米产量的重要因素是土壤过湿，同时，也反映出治涝工程应有很大提升空间。从图 3-6 中看出辽宁省与黑龙江省略有区别，沈阳、锦州、鞍山 7—8 月降水少，玉米产量高，而辽宁省西部朝阳、阜新是灌溉补偿农业区，降水少影响除涝工程建设。新中国成立以来东北地区在洪涝治理中，投入较大资金，仅黑、辽、吉 3 省建成水库 2 171座，库容 800 亿 m^3，对暴雨径流调节起到关键作用，辽黑两省建有防洪堤防 3.4 万 km，使洪灾得到控制。还修建了大中型排灌站 3 100余座，排水闸 640 余座，据不完全统计全区拥有排灌机械 367 万台，近年洪涝面积 491 万 hm^2，洪涝得到初步治理，建立了内涝排水系统，内涝灾害成灾面积有所减少。

该涝区玉米发生涝灾主要有 2 个季节：一是春季渍涝，春天到了冰雪会融化，如果玉米已经播种，在山丘、沙丘或高地的冰雪融化水就由地下向低地补给，造成低洼地的土壤过湿，玉米苗期会产生红苗病，玉米苗期发育不好，直接影响后期生长。如果玉米没有播种，秋冬季雨雪过多，早春地面雪层消融，但土壤深层还没融化，土壤表层积水或过湿，影响玉米播种期，也会造成玉米不能完全成熟；二是夏季遭遇强暴雨，由于大小河流的防洪堤坝阻隔，地面径流无法排入河流，靠近堤坝地区农田积水，多日不能排除就会形成内涝灾害。虽然已经建设排涝工程，但标准低，一般排涝工程标准为 5~10 年一遇，但强暴雨大多远高于 10 年一遇，内涝还会发生。

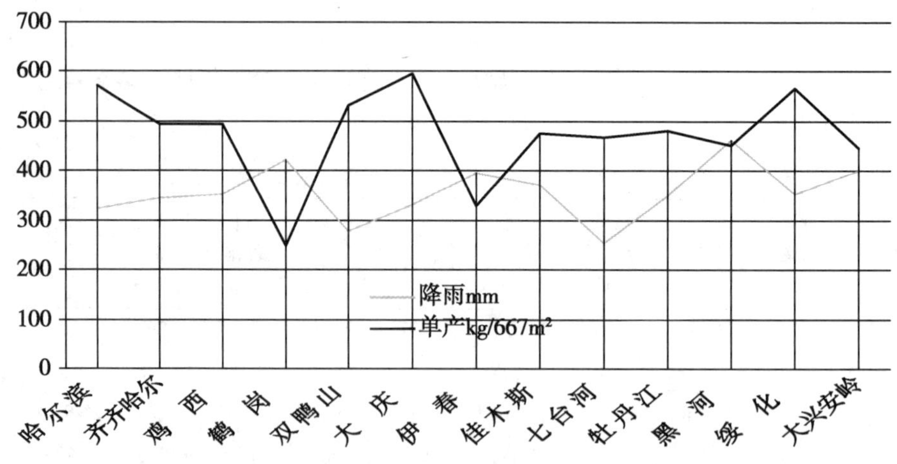

图 3-15　黑龙江省 2013 年玉米单产与降水量相关

2. Ⅱ华北部春玉米排水区

Ⅱ区位于晋陕境内，共有地市 22 个（表 3-13），域内多为山丘区，平原很少，虽然仍有涝灾，但易涝面积占耕地面积只有 2.5%，与东北部涝区 44%相比，洪涝对全区玉米产量影响只是一小部分。但对于涝区来说影响却是全部，所以，仍然不可忽视。

以太原为例，近年降水与玉米单产相关图（图 3-16）看出，从 2005—2013 年 3 次较多的降水年份玉米单产没有较大的波动，只在 2009 年略有减产，并能看出降水较少的 2008 年和 2010 年单产也有明显下降。所以该区灌溉要高于排水对玉米产量的影响。但中国的国情，必须保证粮食作物的稳产高产才能满足人民对粮食需求。即使涝灾面积较小也不能忽视。

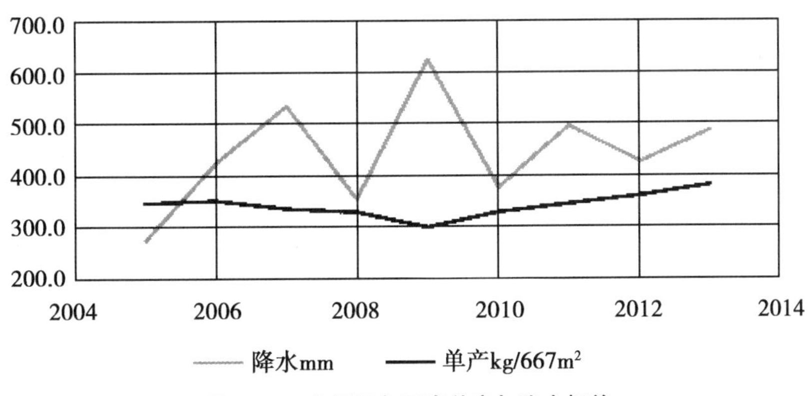

图 3-16　太原近年玉米单产与降水相关

该区玉米洪涝灾害主要是山洪和渍涝，由于山丘较多，地面比降较大，暴雨会造成山丘径流急剧向山前冲刷，对平坦的区域形成过水涝，急流会冲倒玉米，浑浊的泥水对玉米形成泥涝。另一种涝害是平稳的多雨天，山丘表面逐步含蓄大量水分，虽然没有急流下冲，但饱和的山丘土层，会经地下渗透，使平旦山前低地土壤逐步过湿，形成渍涝。

由于涝区面积很小，治涝在该区上报国家的统计资料中很少有记载。但在农田建设标准提升的新时期，治涝也将排到日程中。尤其暴雨造成的地质灾害更是今后治理的重点。

3. Ⅲ华北部夏玉米排水区

华北部涝区是中国的第二大涝区，区内有 53 个地市，易涝面积 881 万 hm^2，占全国易涝面积的 45%，但玉米种植面积、总产、单产都低于东北部地区，在 2006—2014 年（图 3-3）多年洪涝灾害平均受灾面积统计中，东北部地区受灾面积比重要大于该区。由于该区作物种植多是冬麦与夏玉米轮作，降水无法满足一季半作物需求，干旱灾害多于洪涝灾害，以北京为例，从图 3-17 中看出，玉米单产随降水呈正相关变化。该区一般大雨对玉米形成不了内涝灾害，加之新中国成立后农田基本建设中对排水工程建设实施，全区水库库容 680 亿 m^3，库容与径流比总平均达 64%，涝灾得到控制，但局部地区对洪涝灾害有麻痹思想，该区有的省份对排水工程建设似有轻视趋势，在国家治涝排水统计中很少有排水工程统计记录。

该区位于黄河下游和海河、淮河流域，处于黄淮海平原区，玉米洪涝灾害主要是内涝，由于平原较多，地面比降小，暴雨径流受多条大河堤防阻隔，排水不畅。由于内涝灾

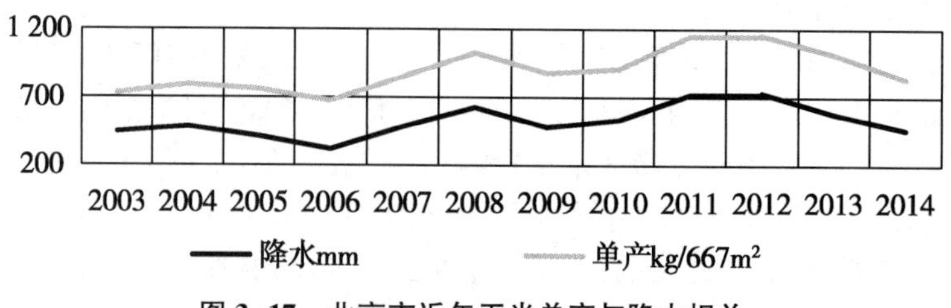

图 3-17 北京市近年玉米单产与降水相关

害远少于干旱，造成轻视排水建设，一旦暴雨较大，就会造成内涝灾害，同时，该区夏玉米苗期恰逢暴雨频发期，内涝对玉米后期发育影响最大。从新闻报道中可收集到山东、河北、安徽等地近年发生有洪涝灾害，虽然洪涝灾害是局部地区，但对于中国粮食主产区造成的损失还是很严重的。

4. Ⅳ华南部多季玉米排水区

该区含华南部 68 个地市玉米种植区，易涝面积 315.7 万 hm^2，占耕地 16%，年降水 1 000mm 以上，水资源丰富，水库容量在 4 个排水一级区中最多，全区高达 1 299亿 m^3，库容与地表水的比率仅22%，是 4 个一级区中最低的排水区。但与降水径流相比，调蓄能力仍显不足，以四川省为例，地表水资源量 2 200多亿 m^3，全省共有库容 10 万 m^3 及以上的水库 8 148座，总库容 648.84 亿 m^3，但已完成只有 290 亿 m^3（其中，在建水库共 76 座，库容占 55%，库容达 358.64 亿 m^3），库容与地表水比率只有 13%，无法满足暴雨调蓄需要。区内贵州省略好，有效库容 468 亿 m^3，多年平均降水量 2 076mm，与降水量相比可调蓄 23%，但与地表水量相比计算可调蓄高达 44%，但该区一日暴雨强度较大，遇暴雨调蓄不足，是造成洪涝灾害的重要原因。与东北部的辽宁相比，库容 375 亿 m^3，与降水量相比调蓄能力为 34%，与地表水相比调蓄能力为 89%，洪涝灾害得到较好的控制。

该区洪涝灾害特点是年降水在 1 000mm 以上，降水年内分配属单峰型，近年常发生上半年干旱，下半年多雨，旱灾之后突转洪涝。以贵州省 2007—2014 年统计资料为例，从图 3-18 中看出，干旱影响面远大于洪涝，对玉米产量影响较大，洪涝灾害与降水呈正相关，受灾是局部，面积远小于干旱辐射面，如 2014 年洪涝受灾面积 364 千 hm^2，是损失很大的灾害，直接经济损失 178 亿元（含农作物减产、人员财产损失、水利工程水毁损失），而 2011 年干旱受灾 1 181千 hm^2，直接经济损失约 100 亿元。

5. 全国洪涝灾害治理概述

（1）中国对洪涝灾害的治理。

①修建大型水利工程：从宏观上看新中国成立后，在应对洪涝灾害继承前人的基础上进行了大规模的治理，修建许多大中小型水库（图 3-19），尤其是改革开放以来，加速了洪涝灾害治理，大中型水库建设速度明显加快，到 2014 年总计修建水库 97 735座，累计库容 8 394亿 m^3，有力地拦截暴雨径流，调节洪峰，保护堤防安全。

②修筑江河堤坝：到 2014 年累计修建防洪堤坝长度达 29 万多 km（图 3-20），60 多年实践证明防治洪涝灾害效果明显，这能从图 3-21 中看出，20 世纪 90 年代以后，随着水库和堤防建设加速，洪涝灾害逐步减少，成灾比例也在降低。

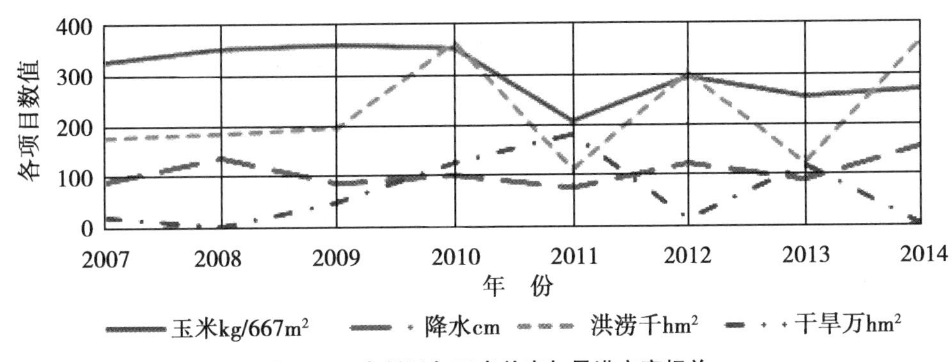

图 3-18　贵州近年玉米单产与旱涝灾害相关

（数据来源 2007—2014 年中国水旱灾害公报）

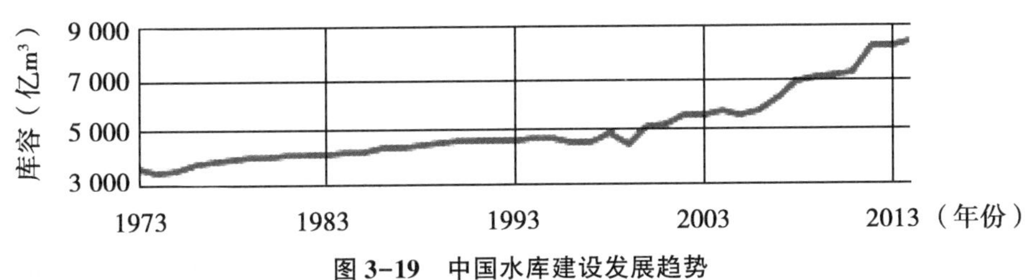

图 3-19　中国水库建设发展趋势

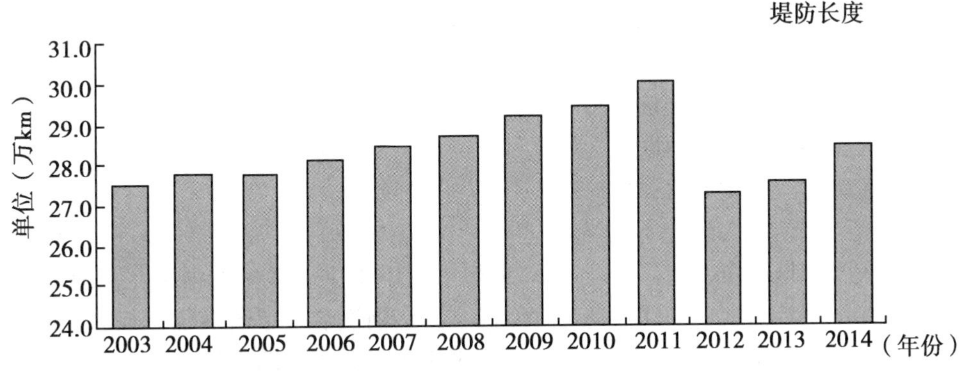

图 3-20　中国河道防洪建设发展趋势

（引自 2014 年中国水利统计公报）

注：图中 2011 年前各年堤防长含部分地区五级以下江河堤防

③治理内涝：对内涝治理，全国修建了流量为 $5m^3/s$ 及以上的水闸 98 686座，其中，大型水闸 875 座，按水闸类型分：排（退）水闸 17 581座，挡潮闸 5 831座，引水闸 11 124座，节制闸 56 157座，修建更新了许多排水泵站、排水系统。

这些治涝工程保证了中国粮食安全和国民经济建设，实践证明对于中国复杂的自然条件与稠密的人口，粮食生产容不得疏忽。从图 3-19 和图 3-21 对照可看出，一旦放松防治工程建设灾害就会增多，成灾比例也会增大，而加大洪涝灾害治理，洪涝灾害就会减少。

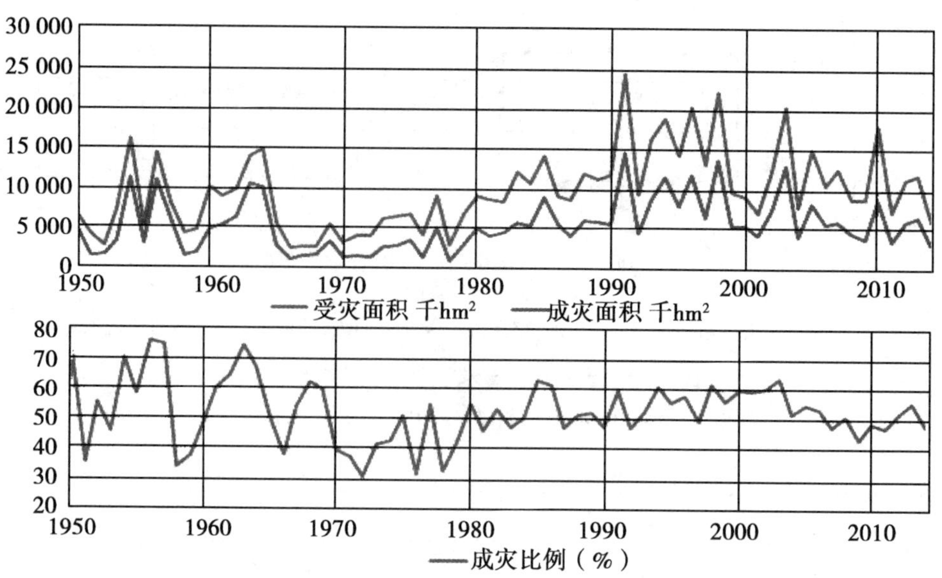

图 3-21　中国洪涝灾害受灾与成灾及比例变化趋势

（引自 2014 年中国水旱灾害公报）

（2）洪涝灾害管理体系。中国对洪涝灾害治理与预防管理十分重视，改革开放后更加大投入，对灾害预防管理的现代化随着国民经济发展，逐步建立监测、预报、灾害对策硬件及软件体系，组成气象、水文、山洪测报全国网络、国家自然灾害灾情管理系统，建立专业管理网站，充分利用现代化卫星遥感、信息化网络技术。由中央到地方建立旱涝灾害管理与应急处理体系，建立抗洪涝、救灾设备物资储备系统，建立应急抢险队伍，一旦发生洪涝灾害全国各相关部门联动，不但及时战胜洪涝灾害，同时，组织灾害自救和灾后重建，人民生命财产得到有力保护。

（3）近年洪涝灾害发生趋势与特点。

①洪涝灾害地域分布发生了变化：20 世纪中国洪涝主要发生在中国北部地区，北部降水年内和年际间变差大，加之江河治理刚起步，江河洪涝发生频率高于南方。北方地型多平原，降水少，农田多种植旱作物，这次玉米排水区划，范围也是偏于北部地区。但区划统计在 342 个地市中玉米种植区参加区划只有 184 地市，还有 158 个地市不在区划内，但易涝面积 1 266万 hm^2 却占到全国易涝面积的 44%。中国南方降水多，农田多以水田为主，虽然水田较玉米耐涝，但洪涝的次生灾害对农田的损害严重。虽然北方降水变差大，但南方连续降水日数多于北方（图 3-22），连续降水日数是北方的 2~3 倍，且台风影响大，近年灾害连续发生，是中国洪涝灾害地域分布的新趋势。

②洪涝灾害发生面积并没减少：从 1950—2014 年统计资料显示（图 3-21）洪涝渍害发生并没减少，受灾面积似有增加趋势。从参加玉米排水区划的 4 个一级区中的典型省份 2014 年统计资料（表 3-19）和图 3-23 全国洪涝统计中看出：灾害面积和灾害损失都有增加趋势，同时，也能看出，虽然灾害损失增加，但占国民经济生产总值的比例却逐步减少，原因很简单，是中国 GDP 增加迅猛，增加速度远大于灾害损失增长速度，从表 3-20

和图 3-23 看出：洪涝灾害占 GDP 比例由 20 世纪的 2%~3%，下降到 1%以下，这也是新时期的又一特点。

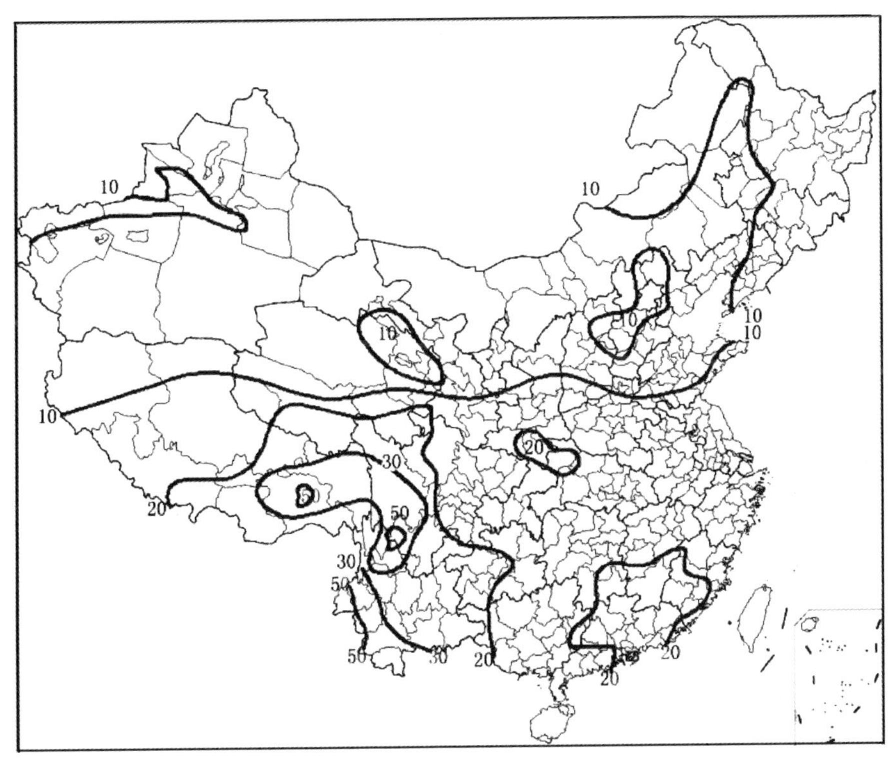

图 3-22　中国最多连续降水日数分布

表 3-20　各区典型地市 2014 年洪涝灾害损失

位在涝区	典型地市	受灾面积（千 hm^2）	农作物损失（亿元）	受灾人口（万人）	直接经济损失（亿元）	水利工程损失（亿元）	洪涝损失（亿元）	国民经济 GDP（万亿元）	洪涝损失比（%）
		1	2	3	4	5	6=2+4+5	7	8=6/7
Ⅰ	黑龙江	545	24.3	67.9	34.2	4.3	62.8	1.5	0.42
Ⅱ	陕西	64	4.6	105.0	17.2	2.7	24.4	1.8	0.14
Ⅲ	*山东	761	20.7	684.0	60.96	4.3	85.96	3.38	0.25
Ⅳ	云南	273	26.5	437.0	69.4	12.2	108.1	1.3	0.84

*山东为 2009 年资料

（数据引自中国水旱灾害公报 2014）

（4）中国洪涝灾害治理成绩、差距、任务。中国的季风型气候降水特点，决定了中国旱涝交加的自然灾害特性，这就使中国自古以来就一直同旱涝灾害进行斗争，修建了不少世界闻名的水利工程，而新中国成立以来又建设了许多伟大的水利工程，使洪涝危害得

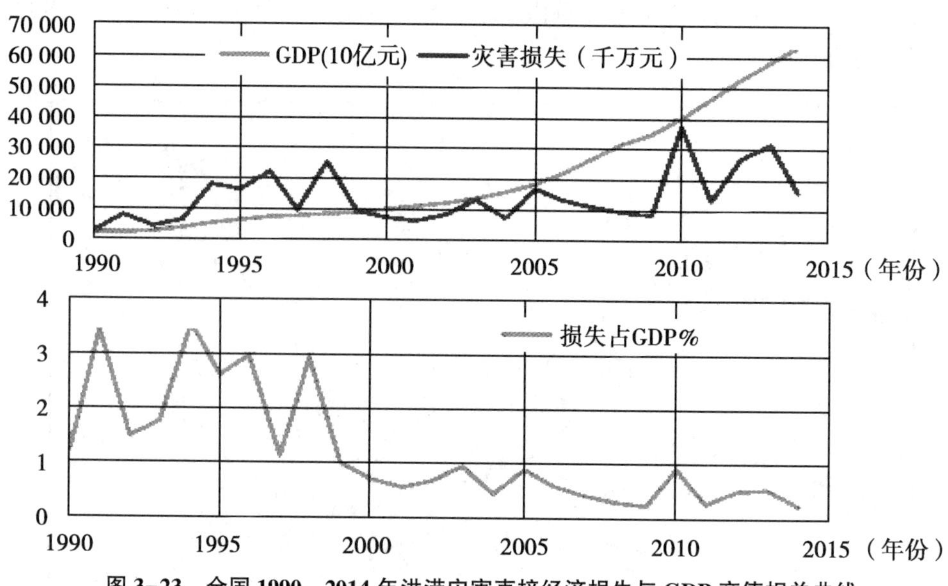

图 3-23 全国 1990—2014 年洪涝灾害直接经济损失与 GDP 产值相关曲线

注：含非区划部分

到一定控制，但仍然无法消灭洪涝自然灾害，从当前洪涝灾害频发的形势看出，洪涝治理的任务还任重道远。

①与发达国家的差距：

防洪工程建设　根据统计中国形成洪涝灾害的主因是暴雨，暴雨调节能力是防治洪涝最主要指标，而中国水库建设，库容能力还低于发达国家（表3-21），美国的水库库容与地表水比率达到 38%，而中国仅 18%，是中国 1 倍多。中国还需要加快暴雨调蓄能力建设。

内涝排水设计标准低　中国无论农田排水还是城镇排水，设计标准只有 3 年、5 年、10 年一遇水平，对于 3 年、5 年一遇的应该提高。

法律体系建设滞后　由于中国整体法律建设起步晚，所以，在抗灾、减灾、救灾、灭灾、灾害保险、灾害预防与自救、灾害设备研制等法律法规还不完善，需要尽快立法，因为，洪涝渍害不仅关系农田收获，而且由此引起的次生灾害关系人民生命财产安全，事关重大。

表 3-21 中国与发达国家水库调节能力比较

国家	水库座数（座）	库容（百万 m^3）	降水（mm）	降水量（km^3）	地表水（km^3）	水库库容与水资源比（%）	
						与降水量比	与地表水量比
中国	722	492 496	645	6 192	2 712	8	18
美国	2 104	1 014 869	715	7 030	2 662	14	38
法国	114	9 981	867	476	198	2	5
德国	80	15 514	700	250	106	6	15

（续表）

国家	水库座数（座）	库容（百万 m^3）	降水（mm）	降水量（km^3）	地表水（km^3）	水库库容与水资源比（%）与降水量比	与地表水量比
西班牙	252	53 827	636	321	110	17	49
澳大利亚	188	78 575	534	4 134	55	2	143

（资料取自联合国粮农组织 2015 年统计资料）

②今后洪涝治理任务：

加快防洪工程建设与维护　从近年统计资料看出，中国防洪治涝工程建设在加速，对原有的水库、泵站、排水系统在除险整修。

提高除涝设计标准　根据国民经济发展能力，适当提高除涝工程设计标准。

开展洪涝次生灾害对策研究　如暴雨引发的山洪灾害治理工程措施研究；暴雨引发的山洪灾害预防措施研究；山洪泥石流发生机理与检测手段的研究；村镇居民区环境泥石流潜在危机评估、监测、预防、应对研究；洪涝灾害现代化预测、预报、评估软件体系研究等。

促进国家洪涝灾害相关法律体系建设　如灾害防治基本法、灾害救助法、农田洪涝灾害保险法、抗灾能力标准、防灾减灾宣传教育体系、抗灾、减灾、救灾、灭灾、灾害预测、检测装备制造等法规。

建立完备灾害抗、防、灭、测的装备体系。

建设现代化灾害信息网络硬件体系　设立国家级灾害统筹管理机构，组成统一调度、组织网络信息、各相关行业信息统筹等。

二、二级区概述

在 4 个一级区内，以水系为主导共划分 11 个二级区，分别为：11 松江流域排水区、12 辽河流域排水区、21 黄河中下游排水区、22 黄河中上游排水区、23 黄河上游排水区、31 海河流域排水区、32 黄河中游排水区、33 淮河流域排水区、34 汉江上游排水区、41 长江流域排水区、42 珠怒江上游排水区，各区主要参数列于表 3-22 中，从表 3-22 中看出排水任务重的二级区，主要集中在Ⅰ、Ⅲ两个一级区。

表 3-22　中国玉米排水区划二级区主要参数

区号	耕地（万 hm^2）	近年洪涝（万 hm^2）	易涝（万 hm^2）	易涝系数（%）	玉米面积（千 hm^2）	总产量（万 t）	玉米单产（kg/hm^2）	一日暴雨（mm）	排灌机械（万台）	水库（亿 m^3）	水库与径流比（%）
11	1 950	261	385	20	9 870	7 302	6 622	115	230	488	43
12	843	140	168	20	5 654	4 769	7 194	181	137	399	79
21	334	12	15	5	1 190	694	5 970	115	8	33	36
22	151	0	0	0	825	822	9 650	128		0	0

（续表）

区号	耕地（万 hm^2）	近年洪涝（万 hm^2）	易涝（万 hm^2）	易涝系数（%）	玉米面积（千 hm^2）	总产量（万 t）	玉米单产（kg/hm^2）	一日暴雨（mm）	排灌机械（万台）	水库（亿 m^3）	水库与径流比（%）
23	204	15	25	12	580	350	6 410	112		12	20
31	587	115	151	26	3 286	2 147	6 558	189	151	151	231
32	917	240	339	37	4 194	2 497	5 893	152	138	291	86
33	667	230	327	49	2 143	1 387	6 240	245	78	167	107
34	153	37	65	42	491	203	3 946	136		73	14
41	1 756	130	276	16	40 34	2 337	5 614	190	352	1 138	31
42	651	5	40	6	1 502	733	5 109	137	0	161	8
全国	8 213	1 275	1 943	24	33 769	23 241	6 318	153	1 094	2 911	34

（一）Ⅰ华东北部春玉米排水区的二级区

1. 11 松江流域排水区

该区位于松花江流域，区内有兴安盟、松原、齐齐哈尔、大庆、鹤岗、佳木斯、黑河、长春、白城、鸡西、伊春、双鸭山、七台河、绥化、吉林、延边、哈尔滨、白山、牡丹江、通化等20个地市，涵盖大小兴安岭、长白山地区，黑松乌三江平原在该区东北部，是中国玉米的主产区，该区玉米播种面积近全国的1/3。

该区特点：①玉米种植比重大，种植面积是耕地面积的20%～80%，全区平均50.6%，并且玉米种植总面积也是11个二级区中最多的，总面积9 870千 hm^2。②易涝面积是二级区中最多，也是近年易涝最多的排水区（表3-20）。③机排面积较大，排灌机械最多，不完全统计有230万台。④水库库容居二级区的第二位，总库容488亿 m^3，库容径流比为43%，处于较高水平。⑤发生洪涝类型多，地处中国最北部，除有洪涝、内涝、渍涝外还有冰凌洪灾，春季上游冰雪消融（松嫩流域河水由南向北流），但下游河面还没开凌，冰凌流动受阻形成冰坝，高达数米高，河水涌入二阶台地农田，造成两岸农田、排水工程破坏。

2. 12 辽河流域排水区

该区处于辽河流域，包含承德、赤峰、抚顺、营口、铁岭、辽源、四平、秦皇岛、沈阳、本溪、阜新、朝阳、通辽、鞍山、唐山、大连、丹东、辽阳、葫芦岛、锦州、盘锦共21个地市，玉米种植面积5 654千 hm^2，在11个二级区中位列第二位。

该区特点：①该区玉米单产位列第一，平均7 194kg/hm^2。②水库库容与径流比位列中国北部地区第一，平均高达79%，在全国位列第三位。③一日暴雨也高于北方的其他半干旱分区，高达181mm/d。④易涝系数也位列中国北部地区第一，平均38%，是11区的1.9倍。⑤该区平原面积较大，属辽河中下游，机排面积较大，排水泵站以大中型专门排水泵站居多，灌排两用很少。⑥洪涝灾害以内涝居多，洪灾在大型水库调节下，已基本得到控制，渍涝发生在该区东部山丘区。

（二）Ⅱ华北部春玉米排水区的二级区

1. 21 黄河中下游排水区

山西、陕西2省北部气候不宜种植夏玉米，山丘区多种植春玉米，该区包含太原、阳泉、长治、延安、榆林、忻州、吕梁、晋城、晋中等9个地市，玉米面积1 190千 hm^2。

该区主要特点：①地处吕梁山与陕北山丘区，农田多坡耕地。②由于农田地面比降大，排水快，产生涝灾面积小，全区平均易涝系数仅4.5%。③农田基本建设较好，水库库容33亿 m^3，平均库容与径流比36%。④排水类型属自流排水，梯田式排水系统，以塬、坡、峁、墚为单元组成排水系统，工程一般由截水沟、盲沟、水平沟、溜槽、跌水等组成。⑤洪涝灾害多是暴雨引起的次生泥石流冲毁农田灾害及坡下农田渍涝灾害，很少有内涝。

2. 22 黄河中上游排水区

该区位于内蒙古沙漠区，虽然年降水量不多，但年内分布集中7月雨季，一日降水可高达110mm，也能同样造成涝灾。覆盖呼和浩特、包头、鄂尔多斯、巴彦淖尔、乌海、阿拉善等6市盟，玉米种植面积825千 hm^2。

该区主要特点：①地处内蒙古沙漠中的河套一带，农田多平地。②洪涝灾害多由暴雨夹杂冰雹引起局部灾害，所以，缺少涝灾统计面积，易涝面积较少。③也由于降水少，地势多沙丘，没有大型水库，地面径流不多，无需调蓄。

3. 23 黄河上游排水区

该区位于宁夏、甘肃境内，包含天水、平凉、庆阳、定西、银川、吴忠、固原等7个地市，玉米种植面积580千 hm^2，易涝面积25万 hm^2，易涝系数12%。

该区主要特点：①该区属干旱气候，降水200~300mm，局部有500mm。②虽然降水少，但变差系数大，日暴雨平均112mm，其中，平凉一日最大暴雨167mm，所以，也会形成洪涝灾害。③该区地形多山丘，部分属丘陵平原，地面比降大，不易形成内涝，水患主要是山洪及次生泥石流灾害。④区内均属灌溉农业区，由于气候干旱，土壤蒸发强烈，灌溉次生盐碱化严重，排水工程要结合排盐。⑤该区水利问题主要是干旱与灌溉问题，洪涝面积占耕地面积12%，洪涝是局部地区。

（三）Ⅲ华北部夏玉米排水区的二级区

1. 31 海河流域排水区

该区位于海河流域华北平原区，地势低洼河流密布，河流两岸堤防阻隔了附近农田排水，是我国主要涝区之一，包括首都北京、石家庄、保定、衡水、邯郸、安阳、天津、廊坊、沧州、邢台、德州等11个市地，玉米种植面积3 286千 hm^2，易涝面积151万 hm^2，易涝系数26%。

该区主要特点：①该区位于首都所在地，是我国政治、文化、经济、交通等中心地区，任何灾害对全国影响重大。②玉米单产是夏玉米产区最高水平，每公顷6 697kg。③水库总库容151亿 m^3，库容与径流比高达231%，是11个二级区中最高，突显了该区对暴雨的调节能力，但即使调节能力很强，但平原自身的特大暴雨也能形成突袭式的洪涝灾害。如邢台地区2016年最高雨强大600mm/d，造成国民经济的巨大。④由于高调蓄能力及地下水的超采，易涝面积有减少趋势，易涝系数是夏玉米4个二级分区中最小排水区，仅23%，其他三区在35%~49%。⑤从表3-23看出，华北与东北地区相比，发生洪涝灾害频率略低于东北，其中，位于该区的北京、天津、河北，灾害频率、受灾面积比重都低于东北省份（表3-23），其中河北更为明显，发生洪涝灾害面积占耕地10%的年份最近9年间一次没有。

表3-23 华北东北主要涝区省份2006—2014年洪涝农田灾害统计对比

（面积单位千 hm^2）

项目		北京	天津	河北	河南	山东	黑龙江	辽宁	吉林
耕地面积		231.7	441.1	6 317.3	7 926.4	7 515.3	1 1830.1	4 085.3	5 534.6
农田受灾面积	2006	2.3	3.3	120.7	1 166	1 615	1 121.4	86	386
	2007	5.1	5	491.2	906	661.9	69	42.5	23.5
	2008	0	0	54.5	73.7	124.5	159.4	173.2	173.2
	2009	0	0	119.9	100	761	1 570	20.4	37.3
	2010	0	0	92	1 166.5	1 615.5	916.5	852.51	386.4
	2011	42	3.79	227	64.6	335.4	234	272.7	58.1
	2012	73.1	166	562	149.9	561.6	561.6	593.6	86.1
	2013	34.1	7.5	281	64.46	993.4	2 654	277	614.9
	2014	0	0	11.6	1.79	109	544.9	0.01	8.5
	平均	17.4	20.6	217.8	410.3	753.0	870.1	257.5	197.1
平均受灾占耕地（%）		7.5	4.7	3.4	5.2	10.0	7.4	6.3	3.6
5%~10%年份数		0	0	2	0	2	2	2	2
>10%年份数		3	1	0	3	3	2	2	1
>5%年份数		3	1	2	3	5	4	4	3
发生频率（%）		44.4	33.3	77.8	55.6	100.0	88.9	77.8	66.7

注：洪涝面积大于1%耕地面积时记为有洪涝发生

2. 32 黄河中游排水区

该区位于黄河流域中下游河流两岸地区，涵盖山东、山西、陕西、河南四省中：东营市、威海市、聊城市、滨州市、开封市、鹤壁市、濮阳市、许昌市、济南市、淄博市、烟台市、潍坊市、运城市、临汾市、郑州市、洛阳市、平顶山市、新乡市、焦作市、三门峡市、西安市、铜川市、宝鸡市、咸阳市（西安）、渭南市（西安）共26个地市，玉米种植面积4 194千 hm^2，易涝面积339万 hm^2，易涝系数37%。

该区主要特点：①该区位于由陕西往下沿黄河至山东入海口两岸夏玉米种植区，既有平原也有山丘，下游起自黄河三角洲，中经太行山脉、吕梁山脉，上到关中平原一带的夏玉米种植区，地势复杂多样，气候也跨越暖温带到亚热带，但降水量却在同一条等值线上，变化在600~700mm。②玉米单产是夏玉米产区中等水平，每公顷5 893kg。③水库总库容291亿 m^3，库容与径流比也处于中等水平86%。

3. 33 淮河流域排水区

该区位于淮河流域，有山东济宁、日照、枣庄、菏泽、郑州市、开封市、许昌市、漯河市、商丘市、周口市、泰安市、莱芜市、临沂市、信阳市、驻马店市等共15个市地组成，玉米种植面积 2 143千 hm^2，易涝面积 327 万 hm^2，易涝系数 49%。

该区主要特点：①该区除日照独流入黄海外其他市地均数淮河流域，地势平坦，是我国有名三大涝区淮河涝区的一部分，从该区 49%易涝系数看出，是个夏玉米涝区中易涝比重最大的涝区，也远高于春玉米东北松辽涝区。②区域平均最大日暴雨 245mm，是 11 个二级区中最高。③玉米单产是夏玉米产区中上水平，每公顷 6 240kg。④水库总库容 176 亿 m^3，库容与径流比很高达到 107%，这是新中国成立以来对该区洪涝灾害治理的显著成绩。

4. 34 汉江上游排水区

该区位于长江支流汉江上游，有河南南阳，陕西的汉中、安康、商洛共 4 个市地组成，玉米种植面积 491 千 hm^2，易涝面积 65 万 hm^2，易涝系数 42%。

该区主要特点：①该区位于秦岭与大巴山谷地，汉江发源地地势低洼，受两侧山丘汇流影响，洪涝灾害较附近其他地区，易涝区较多，易涝系数仅次于 33 区高达 42%，居第二位。②该区受秦岭影响，气候温和属亚热带，也受秦岭山地阻隔，形成山前降水区，年降水高达 900~1 200mm，雨水明显高于陕北 400~600mm。虽然一日暴雨 136mm 在各区中处于中等，但连续降水日数却是陕北地区的 2 倍（陕北 10 日，该区是 20 日）。③玉米单产是 11 个二级区中最低，每公顷仅 3 946kg，其原因是汉中盆地周围是山丘，亚热带气候阴雨连绵多洪涝、虫害，山丘暴雨多冰雹，造成灾害减产。④水库总库容 73 亿 m^3，库容与径流比也处于低水平仅 14%；也是防洪涝能力低下的原因之一。

（四）Ⅳ华南部多季玉米排水区的二级区

Ⅳ区中包括了全国南部有多季节种植玉米的地区，少部属淮河流域的地市如安徽、江苏的部分地区，但大部属长江和珠江流域的玉米种植区，也有部分怒江、澜沧江的少数地市，但总体划分为 2 个二级区，没有将少数的淮河、怒江单划为二级区，只在三级区中进行了细化。

1. 41 长江流域排水区

该区位于长江两岸，由上游云贵高原经四川盆地到中下游两湖、苏皖地区，区域东西狭长，地势、气候多样，但同属多季玉米生产区。该区涵盖安徽的合肥、蚌埠、黄山、宿州、淮北、阜阳、亳州；江苏的徐州、苏州、宿迁、盐城、南通；湖北的神农架、十堰、宜昌、襄阳、恩施、黄石、咸宁；湖南的岳阳、邵阳、张家界、怀化、娄底、湘西、永州、郴州；四川的雅安、内江、巴中、乐山、自贡、资阳、达州、遂宁、宜宾、绵阳、广安、广元、眉山、泸州；贵州的黔东南苗族侗族自治州、黔西南布依族苗族自治州、遵义、六盘水、贵阳、毕节、安顺、铜仁；云南的昭通、丽江及重庆市，总共 52 个地市，是最大的二级区，多季玉米种植面积 4 034千 hm^2，易涝面积 276 万 hm^2，易涝系数 16%。

该区主要特点：①该区涵盖地市最多，但按水系区分都属长江流域，有其共同的气候特点，气候同属亚热带，年降水在 1 000mm 以上，地势多为山丘，洪涝灾害类似，都多山洪灾害。②一日暴雨 190mm 在各区中处于第二位，且连续降水日数高达 20~50 日，由于阴雨连绵，夹杂暴雨常会引起次生灾害，如山洪、泥石流、冰雹，对玉米生产及农田会造成毁灭性影响。③由于多山丘，排水流畅易涝面积较少，易涝系数仅 16%，排水类型多是自排，并且在很多高山地区缺少排水系统。④水库总库容 1 138亿 m^3，是二级区中最多的排水区，但由于该区雨量多，山丘区径流系数大，径流量多，库容与径流处于中等水平为31%，防洪涝能力仍显不足。

2. 42 珠怒江上游排水区

该区分布在西南高原上珠江、怒江、澜沧江上游地区，地势在海拔2 000~4 000m，玉米可种植在3 000m以下地区，多数种植在2 000m左右。主要分布在广西壮族自治区百色、河池，贵州省玉溪、黔南布依族苗族自治州，云南省的昆明、保山、楚雄、西双版纳、怒江、德宏、临沧、曲靖、普洱、红河、大理、文山等共16地市，有玉米种植面积1 502千 hm^2，易涝面积40万 hm^2。

该区主要特点：①该区高山峻岭，易涝面积少，易涝系数仅6%，暴雨主要造成山洪灾害。②一日暴雨137mm，但连续降水日数高达30~50日居11个二级区之首。③由于多高山，排水类型多是自排，且很多山区缺少排水系统。④水库总库容161亿 m^3，库容与径流比仅8%是最低的排水区，防洪涝能力很弱。

三、三级区概述

在11个二级区中划分43个三级区（其中，含22、23、34三个为二级独立区），主要参数列于表3-24中，现对34个三级区的玉米排水特点分别简要介绍如下。

表3-24 三级排水分区参数

区号	近年洪涝面积（万 hm^2）	易涝系数（%）	一日最大降水（mm）	玉米面积（千 hm^2）	玉米单产（kg/hm^2）	水库库容（亿 m^3）	库容与径流比（%）	涝区类型	排水工程类型
111	46.9	16.5	105	833	6 278	12	8	内涝	机自兼
112	91.9	23.3	130	4 220	7 536	52	43	内涝	机自兼
113	45.9	13.5	114	2 146	5 733	127	37	内涝	自排
114	76.6	25.7	113	2 671	6 940	298	58	内渍	自排
121	87.6	35.3	170	1 617	7 473	53	42	内涝	机排
122	19.1	21.6	207	562	6 364	267	93	多种	自排
123	33.5	10.3	165	3 474	7 745	79	85	多种	自排
211	5.5	4.8	117	614	6 508	9	23	渍涝	自排
212	6.3	4.4	113	576	5 432	24	46	渍涝	自排
22	0.0	0.0	128	825	9 650	0	0	局部	自排
23	15.1	12.1	112	580	6 410	12	20	洪涝	自排
311	81.3	35.2	171	1 563	6 420	58.2	125	内涝	机排
312	21	12.4	207	1 581	6 697	88	244	多种	自排
321	55.9	44.5	173	731	5 750	25	83	内涝	机排
322	52	67.8	209	433	6 305	6.4	53	内涝	机自兼
323	61.2	33.2	156	1 195	6 448	81	89	内涝	自排
324	41.0	27.9	151	952	5 484	151	152	多种	自排
325	10.2	13.4	109	691	5 476	21	22	渍涝	自排

（续表）

区号	近年洪涝面积（万 hm^2）	易涝系数（%）	一日最大降水（mm）	玉米面积（千 hm^2）	玉米单产（kg/hm^2）	水库库容（亿 m^3）	库容与径流比（%）	涝区类型	排水工程类型
331	87.2	44.2	197	810	6 734	37	96	内涝	机排
332	106	64.7	216	835	6 362	11.9	43.9	内涝	机排
333	28.8	24.6	218	485	6 916	52	75	内涝	自排
334	42.7	49.3	348	345	4 947	76	225	内涝	自排
34	36.6	16.7	136	491	3 946	73	14	渍涝	自排
411	28.8	6.3	222	888	5 859	42	12	内涝	机排
412	0.2	2.4	151	263	6 152	10	5	局部	
413	19.0	33.1	215	373	5 250	4	2	局部	机自兼
414	1.9	4.9	179	508	4 346	408	72	多种	自排
415	38.4	23.4	209	383	5 371	182	24	多种	自排
416	35.3	41.4	227	471	5 903	10	2	局部	自排
417	0.0	10.3	134	460	5 530	22	4	局部	自排
418	6.6	17.7	181	688	6 498	460	90	洪局	自排
421	0.2	3.3	114	115	5 087	5	1	局部	自排
422	3.9	8.3	155	572	5 658	83	18	渍局	自排
423	1.4	4.8	143	808	4 583	73	6	局部	自排

（一）Ⅰ华东北部春玉米排水区

华东北部春玉米排水区有 2 个二级区共划分 7 个三级区，区域分布，见图 3-24。

1. 11 松江流域排水区的三级区

（1）111 三江低洼平原机排排水区。该区位在黑龙江、松花江、乌苏里江交汇处，地势平坦低洼，区内有鹤岗、双鸭山、佳木斯 3 个地市，主要粮食作物为水稻、玉米，玉米种植面积 833 千 hm^2，占耕地面积的 17%。平原洼地种植水稻，水稻周围和坡岗地种植玉米，该区易涝农田面积占耕地面积的 16.5%。

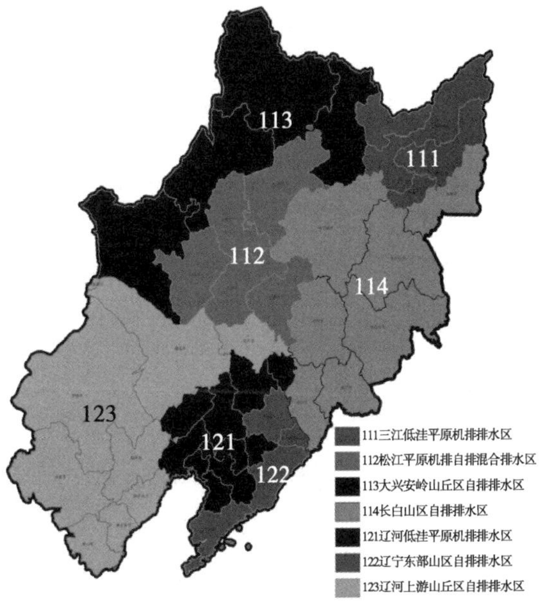

图 3-24　华东北部春玉米排水区三级分区

该区洪涝灾害及其防治特点：根据不完全统计，洪涝灾害发生频率在 30%~50%，每 2~3 年就有洪涝灾害发生，个别年份会有一年 2 次出现涝灾，因为该区与华中、华南不同的气候特点，三江春天冰雪消融，会形成春涝，春天河流会产生冰凌堵塞形成河水漫滩，对两岸形成洪涝。群众总结该区洪涝类型有 5 种：一是洪涝，暴雨汇流，河水泛滥；二是内涝，本地低洼暴雨无法排除；三是客涝，外域地面水入侵；四是冰凌涝，春季上游河面冰层融化，形成冰块流排，嫩江水由北向南流，然后又转向由南向北流，下游河面冰层没开，冰排流入下游形成冰坝，河水泛滥成灾；五是融雪涝，春季山区冰雪融化产生地下和地表冷水向下游平原入侵，会产生渍涝。

该区除涝主要是建站排水，涝区内地势平地，地面比降非常小为 1∶10 000，更有沼泽湿地，盆地根本无排水出口。加之河流沟网密布，堤防阻隔，只能采取机械强排。该区水库库容不多，库容 12 亿 m^3 只占地表水的 8%，因此，该区调蓄工程、排水工程还需要提高标准，加强配套建设。

（2）112 松江平原机排自排混合排水区。该区分布在松嫩平原由白城、松原、长春、大庆、绥化等 5 地市组成，地势平坦适于农耕，春玉米种植面积 4 220千 hm^2，易涝面积 129 万 hm^2，易涝系数 23%。

该区洪涝灾害及其防治特点：该区是中国玉米主产区，玉米种植最多地区，玉米面积占耕地高达 73%，单产 7 536kg/hm^2 也是中国大面积玉米种植区平均最高的地区。水库库容 52 亿 m^3，调蓄能力较高，库容与地表水比例为 43%，洪涝能得到较好控制。

（3）113 大兴安岭山平区混排排水区。该区位于大小兴安岭山丘区，地面植被好，森林覆盖面积占总面积的 70%~100%，地势属山丘区，分布在兴安盟、齐齐哈尔、伊春、黑河 4 个地市，土地面积广阔，有土地面积 20. 17 万 km^2（是辽宁省土地面积的 1. 4 倍），耕地 492 万 hm^2 占土地面积的 24. 4%，是中国东部沿海耕地比例的 1/2。易涝面积 66 万 hm^2，易涝系数 13. 5%。

洪涝灾害及其防治特点：该区山丘多，地面比降大，雨水径流快，排水顺畅，排水工程多属自排系统，该区属嫩江、松花江水系，产生涝灾的主要形式是：暴雨形成嫩江、松花江河流洪峰，洪水溢漫两岸，形成洪涝与内涝。而支流分布在山区，易产生山洪涝害，而山下农田则会产生渍害。涝区治理的工程措施主要采用在河流两岸修筑堤坝，山丘区采用截流与疏导排水。

（4）114 长白山区自排排水区。该区位于松辽平原的东侧长白山脉地区，有南部的通化往北延伸到黑龙江的七台河，涵盖吉林、通化、白山、延边、哈尔滨、鸡西、牡丹江、七台河等 8 个地市，地势多山，春玉米种植面积 2 671千 hm^2，占耕地 61%，玉米单产较高为 6 940kg/hm^2，是中国玉米的重要产区，该区易涝面积 112 万 hm^2，易涝系数 25. 7%。

洪涝灾害及其防治特点：洪涝灾害具有山地特点，暴雨径流急猛形成山洪，危害严重，山地暴雨常伴有大风与冰雹，农田玉米受雨伴风影响，造成倒伏及次生地质灾害，产生泥石流会造成玉米倒伏及污泥污染，灾害一旦形成必须人工抢救，扶正玉米并培土及清洗。该区水库建设较好，库容 298 亿 m^3，库容与地表径流比较高达 58%，对防治河水洪涝起到保护作用。排水工程采用自排形式。

2. 12 辽河流域排水区的三级区

（1）121 辽河低洼平原机排排水区。该涝区分布在辽河中下游平原，地势平缓低洼易涝，地面比降在 1/1 000~1/30 000，古有十年九涝之说。包括沈阳、锦州、营口、阜新、辽阳、盘锦、铁岭、辽源等 8 个地市，玉米面积 1 617千 hm^2，占耕地 57. 7%，玉米单产很高达 7 473kg/hm^2，易涝面积 99 万 hm^2，占耕地面积 35. 3%。

洪涝灾害及其防治特点：洪涝灾害一直是该区的农田基本建设重点，20 世纪 60—80 年代修建了大量排水工程。辽河比降缓慢，洪水历时长，顶托两岸排水系统，建排水站解决了强排抢排问题，治涝效果明显。另外，该区两侧山丘区也修建了大量大中型水库（22 区），调节了暴雨洪峰，使辽河泛滥得到控制，洪水灾害减少。该区涝灾形式主要是内涝，山洪和渍涝很少发生。

（2）122 辽宁省东部山区自排排水区。辽宁省东部涝区位于长白山脉南端，包含大连、鞍山、抚顺、本溪、丹东等 5 个地市，有玉米 561 千 hm^2，占耕地 58%，单产较低为 6 364kg/hm^2，易涝面积 4.3 万 hm^2，占耕地 21.6%。

洪涝灾害及其防治特点：该区洪涝灾害类型与长白山脉北段涝区基本相似，但日暴雨（207mm）远高于北段（113mm），所以，灾害程度要大于北段地区（114 长白山区自排排水区），一般水库上游区支流的山水，群众称为牤牛水，水流急冲击力大，不但毁坏庄稼也冲毁农田及其流过的交通、水利工程，甚至民房，造成毁坏，乃至造成人员伤亡。新中国成立后，大兴水利建设，修筑多座大型水库，库容高达 267 亿 m^3，对地表水调节能力高达 93%，为水库下游区解除了大型洪涝灾害。该区排水工程属于自排类型。

（3）123 辽河上游山丘区自排排水区。该区位于西辽河流域及滦河中下游区，地形复杂有山丘、沙漠、滨海，但每个地市共同特点是都有山丘区，涵盖葫芦岛、承德、秦皇岛、唐山、通辽、赤峰、朝阳、四平等 8 个地市，玉米面积 3 474千 hm^2，占耕地面积 74.6%，是重要玉米产区，易涝面积 201 万 hm^2，占耕地面积 43.2%。

洪涝灾害及其防治特点：山丘、沙漠、滨海有不同洪涝灾害特点，其中，山丘区中朝阳暴雨突出，日最大暴雨 225mm，山区洪涝特点突出。位于滨海区的葫芦岛、秦皇岛、唐山除山区外还有滨海平原，涝害间有平原内涝灾害，而通辽、赤峰位在科尔沁沙地，除山地山洪灾害外，还有局部沙丘盆地型涝区、坨前涝区，也有小型平原形成洪水冲刷农田。该区总体上水库对暴雨控制能力很强，库容量 79 亿 m^3，库容与地面径流比高达 85%，但由于干旱是该区的主要矛盾，对涝区治理较弱，排水系统不健全。

（二）Ⅱ华北部春玉米排水区

Ⅱ区中有 3 个二级区，其中，有 2 个独立二级区 22、23 区下没有三级区，另有 2 个三级区 211、212，分布位置，见图 3-25。

1. 21 黄河中下游排水区的三级区

（1）211 太行山丘区自排排水区。该区位于太行山与吕梁山之间，并横跨海河上游与黄河支流汾河流域，地势全为山丘无平原，涵盖太原、阳泉、长治、晋城、晋中等 5 个地市，该区由于山地积温在 3 500～3 800℃，与同纬度河北、山东相比积温要低（积温在 4 000℃以上），所以，大部分县区种植春玉米，只有少部分山下种植夏玉米。全区玉米面积 613 千 hm^2，占耕地面积的 53%，易涝面积 5.5 万 hm^2，占耕地面积的 4.8%。

洪涝灾害及其防治特点：该区虽然玉米种植面积占耕地面积 50%以上，但易涝面积比重较小，主要原因是：山丘区地面比降大，排水顺畅，不宜形成内涝。但会形成山洪灾害，山洪危害主要类型有急流洪水、山岩崩塌、山地滑坡、沟壑泥石流等，虽然涝区比例较小，但也要重视山区排水工程的建设，因为，山洪发生不但作物受害而且会危及人民生命财产的安全及造成损失。该区排水工程属自排类型，要采用撇洪渠、截洪沟、滞蓄洪区

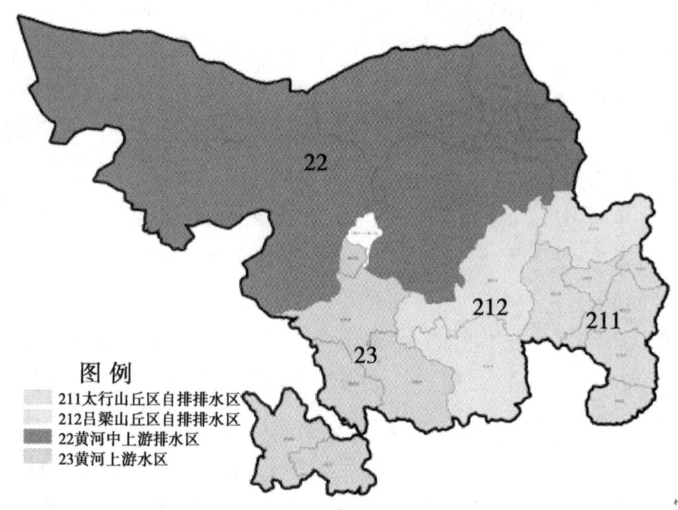

图 3-25　华北部春玉米排水区三级分区

设置、沟溪河道护岸与疏导、谷坊拦截石坝、汇水山丘坡面植被保护等措施，结合小流域治理进行综合规划。

（2）212 吕梁山丘区自排排水区。该区位于黄河中游，涵盖忻州、吕梁、延安、榆林 4 个地市，地形复杂，吕梁、忻州处于吕梁山区，延安位于黄土高原，榆林处在毛乌素沙地，种植春玉米面积 576 千 hm^2，占耕地面积的 26.4%，易涝面积 9.6 万 hm^2，占耕地面积 4.4%。

洪涝灾害及其防治特点：该区易涝面积与 211 区类似，比重较小，主要原因是除有山丘区外，更有沙漠区，沙漠一般雨水不会产生径流，如榆林沙漠的径流系数在 5%左右（吕梁山丘径流系数在 60%左右），而小雨就没有径流，沙地不易产生涝灾，易涝面积平均就小很多。由于各地市地形的差异，造成洪涝灾害类型、受灾频率、受灾面积有很大差异，如延安黄土高原，暴雨灾害易造成梯田垮塌，泥水冲毁下面农田。山丘区与高山地区也有区别，如吕梁山区暴雨造成山洪，会产生山石崩塌滚落，毁坏水利、交通设施，而黄土高原，暴雨山丘则产生土层滑塌，产生泥流淹盖作物。根据地区自然特点采取切合当地特点的治涝措施，中国劳动人民在数千年的与洪涝灾害斗争中积累了丰富经验，如治理渍涝的台田、盲沟、暗沟、截流沟、跌水等。

2. 22 黄河中上游排水区

为二级独立区已在二级区中简介。

3. 23 黄河上游排水区

为二级独立区已在二级区中简介。

（三）Ⅲ华北部夏玉米排水区

Ⅲ区中有 4 个二级区，其中，34 区为独立二级区，其他二级区下分 11 个三级区，分布如图 3-26 所示。

1. 31 海河流域排水区的三级区

（1）311 海河低洼平原区机排排水区。该区位于海河下游低洼平原，地势平缓，与上

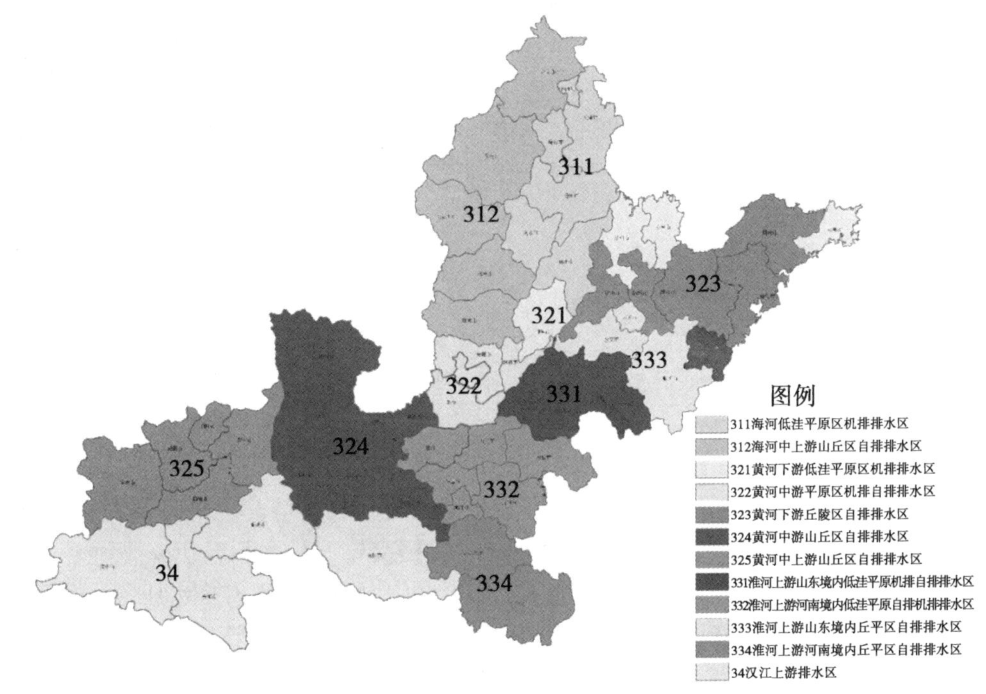

图 3-26　华北部夏玉米排水区三级分区

游太行山直接相连缺少过渡丘陵地带，包括天津、廊坊、沧州、衡水、德州 5 个市地，种植夏玉米，面积 1 563 千 hm^2，占耕地 60%，易涝面积 87.6 万 hm^2，占耕地 35.2%。

洪涝灾害及其防治特点：该区属海河流域滨海平原，地面非常平缓，海拔高在 2~50m，地面比降 1∶5 000~1∶10 000，而连接太行山的缓冲丘平区的地面比降在 1∶50~1∶100，一遇暴雨太行山区雨水急流汹涌奔向平原，河水暴涨，该区是洪涝灾害频发区，相关统计分析洪涝频率 30%左右[18,19]。该区洪涝控制能力较强，有水库库容 58 亿 m^3，库容与近年地表水量比高达 125%。排涝形式主要是机排，但多是 20 世纪 60—80 年代修建，现已到更新升级换代时期，需要提高标准，并应该加入现代化技术，以保护新时代的农业和水利建筑、交通建筑等国民经济实体需要。

（2）312 海河中上游山丘区自排排水区。该区位于太行山地与海河平原过渡的丘平区，地面比降陡峭，涵盖北京、石家庄、保定、邢台、邯郸等 5 个市地，有夏玉米面积 1 581千 hm^2，占耕地 55%，其中，易涝面积 35.3 万 hm^2，占耕地 12.4%，由于丘平区排水顺畅，易涝面积小于 311 区。

洪涝灾害及其防治特点：由于处于山丘地带水利资源丰富，适于建库蓄水，水利资源开发，库容大高达 88 亿 m^3，是地表水资源的 2 倍多，比例达到 244%，有效地防治了洪水灾害发生，但内涝灾害是水库无法防治的，可是水库能调节洪峰产生过程，这也给内水排泄提供了时间差，在丘平区可在河流沿岸建排水闸，抢在洪峰到达前开闸排水，或修建回水堤排除较高地面的雨水。该区涝灾形式主要是内涝、沥涝、客水涝、渍涝，内涝是堤坝阻挡，坝内农田雨水受阻不能排除，形成涝灾，多在河流两岸发生；沥涝是多日降水就地雨水入渗土壤，逐渐土壤饱和积水形成涝灾；客水涝是高地雨水向低洼地汇流，一般发生在无排水规划，自然形成的汇水区，造成水害，这样往往形成两区域间水利纠纷；渍涝是土壤表面没有积水，但土壤在降水的入渗下，含水逐步增加，排水系统不能及时降低土壤含水量，从而形成灾害。解决这些灾害的唯一办法是进行涝区治理长期规划，并加强涝区工程管理维护，要继承我国祖先的传统，任何水利工程都需要一代一代的传承保护，不能修完就完事大吉，重建轻管。

2. 32 黄河中游排水区

（1）321 黄河下游低洼平原区机排排水区。该区位于黄河下游，地势低洼，地面比降多在 1：8 000~1：11 000，涵盖东营、威海、聊城、滨州四个市地，夏玉米种植面积 730 千 hm^2，占耕地 55%，易涝面积 58 万 hm^2，占耕地 44. 5%。

洪涝灾害及其防治特点：该区位在黄河三角洲一带，三角洲是黄河近千年泛滥形成，由黄河泥沙冲积逐年扩大，地势低洼地面比降 1：12 000，由于黄河河道固定以后，河道逐年增高，两岸原有支流无法流入，逐步形成新的河流（如徒骇河），所以排水系统全部流入黄河两岸独流入海的小河。该区河流密布，纵横交错，排水不畅历来是洪涝易发地区[2,23]，排水工程以机排为主。又由于地邻渤海，在临海滩涂不仅有排水任务，还要考虑排盐碱，为玉米农田冲洗盐碱，防治土壤盐碱化。该区水库较多，库容 25 亿 m^3，是地表水量的 83%，有利的滞洪减少洪涝灾害。但近年由于干旱连续发生，洪涝灾害意识淡薄，排水工程治理、维护弱化，造成抗灾能力降低。

（2）322 黄河中游平原区自排机排排水区。黄河中游两岸河南段鹤壁、濮阳、新乡、安阳四地区，虽然位于黄河左岸，但黄河此段已是地上河，两岸小河无法排入黄河，新乡、安阳、鹤壁、濮阳水系有海河源头、小面积有黄河支流源头，地面海拔 50~200m，局部有丘陵，大部是平原。种植夏玉米，面积 433 千 hm^2，占耕地 34. 8%，是主要玉米产区。易涝面积 90. 3 万 hm^2，占耕地 72%。

洪涝灾害及其防治特点：该区海拔 50~200m，地面比降较大，可大部分进行自流排水，但该区上游紧接山区，当上下游同时降水会遭遇上游洪水顶托，自排需要错峰，排水口要建设排水闸（或节制闸、退水闸），以调节抢排时间。该区水库建设较好，总库容 6. 4 亿 m^3，库容与地表水量比 53%，控制洪涝灾害能力较强。对下游低洼平原，无法自排地区，需要建设排水站（不同地区称谓不同，有称提排站、扬水站、排灌站、电排站、抽排站等），采用机排。该区洪涝灾害类型多样，沿河受洪水威胁，滩地有洪涝，溃坝涝；丘陵脚下有控山水入侵坡前渍涝；堤坝阻挡洼地的内涝。

（3）323 黄河下游丘陵区自排排水区。该区位于山东省境内丘陵山区，含济南、青岛、淄博、烟台、潍坊等 5 个市地，海拔在 500~1 500m，虽然位在黄河下游，但境内河流不属于黄河水系，该区北邻渤海东邻黄海，河流短小全部面向海洋，地面比降较大，排水顺畅。种植夏玉米，面积 1 195千 hm^2，占耕地 59%，是夏玉米主产区之一，玉米单产 6 448kg/hm^2，处于中上水平。易涝面积 67 万 hm^2，占耕地 33%。

洪涝灾害及其防治特点：位于山丘区地面坡度大产流系数高，一遇暴雨极易造成河水宣泄不及形成山洪，又因面临海洋，常受台风风暴潮影响，会形成复合式水灾。由于山丘地面坡度大，山洪水流凶猛对下游不但形成洪涝，而且会造成城乡人民生命财产的重大损失，同时，对水利、交通工程等建筑形成破坏。丘陵山区易于修建水库，水库较多，库容 81 亿 m^3，与地表水比 89%，调蓄能力较强，洪水得到一定控制。排水工程属于自排类型，临海地区防海潮、风暴潮、台风的工程，有防潮闸、海堤以及生物措施海岸防护林等。

（4）324 黄河中游山丘区自排排水区。黄河中游山丘区包含山西运城、临汾；河南洛阳、平顶山、焦作、三门峡等 6 个地市，境内大部分是山丘，有少部分平原，平原海拔也在 50 米以上，夏玉米种植面积 952 千 hm^2，占耕地 38%，单产 5 484kg/ha。易涝面积 69.3 万 hm^2，占耕地 38%。

洪涝灾害及其防治特点：该区虽然称黄河中游，但水系分三部分，运城、临汾、焦作在黄河左岸，运城、临汾属黄河支流，焦作属海河流域（卫河流上游）；洛阳、平顶山、三门峡在黄河右岸，但水系又分两系，三门峡和洛阳属洛河流域（黄河支流），它们共同特点是山丘区，地面比降大，具有自流排水条件。也因为山丘可开发蓄水工程，现有水库库容 151 亿 m^3，是地表水水量的 1.5 倍，有力的控制了暴雨洪水。但无法控制沥涝和较平地区的内涝以及局部地区山洪产生的次生灾害，泥石流、滑坡、崩塌灾害。治涝工程类型属自排型，工程多采用退水闸、泄洪闸、节制闸、分水闸，回水堤等自排系统。

（5）325 黄河中上游山丘区自排排水区。该区位于陕西黄土高原关中盆地，黄河支流渭河由西向东穿越盆地，包括西安、铜川、宝鸡、咸阳、渭南 5 个市地，是夏玉米产区，面积 691 千 hm^2，占耕地 46.5%，有易涝面积 20 万 hm^2，占耕地 13.4%。玉米单产 5 476kg/hm^2，处于中下水平。

洪涝灾害及其防治特点：该区号称八百里秦川，北有黄土高原儿座大山南有秦岭相夹，历史堆积形成数千米厚的土层，自上而下形成三阶台地，当地称谓原，有三道原，是西北地区重要粮食产区。从宏观看是两山夹一沟，形成平原，正因为如此才造成该区的洪涝频发的特征，从两山向平原比降陡峭，在 1∶100 左右，一遇暴雨，渭河两侧支流河水奔流而下，宣泄不及，下游平原溢漫成灾，据统计分析，洪涝灾害发生频率 20%～40%[27]。地面比降大，具有自流排水条件。现有水库库容仅 21 亿 m^3，占地面水量 22%，对洪水控制能力较弱。涝灾特点是洪灾为主，且有不同支流错峰叠加，形成双重灾害。治涝工程类型属自排排水类，只要排水沟网畅通，桥涵无阻碍排水就顺畅，但从该区治涝规划中发现（西安农田排水规划），该区排水重要节点在田间积水不能及时排除，规划中首先安排田间安装农田排水阀，暴雨汇流后能及时将田间积水排入沟网。

3.33 淮河流域排水区

（1）331 淮河上游山东境内低洼平原机排自排排水区。该区位在山东省内济宁、日照、枣庄、菏泽四个地区，是夏玉米种植区，玉米面积 810 千 hm^2，占耕地 35.6%，有易涝面积 98 万 hm^2，占耕地 44.2%。

洪涝灾害及其防治特点：该区水系属淮河流域，东有沭河西有红卫河，但沭河古时入淮河，近代以改下游多支独流入海，而红卫河是新中国成立后为治理鲁西南地区洪涝灾害而开挖的人工河，出口流入微山湖。全区地势平坦，其中，菏泽地势低洼，地面比降在 1∶（8 000～10 000），济宁、枣庄、临沂有部分丘陵。日照临海，排水河道独流日海。3 种不同地形组成涝区，自然洪涝灾害类型各异，低洼平原洪涝、内涝为主，平原丘陵区则以山洪及次生地质灾害为主，临海独流入海地区山洪汇流急楚破坏力大。淮河流域洪涝灾害治理是我国涝区治理的重点，新中国成立后一直受到中央重视，地区也高度关心，采取了建设大型水库、各种涝区治理措施，洪涝灾害取得明显效果。该区水库库容 37 亿 m^3，占地面水量的 96%，控制能力很强。

（2）332 淮河上游河南境内低洼平原自排机排排水区。河南省郑州、开封、许昌、漯河、商丘、周口位于淮河上游，虽在上游但地势平坦，地面比降 1：7 000左右，是河南最低地区，一日暴雨很大 215mm。种植夏玉米，面积 835 千 hm^2，占耕地 30%，单产 6 362kg/hm^2处在中等水平。易涝面积 184 万 hm^2，占耕地 68%。

洪涝灾害及其防治特点：虽然该区是平原，但处于平原与山丘交界处，地面微地形强烈，大平小不平，暴雨后农田洼地积水形成局部涝灾，处于山脚下的农田，涝灾属于山洪型，虽然产生概率较低，但灾害威胁严重。平原区受一日降水很大影响（其中商丘一日降水高达 285mm），山丘区暴雨，河流洪峰流大水急，进入下游平原地势平缓，造成宣泄不及，河水溢漫两岸，虽然新中国成立后决堤已罕见，但水位壅高阻碍内水排泄，形成内涝，内涝灾害频率较高[26]。该区排水工程类型属机自兼型，山丘区以自排工程和小流域治理相结合，平原以沟网排涝系统加泵站，平原区应提高排涝标准，在外洪顶托影响作物正常生长地区，应该建排水站，提高除涝标准。

（3）333 淮河上游山东境内丘平区自排排水区。该区位于山东境内泰安、莱芜、临沂 3 个市地，种植夏玉米，面积 485 千 hm^2，占耕地 38%，有易涝面积 31 万 hm^2，占耕地 24. 6%。一日最大暴雨 218mm。

洪涝灾害及其防治特点：该区属低山丘陵区，地面海拔 200~1 000m，属淮河上游，年降水 800mm 左右，但年内变差较大，最大日降水高于 200mm，所以，洪涝灾害也是频发地区[28]。但该区水库较多，库容 51. 6 亿 m^3，对地面径流调节能力达 74. 8%，对洪水灾害有较高防范能力。治涝工程主要是自流排水。

（4）334 淮河上游河南境内丘平区自排排水区。信阳、驻马店是淮河发源地之一，地位桐柏山北麓丘陵区，海拔在 200~500m，处于丘陵与平原过渡段，种植夏玉米，面积 344 千 hm^2，占耕地 23%，有易涝面积 74. 5 万 hm^2，占耕地 49%。

洪涝灾害及其防治特点：淮河干流穿越信阳，流长 300 多 km，是新中国成立后在淮河治理重点地区，修建大中型水库十余座，两市总库容 75. 7 亿 m^3，是地表水量的 2. 25 倍，是三级区中最高之一。但自然暴雨是一种自然力，人类只能顺应自然，寻找克服它给人类带来的灾害，利用它滋养人类阳光雨露的办法，洪涝解决了内涝依存，该区山洪与内涝还需要提高标准，不断前进。

4. 34 汉江上游排水区

为二级独立区已在二级区中简介，没有三级区。

（四）Ⅳ华南部多季玉米排水区

Ⅳ区主要位于中国长江两岸及西南山区，由于地势高差不同，山上山下积温不同，玉米种植季节有差异，是多季玉米产区，该区共有 68 个地市，划分 11 个三级区，分布状态，见图 3-27。各三级区洪涝灾害及排水治理简介如下。

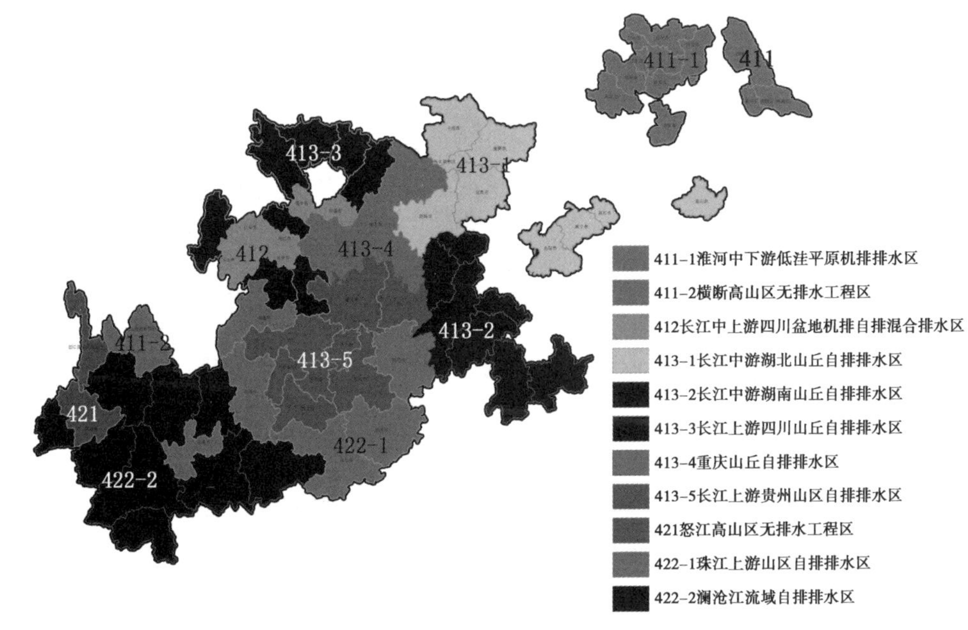

图 3-27　华南部多季玉米排水区三级分区

1. 41 长江流域排水区的三级区

（1）411 淮河中下游低洼平原机排排水区。该区主要位于淮河下游，有徐州、盐城、宿迁、合肥、淮北、亳州、宿州、蚌埠、阜阳，另有苏州、南通位于长江下游，共 11 个地市。该区平原多种植水稻，而丘陵区种植玉米，不同地势有春玉米，也有夏玉米，种植面积 888 千 hm^2，占耕地面积 19%，易涝面积 28. 8 万 hm^2，占耕地面积 6. 3%，是涝灾面积比例较小的地区。

洪涝灾害及其防治特点：该区大面积属淮河流域，淮河与黄河河道历史上多次改道变迁，淮河成多处入海口，而淮河干流左右岸布满多条支流，并以扇形分布，而且干流短，与中国其他江河细而长不同，短而宽的扇形造成暴雨洪水汇流洪峰快而高，淮河干流最大洪峰 1. 76 万 m^3/s（表 3-25），表 3-25 中对比了淮河因河系分布形状产生单位面积洪峰流量区别，淮河仅次于珠江，远大于北方其他河流（南北一日最大暴雨量是南大北小），是造成淮河泛滥灾害最重的主要原因。而淮河洪涝渍害最重的在中游，因为蚌埠以上支流密集，洪峰汇流快而急，遇平原缓而慢，宣泄受阻，造成中游灾害要重于下游，即使在近年（2006—2014 年）2 省洪涝灾害的统计中（江苏省耕地面积大于安徽省），安徽省受灾面积平均值是江苏省的 1. 8 倍。新中国成立后国家对治淮十分重视，先后 6 次制定治理规划，建设了疏浚河道、改善缓洪、截洪、滞洪、蓄洪等环境工程，修建了大中型水库，淮河上游总库容 150 亿 m^3，是地表水量的 110%，有力地提高了调洪能力，缓解中下游的洪涝灾害。该区洪涝灾害类型多样，有山洪、溃堤洪涝、内涝、沥涝、山前渍涝等，该区地势低洼，排水应采取修建强排抢排的排水工程，利用好固定式、移动式排水泵站等排水设备。

表 3-25 中国主要河流大洪水洪峰对比分析

河流	流域面积（万 km^2）	洪峰流量（m^3/s）	发生年（年代）	站点测流站	河长（千 km）	长宽比长/宽	单位面积洪峰（$m^3/s/km^2$）
松花江	55.7	1 480	1 957	哈尔滨	1.92	6.6	0.003
辽河	21.9	14 200	1 951	铁岭	1.34	8.2	0.065
海河	26.5	13 100	1 956	黄壁庄	1	3.8	0.049
淮河（干）	19	17 600	1 968	王家坝	0.7	2.6	0.093
长江	180	92 600	1 954	大通站	6.7	24.9	0.051
黄河	75.2	22 300	1 958	花园口	5.46	39.6	0.030
珠江	45.6	48 900	1 949	梧州	2.21	10.7	0.107

（2）412 横断高山区无排水工程区。该区位于云南境内横断山脉，有昭通、丽江地市，种植多季玉米，玉米面积 263 千 hm^2，占耕地 27.6%，易涝面 2.3 万 hm^2，占耕地 6.1%。

洪涝灾害及其防治特点：该区地处高山峻岭西南山区，海拔在 4 000~5 000 m，5 000m是雪线，3 000m 是玉米最高农田，年降水 800~1 000mm，一日暴雨 150mm。由于山高坡陡排水流急，冲刷严重，暴雨灾害主要是山洪以及由山洪引起的次生灾害。山地玉米田多是梯田和小块地，很难形成排水系统，治理要综合，沟（排水沟、背沟、边沟）、林、路、池、窖、涵、管、跌、溜槽综合建设。该区没有完整的排水系统，将排水融合在山区流域治理之中。

（3）413 长江中上游四川盆地机排自排混合排水区。四川盆地排水区包含眉山、广安、资阳、自贡、遂宁、内江 6 个地市，玉米种植面积 372 千 hm^2，占耕地面积 34.8%，有易涝面积 35.4 万 hm^2，占耕地面积 33%。

洪涝灾害及其防治特点：四川盆地海拔 600m，地势平坦也称成都平原或四川平原，该区高山环绕，一遇暴雨山水倾盆而下，流急水大平原地面平缓输水受阻，平原内河流纵横，造成四川省历来洪涝不断，虽有闻名的都江堰也难解平原的洪涝，这也是自然不可改变的另一面。该区洪涝频发，但水田多抗灾能较强，大部分地区能实现自流排水，机排地区很少。重点是靠近山丘地区，应加强山洪治理。

（4）414 长江中游湖北山丘自排机排排水区。该区位于长江中游湖北境内，大部分是山丘区，其中，黄石、咸宁、宜昌、襄阳含有部分平原，黄山、十堰、恩施、神农架林区为山区，全区共 8 地市，多季玉米面积 508 千 hm^2，占耕地面积 38%，有易涝面积 6.5 万 hm^2，占耕地面积 5%。其中，易涝重点区是咸宁和宜昌占全区易涝面积 50%。

洪涝灾害及其防治特点：长江东出三峡进入湖北，地势低洼，武汉海拔 23m，黄石 19.6m，实为长江所造，形成湖北省为中国千湖之省。山区排水自然流畅，但平原区受长江干支流洪水顶托，并且长江洪水流程长历时久，平原内水无法排出，机排就是平原排水的最佳方案。新中国成立后长江上游修建了大量水库，尤其是三峡水库建成后，长江洪水得到有效控制，下游洪涝威胁得到缓解。

（5）415 长江中游湖南山丘自排机排排水区。该区除岳阳外邵阳、张家界、郴州、永州、怀化、娄底、湘西地形都是山丘区，种植多季玉米，种植面积 382 千 hm^2，占耕地面积 20%，有易涝面积 45 万 hm^2，占耕地面积 23%。

洪涝灾害及其防治特点：长江由西向东从该区东北边界流过，地势与湖北千湖不同，长江给湖南省只留下中国第二大湖洞庭湖，新中国成立后在洞庭湖四周修建了完整的调蓄防洪工程，该湖总容积 220 亿 m^3，可调节容积 60 亿 m^3。通过水利工程调节极大缓解了两湖地区的洪涝灾害。虽然该区大部面积地势是山丘，但在湖区周围河流入口处受圩堤阻隔，农田暴雨无法自排，且外河水位长期居高不下，所以只有建泵站排水。中上游山丘区，地面比降大可利用撇洪沟、撇洪渠等山洪治理工程系统进行排洪。

（6）416 长江上游四川山丘自排排水区。该区位于成都盆地四周边缘，有宜宾、达州、雅安、巴中、泸州、绵阳、广元、乐山等 8 地市，地势属高山但有短距离丘陵平原与盆地连接，种植多季玉米，面积 470 千 hm^2，占耕地面积 30%，有易涝面积 64 万 hm^2，占耕地面积 41%。

洪涝灾害及其防治特点：盆地周边到盆地平原区域地面比降在 1∶500~1∶1 000，排水均可采用自流排水系统，在丘平区域可利用截洪沟、撇洪沟、引流沟、跌水等组成山洪治理工程。该区雨洪灾害类型，主要是山洪及由山洪引发的泥石流、滑坡、塌方、堰塞湖造成的农田、水利工程、公路桥梁水毁损失。

（7）417 重庆山丘自排排水区。该区包括重庆市所属各市县，玉米面积 460 千 hm^2，占耕地面积 22%，有易涝面积 21 万 hm^2，占耕地 10%。

洪涝灾害及其防治特点：除重庆市西部的荣昌、铜梁、潼南等县区属成都平原外，其他各县区均属山丘区，地势都在海拔 250m 以上，洪涝类型特点同四川平原与山丘区。

（8）418 长江上游贵州山区自排排水区。该区位于云贵高原，海拔在 500~2 000m，包含贵阳、六盘水、遵义、安顺、毕节、铜仁、黔西南布依族苗族自治州、黔东南苗族侗族自治州等 8 个地市，玉米面积 688 千 hm^2，占耕地面积 17%，有易涝面积 71 万 hm^2，占耕地面积 17%。

洪涝灾害及其防治特点：贵州省地貌复杂有高原、山原、山地、丘陵、台地、盆地（坝子），多是由夷平面组成，大部分是岩溶过程形成，涝区属岩溶洼地类型，地形闭合，山间溶蚀盆地，水流只能通过溶洞、暗河、裂隙排除，盆地型涝坝子一般由数条河流汇入，出口过流束窄，汇流不及，暴雨成灾，该型涝区另一特点是由于土壤透水性好，过后雨晴易旱；第二种类型是熔岩发育形成的峰丛洼地，峰林槽谷，地上地下汇流，汇入下游成暗河，暗河出口处狭窄过流受限，暴雨成灾；第三种类型是江河两岸滩地，支流汇入大河口段，受主流顶托，滩地淹没。该区治涝工程措施要与小流域治理、水土保持建设相结合，疏浚河道，将截流、瞥流、导水、蓄水相结合综合治理。

2. 42 珠怒江上游排水区的三级区

（1）421 怒江高山区无排水工程区。该区位于云南省境内澜沧江怒江流域，保护保山、怒江两地市，种植多季玉米，玉米面积 115 千 hm^2，占耕地面积 22%，有易涝面积

1.1 万 hm^2，占耕地面积 11%。

洪涝灾害及其防治特点：该区处于西南高原农耕区的最高处，海拔 2 000~6 000m，耕地位在山上，地块零散，无真正的排水系统，排水是依山势，依山沟、山坡顺溜而下。该区治理应该结合地质灾害防治、水土保持工程一起规划，有序逐步展开。

（2）422 珠江上游山区自排排水区。该区位于珠江上游横跨三省，包含广西壮族自治区百色、河池；贵州省黔南布依族苗族自治州；云南省的曲靖、文山、玉溪，共 6 个地市，玉米种植面积 578 千 hm^2，占耕地面积 22%，有易涝面积 22 万 hm^2，占耕地面积 8%。

洪涝灾害及其防治特点：该区是珠江发源地，海拔 200~1 500m，由山谷到河流阶地坡度很大，排水顺畅，暴雨洪灾形式多是山洪，水顺山势急流下山，小溪汇入小河再集流珠江支流的江河，汹涌江水一旦流入谷底两岸阶地，江水暴涨造成狭小两岸农田、村庄成灾。同时，山脚下极易受滚落山石、泥石流危害。该区降水量丰富年降水 1 000~1 600mm，但区内水库调蓄能力不足，总库容仅 82 亿 m^3，只占地表径流的 18%。该区排水治涝要与小流域治理、地质灾害规划相结合，进行防洪、农田水利、地质灾害综合治理。

（3）423 澜沧江流域自排排水区。该区位于云贵高原云南境内，境内有澜沧江、李仙江、沅江、金沙江，其中，澜沧江是跨国河流，流入老挝后称湄公河流经老挝、缅甸、泰国、柬埔寨、越南流入中国南海；李仙江、元江流入越南汇入红河。境内包含昆明、普洱、临沧、楚雄、红河、西双版纳、大理、德宏等 8 个地市，种植玉米面积 808 千 hm^2，占耕地面积 24%，有易涝面积 16 万 hm^2，占耕地面积 5%。

洪涝灾害及其防治特点：昆明周围是云南高原海拔 1 000~2 000m，高原上呈宽广平坦地面，连绵高原起伏的山岭间，有许多湖盆和坝子（小平地），暴雨由山岭冲入湖盆或坝子，造成洪灾。云南西北是高山峡谷，有怒江峡谷、澜沧江峡谷、金沙江峡谷，山高达 6 000m 山顶终年积雪，山高谷深，年降水量多 1 000~1 600mm，降水历时长，连雨天多达 30~50d，是中国北方的 3~5 倍，造成洪涝灾害特点：一是雨量大山洪频发；二是山高谷深波涛汹涌破坏力强；三是连续降水洪峰涨落迭起灾害重复，损失严重。排水工程类型属自流排水，但与平原和低山区自流排水不同，因山高谷深需要对山涧洪水奔腾磅礴之力要层层阻断，削弱其破坏力。

第三章附表　中国玉米排水区划参数表（地形、水系、玉米类型与单产四项参数见第二章附表，这里从略）

表中名词注解：易涝系数-易涝面积/耕地面积；混排-自排与机排；多种——多种涝害；局部—局部涝害

地市名称	一日最大降水（mm）	易涝系数（%）	排水工程类型	涝区类型	地市名称	一日最大降水（mm）	易涝系数（%）	排水工程类型	涝区类型	地市名称	一日最大降水（mm）	易涝系数（%）	排水工程类型	涝区类型	地市名称	一日最大降水（mm）	易涝系数	排水工程类型	涝区类型
首都	156.2	67.4	混排	多种	杭州	246.4	24.5	机排	多种	宜昌	229.1	2.0	机排	多种	六盘水（盘县）	139.6	0.7	自排	局部
天津	144.5	94.0	机排	内涝	宁波	192.3	31.4	自排	多种	襄阳市	119.2	0.7	机排	局部	遵义	183.9	0.6	自排	局部
石家庄	359.3	28.0	机排	多种	嘉兴	274.9	52.0	自排	内涝	鄂州市	360.4	6.7	机排	内涝	安顺	193.1	6.1	自排	洪涝
承德	99.6	1.7	机排	洪涝	湖州	274.9	64.0	自排	多种	荆门	181.6	3.2	自排	内涝	毕节	146.1	1.7	自排	洪涝
张家口	61.2	7.7	自排	洪涝	绍兴	192.3	19.9	自排	多种	孝感（广水）	201.1	4.3	机排	内涝	铜仁	185.6	7.1	自排	洪涝
秦皇岛	183.8	0.7	机排	局部	舟山	211.9	21.3	自排	渍涝	黄冈（黄石）	360.4	2.8	机排	内涝	黔布依族苗族	150.9	0.2	自排	局部
唐山	172.4	0.7	机排	局部	温州	252.5	42.2	自排	洪涝	咸宁（嘉鱼）	127.9	2.8	机排	内涝	黔东南苗族侗族	248.6	0.3	自排	局部
廊坊	138.7	0.0	机排	局部	金华	133.7	7.5	自排	多种	恩施自治州	141.5	1.3	自排	渍涝	黔南布依族苗族	168.8	0.5	自排	局部
保定	141.8	0.1	自排	局部	衢州	182	2.6	自排	多种	随州（广水）	201.1	0.0	机排	局部	昆明	165.4	0.2	自排	局部
沧州	153.5	9.6	机排	内涝	台州	280.8	25.8	机排	多种	仙桃（嘉鱼）	127.9	10.4	机排	内涝	曲靖（沾益）	176.9	0.1	自排	局部
衡水	260.2	0.4	机排	局部	丽水	117.6	8.4	机排	洪涝	天门	197.6	8.4	机排	内涝	玉溪	97.5	0.9	自排	局部
邢台	673	2.3	自排	内涝	合肥	171	8.2	机排	内涝	潜江（天门）	197.6	9.3	机排	内涝	保山	117.9	0.1	无排涝	局部
邯郸	406	0.3	机排	局部	淮北	221.6	3.4	机排	内涝	神农架林区	84.3	0.7	机排	局部	昭通	188.5	0.1	无排涝	局部

（续表）

地市名称	一日最大降水（mm）	易涝系数（%）	排水工程类型	涝区类型	地市名称	一日最大降水（mm）	易涝系数（%）	排水工程类型	涝区类型	地市名称	一日最大降水（mm）	易涝系数（%）	排水工程类型	涝区类型	地市名称	一日最大降水（mm）	易涝系数	排水工程类型	涝区类型
太原	102.8	1.9	自排	渍涝	亳州	285.3	13.1	机排	内涝	长沙	118.8	4.3	机排	内涝	丽江	112.8	0.5	无排涝	局部
大同	65.5	1.9	自排	渍涝	宿州	221.6	1.1	机排	内涝	株洲	130.5	4.3	机排	内涝	普洱（思茅）	149	0.2	自排	局部
阳泉	140.6	1.4	自排	渍涝	蚌埠	216.7	3.2	机排	内涝	湘潭（株洲）	130.5	4.3	机排	内涝	临沧	96.6	0.2	自排	局部
长治	98.2	3.3	自排	渍涝	阜阳	226.1	14.0	机排	内涝	衡阳	123.7	24.8	自排	内涝	楚雄	104.7	0.2	自排	局部
晋城	158.4	16.9	自排	渍涝	淮南	218.5	27.7	机排	内涝	邵阳	135.6	0.8	机排	局部	红河（江城）	250.1	0.2	自排	局部
朔州	70.4	28.3	自排	洪涝	滁州	308.4	11.2	自排	渍涝	岳阳	217	36.2	机排	内涝	文山	99.6	0.1	自排	局部
晋中	82.9	2.0	自排	渍涝	六安	165.1	1.6	混排	多种	常德	164.4	4.3	机排	内涝	西双版纳（景洪）	129.4	0.9	自排	局部
运城	96.3	4.3	自排	渍涝	马鞍山	248.7	6.2	机排	内涝	张家界	291.7	16.3	机排	洪涝	大理	113.8	0.2	自排	局部
忻州	124.7	0.8	混排	局部	芜湖	248.7	22.3	机排	内涝	益阳（沅江）	153.1	1.8	机排	内涝	德宏（瑞丽）	132.4	2.7	自排	洪涝
临汾	103.5	0.7	自排	局部	宣城	248.7	79.1	自排	渍涝	郴州	294.6	0.5	机排	局部	怒江	109.6	1.0	无排涝	局部
吕梁	81.3	4.7	自排	渍涝	铜陵	248.7	0.0	自排	局部	永州	143.5	3.7	机排	渍涝	迪庆（德钦）	64.5	1.6	无排涝	洪涝
呼和浩特	130.6	0.0	机排	局部	池州	300.3	0.0	自排	局部	怀化（平江）	223.9	75.5	自排	渍涝	拉萨	39.8	0.0	无排涝	局部
包头	90.6	0.0	自排	局部	安庆	300.3	0.0	混排	局部	娄底（双峰）	137.3	8.9	机排	渍涝	昌都地区	41.3	0.8	无排涝	局部
呼伦贝尔	60.8	47.5	混排	多种	黄山	256.1	3.4	自排	洪涝	湘西（吉首）	231.1	99.8	自排	渍涝	山南地区（错那）	97.7	0.3	无排涝	局部

（续表）

地市名称	一日最大降水（mm）	易涝系数（%）	排水工程类型	涝区类型	地市名称	一日最大降水（mm）	易涝系数（%）	排水工程类型	涝区类型	地市名称	一日最大降水（mm）	易涝系数（%）	排水工程类型	涝区类型	地市名称	一日最大降水（mm）	易涝系数	排水工程类型	涝区类型
兴安盟	93.2	0.0	自排	局部	福州	195.6	17.1	自排	多种	广州	239	38.8	机排	内涝	日喀则地区	47.8	0.1	无排涝	局部
通辽	174.4	9.7	机排	内涝	厦门	208	17.1	机排	多种	深圳	344	90.8	机排	内涝	那曲地区	43.1	2.0	无排涝	洪涝
赤峰	87.1	100.0	自排	渍涝	莆田	195.6	17.1	自排	多种	珠海（南澳）	220.2	54.9	机排	内涝	阿里地区（普兰）	97.1	3.6	无排涝	洪涝
锡林郭勒	74.9	0.0	自排	局部	三明	215.2	17.1	无排涝	多种	汕头	232.8	94.0	机排	内涝	林芝地区	40.6	0.5	无排涝	局部
乌兰察布	67.5	0.0	自排	局部	泉州	208	17.1	自排	多种	佛山（广州）	239	99.8	机排	内涝	西安	110.7	18.2	自排	渍涝
鄂尔多斯	133.4	0.0	自排	局部	漳州	256.1	17.1	自排	多种	韶关	158.8	3.7	混排	多种	铜川	96	0.0	自排	局部
巴彦淖尔	113.4	0.0	自排	局部	南平	159	17.1	自排	多种	河源（五华）	161.7	0.6	混排	局部	宝鸡	116.3	1.0	自排	局部
乌海	113.4	0.0	自排	局部	龙岩	152.3	17.1	自排	多种	梅州（梅县）	127.8	6.3	混排	多种	咸阳（西安）	110.7	6.8	自排	渍涝
阿拉善	187	0.0	自排	局部	宁德	266.4	17.1	自排	多种	惠州（惠阳）	292	99.5	混排	多种	渭南（西安）	110.7	5.8	自排	渍涝
沈阳	145.7	51.7	机排	内涝	南昌	197.5	3.4	机排	内涝	汕尾	475.7	21.2	机排	内涝	延安	139.9	0.0	自排	局部
大连	232.1	16.3	自排	内涝	景德镇	204.7	3.0	机排	内涝	东莞（连平）	205.6	56.2	机排	内涝	汉中	121.4	4.7	自排	渍涝
鞍山	188.9	39.0	自排	多种	萍乡	235.1	16.1	自排	渍涝	中山（珠海）	220.2	56.9	机排	内涝	榆林	105.7	3.3	自排	渍涝

（续表）

地市名称	一日最大降水（mm）	易涝系数（%）	排水工程类型	涝区类型	地市名称	一日最大降水（mm）	易涝系数（%）	排水工程类型	涝区类型	地市名称	一日最大降水（mm）	易涝系数（%）	排水工程类型	涝区类型	地市名称	一日最大降水（mm）	易涝系数	排水工程类型	涝区类型
抚顺	228. 1	20. 0	自排	多种	九江	164. 4	3. 4	机排	内涝	江门（台山）	274. 8	95. 3	机排	内涝	安康	124. 1	0. 0	自排	局部
本溪	155. 9	20. 0	自排	渍涝	新余	235. 1	3. 4	自排	渍涝	阳江	605. 3	4. 5	机排	内涝	商洛（商州）	104. 5	1. 2	自排	渍涝
丹东	230. 7	19. 2	自排	多种	鹰潭	241	3. 0	机排	内涝	湛江	453. 3	6. 3	机排	内涝	兰州	45	1. 9	自排	洪涝
锦州	174. 9	23. 5	自排	内涝	赣州	149. 3	3. 4	自排	渍涝	茂名（电白）	280. 4	6. 2	混排	多种	嘉峪关（酒泉）	44. 2	0. 0	自排	局部
营口	240. 5	44. 7	机排	内涝	吉安	249. 3	0. 9	混排	局部	肇庆（高要）	213. 1	26. 3	混排	多种	金昌（永昌）	65. 4	0. 0	自排	局部
阜新	161. 7	5. 9	自排	内涝	宜春	235. 1	3. 4	自排	渍涝	清远	192. 3	9. 1	混排	多种	白银（皋兰）	43. 3	2. 8	自排	洪涝
辽阳	155. 9	23. 6	自排	内涝	抚州	393. 8	0. 7	机排	局部	潮州（汕头）	232. 8	31. 7	机排	内涝	天水	81. 7	10. 7	自排	洪涝
盘锦	174. 9	57. 9	自排	内涝	上饶	171. 4	1. 3	自排	渍涝	揭阳（惠来）	295. 4	21. 9	机排	内涝	武威	62. 7	1. 1	自排	渍涝
铁岭	145. 7	15. 4	自排	内涝	济南	188	53. 0	自排	内涝	云浮（罗定）	331. 3	1. 9	混排	多种	张掖	40. 8	0. 0	自排	局部
朝阳	225. 1	0. 1	自排	局部	青岛	219. 1	44. 0	自排	内涝	南宁	229. 9	37. 6	机排	内涝	平凉	166. 9	3. 2	自排	洪涝
葫芦岛	222. 7	0. 8	自排	局部	淄博	156. 9	22. 4	机排	内涝	柳州	233. 6	0. 0	机排	局部	酒泉	44. 2	0. 0	自排	局部
长春	122	16. 7	机排	内涝	枣庄	277. 8	27. 4	自排	内涝	桂林	230. 3	2. 9	混排	多种	庆阳（西峰镇）	115. 9	9. 3	自排	洪涝

（续表）

地市名称	一日最大降水（mm）	易涝系数（%）	排水工程类型	涝区类型	地市名称	一日最大降水（mm）	易涝系数（%）	排水工程类型	涝区类型	地市名称	一日最大降水（mm）	易涝系数（%）	排水工程类型	涝区类型	地市名称	一日最大降水（mm）	易涝系数	排水工程类型	涝区类型
吉林	116.3	23.8	机排	内涝	东营	137.6	31.9	自排	内涝	梧州	300.4	0.6	机排	局部	定西（华家岭）	85.6	2.5	自排	洪涝
四平	157.1	13.5	自排	渍涝	烟台	100.1	5.6	自排	内涝	北海	509.2	27.7	机排	内涝	陇南（武都）	76.5	8.6	自排	洪涝
辽源	157.1	64.8	机排	内涝	潍坊	115.8	31.2	自排	内涝	防城港	339	46.9	混排	多种	临夏州	76.6	0.8	自排	局部
通化	170	23.8	自排	渍涝	济宁	191.3	61.6	自排	内涝	钦州	324.4	18.3	机排	内涝	甘南（合作）	83.7	0.7	自排	局部
白山	92.6	23.8	自排	渍涝	泰安	219.9	19.2	自排	内涝	贵港（桂平）	330.1	32.9	机排	内涝	西宁	57.8	1.1	无排涝	洪涝
松原	171.5	11.9	机排	内涝	威海	238.3	6.8	自排	内涝	玉林	213.6	7.9	机排	内涝	海东（西宁）	57.8	2.9	无排涝	洪涝
白城	81.2	11.9	机排	内涝	日照	219.2	30.8	自排	内涝	百色	147	81.5	自排	渍涝	海北藏族自治州（祁连）	40.5	1.4	无排涝	洪涝
延边	98.5	23.8	自排	渍涝	莱芜	156.9	6.4	自排	内涝	贺州（贺县）	222.6	0.8	混排	局部	黄南藏族自治州（泽库）	33.4	1.2	无排涝	洪涝
哈尔滨	146.6	17.8	自排	内涝	临沂	277.8	25.6	自排	内涝	河池	242.4	1.0	自排	渍涝	海南藏族自治州（兴海）	43	4.8	无排涝	洪涝
齐齐哈尔	135.5	19.8	自排	内涝	德州	159.7	62.2	自排	内涝	来宾	441.2	19.0	混排	多种	果洛藏族自治州	41.6	77.3	无排涝	洪涝

（续表）

地市名称	一日最大降水（mm）	易涝系数（%）	排水工程类型	涝区类型	地市名称	一日最大降水（mm）	易涝系数（%）	排水工程类型	涝区类型	地市名称	一日最大降水（mm）	易涝系数（%）	排水工程类型	涝区类型	地市名称	一日最大降水（mm）	易涝系数	排水工程类型	涝区类型
鸡西	92.7	7.0	自排	内涝	聊城	159.7	41.4	自排	内涝	崇左（龙州）	157.4	0.2	混排	局部	玉树藏族自治州	38.8	7.4	无排涝	洪涝
鹤岗	116.7	20.4	自排	内涝	滨州	154.8	67.7	自排	内涝	海南（海口）	331.2	16.0	混排	多种	海西蒙古族藏族自治州（格尔木）	27.1	2.4	无排涝	洪涝
双鸭山	100.9	6.6	自排	内涝	菏泽	101	31.7	自排	内涝	重庆	133.9	0.0	混排	局部	银川	113.3	16.5	自排	洪涝
大庆	132.9	20.3	自排	内涝	郑州	173.2	7.8	机排	内涝	成都	201.3	23.4	自排	内涝	石嘴山（惠农）	78.4	15.2	自排	洪涝
伊春	133.1	16.2	自排	内涝	开封	200.6	65.3	自排	内涝	自贡（内江）	215.9	62.6	自排	内涝	吴忠（盐池）	121.2	12.4	自排	洪涝
佳木斯	97.5	11.7	自排	内涝	洛阳	77	2.5	机排	多种	攀枝花	121.4	2.4	自排	渍涝	固原	98.1	11.5	自排	洪涝
七台河	100.9	98.5	自排	内涝	平顶山	158.9	41.5	自排	渍涝	泸州	197.3	0.5	机排	局部	中卫	68.7	34.0	自排	洪涝
牡丹江	83.9	8.8	自排	渍涝	安阳	249.2	39.0	机排	多种	德阳（绵阳）	259.5	2.7	机排	内涝	乌鲁木齐	57	0.1	无排涝	局部
黑河	93.5	4.7	自排	内涝	鹤壁	170.6	21.5	机排	内涝	绵阳	259.5	1.8	自排	多种	克拉玛依	40.5	0.0	无排涝	局部
绥化	142.2	29.1	自排	内涝	新乡	170.6	48.4	自排	内涝	广元	169.8	0.6	机排	局部	吐鲁番地区	13.6	0.0	无排涝	局部
大兴安岭	116.5	15.3	自排	多种	焦作	170.6	22.4	机排	渍涝	遂宁	197.1	0.6	机排	局部	哈密地区	25.5	0.0	无排涝	局部
上海	164.5	0.0	机排	局部	濮阳	249.2	42.2	机排	内涝	内江	215.9	0.6	机排	局部	昌吉回族自治州	27	1.0	无排涝	局部

（续表）

地市名称	一日最大降水（mm）	易涝系数（%）	排水工程类型	涝区类型	地市名称	一日最大降水（mm）	易涝系数（%）	排水工程类型	涝区类型	地市名称	一日最大降水（mm）	易涝系数（%）	排水工程类型	涝区类型	地市名称	一日最大降水（mm）	易涝系数	排水工程类型	涝区类型
南京	207.2	1.6	机排	渍涝	许昌	138.9	14.1	自排	内涝	乐山	326.8	0.7	机排	局部	伊犁哈萨克	62.9	2.0	无排涝	洪涝
无锡	196.2	0.0	机排	局部	漯河	180.7	75.4	自排	内涝	南充	177.4	0.3	机排	局部	伊犁哈萨克自治州直属县	62.9	0.0	无排涝	局部
徐州	315.4	3.5	自排	渍涝	三门峡	108.3	31.1	自排	洪涝	眉山（乐山）	215.9	0.9	机排	局部	塔城地区	42.7	0.2	自排	局部
常州	196.2	0.0	机排	局部	南阳	193.7	35.8	自排	渍涝	宜宾	221.9	0.4	机排	局部	阿勒泰地区	41.2	1.3	自排	洪涝
苏州	145.4	0.0	自排	局部	商丘	285.3	39.0	自排	内涝	广安（南充）	177.4	0.6	机排	局部	博尔塔拉自治州	57	25.1	无排涝	洪涝
南通	194	5.9	自排	内涝	信阳	276.2	8.1	自排	内涝	达州（达县）	201.4	1.0	机排	局部	巴音郭楞自治州	74.6	0.1	无排涝	局部
连云港	219.9	1.6	自排	内涝	周口	180.7	37.2	自排	内涝	雅安	236.7	1.8	机排	洪涝	阿克苏地区	31.8	0.1	无排涝	局部
淮安	126.7	4.9	自排	内涝	驻马店	420.4	42.2	自排	内涝	巴中	205.3	0.7	机排	局部	克孜勒苏自治州	56.8	0.2	无排涝	局部
盐城	219.9	2.8	自排	内涝	济源	77	16.5	机排	渍涝	资阳	266.3	0.4	机排	局部	喀什地区	39.9	0.2	无排涝	局部
扬州	150.1	58.0	自排	内涝	武汉	285.7	5.1	机排	内涝	阿坝	47.4	1.7	自排	洪涝	和田地区	20.6	0.6	无排涝	局部
镇江	196.2	0.0	机排	局部	黄石	360.4	3.4	机排	内涝	甘孜	37.7	1.1	自排	洪涝	石河子	39.2	0.0	无排涝	局部
泰州	194	0.5	自排	局部	十堰	112.9		机排	渍涝	凉山	97.4	0.3	机排	局部					
宿迁	219.9	5.6	自排	内涝	荆州	120.9	7.8	机排	内涝	贵阳	201.7	17.8	自排	洪涝					

参考文献

[1] 张家诚，林之光. 中国气象［M］. 上海：科学技术出版社，1985，6.

[2] 国家抗旱防汛总指挥部. 中国水旱灾害公报（2006—2014 各年）.

[3] 水利部农水司. 农田排水工程技术规范 SL4-2013［M］. 中国水利水电出版社，2013，8.

[4] 中国兴农网. 玉米全生育期农气条件评价［Z］. 2014，10.

[5] 白树明，黄中艳，等. 云南玉米需水规律及灌溉效应的试验研究［J］. 中国农业气象，2003，8.

[6] 郝玉兰，潘金豹，等. 不同生育期水淹胁迫对玉米生长发育的影响［J］. 中国农学通报，2003，6.

[7] 陈玉林，周军. 登陆我国台风研究概述［J］. 气象科学，2005，6.

[8] 水利部. 中国水旱灾害公报. 2006—2014 年国家防汛抗旱总指挥部.

[9] 牛海燕，刘敏，等. 中国沿海地区台风致灾因子危险性评估［J］. 华南师范大学学报，2011，11.

[10] 李士峰，崔广臣，等. 三江平原洪涝灾害及治理［J］. 水利水电科技进展，2000，2.

[11] 丁文广，王秀娟，等. 中国与发达国家灾害管理体制比较研究［J］. 安徽农业科学，2008，9.

[12] 黄河，范一大. 基于多智能体的洪涝风险动态评估理论模型［J］. 地理研究，2015（10）.

[13] 沈荣开，王修贵，等. 涝渍兼治农田排水标准的研究［J］. 水利学报，2001，12.

[14] 卞亚平，陶涛. 梯田的灌溉与排水技术［J］. 中国农村水利水电，1998（10）.

[15] 蒋春侠. 佳木斯市洪涝灾害统计分析［J］. 水利天地，2002（3）.

[16] 房建. 三江平原农业发展-治涝规划与湿地保护对策［J］. 黑龙江水专学报，2003，9.

[17] 刘巧清，杨哲江. 长江流域治涝规划概述［J］. 人民长江，2013，5.

[18] 王清川，寿绍文，等. 廊坊市暴雨洪涝灾害风险评估与区划［J］. 干旱气象，2010，12.

[19] 许月卿，邵晓梅，等. 河北省水旱灾害发生情况统计分析［J］. 国土与自然资源研究，2001（2）.

[20] 罗锦珠. 广西江河洪涝灾害成因分析及防治对策［J］. 人民珠江，2004（1）.

[21] 罗贵荣，李兆林，等. 广西岩溶石山区洪涝灾害成因与防治［J］. 安全与环境，2010，1.

[22] 邢占民，王娟，等. 山东省海河流域洪涝灾害成因及对策［J］. 分析地下水，2011（3）.

[23]　田家怡，潘怀剑. 滨州市洪涝灾害与减灾对策［J］. 滨州师专学报，2001，12.
[24]　刘琳. 山东省洪涝灾害分析及减灾对策初探［J］. 山东水利，2009，11-12.
[25]　李秀灵，李圣彪，等. 河南省2000年洪涝灾害分析及防洪对策探讨［Z］. 全国水利水电工程青年学术交流会，2002.
[26]　王建武. 河南省淮河流域洪涝灾害成因分析及对策研究淮河流域综合治理与开发［J］. 科技论坛，2010.
[27]　肖瑜. 渭河平原洪涝灾害影响评估研究［D］. 西安理工大学硕士学位论文，2014，3.
[28]　裴洪芹，庄玲玲. 临沂地区暴雨气候特征及洪涝灾害特点［J］. 中国农学通报，2011，27（17）.
[29]　水利部. 中国水利统计年鉴［M］. 中国水利电力出版社，2009、2016.
[30]　孙诒让. 关于山东淮河流域洪涝治理的几个问题［J］. 山东水利，1994（2）.
[31]　徐丰，牛继强. 淮河流域的洪涝灾害与治理对策［J］. 许昌学院学报，2004，9.
[32]　杨子生. 云南省金沙江流域洪涝灾害区划研究［J］. 山地学报，2002，12.

第四章　玉米生长发育的水分生理特性

水是生命之源，离开水生命将消失，植物是有生命的物种，也是人类赖以生存的根基。玉米是粮食作物中最为普及的作物，研究水在玉米生长发育中生理生化原理，近百年已从生态学经历细胞学到生理分子学，进而到生物化学、分子生物学开展蛋白质的生命活动与基因密码遗传秘密。人类借助观测技术的发展从光学显微镜到扫描电子显微镜，直到今天激光共聚焦扫描显微镜，从放大10倍到数千万倍，从看到细胞，到看到分子、质子，分辨率达到0.1nm，利用定量荧光测定技术，可以测定各种细胞器、结构性蛋白、DNA、RNA、酶和受体分子等细胞特异性结构含量、组分，进而进行定性、定量、定位分析，为揭开水分在植物体内的活动，提供了工具。玉米水分生理学是研究水分在玉米体内吸收、循环、光热转换、生命活化过程。在玉米灌溉生产中，侧重研究干旱与渍涝对玉米生理活动的影响。

第一节　玉米体内水分循环机理

灌溉为作物供给水分时，水的运动分两段，一是由给水器向作物生长的土壤基质运动，再由基质向作物根运动，这段运动是力学运动。二是水在植物体内运动，这里运动是由生命体控制水的运动，运动的强度、方向、启闭不但遵从力学规律，同时，也遵从生物的运动规律。作物水分生理试验目的，就是要寻找给水、外界环境变化和植物生理的变化规律。这是界于灌溉与农业间的交叉学科，而灌溉角度是侧重在灌溉条件变化引起的植物生理的表观与活力变化。虽然中国有部分成果，但涉及作物很少。随着灌溉范围的扩展，研究需要深入和扩大。其成果为编制灌溉制度、选择灌溉方法，寻找自动控制、智能控制提供依据。

一、植物体内水分储存与消耗

1. 植物水分生理

植物水分生理学是植物生理学的一个重要分支，研究和阐明水对植物生命的意义、植物对水的吸收机理，水在植物体内的存储、移动、循环、活化中的作用以及植物对水环境变化响应与适应能力。新中国成立后从中央到地方十分重视植物与农作物的研究，中国科学院等单位先后设立植物生理生态研究所、国家重点生物实验室（表4-1）；全国30多个省（区、市）均设有农业科学院、水利科学研究院、300多市地州设有农业与水利研究所或试验站，对农作物的栽培与灌溉积累了丰富资料（文献目录）。中国也在实践与研究中涌现很多世界闻名的植物生理学家，如汤佩松（1903—2001），提出植物水势学说被国内外引用；李继侗（1897—1961）是发现光合机理中有两个光反应的先驱，比国外相似的发现早十几年，这两位中国植物生理学家，对植物体水分传导理论与植物光合两个反应在世界都是首先发现并被广泛应用，也是植物水分生理的两个核心支柱。殷宏章（1908—1992）对光合磷酸化机理开展研究，著有《植物的气体代谢》。罗宗洛（1898—1978）于1919年创建上海植物生理研究所水分生理、抗性生理实验室，还于1964年创办了《植物生理学报》。

表 4–1 国家级植物生理研究单位与重点实验室

单位	研究所名称	国家重点实验室
中国科学院	植物生理生态研究所	植物生理学与生物化学国家重点实验室
	沈阳应用生态研究所	
		植物分子生理学重点实验室
		光合作用与环境分子生理学重点实验室
	遗传与发育生物学研究所	生物大分子国家重点实验室
		植物细胞与染色体工程国家重点实验室
		植物基因组学国家重点实验室
	生物物理研究所	分子生物学国家重点实验室
中国农业大学		农业生物技术国家重点实验室
		植物生理学与生物化学国家重点实验室
中国科学院上海生命科学研究院	上海植物生理生态研究所	植物分子遗传国家重点实验室
		细胞生物学国家重点实验室
北京大学		蛋白质工程及植物基因工程国家重点实验室
浙江大学		植物生理学与生物化学国家重点实验室
山东农业大学		作物生物学国家重点实验室
西南大学		植物生理生物化学实验室
扬州大学农学院		作物栽培生理重点实验室
河南师范大学		植物生理生态重点实验室
河南大学		植物逆境生物学重点实验室
福建省		植物生理生态重点实验室
贵州省		植物生理与发育调控重点实验室

2. 植物体内水分储存与消耗

（1）植物生长是水分存储的一部分。植物生长既是植物吸水促进细胞分裂过程，细胞中原生质的主要成分水占70%~90%，细胞分裂需要细胞液中有充足水分和营养，但水是先决条件，没有水的充足保证，细胞将死亡。细胞分裂过程是由一种激素刺激细胞中的DNA首先分裂两个细胞核，然后再完善细胞独立组织。玉米细胞分裂在水分充足下由玉米素激发细胞核分裂，水分的多少决定植物生命的强弱，当细胞含水量降低到一定比例时植物就出现萎蔫，此时的土壤含水量，称谓萎蔫含水量，一般在8%以下，细胞只有处在膨胀状态下才能扩大、分裂，这是植物生长、繁殖的基础。植物只有在充分给水状态下，植物才能保持固有姿态，枝叶挺立，以进行各种活动（光合作用在缺水10%~12%时受影响，缺水20%明显受抑制）。植物不同器官的含水量比重不同，根为30%~60%，主根居下限，幼根与根毛居上限，叶、茎含水为20%~76%（表4-2）。

表4-2　玉米主要部位含水量[33]　（单位:%）

参数	叶片	叶鞘	茎秆	苞叶	穗轴	籽粒
平均数	19.72	75.91	75.62	17.11	59.42	27.68
标准差	3.47	36.52	9.93	22.46	54.59	31.54

（2）植物光合作用是水分能的转换。植物生长的环境条件主要是水、阳光、空气，土壤是基础，没有水与阳光，地表依然是荒漠。人类对植物的认识是从生态景观，逐步到生理，作物是人类利用它维持生命的最重要的植物，研究作物生理自然是植物生理学重要组成部分。

农作物重要使命是通过栽培，在成长过程中以水为中心的能量积累与转换，这一过程是通过光合作用完成的，光合作用的秘密自然成为科学家的最亲密的关注。科学技术发展到今天，人类已经观测到植物体内的分子、质子、离子的运动与合成，已经解开了植物光合作用的全过程，这一过程不是简单的化学过程，而是十分复杂的由生命参与的物理、化学、信息学、基因学综合参与的作用，是植物生理生化学家的贡献。其中，就有中国植物生理学家李继侗的贡献，1929年在英国《Annals of Botany》43卷上发表关于光合作用的瞬时效应的论文，比后来国外德美学者提出的光合作用中有2个光反应要早。

2个光合效应是指光合作用在光照下产生，但在无光条件下，也能持续短时间的光效应，早期称为暗反应，但暗反应实质是在暗反应酶作用下进行，所以，在20世纪90年代的一次光合作用会议上，从事植物生理学研究的科学家一致同意，将暗反应改称为碳反应。

光反应：在光照、光合色素、光反应酶条件下（图4-1），由细胞里水及吸收空气中二氧化碳，在叶绿体的类囊体薄膜里，生产出有机物（主要是淀粉）、氧气，并把氧气排出体外。其生产过程：A：水的光解：$2H_2O \rightarrow 4[H]+O_2$（在光和叶绿体中的色素的催化下）。B：ATP的合成，ADP+Pi+能量→ATP（在光、酶和叶绿体中的色素的催化下）。C：利用水光解的产物氢离子，合成NADPH（还原型辅酶Ⅱ），为碳反应提供还原剂NADPH（还原型辅酶Ⅱ）。

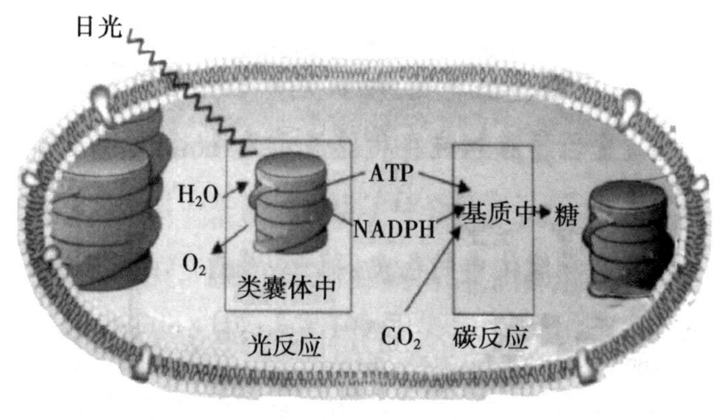

图4-1　光反应与碳反应示意图

碳反应：是在光照下的绿

色植物提供的能量 ATP 和白天水解留下的还原氢，发生在叶绿体基质中，在一定温度、CO_2 浓度、酸碱度下生成 C3、C4，C3 再与 NADPH 在 ATP 供能的条件下反应，生成糖类（CH_2O）并还原出 C5。

（3）植物水分消耗。植物用于自身生长所用的水分很少（约 1%），在对农作物需水量研究中，这部分水量总是忽略不计，大量水分由叶片上的气孔蒸发，少部分由植物体各部分细胞蒸散，还有被叶片的吐水流出。植物蒸腾过程昼夜不同，蒸腾强度白天占 60% 多，夜间约占 30%（图 4-2），夜间气孔关闭，蒸腾由物体各部分细胞蒸散。

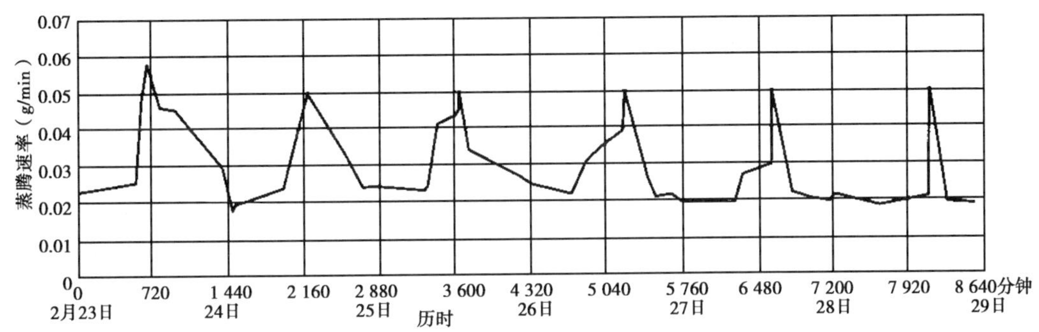

图 4-2　植物万年青昼夜蒸腾观测资料

（2016 年室内水培实测）

蒸腾是植物生命中最重要的功能，蒸腾消耗了植物生命活动需要水分的 99%，有了蒸腾才能维持植物的水分循环，有了蒸腾，才能将植物体内的液态水转换气态水，在液气转换中消耗了太阳辐射在植物体上的热量，免受高温的伤害；蒸腾是通过植物叶片上气孔完成，植物叶片上每平方毫米有上百个气孔，蒸腾大部是在气孔张开时完成的，当气孔张开时，同时，又进行了植物生命活动的另一个重要功能呼吸，由气孔吸入空气中二氧化碳，呼出氧气，因为有了呼吸，植物才能不断地进行细胞的繁殖、能量转换和存储。

植物吐水也是植物水分消耗一部分，由于植物吐水是在植物水环境充足下发生的现象，往往被忽略。吐水是植物体内水分平衡的智能化调节的表现，当根系夜间没有停止吸收水分，植物体内细胞由于叶片气孔的关闭，蒸腾减弱，植物叶片的叶尖、叶缘生长有水孔，水孔是调节植物体内水势的器官，当夜间根系在土壤水充足时，细胞内水分不能由气孔排除，就由水孔溢出形成大小不同的水滴。玉米吐水现象研究，揭示了吐水与玉米产量的关系，农民能借助吐水现象掌握灌溉时间（表 4-3）。

表 4-3　玉米吐水试验资料[34]

吐水程度	土壤含水量（%）	叶片含水量（%）	叶片水势（100kPa）	伤流强度（ml/h·株）	籽实重（kg/株）
旺盛	>16	80. 61	−6. 17	4. 69	0. 165
减弱	13～14	77. 49	−11. 11	2. 27	0. 15
停止	<10	75. 54	−11. 11	0	0. 07

二、水与植物细胞植物体内水流动理论发展与现状

灌溉是将水送入土壤，进而被植物吸收，水是如何参与植物体的生长，如何转化为有机物，这一过程与灌溉科学关系密切，影响灌溉时空分配，影响灌溉量的大小，影响灌溉效率，影响水资源布局等灌溉问题，而植物水分生理学帮助解决这些问题。

植物水分生理学是植物生理学的分支，也是植物生理学重要组成部分。3 000年前中国甲骨文就有“贞禾有及雨？三月”及“雨弗足年”，看出雨水是庄稼好坏的决定因素。定量研究水与植物的故事是1627年荷兰人范埃尔蒙做了柳树盆栽实验，每天给水，5年后柳树增重几十倍，而土壤重量变化不大，从而得出水是植物生长重要因素。在其后三百多年间，植物水分生理在植物生理解剖学基础上经历了3次具有里程碑的进展：一是发现水是植物光合作用的主要原料，由1771—1804年先后发现空气中有氧、二氧化碳，到1804年瑞士的索绪尔（N. T. De Saussure）进行了光合作用的第一次定量测定，指出水参与光合作用。二是发现水在植物体内运动规律，1727年英国植物学家S. 黑尔斯测定了根吸水叶片蒸腾作用，并计算植物茎内水的上升速率，1941年中国植物学家汤佩松和王竹溪提出水势是判断植物细胞水流动方向的判据。三是发现细胞控制水流动的通道和控制机制，1992年2月美国细胞生物学家彼得．阿格雷教授（Peter Agre）发现28kDa蛋白具有水通道专职作用，这一成果解开了长期关于细胞间水分传递的秘密，水通道蛋白存在于动植物细胞上，目前已在很多作物上观测到水通道蛋白(其中，有玉米)。

1. 植物解剖与细胞液水分渗透理论

植物水分生理离不开植物解剖学的出现与发展，最早17世纪中期，英国人R. 胡克用原始的显微镜观察到植物细胞的细胞壁，第一次提出细胞概念，18世纪法国H. L. 杜阿梅尔·迪蒙索提出了形成层概念，其后植物解剖生理研究兴起，其中，德国C. W. von内格利和H. von莫尔的贡献最多，他们对细胞壁的形成与组成进行了观测研究。真正成系统的梳理奠定植物解剖生理学是19世纪后期，德国G. 哈贝兰特的《植物生理解剖学》一书出版，将植物组织依据功能划分成12个生理解剖系统：分生组织（系统）、皮系统(保护系统)、机械系统、吸收系统、光合系统、维管（或输导）系统、贮藏系统、通气系统、分泌和排泄系统、运动系统、感觉系统和刺激传导系统，从而奠定了植物生理解剖学的基础。植物生理学发展是各国科学家的贡献，由于解剖学的发展，促进了细胞生理学的研究，20世纪苏联的新生，使俄罗斯的植物学得到快速发展，涌现出杰出的植物生理学家H. A. 马克西莫夫（1880—1952），他与他的团队对植物在寒冷下细胞水分变化与生命力相关性研究、长时间进行了水分及耐旱性的研究，为苏联干旱的中亚地区发展农业作出杰出贡献，1926年马氏的巨著《植物抗旱性的生理基础》出版，1915年马氏著作《植物学概论》出版，并为苏联培养建立植物生理学研究队伍，在国际植物生理学上占有显赫位置。此间形成基本限于细胞间水分传递的渗透理论。

2. 植物体内水分流动的内聚力理论

19世纪末爱尔兰人迪克松（H. H·Dixon）于1894年提出；植物体内水分之所以能从根系吸水，一直流到大树顶端，由树叶蒸发，是因为流动力由水分子的内聚力连接水流

向上流动，使水流不会断流。由于水分子间存在强大的内聚力，即使大洋洲杏仁桉树高达156m，树叶蒸腾按静压力计算需要1.56MPa，树叶也能正常蒸发不断流。内聚力学说完整表达了蒸腾力——内聚力——张力的学说，水分子由H_2O组成，一个氧原子一边一个氢原子，在水的边缘永远有一个氢原子键，所以，水分子在任何孔隙中都会产生张力，张力大小与孔隙成反比，孔隙越小张力越大。

在笔者看来水分在植物体内的运动是十分复杂的生命活动，不是简单的力学运动，用纯静力学、流体力学来注释是不完整的，随着科技发展观测手段更新，人类的认识会不断向前发展。

3. 植物体内水分流动的动力学理论

汤佩松（1903—2001）是世界著名的植物生理学家，曾在北大、清华、中科院等单位担任多种学术领导职务，在植物生理学上有众多建树，他在抗日战争艰苦年代，还发表了3篇重要论文：第一篇是讨论生命活动的细胞如何将无形态结构的物质变为自身的有序性的结构，第二篇是讨论太阳能的生物转化，第三篇是和理论物理学家王竹溪合作的“活细胞吸水的热力学处理”（论文1941年发表在美国的《物理化学学报》）。第三篇论文创立了植物体内水分运动的势能学说，因为，之前在植物生理学中，对于水分如何进出植物细胞，一直是用压力而不是用热力学函数来说明，所以，在研究和教学工作中都遇到许多困难。现在通用的细胞水势这一热力学概念已被世界通用。

4. 植物体内水分流动的生物力学理论

进入20世纪，对植物解剖学更加细微，生物化学测试更加进步，植物体内生命活动扫描仪器出现促进了统计数学的发展，整体科技进步，加速了植物生理学发展，并快速的衍生了各种分支，从生命活动角度用数学方法研究植物的生命活动，产生了生物数学、生物动力学。水分生理、植物酶、植物生长、植物对矿物质吸收、植物群体生存体内的流动研究风起云涌。植物体内水自根至叶、糖自叶至植物体各部位的输运过程，是生物动力学的研究内容之一。植物的生命活动集中于叶，植物的叶利用太阳能把从空气中吸入的二氧化碳制成糖。在二氧化碳通过叶表面小孔进入叶细胞的同时，植物体内的水分也从叶细胞壁蒸发进入大气。叶细胞内水分损失和糖的形成，引起了植物体内两个主要的流动过程：一是水自根至叶的蒸腾流；二是糖自叶至植物体各生长部位的易位流。它们和植物体的生命有密切关系。植物根系自土壤吸收的水分，通过木质部导管元向叶输运的过程，造成根部和叶部的水的化学势差，这种化学势差通常称为水势，可表示为：

$$\Psi_Z=\psi_s+\psi_p+\psi_m \qquad (4-1)$$

式中：ψ_Z—植物茎秆木质部导管水势；

ψ_s—植物茎秆木质部导管细胞渗透势；

ψ_p—导管细胞液对细胞壁的反压力，称为压力势；

ψ_m—细胞内能吸附水分的物质，此吸水势降低了细胞水势，称为衬质势。

木质部导管细胞的汁液，其渗透势常接近于零，衬质势对于成熟细胞很小，可忽略。其水势计算式可改写为：

$$P+\psi_Z=\psi_s\approx 0 \quad \rightarrow \psi_Z=-P \qquad (4-2)$$

式中：P—平衡压（正值）；

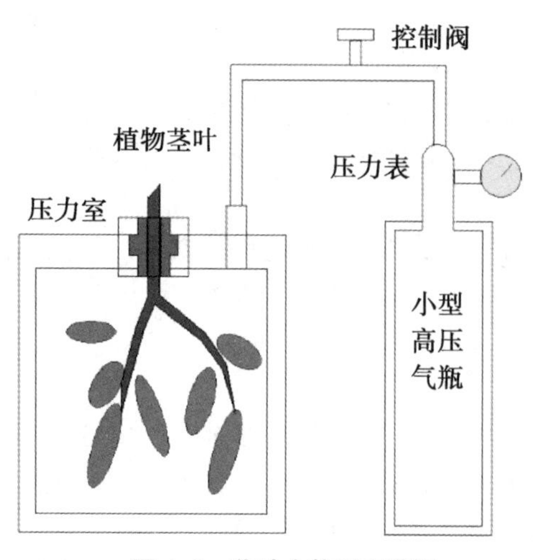

图 4-3 茎叶水势测定装置

利用上式原理，可做成图 4-3 装置来测定茎叶水势 ψ_Z，该方法称压力室测压仪。导管内的水柱所受张力至少是-80 大气压。

5. 植物体内水分流动的智能控制论

1988 年 Agre 研究从人的红细胞膜上分离到一种分子量为 28kDa 的未知蛋白，即为细胞膜水通道。委员会正式将其命名为 AQP，即水孔蛋白。现在已经知道，水孔蛋白（aquaporin，AQP）是一类介导水分快速跨膜转运的膜内蛋白，水孔蛋白几乎存在于所有的生物体内，具有丰富的多样性。到目前为止，在玉米、水稻等多植物中均有发现，近年多方观测 AQP 存在植物各部位细胞中。1997 年基因组命名植物是生物，水在生物体内运动，不但遵从力学规律，同时，生物有感知能力与控制能力，水孔蛋白在植物体内有多重功能，其中，在细胞间水分运动中有以下几种功能。

（1）增强生物膜对水的通透性[41]。随着水孔蛋白内部结构逐步清晰，对其基因组成及细胞定位功能，有了更深入认识，表 4-4 是近年观测成果。AQP 能增加生物膜对水分的通透性，实现水分快速跨膜运输，AQP 尤其存在于维管束、输导管、木质部中，使植物体内长距离的流通顺畅，水孔通水速度快于渗透压传递水分的速度。水循环畅通保证了生长速率、蒸腾速率、气孔密度以及光合效率均明显增加。

表 4-4 植物 AQP（水孔蛋白）分类、细胞定位和运输性选择

基因类型	亚类	细胞定位	运输选择性
PIP_S	PIP1、PIP2、PIP3	质膜	水、CO_2、甘油甘氨酸
TIP_S	α、β、γ、δ 和 εTIP	液泡膜	水、氨水、尿素和 H_2O_2
NIP_S	NOD26 和 LIP2	质膜、细胞内膜	水、甘油、尿素、硼酸、硅等
SIP_S	SIP1　SIP2	内质膜	水及其他小分子
GIP_S	P_PGIP1-1	可能在质膜	甘油、对水没有极低通透性

（2）水孔蛋白的调节。近年生物学家对水孔蛋白结构有了更为深入解析，在一级结构中 E 环 NPA 盒前的半胱氨酸是水孔蛋白的汞抑制位点，因此，水孔蛋白活性的调节受到汞和有机汞的调节。外界环境如干旱、高盐、生长激素（脱落酸、赤霉素、油菜内酯）、光质（蓝光）、低温、营养亏缺及病原体微生物的侵染也均能诱导水孔蛋白基因的表达。此外，水孔蛋白的活性也受 pH 值、钙离子、重金属离子（氯化汞、硝酸银）、磷酸化、多聚化和异源蛋白间相互作用等影响，每个 AQP 单体都含有 5 个短环（lopp）相连的亲水的跨膜 α 螺旋，N 端 C 端深入细胞质，B、D 环位于细胞内，A、C、E 环在细胞外，细胞中外 E 环与胞内 B 环形成峡窄水道，形成漏斗形，D 环守在水孔细胞内壁水孔

上，接收生物信息系统的指令，管理水通道的开关。指令来源于外界光、热、水、盐等因素，对植物体胁迫，细胞的感知蛋白内各种酶类会发出生物反应信息（图 4-4）。

水孔通道理论的发现会为抗旱类玉米培育开辟新的思路，因为基因工程技术已到了可控重组高度，将能对过分释放水分的基因改换为控制能力强，水分生产效率高的水孔蛋白，就能培育出抗旱的新型玉米。

（3）水孔蛋白在逆境调节中的功能。根系细胞中的水孔蛋白的活性在干旱时消失，水孔蛋白的关闭功能限制水分流失到干旱的土壤中，从而增加了植物对干旱的耐受能力。生理试验已经观测到植物受到温度、盐胁迫时，水孔蛋白的含量也有所变化，会作出保护性反应。

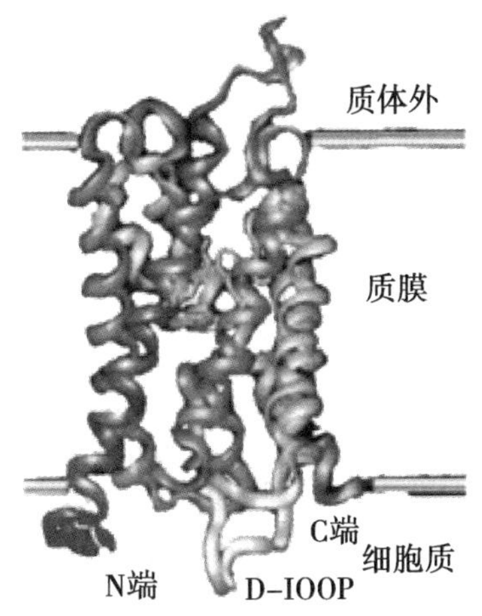

图 4-4　拟南芥水孔蛋白 PIP2：1 结构示意图[41]

第二节　玉米发育阶段及其对水分的需求

一、出苗

出苗是指从播种到种子发芽，并在大田中有 50%的种子出苗，且幼苗高 2cm 的时期。种子发芽出苗必备的 3 个条件，即适宜的温度、湿度与通气条件。玉米原产于热带，对发芽出苗的温度要求较高，一般要在 8℃以上环境下才可顺利发芽。土壤含水量与玉米出苗率关系密切，虽然玉米从萌发到出苗这一阶段需水较少，但这一时期对水分最为敏感。水分不足往往影响种子的萌发出苗，给玉米的播种、全苗、壮苗带来了许多困难，造成缺苗断垄，严重的年份缺苗可达 40%～50%。

玉米种子含水率只有 11%～14%，处在干燥环境中难以萌发和出苗，只有在适宜的水分条件下，种子吸水后含水率上升到 40%以上才会发芽和出苗。相关研究表明，在适宜温度条件下，当土壤水分分别为田间持水量的 40%、50%、60%、70%、80%时，出苗所需的天数依次为 8. 8d、6. 9d、5. 5d、4. 7d 和 4. 5d。对于任何土壤类型，土壤相对含水量在 70%～80%的范围内才能满足玉米出苗阶段的水分需求量。当农田土壤相对含水量低于 70%时，需要播前灌水。

上述表明土壤干旱影响玉米种子萌发，但土壤过湿也不利于玉米出苗。在黄淮海地区，尤其是淮河流域一带，玉米播种期有时遇到阴雨天，再加地下水位高，土壤通气性差，不利于玉米种子萌发。因此，在播种出苗期也要对过湿的土壤进行排水，为玉米籽粒萌发创造良好的通气条件。

土壤干旱或过湿环境都会影响种子萌发和出苗，给玉米的播种、全苗、壮苗造成威胁。主要原因为：一水分过多或过少，使种子活力下降；二水分不足或过多还造成种子内部一系列生理生化反应的延迟与破坏，直接影响了种子的萌发，使种子萌发初始时间推迟、萌发率下降、种苗生长缓慢。

二、苗期

苗期指的是从出苗到拔节的时期。该期以营养生长为主，以根系建成为中心。玉米苗期植株蒸腾量很小，水分多消耗在棵间蒸发。虽然播种至拔节前时间较长，春、夏玉米分别占生育期天数的32.4%~35.6%，但需水模系数最低，春玉米占23.9%~24.2%，夏玉米仅占16.7%~22.8%。

玉米的主要吸水器官是根系，随着种子萌发，先长出初生根，后生长出次生根和支柱根。初生根一般长20~40cm，是幼苗期的主要吸水器官。当幼苗长出2~3片叶时，在幼芽鞘的基部开始出现次生根，由于次生根数量多（60~120条），生长快，分布广，因此，待次生根形成以后，变取代生理活动减弱的初生根系，成为吸水的主要器官。玉米三叶期根系主要分布在20~25cm土层，40cm以内土层的含水量与幼苗生长速率关系最为密切。壮苗先壮根，为了促进根系生长，苗期可适当控水蹲苗，以促进根系向纵深发展，并避免基部节间过度伸长，促进植株个体和群体协调发展。根据过去研究，此期土壤水分下限若提高到田间持水量的70%以上，茎秆生长过快，地上和地下部分失去平衡；低于60%田间持水量又严重抑制根系生长。因此，苗期土壤水分以65%田间持水量为宜。

玉米苗期怕涝不怕旱。中国西北、东北与华北地区春季多干旱，只要灌好播前水或“蒙头水”，土壤有较好的底墒，就可以苗全、苗壮。但是在黄淮地区，尤其是江淮之间，春季多阴雨，播种前就要做好田间排水设施，避免苗期受涝渍危害。

三、拔节期

拔节期是幼穗分化期，在靠近地面的地方，用手可以摸到有2~3cm茎节的时期。不论是春玉米或是夏玉米，都处在气温较高的季节。此时间是玉米农田水分管理的关键阶段。玉米在拔节以后，每2~3d就可以长出一片新叶，由于植株的蒸腾速率增加较快，日需水强度不断加大。该段经历的时间，春玉米34~40d，北方夏玉米25~32d，南方夏玉米仅18~25d。该阶段需水模系数普遍较高，春玉米为28.2%~33.5%，在灌溉条件下的夏玉米达28.3%~36.5%。

玉米生殖器官发育对水分反应与营养器官更敏感，在生殖生长方面，拔节期也是重要阶段，是穗形成的关键期。玉米穗分化需要有充分的土壤水分，拔节期要求土壤水分在70%~80%田间持水量为宜。土壤水分亏缺会降低雌穗还原基出现的速度，减少小花数目，形成穗小、秃尖等不良性状，降低产量。

四、抽雄吐丝期

玉米抽雄后，株高已定型，所有叶片均展开，是玉米由营养生长转向生殖生长为中心的关键时期，玉米抽雄2~5d开始散粉，进入花期，从雄穗抽出开花到雌穗抽丝授粉为8~9d。玉米抽穗至开花期对水分反应敏感，要求土壤含水量在80%~85%田间持水量为宜。土壤含水量不足，抽穗开花持续时间短，不孕花粉量增多，雌穗花丝寿命短，甚至抽不出苞叶，不能授粉，造成减产。短时间干旱引起株体萎蔫1~3d，减产幅度为15%~

20%。如果旱情加重，萎蔫时间持续到5～7d，减产幅度可高达30%～45%。抽穗开花期水分充足不仅对开花授粉有益，增多穗粒数，而且对以后灌浆也十分有利。

五、灌浆成熟期

玉米抽穗开花以后进入灌浆期。土壤水分状况影响玉米的灌浆速度与持续时间，土壤水分条件是提高粒重的重要因素。在籽粒形成期缺水会造成上部籽粒发育不良，穗粒数减少，秃尖等现象。灌浆期土壤含水量宜保存在70%～80%的田间持水量。

玉米灌浆中期，营养体形成并停止生长，下部叶片开始变黄。为保持一定的绿叶面积，仍需充足的水分供应。有研究表明，玉米收获期的绿叶数与产量成正比，尤其是棒三叶的绿叶数对籽粒饱满、粒重都有十分重要的作用。

第三节　干旱胁迫对玉米生长发育的影响

水分胁迫抑制植物的生长，作物的形态会发生一系列的变化。干旱抑制玉米的株高、叶片的扩展与干物质量的积累。玉米自身的需水规律决定了其不同生育期有不同的需水要求，通过灌溉等措施充分满足玉米各个生育期的水分需求固然重要，但在水资源短缺的条件下，研究玉米不同生育期对水分胁迫的敏感程度，对水分利用效率的影响更重要。

一、干旱胁迫对株高的影响

株高是产量形成的基础，通常作为判断玉米生长状况的一个重要指标。在干旱胁迫下，玉米株高增长受到抑制，特别是营养生长期遇到水分胁迫，玉米的株高受到严重影响。研究玉米株高的变化有助于了解玉米对干旱胁迫的响应和抗旱能力。有研究表明，生育前期水分充足，植株高度可达220cm；玉米苗期干旱，拔节始期复水后，株高迅速增高，可达到194cm；但是，如果生育前期干旱，即使灌浆期复水，株高也只能达到152cm。可见，拔节至孕穗期干旱胁迫对株高的抑制明显大于其他时期。

图4－5表明，各处理株高迅速生长都发生在拔节期到抽雄期间。玉米拔节期受到水分胁迫，植株生长受到限制，株高较正常处理分别降低26.9%，水分胁迫下施硅肥处理增加了株高，但增加不显著。后期补水后植株恢复生长，与正常处理间差异逐渐缩小，至灌浆期株高较正常处理差异缩小至7.34%。

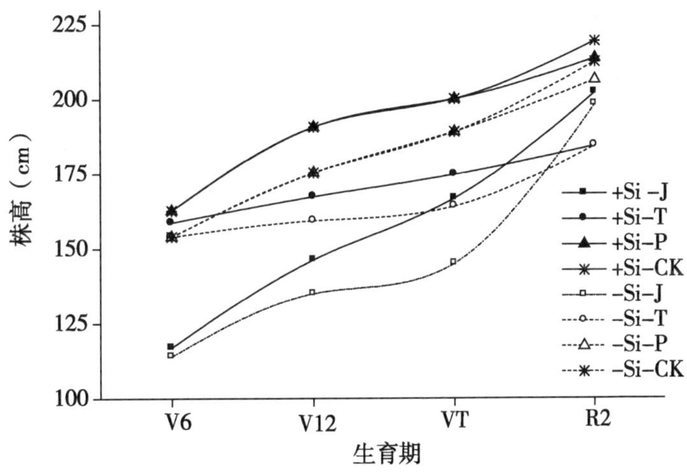

图4－5　不同时期干旱胁迫与硅肥处理对夏玉米株高的影响

玉米大喇叭口期干旱胁迫对玉米植株的生长影响最为显

著，株高在控水结束时较正常处理分别降低 13.96%，水分胁迫后加硅处理玉米株高较不加硅处理增加显著。后期复水后该阶段水分胁迫处理株高仍表现为最低，株高较正常处理降低 14.59%。玉米灌浆初期水分胁迫对玉米株高无显著影响，但对叶面积影响显著。灌浆初期因水分胁迫使玉米底部倒 1~4 叶叶片出现发黄干枯现象，其他部位叶片边缘和叶尖也出现轻微干枯。但该阶段加硅处理显著缓解了玉米旱情，叶面积较不加硅处理提高 66.4%。

二、干旱胁迫对叶面积的影响

叶片是重要的营养器官，是进行光合作用和蒸腾作用的场所。水分对叶片生长影响较大。水分胁迫下玉米叶面积减少主要归因于叶片日生长量减小和日衰减量增加。相关研究表明，叶片伸长比出叶对水分的胁迫敏感，在营养生长早期发生水分胁迫会影响出叶的速率和叶片的大小，但对叶片的数目无影响。

有关报道指出，干旱胁迫下不同生育期的玉米叶片生长均受到影响，单株叶面积苗期减少 8%~12%，拔节至孕穗期减少 20%~25%。不同品种之间叶片生长对干旱的响应也有所差异，抗旱性较强的玉米品种，在干旱条件下可通过增加叶面积、干物质累积量来抵御干旱，以保持正常的生长发育。

干旱胁迫对玉米叶片生长的影响，还表现在生长发育中期干旱胁迫会加速叶片提早衰老，降低冠层吸收的光合有效辐射（PAR）以及光合能力。拔节期轻、中、重度干旱胁迫处理，植株上部叶片日生长量分别比对照减小了 35.5%、83.5%和 97.9%，日衰减量分别增加了 10.3%、70.3%和 91.6%；而在开花期和灌浆期的干旱胁迫处理，叶片的日衰减量大幅度增加，尤以开花期干旱胁迫衰减更严重。拔节期干旱胁迫致使叶面积减少，主要是由于新生叶片生长受到抑制所致，而开花期和灌浆期受到干旱胁迫导致叶面积大幅减少，主要是由于叶片的衰老量比拔节期更严重所致。由此推断，玉米生长发育前期适度干旱胁迫后复水叶片生长可以恢复，生长发育后期的开花期和灌浆期干旱胁迫将导致叶片衰老加速，叶面积减少难以恢复。因此，在玉米生育后期通过水分调控减缓叶片衰老，维持一定水平的玉米绿叶面积，能够保持较高的光合效率，对促进产量和 WUE 提高十分重要。

三、干旱胁迫对茎粗的影响

早在 20 世纪 60 年代，有研究发现，当植物受到水分胁迫时，植株茎秆直径会收缩。许多研究将作物茎秆直径微变化作为指标来监测作物水分状况，并与灌溉自动控制系统相联结，实现作物水分管理的自动化。土壤水分胁迫试验表明，抽雄初期，水分充足的玉米茎秆直径高于轻度和严重水分胁迫处理。研究表明，干旱胁迫对作物同化物质的积累和储藏非常不利，继而影响营养物质传输与再分配。

四、干旱胁迫对根系的影响

土壤水分条件影响植物根系的分布、形态特征以及吸水能力。当表层土壤水分亏缺时，根系向深土层延伸，有利于根系发育和深层土壤水分的利用。不同的灌溉制度也会影响根系的发育，限量供水可以增加植物对深层土壤贮水的利用程度。大田条件下浅层根少和深层根多有助于稀释根信号作用；充足的底墒可促进作物形成深根系，抑制根信号的强烈表达，并提高籽粒产量和水分利用效率。马瑞昆等报道指出，前期限制供水有利于前期根系发育，前期控水处理强化了根系吸水能力，提高了作物对底墒尤其是对1~2m深层底墒的利用，有利于产量形成阶段光合物质的生产。玉米拔节期水分亏缺促进了深层根系的发育，而后期灌水则延缓了表层根系衰老，产生了补偿效应，因此，可充分利用不同时期补偿效应的差异来实现农业节水。

五、干旱胁迫对产量性状的影响

水分胁迫对玉米产量的影响除与其受到的干旱胁迫程度相关外，在很大程度上取决于玉米受干旱时的生育时期。干旱胁迫导致玉米籽粒产量下降，不同生育时期干旱胁迫处理的减产幅度不同，减产幅度从大到小的顺序为：开花期>抽丝期、抽雄期、孕穗期>灌浆期>拔节期。可见，玉米生育中后期受到的干旱胁迫严重影响籽粒产量，导致减产。

产量构成因素中受水分影响变幅最大的是穗粒数，且穗粒数的降低对玉米最终产量会造成很大影响。拔节期发生水分胁迫造成穗粒数减少20%，当拔节期与抽穗期均发生干旱时，穗粒数减少更多（32%~35%）。Grant等研究了玉米籽粒灌浆期对水分胁迫的敏感性，发现籽粒灌浆对水分胁迫敏感的时期从吐丝期后2~7d开始，直到吐丝期后12~16d结束。吐丝期后12~16d水分胁迫造成粒重的降低为对照的50%。籽粒内的水分在控制灌浆持续时间中起着关键的作用。

由表4-5表明，胁迫时期对籽粒和秸秆干物质量均有显著影响。玉米拔节期、大喇叭口期和灌浆期中度水分亏缺分别较正常供水处理的籽粒产量降低12.6%、28.9%和44.6%，处理间差异显著。正常供水条件下，添加外源硅肥处理玉米产量增加14.8%；不添加外源硅肥处理，夏玉米拔节期、大喇叭口期和灌浆期中度水分亏缺分别减产14.2%、43.5%和61.9%，而添加外源硅肥处理则分别减产11.3%、16.3%和33.3%，则施硅的增产作用分别为2.9%、27.2%和28.5%。结果表明，外源硅肥可以有效缓解水分干旱胁迫对玉米的伤害，降低产量损失（表4-5：a、b、c、d表示产量、干物质高低级别）。

表4-5　干旱胁迫下施硅肥对夏玉米干物质积累量及籽粒产量的影响

因子	处理	籽粒产量（g/株）	秸秆干物质量（g/株）
硅肥处理	施硅（+Si）	181.5 a	190.7 a
	CK（不施硅）	133.1 b	181.1 a
胁迫时期	拔节期	175.3 b	137.08 c
	大喇叭口期	142.5 c	165.83 b
	灌浆期	111.0 d	213.08 a
	适宜水分CK	200.5 a	227.51 a
硅肥处理		105.5**	1.7
胁迫时期		68.02**	32.97**
硅肥×胁迫时期		6.31**	0.3

第四节　干旱胁迫对生理生化特性的影响

一、干旱胁迫对光合作用的影响

水分的供应在作物光合同化过程起着重要作用，水分供应不足会引起作物叶片的光合速率降低，同化产物减少，直接影响到作物的生长发育及产量的形成。目前大量的研究结果已经证明，干旱胁迫影响光合同化效率的因素主要有气孔因素和非气孔因素。一般在轻度和中度水分胁迫下，光合作用下降的主要原因是气孔限制因素，水分胁迫引起气孔关闭，导致 CO_2 从大气向叶片细胞内部的扩散受阻，细胞间隙 CO_2 浓度（Ci）降低，光合作用受到抑制。随着水分胁迫程度的增加和胁迫时间的延长，叶肉阻力增加，光合活性降低以及光合器官的光化学损害等非气孔性因素成为抑制光合作用的主要因素。但是关于在干旱胁迫条件下是气孔因素对作物光合作用起着主导作用还是非气孔因素起主导作用，目前众说不一。有些研究认为气孔因素起主导作用，作物受到干旱胁迫时气孔关闭减少了 CO_2 的有效供应，导致净光合速率下降，其中，气孔导度和细胞间隙 CO_2 浓度（Ci）同时降低，是证明气孔限制因素起主导作用的证据。但是也有研究认为干旱胁迫下叶肉细胞光合同化能力的下降是主导因素，干旱胁迫抑制碳同化代谢过程的光化学反应和生化反应过程导致光合效率降低，光化学反应降低减少了 NADPH 和 ATP 的供应，生化反应减少了 RuBP 再生和 Rubisco 的活性降低导致光合效率的降低。Tangetal（2002）认为，气孔和非气孔影响因素同时存在，具体是气孔因素还是非气孔因素起主导作用，决定于干旱胁迫的程度以及作物生长时期。

玉米不同生育时期干旱胁迫对光合速率的影响顺序依次为：孕穗期>抽雄期>吐丝期>灌浆期>拔节期>成熟期>苗期。干旱对光合性能的影响不仅表现在胁迫处理期间，而且后效可以延续到恢复供水后的生育期。张彦军等（2008）研究了生育前期干旱对玉米吐丝期作物光合特性的影响。结果表明，大喇叭口期干旱胁迫对光合作用影响较大，其胁迫后效影响到吐丝期的光合作用，而拔节期相对影响较小，适度控水对吐丝期光合特性影响不明显，具有一定的光合生理补偿效应。

表 4-6　苗期干旱条件下夏玉米的叶绿素相对含量及光合特性参数（2013. 7. 6）

处理	气孔导度（$cm \cdot s^{-1}$）	叶绿素相对含量指标（CCI）	光合速率（$\mu mol \cdot m^{-2} \cdot s^{-1}$）	蒸腾速率（$mmol \cdot m^{-2} \cdot s^{-1}$）
适宜水分（CK）	2.13 a	36.92 a	47.25 a	8.03 a
苗期轻旱	1.21 b	35.86 ab	34.19 b	6.50 b
苗期中旱	0.81 c	32.72 bc	29.75 cd	4.67
苗期重旱	0.49 d	27.86 d	25.79 e	3.22 e
前期连旱	0.55 cd	28.64 d	27.65 de	3.35 d
全期中水分	1.20 b	33.76 ab	32.57 bc	5.89 c
全期低水分	0.57 cd	29.74 cd	25.26 e	3.26 e

表 4-7　拔节期干旱条件下夏玉米的叶绿素相对含量及光合特性参数（2013. 07. 26）

处理	气孔导度（$cm \cdot s^{-1}$）	叶绿素相对含量指标（CCI）	光合速率（$\mu mol \cdot m^{-2} \cdot s^{-1}$）	蒸腾速率（$mmol \cdot m^{-2} \cdot s^{-1}$）
适宜水分（CK）	4. 03 a	39. 16 a	48. 79 a	8. 54 a
拔节期轻旱	3. 42 b	35. 22 b	41. 65 b	7. 21 b
拔节期中旱	2. 99 cd	34. 42 b	32. 22 de	5. 74 d
拔节期重旱	1. 56 e	28. 72 c	28. 35 fg	4. 38 f
前期连旱	2. 73 d	34. 65 b	30. 42 ef	5. 46 e
中期连旱	3. 24 bc	36. 54 b	34. 63 cd	6. 31 c
全期中水分	3. 17 bc	35. 32 b	36. 34 c	7. 26 b
全期低水分	1. 48 e	28. 45 c	27. 64 g	4. 27 f

表 4-8 抽雄期干旱条件下夏玉米的叶绿素相对含量及光合特性参数（2013. 08. 11）

处理	气孔导度（$cm \cdot s^{-1}$）	叶绿素相对含量指标（CCI）	光合速率（$\mu mol \cdot m^{-2} \cdot s^{-1}$）	蒸腾速率（$mmol \cdot m^{-2} \cdot s^{-1}$）
适宜水分（CK）	3. 01 a	55. 78 a	49. 52 a	7. 62 a
抽雄期轻旱	2. 65 b	52. 34 bc	42. 36 c	6. 84 b
抽雄期中旱	2. 16 c	47. 65 d	34. 52 e	5. 32 d
抽雄期重旱	1. 63d	42. 24 e	29. 53 f	4. 56 e
前期连旱	2. 74 b	53. 67 ab	46. 42 b	7. 16 b
中期连旱	2. 15 c	49. 23 cd	33. 25 e	5. 62 d
全期中水分	2. 64 b	53. 45 ab	37. 64 d	6. 48 c
全期低水分	1. 58d	43. 72 e	28. 73 f	4. 27 e

表 4-9　灌浆期干旱条件下夏玉米的叶绿素相对含量及光合特性参数（2013. 08. 30）

处理	气孔导度（$cm \cdot s^{-1}$）	叶绿素相对含量指标（CCI）	光合速率（$\mu mol \cdot m^{-2} \cdot s^{-1}$）	蒸腾速率（$mmol \cdot m^{-2} \cdot s^{-1}$）
适宜水分（CK）	3. 21 a	41. 69 a	41. 39 a	7. 56 a
灌浆期轻旱	2. 84 b	37. 59 b	36. 54 bc	6. 20 b
灌浆期中旱	2. 23 c	35. 64 bc	31. 43 de	4. 54 d
灌浆期重旱	1. 67 d	32. 72 cd	27. 74 f	3. 24 f
前期连旱	2. 78 b	37. 84 b	38. 95 ab	7. 26 a
中期连旱	2. 42 c	36. 96 b	34. 04 cd	5. 34 c
后期连旱	1. 79 d	31. 26 d	29. 46 ef	4. 03 e
全期中水分	2. 76 b	36. 84 b	35. 44 c	5. 65 c
全期低水分	1. 55 d	29. 47 d	26. 95 f	3. 37 f

刘祖贵等研究表明，不同生育阶段的干旱处理对夏玉米的气孔导度（Gs）、叶绿素相对含量指标（CCI）、光合速率（Pn）、蒸腾速率（Tr）具有明显的影响。由表4-6至4-9可以看出，任一生育阶段发生水分胁迫都会造成Gs、CCI、Pn和Tr的降低，干旱越重，Gs、CCI、Pn和Tr的值越低。

在全生育期低水分以及连旱条件下，其值更低。玉米在不同生育期受到干旱胁迫，其气孔导度显著降低，在苗期、拔节期、抽雄期和灌浆期发生干旱胁迫，其气孔导度分别比适宜水分处理减少27.1%~71.2%、34.9%~65.1%、29.1%~71.7%、21.5%~65.4%，受旱越重气孔导度越小（表4-9）。

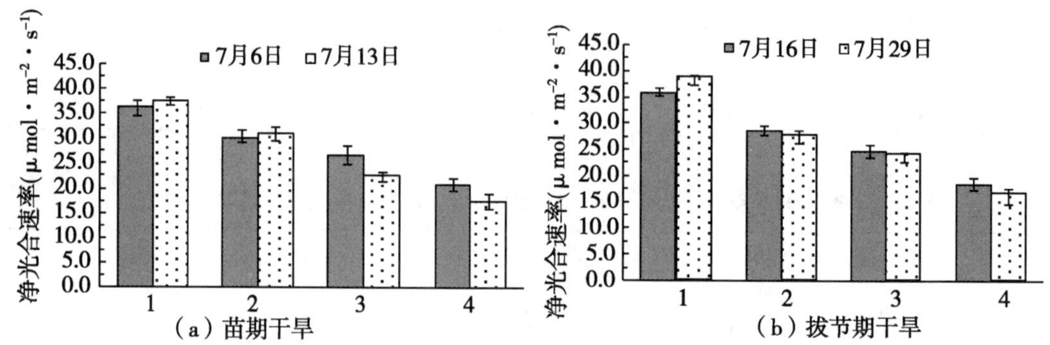

图4-6　玉米苗期和拔节期不同程度干旱胁迫对玉米净光合速率的影响

（注：1为适宜水分、2为轻旱、3为中旱、4为重旱）

夏玉米受到干旱胁迫后，其净光合速率Pn亦显著降低；在夏玉米苗期、拔节期、抽雄期和灌浆期发生干旱胁迫，其净光合速率Pn分别比适宜水分处理平均减少16.9%~48.0%、24.0%~52.9%、23.0%~54.4%和14.9%~46.6%，受旱越重Pn越小（图4-6）。

干旱后复水试验表明，光合作用受抑制不仅表现在逆境过程中，在逆境解除后仍持续受到抑制。从光合速率恢复程度看，轻度水分胁迫处理后对光合速率影响较小，复水后光合速率容易恢复，恢复幅度较小；中度水分胁迫恢复程度较大。这是因为植株受到胁迫后光合速率虽有较大幅度下降，但尚未损及光合器官及生理机能，仍具有较强的恢复能力。如胁迫处理9d，复水3d后，玉米穗位叶光合速率有一定程度的恢复；而在受到重度水分胁迫下，玉米叶肉细胞叶绿体的结构和功能受到一定程度的破坏，因此复水后光速率的恢复能力亦受到很大影响。

二、干旱胁迫对叶绿素荧光参数的影响

叶绿素荧光动力学参数是快速、灵敏、无损伤的研究和探测干旱逆境对植物光合作用影响的理想方法。

部分叶绿素荧光动力学参数的含义为：

F0：固定荧光，初始荧光，也称基础荧光，是光系统Ⅱ（PSⅡ）反应中心处于完全开放时的荧光产量，它与叶片叶绿素浓度有关。

Fm：最大荧光产量，是PSⅡ反应中心处于完全关闭时的荧光产量。可反映经过PSⅡ

的电子传递情况。通常叶片经暗适应 20 min 后测得。

Fm/F0：反映经过 PSⅡ的电子传递情况。Fv＝Fm－F0：为可变荧光，反映了 QA 的还原情况。

Fv/Fm：是 PSⅡ最大光化学量子产量，反映 PSⅡ反应中心内禀光能转换效率，或称最大 PSⅡ的光能转换效率，叶暗适应 20 min 后测得。非胁迫条件下该参数的变化极小，不受物种和生长条件的影响，胁迫条件下该参数明显下降。

Fv′/Fm′：PSⅡ有效光化学量子产量反映开放的 PSⅡ反应中心原初光能捕获效率，叶片不经过暗适应在光下直接测得。

（Fm′－F）/Fm′：PSⅡ实际光化学量子产量，它反映 PSⅡ反应中心在有部分关闭情况下的实际原初光能捕获效率，叶片不经过暗适应在光下直接测得。

荧光淬灭分两种：光化学淬灭和非光化学淬灭。光化学淬灭以光化学淬灭系数代表：qP＝（Fm′－F）/（Fm′－F0′）；非光化学淬灭，有 2 种表示方法，NPQ＝Fm/Fm′－1 或 qN＝1－（Fm′－F0′）/（Fm－F0）＝1－Fv′/Fv。

表观光合电子传递速率以［（Fm′－F）Fm′］×PFD 表示，也可写成：△F/Fm′×PFD×0.5×0.84，其中，系数 0.5 是因为一个电子传递需要吸收 2 个量子，而且光合作用包括 2 个光系统，系数 0.84 表示在入射的光量子中被吸收的占 84%，PFD 是光子通量密度；表观热耗散速率以（1－Fv′/Fm′）×PFD 表示。

试验研究表明（表 4-10），在玉米拔节、大喇叭口和灌浆期，水分胁迫处理与正常供水处理比较，叶片初始荧光（F0）显著增加，最大荧光（Fm）显著降低，原初光能转化效率（Fv/Fm）显著降低，PS Ⅱ潜在活性（Fv/F0）显著降低，表明干旱胁迫对玉米光系统产生了抑制。杜伟莉等（2013）研究结果表明，干旱胁迫下抗旱性玉米品种表现出较高的最大净光合速率（$P_{n,max}$）、表观量子效率（AQY）、光饱和点（LSP）、最大电子传递速率（J_{max}）、最大羧化速率（V_c，max）、PSII 的实际量子产量（Φ_{PSII}）和光化学猝灭系数（qP）。张仁和等（2011）研究表明，随着干旱胁迫的加剧，2 个品种叶片光系统Ⅱ（PSⅡ）的实际量子产量（φ_{PSII}）、电子传递速率（*ETR*）和光化学猝灭（qP）一直下降，而非光化学猝灭（qN）上升后下降，说明中度干旱下热耗散仍是植株重要光保护机制，重度干旱时叶片光合电子传递受阻，PSⅡ受到损伤。

表 4-10　水分胁迫对玉米叶片初始荧光、最大荧光、原初光能转化效率、PS Ⅱ潜在活性的影响

生育期	水分处理	初始荧光	最大荧光	原初光能转化效率	PS Ⅱ潜在活性
		F0	Fm	Fv/Fm	Fv/F0
拔节期	干旱胁迫	132.00 a	404.67 b	0.67 b	2.67 b
	正常供水	99.67 b	434.67 a	0.75 a	3.36 a
大喇叭口期	干旱胁迫	60.33 a	154.33 b	0.59 b	1.72 b
	正常供水	46.33 b	202.33 a	0.78 a	3.37 a
灌浆期	干旱胁迫	118.75 a	326.00 b	0.63 b	2.17 b
	正常供水	86.00 b	344.00 a	0.75 a	3.00 a

三、干旱胁迫对活性氧伤害的影响

干旱胁迫不仅会抑制作物光合过程中合成代谢酶反应，从而降低光合效率，而且还会诱导作物叶片叶绿体中活性氧自由基含量的增加。活性氧自由基主要包括超氧自由基、羟基自由基、单线态氧、过氧化氢等。植物体内的活性氧自由基能够对植物正常的组织细胞结构和生理代谢过程产生氧化损伤，导致植物组织与大分子结构的损伤，破坏正常的生理机能。同时作物体内为保护自身免受伤害形成一套相应的抗氧化保护系统，如过氧化物酶（POD）、超氧化物歧化酶（SOD）、抗坏血酸-过氧化物酶（APX）、过氧化氢酶（CAT）、谷胱甘肽还原酶（GR）等保护作物细胞膜和敏感分子免受活性氧的伤害。在这种作物体内抗氧化系统的清除作用下，活性氧的产生和清除可保持一个动态的平衡，使得活性氧的含量维持在一个较低的水平，从而起到脱氧保护作用。干旱胁迫往往会导致作物体内活性氧产生与清除机制的失衡，从而造成活性氧大量累积。

张仁和等（2011）研究表明，适度干旱胁迫下 2 个品种叶片的超氧化物歧化酶（SOD）、过氧化物酶（POD）、过氧化氢酶（CAT）活性先升高后降低，减轻膜脂过氧化，而重度干旱时叶片 3 种酶活性显著受到抑制，MDA 含量明显增加，伤害光合机构的结构与功能。3 种酶相比，干旱胁迫使 SOD 的活性提高幅度较大，其次是 CAT 和 POD，表明 SOD 对干旱胁迫反应更敏感，是干旱胁迫的主要保护酶。

四、干旱胁迫对渗透调节物质的影响

作物生理代谢对水分利用效率的影响主要表现在：作物通过生理代谢对干旱胁迫产生适应与自我保护机制，以维持作物的正常生理功能和生长发育。渗透调节是作物应对干旱胁迫提高水分利用效率的主要响应机制之一，在受到干旱胁迫时作物会抑制植株生长以分配代谢产物用于渗透调节所需的保护性物质的合成和积累。渗透调节物质分为有机调节物质与无机调节物质两种（以 K^+为主）。有机渗透调节物质主要包括：①含氮化合物类，包括游离氨基酸和多胺等；②四价铵化合物类，包括甘氨酸甜菜碱、脯氨酸、甜菜碱等；③可溶性糖类，包括蔗糖、果聚糖、海藻糖等；④多元醇类；⑤亲水性多肽。

脯氨酸（Pro）是植物体内普遍存在的有机渗透调节物质，是一种具有较强水合力的氨基酸。几乎所有的环境因子，如干旱、低温、盐等均会造成植物体内脯氨酸的积累。杜伟莉等（2013）选用两种抗旱性不同的玉米品种，研究了干旱胁迫对两个玉米品种渗透调节物质的影响，结果表明随着干旱胁迫的加剧，2 个品种叶片的脯氨酸（Pro）和可溶性糖（SS）含量变化均呈现上升变化趋势。

在玉米不同生育阶段发生干旱胁迫，玉米叶片内丙二醛含量都会显著增加，而灌浆初期干旱胁迫增加比例最大。但各阶段水分胁迫时施硅肥处理叶片丙二醛含量要显著低于不施硅肥处理，说明施硅肥一定程度缓解了干旱胁迫对玉米植株的伤害。各生育阶段干旱也会显著增加玉米叶片内脯氨酸含量；施硅肥对拔节和大喇叭口期干旱胁迫处理的脯氨酸含量没有显著影响，但显著增加了灌浆期干旱胁迫处理的叶片脯氨酸含量（表 4-11）。

表 4-11　干旱胁迫下施硅肥对夏玉米叶片丙二醛和脯氨酸含量的影响

水分处理	硅肥处理	拔节期干旱		大喇叭口期干旱		灌浆期干旱胁迫	
		丙二醛（nmol/g）	脯氨酸（ug/g）	丙二醛（nmol/g）	脯氨酸（ug/g）	丙二醛（nmol/g）	脯氨酸（ug/g）
控水	+Si	8.30 b	68.7 a	8.87 b	38.2 a	21.1 b	83.9 a
	CK	11.7 a	57.6 a	10.91 a	37.7 a	31.5 a	60.0 b
正常供水	+Si	6.67 b	32.9 b	6.34 c	16.3 b	10.6 c	15.7 c
	CK	7.93 b	24.5 b	8.31 bc	19.2 b	11.7 c	20.1 c

五、干旱胁迫对脱落酸的影响

脱落酸（abscisic acid，ABA）是一种植物体内存在的具有倍半萜结构的植物内源激素，在植物干旱、高盐、低温等逆境胁迫反应中起重要作用，它是植物的抗逆诱导因子，因而被称为植物的“胁迫激素”。

近年的研究结果认为，ABA 对地下-地上部的信息联系起着中心传递者的作用，植物根系中 ABA 浓度与根周围土壤含水量显著相关；叶片气孔导性、生长速率与导管汁液中 ABA 浓度显著相关。在水分胁迫下，叶片内 ABA 含量升高，保卫细胞膜上 K^+外流通道开启，外流 K^+增多，同时，K^+内流通道活性受抑，内流量减少，叶片气孔开度受抑或关闭气孔，因而水分蒸腾减少，提高了植物的保水能力和对干旱的耐受性。Becker 等的工作表明 ABA 通过激活保卫细胞中的 Ca^{2+}、K^+、阴离子通道和调节离子进出细胞模式改变保卫细胞的膨压，从而抑制气孔开度或关闭气孔。Davies 等研究表明，ABA 调节气孔的作用是通过根冠通讯进行的，即当土壤干旱时，失水的根系产生根源信号 ABA 通过木质部运到地上部调节气孔开度。

旱害胁迫时，脱落酸能明显减少叶片水分蒸发，降低叶片细胞膜透性，增加叶片细胞可溶性蛋白质含量，诱导生物膜系统保护酶形成，降低膜脂过氧化程度，保护膜结构的完整性，增强植物逆境胁迫下的抗氧化能力，进而提高植物的抗旱性。

第五节　淹涝胁迫对玉米生长发育的影响

一、淹涝对玉米株高和叶面积的影响

刘战东等（2010）研究表明，淹水历时及是否排水对夏玉米后期形态长势均会产生一定影响。在排除地下水的处理中，淹水 3~4d 的玉米长势，与对照区以及淹水前后生态比较，绿叶数量没有多少变化，未出现枯萎、死亡现象。淹水 5~7d 的玉米长势，与对照区和淹水前后形态对比，叶片及整株有不同程度枯萎现象，叶片数平均减少了 24%。随淹水历时递增，叶面积指数递减，淹水 5~7d，其减少率为 15.3%~27.8%，平均减少 21.8%。

二、淹涝胁迫对玉米叶绿素相对含量的影响

由图 4-7 可以看出，淹涝对夏玉米叶片叶绿素相对含量（CCI）的影响随淹涝时期的后移而减小，苗期和拔节期淹涝对 CCI 的影响最大，抽雄期次之，灌浆期的影响最小，且随着淹涝历时的增加其影响程度呈增大趋势。苗期淹涝处理虽然对 CCI 的影响很大，但渍涝解除后其补偿生长能力较强，CCI 恢复较快，其恢复到对照（CK）水平的时间随着淹涝历时的增加而延长，7 月 3 日测定的测定结果显示，S2、S4、S6、S8、S10 的 CCI 分别比 CK 低 7.60%、37.77%、47.13%、49.56% 和 68.10%，7 月 11 日它们分别比 CK 低 6.05%、36.93%、40.47%、46.00% 和 60.78%，其中 S4、S6、S8、S10 的 CCI 显著低于 CK；8 月 10 日 S2、S4、S6 分别比 CK 高 0.06%、0.19%、0.41%，S8、S10 较 CK 低 5.37% 和 10.32%，仅 S10 显著低于 CK，其他处理已恢复到 CK 水平，至 8 月 17 日所有淹涝处理的 CCI 均已恢复，处理间无显著差异，可见苗期淹涝的处理随着生育进程的推进，其 CCI 与 CK 间的差异逐渐缩小，不同淹涝处理间的 CCI 差异亦在缩小（图 4-7a）。拔节期淹涝对 CCI 的影响也很大，J2 处理的 CCI 除 7 月 27 日和 8 月 10 日与 CK 无显著差异外，J2 其余时间测得的结果以及其他处理的 CCI 均显著低于 CK，7 月 27 日的测定结果表明，J2、J4、J6、J8、J10 的 CCI 分别比 CK 低 8.31%、13.09%、53.56%、67.25% 和 70.15%，8 月 17 日其 CCI 分别比 CK 低 12.96%、18.78%、23.05%、26.52% 和 28.49%，9 月 5 日分别比 CK 低 7.33%、9.87%、11.50%、14.49% 和 22.98%，由此可知，拔节期淹涝的处理因渍涝解除后植株的补偿生长能力较弱，因此，其 CCI 与 CK 间的差异较大，特别淹涝超过 4d 的处理，淹涝低于 6 天的处理，其 CCI 与对照间的差异相对较小（图 4-7b）。抽雄吐丝期淹涝对 CCI 影响较小，数据波动不大，8 月 10 日的测定结果显示，T2、

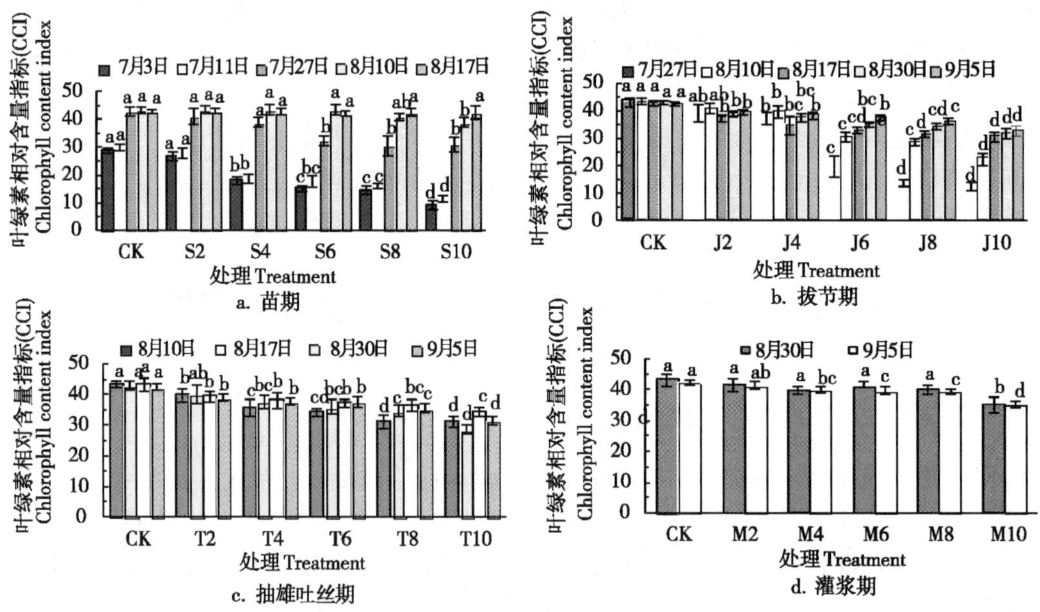

图 4-7　不同生育期淹水后玉米叶绿素相对含量的变化

注：图中不同的小写字母表示处理间差异显著（$P<0.05$），下同。

T4、T6、T8、T10 的 CCI 分别比 CK 低 8.14%、17.48%、20.82%、27.97%和 28.11%，9 月 5 日其分别比 CK 低 7.99%、11.16%、11.38%、16.42%和 25.59%；仅 8 月 17 日的 T2 处理除外，其余所有淹涝处理测定的 CCI 仍显著低于 CK，难以恢复到 CK 水平（图 4-7c）；灌浆期淹涝处理对 CCI 的影响最小，8 月 30 日测得的 CCI 表明，淹涝超过 8d 处理 M10 的 CCI 显著低于其他处理，CK、M2、M4、M6、M8 相互间差异不显著，9 月 5 日测定结果显示，虽然淹涝超过 2d 处理的 CCI 与 CK 间存在显著差异，但各处理间的 CCI 相差并不大，淹涝结束时，CCI 没受到显著影响的处理，如 M4、M6 和 M8 随着籽粒灌浆过程的推进，叶片衰老加快，其 CCI 显著低于 CK（图 4-7d）。与 CK 相比，苗期、拔节期、抽雄吐丝期和灌浆期淹涝使测定期间的 CCI 平均分别降低 3.38%~33.40%、8.92%~39.1%、7.82%~26.70%和 3.0%~17.55%。

三、淹涝对玉米光合作用的影响

苗期淹涝和拔节期淹涝对光合速率（Pn）的影响很大，抽雄吐丝期和灌浆期淹涝的影响较小，且 Pn 随着淹涝历时的增加亦呈降低的趋势（图 4-8）。苗期淹涝处理 7 月 3 日测定的 Pn 显示，淹涝超过 2d 处理的 Pn 显著低于 CK，S2、S4、S6、S8、S10 的 Pn 分别比 CK 低 6.55%、24.08%、26.50%、50.58%和 58.77%，至 7 月 11 日仅 S10 处理的 Pn 显著低于 CK，其余处理的 Pn 均因补偿生长效应而快速恢复到 CK 水平，甚至略高于 CK，S2、S4、S6、S8 的 Pn 比 CK 高 1.83%~12.42%，但 S10 的 Pn 比 CK 低 8.58%；7 月 27 日以后的测定结果表明，所有受涝处理的 Pn 与 CK 间无显著差异，均恢复到 CK 水平（图 4-8a）。由 7 月 27 日测定的 Pn 显示，拔节期淹涝低于 6d 的 J2 和 J4 处理的 Pn 因淹涝解除后的补偿生长效应，使其 Pn 略高于 CK，其他处理的 Pn 显著低于 CK，J2、J4 的 Pn 分别比 CK 高 6.53%和 1.53%，而 J6、J8、J10 的 Pn 比 CK 分别低 14.01%、30.35%和 79.46%，8 月 17 日 J6、J8、J10 的 Pn 显著低于 CK，8 月 30 日仅 J8、J10 的 Pn 显著低于 CK，至 9 月 5 日只有 J10 处理的 Pn 显著低于 CK，其余淹涝处理的 Pn 均恢复到 CK 水平，且各处理间的差异不大（图 4-8b）。抽雄吐丝期淹涝结束时，在 8 月 10 日测定的 Pn 表明，淹涝超过 6d 的 T8、T10 处理的 Pn 显著低于 CK，其余处理的 Pn 与 CK 间无显著差异，T2、T4、T6、T8、T10 的 Pn 分别比 CK 低 3.48%、5.44%、10.97%、22.31%和 29.62%，到 8 月 30 日 T8、T10 处理的 Pn 仍显著低于 CK，至 9 月 5 日，仅 T10 的 Pn 显著低于 CK，而其余处理的 Pn 与 CK 相当，可见拔节期和抽雄期淹涝超过 8d 的 Pn 不能恢复到 CK 水平（图 4-8c）。灌浆期淹涝处理于 8 月 30 日测得的 Pn 表明，淹涝超过 4 d 处理的 Pn 显著低于 CK，M2、M4、M6、M8、M10 的 Pn 分别比 CK 低 5.21%、6.47%、11.22%、19.11%和 43.07%；9 月 5 日的结果显示，仅 M2 处理的 Pn 与 CK 无显著差异，其余处理的 Pn 均显著低于 CK，可见在玉米生育后期，随着叶片的衰老，尽管淹涝早已解除，但淹涝超过 2d 处理的 Pn 仍难以恢复到 CK 水平（图 4-8d）。与 CK 相比，苗期、拔节期、抽雄吐丝期和灌浆期淹涝使观测期间的 Pn 平均分别降低-3.15%~13.76%、-0.38%~28.10%、2.79%~23.33%和 4.68%~36.02%；苗期和拔节期淹涝造成 Pn 平均降低率低于后期淹涝处理的原因是由苗期和拔节期的超补偿生长效应引起的，从图 4-8 不难看出，苗期和拔节期淹涝刚结束时，随着淹涝历时的增加 Pn 降低最多，故单从观测期间各生理指标的平均降低率大小来评价淹涝对其影响的程度是不全面的，还应参考各生理指标的恢复过程及恢复能力。

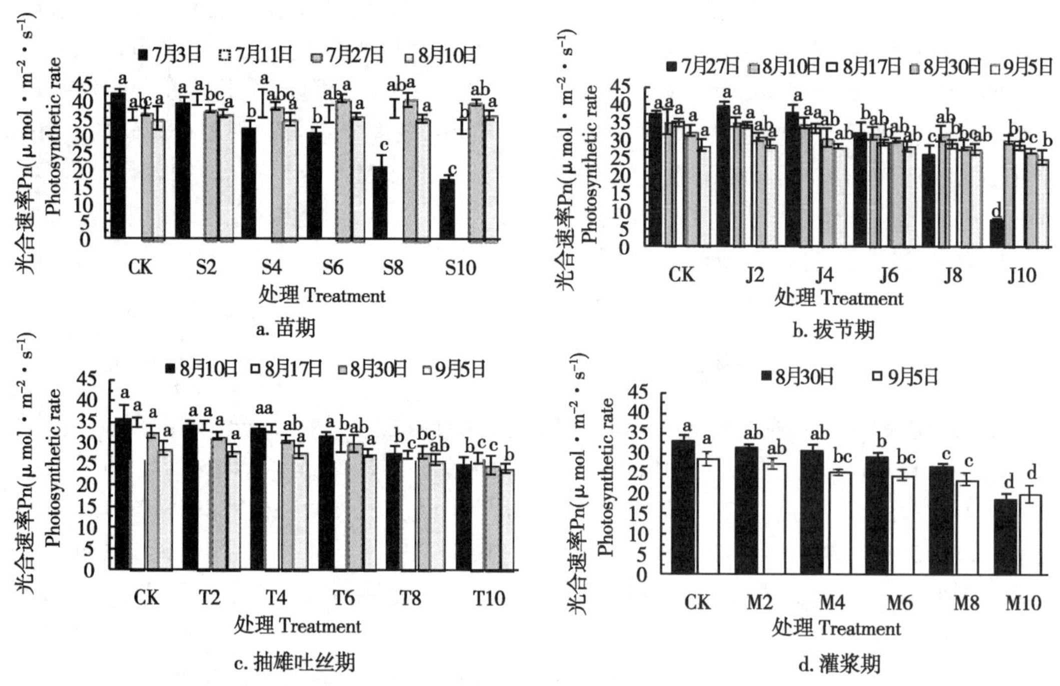

图 4-8 不同生育期淹水后玉米叶片光合速率的变化

由图 4-9 显示，苗期淹涝和拔节期淹涝对气孔导度（Gs）的影响很大，抽雄吐丝期和灌浆期的影响相对较小，且随着淹涝历时的增加 Gs 呈降低趋势。对于苗期淹涝的处理，7 月 3 日测定气孔导度时，所有淹涝处理的 Gs 仍显著低于 CK，S2、S4、S6、S8、S10 的 Gs 分别比 CK 低 12.56%、16.75%、34.51%、54.10%和 62.98%，至 7 月 11 日淹涝低于 6d 处理的 Gs 因解除淹涝的时间早，叶片的气孔特性得以恢复，使得 S2、S4 的 Gs 与 CK 无显著差异，7 月 27 日 S2、S4、S6、S8、S10 的 Gs 分别比 CK 低 3.20%、4.10%、11.97%、21.10%和 38.09%，其中，S6、S8、S10 的 Gs 显著低于 CK，8 月 10 日测得的 Gs 显示，因补偿生长效应所有淹涝处理的 Gs 均恢复到 CK 水平（图 4-9a）。至于拔节期淹涝的处理，7 月 27 日和 8 月 10 日测得的 Gs 表明，淹涝低于 4d 的 J2 处理的 Gs 略低于 CK，其他处理的 Gs 均显著低于对照，J2、J4、J6、J8、J10 的 Gs 分别比 CK 低 6.90%~11.43%、14.11%~23.24%、21.30%~34.34%、26.50%~50.98%和 30.97%~75.15%；至 9 月 5 日它们分别比 CK 低 4.30%、12.46%、11.87%、14.52%和 35.39%，淹涝超过 2d 的所有处理的 Gs 均不能恢复到 CK 水平，其值仍显著低于 CK（图 4-9b）。由 8 月 10 日测定的结果显示，抽雄吐丝期淹涝超过 2d 的所有处理的 Gs 都显著低于 CK，T2、T4、T6、T8、T10 的 Gs 分别比 CK 低 8.64%、18.64%、42.10%、46.62%和 47.01%，至 8 月 17 日，CK、T2、T4 相互间的 Gs 差异不显著，但到 8 月 30 日及以后测定的结果表明，所有淹涝处理的 Gs 难以恢复，均显著低于 CK，9 月 5 日 T2、T4、T6、T8、T10 的 Gs 分别比 CK 低 17.27%、24.03%、30.52%、32.14%和 41.34%（图 4-9c）。从 8 月 30 日和 9 月 5 日测得的 Gs 可以看出，灌浆期淹涝超过 2d 处理的 Gs 显著低于 CK，随着叶片的衰老以及生理功能的减弱淹涝解除后也难以恢复到 CK 水平（图 4-9d）。与 CK 相比，苗期、拔节期、抽雄吐丝期和灌浆期淹涝使观测期间的 Gs 平均分别降低 4.48%～41.40%、7.57%～41.59%、12.21%～47.38%和 4.78%～47.87%。

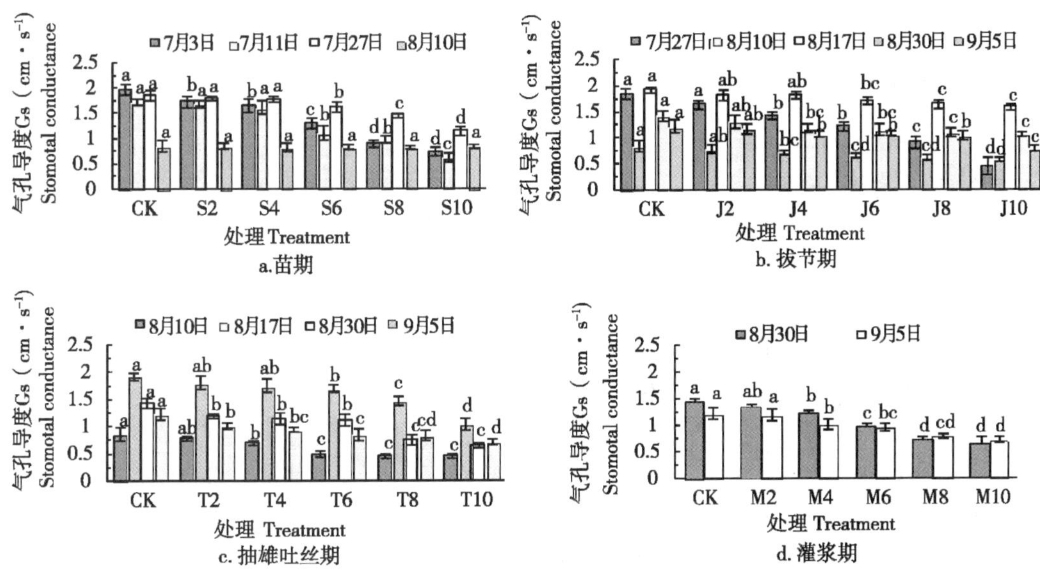

图 4-9　不同生育期淹水后玉米叶片气孔导度的变化

任百朝等（2014）研究也表明：淹水后功能叶片的净光合速率（Pn）、气孔导度（Gs）、细胞间隙 CO_2 浓度（Ci）显著降低，三叶期淹水造成的影响最大，拔节期淹水次之，开花后 10d 淹水造成的影响较小，其影响随淹水持续时间延长而加剧。

四、淹涝对玉米叶片叶绿素荧光参数的影响

由图 4-10 表明，淹涝对夏玉米叶片最大光化学效率（Fv/Fm）的影响规律与 CCI 基本一致，苗期、拔节期淹涝对 Fv/Fm 的影响最大，抽雄吐丝期次之，灌浆期淹涝对 Fv/Fm 影响最小，且随着淹涝历时的增加 Fv/Fm 也呈降低趋势，表明发生光抑制的程度呈增加趋势。对于苗期淹涝的处理，淹涝结束后 7 月 3 日测定结果显示，除 S2 外其余淹涝处理的 Fv/Fm 仍显著低于 CK，S2、S4、S6、S8、S10 的 Fv/Fm 分别比 CK 低 3.86%、12.56%、17.39%、20.29%和 21.74%，7 月 27 日它们分别比 CK 低 0.53%、1.83%、3.27%、6.92%和 9.13%，其中，S6、S8、S10 的 Fv/Fm 显著低于 CK，至 8 月 10 日，所有淹涝处理的 Fv/Fm 均恢复到 CK 水平（图 4-10a）。拔节期淹涝结束后，7 月 27 日测定的 Fv/Fm 显示，J2 与 CK 间无显著差异，其他淹涝处理的 Fv/Fm 仍显著低于 CK，J2、J4、J6、J8、J10 的 Fv/Fm 分别比 CK 低 1.47%、3.74%、7.96%、12.22%和 15.57%，8 月 10 日其 Fv/Fm 分别比 CK 低 0.97%、1.19%、0.97%、0.75%和 9.11%，仅 J10 处理的 Fv/Fm 显著低于 CK，而其他处理的 Fv/Fm 已恢复 CK 水平，至 8 月 17 日，所有处理的

Fv/Fm 均已恢复到 CK 水平（图 4-10b）。抽雄期淹涝对 Fv/Fm 的影响较小，由 8 月 17 日、8 月 30 日和 9 月 5 日测定的 Fv/Fm 表明，淹涝低于 8d 处理的 Fv/Fm 与 CK 间差异不显著，但淹涝超过 6d 的 T8 和 T10 处理的 Fv/Fm 难以恢复到 CK 水平，其值仍显著低于 CK（图 4-10c）。灌浆期淹涝结束后，8 月 30 日的测定结果显示，淹涝超过 2d 处理的 Fv/Fm 显著低于 CK，到 9 月 5 日，M4 的 Fv/Fm 得以恢复，而淹涝超过 4d 处理的 Fv/Fm 仍显著低于 CK，且 Fv/Fm 有随淹涝历时的增加呈较弱递减的趋势（图 4-10d）。与 CK 相比，苗期、拔节期、抽雄吐丝期和灌浆期淹涝使观测期间的 Fv/Fm 平均分别降低 1.14%~10.54%、1.22%~12.34%、1.01%~8.24%和 1.11%~7.80%。

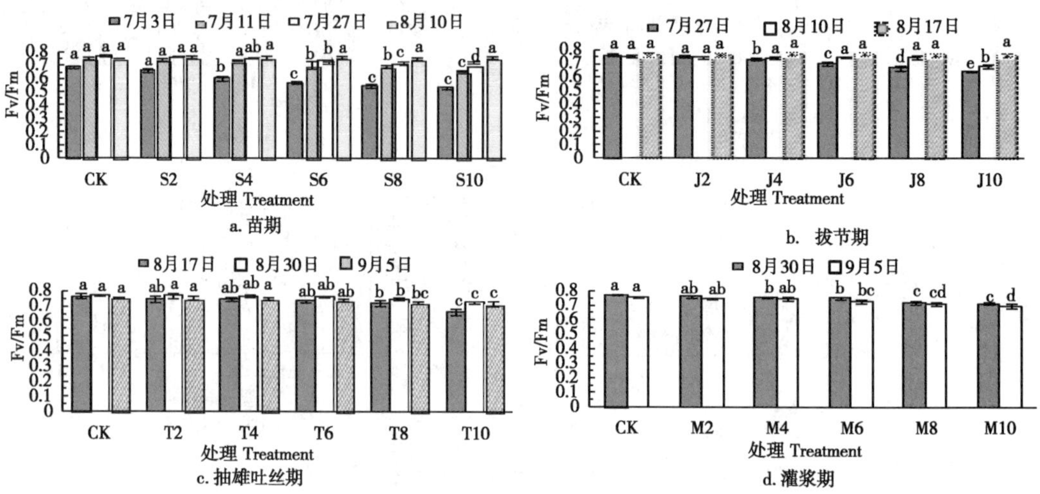

图 4-10　不同生育期淹水后玉米叶片最大光化学效率的变化

五、淹涝胁迫对玉米衰老特性的影响

任佰朝等（2014）研究表明，淹水后功能叶片的超氧化物歧化酶（SOD）、过氧化氢酶（CAT）和过氧化物酶（POD）等保护酶的活性以及可溶性蛋白含量较对照显著下降，而丙二醛（MDA）含量显著升，淹水加剧了膜脂过氧化作用。

刘冰等研究表明，玉米植株在淹水 5d、7d、9d 后，叶片可溶性糖含量相对于对照分别下降 12.03%、24.97%、7.51%（$P<0.05$）。任佰朝等（2014）研究表明，淹水后根系活跃吸收面积显著下降，三叶期淹水 6d 对其影响最大，拔节期较对照下降 6.13%，开花期下降 25.44%，乳熟期下降 21.9%，成熟期下降 25.78%。研究认为三叶期淹水对根系生长发育的影响最显著，拔节期淹水次之，开花后 10d 淹水对其的影响较小。

六、淹涝胁迫对玉米产量的影响

刘祖贵等（2013）研究了夏玉米产量对不同淹涝时期与历时的响应规律，研究结果表明，任一生育阶段发生淹涝，玉米果穗长、出籽率、穗粒质量、穗粒数、百粒质量和产量均随淹涝历时的增加呈降低趋势；苗期、拔节期、抽雄期和灌浆期淹涝分别减产 17.98%~54.97%、9.12%~100%、2.58%~28.63%和 5.93%~20.28%。当淹涝历时分别达到2d、4d、6d、4d时就会造成显著减产，减产率分别为17.98%、21.34%、12.99%和13.52%。研究指出苗期和拔节期是夏玉米淹涝的关键时期，生产上应避免该生育期发生淹涝。

任佰朝等（2013）研究选用登海605和郑单958两个品种，研究了三叶期、拔节期、开花后10d三个淹水时期，以及淹水持续时间（淹水3d和6d）对玉米籽粒灌浆和品质的影响。研究结果表明，淹水胁迫显著降低了夏玉米籽粒最大灌浆速率，严重影响籽粒干物质的积累，导致夏玉米产量显著下降；淹水胁迫降低了籽粒可溶性总糖、蔗糖和淀粉含量，淹水胁迫后籽粒粗蛋白含量和支/直的比值也显著降低，而粗脂肪含量提高；三叶期淹水对其影响最显著，拔节期淹水次之，开花后10d淹水的影响较小，其影响随淹水胁迫时间的延长而加剧。

第六节　水污染对玉米水分生理的危害

人类对污水利用走过一条曲折的道路，20世纪初西方发达国家如德国、美国等开始用工业污水灌溉农田，中国20世纪50—60年代在沈阳、天津等地也直接引用过污水灌溉，但实践证明污水直接灌溉农田是一条弊大于利的不可持续发展的道路，不但危害环境，同时，危及人民健康。现在提出再生水利用，是污水经过处理后再进行二次利用，这也是近30年的发展环境变化带给我们的教训。在污水利用中，后人一定记取人类走过的经验和教训。

再生水灌溉与原水比较，污染物仍然较高，尤其重金属靠自然降解是很困难的，多年灌溉必然会引起土壤中污染物的积累，如何修复污染，创造可持续发展道路，国内凡与造成污染的行业、承受污染的行业、化解污染的行业、相关的制造业、对应的主管部门、科研单位和院校等都关心这一课题，尤其工业化快速发展后，维护环境安全引起国人的高度关注，对于从事灌溉的专业队伍，应该是这支队伍的重要任务。

水污染来源于人类不规范的生产生存活动，在含有危害物质的生产活动与生活中不按规范随意排放污染物。人类在创造财富过程中已经掌握了那些是危害环境的物质，并进行了规范生产、生活制度化的法规性规范，只要准守规范生产操作就可以将危害减到最小，反之就会造成人类生存环境向着相反方向发展，这是未来必须避免的。保护人类及存在这个星球上的生物是人类的责任，我们要承担起来，因为，只有人类在主宰这个星球。

研究分析污水对作物的危害是为治理污染提供依据与解决方案。研究的主要内容包括污染物如何通过水体进入作物，污染物在植物体内的生存与转化机理，对作物的危害以及加入食物链后对人类的危害。

一、重金属污染对植物生理生化危害

金属中比重超过4~5的称为重金属，由雨水、灌溉水携带污染区的污染物，进入土壤，瞬间或多年沉积，土壤水就含有了重金属。土壤中含有的金属，区分为重金属和微量元素，其中硼、锰、锌、铜和钼是植物生长必需的微量元素，它们与常量元素不同，其含量很低，且在植物体内变化很大，是有益的元素；但重金属元素，特别是汞、镉、铅、铬

等具有显著的生物毒性，在水体中不能被微生物降解，而只能发生各种形态相互转化和分散、富集过程，对作物是有害物质。

重金属的危害：植物一旦进入重金属，参与了植物体内生化过程。重金属是脂质过氧化物的诱导剂，当重金属与细胞质接触时，细胞内自由基（至生物衰老的蛋白）的产生和清除间的平衡受到破坏，导致大量自由基产生，自由基引发膜中不饱和脂肪酸产生过氧化反应，破坏膜结构和功能，致使植物发育受到损害。伤害表现在影响酶活性和功能，影响膜对水分、营养的输送供给，使作物生长受阻，严重时会枯萎死亡。生物的生死归根到底是一种氧化与过氧化的过程，自由基就是过氧化的促进蛋白质（名词注解见附注）。

同样重金属对人体的危害其过程同植物一样，重金属通过食品进入人体后，由于比重大无法排出体外，会沉积在体内不同部位，参与了人体的生命活动，造成同植物一样的危害，引发各种疾病，直至癌变。

二、镉污染对玉米生理生化的影响

1. 镉的特性

镉在自然界中主要以硫镉矿而存在，在锌矿中也有少量存在，镉比重 8.65，镉的毒性较大，被镉污染的土壤对植物危害很大，在中国东北、西南都曾经发生过镉污染。一般是由污水灌溉或降水流经污染区流入农田，受污染土壤会多年积累，土壤很难降解，会被植物吸收。不但作物收成受损，受污染的作物果实进入人的食物链，会造成对人体的二次伤害。

2. 镉的胁迫试验

中国不同部门，对镉污染进行了多年多地试验，由于镉试验是破坏性试验，一般采用小面积或盆栽试验。图 4-11 至图 4-18，是曹莹等 2006 年发表的盆栽镉胁迫玉米试验成果，分别对不同浓度每千克 0mg（CK）；2mg（CL）；8mg（CM）；40 mg（CH）等 4 种污染土壤处理。研究者通过对植物生理生命活动过程中几个重要指示型指标进行了对比观测。

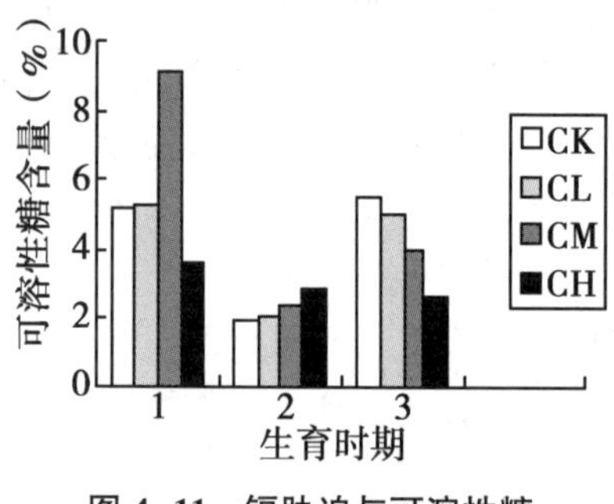

图 4-11　镉胁迫与可溶性糖

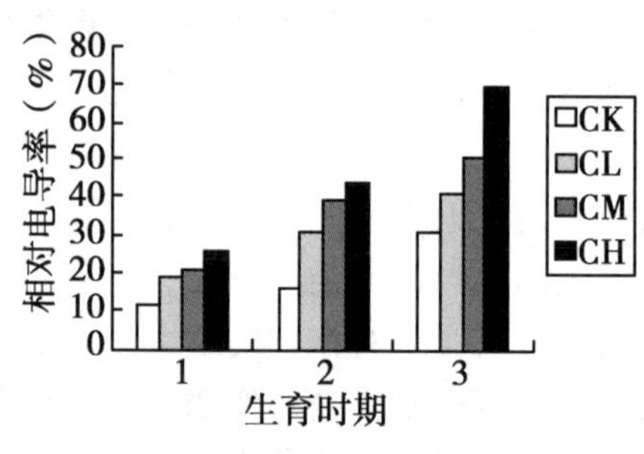

图 4-12　镉胁迫与电导率

（1）生命进程的有害指标。

①丙二醛（MDA）：是脂质氧化的最终产物，增加质膜过氧化最终导致损坏，MDA 在体外影响线粒体呼吸链复合物及线粒体内关键酶活性。它的产生还能加剧膜的损伤，因此在植物衰老生理和抗性生理研究中 MDA 含量是一个常用指标，可通过 MDA 了解膜脂过氧化的程度，以间接测定膜系统受损程度以及植物的抗逆性。

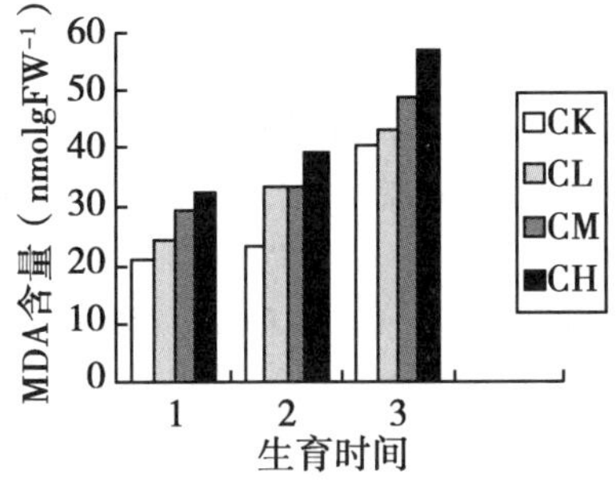

图 4-13　镉胁迫与 MDA

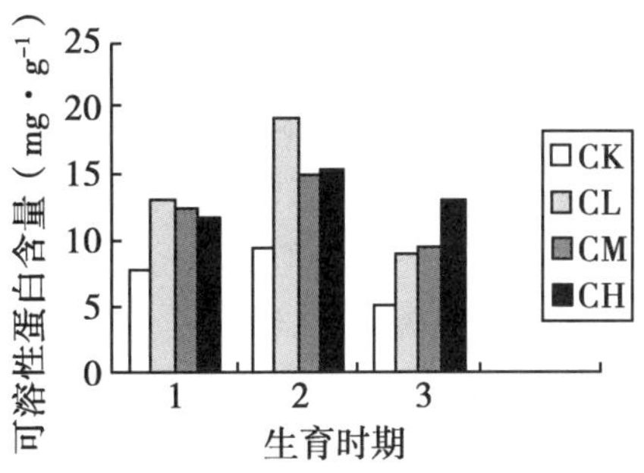

图 4-14　镉胁迫与可溶性蛋白

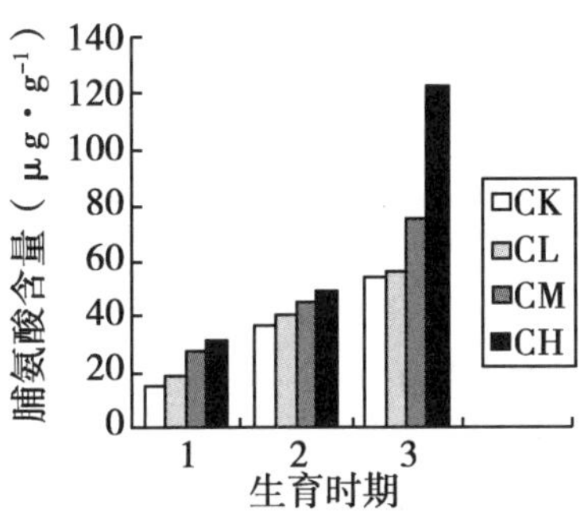

图 4-15　镉胁迫与脯氨酸

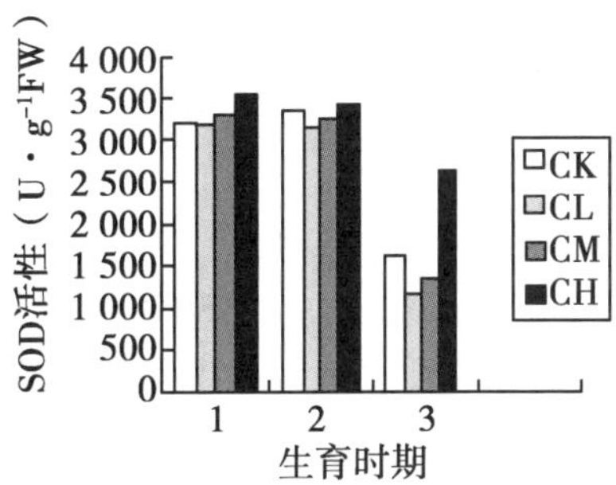

图 4-16　镉胁迫与 SOD 活性

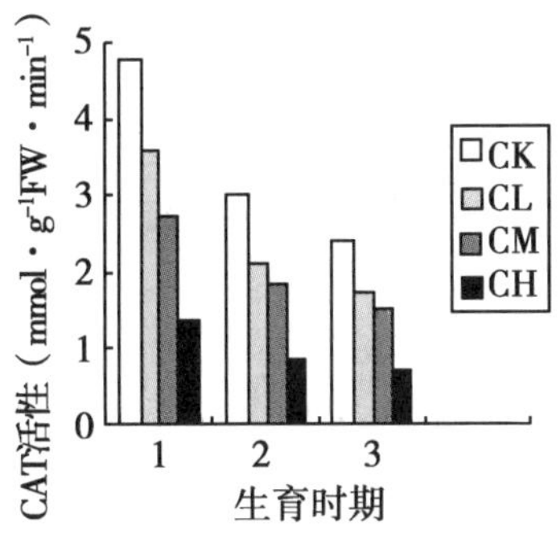

图 4-17　镉胁迫与 CTA 活性

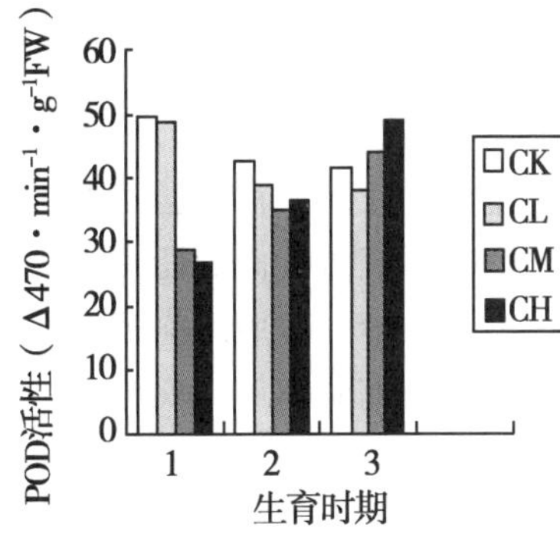

图 4-18　镉胁迫与 POD 活性

②相对电导率：是衡量细胞膜透性的重要指标，其值越大，表示电解质的渗漏量越多，细胞膜受害程度越重。

（2）生命活动有益指标。

①可溶性糖：植物组织中存在的可溶性糖种类较多，常见的有葡萄糖、果糖、麦芽糖和蔗糖。可溶性糖类参与渗透调节，糖对种子萌发、幼苗的发育、结节发育、植物的开花都有调节作用，而且糖的调节作用不是通过一条转导途径完成的。在可溶类糖中有一种海藻糖，是一种还原性双糖，能够阻止细胞磷脂双分子膜由液晶态向固态转变，稳定蛋白质等高分子物质，从而增加细胞对干旱的抵抗力，海藻糖能保护沙漠植物经受脱水（脱水表

现为无生命活动）和再水化的循环，而不破坏其组织中的脂质类、蛋白质类、糖类及核酸等生命物质，一旦能获得水分，几小时内即可复活（其机制引起生物界的关注）。

②可溶性蛋白：可溶性蛋白是植物体内氮素存在的主要形式，其含量的多少与植物体代谢和衰老有密切联系。植物体内可溶性蛋白，在生长期维持细胞正常的渗透势以及水分供应，在作物成熟期最终大部分会向籽粒转化。

③过氧化氢酶（CAT）：是催化过氧化氢分解成氧和水的酶，是一种保护酶能清除过多水分，存在于细胞的过氧化物体内。过氧化氢酶是过氧化物酶体的标志酶，约占过氧化物酶体酶总量的40%。植物细胞中的过氧化物酶体参与了光呼吸（与氧气生成二氧化碳）和共生性氮固定［将氮气（N_2）解离为活性氮原子］作用。

④过氧化物酶（POD）：过氧化物酶广泛存在于植物体中，是活性较高的一种酶。它与呼吸作用、光合作用及生长素的氧化等都有关系。在植物生长发育过程中它的活性不断发生变化。一般老化组织中活性较高，幼嫩组织中活性较弱。过氧化物酶可作为组织老化的一种生理指标。是含铁的蛋白质，具有催氧化酶反应，参与细胞分裂，能催化有毒物质分解。

⑤超氧化物歧化酶（SOD）：可提高生物合成能力，增强自身保护机制是一种源于生命体的活性物质，能消除生物体在新陈代谢过程中产生的有害物质。它有催化过氧阴离子发生歧化反应的性质，所以，正式将其命名为超氧化物歧化酶。

⑥脯氨酸（PRO）：是植物蛋白质的重要组成部分，并可以游离状态广泛存在于植物体中。在干旱、盐渍等胁迫条件下，许多植物体内脯氨酸大量积累，作为能量库调节细胞氧化还原势等方面起重要作用。在逆境条件下（旱、盐碱、热、冷、冻），植物体内脯氨酸的含量显著增加。植物体内脯氨酸含量在一定程度上反映了植物的抗逆性，抗旱性强的品种往往积累较多的脯氨酸。因此，测定脯氨酸含量可以作为抗旱育种的生理指标。有防止细胞脱水的作用。在低温条件下，植物组织中脯氨酸增加，可提高植物的抗寒性，具有植物逆境的适应自我保护能力。

根据上述指标对照图中各指标，发现对生命进程的有害指标 MDA 于相对电导率都随土壤镉含量增加而增加，说明镉对玉米的危害因镉含量增大作物危害加大，证明镉的污染对玉米是有害的。也有试验证实玉米吸收镉含量较其他作物高，因此，从另外角度出发，玉米是否能作为清除镉污染的富集植物用，这需要进行严密的试验与论证。

相反，所有对生命活动有益指标，都因镉污染受到损害，但其中具有保护性的 4 个指标即 POD、SOD、PRO、可溶性蛋白，是以抗逆性增强表现出对镉的破坏。重金属离子进入植物体后，与其他化合物结合成金属络合物或螯合物，抑制植物各种代谢活动尤其是蛋白质的合成。因此，可溶性蛋白质含量是衡量植物是否发生重金属胁迫的重要指标。低浓度的镉离子溶液则会导致可溶性蛋白含量增加，而可溶蛋白质含量的提高，很可能是植物抵抗镉毒害的一种解毒机制，例如，镉能诱导产生镉结合蛋白，而降低镉的毒性。

三、铬污染对玉米生理生化的影响

1. 铬的特性

铬比重 7.19，铬的毒性与其存在的价态有极大的关系，六价铬的毒性比三价铬高约

100 倍，但不同化合物毒性不同，六价铬化合物在高浓度时具有明显的局部刺激作用和腐蚀作用，低浓度时为常见的致癌物质。但是铬又是植物和人体不可缺少的元素，植物体内少量的铬对植物生长有刺激作用。铬也是人体不可缺少的元素，铬是体内的微量元素之一，适量铬能帮助胰岛素促进葡萄糖进入细胞内的效率，也是重要的血糖调节剂，并对血液中的胆固醇浓度也有控制作用，缺乏时可导致心脏疾病。

2. 玉米苗期铬的胁迫生理试验

王启明[56]曾对玉米幼苗进行过铬胁迫试验，将土壤加入不同浓度铬（表 4-12、表 4-13），培育玉米出苗，测定玉米幼苗的保护酶 SOD、POD 及脯氨酸、丙二醛。观测结果显示 Cr^{6+}在低浓度时对 PRO 有明显的刺激作用；但对膜透性增强，MDA 含量增加，这两项的增强与增加表明对细胞发育破坏性增加。从细胞活性指标 SOD、POD 观测值看，随着 Cr^{6+}的浓度增加，保护酶 SOD、POD 指标降低，这表明不利于玉米幼苗生长发育。

表 4-12　Cr^{6+}对玉米幼苗 PRO、MDA（鲜重）及细胞膜透性的影响[56]

Cr^{6+}浓度（mg/L）	Pro 含量（μg/g）		膜透性（%）		MDA 含量（μmol/g）	
	根	上胚轴	根	上胚轴	根	上胚轴
0	15.7（100.0）	20.3（100.0）	9.1（100.0）	8.5（100.0）	18.3（100.0）	21.2（100.0）
10	32.4（206.4）	39.7（195.6）	10.8（118.7）	9.0（105.9）	20.8（113.7）	22.0（103.8）
20	40.9（260.5）	41.4（203.9）	11.5（126.4）	9.4（110.6）	21.9（119.7）	23.5（110.8）
50	32.6（207.6）	50.4（248.3）	12.8（140.7）	11.8（138.8）	23.4（127.9）	27.8（131.1）
100	23.5（149.7）	39.7（195.6）	14.9（163.7）	12.6（148.2）	27.7（151.4）	29.2（137.8）

注：括号中的数字为处理占对照的百分比

表 4-13　Cr^{6+}对玉米幼苗 SOD、POD 活性（鲜重）的影响[56]

Cr^{6+}浓度（mg/L）	SOD 活性（U/g）		POD 活性［U/（g·min）］	
	根	上胚轴	根	上胚轴
0	528.3（100.0）	480.3（100.0）	301.7（100.0）	281.7（100.0）
10	486.5（92.1）	469.5（97.8）	450.0（149.2）	357.2（126.8）
20	440.1（83.3）	458.1（95.4）	399.5（132.1）	384.4（136.5）
50	415.5（78.6）	400.3（83.3）	303.7（100.7）	444.8（157.9）
100	382.1（72.3）	370.1（77.1）	271.8（90.1）	320.1（113.6）

铬胁迫试验表明，高浓度 Cr^{6+}（大于 50mg/g）胁迫，会造成玉米幼苗的膜系统的伤害，细胞保护酶 SOD、POD 活性降低，保护酶对清除活性氧的能力降低，不能阻止自由基在细胞内的积累，使膜发生膜质过氧化，MDA 大量积累，膜透性增加，对玉米发育产生抑制效应乃至伤害。

四、铅污染玉米生理生化的影响

1. 铅的特性

铅比重 11.34，一般在土壤含量 2～200mg/kg，植物体内 0.1～100mg/kg，铅危害人体的造血、神经系统及肾脏危害较严重，铅对作物小剂量会表现出刺激作用，但大剂量会影响作物生长直至死亡，相对于其他重金属，铅对作物危害较小，但铅在作物籽粒中的残留，对人体的危害极大，中国食品卫生标准规定含铅要小于1mg/kg。

2. 铅的胁迫试验

李昊晔[55]曾对玉米对土壤中重金属铅的吸收效应及生理反应作过试验，作者试验得出“玉米对土壤中的铅具有强烈的吸收性（图4-19），并可残留在作物各个部位（包括籽实）（图4-20），而且，他们对铅的吸收表现出极大的隐蔽性。”，玉米吸收了大量的铅而发育正常。该试验看出铅虽然对玉米影响不大，但玉米是食品的重要原料，也是部分区域的主食，含有过量铅的食物进入人体，会产生严重伤害。

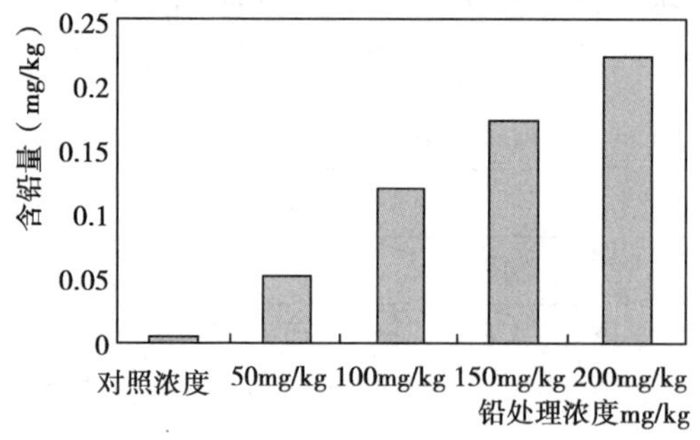

图4-19 不同含铅土壤玉米籽粒含铅量[55]

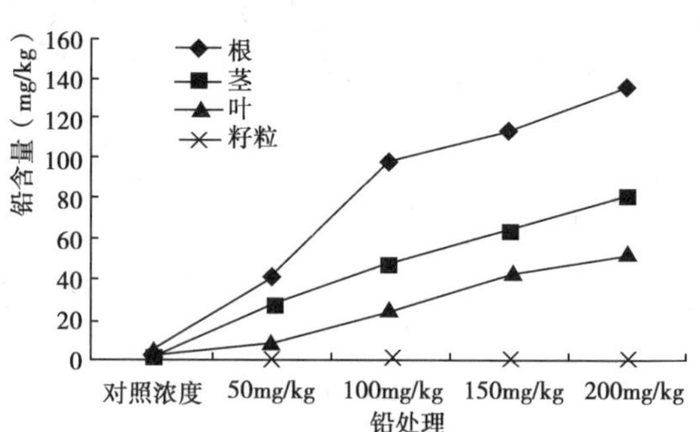

图4-20 玉米对土壤中铅吸收的变异特性[55]

五、萘污染对玉米生理生化的影响

1. 萘的特性

萘是一种有机污染物质，有半挥发性，也是一种有极强致癌性和持久性物质，在环境中难以降解，对生物体产生遗传毒性。污染源产生有两方面，一是自然界的燃烧产物；二是人类活动中的燃烧、工业中焦炭、石油精炼、金属熔炼等作业的产物。萘水溶性差但由于不宜降解，在城市工矿区周围土壤中长期积累，土壤受污染，如沈阳地区的污水灌溉引起灌区内土壤多环芳烃污染。

萘污染经土壤水稀释随植物根系可进入植物体的循环，进而进入人类的食物链，产生对人体的危害。该类物质对生物有较强的抑制作用，并有较强的毒性，且毒性具有遗传性。

2. 萘对玉米的胁迫试验[47]

孙成芬曾对萘进行过胁迫试验，试验将不同0.25g/kg、0.5g/kg、1.0g/kg、2.5g/kg、5.0g/kg萘溶于易挥发的石油醚中再洒向装满2kg风干土的花盆中。

试验分别对玉米发育过程中的生理指标进行测定，从不同浓度的污染反应看出，萘在低浓度时对玉米有刺激作用，从叶绿素含量、光合速度、根系活力都表现出促进作用，但当萘浓度增加到100mg/kg时，全部表现出抑制作用。其中，对根系活力、光合速率影响十分严重（图4-21、图4-22、图4-23）。同样在图4-24中表现出对CAT活性的影响，CAT是维护细胞水平衡的保护酶，在观测的第三周CAT显著降低，说明细胞活力下降，玉米生存力下降。试验表明，萘进入玉米幼苗，随着幼苗生长，生理活动受到严重的抑制，对玉米正常发育有破坏力。

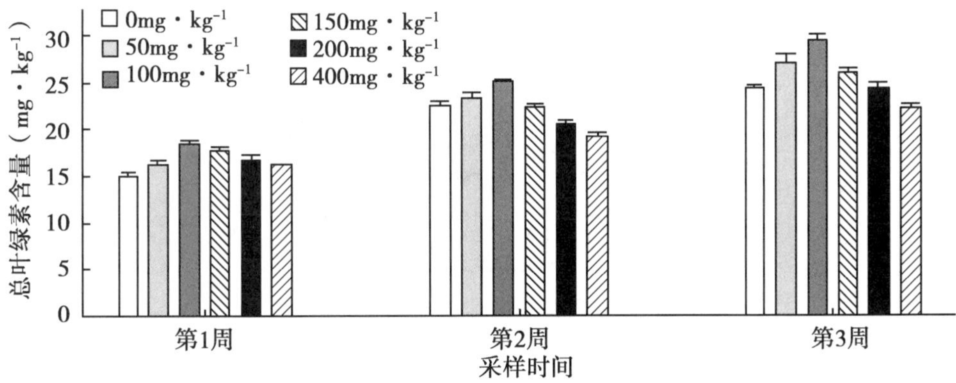

图 4-21　不同浓度萘污染对玉米幼苗叶绿素含量的影响

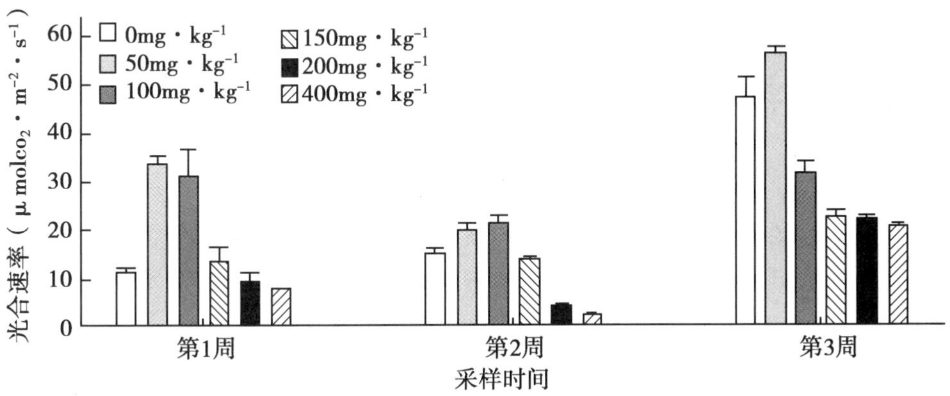

图 4-22　不同浓度萘污染对玉米幼苗光合速率的影响

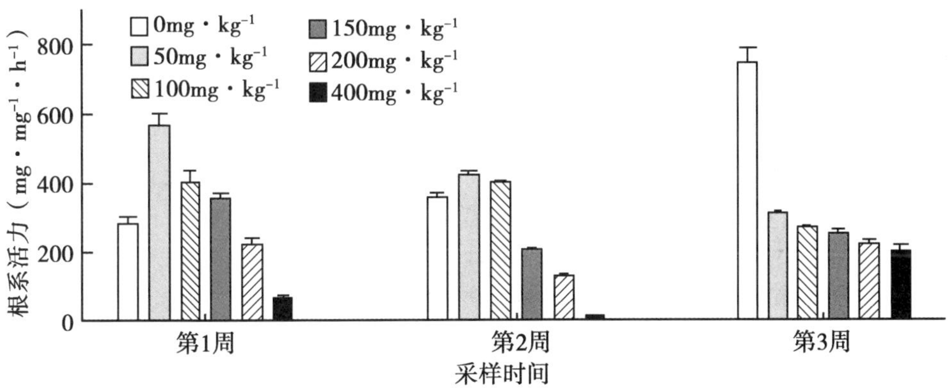

图 4-23　不同浓度萘污染对玉米根系活力的影响

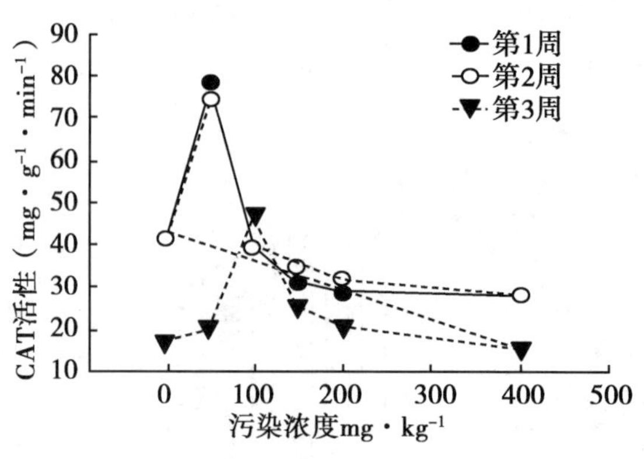

图 4-24 污染浓度对 CAT 活性的影响

第七节　高产下玉米生理指标的研究

中国是世界玉米生产大国，尽管玉米单产水平不断刷新，但增产的潜力还很大。因此，对高产下玉米生理指标开展研究仍十分必要。

一、高产玉米条件分析

玉米是原生长在美洲，传入中国已有 500 多年历史，早已入乡随俗，成为中国主要粮食作物，也证明中国大地适合玉米生长。从中国的玉米生产经验看，决定玉米单产的条件有五方面。

1. 光照

自然条件下，太阳辐射是绿色植物进行光合作用唯一能源，但并非全部太阳辐射均能被植物的光合作用所利用，不同波段的辐射对植物生命活动起着不同的作用，最有用部分为波长 0. 4～0. 76μm 部分，参与植物光合作用，而大于 1. 0μm 波长部分，植物吸收后只转换热量，不参与光合作用，但可促进干物质积累，影响蒸腾作用，波长小于 0. 28μm 的紫外光会杀伤植物细胞。

自然光辐射有 2 种形式，直接照射地面的称为直接辐射，经散射后到达地面的称散射辐射。辐射的强度与太阳高度角有关，2 种辐射比例也随太阳高度角变化而变化。2 种辐射植物吸收效率不同，光合有效辐射占直接辐射中的比例随太阳角的变化而变化，最大时可达 45%，而散射辐射中光合有效辐射占 60%～70%，平均光合有效辐射约在 50%。近年量子科学观测手段的进步，揭示出光合有效率是以单个光量子与一个植物体的分子的化学反应来确定，植物吸收光辐射的效率应该是按吸收光量子的多少来衡量更能体现光合效率。

光是生物能量的根，在现代技术水平下，人类种植的作物只能从光热资源中吸收 2% 的热量，根据生物学家 loomis（1963 年）的推算，理论上作物最大吸收太阳光热的生产率可达 $77g \cdot m^{-2} \cdot d^{-1}$，折算为太阳辐射能的 5. 3%，但从理论上总辐射中光合有效率看可达 50%，可见人类要从植物中摄取太阳光热的潜力巨大。

2. 玉米育种

玉米高产的首要条件是要有好的种子，从中美两个玉米大国的良种对单产的促进，就能看出优良玉米种子在单产提高中的作用，可从图 4-25 中将 2015 年中美两国产量折算为单产，中国为 6 700kg/hm^2，美国为 10 000kg/hm^2，而从历史统计图 4-26 资料来看，两国即使十年前的玉米单产纪录也有较大差距（中国最高单产纪录 21 000kg/hm^2，美国最高单产纪录 27 000kg/hm^2）。可见普及推广先进玉米良种是多么重要。

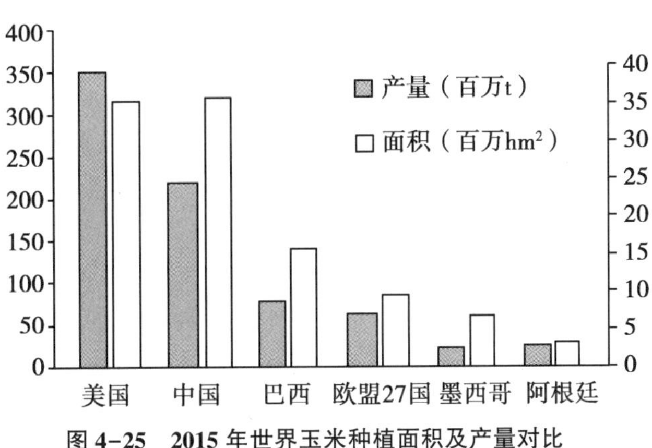

图 4-25　2015 年世界玉米种植面积及产量对比

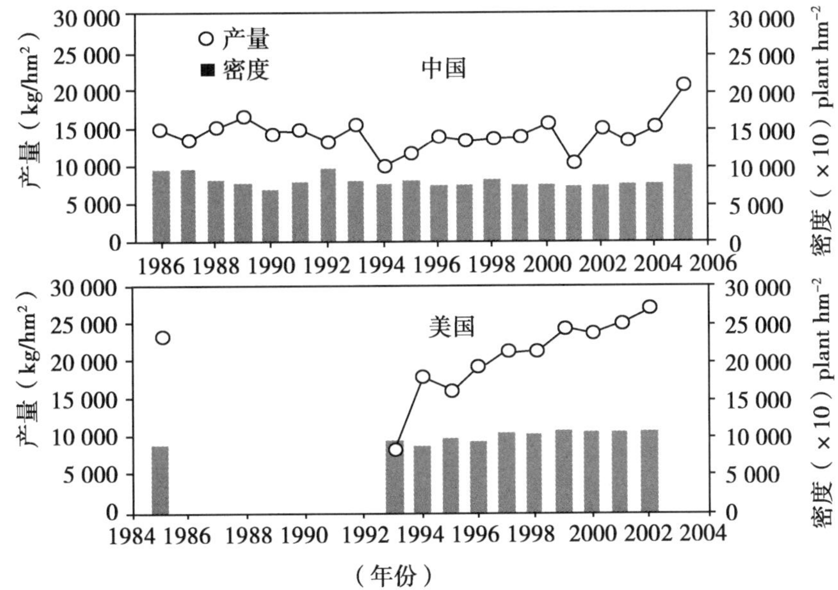

图 4-26　中国与美国玉米新品种栽培密度与高产纪录发展状况对比[61]

3. 水分保证

只有在水分充足的条件下玉米才能充分健康茁壮的发育。这个条件无需充分论证，已是在现实中充分体验到的众所周知的道理。

在中国季风特点的降水环境下，截至 2016 年水利工程已经覆盖了中国 55% 的耕地，其灌溉面积相当于所有发达国家灌溉面积的总和。

但中国在水资源利用效率上远低于发达国家，有效利用率仅 52%，发达国家在 80%

左右，目前差距虽然在逐步缩小，但差距仍然很大，正在努力追赶。

4. 肥料保证

中国农田化肥用量平均为400kg/hm^2，而发达国家仅为225kg/hm^2，远超出发达国家，但也同样存在利用效率问题，使用不科学，肥料蒸发、随水流失，利用率不足40%。急需提高有机肥的使用比例，合理利用化肥，改进施用措施和方法，提高利用率。与发达国家寻找差距，如中国小麦施肥量从1998—2013年增长近200%，但小麦增产只提高50%，而英国小麦氮肥用量不及中国的85%，单产却是中国的1.3倍（引自2015年3月17日新华网）。

5. 耕作制度现代化

农业现代化需要从多方面采用现代化科学技术，将信息化、智能化技术融入耕作技术的方方面面，如种植技术、机械化技术、植物保护技术、科学智能施肥技术、灌溉智能化技术、收获存储技术等等，跟上和超越先进国家，走出中国玉米高产的中国特色发展之路。

上述前2个条件是高产的前提，后面3个条件是高产的保证。

二、高产玉米光合系统生理指标

1. 叶面积指数

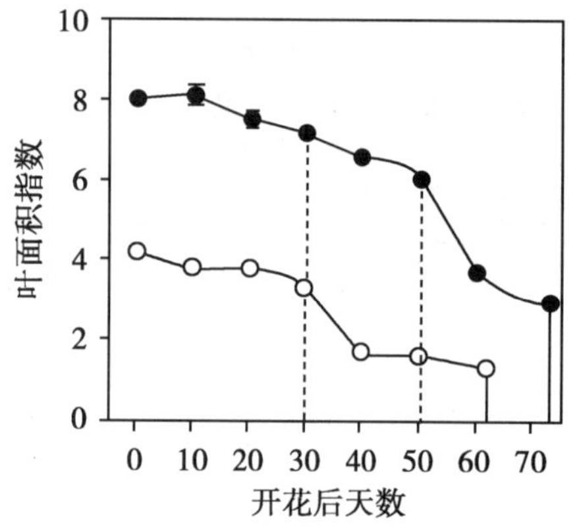

图4-27 高产玉米与一般生产田叶面指数与衰落期对比[61]

对于一个地区当光热资源确定后，玉米产量的重要指标就是玉米的叶面积指数，干物质的积累决定植物叶片的多少和大小，更决定叶片的活跃生命期的长短。图4-27[61]是夏玉米叶面指数在开花后70d的观测曲线，较详细的揭示了玉米高产田与一般生产田的区别：不但叶面积多，而且绿叶期比一般生产田的玉米长20d，是增产的必要条件。

2. 高产下玉米叶片气孔导度

玉米光合作用强弱主要决定玉米叶片的气孔张开的大小与持续时间长短，同时玉米单株叶片上下分布的作用也有很大差异，上层接收辐射量大，越往下光照强度越弱，表4-14是20世纪80年代的剪叶试验，测得一般玉米田的各层剪叶后的产量损失，从反面证明了顶层叶光合贡献大于下层，比例相差1倍多，这一成果与图4-28类同，图4-28中对单株玉米叶片分上中下三层，对高产与一般玉米进行了气孔导度测定，分别测定了开花后第25天与第45天，一天内8：00—18：00的气孔导度变化。图4-28（ABC与DEF分别是开花期后第25天、第45天上中下叶片导度）表明高产下玉米的生长状态不但叶面积的系数大，同时，气孔开度、导度都表现突出，高于一般玉米30%左右。

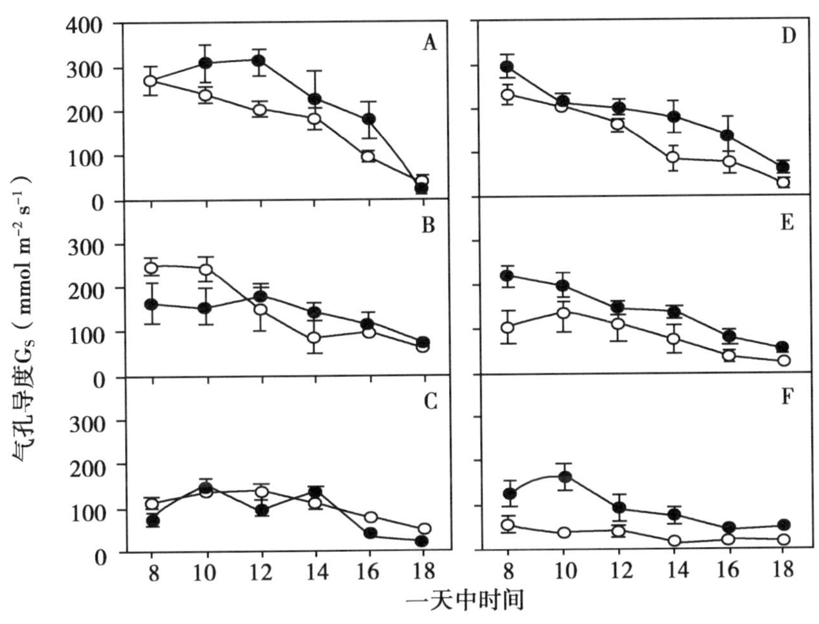

图 4-28　高产（黑点）与一般（白点）气孔导度

表 4-14　玉米植株不同上下叶片光合贡献剪叶试验

处理	穗长	穗粒数	穗粒重	减产	处理	穗长	穗粒数	穗粒重	减产
剪叶	(cm)	(粒)	(g)	(%)	11~12	16.6	568	147.8	27.3
5~6	17.2	575	176.1	13.8	13~14	15.2	556	128.5	37.1
7~8	18.1	571	167.9	17.8	15~16	15.9	493	140.7	31.1
9~10	16.9	550	148	27.6	对照	19.3	657	204.3	

3. 不同光合作用对肥料的吸收

王永军对玉米开花后植株不同部位氮磷钾吸收量进行测定，研究表明钾肥开花前需要量最大，在根茎叶中含量都比一般玉米高出许多，接近 1 倍左右，而开花后期氮肥需要量最多，是钾肥的 3 倍（表 4-15）。

表 4-15　高产与一般玉米开花前后对氮磷钾的累积含量对照表[61]

生长阶段	N		P		K	
	超高产栽培模式	传统栽培模式	超高产栽培模式	传统栽培模式	超高产栽培模式	传统栽培模式
花前（kg·hm^{-2}）	204.9	118.9	69.6	27.9	541.5	101.3
花后（kg·hm^{-2}）	220.0	37.5	66.9	18.6	70.5	5.0
花前%：花后%	48：52	76：24	51：49	60：40	99.9：0.1	94.6：5.4

三、高产玉米籽实生理指标

在查阅国内玉米群体高产与超高产的文献后，将各自研究成果列在表 4-16、表 4-17

中，得出玉米高产的关键总结为：一是耐密耐肥的高产良种；二是在保证氮肥供给的同时要注意钾肥的高供给；三是保证及时灌溉；四是提高生产效率，改革小农经济向大农业转换，降低成本。

表 4-16 高产夏玉米籽粒与肥料参数成果表

试验地区	万穗 (hm^2)	粒数 (穗)	粒数 ($10^6/hm^2$)	千粒重 (g)	钾肥 (kg/hm^2)	氮磷钾比例	参考文献
河北	6~7.3	550~580	37.5	300~350	196	1：0.55：0.92	[57]
黄淮海		360~515	30.6~39.6	350~390	225	1：0.14：0.44	[59]
豫东	8.4	485	40.7~	326	450	1：1.6：0.6	[60]
山东	7.8	600	40.0	340	花前 882	1：1.3：1.46	[61]
					花后 60	1：1：0.5	[61]

表 4-17 高产夏玉米密度与光合生产率相关参数表

试验地区单位	密度 (万株/hm^2)	叶面积系数	总光合势 ($hm^2.d/hm^2$)	平均光合生产率 ($g/m^2.d$)	产量 (kg/hm^2)	粒叶比 (kg/m^2)	收获指数	参考文献
河北	6.75~7.5	6.0	332.96	9.8	10 500	1.57		[57]
黄淮海	8.2	5.5	370	11.1	11 827			[59]
山东	10.2	7.5		26.5	20 322	0.25~0.32	0.54	[61]
豫东	8.25~9	5.94~6.33	470.46	12.1	13 000			[60]

注：据文献［63］介绍玉米可能光生产效率 $52g/m^2.d$；光利用率约大 3.57%

中美玉米高产纪录分别为：美国 2002 年 lowa 州非灌溉玉米在密度 10 890株/hm^2 下收获 27 351kg/hm^2 产量，中国夏玉米 2005 年李登海 98 610株/hm^2，产量 21 042.9kg/hm^2。

四、高产玉米生理生化指标

王永军在他的博士论文中详细的测定了，在 2 年试验中超高产夏玉米 20 000kg/hm^2 水平下与一般玉米产量的生理生化指标，这里仅截取开花后最大差别的数据列在表 4-18 中，供后者研究中参考。

表 4-18 超高产栽培玉米与一般栽培玉米生理生化指标对比[61]

生理生化参数 (叶片)		可溶性蛋白	SOD 比活力	CAT 比活力	POD 比活力	MDA 含量
		mg/g	$Unltmg^{-1}$ protein	$Unltmg^{-1}$ $proteinmin^{-1}$	$Unltmg^{-1}$ $proteinmin^{-1}$	$10^{-3}\mu molg^{-1}$ FW
超高产栽培	上	20~25	20~35	4.2~2.2	50~35	8.5~10
	中	15~20	20~50	5.5~2.5	50~60	4.8~7.5
	下	12~13	25~35	2.9~5.3	60~70	6~3.5

（续表）

生理生化参数（叶片）		可溶性蛋白	SOD比活力	CAT比活力	POD比活力	MDA含量
		mg/g	$Unltmg^{-1}$ protein	$Unltmg^{-1}$ $proteinmin^{-1}$	$Unltmg^{-1}$ $proteinmin^{-1}$	10^{-3} $\mu molg^{-1}$ FW
一般栽培	上	14~21	10~29	4.6~1.8	48~55	8.5~11.4
	中	9~18	20~25	3.2~5.0	50~100	6.8~11
	下	11~15	25~42	4.3~2.5	58~68	6~7

名词注释

（1）ADP：ADP adenosine diphosphate 缩写腺苷二磷酸。即腺苷的5′-焦磷酸酯，在各种生化反应中由 ATP 生成，具有一个高能磷酸键，通过腺苷酸激酶能可逆地转变为 ATP 和腺酸。

（2）ATP：ATP 又称腺苷三磷酸，是腺苷酸（AMP）的磷酸衍生物。腺苷酸的末端磷酸基再联结一个磷酸基为二磷酸腺苷（ADP），ADP 再联结一个磷酸基为 ATP。三磷酸腺苷是生物体内重要的高能磷酸化合物，每摩尔三磷酸腺苷水解生成 ADP 和 Pi（无机磷酸）时可释放自由能 7.3kcal（30.5kJ）；它是能量代谢的中心物质。

（3）脂质过氧化物：在动植生物体内，很多脂类含有不饱和脂肪酸，特别在生物膜的磷脂中，不饱和脂肪酸含量极高。不饱和脂肪酸化学性质很不稳定，很容易受到过氧化作用导致损伤，产生有细胞毒性的脂质过氧化物。近年来，研究证明，脂质过氧化化合物能破坏人体细胞正常生理功能与某些疾病的病理过程，如肿瘤、化学中毒、感染、炎症、自身免疫疾病、动脉粥样硬化（AS）及心脑血管疾病以及衰老等生理过程均有密切联系。脂质过氧化被证实是一种细胞损伤机理，作为细胞和组织中氧化应激的一种指标。脂质过氧化物是不稳定的，其可分解形成一系列复杂的混合物，包括反应的羰基混合物。多不饱和的脂肪酸过氧化物分解产生丙二醛 Malondialdehyde（MDA）和4-羟基烯烃类（HAE）。LPO、MDA 和 HAE 的测量已经被用作脂质过氧化的一种指标。

（4）自由基：SE+活性氧自由基聚合蛋白，SE+活性氧自由基聚合蛋白又称自由基，大量研究已经证实，自由基从产生到衰亡的过程就是电子转移的过程。在生命自由基体系中，电子的转移是一种最基本的运动，而氧是最容易得到电子的元素，因此，生物体内许多化学反应都与氧有关。科学家们发现损害人体健康的自由基几乎都与那些活性较强的含氧物质有关，他们把与这些物质相结合的自由基叫做活性氧自由基。活性氧自由基对人体的损害实际上是一种氧化过程。因此，要降低自由基的损害，就要从抗氧化做起（引自360百科）。

参考文献

[1]　陈玉民，郭国双．中国主要作物需水量与灌溉［M］．水利电力出版社，1995.

[2]　肖俊夫，宋毅夫，刘祖贵，等．玉米节水灌溉技术［M］．中原农民出版社，2015.

[3]　张仁和，郑友军，马国胜，等．干旱胁迫对玉米苗期叶片光合作用和保护酶

的影响［J］. 生态学报，2011.
［4］ 杜伟莉，高杰，胡富亮，等. 玉米叶片光合作用和渗透调节对干旱胁迫的响应［J］. 作物学报，2013.
［5］ Milborrow B V，Burden RS，TaylorM F. The conversi.
［6］ Davies W J，Zhang J. Root signals and the regulat.
［7］ 郝格格，孙忠富，张录强，等. 脱落酸在植物逆境胁迫研究中的进展［J］. 中国农学通报，2009，25.
［8］ 郝卫平. 干旱复水对玉米水分利用效率及补偿效应影响研究［D］. 博士学位论文，北京：中国农业科学院，2014.
［9］ 刘战东，肖俊夫，南纪琴，等. 淹涝对夏玉米形态、产量及其构成因素的影响［J］. 人民黄河，2010.
［10］ 刘祖贵，刘战东，肖俊夫，等. 苗期与拔节期淹涝抑制夏玉米生长发育、降低产量［J］. 农业工程学报，2013.
［11］ 任佰朝. 淹水对夏玉米产量和品质及其生理特性的影响［D］. 硕士学位论文，泰安：山东农业大学，2014.
［12］ 刘冰，周新国，李彩霞，等. 叶面喷施外源多胺提高夏玉米灌浆前期抗涝性［J］. 农业工程学报，2016，32.
［13］ 任佰朝，张吉旺，李霞，等. 淹水胁迫对夏玉米籽粒灌浆特性和品质的影响［J］. 中国农业科学，2013，46.
［14］ 李国，吴学荣. 玉米抗旱性生理生化研究进展［J］. 温州农业科技，2009（1）.
［15］ 兰青阔. 玉米花粒期水分胁迫条件下高效用水的生理机制研究［D］. 沈阳农业大学，2006，6.
［16］ 傅丰贝，陆文娟，等. 不同控水时段根区局部灌溉对玉米生理和水分利用效率的影响［D］. 营养与肥料学报，2014. 06.
［17］ 崔震海. 玉米水分利用效率鉴定指标体系及其生理基础的研究［J］. 沈阳农业大学，2005. 6.
［18］ 李壮. 玉米水分利用效率及其生理基础研究［J］. 沈阳农业大学，2004. 04.
［19］ 王娟，李德全. 水分胁迫对玉米根系 AsA-GSH 循环及 H2O2 含量的影响［J］. 中国生态农业学报，2002，6.
［20］ 陈敏，徐姗，等. 淹水条件下玉米耐淹阈值研究［J］. 安徽农业大学学报，2013，40（4）.
［21］ 张祖新，唐万虎. 玉米根系对淹水胁迫的早期响应及耐渍相关基因分析［D］. 2004 全国玉米种质扩增、改良、创新与分子育种学术会议论文集，2004.
［22］ 唐万虎，张祖新. 玉米耐渍功能基因组分析及相关基因 Sicyp51 的鉴定与克隆［J］. 中国科学 c 辑：生命科学，2005（1）.
［23］ 孙成芳. 土壤萘污染对玉米生长发育的影响［D］. 东北师范大学，2007. 6. 8.
［24］ 刘建武，林逢凯，等. 多环芳烃萘污染对水生植物生理指标的影响［D］. 华

东理工大学学报，2002.
[25]　朱林，许兴．植物水分利用效率的影响因子研究综述干旱地区［J］．农业研究，2005，11.
[26]　杨鑫光，牛得草．植物根-土界面水分再分配研究方法与影响因素［J］．生物学杂志，2008，27（10）.
[27]　马克西莫夫（苏联）．植物生理学简明教程［M］．中华书局，1953，12.
[28]　W．拉夏埃尔（西德）．植物生理生态学［M］．科学出版社，1980.
[29]　B.T 肖（美）．土壤物理条件与植物生理［M］．科学出版社，1965.
[30]　古谷雅树等（日）．植物生理学讲座［M］．科学出版社，1979.
[31]　C.A．普赖斯（美）．植物生理学的分子探讨［M］．科学出版社，1979.
[32]　孙琴，倪吾钟，等．超积累植物体内的小分子螯合物质及其生理作用［J］．广东微量元素科学，2001.
[33]　周东升，赵延明，等．玉米植株不同部位含水量遗传主效应及其与环境互作效应的研究［J］．玉米科学，2011，19（3）.
[34]　李成．植物的吐水现象及其在农作物灌溉中的应用［J］．植物生理通讯，1989（4）.
[35]　朱琳，郑海雷．植物水孔蛋白细胞［J］．生物学杂志，2005，27：539-544.
[36]　梅杨，李海蓝，等．植物水孔蛋白的功能植物［J］．生理学通讯，2007，6.
[37]　陈超，柳参奎．植物水孔蛋白的功能及活性调节基因组学与应用［J］．生物学，2010（29）.
[38]　张继澍．植物生理学［M］．高等教育出版社，2006.
[39]　李吉跃，张丽洪．内聚力张力学说的新证据［J］．北京林业大学学报，2002，7.
[40]　白登忠，邓西平，等．水分在植物体内的传输与调控［J］．西北植物学报，2003，23（9）.
[41]　高荣孚，温小刚．一种新型植物动力学荧光仪［J］．生物物理学报，2000，3.
[42]　李红梅，万小荣，等．植物水孔蛋白最新研究进展［J］．生物化学与生物物理进展，2010（1）.
[43]　吴楚，何开平．植物水孔蛋白的生理功能及其基因表达调控的研究进展［J］．湖北农学院学报，2001，11.
[44]　胡正海．植物解剖学［M］．高等教育出版社，2010，5.
[45]　杨淑慎，高俊凤．活性氧、自由基与植物的衰老［J］．西北植物学报，2001，21（2）.
[46]　曹莹，李建东．镉胁迫对玉米生理生化特性的影响［J］．农业环境科学学报，2007，26（增刊）.
[47]　孙成芳．土壤萘污染对玉米生长发育的影响［D］．东北师范大学学位论文，2007.6.8.

[48] 孙成芬，玛丽．土壤萘污染对玉米苗期生长和生理的影响［J］．农业环境科学学报，2009.28（3）.
[49] 乔园．土壤—玉米系统中汞的生态毒理效应研究［D］．西北农林科技大学学位论文，2012.
[50] 曹莹．铅和镉胁迫对玉米生长发育影响机理的研究［D］．沈阳农业大学学位论文，2005，5.
[51] 巢丽仪，秦华明，等．重金属铬胁迫对玉米幼苗生长的影响［J］．种子，2008，3.
[52] 庄鹏宇，李茜，等．石油中萘对黄土种植玉米的污染生态效应研究［J］．西安交通大学学报，2010，11.
[53] 赵江涛，李晓峰，等．可溶性糖在高等植物代谢调节中的生理作用［J］．安徽农业科学，2006，4.
[54] 周艳芳，欧阳静萍．细胞抗凋亡作用及其信号转导途径［J］．国外医学，2003（4）.
[55] 李高杰，刘竹清，等．猕猴桃保鲜过程中 CAT_ SOD_ POD 活性变化的研究［J］．山东化工，2011（10）.
[56] 李昊晔．玉米对土壤中重金属铅的吸收效应及生理反应［D］．沈阳农业大学学位论文，2004，6.
[57] 王启明．重金属 Cr~（6+）胁迫对玉米幼苗生理生化特性的影响［J］．河南农业科学，2006（8）.
[58] 崔国美．有限光热资源条件下夏玉米高产群体生理指标研究［J］河北农业大学，2000，6.
[59] 李潮海，苏祯禄，等．高产夏玉米群体生态生理指标研究［J］．河南农业大学学报，1991（4）.
[60] 靳小利，杜雄，等．黄淮海平原北部高产夏玉米群体生理指标研究［J］．玉米科学，2012，20（1）.
[61] 郭振升，皇甫自起，等．豫东平原夏玉米高产群体生理指标研究［J］．湖北农业科学，2013，9.
[62] 王永军．超高产夏玉米群体质量与个体生理功能研究［D］．山东农业大学学位论文，2008，06.
[63] 王昭，鞠章纲，等．玉米群体粒叶比与光合特性及产量的关系［J］．南京农业大学学报，1998，21（1）.
[64] 逄焕成，王慎强．群体高产与光能利用［J］．植物生理学报，1998，34（2）.
[65] 徐璟璟．甘肃河西地区制种业的区域经济效应研究［D］．甘肃农业大学学位论文，2009，06.
[66] 全国课题协作组．作物喷灌田间试验（第十四章宋毅夫丁希泉玉米）［D］．水利电力部科技司，1982.8.

第五章　异常水环境对玉米生态与产量的影响

水是影响玉米生长发育最重要的环境因子，由于气候、地形、土壤、灌溉水质等造成的异常水环境（如干旱、渍害、洪涝、微咸水、盐碱、水污染等）给玉米的生长发育及产量造成了重要影响，因此，分析异常水环境对玉米生长的影响，寻找解决的措施，对于玉米的高产、稳产，保障粮食安全具有重要的作用。

第一节　干旱对玉米生态与产量的影响

一、干旱对玉米形态变化的影响

1. 干旱对玉米株高和叶面积的影响

株高和叶面积是玉米重要的形态指标，干旱对玉米植株的生长产生抑制作用，影响细胞伸长生长和细胞分裂，且细胞伸长生长对干旱缺水更敏感，因此，玉米遭受干旱后，其株高和叶面积增长减缓，受旱程度越高，其株高越低，叶面积指数越小（图 5-1a、图 5-1b）。干旱对玉米株高和叶面积的影响与干旱发生的时期有关。由防雨棚下不同生育期干旱对夏玉米生长的影响研究结果表明，随着干旱时期的后移，干旱对株高和叶面积指数的影响程度逐渐降低，苗期受旱的影响最大，其次是拔节期受旱，灌浆期受旱对株高影响很小，但灌浆期受旱会加速叶片的衰老和死亡，缩短叶片的功能期，使叶面积指数快速下降（图 5-1）。苗期干旱、拔节期干旱复水后，由于补偿生长效应，干旱处理的株高以及叶面积指数与适宜水分处理间的差异会随生育进程逐渐缩小；而抽雄期以及灌浆期干旱的处理，因玉米中后期的补偿生长效应弱，即使受旱后复水，也不能缩小受旱处理与适宜水分处理间的株高及叶面积差异。从收获前测定的株高来看，适宜水分处理的最高，拔节期重旱的株高最低，苗期重旱的次之，可见，拔节期重旱对株高的影响最大，其次是苗期重旱，株高变化顺序为：适宜水分>灌浆期轻旱>灌浆期重旱>抽雄期轻旱>抽雄期重旱>苗期轻旱>拔节期轻旱>苗期重旱>拔节期重旱。因此玉米抽雄前的供水状况对玉米植株群体结构的建成非常重要，适宜的水分供给可以塑造健康的株型及高光效冠层结构，为玉米的高产打下良好的基础。

2. 干旱对玉米根冠发育的影响

玉米的根系起着吸收水分、养分和固定植株的作用。属于分枝旺盛的须根，因发生的部位和时期以及功能的不同，可分为初生根系（初生玉米根系胚根或主胚根和次生胚根）和次生根系（次生根或永久根和支持根或气生根）二类。2002 年在内蒙古达拉特旗沙土

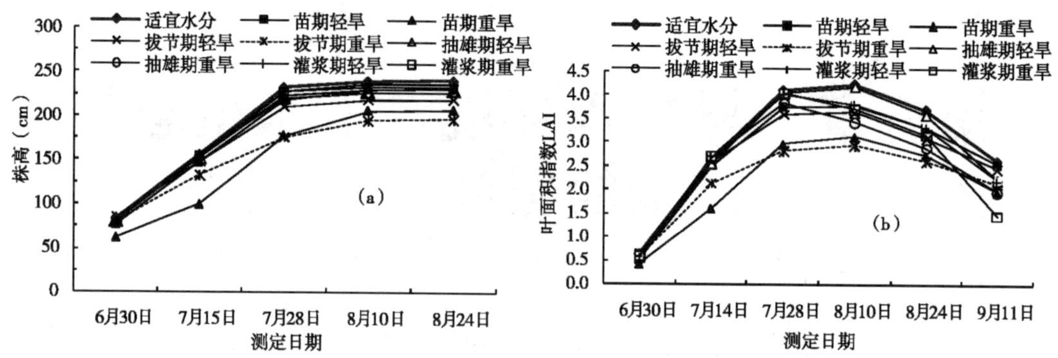

图 5-1　干旱对夏玉米株高和叶面积指数的影响

（河南新乡，2009 年）

注：图 5-1 中适宜水分处理各生育期土壤水分控制下限为 65%～70%（占田间持水量%，下同）；轻旱、重旱的土壤水分下限控制标准分别为 60%、50%，下同

地的试验研究表明，随着生育进程的推进，春玉米的根系逐渐下扎，到了拔节初期，其根系已下扎到土层下 30～40cm（图 5-2a）；到了抽雄初期，根系下扎到 70cm，0～40cm 土层的根量约占 93%（图 5-2b）。由图 5-2 可以看出，土壤水分状况对根系的分布有着一定的影响，与适宜水分相比，干旱处理植株的表层根量有所减少，但下层的根量比适宜水分处理的略有增加，干旱处理的根系在拔节期下扎的深度深些，且下层的根量也多些，可见在作物的生育前期，适当的干旱有利于根系的下扎，对提高作物的抗旱能力具有一定的作用（图 5-2a）；在生育中期（如抽雄初期）干旱处理与适宜水分处理相比，根系下扎的深度无明显的差异，但干旱处理表层的根量低些，下层的根量略高于适宜水分的处理（图 5-2b）。作物根系的生长主要表现为长度、数量和重量的增加，主要有根长、根重、根表面积等几个指标。土壤水分状况对玉米根系形态特征具有明显影响，与正常供水相比，干旱胁迫下根系总表面积和总根长增加，根系干重降低；干旱胁迫显著增加玉米初生根长、次生根长、种子根主根长、种子根总根长、一级侧根密度和平均长度[1]。张旭东等[2]的试验结果表明：在玉米苗期进行不同的干旱胁迫后，玉米根长、根表面积、根体积和根干重等各形态指标随着水分胁迫程度的加剧下降幅度逐渐增大，轻度和中度胁迫显著增加了细根（0. 05～0. 25mm）根长和根表面积比例，重度水分胁迫显著降低粗根（>0. 50mm）根长与根表面积比例。而郭相平等[2]对玉米苗期调亏的研究表明，干旱胁迫能够抑制玉米根系的生长发育，在苗期可减少玉米根系的有效吸收面积和干物质积累量；而拔节期和抽雄期则显著降低了根系的总吸收面积。

玉米品种的耐旱性不同，水分亏缺对根系的影响亦不相同。在中度干旱胁迫下，玉米根系生物量降低，且最大值出现时间提前，与对照（适宜水分处理）相比，不耐旱玉米的根冠比升高，耐旱玉米的根冠比前期升高而后期降低；根系活力也降低，不耐旱玉米根系活力降低的幅度大于耐旱玉米[4]。韦仕甜等[5]的盆栽试验结果显示，3 种玉米品种的根冠比在苗期干旱胁迫下先是较对照显著增大，于轻度干旱胁迫处达到最大值，在中度干旱胁迫下，根冠比下降，但均显著高于对照。

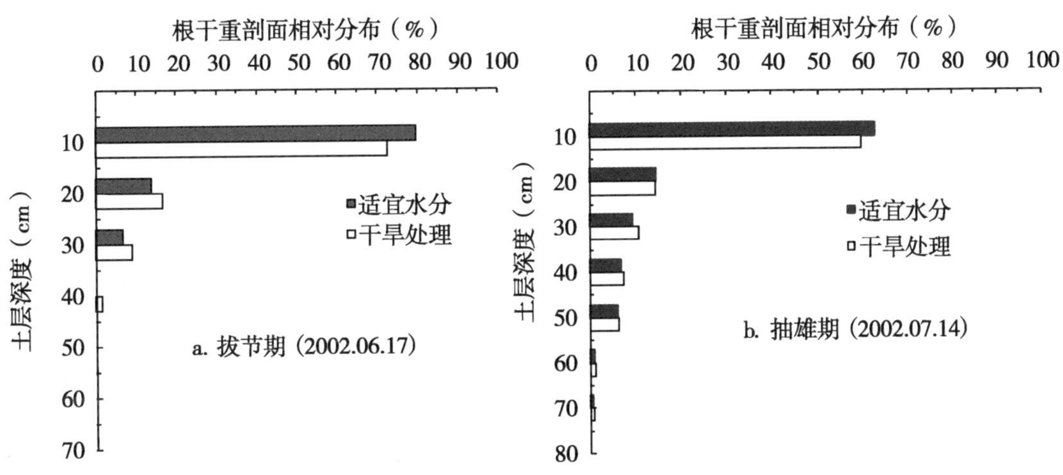

图 5-2　不同水分条件下春玉米根系在土层中的分布情况

大量的研究表明，根系具有较强的向水性，前期干旱胁迫促进了玉米根系的伸长生长，根系下扎速度较快且较深，并且深层土壤根量分布较多，同时，也增大了根系吸收表面积，即通过增加根系长度以增加玉米对深层土壤水分的吸收。这是玉米根系对干旱胁迫的一种适应性反应和补偿机制。因此，生产上往往在玉米苗期控制水分进行蹲苗，促进根系的下扎，通过自动调节增加根量，协调地上部和地下部的生长，为中后期适应季节性干旱、提高耐旱性打下良好的基础。

二、干旱对玉米产量形成的影响

不同生育期的干旱均会导致玉米产量的降低，其减产程度不仅与干旱程度有关，而且与干旱发生的生育阶段有关。由表 5-1 可以看出，在不同生育阶段的干旱都会造成夏玉米果穗变短、果穗变细、穗行数和穗粒数减少、百粒重以及产量降低，且干旱越重，对果穗性状的影响越大。适宜水分处理的秃尖较短、果穗最粗、穗行数最多、百粒重最大，产量最高；苗期重旱的果穗最短，拔节期重旱的次之；抽雄期重旱的穗粒数最少，灌浆期重旱的百粒重最小。苗期轻旱的减产最少，为 9.88%，显著低于适宜水分处理；拔节期轻旱、抽雄期轻旱和灌浆期轻旱处理间的产量差异不显著，减产 14.95%~16.34%；苗期重旱、拔节期重旱处理间的产量差异亦不显著，减产 27.08%~29.38%；抽雄期重旱处理的产量最低，减产 32.67%。可见玉米对土壤水分的亏缺较敏感，任一生育阶段发生干旱都会造成显著的减产，苗期、拔节期、抽雄期和灌浆期干旱的减产率分别为 9.88%~27.08%、15.22%~29.38%、16.34%~32.67%和 14.95%~22.45%，干旱越重，减产越多。抽雄期受旱减产最多，拔节期受旱的其次，灌浆期受旱减产最少，因此，抽雄期是玉米的需水关键期，其次是拔节期，在水分管理上，一定要保证抽雄期和拔节期的需水要求，否则会造成严重的减产。

表 5-1 不同生育期干旱处理下夏玉米的产量性状（河南新乡，2009 年）

处理	果穗长（cm）	秃尖长（cm）	果穗粗（cm）	穗行数	穗粒数（粒）	百粒重（g）	产量（kg/hm^2）	减产率（%）
适宜水分	18.02	1.92	5.25	16.42	498.69 a	25.37 a	7 590.0 a	0
苗期轻旱	16.64	1.44	4.98	15.62	461.82 b	24.69 a	6 840.0 b	9.88
苗期重旱	13.99	1.03	4.71	12.41	380.63 c	24.89 a	5 535.0 e	27.08
拔节期轻旱	15.85	1.56	4.88	15.60	469.23b	22.86 b	6 435.0 c	15.22
拔节期重旱	15.26	1.14	4.73	15.62	395.86 c	22.57 b	5 360.0 e	29.38
抽雄期轻旱	16.55	1.46	5.04	16.39	463.03b	22.86 b	6 350.0 c	16.34
抽雄期重旱	15.93	2.72	4.96	16.41	349.98 d	24.34 ab	5 110.0 f	32.67
灌浆期轻旱	19.53	3.62	4.76	16.01	483.99 ab	22.23 bc	6 455.0 c	14.95
灌浆期重旱	15.54	1.20	4.79	15.80	465.98b	21.05 c	5 885.8 d	22.45

注：表中同一列内不同的小写字母表示处理间差异显著（$P< 0.05$），下同

三、玉米应对干旱环境的防御措施

由于受季风气候影响，降水时空分布不均，且降水过分集中，使得降水与玉米需水时间不同步，导致玉米在生长期中常遭受严重的季节性干旱，造成产量损失严重。在生产实践过程中，常采用选用抗旱性品种、开展农田水利基本建设与科学灌溉、改进耕作制度、营造防护林改善生态环境等防御旱灾的措施，以期减轻干旱对玉米生产的危害，达到高产、稳产的目的。

1. 选用抗旱品种

不同的品种在抗旱性方面存在一定的差异，筛选抗旱性强的品种，依靠品种自身优势、发挥品种的耐旱能力以及生物节水潜力，是提高玉米抗旱性、减轻旱灾最有效的措施之一。在品种的选择上，要根据气候、地势及肥力条件，尽可能选用在当地高产、稳产、抗旱、抗逆性强的品种。

2. 科学规划水利工程、及时灌溉

农田水利工程是实施灌溉的必要基础设施，需要进行科学的规划，完善管理运行机制。实时监测农田土壤墒情，当玉米遭受干旱胁迫时，根据天气预报和玉米的需水规律，科学合理地进行补充灌溉是保证玉米高产稳产的重要措施。为了节约用水，在玉米苗期可以适当控水，进行蹲苗，以促进玉米根系向土壤深处发展，增强根系对深层土壤水分的有效利用，提高玉米后期对干旱的忍受能力。

3. 改进耕作制度

为了蓄水保墒、减轻干旱对玉米生长的影响，在生产上常采用如下节水耕作措施。

（1）坐水种。在东北春玉米区，播种时常遇到“十年九春旱”，底墒不足无法满足玉米出苗的水分需求，常采用抗旱坐水种植确保玉米适时播种。在黄淮海夏玉米区，夏玉米播种时也因土壤水分被冬小麦耗尽，且雨季还未到来，往往采用播后灌蒙头水的措施为玉

米的出苗以及苗全、苗齐、苗壮提供良好的土壤水分环境。

（2）农田覆盖保墒。在西北干旱半干旱地区，春玉米常采用垄膜沟种或覆膜平作等方式蓄水保墒、增温，提高灌溉水和降水的利用效率，减轻干旱的影响。有的地方采用秸秆覆盖或秸秆还田（如黄淮海）方式种植玉米，以改善土壤的物理性状，增加土壤有机质，充分发挥土壤蓄水、保水、供水能力，从而提高抗旱性。

（3）深松及中耕。随着农机的普及，以及采用浅耕和旋耕的耕作方式，造成土壤耕层变浅、犁底层加厚，不利于蓄水保墒。而采用深松或深耕可以打破犁底层，疏松土壤，改善土壤的通气性和透水性，有利于积蓄雨水，减少地表径流，达到保墒、蓄墒的目的。在玉米苗期或拔节期可以通过中耕松土切断毛管，减少水分蒸发，同时，还可以消灭杂草，减少病虫的传播，降低水分的消耗，从而增强玉米抵御干旱的能力。

（4）合理施肥。实行测土配方施肥，保证玉米植株有全面的、适宜的养分供应，使植株生长健壮、增强抗性。除了施用有机肥、氮、磷、钾肥外，还应增施硫酸锌 15～30kg/hm^2，有利于抗旱性的提高和玉米增产。干旱后复水时，可适量增施氮肥以促进植株的补偿生长，尽量减少干旱造成的损失。

（5）施用化控制剂。施用化学调节剂，可以提高玉米的新陈代谢活性，促进根系生长，有些化学物质如蒸腾抑制剂（如黄腐酸）等还可以抑制蒸腾，减少水分的散失，从而提高作物的抗旱能力。此外，通过喷洒具有抑制生长作用的一些化学调控剂来控制玉米植株的高度，在一定程度上可以防止玉米生长过旺、群体过大造成的倒伏。

4. 营造防护林、改善农业生态环境

退耕还林、造林绿化以及营造农田防护林网，可以改善农业生态环境，减轻自然灾害。繁茂的林地植被不仅能显著减缓、减少地表雨水径流，避免水土流失，还能有效地增加表土层的涵水能力与补充地下水，增加空气湿度，形成局部的湿润小气候，改善农田小气候，从根本上改变当地的生态环境。据调查及科学测算，3 333.33hm^2 森林蓄水量相当于 100 万 m^3 的小型水库；森林覆盖率较高的地区或农田周围森林多的地方灾害受损程度始终要低一些。因此，保护生态环境，大力植树造林（特别是陡坡退耕、营造农田河流防护林、四旁树）仍需要长期坚持，这是与干旱长期斗争的重要措施。

第二节　过湿土壤对玉米生态与产量的影响

过湿土壤是指土壤水分超过田间持水量至饱和含水量之间的土壤，这往往是由地下水位过高或降暴雨过后排水不畅造成的，土表无积水，但耕层土壤处于渍水状态，土壤水分过多，空气较少，因根际缺氧影响玉米根系的新陈代谢与正常生长发育，从而影响植株地上部分的生长，最终导致玉米产量性状变劣，产量降低。

一、过湿对玉米生长形态的影响

1. 过湿对玉米株高和叶面积的影响

由于降水较多、地势低洼、排水不畅、地下水位高造成的土壤过湿是形成渍害的主要原因。研究表明，渍水时间长短及发生时期对玉米株高及叶面积有显著的影响[6]。由

表 5-2 可以看出，春玉米在 4 叶期进行渍水 5d、10d 和 15d 处理的株高平均分别比对照降低 9.5%、9.8%和 16.5%；表明随着渍水时间的延长，玉米的株高生长率迅速降低，株高随渍水时间呈降低的趋势。结果还表明，4 叶期渍水 5d 的株高分别比 6 叶期渍水 5d、8 叶期渍水 5d 的株高低 1.35%和 2.14%，表明 4 叶期对渍水较为敏感，随着渍水时间的后移，株高受到的影响越小（数据未列出）。

在 4 叶期渍水处理结束后 6 月 16 日测定的结果显示，4 叶期 5d 的叶面积为对照的 90.42%（排水后第 15 天），4 叶期 10d 的为 75.64%（排水后第 10 天），4 叶期 15d 的仅为对照的 62.08%（排水后第 5 天）；4 叶期渍水 10d 及 15d 的下部叶出现黄叶死亡现象。而 4 叶期 5d 在处理结束后的第 2 天其叶面积为对照的 79.56%，表明 5d 的短期渍水对幼苗期的玉米影响较大，随着渍水时间的延长，单株叶面积生长率迅速下降。在 4 叶期进行渍水 5d、10d 和 15d 处理的春玉米叶面积平均分别比对照减小 18.5%、20.0%和 34.6%（表 5-2）。不论是株高还是叶面积，在渍水解除后由于补偿生长效应，其株高和叶面积随着生育进程的推进与对照间的差异逐渐减小。地下水位过高也会造成根系层土壤过湿影响玉米的生长。2009 年在安徽天长进行的不同地下水位埋深对夏玉米生长的影响研究表明（图 5-3）[7]，在苗期不同地下水位埋深对玉米株高和叶面积指数 LAI 的影响较小，随着植株生长发育的进行，根系下扎深度的增加，地下水埋深 0.2m（T-0.2）的株高和叶面积指数明显降低，而地下水位埋深在 0.4m（T-0.4）、0.6m（T-0.6）处理的株高最高、叶面积指数最大，随着地下水位埋深的增加，株高和叶面积指数呈降低的趋势，T-1.2（地下水位埋深 1.2m）处理的株高最低、叶面积指数最小，但 T-0.2 处理因地下水位过浅，根系层水分过多，出现渍水状况，造成玉米后期叶面衰老过快，LAI 快速降低。T-1.2 处理由于地下水位过深，在不灌溉的条件下，毛管上升水流不能到达玉米根系层，使土壤干旱，玉米正常生长发育受到水分胁迫，植株性状明显变劣。巴比江等[8]的研究结果表明，地下水埋深 1.0m 的春玉米产量最高，埋深过浅虽能向作物补给更多水分，但影响玉米根系发育，产量反而下降，水分利用效率也随之降低；地下水位加深，随着水分补给量的减少，产量和水分利用效率均下降；地下水埋深超过 2m，补给水分甚微或无，玉米根系也难以利用；水位越深，产量和水分利用效率都越低。孔繁瑞等的研究结果表明：地下水埋深为 1.5~2.5m 时，有利于作物生长，但从盐渍化控制角度看，地下水埋深宜控制在 2.0m 左右；当地下水埋深大于 2.0m 时，目前的灌溉制度已经不能满足作物的正常生长需要，出现亏缺灌溉，需要增加灌水定额[9]。因此，有利于玉米生长的适宜地下水位，不同的学者得出了不同的研究结果，这可能与试验条件（土壤类型、气候、作物品种、栽培管理措施等）存在差异有关。

表 5-2　田间渍水对玉米株高和叶面积的影响[6]

处理	测定项目	测定日期（月/日）					
		5/30	6/3	6/9	6/16	6/21	7/6
对照	株高（cm）	43.1	69.8	100.7	123.3	155.0	203.3
	叶面积（cm^2/株）	276.8	496.1	1 955.7	2 480.2	4 660.3	5 148.8

（续表）

处理	测定项目	测定日期（月/日）					
		5/30	6/3	6/9	6/16	6/21	7/6
4 叶 5 天	株高（cm）	45.7	57.2	81.6	119.7	157.3	185.0
	叶面积（cm^2/株）	211.2	394.7	915.7	2 242.8	4 399.0	4 966.1
4 叶 10 天	株高（cm）	44.2	57.6	82.8	120.3	148.3	189.0
	叶面积（cm^2/株）	280.1	445.9	1 039.4	1 876.1	3 977.8	4 936.9
4 叶 15 天	株高（cm）	45.8	62.3	79.3	103.1	126.2	172.0
	叶面积（cm^2/株）	198.7	456.3	796.1	1 539.8	2 146.2	4 417.1

注：4 叶 5 天表示在 4 叶期农田渍水（4 叶期于 5 月 28 日开始渍水处理，水位至低于田面 10cm，保持田面无积水）5 天时间，下同

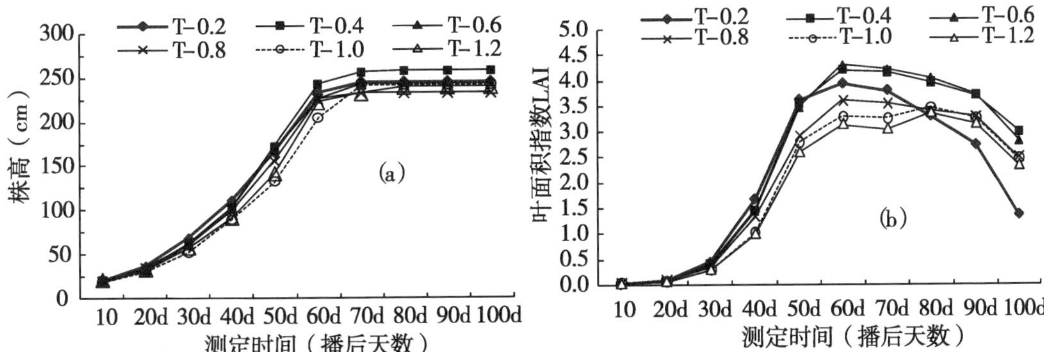

图 5-3　不同地下水埋深对夏玉米株高和叶面积指数的影响（安徽天长，2009 年）

注：图 5-3 中 T-0.2、T-04、T-0.6、T-0.8、T-1.0、T-1.2 分别表示夏玉米生育期间的地下水埋深为 0.2、0.4、0.6、0.8、1.0、1.2m（地下水埋深由马氏瓶控制），下同

2. 过湿对玉米根冠发育的影响

在土壤过湿引起的渍害环境条件下，空气含量下降造成作物根系环境缺氧，土壤处于还原状况，甚至产生有害物质（如 Mn^{2+}、Fe^{2+}、NO^{2-}、H_2S、S^{2-}等），根系在缺氧环境进行无氧呼吸，根系的呼吸作用受到抑制，不能进行正常的养分、水分吸收等生理活动，作物根系生长受到抑制，根毛和根数减少，活力下降，根系体积显著降低，根尖变褐色甚至黑色，严重时会出现腐烂现象。渍害时间越长，根系受害越严重，且根系的受害程度重于地上部。在玉米苗期进行的渍水试验中发现，渍水处理 10d 和 15d 时玉米根系大量向地表生长，根重变轻，根长缩短和支根数增多，根系总量减少[6]。渍水后作物根系诱发不定根的形成，初生根数量减少，不定根数量增加，因不定根伸长区内有发达的通气组织，使根内部组织的孔隙度大幅提高，从而提高了玉米对土壤过湿环境的忍耐性和适应性，以减少逆境的危害。

2010 年在安徽省天长进行了不同地下水埋深对夏玉米根冠影响的研究，在夏玉米成熟收获后，对不同地下水位埋深处理的单株根系干质量进行了测定，从图 5-4 可以看出，各处理夏玉米根系干质量在土壤中的垂直分布趋势基本一致，即随着土壤深度的增加，根

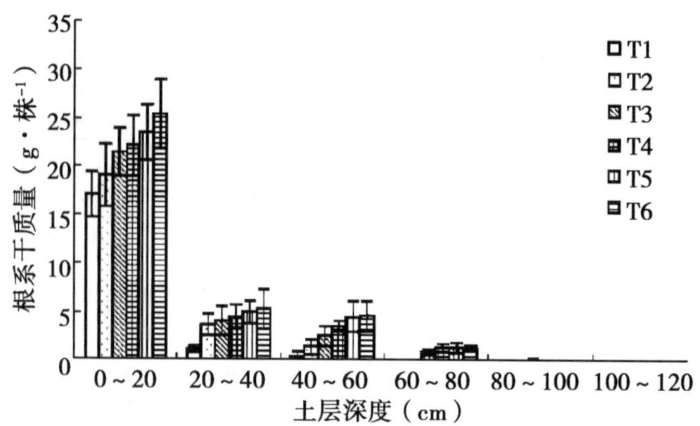

图 5-4　不同地下水埋深对夏玉米根系干质量的影响

注：图中 T1、T2、T3、T4、T5、T6 分别表示夏玉米全生育期地下水埋深 0. 2m、0. 4m、0. 6m、0. 8m、1. 0m 和 1. 2m

系干质量逐渐减少，1. 2 m 地下水埋深条件下的各层干质量最高，0. 2 m 地下水埋深条件下的各层干质量最低。夏玉米根系主要分布在 0~60cm 内，占总根量的 95%以上，其中，0~20cm 内根系占总根量的 68. 1%~91. 5%，且地下水位埋深较浅的处理占的比重越大，即地下水埋深较浅时，根系干质量主要集中在此范围内；随着地下水埋深的变浅，各土层根系干质量有加剧减少的趋势[10]。因此，不同地下水埋深影响了玉米根系干质量在土壤剖面上的分布。地下水埋深越浅，上层土壤含水量高，根系分布趋于表层；地下水埋深越深越利于根系向深层土壤生长发育，而埋深浅的处理因下层土壤渍水限制了根系的生长，其下层土壤的根系干质量急剧减少。

二、过湿对玉米产量形成的影响

土壤过湿导致玉米生长发育不良，对其产量性状具有明显的影响。杨京平等[6]的研究表明，不同时期的渍水对玉米产量都有较大的影响，相同的渍水时间处理，在四叶期渍水的产量损失比六叶、八叶期的大，且在四叶期随着渍水时间的延长，减产率快速增加，渍水 15d 的产量仅为对照的 78. 22%。四叶、六叶期渍水主要减少了穗行数及行粒数，而八叶期渍水则主要是降低了行粒数及百粒重，并使果穗的秃尖度增大。即前期的渍水主要影响玉米源的大小，而后期的渍水则主要影响库的大小，前期的渍水造成的减产重于后期的渍水，可见，随着渍水时间的后移，产量损失减小，在同一处理时期，随着渍水时间的延长，减产越多（表 5-3，图 5-5）。

表 5-3　不同渍水时间对玉米产量性状的影响[6]

处理	果穗长（cm）	秃尖长（cm）	穗行数	行粒数（粒）	百粒重（g）	折产量（kg/小区）	减产率（%）
对照	18. 1a	4. 37b	12. 4ab	25. 7a	30. 2a	3. 72a	0. 0
四叶 5 天	16. 7ab	4. 22b	12. 6ab	23. 9ab	29. 8a	3. 56a	4. 3

（续表）

处理	果穗长（cm）	秃尖长（cm）	穗行数	行粒数（粒）	百粒重（g）	折产量（kg/小区）	减产率（%）
四叶 10 天	17. 0ab	5. 15ab	12. 0b	21. 8b	29. 4a	3. 12b	16. 1
四叶 15 天	15. 7b	5. 22ab	11. 6b	20. 8b	27. 8ab	2. 91b	21. 8
六叶 5 天	17. 5a	5. 35ab	11. 8b	23. 1ab	30. 9a	3. 55a	4. 6
六叶 10 天	16. 9b	5. 49ab	11. 6b	21. 7b	27. 6ab	3. 34ab	10. 2
六叶 15 天	17. 1ab	5. 60a	11. 7b	21. 1b	25. 2b	3. 22ab	13. 4
八叶 5 天	18. 0a	5. 56ab	13. 2a	23. 5ab	31. 0a	3. 65ab	1. 9
八叶 10 天	17. 7a	6. 05a	12. 6ab	21. 9b	25. 5b	3. 45ab	7. 3

注：四叶 5 天表示在四叶期农田渍水（四叶期于 5 月 28 日开始渍水处理，水位至低于田面 10cm，保持田面无积水）5 天时间，六叶 5 天表示六叶期农田渍水 5 天，下同；表中同列不同的小写字母表示不同处理间差异显著（P<0. 05）

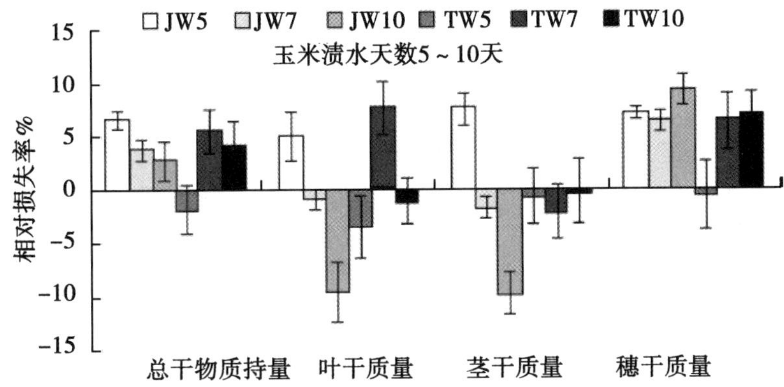

图 5-5　不同土壤渍水淹涝对玉米性状与产量的影响

图中试验成果引自（余卫东　黄淮地区涝渍胁迫影响夏玉米生长与产量　农业工学报 2014 年 7 月）

由表 5-4 可知[11]，拔节期和抽雄期渍水均造成产量性状变差，主要表现在：果穗长变短、果穗变细、秃尖比增加，穗粒数、百粒重、产量、收获指数均降低；渍水时间越长，产量性状越差。拔节期渍水和抽雄期渍水果穗显著变短，但对果穗粗影响不显著（JW10 处理除外）；拔节期和抽雄期渍水 5d 和 7d 对穗粒数的影响均不显著，当连续渍水 10d 时穗粒数才显著减少；拔节期渍水超过 5d、抽雄期渍水 5～7d 使百粒重显著降低。除抽雄期渍水 5d 外，其余处理的收获指数都显著偏低，其中，拔节期渍水 5～10d，收获指数降低均为 4. 4%（P<0. 05）；抽雄期渍水 7d 和 10d 的收获指数分别降低 4. 4%和 6. 7%（P<0. 05）。拔节期和抽雄期渍水均造成玉米产量的显著降低，拔节期或抽雄期渍水 5d 的产量损失分别为 13. 8%和 5. 5%；拔节期或抽雄期渍水 10d 产量损失分别为渍水 5d 的 1. 3 倍和 3. 0 倍。当渍水天数相同时，拔节期渍水产量损失率大于抽雄期渍水，且随着渍水时间的增加产量损失率增加。这说明玉米抗涝渍能力随生长天数的增加呈增强的趋势，在生产上一定要防止玉米前期、中期受渍害。

表 5-4　不同生育阶段渍水对夏玉米产量以及构成的影响（2011 年）[11]

处理	果穗长（cm）	果穗粗（cm）	秃尖比（cm）	穗粒数（粒）	百粒重（g）	实际产量（kg/hm²）	收获指数
CK	16.2±0.1a	4.85±0.07ab	0.01±0e	584.0±11.3bc	22.14±0.22a	8030.4±31.5a	0.45±0.01a
JW5	15.6±0.2b	4.90±0.10a	0.04±0.01cd	560.0±16.0bc	22.19±0.34a	6 923.7±96.6d	0.43±0cd
JW7	14.8±0.1d	4.70±0.10bc	0.05±0.01b	538.3±40.8cd	20.70±0.40b	6 801.9±47.6de	0.43±0.01bc
JW10	13.7±0.1e	4.50±0.10d	0.05±0bc	506.7±9.2d	20.45±0.51b	6 637.4±89.5f	0.43±0.01bc
TW5	15.2±0.1c	4.73±0.06bc	0.04±0d	663.0±35.6a	20.51±0.64b	7 588.7±32.2b	0.44±0.01ab
TW7	14.8±0.1d	4.67±0.06c	0.05±0bc	592.0±16.0b	20.44±0.543b	7 396.2±102.3c	0.43±0bc
TW10	13.5±0.2e	4.70±0.10bc	0.12±0.01bc	496.0±16.0d	22.67±1.21a	6 700.0±25.9ef	0.42±0d

注：渍害处理标准为田间无积水，但土壤含水率保持在田间持水率的 90%以上；对照小区（CK）的土壤湿度要求拔节至成熟期保持在田间持水率的 70%～80%。表中数据为平均值±标准差，数据后不同小写字母表示处理间有显著差异（$P<0.05$）；JW5、JW7 和 JW10 分别表示拔节期渍水 5d、7d 和 10d；TW5、TW7 和 TW10 分别表示抽雄期渍水 5d、7d 和 10d。

三、玉米应对过湿环境的防御措施

面对土壤过湿环境对农业生产造成的危害，应针对当地的实际情况以及经常出现的问题，采取因地制宜的综合防御措施进行过湿环境的治理，以减轻渍害对玉米生产的影响。

1. 采用工程措施提高渍害治理工程的设计标准

搞好农田水利设施，做到旱能灌，涝能排，是防止渍害发生的基本措施。在田间也要采取适宜的耕作措施有利于排水降渍：在地势高、排水良好的土地上作宽畦浅沟，在地势低、地下水位高、土壤排水性差的低畦地采用窄畦深沟，做到畦沟直，并与排水沟渠相连畅通无阻，雨来随流，雨停水泄。

2. 选育和推广抗逆新品种、采用合理的种植制度

通过筛选抗逆新品种、推广应用抗逆性强的品种可以提高作物抗灾减灾能力。建立合理的种植制度进行作物合理布局、品种结构调整、间作套种、轮作倒茬等，实现土壤水分的周年均衡利用，避免或减轻灾害对玉米生产的影响。

3. 改善田间栽培管理措施

一是采用垄作栽培：将玉米种植在垄上有利于排除根系层的渍水，降水多时垄沟可以将多余的水排掉，形成良好的通气环境，促进根系的生长。二是中耕趟地散墒：明水排净后，能进去犁时，用马犁放长线趟一遍地或用其他工具中耕，破除土壤板结，促进土壤散墒透气，提高地温，改善根际环境，尽快把根系从无氧呼吸中解放出来。三是增施氮肥：玉米遭受湿涝后生长发育受到抑制，在渍水前或渍水后立即补施氮肥，对玉米灾后的恢复生长是有利的。

4. 喷施化学调控制剂

应用生理调控或激素类化学物质，通过渍害发生前后进行喷株等手段，可以不同程度地增强玉米耐渍能力，促进玉米的补偿生长，减轻灾后损失。

第三节 洪涝灾害对玉米生态与产量的影响

洪涝是因大雨、暴雨或持续降水使低洼地区淹没、渍水的一种自然灾害，它比土壤过湿对作物造成的危害更大。洪涝灾害往往会造成田间地面积水过程，当地表积水排除后还有一个土壤渍水过程，因此，其危害比单纯的渍害大得多，其危害的严重程度往往与地表积水时间和渍害时间长短有关，也与洪涝发生的作物生育阶段有关。研究洪涝灾害对玉米生长性状以及产量形成的影响，为洪涝灾害的防御以及灾害监测评估，最大限度地提高减灾抗灾能力、减少洪涝灾害造成的损失提供依据。

一、洪涝对玉米生长形态的影响

1. 洪涝对玉米株高和叶面积指数的影响

玉米遭受洪涝后，因根际环境恶化，其根系以及植株地上部的生长发育受到严重抑制，在外观主要表现在其生长性状上，如株高增长变缓，叶片小，严重时叶片发黄，甚至死亡，有的生育阶段发生洪涝会造成植株倒伏，严重影响单位面积株数以及叶面积指数。以下通过试验数据来分析不同生育阶段发生淹涝（模拟洪涝的情景）对夏玉米株高、叶面积指数以及产量的影响。

（1）洪涝对玉米株高的影响。2013—2014 年在安徽省天长二峰灌溉试验站进行了不同生育期淹涝对夏玉米生长发育及产量的影响研究。结果表明，淹涝发生的时期与历时对夏玉米株高的影响程度差异较大，随着淹涝时期的后移，株高受到的影响逐渐减小，任一生育期发生淹涝，其株高随着淹涝历时的增加呈降低趋势（图 5-6）。由图 5-6 可以看出，苗期淹涝对玉米的株高影响最大，拔节期淹涝次之，抽雄吐丝期的淹涝影响较小，灌浆期的淹涝对株高无明显影响。苗期的淹涝对株高影响虽然很大，但渍涝解除后其补偿生长能力较强，7 月 1 日、11 日、21 日的测定结果显示，S2、S4、S6、S8、S10 的株高均显著低于对照（CK），7 月 11 日的株高分别比 CK 低 12.9%、26.4%、35.9%、47.6%和 54.0%，7 月 21 日它们分别比 CK 低 11.1%、17.9%、24.6%、32.9%和 43.5%，8 月 11 日分别比 CK 低 2.9%、6.2%、9.7%、18.1%和 25.4%，可见，苗期淹涝的处理随着生育进程的推进，其株高与 CK 间的差异逐渐缩小，不同淹涝处理间的株高差异亦在缩小（图 5-6a）。拔节期淹涝对株高的影响也很大，7 月 21 日的测定结果表明，J2、J4、J6、J8 的株高分别比 CK 低 4.8%、16.5%、26.2%、35.2%，淹涝 10d 的 J10 处理因植株全部倒伏死亡，没有对株高进行测定，8 月 11 日 J2、J4、J6、J8 的株高分别比 CK 低 1.0%、7.2%、11.6%和 24.2%，由此看出，拔节期淹涝处理的株高随着淹涝历时的增加受到影响的程度亦增大，渍涝解除后植株的补偿生长能力较弱，因此其株高与对照间的差异仍较大，特别是淹涝超过 6d 的处理，淹涝低于 6d 的处理，因补偿生长效应其株高与对照间的差异相对较小（图 5-6b）。抽雄吐丝期由于植株的株高已接近其应有的高度，因此，淹涝对株高影响较小，8 月 11 日的测定结果显示，不同淹涝处理的株高与 CK 间的差异仅 4.5~15.1cm，T2、T4、T6、T8、T10 的株高分别比 CK 低 2.4%、3.4%、5.1%、5.2%和 7.1%（图 5-6c）。灌浆期淹涝对株高影响不显著，因为淹水时，玉米植株已定型，株高已长到应有的高度（图 5-6d）。与 CK 相比，苗期、拔节期、抽雄吐丝期和灌浆期淹涝使株高平均分别降低 8.9%~32.3%、2.2%~24.8%、1.8%~5.3%和 1.6%~3.1%，淹涝时间越长，株高越低（灌浆期除外）。

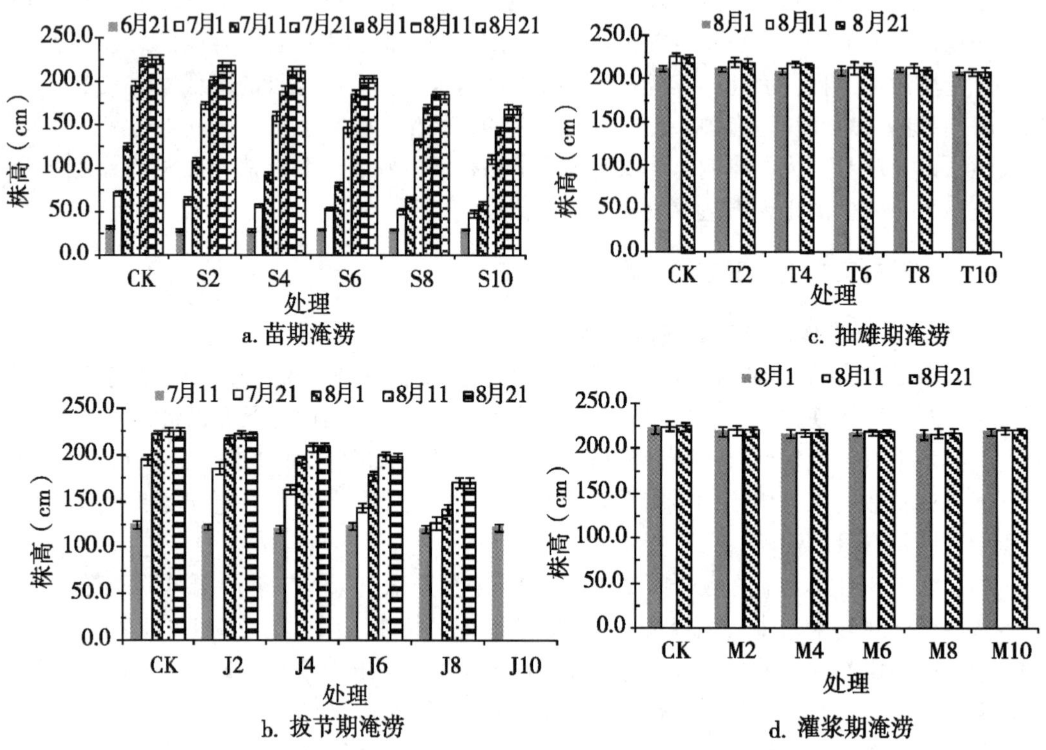

图 5-6　不同生育期淹涝后夏玉米株高变化趋势（2014 年）

注：图中处理编号中的 S、J、T、M 分别表示苗期、拔节期、抽雄期和灌浆期淹涝，淹涝开始的时间分别为 6 月 21 日、7 月 11 日、8 月 1 日和 8 月 26 日，字母后面的数字 2、4、6、8、10 表示淹涝天数，淹水处理的淹水深度维持在 5~8cm，当各处理达到设计的淹水时间后，打开测坑底部的排水阀进行排水，直到排除土壤中的渍水为止；CK 为适宜水分处理，其全生育期的土壤水分控制下限为 70%，下同

（2）洪涝对玉米叶面积指数的影响。由图 5-7 可以看出，不同淹涝处理叶面积指数 LAI 的变化趋势与株高相似，苗期淹涝对 LAI 的影响最大，其次是拔节期，抽雄吐丝期和灌浆期淹涝对 LAI 的影响最小，且 LAI 随着淹涝天数的增加逐渐降低。苗期不同淹涝处理的 LAI 均显著低于对照 CK，淹涝时间长的处理生长迟缓，出现僵苗现象，株体小、叶片小，且叶发黄，当涝渍结束后，由于补偿生长使得淹涝处理的 LAI 与 CK 间的差异随着生育进程的推进逐渐缩小，但淹水超过 6d 的处理生长仍很慢，生育期推迟，其叶面积指数与 CK 间的差异仍很大，8 月 1 日的测定结果显示，S2、S4、S6、S8、S10 的 LAI 比 CK 分别降低 17.8%、34.1%、38.1%、49.9%、64.1%，8 月 21 日它们仍比 CK 低 11.1%、17.9%、24.6%、32.9%、43.5%，但各处理间的差异在缩小（图 5-6a）。拔节期淹涝处理因植株处于快速生长阶段以及下部叶片变黄死亡，其叶面积指数增长较慢，特别是淹涝

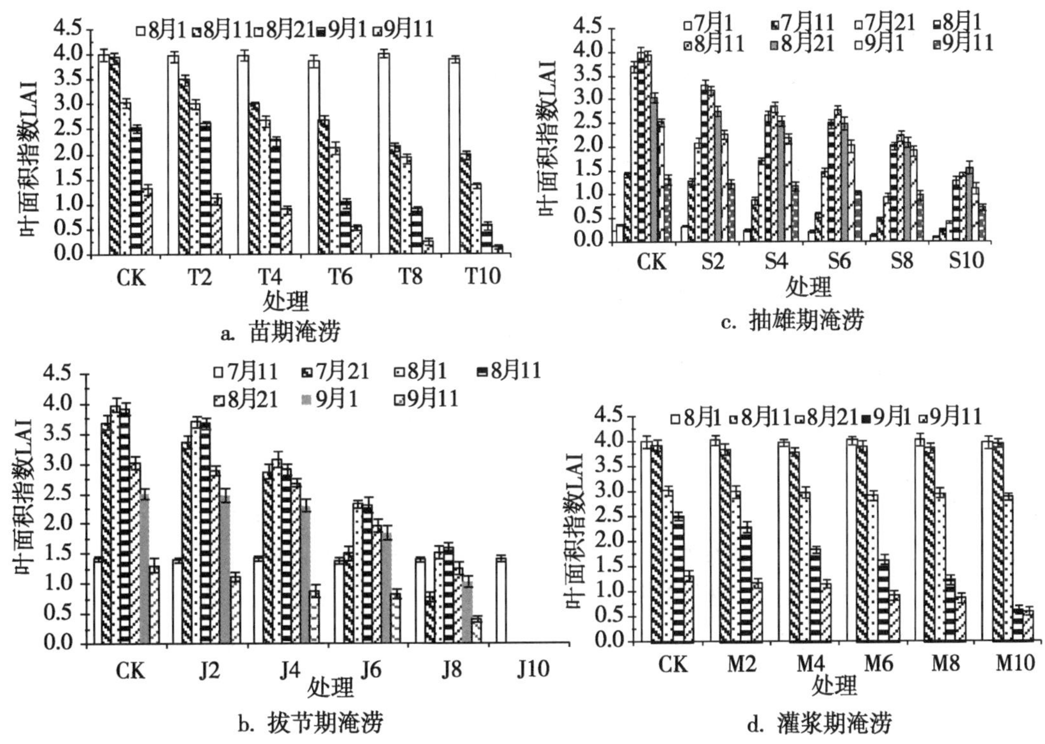

图 5-7　不同生育期淹涝后夏玉米叶面积指数的变化趋势（2014 年）

超过 6d 的处理，有的处理部分植株死亡，7 月 21 日的测定结果表明，J2、J4、J6、J8、J10 的 LAI 分别比 CK 低 8.9%、27.3%、59.2%、79.4%和 100%，其中，淹涝 10d 的 J10 处理因淹水时间过长导致植株全部倒伏，叶片萎蔫、失绿、根系腐烂，最终造成整株枯死，因此，LAI 为 0；8 月 11 日 J2、J4、J6、J8、J10 的 LAI 分别比 CK 低 6.0%、25.9%、41.2%、59.5%和 100%，由于拔节期的补偿生长弱，淹涝超过 4d 的处理其 LAI 与 CK 间的差异仍很大，在生长后期拔节期淹涝处理的叶片衰老较快，致使各淹涝处理的 LAI 仍显著低于 CK（图 5-7b）。在夏玉米抽雄吐丝期和灌浆期，因为植株已长成，根系下扎较深，植株受涝后不易倒伏（在无大风的条件下），因此淹水后仅下部叶片容易变黄死亡，LAI 受到的影响相对较小，但随着灌浆过程的推进，在后期各淹涝处理的叶片衰老速度快于拔节期和苗期淹涝的处理，因此，受涝处理的 LAI 均显著低于 CK（图 5-7c、图 5-7d）。与 CK 相比，苗期、拔节期、抽雄吐丝期和灌浆期淹涝使 LAI 平均分别降低 15.9%~66.3%、6.5%~85.8%、4.9%~50.0%和 4.5%~26.8%。

2. 洪涝对玉米根冠发育的影响

玉米植株遭受洪涝后，土壤中的孔隙被水充满，土壤缺氧导致根系活力降低，矿质离子和有益微量元素的吸收率减少，有氧呼吸途径改变为有害的无氧呼吸，大量有害物质（H_2S、FeS 等）积累，作物根际环境恶化，作物根系生长受到抑制，为适应逆境，其形态结构发生改变，表现为不定根的产生和通气组织的形成等，使受淹组织能进行正常的有氧代谢，并保持存活的能力。已有研究表明，淹水后作物根系形成不定根，不定根伸长区内形成发达的通气组织，使根内部组织孔隙度大幅提高，淹水2d后，玉米苗基节内即有不定根原基形成，早于正常植株。淹水15d后，从基节部长出的不定根数多于正常植株，但淹水导致根系生长和干物质积累大幅度下降[12]。在玉米苗期淹水的条件下，玉米根系作为直接受害器官，生长受到明显抑制，淹水到第7天植株根系总长度、根系体积、根系表面积分别比对照下降了37.8%、33.9%和21.3%，而根系平均直径比对照提高了6.7%；淹水到第14天植株根系总长度、根系体积、根系表面积分别比同期对照提高了38.1%、30.1%和19.9%，而根系平均直径下降了18.3%[13]。根系的4个形态指标受抑制程度大小顺序为：根系总长度>根系表面积>根系体积>根系平均直径。在淹水7d左右，开始有不定根出现，在淹水12d左右生成大量不定根，并伸向水面，出现“翻根”现象，这是玉米在长期淹水逆境下，自身的一种适应性。大量不定根形成是淹水14d后玉米根系总长度、根系体积、根系表面积显著提高的主要原因。在淹水结束恢复生长过程中，淹水7d植株根系在第0~7天的恢复生长速度相对较慢，在第8~14天中恢复生长速度加快，但恢复生长到第14天时，其根系各项形态指标仍低于对照；淹水14d植株根系在0~7d的恢复生长中，根系总长度、根系体积、根系表面积均呈下降趋势，主要是由于长时间淹水后（12d左右）形成的大量不定根在脱离水面后2~3d内基本全部死亡，而此时新生根系很少，生长又比较缓慢的缘故；恢复生长到第14天时，植株根系总长度、根系体积、根系表面积仍极显著低于对照（$P<0.01$）[13]。

褚田芬等[14]利用盆栽试验研究了湿涝条件对春玉米苗期根系生长的影响，结果表明土壤湿涝对玉米根系影响大，对照（CK）的根系结构为初生根系和次生根，并长有大量的分枝和根毛，但经湿涝处理的根毛的生长受到抑制，明显减少，出现白而光滑的次生根，几乎不长分枝和根毛（简称白根），根的总生长量较对照少。在湿处理条件下，除次生的白根随着水分的增加而增加外，其余的平均根长、根毛、总根量、根层深度与土壤含水量均呈极显著的线性负相关（相关系数分别为-0.935、-0.931、-0.867、-0.900）；涝处理条件下，地下部根系各项指标随淹水以及淹水时间的延长严重受到抑制，根长、总根鲜重和干重随淹水时间的增加下降最剧烈，总根干重比CK低47.24%~80.10%（表5-5）[14]。

表5-5　土壤湿涝对春玉米苗期根系生长的影响

处理		土壤相对含水量（%）	平均根长（cm）	根毛鲜重（g）	白根鲜重（g/株）	总根鲜重（g/株）	总根干重		根层深度（cm）
							（g/株）	占CK的百分比（%）	
CK	—	52.03	22	2.080	0.00	7.370	0.417	—	24*
湿	3d	66.45	16	0.990	1.19	4.430	0.290	-30.46	22
	5d	75.62	13	0.950	1.13	4.240	0.293	-29.74	20
	7d	90.33	12	0.890	1.27	4.180	0.287	-31.18	18
涝	3d	100.0	10	0.380	2.03	3.760	0.220	-47.24	5
	5d	100.0	5	0.053	1.06	1.873	0.133	-68.11	4
	7d	100.0	4	0.047	0.64	1.187	0.083	-80.10	2

注：* -试验用盆钵的土壤深度为24cm，根盘在盆钵底，实际根层深度应大于24cm

不同时期淹水对玉米根系的影响存在差异，如表 5-6 所示，不同时期淹水对玉米次生根的影响不显著，但雌小花分化期和开花期淹水明显地刺激了气生根的生长，两处理的每株气生根条数比对照增加 74.1%~67.9%，其单株节根总条数也大大超过对照，差异均达到了极显著水平。三叶期和拔节期淹水虽有减少次生根和节根条数的趋势，但差异不显著。乳熟期玉米根系的生长基本上停止，此时淹水对次生根、气生根和节根条数均无明显影响。三叶期和拔节期淹水虽然对节根条数没有明显影响，但通过缩短根长和减少分枝而使单株根系干重分别降低 19.2%和 30.0%；雌穗小花分化、开花和乳熟期淹水后的根系干重呈增加的趋势，但差异不显著[15]。

僧珊珊等[16]的玉米苗期（三叶一心开始淹水处理）淹水试验研究表明，不同玉米品种根系对淹水胁迫的响应不同，虽然淹水后两品种（登海 662、浚单 20）幼苗的根干重、根总长度、根系活力均明显下降，随着淹水天数增加，下降幅度增大，但耐涝性弱的登海 662 各指标下降幅度显著高于耐涝性强的浚单 20。其中淹水 8d 时，登海 662 和浚单 20 根干重分别比对照降低 29.7%和 12.1%，根系活力分别比对照降低 30.6%和 8.7%。淹水增加了两品种玉米根气腔面积和根孔积率，平均比对照增加 3.9 倍和 2.8 倍，且随着淹水时间的延长而增大。耐涝品种具有较完整的根结构、较高的根系活力、大面积较发达的通气组织、适度的无氧呼吸代谢，因而能够更好地适应淹水胁迫，从而提高干物质的生产能力（表 5-6）。

表 5-6　不同生育期淹水对玉米根系发育的影响（4 年试验平均）[15]

淹水期	次生根（条/株）	气生根（条/株）	节根总数（条/株）	0-30cm 根干重（g/株）
对照	47.5	24.3	71.8	13.0
三叶	43.3	22.3	65.6	10.5*
拔节期	43.1	25.2	68.3	9.1**
小花分化	46.7	42.3**	89.0**	14.2
开花	45.8	40.8**	86.6**	14.5
乳熟	45.5	25.5	71.0	13.3

注：当各处理达到所要求的生育期时，用木塞堵住排水管，浇水使地面上保持 10cm 水层，3 昼夜后排掉多余水分。*-表示处理间差异显著（$P<0.05$）；**-表示差异极显著（$P<0.01$）

二、洪涝对玉米产量形成的影响

玉米产量由单位面积果穗数、穗粒数和百粒重构成。2013—2014 年在安徽天长二峰灌溉试验站的研究结果表明：不同生育期淹涝对产量构成及果穗性状具有明显的影响，成穗数、果穗长、果穗粗、穗行数、穗粒数、百粒重和产量随淹涝历时的增加呈降低趋势，其受到影响程度与淹涝发生时期与历时有关（表 5-7）。一般说来，拔节期和抽雄期淹涝对玉米穗部性状及产量影响最大，苗期次之，灌浆期的影响最小，且各性状受到影响的程度随淹涝天数的增加呈增加趋势。

玉米成穗数与种植密度有关，它是影响玉米产量最主要的因素。淹涝对密度以及成穗数影响很大，拔节期淹涝对成穗数的影响最大，苗期淹涝次之，灌浆期的影响最小；2014年的淹涝试验对成穗数的影响比2013年的大，因此，造成其减产率比2013年的高。2013年的淹涝试验中，苗期淹涝和灌浆期淹涝对成穗数无显著影响；而2014年的试验中，苗期淹涝和灌浆期淹涝造成成穗数显著减少，且苗期淹涝的影响远大于灌浆期淹涝。拔节期淹涝往往造成植株倒伏，植株死亡的几率大，特别是淹涝超过6d的处理，因此，随着淹涝天数的增加成穗数显著降低，淹涝达到10d，植株几乎全部死亡，即使不死亡的植株也因生育期推迟抽雄很晚，雌穗未能授粉，造成籽粒败育不能形成有效穗而绝收。抽雄期淹涝对成穗数的影响较小，只是淹涝历时长的处理会因部分植株倒伏死亡空秆率提高而影响成穗数。灌浆期淹涝发生时，因果穗已成型因此受到的影响较小，其成穗数比对照低可能是双穗率低的原因。

此外，淹涝会造成果穗变短、果穗变细、穗行数及穗粒数减少、百粒重和产量降低，其受到影响的程度也往往与淹涝发生的生育阶段及持续天数有关（表5-7），淹涝达到一定的天数会导致穗粒数、百粒重和产量显著降低，但不同年份间的结果存在一定的差异，2014年的产量构成因素和果穗性状因淹涝受到的影响严重些，可能与受淹阶段的天气有关（如风速、晴天、温度等）。苗期淹涝减产7.66%~65.93%，淹涝达到2d会造成显著减产；拔节期淹涝减产4.5%~100.0%，淹涝达到4d减产显著，淹涝超过8d绝收；抽雄期淹涝减产6.53%~71.37%，淹涝达到2~4d减产显著；灌浆期淹涝减产3.76%~32.11%，淹涝达到4~6d减产显著。从平均减产率来看，拔节期淹涝>抽雄吐丝期淹涝>苗期淹涝>灌浆期淹涝。因此，玉米的拔节期和抽雄期对洪涝最敏感，是夏玉米淹涝的关键时期，应避免该生育期发生淹涝，否则，会造成严重减产。

表5-7 淹涝时期与历时对夏玉米产量性状的影响（安徽天长，2013—2014年）

年份	处理	成穗数（$10^4/hm^2$）	果穗长（cm）	果穗粗（cm）	穗行数	穗粒数（粒）	百粒重（g）	产量（kg/hm^2）	减产率（%）
2013	CK	6.140a	21.85 a	4.72 a	15.52 a	316.3 a	28.34 a	9113.1 a	0
	S2	6.007ab	21.05 a	4.59abcde	15.28 a	309.6 ab	28.33 a	8415.3bc	7.66
	S4	5.984ab	20.83 cde	4.55abcdef	15.18 ab	304.5 abc	28.23 a	8234.5 abc	9.64
	S6	5.930ab	20.22efghi	4.53bcdef	14.69 abc	295.1bcde	28.20 a	7828.9 cd	14.09
	S8	5.921ab	19.64 hij	4.52 def	13.40 bcd	280.7defg	28.13 a	7297.1 de	19.93
	S10	5.771ab	18.53kl	4.51 efg	13.88 abc	268.5 g	28.10 a	6764.6 e	25.77
	J2	6.043a	21.17abc	4.71 abc	15.22 ab	315.0 a	28.07 a	8367.3 abc	8.18
	J4	5.169c	19.14 jk	4.59abcde	15.49 a	309.8 ab	27.80 ab	6562.6 e	27.99
	J6	2.006d	17.92 l	4.35 g	12.97 cde	175.2 h	26.27 de	1250.6 h	86.28
	J8	0.768e	9.80 m	4.04 h	11.40 ef	91.3 i	24.83 fg	189.0 i	97.93
	J10	—	—	—	—	—	—	—	100.0
	T2	6.005ab	21.62 ab	4.72 a	15.24 ab	301.0 abc	27.33abcd	8517.6 abc	6.53
	T4	5.998ab	21.56 ab	4.69abcde	15.34 a	298.6 abcd	26.40 cde	7887.3 bcd	13.45
	T6	5.956ab	20.49cdefg	4.59abcde	14.81 ab	287.1cdef	24.83 fg	6692.6 e	26.56

（续表）

年份	处理	成穗数 ($10^4/hm^2$)	果穗长 (cm)	果穗粗 (cm)	穗行数	穗粒数 (粒)	百粒重 (g)	产量 (kg/hm^2)	减产率 (%)
2013	T8	5.892ab	20.36defgh	4.54bcdef	11.99 def	278.7defg	24.03 g	5641.9 f	38.09
	T10	5.086c	19.56 ij	4.40 fg	11.02 f	278.5 efg	22.30 h	4527.5 g	50.32
	M2	6.007ab	20.64cdef	4.72 ab	14.80 ab	309.3 ab	28.0 ab	8770.3 ab	3.76
	M4	5.952ab	20.75cdef	4.72 ab	15.50 a	293.8 bcde	27.53 abc	8386.9 abc	7.97
	M6	5.976ab	19.78ghij	4.70 abcd	15.34 a	293.8 bcde	26.83 bcd	7823.7 cd	14.15
	M8	5.950ab	20.06 fghij	4.69abcde	15.12 ab	292.0 bcde	25.33 ef	7268.5 de	20.24
	M10	5.939ab	19.89 ghi	4.67abcde	14.49 abc	269.5 fg	24.37 fg	6436.9 ef	29.37
2014	CK	6.670a	19.73a	5.20a	15.24a	429.4 a	33.93a	9224.1a	0
	S2	6.170bc	19.64ab	5.15a	14.93abc	412.14 ab	31.15d	8301.15c	10.01
	S4	6.003cd	18.54abcd	5.07ab	15.08ab	379.54 cde	30.21e	6764.1e	26.67
	S6	5.169h	17.89de	5.11a	14.23bcd	372.02 def	29.65ef	5711.4g	38.08
	S8	4.419j	17.56def	4.99ab	13.66de	353.77 ef	28.05g	4635.0h	49.75
	S10	3.669k	14.56 hi	4.48de	12.13 fg	302.92 g	25.62i	3142.8i	65.93
	J2	6.337b	18.74abcd	5.18a	14.53bcd	403.34 abc	33.71ab	8808.65ab	4.50
	J4	6.337b	17.84def	5.06ab	14.08cd	386.91 bcd	33.68ab	8348.3bc	9.49
	J6	4.836i	15.50gh	5.13a	13.77 d	364.3 def	27.23 h	4942.8h	46.41
	J8	3.835k	12.96 j	4.54de	12.30 f	260.73 h	23.19 j	2283.0j	75.25
	J10	—	—	—	—	—	—	—	100.0
	T2	6.170bc	17.98cde	5.18a	14.64abcd	403.71 abc	32.54c	8083.5c	12.37
	T4	5.667ef	16.94ef	4.67cd	14.52abcd	348.58f	29.60ef	5807.1fg	37.04
	T6	5.503fg	16.63fg	4.62cde	14.56abcd	289.89g	28.01g	4538.1h	50.80
	T8	4.836i	14.90h	4.48de	12.69 ef	260.16h	27.32gh	3468.45i	62.40
	T10	4.419j	13.45ij	4.39e	11.21 g	231.54i	26.2 i	2641.05j	71.37
	M2	6.003cd	19.18abc	5.12a	15.15ab	410.87ab	33.03bc	8850.3a	4.05
	M4	5.836de	18.78abcd	5.21a	14.83abc	416.40 a	32.99bc	8251.65c	10.54
	M6	5.667ef	18.39bcd	5.23a	14.82abc	386.98bcd	32.47c	7937.1cd	13.95
	M8	5.503fg	18.08cde	4.84bc	14.58abcd	371.57def	31.60d	7570.2d	17.93
	M10	5.336gh	17.90de	5.04ab	14.21bcd	369.79def	29.05f	6262.65f	32.11

注：表中—表示植株死亡或者未形成有效的果穗，下同

2011 年在河南广利灌溉试验站的研究也表明，任一生育阶段发生淹涝，其果穗长、出籽率、穗粒质量、穗粒数、百粒质量和产量均随淹涝历时的增加呈降低趋势；苗期、拔节期、抽雄期和灌浆期淹涝分别减产 17.98%～54.97%、9.12%～100%、2.58%～28.63% 和 5.93%～20.28%，其淹涝历时分别达到 2d、4d、6d、4d 时就会造成显著减产；苗期和拔节期是夏玉米不耐淹涝的关键时期，生产上应避免该生育期发生淹涝[17]。陈国平等[15]

的研究结果显示，玉米对涝害的反应以生育前期较敏感，三叶期、拔节期和雌穗小花分化期淹水 3 天，使单株产量分别降低 13.2%、16.2%和 7.9%，而开花期和乳熟初期淹水 3d 则未造成减产。在不同生育期分别持续淹水 2d、4d 的条件下，玉米苗期反应最为敏感，减产幅度分别为 26.0%、67.1%；其次为拔节期，淹水减产幅度分别为 26.1%、34.8%；抽雄吐丝期减产幅度分别为 10.9%、25.1%；成熟期淹水产量受涝渍的影响最小，减产幅度仅为 3.1%、5.0%。苗期耐淹天数最短，随着受淹天数的延长其减产幅度最大。在淹水 4d 时，其减产幅度顺序为：苗期>拔节期>抽雄吐丝期>成熟期，说明随着株龄的增长，玉米的耐淹能力趋于增强[18]。

余卫东等[11]的研究结果表明：拔节期淹水 3d、抽雄期淹水 5d 的产量损失率分别为 28.4%和 42.8%；拔节期淹水 5d 产量损失是淹水 3d 的 3.1 倍；拔节期淹水 3d 后产量显著降低，抽雄期淹水 3d 减产不显著，淹水 5d 产量显著降低；淹水天数相同时，拔节期淹水的产量损失率大于抽雄期淹水，其果穗性状也比抽雄期淹水的差。所有淹水处理都会降低每平方米有效株数（数据未列出），而抽雄期淹水 5d 还影响秃尖比，拔节期淹水 5d 显著影响所有的测定指标如收获指数、果穗性状等（表 5-8）。

表 5-8　不同生育阶段淹水对夏玉米产量以及构成的影响（2011 年）[11]

处理	果穗长（cm）	果穗粗（cm）	秃尖比（cm）	穗粒数（粒）	百粒重（g）	实际产量（kg/hm^2）	收获指数
CK	16.8±0.49a	4.8±0.17a	0.05±0.03c	461.8±47.9a	22.9±2.23a	8 800.5±238.0a	0.44±0.07a
JF3	15.4±1.42a	4.8±0.10a	0.09±0.02bc	400.0±83.3a	22.9±3.03ab	6 304.2±342.3b	0.42±0.06a
JF5	12.6±1.13b	4.3±0.22b	0.21±0.03a	214.8±62.6b	19.9±2.07b	980.7±92.4c	0.28±0.10b
TF3	16.6±1.99a	5.0±0.32a	0.11±0.03bc	435.7±112.1a	23.6±1.96a	6 981.8±224.7ab	0.42±0.07a
TF5	15.2±2.46a	4.9±0.16 a	0.14±0.03 ab	426.3±141.2a	20.4±2.04ab	5 034.4±88.3b	0.41±0.07 a

注：表中数据为平均值±标准差，数据后不同小写字母表示处理间有显著差异（$P<0.05$）；JF3 和 JF5 分别表示拔节期淹水 3d 和 5d，TF3 和 TF5 分别表示抽雄期淹水 3d 和 5d（田间积水深度 5cm 左右）；CK 为对照小区（土壤水分要求拔节至成熟期保持在田间持水率的 70%～80%），下同

不同学者的研究结果存在差异的原因可能与他们当时的试验条件（如品种的耐涝性差异、土壤、气象条件、淹涝时间以及深度等）有关。已有研究表明，淹涝期间的气象条件如风速、高温晴天会通过引起植株倒伏死亡而加重洪涝的危害。

三、玉米应对洪涝灾害防御措施

涝灾是一个比较严重、且经常发生的气象灾害，对玉米的生产具有严重的影响，在目前的科学技术水平下，要想防止洪涝灾害的发生是不可能的，因此，只能根据洪涝灾害发生的规律和特点，采取积极的防御对策，以减小涝灾对玉米造成的经济损失。通常采用以下措施进行涝灾的防御。

1. 植树造林营造良好的生态环境

植树造林可以增加农田复种指数，增加大地绿色面积，减少贴地空气的温度梯度，增

加空气湿度，减少地表蒸发量，增加土地涵养雨水的能力和水土保持能力，从而减少暴雨发生次数，降低涝灾的危害程度。

2. 筛选抗逆新品种，建立合理的种植制度

利用作物的生物遗传特性，选育耐涝品种进行种植，同时，通过合理配置作物种植结构以减轻涝害影响。

3. 修建田间排水工程提高涝渍治理工程的设计标准

搞好水利设施，做到旱能灌，涝能排，是防止涝害发生的基本措施。在田间要合理布设明沟或暗管，疏通田头沟、围沟和腰沟，及时排除田间积水进行排涝降渍，降低土壤湿度。

4. 采用适宜的栽培耕作措施

（1）易涝地采用垄作栽培，有利于排水，降低玉米根区的土壤湿度。

（2）降水后地面泛白时要及时中耕松土，破除土壤板结，促进土壤散墒透气，改善根际环境，促进根系生长，减轻病害发生，倒伏的玉米苗，应及时扶正，壅根培土。

（3）合理施肥促进灾后玉米恢复生长：玉米遭受涝灾后，耕层土壤中的水溶性氮、磷、钾多被淋溶而随径流流失，土壤中可被玉米吸收的氮、磷、钾养分大为减少，不能满足玉米继续生长发育的需要；玉米常因涝后缺肥，叶片变黄或淡绿，光合速率显著降低，光合产物明显减少，而导致籽粒减产。因此，涝后及时追施氮、磷、钾肥或叶面喷施1%尿素+0.2%磷酸二氢钾可以促进玉米生长。

5. 喷施生长调节剂

外源喷施亚精胺、多效唑、乙酰水杨酸等生长调节剂减轻玉米受涝的伤害。研究表明，叶面喷施亚精胺可有效改善玉米根系和叶片生理功能，从而降低减产幅度，但不同玉米品种及其不同生育阶段对亚精胺的调控效应存在差异[19]。

6. 加强涝灾的监测预警

建立健全涝灾防御体系，切实做好洪水、天气的科学预报以及泄洪区的排水合理规划，通过各种综合措施减轻洪涝灾害造成的损失。

第四节　玉米耐盐能力

中国存在大量的盐碱地和咸水、微咸水资源，在水土资源短缺的条件下，利用好这些劣质土地和水资源对于玉米生产安全、保障粮食产量非常重要。玉米属于对盐分中度敏感的 C_4 作物，耐盐性相对较差，利用矿化度为2~5g/L的微咸水进行合理灌溉，可以保证玉米获得较高的产量。但是咸水或微咸水的不当灌溉会导致土壤的盐碱化和荒漠化，引起严重的地力丧失、土壤沙化等环境问题。研究表明，土壤盐碱以及微咸水灌溉对玉米种子的萌发、植株生长发育、生理生化特性以及产量会产生严重的影响，其影响的程度与土壤的盐分含量以及灌溉水的矿化度密切相关。研究玉米的耐盐能力以及盐胁迫对玉米生长发育的影响，对于水土资源的安全利用以及玉米的生产具有重要意义。

一、盐胁迫对玉米种子萌发和出苗的影响

1. 盐胁迫对玉米种子萌发的影响

在中国的盐渍土壤中，按所含盐分不同，主要分为以氯化钠（NaCl）和硫酸钠（Na_2SO_4）等中性盐为主的盐土与以碳酸钠（Na_2CO_3）和碳酸氢钠（$NaHCO_3$）等碱性盐为主的碱土。其中，碱性盐对作物的伤害作用远远大于中性盐。关于盐胁迫对玉米种子萌发的影响大多采用配置不同浓度的盐溶液（NaCl、Na_2CO_3 等）利用盆栽或营养钵进行研究。高英等[20]的研究表明，当盐浓度上升到 10B（1g/L NaCl），玉米种子萌发开始受到抑制，发芽率较对照下降 36%，盐害指数达 36%。当盐浓度达 50B（5g/L NaCl）时种子的萌发率、发芽率大幅度下降，盐害指数升至 80%。在高浓度 100B（10g/L NaCl）的盐胁迫下，玉米种子的萌发完全受到抑制，萌发率为 0，发芽率只有 4%，盐害指数高达 96%；当盐浓度≤0.5g/L NaCl 时，有利于玉米种子的萌发，其萌发率高于对照，而发芽率也与对照相当，差异很小[20]。可见，盐分浓度≤0.5g/L NaCl 的处理有利于提高玉米种子萌发率，对发芽率影响很小，随着盐胁迫浓度的增大，玉米种子萌发率、发芽率急剧下降，0.5g/L NaCl 可能是影响玉米种子发芽的临界浓度（表 5-9）。

表 5-9　盐胁迫对玉米种子发芽的影响[20]

处理	NaCl 浓度（%）	萌发率（%）	发芽率（%）	盐害指数（%）
蒸馏水	0	36c	100a	0d
自来水（B）	0.1	44b	100a	0d
5B	0.5	48a	98ab	2d
10B	1.0	32d	64c	36c
50B	5.0	122	20d	80b
100B	10.0	0f	4e	96a

注：以萌发 2d 时种子露白顶出芽尖为萌发标准，以萌发 6d 时芽长相当于种子的一半为发芽标准。盐害指数 =（CK 发芽率−T 发芽率）/CK 发芽率×100%（CK 为对照；T 为处理）

在不同浓度的盐胁迫下，不同玉米杂交组合的种子萌发情况存在一定的差异。由表 5-10 可以看出，4 种玉米杂交组合的发芽势具有较一致的变化规律，随着 NaCl 溶液浓度的增加均呈下降的趋势，在 NaCl 浓度为 0.8%时各杂交组合发芽势均显著低于对照，杂 30 下降最为显著，其次是杂 25。4 个玉米杂交组合种子发芽势的大小为：杂 23>杂 28>杂 25>杂 30。同样，随 NaCl 浓度的增加各杂交组合的发芽率下降，在 NaCl 浓度为 0.6%时，杂 23、杂 25 和杂 28 的发芽率较对照显著下降；在 NaCl 浓度为 0.8%时，杂 30 发芽率的下降才达到显著水平，杂 23 的下降趋势较其他组合小，在 NaCl 浓度< 0.6%的处理下，杂 23 和杂 30 发芽率相近，杂 25 和杂 28 发芽率相近。当 NaCl 浓度达 0.8%时，各杂交组合发芽率的耐盐性大小为：杂 23>杂 25>杂 30>杂 28。在低盐浓度≤ 0.4%处理下，玉米种子发芽势、发芽率与对照相同或相近，差异不显著[21]。这表明玉米种子发芽过程对低盐胁迫具有一定的适应性和调节能力。

表 5-10　NaCl 胁迫对不同玉米杂交组合发芽势和发芽率的影响[21]

NaCl 浓度（%）	发芽势（%）				发芽率（%）			
	杂 23	杂 25	杂 28	杂 30	杂 23	杂 25	杂 28	杂 30
CK	93a	87a	89a	97a	100a	97a	99a	99a
0.2	89a	86a	85a	94ab	99a	94a	96ab	99a
0.4	86a	69ab	78ab	92b	99a	89ab	89bc	97a
0.6	82a	61bc	71bc	90b	95 b	82bc	82c	96a
0.8	69b	59c	61c	53c	95 b	76c	67d	74b

注：同列不同的小写字母表示处理间达到显著水平（$p<0.05$），下同

从表 5-11 可见，不同浓度的 NaCl 胁迫下，同一品种玉米种子的发芽率随着盐浓度的升高呈下降趋势。0、30mmol/L NaCl 处理对不同品种的发芽率无显著性的影响，当 NaCl 浓度达到 60mmol/L 时，各品种的发芽率显著降低；随着 NaCl 浓度的继续增加，不同品种发芽率的降低幅度存在一定的差异。NaCl 浓度在 0～30mmol/L，4 个玉米品种间的发芽率无显著差异；NaCl 浓度在 30～90mmol/L，鲁单 981、陕丹 902 的发芽率始终维持在 70%以上，而长城 701、农大 108 的发芽率则急剧下降至 40%左右。NaCl 浓度在 120～180mmol/L，鲁单 981、陕丹 902 的种子发芽率始终维持在 20%～40%，而长城 701、农大 108 的发芽率则下降至 6%～24%；NaCl 浓度≥210mmol/L 时，长城 701、农大 108 种子的发芽率下降为 0。而鲁单 981、陕丹 902 的种子发芽率在 NaCl 浓度≥240mmol/L 以后才下降为 0。由此可以看出，当 NaCl 浓度升高为 200mmol/L 以后，不论哪个品种的种子发芽均被严重抑制。与对照相比，当 NaCl 浓度升至 180mmol/L 时，鲁单 981、陕丹 902、长城 701、农大 108 的发芽率分别下降了 71.8%、76.04%、91.4%、93.4%，其中长城 701、农大 108 的发芽率下降幅度最大[22]。

表 5-11　不同 NaCl 浓度对 4 个玉米品种发芽率的影响[22]　（单位:%）

NaCl 浓度（mmol/L）	玉米品种			
	鲁单 981	陕丹 902	长城 701	农大 108
0	92 a	96 a	93 a	91 a
30	96 a	97 a	94 a	93 a
60	88 b	84 b	54 b	52b
90	74 c	72 c	40 c	38 c
120	38 d	36 d	24 d	24 d
150	30 e	24 e	21 e	10 e
180	26 f	24 e	8 f	6 f
210	7 g	6 f	0 g	0 g
240	0 h	0 g	0 g	0 g
270	0 h	0 h	0 g	0 g
300	0 h	0 h	0 g	0 g

不同成分的盐胁迫对玉米种子萌发的影响也存在差异。由表 5-12 可以看出，经不同浓度的 NaCl 或 Na_2CO_3 盐碱胁迫处理后，各供试材料的发芽率均受到不同程度的抑制，且随着盐或碱浓度的升高发芽率逐渐降低；除 12.5mmol/L Na_2CO_3 浓度以下的处理外，郑单 958 的发芽率均高于亲本郑 58 与昌 7-2。在 NaCl 胁迫下，郑单 958 的发芽率在不同浓度间的差异达到显著水平，昌 7-2 与郑 58 在 50mmol/L、100mmol/L NaCl 下种子发芽率无显著差异，郑 58 在 150mmol/L、200mmol/L NaCl 下种子发芽率无显著差异；在 Na_2CO_3 胁迫下，郑单 958 与昌 7-2 的发芽率在 12.5mmol/L 与 25mmol/L 下和 37.5 mmol/L与 50mmol/L 下差异不显著。在相同的离子浓度下，3 个供试材料的发芽率随浓度的增加呈相同的变化趋势，即同 Na^+浓度的 Na_2CO_3 胁迫下的种子发芽率低于 NaCl 胁迫。此外，无论哪个供试材料在 NaCl 浓度到达 100mmol/L、200mmol/L 或是 Na_2CO_3 浓度到达 25mmol/L、50mmol/L 发芽率均受到明显抑制，且 Na_2CO_3 对种子萌发的影响大于 NaCl[23]。

表 5-12　不同 NaCl 和 Na_2CO_3 浓度对玉米发芽率的影响[23]　（单位:%）

NaCl 浓度（mmol/L）	郑单 958	昌 7-2	郑 58	Na_2CO_3 浓度（mmol/L）	郑单 958	昌 7-2	郑 58
0	100 a	97 a	100 a	0	100 a	97 a	100 a
50	87 a	72 b	60 b	12.5	93 a	100 a	87 ab
100	65 b	60 b	50 b	25	82 ab	80 ab	57 bc
150	38 c	33 c	27 c	37.5	57 bc	48 bc	35 c
200	20 d	13 d	15 c	50	42 c	32 c	33 c

时丽冉[24]研究了 NaCl、Na_2CO_3 以及混合盐碱对玉米种子发芽的影响。试验结果表明：不同浓度的 NaCl 处理均对种子有抑制作用，低浓度 NaCl 处理（浓度≤50mmol/L）的抑制作用最低，其发芽率、发芽指数、活力指数接近于对照，说明种子萌发需要一定的离子浓度。离子的渗入可以激活代谢过程中的某些酶，使发芽所需物质合成更加充分，从而使发芽比较迅速。但当 NaCl 浓度大于 50mmol/L 时，种子发芽率、发芽指数、活力指数下降，并随着浓度升高，种子萌发受到的抑制程度增大。Na_2CO_3 处理对种子萌发的抑制作用也是随着处理浓度的升高而增强，种子的发芽率、发芽指数、活力指数随着处理浓度的增加降低幅度增大，其降低的幅度比同 Na^+浓度的 NaCl 大。而混合盐碱处理（NaCl+Na_2CO_3）对种子萌发的抑制程度介于前两者之间，即对种子萌发的抑制程度为：Na_2CO_3>混合盐碱>NaCl（表 5-13）。可见碱胁迫的危害要大于中性盐的胁迫，因为碱胁迫除了离子胁迫外还涉及高 pH 值对种子萌发的毒害[24]。

表 5-13　不同处理方法对玉米发芽率、发芽指数、活力指数的影响[24]

处理（mmol/L）		发芽率（%）	发芽指数	活力指数
蒸馏水	—	75.50	39.69	42.63

（续表）

处理（mmol/L）		发芽率（%）	发芽指数	活力指数
NaCl	50	70.67	35.85	39.74
	100	62.50	27.20*	28.16*
	200	56.50*	15.65**	14.05**
	300	30.05**	9.84**	6.67**
Na_2CO_3	12.5	61.33	30.34	31.25
	50	43.83*	22.67*	21.22*
	100	34.00**	8.11**	6.82**
	150	19.83**	2.72**	2.58**
（NaCl+ Na_2CO_3）	50+12.5	67.38	32.80	34.40
	100+50	50.67*	25.70*	26.97*
	200+100	43.67**	10.10**	9.03**
	300+150	25.50**	4.12**	3.94**

注：表中数值后的*、**分别表示差异达到0.05、0.01显著水平。发芽指数 $GI=\sum Gt/Dt$，Gt指在不同时间（t天）发芽数，Dt指不同的发芽试验天数；活力指数 $VI=S\times\sum Gt/Dt$（S为鲜重）

2. 盐胁迫对出苗的影响

由于水资源短缺，采用微咸水灌溉也是保证作物出苗以及生长发育的重要措施。郑九华等[25]研究了微咸水造墒对玉米种子出苗的影响。从表5-14可知，不论是播种后5d还是10d，随着造墒用水矿化度的增高，玉米的相对出苗率和绝对出苗率都呈明显的下降趋势，表明利用不同矿化度的微咸水造墒对玉米的出苗有着不同程度的抑制作用。利用3g/L、5g/L、7g/L的微咸水造墒，播种后5d时，玉米相对出苗率分别为80.8%、50.0%和11.5%；播种后10天时，玉米相对出苗率分别为94.4%、83.3%和47.2%，7g/L处理的出苗率很低。因此，在缺乏淡水资源的地区，如果天气干旱，可以利用2~5g/L的微咸水造墒播种玉米，但是需要适当加大播种量才能达到预想的出苗效果；尽量不要采用7g/L的咸水来灌溉造墒进行玉米的播种。

表5-14　微咸水造墒对玉米出苗的影响[25]

矿化度（g/L）	播种后5d		播种后10d	
	绝对出苗率（%）	相对出苗率（%）	绝对出苗率（%）	相对出苗率（%）
0.6	65.0	100.0	90.0	100.0
3	52.5	80.8	85.0	94.4
5	32.5	50.0	75.0	83.3
7	7.5	11.5	42.5	47.2

注：表中绝对出苗率=5d或10d内种子出苗数/播种的种子总数x100%；相对出苗率=处理出苗率/对照出苗率×100%，对照为0.6g/L处理

常红军等[26]研究了NaCl胁迫对鲁单981玉米种子幼苗生长的影响。结果表明，随着

NaCl 溶液浓度的增加，玉米幼苗的生物量、株高、叶绿素含量、根冠比均呈下降趋势。与对照相比，在 30、60、90、120、150mmol/L NaCl 浓度下，各处理株高分别下降 2.2%、3.9%、58.4%、73.7%、76.3%；生物量分别下降 1.4%、3.9%、62.7%、82.7%、95.4%；叶绿素含量分别下降 0.2 %、2.5%、100.5%、131.0%、143.9%；根冠比分别下降 0.55%、1.1%、13.9 %、34.6 %、37.8 %。表 5-15 还表明，在 30mmol/L、60mmol/L NaCl 浓度下，玉米幼苗的株高、生物量、叶绿素含量、根冠比与对照间差异不显著；当 NaCl 浓度达 90mmol/L 时，各生长指标与对照间差异显著；当 NaCl 浓度达 180mmol/L 时，植株死亡；说明高盐逆境胁迫影响叶绿素合成、植株生长和生物量的累积，且对根生长的抑制作用超过对地上部的抑制作用。同时也表明鲁单 981 号玉米幼苗在 60mmol/L NaCl 浓度以下，其生长生存受到的影响不大[26]。

表 5-15　不同浓度 NaCl 胁迫对鲁单 981 玉米种子幼苗生长的影响[26]

NaCl 浓度（mmol/L）	0	30	60	90	120	150	180
平均株高（cm）	30.88 a	30.21 a	29.67 a	12.83 b	8.11 c	7.32 d	苗枯死
生物量（g）	0.284 a	0.280 a	0.273 a	0.106 b	0.049 c	0.013 d	-
根冠比	0.547 a	0.544 a	0.541 a	0.471 b	0.358 c	0.340 c	-
叶绿素（ab）含量	1.244 a	1.241 a	1.213 a	1.119 b	1.081 c	1.065 d	-

因此，通过发芽及出苗试验表明，在盐胁迫下，玉米种子萌发过程中种子内 Na^+含量大量增加，Ca^{2+}含量显著减少，种子内淀粉酶活性降低，导致玉米种子萌发率降低，萌发期延迟，玉米种子的发芽指数和活力指数受到显著抑制，即使出苗，其幼苗的生长发育也会受到严重的影响，在形态上表现为植株矮小瘦弱、叶片狭窄、基部黄叶多，随着时间的延长叶片失水萎蔫进而卷曲枯萎，严重时，植株全部死亡。

二、盐胁迫对玉米生长形态的影响

1. 盐胁迫对株高的影响

盐浓度以及盐的成分对玉米株高的影响趋势基本一致，随着浓度的升高，株高降低。刘芳等[27]利用 3 个不同血缘的玉米自交系，在三叶一心期采用不同浓度（50～300 mmol/L）NaCl 溶液处理，比较盐胁迫下玉米自交系的外观形态变化。从图 5-8 可以看出，在 NaCl 溶液浓度小于 50mmol/L 范围内，合 344 与南 5 两自交系的株高均随 NaCl 溶液浓度的增加而增加，而当 NaCl 溶液浓度大于 50mmol/L 时，合 344 与南 5 的株高均随 NaCl 溶液浓度的增加呈逐渐减小的趋势，两自交系具有较一致的变化规律。而无名-5 的株高却一直随 NaCl 溶液浓度的增加而逐渐降低。由此表明，各自交系对盐胁迫的响应表现出明显的差异[27]。

由图 5-9 显示，ZP291、98-277、黑玉米和黄早四的株高均随 Na_2CO_3 溶液浓度的增加呈下降的趋势。而 Mo17Ht 则在 Na_2CO_3 溶液浓度小于 5mmol/L 时，其株高随 Na_2CO_3 溶液浓度的增加而增加，而后随 Na_2CO_3 溶液浓度的增加逐渐降低，这与苗情表现一致，

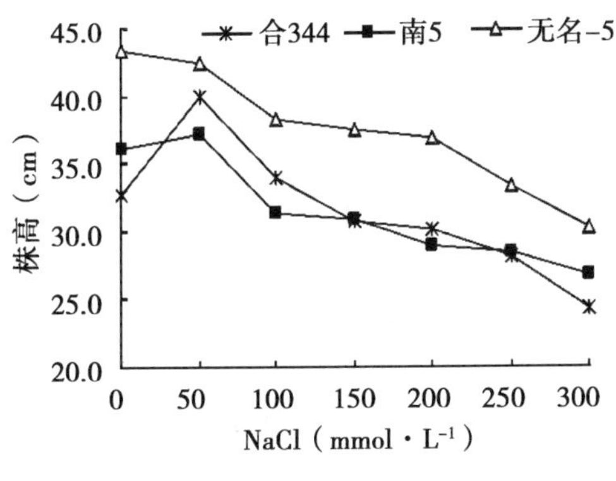

图 5-8　不同浓度 NaCl 对不同自交系玉米株高的影响

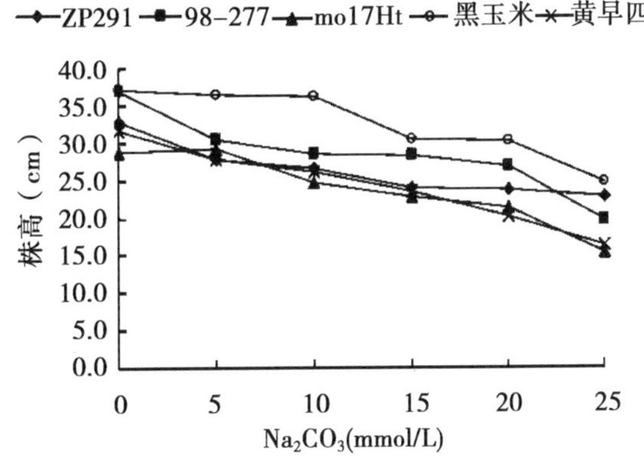

图 5-9　Na_2CO_3 胁迫对不同自交系玉米株高的影响[28]

说明较低浓度的 Na_2CO_3 对某些自交系的生长具有一定的促进作用[28]。在当前农业生产中，由于淡水资源紧缺，采用微咸水与淡水资源进行轮灌或混灌是减少盐害和防止土壤次生盐碱化的重要措施。杨建国等[29]采用渠灌（淡水）、井灌（微咸水 3.0g/L）、井渠混灌（1∶1）3 种处理研究了不同的矿化度对玉米株高、叶面积指数的影响；由图 5-10 可看出，

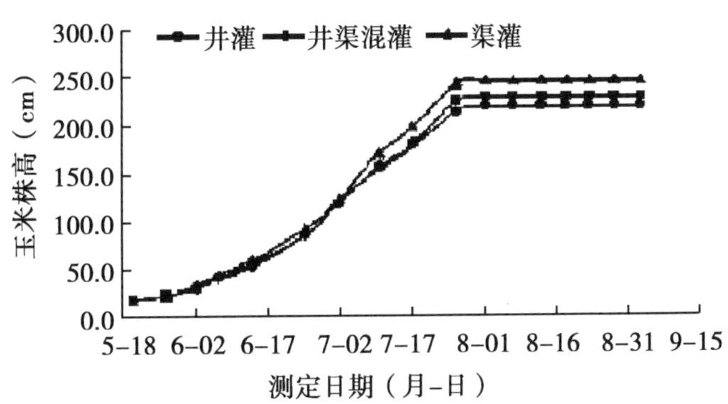

图 5-10　不同灌水处理下玉米株高动态变化

在玉米整个生育期内，3 种处理玉米株高变化趋势一致，孕穗前均呈平缓增长趋势，孕穗后至抽雄前增长速度加快，在散粉期前后株高达到最大值，之后不再增长。不同处理间比较发现，孕穗前各处理间株高无显著差异，孕穗期之后玉米株高表现为：渠灌>井渠混灌>井灌，说明微咸水灌溉对玉米生长有明显的抑制作用，随着灌溉水矿化度的升高，株高呈降低趋势。

2. 盐胁迫对叶面积的影响

玉米的叶面积受盐分胁迫的影响，其变化趋势与株高基本一致。由表 5-16 表明，玉米幼苗的单株叶面积均随着盐胁迫浓度的提高而逐渐降低，并且品种间降低的幅度具有显著的差异，耐盐品种登海 9 号的降低幅度显著小于盐敏感品种浚单 18[30]。杨建国等[29]的研究结果表明（图 5-11），3 种灌水处理玉米生育期内的叶面积指数均呈单峰曲线，渠灌、井渠混灌处理的叶面积指数在吐丝期达到最大值，而井灌叶面积指数的峰值出现时间较渠灌、井渠混灌略早一些，在抽雄期前后达到最大值；其峰值大小顺序表现为：渠灌>井渠混灌>井灌，且渠灌与井渠混灌间的差异不明显。玉米吐丝期之后玉米植株底部的叶

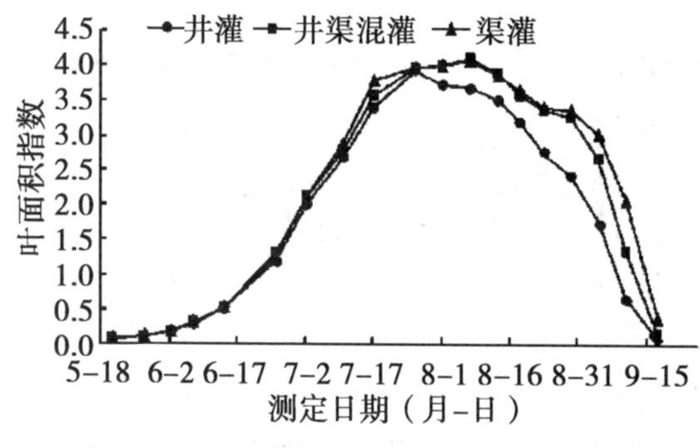

图 5-11　不同灌水处理下玉米叶面积指数动态

片逐渐枯黄，有效叶面积逐渐减少，在玉米生长后期，微咸水灌溉（井灌）对玉米生长的影响逐渐表现出来，从玉米叶面积指数发展动态可以看出，3g/L 微咸水灌溉相对于渠水灌溉其叶面积指数在散粉期就急剧减少，说明微咸水灌溉加速了玉米叶片的衰老，导致绿叶数减少、叶面积指数迅速下降。从不同处理间叶面积指数变化的比较可知，各灌溉处理孕穗前无显著差异，吐丝期之后井灌处理的叶面积指数才明显低于渠灌和井渠混灌的处理，表明微咸水灌溉对玉米叶片的生长与衰老有显著的影响。

表 5-16　不同浓度 NaCl 胁迫对玉米幼苗单株叶面积的影响[30]　（单位：cm^2）

品种	NaCl 浓度（mmol/L）		
	0	50	100
登海 9 号	107.58 a	90.42 b *	70.76 c *
浚单 18	105.84 a	84.98 b *	57.17 c *

注：不同盐浓度测定值间标有不同小写字母者，为 5%水平差异显著；不同品种测定值间标有 * 者，为 5%水平差异显著

3. 盐胁迫对根系的影响

玉米根系是吸收水分和养分以及支撑株体的重要器官，在盐胁迫下，其生长发育会受到严重的影响。张展羽等[31]的盆栽试验表明（表 5-17），单株根干重和根冠比随着含盐量的增加而降低，当含盐量 NaCl≥3g/L 时，降低幅度增大；而当含盐量小于 3g/L 时，盐分对苗期玉米干物质累积没有抑制作用，反而有所促进，其中，1g/L 和 3g/L 处理的单株干物质重量均超过了对照处理，尤其是地上部分的增加更为明显。这表明轻微的盐分胁迫有利于冠的生长。当灌溉水的 NaCl 含量超过 3g/L 时，NaCl 对玉米幼苗生长的抑制作用表现明显，单株干重明显下降；随着灌溉水中 NaCl 含量的增加，抑制越加严重。5g/L 和 7g/L 处理的冠干重比对照下降 5% 和 11%，而根干重减少 43% 和 51%，表明根和冠对 NaCl 的反应不同。轻微的盐分对地上部分生长具有一定的刺激作用，只在大于 3g/L 时，才表现出明显的抑制作用。在播种后第 25 天测量的玉米幼苗显示，3g/L、5g/L、7g/L 处理的根干重分别为对照的 61.7%、56.8%和 48.6%；根冠比分别为对照的 73.8%、60.0%和 55.4%。由此可以看出，3g/L 是灌溉水中 NaCl 含量的上限，当 NaCl 含量继续增加时，玉米幼苗的根干重和根冠比会大幅度减小。因此，利用 NaCl 浓度不超过 3g/L 的微咸水进行灌溉是可行的，高于此值，则不适宜作为灌溉水源。

表 5-17　不同 NaCl 浓度对玉米根冠干物质累积的影响[31]

处理	单株干重（g）	单株根干重（g）	单株冠干重（g）	根冠比
对照	1.708	0.676	1.302	0.65
1g/L	1.806	0.648	1.158	0.56
3g/L	1.720	0.417	1.162	0.48
5g/L	1.368	0.384	0.984	0.39
7g/L	1.244	0.329	0.915	0.36
9g/L	—	—	—	—

注：播种后 25 天测定

表 5-18　NaCl 胁迫对不同玉米杂交组合根长和根鲜重的影响[21]

NaCl 浓度（%）	根长（cm）				根鲜重（g）			
	杂 23	杂 25	杂 28	杂 30	杂 23	杂 25	杂 28	杂 30
CK	10.32 a	8.32 a	10.00 a	10.83 a	6.70 a	5.20 a	4.87 a	5.90 a
0.2	9.28 b	7.93 a	9.34 a	8.67 b	6.39 a	4.88 a	4.84 a	4.52 a
0.4	7.39 c	6.36 b	8.02 a	7.60 c	5.58 b	4.37 ab	4.74 a	4.30 a
0.6	6.20 d	5.06 c	5.63 b	6.55 d	5.12 bc	3.60 b	3.41 b	4.06ab
0.8	5.03 e	4.45 c	4.47 b	5.34 e	4.65 c	3.59 b	2.50 c	3.76 b

注：同列不同的小写字母表示处理间达到显著水平（$p<0.05$），下同

由表 5-18 可以看出，玉米幼苗根长随 NaCl 浓度的升高显著的下降，杂 23 和杂 25 的根长在 NaCl 浓度≤0.4%时下降较快，杂 28 在 NaCl 浓度≤0.6%时下降最慢。总的说来，杂 23、杂 28 和杂 30 的根长变化相近，杂 25 的根长始终低于其他 3 个组合。在 NaCl 浓度达 0.8%时，各杂交组合根长的长短为：杂 30>杂 23>杂 28>杂 25。杂 23 和杂 28 玉米杂交组合根鲜重亦随 NaCl 浓度的增加而呈现的下降趋势，且杂 23 在浓度为 0.4%时与对照比，差异显著，而杂 28 在浓度为 0.8%时差异显著。杂 25 和杂 30 的下降趋势仅分别在浓度为 0.6%和 0.8%时达显著水平。杂 23 的幼苗根鲜重在不同 NaCl 浓度处理下均高于其他 3 个组合，当 NaCl 浓度在 0.8%水平时，各组合根鲜重的大小为：杂 23>杂 30>杂 25>杂 28[21]。由图 5-12 所示，在 Na_2CO_3 胁迫下，3 个品种根干重的变化规律一致，均随 Na_2CO_3 溶液浓度的增加而降低，并都在 Na_2CO_3 溶液浓度为 30mmol/L 时，降低幅度达最大，而后变化幅度很小，表明 Na_2CO_3 对玉米苗根干重积累的抑制程度在 30mmol/L 时达最大，不同品种间

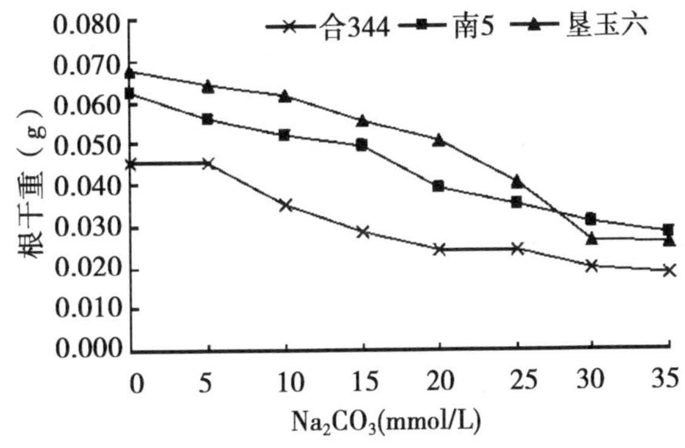

图 5-12　不同浓度 Na_2CO_3 对不同品种玉米根干重的影响

的根干重差异明显，在 Na_2CO_3 浓度小于 27mmol/L 时，根干重大小为：垦玉六>南 5>合 344，但当 Na_2CO_3 浓度>27mmol/L 时，根干重大小为：南 5>垦玉六>合 344[28]。由此表明，不同品种对盐分的响应存在差异，对盐分浓度敏感的阈值各品种也不一样。

4. 盐胁迫对产量性状的影响

从表 5-19 可以看出，不同玉米品种产量和耐盐指数随着盐分浓度的增加极显著的降低，当盐分浓度达到 0.4%时，同一盐分浓度两品种间的产量差异达到显著水平，登海 9 号的产量显著高于浚单 18。两品种的耐盐指数也随着盐处理浓度的提高逐渐降低，而且同一盐处理浓度下，登海 9 号的耐盐指数均显著高于浚单 18。可见，登海 9 号为耐盐品种，浚单 18 为盐敏感品种；两品种之间除 0.2%盐浓度处理下它们的产量差异性不显著外，其他盐处理浓度条件下的产量以及所有盐处理的耐盐指数均达到了显著性差异[30]。

表 5-19　不同浓度 NaCl 胁迫对玉米品种产量的影响[30]

品种	不同盐胁迫水平下产量（kg/hm^2）			对照产量（kg/hm^2）	耐盐指数		
	0.2%	0.4%	0.6%		0.2%	0.4%	0.6%
登海 9 号	8 155.22 B	7 957.84 C*	7 735.18D*	8 401.56 A	0.971 A*	0.947B*	0.921 C*
浚单 18	8 152.58 B	7 832.16 C*	7 482.33D*	10 050.37 A	0.811 A*	0.779 B*	0.745 C*

注：同一品种内不同盐浓度测定值间标有不同大写字母者，为 1%水平差异显著；不同品种测定值间标有 * 者，为 5%水平差异显著

蒋静等[32]采用不同的灌溉水矿化度以及灌水量对玉米产量及其构成的影响进行了研究，结果显示，咸水灌溉下玉米产量与淡水充分灌溉处理（SSF）相比仅降低 10.1%～14.5%，咸水非充分供水条件下产量降低 12.7%～17.4%，相同灌溉水质下充分供水处理的玉米产量均高于非充分供水处理，在灌水矿化度较高的情况下，高盐分加剧了水分胁迫。2008 年，DSF 处理产量最高，达 17 902.8kg/hm^2，尽管供水充足，盐分胁迫使产量降低 19.4%～57.8%，SS9 的产量仅为 SSF 的 43.5%；由于 2007 年非充分供水处理的土壤含盐量低于充分供水处理，因此 2008 年非充分供水的 DS9、DS6、DS3 和 DSF 的产量分别高于充分灌水的 SS9、SS6、SS3 和 SSF（表 5-20），可见土壤盐分的积累对作物产量的影响具有后效性。结果还表明，2007 年试验灌溉水质对穗行数和行粒数的影响不显著，对百粒重和干物质量的影响显著；2008 年试验灌溉水质对各产量构成因子的影响均显著。盐分胁迫对籽粒干物质积累的影响大于对籽粒数量形成的影响，因此一年的咸水灌溉试验即可导致百粒重的显著降低，9g/L 和 6g/L 处理的百粒重均显著低于淡水灌溉处理；连续两年使用 9g/L 的咸水灌溉，使产量的各构成因子均显著低于淡水灌溉处理。连续两年使用 3g/L 微咸水灌溉春玉米后，0～40cm 土壤含盐量不超过 1.5g/kg，与相同水量下的淡水灌溉相比产量减少不到 30%，水分利用效率在充分和非充分供水下均可达 1.9kg/m^3 以上，综合考虑以上因素，3g/L 微咸水可以作为灌溉水源。但是长期使用微咸水灌溉也会造成盐分积累，且产量和水分利用效率也将随灌溉时间的增长而降低。矿化度 3g/L 的水配合适当的淋洗可以作为灌溉水源使用，而矿化度为 9g/L 的咸水仅进行两年试验，玉米产量可降低 50%以上，因此，不适合用于农业灌溉。郑春莲[33]等的研究也表明，玉米产

量随着咸水矿化度的增加而降低。其中，2g/L 和 4g/L 咸水灌溉的产量分别较淡水灌溉减产 5.10%和 8.90%，两者差异不显著；而 6g/L 和 8g/L 咸水灌溉较淡水灌溉的减产幅度分别达 16.59%和 22.75%，产量显著低于 2g/L 和 4g/L 处理。表明利用矿化度>4g/L 的咸水灌溉时会造成玉米较大的减产。

表 5-20　不同矿化度灌溉水对玉米产量及其构成因子的影响

处理	盐分浓度（g/L）	穗行数		行粒数		百粒重（g）		地上干物质量（g）		产量（kg/hm²）	
		2007	2008	2007	2008	2007	2008	2007	2008	2007	2008
SS9	9	17	15	38	32	30.2	28.4	638.9	440.0	13 159.7	7 550.1
DS9	9	16	15	40	32	22.5	29.1	602.3	480.0	1 2718.0	10 785.9
SS6	6	16	15	41	32	30.3	30.2	705.7	503.1	13 719.3	13 134.8
DS6	6	16	16	35	33	26.5	31.4	629.6	538.8	12 834.0	13 682.1
SS3	3	17	16	39	34	32.4	31.0	709.0	640.5	13 840.5	12 075.1
DS3	3	16	17	34	36	30.4	31.3	648.3	646.1	13 443.3	14 423.7
SSF	0.7	16	16	42	44	36.3	33.7	868.7	852.5	15 396.8	17 341.9
DSF	0.7	16	16	35	45	33.7	34.6	588.7	856.3	12 667.7	17 902.8

注：SS9、SS6、SS3、SSF 表示连续两年灌水矿化度分别为 9g/L、6g/L、3g/L、0.7g/L 的充分供水处理；DS9、DS6、DS3、DSF 表示灌水矿化度分别为 9g/L、6g/L、3g/L、0.7g/L，其中，2007 年为非充分供水，2008 年为充分供水的处理

由表 5-21[29] 可看出，3 种灌水处理（渠灌、井灌、井渠混灌）对玉米产量性状具有显著的影响，井灌（水源为 3g/L 微咸水）与渠灌（淡水）处理间的玉米穗粒数差异显著，而渠灌处理的千粒重极显著地高于井灌处理；井渠混灌（井水与渠水的比例为 1：1）处理与渠灌处理的穗粒数差异不显著，但千粒重前者显著低于后者。3 种灌溉处理的产量差异达极显著水平，与渠水灌溉相比，井灌、井渠混灌两处理均使玉米产量极显著下降，微咸水灌溉（井灌）的玉米产量仅为渠水灌溉（渠灌）的 72.5%，渠水与微咸水混灌是渠水灌溉的 86.5%。试验结果表明，用矿化度为 3g/L 的微咸水灌溉，由于带入了较多的盐分，因此，对春玉米生长发育及产量形成影响较大；导致玉米叶面积在其生长后期减少速度较快，干物质积累相对减少，玉米产量下降 27.5%。与渠灌相比，井渠混灌对玉米产量也有一定的影响，但产量只下降了 13.5%[29]。因此，微咸水与淡水混灌或采用轮灌措施可以减少盐分对玉米的危害，降低产量损失。

表 5-21　不同灌水处理对玉米产量及其构成因素的影响

处理	穗数（×10⁴/hm²）	穗粒数	千粒重（g）	产量（kg/hm²）	减产率（%）
渠灌	6.67	556a A	304 a A	10 700 A	0
井渠混灌	6.67	534a A	286 b AB	9 256 B	13.50
井灌	6.67	462b A	269 cB	7 756 C	27.51

注：同一列内不同小写、大写字母，分别表示差异达到显著（P<0.05）、极显著水平（P<0.01）

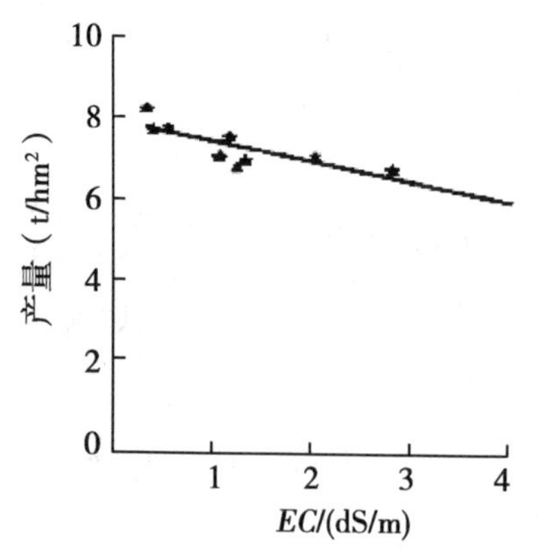

图 5-13 玉米产量与土壤盐渍度的关系

雷廷武[34]等研究了沟灌条件下玉米产量与灌溉水中的地下咸水含量的关系，随着地下咸水含量的增大，玉米产量呈递减的趋势。与对照（黄河水）相比，灌溉水中只要加入10%的地下咸水，产量便有9.2%的减产，当地下咸水含量增加到20%时，则减产13.2%。图5-13是沟灌条件下玉米产量对土壤盐渍度的响应曲线，可用下列模型描述：

$$Y = 7.93 - 0.51X \qquad (5-1)$$

式中：Y 为玉米的产量（t/hm²）；X 为土壤1m土层的平均盐渍度（dS/m）。

并且经过计算可知，当盐渍度达到1.7dS/m时，玉米减产11%，盐渍度为2.5dS/m时，玉米减产16%。由建立的相应函数（5-1）得知，当地玉米的零产量极限盐渍度为15.5dS/m。

虽然玉米是耐盐碱能力较差的农作物，但它的生长季节正是降水量丰富的夏季。由于雨水能够压低盐层，冲淡盐分浓度，为保证玉米的生长发育和形成一定的产量提供了有利条件。玉米苗期降水较少，采用适宜的水源进行补充灌溉保苗是耐盐栽培最重要环节。由于土壤中的盐分随着灌水以及土壤水分的蒸发处于动态变化中，降水量的分布对土壤中的盐分也有很大的影响。因此，不同的学者关于盐胁迫对玉米生长发育及产量的影响结果在一定程度上存在差异。在水资源紧缺地区，因地制宜地利用微咸水进行灌溉是确保玉米产量的重要措施。

三、盐胁迫对玉米生理活动的影响

1. 盐胁迫对玉米叶片光合特性参数的影响

光合作用是作物利用光能生产有机物质的重要代谢活动。作物的生长发育以及干物质积累与其密切相关。光合特性参数主要包括：光合速率、气孔导度、细胞间隙 CO_2 浓度以及叶绿素含量等。由表5-22可知，玉米在盐胁迫下，净光合速率降低，气孔导度下降，细胞间隙 CO_2 浓度升高[35]。张展羽等[31]的研究结果表明，NaCl含量超过3g/L时，光合速率显著降低；当NaCl浓度为5g/L时，光合速率比对照下降了27%，7g/L处理下降了64%，9g/L处理在第三次测量时已经出现负值，说明NaCl能严重抑制玉米幼苗的光合作用。在盐分较低情况下（小于3g/L），灌溉水中的少量NaCl对光合速率没有抑制作用，反而有所促进，1g/L和3g/L处理幼苗的光合速度均高于对照处理，其中1g/L处理的光合速度最高，比对照值高14.5%，3g/L处理也略高于对照处理[31]。玉米叶片的气孔阻力以1g/L处理的最低，3g/L处理与对照接近，而5g/L和7g/L处理的明显高于对照；当NaCl浓度低于3g/L时，对气孔开张无抑制作用，只有高于该值时，才会影响气孔行为，并随着NaCl浓度的升高气孔阻力呈增加趋势（表5-23）。

表 5-22　不同浓度 NaCl 对玉米叶片净光合速率、气孔导度及细胞间隙 CO_2 的影响

NaCl 浓度（mmol/L）	净光合速率 Pn（$\mu mol \cdot m^{-2} \cdot s^{-1}$）	气孔导度 Gs（$\mu mol \cdot m^{-2} \cdot s^{-1}$）	细胞间隙 CO_2 浓度 C_i（μL/L）
0	26.7±2.4	0.135±0.010	117±13
50	21.8±2.2	0.113±0.012	162±15
100	19.4±2.3	0.092±0.008	215±18

叶片叶绿素含量的高低与光合速率密切相关。一定浓度的盐胁迫会导致叶绿素含量的降低。表 5-23 显示，1g/L 和 3g/L 处理的叶绿素浓度均高于对照。当 NaCl 浓度超过 3g/L 时，叶绿素浓度（叶绿素 a、叶绿素 b 及总量）又开始降低。这也表明低浓度的 NaCl 并没有对叶绿素产生破坏作用；只有当 NaCl 浓度超过 3g/L 时，才会对叶绿素体产生毒害。盐分浓度越高，叶绿素的浓度越低。当 NaCl 浓度达到 7g/L 时，叶片叶绿素浓度只有对照的 53%，这必然对光合作用和干物质累积产生影响[31]。付艳等[36]的研究也表明，两玉米自交系（黑玉米、黄早四）的叶绿素含量均随 NaCl 浓度的增加逐渐降低；耐盐系黑玉米的叶绿素含量明显高于盐敏感系黄早四的，下降幅度也小于黄早四，说明叶绿素含量与玉米苗期耐盐性密切相关，耐盐系的叶绿素含量受盐胁迫影响较小。

表 5-23　不同浓度 NaCl 处理对玉米叶片光合速率、气孔阻力和叶绿素浓度的影响[31]

处理		对照	NaCl 浓度（g/L）				
			1	3	5	7	9
光合速率（$\mu mol \cdot m^{-2} \cdot s^{-1}$）		8.47	9.70	8.80	6.15	3.04	—
气孔阻力（$m^2 \cdot s^{-1} \cdot mol^{-1}$）		30.21	18.86	30.39	39.06	48.05	—
叶绿素浓度（mg/g）	叶绿素 a	199.4	261.5	211.2	154.4	72.1	—
	叶绿素 b	63.8	78.5	62.3	77.0	51.0	—
	总量	265.2	343.1	276.4	231.9	125.5	—

注：叶绿素总量按照 652nm 的吸光值单独计算而得；播种后 25 天测定

净光合速率在不同品种间存在明显的差异。由表 5-24 可以看出，随 NaCl 浓度的升高，净光合速率明显降低，不同盐浓度间差异显著；且盐敏感品种浚单 18 的降低幅度明显大于耐盐品种登海 9 号，两品种间的净光合速率在低盐度时（50mmol/L NaCl）差异不显著，高盐度时（100mmol/L NaCl）差异显著。在 50mmol/L 和 100mmol/L NaCl 胁迫时，盐敏感品种浚单 18 的净光合速率分别为对照的 80.4%和 58.4%，而耐盐品种登海 9 号分别是对照的 87.7%和 75.6%[37]。

表 5-24　NaCl 胁迫对玉米净光合速率（$\mu mol \cdot m^{-2} \cdot s^{-1}$）的影响[37]

品种	NaCl 浓度（mmol/L）		
	0	50	100
登海 9 号	27.5±2.6 a	24.4±2.3 b	20.8 ±2.2 c*
浚单 18	28.1±2.8 a	22.6±2.7 b	16.4 ±2.5 c*

注：不同盐浓度测定值间标有不同小写字母者，为 5%水平差异显著；不同品种测定值间标有 * 者，为 5%水平差异显著

2. 盐胁迫对玉米叶片生化物质及酶活性的影响

渗透调节是作物适应盐胁迫的主要生理机制之一，是作物对盐分胁迫下的一种适应性反应。在盐胁迫下，作物为保持细胞内的水分，维持正常生理代谢，通过渗透调节作用降低细胞内的水势，使水分的跨膜运输朝着有利于细胞生长的方向流动。某些有机溶质主要有脯氨酸、甜菜碱、可溶性糖、多胺类化合物等参与了渗透调节。由表 5-25 可见，NaCl 胁迫下，玉米地上部分可溶性糖含量、游离氨基酸总量和游离脯氨酸含量均增加，且随 NaCl 浓度的增加，其含量逐渐升高；对于不同基因型品种来说，耐盐品种登海 9 号的升高比率和含量绝对值都高于盐敏感品种浚单 18。其中，可溶性糖含量的升高比率最低，不同盐浓度之间和不同基因型之间差异均不显著，在 50mmol/L 和 100mmol/L NaCl 胁迫下，耐盐品种登海 9 号分别比对照增加 4. 43%和 5. 32%，盐敏感品种浚单 18 分别比对照增加 3. 13%和 5. 15%；游离氨基酸总量的升高比率居中，不同盐浓度之间和不同基因型之间的差异都达到显著水平，在 50mmol/L 和 100mmol/L NaCl 胁迫下，耐盐品种登海 9 号分别比对照增加 24. 81%和 61. 83%，盐敏感品种浚单 18 分别比对照增加 14. 4%和 30. 42%；脯氨酸的升高比率最高，不同盐浓度之间和不同基因型之间差异都极显著，在 50mmol/L 和 100mmol/L NaCl 胁迫下，耐盐品种登海 9 号分别比对照增加 66. 08%和 147. 37%，盐敏感品种浚单 18 分别比对照增加 22. 7%和 102. 7%[37]。可见，玉米在抵抗盐胁迫的渗透调节中，游离氨基酸特别是脯氨酸起着举足轻重的作用，且与品种的耐盐性大小密切相关，而可溶性糖的作用较小，与品种的耐盐性关系不大。

表 5-25　NaCl 胁迫对玉米地上部可溶性糖、游离氨基酸和脯氨酸含量的影响[37]

NaCl 浓度（mmol/L）	可溶性糖含量（mmol/gFW）		游离氨基酸总量（mg/100gFW）		游离脯氨酸含量（μg/gFW）	
	登海 9 号	浚单 18	登海 9 号	浚单 18	登海 9 号	浚单 18
0	0. 0564	0. 0544	2. 62 a	2. 5 0a	42. 75 A	46. 25 A
50	0. 0589	0. 0561	3. 27 b	2. 86 b	71. 0 B	56. 75 B
100	0. 0594	0. 0572	4. 24 c	3. 73 c	105. 75 C	93. 75 C

注：不同盐浓度测定值间标有不同大、小写字母者，为 1% 和 5% 水平差异显著；FW 表示叶片鲜重

为了防止盐伤害，玉米通过一些小分子物质对盐离子渗透胁迫进行调节，也会启动一套保护酶系统来消除盐胁迫下产生的活性氧和过氧化物自由基，避免这些物质对细胞质膜和脂肪酸的氧化作用，从而保证质膜的完整性。由图 5-14 可知，较低浓度 NaCl 处理下，玉米的超氧化物歧化酶（SOD）、过氧化物酶（POD）活性均逐渐增大，当 NaCl 溶液浓度增大到一定程度时，SOD、POD 活性开始下降，并且耐盐系黑玉米的酶活性峰值出现较晚。黑玉米的过氧化氢酶（CAT）活性明显大于黄早四，在低浓度 NaCl 处理下 CAT 活性略有升高后缓慢降低，而黄早四则随盐浓度增加一直下降，下降幅度大于黑玉米。两自交系体内丙二醛（MDA）含量均呈先增加后降低的趋势，与盐敏感系黄早四相比，耐盐系黑玉米 MDA 含量峰值出现较晚，且变化幅度较小[37]。

四、玉米耐盐性遗传的研究

1. 盐碱条件下玉米部分性状的遗传性

改良作物的耐盐性和选育耐盐品种是提高广大盐碱地区作物产量的最经济和有效途径。玉米的耐盐碱性是受多基因控制的数量性状，是遗传特性与外界环境共同作用的结果。对盐碱条件下玉米部分性状的遗传分析表明（表5-26），在盐碱条件下，各基因型间存在真实差异；玉米苗期株高、苗干重及田间成熟期主要产量性状单株粒重、穗长、穗粗、百粒重和籽粒出产率 7 个性状的特殊配合力差异均达到极显著水平（$P<0.01$），而一般配合力差异除穗粗和籽粒出产率的达显著水平外（$P<0.05$），其余 5 个指标的均不显著。在群体遗传参数估计中，各性状显性方差均大于加性方差，从而说明这些性状都受加性基因效应控制，而受非加性基因的作用较小；表型方差大于遗传方差，且狭义遗传力均较小（表 5-27）[28]。

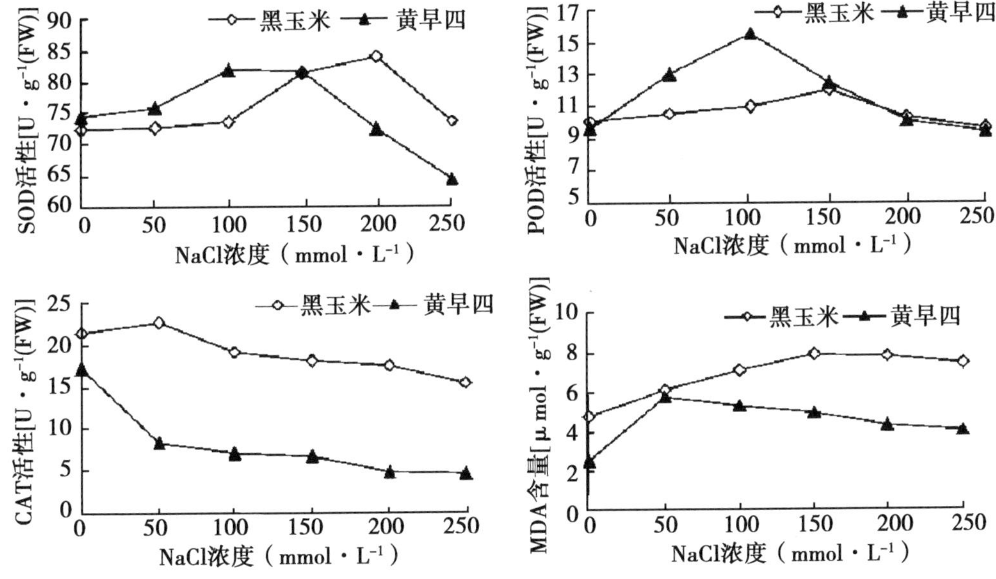

图 5-14　NaCl 胁迫对不同自交系玉米保护性酶活性的影响[36]

表 5-26　玉米杂交组合不同性状的配合力方差分析

配合力	P 值						
	苗干重	株高	单株粒重	穗长	穗粗	百粒重	籽粒出产率
一般配合力	0.8337	0.1225	0.0631	0.4066	0.042	0.2902	0.0319
特殊配合力	0.0001	0.0001	0.0001	0.0001	0.0001	0.0001	0.0001

表 5-27　玉米杂交组合不同性状的遗传参数估计

性状	遗传参数					
	加性方差	显性方差	遗传方差	表型方差	广义遗传力	狭义遗传力
苗干重	0.0000	0.0131	0.0131	0.0192	68.47%	0.00%

（续表）

性状	遗传参数					
	加性方差	显性方差	遗传方差	表型方差	广义遗传力	狭义遗传力
株高	0.0010	0.0029	0.0039	0.0081	48.54%	12.55%
单株粒重	261.3937	568.0789	829.4726	932.293	88.97%	28.04%
穗长	0.1346	4.0306	4.1652	8.7112	47.81%	1.54%
果穗粗	0.2544	0.3822	0.6366	1.3937	45.68%	18.25%
百粒重	0.9523	7.6511	8.6034	19.1471	44.93%	4.97%
籽粒出产率	0.0007	0.0008	0.0015	0.0044	34.82%	15.95%

广义遗传力和狭义遗传力对于亲本选配和杂种后代性状选择具有重要的意义。广义遗传力的高低，说明了该性状的表型变异由遗传因素决定的比例大小；狭义遗传力大小真正反映亲代性状遗传给后代的能力，其值越大说明性状的稳定遗传越强。从表5-27可以看出，在研究的玉米7个性状中，单株粒重的广义遗传力和狭义遗传力都是相对最大的，其广义遗传力达88.97%，说明单株粒重的表型变异主要是由遗传因素决定的，受环境条件影响较小[28,38]。单株粒重的狭义遗传力虽然在各性状中是最大的，其绝对值却很小，仅为28.04%，说明该性状的稳定性较差。苗干重的广义遗传力次之，为68.47%，说明该性状受环境条件影响也较小。其余性状按广义遗传率大小排序为：株高>穗长>穗粗>百粒重>籽粒出产率，这5个性状的广义遗传力均小于50.0%，其狭义遗传力也较小，苗干重的狭义遗传力甚至为0.00%。这说明在盐碱条件下，玉米单株粒重的遗传稳定性相对较好，与在正常处理条件下的表型基本一致。其他几个性状的表型则不尽相同，大都表现出与正常条件下不一致的遗传特点，受环境条件影响较大，遗传稳定性较差，所以在选育耐盐碱自交系时，不宜早代选择，应于晚代选择效果较好，同时，应注重对特殊配合力的选择[28]。孙海艳等[39]的研究则表明，在正常处理条件下，一般配合力对穗长、穗粗、单株产量的作用比特殊配合力更重要；也有研究表明，一般配合力与特殊配合力对玉米穗部性状都有重要影响[40]。

普遍认为玉米耐盐碱性是多种抗盐生理性状的综合表现，由位于不同染色体上多个基因控制的数量性状。因此，很难用转基因方法将多个基因转入玉米中进行表达调控，而且，目前还有很多基因尚未发现或明确。但由于抗盐有关基因是受盐碱胁迫所诱导，这些基因一定受盐碱胁迫产生信号调节，培育转基因玉米可能需要同时转移多个基因。盐胁迫产生的信号可能是作用于某些共同的调控因子，再由这些调控因子来控制受盐碱胁迫诱导基因的表达[23]。

2. 玉米耐盐性鉴定指标

不同品种的玉米由于受基因型、形态性状和内部生理生化反应等的影响，对盐分的敏感程度也不同，其耐盐碱性差异很大。因此，对玉米品种耐盐性的筛选及评价是合理利用微咸水灌溉以及盐碱土生产玉米的一项非常重要的工作。从国内外对植物耐盐碱性鉴定的研究情况来看，最直接有效的办法就是通过评定盐处理后植物的发芽情况、形态、产量等表现性状来决定植物的耐盐性，主要指标有发芽率、死亡率、田间存活指数和产量等。目前，往往依据玉米某些性状指标与盐分含量的响应关系来确定玉米的耐盐性指标。已有研究表明，可以根据株高、植株鲜重或干重、叶面积、根系活力等指标进行耐盐性分级。从玉米苗期耐碱性等级分布情况来看，苗情、株高变化率、鲜重变化率、干重变化率和含水量变化率 5 个评价标准鉴定的 5 类自交系所占的比例基本一致，从 5 个耐碱性评价标准来看，苗情是玉米受害时最直观的外观表现，可以作为玉米苗期耐碱性评价的重要指标，株高的明显降低和干重积累的明显减少是玉米受到碱胁迫时的重要性状变化，因此株高变化率和干重变化率也可以作为玉米苗期耐碱性评价的重要指标，而鲜重变化率和含水量变化率可以作为玉米苗期耐碱性评价的参考指标[28]。

张春宵的研究表明，玉米耐盐碱筛选的适宜浓度为 25mmol/L 的 Na_2CO_3 溶液与 100mmol/L 的 NaCl 溶液，种子发芽率、相对电导率、SOD 活性、MDA 含量以及 Pro 含量（脯氨酸）是玉米耐盐碱筛选的适宜生理生化指标；苗期筛选的结果简单有效，能够比较客观地反映玉米杂交种的耐盐碱性[23]。初步确定可以将 Na_2CO_3 溶液浓度为 25mmol/L 时的苗情、株高变化率、鲜重变化率、干重变化率及含水量变化率作为玉米苗期耐碱性筛选的评价指标[28]。刘芳的研究也表明，NaCl 溶液浓度为 250mmol/L 可作为玉米苗期耐盐性鉴定的理想浓度，在此浓度下苗情、株高变化率及干重的变化率可以作为玉米苗期耐盐性筛选及鉴定的主要指标，鲜重变化率及含水量变化率可以作为玉米苗期耐盐性筛选及鉴定的参考指标[41]。

第五节　水环境污染对玉米生长发育的影响

与玉米生长发育直接相关的水环境主要有地面灌溉水源、土壤水与地下水水质，如果水源受到污染，灌溉后污染物会被植物吸收，对植物有害物质不但影响玉米生长发育，并积存在玉米的果实中，从而进入人类食物链危害人体健康。

一、水污染中对玉米生长的有害物

1. 重金属污染物质

重金属是指比重大于 4~5 的金属，一般重金属进入人体都无法排除，并且部分是有害、有毒的，中国灌溉水质标准中，明确了有害重金属含量标准，其中常见的有害重金属有镉（Cd）、汞（Hg）、银（Ag）、铜（Cu）、钡（Ba）、铅（Pb）、铬（Cr）。在人类生产活动中，排放含有重金属元素的污水如果没经标准处理，排入河流、湖泊，经灌溉进入了土壤中，土壤受到污染，重金属不能被一般生物降解，会被植物根系吸收进入植物体内，在植物体内生化活动中，破坏或阻碍生化进程，降低植物生命力，植物不能正常发育，并残留植株和果实里，进而进入人类的食物链，最后进入人体。重金属在人体内能和蛋白质及酶等发生强烈的相互作用，使它们失去活性，也可能在人体的某些器官中累积，造成慢性中毒乃至发生癌病。沈抚灌区污水灌溉的历史经验表明，食用污染稻米，造成受污染地区癌症发病率高于正常地区数倍。

2. 多环芳烃污染物质

多环芳烃是含有 2 个以上苯环的碳氢化合物，对水污染的多环芳烃主要来源煤，石油工业加工后的污水，多环芳烃有多种，其中常见的污染物有萘和笨并（α）芘，是重要的环境和食品污染物，苯并α芘具有致癌性，萘具有挥发性，萘可溶在水中进入土壤长期灌溉能沉积土壤中。中国20世纪50—60年代位于抚顺、沈阳的沈抚灌区，曾进行大面积引用抚顺石油化工污水灌溉，造成数十年污染，至今灌溉干渠仍滞留石油氢有害物质。

二、重金属水污染对玉米生长的危害

植物根系在生长发育时根系分泌大量的有机酸、酚类化合物，这些溶液能与金属物形成配位体，一方面可以吸收 Fe^{3+}、Mn^{2+}、Zn^{2+} 等养分离子；另一方面也活化了有害离子 Pb^{2+}、Cd^{2+}、Cr^{3+} 等重金属。有些重金属在低浓度时会起刺激植物生长，并获得一定增产作用，但在植物体内的积累超过一定阈值后，对植物细胞生理生化产生相反作用，降低了细胞活化性能，阻碍细胞正常发育，试验表明植物细胞遭受重金属胁迫后其超微结构会发生不同程度损伤，表现在细胞核、叶绿体、线粒体、液泡、质膜等产生异常变化。其损害程度与重金属离子浓度、侵害时长成正比。

1. 镉污染对玉米生长的影响

镉对玉米既有害，玉米同时又是镉的富集体。

（1）镉对玉米的危害。镉（Cd）是毒性很强的重金属元素，镉对玉米种子萌发、幼苗生长具有低浓度下激活和高浓度下抑制效应。玉米幼苗受镉毒害后，表现在种子的萌发和幼苗生长上，随着离子浓度增大和毒害时间延长，幼苗受抑制程度增大，当 Cd^{2+} 浓度达到0.5～1mg/kg时，幼苗生长及叶绿素含量均明显降低，叶绿体膨大，类囊体排列不规则，影响根系细胞分裂，阻碍生长，对叶绿素、光合、呼吸、蒸腾等功能起到消减作用。

刘建新[58]曾对玉米苗期进行镉的胁迫试验，试验表明经不同浓度Cd浸泡的玉米种子发芽率随浓度增加明显降低（表5-28），当培育16d后测定玉米生长状态，同样表明Cd浓度增加，根长、苗高逐渐降低（表5-29），同样根、茎叶、植株的生长量也与苗高出现同样趋势。

同时不同浓度的Cd，对玉米植株内的矿物质元素产生的螯合作用，影响有正有负（表5-30）。

表5-28　不同浓度 Cd^{2+} 对玉米发芽的影响[58]

Cd^{2+} 浓度（$mg \cdot L^{-1}$）	萌发率（%）					
	24h	36h	48h	60h	72h	84h
0（ck）	21.8a	38.6a	74.5a	85.0a	93.7a	93.8a
0.5	24.1a	44.9a	75.6a	85.3a	94.5a	94.5a
5	25.2a	42.4a	74.4a	81.0a	93.9a	94.0a
15	15.8a	36.6a	56.7a	68.3a	86.2a	86.1a
50	14.6a	24.4b	47.3b	55.5b	75.8b	74.9b
100	5.6b	10.8c	22.1c	43.2c	54.4c	60.3c

注：经LSD法多重比较。a、b：$P<0.05$；a、c：$P<0.01$

表 5-29　不同浓度 Cd^{2+} 对玉米幼苗生长的影响[58]

Cd^{2+}浓度（$mg \cdot L^{-1}$）	根长（cm）		苗高（cm）		培养 16d 后的根数	生长量（$mg \cdot 株^{-1}$）		
	5d	16d	5d	16d		根系	茎叶	整株
0（ck）	3.9a	22.5a	0.94a	12.4a	9.7a	113.06a	56.46a	169.47a
0.5	3.8a	21.4a	1.06a	12.0a	9.4a	117.44a	57.37a	174.81a
5	3.4a	18.1a	0.99a	11.7a	8.6a	115.63a	56.84a	172.47a
15	2.1c	17.0b	0.75b	9.1b	7.2b	100.15b	51.72b	151.87b
50	1.5c	5.7c	0.72b	8.7b	6.3b	94.59c	48.86c	143.45c
100	0.7c	3.2c	0.37c	5.3c	8.8c	78.38c	40.36c	118.74c

表 5-30　不同浓度 Cd^{2+} 对玉米幼苗矿物质元素含量的影响[58]

Cd^{2+}浓度（$mg \cdot L^{-1}$）	Ca		Mg		K		Cd		Fe		Zn		Cu	
	根系	茎叶	根系	茎叶	根系	茎叶	根系	茎叶	根系	茎叶	根系	茎叶	根系	茎叶
0（对照）	11.48	10.45	1.851	1.788	5.937	6.959	0.116	0.104	561.4	531.4	36.84	44.32	6.581	5.476
0.5	17.04	15.68	2.147	2.182	5.414	5.474	4.684	3.872	562.3	582.4	25.96	37.25	8.380	8.024
5	12.68	13.29	2.039	1.909	3.403	4.602	61.53	44.64	604.6	632.1	24.31	39.37	8.096	7.219
15	20.25	19.54	2.153	2.073	2.565	3.281	176.9	96.85	842.5	857.6	20.43	31.43	8.142	7.838
50	19.49	18.37	2.402	2.102	1.767	2.168	298.4	132.5	669.4	682.1	16.83	25.64	7.853	7.521
100	18.54	16.41	2.591	2.341	1.562	2.003	389.7	243.9	643.0	661.9	10.94	19.81	7.921	7.404

（2）玉米对 Cd 的富集效应。玉米既是 Cd 严重的受害者，但反向思考，对重金属受害土地的修复技术研究中，如何应用玉米清除 Cd 污染，也是重要研究内容。李凝玉等[59]对玉米与不同植物间作种植试验，获得可借鉴的参数。图 5-15 是玉米与不同作物间种镉胁迫盆栽试验[59]，每盆干土 25kg 加入 $CdSO_4$ 溶液至试验 Cd 浓度 3mg/kg，试验对比寻找能去除镉较多的间种植物。试验得出玉米含 Cd 较多生物量的耕作模式是玉米与鹰嘴豆间作（图 5-16B），并对玉米生物量也有促进作用，而且 Cd 含量主要集中在玉米叶片上，这一成果对去除 Cd 土壤污染有一定指导作用。

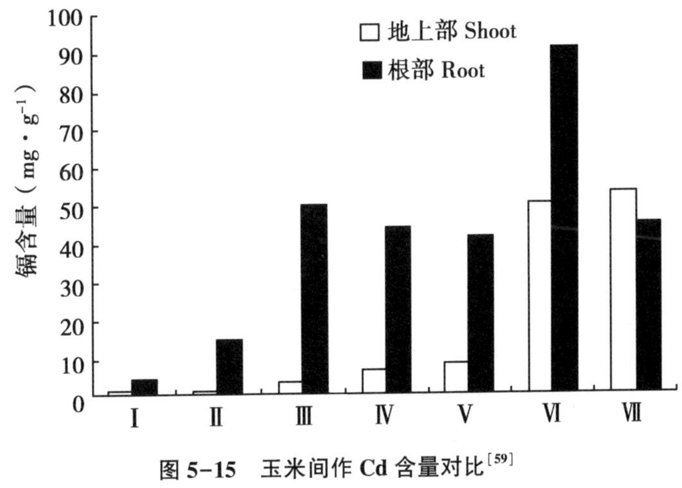

图 5-15　玉米间作 Cd 含量对比[59]

2. 汞污染对玉米生长的影响

汞是一种对人体有严重危害的金属，中国是世界上仅次于西班牙和意大利的第

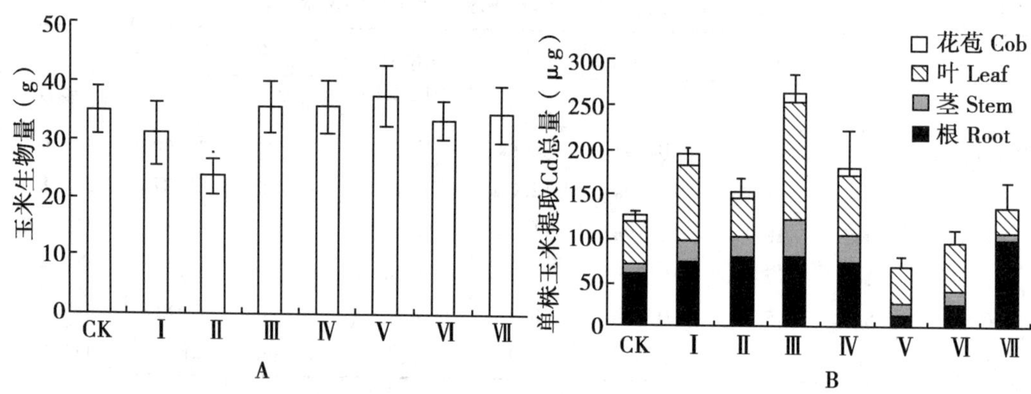

图 5-16　A 玉米间作玉米生物量对比 B 玉米间作玉米 Cd 提取量对比[59]

CK 玉米单作Ⅰ玉米．眉豆Ⅱ玉米扁豆Ⅲ玉米．鹰嘴豆Ⅳ玉米．紫花苜蓿Ⅴ玉米．玉米草Ⅵ玉米．籽粒苋Ⅶ玉米．油菜

三大产汞国，很多工业生产与汞有关，汞对环境污染发生在中国多个省（市），其中，贵州省最多，其次吉林、陕西、辽宁、湖北、重庆等，汞污染多发生在矿区以及含汞工业污水排放的地区。表 5-31[52]、[54]的监测资料反映了矿区周围农田玉米植株受汞污染的情况，而且在矿区周围土壤汞的含量最高达到 0.47μg/g，高于国家土壤环境标准 0.3μg/g（国家环境土壤质量标准 GB15618-2009），玉米受到污染，而土壤的汞随着时间的推移，汞的积累会逐步增加。

表 5-31　矿区周围农田玉米植株汞检测数据表　（单位：μg/g）

部位	广西珊瑚钨锡矿耕作区				辽宁锌冶炼厂周围			
	含量范围	均值	标准差	变异系数	最小值	最大值	算数平均	几何平均
根	0.0148~0.0459	0.026	0.0072	27.6	0.031	0.307	0.116	0.091
茎	0.003~0.0096	0.0061	0.0018	36.3	0.009	0.042	0.026	0.021
叶	0.0059~0.0374	0.0196	0.0071	30.2	0.059	0.312	0.176	0.139
果实	0.0012~0.0061	0.0035	0.0011	30.0	0.001	0.013	0.008	0.003

注：表内数据引自文献 52、54

玉米的汞污染不仅影响玉米产量，还会流入人类的食物链，会威胁人类健康。

3. 铅、砷污染对玉米生长的影响

铅、砷是有毒物质，试验表明，砷要比铅对玉米的负面影响大，但是铅对人类危害要远大于砷。铅和砷一般是经过食物链进入人体，如果玉米污染了铅和砷，进入人体有两种渠道，一是人直接食用，二是通多种动物食用再间接被人食用。铅比重 11 是重金属，进入人体无法排泄出去，长期食用积累会造成对人体的极大危害。砷是介于重金属与非重金属间的金属，比重 3.72（4 以上是重金属），砷侵入人体后，一部分可以由尿液等排除，其余的就蓄积于骨质及内脏器官中，严重有可能诱发恶性肿瘤。铅是对人体危害极大的一种重金属，它对神经、骨骼、消化、男性生殖系统等均有危害。特别是对儿童，体内血铅每上升 10μg/100ml，儿童智力则下降 6~8 分。

图 5-17 是贺璟对重金属铅砷对玉米生长发育的影响试验成果[50]，试验共设 3 个处理，分别为：空白（CK），不添加任何重金属；铅处理（Pb），每盆铅加入量为 559 mg/kg、463mg/kg；砷处理（As），每盆砷加入量为 212mg/kg、344mg/g，均高于土壤标准值（标准值铅 280、砷 30）。成果表明铅砷对玉米籽粒都有抑制作用，其中砷重于铅。

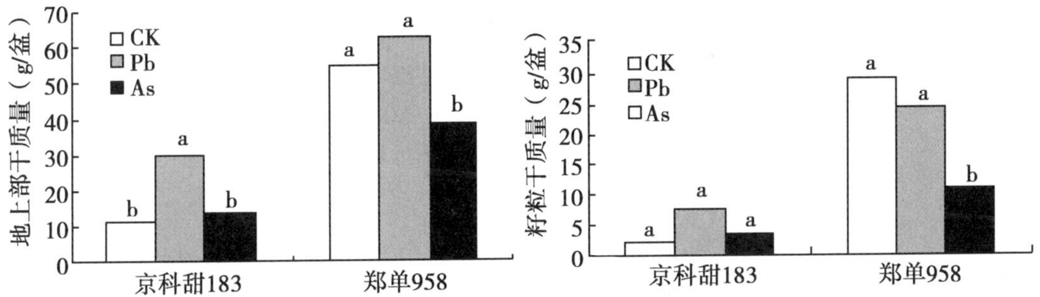

图 5-17　铅砷对玉米生长地上干物质与籽粒影响对比（引自文献 50）

4. 铬污染对玉米生长的影响

铬（Cr）比重 7.22 是重金属，还是一种致癌金属。铬污染来自工业污水，由污水灌溉可引起土壤污染，20 世纪污水灌区都曾发生过污染。Cr 对玉米生长影响很大。图 5-18 是张晓薇 2010 年研究成果，进行盆栽试验，分别在五个试盆中放入不同 Cr，培育后分别测定玉米的生物量和 Cr 吸附量。从图 5-18、图 5-19 中看出，随着 Cr 含量增加，玉米生物量降低（土壤环境标准含量小于 150mg/kg），破坏力十分明显。从图 5-19 中看出，玉米对 Cr 的吸附能力根是茎秆的 10 余倍。

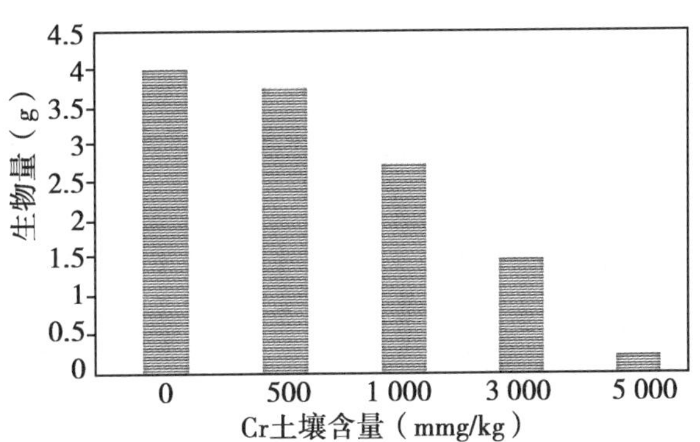

图 5-18　不同 Cr 土壤含量玉米生物量[61]

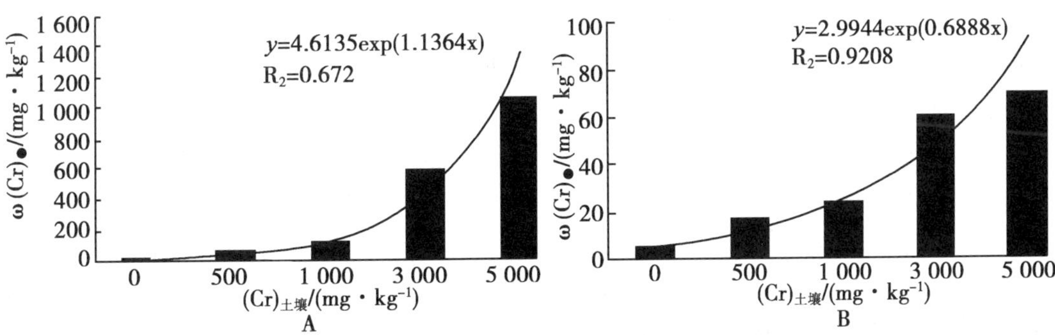

图 5-19　不同 Cr 土壤含量 A 玉米根对 Cr 吸附量 B 玉米茎对 Cr 吸附量[61]

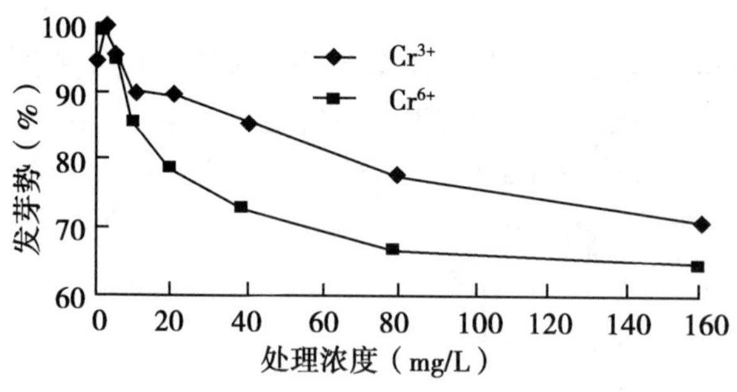

图 5-20　$Cr^{3+}Cr^{6+}$不同浓度出苗势

张松林等对不同价位的Cr^{3+}、Cr^{6+}做了发芽试验[62]，试验浓度以土壤环境标准含量150mg/kg为上限，验证了Cr土壤含量如果超过此值，出苗率将低于50%（图5-20）。

巢丽仪等做了对不同浓度Cr^{3+}对玉米苗期生态影响观测[63]，图5-21是试验成果，表明当土壤Cr含量大于50mg/L时，玉米株高与根长受到严重损害。

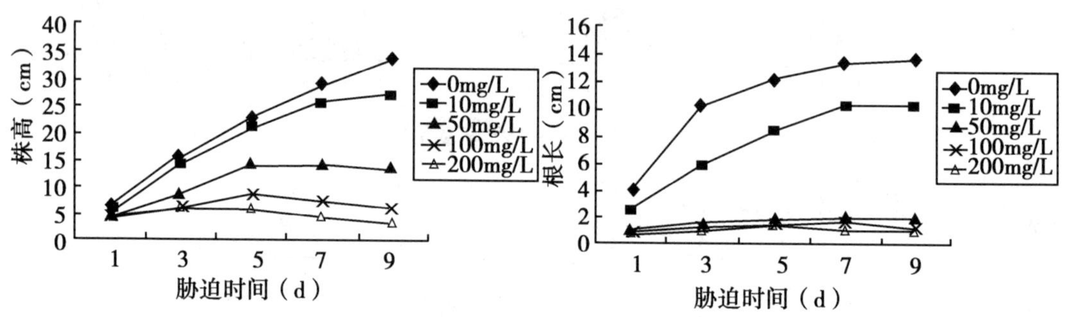

图 5-21　Cr^{3+}不同浓度对玉米幼苗株高、根长的影响[63]

三、多环芳烃土壤污染对玉米生长的危害

1. 有机物污染元素萘

萘是一种有机污染物，属多环芳氢中的一种污染环境最重要的物质，多环芳烃是煤，石油，木材等生产过程中不完全燃烧时产生的挥发性碳氢化合物，是重要的环境和食品污染物，其中有相当部分具有致癌性，如苯并α芘，苯并α蒽等。任何有机物加工，废弃，燃烧或使用的地方都有可能产生多环芳烃。萘是化工业中重要原料，用于塑料、染料、杀虫剂等化工生产中。

萘污染是在中国石油产区或石油工业区的污水排放中和废物排放中产生污染，污染水体和土壤，其中，土壤更易沉积，污染具有累积性，对植物及人体都有危害。

2. 萘对玉米生长的影响

萘是一种有毒物质，萘具有与植物生长激素类似的环状结构和功能，被污染土壤在低浓度时表现出促进玉米生长迹象，但含量升高一定水平，毒性的抑制作用开始显露。庄鹏宇等[64]对在黄土地上萘污染对玉米生态影响进行试验，图5-22、图5-23给出了不同无土栽培出芽率和土壤盆栽根系随污染浓度增加对玉米生态影响，看出萘在低浓度时，对玉米表现出的刺激作用，当浓度1g/kg时，各项指标都显现出相同的规律，但随浓度增加，负面影响加重。试验显示了萘对玉米生长的毒害。

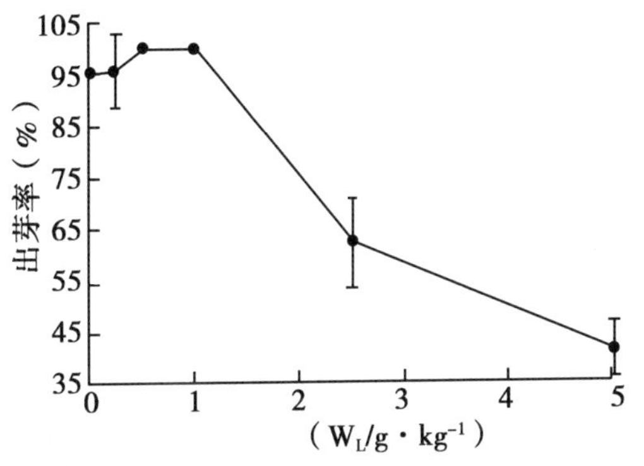

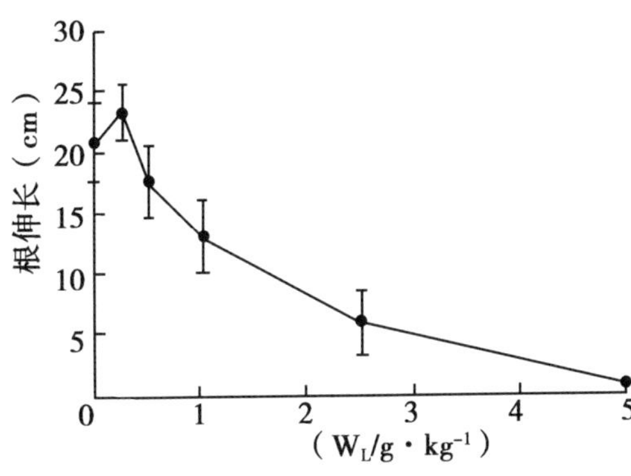

图 5-22　A 土壤萘污染对玉米出芽率的影响　B 土壤萘污染对玉米根伸长的影响[64]

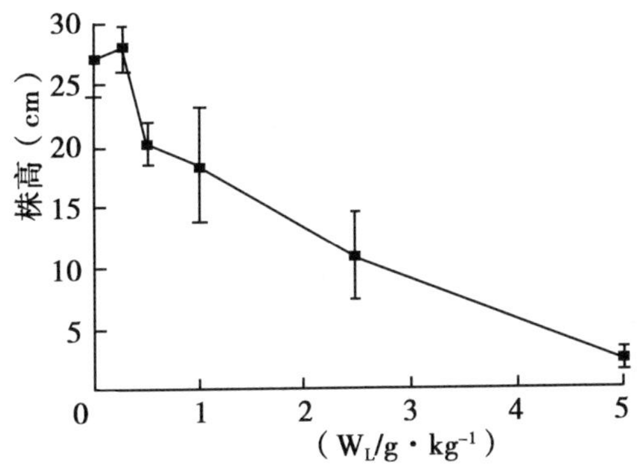

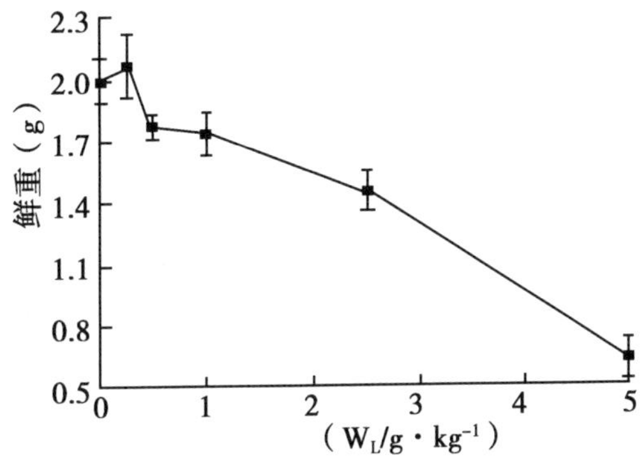

图 5-23　A 土壤萘污染对玉米株高的影响　B 土壤萘污染对玉米鲜重的影响[64]

附注：名词注释

（1）缩写 IAA：吲哚-3-乙酸 indole-3-acetic acid，indol- yl-3-acetic acid 最初曾称为异植物生长素，生长素的生理效应表现在 2 个层次上，在细胞水平上，生长素可刺激形成层细胞分裂；刺激枝的细胞伸长、抑制根细胞生长等。

（2）过氧化氢酶：（CAT），是催化过氧化氢分解成氧和水的酶，存在于细胞的过氧化物体内，它的主要作用就是催化 H_2O_2 分解为 H_2O 与 O_2，使得 H_2O_2 不至于与 O_2 在铁螯合物作用下反应生成非常有害的-OH。

（3）多环芳氢：多环芳烃（Polycyclic Aromatic Hydrocarbons PAHs）是煤、石油、木材，烟草，有机高分子化合物等有机物不完全燃烧时产生的挥发性碳氢化合物，是重要的环境和食品污染物。其中，有相当部分具有致癌性，如苯并 α 芘、苯并 α 蒽等。任何有有机物加工，废弃，燃烧或使用的地方都有可能产生多环芳烃。

参考文献

［1］　刘小芳．玉米根系吸水调控机制［D］．中国科学院大学博士学位论文，2013，

4.
[2] 张旭东，王智威，等．玉米早期根系构型及其生理特性对土壤水分的响应［J］．生态学报，2016，36（10）．
[3] 郭相平，康绍忠，索丽生．苗期调亏处理对玉米根系生长影响的试验研究［J］．灌溉排水，2001，20（1）．
[4] 齐伟，张吉旺，等．干旱胁迫对不同耐旱性玉米杂交种产量和根系生理特性的影响［J］．应用生态学报，2010，21（1）．
[5] 韦仕甜，王杰，阮英慧．干旱胁迫对不同玉米品种苗期生理指标的影响［J］．耕作与栽培，2015（5）：20-21，44.
[6] 杨京平，陈杰．不同生长时期土壤渍水对春玉米生长发育的影响［J］．浙江农业学报，1998，10（4）：188-192.
[7] 肖俊夫，南纪琴，刘战东，等．不同地下水埋深夏玉米产量及产量构成关系研究［J］．干旱地区农业研究，2010，28（6）．
[8] 巴比江，郑大玮，卡热玛．哈木提，等．地下水埋深对春玉米田土壤水分及产量的影响［J］．水土保持学报，2004，18（3）．
[9] 孔繁瑞，屈忠义，等．不同地下水埋深对土壤水、盐及作物生长影响的试验研究［J］．中国农村水利水电，2009（5）．
[10] 刘战东，刘祖贵，俞建河，等．地下水埋深对夏玉米根冠生长和耗水量的影响［J］．灌溉排水学报，2011，30（4）．
[11] 余卫东，冯利平，盛绍学，等．黄淮地区涝渍胁迫影响夏玉米生长及产量［J］．农业工程学报，2014 30（13）．
[12] 魏和平，利容千．淹水对玉米不定根形态结构和 ATP 酶活性的影响［J］．植物生态学报，2000，24（3）．
[13] 梁哲军，陶洪斌，王璞．淹水解除后玉米幼苗形态及光合生理特征恢复［J］．生态学报，2009，29（7）．
[14] 褚田芬，朱金庆，徐明时，等．土壤湿涝对春玉米前期生长的影响［J］．浙江农业学报，1995，7（4）．
[15] 陈国平，赵仕孝，等．玉米的涝害及其防御措施的研究［J］．华北农学报，1989，4（1）．
[16] 僧珊珊，王群，等．淹水胁迫下不同玉米品种根结构及呼吸代谢差异［J］．中国农业科学，2012，45（20）．
[17] 刘祖贵，刘战东，肖俊夫，等．淹涝时期与历时对夏玉米生长发育及产量性状的影响［J］．农业工程学报，2013（5）．
[18] 王矿，薛亚峰，王友贞，等．玉米涝渍胁迫的水分产量关系试验研究［J］．灌溉排水学报，2012，31（6）：67-70.
[19] 僧珊珊，王群，等．外源亚精胺对淹水胁迫玉米的生理调控效应［J］．作物学报，2012，38（6）：1042-10.
[20] 高英，同延安，赵营，等．盐胁迫对玉米发芽和苗期生长的影响［J］．中国

土壤与肥料，2007（2）：30-34.

[21] 张培培，杜锦，向春阳，等 . NaCl 胁迫对玉米种子活力及幼苗性状的影响［J］. 中国农学通报，2011，27（30）.

[22] 常红军，马灿玲 . 盐胁迫对 4 个玉米品种的萌发及生长的影响［J］. 安徽农业科学，2006，34（17）：4 273-4 242.

[23] 张春宵 . 玉米耐盐碱鉴定技术体系构建与耐盐碱种质筛选［D］. 东北农业大学硕士学位论文，2010. 6. 20.

[24] 时丽冉 . 混合盐碱胁迫对玉米种子萌发的影响［J］. 衡水学院学报，2007，9（1）：13-15.

[25] 郑九华 . 冯永军，等 . 微咸水处理对玉米、棉花发芽和出苗的影响［J］. 山东农业大学学报，2002，33（2）.

[26] 常红军，陈元胜 . 盐胁迫对鲁单 981 号玉米品种生长及生理特性的影响［J］. 安徽农业科学，2006，34（16）.

[27] 刘芳，付艳，等 . 玉米幼苗的盐胁迫反应及玉米耐盐性的鉴定［J］. 黑龙江八一农垦大学学报，2007，19（6）.

[28] 崔美燕 . 玉米苗期耐碱种质资源评价及盐碱条件下部分性状遗传分析［D］. 黑龙江八一农垦大学论文，2009，4.

[29] 杨建国，樊丽琴，郜日坤，等 . 微咸水灌溉对土壤盐分和春玉米生长发育的影响 . 浙江农业学报，2010，22（6）.

[30] 郑世英，商学芳，等 . 盐胁迫对不同基因型玉米生理特性和产量的影响［J］. 干旱地区农业研究，2010，28（2）.

[31] 张展羽，郭相平 . 微咸水灌溉对苗期玉米生长和生理性状的影响［J］. 灌溉排水，1999，18（1）：18-21.

[32] 蒋静，冯绍元，等 . 灌溉水量和水质对土壤水盐分布及春玉米耗水的影响［J］. 中国农业科学，2010，43（11）.

[33] 郑春莲 . 曹彩云，等 . 不同矿化度咸水灌溉对小麦和玉米产量及土壤盐分运移的影响 . 河北农业科学，2010. 11.

[34] 雷廷武，肖娟，等 . 沟灌条件下不同灌溉水质对玉米产量和土壤盐分的影响［J］. 水利学报，2004（9）：118-122.

[35] 王丽燕，赵可夫 . 玉米幼苗对盐胁迫的生理响应［J］. 作物学报，2005，31（2）：264-266.

[36] 付艳，高树仁，等 . 盐胁迫对玉米耐盐系与盐敏感系苗期几个生理生化指标的影响［J］. 植物生理学报 2011，47（5）.

[37] 商学芳 . 不同基因型玉米对盐胁迫的敏感性及耐盐机理研究［D］. 山东农业大学学位论文，2007，6.

[38] 翟广谦，郭耀东，等 . 几个糯玉米自交系主要性状的配合力及遗传参数分析［J］. 山西农业科学，2003，31（1）.

[39] 孙海艳，蔡一林，王国强，等 . 10 个玉米自交系穗部性状的配合力分析［J］.

玉米科学，2006，14（4）：.

［40］ 焦仁海，刘兴武，等．玉米穗部产量性状配合力和遗传参数分析［J］．玉米科学，2008，16（6）：24-28.

［41］ 刘芳，付艳，等．玉米幼苗的盐胁迫反应及玉米耐盐性的鉴定［J］．黑龙江八一农垦大学学报，2007，19（6）.

［42］ 李慧，陈冠雄，等．沈抚灌区含油污水灌溉对稻田土壤微生物种群及土壤酶活性的影响应用［J］．生物学报，2005，7.

［43］ 袁一傲．沈抚污水灌区环境污染对居民健康影响的研究［J］．环境保护科学，1984（1）.

［44］ 孙成芳．土壤萘污染对玉米生长发育的影响［D］．东北师范大学学位论文，2007.6.8.

［45］ 刘建武，林逢凯，等．多环芳烃萘污染对水生植物生理指标的影响［J］．华东理工大学学报，2002.10.

［46］ 孙成芬，玛丽．土壤萘污染对玉米苗期生长和生理的影响［J］．农业环境科学学报，2009.28（3）.

［47］ 徐瑞平，王波．土壤中石油烃类污染物对高粱玉米生长的影响［J］．研究矿业快报，2006，12.

［48］ 曹莹，李建东．镉胁迫对玉米生理生化特性的影响［J］．农业环境科学学报，2007，26（增刊）.

［49］ 赵雄伟，曹艳花，等．重金属镉对玉米苗期生理特性和转运变化的研究［J］．华北农学报，2015（6）.

［50］ 贺璟，马红梅，等．重金属铅、砷对玉米生长发育的影响［J］．山西农业科学，2014，42（2）.

［51］ 魏锋，张学舜．重金属胁迫对玉米生长发育的影响［J］．种业导刊，2014（10）.

［52］ 唐专武，钱建平，等．广西珊瑚钨锡矿耕作区土壤和玉米汞含量及污染评价［J］．环境科学与技术，2015，2.

［53］ 胡一．土壤—玉米系统中 Cr-（3+）的生态毒理研究［D］．西北农林科技大学学位论文，2012.

［54］ 郑娜，王起超，等．锌冶炼厂周围农作物和蔬菜的汞污染及健康风险评价［J］．农业环境科学学报，2007，26（2）.

［55］ 乔园．土壤—玉米系统中汞的生态毒理效应研究［D］．西北农林科技大学学位论文，2012.

［56］ 李森，钱建平，等．广西珊瑚钨锡矿周边土壤和植物汞污染研究［J］．山东国土资源，2015，6.

［57］ 曹莹．铅和镉胁迫对玉米生长发育影响机理的研究［D］．沈阳农业大学学位论文，2005，5.

［58］ 刘建新．镉胁迫下玉米幼苗生理生态的变化［J］．生态学杂志，2005.24

(3).
[59] 李凝玉，李志安，等．不同作物与玉米间作对玉米吸收积累镉的影响［J］．应用生态学报，2008，6.
[60] 许妍，陈永青．中国环境汞污染现状及其对健康的危害［J］．职业与健康，2012，1.
[61] 张晓薇，刘博．铬对农作物生长的影响［J］．环境科技，2010，4.
[62] 张松林，杨海全，等．Cr^{3+}与Cr^{6+}对玉米种子萌发及幼苗生长的影响［J］．江苏农业科学，2011（2）.
[63] 巢丽仪，秦华明，等．重金属铬胁迫对玉米幼苗生长的影响［J］．种子，2008，3.
[64] 庄鹏宇，李茜，等．石油中萘对黄土种植玉米的污染生态效应研究［J］．西安交通大学学报，2010，11.

第六章　玉米需水量与需水规律

作物需水量除了受作物自身品种、耕作制度、产量水平等因素影响外，外界条件如气象、水环境，影响很大。作物需水量是在适宜的农田土壤水分条件下，满足作物获得最佳收获时，农田作物生长、光合作用、蒸腾需要的水量与棵间土壤蒸发的水量以及组成植株体水量之和。而前 2 个量的大小明显受作物生理特性、气象条件、灌溉方法的影响。要获得某作物的需水量就需要进行科学试验，并要有充分的重现规律，才能得出该值，而该值是有阶段性的，当上述定义条件发生较大变化时，需要进行新一轮的试验修正，以获得新阶段的某作物的需水量值。一个重要误区是一些人往往把任意一次进行的不同条件下作物生产的水分消耗计算结果，作为某作物的需水量引用，在灌溉科学中是一种错误概念，如果用在生产中，不是作物最佳收获水平的耗水当做需水量用，就无法获得最佳收获量，用在智能软件中，就会产生大面积的影响。作物需水量是有地域性的，在引用外地的需水量时，一定要进行验证，才能作为本地的科学界定参数。

玉米在中国分布极为广泛，跨越不同气候区，从寒冷黑龙江省到南方的亚热带地区均有种植，从东部鸭绿江边到西部新疆维吾尔自治区，经过湿润区到干旱区，气候状况明显差异，需水量变化自然很大，中国气候资源得天独厚，春、夏、秋、冬四季均有玉米种植，玉米需水量也有春、夏、秋、冬之别。

第一节　春玉米需水量与需水规律

一、中国春玉米带与需水量等值线图

中国春玉米主要分布在东北地区、内蒙古及西北与西南各省（区）的高海拔丘陵山地与干旱地区。这些地区种植玉米基本上是一年一熟制。北方春玉米带是寒温带半湿润气候，冬季气温低，无霜期短灌，夏季气温在 20℃以上。适宜玉米生长的天数为 130~150d，南部为 170d。全年降水量在 400~800mm，其中，60%的降水集中在 7—9 月。该区的东北平原地势平坦，土层深厚，土壤肥沃，光照充足，雨热同步，昼夜温差大，有利于玉米生长、发育，可以获得较高产量，是中国玉米生产的黄金地带。西北地区干旱、少雨，但光照充足，只要有灌溉条件，仍可创造玉米高产，实际也产生了很多的玉米高产纪录。

图 6-1 是中国春玉米需水量（多年平均）等值线图。从图 6-1 中看出中国春玉米需水量值，从东向西逐渐增大。东北地区东部属于半湿润气候区，雨水充沛，需水量仅 400mm 左右，向西靠近内蒙古地区需水量值达 550~600mm，再向西至内蒙古河套地区和

陕北、晋北一带为 550～650mm，甘肃河西走廊地区在 600mm 左右，到新疆沿塔里木盆地周围达 600～700mm。这种需水量的空间变化基本上与气候干旱程度保持一定的同步趋势。从半湿润气候区需水量值较低到干旱气候区需水量达到高值，随着气候干燥度增加而增加，说明气候条件对需水量的重要影响。

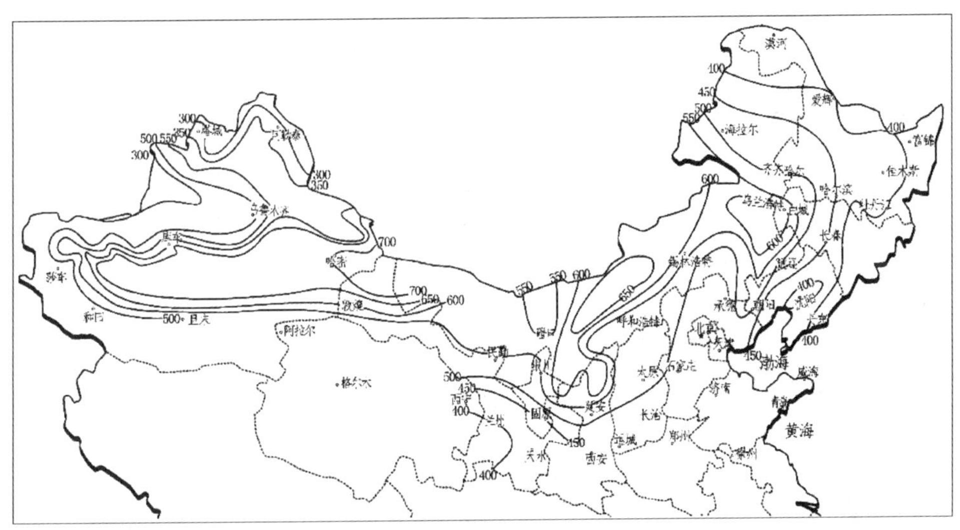

图 6-1　中国春玉米多年平均需水量（ETc）等值线图（mm）

另外，根据农业气象部门对干旱地区太阳总辐射量研究（图 6-2），并比较图 6-2 其总辐射量空间变化与玉米需水量值变化规律基本一致，从东向西逐步增大，也说明气象因素对玉米需水的重要影响。玉米需水量的空间变化给玉米生产、规划、决策提供重要的资料参考，为水利工程规划、投资提供明确的方向。东北西部干旱，20 世纪东北在西部投入较大的费用，结果对西部地区农业生产，发挥了立竿见影的效果。在此之后松辽委等水利规划部门，以较大力度在东北西部地区开展农田水利基本建设工作，为当地农业生产改善起到至关重要的作用。需水量图的空间变化正是给出了同样的启示。根据需水量与降水量的平衡关系，可以看出农业缺水程度及其空间变化规律，为国家规划决策提供了依据与参考。

二、春玉米需水量与需水规律

作物需水量图表示作物需水量空间变化规律，展示作物需水量受气候等因素影响在不同地区的变化。而作物需水规律，则显示作物一生的需水变化过程，受一年四季天气变化与作物生长发育过程等不同影响，形成在时间上的变化规律。需水规律是指作物不同的生育阶段需水量、不同生育阶段的日需水强度、每个生育阶段需水量占全生育期总需水量的比例等变化规律。根据不同阶段日需水强度，可绘出作物生物学需水过程线图。据此过程线，可明晰看出作物一生需水变化过程，作物需水高峰期与低值区等。根据作物需水规律资料，可指导灌溉管理，制定灌溉制度。通过不同生育阶段降水与需水平衡分析资料，可科学指导农业生产部门、灌溉管理部门进行灌溉与管理（图 6-3）。

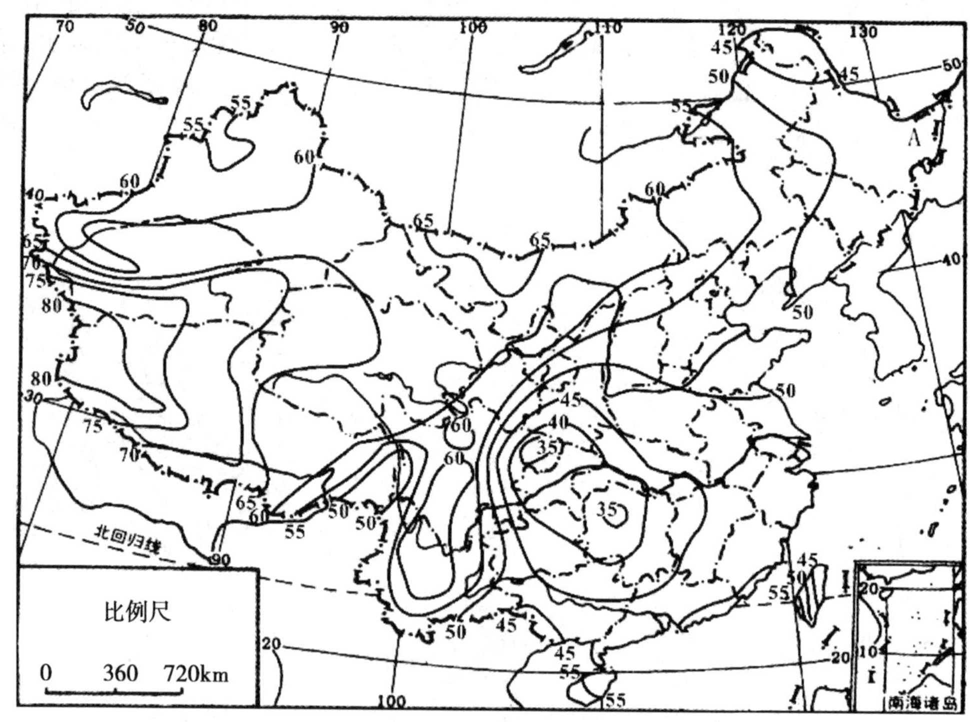

图 6-2 全国年总辐射量（单位：亿 J/m²）

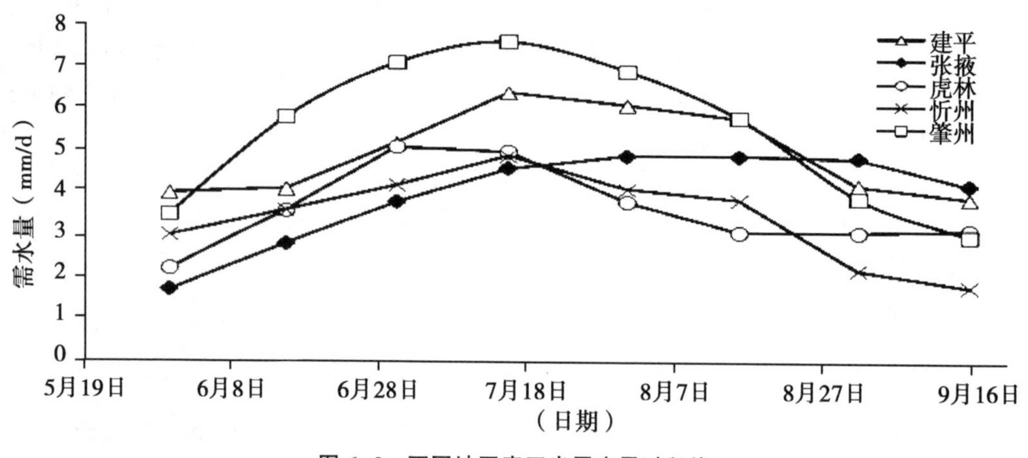

图 6-3 不同地区春玉米需水量过程线

根据已有的研究成果，把中国春玉米需水规律资料，分别不同地区整理成表 6-1，从表中看出不同地区春玉米需水规律的变化。从东部黑龙江东端乌苏里江边的虎林县需水强度为 3.6mm/d，到黑龙江西部的肇州县，因气候干燥平均需水强度增至为 4.5mm/d。在山西北部与甘肃河西地区，玉米生长期蒸发力不如东北西部高，日平均需水强度又降到 3.26~3.49mm/d。对照需水量图空间变化，两者变化趋势是吻合的、一致的。

表 6-1　春玉米需水规律

地点	项目	苗期	拔节期	抽穗期	灌浆期	全期
黑龙江虎林	时间	5. 9-6. 29	6. 30-7. 21	7. 22-8. 8	8. 9-9. 8	5. 9-9. 18
	天数	51	22	18	41	132
	阶段需水量（mm）	134. 3	121	60. 5	141. 1	456. 9
	模系数（%）		29. 4	26. 5	13. 2	30. 9
	日需水强度（mm/d）	2. 63	5. 50	3. 36	3. 44	3. 46
黑龙江肇州	时间	5. 5-6. 24	6. 30-7. 8	7. 19-8. 6	8. 7-9. 20	5. 5-9. 20
	天数	55	19	18	44	144
	阶段需水量（mm）	174. 9	132. 8	125. 5	217. 8	651. 0
	模系数（%）		26. 9	20. 4	19. 3	33. 4
	日需水强度（mm/d）	3. 27	7. 16	7. 32	4. 59	4. 52
辽宁西部建平县	时间	5. 11-6. 17	6. 18-7. 18	7. 19-8. 6	8. 7-9. 8	5. 11-9. 18
	天数	37	30	18	31	116
	阶段需水量（mm）	113. 6	133. 2	117. 0	157. 0	520. 8
	模系数（%）		20. 9	24. 5	21. 5	28. 9
	日需水强度（mm/d）	3. 10	4. 40	6. 50	5. 10	4. 49
山西忻州	时间	5. 11-6. 25	6. 26-7. 16	7. 17-8. 10	8. 11-9. 22	5. 1-9. 22
	天数	56	21	25	43	145
	阶段需水量（mm）	172. 4	94. 8	117. 4	121. 9	506. 5
	模系数（%）		34	18. 7	23. 2	24. 1
	日需水强度（mm/d）	3. 08	4. 51	4. 7	2. 83	3. 44
甘肃张掖	时间	4. 16-6. 24	6. 25-7. 13	7. 14-8. 1	8. 2-9. 25	5. 5-9. 20
	天数	69	18	16	55	158
	阶段需水量（mm）	86. 2	67. 7	74. 1	288. 10	516. 1
	模系数（%）		16. 7	13. 6	14. 4	56. 8
	日需水强度（mm/d）	1. 25	3. 76	4. 63	5. 24	3. 26

图 6-3 是根据日需水量强度绘出的不同地区春玉米日需水量变化过程线。从图 6-3 中明显看出，不同地区春玉米日需水强度变化规律。日需水高峰期，一般在拔节、抽穗 2 个时期。苗期与灌浆期两个阶段最低。尽管不同地区的强度值不一致但图形的变化规律是一致的，峰值在 7 月间为玉米的抽穗与灌浆前期，低值在苗期与灌浆后期为一单峰曲线。春玉米的日需水量过程线是受当地气候条件与玉米植株体双重影响的生态生物系需水曲线，并以生物系影响为主。曲线形式为高峰，低值及其出现的时段都是植株生长发育的结果。即前期低，中期高，后期又降低，与玉米植株生长过程一致。前期植株较小，叶面积小，中期变大，后期株体、叶面积等虽然变大，但生物活力变低，蒸腾力也低。日需水量变化过程又反映了天气条件的影响。天气条件，即气候因素影响日需水强度的大小。这表现在不同地区同一生物系时段日需水强度的高低变化上，如东北地区东部低、西部高，就全国春玉米带来看最低的需水强度值为晋北与甘肃张掖地区，这明显表现出气候因素作用的结果。

三、春玉米需水量与产量的关系及水分生产函数

1. 全期玉米需水量与产量关系

作物耗水量是指在任一土壤水分条件下，农田土壤蒸发与作物蒸腾及组成植株体的水量之和。而作物耗水量与产量关系，以往已研究很多，一致认为作物耗水量与产量之间为抛物线关系。图 6-4 是辽宁省建平试验站根据研究结果绘出相关性很高的春玉米产量与耗水量的关系图，并拟合了抛物线方程。有关这方面的资料很多，尽管抛物线方程中的系数不尽相同，但是抛物线的关系是一致的。内蒙古水科所 1986 年在丰田试验站的研究结果也表明玉米产量与耗水量为抛物线关系。其关系式为：

$$y = -2\,680.97 + 22.278ET_C + 0.026ET_C^2 \tag{6-1}$$

R 为 0.96

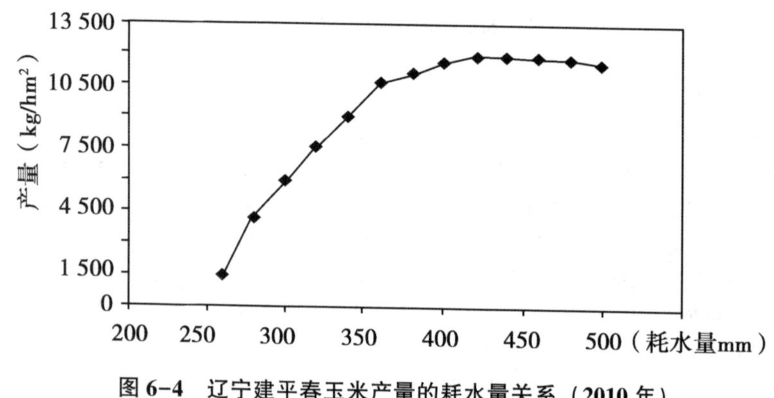

图 6-4　辽宁建平春玉米产量的耗水量关系（2010 年）

作物耗水量与需水量的概念是不同的，有不同的含意。耗水量是指任一土壤水分条件下测得的作物腾发量与组成植株体的水量之和，而需水量是在适宜土壤水分条件下的测得的作物腾发量与组成植株体的水量之和（由于组成植株体的水量占比很小，因此，往往忽略不计）。很多人把这 2 个概念混淆是不对的。本篇中论述的玉米需水量却是严格控制在适宜土壤水分条件下测得定结果。

2. 全期春玉米需水量与产量的关系

对春玉米需水量与产量关系，辽宁省进行数十年观测，根据已有春玉米与夏玉米研究结果资料表明，需水量与产量关系为幂函数关系（图 6-5，公式 6-2）。这与对冬小麦研究结果是一致的，按作物需水量定义得出春玉米需水量与产量的关系，也为幂函数关系，经验公式如下：

$$Y = 1.068 * X\hat{}0.663 \tag{6-2}$$

式中：

y—春玉米需水量 mm；

x—春玉米产量 kg/hm^2。

3. 春玉米分阶段水分生产函数

在数量经济学中，资源的投入量与产量的关系称之为生产函数。水分作为资源，投入量与作物生产量的关系称为作物水分生产函数。上节中阐述的玉米全期耗水量与产量关系

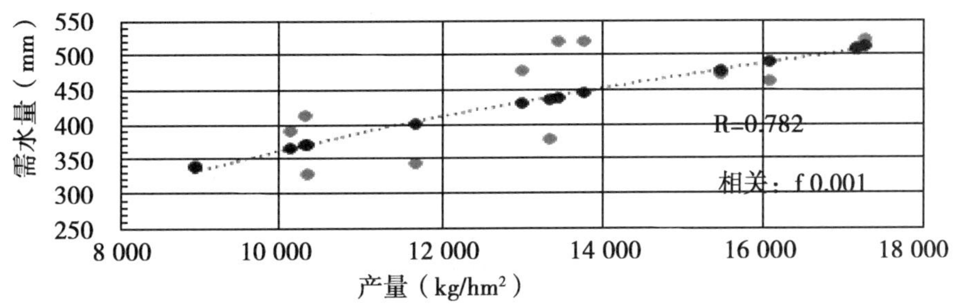

图 6-5　春玉米产量与需水量试验成果分析图（取自文献 6）

称之为玉米水分生产函数。另外，玉米全期需水量与产量的关系也称之为玉米水分生产函数。前者是任一水分条件的农田蒸发量（耗水量）与产量关系，表现为二次抛物线关系，而后者是在适宜的土壤水分条件下农田腾发量与产量的关系，表现为幂函数的关系。后者为前者的特定条件。20 世纪 80 年代以来，开始研究水分生产函数的分阶段模型体，水分生产函数研究进入了新阶段。利用分阶段水分生产函数模型可准确的估测不同生育阶段因水分投入不同而引起的作物产量变化。这样可根据水资源量在时间上的不同，考量其投入与产量的关系。科学的进行“以水定产”或“以产定水”，从时间与空间上科学规划灌溉产出关系，这就是分阶段水分生产函数模型的意义。

（1）20 世纪 80 年代利用已有的灌溉试验资料，为黄河流域水资源模型分析了沿黄地小麦，玉米棉花等作物的分阶段水分生产函数模型与有关参数。在分析研究中使用的是 Jensen 的模型，其形式是：

$$\frac{Y_a}{Y_m}=\prod_{i=1}^{n}\left(\frac{ET_{ci}}{ET_{cm}}\right)^{\lambda_i} \tag{6-3}$$

式中：

Y_a—作物在某一个供水条件下的产量 kg/hm²；

Y_m—作物在供水条件下的最大产量 kg/hm²；

ET_{ci}—作物在某一供水条件节水阶段的实际耗水量 mm；

ET_{cmi}—作物在充分供水条件下对应节水阶段的耗水量 mm；

n—作物全生长期划分的生育阶段；

i—表示第 i 节水生育阶段；

λ—作物在第 i 阶段对水分缺失的敏感指数。

根据计算，山西渭河灌溉区春玉米不同阶段的敏感指数，见表 6-2。

表 6-2　山西渭河灌溉区春玉米不同阶段的敏感指数

项目	苗期	拔节期	抽穗期	灌浆期
λ_i	0.049	0.149	0.173	0.103
ET_m mm	52.9	94.3	117.3	97.1

根据山西资料，对全省春玉米综合分析认为：苗期、拔节期、抽穗期、灌浆期的敏感

指数分别为0.0425、0.106、0.2105、0.0943。资料均显示抽穗期为水分敏感期，该期缺水对春玉米产量影响最大。

（2）不同生育期给水响应模型[7]。为研究在水资源不足条件下如何获得最佳的灌溉给水方案，辽宁进行了灌溉生产函数试验，并获得下面的成果。

试验采用分生育阶段给水产量响应模型：

$$y = y_0 + \sum_{i=1}^{4} k_i x_i \qquad (6\text{-}4)$$

式中：

y—玉米对应不同生育阶段给水量获得的产量 kg/hm^2；

Y_0—多元回归分析的初始系数；

K_i—分别为1苗期、2拔节期、3抽雄期、4灌浆期不同给水量获得的权重系数；

X_i—分别为1苗期、2拔节期、3抽雄期、4灌浆期不同给水变量 m^3/hm^2。

试验给水量：①苗期60～600m^3/hm^2；②拔节期45～1 500m^3/hm^2；③抽雄期150～2 100m^3/hm^2；④灌浆期0～1 500m^3/hm^2。

获得回归方程：

$$y = 6330 - 2.57 x_1 + 0.71 x_2 + 3.1 x_3 + 0.18 x_4 \qquad (6\text{-}5)$$

绘成图形，各生育阶段对产量的贡献率从权重系数一目了然，苗期影响较小，这同地区土壤墒情有关东北地区，玉米苗期恰是冬雪消融土壤湿度大，给水造成减产。灌溉生产函数不同地区要进行本地区自然条件的灌溉试验，模型参照6-3式、6-4式进行。

四、春玉米作物系数

作物系数是计算作物需水量的重要参数。近年来，由于作物需水量空间变异的研究，需要各地的作物需水量资料，因而进行大量的作物需水量计算。另外，在没有实测作物需水量资料的地方，由于工程规划等需要，也需要计算当地的作物需水量。这些工作都要用到作物系数这一参数。

作物系数是实测作物需水量与对应时间段内参考作物腾发量 ET_0 的比值。主要反映作物本身生物学特性，产量水平等对需水量的影响，其表达式为：

$$K_c = \frac{ET_c}{ET_0} \qquad (6\text{-}6)$$

式中：

K_C —作物系数；

ET_C —实测作物需水量 mm；

ET_0—参考作物腾发量 mm。

ET_0 计算一般用 Penman 法。

其公式为：

$$ET_0 = \frac{\frac{P_0 \cdot \Delta}{P\gamma} \cdot R_n + E_a}{\frac{P_0}{P}\frac{\Delta}{\gamma} + 1.0} \qquad (6\text{-}7)$$

式中：

P_0 与 P 分别为海平面标准大气压与计算地点的实际大气压；

Δ 为饱和水气压——温度曲线上的斜率；

γ 为温度计常数；

R_a 为净辐射；

E_a 为干燥力均用经验公式计算。

关于 ET_0 计算已有常用的计算程序。将其程序与有关参数输入公式后很方便计算得出。21 世纪以来计算 ET_0 大多使用 Penman-Monteith，有关这方面的资料很多，本文不再详述。关于春玉米的作物系数，可参考表 6-3 选用。

表 6-3　春玉米作物系数

地区		四月	五月	六月	七月	八月	九月	十月	全期	产量水平（kg/hm^2）
黑龙江	虎林		0. 700	0. 860	1. 200	1. 10	1. 70		1. 03	9 660
	肇州		0. 270	0. 77	1. 73	1. 77	1. 19		0. 93	7 950
辽宁	朝阳	0. 474	0. 365	0. 53	1. 344	0. 964	1. 295		0. 781	9 000
	丹东	0. 331	0. 575	0. 831	1. 655	1. 127	1. 013		0. 99	9 000
内蒙古	顺河通辽		0. 16	0. 62	1. 59	1. 39	1. 21		0. 724	13 500
陕西	延安		0. 754	0. 794	1. 644	1. 684	1. 25		1. 072	
	汉中	0. 550	0. 79	0. 784	1. 18	0. 954	1. 094		0. 897	
山西	渭河		0. 38	0. 82	1. 34	1. 09			0. 87	9 450

因为计算作物系数需要长期的进行作物需水量实际观测，资料应在 3 年以上或更长一段时间。目前已有的作物系数资料均为 20 世纪 80 年代全国作物需水量协作研究成果。进入 21 世纪以来，这项工作已基本停止，实测资料较少，目前所有作物需水量空间变异研究均采用原来的资料，新的研究成果很少，因而已有的作物系数资料变得弥足珍贵，应很好的保存。另外，也需要有关部门加强这方面的研究，使已有的作物系数资料在时间序列上、空间上更加丰富。便于以后工程规划、灌溉管理、水资源规划等工作的应用。

第二节　夏玉米需水量与需水规律

一、中国夏玉米带与需水量图

中国夏玉米主要分布在黄淮海地区，南方起北纬 30°的江苏东台、沿淮河经安徽省入陕西省，直至甘肃省。包括黄河、淮河、海河流域中、下游地区的山东、河南全部，北京、天津、河北省大部、山西省南部、陕西省关中地区，江苏省北部、安徽省淮河以北地区。是中国玉米的第二大产区，占全国玉米总面积的 34. 7%，产量占全国总产量的 36. 8%。本区属半湿润，半干旱气候区。常年平均降水量超过 600mm，由北向南递增。年平均气温 12.6℃。玉米生长期降水量与玉米需水量持平，雨热同步。但因季风气候的影响，降水时空分布不均，玉米生长期常有干旱与淹涝发生，播种期与苗期发生干旱的频率很高，如河南省北部、河北省、山东省一带，播种期要求灌溉概率的几率在 90% 以上。播前灌水或播后灌蒙头水是确保当地夏玉米稳产、丰收的关键，是夏玉米丰产措施中重要的环节。

图 6-6 是黄淮海地区夏玉米需水量等值线图。从图 6-6 中看出黄淮海地区夏玉米需水量变化在 350~400mm，高值区在济南和西安 2 个地区，为 400mm。淮北广大地区一般为 300~350mm。华北平原为 400mm 左右，东西南北变化不大，没有春玉米需水量图变化幅度那样大。这与广大平原地区日辐射与热量条件变化平稳有关。从（图 6-2）看出广阔的黄淮海地区年总辐射基本上稳定在 50J/m^2 左右，不像春玉米区变化那样大，自然夏玉米需水量变化也就比较平稳。

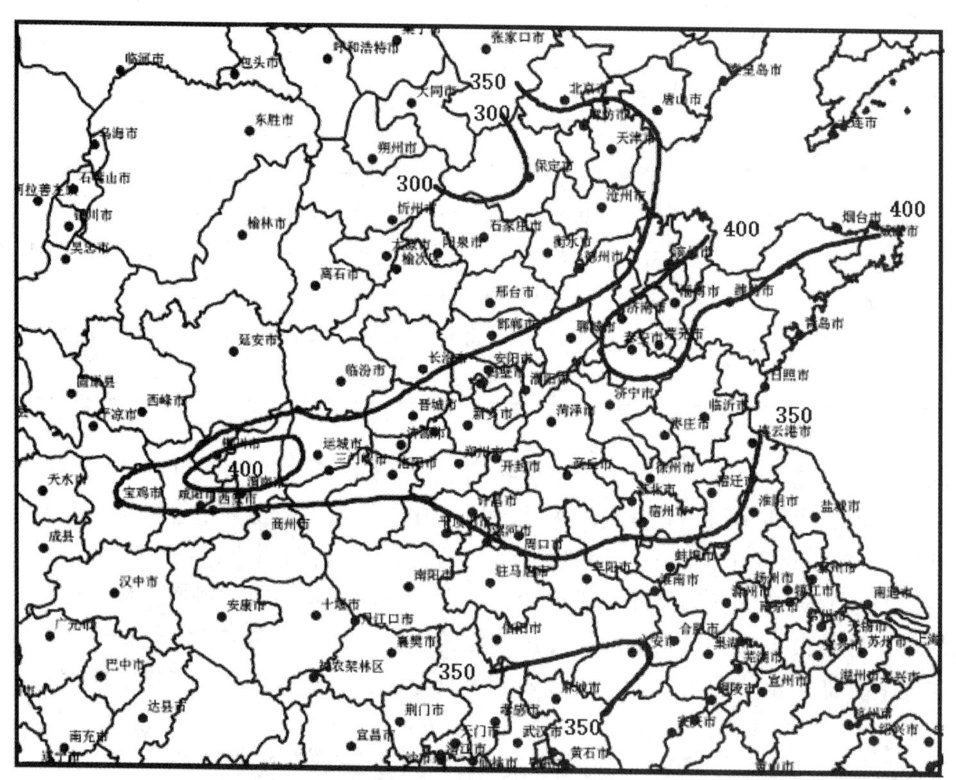

图 6-6　黄淮海地区夏玉米需水量图（单位 mm）

二、夏玉米需水量与需水规律

夏玉米需水规律主要是指夏玉米生长期中，不同生育阶段的需水量，日需水强度与阶段需水量占全期总需水量的百分比。夏玉米生长期日需水量的变化过程，是玉米生态需水持性的重要表征，既反映了气象条件，栽培措施的影响，也反映了作物本身生物学性状的影响。表 6-4 是中国夏玉米带的夏玉米需水量变化规律，从表中看出尽管年代不同，产量不同，但变化规律是一致的，即苗期需水量小、拔节期大，后期又小的变化过程，基本上反映了作物本身生物特性（植株、叶面积等）与对应期间气候条件的影响。

表 6-4　夏玉米需水规律及产量　　（单位：kg/hm²）

地区	项目	苗期	拔节期	抽穗期	灌浆期	全期	产量
河北藁城 1984	天数（d）	23	27	10	33	93	6 420
	阶段需水量（mm）	43.5	114.0	29.2	96.4	283.0	
	模系数（%）	15.4	40.3	10.3	34.1	100.0	
	日需水强度（mm/d）	1.8	4.2	2.9	2.9	3.0	
河南新乡	天数（d）	35.0	19.0	8.0	26.0	88.0	
	阶段需水量（mm）	99.7	56.7	55.9	75.9	288.2	
	模系数（%）	34.6	19.7	19.4	26.3		
	日需水强度（mm/d）	2.9	3.0	7.0	2.9	3.3	
山东济南	天数（d）	32.0	20.0	19.0	25.0	96.0	
	阶段需水量（mm）	78.7	96.2	90.8	80.5	346.3	
	模系数（%）	20.9	25.0	24.8	29.3		
	日需水强度（mm/d）	2.4	4.8	4.8	3.2	3.6	
山西临汾	天数（d）	34.0	15.0	15.0	36.0	100.0	6 765
	阶段需水量（mm）	89.3	73.8	76.2	122.0	360.2	
	模系数（%）	24.8	20.4	21.2	33.7		
	日需水强度（mm/d）	2.6	4.6	5.1	3.4	3.5	
河南南阳（淮河流域）1983	天数（d）	39.0	17.0	15.0	26.0	97.0	4 500
	阶段需水量（mm）	88.2	87.6	85.2	78.5	339.5	
	模系数（%）	26.0	25.8	25.1	23.1		
	日需水强度（mm/d）	4.8	5.4	5.7	3.2	3.5	
河南商丘	天数（d）	43.0	15.0	17.0	38.0	113.0	11 370
	阶段需水量（mm）	82.0	92.6	73.1	128.1	375.0	
	模系数（%）	23.0	25.0	19.0	33.0		
	日需水强度（mm/d）	1.9	6.2	4.3	3.4	3.3	

表 6-5　浚县高产试验需水量

年份	产量（kg/hm²）	需水量（mm）
2009	15 951	507.2
2010	13 767	407.1
2011	13 146	329.5
2012	14 781	402.2

表 6-6　不同品种玉米（夏）需水量与产量

品种	产量（kg/hm²）	需水量（mm）
中单 909	12 933	387.8
农华 101	13 031	396.4

（续表）

品种	产量（kg/hm²）	需水量（mm）
隆平 206	14 393	396.0
浚单 20	13 280	386.4
伟科 702	13 970	390.1

图 6-7、图 6-8 是不同地区的夏玉米日需水量过程线，需水高峰期在抽雄、拔节期。

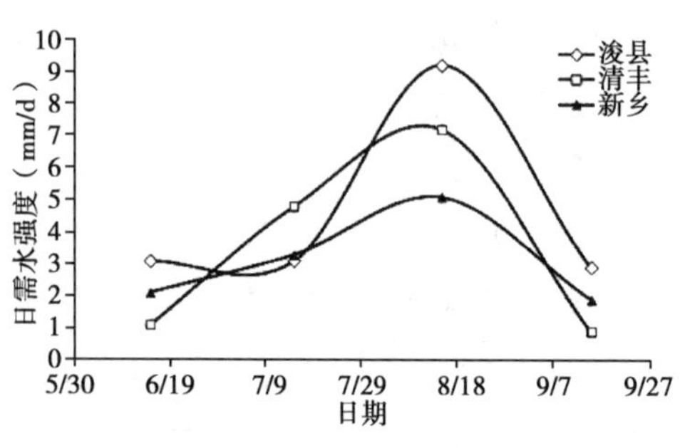

图 6-7　豫北地区不同年代夏玉米日需水过程线

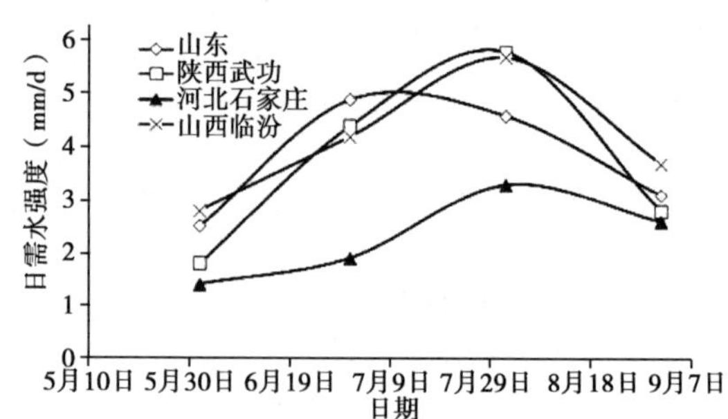

图 6-8　其他几省夏玉米日需水过程线

进入 21 世纪，2009—2012 年在河南省浚县高产试验田进行了 4 年的高产夏玉米需水量研究，这 4 年的夏玉米产量：从表 6-5 看到，随着产量提高，需水量渐渐增加。说明产量对需水量有一定影响。2012 年测定了 5 个不同品种玉米需水量与产量的关系，其结果如表 6-6 所示。从表 6-6 中看出不同品种，产量相近，需水量差别不大，基本上是产量增加需水量略有增加。

表 6-7 是浚县高产夏玉米的需水规律，日需水量高峰期在抽穗期，但强度明显增大，反映出高产条件中群体生物量的影响。图 6-9 是高产夏玉米的日需水量变化过程线，日需水高峰期在 7 月下旬抽雄期，4 年的研究结果十分一致，只是产量不同，峰值强度不等，产量高峰值高，产量低峰值低。

表 6-7　高产玉米（夏）需水量需水规律、水分生产率

2009 年								
生育期		苗期	拔节期	抽穗期	灌浆期	全期	产量水平（kg/hm²）	水分生产率（kg/m³）
时间		6/7—7/3	7/4—7/31	8/1—8/11	8/12—9/28	6/7—9/28		
天数		26	27	10	47	110		
阶段需水量	（m³）	11.2	87.2	61.9	178	338.3		
	（mm）	16.8	130.7	92.8	266.9	507.2	15 951	3.14
模系数		3.3	25.7	18.3	52.7			
日需水量（m³）		0.43	3.22	6.19	3.78	3.08		
日需水量（mm）		0.65	4.84	9.28	5.07	4.61		

（续表）

2010 年								
生育期		苗期	拔节期	抽穗期	灌浆期	全期	产量水平（kg/hm²）	水分生产率（kg/m³）
时间		6/7—7/7	7/8—7/25	7/26—8/10	8/11—10/8	6/7—10/8		
天数		30	18	16	59	123		
阶段需水量	（m³）	22.5	62.9	72.1	120.7	278.2	13 767	3.29
	（mm）	33.7	94.3	108.1	181	407.1		
模系数		8.1	22.6	25.9	43.4			
日需水量（m³）		0.75	3.49	4.56	2.05	2.26		
日需水量（mm）		1.12	5.24	6.76	3.07	3.31		

2011 年								
生育期		苗期	拔节期	抽穗期	灌浆期	全期	产量水平（kg/hm²）	水分生产率（kg/m³）
时间		6/16—7/11	7/12—8/13	8/14—8/23	8/24—10/5	6/16—10/5		
天数		26	32	10	43	111		
阶段需水量	（m³）	20.1	70.1	53.9	75.1	219.2	13 146	4
	（mm）	31	105.1	80.8	112.6	329.5		
模系数		9.2	32	24.6	34.2			
日需水量（m³）		0.77	2.19	5.39	1.75	1.97		
日需水量（mm）		1.19	3.28	8.08	2.62	2.96		

2012 年								
生育期		苗期	拔节期	抽穗期	灌浆期	全期	产量水平（kg/hm²）	水分生产率（kg/m³）
时间		6/13—7/7	7/8—8/2	8/3—8/10	8/11—10/10	6/13—10/10		
天数		25	26	8	60	119		
阶段需水量	（m³）	79.5	81.7	75.6	165.4	268.2	14 781	3.67
	（mm）	53	54.5	50.5	110.3	402.2		
模系数		3.18	3.14	9.45	2.76			
日需水量（m³）		2.12	2.09	6.3	1.84	3.38		
日需水量（mm）		19.8	20.3	18.8	41.1	2.25		

图 6-9 是 4 年玉米需水量变化过程线，反映了 4 年来玉米生长期日需水量变化过程及气象条件对需水量的影响，与图 6-7、图 6-8 变化规律一致，是玉米需水特性的表征。同样表现出苗期的需水量小，随着生长发育需水量逐渐增强，至抽穗期达到最高点，而后渐渐降低。抽穗期最高，主要是因为此时植株生物量最大，天气变热，日蒸发力强所致。

图 6-10 是 2010 年玉米高产田的叶面积指数的变化，与图 6-8、图 6-9 比较看出，叶面积增大后紧随日需水高峰值出现，说明生物量增大，对日需水强度的重要影响。

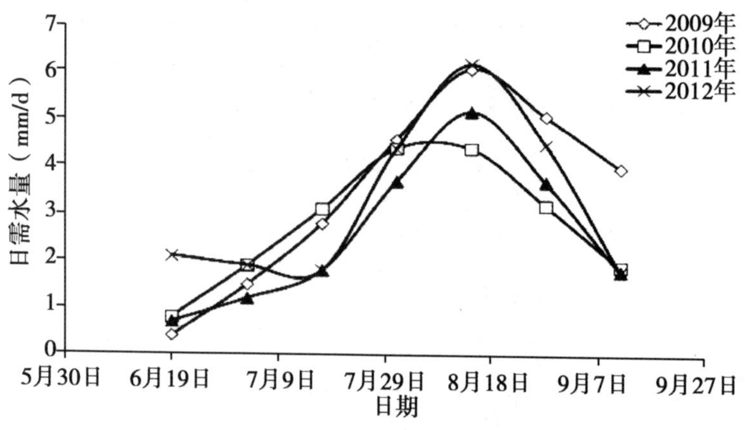

图 6-9　浚单 20 夏玉米日需水量变化过程线

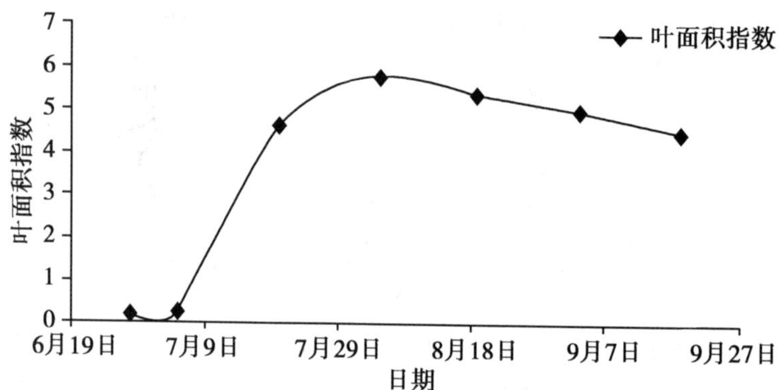

图 6-10　2010 年玉米高产田的叶面积指数的变化过程

表 6-8　夏玉米生育期各阶段需水量与棵间蒸发量

年份	产量（kg/hm²）	生育期	天数（d）	需水量（mm）	棵间蒸发量（mm）	棵间占需水的比例（%）
1986	5 025	苗期	35	99. 8	58. 1	58. 3
		拔节期	28	141. 9	40. 6	28. 6
		抽穗期	8	50. 4	12. 5	25. 0
		灌浆期	30	61. 7	15. 8	25. 7
		全期	107	353. 8	127. 0	35. 9

夏玉米需水量是生育期植株蒸腾量与棵间土壤腾发量组成，棵间蒸发量一般占总需水量的 30%~40%。表 6-8 是 20 世纪 80 年代农田灌溉研究所在新乡的研究结果。明显看出，苗期棵间蒸发量所占比例大。越往后期，由于棵间荫蔽导致棵间蒸发量渐渐减少，仅 12~16mm，占总需水量的 25%左右。而苗期棵间蒸发量占总需水量的比例近 60%。因而，加强苗期田间管理，松土或覆盖，可以明显降低土壤蒸发比例，有很好的节水效果。

三、夏玉米需水量与产量关系及水分生产函数

1. 夏玉米需水量与产量关系

根据已有的研究或成果分析，夏玉米需水量与产量关系为幂函数的关系。表 6-9 汇集了 20 世纪 80 年代至 2012 年农田灌溉研究所与河南水科院在河南省部分地区夏玉米研究成果。其产量变化在 4 500～15 000kg/hm^2，需水量变化在 300～500mm。根据表 6-9 中的数据，取其平均值。把计算结果绘于图 6-11 中。可看出仍近似于幂函数关系。

表 6-9　河南省部分地区夏玉米历年需水量、产量与水分生产率

地点	年份	需水量（mm）	产量（kg/hm^2）	水分生产率（kg/m^3）	资料来源
新乡灌溉所	1984	291.6	5 715	1.95	灌溉所
	1985	346.7	6 090	1.75	
	1986	373.6	4 600.5	1.23	
清丰县	1992	287.8	9 966	3.465	灌溉所
	1993	440.6	10 065	2.257	
	1994	467.9	10 057.5	2.149	
	1995	316.6	9 957	3.143	
	1996	395.5	9 625.5	2.432	
浚县	2009	507.2	15 951	3.14	灌溉所
	2010	407.1	13 767	3.29	
	2011	329.5	13 146	4.0	
	2012	402.2	14 781	3.67	
禹县	1983	302.7	8 062.5	2.66	河南省水科院
	1984	375.2	4 861.5	1.29	
	1986	338.1	5 635.5	1.67	
南阳	1983	339.5	9 007.5	2.65	河南省水科院
	1984	361.6	8 323.5	2.3	
	1986	356.3	9 685.5	2.71	
商丘	2010	375.0	11 376	3.03	商丘站
洛阳	2007	384.1	7 590	1.9	洛阳农科院

图 6-11 中曲线还表明随着产量增高，需水量逐渐增大；产量提高幅度大，而需水量提高幅度略小。从表 6-9 也可看出随着品种改良，产量提高，水分生产率有较大提升。由 20 世纪 80 年代初 1.3kg/m^3 增至近代 3.14～4.0kg/m^3。说明新的品种具有高产、节水的特性。作物需水量是指实现某一产量水平条件，最起码的田间耗水量，品种之间差异不大，但与栽培方法和管理水平有关。精细的田间管理对节水也有重要的影响。

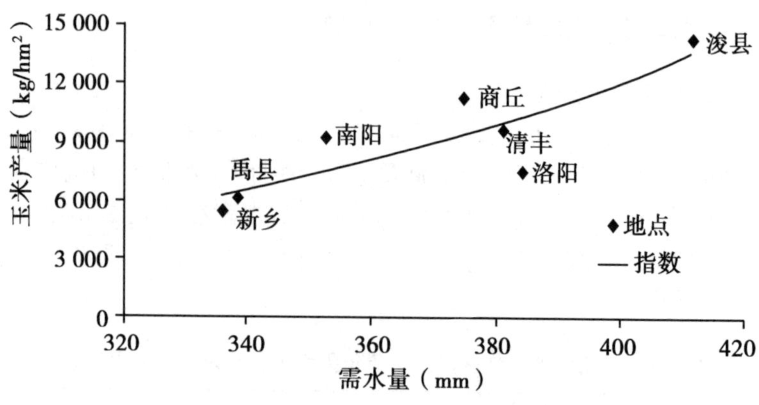

图 6-11　河南省部分地区夏玉米产量与需水量关系

2. 夏玉米水分生产函数

本节所述夏玉米水分生产函数，主要是指分阶段水分生产函数，即不同生育阶段供水不同对产量的影响或不同阶段干旱对产量的影响。

表 6-10　夏玉米 Jensen 模型的参数

地区	参数		苗期	拔节期	抽穗期	灌浆期	产量水平（kg/hm²）
山东中部	λ		0.076	0.292	0.441	0.238	9 738
	ET_{cm}	mm	42.7	90.5	89.8	77.1	
河南新乡	λ		0.02	0.131	0.17	0.083	7 734
	ET_{cm}	mm	45.8	50.3	72.3	73.9	
山西	λ		0.051	0.168	0.17	0.0744	
陕西宝鸡峡	λ		0.106	0.167	0.261	0.246	7 731
	ET_{cm}	mm	57.6	91.7	100	33.7	

关于分阶段水分生产函数研究，在 20 世纪 90 年代以来采用已有的资料，利用 Jensen 模型进行计算，其结果如表 6-10 所示。从表中看出，抽穗期敏感指数最大，为水分敏感期。注重这一期间的水分管理，对夏玉米高产、稳产至关重要。上述结果用于黄河流域水资源经济模型计算效果很好。可在水资源管理与农田灌溉管理中，水量的调配与运行中应用。

四、夏玉米作物系数

作物系数是计算需水量的重要参数，在没有夏玉米需水量实测值的地区，由于农田水利工程建设与灌溉管理及水资源开发需要，可以用计算的方法估计夏玉米需水量。为此下面将已有的作物系数研究结果，列于表 6-11。

表 6-11　夏玉米作物系数 Kc

地区	六月	七月	八月	九月	全期	产量水平（kg/hm²）
山东鲁北地区	0.77	1.02	1.29		1.05	6 000
河北冀中地区	0.65	0.84	0.94	1.2	0.89	6 000
河南新乡	0.85	1.32	1.79	1.34	1.14	4 500~4 700
山西运城地区	0.74	1.18	1.65	1.07	1.18	3 525
陕西关中地区	0.511	1.051	1.434	1.28	1.07	4 500~4 750
河南浚县	0.156	1.36	2.62	1.81	1.31	1 595

表 6-12　浚县玉米高产田作物系数 Kc

年份	苗期	拔节期	抽穗期	灌浆期	产量水平（kg/hm²）
2009	0.156	1.36	2.62	1.81	15 951
2010	0.3	1.56	1.84	0.94	13 767
2011	0.23	0.73	2.24	0.83	13 146
2012	0.91	0.65	2.47	0.79	14 781

作物系数主要反映作物本身生物学特性、产量水平等对作物需水量的影响。作物品种、栽培水平等也对其有明显的作用。各地变化很大，但变化规律是一致的，即抽穗期最高，苗期最低，明显表现出作物本身的影响。因为抽穗期，株体叶面积等均达最高值，生物量最大，生物活动旺盛，作物蒸腾量自然大，故作物系数亦大。

表 6-12，图 6-12 给出河南省浚县 2009-2012 年夏玉米高产田的作物系数的变化，从图表中看出变化规律与中、低产情况下基本一致。高峰值出现在抽穗期，低值在苗期，但当作物产量略有增大至 15 000 kg/hm² 时，全期作物系数达 1.31，这就是因生物量大起作用的结果。

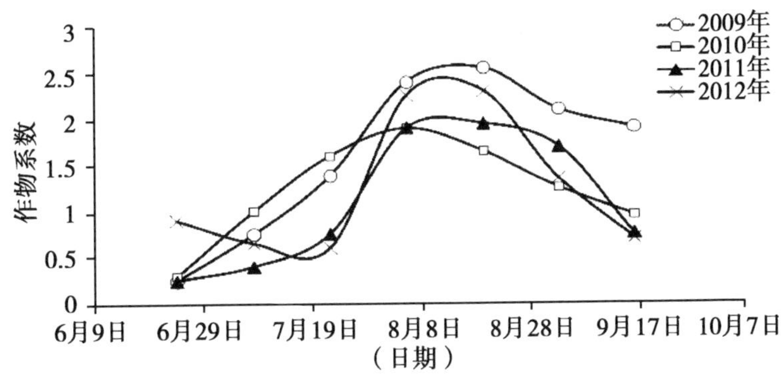

图 6-12　浚县高产田夏玉米作物系数曲线

第三节　南方玉米需水量与需水规律

南方玉米区主要是包括西南山地玉米区与南方丘陵玉米区。西南山地玉米区包括四川省、云南省、贵州省全部，广西壮族自治区东部与湖南省、湖北省西部等山区，该区

90%以上为丘陵山地、高原。土壤瘠薄，耕作粗放，玉米产量水平较低。南方丘陵玉米区包括广东、福建、浙江、上海、江西、海南等省（市）的丘陵山地区，土壤为红壤、黄壤、肥力很低，该区种植面积很少，只在个别山地略有零星种植，玉米生长的时间达250d，年降水量1 000~1 800mm，雨热同步，全年日照时间1 600~2 500h，该区得天独厚，可以种春夏秋冬四季玉米。

一、夏玉米需水量需水规律

这里夏玉米生育期为5月中旬至7月底或8月中旬，生长期80~95d。根据湖南省益阳站资料，产量近7 500kg/hm^2。需水量为3 014~3 320m^3/hm^2，全期日平均耗水量3.5~3.73mm/d（表6-13）。

表6-13　夏玉米需水量与需水规律（湖南益阳）

年份			苗期	拔节期	抽穗期	灌浆期	全期
2010	时间		5.16—6.18	6.19—7.16	7.17—8.1	8.2—8.19	5.16—8.19
	天数		33	28	16	18	95
	需水量	(mm)	83.5	90.9	60.3	98.1	332.8
	日需水量	(mm/d)	2.5	3.2	3.8	5.5	3.5
	模系数		25.1	27.3	18.1	29.5	
2011	时间		5.16—6.7	6.8—7.1	7.2—7.14	7.15.2—7.31	5.16—7.31
	天数		29	24	13	18	84
	需水量	(mm)	20	171.1	40.6	81.3	313
	日需水量	(mm/d)	0.69	7.13	3.12	4.52	3.73
	模系数		6.4	54.8	12.9	25.9	

上述为湖南省益阳站夏玉米需水量与需水规律资料，产量水平近7 500kg/hm^2，其需水量为300~330mm与北方夏玉米需水量接近，需水量峰值为拔节期或抽穗期。生长期天数为80~95d，全期日需水强度为3.5~3.7mm/d。而云南省和贵州省的夏玉米生长期天数比上述略长，为117~133d，全期日需水强度略低为2.7mm/d，但因生育期天数长总需水量略高一些（表6-14和表6-15）。

表6-14　贵州省夏玉米需水量与需水规律

		苗期	拔节期	抽穗期	灌浆期	全期
时间		5.6—6.5	6.6—7.1	7.2—8.1	8.2—9.15	5.6—9.15
天数		31	26	31	45	133
需水量	(mm)	40	100	170	50	360
日需水强度	(mm/d)	1.3	3.8	5.4	1.1	2.7
模系数		11.1	27.8	47.4	13.7	

表 6-15　云南省夏玉米需水量与需水规律

	苗期	拔节期	抽穗期	灌浆期	全期
日需水强度（mm/d）	3.2	4.0	3.5	2.6	
生长期天数	27	22	26	41	116.0

二、春玉米需水量与需水规律

根据广西壮族自治区桂林试验站 2010—2012 年 3 年试验，春玉米产量为 6 350~9 200 kg/hm²，需水量在 380~454.4mm 变化，春玉米生长期为 4 月 16 日播种至 8 月 20 日收获，生长期为 126d。水分生产率为 1.5~2.3kg/m³，生长期降水量为 292.7mm，一般要求灌一水、二水。广西春玉米生长期比夏玉米多 30 多 d，总需水量高达 380~460mm（表 6-16）。

表 6-16　广西壮族自治区春玉米需水量资料

年份	需水量（mm）	产量（kg/hm²）	水分生产率（kg/m³）	日需水强度（mm/d）
2010	380	429.5	1.69	3
	392	455.4	1.74	3.1
2011	383.4	584	2.29	3.04
	454.4	613.8	2.3	3.6
2012	463.5	466.2	1.5	3.67

三、秋冬玉米需水量与需水规律

（一）秋玉米需水量、需水规律

根据广西壮族自治区桂林试验站的资料，秋玉米一般在 7—8 月播种，10 月 18 日收获。生长期 96d，当产量为 5 775kg/hm² 时，其需水量为 470mm，日需水强度为 4.90mm/d，水分生产率为 1.23kg/m³，水分生产率低，耗水量较大。

（二）冬玉米需水量、需水规律

根据广西壮族自治区北海试验站资料，冬玉米生长期为 11 月 15 日至翌年 3 月 16 日，全生育期 120d，需水量为 417mm，平均日需水强度为 3.5mm/d。根据资料绘出冬玉米需水量过程线（图 6-13），从图 6-13 可看出需水量高峰期为抽穗期，1 月底、2 月初为需水高峰期，日需水强度达 5.2mm/d。此地冬玉米一般为水果玉米，一般在果实很嫩时，作为水果出售，有的做玉米罐头，经济效益较高。

表 6-17　冬玉米需水量、需水规律（广西北海）

时间		11.15—12.23	12.24—1.18	1.19—2.8	2.9—3.16	总计
天数		38	25	20	37	120
阶段耗水量	mm	98.8	82.5	98.8	136.4	278.1
日耗水量	（mm/d）	2.6	3.3	5	3.7	3.5
模系数		23.7	19.8	23.7	32.8	

图 6-13 为冬玉米需水量过程线，从需水量过程线看出其变化规律仍与其他地区变化规律相似，表现出生物学需水过程对其规律变化的影响。低值区在 12 月苗期，高峰期在 1 月底，尽管此间为冬季，气温低，但仍然表现出高的腾发量值，说明植株生物量大，生物活性强烈的影响效果。这就是生物学需水曲线特性。

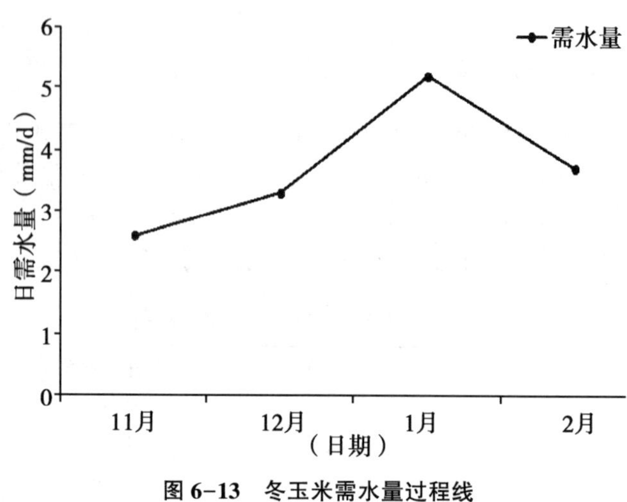

图 6-13　冬玉米需水量过程线

第四节　作物需水量应用注意事项

一、作物需水量取用影响因素

作物需水量大小受很多因素影响，除传统的影响外，生物科学的发展，人为对生物特性的干预，尤其是世界水资源短缺，引起人们对改造作物抗旱性能的重视，用基因理论和技术，使作物具有更强的耐旱型，需水量自然降低。此外灌溉技术的进步与创新，也极大影响了作物需水量，使之减少。由于人口增加、工业化发展等活动，引起世界的气候在缓慢变化，也会干扰原有的作物需水量。土壤虽然也是影响作物需水量的重要因素，但在定义需水量时，已包含在需水量的地域性中，不同地域要有自己地域的试验值。上述对需水量的影响因素可用公式表达为：

$$E_i = K_1 K_2 K_3 E_0 \tag{6-6}$$

式中：

E_i —对应应用领域采取的作物需水量，如规划、节水设计、干旱预报等 mm；

K_1 —产量系数，影响因素为作物品种、农业耕作制度、农业技术进步，以当地当时年代为基准。对于大面积使用的品种，产量高系数大；

K_2 —灌水技术系数，影响因素为不同灌溉方法、给水方法等，无资料时，喷灌适宜区采用 0.8；滴灌和渗灌采用 0.6~0.7；覆膜灌采用 0.2~0.4；

K_3 —水文年系数，影响因素为不同水文年，按水文年保证率折算，干旱年系数大；系数还与干燥度有关，干燥度大 k_3 大，干燥度小 k_3 小；

E_0—基准需水量，中国需水量试验一般以地面灌为基准，其他状态下的需水量为特殊条件下需水量。

二、作物需水量受作物品种与产量影响

对于干旱半干旱地区，作物需水量与作物种类、作物品种、作物产量相关十分密切，20 世纪苏联灌溉学家考斯加科夫，根据中亚地区灌溉资料得出了需水量与产量的经验公式，当然，该公式有局限性，但说明了 2 种因素之间确实相关密切。目前，中国玉米品种众多，实践证明不同品种，生育期长短、株体大小、耗水力、抗旱性等均产生差异，致使需水量亦不同，即使在同一产量水平下对水分消耗也各异。

品种不同的耗水差异主要表现为玉米的抗旱基因不同、叶面蒸腾强度不同，抗旱性强的品种，叶片蒸腾速率低于一般品种，消耗的水分较少，这已被基因抗旱性玉米育种而证实。农耕制度如施肥、种植密度和田间管理等栽培措施都是影响玉米需水量变化的重要因素。

三、作物需水量受气候条件与水文年的影响

不同蒸发与降水对作物需水量也有重要影响，但长系列玉米需水量试验证明，影响远小于灌溉方法的影响。因为，在强烈蒸发下的干旱地区必须进行灌溉，在灌溉条件下测得的需水量，差别主要表现在作物蒸腾力上，同一品种的蒸腾力大小差异不大。图 6-14 是引自辽宁省 20 世纪 70—80 年代玉米需水量试验总结报告，从图 6-14 中看出生育期蒸发量与玉米需水量相关系数 p 值达到 0.02 显著程度。

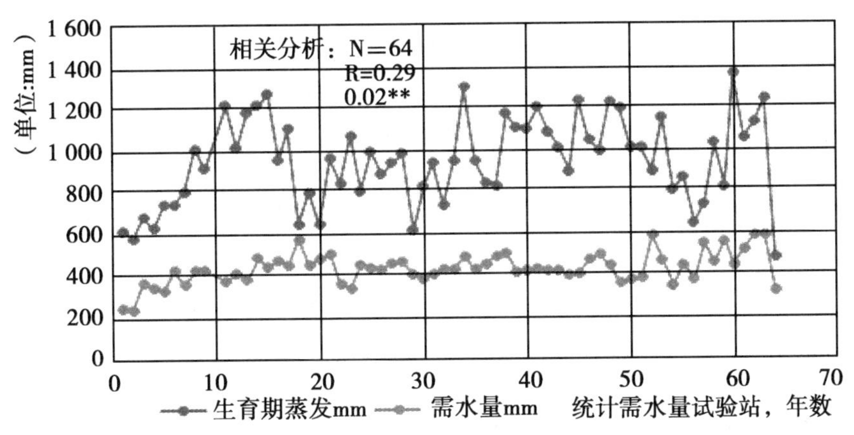

图 6-14　春玉米在不同年蒸发量与需水量的相关曲线[6]

四、作物需水量受灌溉方法的影响

20 世纪 80 年代水利部专门对喷、滴灌在全国进行了多年的灌溉试验，其中，玉米是喷灌的重点试验项目，组织了 2 次全国喷灌试验成果汇编[1]，图 6-15 是中国春玉米需水量试验成果，反映了喷灌条件下玉米需水量可减少 10%~15%。

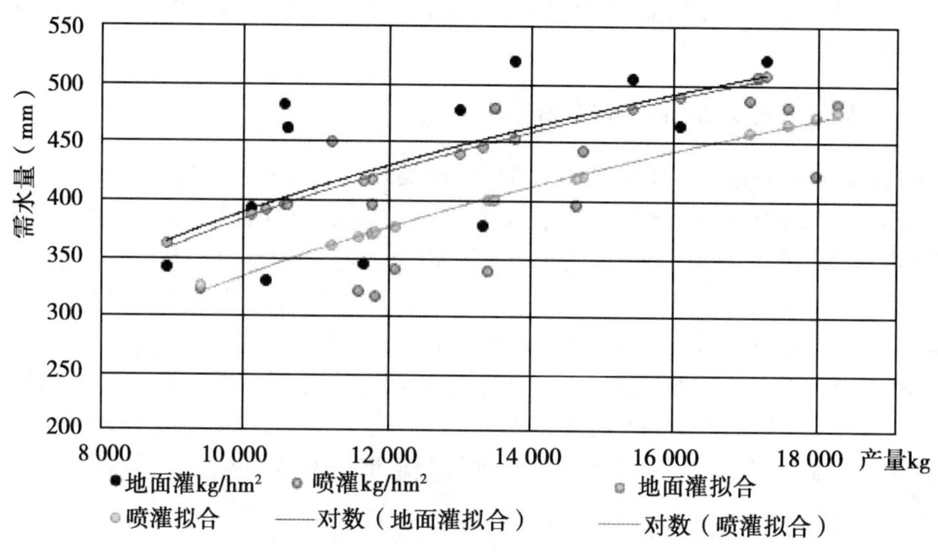

图 6-15　玉米喷灌与地面灌需水量试验成果对比[1,2]

近年新疆进行了同等灌溉用水量春玉米灌溉试验，全生育期灌水 400mm[4]，试验结果是，覆膜滴灌产量为 16 071 kg/hm^2，滴灌为 13 298 kg/hm^2，常规地面灌为 9 564 kg/hm^2。这一成果从另一方面证实，不同灌水方法条件下作物需水量是不同的。

参考文献

［1］作物喷灌田间试验课题协作组．作物喷灌田间试验（第十四章　玉米　宋毅夫　丁希泉）［G］．水利电力部科技司，1982，8.

［2］宋毅夫．作物喷灌灌溉规律的研究［J］．喷灌技术．1987（1）：7-13.

［3］黄学芳，刘华涛，等．密度对不同玉米品种产量形成和耗水量的影响［J］．安徽农学通报，2010. 16（21）.

［4］李漫，马波，等．玉米不同灌溉方式产量对比试验［J］．新疆农业科技，2002. 04. 042.

［5］郭颖，姜秀萍，等．通辽市近 50 年可能蒸发量与玉米水分系数的变化分析［J］．内蒙古气象，2010（3）.

［6］宋毅夫．辽宁省灌溉试验资料汇编（1950—1989）.

［7］宋毅夫．作物喷灌灌溉规律的研究（五年汇总报告 22~23 页）．辽宁省水利水电科学研究所，1986，3.

第七章　玉米灌溉制度

根据农田水利学定义，灌溉制度是按作物全生长期的需水要求和灌水方法制定的灌水次数、灌水时间、灌水定额及灌溉定额的总称。一般可用作物生育期需水量与期内降水资料分析求得，也可用多年灌溉试验与土壤水分变化资料求得。固定的灌溉制度模式只能用于灌溉管理部门年初制定灌水计划时参考，而实际上作物灌水次数、灌水时间、灌水定额和灌溉定额是变化的。中国是一个受季风强烈影响的国家，季风活动尽管有一定的规律，但具体到每一年、每个月，年际间、月际间均有很大变化，因此，灌溉制度要因地因时而变。这样灌溉管理部门在执行灌溉制度时要随时变化、修改。在中国东部、南部等沿海地区因降水干扰无法实施固定的制度，必须要依据实时的土壤水分监测，我国民间早有三看（看天、看地、看作物）用水的传统，进行农田用水动态管理，满足作物需水要求，创造高产。中国西部地区干旱、降水量少，降水时间与降水量比东北地较为稳定，灌溉制度有较好的实用意义。中国冬小麦生长期降水量少，降水次数也不多，降水对灌溉制度干扰不大，预期制定的灌溉制度就比较好执行。但玉米则不同，尤其是夏玉米生长期降水多变，因降水干扰根本无法执行预期的灌溉制度。

中国玉米分布地区十分广阔，跨越不同气候区：从东部、南部的湿润区、半湿润区，向西部、北部的半干旱区、干旱区过度。气候资源尤其是降水资源差别很大，因而灌溉需水量、灌溉制度差异也大。以东北春玉米带的灌溉为例，这里气候情况复杂多变，春玉米生长期的降水量从东部、东南部降水充足为玉米无灌溉需求的雨养区；向北过渡到中部半湿润地区，降水量减少，玉米生育期有一定灌溉需求的间歇灌溉区；再过渡到西部半干旱地区，降水量更少，玉米生育期有明显的灌溉需求的补充灌溉区。各区的灌溉制度明显不同。气候区域上的变化与差异，给玉米灌溉制度、灌溉方式带来不同要求。不能千篇一律用一个模式进行管理。因而论述灌溉制度要分区进行，东、西、南、北区别考量给出不同的模式，确保玉米高产、稳产、节水。

灌溉制度实际上是一个概化的灌水模式，这里采用水量平衡法分别不同水文年型，给出相应的灌溉制度。其制定步骤为：

（1）利用长系列的降水资料，得出不同水文年（降水频率 25%、50%、75%）型的玉米生长期降水量资料；

（2）计算每月的有效降水量；

（3）分别比较逐月有效降水量与需水量，并计算出当月的水量余、缺数值；

（4）根据逐月缺水量，确定灌水期间，并考量上月余、缺水量与当月的余、缺水量，给出灌水量；

（5）对于地下水上升补给量，由于区域广阔、复杂多变，而且多数地区地下水埋深很大，补给量小，可以忽略；

（6）灌水时段前的余水量作为本时段的土壤水分可用量，合并平衡计算；

（7）通过水平衡分析归纳的灌溉制度并与当地灌溉试验结果参考确定。

第一节　春玉米带灌溉制度

中国春玉米带分布广阔，从东北到西北气候跨度大，降水资源差异明显。从湿润区、半湿润区、半干旱区到干旱区，玉米需水量不同，灌溉要求也不同，灌溉问题复杂多变。为此，分 3 个区分别论述玉米灌溉制度。

一、东北春玉米带灌溉制度

灌溉制度实际上是作物生长期不同生育阶段需水量与降水量差值在时间上的分布。当然当地水文地质条件、地下水位埋深对作物需水有一定影响，但这个量要小的多，为方便计算在水量平衡计算上暂不考量。因而在分析作物灌溉制度时就应先分析当地不同水文年型条件下的降水分布与作物需水的平衡问题。

（一）东北春玉米带玉米生长期需水量与降水量比较

根据东北地区不同气候类型比较与春玉米需水量图的走向（图 7-1）可分为 3 个地带，即东部湿润带：佳木斯—牡丹江—延吉—丹东一线；中部过渡带：哈尔滨—长春—沈阳一线；西部干旱带：肇州—白城—通辽—朝阳一线。为了比较这 3 条带上玉米生长期需水程度上的不同，我们分别计算上述 3 条带中的 11 个代表城市不同水文年型条件下玉米各生育期需水量与降水（有效）量之差，而后分析灌溉需求，提出灌溉制度。根据上述 11 个代表城市 1980—2010 年带年降水资料排频，分别计算出 25%、50%、75%三个频率年的年降水量与玉米生长期降水量，列于表 7-1 中。比较表 7-1 中的数据看出，除了 75%频率年佳木斯、延吉、朝阳三地有异常外，其余地区资料均符合变化规律。即 25%年型生育期降水量大，而 50%、75%两个年型的生育期降水量在逐渐降低。

表 7-1　代表城市降水资料　（单位：mm）

地区	25%降水			50%降水			75%降水		
	年份	全年	生长期	年份	全年	生长期	年份	全年	生长期
佳木斯	1985	610.7	379.4	2000	528.3	366.1	1996	491.1	441.7
牡丹江	1991	633.5	514.1	1984	561.3	446.6	1982	497.5	441.4
延吉	2007	584.7	443.7	1984	506.8	350	2008	447.7	399.5
丹东	1990	1 105	844.1	1992	1 003.5	715.1	1986	795.8	661
哈尔滨	1988	619.1	509.9	2004	525.8	426.8	1992	462	363.7
长春	2005	681	585.9	1997	574.8	535.5	1999	489.6	388.1
沈阳	1985	810.8	681.2	2004	705.2	578.1	1997	571.8	491.2

（续表）

地区	25%降水			50%降水			75%降水		
	年份	全年	生长期	年份	全年	生长期	年份	全年	生长期
肇州	1992	518.4	447.7	2009	433.1	342.3	2008	408.1	336.4
白城	1985	443.4	390.9	2010	380.3	314.7	2009	285	223.5
通辽	1981	435.8	350.2	1987	357.7	325	2000	273.3	208.3
朝阳	1985	587.1	519.1	2007	461.6	353.1	2008	358.4	394.8

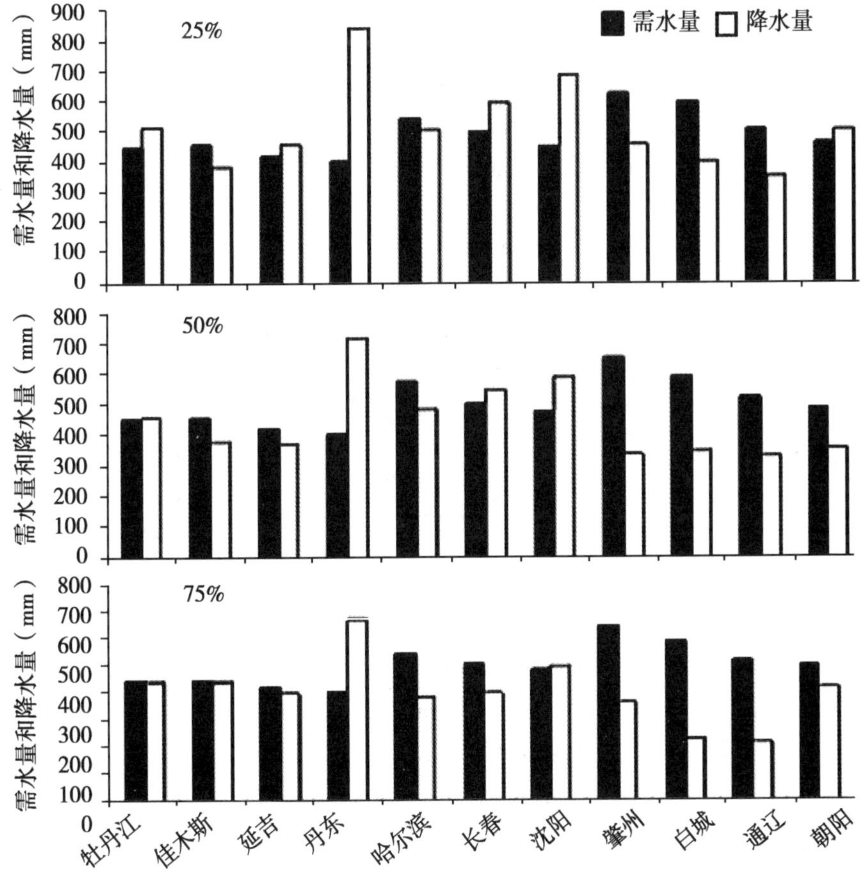

图 7-1　东北重点城市不同水文年玉米生长期需水量与降水量比较

表 7-1 给出的是玉米生长期降水量。为了分析玉米生育的灌溉需水量，应把生长期的降水量乘以降水有效利用系数，变为生育期有效降水量，而后与需水量比较分析其灌溉需水量。有效降水量计算各地有不同的经验方式，这里我们把降水有效利用系数概化为 0.7，而后计算出生育期的有效降水量并与需水量比较，求得缺水量，其结果如表 7-2 所示。

表 7-2　不同水文年玉米生长期有效降水量与需水量比较

频率		代表地区	降水量（mm）	有效降水量（mm）	需水量（mm）	降水量与需水量比（mm）
50%	东部地区	牡丹江地区	446.6	312.6	443.8	-131.2
		佳木斯地区	366.1	256.3	443.8	-187.5
		延吉地区	350	245	420	-175
		丹东地区	715.1	500.5	406	94.5
	中部地区	哈尔滨地区	471	329.7	537	-207.3
		长春地区	535	374.5	498	-123.5
		沈阳地区	578	404.6	459	-54.4
	西部地区	肇州地区	342	239.4	631	-391.6
		白城地区	314	219.8	571.7	-351.9
		通辽地区	325	227.5	514.4	-286.9
		朝阳地区	355	247.1	483	-235.9
70%	东部地区	佳木斯地区	401.2	280.8	443.8	-163
		牡丹江地区	441.4	308.9	443.8	-134.9
		延吉地区	399.8	279.9	420	-140.1
		丹东地区	661.4	462.9	406	56.9
	中部地区	哈尔滨地区	363	254.1	537	-282.9
		长春地区	388	271.6	498	-226.4
		沈阳地区	491	343.9	459	-115.1
	西部地区	肇州地区	336	235.2	631	-395.8
		白城地区	223.5	156.5	571	-414.5
		通辽地区	208.3	145.8	511.4	-365.6
		朝阳地区	394	275.8	483	-207.2

根据表 7-2 全生育期降水与需水量比较看出，西部缺水多，50%频率年缺水 230~400mm，75%频率年缺水 207~414mm。中部地区 50%频率年缺水 50~200mm，75%频率年缺水 110~280mm。东部地区丹东一带不缺水，而佳木斯、牡丹江、延吉一带 50%频率年缺水 130~180mm，75%频率年缺水 130~160mm。根据计算资料，东北玉米带缺水最多的地区集中在西部与东北部，而中部与东南部缺水较少或有淹涝发生。东北部的佳木斯、牡丹江一带，尽管生育期内有少量缺水，但 4 月、10 月降水较多，（表 7-3）采用相应的蓄水保墒技术，可抵消生育期内的缺水，有利于缓解春季旱情。

表 7-3　东北玉米带几个地区代表城市的不同水文年逐月降水量

地点	水文频率	年份	月份											
			1	2	3	4	5	6	7	8	9	10	11	12
哈尔滨	25%	1988	3.8	4.2	3.5	50.1	64.5	36.7	201.6	136.2	70.9	13.7	14.5	9.4
	50%	2004	2.5	5.1	12.4	6.1	55.1	68.2	163	105.8	46.1	9.6	31.2	20.7
	75%	1992	1.4	3.2	4.6	12.8	31.4	85.3	133.4	90.7	43	35.5	16	6.5

（续表）

地点	水文频率	年份	月份											
			1	2	3	4	5	6	7	8	9	10	11	12
长春	25%	2005	2.3	2.1	1.9	38	38.7	190	166.7	129.7	72.6	25.4	7.3	5.7
	50%	1997	10.3	4.6	6.3	2.7	111	32.4	82	230.1	80.7	7.6	6.9	1
	75%	1999	0.3	2.3	18.9	18.4	31.1	104	60.1	107.8	17	19.9	12.5	6.8
沈阳	25%	1985	11.6	8.8	111	39.1	62.9	83.1	233.3	281.4	42.1	16.2	17.2	3.8
	50%	2004	1.5	17.2	0.6	20.5	23.3	144	270.5	49.3	50.7	4.9	43.6	25.1
	75%	1997	15.9	3.7	7.3	4.3	347.7	61	77.5	270	9	30.8	57	8.7
朝阳	25%	1985	0.1	2.1	16.3	26.6	67	78.3	176.5	179	30	2.7	4.9	3.1
	50%	2007	0	2.1	32.1	17.4	68.8	26.9	169.1	64.7	23.6	32.9	14.4	9
	75%	2008	0	0	2.6	35.2	36.8	80	111	51.8	15.9	24.2	0	0
肇州	25%	1992	6.4	0.7	6.1	9.8	33.7	61.1	240.5	94.1	49.9	13.1	8.6	0.4
	50%	2009	2.7	1.9	12.6	30.2	14.4	207	58.3	55.2	7.4	33	5.4	5.2
	75%	2008	0.1	0	19.1	32.2	69.2	68.8	92.9	67.9	41.4	40.9	2.4	3.2
白城	25%	1985	0.9	2	4.5	9	13.2	77.5	119.1	148.7	49.8	18.3	0.2	0.2
	50%	2010	1.4	0.7	8	20.1	69.5	21.9	143.4	79.2	11.1	14.7	10.8	0
	75%	2009	0.6	0.6	2.5	32.3	17.1	69.2	59.4	57.7	21.3	18.7	1.9	3.7
通辽	25%	1981	1.6	1.1	40.4	10.6	38.9	125.5	89.8	58	49	13.7	17.3	0.4
	50%	1987	4.4	0.1	8.6	0.2	35.3	64.1	73.3	128.3	38.4	42.1	2.9	0
	75%	2000	9.6	0.1	0	19.9	19.2	64.3	26.4	97.4	7.1	9.7	10.8	8.3
佳木斯	25%	1985	4.8	23.8	20.2	41.6	44.2	49.9	117.1	225.9	41.3	13.9	22.6	5.4
	50%	2000	14.4	1.8	15.1	48.6	78.7	6.4	64.4	133.5	100.8	52.9	3.2	8.8
	75%	1996	0.5	0	9.2	2.2	38.7	145.2	98.2	76.8	53	30.7	26.1	5.5
牡丹江	25%	1991	6.4	2.3	15.8	48.3	41.9	96.7	275	82.2	26.5	27.4	9.4	0.6
	50%	1984	1.4	6.9	18.5	27.8	16.7	111.3	147.6	142.6	33.6	51.2	1	2.7
	75%	1982	4.4	2.9	6.8	9.4	55.5	59.3	127.4	177.4	29.8	3.3	13.1	5.6
延吉	25%	2007	11.4	7.7	42.2	34.8	60.4	42	57.2	163.1	158	6.7	7.2	0.1
	50%	1984	0.9	5.7	15.9	50.5	26.5	81.3	151.2	61.8	51.6	56	0.7	4.6
	75%	2008	0	0	9.7	14.8	116.1	20.7	154.2	70.4	37.5	18.4	1.9	3.3
丹东	25%	1990	10	40.5	13.7	78.6	144.1	168.8	256.8	225	107.4	0	48.8	11.7
	50%	1992	5.7	2.1	4.9	33.4	70.9	74.8	334.5	17	179.9	59.6	63	23.8
	75%	1986	8.1	5.7	20.1	13.3	30.5	127	281.6	129.8	108.9	44.4	22.2	4

图 7-1 是不同水文年玉米生长期降水量与需水量比较，比较图 7-1 与表 7-2 看出玉米生长期降水量比需水量大很多。也就是说东北地区玉米生长期做好蓄水工作、提高降水的有效利用率，可明显减小灌溉需水量，提高地区抗旱能力、缓解旱情，对确保玉米稳

产、增收是有益的。

根据玉米生长期实际降水与需水比较，可以把东北玉米带从南向北分为3个断面，即北部断面：佳木斯-哈尔滨-肇州，中部断面：延吉-长春-白城，南部断面：丹东-沈阳-通辽朝阳。根据这3个断面上11个城市玉米生长期降水量与需水量比较画成图7-2、图7-3,从表7-3上明显看出，北部地区玉米生长期缺水较多，中部次之，南部缺水较少。从东、西走向上看，西部缺水多、中部次之。

东部缺水少，甚至有淹涝发生。纵观整个东北玉米带，西部地区干旱是明显的，而中部地区旱情居中，东部地区玉米生长期雨水较多，适宜雨养，要求灌溉概率较低。尤其是丹东地区，玉米生长期雨水丰沛，无需灌水，有时会有淹涝状况发生，更多的是做好排水工作。

根据图7-2、图7-3看出玉米生长期需水量与降水量比较，50%年份西部地区缺水130~289mm，该区北端肇州缺水量最大，为289mm，朝阳最小，为130mm。而中部地区除哈尔滨地区缺水近70mm以外，其余2个地区长春与沈阳玉米生长期降水量比需水量大，不缺水。东部地区除佳木斯、延吉玉米生长期小有缺水外，牡丹江、丹东均为余水，尤其是丹东玉米生长期降水量比需水量多309.1mm，有明显淹涝状况发生。比较表明，西部玉米生长期干旱，中部为过渡，东部为湿润，比较明显看出三大区域的差异性。这为指导东北春玉米地区灌溉有重要的参考价值。

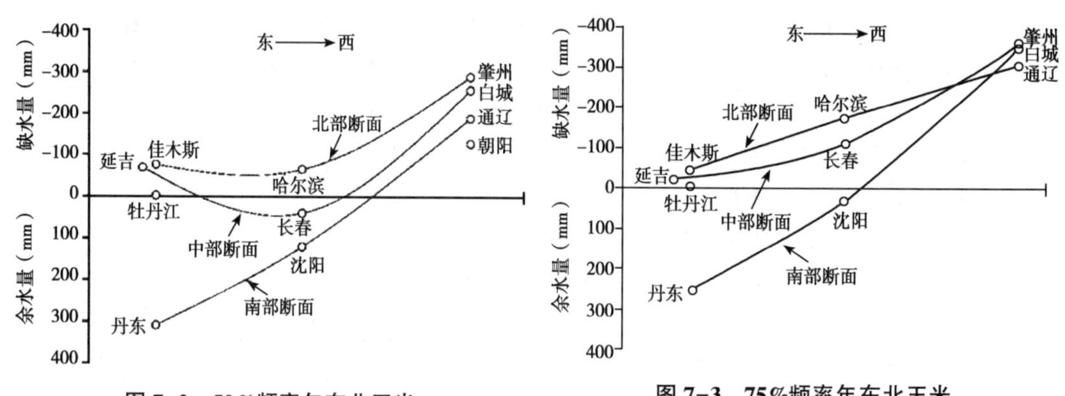

图7-2 50%频率年东北玉米北、中、南三带代表城市缺余水比较

图7-3 75%频率年东北玉米北、中、南三带代表城市缺余水比较

而从75%频率水文年看，缺水地区与50%频率水文年相近，但缺水量比50%频率水文年大。其中，延吉地区有些反常，75%降水反而比50%频率要大，与降水时间分布变化有关。

（二）生育期逐月有效降水量与灌溉需水量、灌溉制度

表7-2给出的仅是玉米全生育期有效降水量与缺水程度，还不能表示什么期间缺水、什么时间水多或淹涝。无法制定灌溉制度。为此还应进一步分析每个月有效降水量与需水量，比较其具体的缺水时间与缺水量状况，用以分析制定符合实际的灌溉制度。为了制定灌溉制度，在进行水量平衡分析时，必须要明确玉米生长期逐月有效降水量与需水量比较状况。也就是每个月的缺水与余水状况。为此计算50%、75%两个水文年的各地逐月缺、余水情况（表7-4）与表7-5逐月缺水情况。而后归纳出灌溉制度（表7-6）。

表 7-4　东北春玉米的玉米生长期逐月有效降水与需水量比较　（单位：mm）

频率	地区		五月			六月			七月		
			有效降水量	需水量	缺余水量	有效降水量	需水量	缺余水量	有效降水量	需水量	缺余水量
50%	东部	佳木斯	55.1	58.1	-3	6.4	54	-47.6	45.1	145.7	-100.6
		牡丹江	11.7	58.1	-46.4	79.1	54	25.1	103.3	145.7	-42.4
		延吉	18.6	43.8	-25.2	56.9	62.8	-5.9	106.1	135.5	-29.4
		丹东	49.5	45.1	4.4	52.4	71.5	-19.1	234.2	125.2	109
	中部	哈尔滨	38.6	42.5	-3.9	44.7	36.9	7.8	114.1	161.2	-47.1
		长春	77.4	53.2	24.2	22.7	54.8	-32.1	57.4	145.6	-88.2
		沈阳	16.3	63.8	-47.5	101	96.9	4.5	189.4	129.9	59.5
	西部	肇州	10.1	27	-16.9	145	198	-53.1	40.8	176.7	-135.9
		白城	48.7	47.4	1.3	15.3	130.6	-115	100.4	173.2	-72.8
		通辽	24.7	67.7	-43	44.9	79.3	-34.4	51.2	169.6	-118.4
		朝阳	47.6	67.7	-20.1	18.8	79.3	-60.5	118.4	169.6	-51.2
75%	东部	佳木斯	20.1	58.1	-38	102	54	47.6	68.7	145.7	-77
		牡丹江	38.9	58.1	-19.2	37.7	54	-16.3	89.2	145.7	-56.5
		延吉	81.3	43.8	37.5	59.7	36.9	22.8	93.4	135.5	-42.1
		丹东	21.4	45.1	-23.7	88.9	71.5	17.4	197.1	125.2	71.9
	中部	哈尔滨	22	42.5	-20.5	59.7	36.9	22.8	93.4	161.2	-67.8
		长春	21.8	53.2	-31.4	72.8	54.8	18	42.1	145.6	-103.5
		沈阳	243.4	63.8	179.6	42.7	96.5	-53.8	54.3	129.9	-75.6
	西部	肇州	48.4	27	21.4	48.9	198	-149	65	176.7	-111.7
		白城	11.9	47.4	-35.5	48.4	130.7	-82.3	41.6	173.2	-131.6
		通辽	13.4	67.7	-54.3	45	79.6	-34.6	18.5	169.6	-151.1
		朝阳	25.8	67.7	-41.9	56	79.6	-23.6	78.3	169.6	-91.3

表 7-5　东北春玉米的玉米生长期逐月有效降水与需水量比较　（单位：mm）

频率		地区	八月			九月		
			有效降水量	需水量	缺余水量	有效降水量	需水量	缺余水量
50%	东部	佳木斯	93.5	117.8	-24.3	70.6	70	0.6
		牡丹江	99.8	117.8	-18	23.5	76	-52.5
		延吉	43.3	115.2	-71.9	36.1	62.4	-26.3
		丹东	17	112.6	-95.6	195.9	48.8	147.1
	中部	哈尔滨	74.1	151.1	-77	28.1	78	-49.9
		长春	161.1	131.5	29.6	56.5	60.4	-3.9
		沈阳	34.5	111.1	-76.6	35.5	48.1	-12.6
	西部	肇州	38.6	186	-147.4	7.4	80	-72.6
		白城	55.4	146.7	-91.3	11.1	63.9	-52.8
		通辽	84.6	107.3	-22.7	26.9	47.8	-20.9
		朝阳	45.3	107.3	-62	16.5	47.8	-31.3

（续表）

频率	地区		八月			九月		
			有效降水量	需水量	缺余水量	有效降水量	需水量	缺余水量
75%	东部	佳木斯	53.8	117.8	-64	37.1	76	-38.9
		牡丹江	124.2	117.8	6.4	20.9	76	-55.1
		延吉	63.5	151.9	-88.4	30.1	38	-7.9
		丹东	90.9	112.6	-21.7	76.2	48	28.2
	中部	哈尔滨	63.5	151.9	-88.4	30.1	78	-47.9
		长春	131.5	131.5	0	11.9	60.4	-48.5
		沈阳	189	111.1	77.9	9	42.1	-33.1
	西部	肇州	47.5	186	-138.5	29	80	-51
		白城	40.4	146.7	-106.3	14.9	63.9	-49
		通辽	68.2	107.3	-39.1	7.1	47.8	-40.7
		朝阳	36.3	107.3	-71	11.1	47.8	-36.7

表 7-6　东北春玉米带逐月缺水量　（单位：mm）

地区	代表城市	频率	五月	六月	七月	八月	九月	全期
西部	肇州	50%	20	60	140	150	70	440
		75%	0	150	120	140	50	460
	白城	50%	10	120	75	90	50	345
		75%	40	80	140	100	50	410
	通辽	50%	50	75	120	30	30	305
		75%	55	40	150	40	40	285
	朝阳	50%	25	60	50	60	30	225
		75%	40	25	90	70	40	265
中部	哈尔滨	50%	10	0	50	80	50	190
		75%	30	0	70	90	50	240
	长春	50%	0	40	90	0	0	130
		75%	30	0	100	0	50	180
	沈阳	50%	50	0	0	80	20	150
		75%	0	60	75	0	0	200
东部	佳木斯	50%	0	50	100	25	0	175
		75%	30	0	80	65	40	215
	牡丹江	50%	50	0	50	20	50	170
		75%	20	20	60	0	60	160
	延吉	50%	30	0	30	80	30	170
		75%	0	0	40	90	0	130
	丹东	50%	0	20	0	0	0	20
		75%	20	0	0	0	0	20

表 7-7　东北春玉米带各地区的灌溉制度

地区	地市	水文年频率（%）	灌水定额（mm）					灌溉定额（mm）
			苗期	拔节	拔节抽穗	灌浆 8 月	灌浆 9 月	
西部	肇州	50	90	90	90	90	90	450
		75	90	75	105	90	90	450
	白城	50	105	75		90	45	315
		75	90	90		90	45	315
	通辽	50	45、90	90		60		275
		75	45、90	90		90		315
	朝阳	50	105			105		210
		75	45	90		105		160
中部	哈尔滨	50		90		105		195
		75	30	75		105		210
	长春	50	45	90				135
		75	30	105		45		180
	沈阳	50	30			45		75
		75		60		30		90
东部	佳木斯	50	45	60		60		165
		75	30			105、45		180
	牡丹江	50	45	60		60		165
		75	45	60			60	165
	延吉	50				105		105
		75				107		107
	丹东	50						0
		75	30					30

表 7-7 给出的是 50%、75%两个水文年型的灌溉制度。从表 7-7 中看出黑龙江西部肇州地区灌水次数多、灌溉定额大，50%、75%两个水文年均为 4 500m^3/hm^2；吉林省白城地区次之，灌溉定额为 3 150m^3/hm^2；中部地区哈尔滨、长春、沈阳等居中 1 500 m^3/hm^2左右。东北部地区的佳木斯、牡丹江与中部地区哈尔滨、长春相近，灌溉定额也在 1 500m^3/hm^2 左右。沈阳、延吉、丹东地区，灌溉定额最小，尤其是丹东地区基本上无需灌溉，并应注意淹涝与排水问题。实践表明东北春玉米带在 4—5 月播种期干旱较为普遍，这在逐月缺水量表中已显示这一情况，尤其是西部地区最为明显。为了及时播种保证出苗必须灌水补墒。坐水种这一耕种方式就是在这一背景下形成的经验措施。7—8 月正值玉米抽穗、灌浆期，中、东部有间歇性干旱，以 7 月发生概率最多、面积最大。东南部丹东地区一般不需要灌溉，以雨养为主。

（三）东北春玉米带高产纪录发生地与降水模式

根据有关文献，2007 年吉林省桦甸金沙乡兴隆村在 0. 6hm^2 面积上，在雨养条件下利用先玉 335 春玉米获 17 469kg/hm^2 的纪录；2008 年在 0. 6hm^2 面积上获得 16 951kg/hm^2 纪录。2007 年黑龙江宝清县 852 农场用绥玉 7 号，垦单 5 号雨养条件下在 19hm^2 面积上创造 13 927kg/hm² 的高产纪录。2010 年在 850 农场 78.3hm² 面积实现 13 360kg/hm² 的高产。

这三个地区实现高产纪录年份的降水量分布如下（表 7-8）。

表 7-8　高产纪录年份的降水量分布　（单位：mm）

	五月	六月	七月	八月	九月	全部
宝清	73.4	54.6	68.3	110.6	28.7	335.7
穆棱	57.7	47.3	154.4	105.2	92.9	457.5
桦甸	88.3	11.5	183.6	117.9	65.5	468.8

从上述降水情况看出不仅降水总量满足玉米需要，而且逐月分布均匀，均可满足逐月的需水要求，因而在雨养条件下实现高产纪录。但这样的年份是否年年都会产生？显然是不可能的。季风气候的影响不可能给出稳定的降水量与逐月合适的分配，间歇性的灌溉要求还时有发生，因而灌溉是这里确保玉米高产、稳产的必要条件。

二、西北地区春玉米灌溉制度

西北春玉米区包括内蒙古西部、山西省北部、陕北、甘肃省河西走廊、新疆维吾尔自治区等地。本区属大陆干燥气候，降水少，年降水量为 200~400mm，没有灌溉就没有农业，夏季风对这里影响很小。因气候干旱玉米需水量大，玉米生长期降水不能满足玉米需水要求，灌溉是确保这里玉米生长、生产的必要措施。

（一）玉米生长期间降水与需水量比较

根据需水量图（图 6-1）本区春玉米需水量变化在 500~650mm，而生育期的降水量仅为 130~150mm，不足需水量一半，有明显的灌溉需求。图 7-4 是本地区几个有代表性城市榆林、武威、乌鲁木齐、包头玉米生长期总需水量与降水量比较柱状图。这里降水量没有乘以降水有效利用系数，因为当地降水量小，而且降水强度不大，没有或很少产生径流，所以降水量即有效降水量。通过比较柱状图看出：50%与 75%两个频率年缺水很大，尤其是 75%频率年生长期降水更小，不足需水量的 1/4~1/3，从图 7-4 中看出，这几个地区需水量接近在 500mm 以上，生长期降水量也接近在 100~250mm，缺水量均在 250~400mm 范围。

（二）玉米生长期逐月需水量与降水量比较、灌溉制度

根据对榆林、武威、乌鲁木齐、包头四个城市玉米生长期逐月降水量的分析，并比较其逐月需水量，计算出 50%、75%两水文年的月缺、余水量（表 7-9）。从中看出除了 5 月缺水量较小外，其他几个月缺水量均很大，缺水量多的月份在 7—8 月，每月均要求灌溉。由于本地区处欧亚大陆腹地、大陆性气候强烈，降水少而且年际间较稳定，变化不大，灌溉制度明显，降水干扰不大，灌溉有明显的制度性。这对灌溉管理工作带有很大方便，灌溉制度执行较为顺利。不像东北或黄淮海地区年际间降水变率很大，年初制定的制度，由于降水的不稳定性到某一时间就要更改，无法执行（表 7-10）。

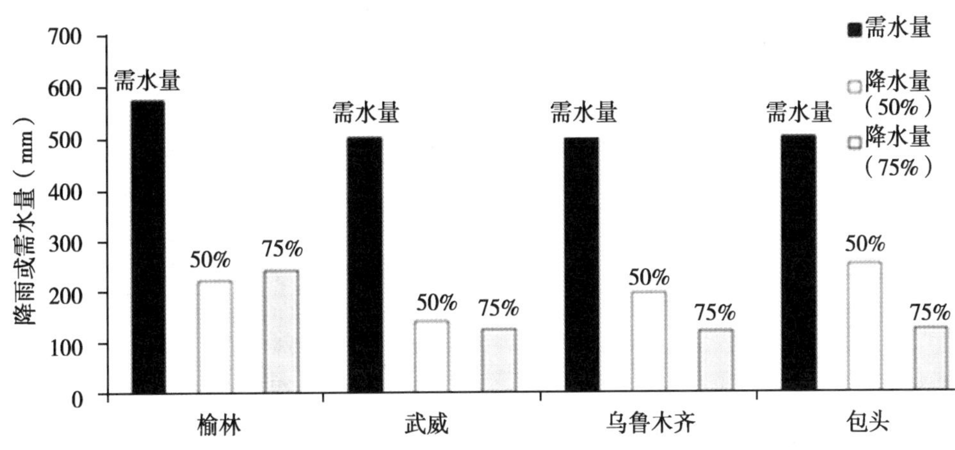

图 7-4　北方春玉米区 50%和 75%频率年份降水量与需水量（mm）

表 7-9　西北地区玉米生长期逐月降水量与需水量比较　　（单位：mm）

频率%	地区	五月			六月			七月		
		降水量	需水量	余、缺水量	降水量	需水量	余、缺水量	降水量	需水量	余、缺水量
50	榆林	36.2	72.9	-36.7	20.8	88.8	-68	91.5	176.4	-84.9
	武威	18.5	24.8	-6.3	0.7	84	-83.3	22	165.6	-143.6
	乌鲁木齐	36.8	24.8	12	52.6	84	-31.4	29.7	165.6	-135.9
	包头	44.9	23.2	21.7	51.7	40.1	11.6	57.2	144.9	-87.7
75	榆林	10.6	72.9	-62.3	5.3	88.8	-83.5	126.8	176.4	-49.6
	武威	9.1	24.8	-15.7	53.2	84	-30.8	23.2	165.6	-142.4
	乌鲁木齐	26.6	24.8	1.8	51	84	-33	11.9	165.6	-153.7
	包头	9	23.2	-14.2	50.3	40.1	10.2	33.2	144.9	-111.7

表 7-10　西北地区春玉米生长期逐月降水量与需水量比较　　（单位：mm）

频率%	地区	八月			九月			全期	
		降水量	需水量	余、缺水量	降水量	需水量	余、缺水量	降水量	需水量
50	榆林	51.7	159.3	-107.6	15.7	70.2	-54.5	215.9	567.6
	武威	33.6	182.6	-149	63.1	58	5.1	137.9	515
	乌鲁木齐	40.3	182.6	-142.3	25.4	58	-32.6	184.8	515
	包头	74.9	186	-111.1	37.6	119.9	-82.3	266.3	514.1
75	榆林	89.7	159.3	-69.6	16.1	70.2	-54.1	248.5	567.6
	武威	18.9	182.6	-163.7	27.8	58	-30.2	132.2	515
	乌鲁木齐	26.4	182.6	-156.2	16.4	58	-41.6	132.3	515
	包头	9.6	186	-176.4	37.6	119.9	-82.3	139.7	514.1

表 7-11　西北春玉米逐月缺水量　（单位：mm）

地区	频率	五月	六月	七月	八月	九月	全期
榆林	50%	40	70	85	110	55	360
	75%	70	85	70	70	60	365
武威	50%	10	85	150	150	0	395
	75%	20	35	150	170	30	405
乌鲁木齐	50%	0	35	140	150	35	360
	75%	0	35	160	160	50	405
包头	50%	25	20	90	110	90	335
	75%	20	0	120	180	90	410
雁北	50%	0	0	80	80		160
	75%	40	40	100	100		280

表 7-12　西北地区春玉米灌溉制度

地区	频率	灌水定额（mm）					灌溉定额（mm）
		苗期 5 月	苗期 6 月	拔节 7 月	灌浆 8 月	灌浆 9 月	
榆林	50	45、60		90	90、90		375
	75	60	105	75	75	75	390
武威	50	105	105		105	105	420
	75	60		80	80	80	300
乌鲁木齐	50	30		105	105	90	330
	75		30	80	80	105	295
包头	50	60		105	105	105	375
	75	60		105	80	105	350
雁北	50			60	60		120
	75	105		105	105		315

表 7-12 是依据逐月缺水量（表 7-11）给出的灌溉制度。从表 7-12 中看出，山西雁北地区灌溉定额较小为 120～315mm，而其他地区则在 300mm 以上，而且年际间变化不大。6 月以前灌溉需水量小，多为 60mm。7—8 月最大，均在 60mm 以上，最多达 180mm，灌水时间稳定，灌水定额与灌溉定额也稳定，年际间变化不大，这就是干旱少雨内陆大陆性气候影响的结果。

第二节　黄淮海地区夏玉米灌溉制度

黄淮海夏玉米带是中国玉米主要产区。本地区受夏季风影响，夏玉米生长期与雨季同步，生长期降水量基本上可满足需水要求。尤其是中、后期 7—8 月正是本地区的主汛期，也是玉米生长旺盛阶段，是需水高峰期，降水高峰与玉米需水高峰重叠，有利于玉米生长发育，对玉米稳产、高产十分有利。但中国夏季风变化多端，不仅年际间变化率大，而且在一年内不同时间段降水分配很不均衡，致使旱、涝不均。从降水总量上看可满足玉米需水要求，但具体到某一个阶段，旱涝则时有发生，使原有计划好的灌溉制度无法执行，必须根据实时降水状况进行修改，不像西北玉米区灌溉制度十分稳定，降水干扰很小，从管理上能很好执行预期的灌溉制度。对于黄淮海地区更好的办法是根据降水与土壤水分的实时监测状况，进行农田用水的动态管理，这样可做到节水、高产。而灌溉制度只能作为灌溉管理部门进行年度计划用水管理时参考。执行上应随机应变，动态管理。

一、黄淮海夏玉米带降水状况分析

根据黄淮海地区气候等自然条件，大体上分为南、中、东、北与西部4个地区。每个地区选几个城市为代表，分析其降水与玉米需水状况。南部地区有许昌、南阳、宿州为代表，中、东部以石家庄、新乡、济南、莱阳为代表，北部以北京为代表，西部地区以武功为代表（表7-13）。

表7-13　黄淮海地区25%、50%、75%三个水文年代表城市年降水量与逐月降水量

（单位：mm）

地区	地点	水文年		1月	2月	3月	4月	5月	6月	7月	8月
		频率	年份								
南部	许昌	25%	2006	25.7	25.1	9.8	29.4	127.4	223.2	172.1	127.3
		50%	2009	0	15.9	21.4	62.2	105.4	88.1	147.5	145.2
		75%	1991	9.2	23.4	80	22.9	136.8	95.7	44.5	57.7
	宿州	25%	1984	8.9	3.6	12.2	23.9	47.6	112.4	272.3	57.5
		50%	1990	32	51.9	36.3	27.7	93.3	112.6	210.5	114.1
		75%	1986	10	6.4	24.7	20.6	22.7	78.8	230.2	33.6
	南阳	25%	2005	1.9	10.9	29.4	27.1	51.2	106.9	290.1	290.6
		50%	2008	23.6	3.1	38.2	120.4	90.1	15.3	157.1	208.3
		75%	2006	27.4	22	2.4	38.2	105.5	71.1	150.5	78.8
中东部	石家庄	25%	1988	1.8	0	3.8	1.1	77.4	58.5	124.4	293
		50%	1994	0.1	7.4	1.2	17.6	28.8	88.7	169.9	80.8
		75%	1986	2.7	13.4	18.7	2	25	47.1	116.7	95.6
	新乡	25%	1993	6.6	13.1	20	79.6	32.5	197.1	113.6	46.8
		50%	2008	6.1	3.7	3.8	70	33.8	47.2	301	57
		75%	1987	4.7	14.1	28.1	12.4	69.1	116.7	16.6	64.4
	济南	25%	2010	6.7	21.2	15.7	11	37.4	84.1	155.4	421.8
		50%	2009	0	13.5	31.2	57.1	152.8	65.2	172.2	128.1
		75%	1999	0.2	0.6	20.7	10.9	91.8	112.9	113.9	123.4
	莱阳	25%	1996	14.2	0.2	18.4	50.9	44.9	182.5	244.4	136.9
		50%	1988	1.2	0.1	1.5	2.8	41.2	18.9	313.4	104.7
		75%	1991	2.2	1.8	38.8	35.7	62.6	88.3	167.1	25.2
北部	北京	25%	1988	0.9	1.3	8.9	8.2	37.4	61.8	278.7	204
		50%	1993	3.7	1.5	0.3	16.9	8.6	39.2	206.4	158.5
		75%	2005	1.5	10	0.2	17	68.4	66.4	96.1	123.4

（续表）

地区	地点	水文年 频率	水文年 年份	1月	2月	3月	4月	5月	6月	7月	8月
西部	武功	25%	2005	0	10.3	9	13.5	92	58.2	79.4	188.8
		50%	2004	0.6	14.7	43.6	13.1	25.1	58.4	86.1	143.5
		75%	2002	5.1	5.7	8.1	19.6	72.7	109.6	4.6	80.7

表 7-14　黄淮海地区 25%、50%、75%三个水文年代表城市年降水量与逐月降水量

（单位：mm）

地区	水文年	频率%	年份	9月	10月	11月	12月	全年
南部	许昌	25	2006	69.1	3.2	73.9	9.5	885.7
		50	2009	84.8	10.1	52.4	5.7	742.7
		75	1991	87.4	2.4	16	24	600
	宿州	25	1984	212.7	79.6	49.4	28.4	908.5
		50	1990	195.8	0.4	53.6	11.1	939.3
		75	1986	154	43.1	52.6	23.5	700.2
	南阳	25	2005	132.7	32.9	15.7	2.8	992.6
		50	2008	45	47.4	7	0	755.5
		75	2006	80.6	4.4	39.3	14.6	634.8
中东部	石家庄	25	1988	67.9	7.8	0	0	637.7
		50	1994	6.3	28.9	31.1	14.3	475.1
		75	1986	35	23.3	1.5	6	387
	新乡	25	1993	12.2	53.7	76.5	0	671.7
		50	2008	55.4	11	7	0.8	596.8
		75	1987	40.8	53.6	9	0	429.5
中东部	济南	25	2010	64.6	1.3	0	0	819.2
		50	2009	29	26.6	26.5	8.6	710.8
		75	1999	24.6	67.4	8.6	0	575
	莱阳	25	1996	3.3	70.1	7.6	20.8	794.2
		50	1988	20.8	95.9	3.9	8.6	613
		75	1991	40.7	0.9	14.4	8.4	486.1
中东	北京	25	1988	48.8	22.8	0	0.5	673.3
		50	1993	10.3	9.8	43.4	0	498.7
		75	2005	24.5	1.8	0.4	1	410.7
西部	武功	25	2005	107.6	105.4	5.5	0	669.7
		50	2004	125.7	33.3	17.4	9.5	571
		75	2002	65.3	38.9	8.2	17.2	435.7

根据这 9 个代表城市 1980—2010 年 30 年的降水资料，分析 25%、50%、75% 3 个水文年逐月的降水资料与年降水资料列于表 7-14 中。大致可看出南部地区降水量大，多年平均为 795.5mm 近 800mm，中东地区降水量多年平均为 599.7mm 近 600mm，北部地区北

京的多年平均降水量为527.6mm，西部地武功的年平均降水为558.8mm，略高于北京的年降水量。根据表7-14中的资料与玉米生育期资料，整理成表7-15不同城市不同水文年的玉米生育的降水量资料。其资料表明玉米生育期间降水量为南部大，中、东、西、北部地区比较均衡的趋势。

表7-15 黄淮海地区几个代表城市不同水文年的降水量与玉米生长期降水量 （单位：mm）

代表地区	25%			50%			75%		
	年份	年降水量	生育期降水量	年份	年降水量	生育期降水量	年份	年降水量	生育期降水量
宿州	1984	908.5	654.9	1990	939.3	633	1988	700.2	496
许昌	2006	886.3	591.7	2009	742.7	465.6	1991	600	285.3
南阳	2005	992.6	820.3	2008	755.5	425.7	2006	634.8	381
新乡	1993	671.7	423.4	2008	596.8	460.6	1987	429.5	238.5
石家庄	1988	637.5	543.8	1994	475.1	345.7	1986	387	294
济南	2010	819.4	725.9	2009	701.8	394.5	1999	574.8	374.8
莱阳	1996	794.2	567.1	1988	613	457.8	1991	486.1	324.3
北京	1988	673.3	593.3	1993	498.7	422.4	2005	410.7	310.4
武功	2005	669.7	434	2004	571	413.7	2002	435.7	260.2

表7-16 不同玉米生长期降水量与需水量比较（25%）

地区	代表地区	生长期降水量（mm）	需水量（mm）	降水量与需水量比较（mm）
南部地区	宿州（淮北）	654.9	366.7	余288.2
	许昌（豫中）	591.7	338.4	余253.3
	南阳（豫南）	820.3	352.5	余467.8
中部地区	新乡（豫北）	369.7	337.7	余32
	济南（鲁中）	725.9	396.6	余329.3
	石家庄（冀北）	543.8	296.2	余247.6
	莱阳（鲁东）	567.1	324.3	余242.8
北部地区	北京	593.3	283	余310.3
西部地区	武功（关中）	434	410.6	余23.4

不同玉米生长降水量与需水量比较（50%）

地区	代表地区	生长期降水量（mm）	需水量（mm）	降水量与需水量比较（mm）
南部地区	宿州（淮北）	633	366.7	余266.3
	许昌（豫中）	465.6	338.4	余127.2
	南阳（豫南）	425.7	352.5	余73.2

（续表）

地区	代表地区	生长期降水量（mm）	需水量（mm）	降水量与需水量比较（mm）
中部地区	新乡（豫北）	460.6	337.3	余 123.3
	济南（鲁中）	394.5	396.6	缺 2.1
	石家庄（冀北）	345.7	296.2	余 49.5
	莱阳（鲁东）	457.8	324.3	余 133.5
北部地区	北京	422.4	283	余 139.4
西部地区	武功（关中）	413.7	410.6	余 3.17

不同玉米生长降水量与需水量比较（75%）

地区	代表地区	生长期降水量（mm）	需水量（mm）	降水量与需水量比较（mm）
南部地区	宿州（淮北）	469	366.7	余 102.3
	许昌（豫中）	285.3	338.4	缺 53.1
	南阳（豫南）	381	352.5	余 28.5
中部地区	新乡（豫北）	238.5	337.3	缺 98.8
	济南（鲁中）	374.8	396.6	缺 21.8
	石家庄（冀北）	294	296.2	缺 2.2
	莱阳（鲁东）	321.3	324.3	缺 3
北部地区	北京	310.4	283	余 27.4
西部地区	武功（关中）	260.2	410.6	缺 150.4

图 7-5 是把玉米生长期降水量与需水量比较。50%水文年基本上不缺水，75%频率水文年缺水仅为新乡、济南、武功等地，其他地区不缺水，但将生长期降水乘上降水有效利用系数后（表 7-17）则表现出多数地区缺水现象，这说明降水有效利用空间还很大，通过保水措施，拦蓄雨水，提高降水有效利用系数，对节水、节能，减少灌溉水量等十分有益，也是今后节水灌溉、节能灌溉发展的又一个方向。

图 7-6 是几个代表城市玉米生育期有效降水量与需水量比较。可看出生育期降水量乘上有效降水利用系数后缺水状况明显增加，有灌溉要求。与图 7-5 情况比较有明显差别。通过比较表 7-17 和表 7-16 资料，可以认为如何通过保水技术提高降水的有效利用量，应成为今后节水灌溉实践中重要的课题。黄淮海平原北部，如河北中、北部井灌地区为了满足玉米需水要求，大量开采地下水，已有多处地区出现地下水位降落漏斗，造成生态环境恶化这一状况已受到国家有关部门重视。

表 7-17　玉米生长期有效降水量与需水量比较（25%）

地区	代表地区	生长期有效降水量（mm）	需水量（mm）	降水量与需水量比较（mm）
南部地区	宿州（淮北）	458.4	366.7	余 91.7
	许昌（豫中）	414.2	338.4	余 75.8
	南阳（豫南）	574.2	352.5	余 221.7

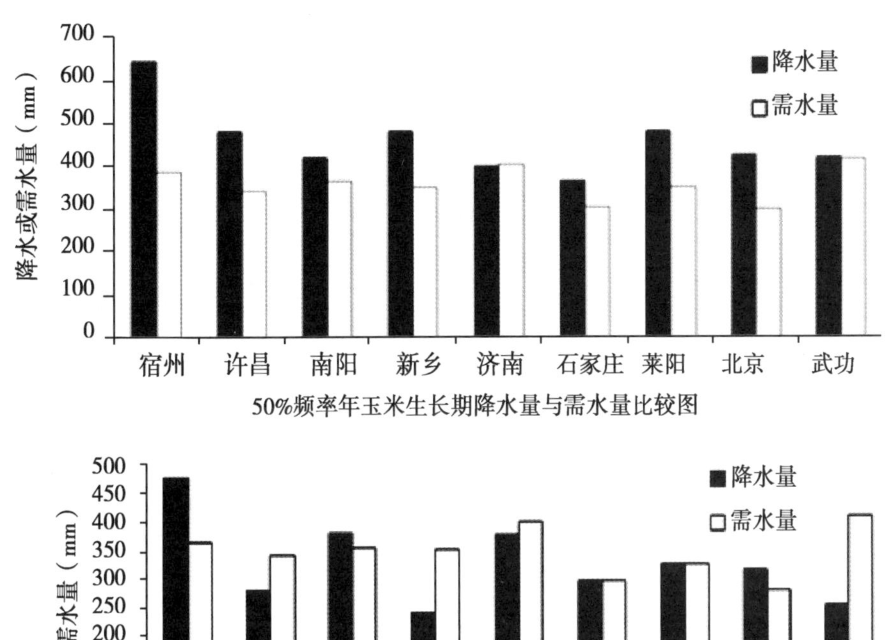

图 7-5　玉米生长期降水量与需水量比较

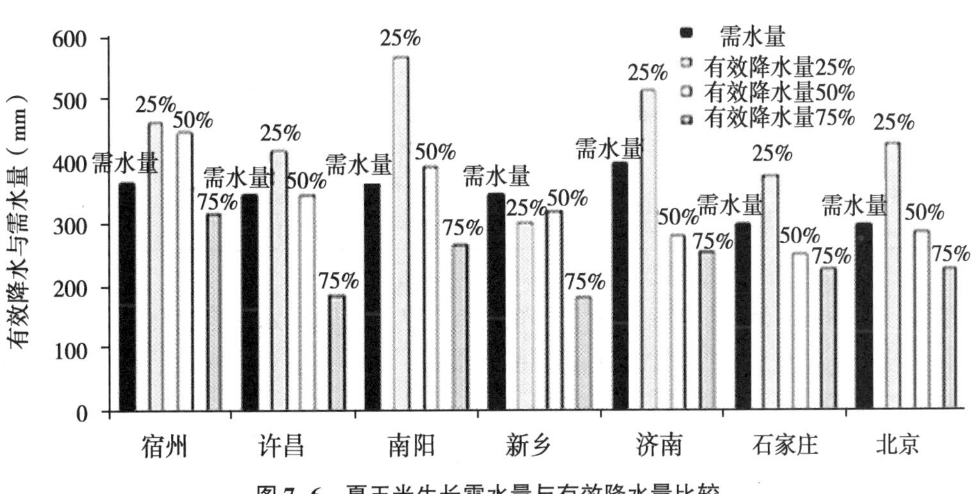

图 7-6　夏玉米生长需水量与有效降水量比较

（表7-17续表）

地区	代表地区	生长期有效降水量（mm）	需水量（mm）	降水量与需水量比较（mm）
中部地区	新乡（豫北）	296.4	337.7	缺79.5
	济南（鲁中）	508.1	396.6	余111.5
	石家庄（冀北）	380.7	296.2	余84.5
	莱阳（鲁东）	367	324.3	余92.7
北部地区	北京	415.3	283	余132.3
西部地区	武功（关中）	303.8	410.6	缺106.8

玉米生长期有效降水量与需水量比较（50%）

地区	代表地区	生长期有效降水量（mm）	需水量（mm）	降水量与需水量比较（mm）
南部地区	宿州（淮北）	443.1	366.7	余76.4
	许昌（豫中）	375.9	338.4	余53.2
	南阳（豫南）	298	352.5	缺54.5
中部地区	新乡（豫北）	322.4	337.3	缺14.9
	济南（鲁中）	276.2	396.6	缺120.4
	石家庄（冀北）	242	296.2	缺54.2
	莱阳（鲁东）	320.5	324.3	缺3.8
北部地区	北京	295.7	283	余12.7
西部地区	武功（关中）	289.6	410.6	缺12.1

玉米生长期有效降水量与需水量比较（75%）

地区	代表地区	生长期有效降水量（mm）	需水量（mm）	降水量与需水量比较（mm）
南部地区	宿州（淮北）	321.3	366.7	缺45.4
	许昌（豫中）	180.8	338.4	缺151.6
	南阳（豫南）	266.7	352.5	缺85.8
中部地区	新乡（豫北）	167	337.3	缺170.3
	济南（鲁中）	262.4	396.6	缺132.4
	石家庄（冀北）	205.8	296.2	缺90.4
	莱阳（鲁东）	225	324.3	缺99.3
北部地区	北京	217	283	余66.0
西部地区	武功（关中）	182.1	410.6	缺228.5

中国已明确华北地区要实施节水压采的方针，为此提高降水的有效利用率，节约灌溉水量，在这里更显重要。控制地下水位继续降落，尽量不提或少提取地下水，充分利用降水满足玉米需水要求，应是这里玉米灌溉研究的重要方向。

二、玉米生长期有效降水与需水比较及灌溉制度

（一）玉米生长期逐月有效降水量与需水量比较

根据玉米生长期逐月降水量乘上降水有效利用系数（0.7），计算得到逐月有效降水

量后列在表 7-18 中，并且与需水量比较，得出每月的缺水与余水的情况。而后再列出每月的缺水量于表 7-19。从表 7-19 中看出缺水量最多的是 8—9 月，7 月次之，6 月缺水最少，也就是说玉米灌浆期缺水比较多，拔节期次之，苗期最少。灌浆期蒸腾量大、需水强度大，多数年份降水不能满足玉米需水要求。但逐月缺水量还不能作为灌溉需水量，因为有的月份降水量大，没有消耗的水分已储存在土体中，虽然当月植株不能完全利用，但下月可继续利用。在制定灌溉制度时，可前、后统筹考量，确定灌水时间与灌水量，以达到满足作物需求与供给平衡，确保玉米正常发育，稳产、增收。

从表 7-19 看出：8—9 月缺水量大，7 月次之，6 月最少。从地区来看，本区南部地区缺水程度低，中、东部增大，北部略低，西部最大。6 月是当地玉米播种期与苗期，一般不缺水，但在豫北新乡一带则有明显的灌溉要求，山东莱阳与西部武功地区有的年份也有不同程度的缺水。

表 7-18　玉米生长期逐月有效降水量与需水量比较　（单位：mm）

地区	六月			七月			八月			九月		
	有效雨量	需水量	水量平衡	有效雨量	需水量	水量平衡	有效雨量	需水量	水量平衡	有效雨量	需水量	水量平衡
玉米生长期逐月有效降水量与需水量比较（25%）												
宿州	78.7	30.7	48	190.6	76.6	114	64.7	156.6	-92	148.9	107.2	42
许昌	156	45.6	111	120.5	69.4	51	84.1	110	-21	48.4	105.3	-57
南阳	74.8	45.6	29	203.1	79.4	124	203.4	92.7	111	92.9	63.6	29
新乡	138	43.6	95	79.5	74.7	5	32.8	88	-55	8.5	57.9	-49
石家庄	41	25.3	16	87.1	48.3	39	205.1	117.2	88	47.5	83.4	-36
济南	58.9	36.6	21	108.8	149	-40	295.3	148.2	147	45.2	48.3	-3
莱阳	128	85.5	42	170.1	60.1	111	97.7	136.4	-39	3.3	129.3	-126
北京	43.3	29.3	14	190.4	92.8	98	142.8	72.4	70	34.2	76.2	-42
武功	40.7	54.9	-14	55.6	133	-78	132.2	105.2	27	75.3	80.7	-5
玉米生长期逐月有效降水量与需水量比较（50%）												
宿州	78.8	30.7	48	147.4	76.6	71	79.9	156.6	-77	137.1	107.2	30
许昌	47.7	45.6	3	103.3	69.4	34	101.6	110	-8	59.4	105.3	-46
南阳	10.7	45.6	-35	110	79.1	31	145.8	92.7	53	31.5	63.6	-32
新乡	33	43.5	-11	210.7	74.1	137	39.9	88	-48	38.7	57.9	-19
石家庄	62.1	25.3	37	119	48.3	71	72.7	117.2	-45	6.3	83.4	-77
济南	45.6	36.6	9	120.5	149	-29	89.7	148.2	-59	20.3	48.3	-28
莱阳	13.2	85.5	-72	219.4	60.1	159	73.3	136.4	-63	14.6	129.3	-115
北京	48.4	29.3	19	144.5	92.8	52	111	72.6	38	12.8	76.2	-63
武功	40.9	54.9	-14	60.3	133	-73	100.5	165.2	-65	100.8	80.7	20

（续表）

地区	六月			七月			八月			九月		
	有效雨量	需水量	水量平衡	有效雨量	需水量	水量平衡	有效雨量	需水量	水量平衡	有效雨量	需水量	水量平衡
玉米生长期逐月有效降水量与需水量比较（75%）												
宿州	55.2	30.7	25	161.1	76.6	85	23.5	156.6	−133	107.8	107.2	1
许昌	67	45.6	21	31.2	69.4	−38	40.4	110	−70	61.2	105.3	−44
南阳	49.8	43.6	4	105.4	79.1	26	55.2	92.7	−38	56.4	63.6	−7
新乡	81.7	43.5	38	11.6	74.1	−63	45.1	88	−43	28.4	57.9	−30
石家庄	33	25.3	8	81.4	48.3	33	66.9	117.2	−50	24.5	83.4	−59
济南	79	36.6	42	79.7	149	−69	86.4	148.2	−62	17.2	48.3	−11
莱阳	61.8	85.5	−24	117	60.1	57	17.6	136.4	−119	28.5	129.3	−101
北京	46.5	29.3	17	67.3	92.8	−26	86.4	72.6	14	17.2	76.2	−59
武功	76.7	54.9	22	4.6	133	−129	56.5	185.2	−129	45.7	80.7	−35

表 7-19　玉米生长期逐月缺水量　　（单位：mm）

地区		频率（%）	六月	七月	八月	九月
南部	宿州（安徽）	25	0	0	91.9	0
		50	0	0	76.7	45.9
		75	0	0	69.6	44.1
	许昌（河南）	25	0	0	20.9	56.9
		50	0	0	8.4	45.9
		75	0	38.2	69.6	44.1
	南阳（河南）	25	0	0	0	0
		50	34.9	0	0	32.1
		75	0	0	37.5	7.2
中部	新乡（河南）	25	94.5	0	55.2	49.4
		50	10.5	0	48.1	19.2
		75	0	62.5	42.9	29.5
	石家庄（河北）	25	0	0	0	35.9
		50	0	0	44.5	77.1
		75	0	0	50.3	58.9
	济南（山东）	25	0	40.3	0	3.1
		50	0	28.6	58.5	28
		75	0	69.4	61.8	11.1
东部	莱阳（山东）	25	0	0	38.7	126
		50	72.3	0	63.1	114.7
		75	23.7	0	118.8	100.8

（续表）

地区		频率（%）	六月	七月	八月	九月
北部	北京	25	0	0	0	42
		50	0	0	0	63.4
		75	0	25.5	0	59
西部	武功（陕西）	25	14.2	77.7	0	5.4
		50	14	73	64.7	0
		75	0	128.7	128.7	35

（二）黄、淮、海夏玉米带灌溉制度

根据逐月水量平衡法，依据表 7-18、表 7-19 中的资料归纳为表 7-20 的灌溉制度。从表 7-20 中看出本区的南部宿州几乎不用灌水，许昌、南阳地区灌溉定额为 45～90mm，到中部地区逐渐增大，新乡地达 90～190 mm，山东的济南与莱阳达 45～135mm，西部的武功 90～135 mm，灌水时间多在拔节、灌浆期。

表 7-20　灌溉制度

地区		水文年型（%）	灌水定额（m^3/hm^2）	灌水次数	灌水时期	灌溉定额（m^3/hm^2）
南部	宿州（安徽）	25	0	0		0
		50	0	0		0
		75	0	0		0
	许昌（河南）	25	450	1	灌浆期	450
		50	750	1	灌浆期	750
		75	450	2	抽穗、灌浆	900
	南阳（河南）	25	0	0		0
		50	450	1	苗期	450
		75	600	1	灌浆	600
中部	新乡（河南）	25	450	2	苗期、灌浆	900
		50	600	3	苗期（或蒙头水）拔节、灌浆	1 800
		75	600	3	拔节、抽穗、灌浆	1 800
	石家庄（河北）	25	0	0		0
		50	450	1	灌浆期	450
		75	450	1	灌浆后期	450
东部	济南（山东）	25	450	1	拔节期	450
		50	450	2	拔节、灌浆	900
		75	450	2	拔节、灌浆	900
	莱阳（山东）	25	450	1	灌浆后期	450
		50	450	2	灌浆期	900
		75	450	3	苗期、灌浆	1 350
北部	北京	25	0	0		0
		50	0	0		0
		75	450	2	拔节、灌浆	900

（续表）

地区		水文年型（%）	灌水定额（m^3/hm^2）	灌水次数	灌水时期	灌溉定额（m^3/hm^2）
西部	武功（陕西）	25	450	2	苗期、灌浆	900
		50	450	3	苗期、拔节、灌浆	1 350
		75	30	3	拔节、灌浆	1 350

根据2009—2012年在豫北浚县连续4年进行高产夏玉米需水量与灌溉制度研究的资料表明：豫北地区在夏玉米播种与苗期干旱缺水严重。经过一个麦季，农田中的土壤水分已被小麦消耗殆尽，土体十分干旱，60cm以上土层的土壤水分已不足14%，60～100cm土层也只有14%～17%。上层水分不足不利于出苗，下层土体中也无过多的水分向上层供给。为了及时播种与出苗，急需降水与灌溉，但据当地30年降水资料分析，6月上旬降水很少，能满足玉米出苗需要的降水量几乎为零，必须灌播前水或播后灌蒙头水，方可满足玉米播种出苗与苗期需水要求，这是当地玉米高产技术中的关键环节。

第三节　南方玉米灌溉制度

一、南方玉米区不同水文年降水量与生育期逐月有效降水量与需水量比较

根据1960—2100年40年降水资料分析，从南方玉米区几个代表点的不同水文年型降水分布（表7-21、表7-22）看出，南方降水与北方降水分布明显不同。北方的雨季为7月、8月、9月的3个月，而南方地区从4月就进入多雨季节，直到9—10月降水量仍很大，雨水充沛，对春、夏、秋玉米生长发育均可较大程度满足需水要求，灌溉要求不明显。根据表7-23、表7-24资料计算得到南方玉米区逐月缺、余水情况，从表7-23和表7-24中看出：南方夏玉米缺水月份多为6—7月，也就拔节、灌浆期。苗期与灌浆后期一般不缺水，这与北方有很大不同，北方春玉米区苗期干旱，要求灌溉是普遍问题，但南方夏玉米苗期更多的要注意淹涝与排水问题。

表7-21　南方玉米区不同水文年降水分布　（单位：mm）

地点	频率	年份	月份									
			1	2	3	4	5	6	7	8	9	10
桂林	25%	1973	82.5	52.3	199	293.6	470.5	295.4	176	254.7	65.5	90.2
	50%	1990	130.3	122	324.5	146.8	418.4	242.1	145.5	23.3	44.6	122.4
	75%	1960	19.9	13.4	211	109.8	408.9	89.9	183.9	140	151.3	112.6
岳阳	25%	1967	18	77.9	146.8	145.2	390.8	315	53.3	65.5	30.8	63.6
	50%	1991	78.5	110.6	182.5	150.6	189.6	48.4	334.8	51.9	62.8	7.2
	75%	1976	28.4	79.7	153.7	129.6	126	159.5	56.6	107.5	48.6	135.8

（续表）

地点	频率	年份	月份									
			1	2	3	4	5	6	7	8	9	10
重庆	25%	1965	49.1	25.8	28.6	71	142.3	203.3	143.7	171.8	236.9	92.2
	50%	1975	20.6	24.3	23.2	191.3	125.7	203.2	56.6	103.7	124.7	92.7
	75%	1978	32.7	8.9	36.7	110.3	283.9	160.7	141.4	85.4	57.1	42.4
昆明	25%	1981	14.6	11.6	22.6	24.4	116.5	156.3	211.3	130.3	282.8	32
	50%	2005	12.8	0.2	39.3	8.3	28.1	204	196.6	242.1	105.8	90.1
	75%	1969	10.4	1.6	3.4	6.5	29.7	117	314.1	194	109.7	30
贵阳	25%	1964	17.3	30.9	18.2	186.9	91.7	351.4	109.8	251.3	21.7	93.5
	50%	1985	7.2	11.8	22.7	63	235.1	263.5	193.2	159.9	29.7	62.6
	75%	1987	20.9	13.8	8.4	63.4	123.4	109	195.4	98.4	92.2	210.8
北海	25%	1996	14	4.2	77.2	85.5	180.8	309.1	312.7	520.3	399.4	50.8
	50%	1964	29.3	15.9	27.4	188.2	46.1	510.9	126.3	343.9	357.2	65.8
	75%	2005	6	7.3	19.4	64.1	174.4	305.8	335.4	370.5	195.4	10.7

表 7-22　南方玉米区不同水文年降水分布　　（单位：mm）

地点	频率	年份	11	12	全年
桂林（广西）	25%	1973	91	14	2 072.1
	50%	1990	81	37.9	1 838.3
	75%	1960	166.9	24.5	1 631.8
岳阳	25%	1967	188.1	8	1 503
	50%	1991	33.9	37.3	1 288.1
	75%	1976	43.4	35.1	1 103.9
重庆	25%	1965	23	44.9	1 227.6
	50%	1975	62.7	44.2	1 132.9
	75%	1978	87.4	5.6	1 052.5
昆明（云南）	25%	1981	87.6	19.9	1 109.9
	50%	2005	39.2	38.5	976
	75%	1969	21.2	9.3	846.9
贵阳（贵州）	25%	1964	37.3	42.1	1 252.1
	50%	1985	43.3	19.7	1 111.7
	75%	1987	46.1	2.9	984.7
北海（广西）	25%	1996	2.7	7.3	2 004
	50%	1964	0.8	6.1	1 717.9
	75%	2005	4.7	4.9	1 462.6

表 7-23　南方玉米区不同水文年逐月有效降水量与需水量比较　（单位：mm）

地区	频率(%)	五月			六月			七月		
		有效水量	需水量	水量平衡	有效水量	需水量	水量平衡	有效水量	需水量	水量平衡
益阳、岳阳	25	273.6	11.04	163	220.5	212.3	82	37.3	128.7	-91
	50	132.7	11.04	122	33.9	212.3	-178	234.4	128.7	106
	75	88.2	11.04	77	111.7	212.3	-101	39.6	128.7	-89
贵阳	25	64.2	33.8	30	246	105.3	141	76.9	165.8	-89
	50	164.6	33.8	131	184.5	105.3	59	135.2	165.8	-31
	75	86.4	33.8	53	76.3	105.3	-3	136.8	165.8	-29
	频率	十一月			十二月			一月		
桂林	25	63.7	41.6	22.1	9.8	112.2	-102	55.8	119.8	-64
	50	56.7	41.6	15.1	22.5	112.2	-90	91.2	119.8	-29
	75	111.8	41.6	70.2	17.2	112.2	-10	13.9	119.8	-106

表 7-24　南方玉米区不同水文年逐月有效降水量与需水量比较　（单位：mm）

地区	频率(%)	八月			九月			全期
		有效水量	需水量	水量平衡	有效水量	需水量	水量平衡	有效水量
益阳、岳阳	25							531.4
	50							401
	75							239.5
贵阳	25	176	38.4	138	15.2	16.5	-1	578.3
	50	111.9	38.4	74	20.8	16.5	4	617
	75	68.9	38.4	31	64.5	16.5	48	432.9
	频率(%)	二月			三月			全期
桂林	25	36.6	114.2	-78	139.3	59.2	80	305.2
	50	85.4	114.2	-29	227.2	59.2	168	483
	75	9.4	114.2	-105	147.7	59.2	89	300

根据表 7-23、表 7-24 和图 7-7 可以看出：夏玉米与春玉米全生育期的有效降水量均大于需水量，尤其是广西春玉米有效水量明显大于需水量很多，而秋玉米与冬玉米生育期降水量小于需水量，尤其是秋玉米缺水明显，从降水情况看，种植秋玉米是不适宜的。种冬玉米也不适宜，因生育期缺水很多，应灌水补充需水要求，否则，因干旱而明显抑制玉米生长，玉米产量不佳。

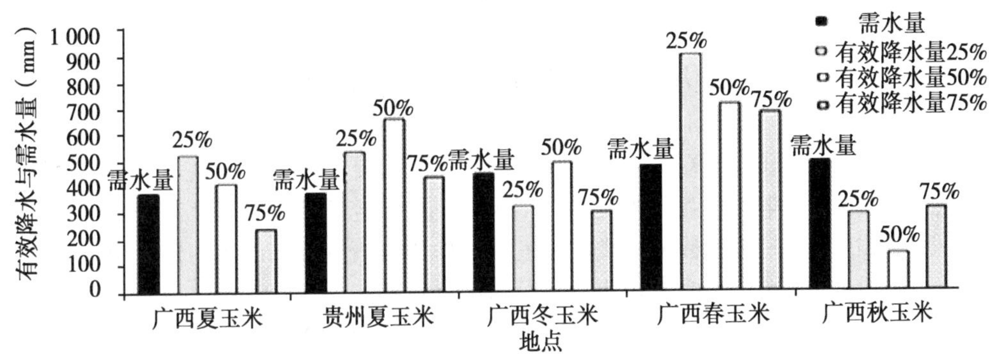

图 7-7　南方玉米需水量与生长期有效降水比较

二、南方玉米的灌溉制度

根据玉米生长期逐月需水量与有效降水量比较，归纳出南方玉米灌溉制度（表 7-25、表 7-26），从表 7-25 和表 7-26 中看出：夏玉米需要灌水的时间为 7 月，恰处灌浆期，灌溉定额 75~105mm。冬玉米一般要求灌水 2 次，第一次为 12 月底或翌年 1 月，第二次灌水时间为来年 2 月，灌溉定额为 165~210mm。秋玉米灌溉定额为 180~330mm。春玉米一般不需灌溉。

表 7-25　夏玉米灌溉制度

地区	水文年频率（%）	灌水定额（mm）	灌水次数	灌水时期	灌溉定额（mm）
益阳、岳阳	25		0		0
	50		0		0
	75	105	1	灌浆期（7 月）	105
贵州地区	25		0		0
	50		0		0
	75	75	1	灌浆期（7 月）	75

表 7-26　冬玉米灌溉制度

地区	水文年频率（%）	灌水	灌水	灌水合计
广西桂林	25	105mm 12 月底	60mm 2 月	165
	50	105mm 12 月底苗期	60mm 2 月苗期	165
	75	105mm 1 月底苗期	105mm 2 月苗期	210

根据对南方地区玉米灌溉制度分析，南方地区以种春玉米为宜，此时，降水分配适宜，一般不需灌溉，以雨养为主。夏玉米有少许的灌溉要求。秋冬玉米对灌溉要求较多，尤其是冬玉米生长期恰处少雨季节，对灌溉要求颇强，灌溉成本高，不应大面积发展。南方不是玉米主产区，多种在山地与干旱丘陵地区，种植玉米时从灌溉角度应考量灌水分配

与灌溉成本，适雨种植，不宜修建大型的灌溉工程，否则，得不偿失，不能持续发展。

第四节　农田用水动态管理

有如前述，黄、淮、海夏玉米带，东北春玉米带受夏季风强烈影响，玉米生育期降水变化大，年际间、一年内各月降水变动都很大。年初制定的灌溉制度无法按制度执行，必须要依据降水情况实时进行修改。灌溉制度只能作为灌溉管理部门年初进行用水计划时参考。对这些地区应当通过实时农田土壤水分监测进行动态的用水管理，或根据灌溉预报实时指导灌溉用水。

一、实时农田土壤水分监测

实时农田土壤水分监测是农田用水动态管理工作的基础。土壤水分监测就是定期地进行土壤水分测定，依据土壤水分变化过程，确定土壤水分是否降到下限值。目前，监测土壤水分的方法很多，监测仪器也很多。最基础的方法当属钻土法，就是用土钻取不同深度的土样，进行土壤含水量测定，而后绘出土壤水分变化过程线，以此来指导灌溉，计算灌溉定额。

进行农田土壤监测先要明确两个概念，一是观测土壤水分的计划湿润层深度；二是适宜土壤水分指标或适宜土壤水分下限值。计划湿润层深度是指旱作物灌水时计划湿润的土层深度，也就是进行土壤水分监测时，在玉米不同生育期取土测定土壤水分的土层深度。因为不同生育期玉米主要根系分布在不同深度范围，取土深度就应根据根系分布确定，而后测定土壤水分计算出灌溉需水量，以使灌溉的水量达到预定的根群范围，以利根系吸收利用水分。适宜土壤水分指标或适宜下限值是确定是否进行灌溉的重要指标，根据测定的土壤水分取其平均值，点绘在图 7-8 中，根据图中的过程线，可明晰看出土壤水分变化，以此确定灌水时间与计算灌水定额。根据土壤水分变化过程线，不仅明晰看出土壤水分变化过程，也可预示土壤水分下降趋势，能简单的预估出土壤水分降到下限值的时间，这对灌溉管理与农业措施的管理也有很好的参考价值。在手机空前发展的今天，把土壤水分变化过程用程序放进手机里，农民可随时随地查看。对农田土壤水分及时管理，决策灌溉与否，方便快捷操作是农业灌溉现代化发展的目标。目前，国内已有各种类型的土壤水分电测仪，不仅可自动观测土壤水分，而且能把土壤水分变为电信号发送到手机里，农民可随时掌握农田里的土壤水分信息并决策灌溉与否，较实地人工测定更加方便有效。

二、观测点布设

土壤水分观测点可根据地势条件布置成如下 2 种方式。

1. 布 5 个点

在地块两头各布设 2 个点，中间一个点（图 7-9）共计布设 5 个点。

2. 布 3 个点

在地块的两头、中间各布设一点，共计 3 个点（图 7-10）。

这样布置可均匀的全面的测出土壤水分在田间的分布，以此测得的土壤水分资料可以

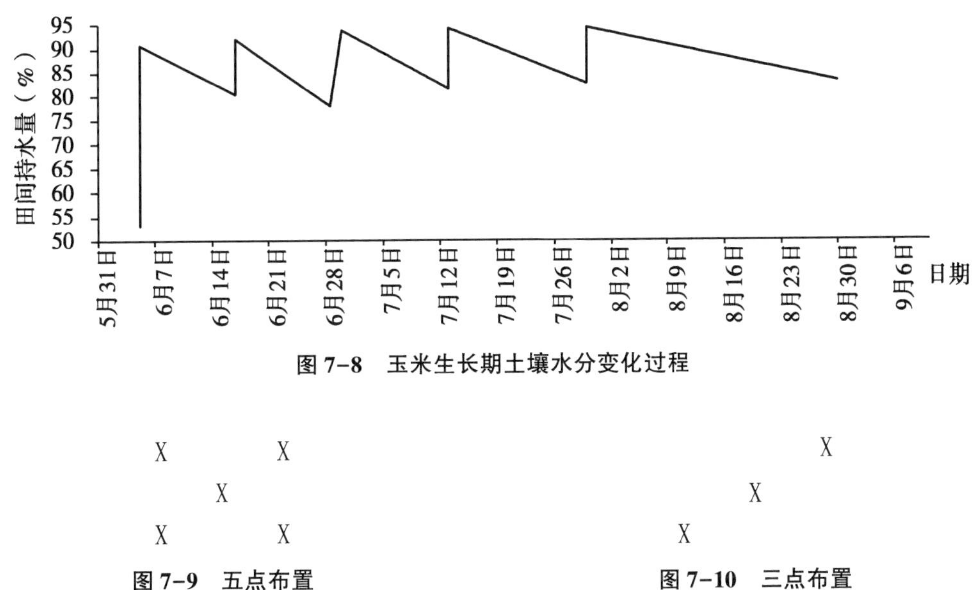

图 7-8　玉米生长期土壤水分变化过程

图 7-9　五点布置

图 7-10　三点布置

较准确的计算出适宜的灌水定额。

取土时间一般每 10d 一次。雨前、雨后或灌水前后应加测，这样能给出真实的土壤变化过程线。

三、土壤水分测定方法

1. 钻土烘干法

（1）仪器设备。土钻、铝盒（已知重量和编号）、烘箱、剖面刀和天平（感量 0.1g 或 0.01g 的电子天平，称重 100~200g）。

（2）步骤。

①在试验地中用土钻按计划的土壤层次取土，每层取土 20g 左右，重复 3 次，迅速装入铝盒中带回室内立刻称重，以免水分损失。

②打开称好后的铝盒盖，放入烘箱中烘干，烘至恒重。

③把烘干的土样放入干燥器中约 30min，如果没有干燥器，则需迅速加盖待冷却后称重。

④把所称重结果填表（表 7-27），然后计算土壤含水率。

计算公式如下：

$$W\ (\%) = \frac{P1-P2}{P2-P0}100 \tag{7-1}$$

式中：

W—土壤含水率%

$P1$—湿土+盒重；$P2$=烘干土重+盒重 g；

$P0$=铝盒重 g。

表 7-27 土壤水分测定成果

田间编号			* *			采样时间			
采样地点			* * *			土壤			
作物（或处理）			* *-* *			测定人员			
采集深度（cm）	重复数	铝盒号	铝盒-土重（g）		铝盒重（g）P0	烘干土重（g）	损失水重（g）	水分（%）	平均水分（%）	备注
			烘前 P1	烘后 P2						
0~10	1	21	46.2	41.4	15	26.4	4.8	18.2		
	2									
	3									
10~20	1	52	15.2	45.7	16.2	29.5	5.5	18.6		
	2									
	3									
20~30	1	75	49.4	44	14.4	29.1	5.4	18.6		
	2									
	3									

2. 张力计法

张力计法是根据土壤水压力与大气压力差值，也就是土壤吸水力的大小判断土壤含水量。一般来说土壤含水量愈大，吸力愈小，土壤含水量愈小，吸力愈大。测定土壤水分吸力的仪器称之为张力计。可在一个土壤测点分不同深度埋设张力计，并在固定的土层内进行长时间的测定。目前，国内已有商品出售。

3. 中子法

中子法测定土壤水分就是利用快中子测定氢的含量。土壤中含有大量的水分，将快中子源放入土壤中，使中子与氢发生弹性碰撞，并利用中子源周围形成的中子密度分布与被测土壤中水分含量的相对应关系，进而通过测定快中子密度分布来确定土壤含水量的多少。中子仪在国内已有商品出售。

关于自动测定土壤水分的方法、仪器有很多，有的仪器把测得的土壤水分的信息通过无线电信号发射出去，供人们采集使用。人们可用无线电仪器监测土壤水分，并获得玉米田中土壤水分变化过程，以决定灌溉与否。随着科技水平不断发展提高，人们利用手机、互联网等先进的通讯技术，进行农田用水动态管理的新时代已经到来，届时农田用水管理工作不再是繁重的田间劳作，而变成轻松、愉悦的办公室工作。

四、田间持水量测定和计算方法

土壤田间持水量与当地水文地质条件有关，一般都直接在田间用围环淹灌法测定。虽然也有在室内用原状土法、环刀法及田间双环筒法等测定，但都没有就地围环淹灌法测定效果好。

现将田间测定（围环淹灌法）[6]简介如下。

在田间，经过大量降水或灌水使土壤饱和，待排除重力水后，在没有蒸发和蒸腾的条件下，测定土壤水分达到平衡时的含水量。地下水埋深大于 3m 的土层所保持的主要是毛管悬着水，系真正的田间持水量。当地下水位浅到测定土层处于毛管支持水范围时，地下水位越浅，测得的田间持水量值越大，故报告测定结果时必须注明地下水位的深度。

具体操作是在田间选择一块面积为 $4m^2$ 有代表性的比较平坦的地块，仔细平整土面。在地块中央插入木框，一般插入 10cm 深（或达犁底层），框内为测试区。在其周围筑一正方形的坚实土埂，埂高 40cm，埂顶宽 30cm，框与土埂间为保护区。在测试区附近挖一土壤剖面，观察土壤特征，按发生层次在剖面壁采样测定各层土壤自然含水量、容重和比重。根据测得的土壤含水量算出待测土层（约 1m）中的总贮水量，再根据容重和比重的实测结果计算出待测土层中孔隙总容积，从中减去现有的总贮水量，求出待测土层全部孔隙为水充满所需补充灌入的水量。为了保证土壤湿透并达到预测深度，实际灌水量将为计算出的水量的 1.5 倍。按下式计算测试区和保护区的灌水量：

$$Q = H\ (a - W)\ \times d_v \times S \times h \qquad (7\text{-}2)$$

式中：

Q—灌水量，m^3；

a—土壤饱和含水量，%；

W—土壤自然含水量，%；

d_v—土壤容重，g/cm^3；

S—测试区面积，m^2；

h—土层需要灌水的深度，m；

H—使土壤达饱和含水量的保证系数。

土层需要灌水深度 h 视测定田间持水量的目的而定。为确定作物灌水定额时，h 可定为 1m 左右；如为排水用，h 应等于地下水深度。

H 值大小与土壤质地和地下水位深度有关，通常为 1.5~3。一般黏性土或地下水位浅的土壤选用 1.5，反之选用 2 或 3。

灌水前，在测试区和保护区各插厘米尺一根。灌水时为防止土壤冲刷，应在灌水处铺垫草或席子。先在保护区灌水，灌到一定程度后立即向测试地块灌水，使内外均保持 5cm 厚的水层，一直灌完为止。灌水渗入土壤后，为避免土表蒸发，可在上面覆盖青草或麦秆，再在草上盖一块塑料布，以防雨水淋入。

轻质土壤在灌水后 24h 即可采样测定，而黏质土壤必须经 48h 或更长时间才能采样测定。采样时在测试区上搁置一块木板，人站在木板上，按木框的对角线位置掀开土表覆盖物，用土钻打三个钻孔，每个钻孔自上而下依土壤发生层次分别采土 15~20g 放入铝盒，盖上盒盖，带回实验室测定土壤含水率。在保护区中取些湿土将钻孔填满，盖好覆盖物。以后每天测定 1 次，直到前后两天土壤的含水率无显著差异，水分运动基本平衡时为止。一般沙土需 1~2 昼夜，壤土 3~5 昼夜，黏土 5~10 昼夜才基本达到平衡。

计算某一土层的田间持水率，只需在该层逐次测得的土壤含水率中取结果相近的平均值即可。

在计算整个土壤剖面的田间持水量时，由于土壤各层次的厚度、含水率和容重各不相同，应当用加权平均法来计算。计算公式如下：

$$\text{田间持水量}\% = \frac{W_1 d_{v1} h_1 + W_2 d_{v2} h_2 + \cdots\cdots + W_n d_{vn} h_n}{d_{v1} h_1 + d_{v2} h_2 + \cdots\cdots + d_{vn} h_n} \tag{7-3}$$

式中：

W_1，$W_2 \cdots\cdots W_n$—各层土壤含水率,%；

d_{v1}，$d_{v2} \cdots\cdots d_{vn}$—各层土壤容重，g/cm^3；

h_1，$h_2 \cdots\cdots h_n$—各土层厚度，cm。

第五节　玉米灌溉制度设计参数

制定灌溉制度需要计算每次灌水量，每次灌水量称为灌水定额，作物全生育期需要进行多次灌溉，全生育期各次灌水定额之和，称为灌溉定额。灌溉制度拟定需要确定灌水时土壤计划层深度、生育阶段适宜土壤湿度、地下水可利用量、降水有效利用量等参数，这些参数是根据实地试验观测获得。中国各（省、区、市）灌溉试验站网，多年积累了很多灌溉制度试验资料，可供各地在生产中参考。

一、玉米各生育阶段灌水计划层深度

灌水计划层深度与玉米生长土壤层的厚度有关，一般平原区土层是历史冲积而成，土层深厚，但山丘区玉米土层很薄。根据不完全统计，中国主要玉米产区地形：平原占38%、丘陵16%、山区45%。土层厚度：全国土壤调查50%左右山丘区土层厚度在60cm以下，其中，有35%土层厚度在30cm以下（表7-28），因此，不能忽略山丘区玉米灌溉计划层问题。为此在辽宁省五间房灌溉试验站开展山丘区根系生长状态试验。

1. 平原玉米灌水计划层深度

多年来中国各省（区、市）基本在平原区对玉米灌水计划层深度进行过试验观测，根据试验根系调查和不同土层耗水比例（表7-29、表7-30），拟定了计划层深度列入表7-30中（图7-11、图7-12）。

表7-28　全国主要玉米三大产区地形分布[9]　（单位：万 hm^2）

地区	省（区、市）	地形面积			玉米面积
		平原	丘陵	山地	
北方	北　京	71	9	71	15
	天　津	82	1	3	17
	河　北	848	171	639	295
	山　西	327	516	677	145
	山　东	1 102	104	101	292
	河　南	991	261	201	290
	陕　西	259	851	867	116
	面积小计	3 680	1 914	2 560	1 170
	比例%	0.451	0.235	0.314	

（续表）

地区	省（区、市）	地形面积			玉米面积
		平原	丘陵	山地	
东北	内蒙古	5 048	1 538	2 355	245
	辽　宁	825	340	436	196
	吉　林	979	88	684	296
	黑龙江	2 295	500	1 421	401
	面积小计	9 146	2 466	4 895	1 138
	比例%	0.554	0.149	0.297	
西南	四　川	450	1 014	4 167	133
	贵　州	75	134	1 536	75
	云　南	287	352	3 120	135
	面积小计	813	1 501	8 823	344
	比例%	0.073	0.135	0.792	
三区	面积合计	13 639	5 880	16 278	2 652
合计	比例	0.381	0.164	0.455	0.850
全国玉米					3 118

表 7-29　辽宁土壤土层厚度分布

土层厚度（cm）	<30	30~60	60~100	>100	合计
面积（km^2）	50 811.6	19 239.4	6 318.5	69 375.2	145 744.7
比例	0.35	0.13	0.04	0.48	1

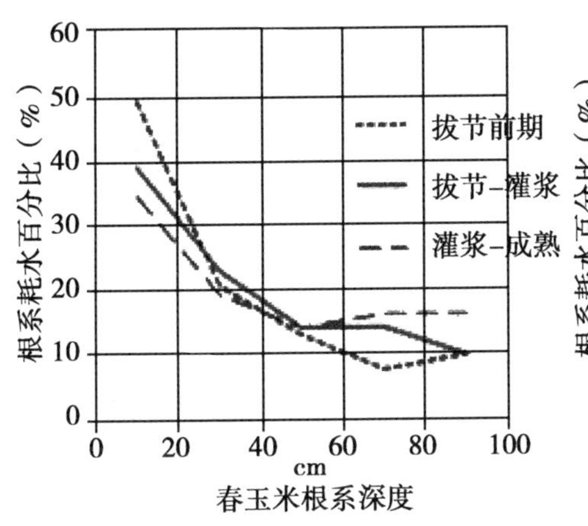

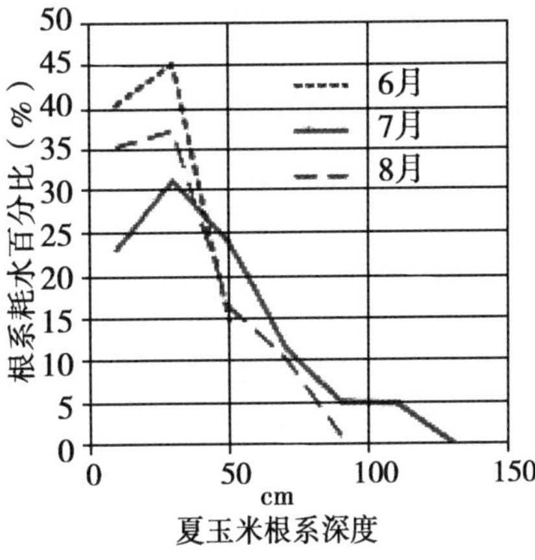

图 7-11　春玉米、夏玉米根系试验不同生育期根系耗水百分比曲线

表 7-30　玉米土层灌水计划层深度[10]　　（单位：cm）

生育期	播种—出苗	苗期	拔节	抽穗—灌浆	灌浆—成熟
春玉米	20~30	35~50	50~60	60~70	70~80
夏玉米	6 月		7 月		8 月
	20~40		40~60		60~70

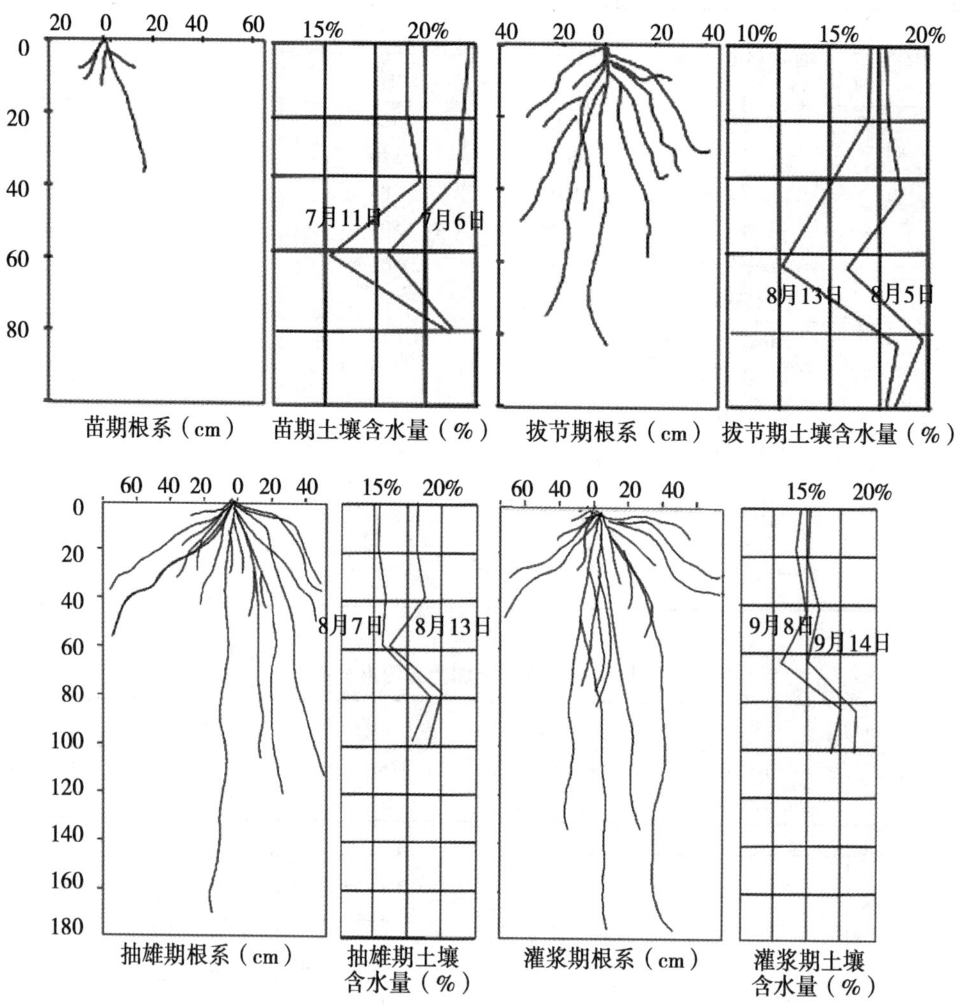

图 7-12　春玉米根系试验不同生育期分布[8]

2. 山丘区玉米灌水计划层深度

根据相关文献[1、2、3、4、5]分析，中国山丘区土层大部分在 30~40cm，2011—2012 年进行的模拟根系试验，由于根系生长环境变化，玉米根系有对水环境变化的生命适应的反应智能，从表 7-31 和图 7-13 山丘区玉米成熟期根系形态看出：当根系向下无法满足它的需水要求时，根系因向水、向地性会向外扩张，30cm 处理的根系外包角、向地角都要小，表明 30cm 处理的根系向外扩张欲望强，而 50cm 处理，它生长向下空间要多于 30cm 处理。表 7-32 和图 7-14、图 7-15 证明玉米的根系不但充满 30~50cm 土层，而且也向风化岩层深入，深入深度只要有缝隙，根都会无孔不入，而且 30cm 处理向水性表现比 50cm 强烈。这为山丘区玉米的灌水计划层提供了有力的参考。

表 7-31　成熟根系向地性测量[9]

土层处理	侧向	根外包角			气生根向地角			次生根向地角			根幅(cm)
		水平 x	垂直 y	夹角	水平 x	垂直 y	夹角	水平 x	垂直 y	夹角	
30cm	左	10.5	5.2	26.31	9	0.1	0.59	8	4.2	27.67	30
	右	10.5	3.9	20.34	5.5	0.5	5.15	8.8	2.4	15.22	
50cm	左	10.5	7.1	34.04	6.4	6.8	46.7	9	8.2	42.31	30
	右	10.5	6.3	30.93	7.8	2.8	19.7	8.8	2.8	17.61	

图 7-13　山丘区玉米种植在不同土层厚度浅层根系形态变化对比

表 7-32　山丘区玉米土层灌水计划层深度[9]　（单位：cm）

土层厚		苗期	拔节期	抽穗期	灌浆期	成熟期
30 深	土层 30	30	30	30	30	30
	风化岩层			20	20	20
50 深	土层 50	30	40	50	50	50
	风化岩层			10	10	10

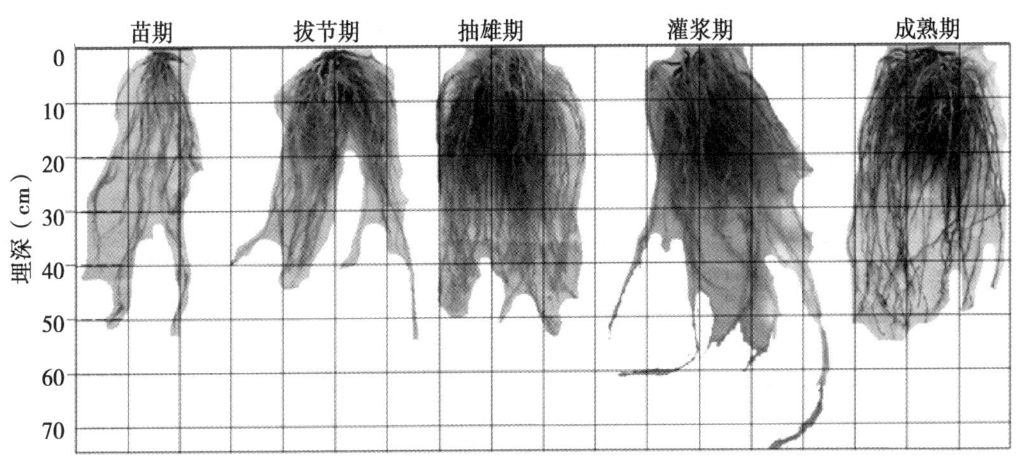

图 7-14　山丘区土层厚度 30cm 深玉米不同生育期根系深度分布[9]

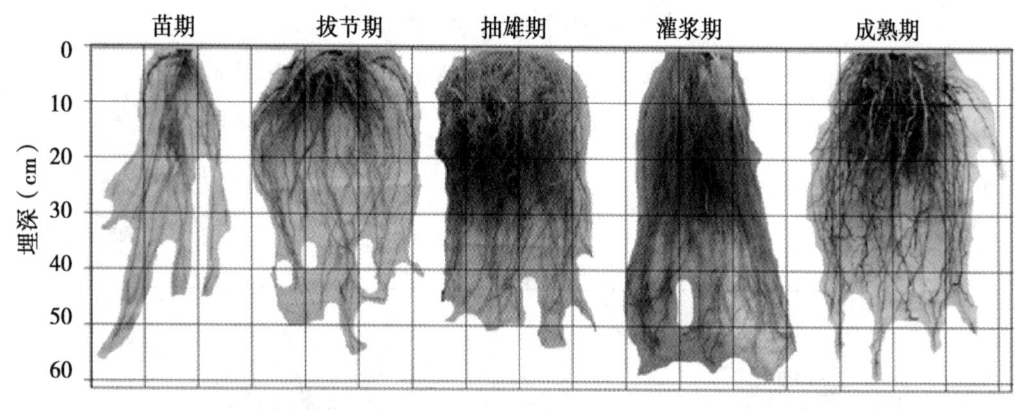

图 7-15 山丘区土层厚度 50cm 深玉米不同生育期根系深度分布[6]

二、玉米各生育期土壤适宜湿度

1. 不同土壤如何确定适宜湿度

土壤适宜湿度是通过多年多地的灌溉制度试验获得，取试验各种灌溉制度中产量最高，用水量最小时的土壤适宜含水量，确认为玉米该品种最适宜的土壤适宜湿度，以占田间最大持水量（也称土壤田间持水量）的比值表示。

2. 地面灌溉与喷灌玉米适宜湿度

由于不同生育阶段，玉米对土壤水分需求程度不同，各生育阶段会略有差异。表 7-33是全国多年获得的地面灌溉适宜湿度成果，表 7-34 是玉米喷灌土壤适宜湿度成果。

由于地面灌全生育阶段灌水次数少，灌水定额大为 60~75mm，而喷灌灌水定额小为 30~45mm。对于土壤保存的平均湿度，两种灌水方法略有差别，表 7-33、表 7-34 是 20 世纪获得的试验成果。

上述土壤适宜湿度是在间歇灌溉下获得的阶段平均值，对于连续灌溉现没有完整资料，有待全国在连续灌溉普及后，继续深入研究。

表 7-33 玉米地面灌各生育期土壤适宜湿度（相对土壤田间持水量%）

生育期	播种—出苗	苗期	拔节	抽穗—灌浆	灌浆—成熟
春玉米	75~80	65~75	70~80	75~85	70~80
夏玉米	75~85	65~75	70~80	75~85	65~75

表 7-34 玉米喷灌各生育期土壤适宜湿度[7]

试验地区	土壤湿度（%）				产量（kg/hm^2）
	出苗—拔节	-抽穗	-灌浆	-成熟	
辽宁金县	71	78	89	84	9 075
辽宁锦西	63	76	80	75	8 978

（续表）

试验地区	土壤湿度（%）				产量（kg/hm^2）
	出苗—拔节	-抽穗	-灌浆	-成熟	
黑龙江绥化	79	74	77	82	9 608
吉林农科院	74	82	89	89	9 000
内蒙古乌丹	68	85	83	80	6 368
春玉米喷灌下土壤适宜湿度（相对土壤田间持水量%）					
春玉米	65～80	75～85	80～90	80～85	

三、玉米灌水定额的计算

1. 土壤土层大于 3m 的平原区玉米灌水定额的计算

有了玉米的灌水计划层与土壤适宜湿度就可以进行灌水定额的计算，适宜湿度是阶段平均值，灌水定额计算时应该略高于平均值，取参考上限值为宜。

灌水定额计算由下式构成：

$$m_i = 10\gamma\ h_i(\beta_i - \beta_0)/\eta \qquad (7-4)$$

式中：

m_i —玉米某 i 生育阶段的一次灌水定额 mm；

h_i —玉米某 i 生育阶段灌水计划层深度 cm；

β_i —玉米某 i 生育阶段的适宜含水量，重量比%。

$$\beta_i = B_i \times w$$

B_i —玉米 i 生育阶段的适宜土壤湿度；w—土壤最大田间持水量重量比%；

β_0 —玉米某 i 生育阶段灌前含水量，重量比%；

η —灌水有效利用系数小数表示；

γ —土壤的容重；

10—由 cm 换算 mm 换算系数。

7-4 式计算公式中的参数需要在实际灌溉区域由试验测定获取，在没有实测值时可参照全国相关省份试验资料对比参考取用（表 7-35）。

表 7-35　田间持水量土壤容重参考值

地区	土壤	质地	田间持水量（%）	容重（g/cm^3）
华北	黄绵土	沙壤土	18～20	1. 22～1. 42
	壤土	壤土	20～22	1. 03～1. 39
		壤黏土	22～24	1. 19～1. 34
华北	非盐碱土	沙土	16～22	1. 45～1. 6
		沙壤土	22～30	1. 36～1. 54
		壤土	22～28	1. 40～1. 55
		黏土	22～35	1. 30～1. 45

（续表）

地区	土壤	质地	田间持水量（%）	容重（g/cm^3）
淮北	非盐碱土	沙土	16~27	1.35~1.57
		沙壤土	22~35	1.32~1.53
		壤土	21~31	1.20~1.52
		壤黏土	22~36	1.18~1.55
		黏土	28~35	1.16~1.43

2. 土壤土层小于 50mm 的山丘区玉米灌水定额的计算

通过山丘区根系试验表明，在山丘区土层较薄时，玉米次生根、气生根均深入风化岩层（图 7-14、图 7-15），所以灌水计划层应分两层计算：①土层；②风化岩层。灌水量 m 可按下式计算：

$$m=10\ (h1\ (\omega t-\omega x)\ +kh2\mu) \tag{7-5}$$

式中：

m—灌水定额 mm；

$h1$—土层厚度 cm；

ωt—作物设计精准土壤含水量上限（容积比）%；

ωx—土壤现实含水量（容积比）%；

$h2$—风化岩厚度 cm；

μ—风化岩层给水度（空隙率．容积比）；

k—修正系数（是否全部空隙充满水的修正）。

3. 节水灌溉条件下灌水定额的修正

进行喷、滴灌等节水灌溉方法的灌水定额计算时，不能按地面灌水定额的计算公式计算，原因是：节水灌溉各种方法理论基础不一致，如滴灌是局部灌溉，湿润面积是局部，而非是全面积湿润，而喷灌是均布式水滴同时由空中洒向地面，没有沟畦灌前后端渗水历时不同的差别，所以，要按不同灌水方法进行修正，如何修正参看节水灌溉一章。

四、玉米不同灌溉制度的拟定方法

1. 充分灌溉下灌溉制度

上述讨论的全是充分灌溉理论下的灌溉参数，充分灌溉是在水资源得到保证的前提下，为达到最大收获，而进行的理论研究成果，但研究仍然是粗略的，因为对不同玉米品种，因南北方的自然条件差异都会产生灌溉需水的不同，这些差异与未来智能精准灌溉的需要还有距离，这也是今后灌溉工作者的努力方向。

2. 亏水条件下灌溉制度

亏水条件下灌溉制度是不得已而为之的灌溉安排，因为水资源不足无法满足生产要求，这种情况发生在两种状态：一是各地降水时空分布是随机的，年内、年际间都会有较大变差，降水少的年份、或不同季节，无法满足作物充分用水的需求；二是地区的水资源无论在什么年份，都不能满足全部作物的用水要求，这时也只能实行亏缺给水。但亏缺灌溉给水一定是要减产的，如果是增产的亏缺灌溉，就不是亏缺，证明原来研究的充分给水是不准确的，没有找到灌溉理论下真正的需水规律，就应该将缺水灌溉的需水规律升级为该地区的充分灌溉的理论值，因为充分灌溉理论就是寻找在用最少的给水条件下获得最大收获时，作物需水规律（表 7-36）。

表 7-36　夏玉米临界期试验

试验一（文献 10）		试验二（文献 10）	
处理	产量（kg/hm²）	处理	产量（kg/hm²）
苗期—拔节受旱	7 155	拔节期受旱	6 375
拔节灌浆受旱	5 820	抽雄期受旱	5 955
适宜对照	8 220	灌浆期受旱	5 100
适宜对照			8 475

玉米亏水灌溉制度，首先要满足玉米的需水临界期用水，然后对玉米产量影响最大的用水期优先的理念进行先后排序。

对于春玉米，也从另一角度对玉米需水临界期进行了分析，根据玉米灌溉生产函数试验[7]，试验成果可绘制如图 7-16 所示，看出春玉米抽雄期水分盈亏对玉米产量影响最大。从上述夏玉米需水临界期是灌浆期，而春玉米需水临界期是抽雄期。在亏水灌溉时应该保证需水临界期的用水，亏水灌溉应在非临界期实行。

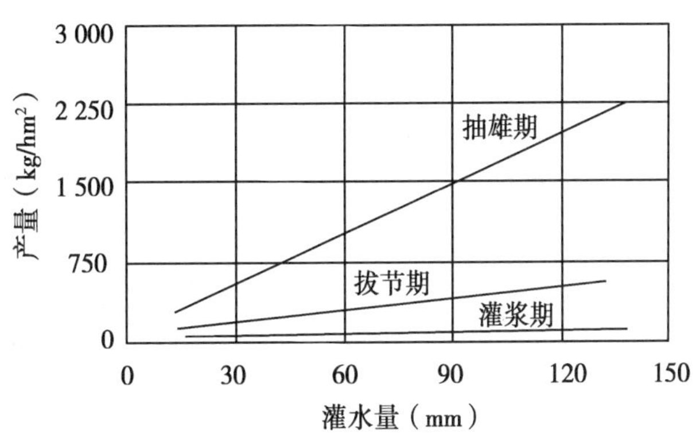

图 7-16　需水关键期试验

3. 全局优化灌溉制度制定

大型多作物灌区的优化灌溉制度在水资源供应不足时，应该采用优化灌溉管理软件进行优化，编制灌溉制度。大型灌区一般不是一种作物，这时在编制灌溉制度时需要用大系统理论，用线性规划的理念。寻求全局利益的最大化可写成公式：

$$\text{目标函数}：Z_{\max} = \sum_{1}^{n} f_i m_i A_i \tag{7-6}$$

$$\text{约束条件：水资源约束}\quad \int_{1}^{N} m_i A_i <= V \tag{7-7}$$

$$\text{该阶段需水关键期作物约束}\ \sum A_J = B \tag{7-8}$$

式中：

$Z_{\max}$—灌区效益最大；

V—灌区当前可调动的水资源量；

m_i—灌区控制不同作物的当前阶段的灌水定额；

A_I—对应 i 作物的面积；

A_J—对应处于需水临界期的 j 作物的面积；

B—处于需水临界期的 j 作物的面积之和；

f_i—i 作物该阶段水分生产函数。

五、玉米有效降水与地下水利用量

在灌溉生产中有时需要按作物需水规律，用作物日需水量与有效降水量、地下水利用量进行灌水量计算，或在灌溉预报中估算有效降水与地下水利用量，这时需要对不同阶段进行降水和地下水的利用量进行计算。

1. 有效降水量计算

有效降水影响因素复杂，同作物根系不同阶段发育状态、土壤质地、气候类型等有关，下面简介玉米（含高粱、棉花等高秸秆作物）等旱作物有效降水量的计算方法，或估算经验公式。

（1）实测有效降水方法。一般采用水量平衡法：

$$p = p_0 - R - F - E - S \tag{7-9}$$

式中：

p—某阶段一次降水量有效利用量 mm；

p_0—某阶段一次降水量 mm；

R—产生径流量 mm；

F—作物截留雨量（旱田高秆作物截留量 2~5mm）mm；

E—蒸发损失雨量（半干旱区降水过程中损失可忽略不计）mm；

S—深层作物无法利用水量（一般大于 2m 忽略不计）mm。

（2）一次有效降水有效利用系数。公式 7-9 是由表 7-37，从 5 年玉米地面灌溉试验中统计分析而得。

$$\mu = 1.36 * p_0\text{\^{}-}0.157 \tag{7-10}$$

$$p = \mu p_0$$

式中：

p——一次降水过程有效降水量 mm；

μ——一次降水过程有效降水量利用系数；

p_0——一次内降水总量 mm。

表 7-37　春玉米一次降水的有效降水量统计资料　（单位：mm）

降水	3.1	6.9	10.5	14.8	21.2	25.8	28.8	29.6	31.2	34.8	39	40
有效量	3.1	6.9	10.5	14	16.7	25.8	28.8	29.6	31	34.8	39	34.84
降水	41.8	49	49.5	80	86.6	86.9	97.3	98	108	142.4	151	182.9
有效量	19	49	21	49	59.1	80	79	98	77	105.3	72	79

注：表中数据为引自文献 1979—1983 年玉米地面灌溉资料

（3）多次阶段性降水有效利用系数。经验公式 7-11 是根据全国玉米高粱棉花等作物全国生育阶段降水灌溉试验资料统计[12]分析获得，只供生育期多次降水有效利用系数计算。

$$\mu = 1.04 * EXP(-0.00113 * p_0) \tag{7-11}$$

$$p = \mu p_0 \tag{7-12}$$

式中：

p—阶段有效降水量 mm；

μ—有效降水量利用系数；

p_0—阶段内降水总量 mm。

2. 地下水利用量计算

作物对地下水利用量影响因素也很复杂，由多种力的作用，与裸地蒸发不同，如果地面降水较多作物根系扎深较浅，根系吸水就少，如果蒸发强度大，蒸腾力对潜水蒸发拉力大，潜水蒸发强度就大。其中，作物根系是有生命的生物，深入研究发现，根系的生命蛋白对环境有感知能力[16]，对土壤水分运动不单是力学运动规律，根细胞会感知土壤水环境，有调节土壤水分均布分配的能力。另外，作物不同生育阶段生态状态不同都会影响作物对地下水利用量。从国内不同学科从不同角度进行观测研究，整体看，地下水在埋深 3m 以内对作物利用有影响。东北平原地下水埋深较浅，很多地块依然处在雨养状态，重要原因：一是利用降水，二是利用地下水补给。

（1）春玉米对地下水利用系数。图 7-17 是春玉米在 20 世纪 80 年代辽宁省的沙壤土上试验成果，试验时分别设置地下观测室对 3 种地下水埋深进行观测[14]，不同生育阶段不同。埋深 1m 地下水利用系数为 0.65；1.5m 为 0.35；2m 为 0.12；2.5m 为 0.03；3m 为 0.01。

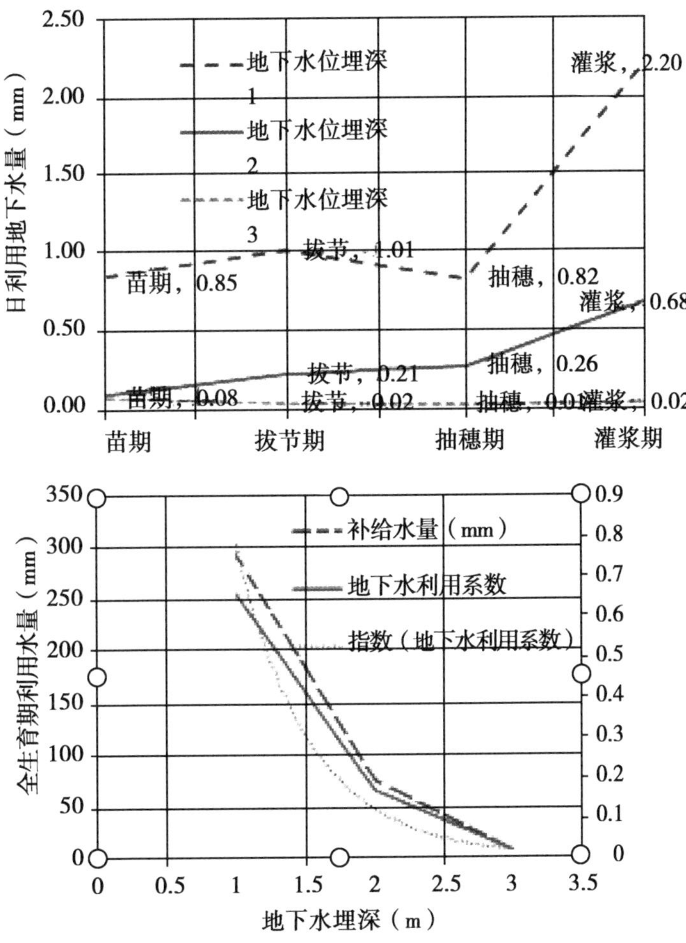

图 7-17　春玉米沙壤土地下水利用量试验成果[14]

（2）夏玉米地下水利

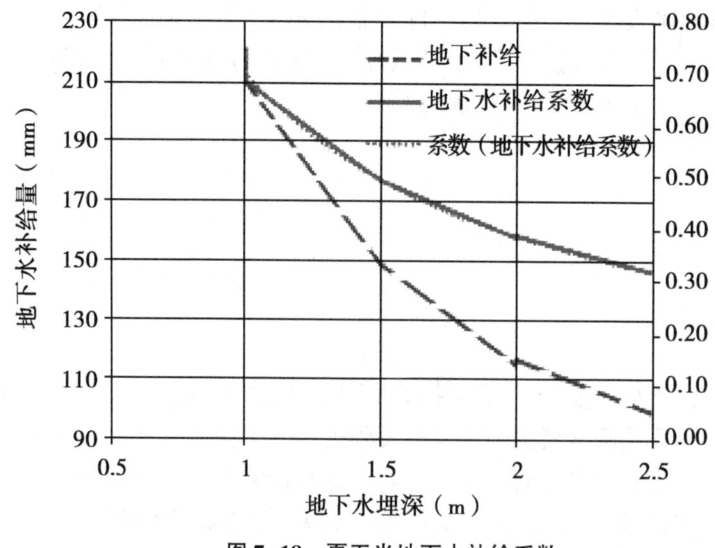

图 7-18　夏玉米地下水补给系数

用率。图 7-18 是武汉大学研究成果[15]，对夏玉米及小麦进行地下水利用试验研究，得出夏玉米地下水利用在在 2.5m 范围内，1m 埋深利用系数 0.7；1.5m 为 0.52；2m 为 0.36、2.5m 为 0.0.04。与春玉米相近，曲线弯度不同，在 2m 深处相差较大（表 7-38）。

表 7-38　夏玉米地下水补给系数[15]

地下水埋深（m）	总蒸散（mm）	地下补给（mm）	土层消耗（mm）	灌水量（mm）	地下水补给系数
1	305	221	4	80	0.72
1	307	210	11	86	0.68
1.5	301	149	66	86	0.50
2	297	115	96	86	0.39
2	300	117	97	86	0.39
2.5	308	99	123	86	0.32

六、灌溉用水贡献率分析

灌溉用水贡献率是评价灌溉工程效益的重要指标，对于灌溉工程是否上马或对现有灌区运行效率评价都是不可或缺参数。该指标都需要提供水环境能给作物高产稳产需水提供的水量，及缺亏的水量。计算多用水量平衡法：

$$w = \frac{\bar{E}_I}{\eta} - p - s \tag{7-13}$$

式中：

w—需要补充灌溉水量 mm；

p—有效降水量 mm；

s—地下水补给水量 mm；

η—灌溉水有效利用系数；

$\bar{E}$—多种作物加权平均全生育期需水量 mm。

灌溉用水贡献率，指灌溉水量在作物需水中占有的比例，可用下式计算：

$$\mu = \frac{\bar{E}}{p+s+w} \times w \tag{7-14}$$

该指标可用于作物收益分析中，用于灌溉经济效益分析、灌溉工程评价分析中，是灌溉效益的重要指标。

参考文献

[1] 王绍强，朱松丽，周成虎．中国土壤土层厚度的空间变异性特征［J］．地理研究，2001，5.

[2] 国土资源部．中国国土资源统计年鉴 2008［M］．地质出版社，2008，8.

[3] 于晓光．辽宁省土壤之土层厚度与抗侵蚀年限［J］．水利发展研究，2003，5.

[4] 石江华，廖红，严小龙，等．植物根系向地性感应的分子机理与养分吸收植物学通报，2005，5.

[5] 金明现，王天铎．玉米根系生长及向水性的模拟［J］．植物学通报，1996，38（5）．

[6] 段爱旺，肖俊夫，宋毅夫，等．灌溉试验研究方法［M］．中国农业科技出版社，2015.

[7] 宋毅夫．作物喷灌田间试验（第十四章玉米）．水利电力部科学技术司，1982，8.

[8] 宋毅夫，许敏，等．作物喷灌灌溉规律的研究．辽宁省水利水电科学研究所，1986，3.

[9] 肖俊夫，宋毅夫，毛敬华，等．玉米不同土层根系生态试验报告．水利部灌溉试验总站，2013，8.

[10] 陈玉民，郭国双，等．中国主要作物需水量与灌溉［M］．水利电力出版社，1995，2.

[11] 徐小波，周和平，等．干旱灌区有效降水量利用率研究［J］．节水灌溉，2012，12.

[12] 粟宗嵩．灌溉原理与应用［M］．科学普及出版社，1990，9.

[13] 李粉婵．山西省小麦，玉米依靠降雨满足作物需水程度的分析［J］．山西水利科技，2005，2.

[14] 辽宁水利水电科学研究所．辽宁省 1953—1989 年灌溉资料汇编．1990，2，23.

[15] 王晓红．潜水蒸发及作物的地下水利用量估算方法的研究［D］．武汉大学学位论文，2004，4，15.

[16] 戚以政，汪叔雄．生物反应动力学与反应器［M］．化学工业出版社，2013，11.

[17] 孙天合，赵凯．农业灌溉用水效率评价国内外研究综述［J］．节水灌溉，2012（6）．

第八章　玉米地面灌溉技术

地面灌溉技术是指采用沟、畦等地面灌溉设施，对作物进行灌水的方式与技术措施，但本章将集雨灌溉、沟畦覆膜灌溉、沟畦波涌灌溉、低压管道输水沟畦灌溉等形式也纳入地面灌溉范围，并加入玉米现代化灌溉模式内容。

第一节　玉米沟灌技术

地面灌溉是目前国内外采用的最主要的灌溉方法，按其湿润土壤方式的不同，又可分为畦灌、沟灌、淹灌和漫灌，而沟灌是我国地面灌溉中普遍应用于中耕作物的一种较好的灌水方法，尤其对既需要灌溉又需要排水的农田，更有优越性。沟灌技术是在作物行间起垄开挖灌水沟，灌溉水由输水沟或输水暗管进入灌水沟后，在流动的过程中主要借助土壤毛细管作用从沟底和沟壁向周围渗透而湿润土壤，为作物的生长发育提供适宜的土壤水分。沟灌比较适宜于平原地区宽行稀植的农作物，如玉米、高粱和棉花等。

一、沟灌类型

沟灌技术在其发展过程中形成了不同的技术模式，如常规沟灌、细流沟灌、隔沟灌、交替沟灌、垄膜沟灌和波涌沟灌等。因其形式不同、灌水过程中水流方式及入渗规律不同，不同的沟灌类型其灌溉用水量及节水效果也不相同。

1. 常规沟灌

常规沟灌的特点是每个沟都灌水，即逐沟灌，其灌水的效果与沟型、沟中水深、土壤性质等有关，相同沟型情况下，沟的底宽越大，竖向湿润锋推进速度就越快，沟深相同，水深越大，竖向湿润锋推进越快越远。沟中灌溉水对水平向湿润锋推进的影响主要由水位来决定，无论沟宽窄与深浅，只要水位相同，水平向湿润锋推进速度相同，湿润垄的宽度也相同。相同断面情况下，沟中水位越高越有利于提高横向灌水均匀度。与地面畦灌比，沟灌用工较少，能保持表土疏松、不破坏土壤结构，并减少蒸发损失，肥料不易流失。

在长期的生产实际过程中，针对地面坡度大、土壤渗透性弱的农田，采用小水流利用水层浅流速慢，增加过流时间和田面渗透时间的沟灌方法，被称为细流沟灌，实践证明细流沟灌能改善灌水均匀度。细流沟灌和传统沟灌一样，都是水在流动过程中借毛细管作用浸润土壤。而细流沟灌与传统沟灌不同的是要求水在流动过程中全部渗入土壤，一般放水停止后在沟内不会形成积水，因此入沟流量比普通沟灌小。

细流沟灌的一般控制参数为：入沟流量控制在0.1~0.5L/s，沟中水深为沟深1/5~2/5，沟深15~20cm，沟宽30~40cm。细流沟灌的优点：①由于沟内水浅，受微地形影响水流动缓慢，重力水只在沟底，垄两侧土壤在沟底水毛细管作用下浸湿，土壤结构保持疏松，有利作物生长；②沟内水面小，减少地面蒸发量；③湿润土壤均匀，而且深度大，保墒时间长，提高灌水均匀度[1]。细流沟灌不仅适于地面坡降大横向有起伏，且土层薄不易平整的山丘区，而且也适用于地面坡度虽然不大，但土质黏重灌溉易引起板结的地区。

2. 隔沟灌

在水资源严重不足地区，为了减少灌溉用水量，在常规沟灌（或传统沟灌）的基础上发展形成了隔沟灌技术，即灌水时，一条沟灌水，相邻另一条沟不灌水。隔沟灌包括固定隔沟灌和交替隔沟灌，它可以提高浇地效率，扩大灌溉面积。固定隔沟灌就是每次灌水时的灌水沟固定，而交替隔沟灌是指灌水时，隔一沟灌一沟，下次灌水时只灌上次没有灌过水的沟，实行交替灌溉。

交替隔沟灌与固定隔沟灌溉相比，尽管灌水时两者湿润地表的面积相同，但固定隔沟灌由于不灌沟的土壤长期处于干燥状态，在一定程度上影响了根系（特别是上层根系）在土壤中的均匀分布，不仅不利于不灌沟侧土壤剖面中养分的吸收，而且一旦遇有降水，雨后不灌沟上层土壤因根少吸水少而将导致棵间蒸发所占比例相对增大。交替隔沟灌强调在土壤垂直剖面或水平面的某个区域保持干燥，而另一部分区域灌水湿润，交替控制部分根系干燥、部分根系湿润，以利用作物部分根系处于水分胁迫时产生的根源信号脱落酸（ABA），供给地上部叶片，以调节气孔保持最适开度，降低蒸腾速率，同时，也抑制了地上部叶片的生长，促使更多的同化产物向地下根系运转，从而促进了根系的生长发育，改善了根系的吸收表面积和吸收功能，增加其对水分和养分的利用率，减少每次灌水间隙期间棵间土壤湿润面积和棵间蒸发损失达到节水的目的[2]。实践表明，交替隔沟灌能有效抑制冗余生长，使光合产物向有利于产量形成方向运转，灌水量和耗水量均降低，且对产量的影响不显著，水分生产率远高于常规沟灌，是夏玉米较适宜的供水模式[3]。

3. 垄膜沟灌

垄膜沟灌技术是通过专用机械和人工措施相结合的方法，将农田按一定比例做成垄沟，用地膜覆盖垄面和垄沟，在垄上、垄侧或者垄沟内种植作物，沟内灌水的一种作物节水栽培方式[4]。该技术集地膜覆盖、抑蒸、沟灌、垄侧或垄上种植技术为一体，解决了因干旱、蒸发强烈、漫灌渗漏而造成的水资源浪费和水蚀风蚀对作物生长造成的不利影响等问题，是农田节水增产技术的重大突破。通过起垄增加土壤表面积，改变土壤光、热、水条件和微生物的活动环境，协调作物赖以生存的小气候，通过改变田间的微地形、种植方式与灌水方式，克服传统平作栽培的不利灌溉方式[5]。垄膜沟灌技术有效抑制了地面蒸发，加快了田块过水速度，减少了灌水量和蒸发量。同时，灌水通过膜间、膜上打孔和播种孔入渗，使膜内土壤湿度大幅度提高，保持了土壤团粒结构，为作物生长创造了良好的土壤环境。

垄膜沟灌技术因地膜覆盖方式不同可分为半膜垄作沟灌、全膜沟播沟灌两种技术模式。半膜垄作沟灌是将土地平面修成垄形，用地膜覆盖垄面，在垄上或垄侧种植作物，作物生长期按照需水规律，将水浇灌在垄沟内。全膜沟播沟灌是将土地平面修成垄形，用地膜覆盖垄面和垄沟，将水灌在垄沟内，通过膜间缝隙、膜上打孔和播种孔使水分入渗。采用起垄覆膜机可以一次性完成施肥、起垄、覆膜等作业，使玉米垄膜沟灌技术在我国西北干旱、半干旱地区得到了大面积的推广应用。

4. 波涌沟灌

波涌沟灌是间歇性地按一定的周期向沟内供水，使水流推进沟末端的一种节水型沟灌新技术。在波涌沟灌条件下，水流的逐次推进导致了田间土壤的间歇入渗，间歇积水入渗较连续积水入渗具有明显的减渗性，使沟道推进流量增大，加之间歇水流引起的田面糙率减小，使得水流推进速度较连续沟灌为快，因而其灌水定额小于连续沟灌，且灌水均匀度高于连续沟灌，这使得波涌沟灌较连续沟灌具有明显的节水性。波涌沟灌的技术要素包括波涌灌周期数、循环率、周期放水时间和灌水流量，这些技术要素的优化组合可使波涌沟灌达到最佳的节水和灌水效果。试验分析表明，波涌沟灌较连续沟灌总供水推进速度提高了 9%~22%，灌水均匀度提高了 18%~23%，灌水定额减小了 8.3%~18.2%[6]。

二、地面沟灌田间工程规划

地面沟灌田间工程的规划设计需要考虑影响沟灌灌水质量的主要因素。研究表明，影响沟灌灌水质量的因素较多，包括沟的规格、入沟流量、改水成数、微地形等。这些因素自身均存在一定的变异性，对沟灌质量的影响是不可忽略的。田间工程既要考虑到农田水利现代化和科技发展的长远需要，又要从农业生产发展的现状出发，满足灌溉、排涝、防渍、防治土壤盐渍化和机械作业等方面的要求。

1. 沟灌系统组成

（1）渠系工程。渠系工程一般是指输配水工程，包括渠道、输水建筑物、控制建筑物、衔接建筑物、放水建筑物等五种类型。渠系工程的规划与灌溉水源、灌溉面积等有关，渠灌区的渠系构成及输配水建筑物较复杂，为了有效地进行田间各级渠道的配水管理，在农渠进口设置量水设备，并沿农渠各放水口设置放水口门；为了便于交通运输和农业机械进入田间作业，在田间须设置一定数量的跨沟、跨渠建筑物，如桥梁、涵洞等；为方便输水，在渠道遇到障碍时可建筑渡槽、倒虹吸管、跌水、陡坡等。而井灌区的渠系工程因控制面积小、输水距离短其规划相对简单，一般由农渠或毛渠和灌水沟组成。目前，井灌区一般采用低压管道输水以减少输水损失和占地面积，其构成一般包括干管、支管、出水口和灌水沟等。

农田内部的渠系包括灌溉农渠、毛渠、输水沟和灌水沟等，其布设方式如下。

纵向布置：灌水方向垂直农渠，毛渠与灌水沟平行布置，灌溉水流从毛渠流入其与垂直的输水垄沟，然后再进入灌水沟。纵向布置适宜于地形较复杂、地面平整度较差的地区。根据具体地形，毛渠可布置成双向控制（沿毛渠两侧布置输水沟）或单向控制，以保证向沟内正常输水，一般是垂直于等高线方向，以使灌水方向能与最大地面坡度方向一致，为灌水创造有利条件。但在地面坡度大于 1/100 时，为避免田间土壤冲刷，毛渠可与等高线斜交方向布置。

横向布置：灌水方向和农渠平行，毛渠和灌水沟垂直，灌溉水流从毛渠直接流入灌水沟，不需输水沟，从而减少了田间渠系长度，可节省土地和减少水量损失。毛渠一般沿着较小地面坡度方向布置，而灌水沟可沿最大地面坡度方向布置，以利灌溉。横向布置适宜于地形平坦、坡度较小的地区。

（2）灌水沟布置原则。在地面灌溉地区，首先要重视地面平整工作，有条件的地方尽量采用激光平地机械，使土地平整的误差在 2cm 以内、地面坡度为1/1 000～8/1 000，以满足沟灌的要求。灌水沟的布置与地势、地形、土壤、作物、耕作方式等因素密切相关。灌水沟的布置原则：①首先要满足作物的灌水和需水要求；②减少水量损失、提高灌水均匀度；③节省灌水时间，提高灌水效率。依照地形和坡度，沟灌可分为顺坡沟灌和横坡沟灌；基于灌水沟断面尺寸及沟深，可分为深灌水沟和浅灌水沟；按照沟尾是否封闭，分为封闭沟和流通沟两种。

对于地面坡度较大或透水性较弱的地块，为了增加土壤入渗时间，常有意增加灌水垄沟长度，使垄沟内水流延长，形成多种多样的灌溉垄沟形式，如直形沟、方形沟、锁链沟、八字沟等（图 8-1）[1,7,8,11]。

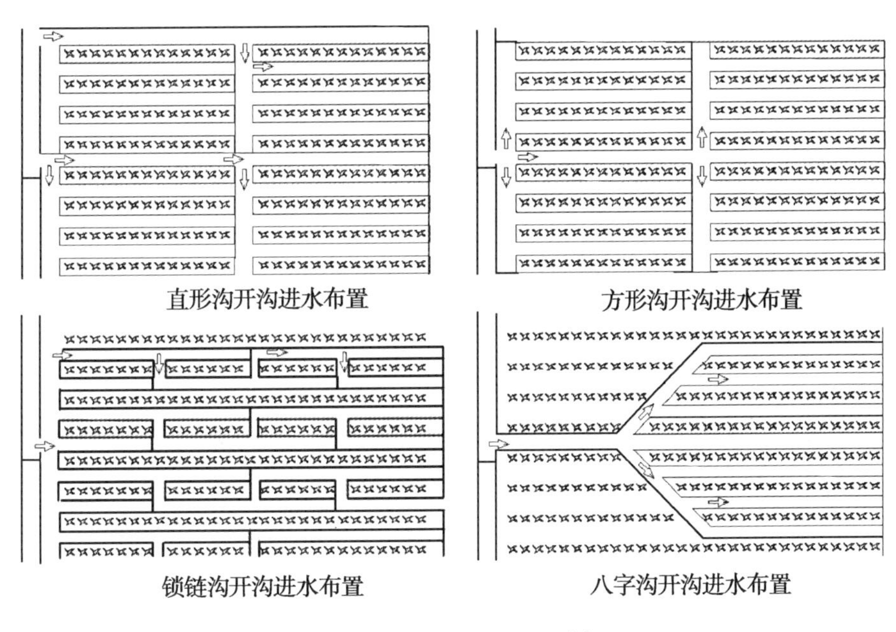

图 8-1　灌水沟布置形式[1]

封闭式直形沟沟灌主要适用于土壤透水性较强、地面坡度较小的地块，一般封闭沟沟距 0. 6～0. 7m，沟深 0. 15～0. 25m，沟长为 30～50m。当地面坡度为 1 /1 000～ 1 /400 时，单沟流量一般为 0. 5～1. 0 L/s，灌水定额为 300～600 m^3/hm^2。灌水时，将 3～5 条灌水沟划为一组，由两人看管。一人在灌水沟首负责调剂入沟流量、巡护渠道和改灌水沟沟口；另一人随水流疏通灌水沟，掌握各沟水流进度。

方形沟沟灌主要适用于地形较复杂，地面坡度较陡（1/200～1/50）的地段，灌水沟长一般 2～10m，地面坡度陡时宜短，坡缓时宜长。每 5～10 条灌水沟为一组，组间留一条沟作为输水沟，就成为一个方形沟组。灌水时，从输水沟下段第一方形组开口由下而上浇灌；第二次灌水时，仍利用原渠口由上而下浇灌，通过掌握沟内蓄水深度来控制灌水定额。一般沟中水深蓄到 10～13cm 时，灌水定额可达 $600m^3/hm^2$。

锁链沟沟灌主要适用于地面坡度 1/600~1/200，土壤透水性较弱的地块。锁链沟可以延长水在沟中的入渗时间，提高灌水均匀度。

八字沟沟灌由输水沟或者分水沟引水，经引水短沟（长 1.0~1.5m）分水到灌水沟内。每一八字沟，可以控制 5~9 条灌水沟；向灌水沟灌水时应先远后近，待两侧逆水沟流到 1/3 沟长后，再向中间灌水沟灌水，这样就可以较好地控制入沟水量，克服各沟进水不均的缺点。八字沟适用于地形较复杂的地块。

（3）放水口形式。放水口的形式与引水量、灌溉控制面积和地形等有关，可分为单口放水、多口放水、虹吸放水。灌水流量小或者一次灌溉面积小（如井灌区）可采用单口放水方式，对于引水量大的渠灌区，灌溉面积大应采用多口放水形式；有的输水渠道存在位置高低的差异，有时采用虹吸放水形式，通过虹吸管从液面高的输水渠跨过障碍引水到开口更低的渠道。究竟采用哪种放水口形式，需要根据灌溉地块的实际情况进行科学合理的布设。

2. 灌水沟的设计

（1）灌水沟规格。灌水沟规格主要包括灌水沟间距、沟长、断面结构等。灌水沟规格的确定是否合理，将影响沟灌灌水质量、灌水效率、土地平整工作量以及田间灌水沟的布置等。灌水沟的间距（也称为沟距）与土质和灌水沟的湿润范围有关，应满足农业耕作和作物栽培上的要求。一般轻质土壤的间距较窄，多设定为 50~60cm；中质土壤为 65~75cm；重质土壤的间距较宽，达 75~80cm。灌水沟间距的具体确定需要结合作物的行距来考虑[8]，对于玉米来说，一般垄宽 60~70cm、垄高 15~20cm、沟宽 30~40cm。

灌水沟的断面一般呈三角形（图 8-2a）和梯形（图 8-2b），其深度和宽度根据土壤类型、地面坡度和作物种类等确定。沟深一般为 8~25cm，上口宽 20~40cm；适宜坡度在 5/10 00~2/100；入沟流量通常为 0. 2~0. 3L/s，沟内水深一般为沟深的 1/3~2/3。梯形断面灌水沟实施灌水后，往往会因水流冲刷变成抛物线形断面（图 8-2c）。

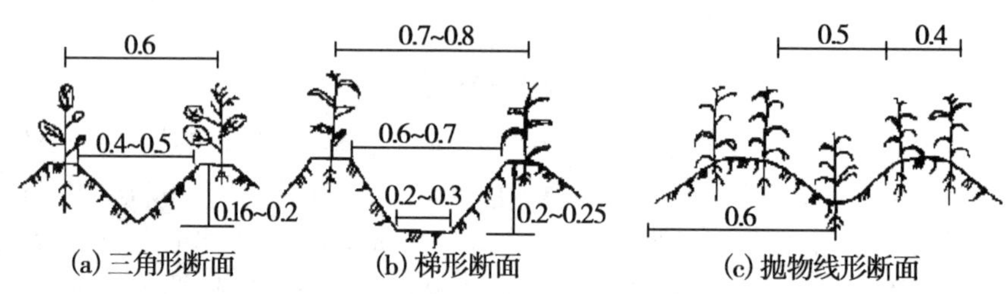

图 8-2　灌水沟断面图[8]（单位：m）

灌水沟的长度直接影响灌水定额的大小、灌水效率的高低和田间工程量的大小。沟长与土壤的透水性和地面坡度有直接关系。土壤透水性能较弱，地面坡度较大时，灌水沟长度宜长些；反之宜短些。不同土壤、灌水定额和地面坡度等条件下的灌水沟长度，参见表 8-1[9]。

表 8-1　不同土壤、灌水定额和地面坡度等条件下的灌水沟长度

土壤	黏壤土			中壤土			轻壤土		
灌水定额（m^3/hm^2）	375	450	525	375	450	525	375	450	525
地面坡度	沟长（m）								
1/1 000	30	35	45	20	25	35	20	25	30
1/1 000~3/1 000	35	40	60	30	40	55	30	45	50
4/1 000	50	65	80	45	60	70	45	50	60

（2）入沟流量（设计原则、灌水均匀度）。入沟流量与土壤质地、灌水定额、地面坡度、沟长等因素有关。国内河南、陕西等地根据引黄灌区沟灌试验结果，入沟流量、沟长与土壤透水性和地面坡度的关系，见表 8-2[8,10]。

表 8-2　入沟流量、沟长与土壤透水性和地面坡度的关系

地面坡度	土壤透水性	沟长（m）	入沟流量（L/s）
<2/1 000	强	30~40	1.0~1.5
	中	40~60	0.7~1.0
	弱	50~60	0.5~0.6
2/1 000~5/1 000	强	40~60	0.7~1.0
	中	70~90	0.5~0.6
	弱	80~100	0.4~0.5
5/1 000~1/100	强	60~80	0.6~0.9
	中	80~100	0.4~0.6
	弱	90~120	0.2~0.4

（3）改水成数。改水成数是指灌溉停水时田面水流（或沟内水流）推进的长度与沟畦总长度的比值或成数。改水成数与灌水定额、土壤入渗能力、坡度、沟长和入沟流量等条件有关，是实现定额灌水、提高灌水质量的重要措施。改水成数可采用七成、八成或九成封沟改水，或满沟封口改水等方法。一般地面坡度大，入沟流量大或土壤透水能力小的地区，改水成数应取低值；地面坡度小，入沟流量小，或土壤透水能力强的土壤，应选取较大的改水成数。

三、沟灌灌水技术

1. 沟灌灌溉制度设计参数

在作物生长过程中，当土壤水分以及降水无法满足作物正常生长发育的水分需求时，就需要进行灌溉补充土壤水分，以实现作物高产稳产。不论采取何种灌溉方式都需要根据作物的需水量、生育期的降水量等进行灌溉制度的制定。作物的灌溉制度是指作物播前及全生育期内的灌水次数、每次的灌水日期、灌水定额及灌溉定额的总称。其制定涉及灌水计划层深度和作物需水量等参数。

（1）灌水计划湿润层深度。灌水计划湿润层深度是指实施灌水时，计划调节、控制土壤水分状况的土层深度，生产实践中一般取作物的主要根系活动层深度。它主要包括作物耗水层深度、灌水湿润层深度和监测农田墒情变化的土层深度。在作物的不同生育期，由于主要根系的分布深度不同，因此，其计划湿润层深度在不同的生育期取值不同。对于玉米，在苗期、拔节期、抽雄期和灌浆成熟期的取值分别为：40cm、60cm、80cm、80cm。

（2）作物需水量。作物需水量是制定灌水定额和灌溉定额的重要基础数据。作物需水量是指作物在土壤水分和肥力等条件适宜，经过正常生长发育，获得高产时的植株蒸腾、棵间土壤蒸发以及组成植株体的水量之和。而作物耗水量包括的范围较广，通常指作物在任一土壤水分和肥力条件下的植株蒸腾量和棵间土壤蒸发量和构成植株体的水量之和，在这种情况下，植株可能生长良好，也可能因供水、肥力不足或病虫防治不当而生长不良。由于组成植株体的水量很小，常忽略不计，故作物需水量或耗水量中不包括该部分水量。农作物生长发育的自然条件和农业耕作技术措施对作物需水量和耗水量有很大的影响，不同的作物因其播种日期或生育期长短不同，其需水量、耗水量均存在一定的差异；由于不同地区或不同年份的自然条件和栽培管理措施存在差异，因此，同一种作物地区间和年际间的需水量、耗水量也往往存在差异性。即使在同一地区，同一作物品种也往往因为种植方式（平作、垄作）、覆盖方式（地膜覆盖、秸秆覆盖）、灌水方式（地面灌、喷灌和微灌等）以及水肥调控等措施的不同而导致作物的需水量或者耗水量也不尽相同。在制定灌溉制度时要考虑作物各生育期的需水量和生育期内的有效降水量等参数。玉米不同生育期的需水量因群体大小、群体结构以及气象因子的影响差异较大，一般规律为苗期的需水量最小，随着植株的生长发育、群体叶面积指数的增加以及气温的增加而逐渐升高，到抽雄期达到最大，灌浆以后，随着叶面积的降低以及气温的下降，需水量逐渐减少。玉米的抽雄期对水分最敏感，缺水时就要优先进行补充灌溉，其次是拔节期。

2. 沟灌灌溉制度设计

（1）灌水定额。根据作物的需水状况，作物生育期内的灌溉往往分若干次进行，播前及生育期内的每次灌水量称为灌水定额。沟灌灌水定额设计的原则为：一是满足灌水计划湿润层深度的要求，有利于作物的生长发育而获得高产；二是不产生灌溉水的深层渗漏，提高灌水均匀度；三是至少应满足10~15d作物的需水要求；四是应满足不同沟灌方式的要求；五是为了节约用水，在以雨养农业为主的地区，还应为灌溉后降水留有一定的接纳余地。沟灌灌水定额的大小还与沟灌灌水方式、土壤质地、坡度、沟间距、沟长等因素有关。一般常规沟灌的灌水定额比隔沟灌或交替隔沟灌的大，透水性强的土壤比透水性弱的大。

（2）灌水历时。灌水历时是指灌溉单位面积的农田所需要的时间。它与土壤质地、坡度、灌水定额、入沟流量、沟长等因素有关，也与沟灌的方式有关，常规沟灌的灌水历时一般比隔沟灌或交替隔沟灌的长。

(3) 灌水周期。灌水周期是指在设计灌水定额和设计日耗水量的条件下，能满足作物需要，两次灌水之间的最长时间间隔。灌水周期的长短与灌水定额、灌水后的天气状况、降水量、作物日耗水量等因素密切相关，具有较强的随机性。

(4) 灌溉定额。灌溉定额是指在作物全生育期之内各次灌水定额的总和。灌溉定额的大小与作物的需水量、生育期内的降水量、灌溉方式等因素有关。同一作物有的品种喜肥喜水，灌溉定额高，有的品种耐干旱，灌溉定额低。沟灌属于地面灌中的局部灌溉方式，对于同一地点种植的同种作物，沟灌的灌溉定额比地面灌的低，在沟灌技术中，常规沟灌的灌溉定额比隔沟灌或交替隔沟灌的高。灌溉定额有净灌溉定额和毛灌溉定额之分。净灌溉定额是依据作物需水量、有效降水量、地下水利用量确定的，是满足作物对补充土壤水分要求的科学依据，显然它注重的是灌溉的科学性。毛灌溉定额是以净灌溉定额为基础，考虑输水过程中的水分损失和田间灌水损失后，折算到渠首的单位面积均灌溉需水量，显然它还考虑了灌溉用水在输送、分配过程中发生损失的规律。

四、玉米沟灌的研究成果

玉米生育期虽然雨热同步，但由于降水分布不均，有的生育期的降水量无法满足其需水的要求，因此，需要进行补充灌溉，在水资源紧缺的地区，采用沟灌方式是减少灌水定额，提高降水利用率的重要措施。近年来，在不同沟灌技术的研究与应用方面取得了不少的成果，有的已形成技术规范，并在干旱缺水地区得到了大面积的推广应用。

1. 沟灌优点

许多研究表明，与地面畦灌相比，不论哪种沟灌方法都具有以下明显的优点。

(1) 节水、节能。与畦灌法相比较，由于沟灌法通过灌水沟灌溉田间，灌溉时田间灌溉水流推进速度较快，且仅湿润局部土壤，所以，在节水的同时也达到了节能；

(2) 灌水后不会破坏作物根部附近的土壤结构，可以保持根部土壤疏松，通气良好；

(3) 不会形成严重的土壤表面板结，能减少深层渗漏，防止地下水位升高和土壤养分流失；

(4) 在多雨季节，可以利用灌水沟汇集地面径流，并及时进行排水，起排水作用；

(5) 沟灌能减少植株之间的土壤蒸发损失，有利于土壤保墒；

(6) 开灌水沟时还可对作物兼起培土作用，对防止作物倒伏效果显著。

2. 沟灌增产增收

在传统的沟灌方式上，把覆膜保墒技术与其结合形成的垄膜沟灌节水技术有着突出的优点：垄膜沟灌法在减少地面蒸发，实现节水的同时，可调节土壤温度，减少灌溉水的深层渗漏和保持土壤肥力，提高了水分利用率，增加作物产量。徐喜俊等[4]在甘肃省武威市凉州西营灌区 13 个乡（镇）进行了玉米垄膜沟灌节水栽培技术示范推广，玉米平均产量为 12 399.0kg/hm^2，较条膜平作增产 10.2%；井灌区较条膜平作可节水 900~1 200 m^3/hm^2；山地灌区较条膜平作节水 600~900m^3/hm^2；在推广应用过程中形成了相应的技术规范。张立勤等[11]对制种玉米在垄膜沟灌和条膜覆盖两种栽培方式下的产量和水分利用效率进行了对比研究，结果表明：垄膜沟灌栽培具有较好的增产、节水、增温效应，与对照条膜平作栽培相比，5~25cm 土层地温提高 0.92℃；在相同的灌溉定额下，制种玉米千粒重增加 9.94~46.01g，穗粒数增加 6.10~46.78 粒，增产 1.63%~40.44%，水分利用效率提高 4.17%~34.16%；垄膜沟灌栽培条件下制种玉米适宜灌溉定额为 450mm，与对照相比，节水 1 500 m^3/hm^2，与当地大田灌溉定额 720mm 相比，节水 2 700 m^3/hm^2，节水效果显著。近年来，在甘肃大面积推广了玉米全膜覆盖沟播沟灌节水技术、半覆膜沟播沟灌节水技术以及全膜双垄沟播沟灌技术，并构建了相关的田间管理技术规程。

刘平等[12]在宁夏彭阳王洼示范区进行了地膜玉米隔沟灌技术的试验研究，结果表明，地膜玉米全灌（沟沟灌）、隔沟灌和不灌溉的产量分别达到 7 295.85 kg/hm^2、7 286.55kg/hm^2和 5 270.85 kg/hm^2，其隔沟灌与全灌相比，产量接近，但是用水量只有全灌的一半，水分利用效率增加了 12.44%，与不灌溉的相比，经济产量和水分利用效率分别增加了 38.24%和 38.65%。在隔沟灌的基础上形成的交替隔沟灌技术是对传统沟灌的改进，是控制性交替灌溉技术的一种运行形式。与常规沟灌灌水方式相比，交替隔沟灌方式的氮肥利用效率提高 4.54%，节水 27.6%，水分利用效率提高 5.3%[13]。交替隔沟灌溉有利于根系发育和次级活性根形成；增加根系的总量和根冠比；同常规沟灌相比，节水达 33.3%以上[14]。

沟灌技术作为传统的地面灌溉技术，在其发展过程中与其他耕作栽培措施有机结合形成了不同的沟灌节水技术模式。今后，随着农机与农艺的结合以及科学研究者的努力，沟灌技术还会得到进一步的完善，以保障作物产量的提高，进一步节约生产成本，提高水资源、温光资源的利用效率。

第二节　玉米畦灌技术

畦灌是地面灌溉中最主要的灌水方式，与喷灌、微灌等压力灌溉技术相比，其设施简单、易于运行，但浪费水量是制约该技术持续发展的关键因素。我国玉米生产中也常常采用畦灌来进行补充灌溉以保证玉米稳产和高产。作为最常用的地面灌溉技术，为了提高灌水均匀度和灌水效率，畦灌在其发展过程中与耕作栽培等措施结合得到了改进和完善，形成了不同的畦灌形式：如小畦灌溉、长畦短灌、膜上灌和波涌灌溉等。影响畦灌效果的因素较多，而田面坡度、田面平整精度、田面糙率、灌水定额、畦田规格、单宽流量和作物种类等参数是影响畦灌灌水效果的主要因素。对于畦灌技术的要求是：在一定的灌水定额下，要求整个畦田在纵横两个方向上入渗的水量分布均匀，畦首与畦尾入渗的水量基本均衡；要避免畦内深层渗漏和畦尾积水、泄水以及田面冲刷等现象。

一、畦灌田间布置形式

1. 根据地形布置

地形（如坡度）是影响畦灌效果（如渗漏损失、灌水均匀度等）最重要的因素之一。要提高畦灌效果必须先尽可能地平整土地，有条件的地方可以采用激光平地技术。平整土地后，可以根据地形条件，并结合耕作方向，一般以南北方向布置为最好，但应保证畦田沿长边方向有一定的坡度。畦田的布置分为顺畦和横畦两种。通常沿地面最大坡度方向布置的畦田，叫顺畦。顺畦水流条件好，适于地面坡度为 1/1 000~3/1 000 的畦田。在地形平坦地区，有时也采用平行等高线方向布置畦田（即横坡向布置），称为横畦。因水流条件较差，横畦畦田一般较短[15]。

2. 根据玉米种植形式布置

玉米属于宽行稀植作物，一般采用等行距种植，其适宜行距为 50~60cm；对于西北干旱半干旱地区有的采用宽窄行种植，宽行 70~80cm，窄行 40cm，这种种植模式一般采用垄膜沟种沟灌技术。目前，玉米普遍实现了机械化播种和收获，因此，畦宽应根据当地的种植方式以及农机具宽度的整倍数确定。一般来说，畦田宽度一般为 2~3m，最大不超过 4m，畦愈宽，灌水定额愈大，灌水质量难以掌握；畦埂高度一般为 10~15cm，以不跑水为宜，这是畦灌布置中很重要的一项。畦的长度应根据田面坡度、土壤透水性、单宽流量等因素来确定。此外作物密度不同，将影响畦面的水流速度和灌水历时，各地的耕作制度不同，其畦田规格也略有差别。

3. 根据土壤类型布置

土壤类型影响畦田的规格，其中，土壤的入渗性能、田间持水量、田面糙率系数等是主要的影响因素。土壤透水性能弱、田间持水量大的土壤（如黏土、壤土），其畦田的长度和宽度可长些，相反，土壤透水性能强、田间持水量小的土壤（如沙土），其畦的长度和宽度可短些。当然，在确定畦的规格尺寸时要全面考虑各种因素，除土壤类型外，还要考虑田面坡度、单宽流量、作物种类、水源条件、灌水定额等。

合理确定畦田的规格是提高畦田灌水均匀度的关键。在生产中可以根据地形、土壤透水性能，对不合理的原有畦田进行改进，如将过长的畦田，改为较短的小畦田，缩小流程，减少首尾的渗透水量差，为缩短灌水历时将宽畦改窄畦，为增加土地平整度将大畦改小畦，总结出畦田“三改”灌水技术，在我国北方井灌区小麦、夏玉米轮作区是行之有效的一种地面灌溉节水措施。

二、畦田规格与规划设计

1. 畦田设计参数

畦田设计参数主要包括地面坡度、土壤渗透系数、入畦单宽流量、灌水定额等。地面坡度影响水流的速度、水的入渗量，地面坡度太大，水流过快，且容易冲刷表土，并且造成畦田首尾的入渗量差异大，灌水均匀度差。土壤渗透系数过大，水的入渗就快，如果畦田太长，容易造成大量的深层渗漏，同样影响畦灌的均匀度。入畦单宽流量过大，容易冲刷表土，如果畦田规格小，也易造成水量入渗小，并缩短灌水历时，如果灌水历时过长，会造成畦埂跑水，甚至冲塌畦埂。灌水定额的确定与入畦单宽流量、土壤的计划湿润层深度和作物的需水量有关。畦田规格、入畦单宽流量和灌水历时（或者改口成数）不合理，就会影响灌水定额的大小和畦灌均匀度。

2. 畦田规格

畦田规格主要是指畦的长度、宽度和畦埂的断面。它受供水状况、土壤质地、地面坡度、土地平整等因素的影响，它对畦灌系统性能的影响与其他灌水技术要素的作用紧密相关。在入畦流量较小、土壤入渗性能较强、田面平整度较差的条件下，畦块较长将延长水流的推进时间，畦块过宽会造成入畦单宽流量过小，水流推进速度缓慢，水流推进锋面不均匀，导致畦灌系统性能降低[16]。

在实际的农田灌溉中，灌水定额、土壤性质以及地面坡度均已确定，此时畦灌技术和畦灌设计主要是确定畦田长度和入畦单宽流量。已有研究表明，陕西省关中、陕北一般大田作物畦田灌水技术要素见表 8-3[8]，表 8-4 为河南省引黄灌区在畦灌实验研究的基础上给出的灌水技术要素在不同土质条件下的适宜组合[17] 灌溉与排水工程设计规范中也提出了畦灌的灌水要素（表 8-5）[18]。

表 8-3　陕西省关中、陕北一般大田作物的畦灌技术要素

灌区	土壤	地面坡度	单宽流量（L. s^{-1}. m^{-1}）	畦长（m）
泾惠、洛惠、宝鸡峡灌区	壤土及砂壤土	1/1 000~2/1 000	2~5	50~100
陕北灌区	砂土及砂壤土	3/1 000~7/1 000	2. 5~5	15~25
小型抽水及井灌区	砂壤土	5/1 000	2~3	7~15

表 8-4　土壤性质与田面坡度（i）畦田长度及单宽流量的关系[17]

土壤性质	i<2/1000			i=2/1 000~1/100			i=1/100~2. 5/100		
	畦长（m）	畦宽（m）	单宽流量（L. s^{-1}. m^{-1}）	畦长（m）	畦宽（m）	单宽流量（L. s^{-1}. m^{-1}）	畦长（m）	畦宽（m）	单宽流量（L. s^{-1}. m^{-1}）
强透水性	30~50	3. 0	5~6	50~70	3. 0	5~6	70~80	3. 0	3. 0
中透水性	50~70	3. 0	5~6	70~80	3. 0	4~5	80~100	3. 0	3. 0
弱透水性	70~80	3. 0	4~5	80~100	3. 0	3~4	100~130	3. 0	3. 0

表 8-5　畦灌的灌水要素[18]

土壤透水性（m/h）	畦长（m）	畦田比降	单宽流量（L. s^{-1}. m^{-1}）
强（>0. 15）	60~100	>1/200	3~6
	50~70	1/200~1/500	5~6
	40~60	<1/500	5~8
中（0. 10~0. 15）	80~120	>1/200	3~5
	70~100	1/200~1/500	3~6
	50~70	<1/500	5~7
弱（<0. 10）	100~150	>1/200	3~4
	80~100	1/200~1/500	3~4
	70~90	<1/500	4~5

节水灌溉工程技术规范要求：旱作物灌区应平整土地，畦田田面坡度宜为1/800~1/300，水平畦灌的田面坡度不宜大于1/3 000；自流灌区畦田长度不宜超过75m，提水灌区和井灌区畦田长度不宜超过50m，畦田宽度不宜大于3m，并与农机具作业要求相适应[19]。

三、灌溉制度设计

1. 入畦单宽流量

入畦单宽流量是指每米畦宽的入畦流量，常用单位为L/（s. m）。入畦单宽流量的大小主要取决于地面坡度及土壤透水性。一般畦块较大，地面坡度小，土壤透水性大以及作物需水量大时，入畦单宽流量要大一些；反之，畦块较小，土壤的透水性差，地面坡度大，入畦单宽流量要小些[15]。入畦单宽流量一般根据土壤质地确定，轻质土2~4 L/（s. m），重质土1~3 L/（s. m）。

2. 灌水定额

灌水定额是指单位面积上一次灌水的灌水量，可用毫米（mm）或立方米/公顷（m^3/hm^2）表示。灌水定额的大小与作物需水量、灌水方式、供水状况等因素有关。一般畦灌的灌水定额最大，沟灌或喷灌次之，微灌最小。在畦灌条件下，如果土质、地面坡度和畦长已确定，其灌水定额与入畦单宽流量的大小有关。一般说来，入畦单宽流量愈小，灌水定额愈大，入畦单宽流量愈大，灌水定额愈小。在灌溉过程中，灌水定额的大小还与畦田规格、灌水历时和改水成数密切相关。

3. 灌水历时与改水成数

灌水历时是指灌溉单位面积的农田所需的时间。灌水历时与供水状况（井灌或渠灌）、畦田规格、灌水定额和种植的作物种类等有关。一般说来，灌水定额大，单宽流量小，畦田规格大，灌水历时就长。改水成数是指灌溉停水时田面水流推进的长度与畦总长度的比值或成数。改水成数与灌水定额、土壤性质、地面坡度、畦长和单宽流量等条件有关，一般可采取七成、八成、九成或满流封口改水措施。当土壤透水性较小，畦田地面坡度较大，灌水定额不大时，可采用薄水层水流量达畦长的七成或八成时改口。若畦田地面坡度较小，土壤透水性较强，灌水定额又较大时，应采用九成改口措施。封口改水过早会使畦田尾部受水不足，改水过迟会引起尾部积水或跑水。因此，在灌水过程中合理的改水成数可以有效地提高灌水效率，减少水资源的浪费。在给定的畦田长度下，随着改水成数的增加，灌水效率逐渐减低，灌水均匀度呈逐渐增加的趋势；改水成数对灌水均匀度的影响要大于对灌水效率的影响[20]。

4. 轮灌期

轮灌期是指某一轮灌组灌完一次水所需的时间。对于绝大多数灌溉系统，为了减少工程投资，提高设备利用率，扩大灌溉面积，一般均采用轮灌的工作制度，即将支管或支渠划分为若干组，每组包括一个或多个阀门或放水口，灌水时通过干管或干渠向各轮灌组轮流供水。在轮灌条件下，全灌区一次灌水所持续的时间，称为轮灌周期。轮灌期和轮灌周期亦与供水状况（井灌或渠灌）、畦田规格、灌水定额、灌溉面积和作物种类等因素有关。

5. 灌溉定额

灌溉定额是指在作物全生育期之内各次灌水定额的总和。灌溉定额的大小与作物需水量、土壤性质、气象条件（如降水量）和灌溉方式等因素有关。同一作物在干旱地区比湿润地区的灌溉定额大，强透水性土壤及干旱年份作物的灌溉定额大。采用地面畦灌的灌水方法，其灌水定额大，灌水次数少，而采用喷灌、微灌等灌水方法，则灌水定额小，灌水次数多。

四、畦灌的试验研究成果

1. 畦灌优点

与喷灌、微灌等节水灌溉技术相比，畦灌的优点是技术简单、容易掌握运用，能耗低，设备投资省，工程费用小，运行费用低，管理简便。其缺点是容易发生超量灌溉，易形成深层渗漏和表土板结，导致地下水位上升、土壤渍害和盐碱化，浪费水量。在畦灌的发展过程中，为了提高田间水利用率和灌水均匀度，形成了小畦灌和长畦分段短灌技术。小畦灌水技术主要是指畦田“三改”灌水技术，也就是“长畦改短畦，宽畦改窄畦，大畦改小畦”，是我国北方井灌区行之有效的一种地面灌溉节水技术。其优点是灌水流程缩短，减少了沿畦长产生的深层渗漏损失，因此能节约灌水量，提高灌水均匀度和灌水效率，缺点是灌水单元缩小，增加了占地，且整畦时费工。

长畦分段短灌技术是将一条长畦分成若干个没有横向畦埂的短畦，采用毛渠或塑料软管，将灌溉水输送入畦田，然后自下而上或自上而下依次逐段向短畦内灌水，直至全部短畦灌完为止的灌水技术。如果第一次灌水时，应由长畦尾端短畦自下而上分段向各个短畦内灌水，第二次灌水时，应改为首端开始自上而下向各分段短畦内灌水；这样可平衡两次灌水首尾渗透水量的差值。长畦分段短灌法的优点是：①节水：可以实现灌水定额在450m^3/hm^3 左右的低定额灌水，灌水均匀度可达 80%～85%，与畦田长度相同的常规畦灌法相比较，可省水、提高田间水利用率；②省工省地：减少改畦用地，可以省去一级至二级田间毛渠；③适应性强：可以灵活适应地面坡度、小区域的不平整和种植作物的变化，可以采用较小的单宽流量，减少土壤冲刷；④投资少、易推广：节约能源，管理费用低，技术操作简单，易于推广应用；⑤有利于机械化：田间无横向畦埂，方便田间作业机械化，更有利于作物增产。

2. 畦灌灌水技术对灌水质量的影响

（1）畦灌技术要素方面的研究。畦灌技术要素是影响畦灌灌水质量的重要因素。因此，许多学者对畦灌技术要素进行了研究，确定合理灌水技术要素组合的原则为：流量不宜过大，以免造成对灌水田面的冲刷；田面长度不易过短，以免增加田间工作量，且过多占用耕地。山东、陕西的试验资料表明，当畦长为 30～50m、畦宽 2.5～3m 时，灌水定额一般为 675～900m^3/hm^2；中国农科院农田灌溉所的试验也表明畦长小于 50m 时灌水定额一般不超过 675m^3/hm^2。陕西洛惠渠的研究结果显示，当畦长由 100m 改为 30 m 时，灌水定额减少 150～204 m^3/hm^2；当畦长 30～100m 时，单宽流量从 2L/s 增加到 5 L/s，灌水定额可降低 150～225m^3/hm^2[21]。

阳晓原等[22]的研究结果表明，在田面坡度为 1.5‰左右的中壤土地，若采用畦灌技术进行农田灌溉，要获得较低的灌溉定额，畦宽不宜超过 3.5m，以 2~3m 为宜；畦长不宜过长，一般控制在 50m 左右，这样在满足设计灌水定额（781m^3/hm^2）的前提下，在具有较高灌水效率和灌水均匀度的同时能保证较低的灌水定额 785.7m^3/hm^2。黎平等[23]的研究结果显示，畦田规格和单宽流量对灌水效率和灌水均匀度有明显的影响，在一定条件下，随着畦长的增长和单宽流量的减小，灌水效率和灌水均匀度均减小。建议该地区沙壤土畦长为 40~50m 时，单宽流量为 6.0~8.0 L/（s.m），黏壤土畦长为 60~70m 时单宽流量为 5.0~7.0L/（s.m），畦宽均以 1~3m 为宜。在山东半湿润井灌区建议推广精细平地技术，适当减小田面坡降，提高田面平整度；畦长以 60~70m 为宜，入畦单宽流量适宜控制在 3~6L/（s.m）[24]。

灌水均匀度对入渗参数的敏感程度要大于灌水效率，灌水质量对入渗指数的敏感性大于入渗系数，增加单宽流量能够降低灌水质量对入渗参数的敏感程度。对灌水质量影响较大的因素依次为单宽流量、入渗指数和入渗系数，贡献率分别为 23.81%、20.74%和 13.91%。因此，在畦灌的设计和管理中，应充分重视入畦单宽流量及土壤特性参数对灌水质量的影响[25]。而吴彩丽等[26]的研究表明，灌水深度控制目标对灌溉性能指标值的影响程度受畦长影响最为明显，其次是田面坡度和土质，再后是田面平整精度，入畦流量的影响不明显。

畦灌技术要素间存在相互作用、相互制约的关系，要根据灌溉地块的实际情况制定合理的技术参数组合，给出与实际条件相适宜的最佳灌水时间、灌水量，使之能充分满足作物的需水要求，具有较高的灌水质量，达到节水、增产，提高田间水分利用效率的目的。

（2）改进的畦灌技术研究。在传统畦灌的基础上，形成了“长畦改短畦，宽畦改窄畦，大畦改小畦”的“三改”地面灌溉技术。许多学者对改进地面灌水技术的实施效果进行了研究，结果表明，改善了水量分配，减少了灌水定额，提高了灌水均匀度和灌水效率。1996—1998 年在中国科学院禹城综合试验站进行了小畦灌试验，结果表明，对应10~40m 畦长，灌水定额为 40~60mm，均匀度 75%~80%[21]。赵竞成对地面灌的几种形式进行了详细的讨论，其中小畦灌溉在畦长 30~50m 时，灌水均匀度可达 90%左右；当畦长小于 50m 时灌水定额一般不超过 675m^3/hm^2，同时，提出长畦分段灌溉可以达到小畦灌溉同样的节水效果[17]。

有的学者把畦灌与地膜覆盖栽培结合，研究了膜上灌溉技术。膜上灌水就是利用农艺措施中的地膜或专门用于灌溉的地膜全部或部分覆盖田间土壤表面，利用专用膜孔或放苗孔、膜间空隙，在膜上实现输送和分配灌溉水的同时，将灌溉水灌入田间。膜上灌水具有省地、省水、省工和省时等优点；同时，膜上灌水还可以改善土壤的物理性状、土壤肥力，以及水、肥、气、热等作物根系的生态环境等[27]。膜上灌溉可有效地减少灌溉水的深层渗漏，地膜覆盖也大大减少了棵间无效蒸发。据测算，膜上灌每公顷年增加费用仅 15~30 元（机具改装费），一般可节水 20%~30%，增产 10%~15%[17]。膜上灌有利于保墒调温，土壤含水率和温度均显著高于露地灌，温度变幅总体小于露地灌；膜上灌玉米的产量性状、产量及灌溉水利用率均优于露地灌，其产量和灌溉水利用率也比露地灌高 3.7%[28]。

通过改进放水方式，进行间歇灌溉（又称波涌灌），可以使水流呈波涌状推进，使田间水利用系数达0.8~0.9。间歇灌溉时，土壤孔隙会自动封闭，在表层形成薄的封闭层，减少水的入渗，使水流推进速度加快。因此，在相同水量的情况下，其水流前进距离为连续灌水的1~3倍，从而大大提高了灌水均匀度。间歇灌溉技术比一般的连续畦灌（或沟灌）技术节水15%以上，由于灌水均匀，可显著提高作物的产量和质量[29]。波涌灌溉技术要素包括波涌灌周期数、循环率、周期放水时间和灌水流量，其灌溉技术要素的优化组合可使波涌灌溉达到最佳的节水和灌水效果。波涌灌具有节水、节能、保肥和灌水质量高等优点，对短畦（沟）可实现小定额灌水，对长畦可基本解决灌水难的问题，并可实现灌水自动控制。

第三节　玉米波涌灌

波涌灌溉是一种断续式灌溉形式，将沟畦一次灌水分成几段，但每段灌水强度要大于沟畦灌水强度，以缩短灌水历时减少沟畦首尾渗漏不均，提高灌水有效利用率。中国近年来对波涌灌溉的试验研究推广逐步增多，关于玉米在平原区波涌灌、山丘区波涌灌、玉米浑水波涌灌、波涌灌水肥分布状态等方面都有相关研究，对波涌灌的专用设备、自动控制技术等也有深入研究[30-39]。

一、波涌灌溉理论

波涌灌溉最早由美国犹他州立大学 Stringham 和 Keller 在 1979 年美国土木工程师协会灌溉排水专业会议上首先提出的[40]，中国 1981 年开始试验引进。该技术主要利用地表水流动力学、土壤水渗透原理和地面糙率变化，巧妙的改变了灌水后沟畦首尾水量分布不均的状况，提高了灌水均匀度和灌溉水有效利用系数。

1. 间歇式地面灌溉

灌溉土壤获得的水量同灌溉水在土壤表面停留时间与土壤入渗速度有关，波涌灌则从缩短灌水历时和改变沟畦土壤首尾的入渗速度入手，使首尾入渗水量差最小。采取的措施有三项，一是将原始的地面灌水技术由连续灌溉变成间歇式灌溉；二是加大灌水流量，用以冲刷地表的微地形，形成较平整表面，并缩短灌水历时；三是根据土壤特性调整波涌参数：波涌周期、周期历时、循环率、推进长、涌进长等，从而达到优化灌水均匀度的目的。下面用公式表示传统地面灌与波涌灌的区别。

传统地面沟畦灌水定额：

$$m_d = q \times t \quad (8-1)$$

式中：

m_d—沟畦灌灌水定额；q—沟畦灌单宽流量；t—沟畦灌灌水历时。

波涌沟畦灌水定额：

$$m_b = \sum_1^i (qi \times t_i) \quad (8-2)$$

式中：

m_b—波涌灌灌水定额；qi—第i次波涌灌单宽流量；t_i—第i次波涌放水历时；i—完成一次灌水定额进行波涌灌水的次数。

2. 人工改变地面糙率

波涌灌溉利用间断的加大流量的水流涌动，改变首端地面的糙率，进而促使首尾入渗水量的均匀分布。地面糙率的改变是利用水动力学的原理，即流速、过水截面与流量的函数关系，改变流量，流速与水力半径也随之变化，当加大波涌的流量（比传统沟畦灌的流量大）时，流速的增加产生了对地面的冲淤效果，促使第一次灌水水流流过的沟段地面改变了初始状态，地表凸起被冲刷，凹洼处被淤起，进而产生新的地面糙率。第一次波涌就会使首端沟畦地面糙率更为平整，在第二次波涌时，第一段波涌流过的地面土壤入渗与第二段流过的地面入渗强度降低，这一效果只因灌水沟中流速的增加。这一过程从下面的水力计算中可以得到验证。

开敞式渠系流量计算公式为：

$$Q=AV \tag{8-3}$$

$$V=C\sqrt{Ri} \tag{8-4}$$

$$C=\frac{1}{n}R^{1/6} \tag{8-5}$$

$$A=(b+mh)h \tag{8-6}$$

$$P=b+2h\sqrt{1+m^2} \tag{8-7}$$

$$R=A/P \tag{8-8}$$

式中：

Q—灌水沟畦流量，m^3/s；V—灌水沟畦流速，m/s；A—灌水沟畦过水截面积，m^2；C—谢才系数；R—水力半径，m；i—地面比降；n—沟畦糙率；b—沟畦底宽，m；m—垄侧或畦埂边坡系数；h—沟畦水深，m；p—湿周，m。

整理（8-3、8-4）两式得：

$$V=\frac{1}{n}R^{1/6}\times R^{1/2}i^{1/2}=\frac{1}{n}R^{4/6}i^{1/2} \tag{8-9}$$

$$n=\frac{1}{v}R^{4/6}i^{1/2} \tag{8-10}$$

当流量增加时，根据（8-6）式反求沟畦水深，变换（8-6）式改写成一元二次方程为：

$$mh^2+bh-A=0 \tag{8-11}$$

可求出：

$$h=\left[-b\pm\left(b^2-4m(-A)\right)^{1/2}\right]/2m \tag{8-12}$$

表 8-6　增加流量降低沟畦地面糙率计算验证示例

计算过程	流量 Q（L/S）	流速 V（m/s）	边坡 m	底宽 b（m）	水深 h（m）	地面比降 i	截面积 A（m^2）	湿周 P（m）	水力半径 R（m）	糙率 n
给定截面求流量	12.0	0.29	1	0.1	0.180		0.041	0.460	0.090	0.022

（续表）

计算过程	流量 Q（L/S）	流速 V（m/s）	边坡 m	底宽 b（m）	水深 h（m）	地面比降 i	截面积 A（m^2）	湿周 P（m）	水力半径 R（m）	糙率 n
糙率不变求流速	15.0	0.36	1	0.1	0.180	0.001	0.041	0.460	0.090	0.022
已知流速求水深	15.0	0.29	1	0.1	0.183		0.052	0.467	0.111	0.022
已知水深求流速	15.0	0.35	1	0.1	0.183		0.043	0.467	0.092	0.022
已知流速求糙率	15.0	0.35	1	0.1	0.183		0.043	0.467	0.092	0.018

表 8-6 验证了波涌灌通过加大流量增加流速，改变了地面糙率，进而改变了不同波涌段的渗透速度，优化了灌水均匀度。

3. 减少灌水沟首尾端入渗差值

波涌灌的间歇灌溉特性，最终目的是提高灌水有效利用系数，是通过不同波涌次数的改变使首尾各段的渗透不同，通过优化波涌周期、周期历时、循环率、推进长、涌进长等，优化灌水均匀度（表 8-7）。

表 8-7　波涌灌溉提高灌水均匀度分析

波涌次数	序号	流量（Q）	波涌各次流速（V）	放水时间（t）	渗透系数（f）	首尾端储水差（w）	均匀度（V）
对比传统地面灌	1	1	V 传	t 传	1	1	1
第一次	2	>1	V1>V 传		f1<f 传		
第二次	3	>1	V2>V1	t<t 传	f2<f1	<1	>1
第三次	4	>1	V3>V2		f3<f2		
……							

二、波涌灌溉系统

波涌灌溉主要由输配水系统与控制系统两部分组成，中国近年来在信息化时代使波涌灌融入了自动化技术。与传统地面灌溉比，波涌灌更能融入智能灌溉技术，从此掀起了研究热潮，开发了波涌控制设备[33,35,37,38]。

1. 波涌灌溉输配水系统组成

波涌灌溉输配水系统与低压管道灌溉系统基本相同，当然也与传统地面灌溉系统一样，只是输配水渠道是开敞式，而低压管道用管网代替了开敞式的渠系。图 8-3 是波涌灌溉系统示意图。

2. 波涌灌溉控制系统

波涌灌溉与传统地面灌溉最大不同是融入了自动控制系统，也能更好地融入智能灌溉技术。波涌灌控制系统由图 8-3 中的波涌阀（图 8-3 中 3 的放大图片）来实现，图中的波涌阀是中国自主研发的产品 ZL 99257311.4[35,36]，它由五部分组成：阀体、两向阀、控

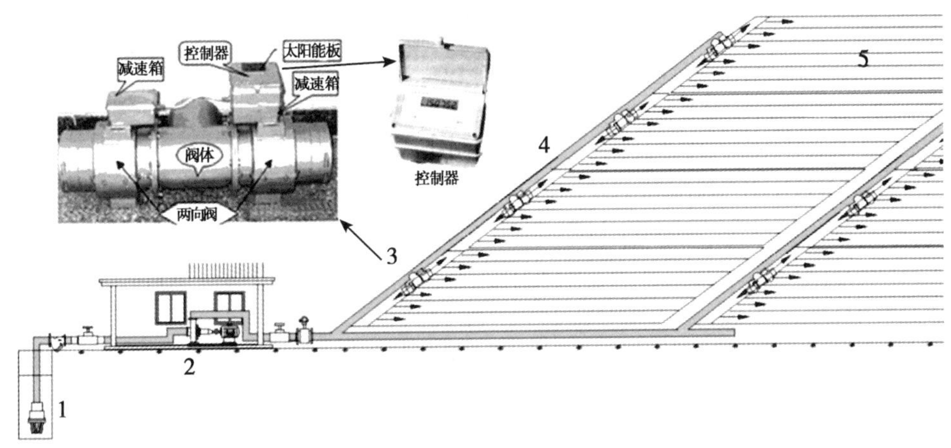

图 8-3　波涌灌溉系统

1. 水源；2. 泵房；3. 波涌阀；4. 配水支管；5. 一个波涌阀控制的沟畦面积

制器、太阳能板、减速箱，波涌阀的动力由太阳能板供给，控制器由微处理器、电动机、可充电电池组成，控制器有数字输入键和显示屏，通过触键输入波涌次数、灌水历时，当系统启动后控制器可自动完成间歇供水与水流切换程序，在无其他电力控制下，完成波涌灌的程序，实现自动控制。

（1）波涌虹吸式控制系统。波涌虹吸式控制系统[54]的主要部件是由图 8-4 间歇水流发生装置构成，在该装置前连接供水系统，当供水启动后水流由进水口进入装置（称调节池，调节池是水工部件），水流入调节池，池中水位到达高水位时，虹吸产生由出水口向田间放水，由于出水管管径大于进水管管径，放水后池内水位下降，当池内水位低于低水位时虹吸失效管下端的虹吸失效斗漏气，虹吸管内与大气压相连，出水口出水停止，完成一次放水过程，但第二次供水过程开始蕴壤，进水口继续向调节池供水，调节池水位第二次上涨，到达高水位时，第二次放水开始，如此循环。在出水口连接配水系统，并在配水系统安装阀门，就可按设计放水次数开关阀门，完成波涌一次灌水定额。

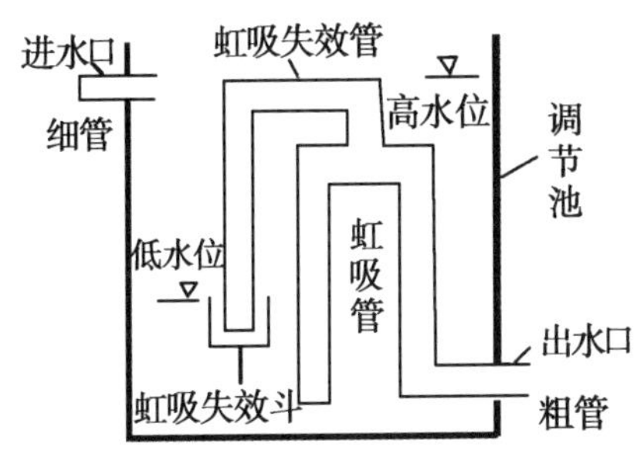

图 8-4　间歇水流发生装置

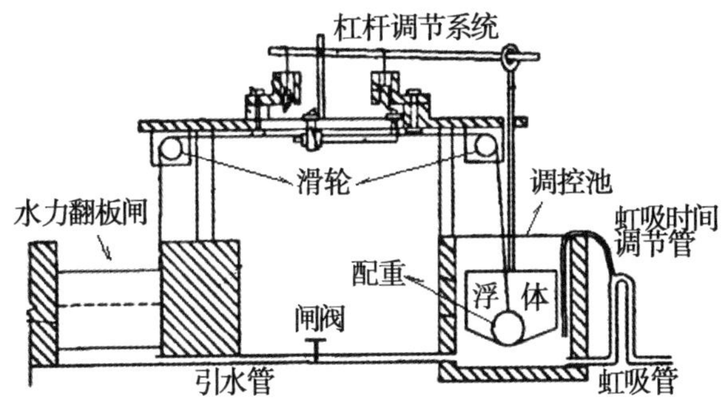

图 8-5 波涌浮标式控制装置[38]

（2）波涌浮标式控制系统。波涌浮标式控制系统主要部件是图 8-5 的控制装置[38]，该部件置于供水系统的配水段，供水开启时配水渠中翻板闸在水力推动下开启，打开引水管上的阀门，水流向调节池，调节池中装有浮体，调节池水位上升，此过程基本同图 8-4 相似，当浮体上升到连接的杠杆向翻板闸倾斜时，翻板闸打开状态的锁钉打开翻板闸下落后，翻板闸关闭的锁钉落锁，此时调节池水继续向田间放水，浮体开始逐渐下落，杠杆逐渐由平衡向浮体方向倾斜，到达设定点翻板闸的两个锁钉逆向动作，翻板闸又一次打开，第二次供水开启……由此循环。到达设定放水次数后关闭引水管上阀门，完成一次灌水定额。

（3）水动力式控制阀。水动力阀有很多种，其优点是无需电动设备，由水源部分的灌溉控制器控制，只要水流有间歇变化，水动力即可驱动阀体中阀叶片做一次转向，图 8-6[59]是适宜山丘波涌灌的两向阀，适用灌水定额 270~450m^3/ha，沟长 80~160m 的波涌灌。

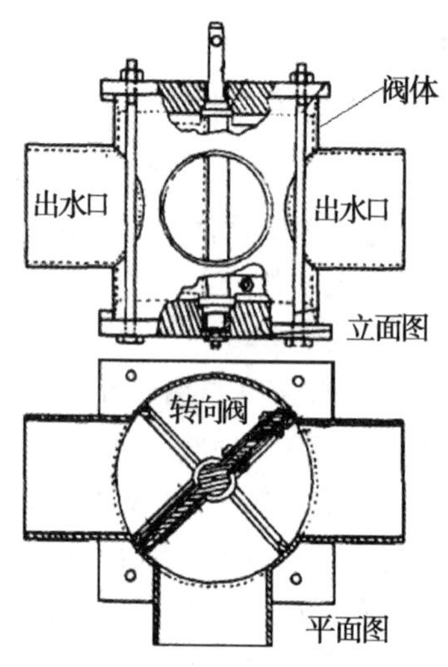

图 8-6　山丘波涌专用两向水动力阀[59]

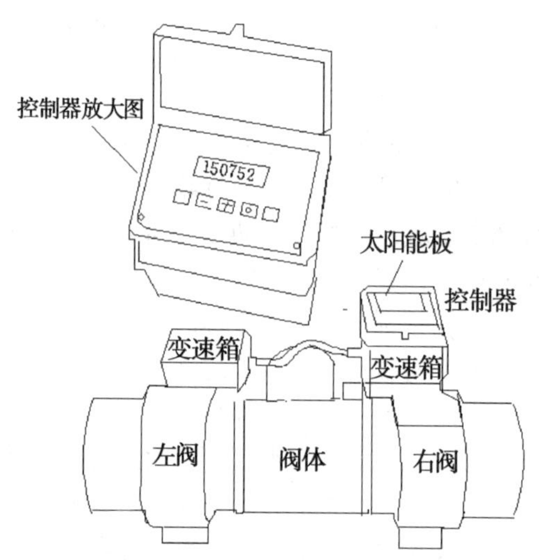

图 8-7　太阳能式波涌自动化控制阀

（4）太阳能式波涌自动化控制阀。图 8-7 是太阳能式波涌自动化控制阀[35,36]，太阳能式波涌自动化控制阀解决了波涌灌中的 3 个难题，一是降低了波涌灌田间水工建设成本；二是解决了电力控制的能源，无线电源线路及传感器；三是实现了自动化控制。总体降低了波涌灌的自动化成本。

3. 波涌自动化系统

波涌灌虽然当前在中国的发展十分缓慢，但它的前景是广阔的，其理由有 3 种，第一波涌灌与中国传统灌溉形式沟畦灌极易连接，中国北方旱田灌溉的主要灌溉形式就是沟畦灌溉，不增加田间投入；第二波涌灌设备简单，田间地里没有工程设施，与喷滴灌比优势大，适宜农田大型机械化发展；第三波涌灌节水效果 20%~30%，并能与农业现代化、水利现代化很好连接，增加设施少，总体投入低。

（1）井灌区波涌灌自动化控制系统。中国北方平原井灌面积大，现有地面灌溉方式有 3 种，沟灌、畦灌、低压管道输水灌，这 3 种形式都能实现波涌灌，但以土渠形式的波涌灌实现全自动化，需要增加大量的土建电动启闭设备，而以管网配套的波涌灌实现自动化十分方便（如塑料管网化），能将输水损失、田间灌水损失提高到 80%以上。管道化的井灌区实现自动化较容易，渠首基本已经实现电灌，只要渠首增加小型控制柜，田间采用太阳能板式自动控制器，即可实现全自动化。与无线网络技术融入连接，可组成如图 8-8 无线波涌自动化控制系统。

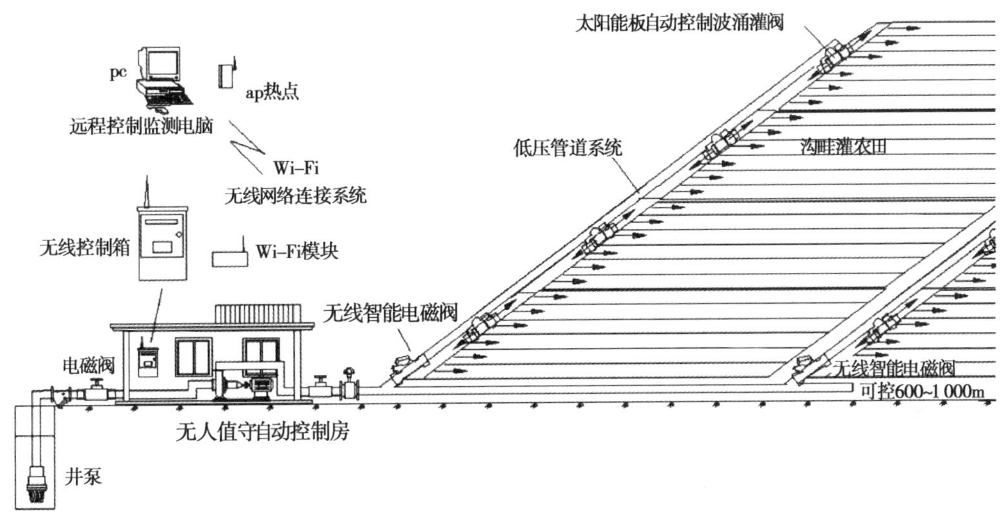

图 8-8　无线波涌自动化控制系统

（2）大型灌区波涌灌自动化控制系统。大型灌区输水系统用管道造价太高，对农业用水投入产出很难达到平衡，可分两步走，一是先采取干支渠大流量区段用渠道防渗减少渗漏损失，在斗农渠范围采用管道输水，控制面积不大于 $1km^2$ 为宜；二是要加强大口径输水管适用农业用水的研究，逐步向干支渠管道化迈进[64]。我国西北水源含沙较多，在大型灌区实行管道化中一定要对管道淤积堵塞进行预研，采取工程配套，防止堵塞，建立严格沉沙冲洗制度，西北灌区地面比降较大，波涌灌管道尽量采用自流输水，以减少灌溉成本。

（3）可融入智能化系统。智能化是时代特点，灌溉技术不能落后时代需要，当解决了自动化、信息化后，智能化只是软件问题，加入智能的成本不会太高，在自动化基础上对软件更新即可实现智能化。

三、波涌灌溉主要参数

1. 波涌灌溉几个参数定义

①波涌灌周期：波涌灌的一次灌水和停水过程为一个波涌周期。

②波涌灌周期历时：波涌灌周期内，放水历时（T_f）与）停水历时（T_t）之和称波涌周期历时（T_c）。

③循环率：一次波涌灌放水历时（T_f）与波涌灌周期历时（T）之比称循环率（r_n）。

④周期数：完成一次灌水定额所需波涌灌的次数（Bn）。

⑤灌水历时：完成一次灌水定额所需历时，等于周期数各次历时之和。

⑥推进历时：一次波涌水流由沟口向前推进到停止前进时间（t_0）。

⑦推进长：一次波涌水流由沟口向前推进到停止前进的长度（X_S）。

⑧涌进长：一次波涌灌放水停止后水流继续向前涌进到水流停止长度。

⑨退水时间：波涌沿程各点地面水渗入完成时刻为退水时间。

⑩入渗历时：波涌沿程各点水流推进到达时刻与地面水渗入完成时刻差为入渗历时。

根据这些参数可以设计各种波涌灌的模式。

2. 波涌灌溉主要参数计算方法

①波涌灌放水循环率：一般采用 1/2 或 1/3。

②波涌灌放水总历时：

$$T_s=\left(1-\frac{R}{100}\right)T_C \tag{8-13}$$

式中：

T_s—波涌畦灌放水总时间（min）；

T_c—常规畦灌灌水总时间（min），该值同地块没改波涌灌前畦灌时间；

R—波涌灌较常规畦灌节水率（%），根据当地实测确定，无资料可在 10%～30%间取。

③周期供水时间：

$$t_{on}=\frac{T_S}{N} \tag{8-14}$$

式中：

t_{on}—周期供水时间（min）；N—波涌畦灌周期数。

④波涌灌周期时间：

$$t_c=\frac{t_{on}}{r} \tag{8-15}$$

式中：

t_c—波涌灌水周期时间（min）；r—循环率。

⑤周期停水时间：

$$t_{of}=t_c-t_{on} \tag{8-16}$$

式中：

t_{of}—周期停水时间（min）。

⑥波涌畦灌一次完成灌水定额总时间：

$$T_0=\left(1+\frac{N-1}{r}\right)t_{on} \tag{8-17}$$

式中：

T_0—波涌畦灌一次完成灌水定额总时间（min）。

⑦波涌灌主要参数参考表：

在没有实测资料时，可根据地块的土壤渗透性和地面比降，参照表 8-8 选择波涌灌主要参数 。

表 8-8　波涌沟畦灌主要参数参考表

土壤渗透系数（m/h）	沟畦田坡度（‰）	畦灌		沟灌	
		畦长（m）	单宽流量（L. s^{-1}. m^{-1}）	沟长（m）	单宽流量（L. s^{-1}. m^{-1}）
>0. 15	<2	60~90	4~6	70~100	0. 7~1. 0
	2~4	90~120	4~7	100~130	0. 7~1. 0
	3~5	120~150	5~7	130~160	0. 8~1. 2
	>5	150~180	6~8	160~200	1. 0~1. 4
0. 1~0. 15	<2	70~100	3~6	80~120	0. 6~0. 8
	2~4	90~130	4~6	100~140	0. 6~1. 0
	3~5	120~160	4~7	140~180	0. 8~1. 2
	>5	160~210	5~8	180~220	0. 9~1. 2
<0. 10	<2	80~120	3~5	90~130	0. 6~0. 9
	2~4	100~140	3~5	120~160	0. 6~0. 9
	3~5	140~180	4~6	160~200	0. 7~1. 0
	>5	180~240	4~7	200~250	0. 9~1. 2

3. 波涌灌灌水质量评价指标

评价波涌灌的灌水质量有 3 个指标：灌水均匀度、储水效率、用水效率。

①灌水均匀度：灌水均匀度反映涌灌沿程各点入渗水深是否均匀。通过沿程布设观测点计算入渗水量，计算均匀度：

$$\sigma(\%)=\left(1-\frac{1}{n}\frac{\sum_{i=1}^{n}\left|Z_i-\bar{Z}\right|}{\bar{Z}}\right)\times 100 \tag{8-18}$$

式中：

Z_i—为沿沟畦方向第 i 点的渗水深度 mm；

$\bar{Z}$—为沿畦长方向土壤平均入渗深度 mm。

②储水效率：

$$\eta_C(\%)=\frac{W_c}{W_x}\times 100 \tag{8-19}$$

式中：

W_c—为计划湿润层土壤中实际测定的灌水量 m^3；

W_x—为计划湿润层土壤中所需的灌水量 m^3。

③用水效率：

$$\eta_y(\%)=\frac{W_C}{W_g}\times 100 \tag{8-20}$$

式中：

W_g—为灌入田间的总水量 m^3；

波涌灌一般 3 个指标，应该达到 80%以上，为可取。

四、波涌灌主要方式及入渗量计算

波涌灌溉是间歇式灌溉，控制波涌灌灌水质量主要有 3 个因素：每次灌水时段的长短与灌水次数，以周期表示；灌水时间间隔长短以循环率表示；灌水单宽流量大小。由此组成的波涌田间灌水方式主要有以下 3 种。

1. 波涌灌主要方式

（1）定时段——变流程方式。定时段——变流程方式也称时间灌水方式。这种田间灌水方式是在灌水的全过程中，每个灌水周期的放水流量和放水时间一定，但先后灌水顺序，流经的沟畦地面糙率不同，进而每个灌水周期的水流推进长度则不相同。这种方式程序简单，控制容易操作方便，在实际灌溉中，多采用此种方式。

（2）定流程——变时段方式。定流程——变时段方式也称距离灌水方式。每个灌水周期的水流推进的长度和放水流量相同，但每个灌水周期的放水时间不相等。适于长沟灌溉，灌水效果比定时段—变流程方式要好。

（3）定流程——变流量方式。定流程——变流量方式也称增量灌水方式。其特点是以改变灌水流量来达到较高灌水质量。在第一个灌水周期内采用增大流量，也就增大水流速度，水流推进到灌水沟（畦）总长度的 3/4 处停止放水，在随后的几个灌水周期中，再按定时段——变流程方式或定流程——变时段方式，以小于首次放水流量来完成灌水定额。该方式主要适用于土壤透水性较强的地块。

2. 波涌灌入渗量的计算方法

波涌灌最终结果是灌入土壤的水量沿畦长不同点存在差异，由于涌灌是多次灌水的组合（图 8-9），并且各次入渗曲线都不同，所以，总的入渗量计算很麻烦。根据不同涌灌模式波涌灌土壤入渗与沟畦灌土壤入渗不同，第一次波涌水流推进只到沟畦中部，且第一次土壤处在干燥状态，入渗速度快，但其后几次，已灌水段土壤已湿润，并因间隔一定时段，地表形成微粒组成的致密层，渗透速度降低，前后波涌灌水土壤入渗计算式是不同的，下面介绍几种计算模式。

（1）分段权重模式。按波涌不同干湿段落前后计算模型，该模型贴近实际。其特点是：

一是每次取的土壤入渗系数不同，要对应灌水历时段的相应入渗量 Z；二是 灌过水的沟段与没灌过水的沟段入渗速度不同。其方法引进了权的平衡，即入渗速度对不同段落乘以系数。

$$\begin{pmatrix} Z = Kt^{\alpha} + Ct^{\beta} + s \\ Z = Kt^{\alpha} + Ct^{\beta} \\ Z = Kt^{\alpha} \end{pmatrix} \tag{8-21}$$

式中：

Z—波涌灌单宽入渗水量，$mm.\ m^{-1}.\ min^{-1}$；

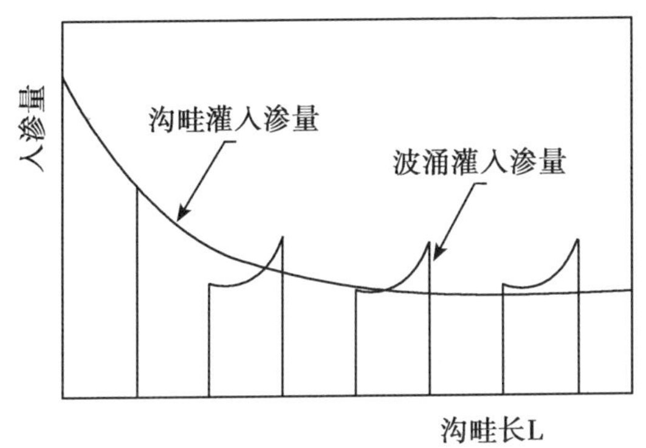

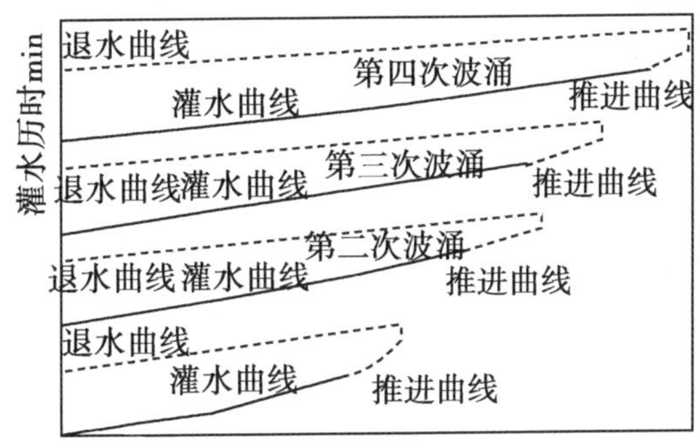

图 8-9　波涌灌特性示意

K、C、α、β、s—为 3 种入渗经验公式参数。

要首先试验波涌土壤入渗量，在试验区沿沟畦长度布设观测点，测量不同时段与灌水流量、推进距离、沟畦中水体、入渗完成时间等。根据试验数据推求入渗量经验公式，波涌入渗经验公式主要有式 8-21 中 3 种类型。对试验数据通过相关分析推求 K、C、α、s 参数。8-21 式是一元三项、二项、一项三种经验公式，根据试验数据配线情况，采用相关性最好的。配线过程，可先采用单项式，对 8-21 式中第三式直线化，取对数有下式：

$$\mathrm{Log}z=\mathrm{Log}K+\alpha \mathrm{Log}t \tag{8-22}$$

8-22 式是标准直线回归方程，用 EXCEL 计算软件的回归模块求解，得到 K 、α 系数方程写为：

$$Z=K\,t^{\alpha} \tag{8-23}$$

然后用式 8-23 检验实测值，如果不理想，可进行两项式或三项式配线计算，计算方法是将式 8-23 预测值 Z 与实测值 Z 相减，用相减值 ΔZ 再次作回归分析，获得 $\Delta Z= Ct^{\beta}$，将 ΔZ 与第一次 Z 相加，即可获得二项式的经验式：

$$Z = Kt^{\alpha} + Ct^{\beta} \tag{8-24}$$

现以图 8-10 土壤入渗实测为例，按分析计算成果如下：

$$Z_i=0.617\times t^{-0.45} \tag{8-25}$$

但配图后发现首尾偏差大，将按 8-22 式计算的 Z_i 值与试验原始值相减，再与历时作第二次回归，即可得修正的 8-26 式中第二项函数的参数 C、β 值。将两项相加得：

$$Z_i=0.617\times t^{-0.45}+10^{7}\times t^{-3.5} \tag{8-26}$$

由于湿润区的影响，后次波涌的入渗有别于一般连续灌溉，为补偿这种影响，修正（8-21）式可引入权重修正系数 $(X/X_{s-1})^{\lambda}$，设 X 为距沟畦入口的距离，X_{s-1}前一波涌累计湿润沟畦长度，λ 与波涌次数有关的系数，从数值中看出，当 X 等于 X_{s-1}时，其值为 1，小于 1 的是灌过水段，大于 1 的是干旱段。λ 要在试验中获得，是大于 1 的系数，是由试验值匹配的参数。修正后入渗水量函数：

$$Z_s=\left(\frac{X}{X_{s-1}}\right)^{\lambda}\left(Kt^{\alpha}+Ct^{\beta}-F_S\,t_s\right)+F_S\,t_s \tag{8-27}$$

式中：

历时（s）	实测值（mm/s）	计算值（mm/s）
300	0.0633	0.0688
600	0.0267	0.0366
900	0.0267	0.0294
1 200	0.0267	0.0256
1 726	0.0190	0.0216
2 326	0.0183	0.0189
3 159	0.0144	0.0164
4 335	0.0128	0.0142
5 168	0.0132	0.0132
6 068	0.0133	0.0122
6 890	0.0134	0.0116
7 789	0.0111	0.0109

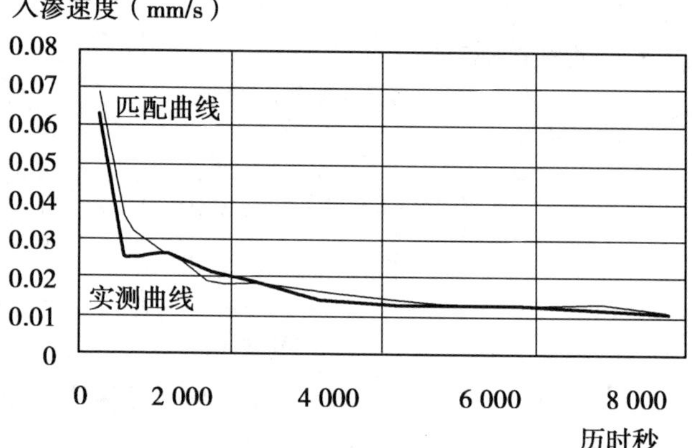

图 8-10　土壤入渗试验实例与经验公式推求配线

Z_s—某次波涌对应段 X 单宽入渗水深，mm/m；

t_s—某次波涌对应入渗历时 s；

F_s—为波涌灌稳定入渗率 mm/s。

将各波涌入渗水深 Z_s 曲线叠加，即得累积入渗量曲线，由此曲线可显示出波涌灌首尾入渗量分布状态，可进一步计算出灌水量、灌水均匀系数。

（2）分段计算模式。将在干土下入渗与在湿土下入渗分开计算，首次波涌是在干土下，而后续的每次波涌都有两段组成，流过前段湿润的 X_S 长度后，进入干土段。从图 8-11 中看出，土壤入渗初期渗透速度很快，当土壤饱和后入渗逐步稳定，速度减缓。在后续的波涌中入渗速度明显变化是由土壤湿度的变化决定的，所以分段计算是一种简便的计算方法，假如渗透方程是单项式写成方程：

①波涌灌只有干土状态：

$$Z_i = Kt^{\alpha} \tag{8-28}$$

②后续波涌则分成两段：

湿润段 $X<X_{1S}$：

$$Z_i = K(t_i+t)^{\alpha} \tag{8-29}$$

干土段 $X>X_{iS}$：

$$Z_i = K(t+t_i)^{\alpha} \tag{8-30}$$

式中：

t—当次波涌放水时间；

t_i—前 i 次波涌灌放水时间；

X_{iS}—前 i 次波涌灌推进长度。

波涌灌水入渗量计算还有多因子周期叠加模式、水动力波模式等，具体计算方法可参考文献[60]。

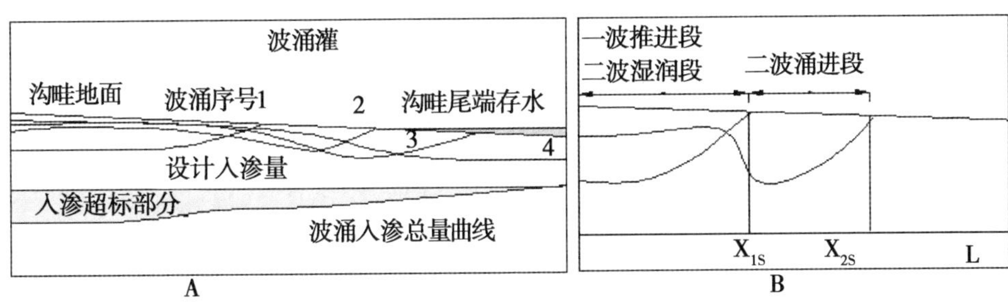

图 8-11　不同波段入渗示意图

A. 四波段组成入渗；B. 二波段推进入渗量对比

五、波涌灌适用环境

中国从 20 世纪 80 年代开始引进波涌灌，1981 国家农委派团赴美考察，1987 年水利部列入波涌灌研究，开展了基础理论研究，1990—2000 年在《灌溉排水》等杂志上先后发表一些理论研究与试验成果，但发展缓慢，很少实测资料，进入 21 世纪，开始进入推广阶段，从研究单位到试点地区，有了部分资料。表 8-9 中列举了不同地区的试验资料，虽然不全面，但反映了中国北方地区开展了波涌灌试点工作成果。

表 8-9　近年波涌灌溉试验成果摘录

试区文献	年份	规格长/宽 (m)	单宽流量 ($L.s^{-1}.m^{-1}$)	灌水定额 (m^3/hm^2)	节水效率 (%)	储水效率 (%)	均匀度 (%)
辽宁[56]	2004	193/2.5	6.37	870	23.7	95	80
山东[38]	2007		10		29		
西北[53]	2006	80/0.45	6	414	20	89	83
新疆[57]	2001	250/		945	30.5		
陕西[58]	2000	200/	5.04	1 077	25.7		

1. 平原区沟畦灌溉区

波涌灌是在传统灌溉基础上发展起来的容易与现代化灌水技术相融合的节水灌溉技术，它需要的田间设备少，采用低压输水系统，设备简单、造价低廉，适合大型农机具田间作业，最适合在平原区发展。适宜灌水沟畦长在 200m 左右，能充分发挥波涌多波次长距离灌溉特点。表 8-10 是山西泾惠渠玉米波涌灌的试验成果，看出在比降 4/1 000、沟长 238m 的条件下，玉米波涌灌的三项灌水质量评价指标均好于传统沟灌。

表 8-10 陕西玉米波涌沟灌与波涌灌（清水与浑水）对比试验成果（摘录文献 31）

灌水	放水时间（min）	循环率 r	减渗系数		均匀度（%）	计划层深（m）	沟长储水量（L/m^2）	有效储水量（L）	深层渗漏（L）	漏灌水量（L）	灌水效率（%）	储水效率（%）
			R1	R2								
沟灌	60				72	0.45	28.77	5 160	2 081	338.5	71.3	93.8
波涌	20×3	1/2	0.81	0.487	80	0.45	28.77	5 592	1 629	202.5	77.4	95.0
浑水	15×3	1/4	0.67	0.343	88	0.45	28.77	5 386	9.7	856.3	99.8	86.3

注：地面比降 4.1/1 000、沟长 238m、土壤质地粘壤；浑水含沙量 7.4%

2. 山丘高原坝地

我国西北、西南高原坝地很多，在山丘高原坝地也开展了波涌灌试验。试验表明虽然高原坝地，面积没有平原宽阔，但波涌灌依然能得到较好的节水应用效果。

表 8-11 是重庆北陪山丘区试验成果，地块较小，试验表明，仍然获得节水 20%的效果。表 8-12 是山西农业大学采用正交试验设计进行波涌灌溉的田间试验，根据田间实测的入渗及灌水试验资料，建立了波涌灌的入渗模型，由波涌灌的灌水质量评价三指标公式，构建一组极大化的线性规划数学模型，利用软件优化计算分析，求解对应 3 个最大化的指标时的波涌灌溉参数。表 8-12 中是优化结果，适用于山丘地面比降6/1 000黄土高原的波涌灌溉，可为波涌灌溉制度设计提供参考。

表 8-11 重庆北陪山丘区波涌灌溉试验（摘录文献 51）

灌水	沟长（m）	沟距（m）	放水时间（min）	循环率 r	入沟流量（m^3/s）	灌水定额（m^3/hm^2）	节水率（%）	备注
沟灌	74	40	17.05		0.006	519		玉米
涌灌	74	40	13.62	1/4	0.006	414	20.2	

表 8-12 陕西山丘区波涌灌溉试验优化成果（摘录文献 61）

涌灌	放水（min）	停水（min）	循环率	流量（L/s）	沟长（m）	灌水定额（m^3/hm^2）	储水率（%）	灌水率（%）	均匀度（%）
优化结果	14.68	16.04	0.51	1	120.2	440.25	88.7	81.4	100
取用	15	15	1/2	1	120				

3. 不同水质、土质地区

我国西北河水含沙多，在水质含沙较多与清水的波涌灌试验中[58]，浑水比清水灌水均匀度、灌水效率要高（表 8-10），新疆波涌灌试验与试点地区表明，不同土质（沙土、壤土）效果有明显差异，壤土节水效益明显，沙土需要在完善试验获取最佳参数下，才能有较好的效果（见参考文献［55］、［57］），波涌灌在新疆与喷灌比有很大优势，喷灌在干热气候条件下，蒸发损失抵消了它的部分优点[65]。灌溉水质矿化度较高、灌区土壤含盐较高条件下，波涌灌灌后反应较复杂，再加上土壤质地的不同，是多维复杂影响，虽然做了一些工作，但还需要深入研究，以给大面积推广应用提供支撑。

4. 波涌灌对水肥分布的影响

波涌灌与传统沟畦灌相比，由于波涌灌水量分布均匀度的提高，试验证明，其土壤养分分布的均匀度也随之得到提高[48]。

第四节　玉米集雨灌溉

中国玉米主要产区位于北方干旱和半干旱地区，西北大部分属于灌溉农业区，东北华北属补偿灌溉区，水库蓄水虽然解决主要农田用水，但大部分平原区农田基本位于非水库集水区，季风型雨水集中在7—8月，暴雨集中，农田无法吸纳过多的雨水，无奈要建立排水系统，将多余的雨水排出农田，但农田很快又陷入缺水状态。水资源无法得到充分利用，集雨就成为过去忽略了在排水或地面径流中可利用的水资源。目前西北地区集雨技术的应用引起了人们的重视，但补偿灌溉区在排水系统中的集雨观念还没有引起重视。在雨养农业中同样存在干旱问题，在600~800mm降水的雨养农业区中，研究留住排水中的雨水是个新课题，是挖掘水资源充分利用的新视角。

一、玉米农田集雨灌溉理念

农田集雨是将农田周围可利用的面积上各类下垫面的降水收集起来，存储在各类储水介质中，以备作物需水应用，也就是将流失掉的水资源重新利用。

1. 充分利用降水资源

现以甘肃为例分析雨水资源可利用的潜力，甘肃2013年有耕地538.56万hm^2，占总土地面积的12.6%，牧草地592.43万hm^2，占总土地面积13.9%。2013年甘肃省水资源与利用现状列于表8-13中，从表8-13中可以看出出境与入境水量差，每年从甘肃流出的径流量210亿m^{3}占全省资源量的48%，自用总水量占资源量28%，资源量占雨水量32.2%（各种截流量与蒸发量占雨水量的67.8%），而雨水利用量占雨水量的0.09%，雨水利用是从降水开始，在降水过程中取用，很短的径流过程无蒸发损失及微量的入渗损失，它是在地表地下水资源产生前发生，是挖潜雨水的直接利用，这一利用是从蒸发损失中挖潜，潜力巨大，如果扩大到雨水量的1%，就能使可用资源量增加10%左右。

表8-13　甘肃2013年水资源与利用

项目			单位	数量
降水	降水量		（mm）	297.0
	降水总量		（亿m^3）	1 349.53
地表水资源量	自产水	自产水资源量	（亿m^3）	295.47
		径流深	（mm）	650.0

（续表）

项目			单位	数量
入境水量			（亿 m^3）	293.36
出境水量				503.35
地下水资源量				139.11
水资源总量				303.20
供水量	地表水源	蓄水工程	（亿 m^3）	33.52
		引水工程		39.82
		提水工程		14.98
		跨流域调水		2.63
	地下水源		（亿 m^3）	29.44
	其他水源	污水处理回用	（亿 m^3）	0.39
		雨水利用		1.21
	合计		（亿 m^3）	121.99

从西北的降水过程看出（图 8-12），降水年内分布与华北、东北不同，有双峰曲线，为截取径流提供更多的机会，尤其是春季小峰值，集雨储水为春玉米前期生长提供了水源。

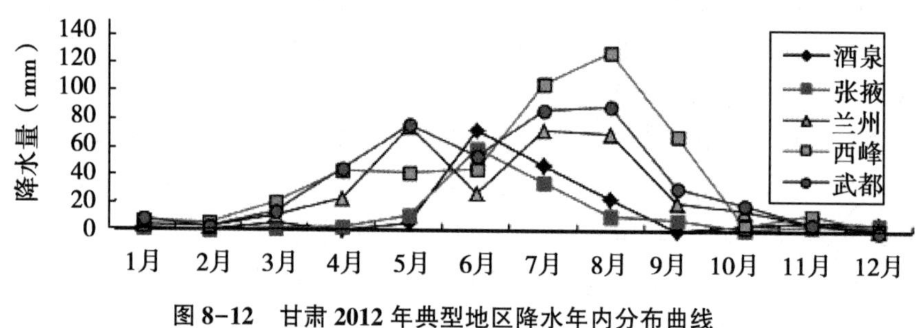

图 8-12　甘肃 2012 年典型地区降水年内分布曲线

2. 集雨意义与类型

集雨是将无法用大型水利工程拦截的雨水，通过分散的小型拦截措施利用起来，以解决缺水地区的用水需要。拦截与利用的形式可分为以下几种。

①小型集雨储水系统：小型集雨储水系统是指通过雨水收集系统，将雨水导入储水容器储存起来，以备用水时需要，此类属集中雨水储存调节，由三部分工程组成：收集集雨工程、存储蓄水工程、供水灌溉系统。此类多发生在西北灌溉农业区（图 8-13）。

②农田集雨灌溉系统：该类集雨系统可以无储水系统，但需要收集山丘上边的雨水，然后利用截流沟、引水沟直接将雨水引入农田，该类集雨多应用在南方多雨的山丘梯田，可以采用有蓄水系统，也可以用无蓄水系统（图 8-13）。

③农田自身拦截排水系统：该类集雨多应用在 500～800mm 的平原有排水系统的农田，暴雨来临必须将多余的田间雨水排入江河。但由于水资源的超采开发，地下水水位下

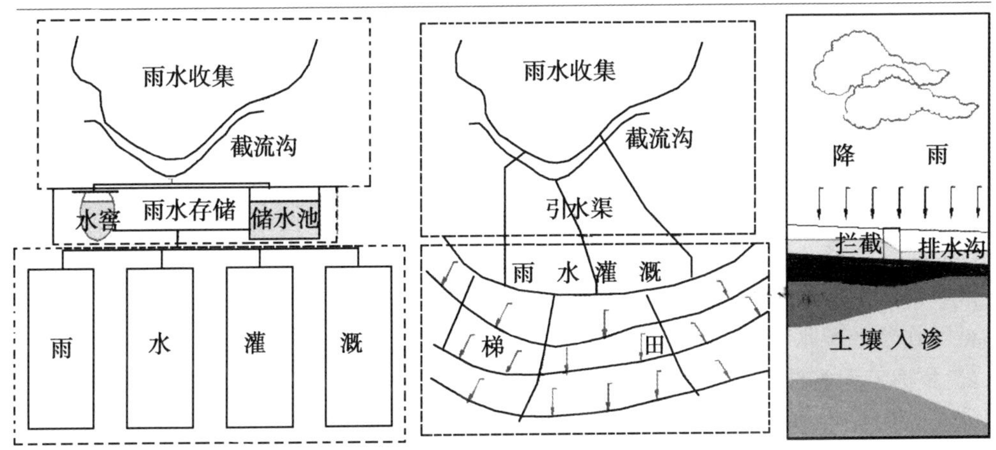

图 8-13　集雨灌溉系统类型

左为小型集雨储水灌溉、中为农田集雨灌溉、右为拦截的排水渗入土壤

降，干旱也常伴暴雨来临前发生，超强的暴雨强度使雨水无法在暴雨历时时间内入渗到土壤中，地面径流产生后，雨水就成为弃水排出田间。如果在田间排水沟中设置溢流拦截坎，抬高沟中水位，即可增加沟中水位，多拦截雨水，并增加入渗面积和入渗时间，土壤就能得到更多的雨水，变弃水为土壤蓄水（图 8-13 右图）。

二、集雨工程规划设计

集雨工程是小型水利工程，大到农业集约公司，小到个体农户，规划只是一种筹划，不可能动用大型的规划设计部门进行设计。但为普及集雨工程的科学知识，下面简约介绍集雨工程规划设计方法，在缺少资料时，可参照给出的参数进行设计，并可参照本章参考文献［66-70］的经验进行设计实施。

（一）集雨工程规划

1. 集雨工程任务

首先要明确集雨的目的任务，集雨是小型水利工程，只能是各种用水目的补充性措施，例如玉米灌溉问题，它无法解决大面积正规灌区的灌溉用水，只是有雨条件下的补水措施。在这里集雨目标主要是灌溉问题，有关民用等其他用水可参照文献［70］集雨规范进行规划（表 8-14）。

表 8-14　灌溉用水量估算表

作　物	灌水方式	不同降水区的灌水次数		灌水定额 (m^3/hm^2)
		250～500mm	>500mm	
玉米等旱田作物	坐水种	1	1	45～75
	点灌	2～3	2～3	75～90
	地膜穴灌	1～2	1～2	45～90
	注水灌	2～3	1～3	30～60
	滴灌等	1～2	2～3	150～225

目标要提出具体地点、作物构成、灌溉面积，需要用水数量。无资料可参照下式计算：

$$W = \sum_{i=1}^{n} F_i \times k_i M_i \tag{8-31}$$

式中：

W—集雨灌溉需要总水量，m^3；

F_i—灌溉作物面积，hm^2；

M_i—作物的灌水定额，m^3/hm^2；

K_i—作物的灌水次数。

2. 集雨工程需要资料

①集雨区作物地形资料：灌溉作物面积及分布平面图，地形资料（无地形图可用塑料软管、注水弯管测量地面比降高差）。

② 降水资料：多年降水资料，年内各月的降水分布数据。

③集雨区地表下垫面类型：包含各类集雨面积、类型。

④不同下垫面产流系数：当无实测资料时，查找可借鉴的资料。

⑤不同用水类型用水定额：当集雨目的含有其他用途时，需要收集各类用户需水定额。

⑥集雨设备材料信息：最新的集雨设备、类型、报价；建筑材料、防渗材料等。

⑦灌溉效益资料：可借鉴邻近集雨灌溉的增产节水效益、管理经验等，以评估风险。

3. 规划程序

①根据集雨目标拟定开发方案：根据收集到的资料，选择可行条件的拟订方案。

②对方案细化：对可行方案进行结构性细化，编制计划书，论证是否可行以及优缺点对比。

③优化决策：根据计划书，对比选择优化，最后决策，选择最佳方案。

④对最佳方案进行工程设计：编制设计报告。

（二）工程设计

1. 集雨工程布局

集雨工程需要根据目标任务的实际条件，可能选择如图 8-13 中的集雨类型，确定按优选方案后方可进行工程布局。

（1）外部坡地集雨。外部有山丘坡地集雨，集雨工程由三部分组成：雨水收集系统、雨水存储系统、农田灌溉系统。

雨水收集系统：该系统由三部分组成：①截流沟，在坡地与农田连接处设置截流沟，收集由坡地流下的雨水，根据地形设置支沟、干沟。②引水沟，将截流沟收集的雨水引向蓄水系统。③溢洪坎，溢洪坎是分流口，在截流沟与引水沟之上适当位置设置溢洪坎，溢洪坎要高于引水沟的沟底，溢洪坎连接排水沟，当暴雨大于引水沟的过流能力时，将多余的雨水分流到排水系统，将暴雨安全排向承泄区。

雨水存储系统：该系统由三部分组成：①进水口，进水口将引水沟的水流引向储水体，进水口前设置拦污网，拦污网阻拦坡地冲下的植物枝叶漂浮物，进水口后设有闸门，当储水容器充满后，关闭进水口。闸门外侧设置溢流口，一旦储水充满容器，水流可分向农田或排水系统。②净水池，净水池由沉砂池（或沉淀池）、过滤池组成，该组成视水质成分与灌溉方法而定，如滴灌需要清水，以防滴头堵塞，需要设置过滤池。③储水体，储水体根据集雨水量大小、地形条件不同，可设置方塘、水池、水泡、水窖、地下水库等。储水体要有防渗能力，根据自然条件不同，可以是开敞式、封闭式。储水体要设置进水、放水阀。

农田灌溉系统：在灌溉季节将储水体中的水，通过灌溉系统流向田间进行作物灌溉。灌溉系统由两部分组成：①输水管网，输水管连接储水体的放水阀，输水管网可以是地下固定式，也为可移动式。②灌水器，灌水器随灌水方法不同而不同，如抗旱式灌水，可用水车拉水到田间，采用软管进行点灌，如采用滴灌方式，就需要铺设滴灌管或滴灌带。

（2）农田道路集雨。在我国西南喀斯特地貌地区，多地下径流，地表集雨很困难，创新一种用农田道路铺设不透水路面进行路网集雨，形成路网集雨水窖群。农田道路集雨也由三部分组成。

路面集雨系统：它由两部分组成：①硬体路面，将田间道路网硬体不透水化，连成集雨路面网络。②路边集水沟，随着路面网的走向，组成集水沟网。

塑料水窖群：塑料水窖群沿集雨路面沿线布设。

（3）村舍集雨。村舍集雨适宜居舍与农田连片地区，可应用在独立农舍或连片村屯。村舍集雨型特点是下垫面类型复杂，有不同房顶类型、不同路面类型、地面覆盖也不尽相同，在计算集雨量时要分别计算。其集雨系统的组成基本与“外部坡地集雨”相同。

（4）农田自身集雨。在平原或塬地，农田连着农田，没有外部集雨面积，只能利用农田自身上面的降水。该类集雨特点是利用农田中暴雨产生的径流雨水，在农田的最低处设置储水体，如果地面比降稍大，可分上下游，分别集雨，高水高集，低水低集，但能将高水向低地自流灌溉，而低地的集雨只能进行提水灌溉。

（5）农田排水集雨。农田排水系统集雨一般发生在补偿灌溉区，农田中有完整的排水系统。农田排水集雨的特点是：它无集水沟网、无蓄水建筑物，它是利用排水沟网增设拦截坎截留雨水，从而减少排水量，增加雨水入渗量，达到集雨的目的。

2. 集雨容量计算

集雨容量计算很复杂，正常计算类似水库调节过程。集雨是小面积的暴雨产流过程与用水过程的平衡，由此来确定集雨的最大可用容量。这一计算过程需要详细的降水资料和作物需水资料，限于篇幅这里不能详细介绍，可参考文献［60］。下面介绍的是在缺乏资料下的计算方法[70]。

①设计降水量：按地区多年平均降水量，参考图 8-14 取用。

②集雨产流效率：农田不同下垫面的产流效率不同，没有资料时，按表 8-15 取用。

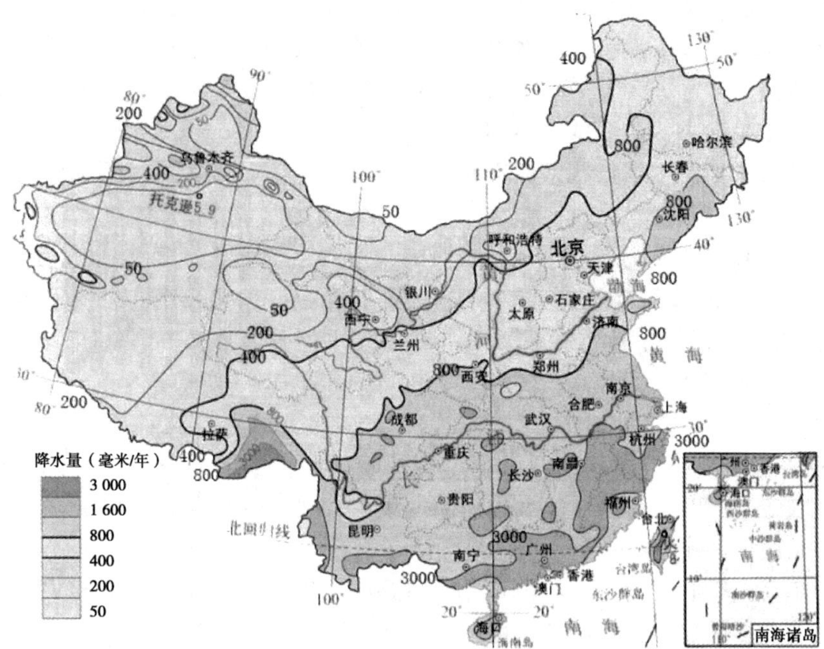

图 8-14　中国年平均降水量分布

表 8-15　不同材料集流面在不同年降水量地区的年集流效率[70]

集流面材料	地区年集流效率（%）		
	年降水量 250～500mm	年降水量 500～1 000mm	年降水量 1 000～1 500mm
混凝土	75～85	75～90	80～90
水泥瓦	65～80	70～85	80～90
机瓦	40～55	45～60	50～55
手工制瓦	30～40	45～60	45～60
浆砌石	70～80	70～85	75～85
良好的沥青路面	70～80	70～85	75～85
乡村常用土路土碾场和庭院地	15～30	25～40	35～55
水泥土	40～55	45～60	50～65
化学固结土	75～85	75～90	80～90
完整裸露塑料膜	85～92	85～92	85～92
塑料膜覆中粗砂或草泥	30～50	35～55	40～60
自然土坡植被稀少	8～15	15～30	30～50
自然土坡林草地	6～15	15～25	25～45

③集雨产水量计算：

$$W=\sum_{i=1}^{n}H_i\times\eta_i\times\frac{p}{1\,000} \qquad (8-32)$$

式中：

W—设计产水量，m^3；

H_i—不同集雨下垫面类型面积，m^2；

η_i —不同集雨下垫面集流效率（小数表示）；

p—设计频率下的年降雨量（没有资料可按图 8-14 中多年平均值取用），mm。

也可按表 8-16 计算产水量：

$$Ww=\sum_{i=1}^{n}\frac{H_i}{\alpha_i} \qquad (8-33)$$

式中：

α_i—产流系数，每集雨产水 $1m^3$，对应不同年降雨量不同下垫面所需集雨面积（m^2）。

表 8-16　集流每立方米水量所需集流面积表　　（单位：m^2）

降水变差系数 C_v	降水量（mm）	集雨下垫面						
		混凝土	水泥瓦	机瓦	土路面	沥青路	塑料膜	土坡
0.30	250	3.8	7.9	12.8	34.2	7.3	6.0	63.8
	300	5.6	6.3	9.9	23.7	5.9	5.0	45.2
	350	4.6	5.2	8.0	17.4	5.0	4.2	33.7
	400	4.0	4.3	6.5	13.4	4.2	3.6	26.1
	450	3.4	3.7	5.5	10.6	3.7	3.2	20.8
	500	3.0	3.2	4.7	8.5	3.2	2.8	17.0
	600	2.5	2.6	3.7	6.3	2.6	2.3	11.8
	700	2.1	2.2	3.2	5.1	2.2	2.0	8.7
	800	1.8	1.9	2.8	4.2	1.9	1.7	6.6
0.35	250	7.1	8.2	13.0	35.7	7.6	6.3	66.8
	300	5.8	6.6	10.4	24.8	6.2	5.2	47.4
	350	4.8	5.4	8.3	18.2	5.2	4.1	35.4
	400	4.1	4.5	6.8	13.9	4.4	3.7	27.4
	450	3.6	3.9	5.7	11.0	3.8	3.3	21.8
	500	3.1	3.3	4.9	8.9	3.3	2.9	17.8
	600	2.6	2.8	4.1	7.2	2.8	2.4	12.4
	700	2.2	2.4	3.5	5.8	2.d	2.1	9.1
	800	2.0	2.1	3.0	4.9	2.1	1.8	7.0

（续表）

降水变差系数 C_v	降水量（mm）	集雨下垫面						
		混凝土	水泥瓦	机瓦	土路面	沥青路	塑料膜	土坡
	250	7.5	8.7	14.1	37.7	8.1	6.6	70.6
	300	6.1	6.9	10.9	26.2	6.5	5.4	50.1
	350	5.1	5.7	8.8	19.2	5.5	4.6	37.4
	400	4.4	4.8	7.2	14.7	4.6	4.0	28.9
0.40	450	3.8	4.1	6.0	11.6	4.0	3.5	23.1
	500	3.3	3.5	5.1	9.4	3.5	3.1	18.8
	600	2.8	2.9	4.3	7.6	2.9	2.6	13.1
	700	2.d	2.5	3.7	6.1	2.5	2.2	9.6
	800	2.1	2.2	3.2	5.2	2.2	1.9	7.4

上述计算可解决3种类型问题：

第一种：通过调整不同集雨下垫面的面积，来满足灌溉面积的用水需要。

第二种：而反过来也可以，环境已经确定不同的下垫面面积，可推求能灌溉多少面积。

第三种：可以通过改变地表下垫面类型，进行试算满足灌溉目标任务。

3. 集雨储水工程结构设计

集雨系统重点是储水系统，雨水收集与灌溉系统是防洪、灌溉共用工程，唯有集雨储水是集雨特有的工程，这里主要介绍集雨储水工程设计。

（1）储水类型选择。中国北方（降水200～800mm）常用集雨蓄水设施有水窖、水窑、水池和涝池。

水窖与水窑：现在两词已通用，其不同处是水窖是圆形或方形成柱状，并且上面可有盖或无盖称窖；水窑是窑内有曲面成窑罐状，并且上口小、有盖（图8-15）。但现实中已经将两者统称为水窖。水窖在广西又称为水柜（图8-16）[75]。水窖根据气候、环境以及地区的不同，水窖上面有的设盖，也有的是开口形式的，尤其南方降水1 000mm地区一些大型的水窖，都是开口无盖的，但是北方降水少的地区，为减少蒸发损失，都有上盖。水窖在不同集雨类型区，可区分为3种类型：①自流灌溉，在梯田上下高差较大，可以利用高差将高处水窖底部设水阀，向下面梯田自流放水灌田。②机泵抽水灌溉，当集雨水窖在低处，农田在高处，灌溉时需要临时设置水泵抽水灌溉。③人工提水抗旱式灌水，人工提水只能进行小水量的抗旱式点灌或穴灌等。

水池：当开敞式水窖处于地上或地下较大时，则称为水池，水池的蓄水量要大于水窖。当集雨面积较大，雨水一两个水窖无法接纳时，需要设计相对大型的集雨池。水池一般选在坡地的最低处，雨水能自流进入水池，如果一个水池还无法接纳雨水，可根据地形布设多个水池。水池形状无限制，可以随地势而设，但应该是人工修筑的蓄水工程，具有

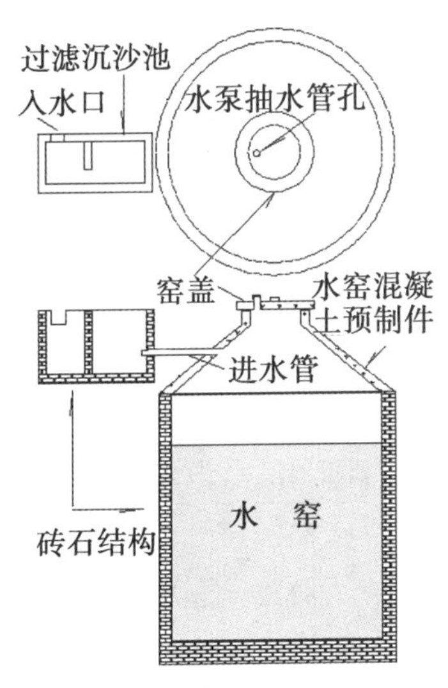

图 8-15　北方水窖结构示意

图 8-16　南方地头水柜图片

水利工程特点：结构稳定、防渗漏、经得起雨水、暴雨洪涝冲击，具有进水、储水、出水灌溉及防洪能力。水池大小按可收集的雨水量规划设计（图 8-17）。

图 8-17　南方集雨水池

图 8-18　西北地区的涝池

涝池：涝池是西北农村村庄内的水泡称谓涝池，在东北也称水泡，而南方称为水塘，但意思是一样的。一般涝池是村庄的一块湿地，在没有整修前的涝池是自然水泡，接纳村屯房屋街道雨水，现在涝池整修后成为农村亮丽的景观。现代化的涝池是整修美化后综合水利设施，融入了人文文化、休闲景点、环境保护、农田灌溉的理念。

涝池结构由池底、护坡、围栏、集雨水系统、排暴雨系统、灌溉系统组成，有条件的地区可增加文化内涵性的亭台楼阁、休闲设施。池底、护坡要有防渗能力。集雨系统要与全村的排水网连接。排水系统要与农田排洪水系统连接，当特大暴雨发生时要保证洪水不成灾，能及时排出村庄（图 8-18）。

（2）建筑材料选择。集雨系统建筑材料有两类：一是集雨下垫面上采用的防渗材料，集雨区地面不同的渗透材料，关系到产流系数；第二类是储水建筑物，其他输水、灌溉系统用料都有两类专用材料，可参考本书相关章节，这里不做介绍。

防渗材料：在水窖蓄水技术中所采用的集流面主要有坡面、沟壕、庭院、麦场、路面、屋面，可使用的传统材料主要有混凝土、水泥瓦、浆砌石、水泥路面、塑料薄膜等，新型的集雨防渗材料有土壤固化剂、有机硅和地衣等[74]。材料按特性可区分为物理性材料（传统列举的均属物理性），化学性材料包括土壤固化剂、有机硅，生物材料地衣。不同性质材料要应用在不同防渗体上，在可复用耕作土壤上慎用化学防渗材料。不同材料的集雨效果不同、使用年限不同、环境影响也不同，不同地面用何种材料要综合考虑，应使集雨系统的成本效益最佳，表 8-17 是考虑综合因素在甘肃地区的试验成果，可供参加。

表 8-17　不同保证率下单位集水量费用[71]

保证率（%）	单位集水量费用（元/m³）						
	混凝土	水泥瓦	机瓦	水泥土	塑膜覆沙	黄土夯实	3：7 灰土
50	1.80	1.50	1.84	2.81	2.85	1.66	17.70
75	2.23	1.85	2.56	3.78	3.82	2.40	31.40
95	3.02	2.60	3.79	5.70	6.02	3.90	60.60

储水建筑物用料：集雨储水建筑物最多是水窖，其他形式如水池、涝池等基本类似山塘小水工建筑，这里主要介绍水窖和旱井。

水窖：修建用料有 3 种：土水窖、砖石水窖、塑料水窖。

土水窖，分布在黄土高原，降水很少土质黏重，是经千百年传承的造窑技艺，制造很讲究，窖型成窑状口小肚大，全窖全由黄土构成，深达 8m，先挖成圆柱状，后再修理成窑型，第三步在窑内壁均匀钻孔 3 000 个，孔深 50cm，俗称布麻眼，第四步制作胶泥，选择非常黏的黏土用适当比例水合成胶状，像揉面一样將胶泥打成拉不断的筋劲，然后用胶泥制作胶泥条和胶泥饼，先将胶泥条塞入窑内壁钻孔，再将泥饼紧贴在黏泥条上，布满泥饼的内壁用木槌锤打，连续数日锤打至泥饼在内壁连成光滑黏泥层，土水窖即告完成。

砖石水窖，砖石结构是就地取材修建水窖最多的形式。施工简单材料易取造价便宜，表 8-18 是内蒙古试验资料可供选择时参考。

表 8-18　旱井与水窖工程实例造价（内蒙古清水河）[72]

名称		旱井		水窖（水窑）				
		1	2	1	2	3	4	5
蓄水量（m³）		40	40	54	65	163.8	182.7	280
防渗材料		二合泥	水泥砂浆	水泥砂浆	水泥砂浆	二合泥	水泥砂浆	水泥砂浆
断面	直径（m）	5	5		5			
	长（m）			6		16	18	16
	宽（m）			3		3.2	2.9	4.3
	深（m）	6	6	3	4	3.2	3.5	4

（续表）

名称		旱井		水窖（水窖）				
		1	2	1	2	3	4	5
工程量	土方（m^3）	44.97	47.5	70.5	75.6	190	210	425
	人工（工日）	45	50	87	75	150	185	225
主要材料	石砖（T）	2	2	12	3.8	11	11	242.5
	沙（T）	1	1	6.9	2.5	2	6	70
	水泥（T）	0.3	1.2	2.6	1.1	1	4	16
造价（元）		750	932	2 300	2 500	6 961	8 656	23 720

塑料水窖，塑料水窖是近年中国南北方不断发生干旱缺水，水窖普及的产物。塑料水窖应用方便，施工快捷，无渗漏损失，寿命长，广受欢迎。塑料水窖有不同规格 5~30t 大小型号。施工只要将它埋入地下即可。施工中注意填埋时，基础要用砖石水泥抹平，周围软土填埋，确保均匀受力，不被破坏。

三、集雨灌溉系统

集雨灌溉在中国西北干旱区历史悠久，但近年多雨的南方干旱也兴起了集雨热潮，南方虽然多雨，但遇干旱年份，旱作农田多在山坡上，并以玉米为主，常常造成严重旱灾，集雨成为雨养农业抗旱的重要资源。

1. 集雨非充分灌溉

集雨灌溉主要分布在中国西北雨量在 200~500mm 的地区；南方主要分布在西南山丘区，无法修建灌溉设施的干旱缺水的石山地区。灌溉形式无法满足大型水利工程的常规灌溉制度，灌溉主要是非充分节水灌溉。

（1）灌水方法。由于集雨属小型水利工程，水量有限，灌水方法多数采用抗旱模式，如坐水种、点灌、穴灌，并采取各种保水措施如覆膜灌减少土壤蒸发。在生长期也要采用非充分灌溉模式，灌关键水，在有限的水量下使控制区用水效益最大化。在灌水技术上，在可能的经济条件下采用节水灌溉技术，如滴灌、渗灌、负压给水、膜下灌、软管输水等节水技术。

（2）灌溉制度。玉米集雨灌有 3 个关键期：一是出苗期，土壤适宜水分与出苗率正相关；二是拔节期，拔节期是玉米成长关键期，影响后期的茎叶生长与小穗形成；三是灌浆期，充足水分促进籽粒饱满。黄土高原集雨灌表明[44,79]，最节水的灌溉制度是：苗期坐水种，后期是覆膜非充分灌溉，拔节灌关键水。

灌水定额：坐水种，前期土壤相对湿度 24%时，出苗率 20%，当每株给水 100、200、300ml 时出苗率均大于 90%，但 300ml 的要高于 100ml，出苗率 95%，且后期长势好。

生长期灌水定额，膜下滴灌在给水 $75m^3/hm^2$、$150m^3/hm^2$、$300m^3/hm^2$ 时，产量变化不大，但与不灌相比均增产 53%以上。

灌溉定额：根据多省试验，集雨规范[70]给出了计算集雨灌水定额的经验公式。

旱作农业区的非充分灌溉全年灌溉水量可按照公式：

$$M=\beta\ (N-10P-W_y)\ /\eta \tag{8-34}$$

式中：

M—全年灌溉水量，m^3/hm^2；β—非充分灌溉系数，取 0.3~0.6；

N—农作物全年需水量，m^3/hm^2；P—作物生育期有效降雨量，mm；

W_y—播种前土壤有效储水量，根据实际墒情估算 N×(15-25)%，m^3/hm^2；

η—灌溉水有效利用系数，可取 0.8~0.95。

2. 集雨节水灌溉效益

集雨灌要根据地区年际间雨水多少变化，适当调整灌水次数与灌水量，因为集雨灌本身就是补充式灌溉，是在不能满足作物最佳需水情况下的给水制度，表 8-19 是内蒙古玉米集雨灌 4 年的试验成果，可供制定集雨灌计划时参考。

从表 8-19 中看出，在覆膜坐水种下 3 种灌水：$60m^3/hm^2$、$300m^3/hm^2$、$450m^3/hm^2$ 与不灌对比，不同灌水量的增产，虽然都略有增加，但灌水效率明显下降，这里就需要考虑，在有限的水量下，如何根据集雨工程控制灌溉面积，调整灌水量与灌水次数，能使控制区作物获得最大收益。

3. 综合效益

从集雨投资到灌溉效益，综合对比不同类型的集雨灌溉效益，文献［73］是宁夏大面积多点统计成果，具有可参考价值。集雨效益跟各地区的自然条件有关，有些是不能选择的，如塘坝、水库，集雨本身就是在不能修建大型水利工程的地区采取的抗旱措施，表中的不同类型对比显示了不同条件下的集雨类型成本差异，但不管那类集雨都显示了明显的增产效益，并且还本年限全部在合理年限之内。

表 8-19　不同集雨灌处理与玉米增产节水效率产量

处理		补灌水量 (m^3/hm^2)	有效降水量 (mm)	有效利用水量 (m^3/hm^2)	产量 (kg/hm^2)	增产量 (kg/hm^2)	增产效果 (%)	灌水效率 (kg/m^3)	作物水分效率 (kg/m^3)
不覆膜不灌对照	1996	0	276	2 761.5	3 900	0	0	0	1.41
	1997	0	166	1 660.5	1 321.5	0	0	0	0.8
	2003	0	266	2 661	6 196.5	0	0	0	2.33
	2004	0	320	3 199.5	5 484	0	0	0	1.71
覆膜坐水种	1996	64.5	276	2 826	7 765.5	3 865.5	49.8	59.9	2.75
	1997	60	166	1 720.5	4 840.5	3 462	71.5	57.7	2.81
	2003	52.5	266	2 713.5	7 590	1 383	18.2	26.3	2.79
	2004	52.5	320	3 252	7 174.5	1 692	23.6	32.2	2.21

（续表）

处理		补灌水量（m^3/hm^2）	有效降水量（mm）	有效利用水量（m^3/hm^2）	产量（kg/hm^2）	增产量（kg/hm^2）	增产效果（%）	灌水效率（kg/m^3）	作物水分效率（kg/m^3）
覆膜坐水种+滴灌1次	1996	295.5	276	3 057	9 157.5	5 257.5	57.4	17.8	3.0
	1997	259.5	166	1 920	6 172.5	4 851	78.6	18.7	3.22
	2003	232.5	266	2 893.5	7 770	1 563	20.1	6.7	2.69
	2004	232.5	320	3 432	7 956	2 473.5	31.1	10.6	2.32
覆膜坐水种+滴灌2次	1996	435	276	3 196.5	10 711.5	6 811.5	63.6	15.7	3.35
	1997	460.5	166	2 121	10 054.5	8 733	86.9	18.9	4.74
	2003	367.5	266	3 028.5	8 037	1 830	22.8	5.0	2.65
	2004	412.5	320	3 612	9 298.5	3 814.5	41.0	9.5	2.57

引自文献［44］

由表8-20可以说明，在有路边集雨条件时，选择路面集雨效果最佳，产投比最大。

表8-20　集雨节灌农业综合效益分析

集雨灌模式	面积（hm^2）	年均工程投资（元/hm^2）	年运行费（元/hm^2）	年均增收效益（元/hm^2）	工程年效益（元）	产投比	还本年限
水库集雨畦灌	30.36	125.1	1 723.2	2 845.05	86 377.98	1.54	2.23
塘坝集雨畦灌	17.2	77.85	1 548.3	2 847.0	48 968.4	1.75	1.20
坡面玉米集雨	28.0	1 464.45	1 384.05	3 657.14	102 400.0	1.35	5.79
路面集雨补灌	59.2	671.25	613.5	3 840.0	227 328.0	2.99	3.45
土圆井节灌	10.0	620.1	519.0	2 874.75	28 747.5	2.52	2.38
微集雨灌	333.33		302.25	544.95	181 650.0	1.80	1.00

数据引自文献［73］

4. 集雨灌溉发展趋势

集雨工程建设始于20世纪80年代至今有20多年，在21世纪气候的异常变化，使中国南北方干旱灾情有扩大趋势，兴建集雨工程对缓解地区灾情有良好效果。中国农田整体都处于旱涝交替影响状态，而可控旱灾的有效灌溉面积只占耕地的不足50%，还有近半数耕地得不到保护，虽然有部分适宜雨养的农业区，但同样着受不同频率干旱的影响，根据2013年各省统计，中国灌溉面积占耕地25%以下地区，有61个（市）地区，主要分布在东北（占44%）、西南（30%）和西北（18%），61个市的总耕地面积占全国25%，平均耕地灌溉率12.5%。据此推算中国还需要灌溉耕地大约2 666万 hm^2，占耕地面积的1/5。这部分耕地主要分布在玉米产区、旱作农业区，其中，东北、西南是现有雨养农业区。有些是常规大中型灌区无法解决的地区，但微小水利集雨工程能发挥主导作用。表

8-21 中是近 20 年集雨地区不完全统计，总面积有 242 万 hm^2，占现有灌溉面积的 3.6%，但为未来解决大中型灌溉工程不能顾及的地区提供了经验和样板，集雨灌溉的潜力很大。

表 8-21　部分省份 2010 年前后资料

省份	甘肃	陕西	内蒙古	宁夏	青海	四川	广西	贵州	云南	合计
集雨工程名称	121	甘露	112	水窖		小水利	水柜			
水窖数（万个）	400.0	58.3	99.4	30.0	73.0	263.2	120.0	50.0	45.0	1 138.9
灌溉面积（万 hm^2）	66.7	13.3	49.7	10.0		47.2	15	10.7	30.0	242.6

第五节　玉米覆膜灌溉

玉米覆膜灌溉是多种技术融合群众实践的成果，将塑料薄膜制作、农作变革、农机机械化覆膜、节水灌溉、集雨增效等技术于一体，使玉米灌溉效益达到最高水平。

一、覆膜灌溉特点

覆膜灌溉是覆膜技术与灌溉技术结合，灌溉技术的特点不用多述，覆膜后使作物生长发育的环境向有利的方向改变，促进了增产节水两个目标的最佳效果。

1. 覆膜地面灌溉原理

根据作物生长的需要，利用塑料薄膜薄而廉价的特点，在农业上广泛应用。但农用薄膜与普通薄膜不同，这种薄膜厚度更薄，是普通膜厚的一半，该薄膜的透光度和保温性能好，每吨可覆盖耕地 29.0hm^2。农用薄膜有不同的分类，如地膜、棚膜等，在覆膜灌溉中要选择覆盖农田的地膜。地膜又有不同种类，如透明地膜、有色地膜、特种地膜，要根据覆膜灌溉目的选择与目标一致的地膜，如在降水 200~400mm 地区，为增加降水有效入渗，应选择特种膜中的渗透膜，以增加小雨时的入渗量；相反在 1 000 mm 地区，要选择一般地膜，不透水，以排除暴雨，免除土壤水分过多形成渍害；对于玉米覆膜灌溉，选择打孔地膜，以免人工打孔的麻烦，但要根据地区不同以及种植密度选择适合的孔距。

（1）塑料薄膜的特性。

①塑料导热型：塑料是不良导体，它不容易传热，有较好的保温性能。

②塑料膜透光性：聚乙烯膜、聚氯乙烯膜为透明，其透光率和热辐射率达 90%以上。

③塑料薄的气密性：聚乙烯膜的透水率低但透气性较大，它不易透过水蒸气，却容易透过氧气和二氧化碳气。

④塑料膜耐水性：有很好的不透水性，连水蒸气都很难透过。

⑤塑料膜延伸性：有较大的延伸性，抗拉而不脆，延伸性有较好的伸缩能力。

⑥塑料膜可加工性：塑料膜易于加工，塑料是化学物容易与其他添加剂融化，进而生成各种特性材料。

（2）覆膜灌溉原理。由于地膜有上述六大特性，覆膜灌溉利用这些特性应用在不同水环境下，创建了作物适宜水环境，达到节水增产的灌溉效果。

①覆膜沟畦灌溉：覆膜沟畦灌溉是在沟畦地面灌溉基础上，与农田覆膜结合，地面覆膜比例中留有孔隙，利用薄膜透光与保温特性，充分利用光照，增加地温，使覆膜下热平衡向增加土壤温度减少热量流失方向转变，在北方春季覆膜增加积温，有利幼苗快速生长。同时，也利用薄膜的保墒性减少灌溉水的蒸发损失，提高水的有效利用率。

②覆膜节水滴灌：配合农业机械化播种作业，利用一体机将铺膜、铺设滴灌管、播种同时完成。将滴灌的局部灌溉理论与覆膜理论结合是节水的优优组合，可获得节水的倍增效果。

③覆膜集雨灌溉：在大型灌溉设施无法建设的局部地区，集雨工程发挥了非常好的效果，但覆膜集雨灌遇到如何解决覆膜农田留住降水难题，现在有了渗水地膜，问题得到了解决。渗水地膜是在普通地膜上用激光打出微孔（孔径 2~3mm，200~ 2 000 孔/m^2），可使雨水渗入膜下。

④覆膜防渍灌溉：利用地面的不透水性，在南方多雨地区，覆膜可以增加地表径流，排除多余雨水。

2. 覆膜灌溉特点

覆膜地面灌溉特点主要表现在 3 个方面，一是地面水流下垫面有了两种不同的糙率，土与地膜，水流特性发生变化；二是土壤水热循环状态发生了改变；三是作物需水规律发生变化。

（1）覆膜灌溉的水力学特性。覆膜地面灌溉主要有 2 种形式，沟灌与畦灌，覆膜后畦灌一般平铺，膜上需要打孔（或放苗孔），灌水时形成水流通过膜孔入渗灌溉，而沟灌一般采取半覆膜，垄上或垄沟覆膜，水分入渗属于侧渗灌溉，因入渗形式不同，土壤水分分布也有差异，但两者的灌溉水流和入渗状态都与不覆膜发生了变化。覆膜沟畦灌的水流在膜上或半膜半土上流动，与土面上流动的纵横速度明显加快，图 8-19 是文献[115]中对比试验成果，在覆膜畦灌与不覆膜畦灌，水流推进速度相差 1 倍多。推进速度的变化必然影响土壤入渗。膜孔的分布也影响了土壤湿度分布。

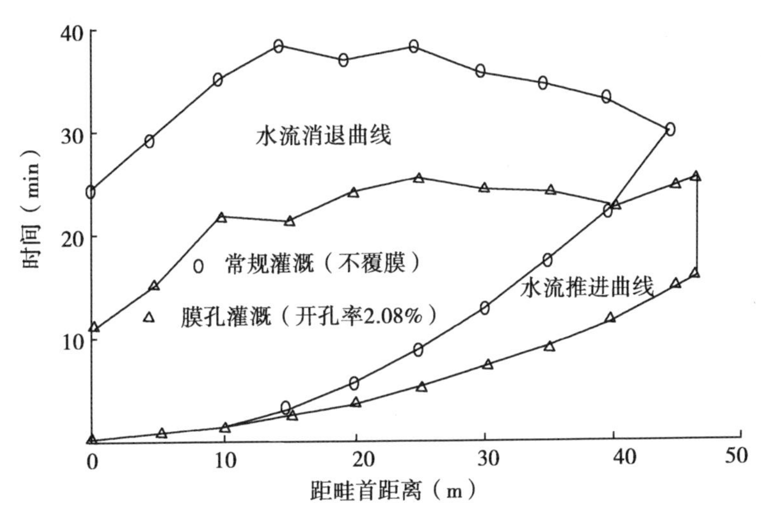

图 8-19　覆膜畦灌水流推进时间对比[115]

①覆膜畦灌入渗与土壤湿度分布：畦灌覆膜是属于膜孔入渗，完全改变了土壤入渗模式，由原来平面入渗变成膜孔群入渗，土壤湿度由群孔中单孔局部入渗交互入渗组成，土壤湿度将受膜孔间行距、孔口直径、开口面积比例影响（图 8-20），并且与土壤类型、前

期湿度、一次灌水定额有关，很难用外地经验公式准确估量，作为一个局部地区，要有实测资料，供临近环境类似地区引用。

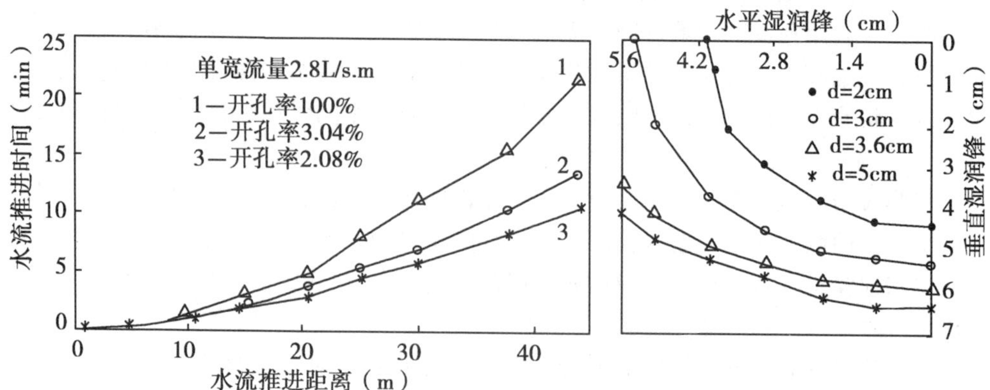

图 8-20　膜孔灌受孔径、开孔率对入渗影响水流湿润锋推进试验成果

（引自文献 125，126）

单膜孔土壤入渗量计算式：

$$W = fz = fkt^{\alpha} \tag{8-35}$$

式中：

W—单膜孔入渗水量，m^3/单孔；

f—单孔面积，m^2；

Z—单孔单位面积入渗水量，它与多种因素有关，需要实测，随着土壤湿度增加入渗速度减弱，它是时间的幂函数（ kt^{α} ），$m/m^2.min$；

K、α —在一定灌水定额、实地土壤、开孔直径、开口率、实测单孔土壤入渗系数与入渗指数；

t—入渗历时（地面存水时长），min。

利用自制膜孔入渗仪，可在田间实况下，试验测定土壤入渗曲线，仪器由三部件组成（图 8-21）：塑料圆环、广口玻璃瓶、蓝牙电子秤。试验与同心环土壤入渗仪试验步骤相同（不作详述，见参考文献[60]），不同之处是环内覆有开孔农膜，水流只能由膜孔入渗。该自制仪器简单、费用低廉，但由于采用蓝牙电子秤，可连续称重入渗水量，并可连接电脑或手机，测量精度在 1g 范围。自动加水原理是马氏瓶原理。

试验历时应大于畦田灌水流推进历时为宜。将成果入渗水量 Z 与历时 t 相关绘制曲线图。

利用覆膜下单孔土壤渗透曲线试验，根据 Z 与 t 相关图将单行膜孔分段，每段求出单孔平均入渗量，即可用单行群孔入渗量求出整畦入渗水量，写成公式：

$$W = B \times \sum_{i=1}^{n} c_i \times fk t_i^{\alpha} \tag{8-36}$$

式中：

W—单畦膜孔入渗水量，m^3/畦；

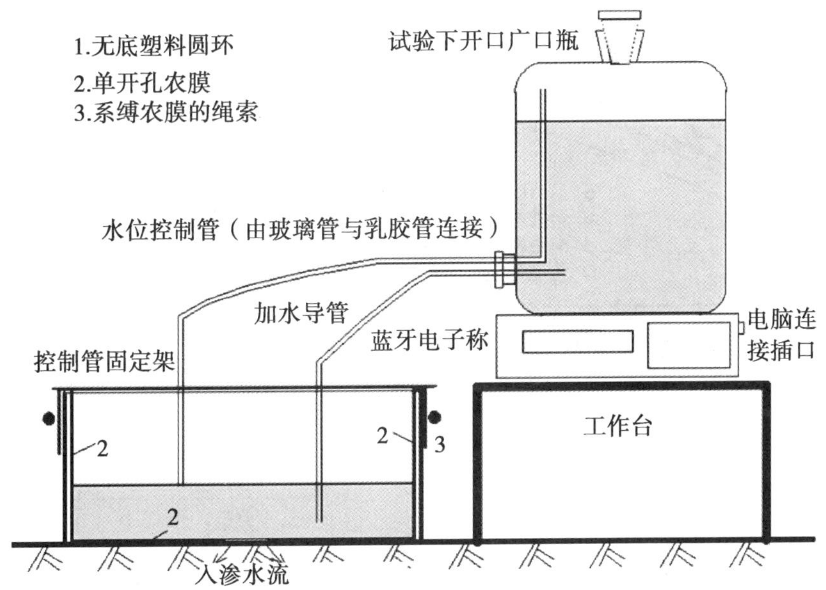

图 8-21　自制膜孔土壤入渗仪

B、n—B 为每畦覆膜开孔行数，n 为每行覆膜开孔个数；

f—单孔面积，由开孔直径计算，m^2；

K、α—由单孔单位面积在一定开孔直径、开口率、土壤下实测的土壤入渗系数与入渗指数；

t_i—由畦首至 i 点入渗历时（地面存水时长），t_i 在不同的 i 段时长下可由 t-Z 图查出对应的平均入渗 Z 值，min；

i、c_i—将畦长划分成 i 段，c_i 对应 t_i 段开孔个数。

②覆膜沟灌入渗与土壤湿度分布：沟灌覆膜形式有垄沟覆膜沟灌、沟底覆膜沟灌、垄台覆膜等形式，膜孔灌渗透属三维渗透，覆膜沟灌土壤入渗属二维侧渗原理。图 8-22 中是文献 28 中实测不同覆膜沟灌与不覆膜入渗量对比，看出覆膜后灌水水量显著减少。但图 8-23 与图 8-24 中的试验，表明虽然覆膜土壤入渗量减少，但覆膜下土壤湿度得到有效保护，从土壤湿度观测孔 1（垄沟）与 5（垄台）灌水后 4~408h（17d）后土壤湿度变化看出，垄沟土壤水分逐步蒸散，而垄台浅层湿度反而有所增加，深层虽然减少但减少速度远低于垄沟底部。垄台浅层土壤湿度增加是由于覆膜后膜下微环境水分循环造成农膜水汽的凝结水反向补充了土壤水的结果，充分表现了覆膜改变了土壤水分循环规律，使微环境水分循环向有利作物生长方向发展。

（2）覆膜灌溉土壤水热循环状态变化。太阳光辐射波长在 0. 15~4μm 属短波辐射，其中阳光有一半能量在 0. 76μm 以下，地面辐射波长在 4~80μm，大气辐射 3~120μm，地面和大气是长波辐射。塑料薄膜是不良导热体，覆膜农田改变了地面与空气的热交换规律，薄膜透光率与辐射率大于 90%，阳光可穿透地膜直射在地面上，玻璃、薄膜透过 0. 5μm 辐射波能力很弱。

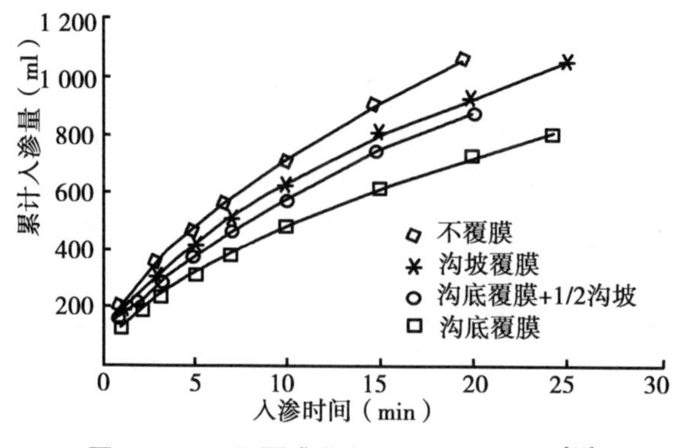

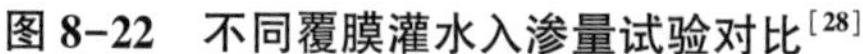
图 8-22 不同覆膜灌水入渗量试验对比[28]

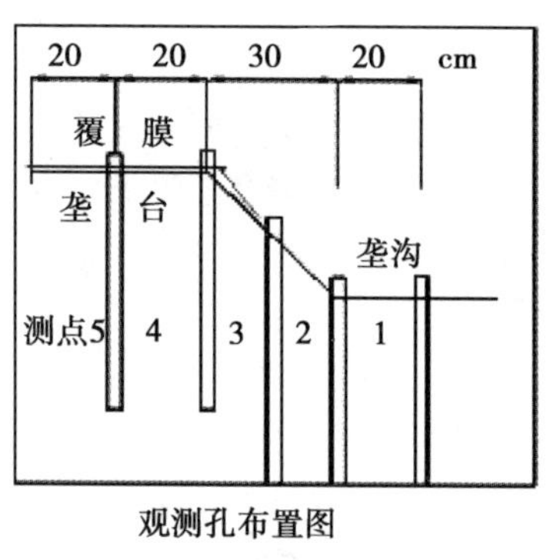

图 8-23 垄台覆膜土壤湿度观测孔[116]

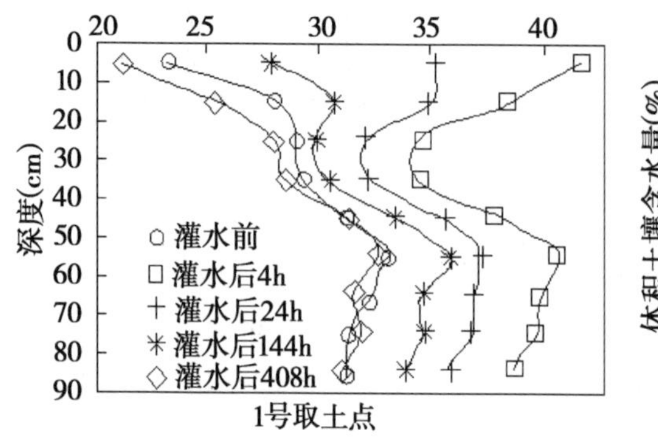

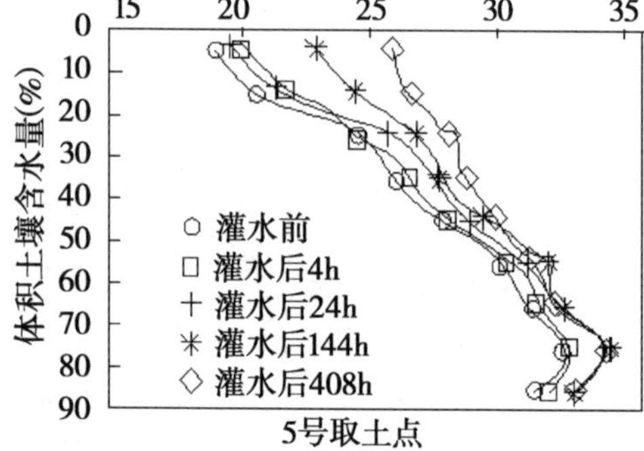

图 8-24 观测孔测点土壤湿度变化对比

（引自文献［116］）

①覆膜灌微环境温热状态：覆膜灌溉改变了地温微环境的变化，图 8-25 中 8 月 16 日灌水前后都比裸地温度低。表 8-22 是生育期土壤 25cm 在覆膜与不覆膜状态下土壤日温度变化对比，看出覆膜的土壤温度变化平稳，最低温度比不覆膜的高，说明低温下覆膜的散热缓慢。

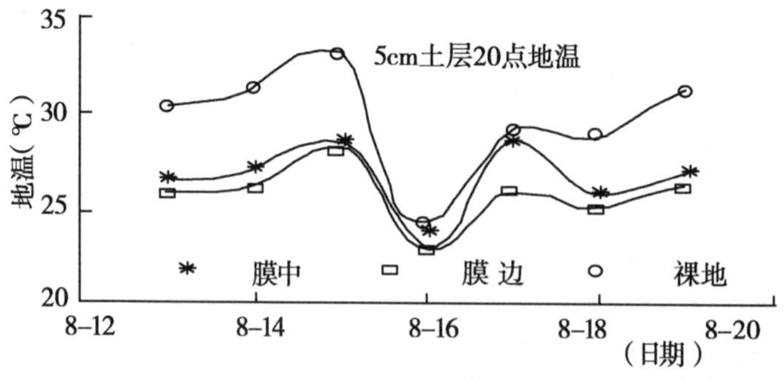

图 8-25 覆膜灌水前后土壤温度变化[121]

表 8-22　覆膜与不覆膜地温日变化[121]

地表深（cm）		最高（℃）			最低（℃）			平均（℃）		
		8：00	14：00	20：00	8：00	14：00	20：00	8：00	14：00	20：00
不覆膜	0	23.0	52.0	37.0	0.6	7.0	7.2	16.2	31.6	25.3
	10	25.4	31.2	35.0	5.2	8.0	11.1	19.0	23.0	25.7
	20	25.7	26.0	30.0	8.0	8.6	11.0	20.5	20.5	22.8
	25	26.7	26.1	28.4	9.0	9.0	11.0	21.2	20.9	22.3
覆膜	0	23.8	47.0	40.5	3.0	13.0	12.0	17.9	31.6	28.2
	10	25.2	31.1	36.8	9.0	10.3	14.2	20.4	23.9	28.1
	20	26.6	26.4	31.4	10.2	11.8	13.8	22.1	22.0	25.1
	25	27.0	26.4	29.0	12.0	12.0	14.0	22.3	21.8	23.5

②覆膜灌水循环变化：覆膜后膜下土壤水循环发生变化，土壤中水汽向上运动，遇到塑料膜的阻挡而凝结成水珠（图 8-26）[120]，多个水珠形成水滴重新回落到土壤，从而土壤蒸发减少。但试验证明膜孔蒸发速率远大于裸地蒸发，作物耗水虽然减少，但比例不大。

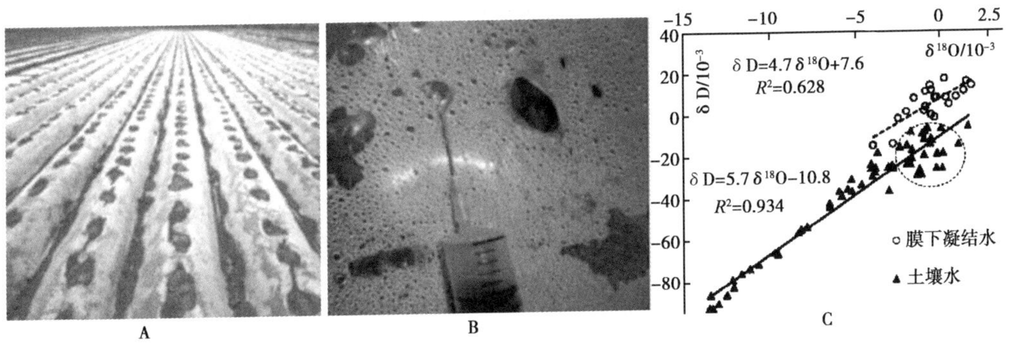

图 8-26　A 玉米覆膜沟灌膜下凝结水；B 凝结水取样；C 对土壤水与凝结水同位素观测值曲线

（3）覆膜灌溉需水规律变化。

①覆膜灌与不覆膜灌需水规律变化：2000 年后我国各地广泛开展了玉米覆膜灌溉试验研究，对覆膜下作物的需水规律有了量的认识，表 8-23 列举了各地试验成果，从中可看出覆膜玉米的增产节水效果。覆膜灌溉与不覆膜地面灌溉对比，需水量变化明显，需水量减少 10%~30%（以耗水生产率对比），减少比例大小与地区干旱程度有关，西北地区蒸发大，节水明显，但东北由于降水较多，相对气候湿润，蒸发小节水比例低，但增产效果明显，高达 20%~30%。

表 8-23　玉米覆膜灌溉需水量变化试验资料

地区	发表年份	灌溉方式	需水量（mm）	产量（kg/hm²）	水分生产率（kg/mm）	参考文献	作者
甘肃武威	2009	覆膜地面灌	682.0	15 300	22.4	119	刘玉洁
陕西	2007	覆膜地面灌	386.0	6 544	17.0	130	王炳英
		对照	420.0	5 343	12.7		

（续表）

地区	发表年份	灌溉方式	需水量（mm）	产量（kg/hm²）	水分生产率（kg/mm）	参考文献	作者
宁夏	2014	覆膜地面灌	517. 0	12 538	24. 3	132	赵楠
		对照滴灌	495. 0	11 432	23. 1		
		对照畦灌	510. 3	11 207	22. 0		
宁夏	2008	覆膜地面灌	395. 0	11 526	29. 2	112	张建保
宁夏中部	2014	覆膜地面灌	570. 0	15 300	26. 8	134	汤英
辽西	2016	覆膜滴灌	462. 0	13 802	29. 9	135	张丹
		滴灌	481. 0	13 215	27. 5		
黑龙江	2010	覆膜滴灌	474. 0	15 645	33. 0	136	刘一龙
		对照	459. 0	12 871	28. 0		
黑龙江	2011	滴双行覆膜	399. 5	14 560	36. 4	137	吕国梁
		滴行间覆膜	353. 7	11 057	31. 3		

②覆膜地面灌与覆膜滴灌水分生产率的变化：从表 8-23 的试验资料看出，各地覆膜地面灌溉试验资料平均水分生产率 24. 6kg/mm，而覆膜滴灌的平均水分生产率 30. 7kg/mm，覆膜滴灌的比覆膜地面灌高 6. 0kg/mm，可见，覆膜滴灌的节水增产效果更优。这主要体现在滴灌的局部灌溉理论，减少了灌水定额，从而减少了水分的消耗。

二、覆膜灌水方法

覆膜灌水由多种形式，应用最多是与地面灌沟畦结合和滴灌结合，按铺膜形式可区分为全膜和半膜，按机械覆膜方法又区分为开沟覆膜和扶埂覆膜[109,138]。按灌水方法区分为膜上灌与膜下灌，膜上灌水流入渗又区分为膜缝渗与膜孔渗。

1. 膜上灌

覆膜地面灌的灌水方法采用膜上灌，也称膜孔灌溉，是在畦（沟）中铺膜，使灌溉水在膜上流动，通过作物放苗孔或专用灌水孔渗入到作物根部的土壤中。它是畦灌、沟灌和局部灌水方法的综合。膜上灌的主要形式有以下几种。

①开沟扶埂膜上灌：这种形式是用铺膜机把地膜铺在地表，两侧埋入地下。灌水前在两膜之间用开沟器开一条沟，一般畦长 80～120m，入膜流量 0. 6～1. 0L/s，埂高 10～15cm，沟深 35～45cm。类似的有翘边扶埂膜上灌。将地膜铺成梯形断面（两边翘起 5cm 埋入土内），埂高 15～18cm，可用膜上灌铺膜机一次完成，结构形式如图 8-27 所示。

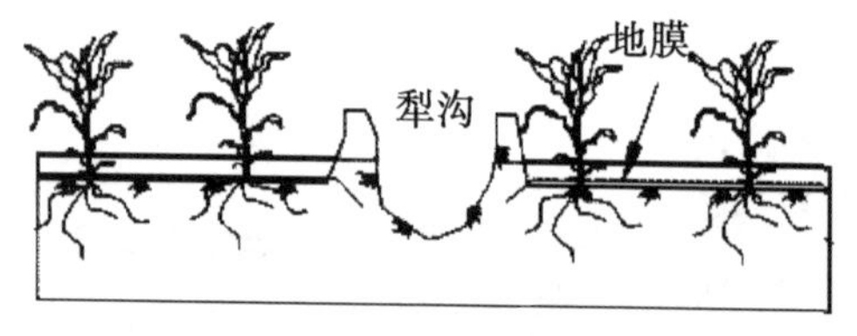

图 8-27　开沟扶埂膜上灌

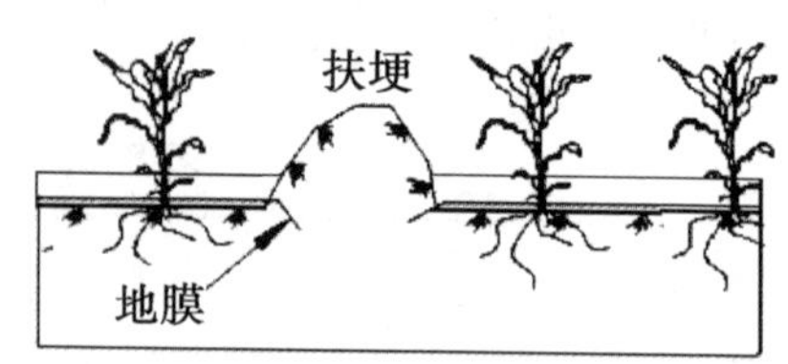

图 8-28　打埂膜上灌

②打埂膜上灌：平铺打埂膜上灌，也称高垄低膜细流沟畦膜上灌，是利用铺膜条播机

在前面装上打埂器，刮去地表5~8cm干土，使膜床两侧筑起15~18cm高的埂垄，形成一个条沟畦。这种方式在畦灌上应用较多，如图8-28所示。

这种膜上灌技术，由于两侧有较高的土埂，灌溉时水不易跑水，故入膜流量比开沟扶埂膜上灌水，可加大到5L/s以上。一般畦田宽0.9~3.5m，膜宽0.7~1.8m，根据作物栽培的需要，覆膜可分为单膜或双膜。

③膜孔灌溉：膜孔灌溉是指灌溉水流主要通过膜孔（作物放苗孔或专用灌水孔）渗入到作物根部土壤中。膜孔灌溉分为膜孔沟灌和膜孔畦灌两种。膜孔畦灌无膜缝和膜侧旁渗，为防止两侧渗漏，地膜两侧必须翘起5cm高并嵌入土埂中。

膜畦宽度根据种植作物的要求确定，双行种植一般采用宽70~90cm的地膜，三行或四行种植一般采用180cm宽的地膜。入膜流量为1~3L/s。该灌水方法增加了灌水均匀度，节水效果好。膜孔沟灌是将地膜铺在沟底，作物禾苗种植在垄上，水流通过沟中地膜上的专门灌水孔渗入到土壤中，然后再通过毛细管作用浸润作物根系附近的土壤，如图8-29所示。

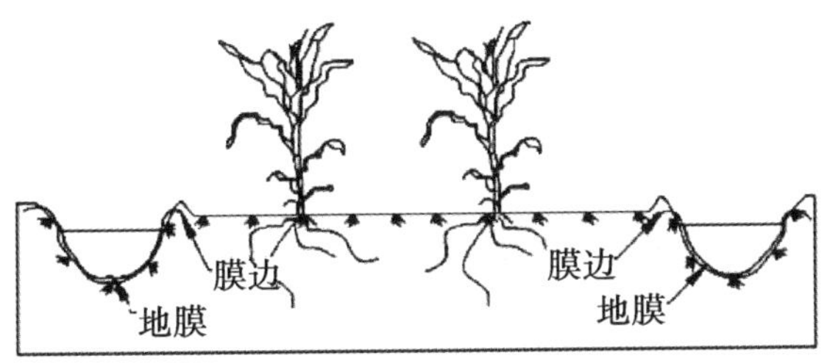

图8-29　膜孔沟灌

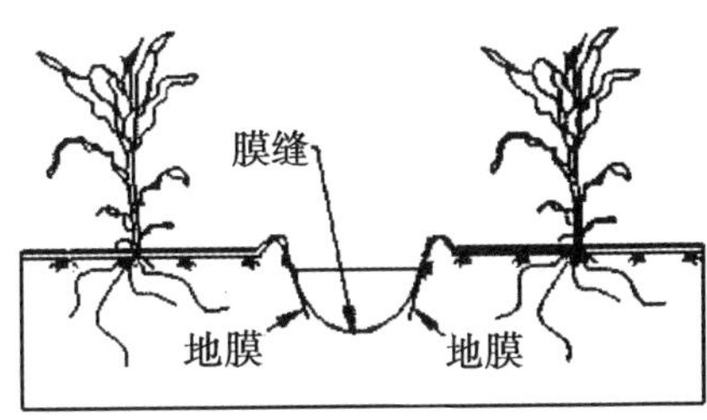

图8-30　膜缝沟灌

2. 膜缝灌

有以下几种形式。

①膜缝沟灌：膜缝沟灌是将地膜铺在沟坡上，沟底两膜相会处留有2~4cm的窄缝，通过灌水孔和膜缝向作物供水，如图8-30所示。膜缝沟灌的沟长为50m左右。

②膜缝畦灌：膜缝畦灌是在畦田铺的两幅地膜间留有2~4cm的窄缝，同时，膜上留有灌水孔和放苗孔。入膜流量为3~5L/s，畦长以30~50m为宜。

③细流膜缝灌：细流膜缝灌是在第一次灌水前，用机械将作物行间地膜轻轻划破，出现一条膜缝，并通过机械再将膜缝压成一条“U”形小沟，其特点是沟小，流量小，一般流量控制在0.5L/s左右，类似于膜缝沟灌，称为细流膜缝沟灌，适用于1%以上的大坡度地块。

三、玉米覆膜设计

玉米覆膜设计主要关注地膜选择、地膜铺设形式、膜孔水力特性计算与灌溉制度变化等。

1. 覆膜用农膜选择

①农膜种类很多，要根据地区气温、光照条件选择增温型（透明膜）、保温型（蓝色膜）降温类型（黑色膜）地膜等。

②根据覆膜灌溉方法，选择地膜宽度。

③根据环保与社经条件选择可降解的地膜，可降解地膜有光降解、生物降解及光生物双降解地膜。

④防白色污染，在选择地膜时要考虑回收率高的地膜，尽量减少和杜绝污染。并配套地膜回收机械。

2. 玉米覆膜灌溉制度

①影响覆膜灌溉制度的主要因素：膜上灌的影响因素有地膜开孔率、膜缝宽度，覆膜方式分全覆膜、半覆膜两种；膜下灌的影响因素主要与灌水方法（滴灌、痕灌、渗灌）有关。

②需水量变化：覆膜部分改变了棵间蒸发面积及膜孔蒸发速度，使棵间蒸发耗水减小，但小气候环境温热状态向有利于作物生长方向发展，叶面积增加，作物蒸腾量增加。由此看来作物总需水量会有所改变，一般要比常规需水量偏小些。根据当地玉米地面灌溉试验资料作为基准需水量，按下式估算：

$$E = k1 \times k2 \times k3 \times E_0 \tag{8-37}$$

式中：

E—对于某具体的作物需水量，mm；

$k1$—产量系数，产量高系数大；

$k2$—灌水技术系数，无资料时，喷灌适宜区 0.8；滴灌渗灌 0.6～0.7；覆膜灌 0.2～0.4；与干燥度有关，干燥度大 $k2$ 就大，干燥度小 $k2$ 小；

$k3$—水文年系数，干旱年大；E_0—基准需水量，mm。

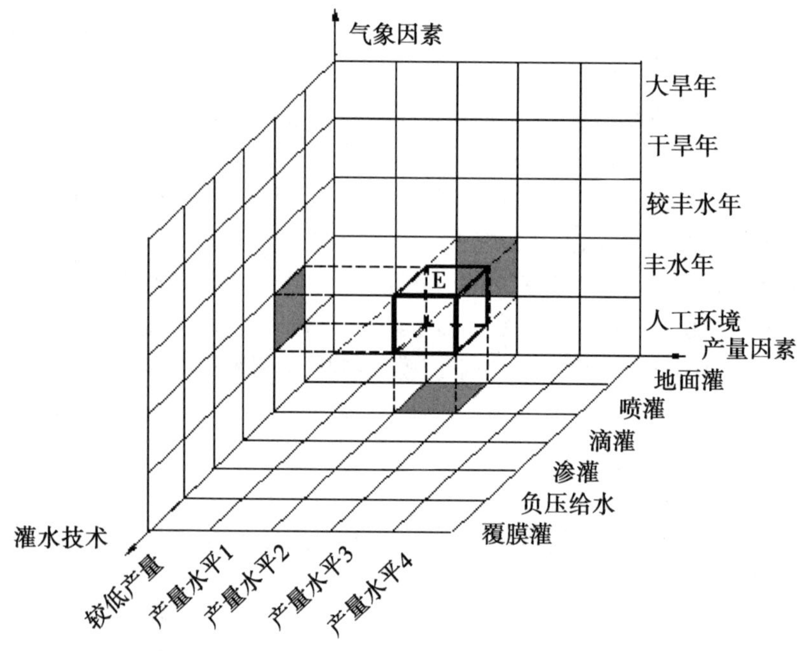

图 8-31　作物需水量三维模型示意

$K1$、$k2$、$k3$ 系数是各因素改变后相对基准试验条件下需水量的比值（图 8-31）。假定地面灌当前品种，在满足需水量定义时的试验年的水文条件获得的需水量，即可称作基准需水量，而后 3 种因素变化后试验的不同需水量与基准需水量比，获得 k 值。

③覆膜灌玉米需水规律：覆膜下玉米需水规律不会

发生变化，应该与常规灌溉下的需水规律一样。但覆膜春玉米由于地温的提高会使苗期提前，生长规律不会有较大变化。

④灌水定额：按各灌水方法计算，如滴灌就按滴灌的局部灌溉理论计算。

3. 覆膜畦灌有关参数

①膜长宽度：畦田覆膜宽不宜超过 4m，长为 40~240m。

②薄膜开孔率：根据田面坡度大小适当增减，随着坡度增大而增多，取值 3%~5%。

③膜流量：应通过实地试灌结果确定，在无法获取实测资料时，参考下式计算取用：

$$q_b = \frac{100 f_0 (R_k \omega_k + R_i \omega_i)}{6B} \tag{8-38}$$

$$\omega_k = \frac{\pi d^2}{4} \cdot \frac{L N_k}{S} \tag{8-39}$$

$$\omega_i = L b_i N_i \tag{8-40}$$

式中：

q_b —覆膜畦灌入膜流量，L. s^{-1}. m^{-1}；

ω_k —小畦内灌溉水流通过膜孔面积，m^2；

ω_i —小畦内灌溉水流通过膜缝面积，m^2；

f_0 —土壤稳定入渗速度，m/min；

R_k —膜孔旁侧入渗影响系数，取值 1. 46~3. 86，土质黏性增大取值增加；

R_i —膜缝旁侧入渗影响系数，取值 1. 46~3. 22，土质黏性增大取值增加；

L—畦田长度，m；B —畦田宽度，m；S—膜孔间距，m；

d—膜孔直径，m；b_i—膜缝宽度，m；N_k—小畦内开孔排数，含苗孔及灌水孔；

N_i—小畦内膜缝数量。

④膜畦灌放水时间：

$$T_b = \frac{mL}{60 q_b} \tag{8-41}$$

式中：

T_b —覆膜畦灌放水时间，min；

m—毛灌水定额，mm。

⑤覆膜畦灌改水成数不宜小于 0. 7。

4. 覆膜沟灌有关参数

①覆膜沟灌沟长：不宜大于 300m。

②薄膜开孔率：根据沟底坡度大小适当增减，随着坡度增大而增多，取值 3%~5%。

③入膜流量：应通过实地试灌结果确定，在无法获取实测资料时，参考下式计算取用：

$$q_b = \frac{100 K f_0 \omega}{6B} \tag{8-42}$$

$$\omega = \frac{\pi d^2}{4} \cdot \frac{L_i N}{S} \tag{8-43}$$

式中：

q_b —覆膜沟灌入膜流量，L. s^{-1}. m^{-1}；

ω —沟灌开孔面积，m^2；

f_0 —土壤稳定入渗速度，m/min；

K—膜孔旁侧入渗影响系数，取值 1.46~3.86，土质黏性增大取值增加；

L_i—沟膜长度，m；

d—膜孔直径，m；

N—灌水沟内渗漏膜孔排数，含放苗孔及灌水孔。

④覆膜沟灌放水时间：

$$T_i = \frac{m\,L_i}{60\,q_i} \tag{8-44}$$

式中：

T_i —覆膜沟灌放水时间，min；

q_i—L/s. m；

m—毛灌水定额，mm。

⑤覆膜沟灌改水成数不宜小于 0.8。

第六节　玉米现代化灌溉模式

全球化的今天，农业生产尤其玉米生产已是国际市场经济的一部分，近年中国玉米受国际市场价格影响，玉米种植利润急剧下降，究其原因是中国玉米生产成本远高于国外，其中，美国玉米产量占世界 36%，出口占 39%，由于美国玉米生产高度区域产业化、集约化、机械化、信息化、服务体系化、农耕技术标准化、产销风险合同化，大大降低玉米生产成本和经营风险。中国需要在农业体制、生产技术、服务体系、金融风险保证等诸多方面进行改革配套，这些不在本章讨论范围，本章重点从中国玉米种植地域的自然、社经条件，对未来灌溉现代化做些分析讨论。

灌溉现代化离不开农业集约化，中国《关于 2016 年深化经济体制改革重点工作的意见》出台，确立了农村土地所有权、承包权、经营权确权登记制度，为农业集约化生产提供了顶层设计，也为灌溉现代化的实施创造了前提条件。

一、中国玉米地域生产条件与灌区现代化模式的关系

回顾中国引进节水灌溉技术的历程，不难发现分田到户与灌溉机械化的矛盾，灌溉现代化是在灌溉机械化基础上发展的，土地经营方式直接影响灌溉工程的规划布局，影响灌溉管理，进而影响灌溉成本。

1. 中国自然条件与玉米种植现状分布

中国玉米产区主要分布在三北（东北、华北、西北），西南虽然有山区种植，但所占比重很小。从图 8-32 中看出，三北中又以东北、华北为主，该区是补偿式灌溉区，年平均降水为 400~800mm，玉米的灌溉成本远低于西北灌溉农业玉米产区，该区属松辽平原、

三江平原、华北平原，地势平坦土质肥沃，现有灌溉率也较高，是发展玉米区域化的重点地区。东北发展玉米种植区有以下几点优势：①宽阔大平原适宜连片的种植带，有利大型农业机械化发展；②有利集群式的玉米经营生产，使生产向专业化、科学化、信息化、智能化发展；③集群式的玉米种植区，有利发展配套服务业（如构建专业互联网：种子、生产资料供应、农机具维护、灌溉咨询、病虫害防治、试验化验分析、玉米大数据共享、农业保险等网络），专业服务可保证玉米健康滚动式向前发展。

2. 主要种植玉米地域社经条件与现代化灌溉模式的关系

中国地域宽广，自然条件和社会经验条件差别很大，要因地制宜地制定适合当地实际情况的规划方向、类型与措施。根据玉米种植现状和自然社经条件，可分为 3 种灌溉模式。

①东北春玉米区：该区含辽吉黑蒙四省（区），玉米总产占全国 51%，人文特点地广人稀，人均耕地和人均玉米种植面积高于全国平均 2~3 倍，年雨量、积温适中适宜玉米生长。地势平坦适宜大型灌溉机械，有利向大面积智能化灌溉发展。玉米生产经营单位有利于大型农场、农业公司、家庭农场发展，灌溉控制面积可在 200~ 2 000 hm^2。

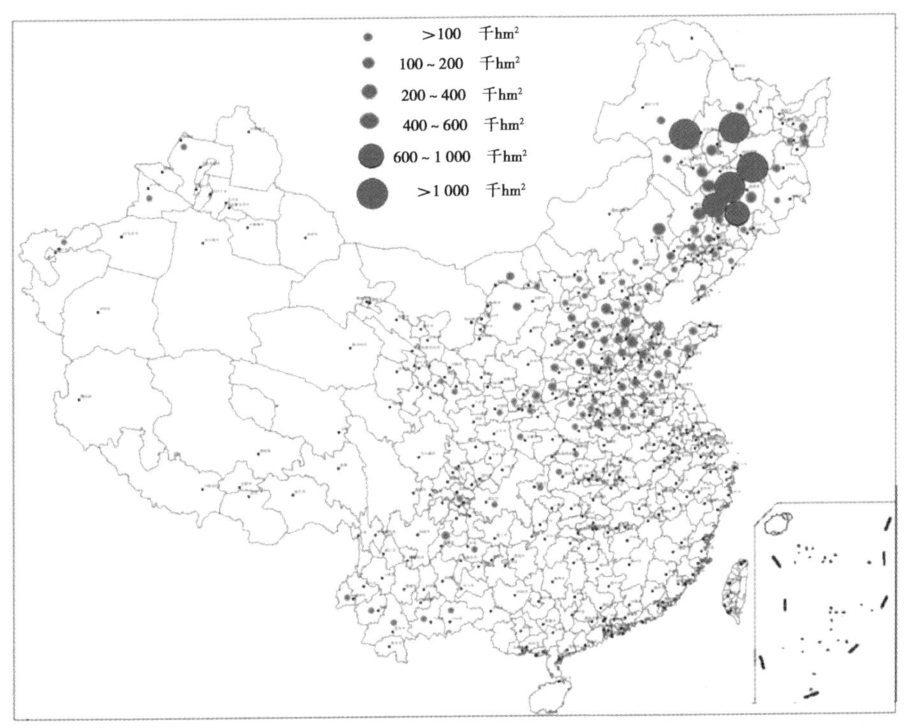

图 8-32　玉米种植面积分布（2013 年资料）

②华北夏玉米区：该区含京津冀鲁豫五省（市），该区积温适宜两年三季作物种植，农业模式是冬麦与夏玉米轮作。是四个玉米种植区人均耕地最少（表 8-24），但玉米种植面积略少于东北，玉米产量占全国 23%。该区人口稠密，村屯密集，土地虽然平旦，但

大面积连片少，不宜发展大型农场。夏玉米区玉米灌溉率70%~90%，一年雨量不能满足一茬半作物需水量，必须进行补偿灌水。该区易发展中型农业公司、家庭农场，灌溉面积控制在10~200hm^2。

③局部玉米种植区：西北与西南地区虽然有玉米种植，但分布在山地，地块小且零星，该区应该调整作物布局，根据地区粮食自给需要，向大农业产业化方向发展布局，组成局部区域的玉米种植区，虽然规模小于全国玉米种植区，但在一省之内可形成集中态势，有利玉米专业化种植。

灌溉工程规模西北与西南截然不同，西北是灌溉农业区，土地宽广，可发展大型灌溉；而西南多雨，玉米灌溉是补充玉米需水不足，玉米多种在山坡上，连片面积小，灌溉经营单位以中小灌区为主。

表8-24　主要玉米产区参数对比表

项目		含省份	含市地数	玉米面积(10^3hm^2)	占总产比(10^4hm^2)	百人均耕地比(hm^2)	百人玉米面积比(hm^2)
全国		30	342	36 934	25 465	12.20	0.33
主要玉米种植区	东北	辽吉黑蒙	48	16 183	0.51	2.11	3.39
	西北	陕甘宁新	46	3 329	0.09	1.57	1.27
	华北	京津冀鲁豫	48	9 331	0.23	0.66	1.75
	华南	重云贵川	47	3 400	0.09	0.84	0.74
	合计对比	17	189	0.87	0.91	1.30	1.79

（资料2013年）

二、灌溉工程建设现代化

世界最早的灌溉文化成就了世界公认的四大文明古国，中国是最为完整灌溉文化传承古国，保存了由古至今的连续灌溉文明，1979年考古发现城头山遗址[82]，有6 500年前稻田配套陶土盘，数千年治水用水积累了丰富的成功灌溉经验。虽然近代史工业革命时期，在现代技术应用普及上落后了西方社会，但在20世纪新中国成立后沉睡的中国龙醒了，用快马加鞭的步伐追赶发达国家，在信息化的21世纪，中国也已进入信息化时代。

今天我国信息化、智能化技术已应用在工业、国防、交通、金融、通讯等各项事业中，农业现代化也已提到国家建设日程。水利是为农业服务的，我国历来就有水利是农业发展的先行官，灌溉是水利服务农业的排头兵，更应将灌溉现代化走在农业现代化前头。

1. 现代化灌溉区建设

2016年初统计，中国有效灌溉面积72 061千hm^2，以2000年55 517千hm^{2}为基数计算，新增面积16 544千hm^2，新建灌溉面积占总灌溉面积的29.8%。1998年中国实施了大型灌区续建配套工程，2002年启动了26个灌区信息化的试点，相继开展了“全国灌区管理信息化系统建设规划”，由此按2000年推算，中国仍有70%的老灌区面积没有开展信息化建设。因此，大型灌区技术改造规程（SL 418-2008）已明确指出，大型灌区改造要加入信息化建设。水利部已将《大型灌区续建配套和节水改造规划》相继纳入国家“十二五”“十三五”规划，中国灌溉现代化不会太遥远。这里只将现代化灌溉的信息系统、控制系统做简要介绍。

（1）新建灌区。所谓现代化，简要概括就是利用所处时代本行业最先进理论、技术、设备、材料来发展行业的事业，对灌区建设，特别是新建灌区建设应按21世纪的灌区工程建设新理论、新技术、管理新理念来规划建设。21世纪所处的时代是从机械化、自动化向信息化、智能化、大数据化跨越的时代，新灌区建设自然要纳入这个时代的特征。这里只介绍构建新灌区信息化、智能化、大数据化主要结构与内容。对于现代化灌区建设，需要涵盖的内容有：

信息化：灌区信息化包括硬件建设与软件建设。硬件建设有信息采集设备与连接设备，包括气象、土壤、水量、水质、植物生理生态、视频等相关参数的传感器、连接、传输通讯设备，记录、储存、分析设备。软件建设由两部分组成，即服务端与客户端软件，服务端是灌区内部运行软件，客户端是灌区用水部门与用户使用软件。服务端主要有数据收集、储存、分析、评估、决策、控制、检测、监测、遥控等各项功能，需要进行模块化编程，服务端要包含客户注册与使用记录，形成软件。具体到灌区各种仪器的布局是不同的，需要对具体的工程经过编程才能自动化、智能化运行。用户端要区分不同用户性质，根据用户性质不同需要的项目不同来进行编程。

大数据化：大数据是21世纪在信息化基础上产生的，与大型计算机以及海量的存储能力的发展有关，超大型计算机每秒计算速度以亿亿次计算，云计算的存储空间小则数万台服务器，多则以百万台计，云计算为大数据提供了存储空间。大数据是将与本灌区有关的数据存储在云端存储器中，数据可以来至各种网络渠道，灌区的各种采集数据，利用云计算的配置和计算分析软件服务，进行需要的数据分析。

智能化：灌区管理逐步走向自动化、智能化，所谓智能是指计算机具有自主学习、收集资料、计算分析、决策、发布控制命令的能力，而这种能力是不在人为的干预下，由计算机自动完成。如它能在人工已经编辑好的软件下，去网上收集灌区技术、管理、灌溉方法、灌溉制度等先进技术资料，进行分析优化对本灌区有用的知识，并能用于改进灌区技术与灌溉管理中。

（2）老灌区改造升级。老灌区改造升级，即按灌区现代化标准，将已经建设正在运行的老灌区（设备陈旧、工程老化，不能满足现代化管理要求）改造升级到现代化水平。改造配套的内容与新建内容对比，缺什么补什么。

2. 现代化灌区体系

（1）现代化灌溉工程体系。

①水源体系：现代化灌溉水源工程与常规的灌溉水源工程主要区别在设备的更新。

观测设备　气象观测智能化设备、水位智能传感器、坝体廊道智能观测系统（智能观测传感器指具有可自记存储上传功能）、智能流量观测仪等。

监测设备　水源重要部位布置视频监测系统。

控制设备　水源自动化控制中心，包含水源单位各部门的管理、网络管理、水量存储放水供水溢洪管理、发供电控制管理。其中装备的设备应具有自动、智能功能，水源闸门启闭机具有无线、遥控、智能功能。

通讯设备　常规水库与系统的通讯是有线的，现代化的除有线外，还需设局域网，与服务区域连接，广域网与外界连接。如水源系统较大，需要设置单位内部无线网，连接单位内部各观测、监测、控制点、站系统。

②渠首体系：灌区渠首基本可分两种类型，自流引水与提水泵站。

自流引水系统　自流引水现代化升级，项目少，主要有闸门启闭设备、流量观测设备、通讯设备，升级为具有智能功能的设备。

泵站系统　泵站系统升级较复杂，除了自流系统的项目升级外，增加了泵站的供电系统，泵站成套机电、水泵、控制系统需要全部升级改造。采用智能电机，在原有电机上增加配套的电机智能保护器。采用智能水泵，水泵增加配套的智能水泵控制器。升级改造变电站，对原有变电站进行智能化改造，可参照"变电站进行智能化改造技术规范"。

③灌溉输水系统：我国老灌区灌溉面积占灌区总灌溉面积70%~80%，输水系统土渠多，虽然防渗做了一部分，但依然没有与信息化、自动化配套。渠道现代化的路会很长，因为北方缺水，如果走向管道化，不是几个闸桥的问题，是大型渠道管道化需要大量投资，需要在降低管网造价上创新技术，取得一定成功后，才有望大面积推广。在量水、闸门启闭设备上更新比较容易，因为无线控制技术已经过关。

④配水系统：配水是末级渠系上的闸阀，如果是管道，很容易实现。渠系上闸门应该实现标准化模块化，用量大，可工业化生产。配水系统一般由客户端控制，应该实现 wifi 技术连接。

⑤内部网络系统：内部网络指灌区内部的设备联网，一般是局域网，局域网类型如第十章中介绍的几种结构。内部网络是实现数据采集、控制执行、监测设备功能的网络。

⑥外部网络系统：外部网络是连接到广域网上设备，可以和上级业务部门、同级服务部门连接。

（2）信息化体系。

①水资源信息：水资源信息化记录应包括水资源量、来水量、农用水量、其他用水量等所有过程记录。

②供水信息：灌区各给水系统各级管理站向用户给水过程的记录。

③灌溉信息：灌区灌溉系统渠首、泵站、干支斗农毛各级水闸放水流量记录。灌溉定额、灌水定额、灌溉制度、农情记录。监测点的灌溉水质、土壤含水量、水量观测记录。

④灌区水文气象汛情信息：灌区气象记录、河流水文记录、旱涝灾害记录。

⑤用户信息：用水单位、用水量记录。

⑥视频信息：重要事件视频记录。

⑦行政管理信息：财务、人事、基建、维修等档案记录。

⑧外部网络信息：上级管理、外界联系等。

⑨电力管理信息：各级用电量记录。

⑩大数据收集信息：为智能分析广泛收集相关资料存入云端信息。

（3）控制体系。

①水源控制：水源控制应根据灌区水源类型、管理权限分级控制，如小型井灌区，可

由一级灌区中央控制中心直接控制，如灌区下属还有大型水库，则应分级控制。

水源控制面积较小，易采用有线控制，控制网络布置形式的选择可参照第十章相关内容。

②灌区中央控制中心：灌区根据面积大小，控制可分为一级或多级控制，多级控制在中央总站下设立分站，中央总站是全灌区的指挥控制中心。灌区控制类型可分为有线控制和无线控制，按网络性质可分为局域网与广域网。不同网需要的设备不同，控制区域大小也不同，可参看第十章现代化灌水系统。

③分区控制系统：分区控制，只能控制划分区域内的设备，控制权限要在中心总站授权下运行。

（4）现代化管理体系。灌区现代化管理体系需要对原有灌区管理部门做适当调整，由于现代化提高了工作效率，减少了田间与一线的管理人员，增加了技术人员，并对技术人员的技术水平要求较高。同时，对用户的操作也有了质的飞跃，不是一般的放水员，而是客户端的操作，灌区需要开展管理人员的技术培训。

①灌区组织：对原有组织根据现代化要求，作适当调整。

②管理部门：减少一线操作人员。

③技术部门：增加中央控制室、软件编程师。

④建设部门：对原有组织，增加仪器仪表使用维修技术人员。

三、灌溉服务系统现代化

灌溉现代化需要区域内相关服务业的支撑，在一定区域内对应的服务业也要跟上，这需要多方面的努力，首先是农业产业区块化，一是作物种植集中于连片的地域，形成规模化，种植规模化后才有规模化的同一需求，有一定量的需求才有一定量的供给；二是区域行政给予关注和引导，适当的规划；三是市场规律调整，鼓励服务业向区块化服务区进入。

1. 水源服务网

灌溉企业有大有小，大企业可能拥有自管水源，但小灌溉企业需要买水，向水源企业购水，水源要形成服务网，用水量在网上就可购买，年初各用水单位建立用水量购销合同，用水户可以上网通知要水时间、数量，到时放水，而用水户可以启动灌溉用水管理程序，自动化灌溉开始运行。

2. 灌溉维修服务网

灌溉自动化需要各类设备，设备更新、维修需要附近有相关服务部门，当设备出现问题，能在尽快时间内联系到维修部门，以减少不必要因停机造成的损失。

3. 灌溉咨询服务网

区域化的灌溉，灌溉问题会很多，与灌溉有关的技术问题，如灌溉水质、土壤物理化学指标、有害水质灌溉后植物的不良反应分析、灌溉后水环境变化、灌溉制度优化等很多问题，不需要每个用户都有专业设备、人员，适当布置专业服务站，连接在灌溉服务网上，灌溉用户有问题，灌溉咨询企业就能及时解决。

4. 化验分析服务网

现代化农业，需要农业相关的化验分析数据，一般每年种植前后，根据科学数据指导种植、解疑出现的正反两方面的问题，这需要有理化化验分析的专业服务网，种植用户每年根据分析数据，合理投入肥料、农药等。

5. 大数据网

智能灌溉需要大量的与灌溉相关的数据（参见第十章大数据部分），但小单位不能建立自己的数据库，需要地域内有大数据云计算中心，供中小灌区租用。灌区与云计算中心签订合同，开设自己的存储区，进行用户注册，供灌区智能化管理应用。

四、灌溉管理控制智能化

进入21世纪我国计算机、机器人制造业飞速发展，已经处于世界先进行列，虽然之前我国在该领域基本没有话语权，但今天我们已迎头赶上，与发达国家并肩行进。智能领域源于美国20世纪1941—1956年提出的“人工智能”理念，并创立人工智能学科，发展至今已成为21世纪三大尖端技术（基因工程、纳米科学、人工智能）之一，智能化也成为各行业实现现代化的标尺。

1. 智能灌溉与中国现状

①人工智能：人工智能是指让机器具有人类的意识、思维处理相关事务能力，经过半个世纪的研究，尤其近年取得一定成果，如人机象棋对决，计算机赢得胜利，说明电脑有了一定的思维能力。如何让计算机具有意识和思维，是一门复杂的科学，首先要突破对人类大脑意识和思维的本质、结构、密码认识，才能用仿生学制作机械大脑，进而才能转换用计算语言密码创造出真正的人工智能[99]，而现在的人工智能处于弱人工智能时代。该领域集中了国内外大批学者，有不同见解，有研讨有争论，但发展很快。中国在智能制造业上已处于领先地位。

②智能灌溉与自动化灌溉区别：近年中国智能灌溉试点研究处于起步阶段[94-106]，自动控制是智能控制的前提，当前我国灌溉体制处在转型阶段，小型灌溉还无法适应智能化需要的条件。智能灌溉只有在大型集约化的灌溉规模下才能充分发挥智能灌溉的优势。智能灌溉与自动化灌溉的最大不同是，智能与大数据云计算相结合，具有不断学习，自我改进控制能力，具有知识积累能力，如图8-33中所示，能在广域网络上收集国内外时事的最先进的灌溉信息，通过云端计算分析纳入知识库，为优化风险决策系统选择，如果新知识技术比原有进步，将采用新的灌溉制度。而自动化控制却缺少学习功能，也没有大数据云计算的帮助，基本是按已经编写好的程序根据适时外界灌溉条件变化，优选灌水最佳方案，执行较好的灌溉制度。

③中国智能灌溉现状：中国灌溉基本处在机械化灌溉阶段，一部分进入了自动化、信息化阶段，智能灌溉处在起步期，灌溉用户基本是个体小规模灌溉面积。但中国万亩以上灌区基本开展了信息化建设，节水灌溉发展了近四十年，也取得了可喜成绩，这些为中国农业灌溉自动化、智能化打下坚实基础。

2. 实现智能灌溉管理措施

灌溉现代化智能化首要条件是灌溉的规模化，农业生产的集约化、企业化、工业化是

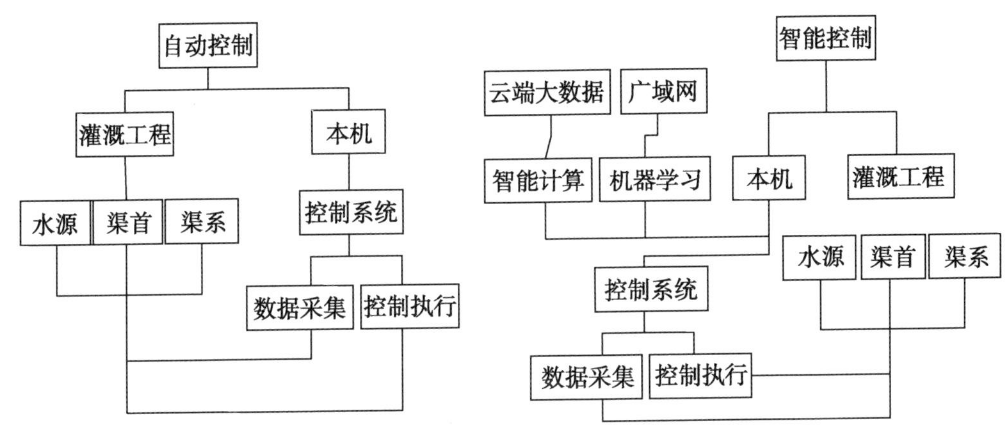

图 8-33　智能控制与自动控制结构过程对照框

实现灌溉现代化的前提，灌溉为农业服务，只有大农业才有灌溉的大发展，同时也要提高农业经营者素质，培养现代化管理人才队伍，创新适合中国农业特点的现代化设备。

①加速灌区现代化建设：将灌区续建配套从大中型灌区逐步推广，并向小型灌区推开，灌溉规模向集约化发展。

②培养软件制作人才：灌溉现代化需要提高管理上层人才素质，也同样需要灌溉用户人员素质的提高。大力开展灌溉人才培训工作，举办不同层次的学习班。现代化离不开计算机，自动化、智能化需要计算机在与实地相符的程序下运行，没有结合农业生产实际的程序就没有自动化，更没有智能化。

参考文献

[1]　肖俊夫，宋毅夫，刘祖贵，等．玉米灌溉节水技术［M］．郑州，中原农民出版社，2015，12.

[2]　梁宗锁，康绍忠，张建华，等．控制性分根交替灌水对作物水分利用率的影响及节水效应［J］．中国农业科学，1998，31（5）：88-90.

[3]　汪顺生，费良军，高传昌，等．不同沟灌方式下夏玉米棵间蒸发试验［J］．农业机械学报，2012，43（9）：66-71.

[4]　徐喜俊．武威绿洲灌区玉米垄膜沟灌栽培技术［J］．甘肃农业科技，2010（3）：55-57.

[5]　玉米节水灌溉技术［OL］．http：//www. docin. com/p-726209720. html.

[6]　孙西欢，王文焰．波涌沟灌节水机理与效果的试验分析［J］．农业工程学报，1997（4）：53-57.

[7]　孟令秋．节水型沟灌灌水技术主要形式的研究［J］．农机使用与维修，2015（8）：99-100.

[8]　林性粹，赵乐诗，等．旱作物地面灌溉节水技术［M］．水利部农村水利司/中国灌溉排水技术开发培训中心，中国水利水电出版社，1999.

[9] 地面灌溉节水技术［OL］. http：//www. sdlwlf. com/jsjs/地面灌溉节水技术.html.

[10] 王秀琴，杨林平，李林燕．节水沟灌技术［J］. 宁夏农林科技，2010（5）：94，88.

[11] 张立勤，马忠明，俄胜哲．垄膜沟灌栽培对制种玉米产量和水分利用效率的影响［J］. 西北农业学报 2007，16（4）：83~86.

[12] 刘平，蒋正文，张煜明，等．宁南山区地膜玉米隔沟灌溉试验研究［J］. 水土保持研究，2006，13（4）：104-106.

[13] 韩艳丽，康绍忠．控制性分根交替灌溉对玉米养分吸收的影响［J］. 灌溉排水，2001，20（2）：5-7.

[14] 梁宗锁，康绍忠，石培泽，等．隔沟交替灌溉对玉米根系分布和产量的影响及其节水效益［J］. 中国农业科学，2000，33（6）：26-32.

[15] 阚常庆，廖梓龙，龙胤慧．畦灌技术研究进展［J］. 水科学与工程技术，2012（3）：1-4.

[16] 许迪，李益农，程先军，等编著．田间节水灌溉新技术研究与应用［M］. 北京，中国农业出版社，2002 年 1 月。

[17] 赵竞成．沟、畦灌溉技术的完善与改进［J］. 中国农村水利水电，1998（3）：6-9.

[18] 中华人民共和国水利部编．灌溉与排水工程设计规范［S］. 中华人民共和国国家标准，1999，8.

[19] 中华人民共和国建设部．节水灌溉工程技术规范［S］. 中华人民共和国国家标准，2006，9.

[20] 王维汉，缴锡云，朱艳，等．畦灌改水成数的控制误差及其对灌水质量的影响［J］. 中国农学通报 2010，26（2）：291-294.

[21] 刘恩民，刘晓云，刘传收，等．低压管道输水小畦灌的优势与发展前景［J］. 灌溉排水学报，2003，22（3）：37-40

[22] 阳晓原，范兴科，冯浩，等．低定额畦灌技术参数研究［J］. 水土保持研究，2009，16（2）：227-230.

[23] 黎平，胡笑涛，蔡焕杰，等．基于 SIRMOD 的畦灌质量评价及其技术要素优化［J］. 人民黄河，2012，34（4）：77-80，83

[24] 马海燕，张展羽，杜贞栋，等．山东半湿润井灌区精细地面灌溉技术试验［J］. 河海大学学报（自然科学版），2012，40（5）：555-562.

[25] 王维汉，缴锡云，彭世彰，等．基于稳健设计理论的畦灌质量敏感性分析［J］. 农业工程学报，2010，26（11）：37-42.

[26] 吴彩丽，徐迪，白美键，等．不同灌水技术要素组合下畦灌灌水深度的控制目标［J］. 农业工程学报，2014，30（24）：67-73.

[27] 李援农，刘玉洁，李芳红，等．膜上灌水技术的生态效应研究［J］. 农业工程学报，2005，21（11）：60-63.

[28]　韩丙芳，田军仓，杨金忠．玉米膜上灌溉条件下土壤水、热运动规律的研究［J］．农业工程学报，2007，23（12）：85-89.
[29]　李德顺，刘明，齐华．旱作农业节水灌溉技术［J］．农业科技与装备，2010（6）：104-105，107.
[30]　高范华．山东引黄灌区冬小麦波涌流灌溉试验研究［D］．泰安：山东农业大学硕士学位论文，2015，6.
[31]　王文焰，汪志荣，费良军，等．波涌灌溉的灌水质量评价及计算［J］．水利学报，2000（3）：53-58
[32]　刘熙翠．低压管道波涌多孔软管灌溉系统的模拟研究［D］．西南大学硕士学位论文，2011.
[33]　王春堂．一种经济实用的涌灌水力自动装置［J］．中国农村水利水电，2000（3）：29-30
[34]　王春堂．波涌流节水灌溉水力自动控制装置研究［D］．中国农业大学硕士学位论文，2015，1.
[35]　谢崇宝．波涌灌溉设备［J］．农业机械，2000（10）：24-26.
[36]　谢崇宝，黄斌，许迪，等．波涌灌溉设备与灌溉自动化［J］．中国水利，2001（4）：61-62.
[37]　李心平，高昌珍，马福丽．波涌灌溉核心设备-波涌阀的研究［J］．农机化研究，2006（4）：123-125.
[38]　陈军．渠灌波涌自动灌溉设备研究［D］．山东农业大学硕士学位论文，2007，5，16.
[39]　张明，潘一心．涌流灌溉技术试验研究及其应用［J］．浙江水利水电专科学校学报，2002（12）：36-37.
[40]　Stringham，G. E.，and J. Keller.. Surge flow for automatic irrigation. ASCE Irrigation and Drainage Division Specialty Conference，Albuquerque，NM，1979：132-142.
[41]　中华人民共和国国家标准．农田低压管道输水灌溉工程技术规范［S］．中国国家标准化委员会，GB/T 20203—2006，2006. 02.
[42]　张建保，周立华，孟超，等．覆膜玉米灌溉制度试验研究［J］．宁夏农林科技，2008（3）：39-41.
[43]　中华人民共和国水利行业标准．地面灌溉工程技术管理规程［S］．中华人民共和国水利部，SL 558-2011.
[44]　马兰忠，程满金，冯婷．玉米集雨补灌灌溉制度试验研究［J］．四川水利，2004（z1）：31-36.
[45]　刘玉洁，李援农，李方红，等．膜孔灌溉条件下灌溉制度试验研究［J］．中国农村水利水电，2006（6）：63-65.
[46]　章少辉，许迪，李益农，等．基于 SGA 和 SRFR 的畦灌入渗参数与糙率系数优化反演模型Ⅱ—模型应用［J］．水利学报，2007，38（4）：402-408.

[47] 费良军，王文焰．浑水波涌畦灌田面水流推进与消退特性研究［J］．水利水电技术，1999（s1）：50-54
[48] 孙秀路．施肥条件下波涌灌溉田间水氮分布特性研究［D］．中国农业科学院硕士研究生学位论文，2015.
[49] 刘群昌，许迪．应用水量平衡法确定波涌灌溉下土壤入渗参数［J］．灌溉排水，2001（02）：8-12.
[50] 高昌珍，王利环，张忠杰．黄土高原砂壤土水平沟波涌灌溉试验研究［C］．提高全民科学素质、建设创新型国家—2006 中国科协年会论文集，2006.
[51] 袁志德．山地丘陵地区波涌灌溉自动灌水系统研究［D］．西南大学硕士学位论文，2012，6，12.
[52] 王文焰．波涌灌溉试验研究与应用［M］．西北工业大学出版社，1994，12.
[53] 刘兴荣．波涌灌溉对河西内陆河灌区西兰花灌水效果及产量的影响［D］．甘肃农业大学硕士学位论文，2006.
[54] 白丹，叶永宇，张建丰，等．虹吸式波涌管道灌溉技术的初步研究［J］．农业工程学报，2006，22（1）：179-181.
[55] 丁安川．新疆波涌畦灌与沟灌试验研究［D］．西安：西安理工大学硕士学位论文，2006，10.
[56] 刘作新，尹光华，李桂芳．辽西半干旱区褐土涌流畦灌的节水效果［J］．沈阳农业大学学报，2004，35（5）：384-386.
[57] 彭立新，周和平，张荣，等．波涌灌溉节水增产效果分析［J］．节水灌溉，2001（3）：22-23.
[58] 王文焰，费良军，等．浑水波涌灌溉的节水机理与效果［J］．水利学报，2001（05）：5-10.
[59] 李心平，高昌珍，马福丽．波涌灌溉核心设备-波涌阀的研究［J］．农机化研究，2006（4）：123-125.
[60] 段爱旺，肖俊夫，宋毅夫，等．灌溉试验研究方法［M］．中国农业科学技术出版社，2015，10.
[61] 任开兴．丘陵山区波涌沟灌试验及其技术要素优化［D］．山西农业大学硕士学位论文，2003.
[62] 王小珂，李兵，申长军，等．基于 WiFi 的自动灌溉控制器设计与实现［J］．中国农村水利水电，2011（12）：46-49
[63] 孙燕．无线遥控节水灌溉自动控制系统设计与研究［D］．安徽农业大学硕士学位论文，2008.
[64] 何武全，邢义川．黄河上中游大型灌区推广管道输水发展节水灌溉的可行性分析［J］．节水灌溉，2001（1）：12-14.
[65] 宋毅夫．喷灌水量损失的测定［J］．喷灌技术，1983（1）：7-13.
[66] 蔡进军，张源润，李生宝，等．宁夏南部山区坡地雨水资源化潜力及降水再分配研究［J］．水土保持研究，2004，11（3）：257-259

［67］ 杨海江，王克学．静宁集雨增补地下水与水资源可持续利用探讨［J］．农业科技与信息，2008（8）：28-29.
［68］ 王林．山区集雨节灌水窖施工技术［J］．甘肃水利水电技术，2002，38（4）：309-311.
［69］ 蒋艳，张坚．少筋混凝土小水窖在烟水工程中的运用及效果［D］．科学技术知识产权信息网，2008，5.
［70］ 中华人民共和国行业标准．雨水集蓄利用工程技术规范［S］．中华人民共和国水利部，SL267-2001，人民卫生出版社，2001，04
［71］ 樊恒辉，吴普特，高建恩．人工集流场集雨防渗材料研究进展［C］．农业工程科技创新与建设现代农业—2005 年中国农业工程学会学术年会论文集第二分册，2005.
［72］ 我国雨水集蓄利用现状［OL］．http：//www. aquasmart. cn/news/rain/jsyy/7083. html，水艺网，2010. 11. 29.
［73］ 辛鹏科，徐洁，刘建平，等．宁夏彭阳县雨水集蓄利用模式与效益分析［J］．节水灌溉，2006（1）：37-38.
［74］ 冯学赞，张万军．干旱半干旱地区人工地衣集雨面营建潜力探析［J］．中国生态农业学报，2005，13（1）：156-159.
［75］ 徐雁，李彦斌．西南岩溶山区集雨工程—水柜的规划与设计［J］．中国水土保持，2002（5）：20-23.
［76］ 刘小勇，吴普特．对渭北地区集雨灌溉的思考：—以富平县底店乡“窖灌农业”示范区为例［J］．水土保持通报，2000，20（4）：46-50.
［77］ 王秀敏，孙书洪，曹学斌，等．山丘区集雨灌溉系统研究［J］．南水北调与水利科技，2012（A02）：98-99.
［78］ 尉永平．山西省集雨灌溉用旱井调研报告［J］．山西水利科技，1998（3）：38-41.
［79］ 高娃，郑海春，白云龙，等．黄土丘陵区玉米集雨保苗及灌溉制度研究［J］．内蒙古农业科技，2014（3）：54-56.
［80］ 杨为民，李捷理，陈娆．基于全球化视角的美国家庭农场发展与启示［J］．农业经济，2013（11）：3-6.
［81］ 中华人民共和国水利行业标准．大型灌区技术改造规程（SL 418-2008）［S］．中华人民共和国水利部，2008-7-21.
［82］ 陈文华．农业考古［M］．文物出版社，2002 年．
［83］ 季仁保．中国灌区现代化建设浅析［C］．中国现代水利建设高级论坛论文集，2006.
［84］ 张学会，白小丹．夹马口银黄灌区工程现代化管理实践［M］．中国水利水电出版社，2009. 01.
［85］ 宁夏水利厅灌溉管理局．以信息化促进灌区管理现代化［OL］．中国节水灌溉网，2003/8/20.

[86] 陈金水，丁强．灌区现代化的发展思路和顶层设计［J］．水利信息化，2013（6）：11-14.

[87] 杨平富，丁俊漳，李赵琴．河灌区信息化建设管理现状与对策［J］．人民长江，2012，43（8）：112-115.

[88] 赵林．山东省陡山灌区信息化系统建设及现代化管理模式研究［D］．河海大学硕士研究生学位论文，2005.

[89] 孟昭东，赵丹浅．谈灌区现代化管理［J］．水利科技与技术，2010，16（3）：256-257.

[90] 梁灿忠．建设现代化灌区初探［J］．中国水利，2001（1）：29-29.

[91] 李鹏飞．对现代化灌区建设的一些思考［J］．改革与开放．2011（8）：139-139.

[92] 吴绍锋．现代化灌区发展方向初探［J］．黑龙江水利科技，2016，44（2）：146-148

[93] 大唐电信科技股份有限公司．灌区项目信息自动化系统的应用分析［J］．电信技术，2011（9）：100-102

[94] 陈巧莉．智能化设施农业节水灌溉控制系统研究［D］．南京理工大学硕士研究生学位论文，2004.

[95] 宫建华．基于远程控制的智能灌溉系统研究［D］．大连理工大学硕士研究生学位论文，2004.

[96] 罗杰．基于模糊控制智能灌溉控制系统研究［D］．吉林大学硕士研究生学位论文，2011.

[97] 赵伶俐，王福平．宁夏引黄灌区智能节水灌溉模式与技术研究［J］．节水灌溉，2015（12）：93-95.

[98] 陆林．基于物联网的番茄智能控制灌溉系统［D］．安徽农业大学硕士研究生学位论文，2014.

[99] 雷．库兹韦尔（美）．人工智能的未来［M］．浙江人民出版社，2016（9）：170-171.

[100] 王顺晃，王复波，鲁玉明．带自学习功能的智能 PID 控制及其应用［J］．新技术新工艺，1997（5）：2-3.

[101] 叶渊，赵镭．一种新型自学习控制器及其应用［J］．机床与液压，1999（3）：33-34.

[102] 雷德明．一种新型自学习模糊控制器［J］．信息与控制，2000，29（6）：559-563.

[103] 杨胜跃，樊晓平．基于高阶 CMAC 网络的机器人自学习控制器［J］．铁道科学与工程学报，2000，18（3）：29-33.

[104] 张兆朋．基于物联网的智能大棚灌溉系统的设计［J］．电子世界，2012（21）：13-15.

[105] 胡培金．基于“物联网”架构的精准灌溉控制系统研究［D］．北京林业大

学硕士研究生论文，2011.
[106]　赵寒涛，张小平，朱明清．基于物联网技术的农田节水灌溉系统的研究［J］．自动化技术与应用，2012，31（4）：39-42.
[107]　曾红远，熊路，吴佳宝，等．农作物覆膜栽培研究进展［J］．湖南农业科学，2012（11）：32-34.
[108]　王炳英．覆膜条件下作物需水规律及土壤温度变化规律的试验研究［D］．杨凌：西北农林科技大学硕士研究生学位论文，2006.
[109]　张晓辉．玉米双垄沟覆膜节水集水灌溉栽培技术研究［J］．安徽农业科学，2008，36（26）：11272-11274.
[110]　邹吉波，杨春华．北方玉米栽培中机械化技术与有关技术组合的应用［J］．安徽农业科学，2008，34（4）：636-638.
[111]　姚志刚．玉米节水灌溉覆膜播种机械化技术［J］．农业科技与装备，2014（10）：51-53.
[112]　张建保，周立华．覆膜玉米节水灌溉制度试验研究［J］．宁夏农林科技，2008（3）：239-41
[113]　张义强，魏占民．内蒙古河套灌区小麦套种玉米秋浇覆膜灌溉试验研究［J］．节水灌溉，2012（4）：15-18.
[114]　王宇先．半干旱地区不同灌溉方式对玉米覆膜产量地影响［J］．黑龙江农业科学，2014（3）：22-25.
[115]　吴军虎，费良军，等．膜孔灌溉田面水流运动特性试验研究［J］．西安理工大学学报，2001，17（1）：52-56.
[116]　马金宝，毕建杰，张兴强，等．宽垄沟灌覆膜条件下土壤水分侧向入渗特性［J］．灌溉排水学报，2006，25（6）：27-29.
[117]　焦艳平，康跃虎，等．干旱区盐碱地覆膜滴灌条件下土壤基质势对糯玉米生长和灌溉水利用效率的影响［J］．干旱地区农业研究，2007，25（6）：144-151.
[118]　窦超银，康跃虎，等．覆膜滴灌对地下水浅埋区重度盐碱地土壤酶活性的影响［J］．农业工程学，2010?，26（3）：44-51.
[119]　刘玉洁，李援农，潘韬．不同灌溉制度对覆膜春玉米的耗水规律及产量的影响［J］．干旱地区农业研究，2009，27（6）：67-72.
[120]　吴友杰，杜太生．覆膜沟灌下土壤水氢氧同位素分布特征及其水分运动规律研究［J］．中国农村水利水电，2016（9）：73-76.
[121]　李毅．覆膜条件下土壤水、盐、热耦合迁移试验研究［D］．西安：西安理工大学学位论文，2002. 1. 1.
[123]　沈暉，田军仓，李卓，等．玉米水平畦灌与膜上灌复合最优组合方案研究［J］．宁夏工程技术，2007，6（3）：263-267.
[124]　刘建军，陈燕华，李毅．膜孔灌溉条件下土壤水分空间分布特性研究及应用［J］．节水灌溉，2002（4）：4-7.

[125] 费良军，李发文，吴军虎．膜孔灌单向交汇入渗湿润体特性影响因素研究［J］．水利学报，2003，34（5）：62-68.

[126] 吴军，虎费良军，王运生．由膜孔畦灌水流推进及水深资料推求点源入渗参数［J］．西安理工大学，1999，15（4）：95-98.

[127] 范严伟，赵文举，冀宏．膜孔灌溉单孔入渗 kostiakov 模型建立与验证［J］．兰州理工大学学报，2012，38（3）：61-66.

[128] 费良军，程东娟，赵新宇．由膜孔灌田面灌水参数推求基于 Kostiakov 模型的点源入渗参数［J］．农业工程学报，2007，23（3）：88-90.

[129] 程东娟，霍自民，刘淑桥．覆膜方式对沟灌水分入渗影响［J］．水利水电技术，2013，44（6）：101-104.

[130] 王炳英，李援农，谢建波．覆膜种植夏玉米需水规律的试验研究［J］．水利建筑工程学报，2007，5（3）：16-18.

[131] 丁新利，张玉玲，阿不都许库尔・艾依提．棉花、玉米膜上灌需水规律及灌溉制度的研究与应用［J］．新疆水利，2003（3）：26-29.

[132] 赵楠，黄兴法，任夏楠，等．宁夏引黄灌区膜下滴灌春玉米需水规律试验研究［J］．灌溉排水学报，2014，33（z1）：31-34.

[133] 张建保，周立华，孟超，等．覆膜玉米节水灌溉制度试验研究［J］．宁夏农林科技，2008（3）：39-41.

[134] 汤英，李金娟，韩小龙，等．宁夏中部干旱带覆膜沟灌玉米灌溉制度研究［J］．节水灌溉，2014（3）：9-13.

[135] 张丹，龚时宏．覆膜与不覆膜滴灌对土壤温度和玉米产量影响研究［J］．中国农村水利水电，2016（2）：9-13.

[136] 刘一龙，张忠学，郭亚芬，等．膜下滴灌条件下不同灌溉制度的玉米产量与水分利用效应［J］．东北农业大学学报，2010，41（10）：53-57.

[137] 吕国梁．玉米滴灌条件下不同覆膜方式的节水增产效应研究［D］．东北农业大学硕士学位论文，2011.

[138] 李桂林，王成兰，陈其兵，等．覆膜方式对河西灌区玉米生长及产量的影响［J］．甘肃农业科技，2012（1）：18-19.

[139] 赵燕，李淑芬，吴杏红，等．我国可降解地膜的应用现状及发展趋势［J］．现代农业科技，2010（23）：105-107.

[140] 严昌荣，梅旭荣，何文清，等．农用地膜残留污染的现状与防治［J］．农业工程学报，2006，22（11）：269-272.

第九章　玉米节水灌溉技术

玉米是中国旱田中主要粮食作物，也是灌溉面积仅次于水稻的粮食作物，由于受季风气候影响，年内与年际雨量分布不均，中国农田需要灌溉的面积占耕地的比重非常大，2015 年统计中国灌溉面积 7 206万 hm^2，占耕地面积 59.2%，灌溉面积还在逐年增加，但中国水资源和能源相对工农业发展的需求显得十分紧缺，如何满足发展与紧缺的矛盾，除扩大资源开发，更重要的是节约资源（水、能资源等）消耗量，这里主要是提高生产要素中的技术含量，利用先进科学技术降低单位产能的资源消耗量。这些方面中国与发达国家还有很大差距：如发达国家 GDP 每万元产值耗水 40~60m^3/万元（人民币），而中国却高达 96m^3/万元。尽管目前差距已逐步缩小，但仍有很大的节水空间。中国灌溉用水占国民经济用水一半，是工业用水的一倍，所以农业节水潜力更大，与先进的以色列每公顷用水（4 050m^3/hm^2）比较也有近 50%的节水空间。此外，中国能源人均拥有量是世界平均水平的一半，与资源丰富的国家相比相差数倍，所以，中国节水灌溉必须根据中国的自然资源条件，沿着节水节能的方向走出符合自己的中国灌溉现代化道路，充分利用现代先进科学理论与技术，降低灌溉定额、降低灌溉器具的工作压力、提高灌溉水重复利用系数、提高灌溉水利用系数。

第一节　资源优化与灌溉给水技术发展趋势

中国需要灌溉的农田不断扩大，灌溉面积与有限的水资源形成矛盾，为解决水资源的制约，需要发展有压节水灌溉，但有压节水灌溉技术需要增加能源，能源同样是中国紧缺的资源，形成新的矛盾。为保证中国粮食自给又必须使中国农田逐步实现高产稳产，发展灌溉与提高灌溉保证率是必走的道路。这样就构成了一个大系统，如何优化有限资源，最大化的满足灌溉发展需要，以保证粮食自给的目标。中国地域辽阔自然条件与资源多样需要根据当地条件，优化利用自然与社会资源，规划灌溉发展的方向与选择适合当地条件的发展道路。

一、资源与作物灌溉和给水的关系

1. 地域自然资源条件决定灌溉模式

中国灌溉模式与自然条件的多样性是一致的，几乎囊括了世界上各种灌溉模式。

①如按农业灌溉分有沙漠干旱类型的灌溉农业：没有灌溉就没有农业，中国西部新疆、甘肃等地就是灌溉农业模式；而降水 500~800mm 地区的黄淮海平原等地就属于补偿灌溉农业；降水大于 800~2 000mm 长江以南地区就属于低频率灌溉农业，正常年份不需

要灌溉，只在干旱年局部地区需要作补充灌溉。

②按灌溉水质分：有咸水灌溉模式如河北地区微咸水灌溉模式；天津等大城市周围的清污混流灌溉模式；中国东北沿海与山东省等地海水灌溉模式；含沙多的河流西北、辽西等地有淤灌模式。

③按灌溉水源分：有引地下水灌溉的井灌模式、截潜灌溉模式，如中小时令河流的截潜流灌溉；利用调蓄水库灌溉的库灌模式；利用河道引水灌溉的引水灌溉模式，如引黄灌溉区；利用丰水期进行储水缺水时放水灌溉的储水灌溉模式

④按自然条件不同选用灌水方法分：有沟灌、畦灌、格田灌、喷灌、滴灌、渗灌等。

按不同自然条件引起的自然干旱灾害采取灌溉形式分：有降温灌溉模式、防风剥灌溉模式、防干旱风灌溉模式。这些灌溉模式适用于不同的自然变化条件，都是取决于自然条件的异样与变化。

2. 地域农业资源条件决定采用的灌溉方法

各地农业布局不同，最适用的灌溉方法也不同，如玉米为大田作物种植面积大，适用大型灌溉设备，不适合小型灌溉设备；蔬菜、花卉则不适合大型高压灌溉器具，最好选用小型微压灌溉器具。

3. 地域的社会资源影响灌溉设备先进程度

地域社会经济条件不同，不能采取划一的灌溉措施，应该根据具体的社会经济能力来选择灌溉方法和设备，如经济条件好，而地多人少，应该选择控制面积大的灌溉设备，而且是较先进灌溉设备。相反经济条件差，就要选择设备便宜，或分期实施灌溉规划，拉开实施年限，减少一年投入。在地少人多的地区，灌溉规划就要选择划小经济灌溉单元，选用的灌溉设备也要量力而行。

二、节水灌溉的发展历程

当人类对食物的需求不断地增长，灌溉面积不断扩大，从图 9-1 中看出 20 世纪 70—80 年代后世界灌溉面积猛增，世界水资源出现严重短缺，如何应对水资源不足，成为人类面对的重大课题。节水灌溉方法虽然发明在 20 世纪初期，但到了 20 世纪中后期水资源出现供需失衡后节水灌溉方法才得到推广。国外的节水灌溉方法主要用的是有压节水灌溉，如喷灌、滴灌、渗灌等，对于节水用水的实践中国要远于西方，在中国古代 6 500年前（湖南城头山遗址考古）就利用雨水种植水稻，2 000年前西汉时代已经发明瓦罐地下渗灌，我们不仅要学习西方的节水技术，同时，还要总结中国古代的用水节水的思想，根据国情地域特点创新节水节能的理论和新的技术，翻看中国近年的灌溉节水专利，出现很多贴近古人思想的现代节水技术，如陶土渗灌系统、负压给水系统等既节水又节能的“灌溉”方法。

1. 中国农耕社会的灌溉节水进程

西方灌溉节水技术主要是按田间给水压力水头的不同区分为喷灌、滴灌、渗灌等，通过管道以压力将水挤出给水头，这种方法可提高水的利用系数，但较传统的地面灌增加了能源消耗。其实农业灌溉节水含义要宽广得多，中国自古对水资源的利用就十分重视，充分利用水资源包含取水、蓄水、调水、省水，及采用工程措施、设备机具、农事作业、适

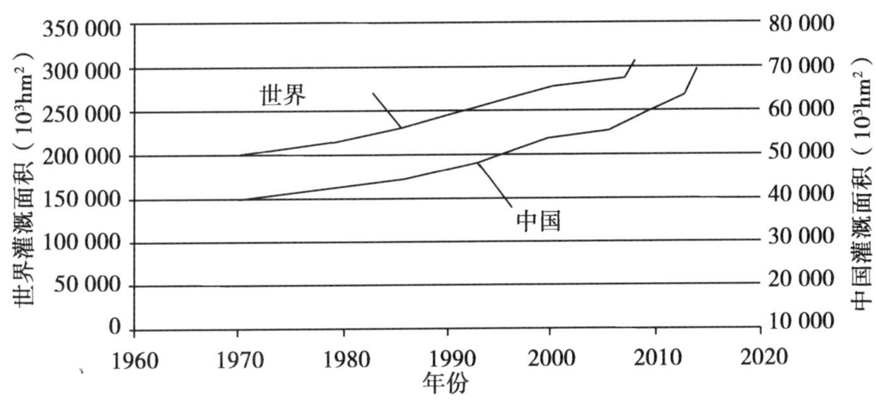

图 9-1 世界（1949—2008 年）与中国（1949—2015 年）灌溉面积统计图[6]

种作物等，要达到人类活动与自然的协调统一，从这一点看中国对水资源的利用和节水观念可追溯到几千年前，中国要延系先人的智慧在祖国的大地上创新发展民族灌溉文化。

（1）因地制宜利用雨水。

①根据水环境用农田工程留住雨水：20 世纪中后期中国草鞋山和城头山等地考古发现 6 000年前古稻田遗址[6]，“以方形蓄水塘为中心的灌排设施开始出现，浅坑形畦田围绕水塘分布，田块之间有水口或浅沟形成水路串联”，充分利用水塘蓄积雨水，补充旱时洼地的水田。

②沟网灌排系统：早在 4 000年前尧舜时期大禹治水时，中国就有了完整的“浚畎浍距川”的灌排系统，鲑旱灌涝能排。相当今天的干支斗农毛的雏形。非常适合中国的气候时旱时涝降水规律特点。

③垄作：始于周朝。有 4 000多年历史，适于北方旱田，小雨天能将雨水全部留在农田里，大雨降水速度大于土壤入渗速度，地面形成径流汇聚在垄沟流向田间排水沟。具有抗旱排涝的功能，至今北方大部分农田都在应用。

④井田：安阳出土的 3 600年前甲骨文中就有了井字，类似今天的方田，周代的沟洫已有一定的规模，“耜广五寸，二耜为耦一耦之伐，广尺深尺，谓之甽；田首倍之，广二尺，深二尺，谓之遂九夫为井，井间广四尺，深四尺，谓之沟方十里为成，成间广八尺，深八尺，谓之洫（《周礼·遂人》、《考工记·匠人》）”。文中“甽、遂、洫”是田间水沟，“夫、井、成”是古时农田面积单位，当时六尺为一步，一百方步是一亩，一百亩叫一夫，九夫成一井字形称为井，三百步是一里，方十里叫一成。井田是田间灌排体系，雨少利于蓄积雨水雨多利于排水。

⑤畦田：畦作，有畦灌，考古发现西汉时的陶园圃模型有井畦系统，文字记载西汉汜胜之著农书中有区田，可证明西汉已有畦灌（公元前 200 年左右），适于平原灌溉，田间水分分布较沟灌更均匀。

⑥圩田、垸田：是在江湖沿岸修筑隔断洪水期间对岸边洼地的侵袭，平时可拦截雨水以灌圩垸内的农田，圩垸上修建闸孔与外水相连。圩田出于江浙地区，太湖流域，盛于北宋年间（公元 1043 年），适于沿海江湖地区灌溉。长江两湖地区垸田：出于公元 1271—

1840年，适于沿江湖泊岸边灌溉。

⑦梯田：旱田梯田有数千年历史。水田梯田，南宋（公元1149年）《陈旉农书》[1]中《地势之宜》篇对高田有论述，到元王祯（公元1313年）著《农书．农器图谱集》中有“梯田”图，梯田分布云贵湖广几省，水田梯田适于多雨山地灌溉。梯田为扩大耕地，留住山坡地雨水是祖先们的智慧，是最好的集雨工程。

⑧围田：珠江下游桑园围，始于北宋公元1100年左右，适于热带季风气候低洼区灌溉。

⑨涂田：沿海滩涂，迎海侧筑海堤防海潮，朝陆修沟渠灌排水系，适于海涂开发。

⑩台田：于低洼地将农田修成条田，沟中土修成土台，台面高出平均地面，雨季沟中存水，旱季沟中水湿润台面上作物根系。

（2）灌水技术发明创造。

①沟灌：垄作有文字记载始于周朝，在《诗经．大田》中有“以我覃耜，俶载南亩”意为用我的犁去田里起垄（亩即龙田），在诗经中有大量的篇章出现农田耕作，如《诗经·甫田》“今适南亩，或耘或耔，黍稷薿薿”；《诗经．新南山》“我疆我理，南东其亩”，都描绘了垄作农田风光，沟灌也以垄作开始。沟灌至今人们还在应用，是我们祖先留下的宝贵财富，以垄作为基础的农事、灌溉等模式只要融入新的科技就会创造新的辉煌。

②畦灌：畦灌出现年代要晚些，公元前一世纪末期西汉《氾胜之书．区田法》“以亩为率，令一亩之地，长十八丈，广四丈八尺；当横分十八丈作十五町”，每区一亩，每亩划分15块，每块间有土埂，并以灌溉水沟相连，类似今天的畦田已有畦灌，畦灌田块小，灌水均匀，灌溉效益有很大提高。

③地下灌、渗灌：西汉《氾胜之书．区田法．瓜》“区种瓜：一亩为二十四科。区方圆三尺，深五寸。一科用一石粪，粪与土合和，令相半。以三斗瓦瓮埋著科中央，令瓮口上与地平。盛水瓮中，令满。种瓜瓮四面各一子。以瓦盖瓮口。水或减，辄增，常令水满。种常以冬至后九十日、百日，得戊辰日种之[2]”。这既是地下灌溉又是渗灌，而且是一种连续灌溉，以植物为主导的灌溉方法，比今天西方的有压渗灌还好，有压渗灌必须用人工或用控制器控制才能停止灌水。而且比西方的渗灌早2 000年。

④湿润灌：西汉《氾胜之书．区田法．瓠》“区种瓠法，收种子须大者。若先受一斗者，得收一石；受一石者，得收十石。先掘地作坑，方圆、深各三尺。用蚕沙与土相和，令中半，著坑中，足摄令坚。以水沃之。候水尽，即下瓠子十颗；复以前粪覆之。既生，长二尺余……旱时须浇之，坑畔周匝小渠子，深四五寸，以水停之，令其遥润，不得坑中下水”，是说灌溉作物周围挖小沟灌水，湿润沟围内田面，不能将水灌入坑中，是一种浸润灌溉思想，保持土壤疏松与润泽，水肥达到作物需要的最佳状态。

2. 中国农事节水保墒措施

解决农作物的需水，有多方面的措施，节水灌溉是其中的一种灌溉措施，同时，农业耕作措施对非灌溉农业与补偿灌溉农业也是很有效措施。中国自古就积累很多丰富经验，有些至今仍在发挥作用，从中国农业耕作文化中继承那些精髓把现代科技融入其中，会对中国农业、水利现代化锦上添花。

（1）古书中传承的农事作物节水措施。

①整地与垄作：《庄子注》整理2300年前庄子的著作："垄上曰亩，垄中曰甽"。即将田地耕翻成一条条沟垄。据《吕氏春秋·辩土》要求："亩欲广以平，甽欲小以深，下得阴，上得阳，然后咸生。"即垄面较宽而且平坦，沟要开的小而深，既节约土地又易于排涝。其规格按《吕氏春秋·任地》要求，是"以六尺之耜，所以成亩也，其博八寸，所以成甽也"。即垄宽六尺，甽宽八寸。

②中耕锄草：最早在3 000年前周朝《诗经·小雅·甫田》：中就有"今适南亩，或耘或耔，黍稷薿薿。"《毛传》："耘，除草也。耔，壅本也。"到战国时期《孟子·梁惠王上》中"深耕易耨"……耨者，熟耘也"，《吕氏春秋·任地》做到"五耕五耨，必审以尽"，发展到近代称除草为铲地，耕称为镗地。五耕五耨古代做到了精耕细作，确保作物无杂草夺肥，松土防止土壤水分蒸发，有效的利用水肥，提高了水肥利用率。

③保墒措施与时节：西汉《氾胜之书．耕田》"凡耕之本，在于趣时和土……春冻解，地气始通，土一和解。夏至，天气始暑，阴气始盛，土复解。夏至后九十日，昼夜分，天地气和。以此时耕田，一而当五，名曰膏泽，皆得时功……立春后，土块散，上没橛，陈根可拔。此时二十日以后，和气去，即土刚。以此时耕，一而当四。和气去耕，四不当一。……五月耕，一当三。六月耕，一当再。若七月耕，五不当一。……得时之和，适地之宜，田虽薄恶，收可亩十石。"氾胜之详细的总结了古时对耕作保墒不同时节的效果，其研究观察极为深入。

镇压保墒：《氾胜之书．耕田》"春地气通，可耕坚硬强地黑垆土，辄平摩其块以生草，草生复耕之，天有小雨复耕和之……凡麦田，常以五月耕，六月再耕，七月勿耕，谨摩平以待种时"讲述了适时镇压垄作表土，防止春风抽干表土墒情。

覆盖柴草保墒：《氾胜之书．麦》"秋锄以棘柴耧之，以壅麦根。故谚曰：〈子欲富，黄金覆〉黄金覆者，谓秋锄麦曳柴壅麦根也。至春冻解，棘柴曳之，突绝其干叶。须麦生复锄之。到榆荚时，注雨止，候土白背复锄。如此则收必倍。……冬雨雪止，以物辄蔺麦上，掩其雪，勿令从风飞去。后雪复如此。则麦耐旱、多实。"与今天的覆膜保墒是如此地相像。

（2）农谚传承的节水保墒措施和雨水的重要。农谚是中国古人在农业耕作实践中总结的农事经验，用带有经验性、传承性和哲理性特征的语言，并在广泛的农家代代口传，也常见于历代的农书中。对中国农业生产经验、农事管理技术起到民间普及作用，也为后人积累了农业知识。

①灌溉农时："麦要浇芽，菜要浇花"、"处暑根头白，农夫吃一赫"、"稻如莺色红，全得水来供"等农谚（引自《沈氏农书》）总结了历代农民对作物需水关键时段的经验。新中国成立后一些劳动模范的灌溉经验很多都是在古人基础上发展而来。

②保水农谚："水土不出田，粮食吃不完""水土不下山，庄稼定增产""水土不下坡，谷子打得多""水是庄稼宝，四季不能少""种田种地，头一水利"等农谚告诫人们，留住水土是如何的重要。

③保墒农谚："深耕一寸，多收一成""春耕深一寸，顶上一遍粪""锄头有三分水、锄头会生水、不怕天旱只怕锄头断"等农谚说明除草深耕对保墒的重要。

④灌溉制度中的促控技术："有钱难买五月旱，六月连阴吃饱饭""夏至进入伏里天，耕田像是水浇园""寸麦不怕尺水，尺麦但怕寸水"等农谚说明作物有时需要控制给水，促进扎根或分蘖，有时水多成灾，有时需要给水促进茎秆生长或子粒灌浆。

⑤雨水的重要："秋禾夜雨强似粪，一场夜雨一场肥""立了秋，那里下雨那里收""伏里一天一暴，坐在家里收稻""今冬麦盖三层被，来年枕着馒头睡""雨水春雨贵如油，顶凌耙耘防墒流""伏里无雨，谷里无米；伏里雨多，谷里米多"等农谚何时需要雨水，此时，雨水对丰收的重要。

3. 水资源充分利用

中国开发利用水资源用于灌溉农田，历史悠久方法措施多样，体现了民族的智慧。

①井灌：苏州市草鞋山和湖南省澧县城头山遗址发现了距今6 000多年的稻田遗址，农田层面都有水井布局，文字记载要晚于考古，在2 000多年前的史记中有记载，凿井的记录。

②淤灌：漳水十二渠，公元前403年至公元前221年战国时魏国邺城，魏文侯派西门豹去当邺令，西门豹来到邺地，发动人民开凿了12条渠道，引河水灌溉农田，并适时引浑水淤灌碱地，《吕氏春秋．先识览》[8]中有"邺有圣令，时为史公。决漳水，灌邺旁。终古斥卤，生之稻粱。"其意为引水改良盐碱地，漳河由清漳、浊漳汇流组成，河水含沙较多，压沙治碱。对于不同河流的河水水质，淤灌方法不同，淤灌也能肥田。

③储水：中国最早有文字记载的蓄水灌溉工程是芍陂，公元前597年前后，楚国孙叔敖主持兴办了蓄水灌溉工程——芍陂，芍陂位在安徽寿县安丰城附近，现名安丰塘，塘周围较高北面地势低洼，北流向淮河。孙叔敖筑堰断溪流，汇集东面的积石山、东南面龙池山和西面六安龙穴山流下来的止水、淝水和北坡祠水入塘于低洼的芍陂之中，环塘修建五个水门，起控制调节陂塘水量，雨季排出多余水量，旱季开水门灌田农田，浇灌禾田万顷，塘堤周长25km，面积34km^{2}被誉为"神州第一塘"。

④冬春灌：冬春灌始于宋朝前后，在中原地方志中称为洪灌，黄河流域为抗御干旱，引洪水灌溉，春秋在非生育期为干旱土地引河水进行储水灌溉，将沣水阶段的河水浇灌到农田中存储在耕作土层里。春天灌溉以备苗期使用，冬灌为隔年春天使用。东北地区春灌恰是桃花盛开季节，一冬积存的冰雪开始消融，时令河出现春汛，抢时利用春汛引水储灌。

⑤截潜引水灌溉：中国北方时令河很多，只有春夏雨水多时才有地表流水，旱季地表无水流，但河沟两侧有地下水汇入，古人在拦河引水时，河坝下挖到基岩，将地下潜流截住，并通过暗渠引出，用以灌溉两岸农田，但没能寻找到文献记录。拦河坝堰引水史书很多，最早始于2 500年前战国时代。

⑥坎儿井地下水灌溉：汉武帝（公元前128至公元前117七年）《史记·河渠书》记载当时井渠施工法的技术要领是："凿井，深者四十余丈。往往为井，井下相通行水，水颓以绝商颜，东至山岭十余里间。井渠之生自此始。"，后传新疆，用于引天山冰雪融化的地下水，具有减少蒸发，汇聚沿渠的地下水资源优点。

4. 现代西方有压节水方法的引进

当人类进入20世纪中后期，人口增加，食物的需求显得紧缺，灌溉用水挤压了工业城市用水，灌溉节水成为世界各国急需解决课题，西方发达国家对灌溉方法进行了革命性的创新，出现了有压多种节水灌溉方法，新中国成立后20世纪50—70年代开始先后引进西方有压节水灌溉，有压节水是利用现代抽水设备，用管道输水，减少输配水的蒸渗损失，并提高了灌水均匀度。但有压节水也存在不足，节约了用水量增加了耗能量，使灌溉成本增加。所以，在30多年发展缓慢。从图9-2中看出从1980—2013年发展可分为3个阶段，1980—1998年是缓慢发展，1998—2005年平缓动荡阶段，2005—2013年是快速发展阶段。

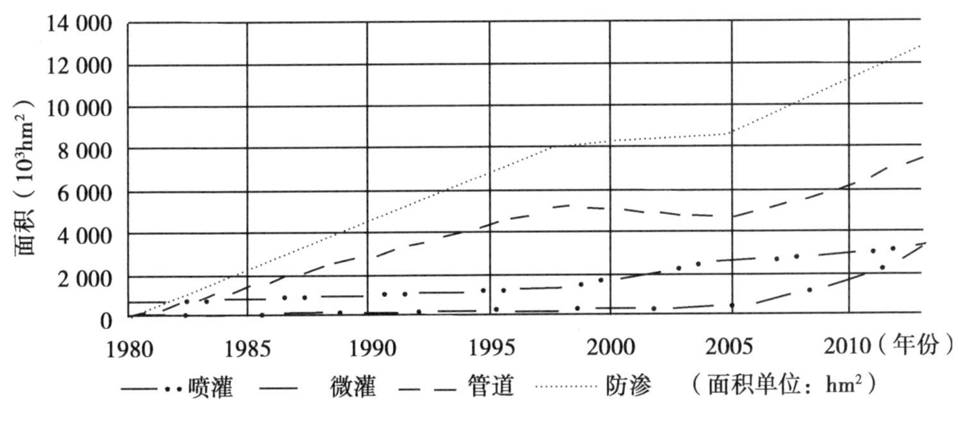

图9-2 有压节水灌溉发展过程线

（资料引自“中国农业年鉴1981—2013”整理）

5. 走出中国灌溉特色的发展方向

（1）引进有压节水灌溉阶段。引进西方有压节水灌溉对中国灌溉用水起到了节水效果，但由于中国农业结构的商品化不足，节水灌溉增加的灌溉成本费用的提高，减缓了有压节水灌溉的发展速度，从1975—2015年的40年，喷灌由于工作压力高、土地集约化程度低等原因，平均每年增加面积只占现有灌溉面积的0.13%，滴灌近年发展很快，但滴灌总面积也只占总灌溉面积的5%，喷滴灌面积和约占总灌溉面积10.20%，与发达国家比还有很大差距，发展缓慢的深层原因值得探讨。

（2）走出中国灌溉特色的发展方向。虽然国际上对节水灌溉都认识到应向微压方向发展，但中国灌溉界认识更深刻。根据中国水资源、能源的不足，积极探索适合中国的低能耗灌溉方法已成为大众的共识，参与研究与开发的有一线的农民、工人，有从事灌溉研究的专家，提出很多创新思路，2002年提出“节水渗灌装置（张炳宝）”；2004年提出“重力式毛细管自动给水装置（贾中华）”；2004年提出“毛细管给水管（蒋甫定）”；2005年提出“植物负压给水系统（宋毅夫）”[13、14、15]；2008年提出“毛细给水器（水利部灌溉试验总站）”；2012年提出“痕灌（华中科大）”等发明。这些发明承继了中国先人的连续给水理念（西汉《氾胜之书．区田法．瓜》中“以三斗瓦瓮埋著科中央，令瓮口上与地平。盛水瓮中，令满），以植物自动吸水，无需压力，是中国土生土长的发明，其中负压给水与痕灌将微孔技术与高分子材料相结合，走出了中国连续精准给水的新路，发展了低耗能节水的双节植物给水新技术[15]。

三、资源的局限对灌溉给水的倒逼作用

人类在生存获取食物的过程中，受自然条件的制约，总要想出各种办法克服不利因素来满足生存的需要，灌溉的发展一样遵循这一规律，处于世界不同地域，创造了不同灌溉文明，20 世纪中期以来，世界各国不断创新新的灌溉方法。

1. 中国的干旱洪涝灾害倒逼古代创造了灿烂灌溉文明

中国的季风雨型，时而河水泛滥，时而干旱千里，逼迫既要治水又要用水，创造了疏导洪水拦河引水灌溉，修沟网排内水的灿烂灌溉文明。

2. 美国中部大平原催生了大型时针式喷灌

美国中部密西西比河 322 万 km^2 大平原，也常发生干旱，在进入农业机械化时代的背景下，因 20 世纪 60 年代的连年干旱促进了大面积的发展玉米时针式喷灌。时针式喷灌在美国的灌溉面积达到 8 900千 hm^2，占美国喷灌面积的 63%，灌溉面积的 40%。

3. 欧洲农牧业创造了滚轮式草场灌溉设备

欧洲年内各月雨量分布较均衡，灌溉面积占耕地较少，法国是欧洲灌溉面积最多国家也只有 1 480千 hm^2，其中，喷灌 1 400千 hm^2，滴灌 80 千 hm^2。俄罗斯 2008 年节水灌溉面积 3 524千 hm^2，其中，喷灌占 99%，微灌很少。说明欧洲对于农牧业的灌溉，主要是采用大型的喷灌机具，尤其是滚轮式与卷管式喷灌最适合牧草喷灌，造价较低，且牧草能耐较大雨滴打击。

4. 以色列干旱缺水地少人多推进了滴水局部灌溉系统的应用

以色列自然条件，干旱沙漠占很大比重，严重缺水逼迫农业要节约用水，20 世纪以色列大力发展滴灌，滴灌用水最少，而且以色列人还在滴灌上进一步改进，利用高吸水聚合物的储水技术，将滴灌更向前推进一步。

四、创新“植物智能给水理论”

灌溉发展经历了地面古老灌溉（盛水器提水溉水〈国际的〉-桔槔溉水-水车灌溉-水泵灌溉）-近代有压节水灌溉（喷灌、滴灌、渗灌），进入 21 世纪 20 年代，将进入以植物主动吸水来对植物给水的新的植物智能给水技术时代。

1. 植物智能吸水理论基础[13,14]

中国2000 年前汉成帝（公元前 32 至公元前 7 年）时，农学家氾胜之在总结灌溉方法时就记录了湿润灌溉方法，在种瓠法的灌水中提出“坑畔周匝小渠子，深四五寸，以水停之，令其遥润，不得坑中下水”在种瓜灌水中提出地下灌溉“以三斗瓦瓮埋著科中央，令瓮口上与地平。盛水瓮中，令满……水或减，辄增，常令水满”，从中看出 2000 年前中国农学家已认识到让植物主动的吸水，比人工一次灌满土壤要好。泛胜之提出的把水供给在植物周围，让植物根据自己需要多少就吸收多少，更能获得好的收成，这是世界最早利用植物智能的原始灌溉方法。宋毅夫 2005 年《植物负压给水系统》专利说明中写道：“植物负压给水系统是利用植物水分生理特性，利用土壤张力特性，实现植物对水分连续自动获取，改变间歇灌溉概念，变‘灌’为‘给’，变‘断续’为‘连续’，变人给的‘被动’为植物获取的‘主动’。植物负压给水系统是利用土壤张力将管道中水吸取到负

压给水头中，然后再吸取到土壤中，代替现有灌溉中的喷灌、滴灌、渗灌、地面灌等有压灌溉，将负压代替有压，达到‘节能’；以负压给水下土壤的非饱和运动，替代现有灌溉土壤的重力水运动，减少土壤渗漏和蒸发损失，达到‘节水’；以植物连续主动从管道中需要多少水就吸取多少水，达到需给平衡，代替现有间歇式灌溉，造成忽多忽少状态，达到‘精准’，最终得到‘高效’。植物负压给水系统与灌溉系统不同之处，可以总结为三变三替一高效（参见“中国专利发明人年鉴第八卷）。”[13]，这一理念延续了中国古人对以植物为主的灌溉理念。从植物水分生理和土壤水力学两方面角度阐述了负压给水的理论基础，同时，进一步说明负压给水同目前常用的灌溉灌水的本质区别，这是利用植物智能以植物主动吸水的给水理论的开始。

植物是否有智能，近代虽有争论，但已经达到共识，植物虽然是不能移动的生物，没有大脑，但却是靠细胞信息传递而实现对外界的反应，并能采取适当的措施来应对外界的变化和刺激的生物。植物中已发现有几种对不同刺激有明显反应的物种，如一“食虫草”：其生长在美洲和亚洲热带，食虫草的叶片上有个捕虫器，捕虫器由两片贝壳状带刺叶瓣组成，叶瓣内有捕虫囊，囊内有蜜腺能分泌蜜汁引诱昆虫，昆虫进入捕虫囊后，囊内有触毛，昆虫触动触毛，两侧的捕虫器叶片合拢，捕虫囊下半部的内侧有很多消化腺，这些腺体泌出稍带黏性的消化液能将昆虫体液吸收。如二“向日葵”：在顶端幼茎分布较多生长素，生长素怕光，总躲在背光处，生长素长得快，造成向日葵总向阳光一侧倾斜。如三“含羞草”：浑身散生刺毛，通常每个叶柄上长着 4 个羽状复叶，每个羽状复叶上又由许多对生的小叶组成，受到外界触动时，叶会下垂并都会折叠起来，专家研究发现在叶的叶柄基部和小叶基部有一个膨大部，称为叶枕，叶枕中央有一个维管束，四周布满薄壁细胞，当叶片受到震动时，叶枕上下细胞反应不同，上细胞很快将细胞液排向维管束，而下边细胞液仍然充满胞液，这样造成草叶很快合拢。如四“睡莲”：水生睡莲太阳落下，睡莲的花朵也会渐渐关闭，清晨的晨光使花瓣又逐渐展开，睡莲对阳光反应特别敏感，是由于睡莲内外花瓣对阳光反应不同而造成的，上午外侧受到阳光的照射生长变慢而内侧层背阳却迅速伸展，于是花儿绽开了，到下午这时的睡莲花内侧层受到阳光照射生长倒变慢了，外侧层相反它的伸展逐渐超越了内侧层，于是就慢慢地自动闭合起来。如五“舞草”：木本植物，各枝叶柄上长有 3 枚清秀的叶片，当气温超过 25℃在 70 分贝声音刺激下，两枚小叶绕中间大叶便摇摆起舞。

这些有显著智能的植物例子说明植物是有智能的物种，但不是只有这几种植物有智能，“它们”只是特别明显容易被识别，实际上植物都有智能的能力，有些能力是用肉眼看不出的，是一些微观的变化和反应，当人类观察世界的仪器越来越扩展时，对植物细胞、粒子体、蛋白质、基因等都能识别和观测时，植物的很多智能就被发现。从植物水分生理角度看，例如，1991 年获诺贝尔医学奖和生理学奖的德国科学家 Dr. ErwinNeher 和 Dr. Bert Sakmacfn 研究发现生物细胞存在着只有 2 纳米（nm）的离子通道，这个蛋白通道只允许 2nm 以下的水分子团的水和离子一起通过，2000 年美国科学家彼得·阿格雷与其他研究人员一起公布了世界第一张水通道蛋白（AQPs）的高清晰度立体照片[17、18]。发现了水分子经过水通道时会形成单一纵列，进入弯曲狭窄的通道内，内部的偶极力与极性会帮助水分子旋转，以适当角度穿越狭窄的水通道。植物体内水分传递在水道蛋白发现前一直认为是细胞液压差进行渗透传递，水通道蛋白发现后才得出植株体内水分传递主要是由水通道完成的，水通道水分传递速度快，并能对外界环境变化作出不同回应，达到控制水分输送速度与开关作用，能识别植物体内不同部位的细胞信息，并给出控制水通道的指令。人类对植物的各部分结构研究越来越深入，发现植物体内各种功能是很神秘很有智慧。

2. 植物智能对水分吸收的控制能力[13、17-27]

人类对植物的认识是逐渐深入的，中国从神农氏开始有了农业，并对植物进行观察研究利用，著有《神农本草经》，历代传承了认识植物利用植物的能力，不断深化对植物的认知，到南朝齐梁时期陶弘景著有《本草经集注》（距今1400年前），宋代的《开宝本草》《嘉祐本草》《经史证类备急本草》《本草衍义》等，到明朝李时珍（1518—1593年）著有《本草纲目》全书收录药用植物共计1 095种，把植物分为草部、谷部、菜部、果部、本部五部，又把草部分为山草、芳草、溼草、毒草、蔓草、水草、石草、苔草、杂草等九类植物[24]，不但对植物的生态研究十分深入，而且对植物的化学成分、药理研究远早于西方。但中国古代在试验性观测与研究方面要落后西方植物学。植物水分生理学经历了3次具有里程碑的进展：一是发现水是植物光合作用的主要原料；二是发现水在植物体内运动规律，1727年英国植物学家S. 黑尔斯测定了根吸水叶片蒸腾作用，1941年中国植物学家汤佩松和王竹溪提出水势是判断植物细胞水流动方向的判据；三是1991—2000年发现细胞控制水流动的通道和控制机制。植物解剖学对水分运动的最大贡献是发现植物体上维管束和气孔，N. Grew（1641—1712）著《植物解剖》发现植物叶上有气孔，J. J. P. Moldenhawer 1812年著《植物解剖学》发现植物体上有维管束，这些前辈的贡献奠定了植物水分生理学的理论基础和观测试验技术，在其后的几百年中，尤其是近几十年中获得飞速的发展。

植物体水分循环是负压循环，其动力来自大气的蒸发力，大气的蒸发力远大于植物体内的负压[13]（图9-3），植物蒸腾的主要通道是维管束，维管束连接植物根系、茎秆、叶脉、叶片，水分的出口是叶面上气孔（其他部位也有很少蒸发）。近年国内外在植物生理学研究进入了分子生理学时代，已经从整体、器官、细胞水平深入到分子水平，逐步揭开植物体内生物分子结构、蛋白质功能、基因转录方式方法、细胞信息传递、蛋白质功能控制的秘密。其中，水分在植物体内的存在、运动，外界因素变化（阳光、黑暗、温度、空气土壤湿度、水质、风和外力刺激）引起细胞中水通道蛋白和气孔的变化，水通道蛋白对植物的水分胁迫反应也逐步被认识。所以，植物具有自动调节的功能，并对外界水环境变化做出智能的选择。

3. 植物智能给水技术

（1）实现植物智能吸水的负压给水技术[13,33]。中国最先发明负压给水技术，经过2003—2005年的室内试验与2005年由北京科委主持鉴定了这一科研成果，并于同年申请了“植物负压给水系统”发明专利，发明人已载入2006年“中国专利发明人年鉴”[13]。这一技术是作者从30多年从事有压喷灌研究中探索出的适合中国“双节”[15]作物给水的道路，该项技术核心是负压给水器，负压给水器可由微孔（小于50um微孔）塑料管、陶瓷头等微孔材料制成，操作时关键需要让负压给水器外围建立水膜让给水器通水不通气，内腔形成真空，这样供水管网的水会充满负压给水器，负压给水器埋入土壤，当土壤的负压力（绝对值）大于负压给水器的微孔张力时，水流就流向土壤，此时负压给水器与植物体内负压水分循环连成一个负压给水的完整体系（图 9-3）。

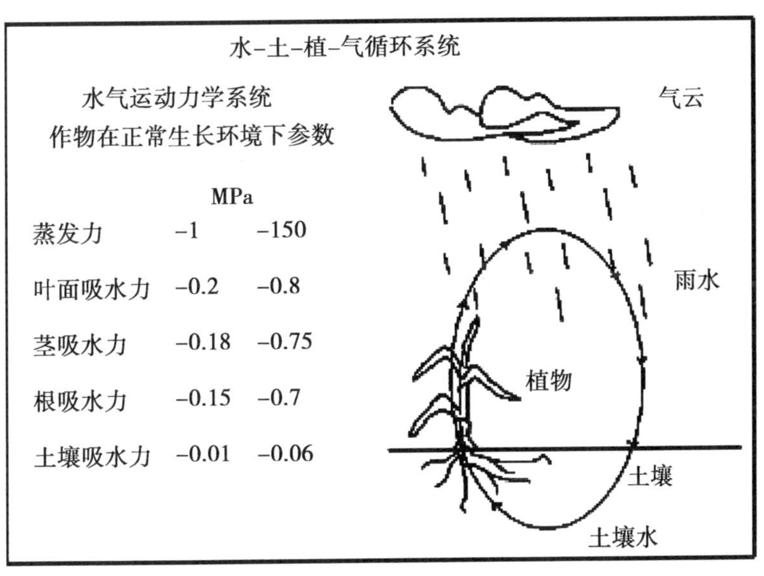

图 9-3　植物体水分循环示意图[13、14]

（2）实现植物智能吸水的高吸水聚合物的储水技术。以色列 Exotech Bio Solutions Ltd（公司）[37]发明了一个大分子化合物称为乙烯双硬脂酰胺（EBS）作为吸收剂，和丙烯酸（尿不湿原料）有着一样的吸水能力，优点：EBS 在八周内能降解 25%，可以为农业解决节水问题，Exotech 测试发现植物可以吸收有 EBS 植入的水，如果将 EBS 吸满水埋入植物根系的土壤里，根系会从 EBS 里逐步的吸收“它”需要的水分，这就减少了水分的无效蒸发。根据 Exotech 的试验能节省 35%~80%的用水量。既然 EBS 是生物可降解物质，它不会留在土壤里，降解的过程还能释放氨，可作为肥料。这种高吸水聚合物应用在储水灌溉中的技术正在开发完善中。

（3）实现植物智能吸水的痕灌给水技术。2012 年中国生产出痕灌灌溉系统，痕灌也是一种负压给水系统，由北京普泉科技有限公司生产，该公司还生产多种无压节能的灌溉设备，“痕量灌溉是以毛细力为基础力，按照植物的需求，以极其微小的速率（1~500mL/h）直接将水或营养液输送到植物根系附近，适量、不间断地湿润植物根层土壤的新型灌溉技术”（引自北京普泉科技有限公司网站）。

（4）毛细给水系统。自 2000 年以来中国在降低灌溉耗能方面进行了多方面的探索，其中利用土壤水的毛细原理，将给水器与土壤的毛细力结合并进一步供给植物智能吸收，提出多种毛细给水系统，其中有蒋甫定的《毛细管给水管》[35]、贾中华《重力式毛细管自动给水装置》[36]水利部灌溉研究所与宋毅夫合作开发的《一种毛细给水器》[38]以不同结构形式构成毛细给水系统，与有压灌溉系统相区别，也是一种连续给水理念的植物智能给水技术，无需压力是参与植物负压循环的技术，具有既节水又节能的特点，并且系统简单成本低，管理方便，需要产学研各部门配合进一步开发推广。

第二节 玉米喷灌技术

玉米是大田作物，种植面积大，中国玉米主产区多分布在广袤的大平原区，喷灌最适合在大平原区灌溉，玉米也是旱作物灌溉面积最多的作物，发展玉米喷灌潜力最大。只是喷灌耗能比其他灌溉方法耗能最多，喷灌向低压、微喷、智能方向发展，不断创新适合中国资源条件的喷灌系统，中国的喷灌机具制造业已经起步向这方面发展。

一、喷灌基本原理

喷灌是模拟自然降水，用机械系统通过水压将水滴均匀地洒向农田，水从天空方向向下喷洒，与地面灌溉最本质的区别是不需要地面流水的比降，不受地面起伏不平整影响，同样能将水均匀分布在农田，减少平整土地工程。

1. 喷灌原理

喷灌采用水泵加压通过管网将水输送到田间，再由喷水组件将水雨化成细小雨滴，均匀地喷洒到农田中，根据作物、土壤的不同要采用不同的喷头和喷灌强度，定时定量的灌溉作物。喷灌强调雨滴大小不要伤害作物与破坏土壤结构，喷洒强度要与土壤入渗速度相平衡，喷洒面积上接收的水量要均匀，灌溉水量要存储在作物主要根系层内，提高喷灌水的利用率。

随着科学技术的发展，喷灌技术不断更新，由初始的机械化走过了自动化、信息化、遥感遥控到智能化。

要用好喷灌需要根据喷灌理论要求，做好实地的考察观测，收集气象、地形、作物、土壤、水质、社经、喷灌设备的相关资料，然后根据喷灌设计原则做好规划论证，吸收相邻地区的已有经验，进行科学民主决策，避免盲目上马。

2. 喷灌特点

（1）喷灌优点。喷灌与传统地面灌溉相比可节水，节水由三部分组成：一是输水部分管道化，水量仅损失5%左右（传统地面沟畦灌输水损失30%~50%）。二是田间水利用率高，由于灌水均匀，不受出水口远近影响，可合理设计喷灌灌水定额不产生深层渗漏，而沟畦灌由于受沟长影响，首尾土壤湿度分布不均，会有深层渗漏[41]。三是改变了土壤蒸发状态，土壤湿度处于田间持水量状态，减少了棵间蒸发量，作物需水量减少[51]。因此，喷灌试验表明可节水20%~30%。

喷灌与传统地面灌溉相比不需要平整土地，即使是大型中心支轴式喷灌机也能爬坡5%~25%，小型机组更灵活，可移动，可行走，能到达机动车辆到达的农田。

喷灌能保护土壤生态，细小雨滴不破坏土壤的结构，维持土壤农田状态下生态环境，土壤中水、土、空气、微生物、温热等环境不变，而传统地面灌会板结土壤从而引起土壤生态环境的变化，不利作物生长，这一不同体现在作物产量上的变化，喷灌可增产10%~20%。

喷灌自动化程度高，灌溉管理效率高，尤其适宜大平原灌区，一人能管理多台移动式大型喷灌机，控制几百公顷灌溉面积，大大减少灌溉管理成本。

（2）喷灌不适宜条件。喷灌过程损失水量最大的环节，是水流喷出喷头出水口到落地之间，水滴在空间运行，有蒸发损失，试验[42]表明这段损失与空气温度关系最大，高温地区蒸发损失可达30%左右。所以，干热地区不宜采用喷灌。

喷灌是有压节水灌溉中需要压力最大的灌溉方法，耗能最多，其中，尤其是大型雨炮式的卷管喷灌机，工作压力大于0.5~0.7MPa，中心支轴式喷灌机也需要0.3~0.4MPa。所以，在应用时一定综合评价投入产出价值，按经济规律作风险分析，作出科学的决策。

3. 喷灌设计主要参数

喷灌设计主要分为两方面，一是根据灌溉区的自然条件、灌溉任务，选择适合的喷灌机和喷灌系统设备；二是根据喷灌设备性能和目标任务，编制最佳的运行方案，科学的管理。完成两项任务需要计算出符合实际条件的控制参数。

（1）喷灌设备选择参数

①灌溉作物与自然环境条件：其中，包括灌溉区作物布局、灌溉面积，灌溉区的自然环境（气象、地形、土壤等）数据。

②喷灌区设计流量：根据作物结构的组成控制面积，灌溉轮灌制度，计算出灌溉区的设计流量。

③喷灌机工作压力：根据灌溉区地形图、管网布局，计算最大出现的输水需要压力，进而计算选择喷灌机需要的压力。

④喷嘴雾化系数：根据灌溉作物选择适合的喷嘴，喷嘴雾化系数是反映雨滴大小的参数。

⑤喷灌均匀系数：喷灌均匀系数表示喷灌区域内喷洒的水量一致程度，是各点喷水量与平均值的误差水平，用以评价组成喷灌系统性能指标。

（2）喷灌运行参数

①作物需水量：喷灌机运行需要根据作物不同生育阶段日需水量的多少，计算灌水定额进而确定灌水历时。

②喷灌灌水定额：灌水定额是一次喷灌的水量。由作物需水量和根系活动层厚度与土壤质地决定。

③土壤入渗速度：喷灌强调在运行中地面不能出现水洼，单位时间喷洒在地面上的水量应该小于或等于土壤单位时间渗入土壤的水量，在制定喷灌运行方案时，必须实测土壤入渗速度。

④允许喷灌强度：在制定喷灌运行灌溉制度时，喷灌的强度必须小于或等于土壤入渗速度，该强度称允许喷灌强度。

二、喷灌系统与主要类型简介

（一）喷灌系统

1. 水源与喷灌首部枢纽

满足灌溉用水标准的地面水源或地下水源都能供给喷灌用水，如水库、塘坝、水井。喷灌首部枢纽由水泵和动力机、控制阀、安全阀、控制柜等组成，如喷灌兼喷洒化肥和农药时，首部部枢纽还应配备过滤器、施肥罐。首部设备保证提到地面的水加压后能安全送到田间。

2. 输水系统

喷灌输水系统一般有 2~4 级管网，由干支管道、控制阀门、安全阀门、各种管件组成，水流到达田间时要满足喷水器需要的工作压力。

3. 喷洒系统

喷洒系统主要构件是喷头、控制阀，喷头种类繁多，按工作压力分有：高压、中压、低压；按结构类型分：旋转式、固定式、孔管式。

4. 控制系统

人工操作的小型喷灌系统，可以不用控制系统，但一般喷灌设备都有控制部分，控制程度不同，最简单是时序控制和程序控制，而更复杂的是将信息化技术纳入喷灌程序中，与各种传感器连接，然后按程序给定的数值由电脑判断再发出指令，喷灌机进行下一状态。进入 21 世纪后，喷灌进入了智能灌溉高级阶段。控制系统有了学习、总结、分析、判断的功能，能实现无人值守的智能灌溉管理。

（二）喷灌机与喷灌系统类型

1. 小型移动式喷灌机

小型喷灌机有固定式、移动式、水上小船式、小型绞盘式。小型喷灌机适合家庭小面积的临时灌溉需要，机动灵活适用任何地形地块（图 9–4）。

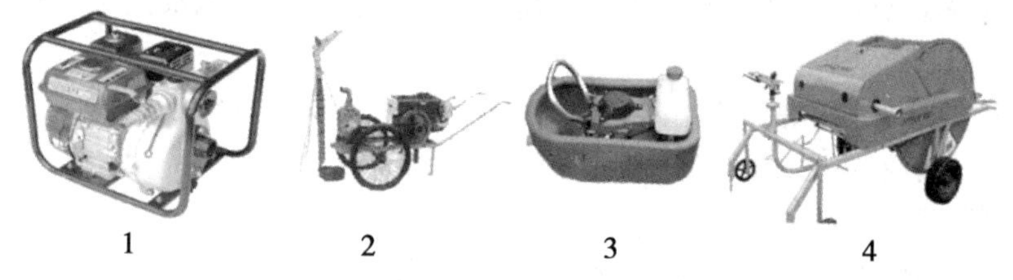

图 9–4　小型喷灌机

1. 固定式；2. 移动式；3. 小船式；4. 小型卷盘式

2. 固定式与半固定式喷灌系统

固定式与半固定式喷灌系统是根据地形和作物特点，对应具体农田，进行设计的喷灌系统。

①固定式喷灌系统：输水管道全部埋入地下，喷头布设有两种方式：立杆固定式和埋藏伸缩式。伸缩式有利于农事活动，只在开机喷灌时由水压将喷头顶出地上，喷灌结束喷头自动缩回地下。固定式优点是喷灌时不必动用设备，可实现全自动控制，缺点田间管网不利于大型农机作业，水利现代化与农业现代化矛盾，且投资高于半固定式。

②半固定式喷灌系统：输水主管埋入地下，配水管路和喷头为临时铺设。优点是投资小，田间没有农机作业障碍，缺点管理费用大，田间喷灌系统需要临时铺设，费工费时。

3. 大型喷灌机

大型喷灌机适宜大面积各类作物喷灌，主要类型有滚轮式、平移式、中心支轴式（时针式）、绞盘式，最适宜玉米喷灌的大型喷灌机是平移式和中心支轴式、绞盘式。

①中心支轴式喷灌机，适宜井灌水源（图 9-5），机组吸水管直接安装在水井中，减少输水设备和占用农田面积。中心支轴式喷灌机自动化程度高，控制面积大，桁架较高，适宜高秆作物，能实现无人值守作业。

图 9-5　时针式喷灌机

1. 固定式；2. 可牵引移动式；3. 尾端有角臂式补喷系统

②大型平移式喷灌机：水源需要通过水渠或卷管式输水管向喷灌机供水（图 9-6），平移式与时针式喷灌机最大不同是机组可以平行移动，时针式喷灌机是绕圆心转动，其他技术基本相同。所以平移式喷灌机适合方形田块。根据水源不同有 2 种类型，一种是沿水渠移动；另一种是拖着给水管移动。喷头布置方式有单侧桁架式，也可双侧桁架式，要根据地势布置选择合适的类型。

图 9-6　平移式喷灌机

1. 单项水渠式；2. 双向水渠式；3. 水源拖管式

③大型绞盘式喷灌机：没有动力系统，需要配套牵引和驱动动力，绞盘式喷灌机由两部分组成，一是喷头车；二是卷盘。动力兼用农用拖拉机，功率要匹配。喷头车的喷头可选用单喷头雨炮式或两翼桁架低压微喷式（图 9-7）。

图 9-7　绞盘式喷灌机

1. 雨炮式；2. 两臂微喷式

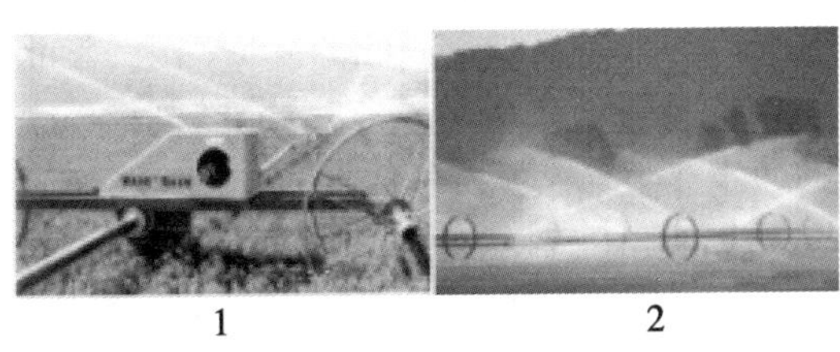

图 9-8　滚轮式喷灌机

1. 雨炮式；2. 两臂微喷式

④滚轮式喷灌机：适宜低棵作物，不适宜高秆作物，滚动原理与时针和平移式喷灌机驱动行走相似，利用协同仿真模型组成行走控制系统，由喷灌控制箱控制每组驱动轮。喷灌机与网络技术及移动通信技术结合也可实现无线远程操控（图 9-8）。

⑤智能型喷灌机：智能型喷灌机是在自动控制喷灌的基础上实现的，是信息化、大数据化时代进步产物，其特点是借助云计算的超算能力，通过互联网对国内外先进灌溉技术有不断自学习能力并能组建知识库、专家库，利用云计算的优化算法、风险评估、对策决策能力，对作物生长状态、外界环境条件变化，优化出最佳的灌溉制度，随时调整灌溉水量、灌溉时间，满足作物的良好生长需要，最终用最少的水和最小耗能获得最佳收益。中国已经起步生产有遥测遥控能力的初步低智能化的喷灌机（图 9-9，智能灌溉参考第八章第五节玉米现代化灌溉模式）。

1　　2　　3

图 9-9　智能喷灌机

1. 智能绞盘式；2. 手机遥控智能时针式；3. 手动、智能两用卷管式

三、喷灌系统田间规划

中国地域辽阔自然条件有很大差异，选择适合不同地区的喷灌形式很重要，所以在应用喷灌时首先要做好规划。中国自 20 世纪 70 年代开始大量引进有压喷灌，至今已有半个世纪的正反经验，对中国各地发展喷灌是很好教材，根据当地自然社经条件发展喷灌做好规划是成功的保证。

（一）中国喷灌发展现状

到 2015 年年底，全国发展耕地灌溉面积 65 872 千 hm^2，其中，节水灌溉面积 31 060 千 hm^2，喷滴灌约占灌溉面积 12%，全国农田灌溉用水利用系数已提高到 0.53。

全国主要玉米种植省份统计资料显示（表 9-1）喷灌占高效节水灌溉面积（喷灌、微灌和低压管道输水灌溉）24.0%，滴灌占 34%，低压管道灌溉占 42%。各地分布差别很大。可分为四部分：东北春玉米区，华北夏玉米区，西北春玉米区，西南多季玉米。

1. 东北区喷灌特点

东北多平原，气候适宜，年湿润系数大于 0.65，水资源短缺，发展节水灌溉迫切，20 世纪 70 年代开始引进喷灌，东北是发展较快地区，先后由欧美引进时针、卷管、滚轮式大型喷灌机，在农村土地承包前，有较快发展，但 80 年代后期，大型喷灌机组受土地分散经营影响，发展缓慢。进入 21 世纪，国家农田水利投入增加，喷灌发展走入快车道，以黑龙江、内蒙古为例，喷灌面积全国最多，占灌溉面积的 20%~14%（表 9-1）。2 省区发展喷灌机类型又略有差别。

黑龙江省：农场多以大型为主，有大型喷灌区、时针式与平移式、滚移式分别为 17 千 hm^2、7 千 hm^2、10 千 hm^2，个体经营多为绞盘式、半固定式、轻小型喷灌，约占 80%多。但随着土地所有权承包权经营权分置办法实施，农业产业化发展，喷灌会出现大发展的势头，玉米灌溉成本会显著下降。喷灌会由小型为主转变大型为主。

内蒙古：从喷灌占灌溉面积的比例看与黑龙江相近，内蒙古气候干旱，年降水小于 500mm，湿润系数小于 0.65，气温较低，地形多沙漠，农业多牧场，适宜发展喷灌，喷灌适合发展大型喷灌系统。如鄂尔多斯市由 2004 年引进时针式和绞盘式大型喷灌设备到 2009 年已拥有大型喷灌机 1 300多台，至 2015 年已有 5 600多台，喷灌能力已达 700 多千 hm^2。表 9-1 是内蒙古 2014 年资料，大型喷灌是内蒙古主要节水灌溉模式。

2. 华北区喷灌特点

华北有黄淮海平原，气候温和，蒸发量不大，湿润系数大于 0.65，也是全国井灌集中地区，应该适合发展大型喷灌，但从表 9-1 看出，河北，山东、河南 3 省喷灌并不多，比例远低于东北区，相反 3 省是低压管道灌溉最多的地区，可低压管道输水虽然解决了输水损失，但田间灌溉效率远低于喷灌。究其原因还是习惯性的农户沟畦灌经营模式，井灌升级为管道输水，造价低经济，但从长远看，该区是南水北调受益区，发展喷滴灌更符合长远利益。

河北省：灌溉用水 130 亿 m^3，其中，有机电井 100 万眼，地下水取水 110 亿 m^3，灌溉水源主要是地下水，但也造成地下水严重超采，致使水生态失衡，当前节水重要任务是恢复水生态环境，节水限采。大力发展产业化喷灌是最有效的农业节水方案。

山东省：山东是中国灌溉面积较大的省份之一，灌溉用水在 140 亿 m^3，其中，有机电井 136 万眼，灌溉地下水取水 60 亿 m^3，灌溉水源主要是黄河与跨境补给，喷滴灌面积虽然高于河北，但在高效节水灌溉中所占比例不足 4%，发展大中型喷灌潜力巨大，改管道地面灌为中小型喷灌，适合山丘小水源的喷灌类型。发挥喷灌优点，走喷灌区块化、集约化、智能化高效率将灌溉成本降下来，将灌溉水利用系数由 0.5 提高到 0.8 以上。

河南省：地势高于河北省和山东省，灌溉用水 120 亿 m^3，地下水资源高于山东，用于灌溉机电井 143 万眼，可取水 87 亿 m^3，工业用水是灌溉用水的一半，这个比例远高于山东（工业用水是灌溉用水 1/5），农业节水的任务显得更重要，虽然河南高效节水灌溉中喷灌、微灌和低压管道输水灌溉三者面积较河北山东更均衡，但依喷灌技术的优势，喷灌面积比例仍然显得小。在当前农村三证确认，经营模式现代化、合作化、企业化，种植向区块化发展，河南喷灌也依然是灌溉现代化的主流。

表 9-1　玉米种植大省节水灌溉现状构成对比

（中国统计年鉴 2016、农村统计年鉴 2015 及各省份相关资料整理[85-95]）

（面积单位：千 hm^2）

省份	灌溉面积	节水灌溉面积	高效节水	喷灌	喷灌机	滴灌	低压管灌	喷灌比例 %	为主
黑龙江	5 530	1 436	1 364	1 132	多型	177	55	20.48	喷灌
内蒙古	3 086	2 279	1 367	438	大型	315	615	14.18	大型喷灌

（续表）

省份	灌溉面积	节水灌溉面积	高效节水	喷灌	喷灌机	滴灌	低压管灌	喷灌比例%	为主
河北	4 448	3 023	800	30		33	736	0.68	低压管灌
山东	4 964	2 770	1 427	150		63	1214	3.02	低压管灌
河南	5 210	1 475	1 057	187		326	544	3.59	综合
新疆	4 945	3 461	1 933	6	大型低微	1 817	112	0.12	覆膜滴灌
云南	1 757	681	272	39		64	170	2.21	低压管灌

3. 西北区喷灌特点

西北地区是中国唯一以灌溉农业为主的地区，以新疆为例，灌溉面积占耕地面积95%，没有灌溉就没有农业。西北地区年降水400mm以下，气候干燥炎热，蒸发量大，湿润系数在0.2以下，水资源极度缺乏，主要靠雪山融水解决用水。

新疆：新疆是西北地区典型代表，年用水量540亿hm^2，其中，灌溉用水488亿hm^2，占总用量的90%，水资源中75%是冰雪融化形成的内陆河水。随着工业、城镇现代化的发展，水资源供给是影响发展的重要因素，农业节水成为调节工农业矛盾重要措施。从表9-1中看出，新疆灌溉节水潜力还有很大空间。

西北自然条件对发展喷灌不利，因为蒸发量损失很大，试验表明干热天喷灌水滴在空中运移蒸发损失可高达30%[42]，如果遇到风天损失还会多。但西北地区也有局部降水大于500mm气候湿润区，丘陵平原地区发展喷灌是最佳选择。新疆现保有大型喷灌机数百台，但有1/3没有运行[93]，应该全区统筹发挥作用。新疆高效节水以覆膜滴灌为主占90%以上[93,95]。

4. 西南地区喷灌特点

西南云贵地区山丘种植玉米较多，海拔高地块零散，但雨量多气候湿润有适合发展喷灌的条件，受地形限制，高山坡地无法发展大型固定喷灌，小型移动又上山运输困难，且喷灌需要较大压力，自压喷灌就不如滴灌方便，所以该区高山坡地应该以滴灌为主，而山地顶部宽广平坦的坝子可发展中型低压喷灌或小型移动式喷灌。

（二）喷灌工程规划设计步骤与内容

1. 喷灌工程规划设计步骤

（1）制定喷灌发展方针政策。

①发展方针：根据地区自然与社会经济条件，在调查分析基础上制定喷灌发展方向，喷灌类型、资金筹措、设备水平、发展阶段、发展规模等，作出方针政策性的界定。

②组建或委托规划队伍：规划方针是由政府或企业制定，规划实施由技术队伍实施。

（2）野外勘测。喷灌与沟畦灌不同，是多种技术的合成，需要水、土、电、机械、设备多部门合作，需要精准资料，最重要的资料首先是小比例尺地形图，其比例视灌区大小，选择地形图比例尺在1/500~1/10 000不等，内容包括地面高程等值线、水源位置、农田水利工程分布、作物布局、居民区、交通线路等。测绘出地形图与平面图。

①水源情况：水源：河流、水库、池塘、山泉、湖泊、井水等；水情：来水量、水位

等；水质：含砂量、化学物含量、是否污染、污染成分等。作出踏勘评价。

②作物布局：耕作模式，灌区作物种类、种植面积、种植方式、作物布局和结构、复种指数。绘制作物年际变化分布图。

③土壤理化性野外测定：土壤物理性质：包括土壤质地、容重，分层土壤水分物理性、田间持水量、土壤入渗能力等；土壤化学性质：包括 pH 值、含盐量、有机质含量以及氮、磷、钾等含量。

（3）收集基本资料。

①气象资料：降水量、蒸发量、气温、湿度、日照、无霜期、风向、风速。

②农作物耕作制度与产量水平：耕作制度施肥、农机作业、施肥、产量、果实品质等。

③作物需水量与灌溉制度：生育期需水总量、不同生育阶段日需水量、传统灌溉方法和灌溉溉度。

（4）规划实施。

①编制规划方案：绘制喷灌分区平面图，计算选型参数，选择喷灌系统类型，制定分区方案，可以选两种以上方案进行比较，确定最优方案。

②设备选型：喷头、水泵、管材、管材配件（连接件）、计算机系统、控制闸阀、信息采集传感器、附属设备等。

③优选管网和田间布置：优选输水管网布置、优化田间支管与喷头间距，计算喷灌均匀度、校核雾化指标、校核喷灌强度，提高灌水质量。

④水力计算：计算管网的沿程和局部水头损失、水锤计算，选择水泵型号和防护设施。

⑤投资估算：计算工程量和设备用量，编制统计表、编制概预算。

⑥规划运行操作规程：计算灌溉操作参数，灌水定额、灌溉定额、喷灌历时、喷灌周期等，编制操作规程。

2. 主要设计成果

（1）喷灌工程规划设计报告。

①可行性调研报告：工程建设的可行性分析，投资风险评估。

②工程环境影响评价报告：对水环境，生态环境影响评价。

③节水灌溉工程规划设计报告：技术报告、预算等

（2）工程设计图集。喷灌工程平面布置图，管网设计图，设备组装图，设备运行图等。

（3）工程设备材料采购名单。设备、材料规格数量、品牌等。

（4）总预算报告。资金来源，数量。

四、移动式与固定式喷灌系统设计

小型移动式喷灌系统是临时组装的喷灌系统，适用抗旱或小面积灌溉，平时田间没有设备，只在需要灌溉时临时安装，特点是经济实用机动灵活。固定式喷灌系统的喷灌枢组部分不能移动，是留在田间的设备，其中，又区分为 2 种类型：固定与半固定式。固定式

是指喷灌枢纽与田间管网、喷洒系统均是固定的，不可移动；半固定式是指喷灌枢纽与地下主管是固定，而田间管网喷洒器是临时组装，并可移动，以节约支管数量。

（一）小型移动式喷灌系统

小型移动式喷灌系统是由水源取水，经过水泵加压（自压系统除外），再通过各级压力管道，送至竖管及喷头而形成一个完整的喷灌系统。小型移动式喷灌率统田间无工程，由轻型水泵与软管、喷头组成。

1. 小型移动式喷灌机类型

①机组：有多种类型，手推式：水泵与动力机安放在手推车上，人工移动；手台式：一般是汽油机作动力，轻巧灵活；小船式：动力也是汽油机放在由塑料制的小船中，小船放在渠道或水泡里直接吸水喷灌，适用在多水南方；小型卷管式：因为体型超小，也可以人工拖动。小型移动式喷灌机的动力也可用手扶拖拉机（柴油机）。

②管道：小型机组一般采用软管。常用快接式输水软管由软管、插接口、三通、喷头底座组成。

③喷洒设备：由喷头立杆、喷头组成。喷头可采用单喷头或多喷头组合形式。喷头类型一般采用旋转式喷头。

2. 小型喷灌机选择

小型喷灌机无需设计，根据灌溉面积选择喷灌机，按机器说明书操作即可使用。

①喷灌机选择：手推式：一般动力 10kW，流量 30~40m^3/h，扬程 55m（实例参数供参考）；手台式：动力 1kW，流量 15m^3/h，扬程 30m（实例参数供参考）；卷管式：10kW，流量 30~50m^3/h，扬程 50m。动力根据所购喷灌机说明书选配拖拉机作动力。

②选择软管：根据地块形状面积多少选择软管长度，一般手推式喷灌机需要选用内径 2.5 吋长 150~200m 的软管，10 余套三通等连接件及 10m 长吸水管（象鼻管）。

③喷头：根据作物对雨滴大小适应能力，选择不同的喷头，对玉米喷灌，可选择范围要宽松一些，因为玉米耐雨滴打击能力比蔬菜、低秆作物强。喷头又与选择单喷头与多喷头有关，要选单喷头时，一定与喷灌机压力、流量配套；选择多喷头组合形式较多，根据喷头压力、喷嘴直径对应的流量，可以组合多种方案，但数个喷头流量之和要小于或等于喷灌机流量。

（二）固定式和半固定式喷灌系统

固定式喷灌系统的枢纽部分与田间灌水系统都是固定不动的；半固定式喷灌系统的枢纽部分和输水主管道固定不动，而田间灌水系统是可移动的。

1. 固定式喷灌系统组成

固定式喷灌系统多是将干、支管均埋入地下，喷头可用伸缩喷头埋入地下，或可拆卸用时安装。固定式喷灌适宜在独立的灌溉系统中应用，系统大小可根据农田规模确定，大面积可组成 4~5 级管网，小型可组成 2~3 级管网。按系统自动化程度可分为人工操作类型、自动控制类型、智能控制类型。图 9-10 中是自动控制型固定式喷灌系统，与智能系统基本相同，智能型喷灌系统主要区别在软件功能上，增加人工智能能力。典型自动控制喷灌系统由以下部分组成。

①水源系统：取水加压泵、过滤器、控制阀；

②控制中心：管理房、工控机、下位机控制柜、大型显示屏等；

③信息采集监测系统：水压传感器、流量传感器、土壤湿度传感器、自动化气象站、水质传感器等；

④控制执行系统：截止阀、电磁阀、分水电磁阀；

⑤输水系统：各级地下固定管网、各种连接件；

⑥喷洒系统：喷头、喷头立杆、连接件；

⑦安全系统：逆止阀、排气阀、安全阀；

⑧辅助系统：施肥罐、施药罐、施肥泵等。

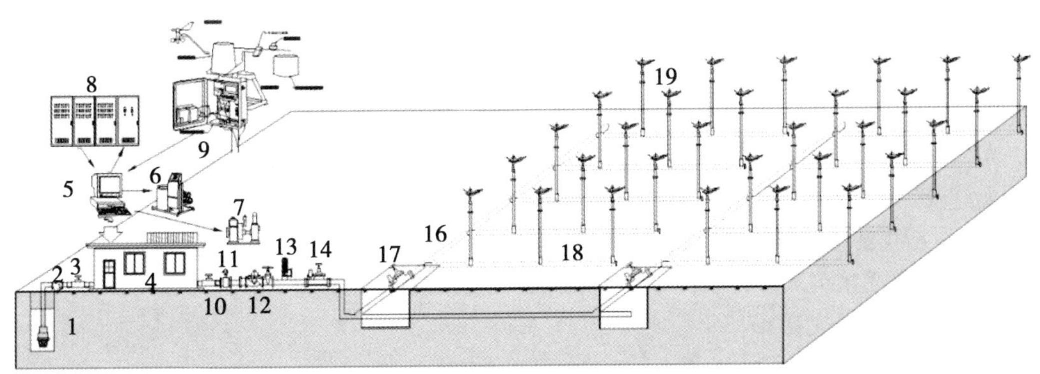

图 9-10　大型自动化固定式喷灌系统

1. 水源；2. 过滤器；3. 截止阀；4. 泵房与控制室；5. 控制室内装有工控机；6. 自动施肥系统；7. 水泵；8. 下位机控制组柜；9. 室外自动观测气象站；10. 截止阀；11. 流量计；12. 逆止阀；13. 安全阀；14. 主管电磁阀；15. 主管；16. 支管；17. 支管电磁阀；18. 喷灌毛管；19. 喷头

2. 半固定喷灌系统组成

半固定管道式多是将干管铺设在地下，支管一般由轻型铝管、塑料管临时安装，是可拆卸的，灌完一片后移动到另一片，它们的管道设计方法基本一致。半固定喷灌系统较固定式投资少，成本低。半固定式喷灌系统构成与固定式基本相同，只是末级管道是临时地面上安装，平时收藏在库房里。系统构成，见图 9-11。

（三）喷灌设计[96]

根据规划对需要的设备进行具体的分析计算，然后选择设备型号，并做好预算评估，最后根据农田土壤、作物种植品种计算好喷灌系统运行参数，掌握喷灌技术和控制喷灌质量并制定喷灌制度。

1. 水泵与动力选型

（1）喷灌系统设计扬程。总扬程 H 计算

$$H = H_s + H_P + \sum_{i=1}^{n} h_{fi} + \sum_{i=1}^{n} h_{ji} + \Delta \tag{9-1}$$

式中：

H_P —喷灌系统喷头设计水头，m；

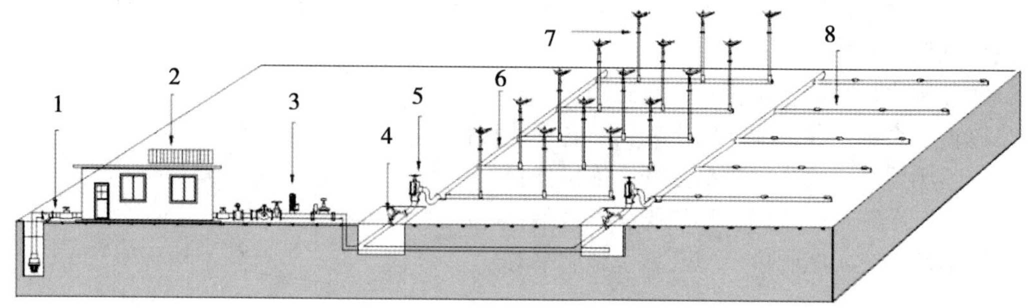

图 9-11　半固定式喷灌系统组成示意

1. 取水系统；2. 管理房；3. 首部配置；4. 地下主管与地上支管连接分水电磁阀；5. 露出地面的分水管出口；6. 快速可拆卸铝管；7. 喷头及立杆；8. 由前期喷灌后移动来快装式铝管

h_{fi} —由水泵吸水管口至典型喷点喷头进口处之间管道的沿程水头损失，m；

h_{ji} —由水泵吸水管口到典型喷点喷头进口处之间管道的局部水头损失，m；

H_s —典型喷点的竖管高度，m；

△—为喷灌区内典型地块的地面高程与水源水位高程的高差，m。

①沿程水头损失计算：

$$h_f = \frac{fL\,Q^m}{d^b} \tag{9-2}$$

式中：

h_f—为每段管道沿程水头损失 m；f—为沿程阻力系数；L—为管道长度 m；Q—为管道设计流量 m³/h；d—为管道内径 mm；m 为流量指数；b—为管径指数。各种管材的 f、m、b 值可查表 5-10。

有沿程出水时，管道的水头损失为：

$$h'_f = F \times h_f \tag{9-3}$$

式中：

F 为多口系数。

$$F = \frac{N\left(\frac{1}{m+1}\right) + \frac{1}{2N} + \frac{\sqrt{m-1}}{6N^2} - 1 + x}{N - 1 + x} \tag{9-4}$$

式中：

N 为喷头数目或出流孔口数；m 流量指数；x 为支管入口至第一个喷头（或孔口）的距离与喷头（或孔口）间距之比值。

②局部水头损失：

$$h_j = \zeta \frac{V^2}{2g} \tag{9-5}$$

式中：

h_j—为各管件局部水头损失 m；ζ—为各管件局部阻力系数；V—为管道中流速 m/s 。

（2）设计流量。

$$Q_P = N_t q \tag{9-6}$$

式中：

N_t 为同时工作喷头数。

（3）水泵选择。根据压力 H 与流量 Q_p 先选择水泵类型，然后寻找对应的生产厂家，对比各厂水泵的生产效率，选择效率高造价适宜的厂家，配套动力大小可按厂家产品对应的配套功率选用。最后确定水泵型号。

（4）水泵配套功率计算。

配套功率 P：

$$P = \frac{K\gamma QH}{\eta_p}(1 + R) \tag{9-7}$$

式中：

p—水泵配套功率，kW；

k—换算系数，0. 163；

γ —水比重 清水常温，1. 0；

Q—水泵设计流量，m^3/min；

H—水泵设计扬程，m；

η_p —水泵效率（小数表示）；

R—动力备用系数，0. 6~0. 8。

2. 喷头选择

小型、固定、半固定式喷灌系统，喷头一般都是中压旋转式喷头，农田喷灌中压有利于进行组合，提高灌水均匀度，中压也减少水滴的打击力，保护农作物幼苗和花期生长。选择喷头要依据：工作压力、喷头型号、喷嘴直径、射程、喷头流量，其中最重要的参数是喷头的雾化指标。

计算公式：

$$W_h = h_p/d \tag{9-8}$$

式中：

W_h—雾化指标；

h_p—喷头设计工作水头，m；

d—喷头喷嘴直径，m。

不同作物的喷头雾化指标，可参照表 9-2 选择。

表 9-2　作物的适宜雾化指标[96]

作物种类	(h_p/d)
蔬菜及花卉	4 000~5 000
粮食作物、果树	3 000~4 000
饲草料作物、草坪	2 000~3 000

3. 喷灌管选择

（1）管道优化设计。喷灌工程中管道优化设计主要内容是选择管道的最优管径。

经验公式法：当 Q<120m³/h 时：

$$D = 13\sqrt{Q} \tag{9-9}$$

当 Q≥120m³/h 时

$$D = 11.5\sqrt{Q}$$

经济流速法：

$$D = \left(\frac{4Q}{\pi V}\right)^{\frac{1}{2}} = 1.13\left(\frac{Q}{V}\right)^{\frac{1}{2}} \tag{9-10}$$

式中：

D 为经济管径，mm；Q 为管道设计流量，m³/s；V 为经济流速，经济流速一般由经验确定，取 1.6~1.8m/s

（2）喷灌管选择。根据设计管径及设计工作压力，参考表 9-3 选择相应管材及管径。

表 9-3　不同管材在喷灌中适用参数参考表[96]

喷灌常用管材类别	管径（mm）	耐压范围（MPa）	使用年限（年）	安装难易	适用喷灌类型
铸铁管	75~400	1	30~60	较难	各类喷灌
无缝钢管	32~325	1	20	一般	各类喷灌
焊接钢管	6~150	2	20	一般	各类喷灌
钢筋混凝土管	150~1 000	0.4~0.7	40~60	较难	大流量喷灌
塑料管	32~315	0.4~0.6	20~40	方便	中低压类喷灌
铝管	65~125	0.8~1.2	15	快速	移动喷灌
塑料软管	70~100	小于 0.08	2~3	方便	微喷
消防软管	25~80	1~1.6	3	快速	移动喷灌

（四）优选喷灌田间系统

1. 喷头的组合形式

喷头的组合形式包括支管布置方向、喷头组合方式及喷头沿支管的间距，支管和支管的间距等。一般用相邻 4 个喷头平面位置组成的图形表示。喷头组合形式有长方形、正方形、三角（正三角和等腰三角形）3 种形式。

在灌水季节主风向明显时，采用支管垂直主风的长方形布置，加大支管间距，可以减少管道的投资。当灌水季节主风向多变时，要采用正方形布置，以减小风的影响。三角形布置复杂且不实用，一般较少采用。

2. 确定喷头的组合间距

喷头的组合间距是指喷头沿支管的间距和两条相邻支管间的间距，称喷头间距（a）和支管间距（b）。

（1）定系数法。根据喷头不同的喷洒方式及不同的组合形式，基本上以对角线方向上的两个喷头的湿润圆相切，按几何作图法并以喷头射程乘以一个系数，求出喷头间距和支管间距。为了不发生漏喷现象，常将喷头射程打一个折扣，用设计射程（或有效射程）为几何作圆的依据，故又称几何组合法。

表 9-4　喷头组合形式与间距

喷洒方式	组合方式	喷头间距	支管间距
全园	正方形 长方形	$1.42R_S$ R_S	$1.42R_S$ $1.73R_S$
扇形	长方形	R_S	$1.73R_S$

表 9-4 中为喷头的设计射程，为：

$$R_S=KR \tag{9-11}$$

式中：

R_S—喷头设计射程，m；K—为折减系数，一般取 0.7~0.9。固定管道式喷灌工程取 0.8，多风地区取 0.7，无风地区取 0.9；R—为喷头射程，m。

（2）变系数法。采用施均亮教授提出满足均匀系数 Cu≥75%条件下，各风速等级条件下的最大组合间距比。喷头间距和支管间距按下式计算（表 9-5）：

$$a=K_a R;\ b=K_b R \tag{9-12}$$

式中：

a—为喷头间距，m；b—为支管间距，m；K_a—为喷头间距布置系数；K_b—为支管间距布置系数。

表 9-5　风对喷头间距及支管间距的影响系数

风速 m/s	长方形布置		正方形布置
	喷头间距 K_a	支管间距 K_b	
0.3~1.6	1.0	1.3	1.1~1.0
1.6~3.4	1.0~0.8	1.3~1.1	1.0~0.9
3.5~5.4	0.8~0.6	1.1~1.0	0.9~0.7

计算得到的 a 及 b 值还应调整到符合支管管道规格长度的倍数。一般应做小处理。

$$C_u=1-\frac{\sum P-\bar{P}}{n\bar{P}} \tag{9-13}$$

式中：

C_u—喷灌组合均匀系数；p、$\bar{P}$—分别是各点的雨量和平均雨量；n—测点数。

3. 验算设计喷灌强度

$$\rho=K_w\cdot C\rho\cdot\rho_s$$

式中：

K_W—风影响系数；$C\rho$—布置系数 $C\rho=1/k_a k_b$；Cs—单喷头喷灌强度，mm/h。

计算喷灌工程的组合喷灌强度是否满足允许喷灌强度的要求。

(五) 喷灌工作制度[96]

喷灌工作制度是指喷灌工程运行中，喷头在固定位置的喷灌时间，同时，工作的喷头数以及喷头轮灌组的划分等内容。

1. 设计灌水定额

$$m = 0.1\gamma h(\beta_1 - \beta_2) \tag{9-14}$$

式中：

m—设计灌水定额，mm；H—为喷灌土壤计划湿润层深度，cm，对于大田作物可取40~60cm；r—为土壤干容量，g/cm^3；β_1 —土壤含水量上限（取田间持水率），β_2 —为土壤含水量下限（取田间持水率的60%）；η —为喷洒水利用系数（一般取0.85~0.95）。

2. 灌水周期

$$T = m/E_0 \tag{9-15}$$

式中：

T—喷灌周期，d；E_0—作物日需水量，mm；

3. 喷头在一个位置（工作点）的喷灌时间按下式确定

$$t = \frac{abm}{1\,000q} \tag{9-16}$$

式中：

t—喷头在一个位置的喷灌时间，h；a—喷头布置间距，m；b—支管布置间距，m；q—喷头的设计流量，m^3/h。

4. 同时工作的喷头数和支管数

同时工作的喷头数可按下式计算：

$$N_t = \frac{Am}{TCq} \tag{9-17}$$

式中：

N_t—为同时工作的喷头数；A—为喷灌工程控制面积，m^2；C—为一天中喷灌工程有效工作的时间，12~21h；T—喷灌周期，d。

同时工作的支管数 N_Z：

$$N_z = \frac{N_t}{N} \tag{9-18}$$

式中：

N_t—为同时工作的喷头数；N—为一根支管安装的喷头数，以上计算结果均应取整数。

5. 轮灌方案

（1）轮灌组划分要点。

①轮灌的编组应有一定的顺序，以便管理；

②相同类型的轮灌组的工作喷头总数应尽量接近，从而使喷灌工程的流量变幅较小；

③轮灌编组时，应使地形较高或路程较远的组比别的支管喷头数略少，以利于保持喷

灌泵均在高效区工作。

④编制轮灌组轮灌顺序，应将流量分散到各配水管中，避免集中在某一条干管配水。

（2）支管轮灌方式。

①在平原区，同时灌溉支管应从地块远近两头支管向中间轮替，以保持压力和流量的均衡；

②在丘陵山区，轮灌要采用等压支管轮灌，以减少轮灌区在同一时段内灌水量不均

③在三级管网时，轮灌毛管，不要选择同一支管上，同时灌溉的毛管要分散在不同支管上，以减少支管流量和压力。

五、玉米大型喷灌系统设计

玉米是中国采用喷灌最多的作物，分布在东北、华北平原，西北高原，随着农业体制的改革，大型喷灌会逐步增多。

（一）绞盘式喷灌机规划设计

绞盘式喷灌机（也称牵引式喷灌机、卷管式喷灌机）采用单喷头是雨炮式，高压大流量，适于应用在牧草、高棵作物（如玉米、高粱等），不适宜应用在矮棵蔬菜、花卉等农作物；采用桁架式多喷头，水压低，适用各种作物。

中国生产绞盘式喷灌机有多种型号，大型的有单喷头式和悬臂式两种。单喷头式适宜在垄作玉米喷灌，沿垄沟牵引移动，呈扇形喷射。悬臂式由桁架组成，桁架上布设低压小型喷头，喷头大小间距已在设计时布置好。

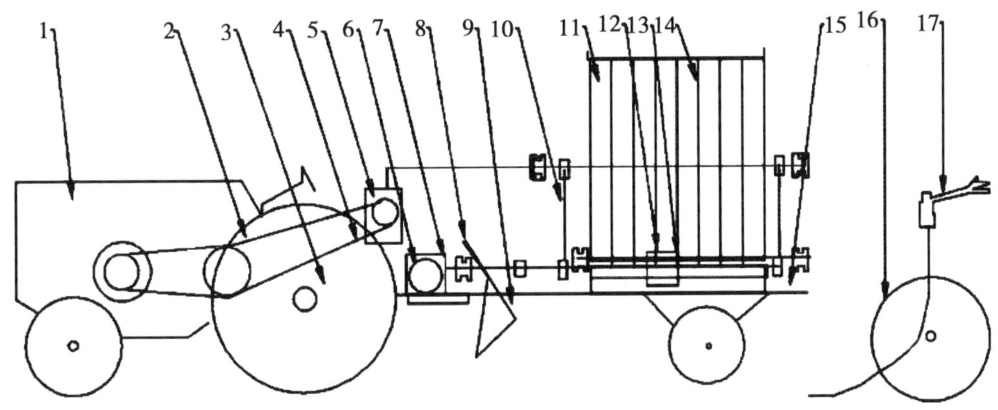

图 9-12　绞盘式喷灌车

1. 拖拉机；2. 水泵传动带；3. 绞盘驱动链；4. 水泵安装座；5. 水泵；6. 涡轮减速器；7. 伸缩轴；8. 离合器；9. 离合机构；10. 绞盘驱动链；11. 绞盘；12. 排管器；13. 杆式导向器；14. 软管；15. 机架；16. 喷头车；17. 喷头

1. 绞盘式喷灌机结构与工作原理：绞盘式喷灌机（图 9-13）由两部分组成，本身没有驱动力，需要配备相适应功率的水泵与拖拉机，与卷管机组合（图 9-12），拖拉机装有水泵，喷灌时，首先拖拉机将喷头车牵引到另一端，绞盘式喷灌机靠水泵的水压驱动卷管

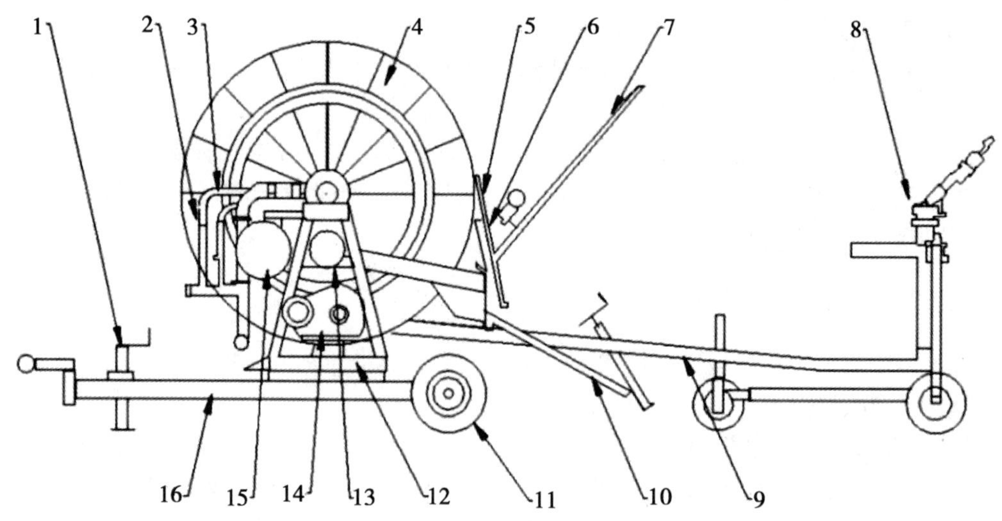

图 9-13　绞盘式喷灌机结构

图中：1. 前支撑；2. 主阀门；3. 调速阀门；4. 绞盘；5. 安全缠绕装置；6. 拉杆机构；7. 起吊架；8. 喷头车；9. PE 管；10. 后支撑；11. 行走轮；12. 转盘；13. 离合器；14. 减速机；15. 水涡轮；16. 机架

机的涡轮转动，将输水软管缠绕在绞盘上，喷灌时，喷头车一边喷水一边由远端逐步拉回到卷管机前。

2. 选型参数计算

（1）入管压力计算。

$$H = H_i + h_f + \Delta z \qquad (9-19)$$

式中：

H —设计扬程，m；

H_i —喷灌机入管压力水头，m；

h_f —水泵出口至水源之间管路沿程水压损失与局部水压损失之和，m；

Δz —水源动水位与喷灌机位置高差，m。

$$h_f = \frac{kfL\,Q^m}{d^b} \qquad (9-20)$$

式中：

k—局部水头损失系数，k = 1. 05-1. 1；

f—摩阻系数；

L—管道长度，m。

Q—管道流量，m^3/h；

d—输水管内径，mm；

m—流量指数；

b—管径指数。

式中参数，可参照表 9-6 取用。

表 9-6　f、m、b 数值

管材	f	m	b
混凝土管、钢筋混凝土管			
糙率 n=0.013	1.312×10^6	2	5.33
糙率 n=0.014	1.516×10^6	2	5.33
糙率 n=0.015	1.749×10^6	2	5.33
钢管、铸铁管	6.25×10^5	1.9	5.1
硬塑料管	0.948×10^5	1.77	4.77
铝管、铝合金管	0.861×10^5	1.74	4.74

（2）设计流量。

$$Q = \frac{mA}{Tt\eta} \tag{9-21}$$

式中：

m—灌水定额，mm；

$m=0.1*\gamma h\left(\beta_1-\beta_2\right)\frac{1}{\eta}$

γ—土壤干容重，g/cm^3；

β_1、β_2—适宜土壤含水量上下限，%（重量百分比）；

η—喷灌水利用系数（根据当地实测选取）；

h—灌水计划层深，cm；

A—喷灌面积，hm^2；

T—轮灌期，d，T=m/W；

t—每天工作时间，h；

w—日需水量，mm/d。

按式 9-21 中设计时 t 参数选择，可参考表 9-7 选择。

表 9-7　设计日灌水时间　　（单位：h）

喷灌系统类型	固定管道式			半固定管道式	移动管道式	定喷机组式	行喷机组式
	农作物	园林	运动场				
设计日灌水时间	12~20	6~12	1~4	12~18	12~16	12~18	14~21

（3）土壤允许喷灌强度计算[96]。喷灌中喷灌理论强调喷洒雨滴落地后地表不能产生水洼，就是第一雨滴落地后，在第二雨滴落地前第一雨滴已被土壤吸收，这种现象是土壤

的吸水能力，在喷灌中称为土壤允许喷灌强度（表 9-9、表 9-10）。这种规定是为保证土壤结构不被破坏，体现喷灌优越地面灌溉对土壤结构的保护。

单喷头喷灌强度计算：

$$\rho = \frac{1\,000 \times 360 \times q}{\pi\,(0.9\,R_1)^2\beta} \tag{9-22}$$

桁架式喷灌强度计算式：

$$\rho = \frac{1\,000q}{0.9 \times 2\,R_0 b} \tag{9-23}$$

式中：

q—单喷灌机喷洒流量，m^3/h；

R_1—喷头射程，m；

R_0—桁架两侧喷头的射程，m；

β—单喷头扇形角；

b—喷灌湿润条带宽；单喷头：$b = 2 \times \kappa R_1$；桁架式：$b = B + 2 \times \kappa R_2$。

式中 κ 受风影响射程折减系数（表 9-8）；R_1 是单喷头射程、R_2 是桁架式两端喷头射程；B 桁架宽。

表 9-8　射程折减系数

风速 m/s	0.3~1.6	1.6~3.4	3.4~5.4
κ	0.8~0.7	0.7~0.6	0.6~0.5

表 9-9　各类土壤的允许喷灌强度

土壤类别	允许喷灌强度（mm/h）
沙土	20
沙壤土	15
壤土	12
黏壤土	10
黏土	8

表 9-10　坡地允许喷灌强度降低值

地面坡度（%）	允许喷灌强度降低值
5~8	20
9~12	40
13~20	60
>20	75

最后算得喷灌强度一定要小于土壤允许喷灌强度。这是保证喷灌质量和土壤不受破坏

的喷灌理念。

(4) 配套动力与水泵选择。绞盘式喷灌机是移动型喷灌机，并且是组合型，所以需要选择与喷灌机相配套的动力和水泵。首先要根据扬程、流量选择水泵，按表 9-11 选择合适的水泵类型，然后寻找生产厂家，确定与水泵动力容量匹配的拖拉机，同时，拖拉机的功率又要满足牵引喷灌机移动和绞动喷头车。

拖拉机牵引力可按下式计算：

$$N=\frac{KP\,V_0}{3\,600\eta} \tag{9-24}$$

式中：

N—牵引力，kW；

k—动力系数，k=1. 2-1. 3；

V_0—牵引速度，土路面取 10km/h；犁后农田取 4km/h；

η—机械效率 取 0. 75；

p—行走轮阻力，$p=fMg\cos\alpha+Mg\sin\alpha$；

f—滚动阻力系数，黏土 0. 05；犁地农田 0. 16；

M—喷灌机加车载水的重量，kg；

g—重力加速度，m/s^2；

α—地面与水平面夹角。

3. 喷灌机组选择

(1) 选择喷灌机型号。绞盘式喷灌机有不同流量大小的型号，规划时要选择适合规划目标地块、喷灌面积、灌溉作物的绞盘式喷灌机型号。选择主要指标有：喷灌机流量大小、工作压力、软管长、控制面积（表 9-11）。

表 9-11　牵引绞盘式喷灌机参数[46]

	规格	JP40	JP50	JP63（65）	JP75	JP85	JP90（100）	JP110	JP125
	卷管外径（mm）	40	50	63（65）	75	85	90（100）	110	125
	卷管长度（m）	125~140	125~165	200~340	200~400	200~400	230~410	300~420	300~420
	喷灌均匀系数（Cu）	≥0. 85	≥0. 85	≥0. 85	≥0. 85	≥0. 85	≥0. 85	≥0. 85	≥0. 85
	入机压力（MPa）	0. 45~0. 7	0. 5~0. 7	0. 5~1. 0	0. 6~1. 0	0. 6~1. 0	0. 7~1. 0	0. 7~1. 0	0. 7~1. 0
	喷嘴直径（mm）	9~11	11~14	14~18	16~20	18~24	20~24	24v28	26~30
单喷头车	流量（m^3/h）	4~11	6~17	11~28	15~35	20~50	25~54	43~73	51~77
	喷灌条带宽度（m）	30~45	35~50	40~55	45~60	50~65	50~70	70~90	75~95
	喷头工作压力（MPa）	0. 2~0. 5	0. 2~0. 5	0. 25~0. 5	0. 25~0. 5	0. 25~0. 5	0. 3~0. 6	0. 4~0. 6	0. 4~0. 6
	喷头流量（m^3/h）	4~11	6~17	11~28	15~35	20~50	25~54	43~73	51~77
	喷头射程（m）	19~32	21~36	28~41	30~44	30~49	38~51	42~55	44~57

（续表）

	规格	JP40	JP50	JP63（65）	JP75	JP85	JP90（100）	JP110	JP125
桁架式喷头车	入机压力（MPa）	0.2~0.5	0.2~0.5	0.3~0.8	0.3~0.8	0.3~0.8	0.4~0.9	0.4~0.9	0.4~0.9
	喷嘴直径（mm）	3.6~6.4	3.6~6.4	4.4~7.5	4.4~7.5	4.4~7.5	3.6~7.2	3.6~7.2	3.6~7.2
	流量（m^3/h）	5~19	5~19	11~38	11~38	11~38	13~57	13~57	13~57
	喷灌条带宽度（m）	18~28	18~28	28~38	28~38	28~38	38~53	38~53	38~53
	喷头数量	9~13	9~13	11~15	11~15	11~15	19~27	19~27	19~27
	喷头工作压力（MPa）	0.1~0.2	0.1~0.2	0.1~0.2	0.1~0.2	0.1~0.2	0.1~0.2	0.1~0.2	0.1~0.2
	喷头流量（m^3/h）	0.6~3.0	0.6~3.0	0.6~3.0	0.6~3.0	0.6~3.0	0.6~3.0	0.6~3.0	0.6~3.0
	喷头射程（m）	4.0~5.0	4.0~5.0	4.0~5.0	4.0~5.0	4.0~5.0	4.0~5.0	4.0~5.0	4.0~5.0

（2）喷灌机布局。如果规划喷灌区面积很大，一台不能满足要求，需要对规划区地形与作物分布状况，进行全区的区划，根据不同地块，选择不同型号的喷灌机。

（3）喷灌机台数计算。对适用相同型号的农田面积，需要台数 N 按下式计算：

$$N = A/\alpha \tag{9-25}$$

式中：

A—需要同型号喷灌机喷灌的面积，hm^2；

α—单台喷灌机控制面积，hm^2，$\alpha = 0.1\frac{qTt}{m}$。

（二）中心支轴式与平移式喷灌机规划设计

中心支轴式与平移式喷灌机都属于移动式喷灌机，主要区别是行走方式不同，中心支轴式移动是绕固定点成圆周移动，平移式是沿直线移动，但喷灌机构成都是由多架喷灌支架组成，工作原理基本相同。

1. 中心支轴式喷灌机结构与工作原理

（1）中心支轴式喷灌机结构和工作原理。中心支轴式喷灌机有固定式和移动式，固定式是机组固定在一点，不需要移动。移动式喷灌机组可从一个作业区拖动到其他需要的作业区。

喷灌机结构：

①机体：机体由钢架组成（图 9-14），分为中心支座、桁架、塔架车、悬臂组成；

②行走驱动装置：电机（一级）减速器、万向节、车轮（二级减速器）组成；

③电气控制系统：主控箱、集电环、塔盒、指示灯；

④灌水系统：弯管、悬吊管、压力调节器、喷头、末端喷枪组成；

⑤附件：地角（臂）系统、施肥施药装置等。

控制原理：

中心支轴式喷灌机自动化程度很高，喷灌动作由行走和喷洒完成，运行时行走由速度和同步控制器控制并调整距圆心不同距离的塔架车在一条直径线上。喷洒系统对距圆心不同距离的喷头进行优化组合，为保证喷头距圆心远近控制面积的不同，喷灌桁架上喷头间距不同，喷头喷灌强度也不同，以保证地面各点的喷灌强度均匀，这是喷灌机制作时进行优化完成的。为能够喷灌方形地块，喷灌机末端塔架安装地角臂喷头，由控制器自动系统调节，旋转到大于半径的角度时，臂长可随地块四角位置调整臂长，以扩大中心支轴式喷灌机的覆盖率。

机体桁架高度 H1、H2、H3（图 9-14），对于不同作物，可选择不同高度的中心支轴式喷灌机型号。以满足作物株高的要求，对玉米等高秆作物，可选择跨高大于 3m 的桁架。另外还能利用喷头的软管吊杆来调整喷头距地面的高度，以适应不同生育期玉米的株高。

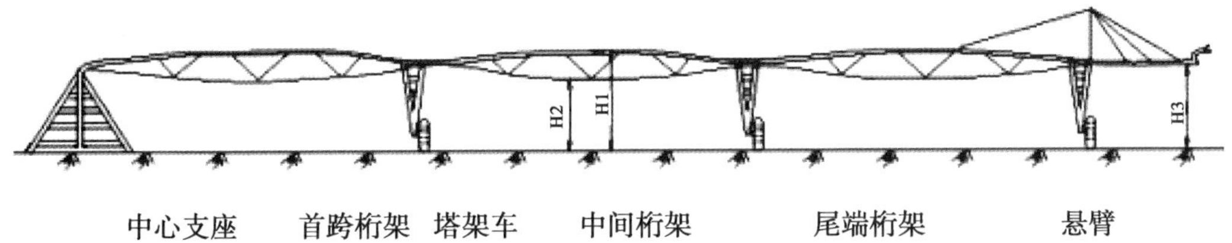

图 9-14　中心支轴式钢架结构

中心支轴式喷灌机发展趋势：

为减少蒸发损失，喷头由上喷式改为下喷式，喷洒雨滴落地距离缩短，灌水效率提高。中心支轴式喷灌机向低压、信息化、智能化、多功能化发展。

（2）中心支轴式喷灌机喷洒系统主要部件。在中心支轴式喷灌机中影响喷灌质量的主要部件是喷头，喷头有 2 种类型，旋转式和散射式（图 9-15）。喷头安装在由桁架引下的吊杆上，能调节喷头到作物顶层距离，以减少喷洒水滴在空气中的损失。

对不同跨度的喷头，要选择不同压力、不同流量的喷嘴，然后进行组合，选择组合后灌水均匀度最高的喷嘴。喷头通过更换喷嘴，可提高灌水均匀度，以及适应不同喷灌作物的需要。喷嘴压力不同，流量也随之变化，一般压力变化为 0.04～0.34MPa，流量变化为 0.07～2.0m^3/h。

（3）附属设备。

①施肥罐：喷灌施肥罐是实现水肥、水药一体化的附件（图 9-16）。

图 9-15　中心支轴式喷灌机喷头类型

图 9-16　中心支轴式施肥罐与施肥泵

②施肥泵：施肥泵除加压外还具有控制水肥比例功能（图 9-16）。

2. 平移式喷灌机结构与工作原理

（1）原理。平移式喷灌机按取水方式分有渠道式和拖管式（图 9-17），渠道式是从渠系中吸水，吸水管笼头由浮船托浮，吸水管随机平行移动。拖管式是水源固定不动，喷灌机拖着压力水管前进。

（2）结构。平移式喷灌机的结构与中心支轴式类似，也是由桁架钢结构组成。

①首部取水部分：包含取水管道、水泵、驱动动力。

②机体桁架：移动车、桁架、塔架车。

③附属配件：施肥系统。

平移式喷灌机调控原理与中心支轴式是一致的，两者不同只是改变了移动的方式，由时针旋转改为平行移动。这种改变提高了灌溉覆盖率（中心支轴式喷灌机的 4 个地角不易完全覆盖），同时也使灌溉喷头组合变得更容易，均匀度提高[50]。

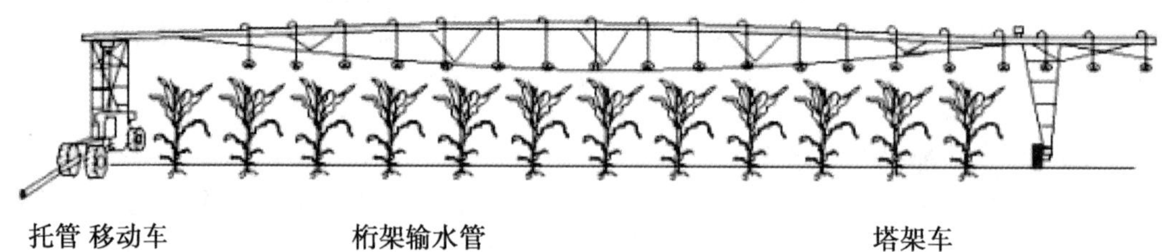

图 9-17　平移拖管式喷灌机

平移式喷灌机行走也分为两种类型，一种是机组自带发电设备，然后驱动水泵和塔架车；另一种是使用系统电力，喷灌车后拖动防水橡皮套电缆，为喷灌机电力系统供电。

对于多跨的平移塔架车，调速系统原理与中心支轴式相同，但较中心支轴式更简单。设备运行轨迹是平行移动式，中心点和所有跨体平行移动，机身上喷头均匀分布，喷头组合各跨是相同的。平移式喷灌机适合长条形地块的灌溉，也同中心支轴式喷灌机一样，桁架高度可选，适宜玉米等高秆作物灌溉。

3. 中心支轴式与平移式喷灌机设计参数计算

（1）中心支轴式喷灌机设计参数计算。

①喷灌机实体长度：

$$L_S = \sum_{1}^{n} l_i \times n_i + l_x \tag{9-26}$$

式中：

L_s—喷灌机实体长，m；

l_i—第 i 种桁架跨距（长度，m）；

n_i—第 i 种桁架的数量，跨；

l_x—末端悬臂长度，m。

②喷灌机有效长度：

$$L_y = L_S + 0.75 \times R \tag{9-27}$$

式中：

L_y—喷灌机有效长，m；

L_s—喷灌机实体长度，m；

R—喷灌机末端喷头（或末端喷枪）的射程，m。

③喷灌机灌溉控制面积：

$$A_0 = \left[\left(\frac{\alpha}{360}\right) \times \pi \times {L_Y}^2 \right] / 10\,000 \tag{9-28}$$

式中：

A_0—喷灌机有效长度在一个作业位置的覆盖面积，hm^2；

α—喷灌机田间运行扇形角度；

L_y—喷灌机有效长度，m。

④末端喷枪与其他喷头同时喷洒机组在一个作业位置的覆盖面积：

$$A_1 = \frac{\left[\left(\frac{\alpha}{360}\right) \times \pi \times {L_Y}^2 + A_q \right]}{10\,000} \tag{9-29}$$

式中：

A_1—末端喷枪在一个位置的覆盖面积，hm^2；

Aq—喷灌机运行中末端喷枪在设定范围内的覆盖面，m^2。

⑤作物最大日需水量：

$$W = 10 \times I \times A \tag{9-30}$$

式中：

W—作物日最大需水量，m^3；

I—设计日最大需水强，mm/d 取作物需水临界期的平均日需水量；

A—喷灌机灌溉控制面积，hm^2。

⑥喷灌机设计流量：

$$Q = \sum_{1}^{n} q_i + q_m \tag{9-31}$$

$$Q = W/(t \times \eta_p) \tag{9-32}$$

式中：

Q—喷灌机设计流，m^3/h；

Q_i—第 i 个喷头在设计工作压力下的流量，m^3/h；

n—喷灌机安装的喷头总个数，个；

q_m—末端喷枪在设计工作压力下的流量，m^3/h；

t—设计日灌水时间，h/d，宜在 14~21h 取值；

η_p—田间喷洒水利用系数：风速低于 3.4m/s，取 0.85~0.9；风速为 3.4~5.4m/s，取 0.75~0.8。

表 9-12　常见中心支轴式喷灌机跨数和流量参考

跨数	长度（m）	面积（hm^2）	灌水深度 mm				
			6	7	8	9	10
			喷灌机的流量（m^3/h）				
12	667.90	140.07	35 020	408.57	466.94	525.30	583.67
11	613.40	118.15	295.38	344.61	393.84	443.07	492.30
10	558.90	98.08	245.22	286.10	326.97	367.84	408.71
9	503.90	79.73	199.34	232.56	265.78	299.00	332.23
8	449.90	63.56	158.90	185.38	211.87	238.35	264.84
7	395.40	49.09	122.74	143.19	163.65	184.10	204.56
6	340.90	36.49	91.23	106.44	121.64	136.85	152.05
5	286.40	25.76	64.39	75.13	85.86	96.59	107.32
4	231.90	16.89	42.22	49.25	56.29	63.33	70.36
3	177.40	9.88	24.71	28.82	32.94	37.06	41.18

注：表内喷灌机跨长为 54.5m，末端悬臂 13.4m

⑦喷灌机设计入机压力水头：

$$H = h_m + h_f + \Delta_Z \tag{9-33}$$

式中：

H—喷灌机设计入机压力水头，m；

h_m—最不利喷头的设计工作压力水头，m；

h_f—喷灌机进水口到最不利喷头之间的输水管水头损失，m；

Δz—喷灌机进水口与最不利喷头位置最高点之间的高差，m。

（2）平移式喷灌机设计参数计算。平移式喷灌机设计参数与中心支轴式喷灌机基本相同，只是行走方式不同，可参照中心支轴式喷灌机计算式计算。常见平移式喷灌机技术参数，参考表 9-13。

表 9-13　平移式喷灌机技术参数

平移式喷灌机	控制面积 hm^2	单跨长（m）	整机长（m）	流量（m^3/h）	入口压力（MPa）	塔车数（个）	地隙（m）
6 跨	69	54.5	342	210	0.25	6	2.75
7 跨	79	54.5	396.5	250	0.25	7	2.75
14 跨	158	54.5	793	500	0.25	14	2.75
18 跨	202.2	54.5	1 011	640	0.25	18	2.75

（三）中心支轴式与平移式喷灌机运行参数计算

喷灌条件下作物需水规律与传统地面灌不同，试验表明[51]由于喷灌改变了土壤水分分布规律，改善了田间小气候，需水量减少，所以在制定灌溉制度时，需水量要引用喷灌条件下的试验成果，如果没有喷灌试验成果，引用地面灌溉的灌水定额，要进行修正。

1. 喷灌制度的制定

喷灌制度包括：灌水定额、灌溉定额、灌水次数、灌水日期等。灌溉定额指各次灌水定额之和，灌水定额指一次灌水时单位面积上的灌水量。

（1）设计灌水定额。设计灌水定额按下式计算：

$$m = 0.1 \times \gamma \times H(\theta_{max} - \theta_{min}) \tag{9-34}$$

式中：

m—设计灌水定额，mm；H—为喷灌土壤计划湿润层深，cm，对于大田作物可取40~70cm；γ—为土壤干容量，g/cm^3；θ_{max}—土壤含水量上限（取田间持水率）以干土重表示；θ_{min}—为土壤含水量下限（取田间持水率的60%）以干土重表示。

（2）设计灌水周期。设计灌水周期指两次灌水的时间的间隔，以天数表示。设计灌水周期可用下式确定：

$$T = \frac{m}{E_0} \tag{9-35}$$

式中：

T为设计灌水周，d；m—为设计灌水定额，mm；η—喷洒水利用系数；E_a—为作物临界耗水期日平均耗水，mm/d。

（3）喷灌制度确定方法。

①播前灌水定额：

$$M_0 = 0.1 \times \gamma \times H(\theta_{max} - \theta_0) \tag{9-36}$$

式中：

M_0为播前灌灌水定额mm；θ_0—为播前土壤含水量，符号含义同前。

② 生育期内以水量平衡法来制定生育内的灌水定额和灌水次数：

$$W_t - W_0 = W_\gamma + P_0 + K + M - ET \tag{9-37}$$

式中：

W_t、W_0-为时段初和时段t时的土壤计算湿润层的储水量，mm；W_r-为由于计划湿润层增加而增加的水量，mm；P_0-为保存在土壤计划湿润层内的有效雨量，mm；K-为时段t内的地下水补给量，mm；M-为时段t内的各次灌溉水量之和，mm；ET-为时段t内的作物田间需水量，mm 。

③全生育期灌水量：

$$M = M_0 + M_1 = \sum_{1}^{n} M + M_0 \tag{9-38}$$

2. 喷灌机运行参数

（1）设计灌水周期。喷灌机旋转一圈所需的最短时间：

$$t_{min} = \frac{(L_f \times i)}{30 \times D \times n} \tag{9-39}$$

式中：

t_{min}—喷灌机旋转一圈所需的最短时间，h；

L_f—中心支座中心点与末端塔架车之间的距离，m；

i —行走驱动装置总速比；

D —配套轮胎有效直径，m；

n —行走驱动装置配套电动机额定转速，r/min。

（2）喷灌机旋转一圈的设计灌水深度：

$$h = \frac{(I \times t_{min})}{t \times x} \tag{9-40}$$

式中：

h—喷灌机旋转一圈的设计净灌水深度，mm；

I —设计日最大需水强度，mm/d；

t_{min}—喷灌机旋转一圈所需的最短时间，h；

t—设计日灌水时间，h/d；

x —百分率计时器的设定值，宜在30%~100%取值。

第三节　玉米滴灌

滴灌打破了传统灌溉的理论，传统灌溉是灌溉水较均匀的渗入土壤，喷灌模拟天然降水也是均匀洒向土壤，而滴灌创新了一种新的灌溉模式，采用灌溉水由一点滴入土壤，水分在土壤内由一点向四周扩散，现称为局部灌溉。中国从20世纪70年代引进滴灌并开始试验推广，至今已有40年实践经验，大量试验证明，滴灌节水在30%~50%，水资源有效利用率90%~95%，而地面沟畦灌溉水资源有效利用率仅为40%~50%。同时由于滴灌进行局部灌溉，也改善了土壤的温热状态，土壤的有效菌类活动增加，养分利用效率提高，作物生长发育处于最佳状态，作物增产效益明显，据近年对覆膜滴灌考核[97]，每公顷玉米增产7 500kg，扣除增加设备投资，其灌溉纯效益占60%。

一、局部灌溉基本原理

中国早在2 000多年前的西汉《氾胜之书．区田法．瓜》[2]中就有用瓦瓮进行局部渗灌，只是供水是存放在瓦瓮，需要人工向瓦瓮中注水，瓦瓮是一种可透水的陶器，将瓮埋入瓜跟蔓一旁，水通过瓮逐渐湿润土壤，这是一种最早的用非饱和土壤水进行灌溉的发明，是世界上最早的局部灌溉，今天的滴灌也是由一点给水向四周湿润的灌水方法。

1. 滴灌非饱和水运动

传统沟畦灌溉，灌溉水是通过土壤表面先建立水层后再向外延伸，水向土壤运动是在水层下面向土壤作有压运动，而上层土壤水很快达到饱和，然后再向外扩散，称为饱和水运动。滴灌是由滴头一滴滴向土壤注水，滴灌时与喷灌要求一致，第二滴水要在第一滴水入渗土壤后才能开始下滴，以保持滴头下没有水洼。所以滴灌水在土壤中是呈非饱和状态运动。土壤非饱和水运动优点如下。

①土壤没有水层压力，灌溉后土壤结构疏松，土壤空气含量高，土壤微生物活跃，有利作物根系生长。

②土壤水分分布呈辐射形，土壤湿度分布由滴头向外递减，这与作物根系分布类似，既有利节水也有利根系吸收。

③滴灌可减少土壤水分蒸发，无论地上与地下滴灌，地表土湿度都低于饱和式灌溉，试验证明滴灌时土壤蒸发少，埋入地下的滴灌土壤蒸发更少，是滴灌节水的重要因素。

2. 滴灌特点

（1）滴灌优点。

①是有压节水灌溉中压力最低的灌水方法：滴灌最低压力仅需要 0.3m 水头，一般滴灌压力也只有 10m 水头，省电节能。

②局部灌溉省水：作物需水量包括两部分，作物蒸腾和棵间蒸发，滴灌减少了棵间蒸发。

③改善了土壤物理结构：土壤湿度较传统沟畦灌和喷灌适宜湿度维持时间最长，有利作物生长，土壤过湿或过干都不利作物生长。

④土壤水热气状态好：土壤的非饱和水状态，土壤湿度、温度、气体含量都有利根系代谢、土壤好气菌类发育，促进作物生长，增产。

（2）缺点。

①滴头密布：由于土壤湿润是靠土壤水扩散传递，影响范围小，滴头分布密度大，管网密度大，设备投资大，是节水灌溉中投资最大灌溉方法。

②滴头出口小易堵塞：滴头出口直径在 1mm 左右，要求水质洁净，增加过滤装置，还容易发生物理堵塞和生物堵塞。

3. 滴灌在玉米灌溉中应用

从表 9-14 中看出，滴灌在西北地区占绝对优势，其次是山丘面积比重较大的河南、云南等省。近年滴灌能在玉米中大面积发展，是因为与覆膜技术结合，以及覆膜与滴灌管铺设的机械化作业，提高了铺设滴灌管与覆膜工作效率，促进了滴灌发展。

表 9-14　玉米种植主要省份滴灌面积在高效节水中的比例（2015 年）

（面积：千 hm^2）

省份	黑龙江	内蒙古	河北	山东	河南	甘肃	新疆	云南
高效节水	1 364	1 367	800	1 427	1 057	266	1 933	272
喷灌	1 132	438	30	150	187	22	6	39
滴灌	177	315	33	63	326	111	1817	64
喷灌占高效节水比（%）	83.0	32.0	3.8	10.5	17.7	8.2	0.3	14.3
滴灌占高效节水比（%）	13.0	23.0	4.1	4.4	30.8	41.6	94.0	23.4

二、滴灌系统类型

（一）滴灌系统组成

滴灌系统与所有灌溉系统一样，都是由首部枢纽、输水网、灌水器组成，只是组成内容不同。

1. 首部枢纽

滴灌首部系统一般包括水源、加压泵站、过滤装置、施肥装置、控制器、安全阀组成，根据规划环境、规模、滴灌类型不同，首部组成有增减。

①井灌水源滴灌首部枢纽：井灌取地下水源，水质较好杂质较少才，无需大型沉淀过滤池，小型过滤器即能满足过滤要求。为满足井灌智能控制，各种传感器（压力、流量、电磁阀、截止阀等）需要配置具有智能功能装置（图 9–18）。

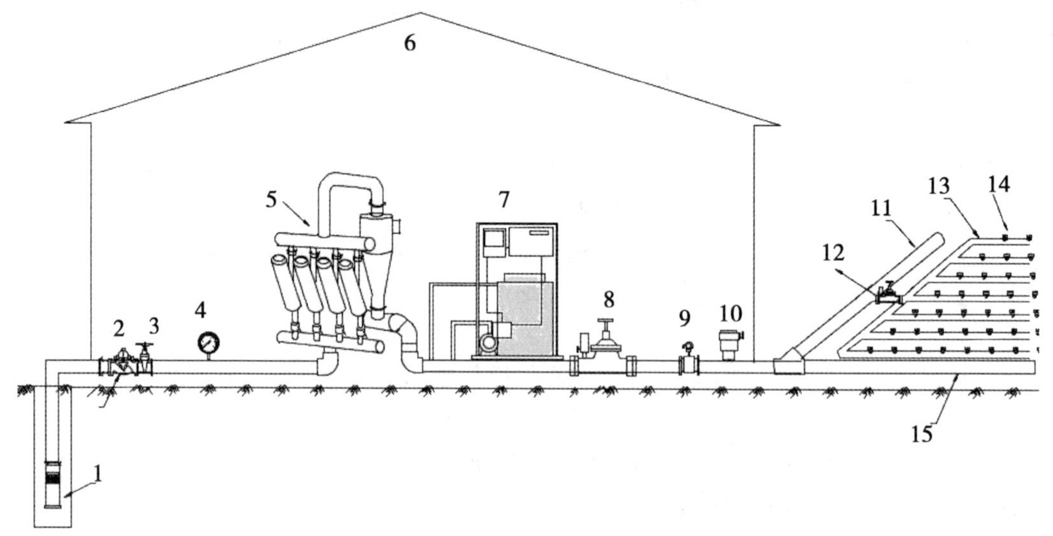

图 9–18　井灌水源滴灌首部系统

1. 井泵；2. 流量计；3. 截止阀；4. 水压表；5. 过滤器；6. 井房；7. 智能施肥器；8. 电磁阀；9. 逆止阀；10. 排气阀；11. 支管；12. 电磁阀；13. 毛管；14. 滴头；15. 主管；16. 井房

②大型引水水源滴灌首部枢纽：大型引水一般是由水库、江河中引水，水质有各种杂质，需要进行过滤，过滤流量大，要安装多组水泵与过滤器，管理任务也多，需要建设管理房（图 9–19）。

③自压引水源滴灌首部枢纽：在山前阶地平原区，水源位子较高，往往具有自压灌溉条件，可以建自压滴灌，结构形式，见图 9–20。

④浑水水源滴灌首部枢纽：滴灌需要水质洁净防止滴头都塞，对含沙较大水源需要增加沉淀池（图 9–21）。

2. 输水系统

滴灌输水系统与喷灌不同，喷灌管网设计压力需要 4~7 个大气压，而滴灌工作压力仅为一个大气压左右，管材造价低于喷灌。

固定式滴灌管网一般采用塑料管，小型滴灌采用软管。

3. 田间给水器

滴灌给水器是滴灌区别其他灌溉的主要部件，滴灌是由滴头向田间作物根部以水滴的水量一滴一滴给水，也由此而得名，又由于滴头是分离式布设，只对作物根系部滴水，又称为局部灌溉。

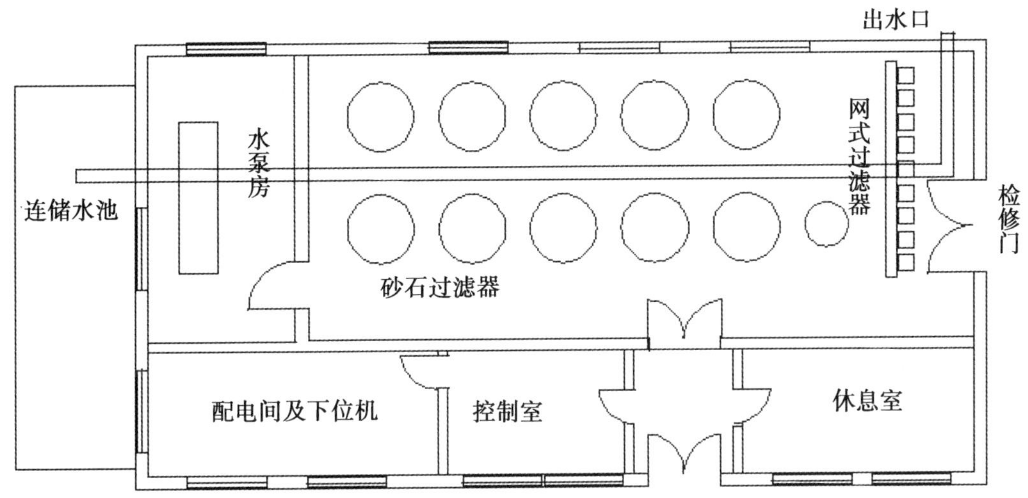

图 9-19　滴灌管理房主要设备布置示意

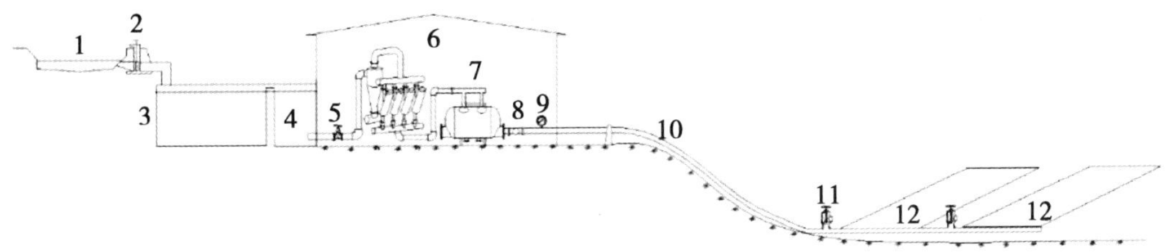

图 9-20　自压式滴灌系统

1. 水源（处于高地）；2. 放水闸门；3. 沉淀池；4. 储水池；5. 截止阀；6. 组合过滤器；7. 沙石过滤器；8. 放气阀；9. 压力表；10. 干管；11. 支管取水口；12. 独立用户

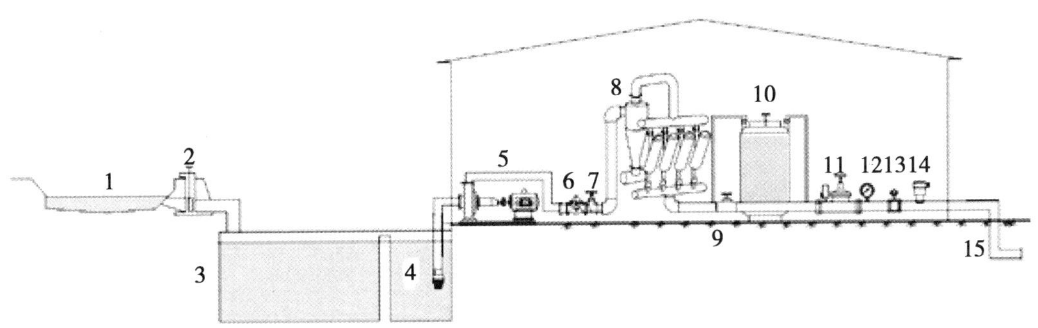

图 9-21　大型引水滴灌首部构成示意

1. 地面水源（河流、水库、渠道）；2. 引水闸；3. 沉淀池；4. 储水池；5. 水泵；6. 流量计；7. 截止阀；8. 组合式过滤器；9. 调节阀；10. 施肥罐；11. 电磁阀；12. 压力表；13. 逆止阀；14. 排气阀；15. 出水口

滴灌给水器按装配形式可分为两大类：一是分装式滴头：滴头与毛管分离，滴灌安装时滴头根据用户需要，现场打孔将滴头按需要的间距，将滴头插入孔中。二是滴灌管（带）：滴头已经安装在管（带）内，滴头与管（带）融为一体，厂家生产不同间距的滴头及滴水流量，供用户选择。

分装式滴头形式有多种，按滴头的结构不同分为发丝滴头、纽扣式滴头、可拆洗式滴头、压力补偿滴头、插扦式滴头。

滴灌管（带）分为迷宫式、贴片式、内镶式多种，管式是成型为细管，带式是扁平型，充水后呈管状。

（二）滴灌系统类型

1. 固定式滴灌（地下滴灌）

固定式滴灌是在整个灌水季节系统各个组成部分都是固定不动的。干管、支管一般埋在地下，根据条件，毛管有的也埋入地下（地下滴灌），埋入深度要大于农田耕作层，以不妨碍机耕作业为准。常用的固定式滴灌是将毛管放在地表或悬挂在离地面一定高度的支架上。这种系统主要适用于宽行大间距果园灌溉，也可用于条播作物灌溉，因其投资较高，一般应用于经济价值较高的经济作物。地下滴灌由于滴灌时地下土壤湿度向上传递十分缓慢，对于春天雨水缺乏地区，存在供水不及时问题，不太适合。相反春季雨水多地区是一种很好选择。

2. 半固定式滴灌

半固定滴灌有两种形式：一种是输水管网固定埋入地下，末级田间给水管一季一装，如大田作物、保护地滴灌都属于这种类型。第二种是半固定半移动式，主管道将水送到供水面积较小的农田后，支管毛管均采用临时安装，用快接式输水管材组装，一次灌水完成后，再移动到下块农田中组装，降低一次投入成本，但工作效率显著下降。

3. 移动式滴灌

小型移动式滴灌机是一种由小拖拉机牵引的小型滴灌系统。造价低廉，布设快捷，操作简单，节水节能，灌溉效率高。移动式滴灌机由两部分组成：滴灌车（由小柴油机、水泵、施肥罐、过滤器组成）和临时由软管和滴灌带组装的给水系统（图 9-22）。

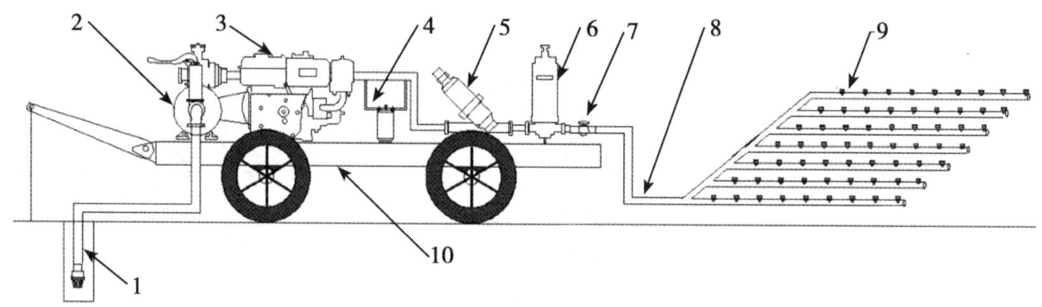

图 9-22　移动式小型滴灌机

1. 水源；2. 自吸式农泵；3. 小型柴油机；4. 施肥罐；5. 网式过滤器；6. 碟片式过滤器；7. 闸阀；8. 软管；9. 滴头（或滴灌带）；10. 牵引式滴灌车

4. 覆膜式滴灌

覆膜滴灌是将农业覆膜与滴灌相结合的技术，发挥了两者优点，使滴灌节水更进一步。而且逐步实现了铺膜铺管机械化（图 9-23）。覆膜滴灌主要使用滴灌带，膜下滴灌受薄膜的覆盖，水汽循环在膜下空间进行，改变了作物根区环境，促进了作物根系发育，优化了根系水、肥、盐、光、热、气耦合，提高作物光能利用率和水分生产率以及水资源利用率。

图 9-23　覆膜滴灌管一体铺设作业

（三）滴灌系统主要设备

1. 小型移动式滴灌机

小型滴灌机在中国各省份都有生产，品牌繁多（图 9-24）。

图 9-24　不同类型小型移动式滴灌机

（引自 360 浏览器图片）

2. 滴头

不同滴头适用范围不同，大田不宜采用分装式滴灌给水器（图 9-25）。

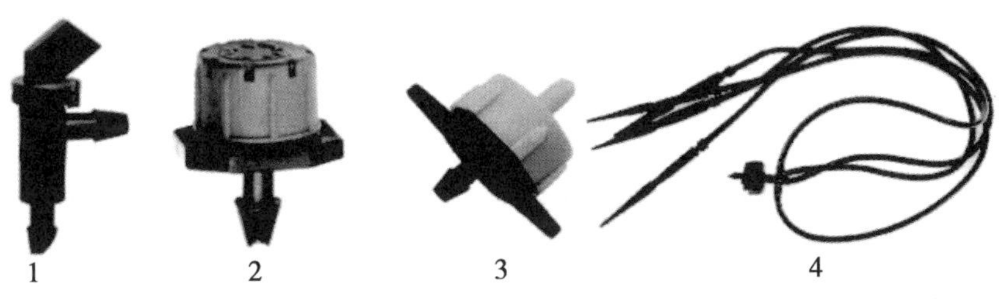

图 9-25　滴头类型

1. 可拆洗式滴头；2. 压力补偿滴头；3. 纽扣式管上式滴头；4. 插扦式滴头

3. 滴灌管与滴灌带

管（带）式滴灌给水器适宜大面积农田，滴灌管适用地下滴灌（图 9-26）。

4. 过滤器

滴灌与喷灌的给水器不同，滴头为了降低水压，滴头内采取各种减压措施，滴头内流道起减压作用，其流道很细小，滴头滴水孔也在 1mm 左右，所以，滴灌最大的缺点是滴头堵塞问题，为防止滴头堵塞对灌溉水中的杂物有严格要求。过滤是解决滴头堵塞的首要措施。所有滴灌系统在首部必须安装过滤装置。过滤器有多种形式：沙石过滤器、旋转水

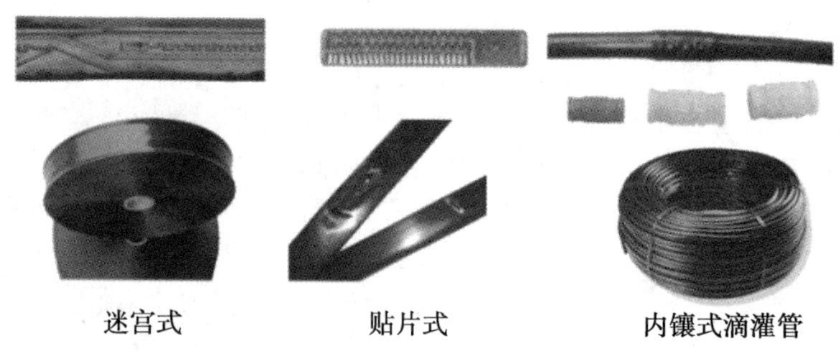

图 9-26　滴灌带与滴灌管类型

沙过滤器、叠片式过滤器、网式过滤器、自动冲洗过滤器等，现今已将智能技术融入过滤系统。对于大型滴灌系统，如取用地面水源（如河水、雨水、再生水），水中泥沙、杂物较多，需要在首部建造大型的水质处理系统，以保证滴灌系统的安全运行（图 9-27）。

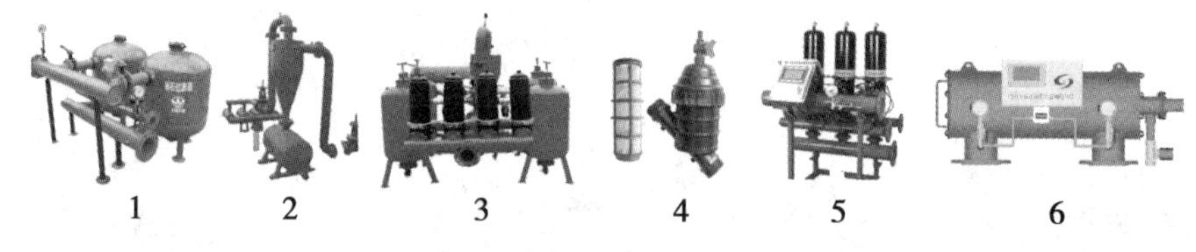

图 9-27　过滤器

1. 沙石型；2. 旋转型；3. 叠片组型；4. 滤网型；5. 自动冲洗型；6. 智能型

5. 施肥机

中国的滴灌已开始由一家一户的小型经营逐步走向大面积合作化与企业化经营，施肥也由小型简单的施肥罐向现代化自动化水肥一体机发展，向科学化智能化施肥发展，图 9-28是几种国内应用的施肥机。施肥罐与施肥机区别是：施肥罐一般是靠管道的前后形成的压差将罐中肥液吸入主管，缺点各段肥液浓度受主管水压变化影响，而施肥机是独立注入系统，自带施肥注入系统，并且与水流协调，保证滴灌水的肥液浓度均匀一致。提高了灌溉质量。

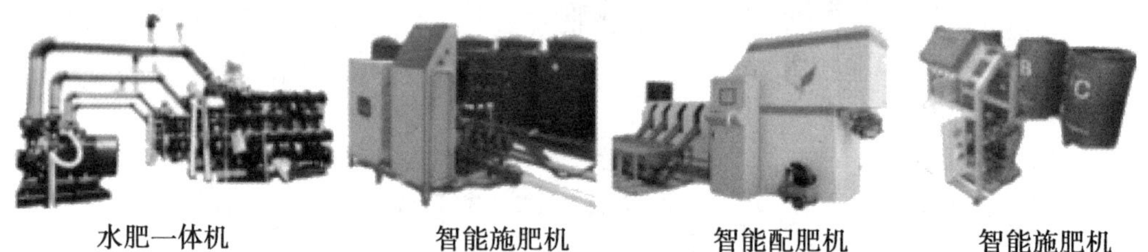

图 9-28　自动与智能型施肥机

6. 输水管与管件

滴灌用管与管件与喷灌基本相同。只是耐压要求降低了。

三、滴灌系统规划

（一）滴灌类型选择

滴灌规划首先要收集规划需要资料，内容与喷灌类似（见喷灌章节）。根据收集水资源、水质、灌溉耕地面积、地形、作物构成等资料，进行滴灌类型、首部结构选择。

1. 根据水源选择滴灌规模与首部结构

①水量：水源是滴灌规划的重要依据，首先有无水源是滴灌的先决条件，尤其对于大型滴灌工程，水量多少，水可持续供给能力保证率，决定滴灌的规划规模，大面积滴灌应选择固定式，多级管网；小面积可选择小型移动式。

②水质：水质对滴灌比其他灌溉形式要求严格，水的质量决定滴灌系统的首部结构、土建工程布置。水质不好小型水质处理工程是无法处理的，必须修建大型工程进行统一处理，然后进行分配下一级再作规划，根据水质构成选择首部水质处理系统结构。

③水源类型与位置：水源类型如地面水源的江河水库一般流量大，滴灌可选择大型固定式与半固定式；地下水一般是井灌区，水源是独立的，控制面积小，滴灌可选择小型半固定式，或小型移动式；在山丘区水源位在上游，用水农田在下游，可利用上下游高差选择自压滴灌，根据水源高差和水量大小选择可控面积的大小。

2. 根据规划面积与用户需求选择滴灌类型

规划面积决定工程规模，用户需求也影响工程布局。大面积决定多级管网控制，用户需求不同，可在不同管网级别采用预留给水口，规划区内可采用多种滴灌模式，如个体农户采用小型移动式滴灌，集团用户采用固定式滴灌等。

3. 根据作物选择滴灌类型

作物耕作模式不同与滴灌密集的管网布置会产生矛盾，如玉米等大田作物，每年要耕作、播种、收获，田间无法采用固定管道，只能采用半固定式，移动式，但对于果树、工厂化农业，就可采用固定式滴灌。

4. 根据投入能力选择滴灌类型

滴灌是有压节水灌溉中投入最大的灌溉方法，如果资金不足可采用分步实施，先半固定式，主管道按全固定式实施，其他部分按移动式实施。带筹足资金后再分步分期完善。

（二）滴灌系统工程布置

1. 滴灌面积控制

滴灌属管道灌溉，受输水管道现代技术经济的限制，滴灌控制面积对滴灌系统的投资成本和运行费用有明显的决定作用，中国的新疆截至 2012 年滴灌面积达 133 万 hm^2，根据新疆发展滴灌的实践总结出："随着滴灌控制面积的扩大，首部工作流量和压力提高，导致运行电费增大；而且引起田间轮灌时间紧张，管理困难；同时，还使灌溉安全性降低。"[2] 因此，单个加压滴灌工程控制面积宜控制在 33～200hm^2。经济滴灌面积为 67～100hm^2，是投资效益最佳状态。对于自压滴灌系统可根据自压落差增加控制面积。

规划时首先要确定水源，确保稳定的给水能力，根据给水能力计算规划面积与农田布置。可按下面 2 种水源状况计算规划面积：

①水源供水稳定流量滴灌面积：

$$A = \frac{\eta Q t}{10 I_{\alpha}} \tag{9-41}$$

式中：

A—可灌面积，hm^2；

Q—可供流量，m^3/h；

I_a—设计供水强度，mm/d；

$I_a=Ea-P0$：Ea—设计耗水强度，mm/d；P0—有效降水量，mm/d；

t—水源每日供水时数，h/d；

η —灌溉水利用系数，可取 0.9。

②水源有调蓄能力时滴灌面积：

$$A=\frac{\eta KV}{10\,I_i\,T_i} \tag{9-42}$$

式中：

K—塘坝复蓄系数，K=1.0—1.4；

η —蓄水利用系数，ε=0.6—0.7；

V—蓄水工程容积，m^3；

I_i—灌溉季节各月的毛供水强度 mm/d

T_i—灌溉季节各月的供水天数，d。

2. 首部枢纽布置

滴灌首部工程，需要占用较大面积，尤其水质为含沙量较大的地区，为防止堵塞，对水质要求十分严格，处理泥沙需要很大面积布置沉沙池、过滤池。首部工程位置选择要考虑以下几点。

①离水源较近：靠近水源，可减少输水工程量。

②离灌溉区距离最短：减少压力管道水压损失，节约能源

③充分利用地势：尽量利用地势，如果能自压，采用自压，不能自压，也选择地势高的位置，可减少输送所需水压。

④离电源较近：减少输变电费用。

⑤交通通讯方便：有利建设与管理。

四、滴灌系统设计

滴灌工程设计与其他灌溉工程设计是一致的，每个具体的灌溉工程都有独特的自然地理、气象等特点，需要将一般规律，具体化到本地条件下的工程。工程设计是一个试算调整过程，要从多个方案中优选最适宜当地当时（兼顾长远）自然和社会经济条件的方案。

（一）绘制滴灌系统平面布置图

1. 绘制地形图

将实测地形图绘制在规划图上，图上要标明：等高线、农田道路、电网、农田、村庄、水源等。

2. 绘制渠首

将水源与选择渠首绘制在设计图上。

3. 绘制管网

按地形将农田绘制在图上，并将规划滴灌面积与非灌溉面积区分标注。

（1）滴灌管网布置原则。

①根据首部枢纽确定取水位置，作为主干管起点。

②根据规划滴灌面积与地块分布，划分区块，确定干支分布方向。再布置干支管网级别。

③按滴灌器的最大控制长度，确定末级给水管长度。

④管网一般分为主干管、分干管、支管、辅管、毛管等。

（2）管网布置。

①先布设干管，干管要将不同地块分干管连接起来，计划不同方案，从中优选出最短距离，最少土建工程量的方案。

②按干管设计相同原则规划支管、毛管。

③管网规划图要布置在地形图上，并标明各级管道起点终点的高程，为系统工作压力提供数据。

④输水干支管道命名，标注各级管道长度、首尾高差、控制区最高点高程。

⑤绘制管网与道路、沟谷需要的交叉工程，工程长度及必要参数。

（3）控制阀布置。大型滴灌区，需要轮灌，根据首部水泵设计流量和各级管道的控制面积，规划轮灌区，每个轮灌区要布置控制阀门至少一处（或根据需要设置多处），轮灌区末端设排水阀。

（4）地下管网布置。滴灌管网大部分埋设在地下，一个系统管网结构分地下管网和地面管网布置两个部分。地下部分的管道埋深根据地面荷载、冻深和机耕要求，一般干管管顶埋深 1~1.2m。地下管道要在适当处设置检修井，每个闸阀均应砌阀门井，有控制电缆的要一同考虑设置检修井。

4. 绘制位置

绘制电源网与输变电设备位置。

（二）滴灌设计参数计算

1. 毛管极限滴头个数计算

$$N_m = INT\left(\frac{5.446(\Delta h_2)\ d^{4.75}}{kse\ q_d^{1.75}}\right)^{0.364} \qquad (9-43)$$

式中：

N_m—毛管的极限分流孔数；

$[\Delta h_2]$—毛管的允许水头差，m；$[\Delta h_2]=\beta_2[\Delta h]$，$\beta_2$ 应经过技术经济比较确定，对于平地 β_2 可取 0.55；$[\Delta h]$—灌水小区允许水头差，m；

d—毛管内径，mm：

k—水头损失扩大系数，一般为 1.1~1.2：

q_d—滴头设计流量，L/h；

se—滴头间距，m。

2. 确定毛管极限长度（Lm）

$$Lm=Nm\times Se$$

根据毛管极限长度及条田的实际情况可确定毛管的实际铺设长度，S_e 为滴头间距。

3. 确定毛管的沿程水头损失 h_f（多孔管）

$$h_f = k\frac{fS\,q_d^m}{d^b}\left[\frac{(N+0.48)^{m+1}}{m+1} - N^m\left(1-\frac{S_0}{S_e}\right)\right] \tag{9-44}$$

式中：

h_f—毛管水头损失，m；f=0.505、m=1.75、b=4.75 分别为摩阻系数、流量指数、管径系数；N 为毛管出水孔数；S_0—进水口至首孔间距，m；k—水头损失系数，取 1.1~1.2。

4. 总水头损失

公式 9-44 中乘 k 扩大系数后，即为毛管总损失。

5. 划分轮灌组的计算

轮灌组的数目根据水源流量和各级管道的经济管径、输水能力和作物的需水要求确定，同时使水源的水量与计划灌溉的面积相协调，一般可由下式计算：

$$N \leqslant CT/t \tag{9-45}$$

式中：

N—轮灌组的数目，以个表示；C—系统一天的运行小时数，一般 C 为 18~22h；

T—灌水时间间隔（周期），d；t——一次灌水延续时间，h。

6. 毛管及干支流量设计

同喷灌计算方法（略）。

7. 工作压力计算

同喷灌计算方法（略）。

（三）过滤设备选择

1. 滴头类型对过滤粒径的要求

不同滴头抗堵塞能力不同，几种常用滴头对水源的物理过滤精度要求如下：单翼迷宫式滴灌带≥120 目；内镶式滴头≥180 目；压力补偿式滴头≥200 目，需要有针对性选择，对于用多种滴头系统，应按满足最小孔目（表 9-15）。

表 9-15　滴灌灌水器要求过滤设施精度

灌水器名称	灌水器流量（L/h）	砂过滤器选择滤料与精度	筛网过滤器		
		标号	过滤能力（目）	目/英寸	孔径（mm）
单翼迷宫式滴灌带	1.8~3.2	#8 花岗岩	100~140	120	0.125
内镶式滴灌带	2.3、2.5	#11 花岗岩	140~180	180	0.089
压力补偿滴灌管	2、4、6、8	#16 石英砂	150~200	200	0.074

注：引自：天业集团公司滴灌灌水器要求过滤设施精度表

2. 过滤器选择原则

不同的水质处理方式也不同：①地下水，井水较清澈，用一级筛网过滤器即可，若有涌砂现象，可加一级离心过滤器。②地表水，含有水藻、鱼卵、漂浮物的地表水，一般选用沙石过滤器+筛网过滤器的两级过滤方式。含有较多泥沙的地表水除配置过滤器外，还应修建沉淀池。③化学堵塞，是比较难处理的，特别是硬质水，在高温条件下钙、镁离子会吸附、沉积在流道内，造成堵塞，处理费用较高。一般大田使用的滴灌带最好选用薄壁型的短期使用的产品。

3. 过滤器类型与工作原理

①离心式过滤器：离心过滤器利用物体重力及旋转离心力，水与沙石比重不同，离心也不同，水由进水管切向进入离心过滤器体内，旋转产生离心力，推动泥沙及密度较高的固体颗粒沿管壁流动，形成旋流，使沙子和石块进入集砂罐，就能使水与沙石分离，清除重于水的固体颗粒，净水则顺流沿出水口流出（图 9-29）。可根据控制面积选用不同型号离心式过滤器（表 9-16）

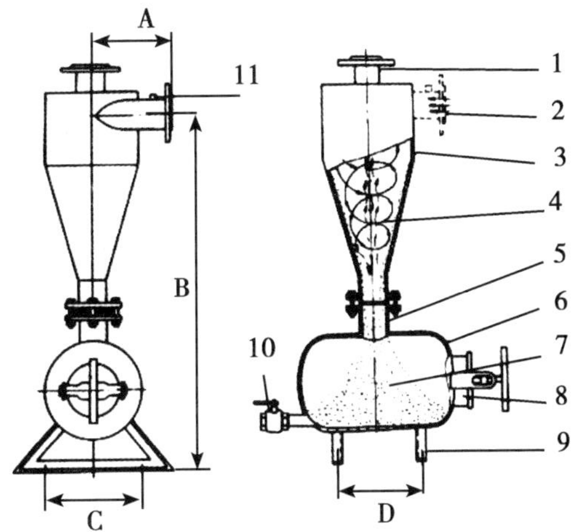

图 9-29　离心式过滤器

1. 出水口；2. 进水口；3. 罐体；4. 水流；5. 借沙口；6. 盛沙罐；7. 沙石；8. 排沙口；9. 支架；10. 冲洗口；11. 测压口

表 9-16　离心式过滤器选型参数参考

型号	流量（L/h）	进出口	长宽高（mm）
小	1～3	d20	200×300×480
中	5～20	d50	300×500×850
大	30～80	d100	600×820×1 550

②叠片式过滤器：叠片过滤器由滤壳和滤芯组成，滤壳材料一般为塑料或不锈钢或涂塑碳钢，滤芯形状为为空心圆柱体，体内由很多两面注有微米级正三角形沟槽的环形塑料片，组装在中心骨架上，滤片被弹簧压紧，叠片便形成了无数道杂质无法通过的滤网，水流流经叠片，凹槽就拦截了杂物。过滤器也分手动或自动冲洗。叠片过滤器的优点：有稳定的过滤效果、拦污能力强、操作简单、维护方便、系统运行成本低（图 9-30）。

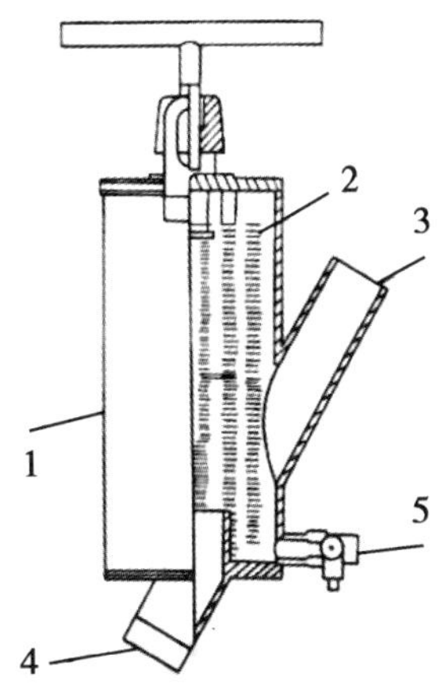

图 9-30　叠片式过滤器

1. 壳体；2. 塑料叠片；3. 进水口；4. 出水口；5. 冲洗阀

③沙石过滤器：沙石过滤器的工作原理是通过均匀的颗粒对水进行过滤，水由进水口进入过滤器罐体，再通过过滤沙床介质层，杂质则被隔离于介质层上部，过滤后的水从过滤器下部的出水管流出。沙石式过滤器冲洗时需要进行反冲洗，结构见图 9-31，表 9-17。

表 9-17 沙石过滤罐参数参考

进出口径（吋）	直径（mm）	流量（m^3/h）	容积（L）	沙床容积（L）
1/2	400	10	90	65
3	750	15~35	372	220
4	1500	80~110	1465	707

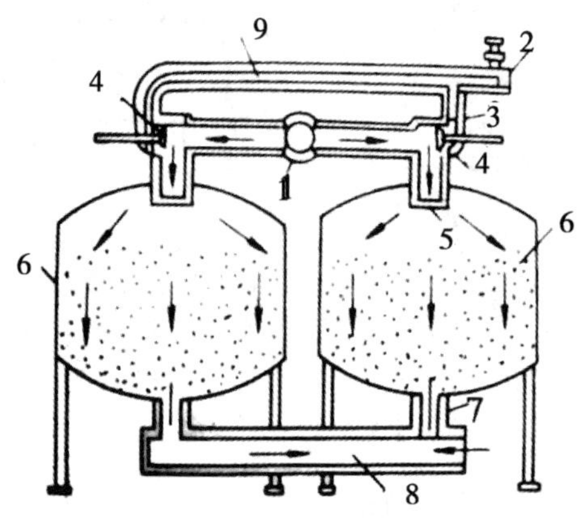

图 9-31 沙石过滤罐

1. 进水管；2. 排污管；3. 反冲洗灌；4. 三向阀；5. 过滤罐进口；6. 罐体；7. 出口；8. 集水管；9. 反冲洗管

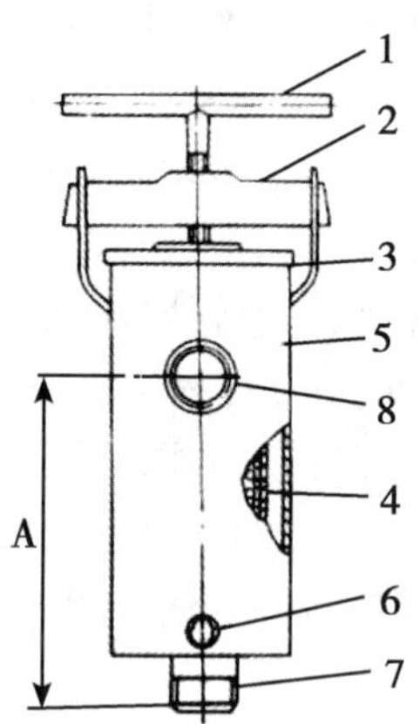

图 9-32 网式过滤罐

1. 手柄；2. 横担；3. 顶盖；4. 滤网；5. 壳体；6. 冲洗阀；7. 出水口；8. 进水口

④网式过滤器：是通过筛网过滤的装置，主要用于过滤灌溉水中的粉粒、砂和水垢等污物。水由进水口进入罐体，通过塑料或不锈钢滤网将大于滤网孔眼的污物拦截在滤网外表面，过滤后的净水从出水口流出，完成整个过滤过程（图 9-32）。参数见表 9-18、表 9-19。

表 9-18 网式过滤器工作参数范围参考

工作压力	清洗压力	最高水温	过滤范围	过滤室材料	流量
2.1~11bar	<0.2bar	61℃	800~11μm	塑料、不锈钢	4~4 001m^3/h

表 9-19 网式过滤器选用过滤网孔目数参数

（μm）	10	30	50	100	150	200	400	800	1 500	3 000
目数	1 500	550	300	150	100	80	40	20	10	5
（mm）	0.01	0.03	0.05	0.1	0.15	0.2	0.4	0.8	1.5	3.0

4. 过滤器选择

（1）根据水质选择过滤器。

①当灌溉水中无机物含量小于 10mg/kg 或粒径小于 80μm 时，宜选用沙石过滤器或筛

网过滤器。

②灌溉水中无机物含量在 10～100mg/kg，或粒径在 80～500μm 时，宜先选用离心过滤器或筛网过滤器作初级处理，然后再选用沙石过滤器。

③灌溉水中无机物含量大于 100mg/kg 或粒径大于 500μm 时，应使用沉淀池（图 9-33、图 9-34、图 9-35、图 9-36）或离心过滤器作初级处理，然后再选用筛网或沙石过滤器。

④灌溉水中有机污物含量小于 10mg/kg 时，可用沙石过滤器或筛网过滤器。

⑤灌溉水中有机污物含量大于 100mg/kg，应选用初级拦污筛作第一级处理，再选用筛网或沙石过滤器。表 9-20 列举了新疆滴灌的经验，可供参考。

（2）根据滴孔大小选择过滤器。不同的滴灌灌水器其出水孔孔径和设计流道不同，抗堵塞性能也不同，对水质净化处理要求也不同。水质中杂质颗粒最容易堆积孔口，堵塞滴头，研究表明滴头滴孔的大小对过滤器的过滤颗粒能力要求标准不同，一般要将大于出水孔直径 1/10～1/7 的杂质全部拦截。滴灌系统过滤器的有效尺寸可用式 9-46 表示：

$$d_L \leqslant \left(\frac{1}{7} \sim \frac{1}{10}\right) d_D \tag{9-46}$$

式中：

d_L—要求的过滤介质的有效孔径，mm；

d_D—采用的灌水器出水孔等效直径，mm。

表 9-20　不同水源时过滤设施选配参考

水源类型		水质条件	水质处理设施配置模式
地下水（井水）		含沙量≥10mg/L	旋流水沙分离器+筛网或叠片过滤器
		含沙量<10mg/L	筛网或叠片过滤器
		铁化合物含量高或流量需调节	沉淀池或蓄水池+筛网或叠片过滤器
地表水	河水	悬浮物含量≥1 000mg/L，含沙量大	拦污栅+沉淀池+拦污筛+旋流水沙分离器+沙过滤器+筛网或叠片过滤器
		悬浮物含量 500～1 000mg/L，含沙量中等，有机物较多	拦污栅+沉淀池+拦污筛+沙过滤器+筛网或叠片过滤器
		悬浮物含量 100～500mg/L，含沙量中等，有机物较少	拦污栅+沉淀池+沙过滤器+筛网或叠片过滤器
		悬浮物含量<100mg/L，有机物与无机物杂质较少	拦污栅+沉淀池+筛网或叠片过滤器
	其他地表水	泥沙含量≥400mg/L，有机物含量一般	拦污栅+沉淀池+沙过滤器+筛网或叠片过滤器
		泥沙含量 200～400mg/L，有机物含量一般	拦污栅+旋流水沙分离器+沙过滤器+筛网或叠片过滤器
		泥沙含量 10～200mg/L，有机物含量一般	拦污栅+沙过滤器+筛网或叠片过滤器
		泥沙含量<10mg/L，有机物含量少	拦污栅+筛网或叠片过滤器

注：引自天业公司滴灌资料

（四）沉沙池设计

当灌溉水质无法达到灌溉水质标准时（悬浮物>100mg/L），需要设置沉淀池（或沉沙池），对于再生水一般要设置沉淀池，地表水当含沙量较大时需要设置沉沙池。

1. 泥沙沉降速度计算

泥沙沉降是个复杂过程，与颗粒组成、水温、水黏滞度、水的比重等因素有关，国内外水利专家多有研究成果，但都是基于局部地区具体条件下研究成果。水利沉沙池设计可参考设计规范（文献[104]），沉降速度分 3 种情况计算公式：

①当粒径小于 0.062mm 时：

$$\omega = \frac{g}{1\ 800}\left\{\frac{\rho_s - \rho_w}{\rho_w}\right\}\frac{d^2}{\upsilon} \tag{9-47}$$

$$\upsilon = \frac{0.01775}{1 + 0.0337T + 0.000221\,T^2} \tag{9-48}$$

②粒径界于 0.062~2.0mm：

$$S_a = \frac{\omega}{g^{\frac{1}{3}}\left(\frac{\rho_{s-\rho_w}}{\rho_w}\right)^{\frac{1}{3}}\upsilon^{\frac{1}{3}}} \tag{9-49}$$

$$\varphi = \frac{g^{\frac{1}{3}}\left(\frac{\rho_{s-\rho_w}}{\rho_w}\right)^{\frac{1}{3}}d}{10\,\upsilon^{\frac{2}{3}}} \tag{9-50}$$

$$(\log S_a + 3.790)^2 + (\log\varphi + 5.777)^2 = 39 \tag{9-51}$$

③当粒径大于 2.0mm 时：

$$\omega = 4.58\sqrt{10d}$$

式 47~51 中：

ω —清水单颗粒沉速 cm/s

S_a —沉速判数；

φ —粒径判数；

ρ_s —泥沙密度，g/cm^3；

ρ_w —清水密度，g/cm^3；

d—泥沙粒径，mm；

g—重力加速度，cm/s^2；

υ —水运动黏滞系数，cm^2/s。

2. 沉沙池设计

（1）沉淀池结构。沉沙池由四部分组成：引水渠及引水调节闸、出水口及出水调节闸、中间沉沙池、冲沙闸。

（2）沉沙池类型。

①水力冲洗式沉沙池：利用水流对沉沙池进行冲洗，又区分为连续冲洗和定期冲洗两类，根据冲沙任务多少沉箱可设置单室与多室。

②洼地式沉沙池：利用自然滩涂水泡洼地构筑沉沙池，根据洼地的容积、高程可采用自流沉沙、扬水沉沙。

③混合式沉沙池：与初虑相结合混合式沉沙池。

（3）沉沙池布置。

①连续沉沙池典型布置图（图 9-33、图 9-34、图 9-35）：

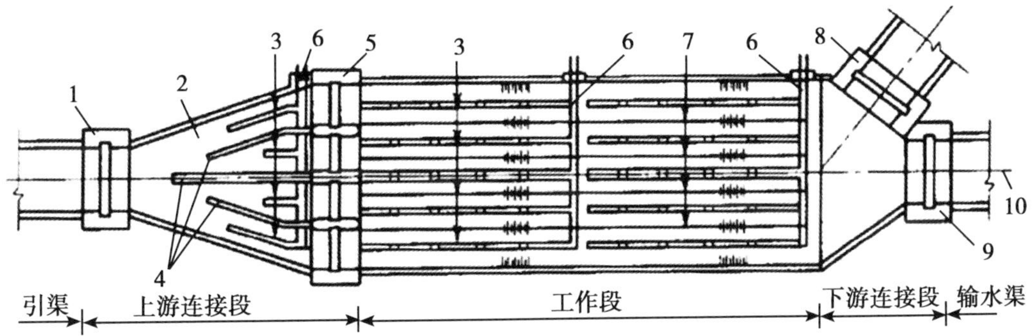

图 9-33　单室连续沉沙池平面布置图

（引自文献［100］［104］）

1. 进口闸；2. 扩散段；3. 池厢隔墙；4. 配水墩；5. 输水管；6. 冲沙主廊道；7. 梯形槽壁；8. 事故冲沙闸；9. 出口闸；10. 沉沙池中心

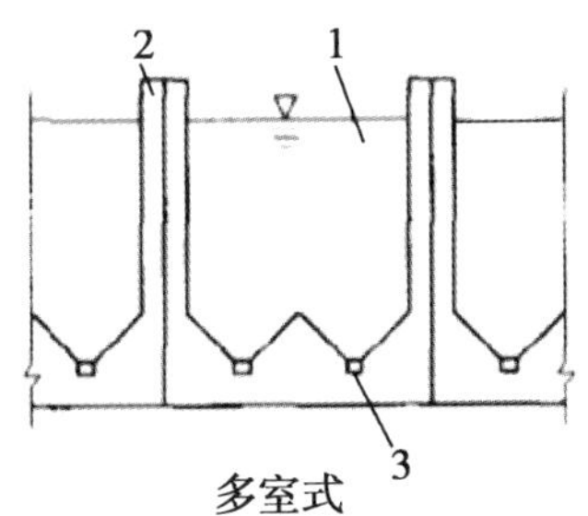

单室式

图 9-34　连续沉沙池横断面

1. 沉沙室；2. 隔墙；3. 冲沙支廊道；4. 梯形槽壁；5. 冲沙池中心线

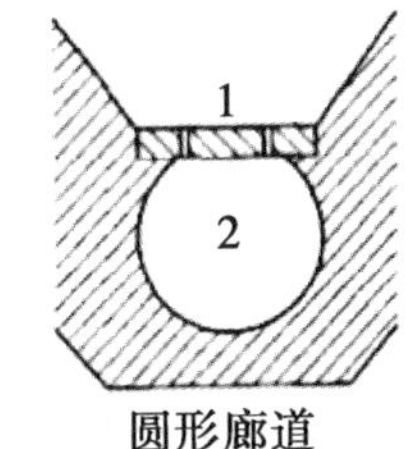

图 9-35　圆形冲沙廊道

1. 带孔盖板；
2. 廊道

②定期冲洗式沉沙池典型布置图（图 9-36）：

③混合式沉沙池布置图（图 9-37）。

（4）沉沙池尺寸设计。

①连续式冲洗沉沙池：连续冲沙沉沙池不考虑池底沉沙容积。

工作段进口深　进口工作深度按下式计算：

$$H_e \leqslant \Delta Z - \left(1 + \sum \xi\right)\frac{v_c^2}{2g} - v_c^2\int_0^L \frac{dl}{c^2 R} \tag{9-52}$$

式中：

ΔZ —沉沙池运行水位与廊道出口处顶的高差，m；

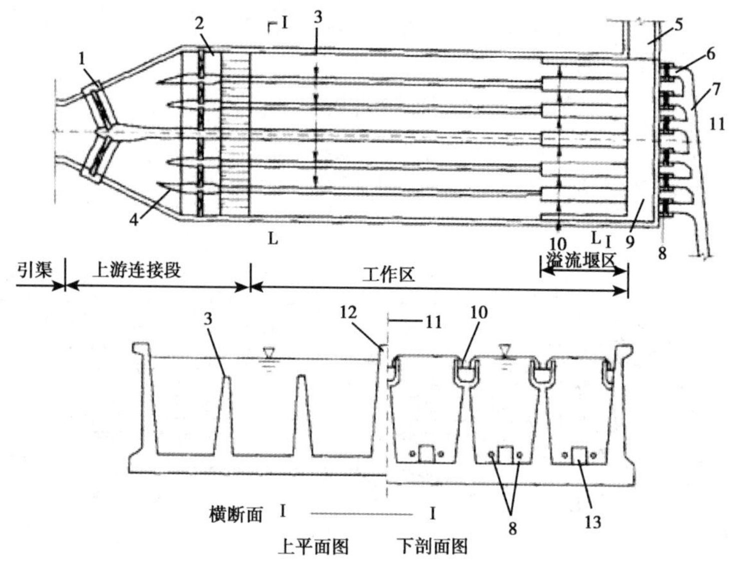

图 9-36　定期冲洗式沉沙池布置图

（引自文献［100］）

1. 池室进口闸；2. 池厢进口闸；3. 池厢隔墙；4. 配水墩；5. 输水道；6. 冲沙闸；7. 排沙道；8. 排沙底孔；9. 横向集水槽；10. 侧向集水槽；11. 沉沙池中心线；12. 池室隔墙；13. 冲沙闸孔

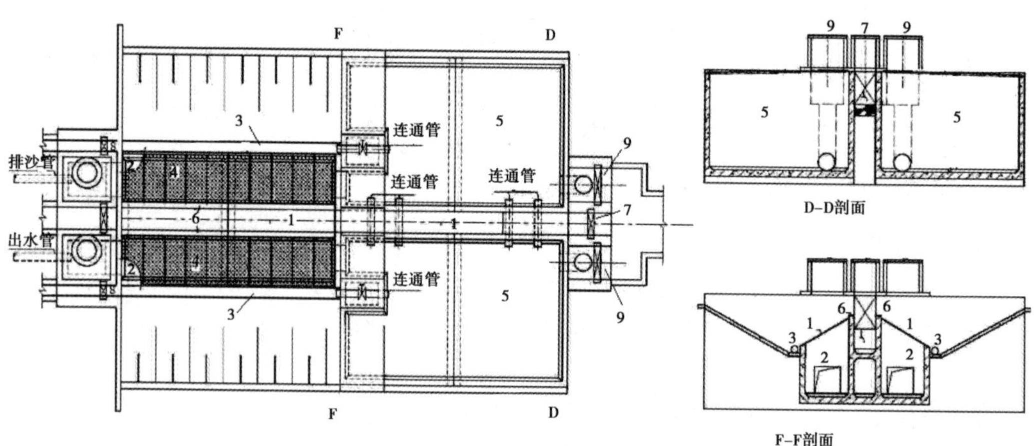

图 9-37　双向外斜跨式沉沙池过滤池布置

（引自文献［105］）

1. 沉沙池；2. 过滤池；3. 集污槽；4. 不锈钢过滤网；5. 清水池；6. 溢流堰；7. 沉沙池进水闸；8. 沉沙池排沙闸；9. 清洗进水闸

$\sum\xi$—局部水头损失系数和；

L—支廊道与主廊道总长，m；

C—谢才系数；

R—水力半径，m。

工作段宽度　沉沙池工作段宽按下式计算：

$$B = \frac{Q}{H_w V} \tag{9-53}$$

式中：

B—工作宽度，m；

Q—工作流量，m^3/s；

V—工作段平均流速，m/s，工作流速与入池泥沙粒径有关，可参照下值试算：

粒径 0. 05~0. 10mm 初取 0. 05~0. 15m/s；

粒径 0. 25mm 初取 0. 25~0. 55m/s；

粒径 0. 35mm 初取 0. 40~0. 80m/s。

H_w—工作段平均深度，m。

工作段长度　这里简介准静水沉降法计算沉沙池工作长度：

$$L = K\frac{H}{\omega}V \tag{9-54}$$

式中：

L—工作长度；

K—受紊流影响修正系数（大于 1），可参考已建成的经验，与泥沙颗粒粒径组成比例有关，范围在 1. 2~1. 5；

ω—静水下对应泥沙粒径下的沉速，见公式 9-47 至公式 9-50（或参见附表 2）；

H—工作水深；

V—平均工作流速。

②定期冲洗式沉沙池：

工作段进口深　定期冲沙，沉沙池深度有沉沙厚度，且是变化值，要满足下式要求（图 9-38）：

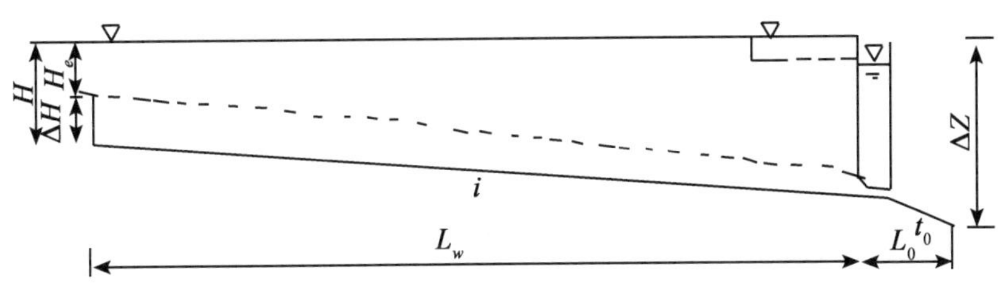

图 9-38　公式 9-55 符号说明

$$H_e \leqslant \Delta Z + \frac{q}{v_0} - (i\,L_w + i_0\,L_0) \tag{9-55}$$

式中：

H_e—工作水深；ΔZ—进水口与排沙河道水面高差；L_w—工作段长；

L_0—排沙道长；q—排沙道冲沙单宽流量；v_0—排沙道冲沙流速。

工作段底纵坡　定期冲沙，池底坡度要满足冲沙流速要求，此时，冲沙池水深要大于临界水深：

$$h_c = \sqrt[3]{\frac{\alpha Q_s^2}{b_0^2 g\cos\theta}} = \sqrt[3]{\frac{\alpha q_s^2}{g\cos\theta}} \tag{9-56}$$

$$V_c = \frac{q_s}{h_c} \tag{9-57}$$

$$i \geqslant \frac{V_c^2}{C^2 R} \tag{9-58}$$

$$C = \frac{1}{n} R^{1/6} \tag{9-59}$$

式中：

h_c—沉沙池冲洗阶段临界水深，m；α—池中水流流速分布不均匀系数；

Q_C—单池厢冲沙流量，m^3/s；b_0—单池厢净宽，m；g—重力加速度，m/s^2；

θ—工作段池底坡角，°；V_c—池厢冲洗水流临界速度，m/s；i—工作段底坡；

C—谢才系数，一般取 0.0225-0.0227；R—水力半径，m。

工作段宽度　宽度是指净宽：

$$B = \frac{Q}{H_W V} \tag{9-60}$$

式中：

B—沉沙池宽，m；Q—池室设计流量，m^3/s；H_w—工作段平均深度，m；

V—工作段平均流速，m/s 粒径小于 0.05mm 时可取 0.2~0.3m/s。

工作段长度　参照公式 9-54 与公式 9-61 确定。

3. 沉降率计算

沉沙池长宽应按沉沙效率来确定，沉沙池中由于水质含沙是由不同粒径组成，沙粒在沉沙池中沉降过程粗粒降速快，细粒降速慢，所以，首部是粗粒尾部是细粒，沉沙率应按分段计算[100]：

$$S_{i(k+1)} = S_{ik}\, e^{-\alpha_{ik}\frac{\bar{\omega}_i l_k}{q_k}} \tag{9-61}$$

式中：

$S_{i(k+1)}$、S_{ik}—k 池段下、上断面分组含沙量，kg/m^3；

α_{ik}—k 池段粒径组的恢复饱和系数，该数为受紊流影响泥沙沉降减少的小于 1 的系数（参考文献［100］）；

$\bar{\omega}_i$—粒径组的平均沉速，m/s；

q_k—k 池段单宽流量，$m^3/s.m$；

i—粒径组编号，由小到大排号。

池段分组泥沙沉降率为：

$$\eta_{ik} = 1 - \frac{S_{i(k+1)}}{S_{ik}} \tag{9-62}$$

（五）沉淀池设计

沉沙池只能将水中沙粒含量降低一定比例（表 9-21），但当悬浮物较多含有有机质时，沉沙池无法完成去除任务，需要增设后续的沉淀设施，该任务应该由供水水源来完成。如需要自行设计可参照文献［108］、［109］、［110］。

表 9-21　中国北方已建沉沙池效果实例简介

沉沙池位子	入池含沙（kg/m^3）	出池含沙（kg/m^3）	入池粒径（mm）	出池粒径（mm）
新疆	2~6.0	0.5~3.0	0.01~0.25	<0.05~0.002
黄河中游（内蒙古、山西）	30~80	7~50	0.02~0.069	<0.05
黄河下游（河南、山东）	14~30	1.5~7	0.03~0.057	<0.003~0.05

（六）施肥罐设计

滴灌系统更有利与施肥结合，一般滴灌滴头安装在作物根部，施肥随水流进入根部，肥料利用率高。施肥器有 4 种类型，用在不同系统中，根据滴灌规划面积进行选择。

（1）负压式施肥器。以负压发生器产生吸力，吸入量较小，适用与小型滴灌系统，由于设备简单，造价便宜，使用方便，可利用任何开敞式容器，只需要购买负压发生管（也称文丘里管），负压式施肥器适合小型滴灌系统（图 9-39A）。

（2）泵式施肥器。优点施肥量不随水流压力变化而变化，工作稳定效率高，施肥量根据施肥泵可选择大小。结构形式，见图 9-39B，适宜中型滴灌面积。

（3）压差式施肥罐。压差式施肥罐结构简单，容易制作，价格低廉，无须动力驱动。但施入肥液浓度会随水流的快慢而变化，浓度不均，要求施肥系统密封（图 9-39C）。

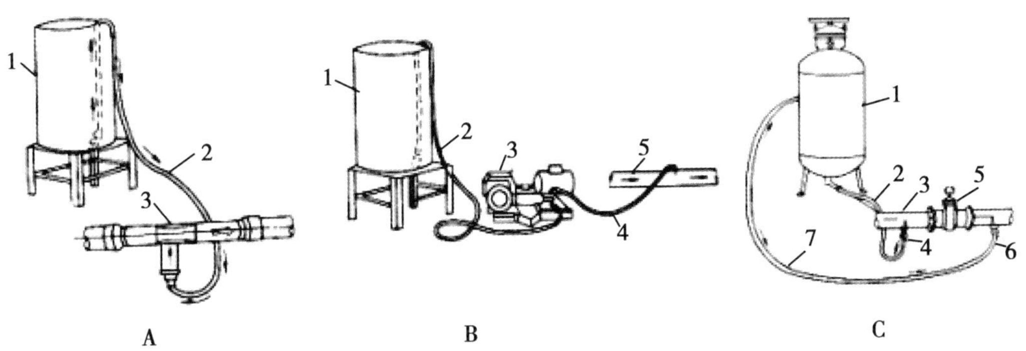

图 9-39　三种施肥器结构与工作原理示意

A 负压式：1. 开敞化肥罐；2. 负压发生器；3 施肥泵　　B 泵式：1. 肥料桶；2. 输液管；3. 施肥泵；4. 出液管；5. 滴灌主管　　C 压差式：1. 罐；2、7. 输液管；3. 主管；4、6 阀门；5. 调节阀

（4）智能型施肥机。随着信息化、智能化的发展，大型农业经营体制的建立，农业现代化的发展，各类施肥机出现，施肥融入大型自动化滴灌系统中（表 9-22）。

表 9-22　罐容积可控制面积参考

容积 L	30	50	100	150	200	300
控制面积（hm^2）	<14	14~27	27~40	40~60	60~80	80~100

（七）滴灌给水器设计与布置

1. 滴头参数选择

滴头种类型号很多，不能全部列举，简介典型类型。

①管上孔口式：管上式是安装在毛管上，通过滴头上孔口将管道中水滴入土壤，如纽扣式滴头、可调孔口式等，特点是流量大（图 9-40A、图 9-40B）。

②大流量压力补偿式滴头：特点是流量超大，适用于果园、葡萄园、树木绿化及高差显著的山地或需要长距离铺设滴灌管的工程。

③压力补偿可调式滴头：特点是具有可调减压阀，流量范围扩大，适宜灌水定额多变作物（图 9-40B）。

④内镶式滴灌管：滴头呈圆柱形，滴头嵌入滴灌管内，一次注塑成型，流量偏差小，适用于大田作物（图 9-40C）。

⑤迷宫式滴灌带：滴头呈扁平形，嵌入滴灌带内，价格低廉，但寿命短。适用于大田作物，温室蔬菜等灌溉（图 9-40、图 9-41，表 9-23）。

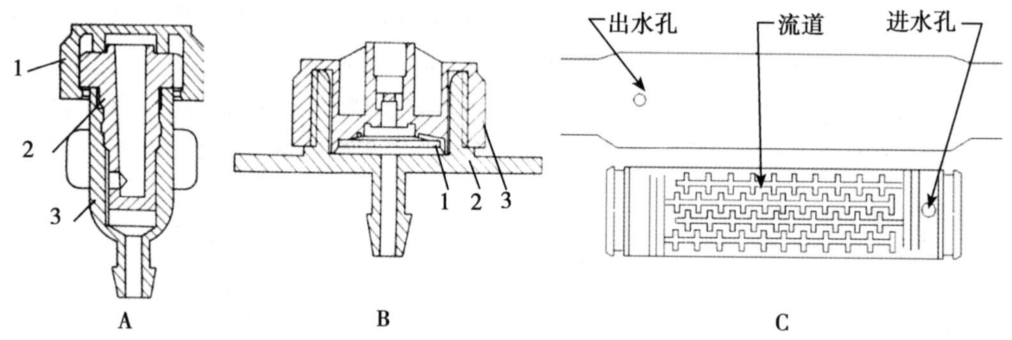

图 9-40　滴头类型

图中 A：可调式滴头：1. 减压阀；2. 调节芯；3. 壳体；B：压力补偿式滴头：1. 迷宫底座；2. 插座；3. 橡胶补偿片；C：内嵌式滴灌管：滴头嵌入滴灌管内

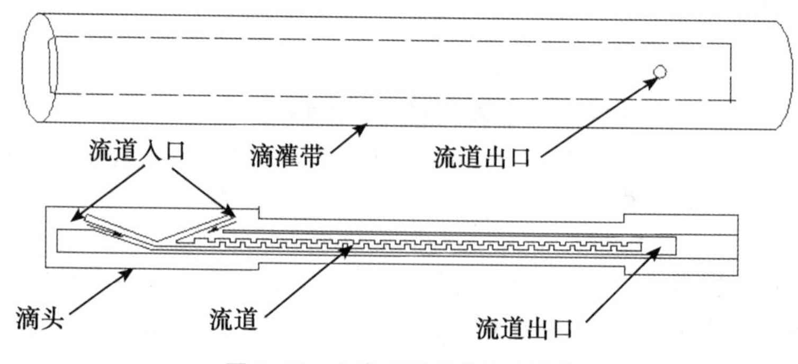

图 9-41　内嵌式滴灌带滴头结构

表 9-23　不同滴头设计参数

滴头类型	工作压力 MPa		流量 l/h	
	最小	最大	最小	最大
管上孔口式	0.100		10	26
管上孔口可调	0.050	0.100	8	16
大流道	0.1	0.200	12	50
压力补偿式	0.060	0.350	2.3	3.7
压力补偿可调式	0.050	0.200	2	8
内嵌式滴灌带	0.05	0.400	1.2	3.5
迷宫式滴灌带	0.05	0.1	1.4	1.6

2. 不同滴灌末级田间管道与滴头布置形式

末级滴灌管滴灌均匀度允许管道首尾偏差

灌水小区滴头设计允许流量偏差率、水头偏差率、工作水头与流量偏差率：灌水小区允许水头偏差及其在滴灌带（毛管）和支管上的分配值可按以下公式计算：

$$\Delta h = h_\nu h_d \tag{9-63}$$

$$\Delta h_1 = \beta_1 \Delta h \tag{9-64}$$

$$\Delta h_2 = \beta_2 \Delta h \tag{9-65}$$

式中：

Δh —小区允许水头偏差，m；

h_ν —允许水头偏差率,%，滴灌规范规定：$h_\nu <20\%$；

h_d —孔口设计水头，m；

β_1、β_2—允许水头分配给毛管（滴灌带）和支管的比例，取 50%；

Δh_1、Δh_2 —毛管和支管允许的水头偏差。

3. 固定式、半固定式滴灌田间布置

①单行毛管直线布置：毛管顺作物行向布置，一行作物布置一条毛管，滴头安装在毛管上。这种布置方式适用于窄行密植作物，可沿毛管等间距安装滴头。这种情形也可使用多孔毛管作灌水器，有时一条毛管控制若干行作物。

②双行毛管平行布置：当滴灌高大作物时，可采用双行毛管平行布置的形式，如果树沿树行两侧布置两条毛管，这种布置形式使用的毛管数量较多。

③单行毛管环状布置：当滴灌成龄果树时，可沿一行树布置一条输水毛管，围绕每一棵树布置一条环状灌水管，其上安装 5~6 个单出水口滴头。

4. 移动式滴灌田间布置

移动式滴灌是大田作物滴灌的主要形式，如玉米、棉花、小麦等，垄作时有一垄一行、一垄二行，滴头间距按作物间距布置。

5. 地下式滴灌田间布置

地下滴灌，滴头埋入土壤内，滴头容易发生负压堵塞，滴灌系统停水瞬间，水流反向急速回流，管内产生负压，土壤细小颗粒容易堵塞滴孔，所以滴头要选择一种特制的防堵塞管上滴头。地下滴灌管埋深要满足农业耕作的深度，并且要设置观测维修井。滴灌管间距尽量拉大，以减少土方工程量。地下滴灌优点很多：使用年限长，有利农作等，但缺点是土壤地表水分不足，无法满足作物苗期出苗需要等。

6. 覆膜滴灌田间布置

覆膜虽然很麻烦，但已经能随播种一起铺膜铺管，实现了机械化。覆膜滴灌管布置有多种：一膜一管二行式、一膜一管三行式和一膜一管四行式 3 种。玉米覆膜滴灌多采用一膜一管二行式。

五、滴灌条件下玉米需水量与灌溉制度

1. 制定灌溉制度

（1）土壤湿润比。玉米、小麦一般较果树湿润比要高，为 60%~90%。

$$p = \frac{S_W}{S_L} \times 100\% \tag{9-66}$$

式中：

p—设计土壤湿润比；

S_L—毛管（滴灌带）间距，m；

S_W—湿润带宽度，m。

（2）滴灌灌水强度。每日滴水量，以湿润面积上日灌水深度表示 mm/d，根据当地灌溉作物日耗水量确定。玉米是深根作物，滴灌要根据玉米发育阶段根系生长状态，调整灌水定额。滴灌定额要小于玉米沟畦灌的灌水定额。

（3）灌溉制度的确定。

灌水定额：滴灌灌水定额小于地面灌，主要体现在土壤含水量上限，小于土壤田间持水率。

$$M = \frac{0.001\gamma zp(\theta_{max} - \theta_{min})}{\eta} \tag{9-67}$$

式中：

M—设计灌水定额，mm；

γ—土壤容，g/cm^3；

p—土壤湿润比，%；

z—土壤计划湿润层深度，cm；根据玉米生育期与地区土层厚度调整；

θ_{max}、θ_{min}—适宜土壤含水率上、下限（重量比%）。

灌水周期：

$$T = M/ I_d \tag{9-68}$$

$$t = \frac{M\, S_L\, S_e}{q_d} \tag{9-69}$$

适中：

T—设计灌水周期，d；

t——一次灌水延续时间，h；

Se—滴头间距，m；

S_L—滴管间距，m；

q_d—滴头设计流量，L/h；

I_d - 设计供水强度，mm/d。

2. 滴灌系统的管道冲洗和试运行

滴灌系统管道安装完毕后，在管槽回填之前，应对管道进行冲洗，以清除运输和管道安装过程中落入管道内的泥土、塑料碎片等杂物。同时，测试各级管道压力、灌水均匀度与设计的偏差，进行必要的修补。

3. 滴灌系统运行规则

（1）运行准备。

①设备检查：检查首部各系统是否处于设备完好状态，水泵、电气、控制系统、阀门开关状态等；

②输水网络：管网是否完好，阀门开关状态；

③控制程序是否是当前灌溉制度。

④检查过滤系统；

⑤按当次灌水施肥标准做好施肥系统的装肥装药。

（2）运行规则。

①按灌溉制度运行。

②按滴灌标准的设计压力运行；保证给水压力达到设计标准，出现意外马上停车调整

（3）根据气象、作物生育期实际状况调整灌溉制度。作物生育期可能随气象条件的随机变化，要及时调整灌水强度、灌溉历时。

（4）观察灌水质量。到田间检查灌水状况，评价灌水均匀度、湿润比、土壤湿度，施肥是否达到设计标准。

六、滴灌主要设备操作与维护

滴灌系统平时维护和阶段性维修，是达到设计灌水要求的保证，也是实现工程设施年限、降低运行成本、提高工程效益基本措施。滴灌系统中主要的设备为水泵及其动力系统、过滤系统、施肥系统、输配水管网、灌水器、控制系统及附属设施。

1. 水泵

水泵有两种动力：固定式一般是电力，移动式是燃油，维护重点不同。水泵的维护有两部分：一是泵，泵的效率决定密封系统的维护；二是动力决定电路的正常工作，要经常检查，是否过热异常。在运行中如何调整满足不同大小轮灌区的流量，又能节省电力，需要调配地块和动力大小。

2. 过滤器

过滤器的运行与维护是保证系统正常工作的关键。

①沙过滤器：沙过滤器是无法拆洗，只能反冲洗，反冲洗时必须用过滤后的清洁水来进行反冲洗；反冲洗流量的调节工作十分重要。过大时，会将滤料冲出罐外，偏小

时又达不到冲洗效果。因此，在运行时必须检查安装在排污管上的反冲洗流量调节阀，使之正常工作。灌溉季节结束时，应将过滤器内的水排空，为防止藻类生长，在过滤器中加入适量的氯或酸，与水一起将过滤器浸泡 24h 后，进行反冲洗，直到排出清水，排空备用。

②筛网过滤器：筛网过滤器是在压差下进行工作，用过一定时间，滤网会有部分网眼堵塞，压差降低，当压差增至小于滤网工作压差时，滤网不能正常工作，一般压差超过 0.02MPa 时，要立刻进行冲洗。

③叠片式过滤器：是将赃物弥留在叠片中，所以，冲洗时都需要将压紧的叠片松开，因受水体中有机物和化学杂质的影响，有些叠片往往被粘在一起，为彻底冲洗干净，必须使叠片全部分离。

④ 离心式过滤器：旋流水沙分离器是靠水流的离心力，将沙石与水分离，所以，必须保证设计流量，才能发挥其作用。因此，在运行时当流量不均匀，变化范围大时，要采取措施，使过流量在设计流量范围内。另外，在运行中，要经常检查集沙罐，及时排沙，以免罐中积沙太多，会使泥沙再次被带入系统。灌后要彻底清洗集沙罐，把水排放干净。

3. 施肥（药）罐

在施肥（药）前，要检查肥药装填是否正确，施肥罐中注入的固体颗粒不得超过其容积的 2/3。检查使进、出水阀之间压差是否满足（0.05MPa 的压差）压差需要，要注意罐内的肥料是否充分溶解。一个轮灌结束后，放尽存水，以备下一轮灌施肥。

4. 输配水管网及其附属设施

①输配水管网与阀门：每次间断后灌水，首先检查各级管道上的阀门启闭是否灵活；各种检测仪表是否灵敏；各级管道在运行前先冲洗干净。

②滴灌带（管）：移动式滴灌大部分使用滴灌带（管），工作压力一般在 0.1MPa 左右，所以，在运行时，要特别注意系统的压力，特别要注意近处管网，往往产生较大的压力，控制不好，很容易产生爆管现象。运行时，要勤检查，发现破损、漏水时要及时更换或补救。

第四节　灌溉渠系防渗工程

中国已建成的灌溉渠道为 300 多万 km，防渗渠道大概只有 50 多万 km，约占渠道总长的 18%，但有 80%以上的渠道没有防渗[59]，中国灌溉水利用率处于较低水平，其主要水量损失在输水阶段，中国灌溉面积大，灌区大输水系统网络级别层次多，一般都在五级以上：干、分干、支、分支、斗、农、毛等，每级都要消耗渗漏、蒸发水量，水输送到田间已经损失一半以上。随着国民经济的发展，有能力改善土质渠道输水的现状，缩短中国与发达国家水资源利用率的差距，发达国家灌溉水利用率在 80%左右，中国当前水资源利用率仅在 45%左右。

一、灌溉渠系节水管理主要措施

中国灌区大部分是新中国成立初期建设，历时半个世纪处于升级换代阶段，渠系节水不仅硬件配套需要升级更新，软件也需要提升，并加快管理体制改革。

（一）渠系科学管理

1. 大型灌溉区建立渠系管理体系

①渠系升级续建：随着水利工程现代化建设发展，原有渠系需要按现代化标准进行配套升级。

②建立科学管理规章制度：水利改革深入发展，各级工程产权需要按改革后的现状进行确权，完善新形势下管理体制，配套适合水利现代化的人员结构，建立适应自动化、信息化、智能化、法制化的规章制度。加强渠系建筑物监测与安全维护。

2. 灌区末级渠系管理

灌区末级渠系管理是用水节水关键环节，也是大中型灌区用水基层管理单位，水利改革后各省区民间建立各种用水组织，推广完善基层用水户协会是灌区节水重要措施。

①水利部门监管建立民间自治用水组织：各级水利部门应该有序协助用水户建立民间自治灌区各类用水户协会，并能统领末级渠系灌溉用水，以利宣传普及科学节水用水知识。

②民间自治用水组织建立科学管理规章制度：民间用水户协会是一种由用水单位、企业、个体户组成的自治组织，在行业部门帮助下建立科学管理规章制度，做到科学用水、维护末级渠系工程安全运行。

（二）加强渠系科学管理体系，建设各级现代化信息化灌溉管理网络

1. 大型灌溉渠系自动化量测与控制体系

实现灌区管理自动化需要升级符合自动化要求的渠系监测的硬件及软件配套。

①自动化水量量测体系：A. 灌溉渠系节水必须随时了解渠系水流运行状态，这包括由水源输水到田间各级输水工程运行状态：一是输水工程是否处于良好运行状态(检测关键部位是否变形、监测运行状态是否正确)；二是水流流动状态（流量、流速、水位、水质检测)；三是水量分配运行状态（检测开闸时间、放水流量、累计水量、重要部位水质质量是否与分配计划一致)。这些是需要渠系硬件配套，设立安装传给器。B. 建设信息网络，网络包括：数据采集与数据传输，将渠系系统检测与监测各类数据，分门别类的传输到各级灌区管理中心。小区域可以是有线网络，长距离可以用无线网络，网络级别有局域网、城域网、广域网，全国各级灌区管理网，可由小型、中型、大型灌区网连接成全国管理网。信息网络要完成即时性的数据采集与传输功能。C. 建立大数据库，各级灌区建立中小数据库，重要地区可建立大数据库，存储灌区渠系运行数据，以备软件分析查阅。

②智能化控制体系：A. 首先要在建立各级灌区管理控制中心，并将灌溉渠系统纳入灌溉管理网络中，可分期形成下级网络，最后形成全国管理网络，将全国灌溉渠系纳入水资源优化分配管理范围。B. 开发各级灌溉渠系服务网络及客户端用户网络软件，形成信息互通，经验互鉴。C. 建立区域性灌溉大数据库，将灌溉管理大数据纳入全国水利大数

据中，为全国水利现代化管理提供基层大数据。

③灌溉区域化服务体系：A. 在各级政府的推动下，在农业区域化布局的体系中，建立包含灌溉技术相关服务行业服务站网，如灌溉预报服务站网、灌溉自动控制设备维修服务站网、玉米相关技术服务站网等。B. 建立科学灌溉管理咨询保障服务体系，如灌溉科普服务网、节水灌溉技术服务网、水土物化分析实验站、灌溉自动化巡回服务站，这些服务网站要及时解决渠系出现的故障，保证灌溉系统正常运行。

2. 灌区渠系管理人才队伍建设

灌溉现代化离不开灌溉人才队伍建设，自动化设备生产、维修，自动化设计建设。自动化管理运用，自动化软件开发等，都需要人才队伍的知识升级。

①人才队伍建设：国家现代化需要人才已在国家级顶层设计中纳入国家教育计划，水利队伍建设需要各行业根据水利现代化需要调整专业院校设置，根据服务型社会行业发展要及时调整规模、人才类型。根据中国自然条件旱涝频发的特点，农田需要灌溉面积不止6 700万 hm^2，近年发展势头急剧增长，需要大量相关建设、管理、服务人才的补充。

②人才培训考核体制建设：进入21世纪社会技术进步飞快发展，知识更新以3~5年一代似的向前迈进，水利管理队伍知识更新似乎有些落伍，建立各种类型各级短期学习班是更新知识适应信息化、大数据、智能化时代的便捷途径。

③灌溉区域化服务体系建设：不同灌溉区域的灌溉形式和灌溉方法，所用灌溉设备有所不同，要根据地域特点，水利行业管理部门应按行政职能改革要求，以服务型管理引导建立灌溉区域化服务体系建设，发展地域灌溉现代化服务体系。

二、渠系防渗工程

渠系节水工程措施可分为3种类型：一是将土筑渠系加护防渗措施，称为渠道防渗工程；二是渠道管道化，称为大型管道输水工程与低压小型管道输水灌溉工程；三是修筑地下输水渠，称为暗渠输水工程。

这里所说的防渗是针对已建土质渠道，进行升级改造成渗漏系数小的抗渗渠道，不含已建成的抗渗渠道。

1. 对原渠道加护防渗层

过去受当时的经济社会发展水平和财力、物力条件的限制，渠系质量差，又经多年使用大多都处于老化，灌溉渠系被冲刷、渠坡破裂，渠道表面受到侵蚀，渠道渗漏严重，急需进行改造加固，解决措施如下。

①土料压实防渗：土质渠道只要将渠底和土堤进行压实，土壤的渗透就能大大减弱。土料压实是在渠床表面建立一层密实的土料防渗层，渗透速度减弱几倍。就地取材、造价低廉、施工简单。土料压实层越厚、压的越紧，防渗效果越显著。

②土料护面防渗：三合土、四合土、灰土这些土料均可用来做防渗材料铺筑在渠床的表面。

③水泥土防渗：水泥土主要靠水泥与土料的胶结与硬化，水泥土防渗优点有：就地取材原料广泛、防渗效果好，水泥土防渗较土料压实防渗效果好，一般可减少渗漏量80%~90%、技术简单、容易掌握、投资少、造价低、可用拌和机、碾压机等施工设备施工。

2. 砌石防渗

对原有渠道内表面进行砌石防渗，特点较土料压实防渗耐冲刷，使用寿命长（表9-24）。砌石防渗是一种就地取材的防渗措施，在山区广为应用。细化分又有干砌石、浆砌石及砌石与膜料结合的形式。

表9-24　各种防渗材料性能及防渗效果[82]

防渗材料类别		允许不冲流速（m/s）	防渗效果［m^3/（m^2·d）］	使用年限（年）
土料	素土、黏沙混合土	0.60~1.00	0.07~0.17	5~15
	三合土、四合土、灰土	<1.00		10~25
水泥土	现场浇筑	<2.50	0.06~0.17	8~30
	预制铺砌	<2.0		
石料	浆砌石	2.5~6.0	0.09~0.25	25~40
	干砌卵石挂淤	2.5~4.0	0.20~0.40	
沥青混凝 土	现场浇筑	<3.0	0.04~0.14	20~30
	预制铺砌	<2.0		
混凝土	现场浇筑	3.0~3.5	0.04~0.14	30~50
	预制铺砌	<2.5	0.06~0.17	20~30
膜料	土料保护层	0.45~0.90	0.04~0.08	20~30

①干砌石防渗：干砌石是不用任何胶凝材料把石块砌筑起来防渗，包括干砌块石和干砌卵石。砌体需要将地基夯实处理、铺设反滤层。反滤层的各层厚度、铺设位置、材料级配和粒径及含泥量均应满足设计和施工规范要求。

②浆砌石防渗：浆砌石是用石料做骨架，水泥沙浆填缝，比干砌防渗提高了防渗能力，但造价较高，工程量也较其他防渗措施多。但由于就地取材的优点，也广泛应用在山区渠道上。浆砌石防渗又区分浆砌石渠道和土渠浆砌石护坡2种类型。

浆砌石衬砌可适用于各种渠道断面形式，通常是矩形、梯形、U形等，矩形断面往往兼作重力渠堤，小渠道矩形的较多。

3. 混凝土防渗

①混凝土防渗：混凝土防渗渠道与浆砌石防渗结构类似，也是一种护坡式结构，混凝土防护层铺设在土渠上。混凝土防渗渠道因具有防渗好、工程量小、可机械化施工、使用年限久、造价低等优点而得到普遍应用。混凝土衬砌渠道的结构形式有：现浇衬砌渠道、预制式渠道，结构形式有9种，如图9-42所示（其中，包含暗渠类型），其断面形式对渠道防渗适应类型不同，设计时，可参考表9-25选择。

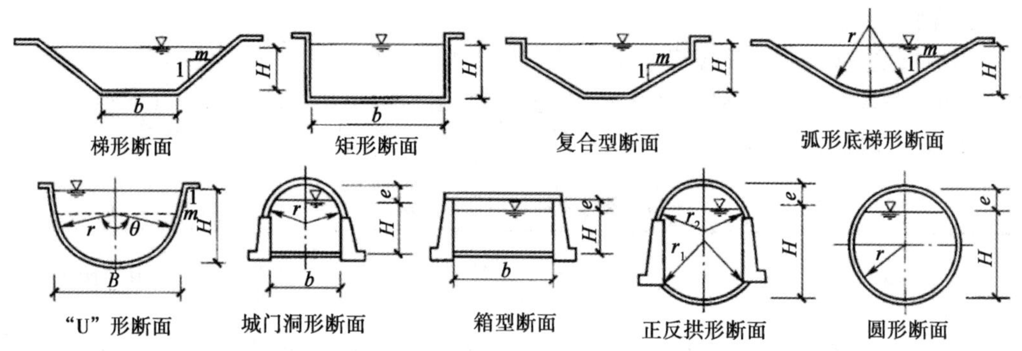

图 9-42　混凝土防渗断面设计类型

表 9-25　不同防渗断面结构对渠系类型适用参考[82]

防渗结构类别		明渠						暗渠			
		梯形	矩形	复合形	弧坡底梯	弧坡脚梯	U 形	城门洞形	箱形	正反拱形	圆形
砌石	料石	◦	◦	◦	◦	◦	◦	◦	◦	◦	◦
	块石	◦	◦	◦	◦	◦	◦	◦	◦	◦	◦
	卵石	◦		◦	◦	◦	◦	◦		◦	
	石板	◦		◦	◦	◦					
混凝土		◦	◦	◦	◦	◦	◦	◦	◦	◦	◦
沥青混凝土		◦			◦	◦					
膜料	土料保护层	◦			◦	◦					
	刚性保护层	◦	◦	◦	◦	◦	◦	◦	◦	◦	◦

②沥青混凝土防渗：沥青与混凝土结合用于渠道防渗，具有很多优点，沥青具有很强的止水效果，沥青混凝土渠道衬砌结构渗透系较小，具有良好的抗老化性能，适应基础变形能力强，而且无须设置接缝，无须后期养护，施工速度快、易于修补，沥青的柔软特性，可以解决渠道冻胀的问题。沥青混凝土对沙石要求与混凝土有区别（表 9-26、表 9-27、表 9-28）。沥青采用道路石油沥青。

表 9-26　防渗砂料的质量要求[82]

项目		混凝土用沙		沥青混凝土用沙	
		天然沙	人工沙	天然沙	人工沙
含泥量（%）	不小于 $C_{90}30$ 和有抗冻要求	≤3	—	≤2.0	o
	<$C_{90}30$	≤5			
泥块含量		不允许	不允许	不允许	不允许
石粉含量（%）		—	6~18	—	≤5

（续表）

项目		混凝土用沙		沥青混凝土用沙	
		天然沙	人工沙	天然沙	人工沙
坚固性（^）	有抗冻要求	≤8	≥8	≤10	≤10
	无抗冻要求	≤10	≤10	≤15	≤15
云母含量（%）		≤2	≤2	≤2	—
表观密度（kg/m^3）		≥2 500	≥2 500	≥2 500	≥2 500
轻物质含量（%）		≤1	—	≤1	—
硫化物及硫酸盐含量（%）（折算 SO_3 质量计）		≤1	≤1	—	—
有机质含量		浅于标准色	不允许	不允许	不允许
水稳定等级		—	—	>4 级	>4 级

表 9-27　沥青混凝土选用石料的质量要求[82]

项目	技术指标	项 目	技术指标
坚固性（%）（硫酸钠法）	<12.0	针片状颗粒（%）	≤10
吸水率（%）	≤3.0	含泥量（%）	≤0.5
表观密度（kg/m^3）	≥2 550	有机质含量	不允许
超、逊径（%）（圆孔筛）	超径小于 5；逊径小于 10	与沥青的黏附性	>4 级

表 9-28　不同防渗结构厚度[82]

防渗结构类别		厚度（cm）
	干砌卵石（挂淤）	10~30
	浆砌块石	20~30
	浆砌料石	15~25
	浆砌石板	>3
	现场浇筑（未配置钢筋）	6~12
	现场浇筑（配置钢筋）	6~10
	预制铺砌	4~10
	喷射法施工	4~8
沥青混凝土	现场浇筑	5~10
	预制铺砌	5~8
埋铺式膜料（土料保护层）	塑料薄膜	0.02~0.06
	膜料下垫层（黏土、沙、灰土）	3~5
	膜料上土料保护层（夯实）	40~70

4. 膜料防渗

膜料是一种新型防渗材料，具有防渗性能高、抗拉强度高、重量轻质地柔软、施工方便，造价低廉被广泛应用。膜料防渗就是用不透水的土工膜埋设在渠道设计水位以下，结构如图 9-43，表 9-29 中所示。膜料防渗主要有以下优点。

①防渗性能好：膜料防渗渠道一般可减少渗漏损失的 90%~95%。特别适用在平原缺乏沙石料源的地区。

②应变性能力强：由于土工膜具有良好的柔性、延伸性和较强的抗拉能力，所以适用于各种不同形状的断面渠道，能抵抗冻胀变形。

③工程量小：膜料薄体轻，需用材料运输量小，单位重量膜料衬砌面积大，缺乏砂建筑材料的地区具有明显的经济意义。

④施工简便：膜料防渗施工主要是挖填土方、铺膜和膜料接缝处理等，不需要复杂技术，方法简单易行，可大大缩短工期。

表 9-29　防渗膜参数质量要求[82]

技术项目	聚乙烯	聚氯乙烯
密度（kg/m）	≥900	1 250~1 350
断裂拉伸强度（MPa）	≥12	纵不小于 15. 横不小于 13
断裂伸长率（%）	≥300	纵不小于 220，横不小于 200
撕裂强度（kN/m）	≥40	≥40
渗透系数（cm/s）	<10~1’	<10~11
低温弯折性	-35℃无裂纹	-20℃无裂纹
-70℃低温冲击脆化性能	通过	

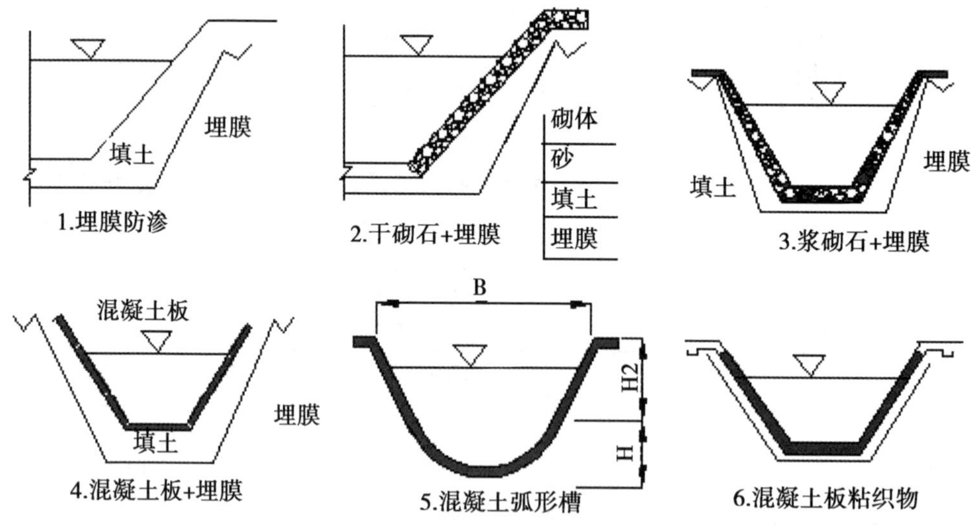

图 9-43　防渗膜及其他防渗体断面结构形式

⑤耐腐蚀性强：土工膜有较好的耐酸碱和抵抗土壤微生物的侵蚀能力，因此特别适用于有侵蚀性水文地质条件渠道的防渗工程。

⑥工程造价低：基于膜料防渗的上述优点，所以造价低、投资省。据经济分析，每平方米塑料防渗的造价为混凝土防渗的10%~20%，为浆砌卵石防渗的10%~25%，一层塑模的造价仅相当于1cm厚混凝土板造价。

⑦适于组合式防渗：由于上述优点，防渗膜通常与其他防渗形式结合（图9-43）。

表9-30　沥青玻璃纤维布油毡的质量要求[82]

项目	技术指标
单位面积涂盖材料重量（g/m^2）	≥500
不透水性（动水压法，保持15min）（MPa）	≥0.3
吸水性（24h，18℃，8/1 000）	≤0.1
耐热度（80℃，加热5h）	涂盖无滑动，不起泡
抗剥离性（剥离面积）	≤2/3
柔度（0℃下，绕直径20mm圆棒）	无裂纹
拉力（18℃±2℃下的纵向拉力）（kg/2.5cm）	≥54.0

表9-31　钠基膨润土防水毯物理力学性质[82]

项目		技术指标		
		GCL-NP	GCL-OF	GCL-AH
单位面积质量（g/m^2）	天然钠基	≥3 800	≥3 800	≥3 800
	人工钠化	≥4 800	≥4 800	≥4 800
膨润土膨胀指数（mL/2g）		≥24	≥24	≥24
吸蓝量（g/100g）		≥30	≥30	≥30
拉伸强度（N/100mm）		≥600	≥700	≥600
最大负荷下伸长率（%）		≥10	≥10	≥8
剥离强度（N/100mm）	非织造布与编织布	≥40	≥40	—
	PE膜与非织造布	—	≥30	—
渗透系数（mm/s）		≤5.0X10-11	≤5.0X1（T12	≤1.0X10~12
耐静水压		0.4MPa，1h，无渗漏	0.6MPa，1h，无渗漏	
滤失量（mL）		≤18	≤18	≤18
膨润土耐久性（mL/2g）		≥20	≥20	≥20

膜料防渗用料有多种：有聚乙烯、聚氯乙烯及其改性塑膜，沥青玻璃纤维布油毡，钠

基膨润土防水毯，复合土工膜和高分子防水卷材，这些材料应符合国家或行业标准（表9-30、表9-31）。

三、渠系防渗措施规划基本参数

1. 灌溉水利用系数

①渠系水利用系数计算：

$$\eta_{渠} = \eta_{总干} * \eta_{分干} * \eta_{支干} * \eta_{支} * \eta_{分支} * \eta_{斗} * + \eta_{农} * \eta_{毛} \qquad (9-70)$$

式中：

$\eta_{渠}$ —渠系水利用系数

$\eta_{总干}$、$\eta_{分干}$、$\eta_{支干}$、$\eta_{支}$、$\eta_{分支}$、$\eta_{斗}$、$\eta_{农}$、$\eta_{毛}$ —分别为各级渠道段落的渠道水利用系数。

②灌溉水利用系数计算：

$$\eta_i = \frac{q}{Q_U} = \frac{Q_U - Q_d}{Q_U} \qquad (9-71)$$

式中：

η_i —任一级渠道的渠道水利用系数；

q —任一级渠道通过水后损失流量，m^3/s；

Q_U —任一级渠道起始段流量，m^3/s；

Q_d —任一级渠道到达末端流量，m^3/s。

③渠道单位长渗漏损失计算：

$$q_1 = \chi f/100 \qquad (9-72)$$

式中：

q_1 —单位渠道长单位时间渗漏水量损失，m^3/s；

χ —渠道润周（渠道水面下湿润渠道断面的周长），m。

f—渠道渗透系数，cm/s。

由公式9-71、9-72中看出，决定灌溉水利用系数的关键是渠系的渗漏问题，而渗漏的大小是渠道的土质渠床是否有防渗措施，在表9-32中列举了各种渠道质地和防渗措施下的渗透系数，从中看出，不采取防渗措施渠道渗漏速度是防渗措施的数万倍。而渠道渗漏损失占渠道输水损失的95%以上，蒸发损失及工程跑漏只占很小一部分。由此看出，防渗在灌溉节水中的重要性。如何选择防渗结构，要根据各地的资源条件。

表9-32 不同渠道断面质地渗透系数

渠道质地		渗透系数 Cm/s	壤土渗透量与其他比值	渗漏量对比（降序号）
土壤	沙质土	$1\times10^{-2}-6\times10^{-3}$	23.6	1
	壤土	$1\times10^{-3}-1\times10^{-4}$	1	2
	黏土	$1\times10^{-4}-6\times10^{-4}$	0.636	3

（续表）

渠道质地		渗透系数 Cm/s	壤土渗透量与其他比值	渗漏量对比（降序号）
硬质渠道	干砌石	$2\times10^{-4}-4\times10^{-4}$	0.545	4
	浆砌石	$1\times10^{-4}-2\times10^{-4}$	0.272	5
	混凝土	$4\times10^{-5}-1\times10^{-4}$	0.136	6
防渗类型	混凝土+防渗膜	$<1\times10^{-11}$	<0.0000000181	9
	砌石+防渗膜	$<1\times10^{-11}$	<0.0000000181	9
	沥青混凝土	$<1\times10^{-7}$	<.0000181	7
	沥青混凝土+防渗膜	$<1\times10^{-11}$	<0.0000000181	9
	防渗膜	$<1\times10^{-11}$	<0.0000000181	9
	膨润土防水毡	$<5\times10^{-10}$	<0.000000909	8

④对灌溉渠系估算渗漏损失：无实测资料时，防渗渠道的渗漏损失流量可按下式计算：

$$q=\varepsilon_0\,\varepsilon' K\,Q_d^{1-m}L/100 \qquad (9-73)$$

式中：

ε_0、ε'、K、m—计算参数，根据渠床土质特性、渠道当地的地下水埋深状况、防渗护面的类型，按现行国家标准《灌溉与排水工程设计规范》选取；

L—渠道长度，km。

当已知渠道湿周时，可按下式计算渗漏损失：

$$q=Ka\bar{\chi}L/86.4 \qquad (9-74)$$

式中：

q—防渗渠道的渗漏量，$m^3/(m^2.d)$，可按表9-35的允许最大渗漏量选定，防渗质量良好者取小值，质量差者取大值；

$\bar{\chi}$—渠道在设计流量下的平均湿周，m。

2. 渠系防渗措施规划指标

渠系防渗是一项大型灌溉工程，需要从灌区整体出发，进行统筹规划。首先确定规划渠道流量的规模，中国有关规范按渠道流量大小共分五级（表9-33），渠道规模与渠道供水流量大小的级别有关，从公式9-70中看出，灌区面积大小决定渠系等级多少，也决定灌溉水利用系数的高低，根据国家有关规范[1]要求，不同级别灌区要求灌溉水利用系数不同（表9-34）。在防渗规划中，渠系水利用系数不能低于国家规范要求。

表9-33　渠道工程级别和规模

工程级别	1	2	3	4		5
规 模	特大型	大型		中型		小型
渠道设计流量（m^3/s）	Q>300	300>Q>100	100>Q>20	20>Q>5	5>Q>2	Q<2

表 9-34 灌溉渠系水利用系数

灌区规模	大型	中型	小型
渠系水利用系数	0.55	0.65	0.75

3. 防护措施类型选择参考

根据防渗工程观测，得出不同防渗类型的防渗效果，中国有关规范规定了对应不同防渗类型的渗漏量允许值，从表 9-36 中也看出，不同类型防渗效果不同，防渗效果最好的是塑料膜防渗，与砌石类相比，效果高出近 10 倍，但缺点也很明显，占地多、允许流速小，适用中小型渠道。混凝防渗适应范围广，效果也很好。防渗措施类型选择是防渗规划最重要的决策，需要注意以下几点。

①看防渗效果：整体规划要满足规定的防渗效果，在条件允许下选择防渗最好的方式方法。

②就地取材：防渗是大工程，有的结构需要大量材料，防渗类型选择不但看防渗类型效果，而且要根据环境资源和地形地势、人工、运力条件，充分利用当地材料是重要原则。

③改善渠道输水能力：通过防渗措施后，不但减少流量损失，而且提高输水能力。

④易于机械化施工：在时间就是效益的时代，缩短工期，早日受益也是考虑因素。

⑤是否影响当地自然环境：渠道防渗应论证对周边生态环境的影响，是有利环境改善、还是破坏、还是保持。

⑥综合评价：多种影响因素，有的是相互矛盾的，必须从各地的实际情况出发，制定几种方案，依据科学、经济、效果的原则进行优选，做出最后的选择。

表 9-35 不同防渗结构允许最大渗漏量使用年限适用条件表[82]

防渗衬砌结构类别		主要原材料	允许最大渗漏量 [m³/(m²·d)]	使用年限 (a)	适用条件
砌石	干砌卵石（挂淤）	卵石、块石．料石、石板、水泥、沙等	0.20~0.40	25~40	抗冻、抗冲、抗磨和耐久性好，施工简便，但防渗效果不易保证。可用于石料来源丰富、有抗冻、抗冲、耐磨要求的渠道衬砌
	浆砌块石 浆砌卵石 浆砌料石 浆砌石板		0.09~0.25		
混凝土	现场浇筑	沙、石、水泥、速凝剂等	0.04~0.14	30~50	防渗效果、抗冲性和耐久性好，可用于各类地区各种运用条件下的各级渠道衬砌；喷射法施工宜用于岩基、风化岩基以及深挖方或高填方渠道衬砌
	预制铺砌		0.06~0.17	20~30	
	喷射法施工		0.05~0.16	25~35	

（续表）

防渗衬砌结构类别		主要原材料	允许最大渗漏量 [m^3/(m^2·d)]	使用年限(a)	适用条件
沥青混凝土	现场浇筑 预制铺砌	沥青、沙、石、矿粉等	0.04~0.14	20~30	防渗效果好，适应地基变形能力较强，造价与混凝土防渗衬砌结构相近。可用于有冻害地区、且沥青料来源有保证的各级渠道衬砌
埋铺式膜料	土料保护层、刚性保护层	膜料、土料、沙、石、水泥等	0.04~0.08	20~30	防渗效果好，重量轻，运输量小，当采用土料保护层时，造价较低，但占地多，允许流速小。可用于中、小型渠道衬砌；采用刚性保护层时，造价较高，可用于各级渠道衬砌

4. 提高原有渠系防渗能力

中国原有渠道大部分是就地取材，堆土成型构筑大小不等的土质渠道，基础和各层堆土很少夯实，土渠渗漏量大，水量损失严重。提高渠系水利用率主要措施就是变土渠为防渗类型的渠系，有效降低渗漏量，提高灌溉水利用系数。过去受当时的经济社会发展水平和财力、物力条件的限制，渠系质量差，又经多年使用大多都处于老化，灌溉渠系被冲刷、渠坡破裂，渠道表面受到侵蚀，渠道渗漏严重，急需进行改造加固，提高渠系水有效利用率。

四、防渗渠道断面设计

（一）断面设计

1. 输水流量

防渗渠道输水流量计算公式：

$$Q = \omega \frac{1}{n} R^{2/3} i^{-1/2} \tag{9-75}$$

式中：

Q—渠道设计流量，m^3/s；

ω—过水断面面积，m^2；

n—渠道糙率（表9-36）；

R—渠道水力半径，m；

i—渠道比降。

表 9-36　不同材料防渗渠道糙率

防渗结构类别	防渗渠道表面特征	糙率
砌石	浆砌料石、石板	0.0150~0.0230
	浆砌块石	0.0200~0.0250
	干砌块石	0.0300~0.0330
	浆砌卵石	0.0250~0.0275
	干砌卵石，砌工良好	0.0275~0.0325
	干砌卵石，砌工一般	0.0325~0.0375
	干砌卵石，砌工粗糙	0.0375~0.0425
混凝土	抹光的水泥砂浆面	0.0120~0.0130
	金属模板浇筑，平整顺直，表面光滑	0.0120~0.0140
	刨光木模板浇筑，表面一般	0.0150
	表面粗糙，缝口不齐	0.0170
	修整及养护较差	0.0180
	预制板砌筑	0.0160~0.0180
	预制渠槽	0.0120~0.0160
	平整的喷浆面	0.0150~0.0160
	不平整的喷浆面	0.0170~0.0180
	波状断面的喷浆面	0.0180~0.0250
沥青混凝土	机械现场浇筑，表面光滑	0.0120~0.0140
	机械现场浇筑，表面粗糙	0.0150~0.0170
	预制板砌筑	0.0160~0.0180
膜料	土料保护层	0.0225~0.0275

2. “U”形、弧形底梯形断面尺寸计算

各断面尺寸主要参数可按下式计算（图 9-44）：

$$\omega = \left(\frac{\theta}{2} + m - \sqrt{1+m^2}\right) K_r^2 H^2 + 2\left(\sqrt{1+m^2} - m\right) K_r H^2 + m H^2 \quad (9\text{-}76)$$

$$\chi = 2\left(\frac{\theta}{2} + m - \sqrt{1+m^2}\right) K_r H + 2H\sqrt{1+m^2} \quad (9\text{-}77)$$

$$K_r = r/H \quad (9\text{-}78)$$

$$b = 2r/\sqrt{1+m^2} \quad (9\text{-}79)$$

式中：

χ—湿周，m

θ—渠底圆弧的圆心角，rad；H—断面水深，m；r—渠底圆弧半径，m；

b—弧形底的弦长，m；m—渠道上部直线段的边坡系数，$m = \cot\frac{\theta}{2}$。

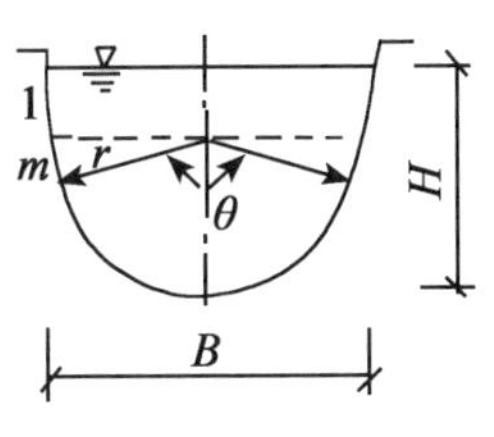

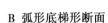

A U形断面

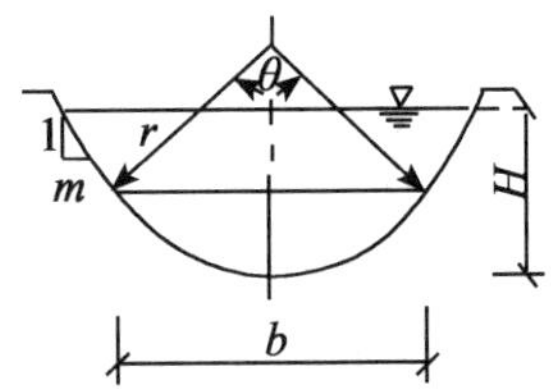

B 弧形底梯形断面

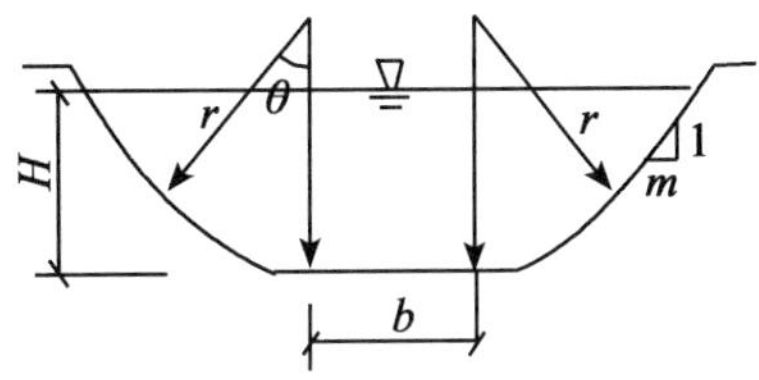

C 弧形坡脚梯形断面

图 9-44　防渗渠道断面

3. 弧形坡脚梯形断面尺寸计算

对于图 9-47 中 C 弧形坡脚梯形断面需对公式 9-76 到公式 9-79 做如下修正：

$$\omega = \left(\frac{\theta}{2} + 2m - \sqrt{1 + m^2}\right) K_r^2 H^2 + 2\left(\sqrt{1 + m^2 - m}\right) K_r H^2 + m H^2 + b_1 H \tag{9-80}$$

$$\chi = 2\left(\theta + m - \sqrt{1 + m^2}\right) K_r H + 2H\sqrt{1 + m^2} + b_1 \tag{9-81}$$

$$K_r = r/H \tag{9-82}$$

$$B = 2m(H - r) + 2r\sqrt{1 + m^2} + b_1 \tag{9-83}$$

式中：

χ—湿周，m；Θ—圆弧坡脚的圆心角，rad；H—断面水深，m；

r—坡脚圆弧半径，m；b_1—渠底水平段宽，m；B—水面宽，m；

m—渠道上部直线段的边坡系数，$m = \cot\theta$。

4. 暗渠防渗断面尺寸计算

（1）暗渠上顶空间取用值。箱形断面水位到箱顶高取暗渠高的 1/6；弧拱形上顶空间取总高的 1/4（图 9-45）。

（2）城门洞形断面尺寸计算。

$$\omega = H_1 b + \frac{1}{2}\left[r^2(\pi - \theta) + B H_2\right] \tag{9-84}$$

$$\chi = b + 2H_1 + (\pi r - r\theta) \tag{9-85}$$

$$B = 2\sqrt{r^2 - H_2^2} \tag{9-86}$$

$$\theta = 2arctan\left(\frac{\sqrt{r^2 - H_2^2}}{H_2}\right) \tag{9-87}$$

式中：

H_1—暗渠直墙段高，m；

H_2—暗渠顶部圆弧段水深，m；b—暗渠宽，B—水面宽，m；

r—顶部圆弧半径，m；θ—水面宽圆弧圆心角，rad。

（3）正反拱形断面尺寸计算。

$$\omega = H_1 b + \frac{1}{2}[r_1^2 \theta_1 - b(r_1 - H_3) + r_2^2(\pi - \theta_2) + B H_2] \tag{9-88}$$

$$\chi = 2 H_1 + r_1 \theta_1 + r_2(\pi - \theta_2) \tag{9-89}$$

$$\theta_1 = 2arctan\left(\frac{\sqrt{r_1^2 - (r_1 - H_3)^2}}{r_1 - H_3}\right) \tag{9-90}$$

$$\theta_2 = 2arctan\left(\frac{\sqrt{r_2^2 - H_2^2}}{H_2}\right) \tag{9-91}$$

$$B = 2\sqrt{r_2^2 - H_2^2} \tag{9-92}$$

式中：

H_3—底部圆弧矢高，m；θ_1—底部圆弧圆心角，rad；

θ_2—水面宽圆弧圆心角，rad；r_1、r_2—底部、顶部圆弧半径，m。

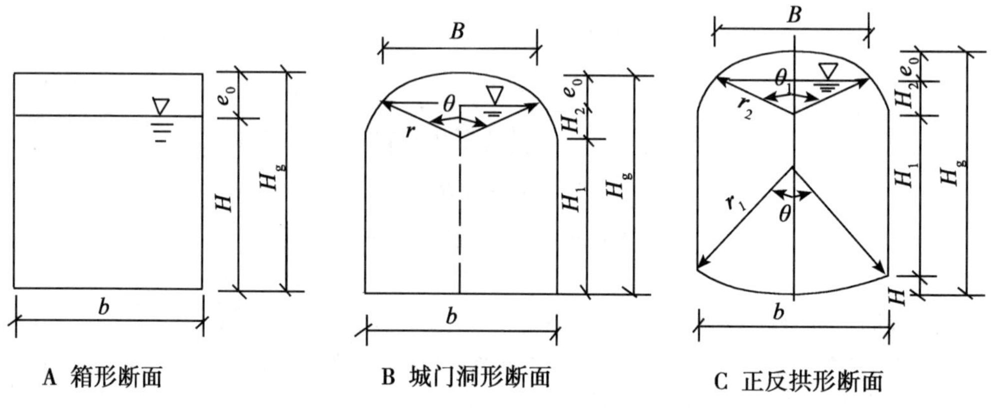

图 9-45 暗渠断面形式

（二）防渗结构设计

1. 防渗层厚度

各类防渗厚度与防渗渠道流量大小与含沙量及粒径有关，根据流量，参考表 9-37 取用，当含沙较多时可在给出值适当加厚 10%~20%。

表 9-37 不同防渗结构护砌厚度

防渗结构类别		厚度（cm）
砌石	干砌卵石（挂淤）	10~30
	浆砌块石	20~30
	浆砌料石	15~25
	浆砌石板	>3

（续表）

防渗结构类别		厚度（cm）
混凝土	现场浇筑（未配置钢筋）	6~12
	现场浇筑（配置钢筋）	6~10
	预制铺砌	4~10
	喷射法施工	4~8
沥青混凝土	现场浇筑	5~10
	预制铺砌	5~8
埋铺式膜料（土料保护层）	塑料薄膜	0.02~0.06
	膜料下垫层（黏土、沙、灰土）	3~5
	膜料上土料保护层（夯实）	40~70

2. 混凝土防渗层结构形式

混凝土防渗层结构有下列5种类型，选型要根据渠道大小、地基条件确定，大型渠道宜采用楔形、助梁板中部加厚版，小型渠道宜采用整体“U”形或矩形渠槽模式。防护层厚度不能小于表9-38数值，渠底厚度要大于12cm（图9-46）。

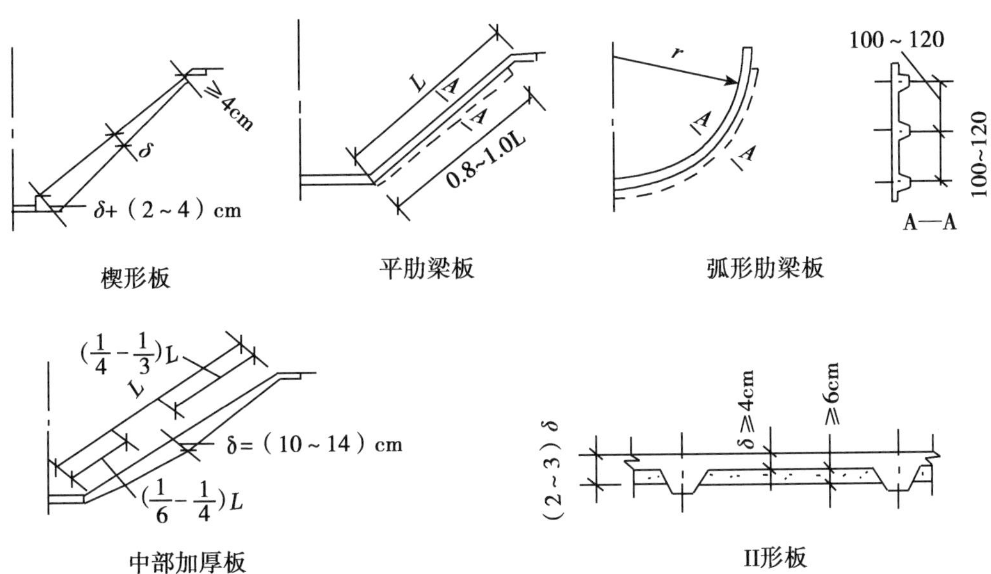

图9-46　混凝土防渗层结构形式

表 9-38　混凝土防渗层的最小厚度　（单位：cm）

工程规模	温和地区			寒冷地区		
	钢筋混凝土	混凝土	喷射混凝土	钢筋混凝土	混凝土	喷射混凝土
小型	—	4	4	—	6	5
中型	7	6	5	8	8	7
大型	7	8	7	9	10	8

3. 沥青混凝土防渗层结构

分为无整平胶结层与有整平胶结层两种（图 9-47）。用于防渗渠道的沥青混凝土应符合防渗规范要求，沥青含量无整平胶结层应为 6%～9%；有整平胶结层沥青含量应为 4%～6%。石料的最大粒径，防渗层不得超过一次压实厚度的 1/3～1/2，整平胶结层不得超过一次压实厚度的 1/2，沥青混凝土层应该等厚。

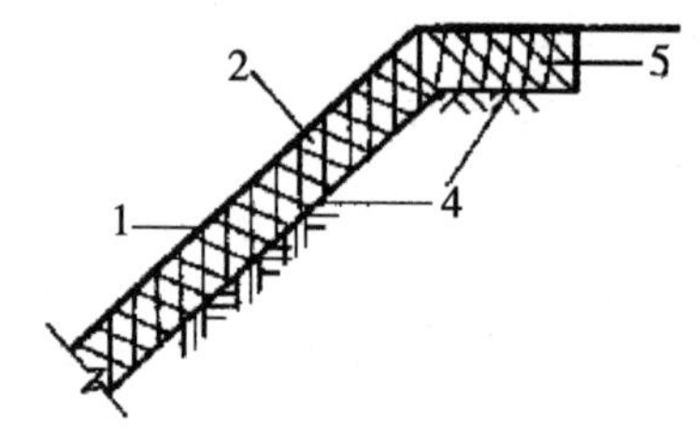

A　无整平胶结层的防渗结构

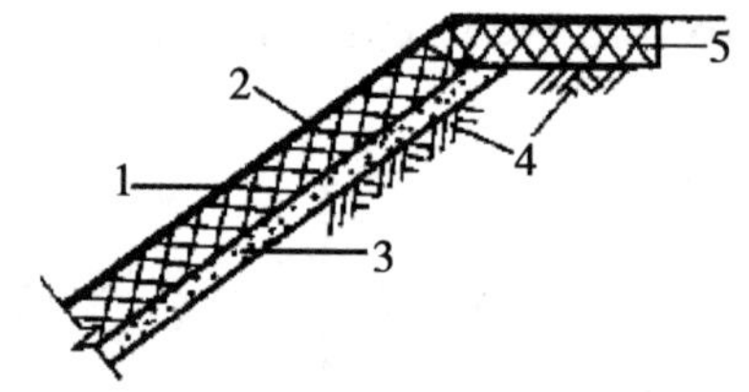

B　有整平胶结层的防渗结构

图 9-47　沥青混凝土防渗层结构形式

1. 封闭面层；2. 沥青混凝土防渗层；3. 整平胶结层；4. 土（石）渠基；5. 封顶板

4. 膜料防渗层结构

按有无过滤层分 2 种（图 9-48），膜料选择要根据本地的环境条件选择适合的膜料：在寒冷和严寒地区，应采用聚乙烯膜；在芦苇等穿透性植物丛生地区，宜采用聚氯乙烯膜或膨润土防水毯。中、小型渠道宜采用厚度为 0.2～0.3mm 的深色塑膜，也可采用厚度为 0.60～0.65mm 的无碱或中碱玻璃纤维布机制油毡；大型渠道宜采用厚度为 0.3～0.6mm 的深色塑膜。有特殊要求的渠基，宜采用复合土工膜。在地下水或防渗水体的钠、钙、镁等阳离子浓度超过 1 000mg/L 时，选用膨润土防水毯但需经过试验考核。过渡层厚度视选用材料确定，一般砂浆 2～3cm，土料 3～5cm；接触水面的防护层，要考虑防冲问题，可参照表 9-39 中的土质、设计流量选择。

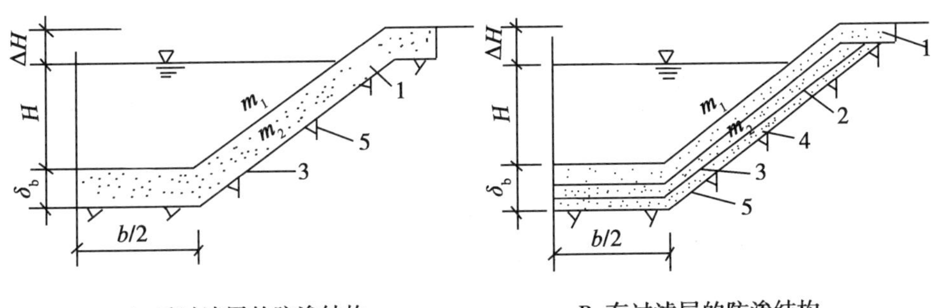

A 无过滤层的防渗结构　　B 有过滤层的防渗结构

图 9-48　埋铺式膜料防渗层结构形式

1. 黏性土、灰土或混凝土、石料、沙砾料保护层；2. 膜上过渡层；3. 膜料防渗层；4. 膜下过渡层；5. 土渠基或岩石、沙砾石渠基

表 9-39　土料保护层的厚度　（单位：cm）

保护层土质	渠道设计流量（m^3/s）			
	<2	2~5	5~20	>20
沙壤土、轻壤土	45~50	50~60	60~70	70~75
中壤土	40~45	45~55	55~60	60~65
重壤土、黏土	35~40	40~50	50~55	55~60

膜料防渗必须埋设，根据埋设断面的长短有 3 种类型：全断面埋膜、半埋式和只在渠底埋膜。埋膜防渗需要处理好膜的边缘与建筑物的联结，防止膜料毁坏，处理结构，见图 9-49、图 9-50。

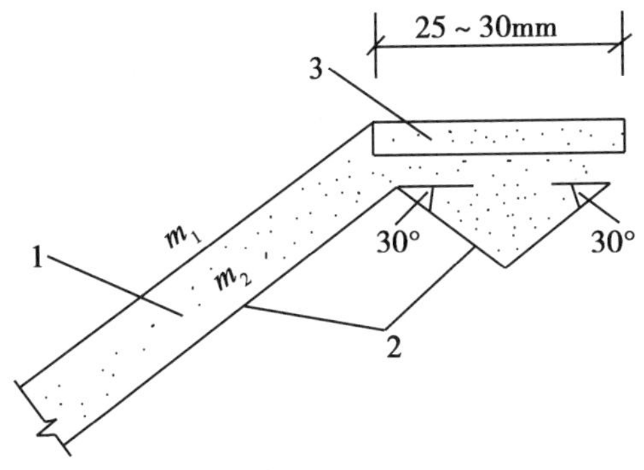

图 9-49　膜料防渗层顶部铺设结构形式

1. 保护层；2. 膜料防渗层；3. 封顶板

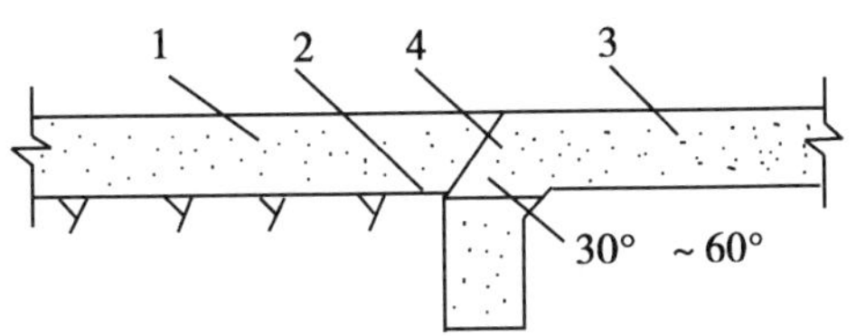

图 9-50　膜料防渗层与渠系建筑物连接形式

1. 保护层；2. 膜料；3. 建筑物；4. 黏结层

5. 防渗层的间隙处理

刚性材料渠道防渗结构及膜料防渗的刚性保护层，均应设置伸缩缝（图 9-51）。伸缩缝的间距应根据渠基情况、防渗材料和施工方式按表 9-40 选用；伸缩缝的宽度应根据缝的间距、气温变幅、填料性能和施工要求等因素确定，宜采用 2~3cm；当采用衬砌机械

连续浇筑混凝土时，切割缝宽可采用 1~2cm。伸缩缝的封闭结构参照图 9-54 选用。

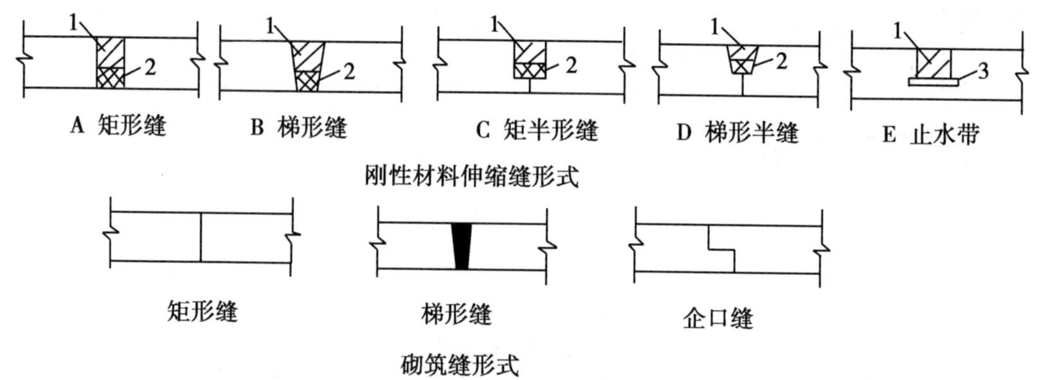

图 9-51　防渗层伸缩缝、砌筑缝结构形式

图中：1. 封盖材料；2. 弹塑性填充材料；3. 止水带

表 9-40　防渗层伸缩缝的间距　（单位：m）

防渗结构	防渗材料和施工方式	纵缝间距	横缝间距
砌石	浆砌石	只设置沉降缝	
	钢筋混凝土，现场浇筑	4~8	4~8
混凝土	混凝土，现场浇筑	3~5	3~5
	混凝土，预制铺砌	4~8	6~8

注：当渠道为软基或地基承载力明显变化时，浆砌石防渗结构宜设置沉降缝

第五节　管道输水与地下输水工程

管道输水分两部分：一是用于局部小面积的短距离的低压管道输水田间灌溉；二是用于大型高压远程管道输水，不涉及田间灌溉工程的纯输水管道工程。

一、低压管道输水

（一）低压管道输水灌溉特点

低压管道输水灌溉是传统地面灌水在输水部分的改进，它用管道代替渠道输水，减少了输水损失，提高了输水利用系数[54]。低压管道输水灌溉的主要特征如下。

（1）改变地面灌溉输水方式。地面灌溉与有压节水灌溉对比，影响灌水效率的主要部分在于输水方式，有压节水灌溉输水部分全部管网化，水量损失小于 5%。而传统地面灌溉是开敞式渠道输水，渗漏蒸发损失大于 50%。地面灌溉管道化后，大大改善了输水损失，与有压节水灌溉在输水效率上处于相等的地位。

（2）田间灌水方式没变。低压管道输水灌溉的田间灌水方式与传统地面灌溉并没有改变，田间灌水方式依然是沟畦或格田灌溉。

（3）适用范围小。受输水管道成本影响，大流量渠系实现管道化资金增加太大，不符合经济规律。所以管道输水灌溉限制在低压范围，管道工作压力一般为 0.2MPa，末级管道出口压力控制在 0.002～0.003MPa，管网宜在二级以内，灌溉面积为 100hm^2 左右，在井灌区较适宜。

（4）低压管道输水灌溉的优缺点。优点：省水（提高灌溉水利用率）、节地（减少渠道占地）、省工。缺点：投资高，与渠道输水比较增加了输水管网设备投资。

（5）为灌溉现代化打下基础。地面灌溉管网化，为地面灌溉自动控制打下基础，也为地面灌溉发展节水灌溉（闸管灌溉、覆膜沟畦灌溉等）提供了基础条件。在资金短缺时是地面灌溉分期提高灌溉水利用率的有效办法。

（二）低压管道输水首部系统

首部分 2 种类型，灌溉水源由河流、水库用管道引水至较大面积灌区，与直接用管道从井和池塘取水的小型灌区，其首部泵站类型有所差别。

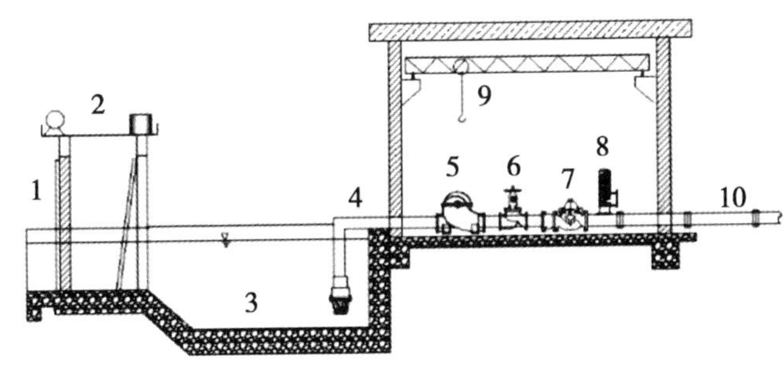

图 9-52　低压管道输水首部系统示意

1. 引水口；2. 引水闸；3. 泵站前池；4. 水泵吸水管；5. 水泵；6. 截止阀；7. 逆止阀；8. 安全阀；9. 起吊设备；10. 主管道

（1）较大引水的低压管道输水首部工程。低压管道输水要完成的是输水任务，它的首部无需组装过滤、施肥部件，田间也没有灌溉器，其首部要比喷滴灌简单。低压管道输水需要的动力也只考虑管道的阻力和地形高差压力，不用考虑灌溉器的工作压力。图 9-52 是低压管道输水的首部组成示意图，它由引水闸、泵站及主管组成。

（2）井灌低压管道输水灌溉的首部与系统组成。由水源、提水泵站（水泵、泵房、安全阀、闸阀等）、输水管网（主管、支管）、给水栓、临时分配水软管等组成（图 9-53）

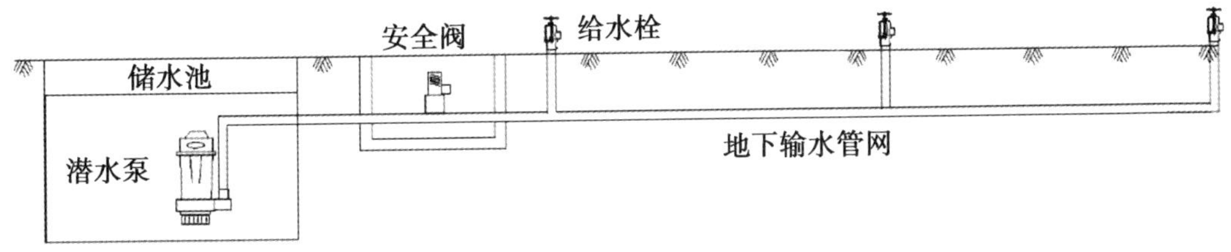

图 9-53　管道输水首部系统

（三）低压管道输水灌溉管网布置

灌溉渠系管道化，管网可全部埋设地下，地下埋设有 3 种方式（图 9-54）：A 是调压式，适用在地势平坦的农田，在分水处设置调压井，井同时能连接多条分支管，主管充水

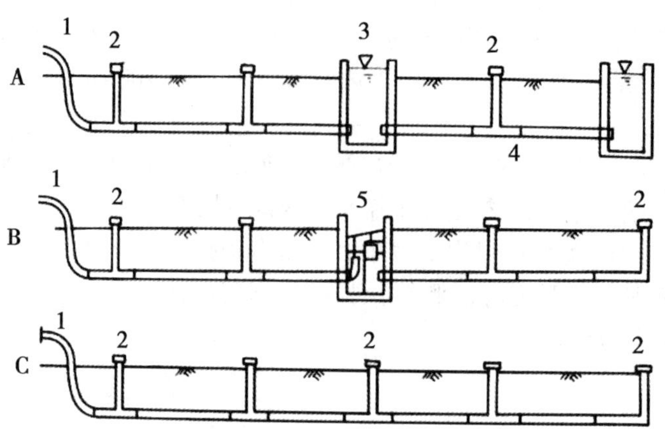

图 9-54　管道输水田间管网布置示意

A. 调压式；B. 半封闭式；C. 全封闭式：

图中 1. 主管；2. 给水栓；3. 调压井；4. 地埋管；5. 浮子井

后每条支管也同时有水。B 是半封闭式，分水处也是开敞的，但在井中设浮球阀，控制每个分支管的给水状态，主管将水分到支管只在下游用水时浮球阀才开启供水。C 是全封闭式，主管通水后整个管道系统全部充水，这种形式适用在不平坦的地势高差较大农田。如果大型灌区，管道需要各级设置调压阀，控制各支管的压力，使出水不对田间土壤产生冲刷。

（1）管网布置。为节省土地，管道均埋设地下，出水口露出地面。为扩大给水栓控制面积和分水节水，可在给水栓上增设临时软管，以便更机动灵活的将水分散送到沟畦远处。

（2）管道材质。管道材质可根据当地资源状况，选择适宜本地特点的性价比最优的低压管材。一般采用的管材为塑料管。选择标准：耐压大于 0.3MPa，管径要满足流量要求。

（四）低压管道设计[54]

1. 管网流量设计

灌溉系统的设计流量应由灌水率图确定，或按式（9-93）计算：

$$Q_0 = \sum_{i}^{e}\left(\frac{a_i\, m_i}{T_i}\right)\frac{A}{t\eta} \tag{9-93}$$

式中：

Q_0—灌溉系统设计流量，m′/h；

a_i—灌水高峰期第 i 种作物的种植比例；

m_i—灌水高峰期第 i 种作物的灌水定额，m′/hm′；

T_i—灌水高峰期第 i 种作物的一次灌水延续时间，d；

A—设计灌溉面积，hm^2；

t—系统日工作小时数，h/d；

η—灌溉水利用系数；

e—灌水高峰期同时灌水的作物种类。

当水源或已有水泵流量不能满足 Q 要求时，应取水源或水泵流量作为系统设计流量。

管网各级管道的设计流量：按下式计算：

$$Q = \frac{n}{N} Q_0 \tag{9-94}$$

式中：

Q—某级管道的设计流量，m^3/h；

n—该管道控制范围内同时开启的给水栓个数；

N—全系统同时开启的给水栓个数；

Q_0—灌溉系统设计流量，m^3/h。

2. 设计水压

①低压管网系统工作水压力计算：

$$H_{max}=Z_z-Z_0+\Delta AZ_2+\sum h_{f.2}+\sum h_{j.2}+h_0 \tag{9-95}$$

$$H_{min}=Z_1-Z_0+\Delta AZ_1+\sum h_{f.1}+\sum h_{j.1}+h_0 \tag{9-96}$$

式中：

H_{max}—管道系统最大工作水头，m；

H_{min}—管道系统最小工作水头，m；

Z_0—管道系统进口高程，m；

Z_1—参考点 1 的地面高程，m，在平原地区，参考点 1 一般为距水源最近的给水栓；

Z_2—参考点 2 的地面高程，m，在平原地区，参考点 2 一般为距水源最远的给水栓；

ΔZ_1，ΔZ_2—分别为参考点 1 与参考点 2 处给水栓出口中心线与地面的高差，m，给水栓出口中心线的高程应为其控制的田间最高地面高程加 0. 15m；

$\sum h_{f.1}$—管道系统进口至参考点 1 给水栓的管路沿程水头损失，m；

$\sum h_{j.1}$—管道系统进口至参考点 1 给水栓的管路局部水头损失，m；

$\sum h_{f.2}$—管道系统进口至参考点 2 给水栓的管路沿程水头损失，m；

$\sum h_{j.2}$—管道系统进口至参考点 2 给水栓的管路局部水头损失，m；

h_0—给水栓工作水头，m。

②低压管道灌溉系统水泵扬程按下式计算：

$$H_p=H_0+Z_0-Z_d+\sum h_{f.0}+\sum h_{j.0} \tag{9-97}$$

式中：

H_p- 灌溉系统水泵的设计扬程，m；

H_0—管道系统设计工作水头，m；

Z_0—管道系统进口高程，m；

Z_d—泵站前池水位或机井动水位，m；

$\sum h_{f.0}$—水泵吸水管进口至管道系统进口之间的管道沿程水头损失，m；

$\sum h_{j.0}$—水泵吸水管进口至管道系统进口之间的管道局部水头损失，m。

③管道沿程水头损失，按下式计算：

$$h_f=f\frac{Q^m}{D^b}L \tag{9-98}$$

式中：

h_f—沿程水头损失，m；

f—管材摩阻系数；

Q—管道的设计流量；

单位为立方米每小时，m^3/h；

L—管长，m；

D—管内径，mm；

m—流量指数；

b—管径指数。

各种管材的 f、m、b 值，可按表 9-41 取用

表 9-41　不同管材摩阻系数、流量指数、管径指数值表

管材类别	管材摩阻系数（f）	流量指数（m）	管径指数（b）
塑料管	0.948×10^5	1.77	4.77
石棉水泥管	1.455×10^5	1.85	4.89
混凝土管	1.516×10^6	2	5.33
旧钢管、旧铸铁	0.948×10^5	1.9	5.1

注：地埋薄壁塑料管的 f 值，宜用表内塑料管 f 值的 1.05 倍

④管道局部水头损失，应按式（9-99）计算：

$$h_j = \xi \frac{v^2}{2g} \tag{9-99}$$

式中：

h_j—局部水头损失，m；

ξ—局部损失系数；

V—管内流速，m/s；

g—重力加速度，m/s^2。

（五）管道输水附属设备[55]

1. 给水栓

有多种形式，如移动式、半固定式（图 9-55、图 9-56）。图 9-58、图 9-59 中是 2 种球阀式给水栓结构图，移动式给水栓由上下两部分阀体组成，下阀体有密封阀，上阀体有开阀装置，使用时临时安装上阀体，一处给水结束关闭下部固定在立管上的阀门，上阀体可以移动到下个给水口，输水系统不必每个出水口都安装阀门，这是应用最广的给水栓（图片均引自参考文献［55］）。

2. 分水装置

设置在输水管网的田间分水控制部分，见图 9-57 至图 9-59（引自文献［55］）。

3. 管道输水系统安全装置

为保证管道内回水产生水锤时的设备安全，需要安装安全阀，为使管内水流畅通防止水锤的产生需要安装放气阀等安全设备。图 9-60 是 2 种安全阀的结构图，当回水压力瞬间增加时阀瓣受到挤压弹簧也被压缩，这时管内水压由安全阀侧管与大气连通，高压骤然

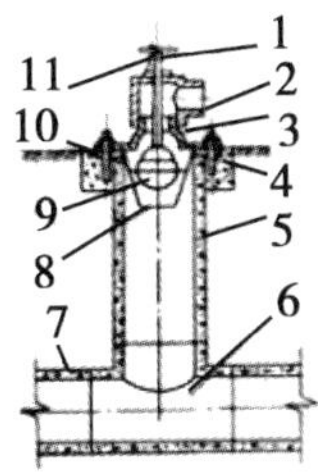

图 9-55　移动给水栓[55]

1. 操作杆；2. 上栓壳；3. 下栓壳；4. 预埋螺；5. 立管；6. 三通；7. 输水管；8. 球篮；9. 球阀；10. 底座；11. 挂钩

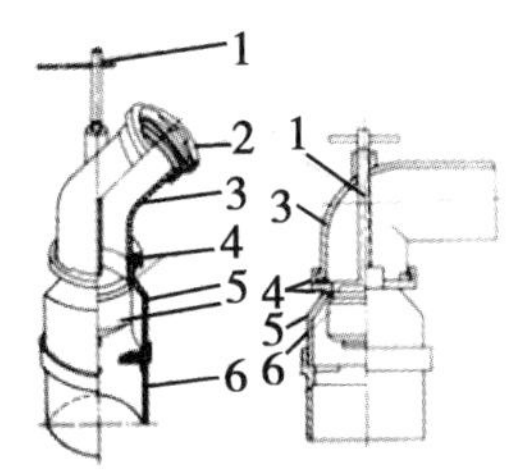

图 9-56　球阀式给水栓[55]

1. 操作杆；2. 快速接头；3. 上栓壳；4. 封闭胶圈；5. 下栓壳；6. 浮子；7. 连接管

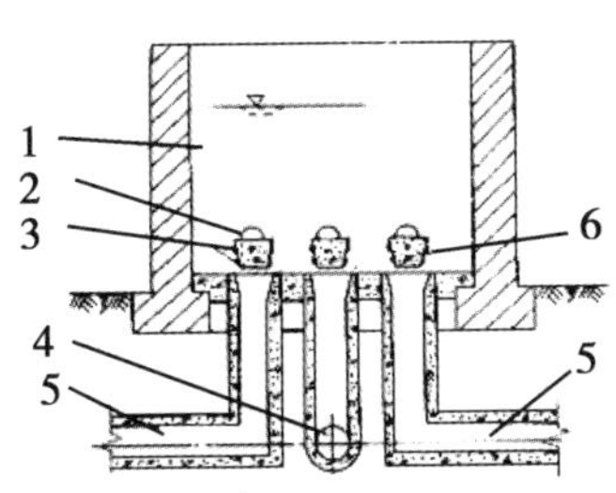

图 9-57　简易分水阀

1. 水池；2. 提环；3. 橡胶止水；4. 输水干管；5. 输水支管；6. 混凝土塞

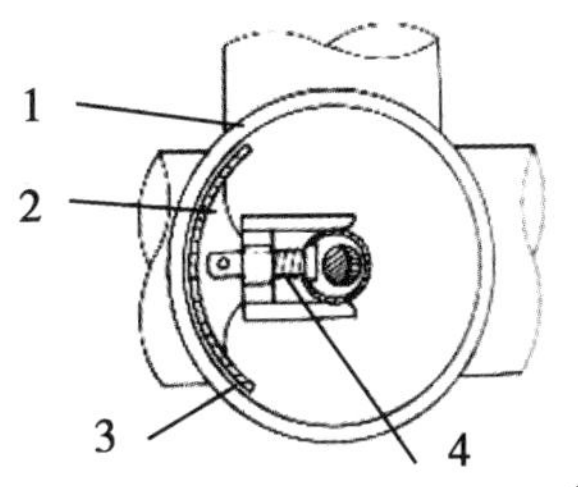

图 9-58　多功能分水阀

1. 阀体；2. 扇形闸片；3. 橡胶止水；4. 弹簧[55]

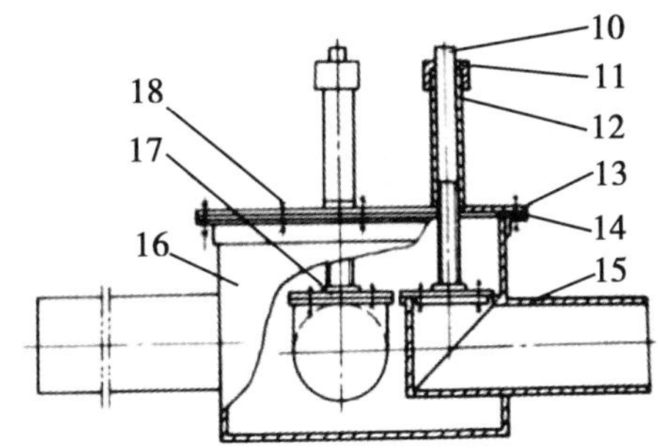

图 9-59　箱式分水阀

1. 填料函；2. 阀顶盖板；3. 密封胶垫；4. 螺杆；5. 活节套；6. 阀瓣；7. 阀座；8. 箱体；9. 螺栓；10. 螺杆；11. 填料压盖；12. 螺杆套；13. 阀顶盖；14. 密封胶垫；15. 进出水管；16. 箱体；17. 阀瓣；18. 螺栓[55]

下降，管道系统设备得到保护。低压管道输水是渠道节水的最高形式，渠道防渗输水是开敞式的，而管道输水是全封闭的，因此输水中的渗漏损失更小，而且没有蒸发损失。由于低压管道输水设计的主要问题是水力计算，这些问题与喷滴灌相同，这节不再介绍，主要简介管道输水中与喷滴灌系统输水管网不同的结构和部件。

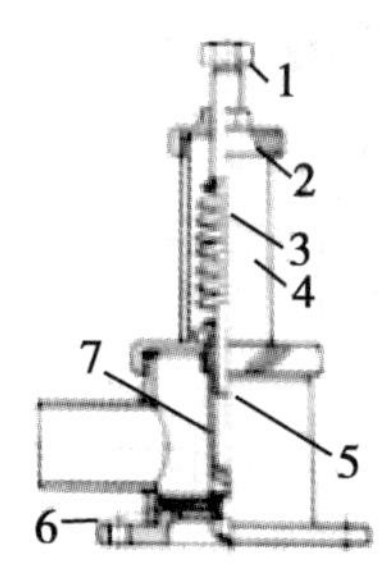

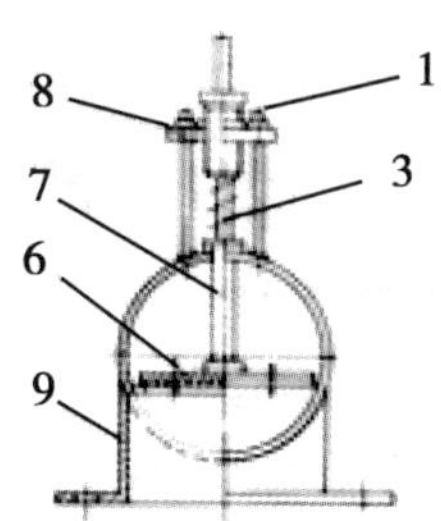

图 9-60　弹簧式安全阀

1. 调压螺栓；2. 压盖；3. 弹簧；4. 弹簧室壳；5. 阀室壳；6. 阀瓣；7. 导向套；8. 弹簧支架；9. 法兰盘

二、大型渠系管道化

随着中国经济发展，新建大型输水工程开始由土建向现代化管道化过度，大型输水已经是灌溉渠系建设中的选项之一。大型管道输水的效率对水资源十分珍贵地区更是重要选项。

1. 大型输水管道系统组成

（1）水源取水系统连接工程。不同灌溉水源，与输水管道连接形式不同，要选择的连接工程需要多方案对比，从适用性与经济性两方面评价对比优选。

（2）自压式灌道输水系统。当水源高于输水目的地有较大高差时，可充分利用水源的势能，采用全部或局部路段进行自流输水。

（3）加压泵站与管道系统。大型管道很少能自流输送，因为长距离的跨越，要经过多种山川道路，加之管道压力损失，需要加压才能顺利输送到目的地。加压现代技术唯一措施是建设泵站，对于长距离送水，限于现代技术、管道材料、水泵技术等限制，也无法一站式送达，需要多级泵站串联接力式输送。

（4）高压管网附属设施与安全系统。输水管道在穿越山谷、河流、道路、建筑物时需要各种工程类型（如隧洞、渡槽、倒虹吸、涵洞、地下暗管等），同时为保护管道稳定安全顺利运行，需要建设各类加固工程、监测设备（如镇墩、高程系统、监测系统）。

（5）自动化控制与管理系统。目前现代化已进入信息化、大数据、智能化时代，水利现代化也正在进行，中国对原有大中型灌区开始续建升级改造，新建灌区一定在高的起点上建设，大型管道输水工程要将控制系统按水利现代化标准建设。

2. 泵站设计

大型管道输水泵站与一般灌溉泵站不同，由于大型输水是长距离复杂地形需要大流量高扬程，又往往是多级阶梯式连接，进出水池水流急湍，工程建设标准要求高。

（1）泵站类型。

①单级泵站：当输水线路可用一级压力送达时，经过方案论证，即可采用单级泵站。

②加压与自流结合泵站：如果水源与用水地势落差很高，落差高于自流需要的水头时，可采用自流管道输水。但用水高峰时，自流流量无法满足要求时，可设泵站适当加压，以提高流速，增加供水量。这时可采用自流泵站结合式输水系统（图 9-61 是南水北调中路输水实例）。

③梯级泵站：当水源地与用水地势低，相差高度无法用一级泵站送达时，需要多级泵站梯级输送，这时可采取多级泵站串联，低级泵站的出水池既是高点泵站的前池，以此逐级加压，最后将水输送到用水目的地。

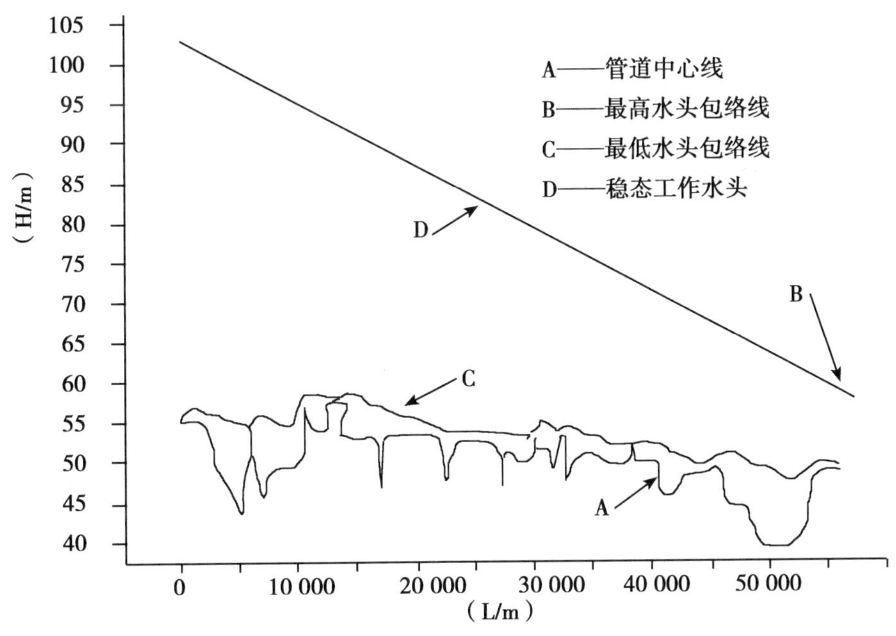

图 9-61　管线布置自流与加压水头曲线[111]

（2）泵站系统组成。

①前池：泵站前池是连接水源，接纳水源来水的储水池，为安全稳定的向水泵吸水龙头供水，前池必须有充分的水量和池深，淹没龙头，不能吸入空气。

②泵房：维护首部管道加压设备安全运行的厂房，如图 9-62 所示。

③高压输水管：泵站将水源来水加压后通过高压管道向用水目标输水，管道一般埋入地下，为保证管道安全运行，沿管道敷设保护设施（如镇墩、检修井、检测、检测系统）。

④水泵：加压泵站与普通灌溉泵站不同，它出水口连接高压管，水泵扬程远大于普通灌溉水泵。

⑤变电站：泵站耗电量很大，需要专门为泵站设立变电站。

⑥智能控制系统：泵站控制系统分两部分：一是泵房内设置水泵安全运行的控制系统；二是与泵房控制系统相连的控制中心，控制中心负责整个管道输水系统。随着国家现代化的发展，大型输水系统要实现自动化、信息化、智能化、大数据化。

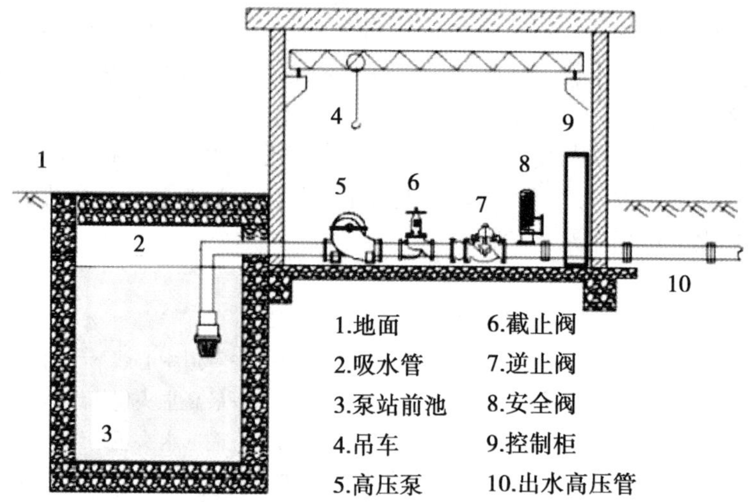

图 9-62　多级泵站结构

（3）泵站装机设计。

①泵站水泵台数设计：单级水泵台数按下式计算：

$$n=\frac{Q}{Q_l\eta}=\frac{w_s}{0.36\ Q_l\eta Dt} \qquad (9\text{-}100)$$

式中：

n——水泵台数；Q_l—单泵设计流量，m³/s；Q—输水总流量，m³/s；w_s—设计输水保证率年份用水最高时段的输水总量，万 m³；η—输水管道系统效率（以小数表示）；D—对应供水时段天数，d；t—每天水泵正常开车小时数，h。

表 9-42　一个三级加压管道输水水泵设计方案参数对比设计实例

站别	运行水泵台数		叶轮外径 D（mm）	泵站流量 Q（m³s）	水泵流量 Q_p（m³/s）	水泵扬程 H_a（m）	水泵效率（%）	水泵轴功率 P（kW）	转速（rpm）	电机型号/台数/功率
一级泵站	3（3泵2管）	3泵定速	722	1.11	0.37	189.20	83.4	822.42	1 490	YPTZ5001-4/4/900kW
	2（2泵2管-1调1定）	1泵调速	722	0.77	0.385	186.90	83.2	847.69	1 490	
		1泵定速	722		0.385	186.90	83.2	847.69	1 490	
二级泵站	3（3泵2管）	3泵定速	722	1.11	0.37	194.40	83.6	842.89	1 490	YPTZ5001-4/4/900kW
	2（2泵2管-1调1定）	1泵调速	722	0.77	0.385	185.76	83.3	841.89	1 469	
		1泵定速	722		0.385	191.83	83.3	868.72	1 490	
三级泵站	3（3泵2管）	3泵定速	716	1.11	0.37	173.00	83.0	755.52	1 490	YPTZ4505-4/860kW
	2（2泵2管-1调1定）	1泵调速	716	0.77	0.385	153.98	82.8	701.47	1 421	
		1泵定速	716		0.385	170.65	82.7	778.95	1 490	

（引自文献［71］）

上述公式计算水泵台数没有考虑备用水泵，因为水泵不能24h运转，需要停机散热，为保证连续供水，必须有备用水泵，备用水泵台数根据满足设计流量正常运行为准（表9-42，图9-63）。

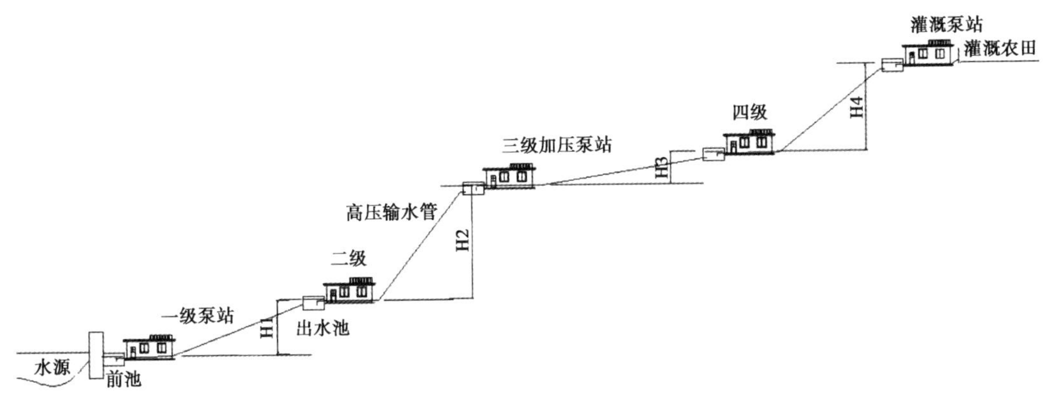

图9-63　多级加压管道输水系统示意

②单泵流量设计：单泵流量可根据公式9-100计算，对于多级泵站，要根据各级泵站是否有直线分水，再具体设计。

③单泵装机计算：水泵配套电机容量决定设计流量和水泵扬程及管道参数。设计扬程：

$$H = H_I + \sum_{1}^{j} h_j + \sum_{1}^{i} h_i \qquad (9-101)$$

式中：

H—水泵总水头，m；H_I—水泵地面高差，m；h_j—输水管道沿程水头损失，m；h_i—管道局部损失，m。

水泵配套电机容量根据水泵设计流量与总水头损失，可参考公式9-101计算。

（4）进水池与出水池设计。

①进水池（泵站前池）：水池参数如下：梯级泵站前池蓄水容量可按泵站设计流量30~50m^3/s计算，并在池体最高水位预留空间，以用于流量变化调节容量。前池结构形式根据实地条件，可选用开敞式、封闭式；一体式、隔墩式；矩形或圆形等形式。多级泵站应在前池或引渠末段设事故停机泄水设施。

②出水池：单泵站出水池与用水户配水、分水工程连接；多级泵站出水池既是上一级的进水池。

（5）管网设计。

①输水能力设计：管道输水能力与管道直径、管道材质及加压水头有关，如自压下受地形限制，同样管径，自压流速低，加压后流速增加，过水流量加大。同样管径但材质不同，管内壁糙率不同，过流能力也不同，设计时要进行综合分析，优化管道系统，选择效费比高的。

②水锤计算与防护：加压泵站在水泵停机时，管道会产生回流，瞬间的回水产生水击现象，称为水锤，会对水泵及水管产生破坏作用，水锤计算是为了选择安全阀，安全阀可

将瞬间压力释放出去，保护水泵及管道安全。水锤可按下式计算[109]：

$$\Delta H = C\frac{\Delta V}{g} \tag{9-102}$$

$$C = \frac{1\,435}{\sqrt{1 + \frac{2\,100(D_0 - e)}{E_0 e}}} \tag{9-103}$$

式中：

ΔH—直接水锤压力水头增加值，m；

ΔV—管道中流速变化，初速度与末速度差，m/s；

C—水锤波传播速度，m/s；

D_0—管道外径，mm；

e—管壁厚度，mm；

E_0—管材弹性模量，MPa；钢管 206000，钢筋混凝土管 20580。

根据泵站设计规范[113]管道压力要小于设计压力的 1.3~1.5 倍，停机后离心泵反转速度不应超过额定速度 1.2 倍，否则要进行安全措施保护，水锤常用方法是在水泵出口处安装快慢二阶段关闭的缓闭止回阀。为获得最佳的防护效果，其工作参数即快慢二阶段关闭的角度和时间应通过水锤计算，经多方案比较后确定。当仅采用缓闭止回阀防护效果不够可靠时，还可加装超压释放装置进行辅助防护。超压释放装置安装的位置及其规格也应通过计算确定。在有条件的输送原水的输水管道中也可设单、双向调压塔作为水锤防护措施。

③水锤防护措施：为保护水泵和高压管道安全，在泵站和管道上建立压力调节装置，有 2 种形式：调压装置与闸阀装置[114、115]。

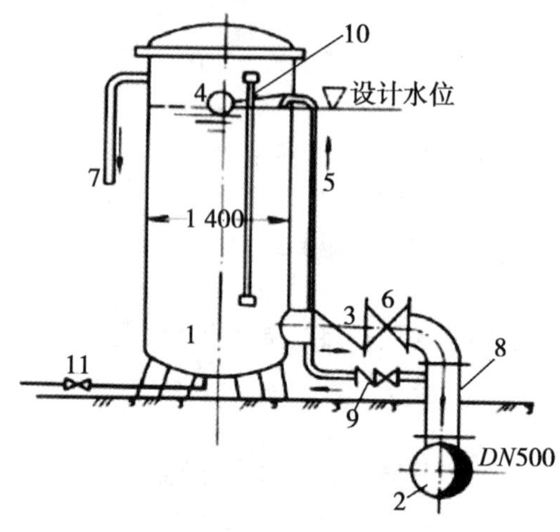

图 9-64　单向调压塔[115]

1. 水箱；2. 主干管；3. 止回阀；4. 浮球；5. 进水管；6. 闸阀；7. 溢流管；8. 主水管；9. 满水止回阀；10. 水位计；11. 排空管

一是泵站与管道间设置调压塔[115]：A 双向调压塔：双向调压塔的水面高度应高于泵站出水口高度（图 9-65）。调压塔将随着管路中的压力变化，产生水锤时可泄掉管路中的过高压力。B 单向调压塔：在泵站附近或管道的适当位置修建，单向调压塔的高度低于该处的管道压力（图 9-64）。当管道内压力低于塔内水位时，调压塔向管道补水，防止水柱拉断，是停泵水锤很好的保护设施，但其对停泵水锤以外的水锤如关阀水锤的降压作用有限。

二是水击防护阀门（图 9-67）：消除水锤压力的阀门有多种：A. 水锤消除器：是早期产品，它安装于止回阀附近，管道中的水锤压力通过开启的水锤消除器泄掉，但装置简陋，安全性差，只能应用在小型工程。B. 缓闭止回阀：有重锤式和蓄能式 2 种。这种阀门可以根据需要在一定范围内对阀门关闭时间进行调整，以减轻回水压力，调节能力有限需要配合泄水阀使用。C. 水击泄放阀：它是水击防护的主阀，效果较好，和截止阀、缓闭阀、逆止阀配合使用。D. 预防水击泄放阀：在大型输水泵站可配合泄水阀使用，防治水锤效果更佳（图 9-66）。

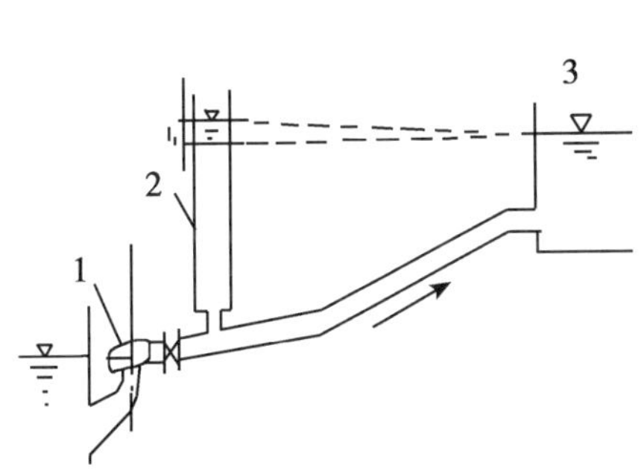

图 9-65　双向调压塔[115]

1. 水泵；2. 双向调压塔；3. 出水池

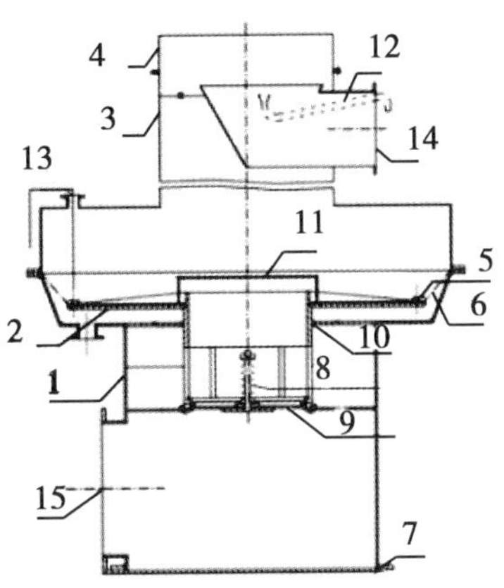

图 9-66　箱式双向调压塔[115]

1. 下阀体；2. 活塞；3. 上阀体；4. 防溢杯；5. 上压板；6. 膜片；7. 下封板；8. 弹簧；9. 单向板；10. 密封杯；11. 防冲导流板；12. 定深溢流管；13. 活塞开度指示；14. 泄水孔；15. 连接口

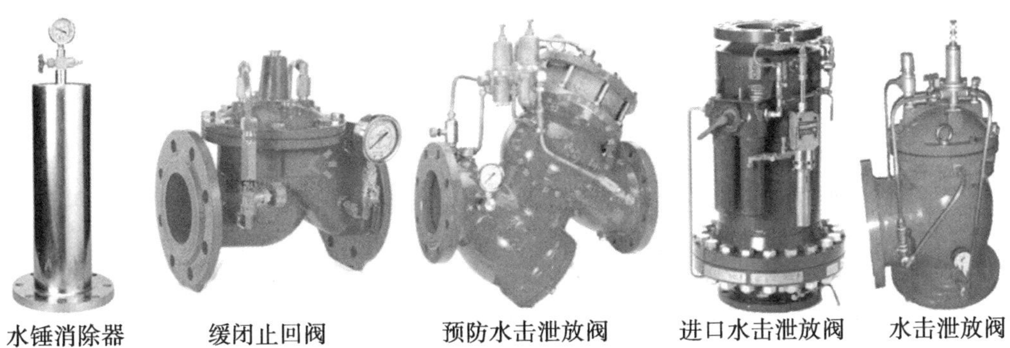

图 9-67　水击保护阀门种类

（图片引自百度图片）

3. 输水管道设计

（1）管道直径设计。

管道输水所用管材尺寸是由泵站设计流量、扬程与采用单管或多管有关，确定管径大小是复杂综合选择的过程，是制定多种方案，如输送管道条数、采用管材、防护标准，然后进行优选（表 9-43）。

$$\min F = \sum f_d + f_y + f_n + f_b + f_s \tag{9-104}$$

式中：

F—管道建设运行总费用，元；

f_d —输水管材料费，元；

f_y —输水管运行管理费，元；

f_n —输水管运行电费，元；

f_b —输水管安全辅助设备费（镇墩、防腐、排气阀、观测井等），元；

f_s —输水管施工费，元。

管道直径水力计算参考喷滴灌计算部分。

通过多方案对比，优选总费用较低，安全较高的方案。

表 9-43　高压大流量输水管道不同管材特性参考表[61]

项目	钢管	铸铁管	预应力混凝土管	预应力钢筒混凝土管（PCCP）	玻璃钢管
接口形式	焊接	承插口	承插口	钢制承插口	承插口
耐压性	耐压较高	耐压中等	耐压最低	耐压最高	耐压较低
耐腐蚀性	耐腐蚀性较差	耐腐蚀性最差	耐腐蚀性中等	耐腐蚀性好	耐腐蚀性最好
管重	重量较轻	重量中等	重量最大	重量较大	重量最轻
价格	价格较高	价格中等	价格最低	价格最高	价格较低
适用性	良好	多用于平铺管	口径大、工作压力高的工程慎用	良好	良好

（2）管道防腐与加固。

①管材防腐：一般管道埋入地下，管道内外均要进行防腐处理，具体措施参考文献[116][117]。

②管道加固：管头对接、接头镇墩等加固处理方法可参考文献[118]。

（3）高压管网安全系统。

①安全阀：但对于大型管道输水管道必须设置排气阀[112、118]，输水管道上排气阀的布置方式为在管道坡度小于 1‰时每隔 0.5～1.0km 设一处，一般情况下约 1.0km 设一处，每个排气阀都设在该管段的最高点，当管道起伏较多时，可根据其起伏高度分析是否需要增加，必要时进行相应的水力计算。排气阀的安装方式一般可每处只装 1 台，经水锤分析计算后认为特别重要的位置可在一处安装大小排气阀各 1 台，其中，较小直径的排气阀装于管顶。

②高程系统：输水管道很长，要经过各种地形、不同基础质地，会发生不均匀沉陷，一旦管道断裂会损失很大，为防止沉陷要设置标高系统，可以是海拔标高基点，或是相对标高基点系统，以利监测系统检测。

（4）附属工程设计。随着管线铺设，需要修建各类跨越交叉工程，各种工程可能采用结构、材料不同，这时需要按各类专业规范进行设计。

4. 自动化控制系统

自动系统软硬件建设，涉及下列各项，具体内容方法步骤参阅第十章第四节玉米现代化灌溉排水系统模式。

①输水控制中心：硬件、软件、显示屏、存储器。

②管线输水状态自动化检测系统：流量、压力、液位、水质。

③管线输水状态自动化监测系统：泵站、水闸、管道、供变电设备、有线网。

④控制与执行系统。

⑤信息网络系统：无线网、局域网、广域网、云网站。

三、地下输水

1. 暗渠输水系统的特点

暗渠指封闭式渠道或地下渠道，如砌石、混凝土有盖板渠道、坎儿井、喀斯特地下河等，均属暗渠。暗渠输水优点明显，减少蒸发损失、减少地面污染。

对于灌溉输水，特别适用在干旱、沙漠地区。

2. 暗渠系统结构

暗渠种类。

①开挖式暗渠：人工在山丘下开挖成渠道，如坎儿井，穿山隧道，均属开挖式暗渠。

②砌筑式暗渠：利用砖石混凝土等材料修筑的地下渠道，其水流形式基本为无压流，暗渠水面要离渠顶板有预留空间[120]。

③天然地下河：利用喀斯特地质形成的地下河进行输水。

3. 暗渠水流形式

①地下式明渠流：暗渠种类中一类和二类水流形式，均属明渠流。

②管渠式无压流：暗渠种类中二类属管渠式无压流。

③微压与无压混流式：微压与无压混流式，是一种创新暗渠水流模式（参考文献[65]）。

4. 暗渠输水系统附属工程

①消力井：当暗渠沿程中高差需要设置跌水时，这时要设置消力井。文献[121]中给出一种多层筛网式消力井，每层筛网孔口有变化，方形、圆形等以消减水压。

②防渗工程：橡胶止水带、

③防冻措施：在寒冷地带利用暗渠输水时，需要有保温措施，参考文献[69]。

④调流池：当利用微压混流模式进行暗渠输水时，流态变化处，需要设置流态转换池，转换池将微压转换成无压流态（参考文献[65]）。

⑤安全保障设施[68]：对于软基上长线路的引水暗渠，防止暗渠沉陷，是关键环节，必须建立全线统一的、高精度的垂直位移监测基准网，为工程运行管理期的沉降监测提供统一的高程控制基准。

⑥信息网络：为实现自动化和管道输水系统一样，需要建立全工程的信息化网络。

第六节　玉米特殊灌溉方法

灌溉不但可满足作物生长需要的水分，同时灌溉也是人类调节小区域气候环境的最有力的方法和工具。充分利用灌溉技术抵御一些气候不利作物生长变化因素，保护作物正常发育环境，免受气象灾害侵袭。这节简介利用喷灌技术防风剥、防干热风、防霜冻技术。

一、喷灌防风剥

中国北方玉米种植区处于半干旱区，春季恰是风沙四起的季节，部分沙漠或风沙地播种玉米会着遇风剥，影响玉米出全苗甚会 2 次播种。喷灌可起到预防风剥灾害发生，保护作物正常发育。

1. 防风剥的理论基础

①中国风剥灾害特点与分布：中国季风气候特点之一，就是春季风大少雨，大风、干旱与北方沙漠、沙地相结合，形成了农田常遇风剥灾害（图 9-68）大风干旱主要分布在西北、华北、东北西部地区。该区恰是春玉米主产区，玉米已经播种，在萌发状态，根系没有生成，土壤干旱。

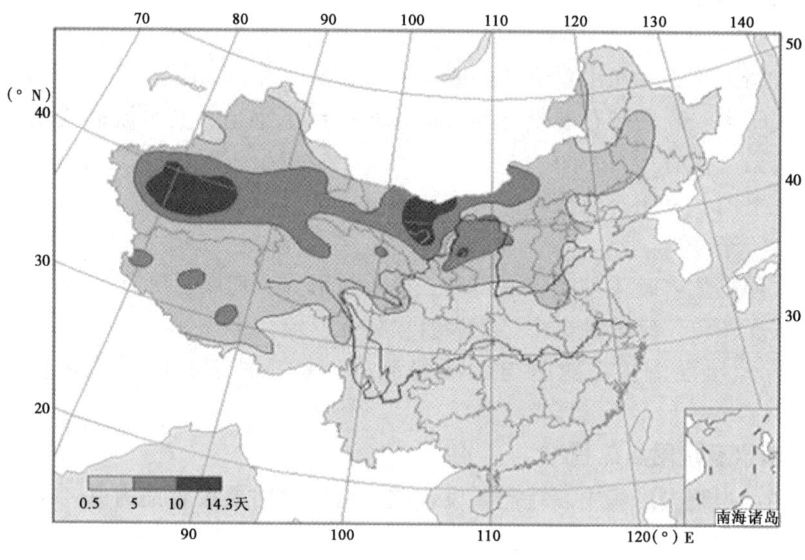

图 9-68　中国沙尘暴分布

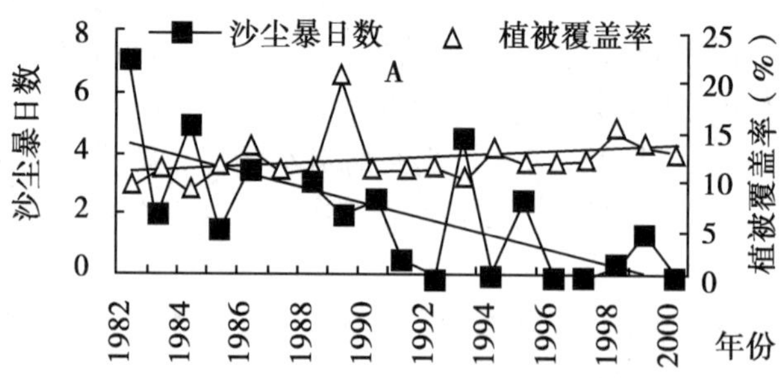

图 9-69　北方春季沙尘暴天数与植被覆盖率关系

（引自 360 图片）

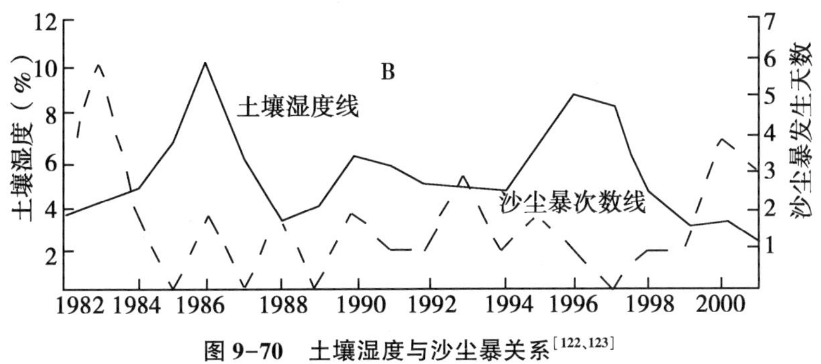

图 9-70　土壤湿度与沙尘暴关系[122、123]

②风剥发生因素：风剥发生主因是土壤沙化和春季干旱，外因是春季大风，大风指6~12级，风速在10~32m/s（内蒙古划分8级以上）。图9-69和图9-70是西北地区土壤湿度（用土壤含水量%表示）与沙尘暴、沙尘暴与植被覆盖率的观测统计资料[122、123]，从中看出当土壤含水量大时一般年份沙尘暴天数较少，相反沙尘暴较多，而沙尘暴又与植被率呈负相关，沙尘暴日数多造成植被率减少，即是土壤被风剥。

从图9-71内蒙古2010年大风分布日数看出，春季大风超过5日的地区几乎覆盖内蒙古80%地区，内蒙古地方大风级别划分8级以上为大风，风灾级别中8级大风土壤风剥已经成灾（表9-44）。

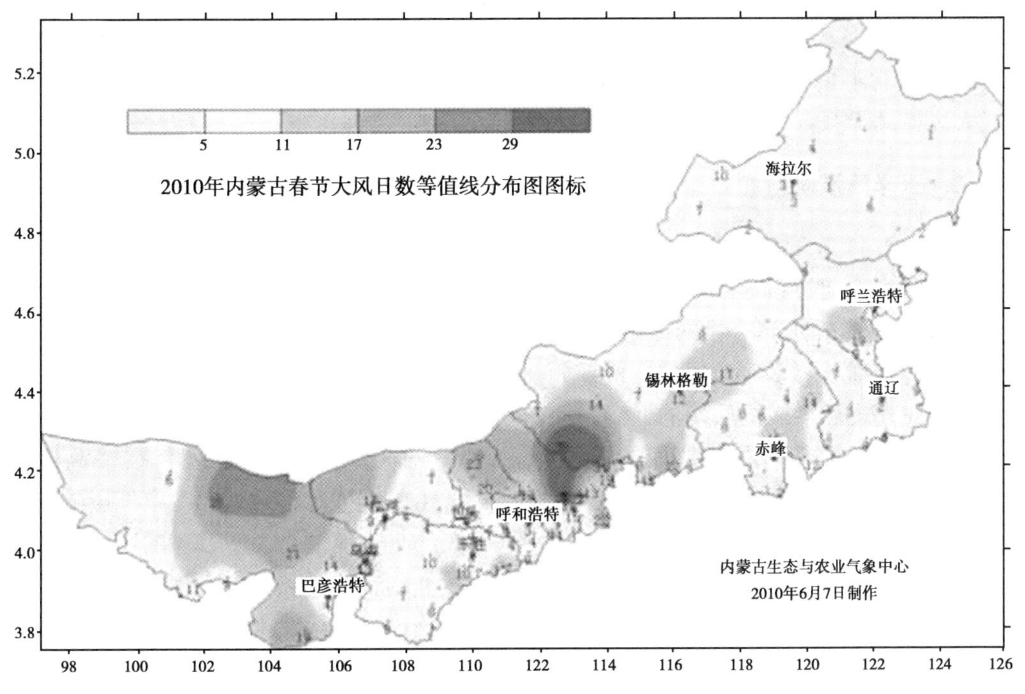

图 9-71　内蒙古 2010 年大风日数分布图

（引自 360 图片）

表 9-44　内蒙古风灾分级[124]

等级	灾害程度	受灾情况
1	轻风灾 6 级	作物授粉不良、植株倒伏，畜群不能正常野外采食
2	中风灾 8 级	树木细小枝折损或树折房摇，棚舍被毁，土壤剥蚀，种子易被吹出地面刮跑，幼苗被沙埋，作物倒伏较重、枝叶受损、落花落果，畜群易被吹散丢失
3	强风灾 10 级	树木易被风刮倒或拔起，房屋、通信设施及建筑物遭损坏，交通中断，土壤剥蚀严重，农田沙埋，作物损失严重或绝收，人畜受到伤害
4	特强风灾>10 级	房屋、通信设施及建筑物遭严重损坏，人畜受到严重伤害

2. 防风剥的灌溉措施

从上述分析看出，土壤湿度过于干旱是形成风剥的重要因素，如果采用灌溉措施，在预知大风来临之前，对玉米进行灌溉增加土壤湿度，既能抵抗风剥，保护已播种种子不被刮走。

喷灌是节水灌的好措施，只要有水源，采用临时组装移动喷灌就如同人工降水，土壤含水量大于 12%以上，就能防止风剥发生。喷灌定额视大风历时长短，可按下式计算：

$$m = 0.1\gamma h(\beta_b - \beta_0) + m_0 d \qquad (9\text{-}105)$$

式中：

m—设计防风剥灌水定额，（mm）；H—为防风剥土层湿润深度，（cm），对于大田作物可取 15~20cm；r—为土壤干容量，（g/cm^3）；β_1 —土壤含水量上限（取田间持水率），β_2 —为土壤含水量下限（取田间持水率的 60%），m_0— 播种前后日平均耗水量，mm，d—预报大风持续天数。

二、玉米喷灌防霜冻

中国南方和北方都有霜冻灾害发生，南方的春霜北方的秋霜对不耐寒的春苗和秋天的果实都有危害，北方秋季出现霜冻，不利玉米充分灌浆，延缓了玉米成熟。

1. 喷灌防霜冻水热交换的理论基础

喷灌防霜冻已有多年应用的实例，如南方春茶防晚霜，北方玉米防早霜。霜冻是指在还没进入霜期突然而来的暂短的低温，使作物受到冰霜的冻害。霜冻一般有 3 种类型：由于强冷空气入侵引起剧烈降温而发生的霜冻，常伴有烈风，称为平流型；受冷高压的控制，在晴朗无风的夜间或早晨，地面强烈辐射而发生的霜冻称辐射型；冷空气影响与辐射同时作用下发生的霜冻称平流辐射型。其中，较重的是平流型，由于有风的影响，持续时间较长。无论是什么类型其实质都是热交换的突然加剧，植物热量向外辐射，温度降低到危害生长或到达危害生命的程度。喷灌防霜冻就是利用水的热量来吸收空气的降温，换取植物的热量损失，以使气温维持在保护植物生命不受到危害的温度内，这是一道热量平衡计算题。

2. 热量平衡计算

图 9-72 为示意喷灌防霜冻装置图，在图中截取一段 dL 长度，写出热平衡方程：

$$\gamma 1\times\rho 1\times V1\times T1=\gamma 2\times\rho 2\times V2\times T2 \qquad (9\text{-}106)$$

式中：

γ1、γ2—水、空气热容量；

ρ1、ρ2—水、空气比重；

V1、V2—水、空气体积；

T1、T2—水、空气前后温差。

从图 9-72 中看出水体由温度 t 降低到零点到结成冰所放出的热量应等于或大于冷风所带走的热量，由此可计算出需要喷洒的最小水量（表 9-45）。

表 9-45　水气热量参数

物体	比重（kg/m^3）	三态	常温下比热容（kJ/kg·℃）
水	1 000	液	4.19
冰	900	固	2.09
空气	1.29	气	1
水汽化热		2 260kj/kg	

取单位时间单位长水气热平衡则有：

$$V2 = s \times h \ / dL = s \times h \tag{9-107}$$

式中：

s—风速；h—喷灌保护作物平均高度。

$$V1 = \frac{\gamma 2 * \rho 2 * V2 * T2}{\gamma 1 * \rho 1 * T1} = \frac{\gamma 2 * \rho 2 * s * h * T2}{\gamma 1 * \rho 1 * T1}$$

但是当冷风穿过一片面积时，这一热量应由沿风向长度内的各段来分担。对于一块地的水体流量：

$$Q = k\frac{V1 * F}{L} \tag{9-108}$$

式中：

Q—喷灌流量，单位由选用计算单位决定；

F—防护面积；

L—防护地块顺风向长度；

K—调整系数，根据作物抗霜冻能力及预期保护程度决定，范围在 0.8~1.3。

3. 喷灌防霜冻灌水定额

根据热量平衡 9-106 式计算出单位时间需要的喷灌流量，一次灌水量，视霜冻历时而定：

$$M = Q \times t_i \tag{9-109}$$

式中：

M— 一次灌水定额；

Q—防霜期间需要喷水流量；

T_i—霜期时长（单位与流量时间单位一致）。

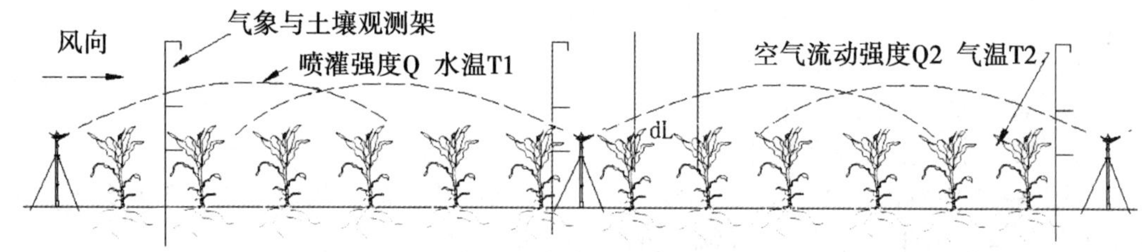

图 9-72 喷灌防霜冻热平衡示意

三、玉米喷灌防干热风

干热风形成[131]有 3 个条件：一是高温温度在 30~34℃（视地区气候）；二是空气湿度<30%；三是风速 2~4m/s。这时会对作物生长造成灾害性影响。

1. 干热风分布

中国发生干热风主要在北方与华中地区。发生在 7—8 月，影响最严重的作物是小麦、中稻，玉米次之，但在玉米主要产区，也会造成减产。

2. 高温对玉米危害[127,128]

①高温对玉米生育影响：不同生育期高温对玉米发育影响不同：覆膜玉米芽期，膜下温度高于 30℃，种芽受害；开花期气温持续高于 35℃时不利于花粉形成，开花散粉受阻，雄穗分枝变小、数量减少影响开花；结实期气温大于 35℃时灌浆时间缩短，干物质积累量减少。

②高温对玉米危害机理：一方面在高温条件下，光合蛋白酶的活性降低，叶绿体结构遭到破坏，引起气孔关闭，从而使光合作用减弱；另一方面，在高温条件下呼吸作用增强，消耗增多，干物质积累下降。

3. 防干热风灌水定额

防干热风最有效最及时的方法是灌溉降温增湿，依然是热量平衡问题，可根据热量平衡式 9-106，计算需要降温水量。该问题与防霜性质恰好相反，防霜冻是升温，防干热风是降温。由于干热风发生在高温天气，喷灌水温在喷洒中一部分产生蒸发，水由液态转变气态，要吸收大量热量，将公式 9-106 改写为：

$$\gamma 1\times\rho 1\times V1\times T3+\gamma 3\times\rho 1\times V3 = \gamma 2\times\rho 2\times V2\times T4 \qquad (9\text{-}110)$$

式中：

γ1、γ2、γ3—水、空气热容量；γ3 水的汽化热（表 9-45）；

ρ1、ρ2—水、空气比重；

V1、V2、V3—v1 喷灌水落地水量、防干热风玉米面积控制高度内上空气体积；V3 喷灌过程中水蒸发水量（一般高温干旱时蒸发水量占喷灌水量 10%~20%）；

T3、T4—T3 喷灌前后水温、T4 空气温度设计调节温差。

喷灌水量计算可参考防霜冻计算方法。

第七节　玉米双节给水试验研究

一、负压给水技术

目前，世界节水灌溉均指有压灌溉形式，如喷灌（工作压力 0.3～0.5MPa）、滴灌（0.05～0.1MPa）、渗灌（0.05～0.1MPa）等都是有压灌溉，相对地面灌溉，有压节水灌溉只节水不节能。中国 2005 年前后研发的负压给水、超微压给水是一种全新的满足植物需水要求的节水形式，具有即节水又节能的对作物供水的“给水方法”，称为“双节给水”。

1. 负压给水系统[13、14、15、33]

负压给水的特点：植物体内启动水分流动的是由太阳照射产生的蒸发力，空气的蒸腾使植物体内产生负压，负压由叶面向根系传递，根系产生吸水，吸水是连续的，供水形式也是连续，给水状态是负压，土壤水处于非饱和状态，水分流动速度由植物生理决定，需水强度也由植物控制，实现植物水分消耗过程与供水系统的供给过程平行，完美的达到供需平衡的精准，极大的满足作物需水要求，这是负压给水的八大特点。

①负压给水系统组成：负压给水系统由四部分组成：A. 水源，B. 负压水箱，C. 控制器，D. 负压给水器。其中主要部件是负压给水器，特征是具有对水分的保持能力即负压能力；另一个部件是负压水箱，作用是维护负压管网内负压状态。要实现植物主动获取水分，必须对给水器进行控制，在植物不需要水分时，给水器能自动控制不向外流水，这是实现连续给水而又不产生土壤水分饱和的先决条件。但在有压节水的灌溉模式下是无法实现的，一旦打开灌溉系统，水在有压下会不断的流向土壤，只有在外界的机械控制下才能关闭灌溉系统，灌溉器才能停止灌水。负压给水系统给水器的负压特性是关键，为维护负压给水器稳定持续向植物供水，必须构建一套系统确保负压给水器的负压能力，图 9-73中显示了负压给水系统组成图。

②负压给水箱与控制器：图 9-75 是辽宁五间房灌溉试验站，玉米负压给水试验装置图，主要分三部分组成：一是负压给水箱；二是负压给水控制器；三是负压给水管（图 9-73、图 9-74）。负压给水箱工作原理即是马氏瓶原理，控制器是利用民用水位控器制作（图 9-75），当负压管中负压丢失，管 12 中水位处于低水位，控制器启动给水泵，向负压管中供水，当负压管内水充满时水压上升到高水位，触动控制器触点 18，水泵供水停止。负压管 26 工作，负压给水箱向田间供水，当水箱中低水位触点露出时，控制器又开启供水电磁阀 2，水箱加满，电磁阀 2 关闭。这样反复动作，控制器可自动保证负压管连续向田间供水。但该供水是由作物对水分的需要启动，如果土壤水势与负压管的负压势平衡，负压管供水就停止。

2. 负压给水器

①负压给水器类型：负压给水器有多种形式，基本原理是一致的，即负压给水器给水部件必须具有微孔（小于 100μm），负压给水器在充水后再给一定负压（在设计负压下），能保持负压，既在无外界吸力下给水器内水分不能外流。负压给水器类型、制作材料、制作方法，见表 9-46。

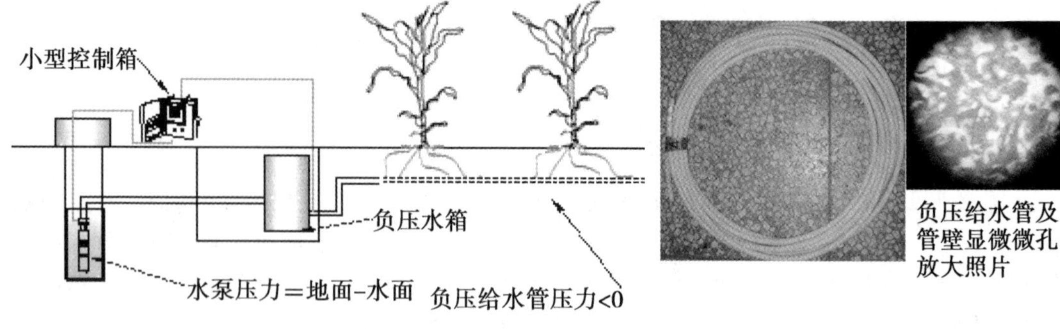

图 9-73　负压给水系统示意

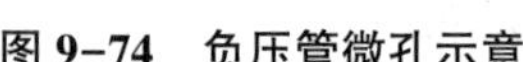

图 9-74　负压管微孔示意

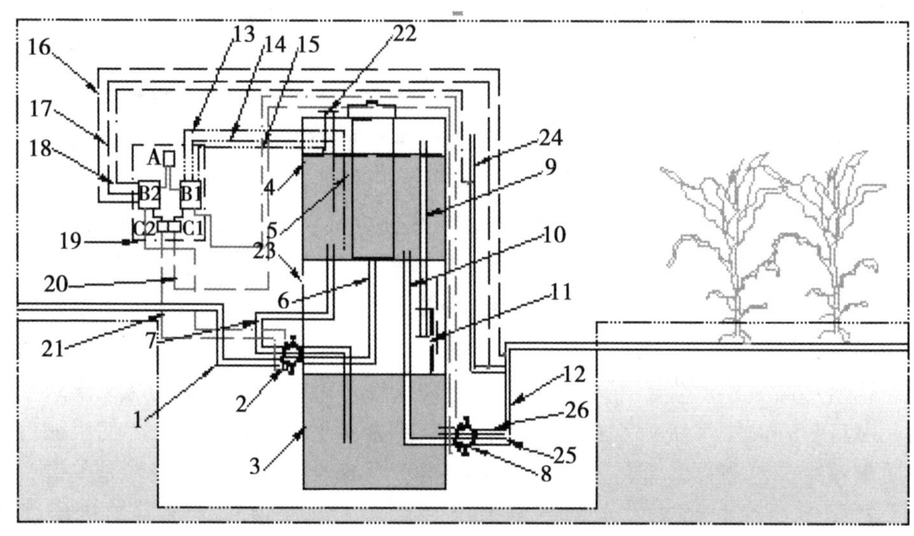

图 9-75　负压给水箱与负压控制器结构

1. 水泵（水源）；2. 自动加水互斥电磁阀；3. 负压给水箱；4. 压力水箱；5. 过滤管；6. 压力水箱进水管；7. 压力水箱向负压水箱注水管；8. 负压启动互斥电磁阀；9. 压力水箱通气管；10. 负压供水管；11. 负压控制水位调节齿条；12. 负压脉冲共用段水管；13、14、15. 分别为压力水箱水位控制低位触点、中位触点、高位触点；16、17、18. 分别为负压启动与恢复脉冲水位控制中位触点、低位触点、高位触点；19. 负压给水控制器；19-A. 电源；19-B. 水位继电器；19-C. 中间继电器；20. 负压启动互斥电磁阀电缆；21. 自动加水互斥电磁阀与水泵控制电缆；22. 压力给水箱上下水位调节螺丝；23. 负压给水箱通气孔；24. 负压检测管；25. 脉冲给水管；26. 负压给水管

表 9-46　微孔负压给水器

项目	微孔负压塑料管	微孔陶瓷给水头	微孔水泥给水头
结构	塑料、物理发泡剂	陶土、废磁、成孔剂	水泥、中沙
制作方法	微孔发泡	压力成型焙烧	压力成型

（续表）

项目	微孔负压塑料管	微孔陶瓷给水头	微孔水泥给水头
微孔孔径	50~100μm 30~50μm 20~30μm	废磁颗粒 600μm 废磁颗粒 315μm 瓷土较多	沙颗粒 320μm 为主 沙颗粒 320μm、160μm 混 沙颗粒 160μm

②负压给水器微孔原理：无论何种材料制作负压给水器，必须满足 3 个条件：一是器壁有足够的互相联通的微孔；二是微孔率要满足作物需要的给水量；三是负压值要小于作物的根压。

微孔所以能有负压能力，源于水面张力原理，微孔水面张力可用下式计算得出：

$$Fs = \delta * L \tag{9-111}$$

式中：

Fs—水表面张力；δ—水表面张力系数（19.7℃下纯水的表面张力系数的标准值为 7.280×10^{-2}N/m;）；L—微孔边界周长。

负压给水管微孔水膜抗压力：大气对水膜的压力与水膜抗压张力平衡可用下式表示：

$$\pi dr^2 * \Delta p = Fs * \cos\theta \tag{9-112}$$

$$\pi dr^2 * \Delta p = \delta * L\cos\theta = \delta * \pi 2\, dr\cos\theta \tag{9-113}$$

化简上式：

$$dr = 2\delta\cos\theta/\Delta p \tag{9-114}$$

其中：

dr—微孔半径；δ—水表面张力系数；θ—液体与微孔壁的浸润角；

Δp—气体作用在毛细管孔上的净压力。

微孔负压给水对微孔的要求：在给水过程中，管道水压处在零压到负压状态，要求在负压时，微孔上水膜不破裂。按上述数学模型可生产出如下几种孔径微孔管。其抗压能力为 10~70cm 水柱（图 9-76，表 9-47）。

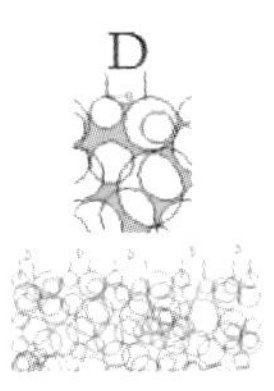

图 9-76 负压给水管微孔水膜抗压力示意

表 9-47 微孔塑料负压给水管数学模型计算出不同微孔的负压值

序号	水分子直径（nm）	微孔与水分子比值	微孔直径（μm）	水张力系数（n/cm）	接触角 θ	可抗力 Δp（n）	折算压力（kg）	折算水柱高（cm）
1	1.9	10 526	20	0.000728	60	0.728	0.074	74.296
2	1.9	21 053	30	0.000728	60	0.485	0.050	49.530
3	1.9	31 579	40	0.000728	60	0.364	0.037	37.148
4	1.9	52 632	50	0.000728	70	0.199	0.020	20.331

③负压给水器负压形成原理：以负压给水管为例，负压给水管工作分三步：一是使负压管形成水膜：这就要求塑料管管壁具有透水而不透气性能。有孔就能透气，空气分子直径最小是氦 he 0. 26nm，最大氮 $N_2$0. 364nm，而水分子直径 1. 9nm 是空气的 5 倍，要使负压给水管透水不透气，只有在负压给水管微孔被水覆盖后，使微孔上形成水膜，微孔上水膜阻挡空气的进入，向负压管以微压充水，负压管充满水后，关闭冲水阀；第二步让负压管处于负压状态，用图 9-75 中负压水箱控制，正压停止，负压在负压水箱控制下自然形成负压；第三步负压丢失的修复：由于负压给水是在土壤非饱和状态下进行，依靠土壤中水势也是负压值并与植物根系水势连接（图 9-75），土壤在较干旱状态下，土壤中空气会蒸发掉负压管外的水膜，水膜一旦破裂空气进入负压管，负压丢失。为修复负压管丢失负压，需要及时修复，修复办法是用负压监视系统。图 9-75 中 16、17、18 分别为负压启动与恢复脉冲，该装置发现负压丢失能在数秒后恢复给水负压状态。

3. 玉米负压给水灌溉试验

①简易负压给水装置：2012 年在辽宁五间房灌溉试验站，进行小面玉米负压给水灌溉试验，采用简易装置，如图 9-77 所示。

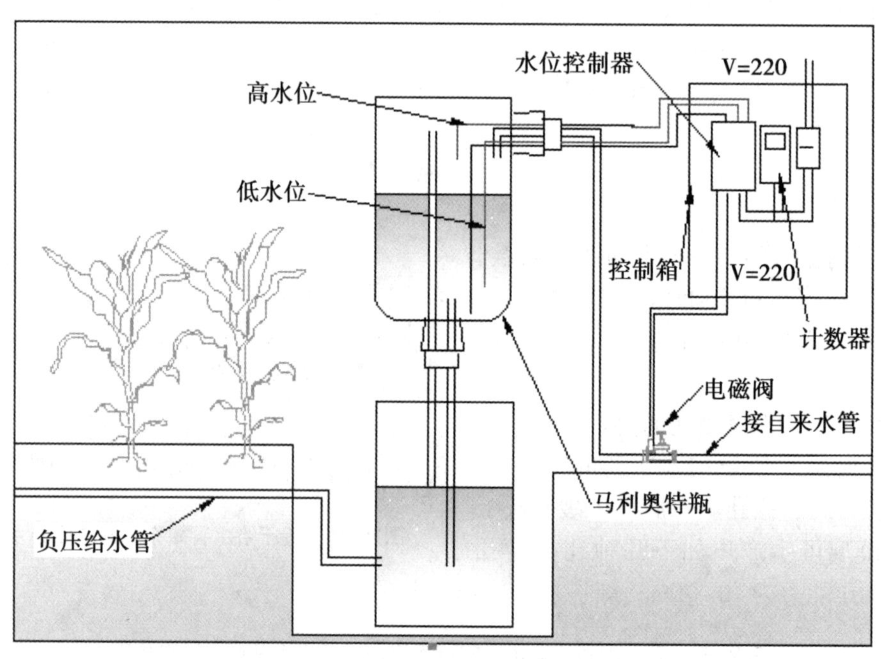

图 9-77 简易负压给水装置

②试验成果：试验只对负压给水管、控制装置进行考核。试验运行观测成果表明，负压管运行保持了连续负压给水状态，玉米长势良好，土壤湿度全生育期供需平稳（中间凸起湿度是自然降水影响），土壤湿度无间歇灌溉（地面灌、喷灌、滴灌、渗灌）的大起大落。试验表明玉米自身控制了需水过程，无须高起高落（图 9-78）。

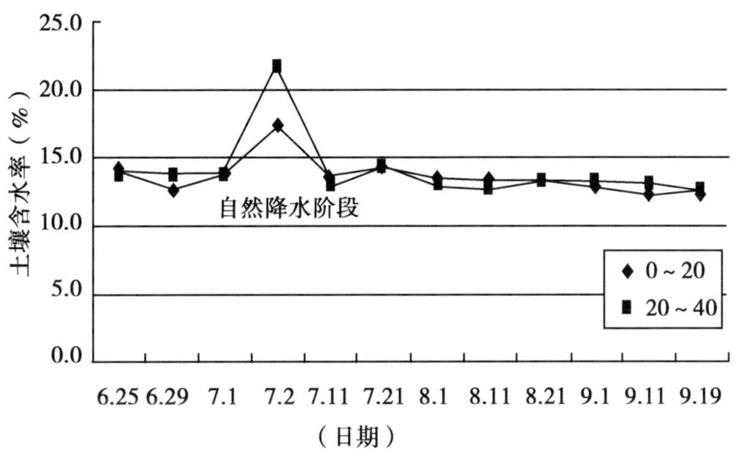

图 9-78 玉米负压给水土壤含水率过程线

二、超微压给水技术

超微压是相对微压给水而区分的，喷灌滴灌渗灌是有压节水灌溉技术，压力水头不能降得很低，最低也要在 0.3～1m。而负压给水是一种无压连续给水技术，负压是利用给水器的微孔毛细力，使给水器能形成真空，保持一定的负压能力。虽然负压给水具有节能的优点，但也有其局限性，运行条件要求土地平整，高差不能太大，并给水量较小。但利用微孔的毛细力的反向应用，即可得出负压给水器在微压下也能自动控制土壤水的流停，这样就使负压给水器的应用压力范围扩充了空间。

1. 超微压给水原理

灌溉或负压给水的给水器都需要通过小孔将水分配到土壤中，但灌溉的概念是将水灌向土壤，启动力是灌水器，水流是有压流或自由流；而负压给水的理念是负压流（表 9-48），启动由土壤作物的水势循环的负压平衡。有压流或自由流的开关由人控制，当开关打开后，如果人不关闭开关，水流会不停的流向土壤；但负压流的开关由植物控制，植物水势连接土壤水势（负压绝对值），土壤水势连接负压管中水势，当土壤水势与负压管水势平衡时，负压流停止流动，即负压流开关由植物控制。而超微压给水是负压给水的特例，将负压给水用于正压给水时，有个临界状态，即当给水压力等于或小于微孔管的阻力与土壤负压力和时（式 9-115），水流停止；大于时水流打开（式 9-116）。可用方程表示：

$$P_w \leqslant \Delta p + f \quad 当 f = 0 \tag{9-115}$$

$$P_w \geqslant \Delta p + f \quad 当 f < 0 \tag{9-116}$$

式中：

P_w—超微压值；Δp—负压管可抗水柱压力；f—用水柱表示的土壤水势。

表 9-48　给水器空隙直径与水的表面张力关系参数

不同灌溉或给水方法的空隙范围	微孔直径（um）	表面张力系数（n/cm）	可抗压强 Δp（n）	折算压强（Kg/cm²）	可抗水柱压力（Cm）
负压给水与超微压	20	0.00071	0.728	0.074296	74.29
	40	0.00071	0.364	0.037148	37.14
	60	0.00071	0.243	0.024765	24.76
	80	0.00071	0.182	0.018574	18.57
微灌	1 000	0.00071	0.007	0.000669	0.66
	1 300	0.00071	0.005	0.000514	0.51
	1 600	0.00071	0.004	0.000418	0.41

可见超微压具有负压给水的特征：连续给水、植物控制、节水节能、精准给水、增产等优点（表 9-48）。

2. 超微压给水与微压灌溉区别

超微压是在负压下给水基础上提出的，也必须在有负压能力的给水器上运行。它与微压节水灌溉最大的不同是：A. 超微压具有自动控制下连续向作物给水，而微压节水技术是无法连续给水，属间歇式灌溉技术；B. 超微压给水需要压力远小于微压；C. 微压灌溉技术可在地上运行，但超微压必须在土壤中运行（图 9-79）。

3. 超微压给水试验试验目的：了解超微压给水的特点，运行条件，适用范围。

试验方法：超微压是扩充了负压给水的运行压力范围和给水量，负压给水运行的压力水头在 0～50cm，而超微压运行的压力水头在正压 0～20cm，给水流量比负压增加 3～5 倍。用两套负压给水系统，一套按负压运行，另一组按超微压运行，对比给水效果。

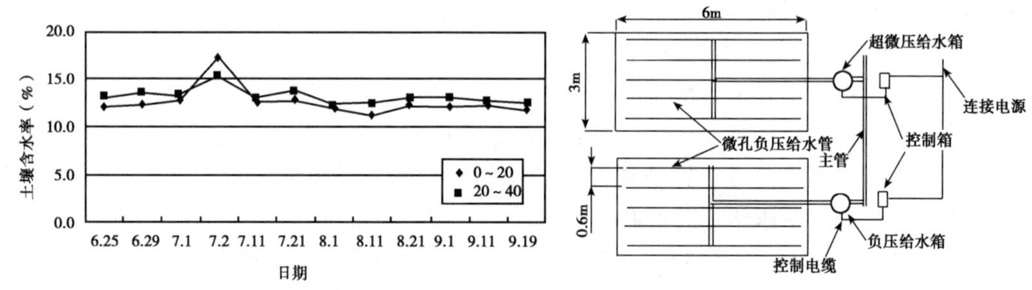

图 9-79　超微压给水田间布置与试验土壤含水率实测过程线

试验成果：从图 9-79 看出其土壤湿度过程线表现负压给水一样，保持了自动连续给水特性，而且无须担忧负压丢失和装备负压修复系统。由于此次试验设备布置较晚，玉米采用移植，产量 11 205kg/hm²（对比 9 750kg/hm²）。试验证明，负压与微压给水器（负压头）与负压自动控制系统运行可靠，实现了连续均匀给水，但没有进入不同作物最适宜的负压值以及获得最好产量下的给水量研究，有待深入试验研究（图 9-80）。

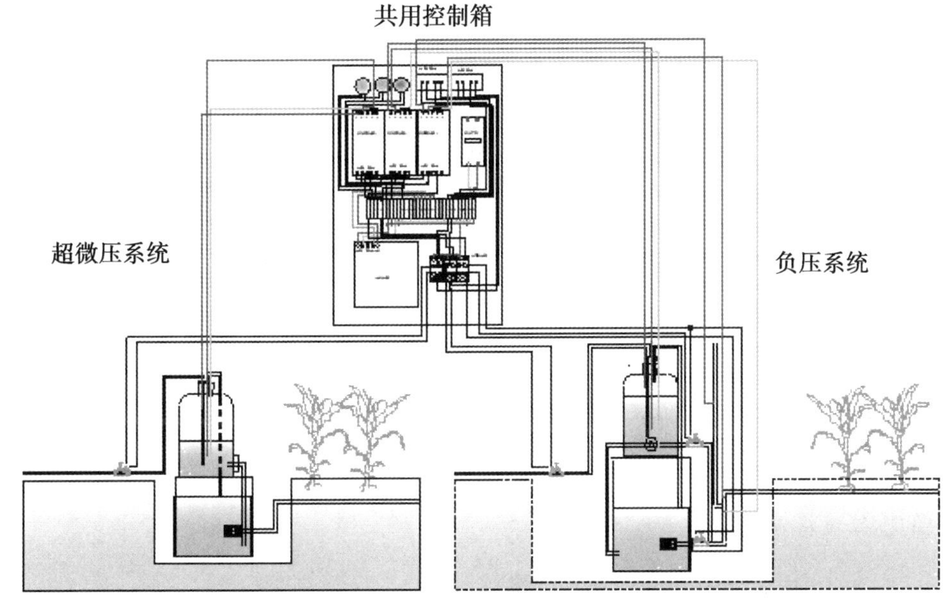

图 9-80　田间负压与超微压给水系统首部控制系统安装

三、毛细给水技术试验

在自然状态下，植物有一部分需水就是靠毛细作用从地下水供给的，土壤一般颗粒在 2~10μm，最小黏粒可达 1μm，而组成土壤的高岭土类 $Al_4Si_4O_{10}(OH)_8$ 的离子颗粒最小为 0.7nm，按土壤一般颗粒在 2~10μm 计算，其毛细力在 400~50cm。根据自然现象可模拟毛细力并接入水管，就能将水靠土壤的毛细力吸到土壤中。

1. 毛细给水的特点

毛细给水是利用土壤的毛细力通过毛细给水器将水吸入土壤，是一种由植物自动控制的另一种给水形式。其特点：一是毛细给水器下端必须深入水源；二是水源水位一般要在毛细给水器透水部分之下，以保证给水器以非饱和状态向土壤供水；三是装有减压措施的毛细给水器可在有压状态下运行，要在自动给水状态时应有压力限制，以保证不产生自由流（图 9-81）。

2. 不同材质毛细给水试验示例

试验装置：毛细给水器是由不同纤维组成，备好秒表、天平、加水烧杯、卡尺。

试验成果：试验开始记录不同时间吸水高度及最后吸水量。成果列在表 9-49 中。

几种纤维，放在玻璃管内，玻璃管长在 50cm 左右，架好玻璃管，然后放在盛水皿中，试验选择不同纤

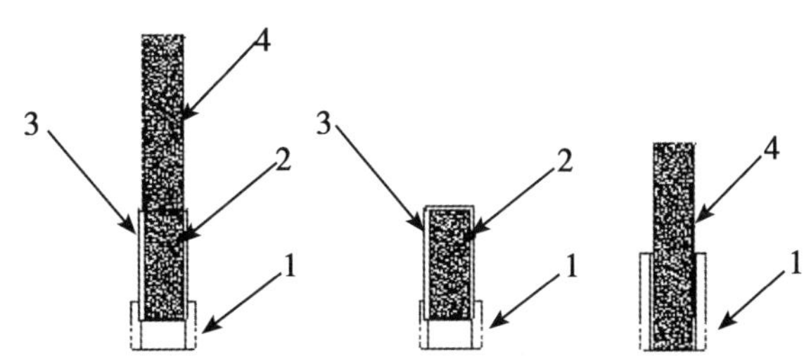

图 9-81　毛细给水器组合类型

左：微压毛细综合型；中：微压毛细型 右：零压毛细型；1. 连接螺管；2. 塑料毛细纤维填料；3. 微孔塑料负压管；4. 微孔薄膜套

维，测定给水速度、给水量。

表 9-49　毛细给水试验

项目	单位	紧棉绳	松紧带	棉条
孔隙	(um)	30	10	15
干物重	(g)	0. 56	0. 84	0. 40
吸水量	(g)	5. 04	3. 36	5. 20
上升高	(cm)	4. 7	11	8
历时	(s)	395	395	395
流量	(g/min)	0. 76	0. 51	0. 79
升速	(cm/min)	0. 71	1. 67	1. 22
吸水比		8. 93	3. 98	13. 00

试验成果表明，微孔越小，毛细水上升越高（这里试验是松紧带），但吸水量不如孔隙略大的棉条（图 9-82）。

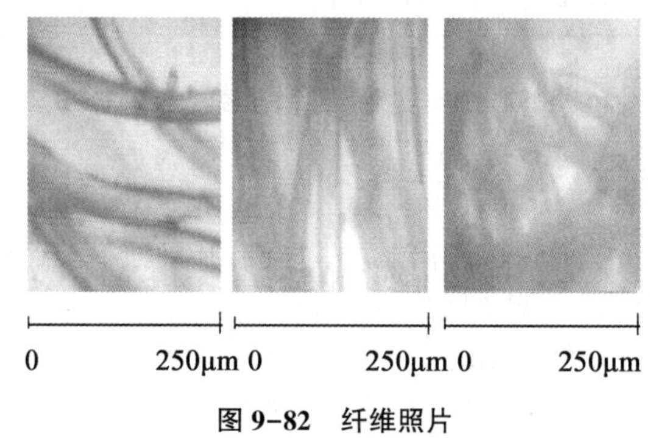

图 9-82　纤维照片

左图：紧棉绳 中图：松紧带右图：棉条

四、痕灌给水系统

痕灌由两部分组成，一是输水部分，二是痕灌控水头（也是负压给水）（图 9-83），输水系统只需要很低压力，以满足灌溉水输送压力损失即可，相比滴灌工作压力小得多。痕灌控水头由两部分组成：一是镶嵌在末级给水管内的开孔处上面的微孔膜；二是镶嵌在开孔内的毛细管。微孔膜可过滤能堵塞毛细管的水中杂质，保证负压水流畅通。由于给水头采用了毛细管，能将管内水流保持在负压状态，使负压状态的水与土壤、根系、茎叶负压水循环连成一体，作物在大气蒸腾力作用下控制负压水流的启动权，所以，痕灌也是连续给水。痕灌与负压给水、毛细给水同属植物智能灌溉范畴，需水多少由作物决定。

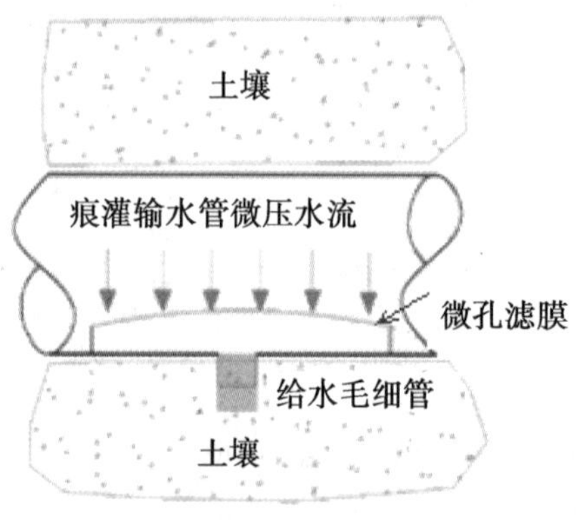

图 9-83　痕灌给水头结构图

（引自 360 百科）

第九章附表 1 各种型号水泵符号的含义之一

水泵种类				举例	型号中字母的意义	型号中数字的意义
离心泵	单级单吸	改进型号	BP 型	65BP-55	BP：喷灌用离心泵	65 泵吸入口径为 65mm 55-扬程为 55mm
			BPZ 型	50BPZcz-45	BPZ：喷灌用自吸式离心泵 CZ：0 柴油饥直联	50-泵吸入口径为 50mm 5-扬程为 45m
	单级单吸	原型号	BP 型	2.5BP-55	BP：喷灌用离心泵	2.5-泵吸入口径 2.5 55-扬程为 55m
			BPZ 型	$2BPZ_{sz}$-45	BPZ：喷灌用自吸式离心泵 Z：直联	2-泵吸入口径 2 5-功率为 5 马力 45-扬程为 45m
		改进型	lB 型 IS 型	IB 80-50-250 lS	I：国际标准第一代号 B：“泵”汉语拼音第一字母 ls：国际标准	80-泵吸入口径 80mm 50-泵排出口径 50mm 250 叶轮名义直径 250mm
		原型号	BA 型	6BA-18A	BA：单级单吸悬臂式离心泵	6-泵吸入口径 6in 18-比转数为 180 A-泵的叶轮外径车小
			B 型	4B—35	B：单级单吸悬臂式离心泵	4-泵吸入口径为 4in 35-扬程为 35m
	单级双吸	改进型	S 型	150S—50	S：单级双吸卧式离心泵	150-泵吸入口径为 150mm 50-扬程为 50m
		原型	Sh 型	10Sh—19	Sh：单级双吸卧式离心泵	10-泵吸入口径为 10in 19-比转数为 19

附表 1 各种型号水泵符号的含义之二

水泵种类				型号举例	型号中字母的意义	型号中数字的意义
离心泵	多级分段	改进型号	D 型 DA_1 型	D25—50X12 DA_i-80X2	D：分段式多级离心泵	1-第一次改进设计 25-流量为 $25m^3/h$ 50、80 一单级扬程为 50m、80m；2、12-泵的级数为 2 级、12 级
		原型号	DA 型	4DA—8X5	DA：分段式多级离心泵	4-泵吸入口径为 4in 8-比转数为 80 5-泵的级数为 5 级
井泵	长轴井泵	改进型	JC 型	L00JClOX 23	JC：长轴离心深井泵	100-适用最小井径 . 100mm 10-流量 $10m^3/h$ 23-泵的级数为 23 级
		原型号	JD 型	6JD36X8	JD：深井多级泵	6-适用最小井径 6in 36-流量 $36m^3/h$ 8-泵的级数为 8 级
			J 型	lOJ80xlO	J：机井用泵	10-适用最小井径为 10mm 80-流量 $80m^3/h$ 10-泵的级数为 10 级

（续表）

水泵种类				型号举例	型号中字母的意义	型号中数字的意义
井泵	深井潜水电泵	改进型号	QJ 型	200QJ80-55/5	QJ：井用潜水泵	200-适用最小井径为 200mm 80-流量 80m^3/h 55-扬程为 55m 5 泵的级数为 5 级
		原型号	NQ 型	8NQ20-125	NQ：农用潜水电泵	8-适用最小井径为 8in 20-流量 20m^3/h 125-扬程 125m
				250NQ50~160/8		250-适用最小井径为 250mm 50-流量 50m^3/h 160-扬程 160m 8-泵的级数为 8 级
微型泵	原型号		WB 型	WBl0-10-80（250B）	wB：微型泵 B：电动机形式	10-泵吸入口径为 10 mm 10-泵排出口径为 10mm 80-叶轮名义直径为 80 mm 250-电动机额定功率为 250W
真空泵	水环式真空泵	改进型	SZ 型	SZ-1	S：水环式 Z：真空泵	1-规格号
		原型	PMK 型	PMK-1		1-规格号
		改进型	SZB 型	SZB 一 4	S：水环式 Z：真空泵 B：悬臂式	4-520×0. 133kPa 时的排气量为 4L/s
		原型号	KBH 型	KBH 一 4	K：悬臂式 B：真空 H：泵	4—520×0. 1331kPa 时的排气量为 4L/s
			SZZ 型	SZZ-4	S：水环式 Z：真空泵 Z：直联式	4-520×0. 133kPa 时的排气量为 4L/s

附表 2　不同温度下泥沙粒径沉降速度表　（单位：mm/s）

泥沙粒径（mm）	水温（℃）			
	0	10	20	30
0. 001	0. 00037	0. 00051	0. 00067	0. 00083
0. 002	0. 00152	0. 00206	0. 00267	0. 0033
0. 003	0. 00341	0. 00463	0. 00601	0. 00748
0. 004	0. 00604	0. 00822	0. 01070	0. 01330
0. 005	0. 00946	0. 01290	0. 01670	0. 02080

（续表）

泥沙粒径（mm）	水温（℃）			
	0	10	20	30
0. 006	0. 01360	0. 01850	0. 02400	0. 02990
0. 007	0. 01850	0. 02520	0. 03270	0. 04070
0. 008	0. 02420	0. 03290	0. 04260	0. 05310
0. 009	0. 03060	0. 04160	0. 05400	0. 06740
0. 010	0. 03790	0. 05140	0. 06670	0. 08320
0. 020	0. 15200	0. 20600	0. 26700	0. 33300
0. 030	0. 34100	0. 46300	0. 60100	0. 74800
0. 040	0. 60400	0. 82200	1. 07000	1. 33000
0. 050	0. 94600	1. 29000	1. 67000	2. 08000
0. 060	1. 36000	1. 85000	2. 40000	3. 17000
0. 070	1. 85000	2. 52000	3. 50000	4. 05000
0. 080	2. 42000	3. 41000	4. 41000	5. 13000
0. 090	3. 06000	4. 19000	5. 55000	6. 18000
0. 100	3. 70000	4. 97000	6. 12000	7. 35000
0. 150	7. 69000	9. 90000	11. 80000	13. 70000
0. 200	12. 30000	15. 30000	17. 90000	20. 50000
0. 250	17. 20000	21. 00000	24. 40000	27. 50000
0. 300	22. 30000	26. 70000	30. 80000	34. 40000
0. 350	27. 40000	32. 80000	37. 10000	41. 40000
0. 400	32. 90000	38. 70000	43. 40000	48. 60000
0. 500	43. 30000	50. 60000	56. 70000	61. 00000
0. 600	54. 30000	62. 60000	69. 20000	75. 00000
0. 700	65. 20000	74. 20000	81. 20000	88. 50000
0. 800	75. 00000	85. 50000	93. 70000	102. 00000
0. 900	85. 50000	96. 00000	106. 00000	114. 00000
1. 000	95. 20000	107. 00000	117. 00000	125. 00000
1. 500	143. 00000	160. 00000	172. 00000	177. 00000
2. 000	190. 00000	205. 00000	205. 00000	205. 00000
2. 500	229. 00000	229. 00000	229. 00000	229. 00000

（续表）

泥沙粒径（mm）	水温（℃）			
	0	10	20	30
3.000	251.00000	251.00000	251.00000	251.00000
3.500	271.00000	271.00000	271.00000	271.00000
4.000	290.00000	290.00000	290.00000	290.00000
5.000	324.00000	324.00000	324.00000	324.00000
6.000	355.00000	355.00000	355.00000	355.00000
7.000	383.00000	383.00000	383.00000	383.00000
8.000	409.00000	409.00000	409.00000	409.00000
9.000	435.00000	435.00000	435.00000	435.00000
10.000	458.00000	458.00000	458.00000	458.00000
15.000	561.00000	561.00000	561.00000	561.00000
20.000	648.00000	648.00000	648.00000	648.00000

参考文献

[1] 陈旉（南宋），万国鼎校释．陈旉农书［M］．农业出版社，1965.
[2] 万国鼎辑释．氾胜之书［M］．农业出版社，1952.
[3] 顾浩，陈茂山．古代中国灌溉文明［J］．中国农村水利水电，2008（8）.
[4] 刘群昌，杨永振，等．非工程措施的节水［J］．潜力分析中国农村水利水电，2003（2）.
[5] 兰州艺术学院文学系55级民间文学小组编著．中国谚语资料［M］．上海文艺出版社，1962.
[6] 联合国粮农组织粮农组织统计年鉴．2009 ttp：//www.fao.org/statistics/databases.
[7] 陈文华．农业考古［M］．文物出版社，2002.
[8] 郭涛．中国古代水利科学技术史［M］．中国建筑工业出版社，2013，1.
[9] 赵振国．中国夏季旱涝及环境场［M］．气象出版社，1999，12.
[10] 崔寔（东汉），石聲漢校注．四民月令［M］．中华书局，1965.
[11] 张履祥辑补．沈氏农书［M］．中华书局 1956.
[12] 吕不韦（战国）．吕氏春秋［Z］．国学网整理发布时间：2012.8.
[13] 宋毅夫．植物负压给水系统中国专利发明人年鉴（第八卷）［M］．知识产权出版社，2007，6.
[14] 宋毅夫．植物负压给水系统发明专利公报［M］．知识产权出版社，2006，8，30：5.

[15]　肖俊夫，宋毅夫，刘战东，南纪琴．作物双节给水研究［J］．中国农村水利水电，2011（11）．

[16]　胡正海．植物解剖学［M］．高等教育出版社，2010，5.

[17]　刘迪秋，王继磊，等．植物水通道蛋白生理功能的研究进展［J］．生物学杂志，2009，10.

[18]　朱美君，康蕴，等．植物水通道蛋白及其活性［J］．植物学通报，1999，16（1）．

[19]　孙大业．植物细胞信号转导研究进展［J］．植物生理学通信，1996. 32（2）．

[20]　刘文娟．陆生植物气孔发育相关基因的进化研究（硕士论文）［D］．中国科学院研究生院，2012.

[21]　刘晴，王宝山，等．植物气孔发育及其调控研究［D］．遗传，2011，2.

[22]　朱燕华，康宏樟，等．植物叶片气孔性状变异影响因素及研究方法［J］．应用生态学报，2011. 1.

[23]　杨洋，马三梅，等．植物气孔的类型、分布特点和发育［J］．生命科学研究，2011，12.

[24]　李时珍（明朝）．《本草纲目》撰成于 1578 年（万历六年）1596 年南京正式刊行．

[25]　于贵瑞．植物光合、蒸腾与水分利用的生理生态学［M］．科学出版社，2010.

[26]　王卫锋．植物整体水分平衡的生理生态调控机制研究（博士论文）［D］．中国科学院大学，2013.

[27]　宁熙平．高级植物学课件 2　http：//www. doc88. com.

[28]　吴平，印莉萍．植物营养分子生理学［M］．科学出版社，2001，4.

[29]　Jerzy LipiecMeasurement of plant water use under controlled soil moisture conditions by the negative pressure water circulation technique Soil Science and Plant NutritionVolume 34，? Issue 3，1988.

[30]　Hidenori IwamaControl of soil water potential using negative pressure water circulation techniqueSoil Science and Plant NutritionVolume 37，Issue 1，1991.

[31]　吴卫熊，邵金华，等．毛细节水灌溉技术的引进及在广西糖料蔗灌溉中的应用［J］．广西水利水电，2015（1）．

[32]　EVAHUST2012（上传）．痕量灌溉用高分子材料的初步研究［Z］．百度文库，2012，2，11.

[33]　肖俊夫，宋毅夫，南纪琴，刘战东．负压给水技术研究［J］．中国农村水利水电，2012（09）．

[34]　南纪琴，肖俊夫，宋毅夫，刘战东．毛细给水器的填料优化及应用［J］．试验灌溉排水学报，2012（03）．

[35]　蒋甫定．毛细管给水管中国专利［P］．专利编号：02134189 申请日：2002，11，28.

[36] 贾中华．重力式毛细管自动给水装置［P］. 专利编号 200420034639 专利申请日：2004，04，29.
[37] Gali Weinreb Exotech Bio Solutions´ biodegradable diaper co.
[38] 肖俊夫，宋毅夫，刘战东，南纪琴，陈玉民．一种毛细给水器［P］. 证书号 zl 2010 1 0229046. 2012，5，23.
[39] c. h. 佩尔（美）. 喷灌［M］. 水利出版社，1980.
[40] On Farm Water Delivery Systems Low Pressure Center Pivot Sp.
[41] 李世瑶，蔡焕杰，等．基于主成分分析的畦灌质量评价［J］. 农业工程学报，2013，12.
[42] 宋毅夫，许贞顺，伍淑荣，等．喷灌水量损失的测定［J］. 喷灌技术，1983（1）：21-25.
[43] 王茜，杨建全，宁夏引黄灌区滴灌冬小麦、玉米灌溉施肥制度研究［J］. 农业科学，2012，40（36）.
[44] 中华人民共和国水利部主编．喷灌工程技术规范［S］. 国家技术标准，GB/T50085-2007，2007.
[45] 中国灌溉排水发展中心等编．卷管牵引绞盘式喷灌机使用技术规范［S］. 中华人民共和国水利行业标准，SL 280-2003.
[46] 中华人民共和国工业和信息化部编．圆形（中心支轴式）和平移式喷灌机［S］. 中华人民共和国行业标准，JB/T 6280-20.
[47] 水利部农村水利司灌排中心．中心支轴式喷灌机、绞盘式喷灌机运行管理培训手册，2012.
[48] 兰才有．中心支轴式喷灌机灌溉系统规划设计 . 2013 年东北工程设计培训课件（葫芦岛市）.
[49] 严海军．基于变量技术的圆形和平移式喷灌机水量分布特性的研究［D］. 北京：中国农业大学博士学位论文，2004.
[50] 宋毅夫．作物喷灌灌溉规律的研究［J］. 喷灌技术 . 1987（1）：7-13. .
[51] 吴玉柏，黄俊友，等．玻璃钢防渗渠道的研制［J］. 河海大学学报（自然科学版），2002（05）.
[52] 黄俊友，吴玉柏，等．玻璃钢防渗渠道的制作和铺装工艺［J］. 防渗技术，1998（03）.
[53] 国家标准农田低压管道输水灌溉工程技术规国家标准化委员会 GB/T 20203-2006.
[54] 水利部农水司等．管道输水工程技术［M］. 北京：中国水利水电出版社，1998.
[55] 张鹏．浅谈长距离高扬程输水工程梯级泵站的分级［J］. 甘肃水利水电技术，2014，6.
[56] 屠本．管道输水工程规划设计要点南水北调［J］. 水利科技，2002（3）.
[57] 李俊．长距离输水管路水锤综合防护措施研究［J］. 郑州大学，2012，5.

[58] 郑成志，高金良，等．长距离平坦输水管线负压防护措施分析［J］．中国给水排水，2012，1.
[59] 曲世林，袁一星，等．长距离输水管线的非恒定流动分析［J］．中国给水排水，2005，12.
[60] 刘芳．浅谈长距离输水管线的设计要点［J］．水科学与工程技术，2006（增刊）.
[61] 赵琳．灌区信息化系统建设及现代化管理模式研究［D］．河海大学学位论文，2005，6，1.
[62] 湖泊．江苏省节水型生态灌区评价指标体系研究与软件调开发［D］．扬州大学学位论文，2011，6.
[63] 李亚江．黑河引水工程输水暗渠安全监测方案设计［J］．科技创新导报，2010（25）.
[64] 胡志远．长距离暗渠输水模式的创新［J］．中国给水排水，2009，8.
[65] 严亚敏，李军安．长距离输水暗渠沉降观测系统的建立［J］．陕西水利，2011（01）.
[66] 刘德仁，赖远明，等．寒冷地区无压输水暗渠运行模型试验研究［J］．冰川冻土，2011，12.
[67] 魏艳秀，石津．干渠田庄暗渠段输水方案优选［J］．水科学与工程技术，2014（4）.
[68] 贺海兵．长距离梯级泵站输水工程优化设计（学位论文）［D］．西安理工大学，2013，4.
[69] 周广钰，吴辉明，等．某长距离管道输水工程停泵水锤安全防护研究［J］．人民黄河，2015，10.
[70] 马世波，张健长．距离输水工程停泵水锤防护措施研究［J］．人民长江，2009，1.
[71] 朱满林，杨晓东．长距离输水泵站管道优化设计［J］．水利学报，1998（S1）.
[72] 蒋任飞，白丹，等．泵站加压输水系统的优化［J］．西安理工大学学报，2004，20.
[73] 谢基韬．灌区节水改造中防渗渠道断面的优化设计［J］．新材料新装饰，2014（8）.
[74] 依布拉音·斯义提．不同类型渠道防渗特点与效果分析［J］．现代农业科技，2012（19）.
[75] 李安国，等．渠道防渗工程技术［M］．中国水利水电出版社，1999，12.
[76] 何武全．中国渠道防渗工程技术的发展现状与研究方向［J］．防渗技术，2002，3.
[77] 匡强浅．谈渠道与渠系建筑物运行管理的养护措施［J］．城市建设理论研究，2013（38）.

[78] 中华人民共和国国家标准 GB/T 50600-2010 渠道防渗工程技术规范.
[79] 智能控制系统在中心支轴喷灌机上面的应用《2012 全国高效节水灌溉先进技术与设备应用专刊》2012.
[80] 王平. 和田地区节水灌溉工程发展规划探讨 [J]. 黑龙江水利科技，2012 (9).
[81] 安俊波，温新明，等. 喷灌技术在新疆的应用现状及发展趋势 [D]. 中国农业工程学会农业水土工程专业委员会第五届全国学术会议论文集.
[82] 王晓. 新疆节水灌溉行业现状及未来发展趋势 [J]. 中国水运，2010，10.
[83] 陈东，银永安. 新疆膜下滴灌玉米栽培技术推广与应用 [J]. 大麦与谷类科学，2015 (04).
[84] 刘长垠，黄喜良，等. 长河南省发展农田高效节水灌溉成效及对策研究 [J]. 中国水利，2012 (17).
[85] 赵举，黄彬. 鄂尔多斯市鄂托克旗喷灌条件下玉米高产高效机械化栽培技术模式 [J]. 内蒙古农业科技，2011 (03).
[86] 戚凤秀. 浅谈山地丘陵发展喷灌技术及应用 [J]. 科技致富向导，2012 (20).
[87] 刘银迪，王洪亮，等. 云南省高效节水灌溉现状及发展建议 [J]. 人民珠江，2014 (2).
[88] 解桂英，李磊，等. 新时期云南高原农业灌溉发展趋势研究 [J]. 人民长江，2016 (5).
[89] 安俊波，温新明，等. 喷灌技术在新疆的应用现状及发展趋势 [R]. 现代农业水土资源高效利用理论与实践，引自 http：//www. d.
[90] 何辉强. 新疆滴灌技术发展现状及经济效益研究 [J]. 中国科技信息，2013 (08).
[91] 张娜. 2014 年新疆自治区农业高效节水建设取得新进展 [R]. 新疆自治区水利厅农牧水利处，引自 http：//www. jsgg. com. cn 2014，12，23.
[92] 肖俊夫，宋毅夫，刘祖贵. 等玉米节水灌溉 [M]. 中原农民出版社，2015，12.
[93] 崔正辉，翟洪占，等. 玉米膜下滴灌效益分析 [J]. 黑龙江水利科技，2011 (1).
[94] 李宝珠，王从新. 渠水滴灌水质标准与沉淀技术的研究 [J]. 石河子大学学报，2005，2.
[95] 李虎. 引黄灌区滴灌水源沉沙池设计 [J]. 内蒙古水利，2015 (06).
[96] 黎运棻，杨晋营，等. 水利水电沉沙池设计 [M]. 水利水电出版社，2004，09.
[97] 冯向楠，李国英. 浅谈水利建设滴灌系统沉淀池设计和运行中的问题 [J]. 甘肃农业，2012 (13).
[98] 周雯. 额敏县上户镇库二布拉克村牧区滴灌系统沉沙池设计 [J]. 陕西水利，

2015 年水利专刊 .
[99] 中华人民共和国国家标准 GBT 50485-2009 微灌工程技术规范 2009-12-01.
[100] 水利部 . 水利水电沉沙池设计规范 SL269—2001 2001，12，1.
[101] 新疆水利厅 . 河水滴灌重力沉沙过滤池设计、施工与运行管理（试行）2012，8.
[102] 戚印鑫 . 河水滴灌重力沉沙过滤池对河水泥沙处理效果的试验研究［J］. 中国农村水利水电，2014（4）.
[103] 王正中，陈涛，等 . 明渠临界水深计算方法总论［J］. 西北农林科技大学学报（自然科学版），2006，1.
[104] 水利部 . 微灌工程技术规范 SL103-95.
[105] 建设部 . GBT 50485-2009 微灌工程技术规范 .
[106] 建设部 . GB 50014-2006（2014 年版）室外排水设计规范 .
[107] 孔庆熔，江春波，等 . 南水北调中线自流式加压泵站泵后负压分析［J］. 南水北调与水利科技，2007，10.
[108] 中国工程建设标准化协会 . 标准城镇供水长距离输水管（渠）道工程技术规程【CECS193-2005】2006 中国计划 .
[109] 水利部 . 泵站设计规范 GB-T50265-97_ GAOQS 1997.
[110] 安荣云，陈乙飞，高扬程 . 长距离输水管线停泵水锤分析与防护［D］. 全国给水排水技术信息网 2009 年年会论文集，2009.
[111] 王航 . 不同类型调压塔在有压管道水力过渡过程中的水锤防护作用分析研究（学位论文）［D］. 长安大学，2012，5.
[112] 杨磊 . 输水管道内壁防腐的新方法［J］. 材料保护，1993，2.
[113] 罗志翔 . 大中口径长距离输水管道防腐蚀技术［J］. 腐蚀与防护，2000，3.
[114] 吴建廉 . 金钟水利枢纽引水配套工程长距离输水管道安全措施探讨［J］. 水利科技与经济，2009，11.
[115] 白峰，邓军 . 埋地给水管道不均匀沉降破坏防护问题的研究［J］. 青岛建筑工程学院学报，1997，18（3）.
[116] GB 50014-2006（2014 年版）室外排水设计规范 .
[117] 穿越腾格里沙漠的输水暗渠 . 人民网中央电视台 2011，03，06. 06：32 视频 .
[118] 隋学群，宋雪峰 . 龙江县土壤侵蚀状况及其治理措施［J］. 黑龙江水利科技，2009（4）.
[119] 顾卫，蔡雪鹏，等 . 植被覆盖与沙尘暴日数分布关系的探讨［J］. 地球科学进展，2002，4.
[120] 柏晶瑜，施小英，等 . 西北地区东部春季土壤湿度变化的初步研究［J］. 气象科学，2003，8.
[121] 内蒙古质量技术监督局 . 七种气象灾害等级 DB15 2008.
[122] 原鹏莉，常忠庆 . 晋城市小麦干热风的发生与防治［J］. 农业技术与装备，

2013（02）.

[123] 胡园春.枣庄市峄城区1977—2011年小麦干热风发生规律及防御对策［J］.农业灾害研究，2012.2（5）.

[124] 国家标准化委员会.主要农作物高温危害温度指标 GB/T 21985-2008.

[125] 何永梅.高温对玉米的危害与预防措施［J］.中国农资，2013（23）.

[126] 刘德祥，孙兰东，等.甘肃省干热风的气候特征及其对气候变化的响应［J］.冰川冻土，2008，2.

[127] 苏翔，马光锐，等.俩农户抵御干热风危害玉米制种获高产的调查［J］.现代农业，2000（03）.

[128] 中华人民共和国气象行业标准（QX/T 82-2007）.小麦干热风灾害等级［M］.气象出版社，2007.

第十章　玉米灌溉排水工程

玉米是中国主要粮食作物，并分布在全国各地，由于中国季风性气候特点，降水量时大时小，旱涝交替，而玉米喜水又怕涝，自然条件不能满足玉米正常发育需要，必须对玉米生长水环境进行调节，以满足玉米的稳产高产，保障中国粮食需求的安全，因此，灌溉与排水工程在中国各种类型地区都需要进行建设。本章将简要介绍中国灌溉排水工程类型与设计要点。

第一节　中国灌溉排水工程特点与分布

灌溉排水是中国自古以来同自然水旱灾害斗争实践中产生的一套完整理论和工程传承。记录了5 000年的农耕文化、灌溉文化，是中华民族同自然斗争的宝贵精神财富与技术财富。

一、中国灌溉排水理论传承性

1. 中国最早创立农田水利理论

中国盘古开天以农立国，在这块美丽富饶的土地上唯一不足的是受季风型气候影响，降水年内各月分配过程线是单峰型，夏季雨多春秋雨少，常造成春旱夏涝。自古以来中国人的祖先就展开了与水旱灾害的斗争，有文字记载就有五千年历史，禹王治水距今已有4 100多年，禹王开启了华夏与水旱斗争的水利史，在后续历代中继承了禹王与自然灾害斗争的精神，对江河筑堤坝浚河道治其害，修沟渠引河水溉农田，逐步形成了中华民族与自然灾害斗争的一套完整的水利学说，到宋朝（公元1068年）就总结提出了完整的农田水利理论“农田水利约束”。

2. 灌排工程修建历史悠久

古代中国修建了大量的水利防洪、灌溉、排水工程，如战国时期，在河南安阳漳水河上修建的“十二渠”（公元前403年）、在四川修建著名的“都江堰”（公元前256年）；汉朝时修建的六辅渠、龙首渠、成国渠、六门陂；宋朝时修建的大型的灌排工程“太湖塘浦圩田”，旱可灌涝能排，这些工程至今仍在利用（表10-1）。

表10-1　中国古代水利灌溉工程

朝代	年代（公元）	工程名称	位置	灌溉规模（万 hm^2）	主要工程	负责人
夏	前2100—1700	大禹治水	黄河长江	平原	修遂、沟、洫、浍	大禹

（续表）

朝代	年代（公元）	工程名称	位置	灌溉规模（万 hm^2）	主要工程	负责人
周	前 1100—771	灌排系统	九州	各地	浍、洫、沟、遂、畎、列	
春秋楚	前 605	期思雩娄	河南固始	6.67	凿史河大型引水灌溉工程	孙叔敖
	前 591	芍陂	安徽寿县	26.67	筑堤蓄水灌溉工程	孙叔敖
春秋晋	前 455—453	智伯渠	山西	20.00	筑坝引汾、晋二水灌晋阳	智伯
战国	前 256	都江堰	四川	133.33	岷江引水枢纽	李冰
	前 403—221	漳水十二渠	河北临漳	13.33	陂塘、陂渠、水库、坎儿井	西门豹
	前 279	白起渠	湖北宜城	20.00	蛮河引水与陂塘相串连	白起
秦	前 247	郑国渠	陕西	20.00	渠西引泾水，东注洛水	郑国
西汉	前 206—8	白渠	南阳	20.00	白、六辅、成国、龙首等	白公
	前 34	六门陂	南阳	20.00	断湍水立石碣开三门提水位	召信臣
东汉	141	鉴湖	绍兴	6.00	纳山阴、会稽县 36 源水为湖	马臻
	249	戾陵堰	河北	6.67	引潮白河水堰体用石笼砌成	张湛
北魏	445	艾山渠	宁夏吴忠	26.67	引黄河	刁雍
南朝宋	744	东钱湖	宁波	0.67	开山筑堤连接成人工湖灌田	陆南金
唐	833	它山堰	鄞江镇	1.33	鄞江的御咸蓄淡引水灌溉	王元玮
北宋	1043	太湖圩田	江苏太湖	6.67	高田塘浦和低田水网圩田	
	1101—1126	桑园围	广东南海	1.33	围堤共长一万四千丈	
元明清	1271—1840	两湖垸田	荆江洞庭	0.27	築堤設閘成一个独立的水系	
	1276—1840	滇池水利	云南昆明	2.00	疏浚螳螂川浅滩修建松华坝	赛典赤
	1644—1840	吐鲁番坎井	吐鲁番	2.67	坎儿井地下地渠涝坝	
元明清	1709 年	八堡圳	彰化市南	2.20	引浊水溪灌溉八堡	施世榜

随着水利工程的修建，灌排工程管理机构也逐步形成体系，地方管理官员将实践上升总结，著书立卷为后人留下宝贵财富。同时，国家管理也进入立法，春秋时《札记．月令》中有司空职责部分记载，完整水利法规出现汉朝的《水令》、唐朝的《水部式》、宋朝《农田水利约束》等。中国有文字记载的水利官员始于远古尧时期，朝政设“司空”掌管水利、建筑，先秦时即设有“水官”，东汉将司空、司徒和司马并称为三公，隋、唐、宋三代都在工部之下设有水部。在治水中也逐步出现水利专家对江河湖泊水土资源分布、分类进行区划[5]，留下宝贵的灌溉文化和动人的故事（表 10-2），这些可从现存的水利景点中得到验证，如有名的：芍陂（春秋公元前 598 年位徽省寿县）、都江堰、二王庙（秦 256 年四川都江堰市）、郑国渠（秦朝公元前 246 修建位陕西省泾阳县）、灵渠（秦公元前 214 年位广西兴安县）。

表 10-2　中国古代有关农田灌溉著作

朝代	年代（公元、年）	水利著作	作者	主要成果
周	前 11 至前 771	周礼．卷六考工记	周公	匠人为沟洫：灌排系统
春秋	前 551 至前 479	尚书．夏书·禹贡	孔丘	治水
	前 403 至前 221	春秋·圜道	吕氏	天地物人轮回论
战国	前 256	管子·地员、度地	管仲	水气植古典循环说
东汉	141	汉书．沟洫志	班固	古代水系沟渠考察纪实
北魏	524	水经注	郦道元	古代水系考察纪实
唐	618—907	水部式	唐	唐朝水法
北宋	1060	水利图经	程师孟	淤灌
	1068	农田水利约束	宋	宋代水法
	1072	吴门水利书	郏亶	太湖灌溉系统经验与教训
	1088	吴中水利书	单锷	太湖水利系统
	1149	农书．地势	陈旉	农田水利建设
	1342—1344	泾渠图说	李好文	泾渠建设与管理
元	1313	农书．灌溉篇	王祯	灌溉工程与设备
	1627	农政全书．水利	徐光启	灌溉工程水法
明	1637	天工开物．乃粒	宋应星	作物灌溉与设备

3. 广袤大地造就了多样丰富的灌溉排水文化

中华大地辽阔雄伟壮丽，祖先们谱写了绚丽多彩的灿烂的灌溉文化，在同洪涝灾害的斗争中养育传承了 13 亿人口就是最好的证明，修建了数千万千米的堤防，抵御了万千次的洪涝；修建了湖塘堰坝，灌溉了数万顷的农田，战胜千百次的干旱，前仆后继涌现了众多的历代风流人物，写下了厚重的灌溉文化篇章，禹王的精神在中华大地上永远的传承。

二、中国灌溉排水工程的多样性

中国降水量分布与地形的多样性，决定了各地采用的灌溉排水工程模式不同，平原、沙漠、丘陵、高原、大山、滨海采用的灌排工程结构与布局都有其独特形式，但在工程组成的单元与选用材料上却有其共同性。

1. 灌溉农业区的灌溉排水工程模式

中国西北农牧地区降水 20～400mm，个别跨国西部边界少数区域降水 500～800mm，大部分区域是没有灌溉就没有农业的灌溉农业区，灌溉排水工程模式的特点如下：

（1）灌溉工程模式。灌溉工程模式主要有以下 3 种。

①古老的坎儿井：坎儿井有千年历史，但今天已融入现代灌溉系统中，其水源没变，进行了田间工程配套，主要分布在吐鲁番、哈密、乌鲁木齐、昌吉四地市（图 10-1、图 10-2）。

②冰雪融水灌溉：主要分布在塔里木河流域，塔里木河由九大水系（孔雀河，迪那

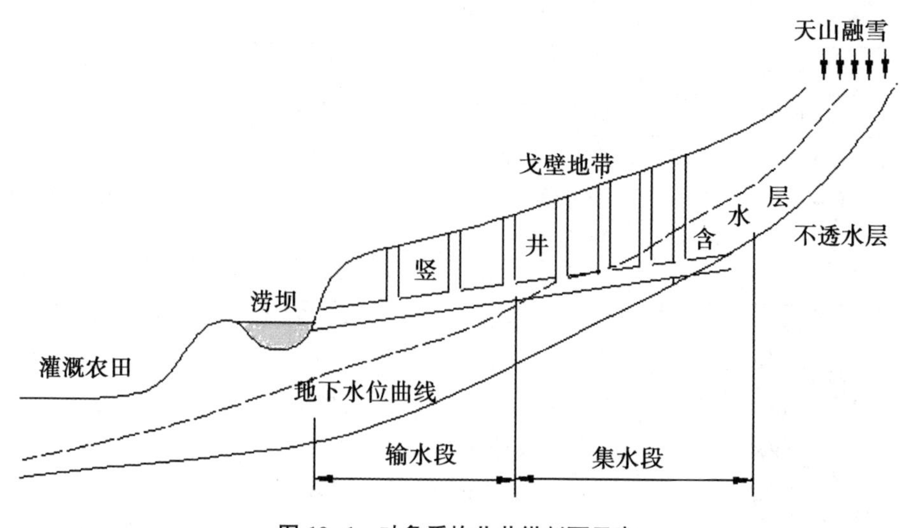

图 10-1 吐鲁番坎儿井纵剖面示意

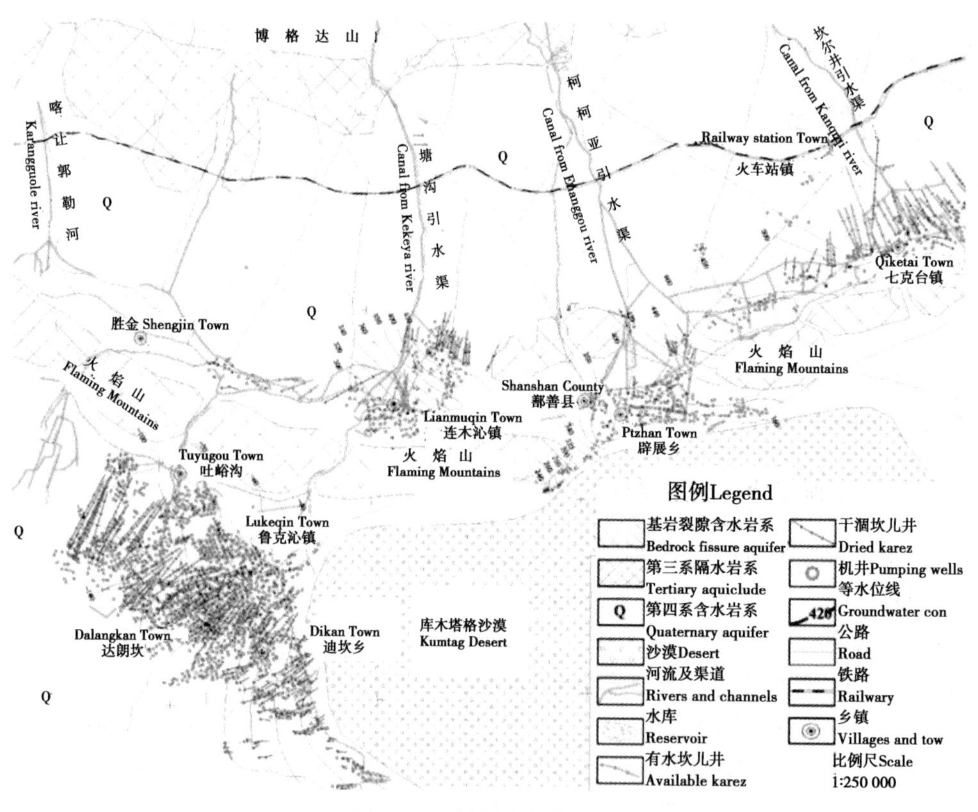

图 10-2 鄯善坎儿井现状

（引自近 60 年鄯善县地下水补排量演变与坎儿井流量衰减关系[9]）

河，渭干河，库车河，喀什噶尔，叶尔羌河，和田河，克里雅河，车尔臣河）组成。河水主要源自南疆天山和昆仑山冰雪融化与降水汇流，总径流 398 亿 m^3，其中，冰川融水占 47.9%、雨雪占 27.9%、地下水补给占 24.2%。农田灌溉面积 95 万 hm^2 占灌溉区域面积 75%（图 10-3）。

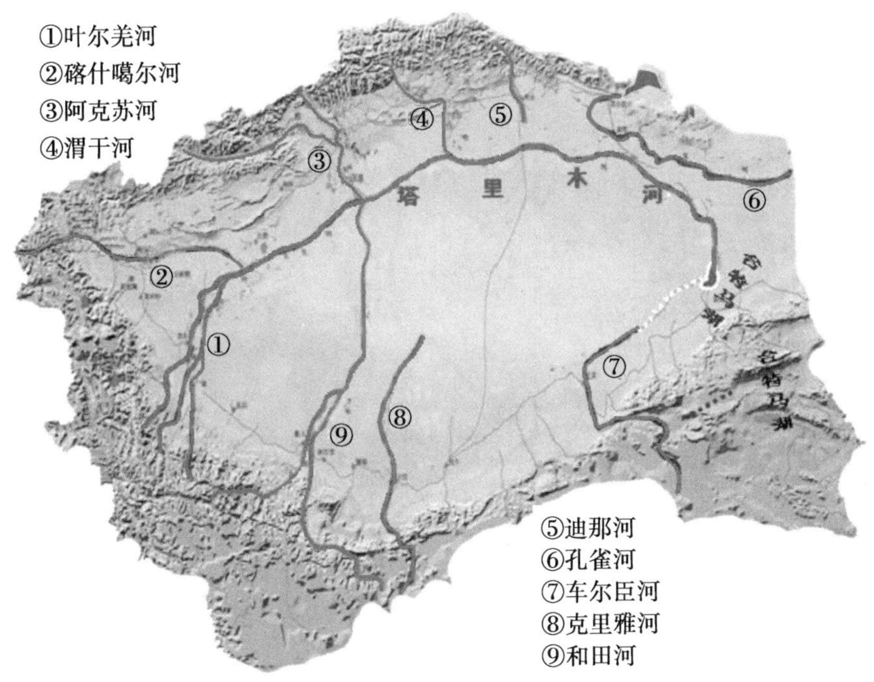

图 10-3　冰雪融水典型灌溉新疆塔里木河流域水系

新疆灌溉供水工程形式主要是自流引水，占供水量的 68%（表 10-3）。

表 10-3　不同灌溉区供水工程形式组成对比表　（水量单位：亿 m^3）

灌溉类型	典型省份	总计	泵站		引水		蓄水		机电井	
			合计	其中灌溉	合计	其中灌溉	合计	其中灌溉	合计	其中灌溉
干旱沙漠	新疆	525.99	4.16	3.90	357.21	341.49	91.55	87.98	73.06	64.73
		比值	0.01	0.94	0.68	0.96	0.17	0.96	0.14	0.89
大平原	河北	194.93	3.39	2.96	22.98	19.46	27.26	12.28	141.30	110.50
		比值	0.02	0.87	0.12	0.85	0.14	0.45	0.72	0.78
黄土高原	陕西	84.45	12.30	10.92	19.85	16.68	24.34	14.17	27.96	14.96
		比值	0.15	0.89	0.24	0.84	0.29	0.58	0.33	0.53
高山区	云南	142.90	5.63	4.92	69.88	60.56	66.09	50.27	1.30	0.62
		比值	0.04	0.87	0.49	0.87	0.46	0.76	0.01	0.48

注：表中 * 表示单项占合计比值；** 其中，指灌溉占单项的比值

（数据引自参考文献［13］）

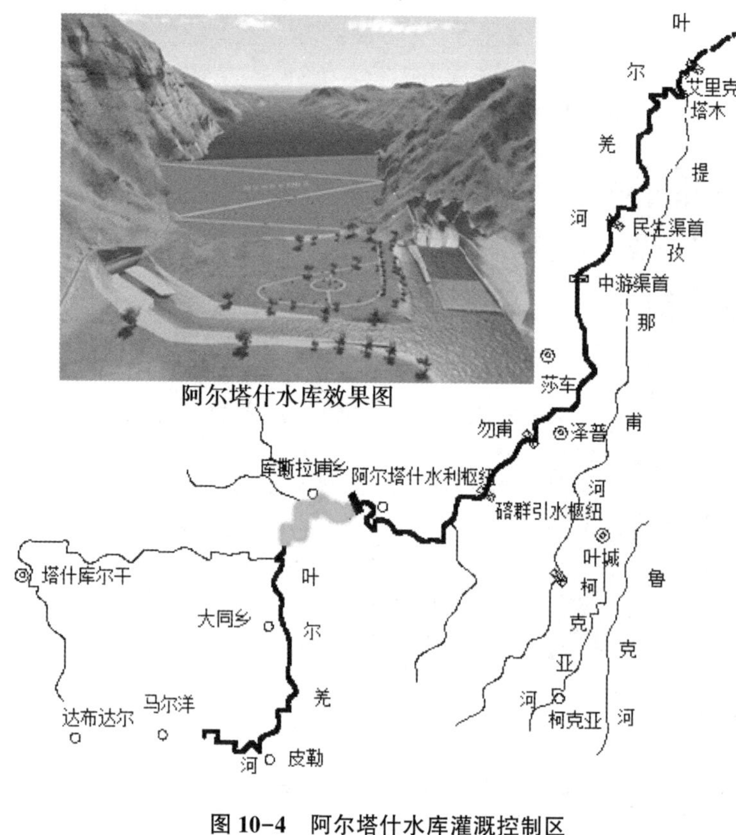

图 10-4　阿尔塔什水库灌溉控制区

（引自参考文献［11］）

③水库调蓄灌溉：新疆改革开放后，进行数次水利规划，截至 2007 年总库容 40 亿 m^3，尤其最近进行了大型水库阿尔塔什水利枢纽工程建设，总库容 22 亿 m^3，阿尔塔什水库建成后极大改善南疆的灌溉、防洪现状。当前新疆水库供水只占 17%。

（2）排水工程模式。中国西北灌溉农业区，降水小于 500mm，但蒸发强烈，暴雨很少，排水除山区外沙漠地区很少产生内涝，强烈的蒸发造成农田盐碱化严重，有 32%的耕地已盐碱化，排水是治理盐碱化最佳方案。排水主要有 2 种模式（图 10-4）。

①农田排水系统：在灌溉农田规划布置灌溉系统的同时也规划布置排水系统。

②治理山洪排水系统：与山丘区小流域治理、水土保持规划相结合，对山洪、泥石流、滑坡等采取工程措施与预测预报信息化建设相结合。

2. 大平原灌溉排水工程模式

大平原灌溉排水特点是：地面平旦，水源或承泄区与农田的高差小，与高原、山丘区不同，后者高差大，灌溉成本要高。中国三大平原有松辽平原、黄淮海平原、两湖平原等。

（1）平原区灌溉工程模式。平原区灌溉水源主要有 2 种：一是地下水；二是地表径流调蓄水。

①井灌工程模式：井灌是中国大平原主要灌溉工程形式，全国到 2014 年有效灌溉面积 6 454万 hm^2，有机电井 469 万眼，机电井灌溉面积占总灌溉面积的 50%。其中，井灌比重最大是河北省，占该省国民经济总供水量的 72%，其中，灌溉用水占总供水量的 78%（表 10-3）。

②自流灌溉工程模式：当水源高于灌溉农田时，采用自流灌溉系统灌溉，一般由控制枢纽（节制闸、引水闸、橡胶坝、截潜坝）将水引入输水渠道，分配到田间农田。平原

区在山丘与平原过度带有自流引水条件，但占比例较小，河北省仅占总供水量的 12%。

③泵站灌溉工程模式：当水库、湖泊、河流中水位无法满足自流给水时，需要将低水位水源的水，用加压泵站将水提入灌溉渠系中。

（2）平原区排水工程模式。平原排水工程主要有两种类型，自流排水系统，机排排水系统。

①自流排水工程系统：当农田地面高于承泄区水面时，可采取自流排水系统，对于无堤防的承泄区，可采用开敞式沟渠自流排出农田。当承泄区有堤防时，排水沟渠需要穿越堤防，可修建闸涵穿越河堤，一般采用回水堤、抢排闸在外河水位低于农田水面时，进行抢时间将内水排出。

②泵站排水工程：平原洼地，内水需要采用机械提水，用有压水流排到承泄区。典型平原涝区如辽宁省辽河中下游平原，机械排灌面积 1 391千 hm^2，其中，机械排水面积占排灌泵站控制面积的 21%。

3. 高原灌溉排水工程模式

中国西北山西省、陕西省、甘肃省一带海拔 800～3 000m，属黄土高原，地势起伏地形破碎，多墚、峁、沟谷、垄板地形，由沟谷隔断成零碎的墚峁，将河谷水源提到墚峁坡地上进行灌溉，形成高原灌溉特性，泵站灌溉面积占供水面积比重为全国最大，超过 15%（表 10-3）。

（1）高原灌溉工程模式。高原灌溉工程特点如下。

①高扬程扬水站：由于高原土层厚达百十米，河流万千年冲刷形成的河谷与塬面高差也在数百米，用河水灌溉塬地，泵站扬程低则数十米，高则数百米，有的需要二级提水，图 10-5 是山西夹马口灌区工程及泵站分布图，是高原典型实例。

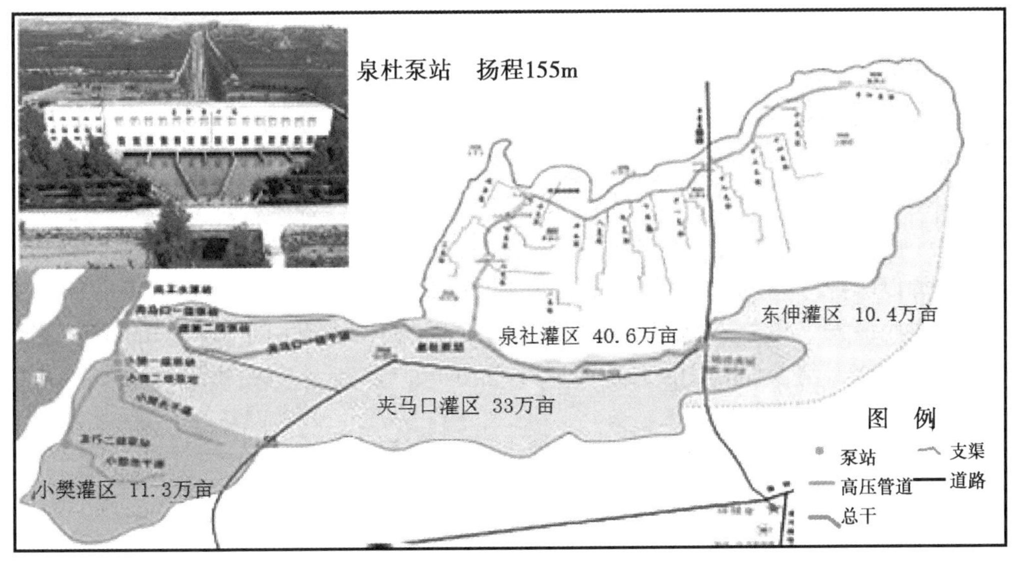

图 10-5　夹马口灌区

（引自 2015. 7. 25 山西新闻网问渠一文插图）

②多级泵站：由于扬程高与流量大，在建站设计中无法用一级泵站完成，需要多级才能将河水送到塬地，图 10-5 夹马口灌区由三级泵站组成：黄河水面大型浮动式泵站、不同高度分别布置二级、三级泵站将河水送到塬地农田。

③渠系障碍多：由于高原被沟壑切割水渠需要修建跨越建筑物，所以，一条干支渠往往需要建造渡槽、倒虹吸、跌水等跨越建筑物。

（2）高原排水工程模式。黄土高原墚、峁、沟谷地块零散，排水要与小河治理、水土保持、山洪治理相结合，小河治理有堤防、丁坝、顺坝、潜坝、锁坝、格坝、护底、护岸等工程；沟谷有淤地坝、沟坝、排洪渠、鱼鳞坑；防洪排水用截流沟、导洪沟、撇水渠、跌水、泄水渠、滞洪、蓄水等（图 10-6）。

图 10-6　永和县西峪沟梯坝滩综合治理

（引自山西经济网杨顺昌等 2015. 1. 30）

4. 高山区灌溉排水工程模式

（1）高山区灌溉工程模式。在西南高山区，海拔 2 000~3 000m 的高原与山地，种植玉米与水稻，要根据地势与水源分布，采用不同灌溉工程，将水送到田间。

①梯田灌溉：山坡陡峻，比降大无法灌溉，只能在相同高度开辟平整土地，建成梯田并修建梯田灌溉工程。

②取水工程多样：山上梯田高差大，根据地形和周围自然条件，采用收集雨水、小型储水池、塘坝、水库工程进行自流灌溉；山丘到平原过渡区，修建引水工程自流灌溉；山脚洼地，不能自流区，建灌溉站提水灌溉。

③水源以引蓄为主：山区可利用大比降由河流自流引水、利用峡谷建水库蓄水，灌溉用水引水占比最大，次之蓄水，建站提水最少，如云南省灌溉用水占供水的 49%、四川省占 60%。提水云南省占供水的 4%、四川省占 5%。蓄水云南省占供水的 46%、四川省占 35%。

（2）高山区排水工程模式。

①分段排水：山区一般农田比例小，如贵州素有“八山一水一分田”之说，为保护农田不受洪水侵害，可按三段修建排水工程：第一段要将山上雨水截流和导流使之不进入农田；第二段是山与河流冲淤阶地或三角洲平地的过渡段，该段是梯田分布区，在梯田区构筑排水系统；第三段是山脚平地，按平原规划灌排沟渠。

②防治山洪：山区山高坡陡，暴雨径流系数大，一般在 0.6 以上，山水冲下山，流急

汹涌，破坏力极强，山洪灾害是自然灾害最普遍最严重的灾害，发生频率远高于其他灾害，山洪治理是山区重要基本建设，治理工程类似高原排水工程，但工程的牢固性要大于黄土高原的工程，因为，山高水流冲击力大于黄土高原。

5. 滨海灌溉排水工程模式

滨海处在中国东部沿海，受西太平洋气候影响，夏季台风施虐，并受海洋影响常受土地盐碱化威胁。

（1）滨海灌溉工程模式。

①提水灌溉：靠近海岸地势低洼，灌溉水源为河水但水位低，因此，用水需要建灌溉提水站。表 10-4 为沿海省份江苏与内陆省份河北的灌溉提水工程对比，明显看出沿海泵站多于内陆。

表 10-4　沿海与内地典型省份提水灌溉工程对比

省份	灌溉面积（万 hm^2）	泵站台数					机电井（万眼）
		大型泵站	中型泵站	小型泵站	规模以下	合计	
		流量>50	流量>10	流量>1	流量<1		
江苏	480	58	356	17 398	71 075	88 887	117
河北	378	3	102	1 240	1 737	3 082	346
万公顷对比江苏/河北		15.2	2.7	11.0	32.2	22.7	0.26

注：表中泵站台数对比是按每万公顷拥有量的对比

（数据分别取自两省水利普查报告）

②防海潮：沿海农田需要建设防海潮的工程，如防潮闸、防风浪及防台风的海堤。

③压盐工程：为防止盐碱化农田需要建设防海水侵入工程，如淡水压盐井群，河口处防止海水倒灌建防潮闸等。

（2）滨海排水工程模式。

①排水站：在河道防洪堤坝阻隔形成的排水区，需要建站排水。

②净化排水水质：为保持海洋资源，直接排入海洋的排水工程，要求田间排出的水质要达标，不符合排放标准水质应该在排水渠道中采取生物净化工程措施，如排水渠道中种植降解植物等。

6. 雨养农业雨水利用与排水工程

（1）雨养农业雨水利用。雨养农业无灌溉工程，但应该有雨水拦截工程，以增加雨水用量，当暴雨发生时再排出。工程类型有：外水引入系统，如截留沟、分水口（将没有耕作的地面雨水截流进农田）等；本地农田截留埂，在垄作的沟中设土埂，拦截雨水。

（2）雨养农业排水工程。雨养农业虽然没有灌溉渠系网，但必须设置排水系统，因为，中国的暴雨特点是雨大并集中在夏季，干旱过后突然便是暴雨来临，如果没有排水工程，将遭受内涝灾害。排水系统工程与灌溉农田基本一致。

三、中国灌溉排水工程的融合性

中国季风型气候，降水年内分布呈单峰分布，在干旱过后突然就发生暴雨的概率很高，加之气候的多样性，这就决定了中国灌溉排水工程具有的融合性特征。

1. 灌溉与排水相伴

①平原灌溉与排水工程同时布设：为保证旱能灌涝能排，灌溉渠系与排水渠系要在同一地块相邻或相间布置。

②平原区灌溉站与排水站相兼容：在平原机排涝区中进行灌溉时，在灌溉水源与排水承泄区相同时，一般都采取兼容设计，旱时抽河水灌溉，涝时集暴雨排水（图 10-7）。

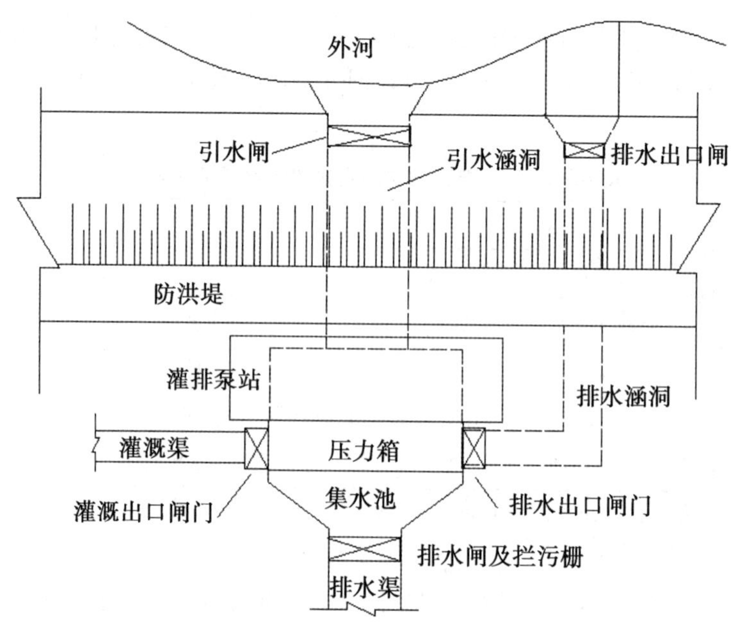

图 10-7　灌溉排水两用灌排泵站平面布置示意

③排水与集雨渠相伴：雨养农业虽然总体上雨量基本满足玉米需要，但在年内出现旱情后再降水，还是要尽量保留雨水，只将多余的雨水排掉，所以，在雨养农田区也需要排渗相结合。

2. 中国灌溉排水工程的世界性

①吸收国外灌排水泵生产技术：中国古代就发明了辘轳提水灌溉：《物原》记载："史佚始作辘轳"（周朝公元前 11 世纪—前 771 年），但水泵最早发明是希腊人阿基米德（公元前 300 年）发明的螺旋抽水机，后经西方各国几经改进，电的出现后大为推广，才有今天千百种水泵。中国引进水泵从理论到生产通常说始于 1868 年，真正用于灌排的泵站始于民国元年[15]，兴于"民国"十年前后，用于江苏无锡一带。泵业生产厂是 1928 年成立的长春魁利金制泵厂，之后国内普及。

②灌溉试验技术：中国进行水利灌溉试验第一人该是明朝徐光启（1562—1633 年），在天津购置土地，种植水稻、花卉、药材等在天津从事农事试验，但没有上升理论研究。英国数学家费希尔（R. A. Fisher，1890—1962 年）曾长期在农业试验站工作，在 1920—1930 年，他将数学相关与回归理论在农业试验中进行了系统的应用，完善了相关分析与

回归分析在生物学领域的应用，并在 1925 年与叶茨（F. Yates）合作创立了试验设计方法。该方法后广泛应用在中国灌溉试验研究中。

③现代有压节水技术的引进：新中国成立后，紧跟世界发达国家的灌溉排水事业发展，适时的引进了适合中国国情的新型灌溉技术。20 世纪 50 年代引进喷灌，70 年代引进滴灌技术，并消化各国灌溉设备，发展中国的灌溉排水设备生产，至今灌溉排水设备企业近万家。

④信息化智能化技术：进入 21 世纪，中国灌溉事业发展紧跟和追赶发达国家的步伐，在灌溉信息化、智能化过程中与发达国家几乎处于同一步伐，中国改革开放使灌溉排水事业得以融入世界

第二节　中国玉米灌溉排水工程设计参数

工程设计参数是工程建设的重要依据，它决定工程规模、设备采购、结构设计、工程预算、施工措施、管理组织等重要决策。

一、玉米灌溉工程设计主要参数

1. 灌溉水源工程设计参数

（1）蓄水水源设计参数。玉米灌溉与水源的关系有 2 种情况，一是对已存在的蓄水工程，进行灌溉面积的规划设计；二是根据已有玉米种植规划，寻找蓄水水源。

①根据蓄水量设计玉米灌溉面积：

$$F = \frac{KW - (E + \rho)AD}{M/\mu} \qquad (10-1)$$

式中：

F—玉米灌溉面积，hm^2；

K—储水体循环系数，根据生育期降水过程可对储水体补充水量与储水库容的比值；

W—储水体的有效储水库容 m^3；

E—玉米生育期储水体水面日平均蒸发系数；

ρ—储水体日渗漏系数；

A—储水体面积 m^2；

D—玉米生育期天数；

M—玉米灌溉净定额（m^3/hm^2）；

μ—渠系水利用系数。

②根据玉米面积设计需要蓄水库容：

将公式 10-1，翻转写成下式：

$$W = \frac{M}{K\mu} + (E + \rho)AD \qquad (10-2)$$

但式中 A 蓄水体面积未知，$(E + \rho)AD$ 项是蓄水体在玉米生育期间蒸发渗漏损失，将该项设置为蓄水体的损失系数 k_2 代之，10-2 式改写为：

$$W = \frac{FM(1 + k_2)}{K\mu}$$

式中：其他符号含义同式10-2，k_2 可根据经验一般在0.6~1.0[16]。

（2）河流引水水源设计参数。从江河自流引水：可分两类即有坝取水和无坝取水，江河水资源是有序开发，河流大小不同由国家不同级别行政单位管理，开发规模要统一规划。但应用单位需要提出申请，申请中需要提出用水理由，这时需要论证需要与可能的相关参数。主要参数有：灌溉面积、需要的流量、需要的建筑物。

①无坝自流引水：当河流正常水位高于灌溉区地面时，无需提高河道水位时，可作无坝引水方案。

灌溉面积：

$$F = \sum_{1}^{i} f_i \tag{10-3}$$

式中：

F—总灌溉面积，hm^2；

f_i —不同作物计划灌溉面积，hm^2；

i-表示作物类型。

灌溉用水量：

$$W = \sum_{1}^{i} f_i M_i \tag{10-4}$$

式中：

W—总灌溉需水量，m^3；

f_i —不同作物计划灌溉面积，hm^2；

i-表示作物类型；

M_i —不同作物灌溉毛定额（包含输水损失），m^3/hm^2；

i-表示作物类型。

灌溉最大引水流量：

$$Q_{max} = \sum_{1}^{i} f_i m_i / nt \tag{10-5}$$

式中：

Q_{max} —灌溉期内用水高峰期最大引水流量，m^3/s；

m_i—用水高峰期的灌水毛定额，m^3/hm^2；

n—灌区轮灌天数；

t—每天工作时间数，s（秒）。

②有坝自流引水：有坝引水主要参数有坝高，有闸，无闸，可调节坝等多种类型。

坝高：指达到灌溉区自流引水需要的渠首水位高程。

$$\nabla = \sum_{1}^{n} J_i \times L_i + \sum_{1}^{n} Z_i + d \tag{10-6}$$

式中：

∇ —坝顶高程，m；

J_i—不同 i 级渠道的比降；

L_i—不同 i 级渠道的长度，m；

Z_i—不同 i 级渠道上的建筑物水头损失，m；

d—灌溉末级渠道最远点地面最高高程，m；

n—渠系级数。

（3）河流地下水取水工程设计参数。在河流上取地下水有 2 种情况：第一种是时令河，有时有地表流量，有时干旱河床上没有水流，但地下仍然有水，这时可利用截潜流工程，引地下水。第二种是喀斯特地貌，虽然地面看不到河流，但地下有暗河。

①时令河截潜取水：截潜工程主要有两部组成：一是截潜坝，将河床到河床下不透层全断面用不透水材料截断地下水流。二是提水站，将拦截的地下水提到灌溉区需要的高度。

截潜坝设计参数。

截潜坝位置及选型　河谷及两岸阶地宽，及到不透水层深度曲线。由这 2 个参数可计算截潜坝的拦截面积，截潜坝有多种类型，黏土坝、混凝土坝、由不透水卷材组成的混合坝等，集水部分有管式、廊道式、过滤体式、暗渠式等。坝体稳定由河床透水层的流动性决定，进行稳定设计。

取水流量确定　根据时令河控制流域面积、年降水量及不可拦截的洪水，进行水平衡分析确定。

水量平衡法：

$$Q=\frac{k(10FP-W_q-W_f-W_Z)\mu}{T} \tag{10-7}$$

式中：

Q—截潜流量，m^3/s；

k—取水安全系数；

μ—截流区土壤平均给水度；

F—集雨面积，hm^2；

P—平均年降水量，mm；

W_q—截潜处年河流径流量，m^3；

W_f—集雨区年地表蒸发水量，m^3；

W_z—集雨区年植被截留水量，m^3；

T—年历时，S。

潜水量经验估算法[19]：

$$Q=3.17\times10^{-5}\times Fha \tag{10-8}$$

Q—潜水流量 m^3/s

F—截潜流域面积，km^2；

h—平均年降水量，mm；

a—降水入渗系数，%。

经验截潜流量[19]：

$$Q=M_eF \tag{10-9}$$

式中：

Q—潜水流量，L/s；

F—截潜流域面积，km^2；

M_e—地下水径流率，L/s·km^2（山西经验降水400~600mm，透水层弱、中、强分别取0.3~1.5、2~4、3~8）。

②暗河取水：中国西南喀斯特地貌，分布很多暗河，是宝贵的水资源，已在开发利用获得了修建取水工程经验。一般采用暗河天窗提水工程：在一条暗河上往往分布多个天窗，利用天窗提取地下水是最便捷方法。一般天窗地下水面距地表很深，开发宜小型为主，开发利用要上下游兼顾，取水原则：一是流域规划，资源统筹；二是综合利用，根据地下地质条件合理布局地下水库、天窗提水、深井提水等，并应预留环境需水。取水流量可按下式确定：

$$Q_{MIN} > Q_K = \sum_{1}^{n} Q_i + Q_r \tag{10-10}$$

式中：

Q_{MIN}—暗河枯水季多年平均流量，m^3/s；

Q_K—地下河开发总流量，m^3/s；

Q_i—地下河开发工程流量和，m^3/s；

Q_r—地下河保留的环境流量，m^3/s；

n—地下河开发工程个数。

2. 灌溉站设计参数

有3种情况：一是平原区取江河水一般扬程低；二是高原与山丘区江河位于谷底，农田却位于原、坡的高地；三是在南方多雨地区水资源丰富江河流量大，河道比降大又多为梯级开发，泵站能利用下个梯级流量的动能，建设水轮泵站灌溉不同高程农田。这3种情况泵站设计参数计算不同。

（1）低扬程灌溉泵站设计参数。

①泵站扬程：

$$H = \sum_{1}^{n} J_i L_i + \sum_{1}^{n} Z_i + d + c \tag{10-11}$$

式中：

H—泵站扬程，m；J—渠道比降；L—渠道长，m；Z—渠系上建筑物水头损失，m；d—最末级渠道控制范围的最高农田地面与泵进口处的高程差，m；c—水泵吸程，m。

②泵站设计流量：

$$Q = \sum_{1}^{n} F_i m_i \tag{10-12}$$

式中：

F_i—灌溉区控制灌溉面积，hm^2；m_i—灌溉作物的最大灌水定额，m^3/hm^2；n—渠道级数。

③总装机容量：

$$N = \frac{0.163. r. \ Q_i. H}{\eta_P}(1 + K_0) \tag{10-13}$$

式中：

N—装机总功率，kW；r—水的比重；Q—灌溉站总设计流量，m^3/s；Q_i—单机水泵流量，m^3/min；H—水泵扬程，m；η_P—水泵效率%；K_0—动力备用系数%。

④泵站机组台数优化选择：

目标一机械费用最低

$$\min_x f(G1) = \frac{g_1}{g_n} \times X \tag{10-14}$$

目标二水工费用最低

$$\min_x f(G2) = \frac{v_1}{v_n} \times X \tag{10-15}$$

目标三风险最小

$$\min_x f(S) = \frac{s_1}{s_n} \times X \tag{10-16}$$

式中：

G1—水泵机械费用，元；G2—对应水工建筑物费用，元；g_i—所选单机费用，元；v_i—所选单机对应的水工建筑物费用，元；S—风险总损失，元；s_i—选择不同机组台数运行中出现运行问题造成停机损失风险，平均单机损失，元；X—选用水泵台数变量；i=1、2…n；n—可能选择个数。

约束条件：

$$x \geqslant 2$$

$$x < N/P$$

式中：

x—水泵台数变量；p—在选用本灌溉站使用水泵方案中最小水泵装机动力，kW。

最后对 3 个目标函数进行最后优选：

$$\min_X G = \lambda_1 G1 + \lambda_2 G2 + \lambda_3 S \tag{10-17}$$

式中：

G—总值最小，元；λ_1、λ_2、λ_3—分别是三项的权重系数，根据建造者评估三项对当地环境适应性给出不同权重值，以%表示。

（2）高扬程灌溉泵站设计参数。高原灌溉泵站多数需要两级或三级提水，可优化的方案会更多，不同方案工程费用会有较大差别，设计中要作更多的工作，制定多种可能的组合。考虑的因素和设计过程基本与低扬程泵站相同。区别是组合更多，只以不同提水级别不同单泵流量组合成设计动力为例写成方程如下：

$$\min_X N = \frac{P1_1}{P1_{n1}} \times X1 + \frac{P2_1}{P2_{n2}} \times X2 + \frac{P3_1}{P3_{n3}} \times X3 \tag{10-18}$$

式中：

N—灌溉区多级泵站动力容量之和 kW；

p—不同提水级别选用不同流量时需要单机动力 kW，序号表示提水站级别

$X1$、$X2$、$X3$—不同提水泵站的水泵台数 n1、n2、n3 分别对应不同数量 1-n1、1-n2、1-n3。

其他内容步骤基本与 10-11……10-17 相类似，不再重复。

（3）有坝水轮泵站取水设计参数。选用水轮泵最主要的前提条件是有多余的流量，一部分流量作为水轮机的动力；另一部分流量用作灌溉流量。水轮泵在中国南方山丘区被广泛应用。主要设计参数如下。

①设计需水流量 Q：进入水轮泵站的总流量（m^3/s）。

$$Q=Q_1+q \tag{10-19}$$

式中：

Q_1—过水流量，经过水轮泵站排入下游的流量，m^3/s；

q—设计出水流量，灌溉面积需要的流量，m^3/s。

②流量比 B：设计流量与过水流量的比值。

$$B=q/Q_1 \tag{10-20}$$

③水头比 A：水轮泵设计扬程与泵站工作水头之比

$$A=h/H \tag{10-21}$$

式中：

h—水轮泵设计扬程，等于灌溉地面高程与截流坝上游水位之差，m；

H—设计截流坝上下游净水位差，m。

3. 输水系统设计参数

灌溉输水工程主要有 2 种形式：明渠渠道输水与有压管道输水。

（1）渠道设计参数。输水系统根据灌溉区的面积大小不同，渠道网组成级别不同，大型灌区有总干渠、分总干渠、支干渠、分支干渠、斗渠、农渠、毛渠、临时渠等多级渠道。渠道设计主要参数：

①设计流量 Q：向控制灌溉面积单位时间输送的水量。

$$Q=\frac{FM}{T} \tag{10-22}$$

式中：

Q—设计流量，m^3/s；

F—渠道控制灌溉面积，hm^2；

M—灌溉作物最大灌水毛定额，m^3/hm^2；

T—供水历时，s；$T=D*t*3600$；D-轮灌天数，t-每天工作小时数。

②设计流速 v：渠道中水流速度，m/s。

$$V=(R^{2/3}\times J^{1/2})/n \tag{10-23}$$

式中：

R—水力半径，m；

$R=A/P$，A—渠道过水截面积，m^2；P—-湿周，m；$P=b+2h$，b 渠宽，m；h 水深，m；

J—渠道比降；

n—糙率。

③渠道过水截面积 A：

$$A = Q/V \tag{10-24}$$

渠道设计是个试算过程，将 10-22、10-23、10-24 三式中渠道尺寸循环校验，到满足 Q 流量需要为止。有了计算机后，该问题可借助优化规划，构筑优化模型，可一次优化出渠道的设计尺寸，限篇幅局限这里无法展开，可参考文献[22、23]。

（2）管道设计参数。管道输水受资金限制很少在大型灌区中应用，管道输水常用在井灌区、高扬程灌区输水及局部重要输水段落。主要设计参数如下。

①输水流量 Q：管道过流量（m^3/s）

$$Q = \sum_{1}^{n} \left(\frac{k_i\ m_i}{T} \right) \frac{A}{t\eta} \tag{10-25}$$

式中：

k—灌溉作物比例系数；

m—作物最大灌水定额，m^3/hm^2；

A—灌溉总面积，hm^2；

T—轮灌日数；

t—每天工作历时，s。

η —灌溉用水总效率；

n—灌区作物种类数；

i—不同灌溉作物序号。

输水压力（管道工作压力）H：

$$H = Z + Z_0 + \sum_{1}^{n} (h1_i + h2_i) \tag{10-26}$$

式中：

H—管道工作总压力，m；

Z—工作压力，m；

h1—管道沿程水力损失，m；

h2—管道局部水力损失，m；

i—管道各级管网序号；

n—管网级别数。

上述计算参考文献[24]。

4. 渠系配套建筑物设计参数

（1）桥涵设计参数。农田中桥涵主要考虑农机作业通行需要，随着农业现代化需要，大型农机进入田间，桥涵标准需要提高保证率，以确保贵重农机安全。

①载重量设计标准：农田桥涵按行业标准 JTG D60 中四级公路设计防洪、承重标准执行[25]。

②防洪能力：不按排水标准要按防洪标准设计，按 25%~50%洪水频率设计（收集暴雨资料进行频率分析）。

③桥涵承载能力[25]：

$$rS = r(\sum_{i=1}^{m} S_{Gid} + S_{Qid} + \psi \sum_{j=1}^{n} S_{Qjd}) \tag{10-27}$$

式中：

r—结构安全系数，中小桥涵 r=1.0；

S—桥涵极限状态作用下基本组合；

S_{Gid}—永久作用设计值；

S_{Qid}—通过当地农田最常用最重的汽车或农用作业机械（含冲击力）；

S_{Qid}—通过桥涵可变作用设计值；

ψ—作用效应组合系数（0.6~0.8）。

（2）渡槽设计参数。当渠道从障碍上空越过时，需要架设渡槽，渡槽主要设计参数是连接渠道的设计流量，根据流量即可确定渡槽形状尺寸，工程量取决于渡槽架设高度和跨度。这些参数是依附在灌溉系统中，不是独立参数。

渡槽过水能力 Q（m^3/s）：

$$Q = \frac{1}{n} A R^{2/3} J^{1/2} \tag{10-28}$$

式中：

A—过水截面积，m^2；

R—水力半径；

J—渡槽比降。

（3）倒虹吸设计参数。渠道由障碍物下面穿过时，可采用倒虹吸，倒虹吸与渡槽具有相同的特性，是连接建筑物，如设计流量决定连接渠道的流量，但水力计算两者不同，渡槽是明渠流而倒虹吸是有压流。

倒虹吸流量 Q（m^3/s）：

$$Q = mA\sqrt{2gz} \tag{10-29}$$

$$m = \frac{1}{\sqrt{\sum \xi + \lambda L/D}} \quad ; \lambda = \frac{8g}{c^2} \tag{10-30}$$

式中：

m—流量系数有压流由入口过度形状对流量的影响系数，一般取 0.57~0.67；

g—重力加速度，m/s^2；

z—上下游水位差，m；

A—倒虹吸过水断面面积，m^2；

L—倒虹吸总长度，m；

ξ—局部损失系数；

λ—能量损失系数；

C—谢才系数，$m^{1/2}/s$，$c=1/n \times R^{1/6}$，n—糙率、R—水力半径。

（4）隧洞设计参数[25]。当渠道绕山距离大于穿洞距离 5 倍时，可考虑开凿隧洞方案，并比较利弊。

隧洞设计流量 Q（m^3/s）：

$$Q = \sigma m B\sqrt{2g}\,H_0^{3/2} \tag{10-31}$$

$$m = m_0 + (0.385 - m_0)\,2A_H/(3A_j - A_h) \tag{10-32}$$

$$B = A_k/h_k \tag{10-33}$$

$$H_0 = h_1 + a v_1^2/2g \tag{10-34}$$

式中

σ—淹没系数，$\sigma = f(h_c/h_0)$，h_c—隧洞进口收缩段水深，m，h_0—正常水深，m；

m—无压流流量系数；

B—涵洞底宽，非矩形按 10-32 公式折算，m；

H_0—涵洞进口流速水头，m；

A_H—涵洞进口水深的过水断面积，m^2；

A_j—进洞水流的过水断面积，m^2

A_k—相应与临界水深的过水断面积，m^2；

h_1—涵洞进口水深，m；

h_k—涵洞临界水深，m；

v_1—涵洞进口断面平均流速，m/s；

a—流速分布系数，1.05~1.1。

（5）节制闸设计参数[4]。节制闸是渠道上控制过水流量大小的节制建筑物，建筑地址要根据渠系分水需要设置。主要参数有闸孔净宽、消力池参数等。闸孔数量选择时要考虑放流水流的对称性。

闸孔总净宽 B_0（m）：

$$B_0 = \frac{Q}{\sigma\varepsilon m\sqrt{2g}\,H_0^{\frac{3}{2}}} \tag{10-35}$$

$$\text{单孔}\ \varepsilon = 1 - 0.171\left[1 - \frac{b_0}{b_s}\right]\sqrt[4]{\frac{b_0}{b_s}} \tag{10-36}$$

$$\text{多孔}\ \varepsilon = \frac{\varepsilon_{z(N-1)} + \varepsilon_b}{N} \tag{10-37}$$

$$\varepsilon_z = 1 - 0.171\left[1 - \frac{b_0}{b_0 + d_z}\right]\sqrt[4]{\frac{b_0}{b_0 + d_z}} \tag{10-38}$$

$$\varepsilon = 1 - 0.171\left[1 - \frac{b_0}{b_0 + \frac{d_z}{2} + b_b}\right]\sqrt[4]{\frac{b_0}{b_0 + \frac{d_z}{2} + b_b}} \tag{10-39}$$

$$\sigma = 2.31\frac{h_s}{H_0}\left[1 - \frac{h_s}{H_0}\right]^{0.4} \tag{10-40}$$

式中：

B_0—闸孔总净宽，m；
Q—过闸流量，m^3/s；
H_0—计入行进流速水头的堰上水深，m；
g—重力加速度，m/s^2；
m—堰流流量系数，可取 0. 385；
ε —堰流侧收缩系数；
ε_Z —中孔闸侧收缩系数；
b_0—闸孔净宽，m；
b_s—上游渠道一半水深处的宽度，m；
N—闸孔数；
d_z—中闸墩厚度，m；
ε_b —边孔侧收缩系数；
b_b—边墩至渠道上游边线的距离，m；
σ —淹没系数；
h_s—由堰顶算起下游水深，m。
（6）跌水设计参数。这里只简介单级跌水主要参数计算。
①单级跌水矩形堰过流量 Q（m^3/s）：

$$Q = m\,b_c\,\sqrt{2g}\,H_0^{3/2} \tag{10-41}$$

式中：
m-与跌水与渠道连接形式有关流量系数，八字连接 $m=0.47-0.017\,b_c/H_0$；
b_c —跌水宽，m；
H_0—含流速水头的堰上水深，m。
②跌水消力池：
消力池宽 h（m）：

$$b_s=0.1L_1+b_C \tag{10-42}$$

式中：
b_s—消力池宽，m；
L_1—水舌抛射长度，m；

$$L_1=1.6\sqrt{H_0(P+0.24H_0)} \tag{10-43}$$

p—跌水落差，m。
消力池长 L（m）：
$L_s=L_1+$（3. 2-4. 3）h_c''

$$h_c''=0.5\,h_c'\left[\sqrt{1+8a\,q^2/g\,h_c'^3}-1\right] \tag{10-44}$$

$$h'_c=q/\varphi\sqrt{2gz_0} \tag{10-45}$$

式中：
L_s—消力池长，m；
h_c'' —水跃跃后共轭水深，m；

h'_c—水舌跌落处收缩断面水深，m；

φ—流速系数，可取0.90~0.95；

q—水舌跌落处单宽流量，$m^3/s\cdot m$；

z_0—计入流速水头时上下游水位差，m。

消力池深D（m）：

$$D \geqslant (1.1-1.15)\ h''_c - h_S \qquad (10-46)$$

式中：

D—消力深，m；

h_S—池后渠道水深，m。

二、玉米排水工程设计主要参数

排水工程与灌溉工程的不同，灌溉是将水送往高处流入田间补充土壤的湿度，而排水是将农田中多余的水汇入低处向下游排出或降低土壤湿度将水排入江河。排水工程也同样分为自排类型和机排类型。

1. 自流排水工程设计参数

农田排水由两部分组成，排水区与承泄区，当排水区高于承泄区时，或有间断性排水区高于承泄区时可以采用自流排水工程系统。当排水区在任何时段径流都能无阻挡的排入承泄区，这时可采用自流排水系统，如山丘区的撇洪渠、导水沟、截流沟都属于自流排水系统。

（1）撇洪渠、导水沟、截流沟设计参数。排水最重要的原则是划区分治，山丘区山洪治理排水系统必须将非农田山林区的山水撇在农田之外，直接排入承泄区。

撇洪渠设计流量Q（m^3/s）：

$$Q = F\,q_m \qquad (10-47)$$

当山丘区排洪面积$10km^2<F<100km^2$时

$$q_m = K_a\,P_a\,F^{1/3} \qquad (10-48)$$

式中：

F—排水区面积，km^2；

q_m—排涝模数，$m^3/s.km^2$；

K_a—流量参数，0.4~0.6；

P_a—设计暴雨强度，mm/h（按设计保证率5%~20%）。

（2）自流排水渠排涝模数q_d（$m^3/s\cdot km^2$）。平原旱田区，需要实地观测分析获得经验公式：

$$q_d = K\,R^m\,A^n \qquad (10-49)$$

式中：

q_d—排涝模数，$m^3/s\cdot km^2$；

K—与实地地形、沟网配套程度、汇水区形状等相关分析出的综合系数；

R^m—R设计暴雨径流深，mm，m是根据设计排水区测试分析获得的相关指数（按设计保证率5%~20%降水计算的径流）；

A^n —A 设计排水区面积，km^2，n 是实地资料分析得出的与面积大小递减指数。

（3）回水堤排水设计参数。回水堤是平原区排水规划分区治理中，高水高排低水低排方针下高水自流排水工程，可减少机排工程与运行费用。设计主要参数是受外河顶托内水下排相遇的水面曲线，以次水面线修筑回水堤防。回水曲线计算公式采用伯努利方程[30]：

$$\Delta Z = Z_2 - Z_1 = \frac{1}{2}(i_{fi} + i_{f2}) \cdot \Delta l + \frac{(1-\xi)}{2g}(V_1^2 - V_2^2) = h_f + \Delta h_v + h_j \tag{10-50}$$

式中：

K—流量模数，$K = A R^{2/3}/n$；

i_f —过流断面比降，$i_f = \frac{Q^2}{K^2}$。

上式中各符号的含义见表 10-5，其起始断面（这里系指外河水位参数已知）Z_1、i_{fi}、V_1 各值为已知，终端断面 Z_2、i_{f2}、V_2 各值为未知（系指回水渠里的汇水设计参数），需试算确定。

试算：先假定 Z_2，由各断面的水位—面积、水位—水力半径相关曲线求得 i_{f2}、V_2 后代入上式，如左右两端相符，满足精度要求，则所假定的 Z_2 值即为所求值。否则另行假定，重新计算，直到基本相符为止，可列表计算。

2. 机排排水工程设计参数

在低洼河道两岸或圩垸农田受堤坝阻隔，暴雨时径流无法自流排出，需要用机电水泵提水排入承泄区。

表 10-5　回水堤回水曲线计算

断面编号	假定水位	断面面积	水力半径	平均流速	摩阻比率	平均比率
C·S	Z_1 (m)	A (m^2)	R (m)	V (m/s)	i_f (10^{-6})	$\frac{i_{fi}+i_{f2}}{2}$ (10^{-6})
(1)	(2)	(3)	(4)	(5)	(6)	(7)
断面编号	断面间距	摩阻水头	流速水头	流速水头差	局部水头损失	所求水位
C·S	ΔL (km)	$h_i = i_f \Delta L$ (m)	$h_v = \frac{V^2}{2g}$ (m)	$\Delta h_v = \frac{V_1^2}{2g} - \frac{V_2^2}{2g}$ (m)	$h_j = -\xi \cdot \Delta h_v$ (m)	Z_2 (m)
(1)	(8)	(9)	(10)	(11)	(12)	(13)

注：计算表引自文献［30］

（1）排水泵站设计参数。排水泵站一般建在河道两岸，建筑物防洪非常重要，穿堤涵洞要十分坚固并防渗，安全标准要高。

①固定式排水泵站：防洪标准按泵站规模取用表 10-6 标准：

表 10-6　排水泵站防洪标准[31]

泵站等级	设计流量（m^3/s）	装机功率（Mw）	防洪标准（重现期 a）		受潮汐影响泵站防洪标准（重现期 a）
			设计	校核	
Ⅰ	≥200	≥30	100	300	≥100
Ⅱ	200-50	30-10	20	200	100-50
Ⅲ	50-10	10-1	30	100	50-30
Ⅳ	10-2	1-0.1	20	50	30-20
Ⅴ	<0	<0.1	10	30	<20

排水泵站设计流量 Q（m^3/s）：

$$Q=Fq \tag{10-51}$$

式中：

F—机排面积，km^2；q-排涝模数计算公式与平原区 10-48 式相同

排水站扬程 H（m）：

由于排水站扬程与外河水位有关，但外河水位洪水期变化很大，所以排水泵站扬程设计要与防洪保证率挂钩，设计防洪标准按表 10-6 取用。

$$H=\frac{\sum H_i Q_i t_i}{\sum Q_i t_i} \tag{10-52}$$

式中：

H—加权平均净扬程，m；

H_i—第 i 时段进、出水池运行时的水位差（进水池水位是排水系统控制排水农田推算至泵站前池的水位，出水池水位是在设计洪水下外河水位）；

Q_i—第 i 时段泵站出流量，m^3/s；

t_i—第 i 时段泵站排水历时，d（天数）。

泵站装机容量 N（kW）：

参见灌溉泵站设计公式 10-14 至公式 10-17 式。

②移动式泵站：用于局部农田排水，有 2 种类型：一种是整体拖动式柴油机泵站；另一种是机动式柴油机泵站。在防洪抢险中可应急解决局部内涝灾害。

（2）垂直排水工程设计参数。在灌溉农田中，如果兼有降低地下水位，排除渍涝时，可利用灌溉井抽取地下水。

单井排水能力 Q（m^3/s）：

$$Q=\pi D\sum_{i=1}^{n} f_i \mu_i h_i \tag{10-53}$$

式中：

D—井管直径，m；

μ_i —地下 i 含水层给水度；

f_i —地下 i 含水层渗透系数，m/s；

h_i —地下 i 含水层厚度，m；

n—含水层层数。

3. 田间排水系统设计参数

田间排水系指农田末级排水沟网，主要参数为排水沟深、沟距的设计参数。

（1）排水明沟渠设计参数。毛沟排水流量 Q（m^3/s）：

$$Q=\frac{\sigma pF}{8\ 640d} \tag{10-54}$$

式中：

σ —暴雨径流系数,%；

p— 设计排涝暴雨，mm；

F—排水沟控制面积，hm^2；

d—设计暴雨排除日数，d（天数）。

毛沟沟距 L—m：当无排地下水要求时，毛沟间距按机械化作业最佳需要确定，但有排除地下水需要时，按降低地下水位高度确定。

$$B=\frac{KH}{q\varphi} \tag{10-55}$$

式中：

B —毛沟间距，m；

K—排水层土壤平均渗透系数，m/d；

H—毛沟中水位与田面水位差，m；

q—洗盐时设计渗透率，m/d；

φ —排水地段渗流阻抗系数。

$$\varphi\approx 0.5+0.174\frac{h_q}{T} \tag{10-56}$$

式中：

h_q—排水沟深，m；T-田面距不透水层距离，m 。

毛沟沟深 h—m：如果没有排地下水要求时，可根据 10-55 公式中排水流量需要的过水断面设计沟深。当有排地下水需要时，应根据地下水临界深度确定沟深。

地下水临界深度 m：

$$h_k=h_p+\Delta z \tag{10-57}$$

式中：

h_k 地下水临界深度，m；

h_p—土壤毛管上升高度，m；

Δz —安全高度，根据土壤含盐与作物根系状态适当选定，m。

（2）排水暗管设计参数。旱田使用暗管排地下水时设计间距 B 计算与 10-55 式相同，但渗漏阻抗系数 φ 计算式不同：当 B>2D（D—排水管中心至不透水层的距离，m）时：

$$\varphi = \frac{1}{\pi} ln \frac{D}{\pi \sqrt{Hd}} + \frac{B}{8D} \tag{10-58}$$

式中

d—排水管直径，m；

H—排水管中水位与田面水位差，m。

第三节　中国灌溉排水工程典型实例

中国地域自然条件差异大，灌溉工程类型多，各地充分利用自然条件创建了具有世界影响的大型或独具特点的水利灌溉工程。

一、自流引水灌溉工程实例

1. 都江堰水利枢纽

都江堰引岷江水，建于公元前256年，至今已有2 000多年历史，目前仍造福四川省37个县的人民，已发展灌溉面积达68.67万 hm^2，并对防洪、发电、漂水、水产、养殖、林果、旅游、环保等多项目标进行综合服务。从图10-8中看出都江堰渠首三大主体工程（鱼嘴、飞沙堰、宝瓶口）布局根据利用凹岸取水布设鱼嘴，外江筑滩引水，利用凸岸排沙修筑飞沙堰，凿山石成宝瓶口限洪引水，三大工程相辅相成，浑然一体。渠首选在730m高程的岷江中游，向下灌溉海拔500~450m的成都平原，无坝自流引水顺应自然。在2 000年的治水实践中，总结出“乘势利导、因时制宜”八字格言、“深淘滩，低作堰”六字诀，治水三字经：“深淘滩，低作堰，六字旨，千秋鉴，挖河沙，堆堤岸，砌鱼嘴，安羊圈，立湃阙，凿漏罐，笼编密，石装健，分四六，平潦旱，水画符，铁椿见，岁勤修，预防患，遵旧制，勿擅变”，使千年灌溉工程长久发挥效益。

2. 人民胜利渠

黄河下游引黄自流灌溉工程，取水口位于黄河北岸河南秦厂村，开建于工1951年，设计流量60~88m^3/s，设计灌溉面积9.92万 hm^2，受益范围涉及武陟、获嘉、新乡、原阳、延津、汲县等县。其特点是：黄河下游水质含沙大，灌区内土质受盐碱化影响，灌溉需要排盐排沙。需要健全排水和排沙系统，排水有天然承泄区卫河，排沙设有沉沙池9处，有完整排水、洗盐、沉沙、冲沙、退水系统。并与灌区内8 000多眼机井结合，实现了井渠结合灌溉，地表地下水合理调度（图10-9）。

3. 红旗渠

红旗渠以漳河为源，在太行山海拔1 000m的大山深处，凭着人民摆脱干旱灾害的强烈愿望，以钢铁般的坚强意志，硬是在悬崖峭壁上开山凿洞，于1960—1969年历经9年，完成了全长约1 500km的穿山挂峭壁式渠道，开创人类历史上战胜自然灾害的新篇章。红旗灌溉区设计流量20~23m^3/s，灌溉面积33千 hm^2。并开创了自流引水与水库塘坝浑然一体的灌溉系统（图10-10、图10-11）。

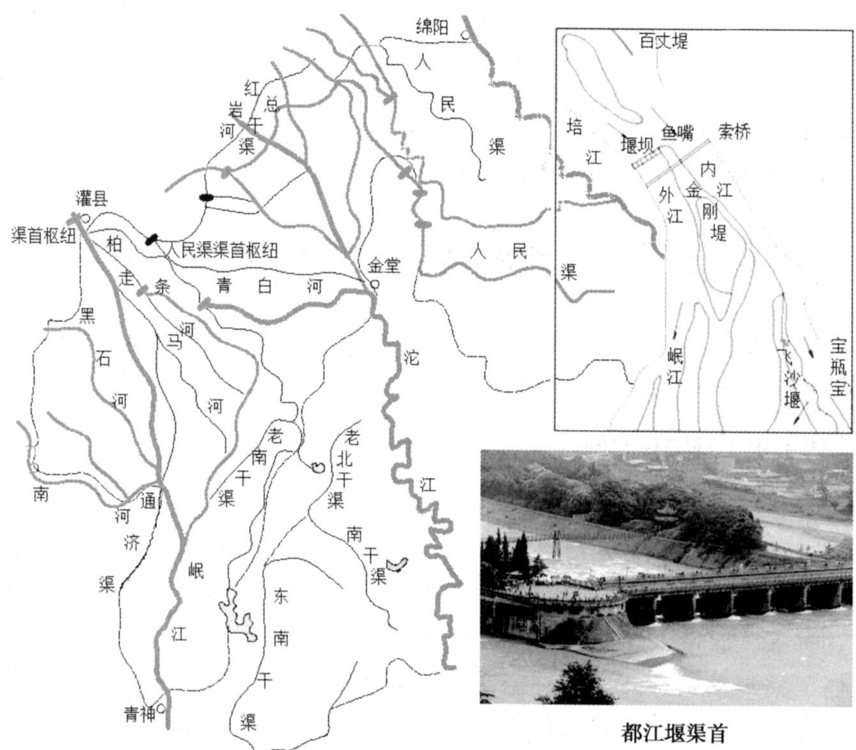

图 10-8 都江堰与 68.67 万 hm^2 灌溉面积分布

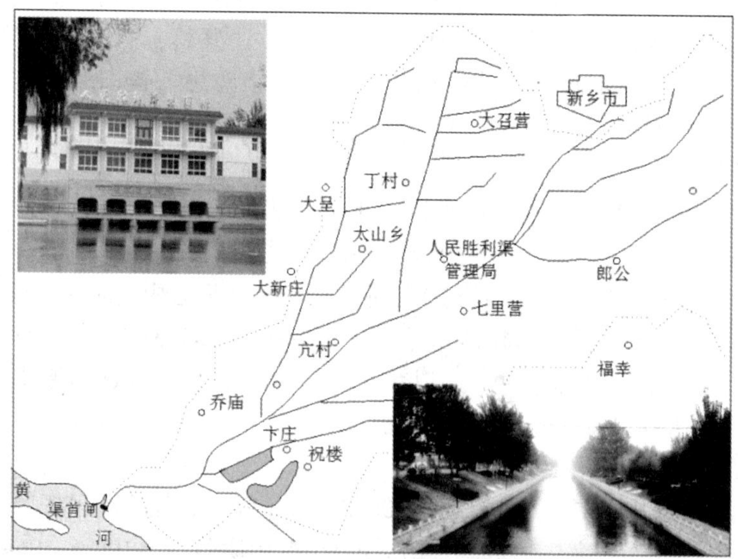

图 10-9 人民胜利渠灌区分布

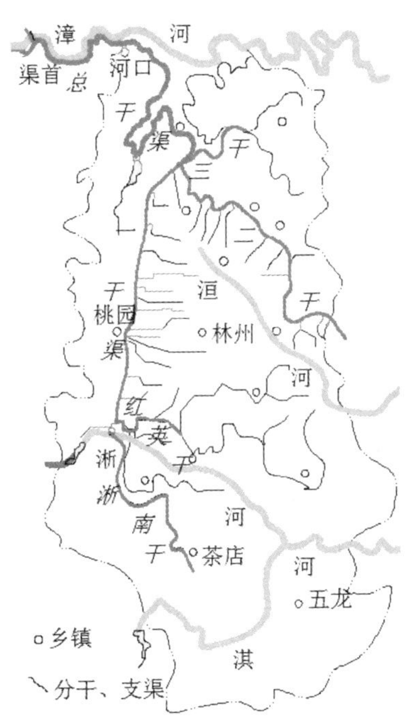

图 10-10　红旗渠渠系分布

图 10-11　挂在峭壁上的渠系

（图片引自 360 图片）

二、水库塘坝灌溉工程

2011 年第一次中国水利普查公报显示，全国共有水库 98 002座，总库容 9 323.12 亿 m^3，共有灌溉面积 6 666万 hm^2；其中，10 亿 m^3 以上水库 98 座，库容 4 366亿 m^3，占全国总库容的 47%，水库的调节能力提高了灌溉保证率，大量的水库更有力的抗御洪涝灾害。

1. 黄河流域水库灌溉

旱田灌溉面积较大的水库，位在黄河流域，其中，龙羊峡是黄河上游第一座大型水库，建于 1976 年坝高 178m，设计库容 247 亿 m^3，控制灌溉面积 133 万 hm^2 是单库灌溉面积最大水库。其下游有 14 座梯级开发水库电站（图 10-12），为黄河沿岸提供了防洪保证，减少了洪涝灾害程度，扩大灌溉面积高达近 666.67 万 hm^2，灌溉保证率一般由 60% 提高到 80%。

2. 长江流域水库防洪涝灾害

南方水库灌溉多是水田，但水库防洪排涝作用南北是一致的，长江流域现有 10 亿 m^3 以上水库 22 座，总库容 1 213亿 m^3（图 10-13），通过库群防洪调度，长江流域洪水可抵御千年一遇洪水，百年一遇洪水只要三峡水库正常调度即可确保下游堤防安全。此外长江流域水库，都是长流水的大库，都建有水电站，为国民经济提供清洁能源，也为农业灌溉提供动力资源。

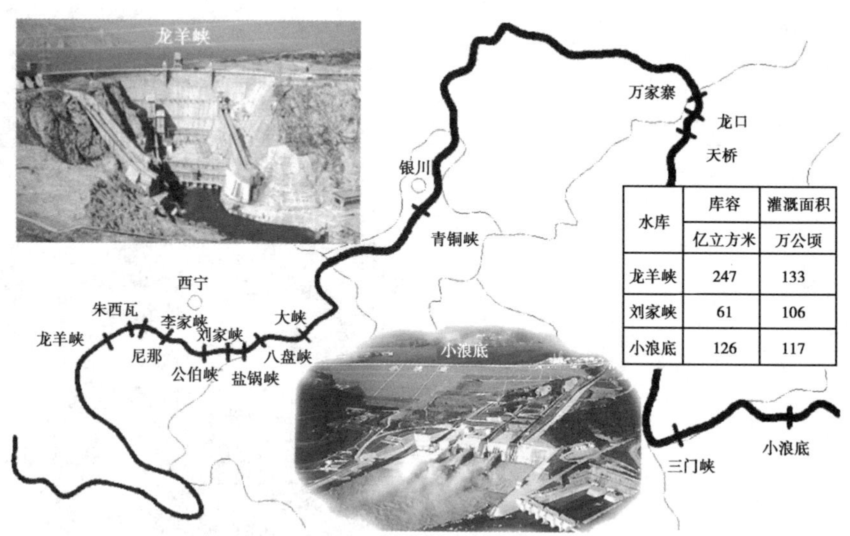

水库	库容	灌溉面积
	亿立方米	万公顷
龙羊峡	247	133
刘家峡	61	106
小浪底	126	117

图 10-12　黄河流域水库梯级建设分布

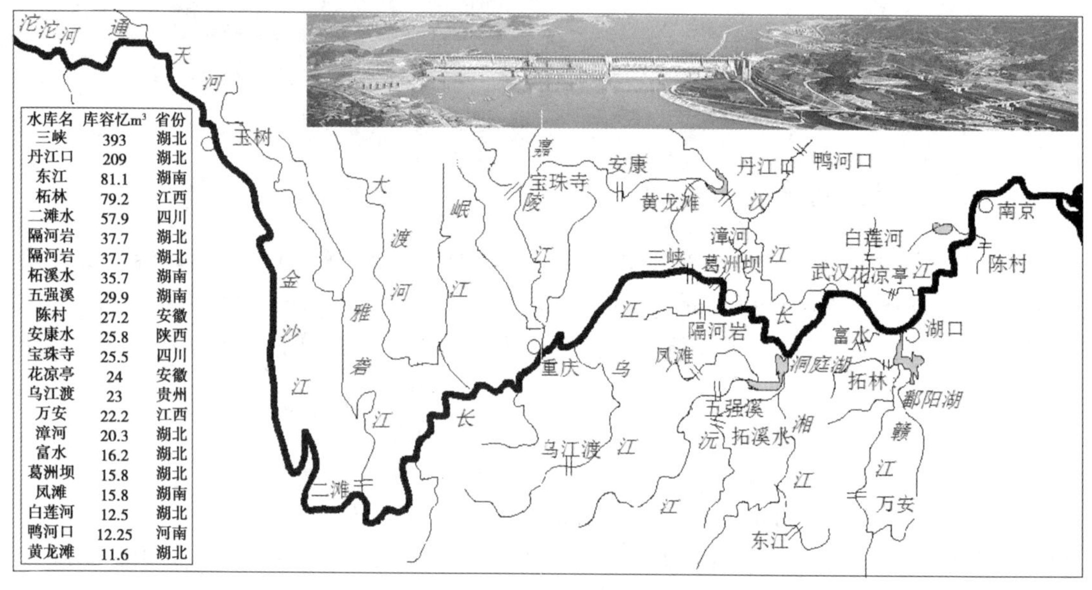

水库名	库容亿m^3	省份
三峡	393	湖北
丹江口	209	湖北
东江	81.1	湖南
柘林	79.2	江西
二滩水	57.9	四川
隔河岩	37.7	湖北
隔河岩	37.7	湖北
柘溪水	35.7	湖南
五强溪	29.9	湖南
陈村	27.2	安徽
安康水	25.8	陕西
宝珠寺	25.5	四川
花凉亭	24	安徽
乌江渡	23	贵州
万安	22.2	江西
漳河	20.3	湖北
富水	16.2	湖北
葛洲坝	15.8	湖北
凤滩	15.8	湖南
白莲河	12.5	湖北
鸭河口	12.25	河南
黄龙滩	11.6	湖北

图 10-13　长江流域大型水库分布

三、泵站排灌工程

1. 平原区大型泵站

平原区灌排扬程较低，但控制面积大，一般采用轴流式大流量低扬程水泵。中国最大排灌站是江苏省江都站，江都排灌站包括四座大型泵站（图 10-15），于 1963—1977 年先后建成。总装机容量为 49 800kW，总抽水量为 473m^3/s，与京杭大运河、新通扬运河上的江都西闸、邵仙闸洞、运盐闸、送水闸、宜北闸、五里窑船闸等 16 座水工建筑物组成江都水利枢纽，抽引长江水灌溉苏北灌溉总渠沿线 20 万 hm^2农田。同时，通过淮安、淮阴、皂河、刘山、解台等梯级泵站提水，为淮北部分地区提供抗旱用水。当苏北里下河地区受涝渍灾害时，可以抽排江都、高邮等 5 县（市）的内涝水，江都水利枢纽是灌排两用泵站。

图 10-14　高潭口排水站

2. 排水泵站

湖北是千湖之省，洼地很多，排水泵站最多，荆州市高潭口排水站是国内最大排水站之一（图 10-14），该站建于于 1972 年，有 10 台机组，总装机 16 000 kW，扬程 4.7m，设计排水流量 $220m^3/s$，灌溉流量 $40m^3/s$，同时设有自流排水闸。直排区集雨面积 1 056km^2，统排区集雨面积 5 045km^2，受益农田 26 万 hm^2，受益地区主要有荆州区、沙市区、江陵县、监利县、洪湖市以及潜江市的部分地区。

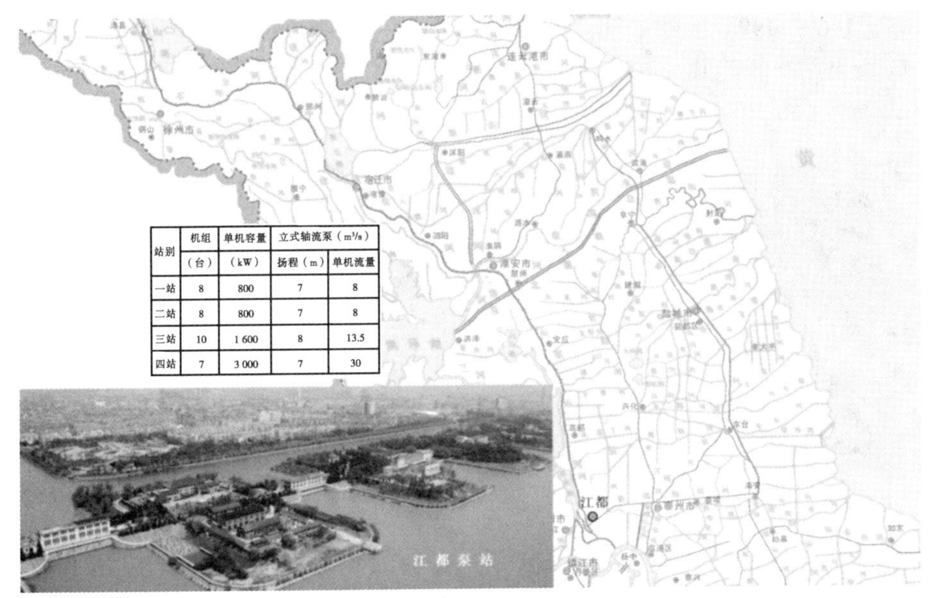

站别	机组（台）	单机容量（kW）	立式轴流泵（m^3/s）扬程（m）	立式轴流泵（m^3/s）单机流量
一站	8	800	7	8
二站	8	800	7	8
三站	10	1 600	8	13.5
四站	7	3 000	7	30

图 10-15　江都大型灌排站以控制灌排区

3. 小型排水站

装机小于 1 000kW 为小型排水站，占全国排水泵站数量的 95%，共有 85 050座。中国北方平原丘陵地区，受自然排水区分割，一般小型排水站居多，受堤坝阻隔，大部分类似图 10-17 形式，内水低洼外河顶托，泵站位于堤坝内侧，出水需要穿越或翻越堤坝。泵站结构形式多样：以基础分类有块基式、井柱式等；以泵房分类封闭式、开敞式等，以自动化程度分类有手动式、人工控制柜式、无人值守自动控制式、远程自动控制式等（图 10-16）。

图 10-16　小型排水泵站实例

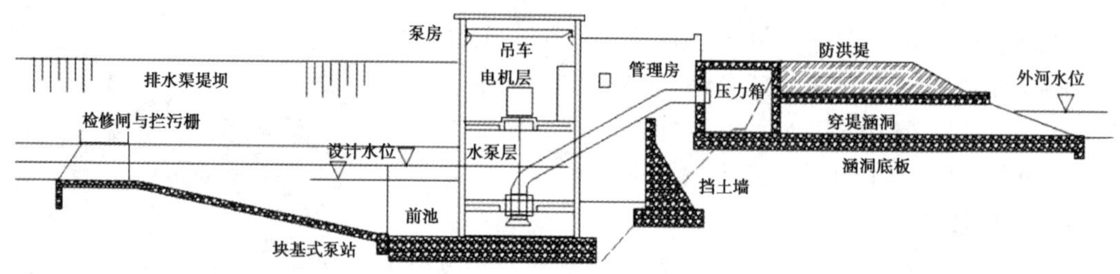

图 10-17　小型块基坝后式排水泵站结构示意

4. 高扬程泵站

在中国西北干旱的高原山区，没有灌溉就没有农业，高原农田离水源高差数百米，要灌溉必须通过多级泵站，将水提升数百米才能灌到田间。中国最高泵站是甘肃西津电灌站，净扬程为654.8m，分10级泵站完成。同是甘肃高扬程最大灌溉面积的引黄工程景泰川电灌站，1969—1994 年分二期工程建成，设计总流量 28.6m^3/s，最大抽水高 444～602m。11 级泵站安装总共（104+195）台机组，总装机（6.78+18.07）万 kW，灌溉面积 5.33 万 hm^2（图 10-18）。

图 10-18　景泰川灌区渠首泵站与灌溉控制区域

5. 水轮泵站

中国南方雨量丰富，江河流量大，河流中上游的水流动能量资源极为丰富，可利用流动能量为人类服务。中国自古就有水磨、水转翻车等，水转翻车就是利用水流冲转水斗，将河水提到地面灌溉农田，现代中国将这一发明中的水轮与水泵结合，形成现代化的水轮泵，不用电力转换，直接利用水流动力提水灌溉。水轮泵站南方较多，其中，有名的是湖南省临澧县境内青山水轮泵站，是全国最大水轮泵站之一，该工程由拦河坝（坝高17.2m、水轮泵站（共 40 台不同型号的水轮泵，总提水能力 15.1m^3/s、自流引水闸（引水流量 18m³/s、发电站、船闸、干、支渠道等组成，灌区内还有 74 座水库，总灌溉面积 2.2 万 hm^2（图 10-19）。

图 10-19　青山水轮泵站水利枢纽

6. 浮动式泵站

浮动式泵站主要用在取水水源水位波动大，固定式水泵无法跟随水位变化改变吸程的河岸提水灌溉农田。浮动式泵站随水位变动泵位也变动，水泵叶轮在任何时候都能淹没在水下。山西夹马口灌区渠首泵站就是浮动泵站。浮动泵站一般由三部分组成：浮体（浮船、浮筒、水泵）含电机进出配套管路、固定设备（图 10-20）。

图 10-20　夹马口灌区渠首浮动泵站

四、地下水利用工程

1. 井灌工程

井灌是地下水资源利用最广泛的灌溉工程形式。目前，中国有地下取水井 9 749万眼，取水量 1 084亿 m^3，占农业用水 26%。井灌工程多数是固定机井，在农村用电普及的条件下，柴油机井已很少。但在临时抗旱条件下，临时机井用柴油机或小拖拉机配套还是很方便。

2. 地下水回灌井群

在地下水超采区，为了恢复地下水环境，也可利用已有灌溉井或废弃老井，对井适当修复改造，用作回灌井。为提高回灌效率，在垂直井管中，在透水层层面，可开凿水平辐射井。

3. 地下水压盐井群

在滨海地区，由于地下水超采，海水倒灌，为恢复破坏水环境，往往需要将海水排退到安全水位，这时可在沿海岸布设回灌水井群，将淡水注入井群，以淡压盐，恢复良性水环境。

图 10-21　广西隆光福六浪暗河开发实例

4. 地下暗河引水工程

中国西南喀斯特地貌地区溶洞发育形成很多地下河，地下水资源丰富，通过地质勘测充分利用这些水资源，对缓解小面积缺水问题很有帮助。图 10-21、图 10-22 是广西隆光福六浪暗河地下水开发实例[20]，通过勘测找出地下暗河和溶洞，规划截流确切工程位置，将地下河水引到地表，或者在有条件的地下溶洞，建设地下水库与泵站，再通过天窗输送到地表[18]。

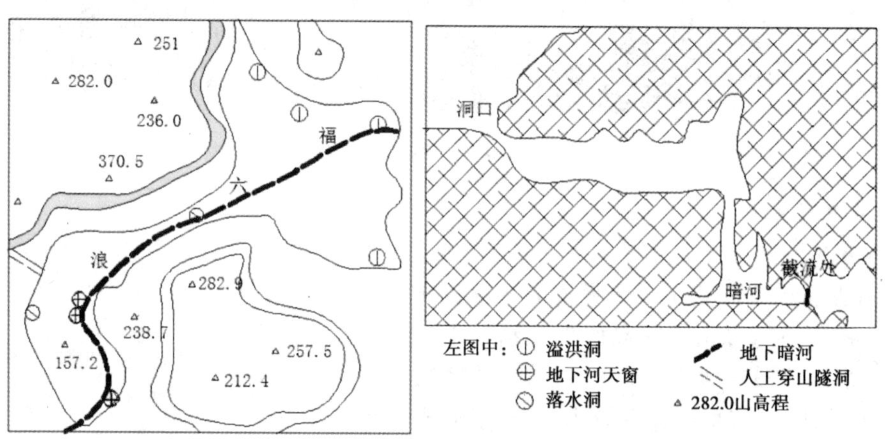

图 10-22　广西隆光福六浪地下暗河勘测

5. 截潜工程

在山谷地带虽然时常没有地表水流，但地下受上游集雨面积的雨水补给，地下水会有长年渗流汇聚，用截水工程可以截取这部分地下水。图 10-23 是河南省南阳市板场乡青峰崖截潜工程，截流大坝高 12m，长 89m，厚 4m，形成 50m 宽，6km 长，库容量达 20 万 m^3的水库，大坝提高防洪能力到百年一遇，解决了下游 4 个村落灌溉 133hm^2 耕地灌溉用水及居民用水。

图 10-23　青峰崖截潜工程大坝

五、梯田式灌溉工程

1. 哈尼族自流式梯田灌溉系统

红河哈尼梯田位于云南省南部，遍布于红河州元阳、红河、金平、绿春四县，总面积约 6.6 万 hm^2。梯田灌溉系统水源利用高山植被涵养的雨水产生的山泉、潜流自然汇聚的山水，并因势顺着溪流引到用当地山上可用的石材、竹材、林木搭建的人工灌溉渠系，渠系由大小分级水沟、撇洪沟、引水渠、道水渠、垂直跌水、坡式跌水、分水沟、溢水坎等组成，水流由上而下向各级梯田自由流淌，当梯田内的水灌满后，每个田块设有溢水坎，自动流入下级梯田（图 10-24）。

图 10-24 哈尼族自流式梯田

2. 潜流式紫鹊界梯田

湖南省娄底市新化县西部山区，紫鹊界属于雪峰山脉，海拔 1 236m，以紫鹊界梯田为中心，共有梯田 4 千 km^2，该区是花岗岩发育区，在耕作层下面，有 30m 深厚的花岗岩的风化层，通透性较好。梯田较山脊低 300m 左右，梯田上方的山坡（海拔 2 000~3 000 m 覆盖着茂密的森林，能贮存大量雨水（年雨量达 1 424mm，地下潜水可不断的补充梯田水源，潜水自高山源源不断流向梯田（图 10-25）。

图 10-25 潜流式紫鹊界梯田

3. 集雨式龙胜坡式梯田灌溉系统

龙胜梯田位于桂林市龙胜县，龙胜梯田地处海拔 1 916m 的崇山峻岭深处，梯田海拔 380 ~ 1 180 m，共有大小各异的梯田 15 862块，最大的梯田只有 0. 04hm^2，总面积 7 000 hm^2。该区年降水量 1 500~ 2 400 mm，雨量丰富，山上涵养山水供给山下的梯田。千百年勤劳的壮族和瑶族人民开发出各式输配水渠系，由上向下实现了自流灌溉（图 10-26、图 10-27）。

图 10-26 集雨式龙胜坡式梯田

A　B　C

图 10-27　龙胜梯田输配水工程

（A 小立交；B 输水小渠；C 竹管渡槽）

六、移动式灌溉工程

1. 浮船式泵站

图 10-28　临猗县浮动式泵站

为保证山西临猗县浮船提水站能灌溉农田，修筑了 10km 水渠，可对北辛、孙吉、耽子 3 个乡镇 34 个行政村共 4.2 千 hm^2 农田进行灌溉。浮动式灌溉站一般由五部分组成：浮船、一组水泵、管理房、行进牵引固定系统（或动力行走、出水管路与栈桥五部分组成，浮动式泵站的特点是可在江河水渠中机动灵活的抗旱灌溉（图 10-28）。

2. 牵引式泵车

该型泵站车是利用地表水源抗旱临时组成的泵站设备，其特点是水量大、可与喷滴灌系统组合形成节水灌溉系统、快捷机动灵活。根据当地条件，动力可选择电力或柴油机两种类型（图 10-29）。

3. 自行式泵车

这是一种防汛发电排水设备，带有柴油发电机组，并有自行走能力，车上装有两台或多台水泵来完成抽排水任务。其特点是能行走、排水、发电、照明（图 10-30）。

图 10-29　牵引式泵站车

（图片取自 360 图片）

图 10-30　自行式泵车

4. 小型抗旱式泵车

小型泵车适合小面积灌溉排水，造价低廉，适合临时应急使用（图 10-31）。

图 10-31　小型抗旱泵车

（图片取自 360 图片）

七、远程调水灌溉工程

随着中国国民经济发展，国力的提升，千百年中华民族想干的伟业，今天人们可以迈开脚步实现，其中，南水北调工程就是其一。南水北调解决了中国水资源不平衡制约国民经济大发展难题。同时，各地区性的调水工程，几十年来寸步难行，今天也启动了步伐，如东北的北水南调、闽江的北水南调、新疆的北水南调、山东的北水南调、云南滇中调水、广东西水东调等如雨后春笋般地涌出，预示着水利工程建设的大高潮到来，定会为中华民族的崛起贡献更大力量。

1. 南水北调东线工程

从长江下游扬州附近抽引长江水，利用和扩建京杭大运河逐级提水北送到天津。工程 1961 年始建，经洪泽湖、骆马湖、南四湖和东平湖，在位山附近穿过黄河后可自流，经位临运河、南运河到天津。输水主干线长 1 156km，提水泵站 13 座，总扬程 65m，黄河以南输水干线上设泵站 30 处；主干线上 13 处，分干线上 17 处，设计抽水能力累计共 10 200 m^3/s，装机容量 101.77 万 kW，每年可供水 278.6 亿 m^3，东线工程的供水范围是黄淮海平原东部地区，包括苏北、皖北、山东、河北黑龙港、天津市等，工程从开建到完善历经 40 余年（图 10-32、图 10-33）。

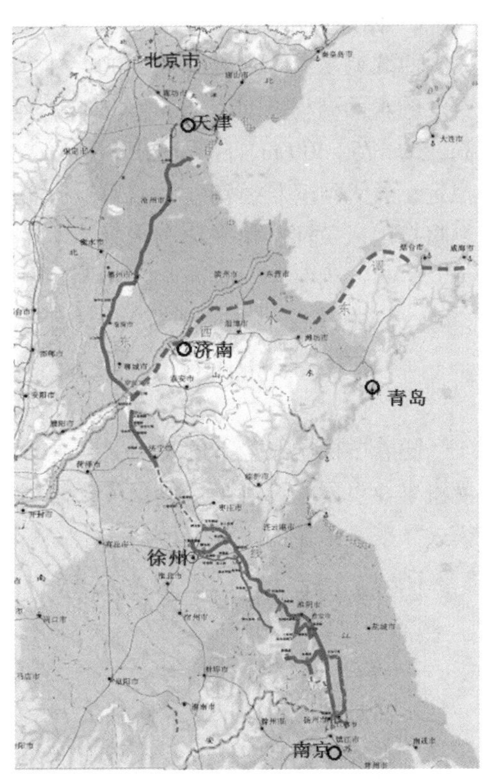

图 10-32　南水北调东线路

2. 南水北调中线工程

从汉江丹江口水库引水，输水总干渠自陶岔渠首闸起，沿伏牛山和太行山山前平原，京广铁路西侧，跨江、淮、黄、海四大流域，自流输水到北京、天津，输水总干渠长 1 246km，天津干渠长 144km。中线工程的供水范围是北京、天津、华北平原及沿线湖北、河南 2 省部分地区。丹江口水库多年平均天然入库径流量 409 亿 m^3，约占全流域径流量 70%，计划调水 140~220 亿 m^3。中线工程分期实施，1994 年批准规划，2014 年通水，历经 20 余年建设，渠首设计流量 $600m^3/s$，黄河段 500 m^3/s，全程自流

(图 10-34)。

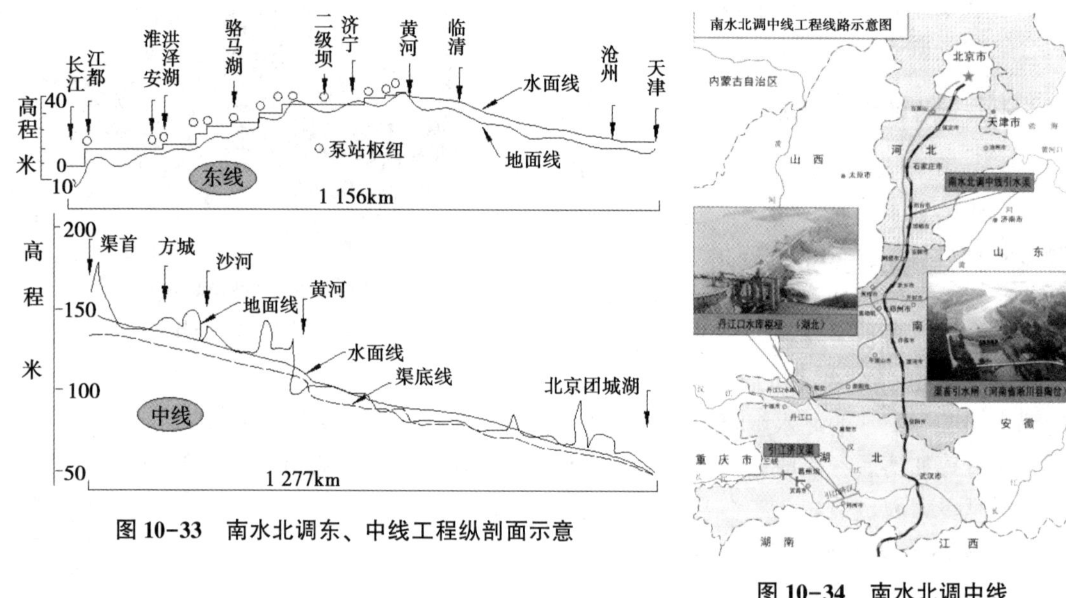

图 10-33　南水北调东、中线工程纵剖面示意

图 10-34　南水北调中线

(引自 360 图片)

3. 西线调水工程

西线调水工程地处海拔 3 000~4 500m，由于长江上游各引水河段的水面高程较调入黄河的水面高程低 80~450m，因此，西线调水工程需要修建高坝和开挖超长隧洞，筑坝高度为 175~300 m，隧洞长度 30~160km。从长江上游干支流调水入黄河上游，引水工程拟定在通天河、雅砻江、大渡河上游筑坝建库，采用引水隧洞穿过长江与黄河的分水岭巴颜喀拉山入黄河，年平均调水量为 145 亿~195 亿 m^3。西线工程的供水范围包括青海、甘肃、宁夏、内蒙古、陕西和山西 6 省（区），西线尚没开建正在规划中。

第四节　玉米现代化灌溉排水系统模式

随着中国国民经济的发展，各项事业都在提升与国民经济相适应的现代化水平，水利灌溉事业也同样要满足农业现代化需要，中国不同地区也要走出适合本地区的灌溉现代化模式。广袤地域的气候、地势、水资源不同，发展玉米灌溉方式方法也会不同。

一、中国玉米灌溉区现状分析

1. 东北玉米灌溉区

东北是中国玉米的主要产区，该区中西部降水低于 500mm 是补偿灌溉区，灌溉频率较高，地势平坦。农田建设中建有防风林，田、林、路、渠、机、电相结合，适于大面积种植玉米，水源多以井灌渠为主。但限于农业体制的约束，辽吉两省国营农场少，玉米种植地块分散，大型机械化灌溉受到一定阻碍。黑龙江地域辽阔，大型农场多，现有的玉米灌溉已有部分实现大型机械化灌溉示范，内蒙古草原玉米灌溉区也有部分大型灌溉机械示范点。未来该区通过种植体制的改革，大型灌溉设备将是发展的主流。以黑龙江为例，灌溉面积 660 万 hm^2，其中，旱田节水灌溉面积 160 万 hm^2，占总灌溉面积的 1/4 左右。农民合作社发展到 4.57 万个，各类新型农业经营主体规模经营面积 340 万 hm^2，占总耕地面积（1 593万 hm^2）近 1/5。为大型农业集约化提供了条件。玉米节水灌溉现状以中型喷灌为主，大型喷灌机较少，但随着企业化农业经营模式的普及，大型高效灌溉模式，会成为主流（图 10-35）。

图 10-35　黑龙江大型时针喷灌机作业

2. 西北玉米灌溉区

中国西北地区干旱少雨是中国灌溉农业区，大型灌区较多如甘肃 0.67 万 hm^2 以上灌区 45 处，控制灌溉面积占全省灌区 60%左右，新疆灌溉 2 万 hm^2 以上灌区 30 处，灌溉面积占全区灌溉面积近 50%，适合发展大型节水工程。由于气候干旱，水资源贫乏，节水灌溉深受欢迎，如新疆耕地面积 4 124千 hm^2，截至 2015 年灌溉面积 5 210千 hm^2（含草原），节水灌溉面积 1 820hm^2，占灌溉面积 35%。新疆建设兵团灌溉面积 1 480千 hm^2，节水灌溉面积 1 040千 hm^2，占灌溉面积 70%。从数据看出新疆是灌溉农业，几乎灌溉覆盖整个农业区。

新疆传统灌溉模式与内地基本一致，沟畦灌溉为主，发展节水灌溉以来，新疆逐步探索适合新疆特点的节水灌溉模式，其中，走过大型喷灌模式、地下滴灌模式、滴灌模式、覆膜灌溉模式，经过数十年的探索，滴灌较适合新疆地域环境，随着科学技术的发展，新型微孔管材（具有负压能力出现，会产生更适合新疆高强度蒸发的水环境给水模式（图 10-36）。

3. 华北北部玉米灌溉区

华北平原主要种植夏玉米，并与冬小麦轮作，传统灌溉以畦灌为主，自推广节水灌溉以来，也探讨过大型时针式喷灌机、滴灌、渗灌、移动式喷灌等多种形式。至今较适合华北平原的，还是以井灌为单元的低压管道式灌溉，如山东省节水灌溉面积 2 395千 hm^2，其中，喷灌、滴灌和低压管道灌水灌溉（也称为高效节水灌溉）面积 1 426千 hm^2，占节水灌溉面积 59%。在喷灌、滴灌和低压管道输水灌溉面积中，喷灌占 10%、滴灌占 4%、低压管道输水灌溉占 85%。低压管道输水灌溉适合单井小面积，采用二级、三级管道输水，又能与现存的畦灌相结合，田间输水效率可达到 90%~95%，灌溉水利用系数得到极大提高。河北低压管道输水灌溉已占喷灌、滴灌和低压管道输水灌溉面积的 93%，喷灌也是以小型移动式为主（图 10-37）。

图 10-36　新疆玉米覆膜滴灌

图 10-37　河北玉米移动式喷灌

4. 西南玉米灌溉区

中国西南玉米一般分布在山丘区多为梯田，很少有大面积连片的玉米区，如云南省有耕地 607.21 万 hm^2，其中，有旱地 473.90 万 hm^2，大于 2 度坡耕地 531 万 hm^2，大于 25°以上陡坡耕地有 90.76 万 hm^2（含梯田，在坡耕地中梯田占有一定比重）。云南省大于 $1km^2$ 的坝子有 1 699个（海拔 2 500m 以下的 1 594个），面积 245.35 万 hm^2，其中，耕地 137.40 万 hm^2。可见，西南地区农田特点是坡耕地多、梯田多、坝子多，地块零星连片灌区也不多，农田灌溉面积 175.3hm^2，其中，节水灌溉面 52.7 万 hm^2，微灌与低压管道输水灌溉面积 14 万 hm^2（占节水灌溉面积 26%，喷灌、滴灌和低压管道输水灌溉面积比重远低于华北的 59%）。该区应以坝子、脊梁梯田为单元发展中小型节水灌溉工程，由于气候温和多雨，喷灌蒸发损失小，节水灌溉喷灌、滴灌、低压管道输水灌溉均可发展。

二、玉米现代化灌水系统模式

在玉米的现代化生产中是一条连接紧密的生产线，从玉米科学育种、田间农事系统管理、机械化生产作业、田间水利工程现代化建设、自动化给配水系统、科学灌溉制度、自动化收获、自动化储运、科学消费组织、玉米产品的高精度加工、到销售体系是一套全现代化大系统，各环节环环相扣，其中，水是农业的命脉，玉米的高产稳产需要科学供给水才能实现。随着农业、运输业、加工业、消费组织的现代化飞速发展，急需水利先行官的快马加鞭，跟上时代的步伐，把一段由土地体制管理拉下的时间赶回来，土地向集约化管理的逐步实施，为实现大农业水利化提供了基础，亟须水利工作者及水利设备制造者努力工作，担起这份责任。

（一）灌溉系统自动化

新中国建立以来，中国水利事业得到空前的大发展，尤其改革开放以来，国力的提高使近百年想干而无力干的工程，成批量的上马，在工程规模、质量、设备现代化水平上都处于世界一流水平。但不得不承认在灌溉田间工程与管理上还处于传统的管理水平，虽然从 20 世纪 70 年代开始推广节水灌溉，但经受了曲折，发展得不够理想。改革开放后才有了新进展。

灌溉自动化是信息化、智能化的基础。世界灌溉自动化的历史始于20世纪30年代喷灌的出现，其形成也走过几个阶段。

1. 时间继电器型自动灌溉系统

当喷灌出现时，灌溉系统由土渠演变成金属管道进行输配水，给自动控制创造有利条件。时间继电器是自动控制最早的自动化喷灌系统。组成部分如图10-38所示。主要部件是时间继电器和水力四向阀，开泵后，按给定时间启动四向阀，四向阀用水压关开自动转向下一个出水口，共有4个出口，与中间继电器、电磁阀配合可控制多条支管。时间继电器现在广泛用在小型井灌与大棚灌溉自动控制中，当前有微电脑时间继电器（图10-38）中右下角微电脑时控开关，应用十分方便无须复杂编程，简单设定开关时间即能实现无人值守的自动控制。

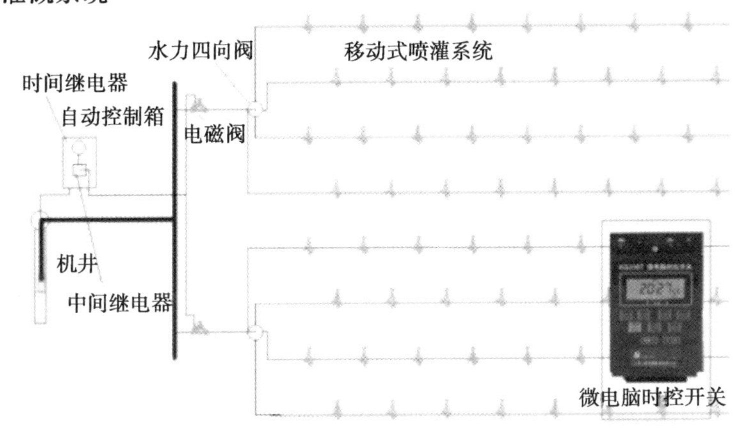

图10-38　时间继电器自动喷灌系统示意

2. 小型可编程控制系统

小型可编程灌溉控制系统是指控制箱出口较少，控制线路有一定局限；可编程是指对不同控制点，可进行灌溉历时与灌溉时序的控制，根据控制器的容量，也可增加灌溉记录存储。该类型能实现自动管理，达到无人值守。小型灌溉系统不需要上位机，能独立运行。如果结合智能管理与无线控制系统，可提升为运程小型群点控制系统（图10-39）。

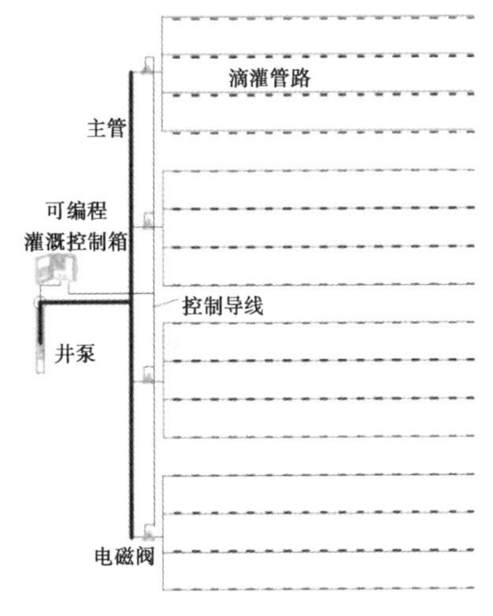

图10-39　可编程小型自动灌溉系统示意

3. 大型灌溉自动化控制系统

大型自动化灌溉系统系指有上下位机组成的灌溉控制系统，上位机负责全系统的控制、命令发布、信息采集、存储、数据分析等功能，下位机由多组控制柜组成，下位机是执行机构，不同的控制柜分别负责不同功能，如控制电磁阀的继电器、中间继电器，控制信息采集各类传感器、如压力、流量、土壤湿度、气象数据等。有线式大型灌溉控制系统的布置形式主要分两种：一是分布式布设；二是总线式布设。

①分布式自动化控制系统：分布式控制是指控制程序由分布式组成，控制系统的物理构件也是分布在不同地域，计算处理由不同处理器完成，现以图10-40为例，进行示例

说明。这是自流水库灌区，由总闸、干、支、斗、农、毛五级渠系组成灌溉系统，渠首管理站设中央控制室承担监视、信息收集存储、计算分析、决策控制任务；按功能下设若干分区，每区设分站，分站由小型控制器承担各监测设备输入、输出、数据采集、控制等任务。渠系系统实现灌溉作物生长状态、气象观测、土壤水分、流量、水位、放水等功能的数据采集、灌溉过程自动控制，系统组成类似图 10-40。

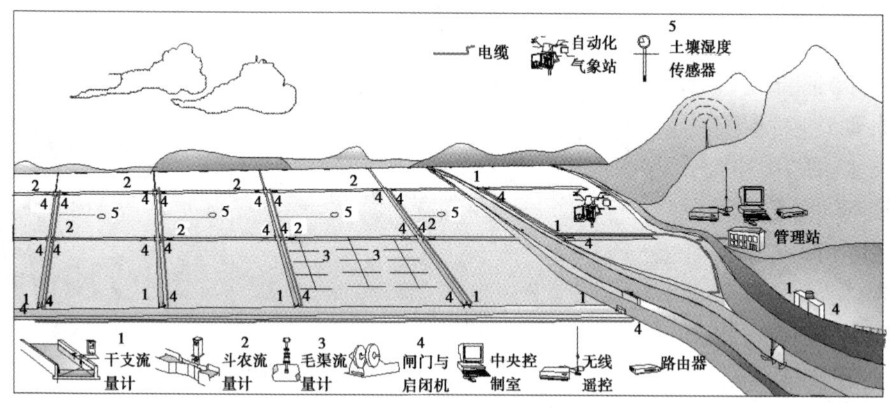

图 10-40　灌区自动化控制系统组成示意

②总线式灌溉自动化控制系统：总线式控制系统是一种实时应用的串行通讯协议的局域网，其特点：可以多主方式工作，网络上任意一个节点均可以在任意时刻主动地向网络上的其他节点发送信息，通信方式灵活，代替分布式多线连接网络。不同任务各节点间、节点与主控间都可直接通信。缺点是传输距离受限制，通信距离与通信速率有关，在 40m 至 10km 间。结构形式，如图 10-41 所示。

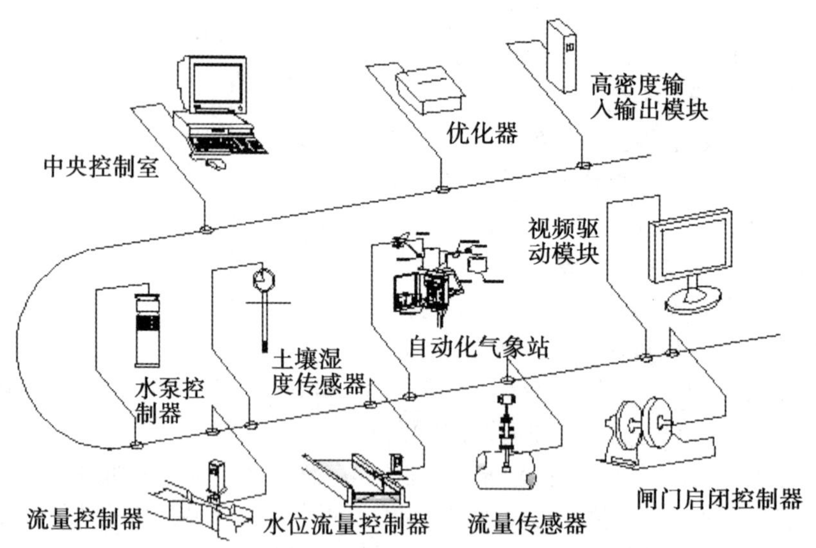

图 10-41　灌区总线式自动化控制系统组成示意

4. 无线灌溉自动化控制系统

上述的分布式与总线式自动控制系统，需要在农田中布设很多线路，不仅增加经费，而且施工、管理麻烦，随着通信技术的不断进步，无线网络技术逐步趋于成熟，21 世纪开始出现一种近距离、低复杂度、低功耗、低速率、低成本的双向无线通讯技术，称为 ZigBee 无线网络技术，用于距离短、功耗低且传输速率不高的各种电子设备之间进行数据传输，传输距离在数千米之内，随着不断的开发扩展，如用无线网桥来实现数据传输能更远。图 10-42 中介绍了 2 种结构无线自动控制灌溉系统，其中，A 是利用 ZigBee 技术无线网络的自动控制灌溉系统，看出这种网络田间部分需要小部分的通讯网线，而 B 方案则全部通过无线传输信息与控制指令，大大减少了农田中的线路，优点充分，可连接笔记本或手机，可应用在家庭式中小灌区。

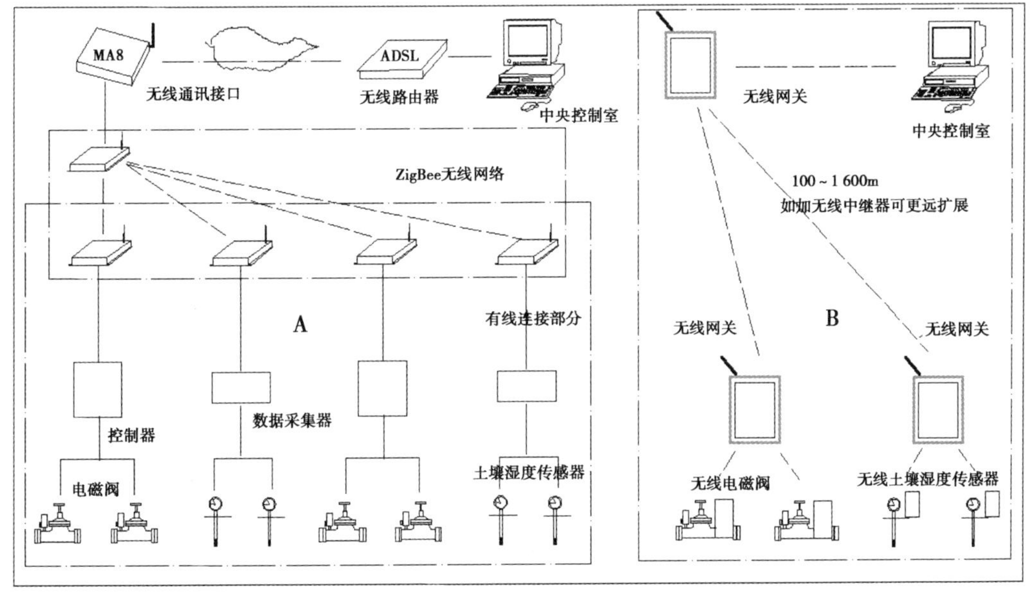

图 10-42　无线式自动化控制系统组成示意

（A 部分是 ZigBee 技术无线自动控制灌溉系统；B 部分是由无线传感器组成的无线自动控制灌溉系统）

5. 大型远程自动化控制系统

无论是现场总线模式还是局域无线模式，控制灌溉范围是有限的，对于中国的大型灌区，这种距离是不能满足要求，并且超长距离会增加设备费用。通讯和网络技术发展，为无线遥测遥控开辟了新天地，经济实用的无线通讯和网络提供了无线远程控制条件。无线远程控制特点是不需要主线路，常用有两种形式；无线局域网和广域通讯网。两者差别是局域网独立运行，但单网控制距离只有 50km 左右。广域通讯网是国家或全球连接，可实现无限远的控制，跨国、跨南北极的监测控制。无线局域网也是分布式控制，与有线局域分布式区别是中心站与分站不用线路连接，取而代之的是无线数传电台，电台是双向收发（图 10-43）。底层控制可采用单机或下位机控制，直接连接控制设备，当然也可组成现场总线模式再用无线连接中心站。

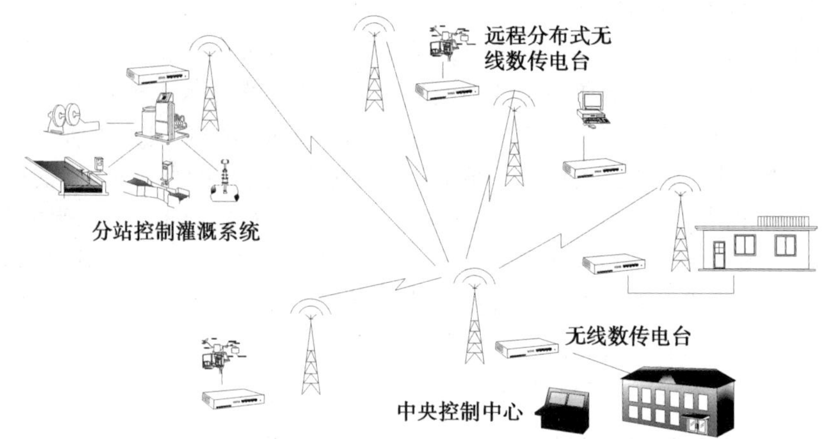

图 10-43　灌区无线远程自动化控制系统组成示意

6. 软件制作

任何控制系统都需有软件配合，软件是根据系统组成功能需要而编制的程序，其中，包括工程任务内容、设备结构、运行程序、灌溉环境变化、灌溉制度对策与决策、数据采集、图形音频视频文档资料收集存储、数据库建立、搜索查询、资料分析整理、安全保障、报警系统等，图 10-44 为分布式控制系统软件构成图，对于其他两种控制模式软件内容基本相同，只是数据采集中信号转换位子有所区别。软件制作需要两项基本条件，要有运行平台管理软件（如微软视窗，要有制作软件）组态软件、微软可视软件制作平台。主要制作过程如下。

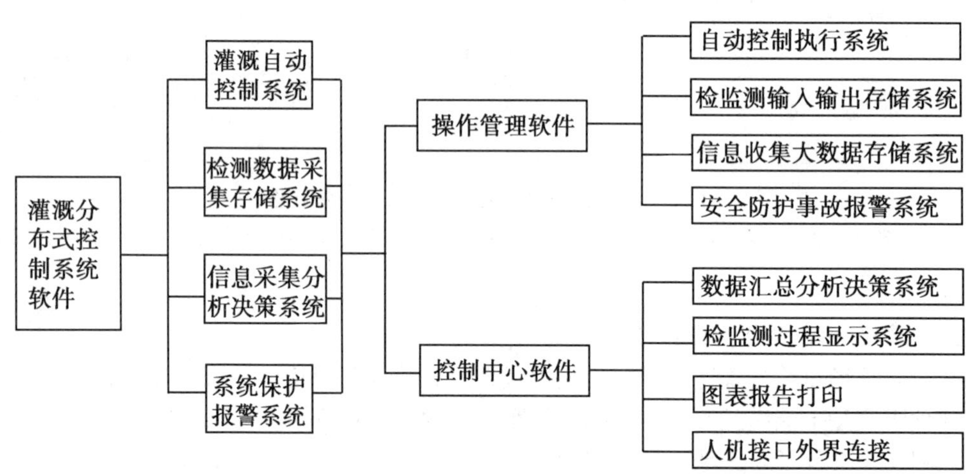

图 10-44　灌溉自动化控制软件主要内容框

① 编制设计任务书：根据系统构成与功能，编写任务要求，绘制框图。

② 分解任务编制设计路线：将软件任务分类：收集、采集资料类；过程控制类；计算分析类；对策决策智能类；存储归档类；图表显示类；信息交流类；安全防护类与事故报警类等。绘制软件组成，主要功能控制类型框图。

③ 分布式编程：根据分解任务，分块编写，拟定计算方法步骤，控制程序等。

④ 汇总连接：将分块程序有机连接，完成各项功能任务：采集、存储、过程控制、绘图制表、显示、通信等。

⑤ 测试软件：按设计任务要求，运行程序，观察各项目是否正常控制与运行，数据采集传输存储是否完整，评价软件，改进软件。

⑥ 打包制作安装软件：制作安装程序，进行必要商业包装打包发布。

⑦ 申请专利：对有独创内容部分进行专利保护，向专利局申请保护。

（二）灌溉系统信息化

中国的灌溉信息化基本跟上现代化的步伐，而且在某些方面已走在世界前面，如大小水库、灌区、泵站、大型节水灌溉设备基本实现信息收集、存储、联网。

信息化具体指具备信息获取、信息传递、信息处理、信息再生、信息利用能力，它与智能化工具相结合能产生生产力，称为信息化生产力。信息化是当今现代化、智能化的基础。灌溉信息化有以下几种类型。

1. 灌溉实施进程资料的信息化

①本地灌溉区灌溉实施进程资料信息化：灌溉计划、实施资料（灌溉制度、灌水量、土壤湿度等、灌溉检测、监测系统实施进程资料、灌溉作物生态、生理观测资料、灌区环境监测资料、农事作业资料等。

②地区相关水资源适时实际发生资料：降水、水库塘坝库容、供水、水质、河流流量、再生水资源、城乡用水、灌溉用水、调配水记录等资料。

③相邻灌溉区灌溉措施效果资料：收集相邻同行的即时正反经验。

2. 与灌溉相关学科行业进程信息化

灌溉科学是一门跨行业、跨学科的多种知识、技术、建筑、材料综合而成的科学，其中任一门科学、技术的突破都会影响灌溉科学的变化，它与技术有关、与生物学科有关、与材料学科有关、与气象、地理有关、与力学有关、与土壤微生物等多种学科、技术有关。要了解掌握相关行业的发展变化，以为我用。

①灌溉科学：灌溉理论、灌溉方法、灌溉新技术、灌溉制度、作物需水规律、作物水分生理、灌溉观测技术、灌溉规划、灌溉工程、灌溉管理、水利工程等。

②农业科学：灌溉科学是为农业服务的，农学是服务对象，必然是灌溉科学关心的主要学科。

农学是研究与农作物生产相关领域的科学，包括作物品种、作物生长发育、作物生长环境、病虫害防治、土壤与营养、种植制度、农业经济等领域，但在广义的农学领域也涵盖林学、畜牧学、畜牧兽医、蚕学、气象学、土壤学、水产养殖、海水养殖等学科。

③环境学：灌溉是人类对自然影响较大的学科，环境也决定灌溉的方式方法。中国近年因工业化城镇化的负效应，造成水质的污染，给灌溉与农业带来环境的损害，已高度的引起全民的认识，净化水环境是迫在眉睫的任务。

环境学是研究人类生存环境与世间物理、化学、人类活动随时间推移三者变化相互影响的关系，环境直接影响人类的生存质量，它又与人类活动密切相关，所以，环境科学包括自然环境与社会环境，两者相互作用。环境学是牵涉地球宇宙、人类生产活动诸多学科，是个综合包罗万象的相互交织的学科，总之要研究环境变化和环境保护，创造更适合人类居住健康生活的美好环境。灌溉学科主要关心灌溉在水环境中的地位与影响。

④自动控制学：控制学是自动控制、通信技术、计算机科学、数理逻辑、神经生理学、统计力学、行为科学等多种科学技术相互渗透形成的一门横断性学科，该学科的发展变化前进步伐是否迅猛，它也是各行业现代化水平的标志。要观察、发现、收集相关领域的进步、创新，使之为我所用。

⑤仪器仪表学：灌溉现代化离不开仪器仪表不断更新步伐。监测仪表、检测仪表、流量观测、气象观测、土壤观测、生物观测等仪表的发展变化信息。

⑥统计分析理论：数论、图论、统计与分析、优化理论、风险与决策、模拟仿真等。

3. 灌溉相关史料的信息化

灌溉的对策决策离不开灌溉历史的经验与教训，历史是面镜子，会为人们提供问题的解决方案。将灌溉历史发生过的各种实践经验进行收集整理，进行数字化，可能有文字、图片、录音、视频等。如降水、气象、灌溉经验、灌溉方案、不同旱涝情况下采取的应对措施和产生的后果、抗旱除涝的方式方法等。

（三）灌溉系统大数据化

大数据是21世纪产生的新事物，是在计算机和信息化普及的条件下产生的。

1. 大数据含义

①产生背景：世界进入计算机时代后，信息化接从而来，地球变成一个整体式的村落，个人、企业、国家间的信息得到及时的沟通，一项发明、新事物、新方法等瞬间传遍世界，这样给互相学习交流提供平台。由此来自四面八方海量信息中的好的先进的知识、技术得到传播，也就产生企业通过大数据信息优化自己的工作流程、改进新的先进技术。但是大量的数据是无法在小型单个计算机上存储，进而促使大型的云计算的出现，并催发了一套应用于大型存储、分类、计算的高一级软件系统。大数据的核心在于从海量的数据中挖掘数据中蕴藏的价值，构建数据应用模式、商业模式促进大数据产业健康发展。自然灌溉是人类最原始、生存最关键的事业，不能排除在大数据之外，要紧跟科技发展的潮流，服务于人类赖以生存的灌溉事业。

②大数据的组成：数据来自四面八方。可分为各类学科科学研究试验的报告、会议；企业、各类工程监测检测数据；商业网物流信息；工农商学兵一线生产信息；社会文化军事交通海洋航天航空天文地理等世间各类信息。

③大数据计量单位：大数据的计量单位以PB为基础计量单位，其大小排序为：1GB＝1 024MB；1 TB＝1 024GB；1 PB＝1 024TB；PB上面还有EB、ZB、YB、BB，BB含有1 000亿亿亿字节，可见大数据的数量之大。

2. 大数据的价值

大数据具有时效性与实效性，大数据最核心的价值就是在于对于海量数据进行存储和分析，获得有用知识、技术、方法，相比起现有的其他技术而言，大数据可达到迅速、优化、廉价、实用的成果。

3. 大数据与云计算

①云计算：云计算是大型计算机上运用高级的计算软件，解决多维复杂的计算问题的

计算方法，计算可达每秒数万亿次的运算能力。云计算运行是一种按使用量付费的模式，这种模式提供可用的、便捷的、按需的网络访问，进入可配置的计算资源共享池（资源包括网络，服务器，存储，应用软件，服务），这些资源能够被快速提供，只需投入很少的管理工作，或与服务供应商进行很少的交互。

②云计算特点：一是超大规模的计算机群，一般由数千或数万台服务器组成计算机群。二是虚拟化服务，云计算可由网上完成，用户只在普通电脑上与云计算连接即可完成。三是通用性、可扩展性，云具有庞大的资源池，根据用户需要，可动态的扩展，具有广泛的通用性。四是云计算机装有多种软件，如 Hm2doop、数据转换工具（Sqoop、Storm）等。五是云计算分类：公共云，为公众提供开放的计算、存储等服务的；私有云，为某客户提供专用服务的云；混合云，部分用公共共享云，部分用私有云。

③云与服务形式：一是基础架构服务，以服务形式提供服务器、存储和网络硬件。基础架构也涵盖网格计算架构建立虚拟化的环境、集群和动态配置。二是平台即服务，以服务形式提供给开发人员应用程序开发及部署平台，平台一般包含数据库、中间件及开发工具。三是软件即服务，指的是通过浏览器，以服务形式提供给用户应用程序。

4. 大数据分析

①Hm2doop：Hm2doop 旨在通过一个高度可扩展的分布式批量处理系统，Hm2doop 项目包括三部分：分别是 Hm2doop Distributed File System（HDFS、Hm2doopMapReduce 编程模型以及 Hm2doop Common，并有在 Hm2doop 上运行开发的软件如 Pig、Hive 和 Jaq。

②HPCC：高性能计算与通信（High Performance Computing and Communications 的缩写。可扩展的计算系统及相关软件，该项系统由三部分组成：一是高性能计算机系统（HPCS），系统设计工具、先进的典型系统及系统的评价等；二是先进软件技术与算法（ASTA），内容有巨大挑战问题的软件支撑、新算法设计、软件分支与工具等；三是信息基础结构技术和应用（IITA）。该技术由美国 1993 年开始开发。

③Storm：Storm 是自由的开源软件，一个分布式的、容错的实时计算系统。Storm 可以非常可靠的处理庞大的数据流，用于处理 Hm2doop 的批量数据。

④RapidMiner：它是世界领先的数据挖掘解决方案，在一个非常大的程度上有着先进技术。它数据挖掘任务涉及范围广泛，包括各种数据艺术，能简化数据挖掘过程的设计和评价。

⑤Pentaho BI ：它是一个以流程为中心的，面向解决方案（Solution）的框架。其目的在于将一系列企业级 BI 产品、开源软件、API 等组件集成起来，方便商务智能应用的开发。它的出现，使得一系列的面向商务智能的独立产品如 Jfree、Quartz 等，能够集成在一起，构成一项项复杂的、完整的商务智能解决方案。

5. 大数据管理

大数据是由不同信息流、不同异构系统、不同数据格式组成，如何管理庞大杂乱资料，用现有的 Web 服务框架已满足不了要求，出现了一个面向服务体系结构组件模型（Service-Oriented Architecture，SOA）被誉为下一代的基础框架。已经成为计算机信息领域的一个新的发展方向。

①SOA 作用：SOA 的出现给传统的信息化产业带来新的概念，不再是各自独立的架

构形式，能够轻松的互相联系组合共享信息。可复用以往的信息化软件。基于 SOA 的协同软件提供了应用集成功能，能够将各类管理软件（如 ERP、CRM、HR 等）异构系统的数据集成一体，向客户提供服务。

②SOA 和各类数据模型：多数的大数据是非关系型的、非交易型的、非结构化的甚至是未更新的数据，由于缺乏数据结构因此将其抽象成一个查询服务并非易事。SOA 的 3 个数据中心模型分别是数据即服务（DaaS）模型、物理层次结构模型和架构组件模型，其中架构组件模型是由水平集成数据模型和垂直集成的数据模型。通过 SOA 的架构给大数据查询服务更快捷。

6. 大数据应用

大数据应用近年刚刚兴起，得到应用并不广泛，但它的前景不容置疑的将在各行业得到应用，下面仅就灌溉事业中的应用作简介。

①灌溉试验研究中的应用：在广泛收集的灌溉试验成果报告中，筛选与本地类似的成果，编制本地的引进试验。

②智能灌溉对策应用：能从获得大数据中优化出可借鉴的方案。

③灌溉田间管理：灌溉区管理人员在大数据中寻找别人的管理经验。

④灌溉设备制造：从国内外灌溉设备发展趋势中获得灵感，创新自己的发明。

⑤灌溉自动化仪器仪表：从灌溉使用信息中筛选正反两方面经验与教训，改进自己的仪器设备，创新自己的发明。

三、灌排系统智能化

智能化灌排应该有在网上学习能力、存储记忆能力、通过分析转化为感知思维能力，从而具有决策能力，结合自动控制系统，对灌区当前环境作出最优的灌溉方案，并经最终验证是最佳收获。称这样系统为智能系统或智能化系统。

1. 智能灌排系统构成

智能灌排系统与自动化灌溉系统，在结构形式上基本相同，区别是：硬件所采用的设备具有智能管理功能；软件具有学习、分析、决策功能。概括为 5 个层次（表 10-7）：智能控制层、分析决策层、数据存储层、信号传输层、信息收集层。

① 智能控制层：由两部分组成，中央控制室，室内配置工控机或小型计算机（连续工作，内安装定制软件系统，有学习系统、分析系统、决策系统等专制本地灌排相关内容的软件；下位机系列智能控制柜，负责将采集信号处理、上位命令下达等任务。各级灌排管网的执行系统，负责执行控制指令，实现灌排任务。

② 分析决策层：分析决策是智能的核心，主要有软件实现，决策是在对过去灌排资料、灌排经验、灌排实例、外界学习知识，同每次灌排田间采集的数据对比分析优化，得出最佳执行方案。这是同自动化灌排最大的区别。

③ 数据存储层：由于智能灌排需要大量的数据存储，自动化的各人电脑无法满足大量数据的存储，所以大型灌排系统需要配置数据库硬件，由两种数据存储器：音视频模拟信息存储器和数字化存储器（图 10-45）。

④ 信号传输层：智能灌排系统需要学习功能，必须与上下级灌排局域网连接，与 int

网及社会网络连接，以收集自身灌排经验以外的有关的灌排经验。信号传输系统有 3 种：有线、无线、int 网络。

⑤ 信息收集层：主要信息是本系统的检测数据，每次灌排的各种数据，要上传中央控制室，并存储，积累自身的灌排经验，同时要不断地收集外部有关灌排经验（表 10-7）。

表 10-7　智能灌排系统构成

层次	主要设备		
智能控制层	主控小型机	下位主控智能柜	各级执行系统
分析决策层	学习控制系统	分析系统	决策系统
数据存储层	模拟信号存储库	采集信号存储库	网络学习信息库
信号传输层	有线传输网	无线接发系统	公用网络
信息收集层	智能传感检测系统	局域灌排网交流	公用网络收集

2. 智能传感器概念

智能传感器定义有多种，根据它的组成可定义为：智能传感器是由微处理器驱动的与仪表套装的传感器，具有通信与板载诊断及部分控制功能，优点是提高工作效率及减少维护成本，降低了系统的复杂性、简化了系统结构（图 10-45、图 10-46）。智能传感器具有：自补偿功能、自计算和处理功能、自学习与自适应功能、自诊断功能等。

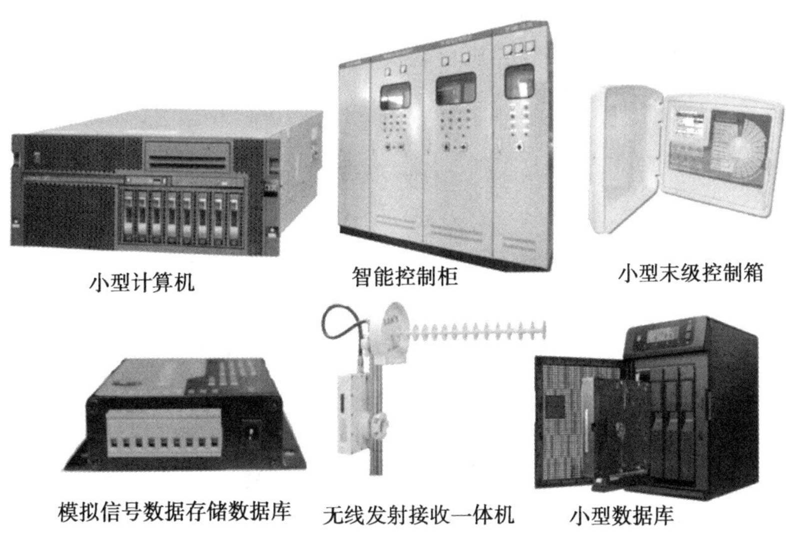

图 10-45　大型智能化灌排控制室主要设备

3. 学习控制系统[8]

学习控制系统是在自适应控制系统发展与延伸，它能够按照运行过程中的“经验”和“教训”来不断改进算法，增长知识，以便更广泛地模拟高级推理、决策和识别等人类的优良行为和功能。学习控制已成为智能控制的一个重要领域。学习与掌握学习控制的

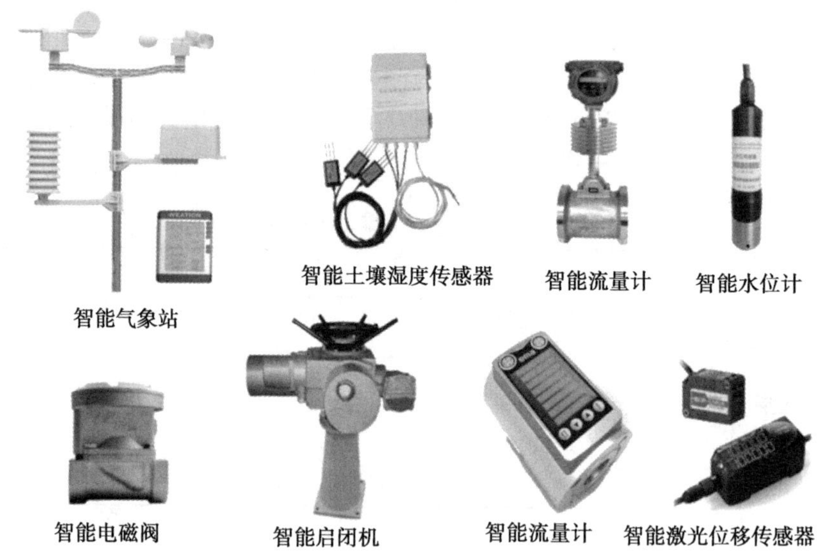

图 10-46 大型智能化灌排传感器类型

基本原理和技术能够明显增强处理实际控制问题的能力，学习控制具有四个主要功能：搜索、识别、记忆和推理。学习控制系统基础理论包括模糊控制、神经网络控制、专家控制系统、遗传算法、蚁群算法等。学习控制系统按照所采用的数学方法而有不同的形式，其中，最主要的有采用模式分类器的训练系统和增量学习系统，在学习控制系统的理论研究中，贝叶斯估计、随机逼近方法和随机自动机理论，都是常用的理论工具。

参考文献

[1] 刘玉甫，王蓓，等．新疆农田排水工程存在问题与建议 [J]．新疆水利，2009 (1).

[2] 水利部．灌溉与排水工程设计规范（GB50288—99）[M]．水利部出版社，1997.

[3] 水利部．农田排水工程技术规范 SL/T4-1999 1999，12，03 发布．

[4] 水利部．水闸设计规范 SL265 2001，4，1.

[5] 郭涛．中国古代水利科学技术史 [M]．中国建筑工业出版社，2013，1.

[6] 朱建强．易涝易渍农田排水应用基础研究 [M]．科学出版社，2007，8.

[7] 张芮．中国农业水利工程历史与生态文明建设研究 [M]．中国水利水电出版，2013，12.

[8] 赵丽，宋和平，等．吐鲁番盆地坎儿井的价值及保护 [J]．水利经济，2009，9.

[9] 吴彬，杜明亮，等．近 60 年鄯善县地下水补排量演变与坎儿井流量衰减关系 [J] 农业工程学报，2016.

[10] 徐海量，叶茂，等．塔里木河流域水文过程的特点初探 [J]．水土保持学报，2005，4.

[11] 新疆叶尔羌河阿尔塔什水利枢纽工程环境影响报告书［R］. 引自 http：//www. docin. c.
[12] 刘玉甫，王蓓，等．新疆农田排水工程存在问题与建议［J］. 新疆水利，2009（1）.
[13] 水利部．中国水利统计年鉴-2009［M］. 中国水利电力出版社，2000，12.
[14] 福田仁志（日）. 世界灌溉［G］. 山西水利科学研究所，1982.
[15] 汪胡桢．中国工程师手册 c 水利［M］. 商务书馆，1949.
[16] 杨红秀．汾河水库蒸发渗漏水量损失分析计算［J］. 山西水利科技，2005，10.
[17] 周凤海，卢广明，等．集退双廊道式截潜工程设计［J］. 中国农村水利水电，2002（7）.
[18] 王宇，张贵，等．云南省严重缺水地区地下水勘查示范工程实例［G］. 云南省地质调查院，［引自］www. doc88. com/p-2252994151557. htm lhuirise.
[19] 骆鸿固．截潜流工程［M］. 水利出版社，1981.
[20] 谢常茂．岩溶地下河水资源开发利用工程实践［J］. 探矿工程，2009. 36（5）.
[21] 日本农业土木事业协会．泵站工程技术手册［M］. 中国农业出版社，1998，12.
[22] 脱云风，王克勤，等．灌溉渠道优化设计方法研究［J］. 中国农村水利水电，2012（4）.
[23] 罗金耀，魏永曜．灌溉渠系优化设计方法的研究［J］. 水利学报，1990（06）.
[24] 农田低压管道输水灌溉工程技术规范国标［S］. GB/T 20203—2006.
[25] 公路桥涵设计通用规范［S］. JTG D60—2015 交通运输部，2015，12，1.
[26] 水闸设计标准行业标准［S］. NB/T 35023—2014 国家能源部，2014，11，01.
[27] 农田排水工程技术规范［S］. SL4-2013 水利部，2013，04，22.
[28] 顾延丽．天然水库回水曲线计算方法探讨［J］. 河南水利与南水北调，2014（16）.
[29] 邓建华．河道回水曲线计算研究［J］. 水路运输，2011（12）.
[30] 水利水电工程初步设计阶段回水分析大纲范本［S］. FCD12040 水利水电勘测设计标准化信息网 1.
[31] 泵站设计规范［S］. GB 50265—2010 住房和城乡建设部，2010，7，15.
[32] 孙汉贤，王锐琛．黄河龙羊峡至青铜峡河段已建水电站经济效益分析［J］. 水力发电，1995，03.
[33] 李明安，祁志峰．小浪底水利枢纽的初期运行综合效益［J］. 水力发电，2006，2.
[34] 胡振鹏，冯尚友．丹江口水库兼顾发电与灌溉效益的水位控制措施［J］. 水利水电技术，1992，04.
[35] 徐元顺，朱理国．汉水中上游干旱对丹江口水库综合效益的影响及对策［J］.

湖北气象，1998，4.
[36] C. H. 佩尔［美］，姚汉源译．喷灌［M］．水利出版社，1980，8.
[37] 宋宗峰．无线传感器网络技术发展现状及趋势［J］．数字技术与应用，2011(05).
[38] 雷．庫兹韦尔［美］，盛杨燕译．人工智能的未来［M］．浙江人民出版社，2016，3.

第十一章　墒情预测与灌溉预报

第一节　多种土壤墒情预测模型的建立与比较

土壤墒情指作物根系层含水量状况，墒情预测则是对作物耕作层土壤水分的增长和消退程度进行的预报。墒情预测是灌溉预报的基础。对于水资源短缺条件下农田水分的合理调控具有重要意义。墒情预测以土壤水分动态模拟模型为基础，是在模型有关输入量（气象、作物等）预报的基础上对土壤水分变化趋势所做的模拟。土壤水分状况受多种因素的影响，包括气象、土壤、作物、田间用水管理等。墒情预测的关键是掌握田间根系层土壤水分的消退规律，水分消退过程不仅与土壤特性有关，还涉及根系层与环境间的水分交换（如降水、灌溉、腾发、根系层下边界水分通量等）。目前，土壤墒情预报模型主要包括3种模型：系统模型、概念模型（水量平衡模型）和机理模型（土壤水动力学模型）。

一、系统模型（BP神经网络模型）

系统模型主要采用数学统计的方法来建立模型。它不考虑模型中各个因素或因子的物理或化学意义，通过收集和获得与模型相关的输入和输出以及影响因素的大量的历史数据，然后分析和输出和影响因素之间的关系。就土壤墒情预报模型来说，它不着重考虑土壤水分动态变化的机理，而是分析土壤水分变化和其主要影响因素之间的关系。神经网络具有自学习、自适应和自组织等特性，在系统预测和优化、模式识别以及数据挖掘等领域得到广泛的应用。在目前所有的人工神经网络中，BP网络是应用最为广泛的。由于土壤墒情与其影响因素之间存在非常复杂的非线性关系。BP算法因为具有强大的非线性映射能力，非常适合建立土壤墒情预报模型。本文拟基于BP算法来研究土壤墒情预报。利用DPS12.01软件运算建模。实验过程：采用当前土壤0~20cm，20~40cm，40~60cm，60~80cm和80~100cm土层的土壤含水量作为输入变量，以10d后的0~100cm平均土壤含水量作为输出，训练样本数为55，测试样本数为6，数据来源于2012—2014年作物生育期SWR-4型管式土壤水分测定仪监测结果，同时隐含层转移函数为sigmoid，输出层转移函数为purelin，训练算法为trainlm，隐含网络层数1层，输入层节点数5个，最小训练速率0.1，动态参数设置0.6，参数sigmoid为0.9，允许误差0.0001，最大迭代次数为1 000次。

在本试验中，输入数据和输出数据均为土壤含水量，范围为0%~50%，采用标准化预处理，使数据变换到［-1，1］区间，其计算公式如下：

$$\bar{x}_i = \frac{x_i - x_{min}}{x_{max} - x_{min}} \tag{11-1}$$

式中：

$\bar{x}_i$ 表示标准化后的数据，x_i表示输入数据和输出数据；x_{min}代表输入数据和输出数据变换范围的最小值，x_{max}代表输入数据和输出数据变换范围的最大值。

表 11-1　BP 神经网络模型输出各个神经元（节点）的权值

第 1 隐含层各个结点的权重矩阵					输出层各个结点的权重矩阵
0. 916 92	-1. 708 8	0. 096 15	0. 579 89	1. 318 07	-3. 251 54
-0. 351 14	0. 413 61	-0. 060 56	-0. 367 12	0. 346 23	-3. 051 51
-1. 675 95	-1. 066 25	-0. 185 01	-0. 547 41	0. 967 32	-1. 309 03
-0. 202 24	0. 962 47	-0. 311 11	-0. 647 22	-0. 792 7	-3. 362 69
-0. 803 03	-0. 091 59	-1. 198 32	-0. 861 94	-0. 521 93	4. 202 45

学习样本的拟合值和实际观测值，以及根据 BP 神经网络对农田土壤墒情进行预测的结果与实际值的比较列于表 11-1。结果表明，应用 BP 神经网络进行农田土壤墒情预测，不仅历史资料的拟合程度高（拟合残差=0. 049 94），而且 2014 年试报的结果与实际也相差不大，平均绝对误差和相对误差分别为 1. 8%和 12. 6%（表 11-2）。

表 11-2　神经元网络训练结果及试报结果土壤含水量　（单位：%）

样本序号	1	2	3	4	5	6	7	8	9	10
实测值（%）	31. 1	32. 4	32. 2	31. 2	29. 4	26. 8	20. 8	20. 9	18. 8	30. 6
训练输出值（%）	29. 1	29. 8	30. 0	28. 3	27. 5	25. 5	23. 6	18. 3	19. 1	30. 3
样本序号	11	12	13	14	15	16	17	18	19	20
实测值（%）	17. 4	26. 5	28. 1	26. 9	26. 2	25. 3	24. 6	24. 1	21. 8	22. 6
训练输出值（%）	17. 4	27. 3	28. 2	28. 4	26. 6	25. 6	24. 4	23. 5	19. 2	22. 5
样本序号	21	22	23	24	25	26	27	28	29	30
实测值（%）	19. 7	17. 1	16. 2	31. 2	32. 2	30. 3	29. 3	27. 9	26. 9	26. 1
训练输出值（%）	21. 9	17. 1	17. 8	29. 8	29. 6	30. 0	29. 3	28. 7	27. 8	26. 9
样本序号	31	32	33	34	35	36	37	38	39	40
实测值（%）	19. 9	20. 7	19. 3	18. 0	17. 6	18. 3	26. 7	26. 7	26. 6	26. 6
训练输出值（%）	21. 1	19. 0	20. 1	18. 5	17. 7	17. 4	26. 0	25. 9	26. 0	25. 9

（续表）

样本序号	41	42	43	44	45	46	47	48	49	50
实测值（%）	26.4	26.6	29.2	27.1	25.4	21.1	19.9	22.2	25.2	25.3
训练输出值（%）	26.0	26.0	30.2	28.8	26.4	22.0	19.6	19.4	25.3	25.2
样本序号	51	52	53	54	55					
实测值（%）	25.3	25.5	25.5	31.2	27.9					
训练输出值（%）	25.4	25.4	25.6	30.5	29.0					
样本序号	56 *	57 *	58 *	59 *	60 *	61 *				
实测值（%）	11.8	24.7	18.8	15.1	16.0	18.3				
训练输出值（%）	16.7	24.8	20.3	17.1	17.8	18.5				

注：* 样本序号 56-61 为试报结果

二、概念模型（水量平衡模型）

概念模型是指土壤水量平衡模型，反映了作物根系层水分变化和水分收、支之间的关系。利用土壤计划湿润层内的含水量为研究对象，建立水量平衡方程，结合实时预报的作物和气象信息完成对土壤含水量的预测。水量平衡方程可以表示为：

$$W_i = W_0 + W_{ri} + P_{ei} + I_i - ET_{ci} - G_i - R_i \tag{11-2}$$

式中：

W_0、W_i—时段初和时段末的土壤计划湿润层内的含水量，mm；W_{ri}—时段内由于计划湿润层增大而增加的水量，mm；I_i—时段内的灌水量，mm；P_{ei}—时段内的有效降水量，mm；ET_{ci}—时段内作物的耗水量，mm，可通过构建的模型预测；R_i—时段内因灌溉产生的地面径流量，mm；G_i—时段内地下水补给量，mm。

1. 模型参数的确定

夏玉米耗水量的计算采用目前最常用的作物系数法，即通过某时段（i）的参考作物需水量（ET_{0i}）和作物系数 K_{ci} 确定某种具体作物的耗水量 ET_{ci}，其具体表达式如下：

$$ET_{ci} = K_{ci} \cdot ET_{0i} \tag{11-3}$$

在水分亏缺条件下，作物耗水量的计算还要引入土壤水分修正因子，即：

$$ET_{ci} = K_{wi} \cdot K_{ci} \cdot ET_{0i} \tag{11-4}$$

式中：

当 K_{wi} = 1.0 时，ET_{ci} 即为水分充足条件下作物耗水量。

（1）ET_0 预测。选用 Hargreaves 公式，主要依靠最高和最低气温来衡量辐射项的 ET_0 计算公式，该公式修正形式（Harg 修正公式）如下：

$$ET_0(HG3) = 0.001\frac{1}{\lambda}(T_{max} - T_{min})^{0.595}\left(\frac{T_{max} + T_{min}}{2} + 25.801\right)R_a \tag{11-5}$$

式中：

R_a 大气顶层辐射，MJ/（m^2d）；λ—水汽化潜热，其值为 2.45MJ/kg；T_{max}，T_{min}—最高气温和最低气温,℃；T_{mean}—平均气温,℃。

根据上述公式由已知天气预报的信息，可预测 ET_0

其中：R_a 换算如下：

日序数 J，1 月 1 日为 1，12 月 31 日为 365（366，闰年）

日期　1 月 1 日　2 月 1 日　3 月 1 日　4 月 1 日　5 月 1 日　6 月 1 日

日序数 J　1　32　60　91　121　152

日期　7 月 1 日　8 月 1 日　9 月 1 日　10 月 1 日　11 月 1 日　12 月 1 日

日序数 J　182　213　244　274　305　335

$$d_r = 1 + 0.033\cos(0.02J) \quad (11-6)$$

$$\delta = 0.409\sin(0.02J - 0.39) \quad (11-7)$$

$$\omega_s = \arccos\left[-0.71\tan(\delta)\right] \quad (11-8)$$

$$R_a = 37.61d_r[0.58\omega_s\sin(\delta) + 0.81\cos(\delta)\sin(\omega_s)] \quad (11-9)$$

（2）K_c 的预测。作物生育期随品种、播期、地域不同而变化，故统一模型必须首先统一时间尺度。本研究用有效积温表示生育期长度，分别对叶面积指数和生长期作归一化处理。

①叶面积指数归一化处理：

$$RLAI_j = \frac{LAI_j}{LAI_{max}} \quad (11-10)$$

式中：

$RLAI_j$为某日归一化后叶面积指数，称为相对叶面积指数，其最大取值为 1；LAI_{max}为整个生育期最大叶面积指数。

②积温归一化处理：本文以 10℃ 为夏玉米的生物学零度，并考虑将无效高温视为对作物生长发育的无效温度（在高温下，作物发育速度不仅不随温度的增高而加快，反而受抑制）。因考虑无效高温的平均气温法生物学意义较为明确，且误差最小，因此，本文计算有效积温采用方法如下：

$$T_j = \begin{cases} T_d - T_0 & T_d > T_0 \text{ 且 } T_d < T_h \\ 0 & T_d \leqslant T_0 \\ T_h - T_0 & T_d \geqslant T_h \end{cases} \quad (11-11)$$

其中，T_d 是日平均气温；T_h 和 T_0 分别为作物发育的上、下限温度。本文采用夏玉米 T_0 和 T_h 分别取 10℃和 30℃，T_j 即日有效积温。

试验表明，玉米吐丝期叶面积指数达最大值，故以吐丝日为界将整个生育期分为 2 个阶段，出苗-吐丝前 1d 为第 1 阶段，即营养生长阶段，积温用 AT_1 表示（试验区多年平均值 1 223.6℃），吐丝日-成熟期为第 2 阶段，即生殖生长阶段，积温用 AT_2 表示（试验区多年平均值 1 224.3℃）：

$$AT_1 = \sum_{j=1}^{n-1} T_j \quad (11-12)$$

$$AT_2 = \sum_{j=n}^{m} T_j \tag{11-13}$$

积温归一化处理：

$$DS_j \begin{cases} \dfrac{\sum_{j=1}^{n-1} T_j}{AT_1} \\ 1 + \dfrac{\sum_{j=n}^{m} T_j}{AT_2} \end{cases} \tag{11-14}$$

式中：

n 和 m 分别为玉米出苗—吐丝日、吐丝日—成熟期天数，T_j 为逐日有效积温，DS_j 为积温归一化后数值。DS_j 营养生长阶段取值范围为 0~1，生殖生长阶段其取值范围为 1~2。

③夏玉米叶面积指数增长普适模型：Logistic 模型是研究有限空间内生物种群增长规律的重要数学模型，它描述了种群相对增长率与种群密度呈线性关系。本研究采用修正的 Logistic 模型模拟玉米叶面积指数动态变化过程，为因变量，计算模型如下：

$$RLAI_j = \frac{1}{1+e^{(10.5038-23.5066\times DS_j+9.3053\times DS_j^2)}} \tag{11-15}$$

式中：

$RLAI_j$ 为相对叶面积指数值，即阶段叶面积指数与最大叶面积指数的比值；DS_j 为自变量。

由于夏玉米整个生育期所需的有效积温相对稳定，因而可用有效积温对夏玉米的生育期进行判断，因此，通过所建立的模拟模型，不仅能利用已知的有效温度对 LAI 作出判断，而且可以通过未来气温的预报值，实现对 LAI 的预报工作。

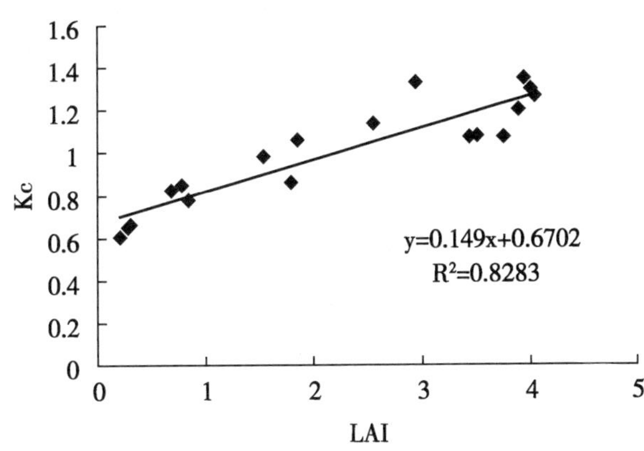

图 11-1　夏玉米叶面积指数与作物系数相关

④叶面积指数与作物系数的关系：2011—2013 年试验表明，夏玉米作物系数 k_c 与叶面积指数 LAI 之间呈现出较为明显的线性关系，回归分析结果表明，决定系数 R^2 为 0.828 3，回归关系式为（图 11-1）：

$$K_c = 0.149LAI + 0.6702 \tag{11-16}$$

⑤作物系数模拟模型的建立：将 LAI 的模拟模型以及 LAI 与作物系数的关系整合在一起，形成作物系数的预报模型，模型可表述为：

$$K_c = 0.149 \cdot \frac{LAI_{max}}{1 + exp(10.5038 - 23.5066 \times DS_j + 9.5053 \times DS_j^2)} + 0.6702 \tag{11-17}$$

式中：

LAI_{max}最大叶面积指数，其他字母代表同上式。

（3）K_w 的预测（FAO）。通常认为 K_w 是土壤实际含水量 θ 和适宜含水量下限 $θ_j$（占干土重的 20%）的函数，其公式如下：

$$K_w = \begin{cases} 1 & \theta \geq \theta_j \\ \dfrac{\theta - \theta_{wp}}{\theta_j - \theta_{wp}} = \dfrac{\theta - \theta_{wp}}{(1-p)(\theta_{jc} - \theta_{wp})} & \theta_{wp} < \theta < \theta_j \end{cases} \tag{11-18}$$

式中：

$θ_{fc}$为根系层土壤平均田间持水率（占干土重的%），试验区为中壤土取 24. 0%；$θ_{wp}$为凋萎点土壤含水率（占干土重的%），本文取 8. 6%；θ 为时段初作物根系层的平均土壤含水率（占干土重的%）；p 是发生水分胁迫之前根系中所消耗水量与土壤总有效水量的比值（无量纲），是由作物种类和土壤性质决定的，并随作物生长阶段的发展而变化，变化范围在 0. 3~0. 7。对于不同的作物，p 值也不同。对于同一种作物而言，p 是大气蒸发力的函数。在 FAO-56《Crop Evapotranspiration-Guidelines for Computing Crop Water Requirements》中指出，当 ET_{ci}≈5mm/d 时，夏玉米的 p=0. 55；当 ET_{ci}≠5mm/d 时，可用下式进行修正：

$$p=0.55+0.04\ (5-ET_{ci}) \tag{11-19}$$

第 i+1d 土壤实际含水量 θ 利用以下公式确定：

$$\theta_{i+1} = \theta_i - \frac{ET_{ci}}{\gamma H} \times 10 \tag{11-20}$$

式中：

$θ_{i+1}$为第 i+1d 根系层土壤平均含水率（占干土重的%），$θ_i$ 为第 id 根系层土壤平均含水率（占干土重的%），γ 为试验区为根系层土壤平均干容重，本文取 1. 38g/cm³；H 为根系层深度，夏玉米一般取 60cm。

因此，上式可以简化为：

$$W_i = W_0 + W_{ri} + P_{e\ i} + I_i - ET_{ci} \tag{11-21}$$

2. 模型验证

在 2013—2014 年广利灌区生长季 30 个数据监测点利用上述模型模拟并结合实测数据，对模型土壤墒情预报误差进行了分析，结果表明，广利灌区农田平均最大绝对误差 2. 1%（沟渠监测点），最小绝对误差 0. 7%（感化监测点），30 个监测点平均绝对误差 1. 3%；广利灌区作物整个生育期平均最大相对误差 11. 1%（周家庄监测点），最小相对误差 3. 5%（感化监测点），30 个监测点平均相对误差 6. 8%。预测结果满足精度要求（图 11-2）。

三、机理模型（土壤水动力学模型）

机理模型主要是指土壤动力学模型。如果考虑土壤各向同性、固相骨架不变形和土壤水分不可压缩，三维 Richards 方程可表示为：

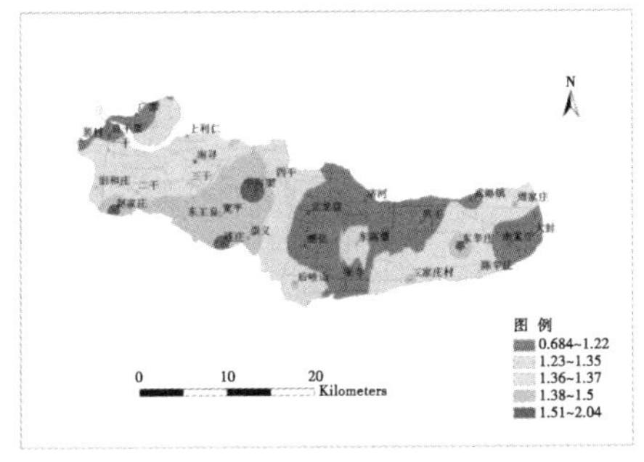

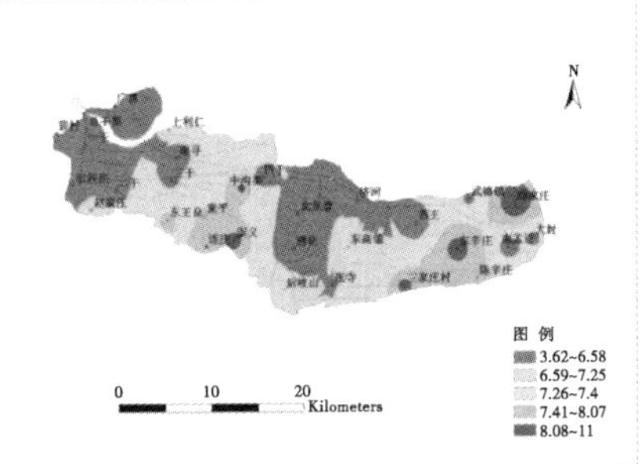

图 11-2　广利灌区土壤墒情预测结果误差分布图

$$\frac{\partial\theta}{\partial t}=\frac{\partial}{\partial x}\left[K(\Psi)\frac{\partial\Psi}{\partial x}\right]+\frac{\partial}{\partial y}\left[K(\psi)\frac{\partial\Psi}{\partial y}\right]+\frac{\partial}{\partial z}\left[K(\psi)\frac{\partial\Psi}{\partial z}\right]-\frac{\partial K(\Psi)}{\partial z} \tag{11-22}$$

式中：

θ 是土壤含水率；ψ 是基质势；K（ψ）是土壤非饱和导水率；t 是时间；x、y 是水平方向空间坐标；z 是垂直方向空间坐标。本文采用忽略了土壤水分的水平与侧向运动，同时忽略气体及热量等对土壤水流运动的影响，试验区包气带中的土壤水分运移以垂向运动为主，其数学模型为：

$$\frac{\partial\theta}{\partial t}=\frac{\partial}{\partial z}\left[K\left(\frac{\partial h}{\partial z}+\cos\alpha\right)\right]-S(z,\ t) \tag{11-23}$$

$$K(h,\ z)=K_s(z)\ K_r(h,\ z) \tag{11-24}$$

式中：

θ 为土壤含水率（体积%）；K 为土壤非饱和导水率（cm/d），在饱和土壤中，其值与渗透系数相同；S（z，t）为 t 时刻 z 深度处根系吸水速率（$cm^3/cm^3/d$）；α 为土壤水流方向与垂直方向上的夹角，本试验中，α=0；h 为土壤水势（cm）；t 为时间（d）；z 为土壤深度（cm）；K_r 为土壤相对水力传导度；K_s 为土壤饱和导水率（cm/d）。

1. 模型参数确定

（1）土壤水分特征曲线。本文模拟时选用 Van Genuchten 模型来拟合土壤水分特征曲线参数。试验地土壤分为 2 层。土壤水分特征曲线采用离心机（日立 CR21）测定，同时，借助美国圭尔夫压力渗透仪（Guelph Permeameter 2800K1）对试验区土壤进行饱和导水率 K_s 测试。土壤水分特征曲线拟合和导水率采用 Van Genuchten 模型描述：

$$\theta(h)=\begin{cases}\theta r+\dfrac{\theta_s-\theta_r}{[1+a\mid h\mid^n]^m} & h<0\\ \theta_s & h\geq 0\end{cases} \tag{11-25}$$

$$K(h)=K_sS_e^1\ [1-(1-S_e^{1/m})^m]^2 \tag{11-26}$$

$$S_e=(\theta-\theta_r)/(\theta_s-\theta_r) \tag{11-27}$$

$$m=1-1/n,\qquad n>1 \tag{11-28}$$

式中：

θ（h）为以水势为变量的土壤体积含水量（cm^3/cm^3）；h 为土壤压力水头（cm）；θ_r 和 θ_s 分别代表土壤的残余体积含水量和饱和体积含水量（cm^3/cm^3）；θ 是土壤体积含水量（cm^3/cm^3）；α、m 和 n 是经验拟合参数；l 为土壤空隙连通性参数，通常取 0.5；K_s 为土壤饱和导水率（cm/d）；K（h）为土壤非饱和导水率（cm/d）；S_e 为土壤体积有效含水量（cm^3/cm^3）。

土壤水分特征曲线基本参数，如表 11-3，图 11-3 所示。

表 11-3　土壤水分特征曲线（Van Genuchten 方程）的拟合参数

土层（cm）	θ_s（$cm^3.cm^{-3}$）	θ_r（$cm^3.cm^{-3}$）	n	a	K_s（$cm.d^{-1}$）
0~20	0.440 1	0.032 2	1.1377	0.042 1	33.12
20~100	0.430 1	0.116 4	1.246 5	0.021 7	21.60

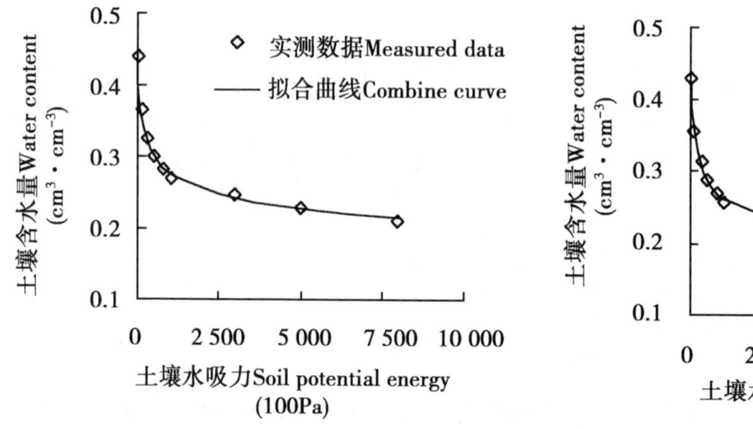

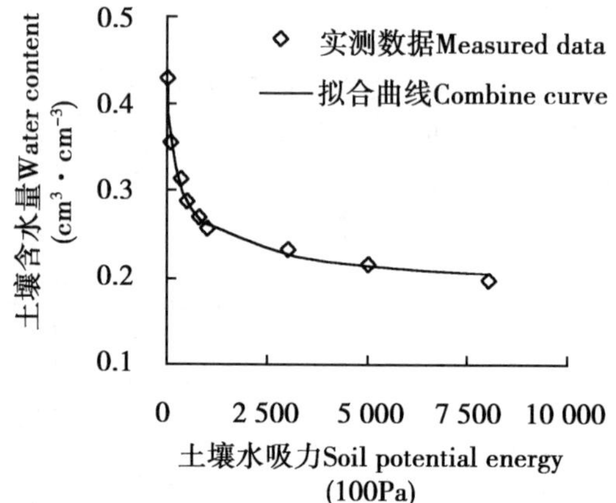

图 11-3　0~20cm 和 20~100cm 土层土壤水吸力与相应含水量的关系

（2）作物根系吸水模型。Feddes 模型考虑了根系密度以及土壤水势对作物根系吸水速率的影响，且计算形式比较简单，在实际应用中比较方便。因此，本文采用常用的作物根系吸水模型 Feddes 模型（1978）计算，即：

$$S(z,t)=\alpha(h,z)\beta(z)T_p \tag{11-29}$$

$$a(h)=\begin{cases}\dfrac{h}{h_1}, & h_1<h\leqslant 0\\ 1, & h_2<h\leqslant h_1\\ \dfrac{h-h_3}{h_2-h_3}, & h_3\leqslant h\leqslant h_2\\ 0, & h<h_3\end{cases} \tag{11-30}$$

式中：

S（z，t）为 t 时刻 z 深度处根系吸水速率（$cm^3/cm^3/d$）；t 为时间（d）；α（h，z）表示土壤水势响应函数；β（z）为根系吸水分布函数（1/cm）；T_p 为作物潜在蒸腾率

(cm/d)。h 为某一土壤深度 z 处土壤水势（cm）；h_1、h_2 和 h_3 为影响根系吸水的几个土壤水势阈值。当 $h<h_3$ 时，根系不能从土壤中吸收水分，所以，h_3 通常对应着作物出现永久凋萎时的土壤水势；(h_2，h_1) 是作物根系吸水最适的土壤水势区间范围；当 $h>h_1$ 时，由于土壤湿度过高，透气性变差，根系吸水速率降低。上述土壤水势阈值一般由试验确定。

(3) 作物潜在蒸散量计算及划分。作物潜在蒸散量的计算采用作物系数法，即参考作物潜在蒸散量 ET_0，乘以作物系数即得作物潜在蒸散量 ET_p，该方法最重要最关键的一步是的计算参考作物蒸散量 ET_0。使用试验区自动气象观测站的气象资料，采用修正 Penman-Monteith 公式计算得到每天的参考作物潜在蒸散量 ET_0，具体计算公式如下：

$$ET_0 = \frac{0.408\Delta(R_n - G) + \gamma \frac{900}{T + 273}u_2(e_s - e_d)}{\Delta + \gamma(1 + 0.34u_2)} \quad (11\text{-}31)$$

式中：

ET_0 为参考作物蒸散量（mm）；G 为土壤热通量（$MJ \cdot m^{-2} \cdot d^{-1}$）；$e_s$ 为饱和水汽压（kPa）；e_d 为实际水汽压（kPa）；R_n 为作物表面的净辐射量（$MJ \cdot m^{-2} \cdot d^{-1}$）；$\Delta$ 为饱和水汽压与温度曲线的斜率（$kPa \cdot ℃^{-1}$）；γ 为干湿表常数（$kPa \cdot ℃^{-1}$）；u_2 为 2m 高处的日平均风速（$s \cdot m^{-1}$）。

$$ET_p = K_c \cdot ET_0 \quad (11\text{-}32)$$

式中：

ET_p 为作物潜在蒸散量，mm/d；K_c 为作物系数，主要取决于作物种类、发育期和作物生长状况，本文采用 FAO 推荐的作物系数计算方法。在此基础上，利用实测的作物叶面积指数（LAI）将 ET_p 划分为 E_p 和 T_p，计算公式为（Simunek et al.，2008）：

$$T_p = (1-e^{-kLAI})ET_p \quad (11\text{-}33)$$

$$E_p = ET_p - T_p \quad (11\text{-}34)$$

式中：

T_p 为作物潜在蒸腾量（cm/d）；E_p 为土壤潜在蒸发量（cm/d）；LAI 是叶面积指数，k 为消光系数，取决于太阳角度、植被类型及叶片空间分布特征。

2. 模型初始条件与边界条件

由于研究区地下水埋深（>5 m）较大，忽略地下水向上的补给作用的影响。模型模拟深度取地表以下 100 cm，根据土壤特性分为 2 层（0~20 cm 和 20~100 cm），按 10cm 等间隔剖分成 10 个单元。模型上边界条件采用已知通量的第二类边界条件，在作物试验期内逐日输入通过上边界的变量值，包括降水量和棵间蒸发量。试验区比较平整且表层导水率较大，即使有强降雨发生也会很快入渗，因此，地面径流暂忽略不计。下边界条件采用自由排水边界，选在土壤剖面 100 cm 土层处。模型模拟运算时间步长为 1 d。输出结果包括 0~100cm 土体的水量平衡各项和土壤剖面中观测点的土壤水分变化。模拟时段从 2014 年 3 月 29 日至 2014 年 5 月 24 日，共 56d。

求解土壤水分运动方程的初始条件和边界条件分别为：

初始条件：$h(z, t) = h_0(z) \qquad (t=0) \qquad (11\text{-}35)$

上边界条件：$-K(h)\dfrac{\partial h}{\partial z}+K(h)=p(t)-E_s(t)-I_c(t)$ $(t>0)$ (11-36)

下边界条件：$h(z,0)=h_0(z)$ $0\leqslant z\leqslant Z$ (11-37)

式中：

$P(t)$、$E_s(t)$ 和 $I_c(t)$ 分别为边界降水量（cm/d）、土壤蒸发量（cm/d）和冠层截留量（cm/d）；Z 为研究区域在 z 方向的伸展范围（cm）。

3. 模型检验

借助 HYDRUS-1D 软件对农田 2014 年 3 月 29 日至 2014 年 5 月 24 日 0~100 cm 土层每隔 5 d 土壤水分变化情况进行模拟分析。模拟结果见图 11-4 结果表明，模拟效果良好，土壤水分预测模拟值与实测值基本吻合。平均绝对误差为 1.1%，平均相对误差为 5.3%，这表明模拟值与实测值较为接近，该方法预报精度较高。

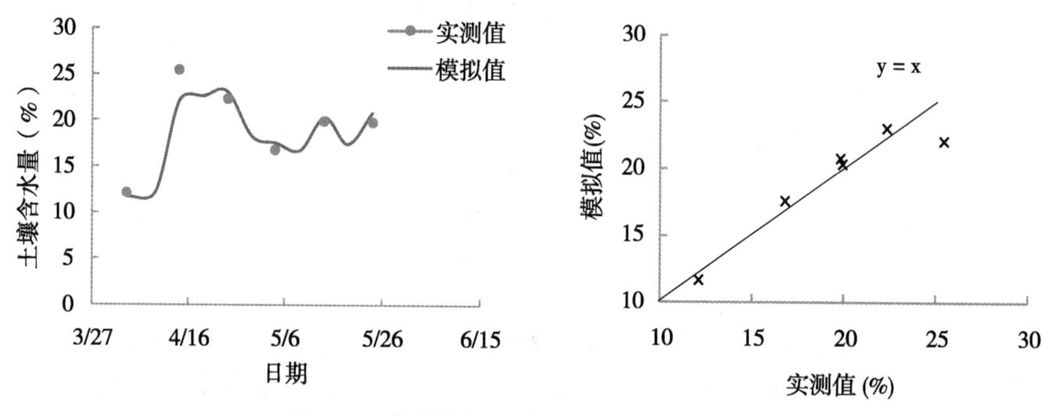

图 11-4 模拟值与实测值的比较与一致性分析

四、结论与讨论

BP 模型一般比较简单且参数较少，无具体表达式，使用方便，但因为地域和时间限制适用范围有限，如土壤水分消退过程地域、时域型较强，所建立的模型只能在既定的地区和时间应用，无法进行推广，且预测稳定性不如其他方法，试验中，平均相对误差为 12.6%。土壤水动力学模型具有很强的物理基础，模拟精度也较高，平均相对误差仅为 5.3%，但模型存在参数较多且繁杂问题，例如，土壤特性、降水、灌溉、蒸散，作物根系发育等这些数据的获取较难，这也使得该模型在实际应用中困难较大。水量平衡模型具有一定的物理基础，且通用性强，应用也比较简单，不足之处只考虑了农田水分收、支对土壤水分的影响，对土壤水分运动考虑不够深入，预测精度不如土壤水动力学模型，平均相对误差为 6.8%。

第二节　基于天气预报信息的参考作物需水量预测

一、基于温度 ET_0 估算方法比较及评估

1. 材料与方法

参考作物需水量（ET_0）是灌溉预报和灌溉决策的基础。研究中利用天气预报可测因子（温度），来探讨基于温度的 ET_0 估算方法的应用效果，以期筛选出不同时间尺度既有一定预报精度而且又能充分利用现有天气预报信息的 ET_0 估算方法。利用北京、石家庄、安阳、郑州、孟津、驻马店和信阳 7 个气象站 1961—2002 年的逐日气象资料（包括最高最低气温、相对湿度、日照时数和风速），采用 FAO56-PM 公式对 3 种基于温度的 ET_0 计算方法（Hargreaves、McCloud、Thornthwaite）进行比较分析，主要依据平均偏差、平均相对偏差、相关系数和 t 统计量 4 种指标分别对日、旬、月和年值序列的吻合程度做出评价。各计算方法的基本公式如下：

（1）Penman-Monteith 公式。1998 年，联合国粮农组织（FAO）在出版的《Crop Evapotranspiration Guidelines for Computing Crop Water Requirements》一书中，正式提出了用 Penman-Monteith 公式作为计算 ET_0 的唯一标准方法。该公式需要的基本气象参数有最高气温、最低气温、日照时数、相对湿度和风速，它的具体形式如下式所示：

$$ET_0 \frac{0.408\Delta(R_n - G) + \gamma \frac{900}{T + 273} u_2(e_s - e_a)}{\Delta + \gamma(1 + 0.34u_2)} \tag{11-38}$$

式中：

ET_0—应用 P—M 公式计算的 ET_0，$mm \cdot d^{-1}$；R_n—作物冠层表面的净辐射，MJ/（$m^2 \cdot d$）；G—土壤热通量，MJ/（$m^2 \cdot d$）；Δ—饱和水汽压与温度曲线的斜率，kPa/℃；T—2m 高度处的日平均气温，℃；u_2—2m 高度处的风速，m/s；e_s—饱和水汽压，kPa；e_a—实际水汽压，kPa；e_s-e_a—饱和水汽压差，kPa；γ—干湿表常数，kPa/℃。

（2）Hargreaves 公式。1985 年，美国科学家 Hargreaves 和 Samani 根据美国西北部加利福尼亚州 Davis 地区八年时间的牛毛草蒸渗仪数据，推导出了依靠最高和最低气温来衡量辐射项的 ET_0 计算公式，具体公式如下式：

$$ET_0 = 0.0023 \cdot \frac{1}{\lambda} \cdot (T_{max} - T_{min})^{0.5}(\frac{T_{max} + T_{min}}{2} + 17.8)R_a \tag{11-39}$$

式中：

R_a 大气顶层辐射，MJ/（$m^2 \cdot d$）；λ—水汽化潜热，其值为 2.45MJ/kg；T_{max}，T_{min}—最高气温和最低气温，℃。

（3）Mccloud 公式。该公式基于日平均气温，视 ET_0 为温度的指数函数，公式如下式所示：

$$ET_0\ (Mc) = K \cdot W^{1.8T} \tag{11-40}$$

式中：

ET_0（Mc）——用 Mccloud 公式计算的日 ET_0 值累积的旬值，T 为日平均气温，其中，K=0.254，W=1.07。

（4）Thornthwaite。Thornthwaite 法最初基于美国中东部地区的试验数据而提出，它仅需要月平均气温，视 ET_0 为温度的幂函数。提出时假设干湿空气没有平流，且潜热与显热之比为常数。考虑到黄淮海地区冬季月份平均气温经常低于 0℃，本文采用改进后的公式为：

$$ET_0(Thorn) = \begin{cases} 0 & T_i < 0℃ \\ 16 \cdot C \cdot \left(\dfrac{100T_i}{I}\right)^a & 0 \leqslant T_i \leqslant 26.5℃ \\ C \cdot (-415.85 + 32.24T_i - 0.43T_i^2) & T_i > 25.5℃ \end{cases} \tag{11-41}$$

其中 $I = \sum_{i=1}^{12} \left[\dfrac{T_i}{5}\right]^{1.514}$

$a = 0.49 + 0.0179\,I - 0.0000771\,I^2 + 0.000000675\,I^3$

式中：

ET_0（Thorn）—Thornthwaite 法计算的参考作物蒸散量，mm · M^{-1}；T_i—月平均气温,℃；I—温度效率指数；a—热量指数的函数；C—与日长和纬度有关的调整系数。

2. ET_0 旬值序列评价

由图 11-5 看出，7 个站点的 Harg 公式与 P—M 公式 ET_0 逐旬均值变化趋势都基本一致，均是由第 1 旬逐渐增加，在第 15 旬间达到最大值，然后逐渐减小，二者基本保持同步，且达到峰值的旬序完全相同，均在第 15 旬。而 Mc 公式与 P—M 公式变化趋势差异较大，Mc 公式计算的旬均值自始至终与 P—M 公式存在明显偏差，尤其是峰值明显滞后于 P—M 公式，在第 21 旬达到最大，Mc 公式的峰值与最高温度出现的旬序相一致。

表 11-4 和表 11-5 给出了不同温度法公式旬对应均值的绝对偏差与相对偏差，7 个站点的 Harg、Mc 方法与 P—M 方法的平均偏差在夏季偏大，其他季节尤其是冬季则偏小，即 7 个站点平均偏差有随气温增高（降低）而增大（减小）的趋势；北京站第 13 旬到第 29 旬、石家庄站第 9 旬到第 32 旬、安阳站第 8 旬、第 10 旬到第 34 旬、郑州站第 8 旬到第 31 旬、孟津站第 10 旬到第 29 旬、驻马店站第 4 旬到第 32 旬的 Harg 公式计算值比 P—M 公式计算值偏高，其余各旬比 P—M 公式计算值偏低；信阳则在所有旬序均偏高。Harg 公式在上述旬序比 P—M 公式偏高 0.03~18.94 mm（或 0.01%~60.92%）；在其他月份偏低 0.09~5.35 mm（或 0.01%~37.69%）。

北京站第 28 旬到第 36 旬、石家庄站第 26 旬到第 36 旬、安阳站第 25 旬到第 36 旬、郑州站第 26 旬到第 36 旬、孟津站第 26 旬到第 36 旬、驻马店站第 24 旬到第 36 旬、信阳站的第 18 旬到第 36 旬的 Mc 公式计算值比 P—M 公式计算值偏高，其余各旬比 P—M 公式计算值偏低。Mc 公式在上述旬序比 P—M 公式偏高 0.27~86.24 mm（或 0.57%~149.27%）；在其他月份偏低 0.09~23.7 mm（或 0.61%~84.65%）。Mc 公式与 P—M 公式的偏离趋势在图2中非常明显。其与P—M公式的平均偏差和平均相对偏差均大于Harg公式。

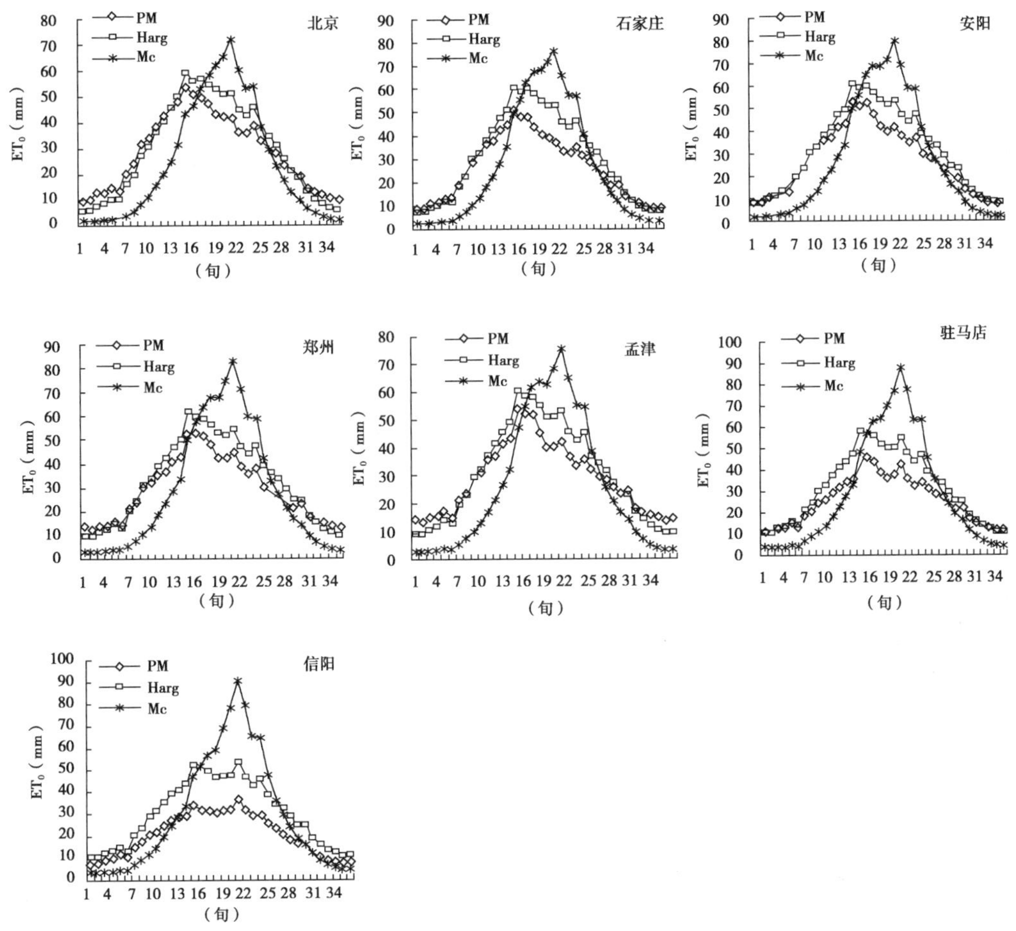

图11-5　基于温度的ET_0计算法与FAO56-PM法ET_0逐旬均值变化比较

相关性分析显示（表11-6），除信阳站的冬季相关性较差外，整体上，2种温度法Harg和Mc的旬值序列与相应的P—M法存在一定相关性，但还有些旬相关不显著，如北京第30旬至36旬、信阳站第33旬至36旬，相关系数偏低，甚至根本不存在相关。另外，除信阳站冬季外，各站点各旬Harg法与P—M法的相关性明显优于Mc法与P—M法的相关性，即Harg法与P—M法的相关系数较大。逐旬序列的t检验表明（表11-7），各站点除少数旬序两种方法与P—M法计算值无显著差异外，多数旬序两种方法与P—M方法均存在显著差异。

表 11-4 基于温度的 ET_0 计算法与 FAO56-PM 法 ET_0 旬值的平均偏差

旬	北京		石家庄		安阳		郑州		孟津		驻马店		信阳	
	Harg	Mc	Harg	Mc	Harg	Mc	Harg	Mc	Harg	Mc	Harg	Mc	Harg	Mc
1	-3.78	-7.97	-1.77	-6.74	-0.74	-6.48	-3.76	-10.25	-5.35	-11.72	-1.05	-7.96	3.02	-3.77
2	-4.11	-8.67	-1.56	-6.93	-0.76	-6.84	-2.56	-9.40	-4.26	-10.91	-0.22	-7.45	2.67	-4.29
3	-5.20	-11.11	-1.72	-8.70	-0.90	-8.47	-2.78	-10.90	-4.46	-12.34	-0.23	-8.80	2.93	-5.39
4	-4.26	-11.02	-1.49	-9.20	-0.73	-9.30	-1.75	-10.83	-3.90	-12.65	0.20	-9.22	3.30	-5.76
5	-3.92	-11.98	-1.15	-9.97	-0.55	-10.54	-1.43	-12.07	-3.22	-13.27	1.09	-9.82	3.62	-6.63
6	-3.46	-11.36	-1.41	-10.07	-0.54	-10.06	-1.08	-10.92	-2.23	-11.59	1.09	-8.69	2.90	-6.20
7	-3.87	-16.25	-0.93	-14.14	-0.17	-14.29	-0.52	-15.15	-2.28	-16.22	2.50	-11.83	5.25	-8.05
8	-3.88	-18.57	-0.31	-15.85	0.03	-16.03	1.04	-15.42	-1.26	-16.82	4.19	-11.75	6.13	-8.27
9	-4.13	-23.70	0.57	-19.50	-0.09	-20.20	1.13	-19.54	-0.14	-19.68	5.12	-13.99	7.67	-9.64
10	-3.19	-23.29	0.57	-19.11	0.29	-19.48	1.84	-18.60	0.52	-18.85	6.85	-12.24	9.73	-7.23
11	-1.45	-22.94	1.97	-18.33	2.30	-17.80	3.97	-16.71	2.06	-18.50	8.25	-11.15	11.05	-4.82
12	-1.40	-22.76	4.73	-15.53	4.05	-14.71	5.67	-13.41	3.97	-15.59	9.59	-8.85	12.17	-2.12
13	0.40	-20.85	5.45	-14.18	4.87	-13.46	6.08	-12.19	3.82	-14.99	10.08	-6.54	12.90	1.25
14	2.27	-16.96	6.50	-9.46	6.06	-9.62	7.72	-8.45	5.75	-11.02	12.01	-2.61	14.97	4.81
15	6.12	-10.20	9.26	-1.85	8.14	-3.05	9.28	-2.40	6.13	-6.99	13.47	3.06	18.50	12.68
16	5.85	-4.39	11.55	7.27	8.24	4.94	6.94	86.24	6.31	2.56	11.81	11.56	18.94	20.15
17	7.72	3.56	12.97	15.50	7.50	12.43	7.09	11.98	6.45	9.89	12.32	18.91	18.48	25.44
18	7.80	11.31	14.87	23.99	9.30	20.84	8.33	19.43	9.37	17.76	13.43	24.69	16.29	28.82
19	9.98	19.13	14.57	27.93	11.65	26.83	10.56	25.81	11.38	23.01	14.28	33.26	16.03	38.15

（续表）

旬	北京		石家庄		安阳		郑州		孟津		驻马店		信阳	
	Harg	Mc	Harg	Mc	Harg	Mc	Harg	Mc	Harg	Mc	Harg	Mc	Harg	Mc
20	9. 12	23. 15	13. 57	32. 34	11. 83	31. 69	9. 61	32. 17	10. 85	27. 36	12. 88	38. 96	15. 44	45. 74
21	10. 20	30. 75	16. 09	39. 53	11. 77	38. 18	9. 81	38. 46	10. 78	33. 21	12. 37	45. 10	17. 57	54. 46
22	8. 98	24. 81	12. 27	32. 19	9. 08	31. 56	8. 24	32. 53	8. 89	28. 03	12. 64	41. 43	15. 67	47. 73
23	7. 38	17. 82	11. 16	24. 99	9. 18	24. 51	8. 71	24. 35	8. 96	21. 32	11. 88	30. 79	14. 43	36. 74
24	7. 42	15. 37	11. 04	21. 89	9. 93	21. 43	9. 89	21. 13	9. 26	18. 20	12. 95	28. 68	16. 80	35. 70
25	5. 75	5. 65	7. 55	9. 90	8. 81	12. 19	8. 66	11. 95	4. 96	6. 85	7. 70	14. 14	13. 09	21. 87
26	4. 61	-0. 69	7. 08	3. 77	7. 51	4. 96	7. 91	5. 19	4. 77	1. 49	6. 77	6. 64	11. 27	12. 76
27	3. 45	-4. 63	6. 57	-0. 33	6. 40	0. 41	6. 54	-0. 09	3. 04	-2. 69	6. 45	2. 13	12. 17	9. 10
28	2. 36	-6. 05	5. 42	-2. 58	5. 53	-1. 92	5. 53	-2. 39	1. 91	-4. 81	5. 44	-0. 09	10. 68	6. 01
29	0. 96	-7. 36	4. 54	-3. 49	4. 59	-2. 87	3. 99	-3. 89	0. 17	-6. 56	4. 04	-1. 84	8. 92	3. 63
30	-0. 61	-9. 24	2. 95	-6. 13	3. 71	-5. 73	1. 83	-8. 29	-1. 69	-10. 40	3. 18	-5. 54	9. 46	1. 56
31	-1. 09	-8. 19	1. 89	-5. 54	2. 48	-5. 35	1. 12	-7. 20	-1. 87	-9. 29	1. 93	-5. 51	7. 19	0. 27
32	-2. 70	-8. 57	0. 31	-6. 35	1. 61	-5. 92	-0. 43	-8. 56	-2. 51	-9. 96	1. 30	-6. 20	6. 17	-0. 81
33	-3. 46	-8. 53	-1. 31	-7. 04	0. 49	-6. 15	-2. 46	-9. 71	-4. 02	-10. 85	-0. 24	-7. 41	5. 00	-1. 92
34	-3. 44	-7. 95	-1. 24	-6. 38	0. 28	-5. 78	-2. 58	-9. 63	-4. 29	-11. 01	-0. 05	-7. 19	4. 51	-2. 29
35	-3. 96	-8. 09	-1. 28	-6. 05	-0. 46	-5. 94	-3. 16	-9. 48	-4. 11	-10. 39	-0. 53	-7. 02	3. 37	-2. 89
36	-4. 15	-8. 43	-1. 78	-6. 72	-0. 70	-6. 38	-3. 57	-10. 08	-5. 14	-11. 62	-0. 90	-7. 78	3. 09	-3. 60

表 11-5 基于温度的 ET_0 计算法与 FAO56-PM 法 ET_0 旬值的平均相对偏差

旬	北京		石家庄		安阳		郑州		孟津		驻马店		信阳	
	Harg	Mc	Harg	Mc	Harg	Mc	Harg	Mc	Harg	Mc	Harg	Mc	Harg	Mc
1	-34. 89	-81. 22	-12. 85	-73. 93	-3. 65	-71. 15	-20. 74	-75. 02	-30. 49	-78. 27	-2. 30	-67. 29	40. 50	-50. 24
2	-37. 62	-83. 66	-11. 01	-75. 93	-3. 62	-73. 37	-13. 81	-76. 11	-25. 48	-79. 29	2. 43	-68. 96	34. 29	-55. 73
3	-37. 69	-84. 65	-12. 24	-78. 10	-5. 12	-75. 20	-15. 39	-76. 71	-24. 16	-79. 32	3. 50	-69. 47	30. 10	-58. 16
4	-30. 15	-83. 82	-9. 13	-78. 15	-3. 65	-75. 69	-9. 41	-76. 21	-20. 82	-79. 38	4. 66	-70. 55	31. 36	-59. 16
5	-24. 27	-81. 86	-5. 11	-75. 28	-0. 01	-73. 21	-3. 48	-73. 12	-12. 92	-75. 27	13. 21	-65. 95	29. 03	-57. 30
6	-22. 82	-81. 98	-6. 51	-75. 79	-1. 60	-73. 72	-3. 23	-73. 71	-10. 05	-75. 77	13. 92	-67. 22	25. 36	-59. 92
7	-16. 29	-79. 69	-1. 48	-72. 77	1. 85	-71. 20	2. 20	-71. 11	-3. 89	-72. 75	20. 64	-63. 13	33. 95	-54. 19
8	-14. 57	-76. 79	2. 30	-68. 65	2. 87	-67. 01	8. 03	-65. 22	-0. 06	-68. 04	25. 88	-57. 05	34. 17	-47. 97
9	-11. 39	-74. 50	5. 72	-66. 05	1. 70	-65. 96	7. 05	-64. 54	4. 79	-65. 44	25. 92	-55. 92	35. 71	-46. 47
10	-7. 13	-67. 76	5. 27	-58. 69	3. 10	-58. 54	9. 03	-57. 13	5. 72	-58. 83	29. 31	-47. 05	44. 12	-33. 59
11	-0. 97	-58. 15	7. 51	-50. 02	9. 86	-47. 79	15. 20	-45. 88	8. 43	-51. 14	32. 14	-36. 34	44. 57	-19. 92
12	-1. 11	-53. 46	15. 23	-40. 62	14. 06	-38. 25	18. 32	-35. 52	13. 75	-40. 79	32. 84	-27. 19	44. 95	-8. 76
13	1. 69	-45. 11	14. 54	-32. 66	13. 94	-30. 97	19. 35	-28. 02	13. 23	-34. 42	35. 45	-16. 39	45. 92	3. 56
14	6. 20	-34. 69	16. 62	-20. 81	15. 91	-21. 04	20. 75	-18. 79	15. 37	-24. 71	37. 45	-5. 92	51. 46	15. 93
15	12. 98	-19. 02	19. 90	-3. 49	17. 19	-5. 56	20. 14	-3. 78	13. 93	-12. 56	33. 92	9. 10	54. 34	37. 24
16	13. 16	-8. 86	25. 56	16. 11	17. 52	10. 32	15. 40	8. 81	16. 18	6. 72	29. 80	27. 71	60. 19	63. 35
17	16. 70	7. 28	29. 28	34. 41	15. 64	24. 52	15. 89	23. 92	15. 35	20. 22	33. 24	46. 50	58. 97	80. 25
18	18. 12	24. 81	38. 37	58. 69	20. 81	44. 35	19. 27	41. 22	24. 18	41. 19	38. 71	67. 68	54. 34	94. 89
19	24. 57	44. 94	37. 49	69. 98	30. 98	66. 81	28. 24	64. 40	31. 34	60. 26	45. 18	97. 23	53. 24	120. 13

（续表）

旬	北京		石家庄		安阳		郑州		孟津		驻马店		信阳	
	Harg	Mc	Harg	Mc	Harg	Mc	Harg	Mc	Harg	Mc	Harg	Mc	Harg	Mc
20	23. 16	56. 06	38. 13	85. 99	32. 41	82. 06	25. 02	76. 60	29. 26	68. 92	41. 90	110. 33	49. 22	139. 12
21	26. 84	75. 98	49. 18	112. 88	32. 23	94. 12	24. 54	87. 80	29. 49	81. 68	33. 55	109. 60	49. 02	147. 81
22	26. 39	72. 42	40. 40	102. 78	25. 52	86. 53	22. 78	85. 79	27. 86	81. 33	41. 86	124. 08	49. 84	149. 27
23	21. 51	50. 71	36. 97	79. 60	27. 70	71. 10	27. 44	71. 20	30. 74	66. 87	41. 17	100. 45	50. 47	127. 13
24	20. 21	40. 64	33. 83	64. 30	28. 48	58. 95	28. 04	57. 42	29. 97	53. 24	42. 39	87. 67	57. 32	120. 66
25	18. 84	18. 60	25. 03	32. 05	32. 01	43. 20	31. 13	42. 31	16. 61	22. 25	25. 54	45. 30	50. 34	83. 34
26	15. 95	-1. 68	25. 10	13. 51	28. 26	19. 08	30. 66	21. 16	16. 85	5. 28	24. 45	24. 72	47. 90	54. 15
27	13. 86	-15. 28	25. 72	-0. 61	26. 61	4. 35	26. 30	3. 39	11. 91	-7. 65	24. 56	9. 64	58. 22	43. 66
28	12. 01	-23. 74	25. 48	-10. 34	26. 37	-6. 07	25. 60	-7. 56	9. 43	-17. 48	23. 30	0. 57	57. 32	32. 07
29	6. 57	-34. 16	25. 60	-17. 86	26. 02	-12. 01	22. 67	-14. 83	3. 98	-25. 66	19. 96	-7. 77	54. 63	22. 00
30	-0. 63	-46. 05	19. 06	-31. 79	21. 09	-27. 58	11. 06	-33. 45	-3. 96	-39. 65	15. 81	-22. 91	60. 18	9. 66
31	-3. 01	-52. 88	18. 87	-38. 36	21. 54	-34. 33	10. 87	-39. 21	-5. 86	-46. 40	13. 83	-29. 96	59. 54	1. 95
32	-17. 17	-62. 94	7. 72	-49. 97	15. 66	-45. 99	1. 40	-51. 72	-11. 11	-56. 20	11. 78	-39. 71	60. 92	-8. 52
33	-25. 64	-70. 02	-6. 40	-60. 67	7. 39	-54. 96	-9. 14	-60. 56	-19. 59	-64. 58	2. 26	-50. 26	56. 18	-22. 03
34	-29. 24	-74. 09	-4. 37	-63. 52	6. 09	-60. 15	-11. 15	-66. 33	-24. 01	-70. 72	4. 47	-56. 05	56. 33	-28. 38
35	-35. 76	-77. 53	-8. 15	-67. 00	-1. 41	-64. 80	-17. 35	-70. 28	-25. 44	-73. 89	0. 01	-60. 36	46. 42	-38. 68
36	-36. 96	-79. 72	-10. 41	-70. 40	-3. 46	-67. 79	-19. 89	-72. 74	-29. 94	-76. 75	-1. 87	-63. 78	37. 77	-45. 45

表 11-6　基于温度的 ET_0 计算法与 FAO56-PM 法 ET_0 旬值的相关系数

旬	北京		石家庄		安阳		郑州		孟津		驻马店		信阳	
	Harg	Mc	Harg	Mc	Harg	Mc	Harg	Mc	Harg	Mc	Harg	Mc	Harg	Mc
1	0. 34	0. 40	0. 72	0. 63	0. 80	0. 63	0. 69	0. 50	0. 78	0. 58	0. 83	0. 51	0. 21	0. 50
2	0. 42	0. 17	0. 67	0. 53	0. 78	0. 47	0. 65	0. 32	0. 75	0. 40	0. 83	0. 43	0. 49	0. 73
3	0. 31	0. 36	0. 73	0. 60	0. 81	0. 63	0. 70	0. 47	0. 80	0. 62	0. 80	0. 54	0. 80	0. 72
4	0. 50	0. 40	0. 76	0. 69	0. 83	0. 66	0. 79	0. 62	0. 89	0. 76	0. 89	0. 71	0. 89	0. 86
5	0. 62	0. 34	0. 88	0. 69	0. 93	0. 74	0. 85	0. 62	0. 89	0. 68	0. 90	0. 65	0. 90	0. 84
6	0. 67	0. 49	0. 80	0. 75	0. 89	0. 78	0. 87	0. 73	0. 86	0. 74	0. 94	0. 78	0. 91	0. 84
7	0. 66	0. 53	0. 78	0. 65	0. 82	0. 72	0. 82	0. 66	0. 82	0. 66	0. 90	0. 70	0. 89	0. 77
8	0. 83	0. 70	0. 87	0. 75	0. 86	0. 68	0. 88	0. 61	0. 87	0. 72	0. 89	0. 69	0. 96	0. 84
9	0. 73	0. 57	0. 82	0. 72	0. 88	0. 75	0. 86	0. 73	0. 86	0. 77	0. 89	0. 75	0. 92	0. 80
10	0. 59	0. 39	0. 81	0. 64	0. 83	0. 62	0. 79	0. 70	0. 86	0. 73	0. 84	0. 68	0. 80	0. 69
11	0. 77	0. 45	0. 86	0. 61	0. 90	0. 68	0. 92	0. 75	0. 88	0. 75	0. 92	0. 75	0. 79	0. 69
12	0. 75	0. 71	0. 86	0. 75	0. 91	0. 77	0. 91	0. 74	0. 88	0. 77	0. 88	0. 75	0. 82	0. 82
13	0. 56	0. 26	0. 62	0. 41	0. 86	0. 66	0. 90	0. 77	0. 92	0. 81	0. 96	0. 78	0. 90	0. 77
14	0. 79	0. 57	0. 93	0. 77	0. 89	0. 70	0. 88	0. 73	0. 88	0. 80	0. 92	0. 78	0. 89	0. 76
15	0. 86	0. 75	0. 90	0. 75	0. 87	0. 82	0. 92	0. 80	0. 93	0. 84	0. 95	0. 75	0. 80	0. 55
16	0. 87	0. 75	0. 81	0. 50	0. 81	0. 74	0. 85	0. 08	0. 82	0. 80	0. 92	0. 76	0. 86	0. 68
17	0. 85	0. 72	0. 83	0. 51	0. 78	0. 62	0. 84	0. 78	0. 88	0. 86	0. 93	0. 81	0. 89	0. 73
18	0. 92	0. 81	0. 90	0. 67	0. 85	0. 68	0. 90	0. 86	0. 92	0. 88	0. 91	0. 79	0. 74	0. 72
19	0. 89	0. 77	0. 91	0. 68	0. 86	0. 65	0. 91	0. 69	0. 96	0. 79	0. 91	0. 81	0. 78	0. 83

（续表）

旬	北京		石家庄		安阳		郑州		孟津		驻马店		信阳	
	Harg	Mc	Harg	Mc	Harg	Mc	Harg	Mc	Harg	Mc	Harg	Mc	Harg	Mc
20	0. 94	0. 73	0. 88	0. 65	0. 83	0. 64	0. 91	0. 83	0. 93	0. 81	0. 92	0. 89	0. 82	0. 85
21	0. 90	0. 77	0. 89	0. 69	0. 80	0. 77	0. 86	0. 80	0. 89	0. 84	0. 90	0. 86	0. 67	0. 83
22	0. 88	0. 41	0. 87	0. 45	0. 83	0. 33	0. 87	0. 57	0. 87	0. 72	0. 93	0. 81	0. 81	0. 79
23	0. 72	0. 51	0. 78	0. 53	0. 77	0. 67	0. 79	0. 74	0. 89	0. 83	0. 86	0. 80	0. 83	0. 73
24	0. 85	0. 47	0. 88	0. 58	0. 84	0. 65	0. 90	0. 67	0. 94	0. 82	0. 92	0. 80	0. 91	0. 75
25	0. 83	0. 37	0. 92	0. 59	0. 93	0. 54	0. 91	0. 56	0. 88	0. 75	0. 91	0. 70	0. 65	0. 74
26	0. 77	0. 43	0. 88	0. 57	0. 89	0. 62	0. 87	0. 65	0. 86	0. 80	0. 90	0. 64	0. 72	0. 72
27	0. 56	0. 20	0. 83	0. 56	0. 93	0. 65	0. 91	0. 59	0. 91	0. 74	0. 91	0. 67	0. 51	0. 43
28	0. 54	0. 14	0. 80	0. 43	0. 81	0. 49	0. 81	0. 51	0. 85	0. 67	0. 90	0. 69	0. 90	0. 64
29	0. 68	0. 20	0. 84	0. 59	0. 91	0. 59	0. 84	0. 48	0. 88	0. 71	0. 90	0. 71	0. 72	0. 55
30	0. 13	0. 05	0. 60	0. 22	0. 74	0. 39	0. 66	0. 19	0. 72	0. 35	0. 82	0. 37	0. 67	0. 64
31	0. 47	0. 10	0. 83	0. 60	0. 78	0. 55	0. 76	0. 37	0. 87	0. 56	0. 88	0. 54	0. 49	0. 52
32	0. 30	-0. 01	0. 67	0. 39	0. 73	0. 39	0. 68	0. 26	0. 68	0. 32	0. 84	0. 50	0. 28	0. 63
33	0. 45	0. 09	0. 72	0. 47	0. 81	0. 37	0. 69	0. 30	0. 71	0. 30	0. 77	0. 25	0. 21	0. 65
34	0. 11	0. 03	0. 61	0. 58	0. 70	0. 51	0. 56	0. 34	0. 74	0. 45	0. 74	0. 28	0. 08	0. 43
35	0. 32	-0. 05	0. 71	0. 53	0. 72	0. 55	0. 55	0. 24	0. 63	0. 35	0. 74	0. 32	-0. 11	0. 19
36	0. 24	0. 13	0. 76	0. 66	0. 75	0. 46	0. 69	0. 49	0. 73	0. 51	0. 80	0. 44	0. 54	0. 78

表 11-7　基于温度的 ET_0 计算法与 FAO56-PM 法 ET_0 旬值的 t 检验

旬	北京		石家庄		安阳		郑州		孟津		驻马店		信阳	
	Harg	Mc	Harg	Mc	Harg	Mc	Harg	Mc	Harg	Mc	Harg	Mc	Harg	Mc
1	8.876 2*	17.109 3*	4.246 4*	13.280 9*	2.676 7*	15.645 0*	5.942 4*	13.065 9*	8.625 4*	14.540 9*	2.766 5*	13.557 1*	8.973 5*	25.362 2*
2	12.263 8*	21.298 8*	4.090 1*	14.484 5*	2.678 0*	15.752 8*	4.370 3*	13.034 3*	7.173 3*	14.466 5*	0.671 0	14.364 3*	8.895 8*	33.901 3*
3	11.367 6*	21.852 6*	4.897 0*	17.873 0*	2.912 9*	17.407 7*	4.646 9*	13.873 9*	6.835 3*	13.944 6*	0.492 2	12.774 3*	8.306 3*	30.022 0*
4	9.926 2*	21.221 1*	4.179 8*	18.593 5*	2.517 4*	19.521 4*	4.552 1*	18.390 6*	8.325 5*	17.124 1*	0.722 0	17.433 2*	8.593 8*	30.252 7*
5	8.843 5*	19.856 0*	3.422 7*	16.692 3*	1.775 6	16.611 2*	2.561 1*	13.833 1*	5.270 0*	13.761 5*	2.720 0*	13.320 5*	8.799 6*	32.691 0*
6	8.209 1*	19.771 6*	3.011 5*	15.317 0*	1.808 6	17.798 4*	2.304 9*	13.944 4*	4.352 7*	14.237 7*	3.484 4*	13.041 4*	7.366 6*	29.923 3*
7	6.754 9*	21.030 6*	1.749 4	18.300 8*	0.382 9	20.286 4*	0.797 6	15.823 6*	2.878 6*	14.626 7*	4.754 1*	13.377 2*	12.717 3*	29.017 7*
8	8.672 1*	24.651 6*	0.610 0	19.945 4*	0.052 1	19.128 9*	1.976 1	17.302 3*	1.701 9	15.618 5*	8.395 7*	14.618 6*	16.065 2*	30.892 9*
9	6.352 1*	24.859 4*	0.811 1	20.026 5*	0.169 5	21.303 1*	1.619 2	18.348 8*	0.161 9	16.551 7*	8.696 7*	15.919 2*	16.005 3*	25.514 9*
10	3.989 8*	21.817 5*	0.747 1	18.813 2*	0.497 2	21.250 1*	2.167 2*	17.374 5*	0.672 0	17.495 1*	14.224 0*	18.230 7*	16.771 3*	17.077 8*
11	1.941 6	19.831 3*	3.422 0*	19.527 5*	3.477 2*	17.713 2*	6.418 9*	16.569 6*	3.121 4*	18.115 4*	17.200 0*	14.077 6*	18.674 6*	8.937 0*
12	1.609 8	21.179 1*	6.842 4*	16.984 9*	5.925 6*	15.641 6*	9.451 7*	14.629 6*	5.231 3*	15.105 1*	16.511 7*	11.770 6*	20.517 9*	3.366 8*
13	0.595 6	21.545 7*	7.007 0*	14.139 1*	7.377 0*	14.024 8*	6.405 9*	10.866 7*	4.099 8*	13.081 2*	15.736 2*	6.558 8*	24.673 4*	1.513 3
14	2.896 1*	15.284 6*	10.243 8*	10.732 4*	9.443 1*	10.352 4*	10.834 3*	9.040 6*	8.684 8*	13.035 6*	20.274 6*	3.286 5*	25.666 5*	6.099 9*
15	8.117 6*	9.266 5*	13.046 7*	1.540 3	11.283 8*	3.209 8*	11.360 6*	2.248 7*	8.010 5*	6.965 9*	20.626 6*	2.921 2*	26.154 5*	11.723 7*
16	7.943 7*	3.860 2*	17.171 3*	5.805 3*	10.828 5*	4.908 9*	7.212 5*	1.067 3	4.818 4*	2.380 1*	13.867 5*	11.171 2*	30.626 1*	18.006 4*
17	13.039 9*	3.156 2*	16.978 4*	10.474 0*	9.630 8*	10.117 1*	7.684 1*	10.461 0*	6.976 8*	10.092 3*	14.474 8*	15.039 6*	29.413 3*	18.884 0*
18	13.309 5*	10.699 4*	19.750 3*	15.390 5*	14.086 9*	14.457 3*	11.538 0*	17.232 0*	12.068 3*	16.836 5*	18.662 4*	20.538 9*	22.741 0*	23.259 3*
19	18.084 8*	15.740 0*	26.684 0*	19.155 1*	14.613 1*	17.836 7*	14.947 8*	18.260 5*	21.296 4*	19.087 2*	18.376 7*	19.101 1*	24.737 5*	16.130 7*

（续表）

旬	北京		石家庄		安阳		郑州		孟津		驻马店		信阳	
	Harg	Mc	Harg	Mc	Harg	Mc	Harg	Mc	Harg	Mc	Harg	Mc	Harg	Mc
20	18. 905 5 *	17. 586 1 *	19. 554 0 *	20. 352 0 *	16. 176 4 *	19. 974 9 *	13. 089 2 *	19. 625 9 *	19. 035 7 *	18. 023 7 *	13. 579 9 *	22. 908 1 *	24. 458 5 *	18. 435 9 *
21	15. 803 8 *	18. 232 4 *	18. 246 2 *	21. 168 8 *	12. 640 9 *	22. 995 3 *	12. 914 0 *	22. 736 9 *	13. 041 3 *	23. 201 4 *	15. 587 5 *	24. 948 1 *	21. 316 1 *	22. 937 9 *
22	20. 737 7 *	20. 506 5 *	19. 597 7 *	21. 538 8 *	16. 485 9 *	20. 274 3 *	15. 768 7 *	19. 813 8 *	12. 263 8 *	22. 707 7 *	15. 959 8 *	23. 180 5 *	24. 672 2 *	21. 134 6 *
23	16. 639 1 *	16. 292 3 *	18. 663 7 *	18. 920 3 *	16. 772 7 *	22. 000 3 *	13. 345 8 *	23. 526 9 *	12. 963 2 *	22. 733 5 *	18. 603 8 *	27. 528 2 *	28. 093 7 *	26. 317 9 *
24	16. 184 3 *	12. 815 9 *	18. 991 5 *	17. 736 3 *	17. 566 3 *	17. 086 1 *	18. 156 2 *	15. 823 5 *	14. 330 2 *	16. 629 5 *	19. 815 6 *	19. 297 6 *	27. 127 0 *	18. 301 2 *
25	13. 132 6 *	5. 248 7 *	24. 312 9 *	8. 835 4 *	19. 290 7 *	9. 817 4 *	19. 247 5 *	10. 453 7 *	10. 625 5 *	7. 942 1 *	20. 080 3 *	12. 008 4 *	16. 232 7 *	15. 059 1 *
26	12. 033 9 *	0. 933 7	20. 597 2 *	5. 171 0 *	18. 003 2 *	6. 218 3 *	16. 695 3 *	6. 612 1 *	11. 040 7 *	2. 635 6 *	16. 352 3 *	8. 514 0 *	15. 097 9 *	14. 865 7 *
27	6. 303 3 *	5. 588 7 *	16. 870 0 *	0. 477 2	15. 076 5 *	0. 551 6	14. 917 2 *	0. 115 4	7. 322 2 *	3. 955 2 *	16. 051 3 *	3. 135 4 *	15. 028 7 *	12. 910 3 *
28	4. 730 8 *	8. 211 9 *	14. 977 0 *	4. 082 1 *	12. 271 3 *	2. 606 8 *	11. 801 2 *	3. 213 8 *	4. 894 2 *	7. 593 0 *	14. 067 5 *	0. 131 3	16. 233 9 *	7. 736 8 *
29	2. 364 2 *	11. 715 7 *	15. 311 5 *	7. 857 1 *	15. 291 3 *	4. 965 0 *	8. 296 6 *	5. 098 9 *	0. 303 2	8. 446 6 *	12. 256 3 *	3. 605 7 *	13. 829 9 *	5. 551 2 *
30	1. 003 5	13. 815 2 *	6. 097 5 *	9. 479 5 *	9. 694 1 *	9. 941 5 *	2. 942 9 *	9. 530 8 *	2. 480 2 *	10. 995 0 *	7. 763 6 *	7. 905 0 *	15. 049 6 *	3. 926 5 *
31	2. 302 3 *	13. 875 5 *	5. 008 3 *	10. 602 3 *	6. 611 6 *	10. 837 6 *	2. 463 3 *	10. 857 5 *	3. 830 4 *	13. 034 5 *	6. 332 5 *	9. 931 8 *	12. 667 3 *	0. 752 7
32	6. 260 2 *	16. 756 3 *	0. 756 1	11. 894 2 *	5. 392 7 *	14. 126 3 *	0. 843 4	12. 258 5 *	4. 723 0 *	13. 986 2 *	3. 977 5 *	11. 317 1 *	12. 157 6 *	2. 597 4 *
33	8. 755 6 *	17. 527 0 *	3. 254 0 *	13. 217 9 *	1. 879 5	14. 331 4 *	3. 900 9 *	11. 734 8 *	6. 127 5 *	12. 698 6 *	0. 555 7	11. 107 7 *	11. 019 3 *	8. 658 5 *
34	8. 395 1 *	18. 774 4 *	2. 359 6 *	10. 942 0 *	0. 946 2	15. 278 2 *	3. 591 5 *	11. 528 9 *	7. 579 6 *	14. 757 1 *	0. 125 4	12. 744 4 *	11. 533 3 *	9. 690 2 *
35	11. 051 4 *	19. 690 4 *	3. 495 1 *	13. 320 4 *	1. 636 2	15. 857 0 *	5. 147 0 *	13. 073 7 *	7. 482 2 *	15. 343 3 *	1. 476 9	13. 624 8 *	8. 790 1 *	16. 069 0 *
36	10. 565 7 *	19. 631 1 *	3. 828 0 *	12. 031 5 *	2. 249 1 *	14. 319 6 *	5. 189 4 *	11. 966 6 *	8. 677 9 *	15. 240 2 *	2. 010 3	11. 569 9 *	7. 879 9 *	19. 280 2 *

注：1. 资料年限 n=42，$t_{0.05}$ =2. 0195；2. * 为显著差异 ET_0 旬值序列评价

3. ET_0 月值序列评价

由图 11-6 看出，7 个站点的 Harg 公式与 P—M 公式 ET_0 逐月均值变化趋势都基本一致，均是从 1 月逐渐增加，在 6 月达到最大值，然后逐渐减小，二者基本保持同步，且达到峰值的月序完全相同。而 Mc 和 Thorn 公式计算值变化趋势基本一致，但它们与

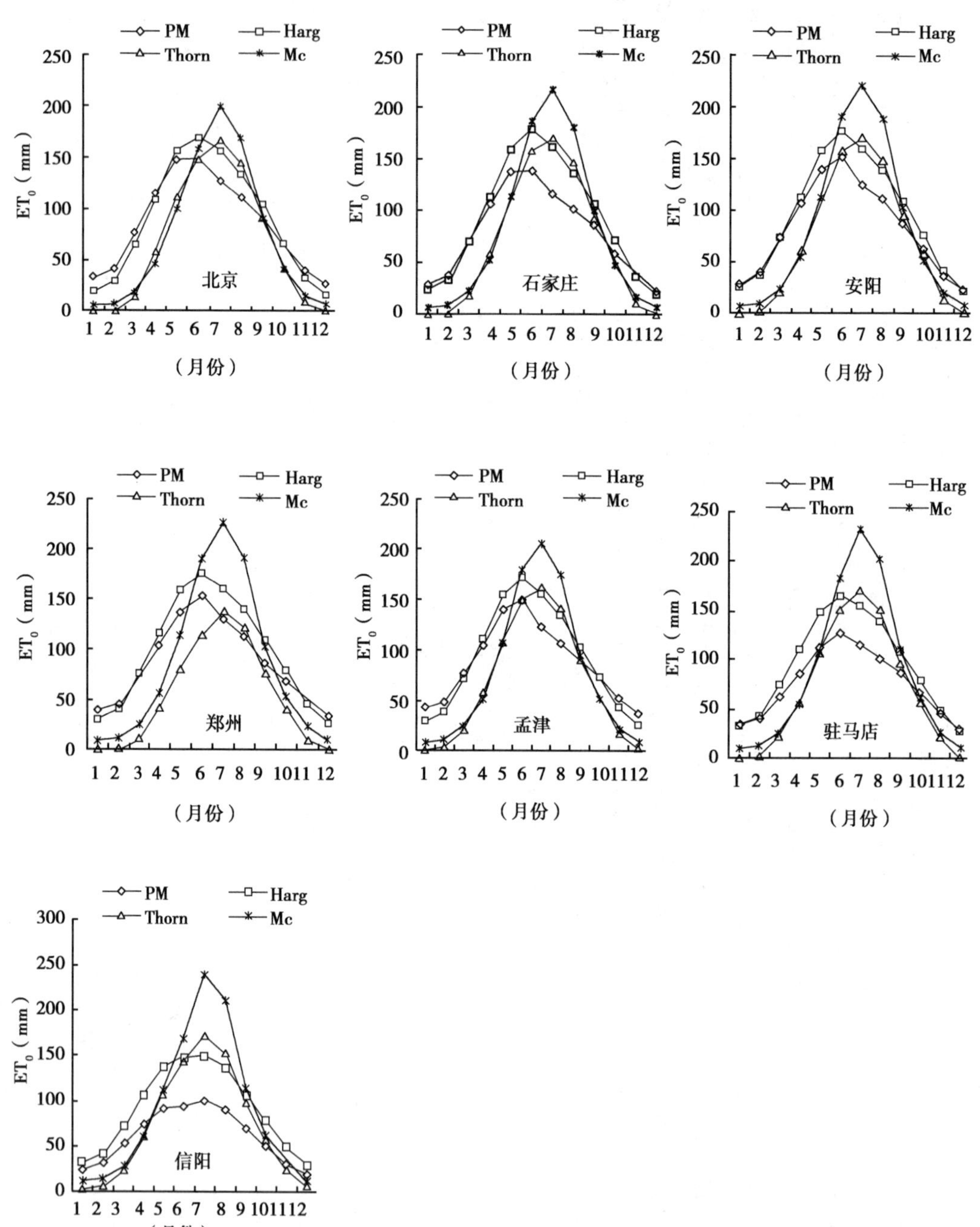

图 11-6　基于温度的 ET_0 计算法与 FAO56-PM 法 ET_0 逐月均值变化比较

P—M 公式变化趋势差异较大，Mc 和 Thorn 公式计算的月均值自始至终与 P—M 公式存在明显偏差，峰值明显滞后于 P—M，均在 7 月达到最大，与最高温度出现的月份相一致。

表 11-8 和表 11-9 给出了不同温度法公式月对应均值的绝对偏差与相对偏差，7 个站点的 Harg、Mc、Thorn 公式与 P—M 公式的平均偏差在夏季偏大，其他季节尤其是冬季则偏小，即 7 个站点平均偏差有随气温增高（降低）而增大（减小）的趋势；北京站第 7 月到第 12 月、石家庄站第 5 月到第 12 月、安阳站第 5 月到第 12 月、郑州站第 5 月到第 12 月、孟津站第 6 月到第 12 月、驻马店站第 3 月到第 12 月的 Harg 公式计算值比 P—M 公式计算值偏高，其余各月比 P—M 公式计算值偏低；信阳则在所有月份均偏高。Harg 公式在上述月份比 P—M 公式偏高 0. 38~53. 71 mm（或 0. 81%~59. 04%），在其他月份偏低 0. 24~14. 07 mm（或 0. 04%~38. 34%）。

北京站第 9 月到第 12 月、石家庄站第 9 月到第 12 月、安阳站第 9 月到第 12 月、郑州站第 9 月到第 12 月、孟津站第 9 月到第 12 月、驻马店站第 9 月到第 12 月、信阳第 7 月到第 12 月的 Mc 公式计算值比 P—M 公式计算值偏高，其余各旬比 P—M 公式计算值偏低。Mc 公式在上述旬序比 P—M 公式偏高 0. 33 ~ 138. 35 mm（或 0. 95% ~ 137. 14%）；在其他月份偏低 2. 46~68. 99 mm（或 4. 51%~83. 73%）。Mc 公式与 P—M 公式的偏离趋势在图 2 中非常明显。其与 P—M 公式的平均偏差和平均相对偏差均大于 Harg 公式。

北京站第 6 月到第 8 月、石家庄站第 6 月到第 9 月、安阳站第 6 月到第 9 月、郑州站第 6 月到第 8 月、孟津站第 6 月到第 8 月、驻马店站第 6 月到第 9 月、信阳第 5 月到第 10 月的 Thorn 公式计算值比 P—M 公式计算值偏高，其余各旬比 P—M 公式计算值偏低。Thorn 公式在上述月份比 P—M 公式偏高 0. 38~71. 46 mm（或 0. 22%~71. 62%）；在其他月份偏低 0. 15~64. 57 mm（或 4. 48%~100. 00%）。特别是黄淮海北部（北京和石家庄），在 12 月和 1 月份当温度低于 0℃时，计算结果全部为 0，造成与 FAO56-PM 结果相对偏差接近 100%。Thorn 与 FAO56-PM 的偏离趋势也非常明显。其与 P—M 公式的平均偏差和平均相对偏差均大于 Harg 公式。

相关性分析表明（表 11-10），7 个站点的 Harg 公式月值序列与相应的 P—M 公式在 3 种温度法中相关系数最大，一般在 0. 6 以上。Mc 公式次之，而 Thorn 公式与 P—M 公式的相关性最差，特别是各站点 12 月相关系数很小，甚至不显著。逐月序列的 t 检验（表 11-11）表明，不同方法各站点除极少数月份与 P—M 公式计算值无显著差异，绝大多数月份均有显著差异。

表 11-8　基于温度的 ET_0 计算法与 FAO56-PM 法 ET_0 月值的平均偏差

月份	北京			石家庄			安阳			郑州			孟津			驻马店			信阳		
	Harg	Mc	Thorn	Harg	Mc	Thorn	Harg	Mc	Thorn	Harg	Mc	Thorn	Harg	Mc	Thorn	Harg	Mc	Thorn	Harg	Mc	Thorn
1	-13.09	-27.75	-33.02	-5.02	-22.29	-28.75	-2.40	-21.78	-29.04	-9.10	-30.54	-39.08	-14.07	-34.97	-42.93	-1.50	-24.22	-33.99	8.63	-13.45	-22.37
2	-11.63	-34.36	-40.87	-3.95	-29.07	-37.28	-1.82	-29.89	-37.54	-4.26	-33.83	-44.69	-9.35	-37.51	-44.80	2.38	-27.73	-37.68	9.82	-18.59	-26.26
3	-11.87	-58.52	-61.71	-0.61	-49.26	-52.38	-0.24	-50.52	-53.46	1.65	-50.12	-64.57	-3.67	-52.72	-55.24	11.81	-37.56	-40.76	19.05	-25.97	-29.95
4	-6.04	-68.99	-57.51	7.39	-52.68	-44.63	6.63	-51.99	-45.78	11.48	-48.71	-62.43	6.54	-52.94	-46.20	24.70	-32.24	-28.40	32.95	-14.17	-13.11
5	8.78	-48.01	-36.37	21.50	-24.88	-22.57	19.07	-26.13	-25.64	23.09	-23.04	-56.13	15.71	-33.00	-30.64	35.56	-6.09	-7.11	46.37	18.74	15.09
6	21.37	10.47	0.38	39.57	47.26	18.37	25.03	38.21	4.85	22.36	117.66	42.06	22.12	30.21	1.14	37.56	55.16	22.69	53.71	74.40	49.42
7	29.30	73.02	39.67	44.18	99.61	53.28	35.25	96.71	45.51	29.98	96.45	7.81	33.01	83.58	39.98	39.53	117.31	54.59	49.04	138.35	71.46
8	23.77	57.99	32.92	34.11	78.70	44.11	28.19	77.49	36.79	26.84	78.01	9.18	27.10	67.55	34.40	37.47	100.90	48.60	46.91	120.17	62.57
9	13.81	0.33	-0.53	20.88	13.44	6.81	22.72	17.56	7.98	23.12	17.06	-10.07	12.76	5.65	-0.15	20.91	22.91	9.04	36.53	43.73	27.04
10	2.71	-22.65	-19.90	12.66	-12.34	-12.17	13.84	-10.52	-11.72	11.35	-14.58	-27.88	0.38	-21.77	-21.52	12.66	-7.46	-10.47	29.06	11.21	6.68
11	-7.24	-25.29	-31.77	0.88	-18.81	-25.42	4.58	-17.42	-23.60	-1.77	-25.48	-38.80	-8.39	-30.11	-34.93	3.00	-19.12	-24.23	18.36	-2.46	-8.31
12	-9.78	-20.73	-26.48	-3.48	-16.06	-23.22	-0.67	-15.31	-22.43	-7.79	-24.59	-33.85	-11.43	-27.84	-34.84	-1.00	-18.44	-28.79	9.41	-7.29	-14.04

表 11-9　基于温度的 ET_0 计算法与 FAO56-PM 法 ET_0 月值的平均相对偏差

月份	北京			石家庄			安阳			郑州			孟津			驻马店			信阳		
	Harg	Mc	Thorn	Harg	Mc	Thorn	Harg	Mc	Thorn	Harg	Mc	Thorn	Harg	Mc	Thorn	Harg	Mc	Thorn	Harg	Mc	Thorn
1	-38.34	-83.73	-100.00	-14.41	-76.73	-99.85	-5.72	-73.83	-99.78	-19.02	-76.79	-99.98	-28.98	-79.79	-99.40	-1.00	-69.63	-99.57	34.90	-54.76	-91.12
2	-27.21	-82.88	-98.95	-9.12	-76.67	-98.65	-2.63	-74.29	-94.38	-7.50	-74.87	-99.66	-16.92	-77.37	-93.74	8.56	-68.48	-94.42	29.52	-58.21	-82.22
3	-14.66	-76.83	-81.39	0.81	-69.06	-73.78	0.93	-67.92	-72.20	3.93	-67.12	-86.80	-1.97	-69.05	-72.94	21.54	-59.19	-64.79	35.19	-48.81	-56.41
4	-3.93	-59.76	-49.45	8.14	-49.64	-41.79	7.85	-48.14	-42.03	12.38	-46.32	-58.96	7.36	-50.40	-43.79	29.62	-36.72	-31.95	44.56	-19.46	-17.87
5	6.53	-32.42	-24.17	16.26	-18.14	-16.02	15.05	-18.39	-17.39	18.77	-16.30	-39.60	12.93	-23.43	-20.81	33.30	-4.51	-4.48	50.54	20.09	16.50
6	14.97	7.16	0.78	29.38	34.91	14.25	17.20	25.91	4.10	15.82	22.04	-25.57	16.58	20.99	2.37	31.25	44.68	19.80	57.14	79.03	52.83
7	23.81	57.57	32.31	39.16	86.63	47.25	30.30	79.77	38.88	24.33	75.46	7.58	27.96	68.89	33.98	36.13	103.12	49.96	49.21	137.14	71.62
8	21.93	53.06	30.53	35.69	80.20	46.12	26.31	71.22	34.55	25.08	70.51	9.97	27.64	65.23	35.06	40.03	102.53	52.15	52.19	133.14	69.98
9	15.90	0.95	0.22	25.01	15.67	8.33	27.72	21.60	10.88	28.08	21.39	-9.65	14.67	6.74	0.80	24.43	26.91	11.35	52.11	62.15	38.61
10	5.39	-34.77	-30.35	22.87	-19.66	-19.34	23.65	-15.29	-17.12	18.63	-19.46	-38.68	2.12	-28.15	-27.58	19.34	-10.21	-14.46	57.75	22.18	13.27
11	-16.87	-62.76	-79.43	4.75	-50.65	-69.70	14.06	-45.35	-62.45	-1.46	-52.07	-80.56	-14.08	-56.85	-66.83	8.07	-40.71	-52.55	59.04	-8.18	-27.03
12	-33.51	-76.26	-99.90	-10.13	-66.47	-99.80	-0.04	-63.34	-94.84	-17.06	-69.11	-99.95	-28.00	-73.45	-92.69	0.98	-58.93	-97.55	48.10	-34.34	-61.56

表 11-10 基于温度的 ET_0 计算法与 FAO56-PM 法 ET_0 月值的相关系数

月份	北京			石家庄			安阳			郑州			孟津			驻马店			信阳		
	Harg	Mc	Thorn	Harg	Mc	Thorn	Harg	Mc	Thorn	Harg	Mc	Thorn	Harg	Mc	Thorn	Harg	Mc	Thorn	Harg	Mc	Thorn
1	0.44	0.37	0.02	0.75	0.57	0.16	0.83	0.59	0.41	0.70	0.43	0.11	0.80	0.59	0.29	0.82	0.52	0.15	0.53	0.59	0.58
2	0.66	0.44	0.37	0.83	0.65	0.28	0.90	0.73	0.65	0.84	0.61	0.11	0.90	0.75	0.66	0.92	0.70	0.30	0.91	0.84	0.76
3	0.79	0.66	0.62	0.83	0.71	0.68	0.83	0.71	0.68	0.92	0.66	0.31	0.90	0.72	0.75	0.91	0.72	0.75	0.94	0.82	0.84
4	0.81	0.61	0.62	0.90	0.64	0.70	0.92	0.70	0.72	0.92	0.72	0.18	0.86	0.74	0.77	0.91	0.72	0.73	0.74	0.74	0.76
5	0.77	0.55	0.55	0.87	0.64	0.67	0.89	0.81	0.82	0.93	0.83	0.27	0.94	0.91	0.91	0.95	0.83	0.84	0.85	0.75	0.77
6	0.86	0.69	0.71	0.84	0.36	0.42	0.79	0.52	0.53	0.85	-0.10	-0.02	0.84	0.84	0.84	0.91	0.72	0.72	0.81	0.62	0.63
7	0.93	0.83	0.84	0.88	0.58	0.61	0.80	0.60	0.60	0.87	0.72	0.38	0.91	0.80	0.83	0.91	0.83	0.80	0.75	0.82	0.81
8	0.87	0.49	0.52	0.81	0.49	0.54	0.80	0.51	0.52	0.86	0.68	0.26	0.90	0.85	0.86	0.93	0.85	0.83	0.87	0.76	0.74
9	0.75	0.36	0.37	0.81	0.53	0.54	0.91	0.49	0.49	0.89	0.44	-0.22	0.87	0.71	0.64	0.86	0.51	0.51	0.47	0.66	0.64
10	0.56	0.25	0.23	0.76	0.39	0.41	0.78	0.38	0.41	0.76	0.30	-0.31	0.83	0.58	0.54	0.87	0.59	0.56	0.80	0.63	0.57
11	0.36	0.08	0.15	0.78	0.51	0.58	0.71	0.36	0.33	0.71	0.29	-0.19	0.74	0.40	0.42	0.87	0.44	0.47	0.32	0.66	0.61
12	0.84	0.69	-0.15	0.86	0.77	-0.24	0.90	0.79	-0.10	0.83	0.69	-0.24	0.88	0.75	0.01	0.91	0.72	0.03	0.90	0.85	-0.24

表 11-11 基于温度的 ET_0 计算法与 FAO56-PM 法 ET_0 月值的 t 检验

月份	北京			石家庄			安阳			郑州			孟津			驻马店			信阳		
	Harg	Mc	Thorn	Harg	Mc	Thorn	Harg	Mc	Thorn	Harg	Mc	Thorn	Harg	Mc	Thorn	Harg	Mc	Thorn	Harg	Mc	Thorn
1	15.13*	30.26*	34.27*	5.871*	20.95*	24.79*	3.538*	21.29*	26.29*	6.208*	17.35*	21.09*	9.300*	17.34*	19.65*	1.60	16.88*	20.75*	12.62*	34.20*	38.86*
2	14.35*	34.55*	39.58*	5.698*	28.27*	31.86*	2.645*	25.40*	31.27*	4.507*	23.58*	27.41*	8.334*	19.57*	22.23*	3.466*	18.65*	21.15*	11.62*	36.47*	37.44*
3	9.993*	38.70*	42.09*	0.487	31.32*	34.18*	0.207	32.98*	36.24*	1.380	28.47*	31.30*	2.141*	20.50*	22.42*	10.77*	20.68*	23.00*	21.54*	34.20*	33.99*
4	3.540*	32.64*	27.18*	5.954*	28.25*	24.82*	4.808*	26.59*	23.20*	9.618*	26.31*	24.76*	4.874*	24.17*	22.34*	23.81*	20.34*	18.03*	21.42*	13.39*	16.45*
5	5.785*	21.72*	18.47*	14.35*	10.58*	10.58*	11.58*	13.92*	11.97*	12.69*	10.98*	15.76*	8.763*	18.10*	12.57*	24.13*	3.475*	3.504*	29.99*	9.804*	14.08*
6	18.35*	4.472*	0.239	26.64*	14.32*	7.769*	15.94*	14.64*	2.245*	10.97*	1.462	0.525	9.176*	14.21*	0.457	20.18*	20.66*	9.651*	32.34*	26.44*	31.96*
7	32.54*	24.27*	30.63*	36.16*	28.03*	28.50*	19.66*	31.86*	20.79*	19.79*	36.59*	3.211*	24.35*	27.08*	23.00*	22.65*	29.54*	22.92*	28.62*	26.34*	34.86*
8	33.03*	24.65*	25.47*	26.08*	29.95*	24.63*	24.07*	31.59*	22.22*	20.29*	30.67*	4.005*	16.12*	27.48*	16.94*	21.43*	29.48*	20.47*	31.70*	27.30*	35.04*
9	13.86*	0.172	0.372	28.71*	7.079*	6.241*	25.50*	7.968*	4.835*	26.82*	8.393*	4.468*	13.75*	3.983*	0.11	21.12*	11.46*	6.365*	18.77*	19.22*	24.58*
10	2.531*	16.56*	14.62*	15.07*	9.638*	10.00*	14.36*	6.822*	8.176*	9.413*	8.070*	12.67*	0.305	11.95*	11.69*	15.14*	5.599*	8.212*	20.88*	9.933*	8.176*
11	8.557*	26.97*	32.98*	1.146	18.68*	26.75*	6.203*	17.72*	23.30*	1.620	17.63*	22.52*	6.701*	17.57*	20.07*	4.232*	14.60*	18.12*	16.81*	4.044*	11.73*
12	9.613*	14.34*	16.14*	4.223*	12.65*	14.98*	1.025	13.15*	15.20*	5.384*	11.81*	14.21*	8.393*	12.86*	13.66*	1.20	11.28*	13.92*	11.56*	12.11*	11.42*

注：1. 资料年限 n=42，$t_{0.05}=2.0195$；2. * 为显著差异 ET_0 月值序列评价

4. 年 ET_0 值序列评价

由图 11-7 看出，7 个站点 Harg 公式与 P—M 公式计算值的历年变化趋势基本一致，两者吻合性相对较好。Thorn 公式计算值的历年变化趋势不明显，波动较小，与 P—M 公式计算值相差最多，这说明该方法不能对某些气象要素的变化作出响应，从而不能真实反映 ET_0 变化。Mc 公式的结果介于 Harg 公式与 Thorn 公式之间。

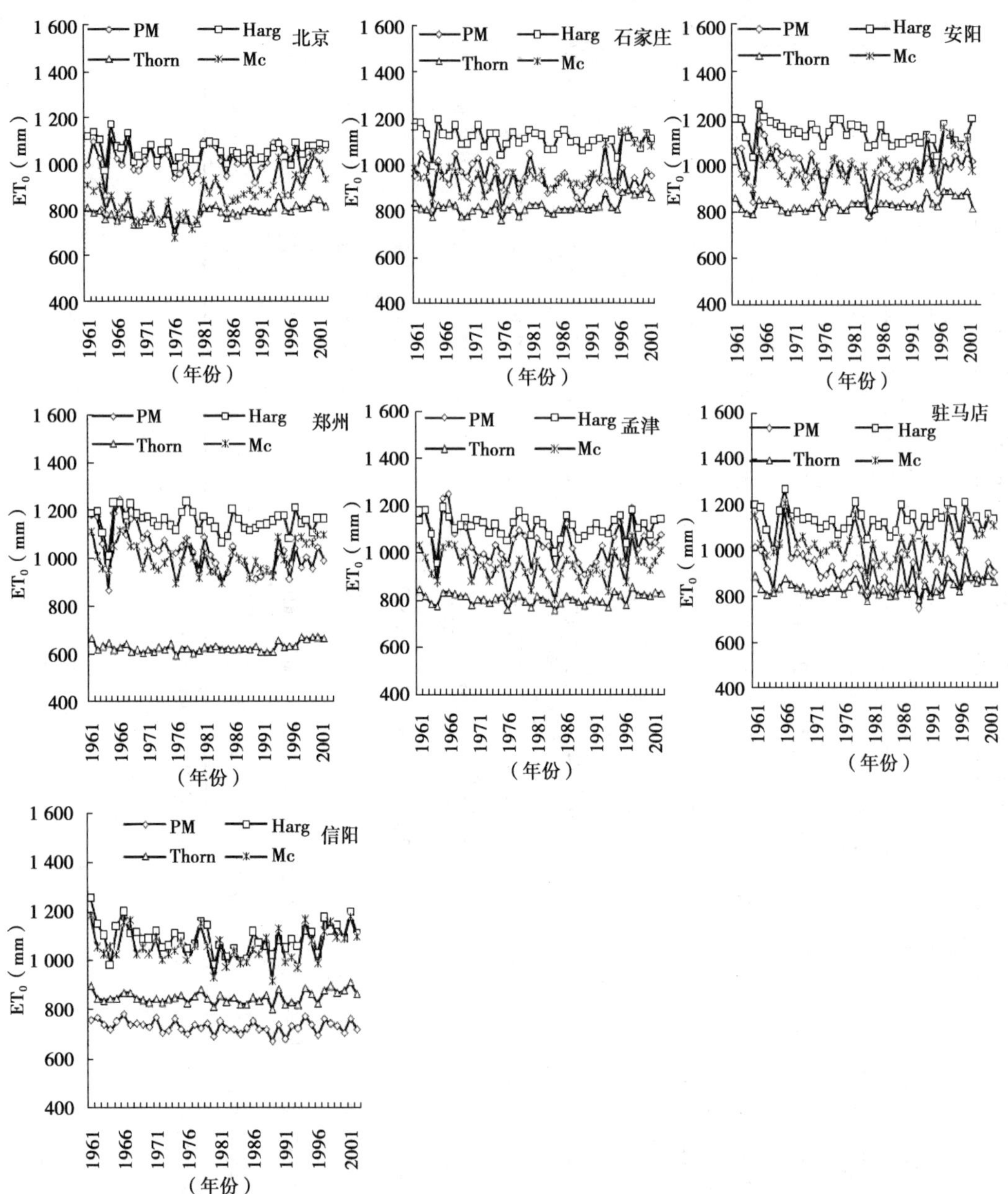

图 11-7　ET_0 值逐年变化比较

由 7 个站点 42 年年值平均偏差和相对偏差分析可知，Harg 公式在全部站点的大多数年份比 P—M 公式的计算值偏高，偏高 0.04~497.85 mm（或 0.004%~65.63%）；只在极少数年份偏低 5.70~93.96 mm（或 0.52%~7.50%）。除信阳外，Thorn 公式在其他站点比 P—M 公式计算值偏低，偏低 2.18~617.06 mm（或 0.27%~49.5%）；信阳站 Thorn 公式在绝大多数年份比 P—M 公式计算值偏高，偏高 74.44~169.38 mm（或 9.68%~23.93%）。Mc 公式在北京、孟津两站点绝大多数年份均比 P—M 公式计算值偏低，偏低 11.47~292.00 mm（或 1.17%~28.00%）；在信阳、驻马店两站点均比 P—M 公式计算值偏高，偏高 5.75~425.88 mm（或 6.56%~57.95%）；而 Mc 公式在石家庄、安阳、郑州部分年份均与 P—M 公式计算值接近，偏高年份中比 P—M 公式偏高 0.04~267.73 mm（或 0.004%~30.24%），偏低年份中比 P—M 公式偏低 2.05~167.18 mm（或 0.19%~14.22%）。以上高估或低估趋势在图 11-7 中十分明显，Harg 公式与 P—M 公式的吻合程度最高，其次为 Mc 公式，吻合最差的为 Thorn 公式。

综上所述，在基于温度的所有方法中，Harg 公式表现最好，Thorn 公式表现最差。Harg 公式最初在美国西北部较干旱的气候条件下建立，而且公式中考虑了到达地面的太阳辐射，同时，公式中的温差项进一步补偿了平流能量的影响，因而更接近黄淮海地区的气候条件，故与 P—M 公式计算值一致性程度最好。因此，在仅有气温数据的条件下，在黄淮海地区应优先选用 Harg 方法。另外，不同时间尺度相关分析显示，Harg 公式与 P—M 公式显著相关，在 3 种温度法中相关系数最高，据此可进一步对 Harg 公式进行修正，以提高 Harg 公式的估算精度。

5. Harg 公式的修正

Harg 公式在黄淮海地区计算得到的 ET_0 总体表现不错，但在总量和季节分配上仍与 P—M 公式计算结果存在一定偏差，因此可采用一定的方法对 Harg 公式计算结果进行修正使其更符合实际情况，通常采用比例修正法、回归修正法和对公式内部参数进行率定修正。

Harg 修正公 1：$ET_0\ (HG1)\ = K_R ET_0\ (HG)$　　(11-42)

Harg 修正公式 2：$ET_0\ (HG2)\ = a \cdot ET_0\ (HG)\ +b$　　(11-43)

式中：

ET_0（HG1）、ET_0（HG2）分别为比例修正法和回归修正法的修正结果，K_R 为比例修正因子（可能随季节变化），a、b 为回归系数。比例修正法相当于根据研究区具体气象特征对 Harg 公式中系数 0.0023 进行修正，而回归修正法则另外增加了一个常数项 b。

考虑到黄淮海不同地域（纬度）和不同气候条件下气温日较差（T_{max}-T_{min}）的指数及平均气温的偏移量可能与标准 Harg 公式中的参数有所不同，采用以下一般形式的通用 Harg 公式来估算 ET_0：

Harg 修正公式 3：$ET_0(HG3) = K\frac{1}{\lambda}(T_{max} - T_{min})^n\left(\frac{T_{max} + T_{min}}{2} + T_{off}\right)R_a$　　(11-44)

式中的系数 K、指数 n 和气温偏移量 T_{off} 需要通过气温资料和 P—M 公式计算结果来率定。

以 P—M 公式日、旬、月和年（尺度）计算结果为标准，借助统计软件分析计算，得到黄淮海地区 7 个站点的修正 Harg 公式 1、Harg 公式 2 和 Harg 公式 3，具体拟合参数结果见表 11-12。

表 11-12　黄淮海地区主要代表站 Harg 修正公式参数拟合结果

时间尺度	站点	Harg 修正公式 1		Harg 修正公式 2			Harg 修正公式 3			
		K_R	R^2	a	b	R^2	K	n	T_{off}	R^2
日序	北京	0.909	0.726	0.784	0.520	0.754	0.001	0.534	43.988	0.754
	石家庄	0.826	0.761	0.768	0.249	0.767	0.001	0.669	30.929	0.776
	安阳	0.857	0.817	0.829	0.122	0.818	0.001	0.628	23.723	0.822
	郑州	0.868	0.736	0.802	0.284	0.743	0.001	0.595	25.801	0.742
	孟津	0.899	0.695	0.794	0.442	0.713	0.001	0.652	46.737	0.716
	驻马店	0.797	0.763	0.772	0.100	0.764	0.001	0.701	21.234	0.835
	信阳	0.652	0.819	0.590	0.242	0.831	0.003	-0.038	32.276	0.720
旬序	北京	0.909	0.872	0.744	0.558	0.911	0.007	0.705	46.617	0.929
	石家庄	0.819	0.887	0.736	0.351	0.903	0.006	0.829	37.111	0.927
	安阳	0.854	0.922	0.811	0.180	0.925	0.008	0.781	25.812	0.938
	郑州	0.866	0.878	0.782	0.353	0.891	0.008	0.796	29.506	0.907
	孟津	0.894	0.825	0.758	0.559	0.862	0.005	0.873	45.858	0.896
	驻马店	0.788	0.888	0.729	0.240	0.895	0.007	0.832	24.200	0.913
	信阳	0.660	0.941	0.620	0.152	0.946	0.023	0.280	21.173	0.949
月序	北京	0.909	0.900	0.773	0.554	0.940	0.021	0.712	47.329	0.961
	石家庄	0.817	0.917	0.729	0.368	0.935	0.016	0.838	37.750	0.959
	安阳	0.852	0.942	0.804	0.199	0.946	0.024	0.805	25.827	0.960
	郑州	0.863	0.914	0.772	0.378	0.931	0.023	0.794	29.191	0.944
	孟津	0.890	0.859	0.741	0.602	0.907	0.015	0.852	45.501	0.934
	驻马店	0.783	0.925	0.708	0.299	0.938	0.024	0.784	24.808	0.947
	信阳	0.662	0.966	0.628	0.126	0.970	0.073	0.250	21.116	0.971
年序	北京	0.962	0.626	1.088	-0.366	0.635	1.138	0.558	8.017	0.557
	石家庄	0.849	0.614	1.007	-0.698	0.643	0.403	0.681	25.233	0.590
	安阳	0.868	0.526	1.254	-1.203	0.582	1.033	0.667	1.884	0.499
	郑州	0.891	0.520	1.498	-1.925	0.622	0.275	0.888	22.134	0.471
	孟津	0.937	0.549	1.411	-1.448	0.619	1.115	0.695	0.767	0.564
	驻马店	0.804	0.584	1.192	-1.209	0.653	0.792	0.723	2.188	0.557
	信阳	0.669	-0.120	0.318	1.052	0.563	0.508	0.550	35.115	0.877

从表 11-12 可看出，不同时间尺度（日、旬、月和年）下，3 种修正 Harg 公式与 P—M 公式之间具有较好的相关关系，其中，以率定后的修正 Harg 公式 3 计算相关系数最

高，其次是建立线性回归的修正 Harg 公式 2，最后为修正 Harg 公式 1，这表明 Harg 修正公式 3 的计算结果与 P—M 公式计算结果比较接近，能较为准确地估算研究区的 ET_0。因此，采用率定后的 Harg 修正公式 3 来计算黄淮海地区的 ET_0 是合适的，同时，根据此修正公式，可以达到利用较少输入数据得到较高精度的 ET_0 结果。

6. 结论

在黄淮海地区，无论从日值、旬值、月值还是年值，在上述 3 种温度法中，均以 Harg 公式估算该地区 ET_0 的效果最好；考虑估算地区的实际情况，通过进一步对 Harg 公式进行修正，可使 Harg 公式更适黄淮海地区 ET_0 的计算和预测。

二、进一步量化解析天气预报信息建立基于 P-M 法的 ET_0 预测模型

1. 材料与方法

FAO 推荐的 P—M 公式是公认的计算参考作物需水量最为准确的方法，但是采用日常的天气预报资料无法获得所该公式计算需要的全部气象参数，给 P—M 公式的推广应用带来限制。为此，基于河南省新乡地区天气预报逐日信息，研究从天气预报信息中分析提炼 P—M 公式所需参数，进而估算参考作物需水量。利用新乡 1951—2003 年逐日气象资料，ET_0 值及需要估算的气象因子均以 P—M 公式计算结果作为实际值，以替代方法计算结果为预测值，对利用替代方法估算得到的 P—M 公式所需参数及 ET_0 计算计算结果进行检验，考查预测结果精度的统计参数有：均方根误差（RMSE）、相对误差（RE）和认同系数（IA）（图 11-8）。

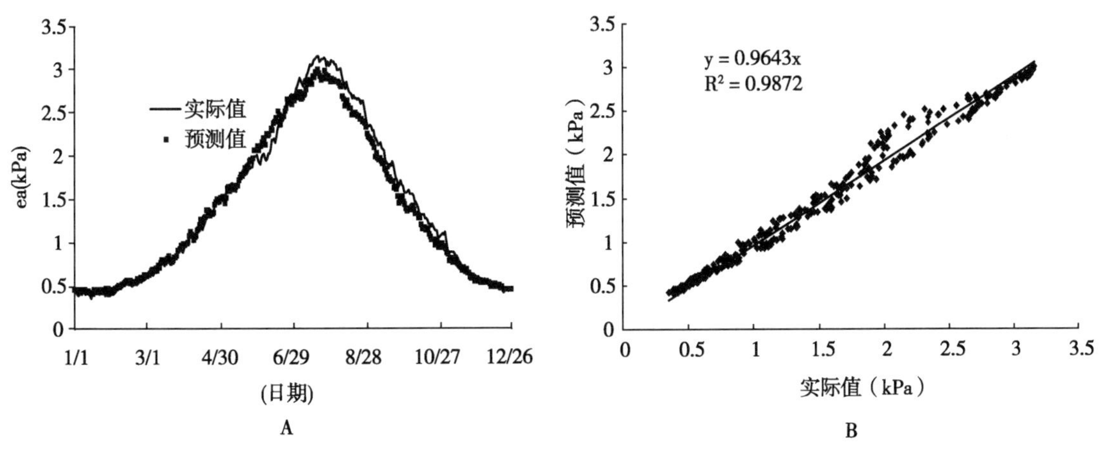

图 11-8　实际水汽压的实际值与预测值的比较及其相关分析

2. 结果与分析

（1）相对湿度的预测。在 P-M 公式中：相对湿度用来计算实际水汽压，FAO-56 中提出当相对湿度缺失时，可用式 11-45 来替代计算实际水汽压。式 11-45 的基本假设是日最低气温（Tmin）近似等于露点温度，即当夜间气温降至最低时，空气湿度接近饱和，这对于地面有草覆盖的气象站，大多数时期内是能够满足的。

$$e_a = e^0(T_{\min}) = 0.611exp(\frac{17.27T_{\min}}{T_{\min} + 273.3}) \quad (11-45)$$

式中：

e_a——实际水汽压，kPa；T_{min}为最低气温，℃。

根据新乡市历史最小气温的数据，通过式（11-45）计算得到实际水汽压预测值，与P—M公式计算所得实际值对比及其相关分析如图11-8A所示。从图11-8中可以看出，两者较为一致，两者的相关关系为y=0.964 3x。从统计分析数据来看，RE=0.07<0.2，R^2=0.987 2>0.8，IA=0.995 7>0.95，因此，可以判断利用公式（11-45）预测的实际水汽压效果很好，能满足要求。

（2）太阳辐射的预测。一年中每天的天文辐射Ra可以由地理位置参数、太阳常数、太阳倾角等计算出来：

$$R_a = \frac{24 \times 60}{\pi} G_{SG} d_r [\omega_s \sin(\varphi)\sin(\delta) + \cos(\varphi)\cos(\delta)\sin(\omega_s)] \quad (11-46)$$

式中：

R_a—天文辐射 MJ · m^{-2} · d^{-1}；G_{sc}—太阳常数，值为0.082MJ · m^{-2} · d^{-1}；d_r—日地相对距离；δ—太阳倾角，与每天在一年中的日序数J有关，可以由月数M和天数d来确定，如果月份小于3，J=J+2；如果是闰年且月份大于2，$J=J+1$；φ—当地纬度，采用弧度单位；ω_s—日落时角。其中d_r、δ、J、φ、ω_s等参数计算公式分别按下式（11-47）确定：

$$\begin{cases} dr = 1 + 0.033\cos(\frac{2\pi}{365}J) \\ \delta = 0.409\sin(\frac{2\pi}{365}J - 1.39) \\ J = \text{int}(275M/9 - 30 + D) - 2 \\ \phi = \frac{\pi}{180}(\text{纬度}) \\ \omega_s = \arccos[-\tan(\phi)\tan(\delta)] \end{cases} \quad (11-47)$$

一些学者认为，日最高气温和最低气温之差与当天的天空云量有关，而天空云量是影响太阳辐射的主要因素，因此，辐射量也可以通过最高最低气温估算，Hargreaves首先提出最高气温和最低气温之差与太阳辐射的关系，Allen等人修正了Hargreaves方程，得到计算太阳短波辐射的公式（11-48）：

$$R_s = K_r(T_{\max} - T_{\min})^{0.5} R_a \quad (11-48)$$

式中：

R_s—补差太阳辐射，MJ · m^{-2} · d^{-1}；R_a—外空辐射，MJ · m^{-2} · d^{-1}；T_{max}、T_{min}—最高、最低气温，℃；K_r—调节系数，对内陆地区通常取0.17，而沿海地区为0.19。获得当地的R_s的测值后，按照公式（11-49）获得短波辐射值。

$$R_{ns} = (1-\alpha) R_s \quad (11-49)$$

式中：

α 为反照率，值为 0.23。

通过未来最高最低温度的预测，结合上文中已完成的对实际水汽压的预测值，可以通过公式（11-50）得到长波辐射的预测值：

$$R_{nl} = \sigma\left[\frac{T_{\max,\ K}^4 + T_{\min,\ K}^4}{2}(0.34 - 0.14\sqrt{e_a}) \times (1.35\frac{R_s}{R_{so}} - 0.35)\right] \tag{11-50}$$

式中：

R_{so}——晴空辐射，MJ · m^{-2} · d^{-1}——实际水汽压，kPa；e_a；σ——Stefan-Boltzmann 常数，其值为 4.903×10^{-9}MJ · K^{-4} · m^{-2} · d^{-1}；式中的 $T_{max,K}$、$T_{min,K}$——绝对温度，分别用天气预报中的预报数值计算。

其中，R_{so}的计算方法如下式（11-51）：

$$R_{so} = (0.75+210^{-5}z)\ R_a \tag{11-51}$$

式中：

z 为站点的海拔高度，m；

在得到短波辐射和长波辐射的预报值后，可以通过计算得到的净辐射，计算公式如下式（11-52）：

$$R_n = R_{ns} - R_{nl} \tag{11-52}$$

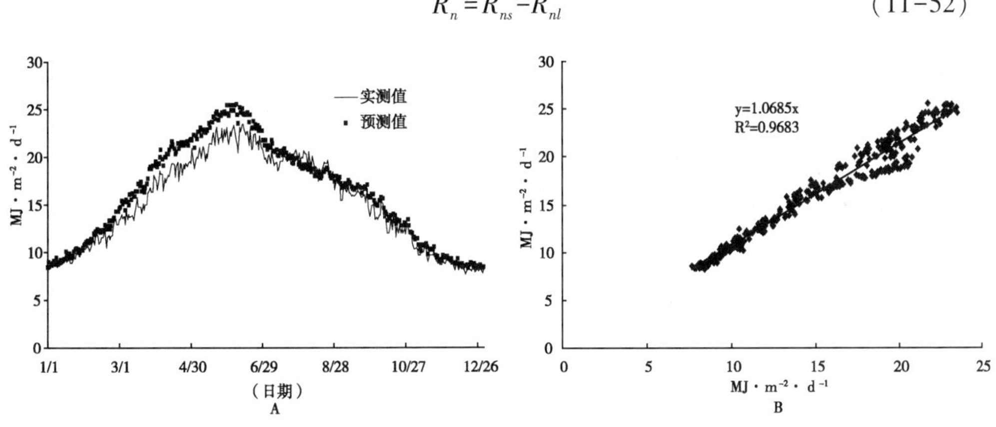

图 11-9　太阳辐射实际值与预测值对比及相关分析

图 11-9 为太阳辐射实际值与预测值之间的对比情况及其相关分析，从 B 图中可以看到，实际值与预测值的线性关系为 y = 1.0685x，预测值与实际值很接近，但略大于实际值。由统计参数可以进一步看出，RE = 0.087 8<0.2，IA = 0.979 1>0.95，R^2 = 0.968 3>0.8，可见通过替代方法预测的效果很好，满足要求。

3. 风速的预测

按风力等级表将风力分为 12 级，根据天气预报的风力预报信息，可以将风速值确定，其中，不同高程处所测风速换算为 2m 处数值，可按式（11-16）进行，换算后风速值，如表 11-13 所示：

$$u_2 = u_z\frac{4.87}{\ln(67.8z - 5.42)} \tag{11-53}$$

式中：

u_2 为地面 2m 处风速，m/s；u_z 为距离地面 zm 处风速，m/s；z 为风速测量高程，m。

表 11-13 风力等级换算值

风力等级	名称	相当于 2m 处的风速	风力等级	名称	相当于 2m 处的风速
0	静风	0	7	疾风	11.97
1	软风	0.75	8	大风	14.21
2	轻风	1.50	9	烈风	17.20
3	微风	3.00	10	狂风	19.45
4	和风	5.24	11	暴风	23.19
5	清劲风	6.73	12	飓风	26.18
6	强风	8.98			

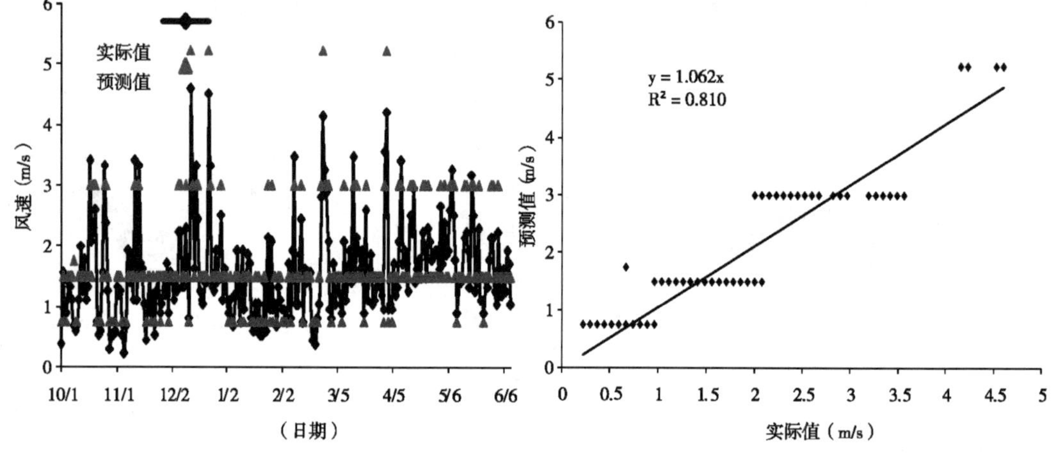

图 11-10 风速实际值与预测值对比及相关分析

图 11-10 为用实测数据计算的风速实际值与预测值之间的对比情况及其相关分析，从图 11-10 中可以看出，实际值与预测值的线性关系为 y=1.062x，预测值与实际值很接近，但略大于实际值。从统计参数进一步看出，RE=0.1914<0.2，IA=0.9516>0.95，R^2=0.81>0.8，可见通过替代方法预测的效果很好，满足要求。

4. ET_0 预测结果分析

完成以上各因子的预测后，通过解析天气预报信息，利用最低气温计算实际水汽压，利用最高、最低气温计算太阳辐射，将风力等级转化为 2 m 高处的风速值，进而由 P-M 公式估算 ET_0 值，图 11-11 为 ET_0 预测值与实际值的比较及其相关分析。结果表明，预测值与实际值相比，均能达到很好的效果，其统计参数分别为 RMSE=0.586 0，RE=0.198，IA=0.963，各项参数均能达到很好的模拟效果，各项气象参数及 ET_0 模拟均可以满足精度要求。

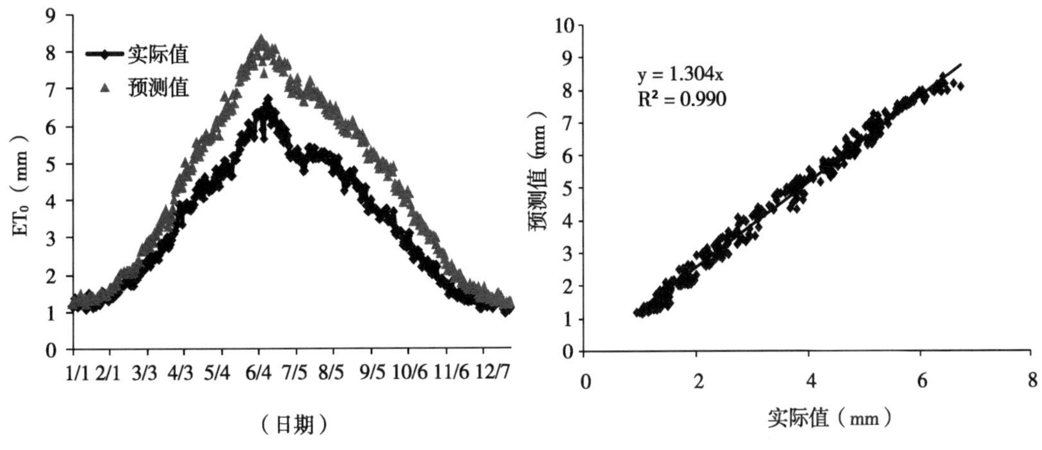

图 11-11　ET_0 实际值与预测值的比较与相关分析

第三节　灌溉预报技术与方法

一、土壤墒情的实时预测方法与指标

1. 土壤墒情的实时预测方程

利用土壤计划湿润层内的含水量为研究对象，建立水量平衡方程，结合实时预报的作物和气象信息完成对土壤含水量的预测。水量平衡方程可以表示为：

$$W_i = W_0 + W_{ri} + P_{ei} + I_i - ET_{ci} - G_i - R_i \tag{11-54}$$

式中：

W_0、W_i—时段初和时段末的土壤计划湿润层内的含水量，mm；W_{ri}—时段内由于计划湿润层增加而增加的水量，mm；I_i—时段内的灌水量，mm；P—时段内的有效降水量，mm；ET_{ci}—时段内作物的耗水量，mm，可通过构建的模型预测；R_i—地面径流量，mm；G_i—地下水补给量，mm。

2. 墒情判别指标

基于对夏玉米进行的非充分灌溉研究，探索了夏玉米不同生育期不同程度的水分亏缺对作物生长发育、产量的影响，根据影响规律明确了夏玉米不同生育阶段节水高产的土壤墒情判别指标（表 11-14）。

表 11-14　夏玉米不同生育阶段的土壤墒情判别指标

控制指标	播种~出苗	苗期	拔节~抽雄	抽雄~灌浆	灌浆~成熟
土壤墒情判别下限指标（占田持%）	70~75	60~65	65~70	70~75	60~65
计划层深度（cm）	40	40	60	80	80

3. 灌溉日期和灌溉水量的预报

为了满足农作物正常生长发育的需要，任一时段内作物根系吸水层内的储水量必须经常保持在一定的适宜范围以内，实时预报中灌溉指标采用夏玉米不同生育阶段的适宜含水量下限值和田间持水量。灌溉日期即为计划湿润层的土壤水分下降到该生育阶段的适宜含水量下限的日期。灌溉水量的计算公式为：

$$I = 1\,000(\theta_j - \theta_{\min})H\gamma \tag{11-55}$$

式中：

I—灌水量，mm；θ_j—田间持水率；θ_{min}—作物生育期的适宜含水率下限；H—计划湿润层深度，m；γ—土壤干容重，g/cm^3 或 t/m^3。

4. 实时灌溉预报的修正

实时灌溉预报的修正是一项非常重要的工作，实时灌溉预报强调正确地估计“初始状态”和掌握最新的预测资料，所以，每次土壤含水量实测的结果便是每次预测的初始状态，也就是说，在每次测量得到田间土壤含水量后，下一次的预测就要以此次的实测值为基础，从而确定灌水日期和灌水定额，这样才能做到真正实时并且准确。

二、灌溉预报系统的建立

灌溉预报系统的建立是进行灌溉预报的基础工作，主要包括以下几方面的内容。

1. 基础数据的获得

进行灌溉预报需要较多的数据，例如，土壤、作物、气象、地下水等。土壤方面的参数包括：土壤质地、土壤田间持水量、土壤容重、预报时的初始含水量、作物允许的土壤水分下限指标、计划湿润层深度等。作物方面所需的资料包括作物种类、品种、生育时期、不同时间的叶面积指数、作物系数。气象资料包括天气类型、最高温度、最低温度、平均温度、相对湿度、平均风速、蒸发量、日照时数、气压、降水量等。有关地下水方面的数据主要指地下水位、地下水水质、作物对地下水的利用量等。有些资料需要在实地进行实际测定（如田间持水量、土壤容重等），有些资料是实时数据（如天气类型、降水量、叶面积指数等），有的需要长系列的历史数据（如计算 ET_0 需要的气象资料）。

2. 预报模型的选择

在进行灌溉预报时，需要选择适宜的预报模型，一般采用水量平衡方程建立实时预报模型。灌溉预报实际上是在墒情预报的基础上，结合天气预报（特别是降水预报）和水情预报进行的。因此，在灌溉预报过程中准确确定未来时段的气象状况是至关重要的。在预报过程中，作物耗水量 ET_c 的估算非常重要，ET_c 可用作物系数法求得。参考作物腾发量 ET_0 一般选择基于天气预报可测因子的模型进行计算，精度比较高。作物系数 K_c 可以通过 2 种方式获取，一是采用预测模型通过计算获得不同作物在不同生育阶段的作物系数，二是通过 FAO 推荐的分段单值平均法，查询其中的作物系数值，然后通过修正得到最终的 K_c 值。本文采用了基于有效积温的作物系数模拟模型求得。

墒情预报主要是田间含水率的预报，即对作物根系层土壤水分增长和消退过程进行预报，是进行适时适量灌水的基础。影响土壤水分状况的因素很多，有气象、土壤、作物和田间用水管理等。在进行实时墒情预报时所需的初始土壤含水量可以通过上述介绍的土壤水分测定方法实测获得，例如，取土烘干法、驻波法和遥感法等。也可用上次预报的墒情结果作为初始含水量，但为了提高预报的精度，采用实测土壤含水量作为初始含水量是非常必要的。

灌溉预报模型的选择是一项非常重要的工作，选择适宜的模型计算所需的参数可以获得较高的预报精度。预报模型的选择是否合适往往需要经过试验来验证。从本文来看，通过试验验证表明，所选的灌溉预报模型是适宜的，预报的精度比较高。

灌溉预报系统整体框架图，如图 11-12 所示：

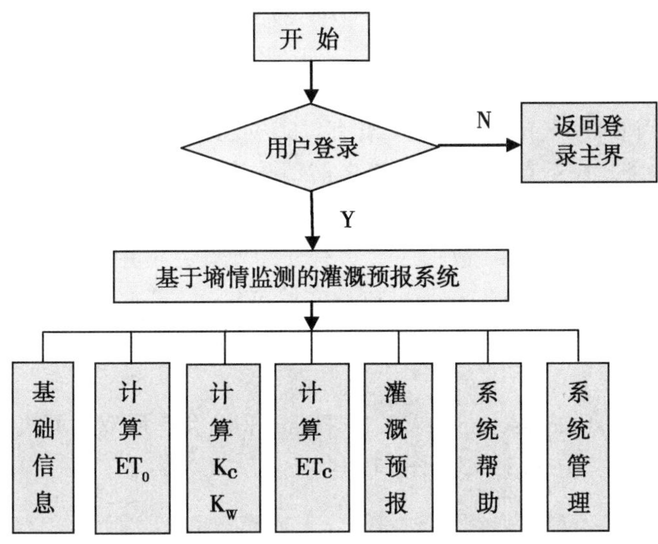

图 11-12 灌溉预报系统整体框架图

第四节 基于天气预报的夏玉米耗水量及土壤墒情预测系统构建

一、夏玉米耗水量及土壤墒情预测软件开发

1. 开发背景及主要功能

本系统开发的目的是利用天气预报数据，通过基于天气预报信息估算参考作物需水量（ET_0）的预测模型、基于积温估算夏玉米作物系数的模型和 FAO-56 确定的土壤水分修正因子，采用目前最常用的作物系数法，对夏玉米的耗水量进行实时预测，并通过水量平衡方程实现土壤含水量的实时预报，为灌溉管理层和决策者提供直观的可视化决策依据，指导灌区做到适时适量灌溉，提高灌区灌溉水资源的利用率与利用效率。

基于天气预报的夏玉米耗水量预测系统主要包括以下 4 个方面的功能：①某时段的参考作物需水量 ET_0 预测；②作物系数 K_c 计算；③作物耗水量 ET_c 预测；④土壤含水量 θ 预测。

2. 技术特点

基于.NETFramework4.5开发的WindowsForm应用程序，使用Access建立后台数据库，使用AccessDatabaseEngine数据库引擎，在不需要安装MS-OFFICE办公套件的前提下，软件可执行文件与数据库在同一目录下即可直接连接。大幅度降低了安装难度与部署难度。

采用面向对象的程序设计语言C#.NET进行编程，系统可扩展性强；可将作物未来几天的耗水量及土壤墒情预测得出。自动抓取互联网上的天气信息，为使用者大大节省了输入时间。软件本身无须安装与部署。直接使用，方便快捷。

3. 运行环境

为运行该预测系统，所要求的硬件设备的最小（建议）配置为：2.0GHz CPU，512MB内存。所需要的支持软件和框架有：①windows 7/8；②AccessDatabaseEngine；③NETFramework 4.5。在运行本预测系统之前请先安装上述软件。由于.NETFramework 4.5并不支持windows XP操作系统，请使用windows7/8操作系统。

由于本系统使用的是Access数据库。具有安装便捷，使用简单的特点。对于本预测系统。将数据库文件wheat.accdb放到可执行文件Wheat_ alpha.exe同路径下即可，安装AccessDatabaseEngine预测系统会自动与数据库连接。无须其他烦琐操作。

4. 系统使用说明

解压并安装AccessDatabaseEngine与.NETFramework 4.5后双击可执行文件Wheat_ alpha.exe将弹出如下窗口（图11-3、图11-14）。

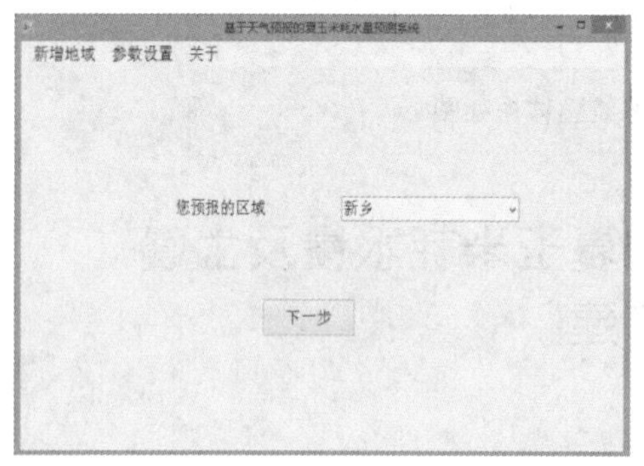

图11-13 初始界面

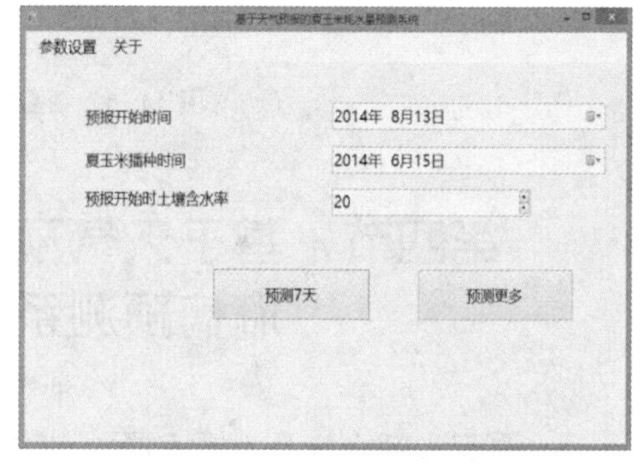

图11-14 预测时间界面

在初始界面可以选择预报区域，新增地域和修改参数。选定预报区域之后单击下一步（图11-15、图11-16）。

预报开始时间是当天。通过控件可以选择夏玉米播种时间。预报开始时土壤含水率可以手动输入。也可以通过上下箭头调整。播种时间选定，预报开始时土壤含水率确定好之后。单击预测（图11-17、图11-18）。

预测结果显示界面分列显示某时段的参考作物需水量ET_0，作物系数K_c，计算夏玉米耗水量ET_c，以及预测土壤含水量θ。对预测时常有更多要求的用户可以选择预测更多。单击预测更多按钮。弹出单击查询天气预报链接可以打开IE浏览器查询更多天气数据。

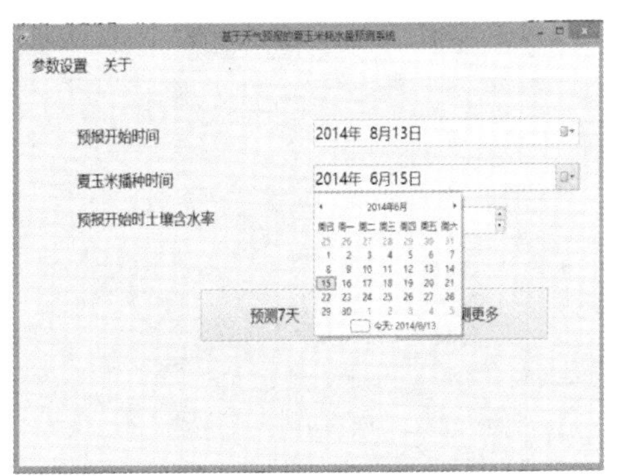

图 11-15　夏玉米播种时间设置

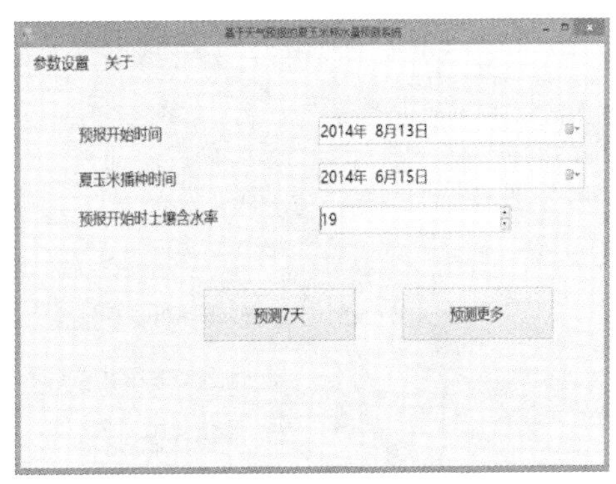

图 11-16　土壤含水率设定

基于天气预报的夏玉米耗水量预测系统

天数	ET0预测	Kc预测	耗水量预测	土壤含水量预测
第0天	2.15	1.21	2.6	20
第1天	2.22	1.22	5.5	19.69
第2天	2.63	1.23	4.64	19.02
第3天	2.77	1.24	5.03	18.46
第4天	2.59	1.24	4.43	17.85
第5天	2.27	1.25	3.76	17.32
第6天	2.54	1.26	4.27	16.86
第7天	2.52	1.26	3.79	16.35

图 11-17　预测结果显示界面

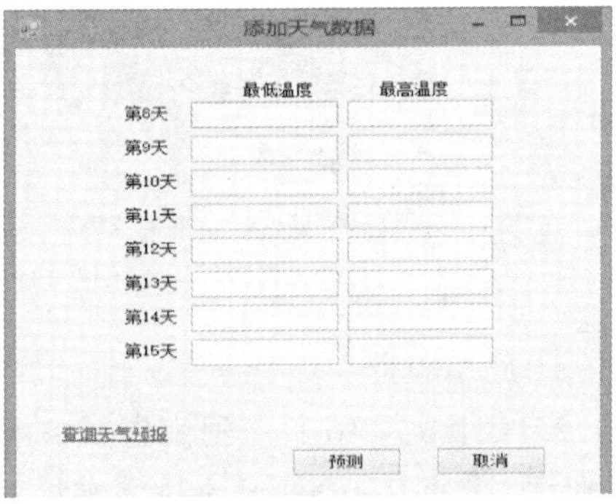

添加天气数据

	最低温度	最高温度
第8天		
第9天		
第10天		
第11天		
第12天		
第13天		
第14天		
第15天		

查询天气预报　预测　取消

图 11-18　预测更多

15d 预测结果显示界面分列显示某时段的参考作物需水量 ET_0，作物系数 K_c，计算冬小麦耗水量 ET_c，以及预测土壤含水量 θ。在初始界面和预测时间界面单击菜单栏的参数设置，均可以对指定地区的预测公式中的参数进行修改。修改完成之后单击修改按钮，修改成功（图 11-19）。

基于天气预报的夏玉米耗水量预测系统

天数	ET0预测	Kc预测	耗水量预测	土壤含水量预测
第0天	2.15	1.24	2.43	19
第1天	2.22	1.25	5.22	18.71
第2天	2.63	1.25	4.41	18.08
第3天	2.77	1.26	4.74	17.54
第4天	2.59	1.26	4.03	16.97
第5天	2.27	1.27	3.58	16.48
第6天	2.54	1.27	3.96	16.05
第7天	2.52	1.27	3.55	15.57
第8天	2.33	1.28	3.22	15.14
第9天	2.31	1.28	3.11	14.76
第10天	2.29	1.28	2.93	14.38
第11天	2.27	1.28	2.78	14.03
第12天	2.25	1.29	2.63	13.69
第13天	2.23	1.29	2.49	13.37
第14天	2.2	1.29	2.35	13.07
第15天	2.18	1.29	2.21	12.79

图 11-19　15d 预测结果显示界面

为增大软件的适应性，在初始界面和预测时间界面单击菜单栏的参数设置，均可以对指定地区的预测公式中的参数进行修改。同时，在初始界面单击新增地域，可以对新增地域的各项参数进行设置后，对新增地域进行预测（图 11-20）。

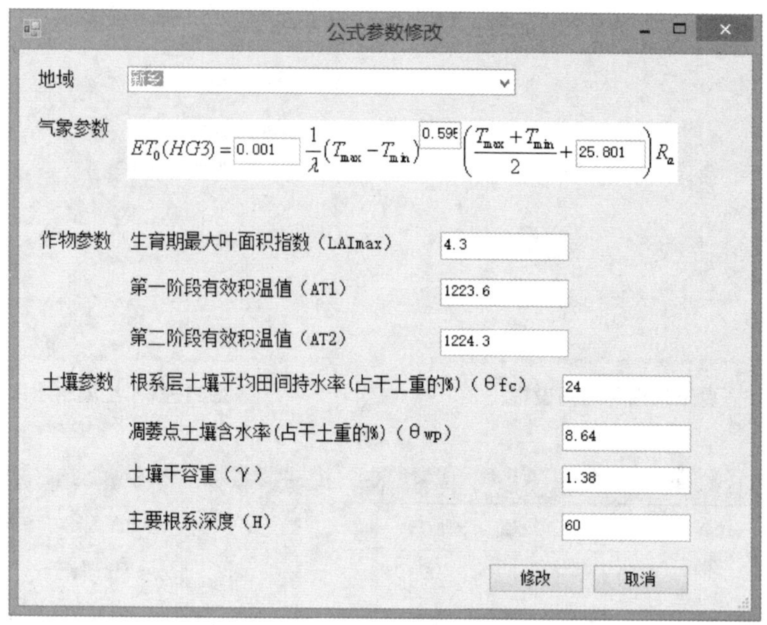

图 11-20　模型参数修改界面

5. 应用验证

2014 年 8 月 16 日在河南省新乡市七里营夏玉米试验区随机选择 12 点，利用烘干取土法确定每个点 0~100 cm 土壤含水量，同时，7d 后（8 月 23 日）再次取土测墒以验证软件预测精度。通过软件预测分析，结果表明，平均最大绝对误差 2.5%，最小绝对误差 0.1%，12 个监测点平均绝对误差 1.1%；平均最大相对误差 17.5%，最小相对误差 1.0%，12 个监测点平均相对误差 7.7%。预测结果满足精度要求。

二、基于反推法的夏玉米灌溉预报系统

1. 原理与方法

通常农田灌溉预报方法是通过农田土壤水分观测得知现在的农田观测点土壤水分含量，并预报未来时段内农田土壤水分是否会降到作物适宜土壤水分控制下限值，根据下限值可能出现的日期定为灌水日。我们将这种通常的预报工作方法称为正推法。由于正推法在实际应用中存在如何及时准确获得预报模型中需要的各项参数，如何消除单项预报值偏差的影响等问题，实际预报工作开展十分困难，因此，根据地区的实际情况提出用反推法进行农田灌溉预报。

反推法具体思路：①先假定某一块农田土壤水分已降至适宜土壤水分下限值，用反推方程求出这一块农田的上次灌水日期，以此确定土壤水分降至下限值的田块；②根据作物耗水量模型估算灌水后时段内耗水量（ET_c），并且把耗水量估算值与降水量实测、预报值（P）进行比较，如 $ET_c>P$ 则应当灌水，如 $ET_c<P$ 则不灌水；③如预报判别结果 $ET_c>P$ 则计算应灌水量并发出预报。

反推方程的建立与推导，主要基于农田土壤水量平衡方程：

$$-(W_t - W_{t+1}) = P + I + (S_i - S_{i-1}) - n \times ET_c \quad (11\text{-}56)$$

式中：

W_t 和 W_{t+1} 分别表示时段初和时段末农田土壤储水量（mm）；P 为时段内有效降水量（mm）；I 为时段内农田灌溉供水量（mm）；S_i 表示土壤下层向作物根系层供水量（mm）；S_{i-1} 表示作物根系层向下层的渗漏量（mm）；n 为时段天数（d）；ET_c 为时段内农田作物日耗水量（mm/d）。

根据试验区作物生育期的实际情况水量平衡方程中有下列几项可作特别处理。①试验区地下水位平均在 5 m 以下，地下水向作物根系层供水量极小可视为零。在试区内都实行有计划的节水灌溉因此灌水量适宜，不会产生深层渗漏。因此，$S_i - S_{i-1} = 0$。②降水在作物生育期内不会产生地表径流和深层渗漏，因此，认为降水量全部有效。③在反推法中假设条件时段内没有灌溉，因此，I = 0。在反推方法中，W_t 为农田灌溉后多点取土平均农田储水量，W_{t+1} 是根据农田灌溉试验研究成果确定的作物适宜土壤水分控制下限。根据以上几项实际分析可将上式简化为：

$$-(W_t - W_{t+1}) = P - n \times ET_c \quad (11\text{-}57)$$

将上式推导成计算 N 的方程为：

$$n = \frac{W_t - W_{t+1} + P}{ET_c} \quad (11\text{-}58)$$

ET_c 的确定这里选用本研究的作物耗水量估算模型成果；其中，ET_0 采用最新修正 P-M-FAO56 公式进行计算。

2. 基于反推法的夏玉米灌溉预报系统开发软件

（1）开发背景及主要功能。在基于反推法的夏玉米灌溉预报系统中，用户需要输入作物播种时间，灌水时间，作物播种至预报时间内的实际每天气象数据，利用实际气象数据信息进行一次灌水后作物每天耗水量估算，同时，记录期间降水量；直至作物耗水量减去降水量接近上一次灌水量（误差在 10 mm），主要包括以下功能：利用实际气象数据信息进行一次灌水后作物每天耗水量估算，同时，记录期间降水量，对下一次灌水时间进行预报。

（2）技术特点。基于 . NETFramework4. 5 开发的 WindowsForm 应用程序，使用 Access 建立后台数据库，使用 AccessDatabaseEngine 数据库引擎，在不需要安装 MS-OFFICE 办公套件的前提下，软件可执行文件与数据库在同一目录下即可直接连接。大幅度降低了安装难度与部署难度。

采用面向对象的程序设计语言 C#. NET 进行编程，系统可扩展性强；用户仅仅需要输入冬小麦和夏玉米的种植时间与上次灌溉时间即可得出在未来的灌水时间。自动抓取互联网上的天气信息，为使用者大大节省了输入时间。软件本身无须安装与部署。直接使用，方便快捷。

（3）运行环境。为运行该预测系统，所要求的硬件设备的最小（建议）配置为：2. 0GHz CPU，512MB 内存。所需要的支持软件和框架有：①. windows 7/8；②AccessDatabaseEngine；③. NETFramework 4. 5。在运行本预测系统之前请先安装上述软件。由于 . NETFramework4. 5 并不支持 windows XP 操作系统，请使用 windows7/8 操作系统。部分地区的部分时间本地 DNS 服务器对境外网站的解析效果不佳。请使用 8.8.8.8 作为 DNS 服务器以确保正常使用。

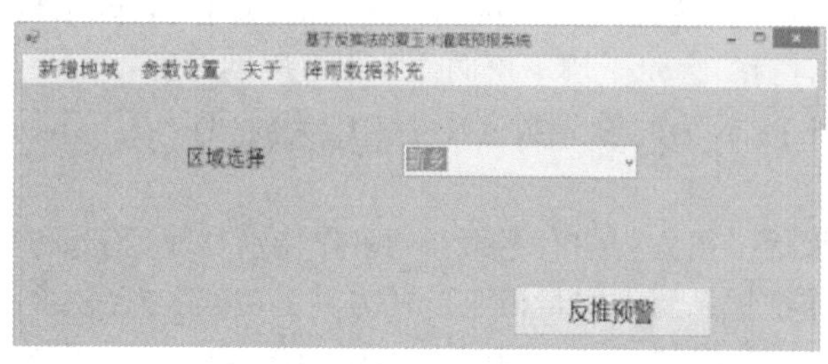

图 11-21　初始界面

由于本系统使用的是 Access 数据库。具有安装便捷，使用简单的特点。对于本预测系统。将数据库文件 wheat/corn. accdb 放到可执行文件 Wheat/corn_ alpha. exe 同路径下即可，安装 AccessDatabaseEngine 预测系统会自动与数据库连接。无须其他烦琐操作。

(4) 系统使用说明。以夏玉米为例，解压并安装 AccessDatabaseEngine 与 NETFramework 4.5 后双击可执行文件 Corn_ Alpha_ 2. exe 将弹出如下窗口（图 11-21）。

在初始界面可以选择预报区域，新增地域，修改参数和降水数据补充。选定预报区域之后单击反推预警（图 11-22）。

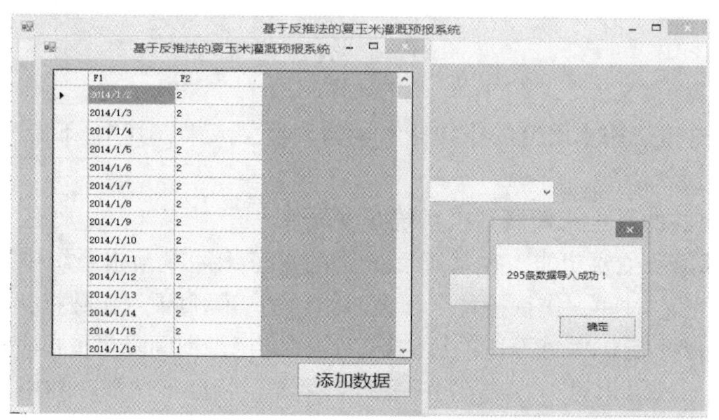

图 11-22　降水量数据导入

预报开始时，还需要补充降雨数据，单击添加数据。降水数据补充在路径中寻找符合格式规范的 excel 文件。然后，单击打开，导入数据（图 11-23）。

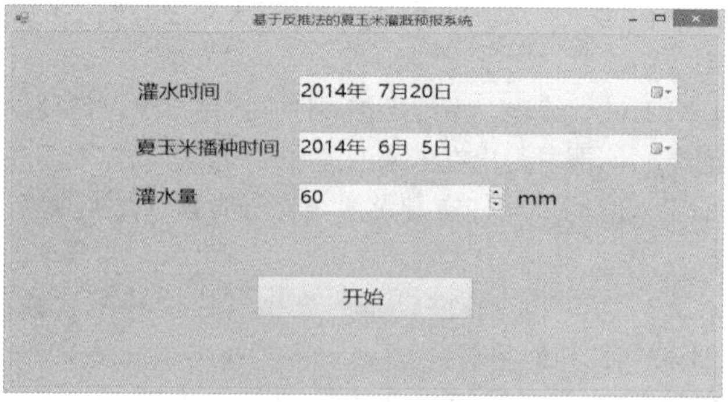

图 11-23　预测界面

预报开始时间是灌水当天。通过控件可以选择夏玉米播种时间。然后，确定上次灌水时间以及灌水量，单击开始。预警结果显示界面弹出消息框告诉用户下一次灌溉的日期（图 11-24）。

为增大软件的适应性，在初始界面和预测时间界面单击菜单栏的参数设置均可以对指定地区的预测公式中的参数进行修改。同时，在

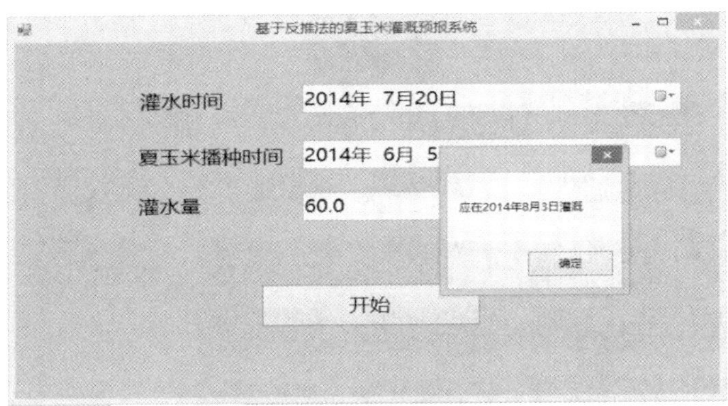

图 11-24　灌溉预报结果显示

初始界面单击新增地域可以对新增地域的各项参数进行设置后，对新增地域进行预测（图 11-25）。

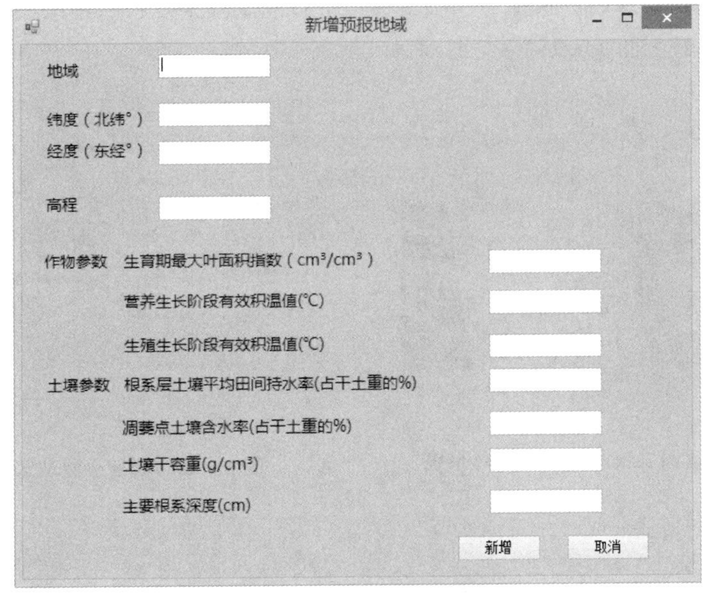

图 11-25　模型参数修改界面

基于以上模型和软件，利用网络平台开发农业灌溉决策服务系统。决策系统结构，如图 11-26 所示。

系统功能设计包括如下。

①基础信息采集：收集用于决策模型计算的基础数据。

②专家工具：向专家提供基础信息数据，专家可通过建模工具建立各种模型并进行模拟和调试，调整模型参数及对比多模型结果进行分析。

③模型计算引擎：理解专家建立的模型，搜集决策计算所需的基础数据，按照模型的推理树进行计算，最终返回计算结果。

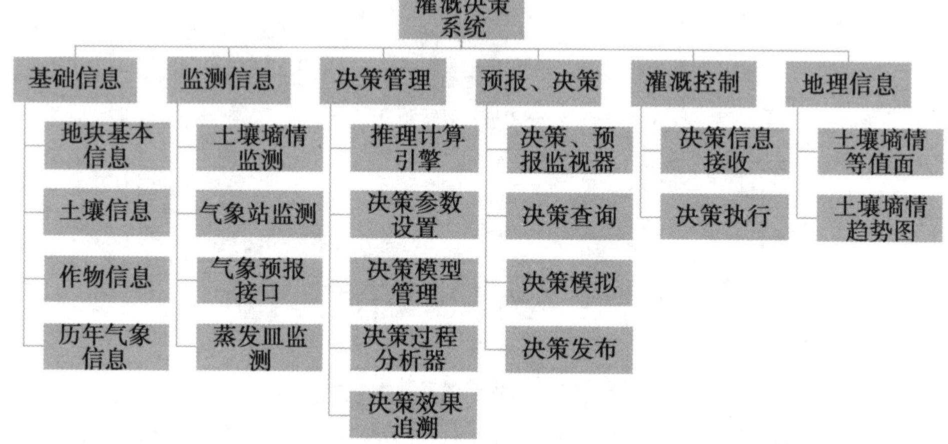

图 11-26　农业灌溉决策系统结构图

④决策应用：管理用户选择应用决策模型进行灌溉预报发布。用水户根据预报制定灌溉计划（图 11-27、图 11-28）。

图 11-27　农业灌溉决策服务平台登陆系统

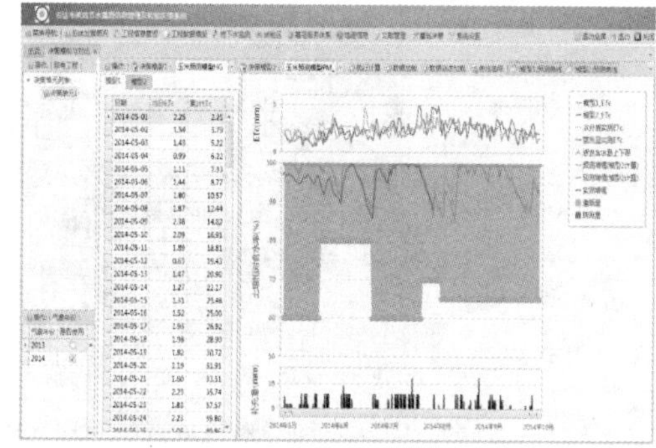

图 11-28　农业灌溉决策服务平台界面

第十二章　玉米旱涝灾害应急对策与水环境治理

中国地域辽阔几乎跨越从热带到寒带所有气候带，其中，降水从新疆托克逊县年均7mm到台湾火烧寮年均6 000mm（最高1912年降雨8 409mm），地形从沙漠到平原、高原到冰川雪山，河流从干谷到大江，其自然条件展现了如此的多面性。又由于地处全球的亚热带与温带季风气候区，受季风影响降雨呈单峰曲线分布，多变的气候条件，中国常发生十四大气象灾害，在这些气象灾害中与水利、农业有关的灾害有十类（台风、暴雨、暴雪、寒潮、大风、沙尘暴、高温、干旱、冰雹、霜冻），只有雷电、大雾、霾、道路结冰这四类与水利、农业关联很少，目前这些气象灾害都有有效的预防与防治方法。

第一节　制定抗御玉米旱涝灾害应急预案

中国有完整的抗灾体系，从中央到基层各级都有防汛抗旱指挥系统，根据地区自然条件特点，做好应对各种灾害的预案，是战胜灾害的必胜条件。

一、制定抗御玉米旱涝灾害应急预案要求

1. 抗御旱涝灾害是政府行为

玉米旱涝灾害防治是保证粮食生产重要内容，与自然灾害斗争需要政府主导，全民参加，中央对抗旱防汛十分重视，并立法保证政策实施。中央要求各级政府根据中国《水法》《防洪法》《国家突发公共事件总体应急预案》等相关法律，每年都要制定防汛抗旱应急预案，预案内容包括：建立相关组织、针对灾害预防措施、突发事件对策、物资资金筹措等（参考文献［2］）。

2. 基层玉米生产企业合作组织行动计划

与自然灾害斗争是一项全民性的行动，但直接受益是基层民众，所以，各基层生产单位要有计划同国家措施配合。因此，应该制定抗御灾害的计划，并做好物资设备筹措。

二、抗御玉米旱涝灾害应急预案编制大纲

1. 依法编制

编制抗御洪涝灾害预案要根据相关法律，选择措施也要依法采用。除水法和防洪法外还有《中华人民共和国突发事件应对法》《蓄滞洪区运用补偿暂行办法》《中华人民共和国森林法》《破坏性地震应急条例》《人工影响天气管理条例》《军队参加抢险救灾条例》《水库大坝安全管理条例》《防汛条例》《自然保护区条例》《地质灾害防治条例》《气象

灾害防御条例》等。

2. 建立抗旱涝灾害组织系统

①依法建立抗旱防汛指挥部：由各级政府部门组成（参见文献［3］）。

②指挥部下设组织：根据地区干旱洪涝特点，防灾历史经验，设立指挥领导层，下设分组类别（如协调组、信息组、工程技术组、抢险队、物资供应组、抢运队、设备维修队、群众动员组等）。

3. 建立旱涝灾害监测网

①网络硬件配套：利用现代通信网、广域网、水利防汛专业网、农业气象墒情监测网、行政网等网络，统一连接组成最上层指挥网，该网与国家指挥网连接，并购置指挥控制中心所需硬件设备。

②控制软件编制［14］：与"国家防汛抗旱指挥系统"软件连接，并根据地区实际状况，按国家防汛抗旱指挥系统架构，建立地区指挥系统，包括对下指挥软件，对上客户端软件（参看文献［14］［15］［16］）。

4. 防治旱涝灾害物资储备体系

根据地区旱涝灾害历史经验，构建抗旱涝物资设备储备体系，包括抗旱物资、防汛物资、排涝物资、增雨物资（仓库位置、物资类型、数量等）；登记区域内可动员的与抗灾有关的物资、运力，同时，登记个体、企业自备相关抗灾设备。一旦有大灾发生掌握全区抗灾能力，充分调动合理分配，使灾害损失达到最小。

5. 绘制水利工程交通网现状分布图

该图包括水利工程（水库塘坝、水井、灌区、排灌站、输排水渠道、河流险工、地质险段）位置、工程现状参数（容量、能力）、运行状态评价等级、交通网（铁路、公里、高速公路、航空）分布、运力、通行状态等。

6. 编制当地的旱涝分区规划

每年编制年度旱涝分区规划，包括旱区分布、涝区分布、作物分布、历史灾情、劳力分布、抗灾物资分布、险情分布。

7. 发布旱涝灾情等级及相应机制

根据当地历史灾情，参照国家相关规范，划分灾情等级，编制不同等级各级政府相应措施。

8. 抗旱涝具体措施

根据地区历史灾情特点与抗灾、救灾经验，制定抗旱、排涝的具体措施：包括组织动员措施、物资调拨措施、抢救工程措施、已有工程运行组织，病险工程预防措施等。

9. 抗灾资金筹措方案

抗灾中有些是动员社会力量义务性参与，不需要费用，但临时增加动用物资设备，是需要资金的，为此必须储备可随时动用的财力，做好计划。

10. 抗灾动员体系

一旦灾害发生，必须在最短时间根据预案，对不同等级灾害发布动员令，相关机构、人员应及时到位。计划好动员渠道（电台、网络、通讯、报纸等），如何分工组织。

第二节　抗旱排水应急措施

一、按抗旱涝灾害预案启动进入抗灾状态

（1）发布动员令。根据气象、水利、农业常规检测灾情预报网络信息，一旦信息显示，灾情指标进入灾害状态，指挥系统及时（数分钟到1小时内）发布动员令，各级抗灾系统启动抗灾工作，进入抗灾抢险阶段。

（2）检查抗灾物资设备。灾情发生后，立即检查备用物资现状、设备完好程度、实际数量与登记是否相符等。

（3）根据灾情动态分布制定抗灾具体措施。根据灾情分布，拟定具体措施，启动救灾活动。

二、抗旱措施

1. 充分发挥现有水利工程潜力

①由工程技术组根据现有水源状态编制科学分配计划；②充分调动现有灌溉工程（灌溉站、水井、河流引水）灌溉能力，全力启动运行。

2. 应急启动扩大水源方案

根据地下水现状，启动应急抗旱扩大水源措施，编制打井、截潜等应急新建工程措施，调用预案资金购置设备，调动一切可动员施工力量付诸实施。

3. 抢修临时泵站

将储备灌溉机械，抢修临时泵站、组装灌溉车投入抗旱中（图12-1、图12-2）。

抗旱应急水车　　坐水种一体车　　移动式灌排泵站

图12-1　应急抗旱物资

小型喷灌泵　　临时喷灌用软管　　输水软管连接件　　快速连接铝管　　输水软管

图12-2　应急抗旱物资

4. 组织社会力量

根据灾情等级，适时发动群众和企事业投入抗灾中，尽最大努力有人出人有钱出钱投入救灾中，使灾害损失降到最小。

5. 人工增雨

充分利用人工增雨条件，在气象部门检测与预报下，在指挥组织统一指挥下，按照相关操作规程[7,8]及时增雨，缓解旱情。根据当地条件可采取飞机增雨或火箭弹增雨。

①增雨方法：人工增雨方法主要有3种（图12-3）：一是在地面布置氯化银或碘化银燃烧炉，催化剂燃烧后随地形上升气流输送入云，催化剂分解后产生大量冰晶，云中水汽逐渐向冰晶凝聚，最后成雨。这种方式适合于经常有地形云发展的山区。二是用地面火箭发射由催化剂制作的焰剂火箭，在合适的时段输送到云层爆炸，催化剂催云中水汽成雨滴。催化剂除有多种氯化银、碘化银外，还有氯化钠、氯化钙、干冰、丙烷等。三是飞机播撒催化剂，用飞机播撒催化剂最方便，能适时监测云层成雨参数，可以根据不同的云层条件和需要，选用暖云催化剂或冷云催化剂，也可挂载AgI燃烧炉、挂载飞机焰弹发射系统。

飞机增雨　增雨火箭弹　固定式火箭发射架　车载式火箭发射架

图12-3　人工增雨设备

②人工增雨气象条件：人工增雨需要足够的云层条件，一般需要满足3个条件：一是云层厚度一般是大于2km；二是云里边要有一定的过冷水（低于0℃而不结冰的水）含量；三是云中要有上升气流。

三、建立完善排涝设备储备与排水工程检查检测体系

洪涝灾害具有突发性，尤其山丘区暴雨的偶然降临，会在数十分钟内产生突如其来的重大灾害，平时建立完善的测报系统，是防灾抗灾的基础。

1. 建立排涝设备储备制度

救灾需要人力、物力、财力。配套储备设施应根据当地洪涝特点：一是建立分布式的仓库布局；二是按历史经验储备足够应急排涝设备；三是根据灾情等级，做好后续的物资采购安排。

2. 建立排水工程管理维护机制

农田排水工程是排涝唯一措施，维护工程的完整性是抗灾胜利的前提。

①汛前检查制度：在灾害来临之前，对不同类型排涝工程进行大检查，并提出报告，将工程类别完好程度、存在问题、解决方案，上报相关部门。

②及时维护：对完好工程定期维护，对问题工程进行维修。

③试车检查：暴雨期来临前，对机电设备（变电站、排水站、电动闸等）进行试车检测，做好排水准备。

3. 建立洪涝灾害预报系统

①预报检测系统：洪涝灾害预报国家已有完整系统，下级只要与国家系统做好衔接工作，即能获取地区局部小区域的预报参数，县乡级有条件的应该根据预报软件，作出小区域的灾害预报。

②预报发布系统：当指挥部已做出灾害发生和对策后，要用相关渠道传送到灾害覆盖范围的每个单元（小至家庭），下令启动运行预案中相应对策。

四、抗涝排水应急措施

1. 发布抗灾动员令

一旦暴雨或江河出现灾害，指挥系统应该发布启动抗灾指令，动员全区进入抗灾状态。

2. 启动全部排水工程

启动各类排水工程：一是自流排水闸涵；二是开动已建泵站；三是临时排水措施

3. 建立临时泵站

及时统计灾情，调动储备物资，根据各地灾情需要，利用储备排水设备，建立临时泵站（图 12-4）。

带动力排涝泵站车　拖动式小型泵车　快装式泵站车　小型抢险排水泵

图 12-4　洪涝灾害抢险临时排水泵站

4. 增购临时排水机具

当已有储备设备无法满足灾情需要时，要果断采取补救措施，按技术组提供排水设备清单，在临近物资站购置，及时组装安装到需要灾区。

5. 内涝发生要动员群众治理到田间

①查看玉米田间排水：玉米是不耐涝作物，要组织群众到田间，查看末级排水沟是否有局部阻水的沟道，应及时挖通，及时排除内水。

② 根据作物灾情采取科学挽救措施：玉米是高秆作物，排水过程如遇大风会倒伏，组织群众进行扶正，以减少损失。

第三节　中国灌溉水环境现状

2015 年中国提出“坚持绿色发展，必须坚持节约资源和保护环境的基本国策，坚持可持续发展，坚定走生产发展、生活富裕、生态良好的文明发展道路，加快建设资源节约型、环境友好型社会，形成人与自然和谐发展的现代化建设新格局，推进美丽中国建设，为全球生态安全做出新贡献”。并先后出台实施《水污染防治行动计划》《土壤污染防治行动计划》。全国化学需氧量、二氧化硫、氨氮和氮氧化物排放总量分别比2014年下降3.1%、5.8%、3.6%和10.9%，一场全民环境治理的工程已全面启动。

根据2015年中国环境公报，全国967个地表水国控断面（点位）开展了水质监测统计，Ⅰ~Ⅲ类、Ⅳ~Ⅴ类和劣Ⅴ类水质断面分别占64.5%、26.7%和8.8%。5 118个地下水水质监测点中，水质为优良级的监测点比例为9.1%，良好级的监测点比例为25.0%，较好级的监测点比例为4.6%，较差级的监测点比例为42.5%，极差级的监测点比例为18.8%，可见，未来的治理任务仍然很艰巨。但饮用水控制很严，有338个地级以上城市开展了集中式饮用水水源地水质监测，取水总量为355.43亿t，达标取水量为345.06亿t，占97.1%。

一、地表水环境现状

据2015年统计中国十大流域，黄河、松花江、淮河、海河、辽河等五大河流三类以上水质达40%以上，距离绿水青山目标还有很长路。长江、珠江、浙闽区河流、西北诸河、西南诸五大河区，水质较好，基本在二类以上，但局部河流河段仍有重污染区（图12-5）。

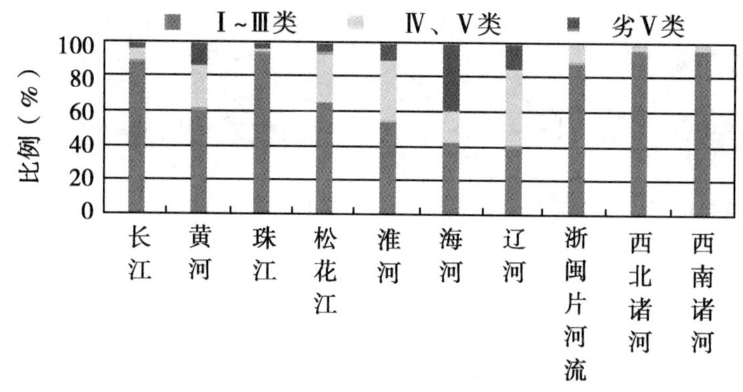

图12-5　2015年十大河流区水质对比图

二、水库塘坝水质状况

根据2015年国家环境公报，中国重点水库、湖泊水质检测指标分析（参见附表1，优为Ⅰ类和Ⅱ类水质，良好为Ⅲ类水质，轻度污染为Ⅳ类水质，中度污染为Ⅴ类水质，重度污染为劣Ⅴ类水质），大部分水库水质保护较好，一些湖泊邻近人口和工业密集区，污染较重。

此外，水库湖泊氮磷等植物营养物质含量过多，引起水质污染现象较普遍，大部分有中度污染［其中，叶绿素含量（chla）、总磷（TP）、总氮（TN）和（DO）、化学需氧量

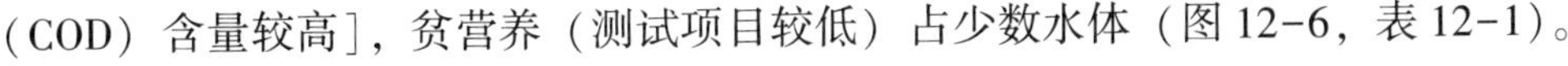

（COD）含量较高]，贫营养（测试项目较低）占少数水体（图 12-6，表 12-1）。

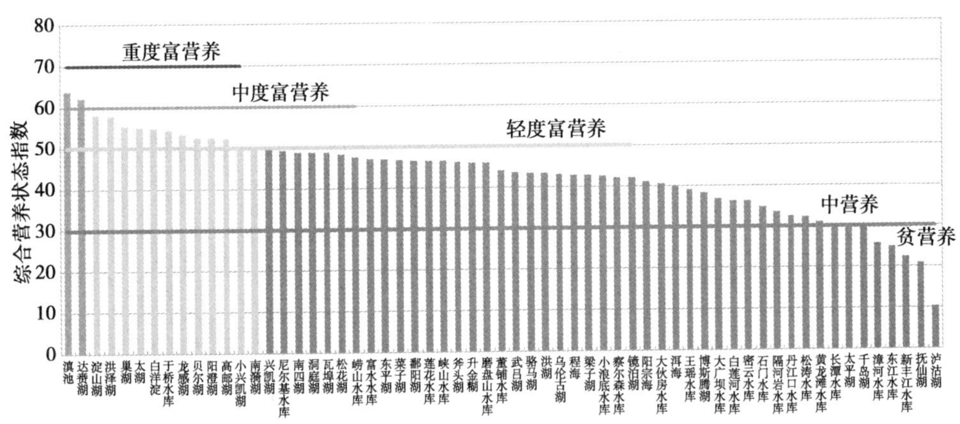

图 12-6 2015 年重点湖泊水库综合营养状态指数[18]

表 12-1 2015 年重点湖泊（水库）水质状况表

水质状况	三湖	重要湖泊	重要水库
优		洱海、抚仙湖、泸沽湖、班公错	崂山水库、大伙房水库、密云水库、石门水库、隔河岩水库、丹江口水库、松涛水库、黄龙滩水库、长潭水库、太平湖、千岛湖、漳河水库、东江水库、新丰江水库
良		高邮湖、阳澄湖、南漪湖、南四湖、瓦埠湖、东平湖、菜子湖、斧头湖、升金湖、骆马湖、武昌湖、洪湖、梁子湖、镜泊湖	松花湖、富水水库、莲花水库、峡山水库、磨盘山水库、董铺水库、小浪底水库、察尔森水库、王瑶水库、大广坝水库、白莲河水库
轻度污染	太湖	洪泽湖、龙感湖、小兴凯湖、兴凯湖、鄱阳湖、阳宗海、博斯腾湖	于桥水库、尼尔基水库
中污	巢湖	淀山湖、贝尔湖、洞庭	
重污	滇池	达赉湖、白洋淀、乌伦古湖、程海（天然背景值较高所致）	

三、地下水水质状况

2015 年在全国 31 个省（自治区、直辖市）设置 5 118 个监测井（点）（其中，国家级监测点 1 000 个）开展了地下水水质监测。评价结果显示，见图 12-7。其中，3 322个以潜水为主的浅层地下水水质监测评价后各类比例，见图 12-8。1 796个以承压水为主（其中，包括部分岩溶水和泉水）的中深层地下水水质监测井（点）中，水质呈优良、良好、较好、较差和极差级的监测井（点）比例，见图 12-9。2015 年，以流域为单元，水利部门对北方平原区 17 个省（自治区、直辖市）的重点地区开展了地下水水质监测，监测井主要分布在地下水开发利用程度较大，污染较严重的地区。监测对象以浅层地下水为主，易受地表或土壤水污染下渗影响，水质评价结果总体较差（图 12-10），“三氮”污染较重，部分地区存在一定程度的重金属和有毒有机物污染。

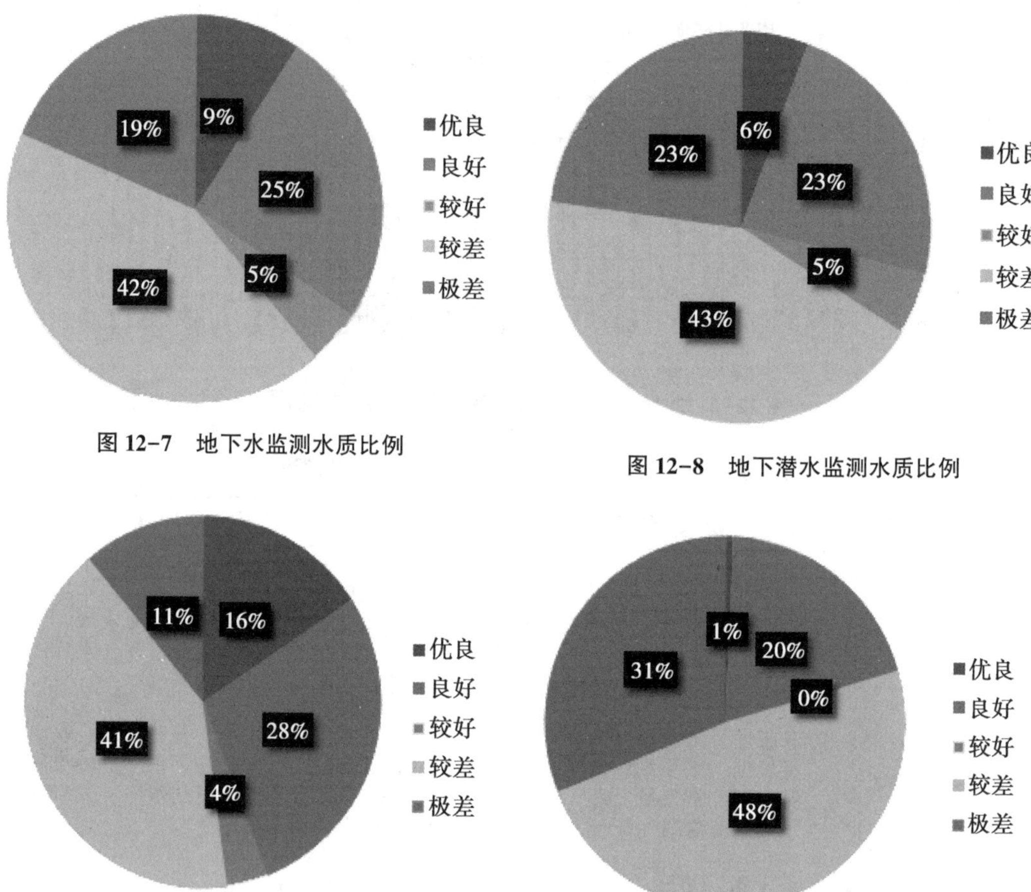

图 12-7　地下水监测水质比例

图 12-8　地下潜水监测水质比例

图 12-9　裂隙与泉水监测水质比例

图 12-10　北方 17 省浅层地下水监测水质比例

第四节　保护灌溉水环境

中国现有 0.67 亿 hm^2 灌溉面积，灌溉与水环境密切相关，灌溉用水质量好坏关系粮食生产安全，直接影响人民健康，同时，灌溉水质不好又污染水环境与土壤。在近 30 多年的发展中，水环境质量下降，在国民经济大发展中环境付出了一定代价，当前经济条件比较充裕，中国已对改善环境，恢复绿水青山制定了新的规划。保护水环境是灌溉安全的前提和基础。

一、水源环境保护

水源是环境污染的源头，是保护灌溉水质的关口。水中有害物质主要有两类：有害金属和有机物。有害金属类中主要有铁、铅、汞、锌、铬、镉等，灌溉水中重金属随水进入土壤，作物根系又随水将重金属吸入，并能进入果实，直到人体，很难从体内排除。重金属中铅是人体唯一不需要物质，汞、镉是有毒金属、铬无毒但化合物有毒这些物质进入人体会造成骨骼软化，进入内脏器官脑部，会引起各种器官血液神经疾病、中毒、发育不良甚至癌症。有机物分有机化学物和病源微生物：有机化学物有化肥、农药、余氯等，有机化学物极易引起人体细胞突变、肿瘤、畸形等疾病。病源微生物污染环境引起各种传染病。

1. 河流水质污染与控制

河流是民族的母亲河，千百年哺育民族繁衍，洁净河流是生命线也是生产发展的根基。从中国地表水现状看，离绿水青山还有很大距离。为此需要各方面的努力，做好管控，把好产生污染河流的关口，根据国家排放标准，做好规划，一步一步踏踏实实向目标迈进。

①城市不合理排水污染：城市发展用水增多，但污水处理滞后，是造成排放污水达不到国家排放标准（参见地表水管理标准，附表 4）。从图 12-5 中看出，各河流都有三类以上河段。

②工业无序排水污染：城市排水是由工业排水和生活排水组成，河流中重金属污染主要来自工矿企业无序排放。中国对各类行业污水排放都有标准，管理要求工业加工、食品加工、皮革制作、医院等企业污水处理后，满足排放标准后再向城市下水中排放，但有的企业处理不到位，造成了城市排水超标。

③农田排水水质超标：农田排水是由雨水在农田产生径流后流入江河，但农田中使用过量的化肥、有机肥等化学物质随雨水流入河流，也是河流的污染源之一。

④河流底质内生污染：河流底质是由长时间流水沉积物构成，沉积无机物与有机物及浮上的流水物质产生化学与生化反应，形成对水体的污染，污染主要是重金属污染（附表 2、附表 3）。

2. 水库与湖泊污染与控制

水库湖泊均属地表水体，水质控制标准也是按地表水水质执行。但水库湖泊是静态水体，很少流动，极易造成营养化，营养化水体污染环境。2015 年中国重要湖泊水质贫营养化占比很少，大部分处于轻度富营养化（表 12-2）。营养化评级指标与分类方法如下。

表 12-3 中湖泊营养状态综合指数是由 chal、SD、TP 三参数的基准营养状态指数组成

表 12-2　湖泊营养化评价指标[18]　　（单位：mg/m^3）

营养程度	评价参数				
	Chla	TP	TN	COD	SD
贫营养	≤1.0	≤2.5	≤30	≤0.3	≥10.0
贫中营养	≤2.0	≤5.0	≤50	≤0.4	≥5.0
中营养	≤4.0	≤25.0	≤300	≤2.0	≥1.5
中富营养	≤10.0	≤50.0	≤500	≤4.0	≥1.0
富营养	≤64.0	≤200	≤2 000	≤10.0	≥0.4
重富营养	>64.0	>200	>2 000	>10.0	<0.4

参见表 12-1、表 12-2：首先计算三指数[18,29]：

$$TSI_M(chla)=10(2.46+\frac{LNchal}{ln2.5}) \quad (12-1)$$

式中：

TSI_M—叶绿素（chla）为基准的营养状态指数。

$$TSI_M(SD)=10(2.46+\frac{2.34-1.82lnSDla}{ln2.5}) \quad (12-2)$$

$$TSI_M(TP)=10(2.46+\frac{1.32lnTP-3.28}{ln2.5}) \quad (12-3)$$

然后将湖泊测点的 chla、SD（透明度）、TP（总磷）三参数值带入对应公式，算得对应营养状态指数，再用下式求综合营养状态指数：

$$M=\frac{1}{n}\sum_{1}^{n}M_i \quad (12-4)$$

式中：

M—营养状态指数。

表 12-3 湖泊营养化评价指标[18] （单位：mg/m³）

状态指数 M	营养程度					
	贫营养	贫中营养	中营养	中富营养	富营养	重富营养
TSI_M（Chla）	≤24.6	≤32.2	≤39.7	≤47.6	≤70.2	>70.2
TSI_M（SD）	≤4.4	≤18.2	≤42.1	≤50.1	≤68.3	>68.3
TSI_M（TP）	≤2.0	≤11.9	≤35.1	≤45.2	≤65.2	>65.2

3. 地下水污染保护

地下水是中国平原区主要灌溉水源，又是农村居民主要水源，所以控制标准更严格些，除对主要水质元素提出标准外，还对非常规指标元素提出限值，非常规指在饮用水中对人体有害作用的金属和化学物质，毒理学指标提出限值（详见附表 6、附表 7）。地下水污染一旦产生，要消除很难，需要长时间努力。污染源很多种，列举如下。

①城市垃圾场：城市垃圾场一些小城镇露天堆放，对地下水污染非常严重；大城市一般设置填埋场，但防渗措施不当同样产生对地下水的污染。

②工矿尾库：尾矿库多由堤坝围堵洼地或山谷修建，污水来源于选矿药剂、矿石金属元素和可溶性化合物，常见的有氰化物、黄药、黑药、松根油、酚、煤油、柴油等及铜、铝、砷、锌、汞、磷、铬、镉等离子。尾库一般是封闭的，雨水淋洗致使库中有害物随水深入地下，并随地下水流入周边。

③农田过度施肥污染：农田虽然土壤有对有害物质自然降解能力，但过度施肥、农药都会造成对地下水污染，科学使用化肥农药，可防止农田污染。

④不合理灌溉污染：不合理灌溉指：使用超标的水源、忽视农田水盐平衡采用不科学灌溉制度、忽视农田自然承载能力用水等，一时看不到危害，但长期积累会造成不可逆转

的灾害。

⑤村庄小企业无序排放污染：农村小作坊、各类养殖场、食品加工厂，用水都含有有机化学物质，不经任何处理随意排放，监管不力，地下水逐渐被污染（附表9）。

⑥超标水质回灌污染：中国北方平原地下水超采造成连片的地下水位下降，现在开始采取回灌措施，但回灌水的水质如果不达标，就会造成对地下水的污染（附表10、附表11）。

二、灌溉输水环境保护

输水环境有两方面问题，一种是流经周围环境对过流水体的影响；另一种是污水过流对周围的影响，2种都是动态影响，在流动中发生。

1. 流经环境

当流动水体通过有污水排放或已污染的地下水渗透时，清洁的流动水体会被污染，例如，2013年资料显示黄河上游水质是一级（参见文献［22］），流经到甘肃变为二级，再往下到达宁夏、内蒙古变为三级，到了山西水质受劣五级河道水质污染，水质达到四级。再往下流，虽然没有大面积的径流汇入，由于河流的自净能力，水质又逐渐恢复到三级，局部达到二级，这个过程详细的解读了流经环境的影响。如果翻转过来，周围流入的水是净水，情况将会发生相反的变化。这揭示了保护水环境的作用，治理需要从点、面开始。

2. 流动中污染

污水流经会造成污染的扩散，污水流经的两岸不但下渗污染地下水，同时，还对四周散发臭味，在有污染的河流两岸，人们长达数十年呼吸污染空气的臭味。对地下水的污染，要治理就非常困难，因为，吸附地下水污染的土壤是缓慢过程，这需要数年或数十年时间，而且需要很高的代价，甚至人的生命，因为，污染会形成污染生物链，水—土壤—作物—食品—食用人—疾病。发生在辽宁省沈抚污水灌区的这种污染是最生动的实例，从20世纪70年代到今天依然残留污染物对生态环境造成影响。

3. 渠系内部环境管理

当输水渠经过居民区时，有时会有居民将垃圾倾倒入渠，由于管理不善不能及时制止，污染会流入田间，并对周围环境造成污染。

三、农田水环境及保护

农田水环境与灌溉息息相关，关系到灌溉的可持续性。农田水环境包括：

1. 气象影响

①降水变化规律：地区降水量及年内分配影响农田水环境好坏，对地区及特定农田降雨资料积累，会为水环境的保护提供基础资料。

②土壤水分状况：气象变化决定土壤水分状况，而土壤水分状况是制定调节土壤水环境措施主要参数。

③干旱洪涝灾害：旱涝灾害是重大水环境变化，会引起一连串的社会问题（作物收成、粮食、物价、疾病等），应及时应对干旱洪涝灾害，使灾害损失最小，并采取有效措

施，使水环境尽快回复常态。

2. 灌溉影响[33,34,35,36]

环境影响因素很多，但能人工控制改造的措施只有水利因素，尤其是灌溉措施，是调节维护农田水环境唯一方法。但如果控制不好，也会产生副作用。

①灌溉水质超标：引用污水、再生水水质超标进行灌溉，会引起各种问题，破坏水环境，长期积累形成土地盐碱化、耕地荒芜、粮食污染、引起地方疾病、甚至癌症发病率猛增。

②土壤水水质：灌溉水质超标必然造成土壤中各种有害物质积累，土壤水质变坏。土壤中重金属是很难消除，造成的危害十分可怕。

③掠夺式灌溉：所谓掠夺式是指不考虑水资源平衡，过度开采及无计划的增加提水工具，形成无序的灌溉用水，结果造成自然水资源循环破坏，灾害发生：地下水超采、水源不足干旱面积扩大。

④土地盐碱化：由河流引水，粗放灌溉用水，造成地下水位上升，蒸发加大，土地盐碱化逐年加重。

3. 农作影响

①不科学使用农药：农药过度施用后，一部分附着于植物体上，或渗入株体内残留下来，使粮食受到污染；另一部分散落到土壤上，除蒸发外大部分随雨水渗入土壤或流入河湖，污染水体污染环境。因此，应尽量使用降解快的农药（附表12、附表13）。

②超量使用化肥：农田施用的任何种类和形态的化肥，都不可能全部被植物吸收利用。农田中化肥利用率氮为30%~60%，磷为2%~25%，钾为30%~60%。未被植物及时利用的氮化合物，若以不能被土壤胶体吸附的NH_4-N的形式存在，就会随灌溉与雨水下渗到土壤中造成污染。所以，化肥使用要适量，多用有机肥，氮磷钾配合使用降低硝酸盐含量。

4. 农业水文地质影响

农业水文地质它是农田水环境的重要载体，它连接自然环境因素与人类活动环境因素，反映综合性环境状况。

①地下水的超采：在灌溉水环境中地下水超采是人类开发初期的普遍现象，国内外均有沉痛教训。因为地球雨量分布不均，淡水本身地上地下是一个循环中的2个方面，干旱区降雨少地下水也自然少，为了生存生活生产都需要水，往往就会超采地下水，问题出现后方觉事态严重。超采后恢复需要很艰难的过程。中国北方平原都有超采造成的漏斗区，充满水的地层缺了水，承载力降低，造成农田、居民区、道路沉陷。所以地下水要产需平衡，避免灾害发生。

②地下水埋深：地下水埋深是农作物生长的重要参数，地下水埋深小于3~4m，农作物即可得到地下水的充分供给，但小于0.5m作物生长就受到影响，如山丘间谷地春季冰雪消融地下水滞逆谷间，造成春播推迟、芽涝等灾害。

③地下水水质：地下水水质一旦受到污染是最头痛的事件，灾害影响持久，去除艰难。但污染却是到处都有，如城乡污水排放、农业农药化肥、不科学灌溉、工矿排水等等。为此应对地下水质进行长期监测，出现问题及时采取解决措施。

④海水倒灌：中国滨海地区由于地下水的开发，都有海水倒灌现象发生，虽然面积不大但对当地也是大问题。建立滨海地区地下水监测网是防治倒灌的有效措施，早发现早治理。

5. 周边水环境影响

①周围水分联系：地球上天上地下水没有国界，所以，水是相连的，上下左右如果有问题都会相互影响，作为一个国家，在制定水环境治理规划时，一定考虑周边的影响，以求共同发展。

②周围水环境质量：如果周边有了水环境问题，一定要进行双方或多方商议解决，因为，水是变化流动的，任何一方都无法彻底解决问题。

四、土壤污染

土壤水环境是农田水环境重要部分，各种环境因素都会通过土壤水影响作物，因为，作物是生长在土壤中，土壤水将土壤中的各种因素输送到植物体内，所以，土壤水的多少、好坏直接影响作物的生长。土壤水环境可区分为：土壤湿度、土壤水水质、土壤水养分、土壤水金属含量、土壤水温度等，这些因素的变化要影响作物生长状态。

1. 土壤水湿度

土壤含水量与作物生长密切相关，图 12-11 显示土壤含水量由低到高，作物的生态变化，要想达到理想的产量，必须控制土壤水在作物适宜的区间。土壤水含量超过适宜生长上下限，作物就会受灾或不是旱死就是涝死。

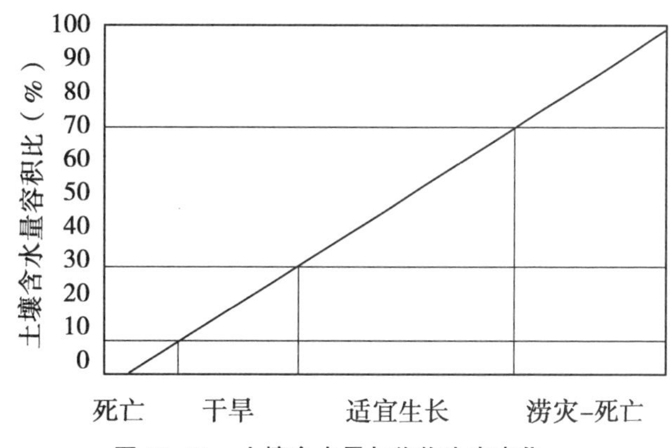

图 12-11　土壤含水量与作物生态变化

2. 土壤水质

土壤水水质的各种元素变化，同样影响作物生长的好坏，通过长期的观察试验，得出水质中主要物质含量需要满足表 12-4 要求，否则，会造成土壤环境污染、地下水污染、粮食的污染等。

3. 土壤水金属含量

土壤水金属含量区分为重金属和微量元素，其中，硼、锰、锌、铜和钼是植物生长必需的微量元素，它们与常量元素不同，其含量很低，且在植物体内变化很大，是有益的元素；但重金属元素，特别是汞、镉、铅、铬等具有显著和生物毒性，在水体中不能被微生物降解，而只能发生各种形态相互转化和分散、富集过程，对作物是有害物质，需要控制在土壤水中含量。

4. 土壤水含肥量

在农业生产中施肥影响土壤水含肥量，肥料施用也需要适量，虽然肥料是作物生长必需的物质，但植物吸收是有限度的，超标施用也会造成环境的污染，过量肥料渗入地下水，或由地面在暴雨冲刷下流入河流，造成河水的污染。

5. 土壤水温

土壤水温也影响作物的正常生长，春天的土壤水冰冷会造成幼苗的冷害，夏季高温，水温升高，与渍害结合，会严重伤害作物根系的正常发育和活动。

6. 土壤水含盐量

气候干旱、灌溉过度、海水倒灌等常造成土壤水含盐升高，产生土壤盐碱化。

五、科学灌溉与水环境

1. 科学灌溉

①控制灌溉水质：把好灌溉水源的水质关口，是控制灌溉污染的基础，在选择灌溉水源时，一定按国家灌溉水质标准要求（附表 8、附表 9），灌溉水中的污染物质含量必须要限定在水环境容量允许的范围内。

②采用科学灌溉制度：农田水环境要维持可持续发展，需要了解它的承载能力，只有在农田水环境能承受的范围时，进行灌溉活动，才能保证持久的灌溉生产，如果违背了自然规律，就会遭到大自然的惩罚。

2. 水环境容量

（1）水自净容量。水有自净能力，用自净容量表示，自净容量是指由于水体随时间的延续水体内对所含的污染物产生沉降、生化、吸附等物理、化学及生物作用，在给定水域达到水质目标所能自净的污染物数量。

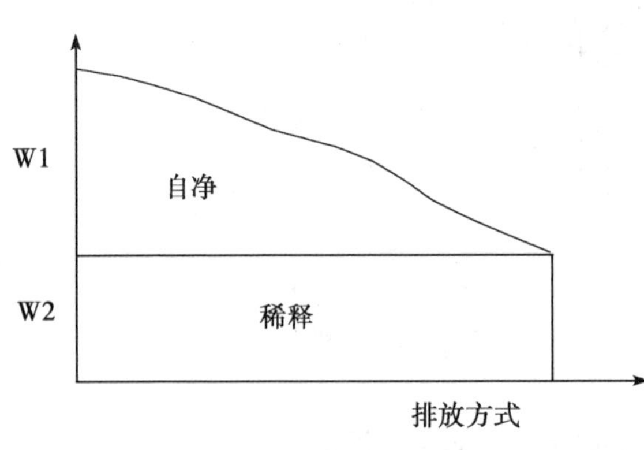

图 12-12　环境容量含义示意图

（2）水稀释容量。水体内依靠稀释作用达到水质目标所能承纳的污染物量或达到水质目标所能自净的污染物量。

（3）水环境容量。水环境容量，是在给定水域范围和水文条件下，规定排污方式和水质目标的前提下，单位时间内该水域最大允许纳污量，水环境容量包括稀释容量和自净容量。水环境容量是首先有可供的用水量，而且是有保障的水量（图 12-12）。

自净容量计算公式如下。

①自产水资源计算自净容量：

$$M_2 = M_1\left(1 - EXP(\frac{-K_iX_i}{U_i})\right)0.5\eta \qquad (12-5)$$

式中：

M_2—为稀释容量的降解量，即自净容量；

M_1—自产水资源的稀释容量；

K_i—为 i 污染物的综合降解系数，1/d（建议流速 0.5m/s 时取 0.2；流速 0.2m/s 时取 0.15）；

X_i—为第 i 段控制河段的河长，km；

U_i—为第 i 段控制河段的河流流速，km/d；

η—为第 i 段控制河段内自净容量的利用率，η 取值在 0~1 之间；

②降解系数及计算：污染物的物理沉降、化学、生物降解、及其他物化过程，可概括为污染物综合降解系数，可通过水团追踪试验、实测资料反推、类比法、分析借用等方法确定。规划设计时应进行必要的论证和检验。获取方法：一是水团追踪试验：选择合适的河段，布设监测断面，确定试验因子。测定排污口污水流量、污染物浓度（试验因子），测定试验河段的水温、水面宽、流速等。根据流速，计算流经各监测断面的时间，按计算的时间在各断面取样分析，并同步测验各监测断面水深等水文要素。整理分析试验数据，计算确定污染物降解系数。二是实测资料反推法：用实测资料反推法计算污染物降解系数，首先要选择河段，分析上、下断面水质监测资料，其次分析确定河段平均流速，利用合适的水质模型计算污染物降解系数。三是采用临近时段水质监测资料验证计算结果，确定污染物降解系数（表 12-4）。计算公式：

$$K_t = K_{20} {}^* \theta^{(T-20)} \tag{12-6}$$

式中：

K_t—T ℃时的 K 值，d^{-1}；T-水温，℃；K_{20}—20℃时的 K 值，d^{-1}；

θ—温度系数，工业废水一般在 1.03~1.1 的范围内。

表 12-4　国内外部分河流 BOD5 降解系数（K）

序号	K 值（d^{-1}）	国家	河流	研究人
1	0.3~0.4	美国	Willamette 河	Revette
2	0.5	美国	Bagmati 河	Davis
3	0.14~2.1	美国	Mile 河	Cump
4	0.039~5.2	美国	Holston 河	Kittrell
5	0.32	美国	San Antonio 河	Texas
6	0.42~0.98	英国	Trent 河	Collinge
7	0.56	英国	Tame 河	Garland
8	0.18	英国	Thames 河	Wood
9	0.53	日本	Yomo 河	田村坦之
10	0.23	日本	寝屋川	杉木昭典
11	0.19	波兰	Odra 河	Mamzack
12	0.1~2.0	德国	Necker 河	Hahn
13	0.01~1.0	法国	Vienne 河	Chevereau
14	0.2	墨西哥	Lerma 河	Banks
15	0.15	以色列	Alexander 河	Aefi
16	0.3~1.0	中国	黄河	
17	0.1~0.13	中国	漓江	叶长明
18	0.35	中国	沱江	夏青

（续表）

序号	K 值（d^{-1}）	国家	河流	研究人
19	0. 015~0. 13	中国	第一松花江	
20	0. 14~0. 26	中国	第二松花江	
21	0. 2~3. 45	中国	图们江	
22	1. 7	中国	渭河	
23	0. 88~2. 52	中国	江苏清安河	
24	0. 5~1. 4	中国	丹东大沙河	

③点源，河水、污水稀释浓度：

混合方程　对于点源，河水和污水的稀释混合方程为：

$$C=\frac{C_PQ_P+C_EQ_E}{Q_PQ_E} \tag{12-7}$$

式中：

C—完全混合的水质浓度，mg/L；

Q_p、C_p—分别为上游来水设计水量，m^3/s、设计水质浓度，mg/L；

Q_E、C_E—分别为污水设计流量，m^3/s、设计排放浓度，mg/L。

$$W_C=(S(Q_P+Q_E)-Q_PC_D)/(Q_P+Q_E) \tag{12-8}$$

式中：

W_C—水域允许纳污量，mg/L；

S—控制断面水质标准，mg/L。

$$W_C=(S(Q_P+\sum_{i=1}^{n}Q_{Ei})-Q_PC_P)/(Q_P+\sum_{i=1}^{n}Q_{Ei}) \tag{12-9}$$

式中：

Q_{Ei}—第 i 个排污口污水设计排放流量，m^3/s；

n—排污口个数。

非点源方程　对于沿程有非点源（非点源）分布入流时，可按下式计算河段污染物的浓度：

$$C=\frac{C_PQ_P+C_E}{Q}+\frac{W_S}{86.4Q} \tag{12-10}$$

$$Q=Q_P+Q_E+\frac{Q_S}{X_S}S \tag{12-11}$$

式中：

W_S—沿程河段内（$x=0$ 到 $x=x_s$）非点源汇入的污染物总负荷量，kg/d；

Q—下游 x 距离处河段流量，m^3/s；

Q_S—沿程河段内（$x=0$ 到 $x=x_s$）非点源汇入的污染物总负荷量，m^3/s；

x_S—控制河段总长度，km；

x—沿程距离，($0<x\leqslant x_S$，km)。

④湖库水环境容量计算方法：不考虑混合区的水环境容量：当 C 为湖泊功能区要求浓度标准 Cs 时，公式为：

$$W_C = 31.54(QC_S + KCV/86500) \tag{12-12}$$

式中：

W_c 为水环境容量，t/d；

V—湖泊中水的体积，m^3；

Q—平衡时流入与流出湖泊的流量，m^3/s；

C_s—流入湖泊的水量中水质组分浓度，mg/l；

C—湖泊中水质组分浓度，mg/l；

K—是一级反应速率常数，1/d。

3. 灌溉水环境承载力

灌溉农田水环境承载力，指在灌溉农田中可维持持续灌溉生产水环境的条件，不发生环境污染、环境破坏，造成农业灾害，作物产量下降甚至土地荒芜。

①灌溉水质环境承载能力：

$$C_{ij} = 1 - \frac{q_i \times cq_{ij} + m_i \times cm_{ji}}{c_j(q_i + m_i)} \tag{12-13}$$

$$C_i = \sum_{j=1}^{Z} p_j\left(1 - \frac{q_i \times cq_{ij} + m_i \times cm_{ji}}{c_j(q_i + m_i)}\right) \tag{12-14}$$

式中：

c_i—i 级回归水水质环境承载能力；

c_{ij}—i 级回归水 j 向水质污染单项指标承载能力；

c_j—水质污染单项指标承载能力阈值（以国家或部级水土环境保护标准值为参照）；

q_i—对 i 级引用上级用水量；

m_i—引用本级的回归水量（或新加入水量）；

cq_{ij}—i 级饮用水 j 项水质分析值；

cm_{ij}—i 级引用回归水 j 项水质分析值（或新加入水质）；

p_j—单项水质在综合评价中的权重。

②灌溉土壤环境承载能力：

$$C_{ij} = 1 - \frac{c_{ij}}{c_j} \tag{12-15}$$

$$C_i = \sum_{j=1}^{Z} p_j\left(1 - \frac{c_{ij}}{c_j}\right) \tag{12-16}$$

式中：

符号含义同（12-13、12-14），但对象是土壤。

第五节　水环境治理[43]

水环境是个系统，灌溉用水是水环境中重要一环，任何环节都会与灌溉可持续发展相关联。当前中国环境问题中最重要就是如何恢复碧水蓝天，给后代留下碧水蓝天，环境治理已是全民族的大事。

一、编制水环境治理规划

1. 水环境规划基本原则

①可持续发展原则，水环境保护与水资源开发利用并重、社会经济发展与水环境保护协调。

②和谐共生原则，以人为本、生态优先、尊重自然，人与水环境、水环境与其他自然要素和谐。

③预防为主、防治结合、整体规划，分期实施原则。

2. 水环境规划程序

①调查评价和分析：在水功能区化基础上，收集整理与水环境相关的自然条件资料，气象、水文、水质、水资源、水污染、水环境治理工程现状、治理经验教训等，作出水环境现状调查评价：区域水环境调查分析，摸清水量水质的供用情况，明确水环境问题。

②技术路线：以改善水环境质量和维护水生态平衡为目标，在水污染现状与趋势分析基础上，结合水环境功能区划，计算水环境容量，论证达到水环境目标所需社会经济成本，依据社会经济发展提出阶段性水质改善目标，合理确定规划期间可实现的污染治理任务。

③确定水环境规划目标：据水体功能和水质目标确定。

④水污染负荷总量分配：对水的开采、供给、使用、处理和排放等统筹安排，拟定规划措施，制定治理方案，优选规划方案。

⑤制定防治方案：制定水污染综合防治方案，提出水环境综合治理工程措施。

3. 水环境规划报告

水环境报告主要包括：①水环境现状调查分析；②水环境规划目标；③水环境功能区划；④水环境规划方案制定；⑤水环境规划措施；⑥水环境工程效益分析；⑦实施步骤与保障措施；⑧水环境远景预测。

二、城镇污水治理方法

1. 污水处理水平

污水处理一般划分为三级处理：

①初级处理：是指通过格栅或沉淀池等除去部分悬浮固体和有机质的过程。通过初级处理，悬浮物、生物化学需氧量（BOD）以及病菌一般可降低 50% 左右。在沉淀池中加入一些化学或微生物絮凝剂以及石灰等可加速悬浮物质的沉淀（强化初级处理）。

②二级处理：传统的二级污水处理一般采用生化技术。二级处理的目的是利用污泥中各种细菌或真菌的氧化作用破坏有机质的结构，进一步降低污水中的 BOD。如果采用厌氧处理技术，污泥中有机质在厌氧菌作用下可产生沼气。利用活性污泥技术的二级处理可使病菌数量降至 10%。

③三级处理：三级处理是在二级处理的基础上对污水进行更高一级的处理过程。其处理方法主要包括投放化学絮凝剂、活性炭或交换树脂、反渗透工艺以及各种杀菌处理技

术。处理目的主要是除去污水中的碳水化合物、糖类、盐分以及对污水进行消毒等。污水处理级别的选用必须综合考虑当地的社会经济发展水平、污水来源及其处理后的用途。

2. 城镇污水处理系统

①大型污水处理系统：目前，污水处理系统主要是根据污水处理水平的要求，采用一种或几种处理技术或工艺联合处理污水。污水处理的主要方法有物理、化学、物理化学和生物方法。这些方法可以单一使用，也可以针对不同的污水水质组合使用。污水生物处理法是19世纪末出现的污水治理技术，现今已成为世界各国处理污水的主要手段。中国现阶段的城市污水处理主要以生物法为主，物理法和化学法起辅助作用。目前中国城市污水处理广泛使用的水污染治理技术有传统活性污泥法，延时曝气活性污泥法，SBR，AB，UNITANK 和氧化沟工艺，AO 和 A2O 等。利用这些技术根据城市污水组成特点，组成有针对性的大型处理系统（图 12-13）。

图 12-13　大型污水处理厂

（引自文献［43］）

②中小型企业污水处理系统：城市中一些特殊行业，排放污水含有不同的污染物，如医院、冶炼厂、制药厂、化工厂、食品加工厂等，需要采用独立的处理装置，设置独立的污水处理系统，进行处理后再排入城市下水系统管网（图 12-14）。

图 12-14　企业污水处理系统

（引自文献［43］）

三、农村污水处理

农村一般污水数量少，都是采用小型化的处理系统，也分为两种处理系统：集中式和分散式处理系统。集中处理系统多用于居民住宅区，大型养殖企业等。分散处理系统，常用于小型服务业、养殖业。

1. 村屯住宅污水处理

居民区污水成分是有机物多，经过简单沉淀、过滤后达到灌溉水质标准，排入灌溉系统，或村屯湿地（图 12-15）。

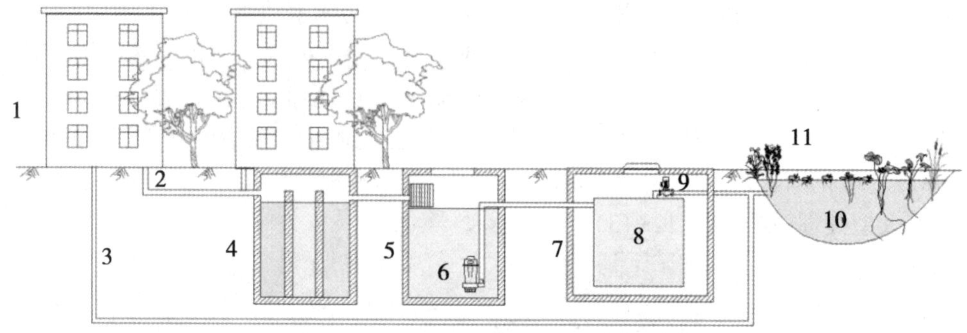

图 12-15　农村住宅区污水处理[43]

1. 住宅；2. 污水；3. 中水；4. 化粪池；5. 调节池；6. 污水泵；7. 处理井；8. 小型集成污水处理器；9. 管道泵；10. 出水池；11. 人工湿地

2. 小型集成污水处理系统

常用小型污水处理罐，是一个高度浓缩的微型化污水处理器，它采用各种物理、化学或生物措施组合工艺，将各种处理技术高度集成在一个较小的空间范围内（图 12-16）。可应用于农村居民楼、小型养殖、旅游宾馆等生活污水的处理。

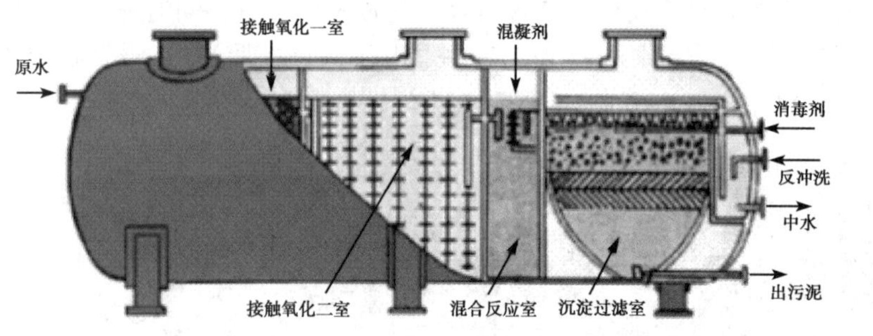

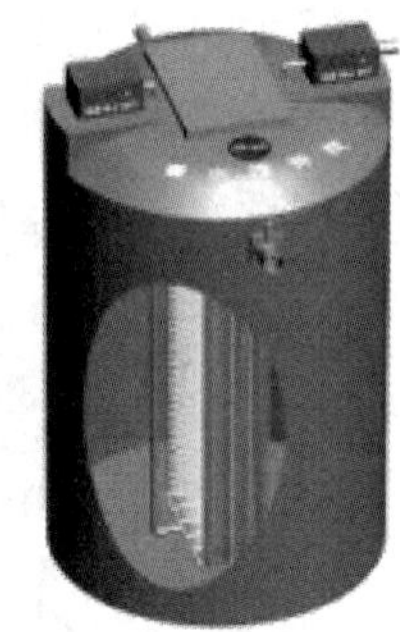

图 12-16　一体化污水处理罐

（引自文献［43］）

3. 中小型养殖场污水处理

①养猪场污水处理：主要包括固液分离机、厌氧、干化场等设备和设施（图 12-17），处理后污水要达到灌溉水质标准，然后输入灌水渠系。

②养鸡场污水处理：处理程序类似猪场，见图 12-18。

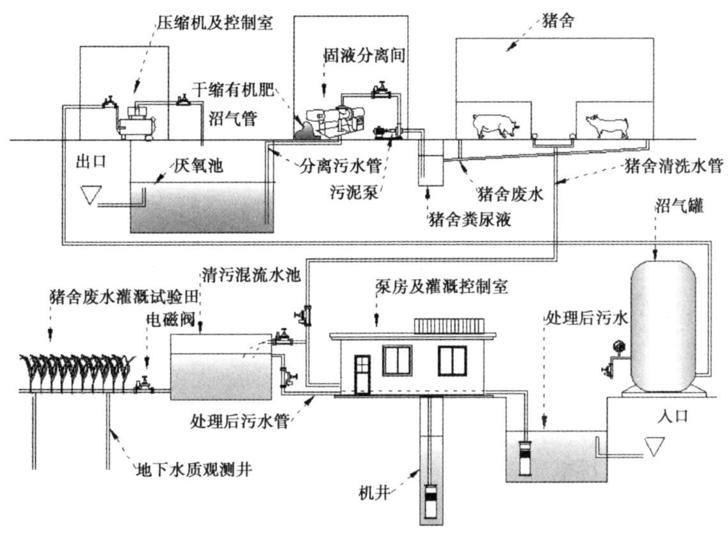

图 12-17　中小型养猪场污水处理系统示意图

（引自文献［43］）

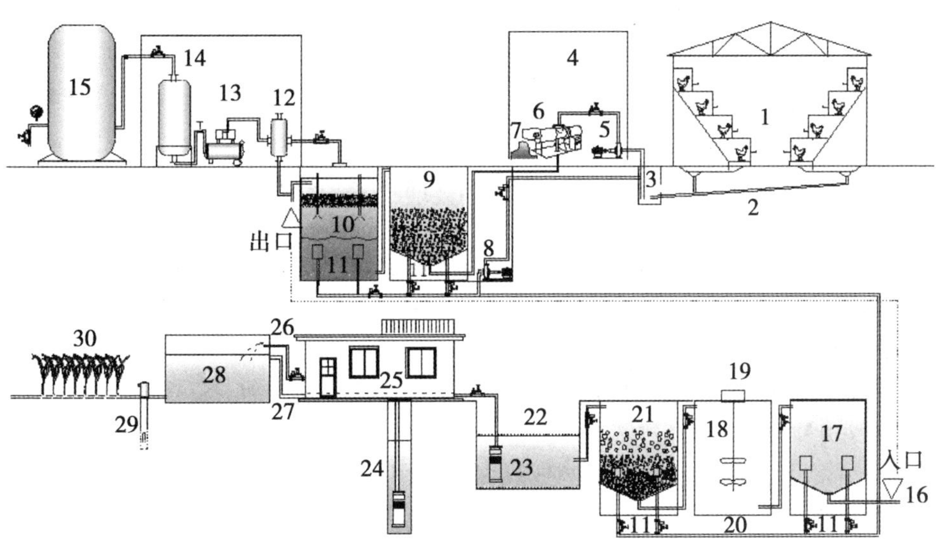

图 12-18　中小型鸡场污水处理系统

（引自文献［43］）

1. 鸡舍；2. 清洁水管道；3. 污粪池；4. 固液分离室；6. 固液分离机；7. 分离有机肥；8. 地下污泥回收泵室；9. 水解池；10. 复合型厌氧污泥床；11. 污泥回收管网；12. 水气分离器；13. 空气压缩机；14. 脱硫器；15. 沼气罐；16. 接厌氧池的污水管；17. 沉淀池；18. 好氧池；19. 搅拌机；20. 污泥回收管；21. 过滤池；22. 集水池；23. 再生水泵；24. 井泵；25. 灌溉系统控制室（控制线路与设备略）；26. 井水出水管；27. 再生水出水管；28. 混水池；29. 地下水观测井；30. 试验作物

四、农田水环境治理

当前中国农田水环境面临治理是最繁重的任务，由于水资源的短缺造成各种污染，不进行改善和治理，无法使中国近 0.67 亿 hm^2 农田灌溉可持续发展，无法将民族赖以生存的肥沃富饶土地留给子孙后代。

1. 地下水超采治理

由于中国的旱涝交替生产环境，灌溉面积不断增长，而水资源不足，中国华北、东北以及人口密集、工业发达、雨水不多的广大地区，都产生了地下水超采，必须采取治理，阻止超采还原治理。治理方法如下：

①发展节水灌溉，缩小地下水开采量。

②修建回灌工程，充分利用旱涝交替的规律，将排水尽量留下，回灌地下水。回灌工程形式有：排水系统修建排截两用系统，利用井灌改造成灌水与回灌相结合系统，建设回灌水平辐射井群，留住雨水。

③采用国家行为，修建大型跨流域调水工程，逐步减少地下水利用量，恢复地下水自然平衡状态。

2. 盐碱治理

中国在盐碱治理中有传统的治理经验，以水为主综合治理方法如下。

①深沟排水截流盐分上移。

②定期灌溉洗盐，将盐分冲洗排出，或压盐下移。

③局部盐碱换土、改土。

④采用生物措施，种植耐盐作物，如水稻、向日葵、谷稗等。

⑤种植吸盐植物，为降低土壤含盐量可种植聚盐性植物，这些植物能从土壤中吸收大量的盐分，并把这些盐类积聚在体内而不受伤害，如盐角草。也可种植泌盐性植物，能通过排盐（泌盐）将盐分排出体外，如热带海滨分布的各种红树就属于泌盐性植物。

3. 海水倒灌治理

由于沿海内陆农田或工业对地下水过度开采，造成海水倒灌，海水侵入地下水，水质盐化。治理方法如下。

①节约用水，工农业发展节水型用水，逐步恢复自然水循环状态。

②采取工程措施，建立隔离带，以带状井群注入淡水隔离海水。

③蓄淡压盐，建立蓄水工程，抬高地面水水位，使地面水入渗也抬高地下水位，压制海水入侵。

④在河口区建立挡潮工程，抬高河水水位，压制海水入侵。

⑤加强农田排水，加密排水沟网，冲洗盐分。

⑥种植耐盐植物，如盐生植物。

4. 重金属污染治理

重金属污染多是由工业、矿山的不合理排放造成，治理方法如下。

①加强环保管理：防止污染再次发生。

②完善工矿企业污水处理工程：严格控制污水非法排放。

③化学治理方法：添加重金属稳化剂，形成的固化物质在环境条件改变时也能抑制污染物质的再次溶出、扩散。

④工程治理方法：移除污染的土壤，加入未污染的新土（客土）。

⑤农田排水治理：土壤中的重金属会在降雨中随水流带到排水系统，在排水沟中种植富集重金属植物，会排除部分重金属（图 12-19）。

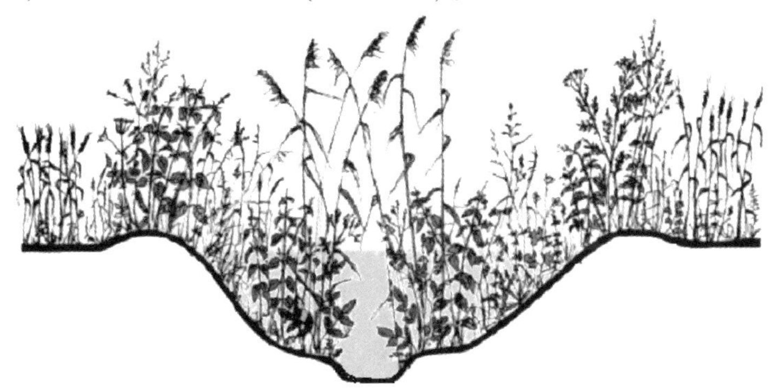

图 12-19　生物排水沟断面示意图

（引自文献［43］）

⑥植物治理方法：在自然界生物多样性，带来很多相互制约的生物，重金属虽然很难被人体吸收，进入人体会造成极大的伤害，但在植物中有很多种类，可以吸收重金属，被称为富集重金属植物。植物修复技术就是把对重金属有巨大提取潜力的植物种植于重金属污染土地上，一段时间后收获植物地上部分以达到清除土壤中重金属污染的目的。此外，也有一些植物可使土壤重金属固化，富集重金属植物作用按其机理，可分为植物挥发、植物吸收、植物吸附、植物固定等作用机能。目前，已发现 700 多种重金属超量积累植物。这些超量积累植物具有较高的重金属临界浓度，在重金属污染环境中能够良好生长（图 12-20，表 12-5、表 12-6）。

少花龙葵　　东南景天　　蜈蚣草

图 12-20　重金属克星类植物

（引自文献［43］）

表 12-5　超富集植物

重金属	常用植物	重金属积累量（mg/kg）
砷（As）	大叶井口边草	418
	娱蛤草	3 280~4 980

（续表）

重金属	常用植物	重金属积累量（mg/kg）
镉（Cd）	天蓝遏蓝菜	1 800
	灯芯草	8 670
	宝山堇菜	1 168
铜（Cu）	海州香薷	1 470
铅（Pb）	圆叶遏蓝菜	8 200
	石竹科米努草属	1 000
	芸苔科	1 000
锰（Mn）	商陆	19 299
	高山甘薯	12 300
	粗脉叶澳坚	51 800
镍（Ni）	遏蓝菜属	12 400
	十字花科	7 880
锌（Zn）	天蓝遏蓝菜	51 600
	东南景天	4 514

表 12-6　中国发现的超富集植物

重金属元素	植物种	文献来源
铅（Pb）	酸模	刘秀梅等 . 2002
	羽叶鬼针草	刘秀梅等 . 2002
	土荆芥	吴双桃等 . 2004
	鲁白	柯文山等 . 2004
	芥菜	柯文山等 . 2004
	绿叶苋菜	聂俊华等 . 2004
	紫穗槐	聂俊华等 . 2004
镉（Cd）	龙葵	魏树和等 . 2004
	宝山堇菜	刘威等 . 2003
	小白菜：日本冬妃	王松良等 . 2004
	结球甘蓝 B. oleracea：夏秋 3 号	王松良等 . 2004
锰（Mn）	鼠鞠草（Gnaphalium offine）	张慧智等 . 2004
	商陆	薛生国等 . 2003

（续表）

重金属元素	植物种	文献来源
砷（As）	蜈蚣草	陈同斌等.2002
	大叶井口边草	韦朝阳等.2002
	井栏边草	王宏镇等.2006
	斜羽凤尾蕨	王宏缤等.2006
	金钗凤尾蕨	王宏槟等.2007
锌（Zn）	东南景天	杨肖娥等.2002
铜（Cu）	鸭拓草	束文圣等.2001

⑦微生物治理[9]：微生物是指活动在土壤中各类微生物，微生物的种类与很多因素有关，主要影响因素有：土壤类型、结构、地域气候、植被类型等。微生物治理是利用土壤中的某些微生物对重金属具有吸收、沉淀、氧化和还原等作用，从而降低土壤中重金属的毒性。原核生物（细菌、放线菌）比真核生物（真菌）对重金属更敏感，生物吸附是重金属被生物体吸附，如蓝细菌、硫酸还原菌以及某些藻类能够产生具有大量阳离子基团的胞外聚合物，并与重金属形成络合物；而生物氧化是微生物对重金属离子进行氧化、还原、甲基化和脱甲基化作用，降低土壤环境中重金属含量。

土壤微生物对重金属作用机制有：一是转化机制：转化是通过微生物的作用改变重金属在水体或土壤中的化学形态，使重金属固定或解毒，以降低其在环境中的移动性和生物可利用性，实现有毒有害的金属元素转化为无毒或低毒形态的重金属离子或沉淀物。二是吸附机制：微生物利用自身细胞外某些物质的特殊化学结构来吸附溶于水中的重金属离子，再通过固液两相分离达到对重金属的削减、净化与固定作用。三是絮凝机制：利用微生物产生并分泌到细胞外，具有絮凝活性的代谢物去除重金属离子。

5. 地下水污染治理方法[41][42]

（1）物理法。物理法是用物理的手段对受污染地下水进行治理的一种方法，概括起来又可分为：

①屏蔽法：该法是在地下建立各种物理屏障，隔离污染水体，常用的灰浆帷幕法、泥浆阻水墙、振动桩阻水墙、板桩阻水墙、块状置换、膜和合成材料帷幕等，被用作一种临时性的控制方法。

②被动收集法：该法是在地下水流的下游挖一条足够深的沟道，在沟内布置收集系统，将水面漂浮的污染物质如油类污染物等收集起来，或将所有受污染地下水收集起来以便处理的一种方法。

（2）水动力控制法。水动力控制法是在污染源周围利用井群系统，通过抽水或向含水层注水，通过水压将受污染水体与清洁水体分隔开来。

（3）稳定化与固化。稳定化是指将污染物转化为不易溶解、迁移和毒性比较小的状态或者形式。而固化是指将污染物质包存起来，呈小颗粒状或者大块形状，使污染物质处于稳定状态，不再影响周围环境。稳定化和固化技术通常用于重金属离子和放射性物质的稳定化和固化处理。一般的步骤包括：一是中和过量的酸度；二是破坏金属络合物；三是控制金属的氧化还原态；四是转化为不溶性的稳定形态；五是采用固化剂形成稳定的固体形态物质。

（4）抽出处理。抽出处理法是将污染地下水抽出后，进行各种适合方法进行处理，将进行处理后的水再回灌地下。根据污染物类型和处理费用来选用，可分为三类。

①物理法包括：吸附法、重力分离法、过滤法、反渗透法、气吹法和焚烧法等。

②化学法包括：混凝沉淀法、氧化还原法、离子交换法和中和法等。

③生物法包括：活性污泥法、生物膜法、厌氧消化法和土壤处置法等。

（5）原位处理。原位处理法是相对抽出地面处理而言，对受污染的地下水原地进行处理，减少地表处理设施，并且减少污染物的暴露，原位处理技术有：

①加药法：通过井群系统向受污染水体灌注化学药剂，如灌注中和剂以中和酸性或碱性渗滤液，添加氧化剂降解有机物或使无机化合物形成沉淀等。

②渗透性处理床：渗透性处理床主要适用于较薄、较浅含水层，一般用于填埋渗滤液的无害化处理。具体做法是在污染水流的下游挖一条沟，该沟挖至含水层底部基岩层或不透水黏土层，然后在沟内填充能与污染物反应的透水性介质，受污染地下水流入沟内后与该介质发生反应，生成无害化产物或沉淀物而被去除。常用的填充介质有：一是灰岩，用以中和酸性地下水或去除重金属；二是活性炭，用以去除非极性污染物和 CCl_4、苯等；三是沸石和合成离子交换树脂，用以去除溶解态重金属等。

③土壤改性法：利用土壤中的黏土层，通过注射井在原位注入表面活性剂及有机改性物质，使土壤中的黏土转变为有机黏土。经改性后形成的有机黏土能有效地吸附地下水中的有机污染物。

④冲洗法：对于有机烃类污染，可用空气冲洗，即将空气注入受污染区域底部，空气在上升过程中，污染物中的挥发性组分会随空气一起溢出，再用集气系统将气体进行收集处理；也可采用蒸汽冲洗，蒸汽不仅可以使挥发性组分溢出，还可以使有机物热解。

⑤射频放电加热法：通入电流使污染物降解。原位物化法在运用时需要注意的是堵塞问题，尤其是当地下水中存在重金属时，物化反应易生成沉淀，从而堵塞含水层，影响处理过程的进行。

（6）原位生物修复。

原理实际上是自然生物降解过程的人工强化。它是通过采取人为措施，包括添加氧和营养物等，刺激原位微生物的生长，从而强化污染物的自然生物降解过程。通常原位生物修复的过程为：先通过试验研究，确定原位微生物降解污染物的能力，然后确定能最大程度促进微生物生长的氧需要量和营养配比，最后再将研究结果应用于实际。如今所使用的各种原位生物修复技术都是围绕各种强化措施来进行的，强化供氧技术大致有以下几种。

①生物气冲技术：该技术与原位物化法中的气冲技术相似，都是将空气注入受污染区域底部，所不同的是生物气冲的供气量要小一些，只要能达到刺激微生物生长的供气量即可。

②溶汽水供氧技术：这是由维吉尼亚多种工艺研究所的研究人员开发的技术，它能制

成一种由 2/3 气和 1/3 水组成的溶汽水，气泡直径可小到 55 μm。把这种气水混合物注入受污染区域，可大大提高氧的传递效率。

③过氧化氢供氧技术：该技术是把过氧化氢作为氧源注入受污染地下水中，过氧化氢分解以后产生氧以供给微生物生长。过氧化氢常常要与催化剂一起注入，催化剂用以控制过氧化氢的分解速度，使之与微生物的耗氧速度相一致。

附表 12-1　地表水环境质量标准基本项目标准限值　　（单位：mg/L）

序号	标准值分类项目	Ⅰ类	Ⅱ类	Ⅲ类	Ⅳ类	Ⅴ类
1	水温（℃）	人为造成的环境水温变化应限制在：周平均最大温升≤1 周平均最大温降≤2				
2	pH 值（无量纲）	6~9				
3	溶解氮≥	饱和率 90%（或 7.5）	6	5	3	2
4	高锰酸盐指数≤	2	4	6	10	15
5	化学需氧量（COD）≤	15	15	20	30	30
6	五日生化需氧量（BOD_5）≤	3	3	4	6	10
7	氨氮（NH_3-N）≤	0.15	0.5	1.0	1.5	2.0
8	总磷（以 P 计）≤	0.02（湖、库 0.01）	0.1（湖、库 0.025）	0.2（湖、库 0.05）	0.3（湖、库 0.1）	0.4（湖、库 0.2）
9	总氮（湖、库，以 N 计）≤	0.2	0.5	1.0	1.5	2.0
10	铜≤	0.01	1.0	1.0	1.0	1.0
11	锌≤	0.05	1.0	1.0	2.0	2.0
12	氟化物（以 F^- 计）≤	1.0	1.0	1.0	1.5	1.5
13	硒≤	0.01	0.01	0.01	0.02	0.02
14	砷≤	0.05	0.05	0.05	0.1	0.1
15	汞≤	0.00005	0.00005	0.0001	0.001	0.001
16	镉≤	0.001	0.005	0.005	0.005	0.01
17	铬（六价）≤	0.01	0.05	0.05	0.05	0.1
18	铅≤	0.01	0.01	0.05	0.05	0.1
19	氰化物≤	0.005	0.05	0.2	0.2	0.2
20	挥发酚≤	0.002	0.002	0.005	0.01	0.1
21	石油类≤	0.05	0.05	0.05	0.5	1.0
22	阴离子表面活性剂≤	0.2	0.2	0.2	0.3	0.3

（续表）

序号	标准值分类项目	Ⅰ类	Ⅱ类	Ⅲ类	Ⅳ类	Ⅴ类
23	硫化物≤	0.05	0.1	0.2	0.5	1.0
24	粪大肠菌群（个/L）≤	200	2 000	10 000	20 000	40 000

引自 GB3838-2002

附表 12-2　底质评价参考标准[39]　（单位：mg/L）

元素	砷	汞	铬	铅	镉	铜	锌
标准	7.5	0.2	70	35	0.5	30	100

附表 12-3　底质污染状况分级[29]　（单位：mg/L）

污染指数值	<1.0	1.0~2.0	2.0~10	>10
分级	清洁	轻污染	中污染	重污染

附表 12-4　城镇污水排放控制项目最高允许排放浓度（日均值）（单位：mg/L）

<table>
<tr><th rowspan="2">序号</th><th rowspan="2" colspan="2">基本控制项目</th><th colspan="2">一级标准</th><th rowspan="2">二级标准</th><th rowspan="2">三级标准</th></tr>
<tr><th>A 标准</th><th>B 标准</th></tr>
<tr><td>1</td><td colspan="2">化学需氧量（COD）</td><td>50</td><td>60</td><td>100</td><td>120①</td></tr>
<tr><td>2</td><td colspan="2">生化需氧量（BOD_3）</td><td>10</td><td>20</td><td>30</td><td>60①</td></tr>
<tr><td>3</td><td colspan="2">悬浮物（SS）</td><td>10</td><td>20</td><td>30</td><td>50</td></tr>
<tr><td>4</td><td colspan="2">动植物油</td><td>1</td><td>3</td><td>5</td><td>20</td></tr>
<tr><td>5</td><td colspan="2">石油类</td><td>1</td><td>3</td><td>5</td><td>15</td></tr>
<tr><td>6</td><td colspan="2">阴离子表面活性剂</td><td>0.5</td><td>1</td><td>2</td><td>5</td></tr>
<tr><td>7</td><td colspan="2">总氮（以 N 计）</td><td>15</td><td>20</td><td>—</td><td>—</td></tr>
<tr><td>8</td><td colspan="2">氨氮（以 N 计）②</td><td>5（8）</td><td>8（15）</td><td>25（30）</td><td>—</td></tr>
<tr><td rowspan="2">9</td><td rowspan="2">总磷（以 P 计）</td><td>2005 年 12 月 31 日前建设的</td><td>1</td><td>1.5</td><td>3</td><td>5</td></tr>
<tr><td>2006 年 1 月 1 日起建设的</td><td>0.5</td><td>1</td><td>3</td><td>5</td></tr>
<tr><td>10</td><td colspan="2">色度（稀释倍数）</td><td>30</td><td>30</td><td>40</td><td>50</td></tr>
<tr><td>11</td><td colspan="2">pH 值</td><td colspan="4">6~9</td></tr>
<tr><td>12</td><td colspan="2">粪大肠菌群数（个/L）</td><td>10^3</td><td>10^4</td><td>10^4</td><td>—</td></tr>
</table>

（引自文献［21］）

附表 12-5　再生水用于农业、林业、牧业用水项目和指标限制

序号	控制项目	农业	林业	牧业
1	色度（度）	≤30	≤30	≤30
2	浊度（NTU）	≤10	≤10	≤10
3	pH 值	5.5~8.5	5.5~8.5	5.5~8.5
4	总硬度（以 $CaCO_3$ 计）（mg/L）	≤450	≤450	≤450
5	悬浮物（SS）（mg/L）	≤30	≤30	≤30
6	五日生化需氧量（BOD_5）（mg/L）	≤35	35	≤10
7	化学需氧量（COD_{Cr}）（mg/L）	≤90	≤90	≤40
8	溶解性总固体（mg/L）	≤1 000	≤1 000	≤1 000
9	汞（mg/L）	≤0.001	≤0.001	≤0.0005
10	镉（mg/L）	≤0.01	≤0.01	≤0.005
11	砷（mg/L）	≤0.05	≤0.05	≤0.05
12	铬（mg/L）	≤0.10	≤0.10	≤0.05
13	铅（mg/L）	≤0.10	≤0.10	≤0.05
14	氰化物（mg/L）	≤0.05	≤0.05	≤0.05
15	粪大肠菌群（个/L）	≤10 000	≤10 000	≤2 000

（引自文献［20］）

附表 12-6　地下水水质非常规指标及限值

序号	指标	Ⅰ类	Ⅱ类	Ⅲ类	Ⅳ类	Ⅴ类
	毒理学指标					
1	铍（mg/L）	≤0.0001	≤0.0001	≤0.002	≤0.06	>0.06
2	硼（mg/L）	≤0.02	≤0.1	≤0.5	≤2	>2
3	锑（mg/L）	≤0.0001	≤0.0005	≤0.005	≤0.01	>0.01
4	钡（mg/L）	≤0.01	≤0.1	≤0.7	≤4.0	>4.0
5	镍（mg/L）	≤0.002	≤0.002	≤0.02	≤0.1	>0.1
6	钴（mg/L）	≤0.005	≤0.005	≤0.05	≤0.1	>0.1
7	钼（mg/L）	≤0.001	≤0.01	≤0.07	≤0.15	>0.15
8	银（mg/L）	≤0.001	≤0.01	≤0.05	≤0.1	>0.1
9	铊（mg/L）	≤0.0001	≤0.0001	≤0.0001	≤0.001	>0.001
10	二氯甲烷（μg/L）	≤1	≤2	≤20	≤500	>500
11	1，2-二氯乙烷（μg/L）	≤0.5	≤3	≤30	≤40	≤40
12	1，1，1-三氯乙烷（μg/L）	≤0.5	≤400	≤2 000	≤4 000	>4 000
13	1，1，2-三氯乙烷（μg/L）	≤0.5	≤0.5	≤5	≤60	>60

附表 12-7　地下水质量分类指标及限值[19]

序号	指标	Ⅰ类	Ⅱ类	Ⅲ类	Ⅳ类	Ⅴ类
	感官性状及一般化学指标					
1	色（铂钴色度单位）	≤5	≤5	≤15	≤25	>25
2	嗅和味	无	无	无	无	有
3	浑浊度（NTU-散射浊度单位）	≤3	≤3	≤3	≤10	>10
4	肉眼可见物	无	无	无	无	有
5	pH 值	6. 5≤pH≤8. 5			5. 5≤pH<6. 5 8. 5<pH≤9	pH<5. 5 或 pH>9
6	总硬度（以 $CaCO_3$ 计，mg/L）	≤150	≤300	≤450	≤650	>650
7	溶解性总固体（mg/L）	≤300	≤500	≤1 000	≤2 000	>2 000
8	硫酸盐（mg/L）	≤50	≤150	≤250	≤350	>350
9	氯化物（mg/L）	≤50	≤150	≤250	≤350	>350
10	铁（mg/L）	≤0. 1	≤0. 2	≤0. 3	≤2. 0	>2. 0
11	锰（mg/L）	≤0. 05	≤0. 05	≤0. 1	≤1. 5	>1. 5
12	铜（mg/L）	≤0. 01	≤0. 05	≤1. 0	≤1. 5	>1. 5
13	锌（mg/L）	≤0. 05	≤0. 5	≤1. 0	≤5. 0	>5. 0
14	铝（mg/L）	≤0. 01	≤0. 05	≤0. 2	≤0. 5	>0. 5
15	挥发性酚类（以苯酚计）（mg/L）	≤0. 001	≤0. 001	≤0. 002	≤0. 01	>0. 01
16	阴离子合成洗涤剂（mg/L）	不得检出	≤0. 1	≤0. 3	≤0. 3	>0. 3
17	耗氧量（COD_{Mn}法，以 O_2 计，mg/L）	≤1. 0	≤2. 0	≤3. 0	≤10	>10
18	氨氮（以 N 计，mg/L）	≤0. 02	≤0. 1	≤0. 5	≤1. 5	>1. 5
19	硫化物（mg/L）	≤0. 005	≤0. 01	≤0. 02	≤0. 1	>0. 1
20	钠（mg/L）	≤100	≤150	≤200	≤400	>400
	微生物指标[a]					
21	总大肠菌群（MPN/100mL 或 CFU/100mL）	不得检出	不得检出	不得检出	≤10	>10
22	菌落总数（CFU/mL）	≤50	≤50	≤100	≤500	>500
	毒理学指标					
23	亚硝酸盐（以 N 计，mg/L）	≤0. 01	≤0. 1	≤1. 0	≤4. 8	>4. 8
24	硝酸盐（以 N 计，mg/L）	≤2. 0	≤5. 0	≤20	≤30	>30
25	氰化物（mg/L）	≤0. 001	≤0. 01	≤0. 05	≤0. 1	>0. 1
26	氟化物（mg/L）	≤1. 0	≤1. 0	≤1. 0	≤2. 0	>2. 0

（续表）

序号	指标	Ⅰ类	Ⅱ类	Ⅲ类	Ⅳ类	Ⅴ类
27	碘化物（mg/L）	≤0.04	≤0.04	≤0.08	≤0.5	>0.5
28	汞（mg/L）	≤0.0001	≤0.001	≤0.001	≤0.002	>0.002
29	砷（mg/L）	≤0.001	≤0.001	≤0.01	≤0.05	>0.05
30	硒（mg/L）	≤0.01	≤0.01	≤0.01	≤0.1	>0.1
31	镉（mg/L）	≤0.0001	≤0.001	≤0.005	≤0.01	>0.01
32	铬（六价）（mg/L）	≤0.005	≤0.01	≤0.05	≤0.1	>0.1
33	铅（mg/L）	≤0.005	≤0.005	≤0.01	≤0.1	>0.1
34	三氯甲烷（mg/L）	≤0.0005	≤0.006	≤0.06	≤0.3	>0.3
35	四氯化碳（mg/L）	≤0.0005	≤0.0005	≤0.002	≤0.05	>0.05
36	苯（μg/L）	≤0.5	≤1	≤10	≤120	>120
37	甲苯（μg/L）	≤0.5	≤140	≤700	≤1 400	>1 400
	放射性指标[b]					
38	总 α 放射性（Bq/L）	≤0.1	≤0.1	≤0.5	>0.5	>0.5
39	总 β 放射性（Bq/L）	≤0.1	≤1.0	≤1.0	>1.0	>1.0

注 1：MPN 表示最可能数；CFU 表示菌落形成单位

注 2：放射性指标超过指导值，应进行核素分析和评价

附表 12-8（1）　农田灌溉用水水质基本控制项目标准值及限值

序号	项目类别		作物种类		
			水作	旱作	蔬菜
1	五日生化需氧量/（mg/L）	≤	60	100	40[a]，15[b]
2	化学需氧量/（mg/L）	≤	150	200	100[a]，60[b]
3	悬浮物/（mg/L）	≤	80	100	60[a]，15[b]
4	阴离子表面活性剂/（mg/L）	≤	5	8	5
5	水温/℃	≤	25		
6	pH 值		5.5~8.5		
7	全盐量/（mg/L）	≤	1 000[c]（非盐碱土地区），2 000[c]（盐碱土地区）		
8	氯化物/（mg/L）	≤	350		
9	硫化物/（mg/L）	≤	1		
10	总汞/（mg/L）	≤	0.001		
11	镉/（mg/L）	≤	0.01		

（续表）

序号	项目类别		作物种类		
			水作	旱作	蔬菜
12	总砷/（mg/L）	≤	0.05	0.1	0.05
13	铬（六价）/（mg/L）	≤	0.1		
14	铅/（mg/L）	≤	0.2		
15	粪大肠菌群数/（个/100mL）	≤	4 000	4 000	2 000[a]，1 000[b]
16	蛔虫卵数/（个/L）	≤	2		2[a]，1[b]

a. 加工、烹调及去皮蔬菜　b. 生食类蔬菜、瓜类和草本水果　c. 其有一定的水利灌排设施，能保证一定的排水和地下水径流条件的地区，或有一定淡水资源能满足冲洗土体中盐分的地区，农田灌溉水质全盐量指标可以适当放宽

附表 12-8（2）　农田灌溉用水水质选择性控制项目标准值

序号	项目类别		作物种类		
			水作	旱作	蔬菜
1	铜/（mg/L）	≤	0.5	1	
2	锌/（mg/L）	≤	2		
3	硒/（mg/L）	≤	0.02		
4	氟化物/（mg/L）	≤	2（一般地区），3（高氟区）		
5	氰化物/（mg/L）	≤	0.5		
6	石油类/（mg/L）	≤	5	10	1
7	挥发酚/（mg/L）	≤	1		
8	苯/（mg/L）	≤	2.5		
9	三氯乙醛/（mg/L）	≤	1	0.5	0.5
10	丙烯醛/（mg/L）	≤	0.5		
11	硼/（mg/L）	≤	1[a]（对硼敏感作物），2[b]（对硼耐受性较强的作物），3[c]（对硼耐受性强的作物）		

a. 对硼敏感作物，如黄瓜、豆类、马铃薯、笋瓜、韭菜、洋葱、柑橘等

b. 对硼耐受性较强的作物，如小麦、玉米、青椒、小白菜、葱等

c. 对硼耐受性强的作物，如水稻、萝卜、油菜、甘蓝等

附表 12-9　畜禽养殖业污染物排放标准

之 1：集约化畜禽养殖场的适用规模（以存栏数计）

类别规模分级	猪（头）（25kg 以上）	鸡（只）		牛（头）	
		蛋鸡	肉鸡	成年奶牛	肉牛
Ⅰ级	≥3 000	≥100 000	≥200 000	≥200	≥400
Ⅱ级	500≤Q<3 000	15 000≤Q<100 000	30 000≤Q<200 000	100≤Q<200	200≤Q<400

之 2：集约化畜禽养殖区的适用规模（以存栏数计）

类别规模分级	猪（头）（25kg 以上）	鸡（只）		牛（头）	
		蛋鸡	肉鸡	成年奶牛	肉牛
Ⅰ级	≥6 000	≥200 000	≥400 000	≥400	≥800
Ⅱ级	3 000≤Q<6 000	100 000≤Q<200 000	200 000≤Q<40 000	200≤Q<400	400≤Q<80

之 3：集约化畜禽养殖业水污染物最高允许日均排放浓度

控制项目	五日生化需氧量（mg/L）	化学需氧量（mg/L）	悬浮物（mg/L）	氨氮（mg/L）	总磷（以 P 计）（mg/L）	粪大肠菌群数（个/L）	蛔虫卵（个/L）
标准值	150	400	200	80	8.0	10 000	2.0

之 4：畜禽养殖业废渣无害化环境标准

控制项目	指标
蛔虫卵	死亡率≥95%
粪大肠菌群数	≤10^5 个/kg

附表 12-10　城市污水再生水地下水回灌基本控制项目及限值

序号	基本控制项目	单位	地表回灌	井灌
1	色度	稀释倍数	30	15
2	浊度	NTU	10	5
3	pH 值	—	6.5~8.5	6.5~8.5
4	总硬度（以 $CaCO_3$ 计）	mg/L	450	450
5	溶解性总固体	mg/L	1 000	1 000
6	硫酸盐	mg/L	250	250
7	氯化物	mg/L	250	250
8	挥发酚类（以苯酚计）	mg/L	0.5	0.002
9	阴离子表面活性剂	mg/L	0.3	0.3
10	化学需氧量（COD）	mg/L	40	15
11	五日生化需氧量（BOD_5）	mg/L	10	4
12	硝酸盐（以 N 计）	mg/L	15	15
13	亚硝酸盐（以 N 计）	mg/L	0.02	0.02
14	氨氮（以 N 计）	mg/L	1.0	0.2
15	总磷（以 P 计）	mg/L	1.0	1.0
16	动植物油	mg/L	0.5	0.05
17	石油类	mg/L	0.5	0.05

（续表）

序号	基本控制项目	单位	地表回灌	井灌
18	氰化物	mg/L	0.05	0.05
19	硫化物	mg/L	0.2	0.2
20	氟化物	mg/L	1.0	1.0
21	粪大肠菌群数	个/L	1 000	3

注：地表回灌时，表层黏性土厚度不宜小于 1m，若小于 1m 按井灌要求执行（引自 GB/T 19772—2005）

附表 12-11　城市污水再生水地下水回灌选择控制项目及限值

序号	选择控制项目	限值	序号	选择控制项目	限值
1	汞	0.001	27	三氯乙烯	0.07
2	烷基汞	不得检出	28	四氯乙烯	0.04
3	总镉	0.01	29	苯	0.01
4	六价铬	0.05	30	甲苯	0.7
5	总砷	0.05	31	二甲苯	0.5
6	总铅	0.05	32	乙苯	0.3
7	总镍	0.05	33	氯苯	0.3
8	总铍	0.0002	34	1，4 二氯苯	0.3
9	总银	0.05	35	1，2 二氯苯	1.0
10	总铜	1.0	36	硝基氯苯	0.05
11	总锌	1.0	37	2，4 二硝基氯苯	0.5
12	总锰	0.1	38	2，4 二氯苯酚	0.093
13	总硒	0.01	39	2，4，6 三氯苯酚	0.2
14	总铁	0.3	40	邻苯二甲酸二丁酯	0.003
15	总钡	1.0	41	邻苯二甲酸二（2-乙基己基）酯	0.008
16	苯并芘	0.00001	42	丙烯腈	0.1
17	甲醛	0.9	43	滴滴涕	0.001
18	苯胺	0.1	44	六六六	0.005
19	硝基苯	0.017	45	六氯苯	0.05
20	马拉硫磷	0.05	46	七氯	0.0004
21	乐果	0.08	47	林丹	0.002
22	对硫磷	0.003	48	三氯乙醛	0.01
23	甲基对硫磷	0.002	49	丙烯醛	0.1
24	五氯酚	0.009	50	硼	0.5
25	三氯甲烷	0.06	51	总 α 放射性	0.1
26	四氯化碳	0.002	52	总 β 放射性	1

注：1. 除 51、52 项的单位为 Bq/L 外，其他项目的单位均为 mg/L；2. 二甲苯：指对-二甲苯、间-二甲苯、邻-二甲苯；3. 硝基氯苯：指对-硝基氯苯、间-硝基氯苯、邻-硝基氯苯（引自 GB/T 19772-2005）

附表 12-12　农药在土壤中的残留期

农药名称	残留期*	农药名称	残留期**	农药名称	残留期	农药名称	残留期***
滴滴涕	10 年	扑灭津	18 个月	敌敌畏	24 小时	西维因	135 天
狄氏剂	8 年	西玛津	12 个月	乐果	4 天	梯灭威	36~63 天
林丹	6.5 年	莠去津	10 个月	马拉硫磷	7 天	呋喃丹	46~117 天[a]
氯丹	4 年	草乃敌	8 个月	对硫磷	7 天		
碳氯特灵	4 年	氯苯胺灵	8 个月	甲拌磷	15 天		
七氯	3.5 年	氟乐灵	6 个月	乙拌磷	30 天		
艾乐剂	3 年	2，4，5 个月 5-涕	二嗪农	50~180 天			
		2，4-滴	1 个月	三硫磷	100~200 天		
				地虫磷	2 年		

注：* 消解 95%所需时间，** 消解 75%~100%所需时间，*** 消解 95%以上所需时间，[a] 为半衰期（引自文献［39］）

附表 12-13　某些农药在土壤中挥发和淋溶能力比较

农药名称	挥发指数	淋溶指数	农药名称	挥发指数	淋溶指数
除草剂：			杀虫剂：		
氯铝剂	3.0	1.0~2.0	速灭磷	3.0~4.0	3.0~4.0
敌稗	3.0	1.0~2.0	甲基对硫磷	4.0	2.0
氟乐灵	3.0	1.0~2.0	对硫磷	3.0	2.0
茅草枯	1.0	4.0	DDT	1.0	1.0
2 甲-4 氯	1.0	2.0	六六六	3.0	1.0
2，4-D	1.0	2.0	氯丹	2.0	1.0
2，4，5-T	1.0	2.0	毒杀芬	3.0	1.0
杀虫剂：			艾氏剂	1.0	1.0
西维因	3.0~4.0	2.0	狄氏剂	1.0	1.0
马拉硫磷	2.0	2.0~3.0	异狄氏剂	1.0	1.0
三溴磷	4.0	3.0	杀菌剂：		
乐果	2.0	2.0~3.0	克菌丹	2.0	1.0
倍硫磷	2.0	2.0	苯菌灵	3.0	2.0~3.0
地亚磷	3.0	2.0	代森梓	1.0	2.0
乙硫磷	1.0~2.0	1.0~2.0	代森锰	1.0	2.0
甲氧基内吸磷	3.0	3.0~4.0	代森锰锌	1.0	1.0
保棉磷	—	1.0~2.0			
磷胺	2.0~3.0	3.0~4.0			

注：规定最难迁移的 DDT 的挥发指数和淋溶指数为 1.0，以此为基数与其他农药相比，指数越大，迁移能力越强。

（引自文献［38］）

参考文献

［1］　国家防汛抗旱编委会．国家防汛抗旱应急预案与防汛抗旱对策分析及安全方

案规划、实施保障体系建立实用手册［M］.中国水利电子音像出版社，2006，3.
［2］ 国家防汛抗旱应急预案．2010，1，27.
［3］ 中华人民共和国防洪法全文（2015 修订）.
［4］ 朱建强．易涝易渍农田排水应用基础研究［M］.科学出版社，2007，8.
［5］ 赵振国．中国夏季旱涝及环境场［M］.气象出版社，1999，12.
［6］ 中国国际标准管理委员会中国气象地理区划。
［7］ 中国气象局增雨防雹火箭作业系统安全操作规范［S］.QX/T 99—2008.
［8］ 四川省质量技术监督飞机人工增雨（雪）作业技术规范［S］.DB51.
［9］ 段英，吴志会，等．飞机人工增雨的天气背景条件及作业技术研究［D］.中国气象学会，2004.
［10］ 酆大雄，关于冷．暖云催化剂的一些考虑［D］.第十五届全国云降水与人工影响天气科学会议论文集（Ⅰ）.
［11］ 王晓滨，毛节泰，等．新型 AgI 末端燃烧器及其在增雨作业中的应用［J］.气象科技，2006，2.
［12］ 刘爱华，鲁会霞，等．用旱涝指数划分旱涝等级的尝试［J］.现代农业科技，2009（10）.
［13］《中华人民共和国抗旱条例》［S］.2009，2.
［14］ 董依生．国家防汛抗旱指挥系统一期工程软件建设策略分析［J］.中国防汛抗旱，2011（02）.
［15］ 丁友斌．国家防汛抗旱指挥系统项目组网方案刍议［J］.安徽水利水电职业技术学院学报，2011. 6.
［16］ 国家防汛抗旱指挥系统项目二期工程可行性研究报告编制任务书［R］.国家防汛抗旱指挥系统工程项目建.
［17］ 金相灿，屠青瑛．湖泊富营养化调查规范中国环境［M］.科学出版社，1987，09.
［18］ 舒金华．中国湖泊富营养化程度评价方法的探讨［J］.环境污染与防治，1990（10）.
［19］ 国土资源部地下水水质标准［S］.DZ/T 0290—2015，2015.
［20］ 水利部再生水水质标准［S］.SL368-2006，2007，6，1.
［21］ 国家环保局城镇污水处理厂污染物排放标准［S］.（GB18918—2002）2003，7，1.
［22］ 国家环保部 2015 中国环境状况公报［R］.
［23］ 国家环保部地表水环境质量标准［S］.2002，6，1.
［24］ 陈海洋．河流水体污染源解析技术及方法研究［D］.北京师范大学学位论文，2012，6，5.
［25］ 张坤．河流底泥污染物释放研究［D］.上海大学学位论文，2007，06，01.
［26］ 毛映丹，王奇．河流底质重金属污染综合评价［D］.环境科学与技术，2007，6.
［27］ 方宇翘，裘祖楠，等．河流底泥污染类型标准的制定［D］.环境科学，1989

（01）.
[28] 环保部土壤环境质量标准-2015（征求意见稿）[S].2015.
[29] 中国环境学会环境质量评价委员会编环境质量评价方法提要［C].中国环境学会环境质量评价委员会 19.
[30] 水利部农田灌溉水质标准（GB 5084—2005）.
[31] 国家环保局畜禽养殖业污染物排放标准［S].GB 18596—2001.
[32] 国家质量监督总局城市污水再生利用地下水回灌水质［S].GB/T 19772—2005.
[33] 陈亚新，屈忠义，等．大型灌区节水改造后农田水环境变化的预测研究［M].中国农业科学技术出版，2006.
[34] 薛金香，闫美华．灌溉对农田水环境的影响［J].节水灌溉，2009，4.
[35] 沃飞，陈效民，等．太湖地区农田水环境中氮和磷时空变异与研究［J].中国生态农业学报，2007（06）.
[36] 张大庚，依艳丽，等．沈抚污水灌区石油烃对土壤及水稻的影响［J].土壤通报，2003，4.
[37] 纪晓博，张广文．农用水泵数量对农业旱灾的影响实证［J].东北林业大学学报，2012（10）.
[38] 陈静．生环境污染与保护简明原理［M].商务印书馆，1981.
[39] 胡庆永．农业环境保护概论［M].山东大学出版社，1986.
[40] 吴林，李峰，等．药物及个人护理品在土壤中的淋溶迁移性评价［J].环境科学与技术，2015，5.
[41] 张倩．浅议地下水污染治理技术方法及进展［J].干旱环境监测，2008（3).
[42] 陈秀成，曹瑞钰．地下水污染治理技术的进展［J].中国给水排水，2006，01，18.
[43] 肖俊夫，宋毅夫，等．玉米节水灌溉技术［M].中原农民出版社，2015，12.
[44] 江曙光．中国水污染现状及防治对策［J].现代农业科技，2010（7）.
[45] 于晓曼，薛冰，等．中国农村水环境问题及其展望［J].农业环境与发展，2013（1）.
[46] 张保成，孙林岩．国内外水资源承载力的研究综述［J].当代经济科学，2006（六）.
[47] 司全印，高榕．水环境容量的测算方法［J].水资源保护，2006，6.
[48] 中国环境规划院．全国水环境容量核定技术指南，2003，9.
[49] 高榕，司全印．两种水环境自净容量计算方法的比较［R].西北大学学报，2008，4.
[50] 朱映川，刘雯，等．水体重金属污染现状及其治理方法研究进展［J].广东农业科学，2008（8）.

第十三章　玉米灌溉分区的节水工程措施分析

在第二章中对中国玉米种植区进行了灌溉区划，目的是给各地相关部门及玉米种植企业提供有关灌溉技术及灌溉节水发展方向性建议，以促进中国玉米产业的发展。下面对各区的灌溉特点，作一分析并给出灌溉发展方向性的参考建议。

第一节　Ⅰ华东北部春玉米灌溉与补偿灌溉混合区灌溉节水发展措施

该区包含中国东北及华北北部，这里有中国第一大平原“松辽平原”，两旁有富饶的大小兴安岭和长白山，内有松花江、辽河环绕，冲积而成的大平原土地肥沃，适宜玉米生长，是中国玉米主要产区，也是世界著名玉米区。

一、玉米生产现状及水资源特点

1. 玉米生产现状

该区是中国主要玉米生产区，其特点是自然条件适宜玉米生长，种植面积连片，玉米面积占耕地50%以上，其中，绥化全市高达90%，单产在6 000kg/hm^{2}左右。

全区共分4个二级区13个三级区，二级区以流域分为松花江、辽河全流域两区，及海河上游区、黄河中游区（表13-1）。

（1）1松江流域半干旱春玉米灌溉区。该区玉米种植面积最大（10 222千hm^2）是中国玉米种植面积的28%，是美国玉米种植面积的35%，全区平均单产6 845kg/hm^2，地市间单产变化为4 000~8 000kg/hm^2，总产高达7 620万t，占全国玉米总产量31%。

（2）2辽河流域半干旱春玉米灌溉区。该区玉米种植面积居二级区第三位（5 081千hm^2），全区平均单产7 123kg/hm^2，各地市单产水平比较均衡，单产变化为6 000~9 000kg/hm^2，总产3 708万t，居全国二级区第二位。

（3）3海河流域半干旱春玉米灌溉区。该区玉米种植面积1 563千hm^2，全区平均单产5 683kg/hm^2，单产水平比较低，单产变化为4 000~6 000kg/hm^2，总产887万t。

（4）4黄河流域干旱春玉米灌溉区。该区玉米种植面积1 509千hm^2，全区平均单产6 567kg/hm^2，单产水平居中，单产变化在5 000~6 000kg/hm^2，总产959万t。

表 13-1　I 华东北部春玉米灌溉与补偿灌溉混合区玉米种植与水资源参数表

二级区	三级区	地市	玉米面积（千 hm²）	总产（万 t）	玉米单产（kg/hm²）	玉米种植比例（%）	水资源平均（m³/hm²）
1 松江流域半干旱春玉米灌溉区	111	1 中温带松嫩平原储引灌溉区：长春、吉林、哈尔滨、齐齐哈尔、双鸭山、大庆、佳木斯、七台河、黑河	5 795	4 466	7 557	55.4	12 720
	112	2 中温带山丘草原玉米储水灌溉区：呼伦贝尔、兴安盟	692	447	6 416	54.1	29 925
	113	3 中温带农林混合灌溉区：伊春、绥化、鹤岗	1 508	1 233	5 720	49.4	37 215
	114	4 中温带长白山北段储水灌溉区：鸡西、牡丹江	546	399	7 319	48	17 098.5
	115	5 中温带松江上游平原混合灌溉区：松原、白城	1 283	838	6 274	57.2	10 207.5
	116	6 中温带上白山混合灌溉区：通化、白山、延边	398	237	6 272	52.1	49 218
11			10 222	7 620	6 845	53	23 880
2 辽河流域半干旱春玉米灌溉区	121	1 暖温带辽河平引提原灌溉区：沈阳、营口、辽阳、盘锦	478	374	7 171	40.1	7 515
	122	2 中温带辽西山丘混合灌溉区：通辽市、赤峰市、锦州、阜新、朝阳、葫芦岛	2 686	1 800	7 264	68.9	2 400
	123	3 中温带辽东山丘混合灌溉区：大连、鞍山、抚顺、本溪、丹东、铁岭、四平、辽源	1 917	1 535	7 015	65.3	26 565
12			5 081	3 709	7 123	60	14 115
3 海河流域半干旱春玉米灌溉区	131	4 暖温带海河北部山丘井灌灌溉区：承 德 市、张家口市、秦皇岛市、唐山市、大同市	911	485	5 297	47.8	4 425
	132	5 中温带海河西部山丘混合灌溉区：阳泉市、长治市、朔州市、忻州市	653	403	6 146	57.5	2 685

（续表）

二级区	三级区	地市	玉米面积（千 hm^2）	总产（万 t）	玉米单产（kg/hm^2）	玉米种植比例（%）	水资源平均（m^3/hm^2）
13			1 564	888	5 683	52	3 645
4 黄河流域干旱春玉米灌溉区	1 暖温带黄河中游混合灌溉区：太原市、晋城市、晋中市、吕梁市、呼和浩特、包头市、乌海市、阿拉善盟、延安市、榆林市						
	141		1 022	643	6 364	38.2	3 540
	2 中温带黄河中游引提灌溉区：鄂尔多斯、巴彦淖尔						
	142		488	316	6 484	61.9	3 720
14			1 510	960	6 567	43	3 570
全区			18 377	13 176	6 673	53	13 980

2. 水资源概况

该区水资源较复杂，横跨湿润、半湿润、干旱、半干旱四区，降水量由 1 200mm 下降至 60mm。经统计分析各市耕地每公顷平均水资源（扣除城乡工业与生活用水，这里将每公顷农田占有水资源定义为田均水资源，以下同），由每公顷 114 450m^3 下降到 1 035m^3（表 13-2），相差 100 倍。

表 13-2　I 华东北部春玉米灌溉与补偿灌溉混合区亩均水资源状况排序表

（单位：m^3/hm^2）

排序	地市	田均水资源	排序	地市	田均水资源	排序	地市	田均水资源
1	白山	114 450	13	鹤岗	12 915	25	秦皇岛市	7 395
2	伊春	93 270	14	通化	12 375	26	鄂尔多斯市	6 885
3	本溪	68 790	15	营口	11 850	27	绥化	5 460
4	七台河	67 410	16	鸡西	11 700	28	葫芦岛	5 340
5	丹东	58 395	17	黑河	11 655	29	盘锦	5 010
6	呼伦贝尔	57 255	18	哈尔滨	10 470	30	齐齐哈尔	4 770
7	抚顺	45 915	19	阿拉善	9 990	31	晋城市	4 470
8	牡丹江	22 500	20	承 德	9 390	32	沈阳	4 125
9	延边	20 835	21	辽阳	9 060	33	榆林市	3 990
10	白城	19 380	22	吉林	9 045	34	忻州市	3 375
11	大连	15 015	23	延安市	8 775	35	阳泉市	3 285
12	鞍山	14 190	24	铁岭	7 425	36	双鸭山	3 270

（续表）

排序	地市	田均水资源	排序	地市	田均水资源	排序	地市	田均水资源
37	佳木斯	3 180	45	长治市	2 520	53	张家口市	1 515
38	大庆	3 105	46	呼和浩特市	2 520	54	吕梁市	1 290
39	唐山市	2 955	47	朝阳	2 370	55	四平	1 095
40	晋中市	2 910	48	包头市	2 040	56	松原	1 035
41	通辽市	2 715	49	辽源	1 755	57	大同市	870
42	赤峰市	2 625	50	阜新	1 695	58	巴彦淖尔市	570
43	锦州	2 595	51	朔州市	1 575	59	太原市	30
44	兴安盟	2 580	52	长春	1 560	60	乌海市	-660

二、自然条件特点

1. 气象条件

该区积温在 2 300～3 800℃，该区北部黑龙江、内蒙古北部积温较低小于 3 000℃，大于 3 000℃积温分布在辽宁、河北北部、山西北部、陕西地区；大部分年降水量在 500～800mm，全区变差较大，但代表性城市年内雨量分布二级区很类似（图 13-1）；全区干燥度在 1～5 间，东北大部地区干燥度在 1～1.5 间，大于 3.0 的地区主要分布在内蒙古西北部属半干旱气候区。

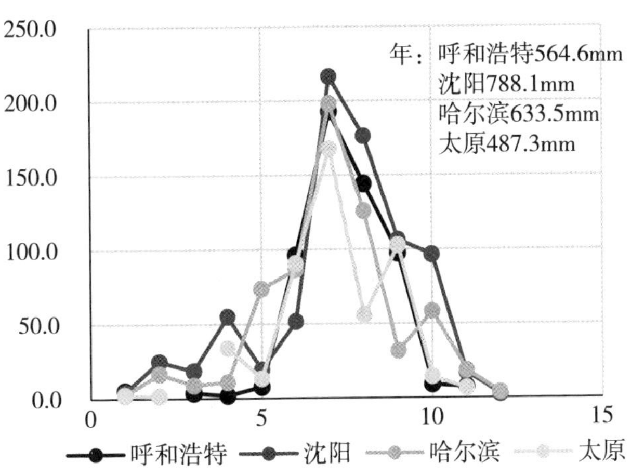

图 13-1　I 区主要城市 2013 年降水年内过程线

2. 地形条件

该区玉米种植区以平原区为主，东北分布在松辽平原黑土地，中西部河北省、山西省、陕西省北部多山丘和黄土塬、梁、峁地，内蒙古中西部地区多沙漠，基本属内陆区（表 13-3）。西部有小部分属干燥气候区。

表 13-3　I 区与玉米灌溉相关自然条件对照表

二级区	三级区	地市	积温+（℃）	干燥度 蒸发/降水	降水量（mm）	区位地形
1 松江流域半干旱春玉米灌溉区		1 中温带松嫩平原储引灌溉区：长春、吉林、哈尔滨、齐齐哈尔、双鸭山、大庆、佳木斯、七台河、黑河				
	111		2 824	1. 4	500~700	平原
		2 中温带山丘草原玉米储水灌溉区：呼伦贝尔市、兴安盟				
	112		2 671	3	300~350	山丘
		3 中温带农林混合灌溉区：伊春、绥化、鹤岗				
	113		2 855	1. 5	750	丘平
		4 中温带长白山北段储水灌溉区：鸡西、牡丹江				
	114		2 941	1. 5	700	丘平
		5 中温带松江上游平原混合灌溉区：松原、白城				
	115		3 085	2	300~400	平原
		6 中温带上白山混合灌溉区：通化、白山、延边				
	116		2 787	1. 2	600~800	山丘
11			2 836	1. 6		
2 辽河流域半干旱春玉米灌溉区		1 暖温带辽河平引提原灌溉区：沈阳、营口、辽阳、盘锦				
	121		3 564	1. 5	500~600	平原
		2 中温带辽西山丘混合灌溉区：通辽市、赤峰市、锦州、阜新、朝阳、葫芦岛				
	122		3 375	2. 1	350~450	山丘平
		3 中温带辽东山丘混合灌溉区：大连、鞍山、抚顺、本溪、丹东、铁岭、四平、辽源				
	123		3 269	1. 3	800~1 200	山丘
12			3 386	1. 6		
3 海河流域半干旱春玉米灌溉区		4 暖温带海河北部山丘井灌灌溉区：承德、张家口、秦皇岛、唐山、大同市				
	131		3 528	1. 9	400~600	山丘平
		5 中温带海河西部山丘混合灌溉区：阳泉市、长治市、朔州市、忻州市				
	132		3 480	1. 5	500~600	山丘平
13			3 506. 182	1. 7		

（续表）

二级区	三级区	地市	积温+（℃）	干燥度 蒸发/降水	降水量（mm）	区位地形
4 黄河流域干旱春玉米灌溉区		1 暖温带黄河中游混合灌溉区：太原市、晋城市、晋中市、吕梁市、呼和浩特市、包头市、乌海市、阿拉善盟、延安市、榆林市				
	141		3 529	2. 6	100~500	山丘
		2 中温带黄河中游引提灌溉区：鄂尔多斯市、巴彦淖尔市				
	142		3 148. 5	5	236	山丘
14			3 448. 014	3. 114	200~300	

三、农田灌溉特点

东北部春玉米种植区由于年降水差异悬殊，该区跨越灌溉农业区与补偿灌溉农业区（参见第二章图 2-14 根据降水量灌溉农业分区图）。

1. 灌溉面积分布特性

该区 13 个三级区中包含灌溉农业区的 112 区中温带山丘草原玉米储水灌溉区、115 区中温带松江上游平原混合灌溉区、122 区中温带辽西山丘混合灌溉区、131 区暖温带海河北部山丘井灌灌溉区、141 区暖温带黄河中游混合灌溉区、142 区中温带黄河中游引提灌溉区共 6 个三级区，共包含 27 个地市；补偿灌溉农业区包含 7 个三级区，共含 33 个地市。

（1）灌溉发展不平衡。

①灌溉农业类型区：虽然平均耕地灌溉率（0. 50）高于补偿灌溉类型区（0. 29），但发展也不均衡，412 区耕地灌溉率达 0. 91，而 112 区仅 0. 34。

②补偿灌溉类型区：7 个区平均耕地灌溉率 0. 29，但 121 区到达 0. 55。该类型区耕地灌溉率较低主要与降水较多有关，如 116 区仅 0. 15，降水量为 600~800mm。

（2）灌溉面积分布不均。

①4 个二级区分布：11 区灌溉面积 538 万 hm^2，而最小 13 区仅为 140 万 hm^2 相差 3 倍多，灌溉面积大对全区影响也大。

②60 个地市分布：大于 60 万 hm^2 的地市有哈尔滨市、齐齐哈尔市、通辽市、巴彦淖尔市，并且四市耕地灌溉率都很高其中巴彦淖尔市高达 0. 91，哈尔滨灌溉面积 73 万 hm^2，耕地灌溉率 0. 4。而阿拉善灌溉面积最小只有 0. 0001 万 hm^2，但耕地灌溉率却高达 0. 99 说明耕地很少，主要是以牧业为主，白山市灌溉面积 0. 4 万 hm^2 也很小，因为降水量较大达 1 000mm，很多耕地无须灌溉，详见表 13-4。

2. 灌溉用水现状

灌溉用水由各地市近年水资源公报中的灌溉用水与灌溉面积的比值换算得出，由于灌溉面积与收集用水量，资料年代有几年的偏差，但都是近年（3~5 年内）该数只能粗略反映各地区的供水能力，是个参考数。

表 13-4　I 华东北部春玉米灌溉与补偿灌溉混合区灌溉参数对比表

二级区	三级区	地市	灌溉面积（万 hm^2）	灌溉/耕地	水系	工程类型	灌溉用水（亿 m^3）	灌溉用水（m^3/hm^2）
1 松江流域半干旱春玉米灌溉区	1 中温带松嫩平原储引灌溉区	长春	25.568	0.20	伊通河	储水	14.4	5 632
		吉林	18.097	0.27	松花江	储水	11.1	6 117
		哈尔滨	72.860	0.40	松花江	混合	42.0	5 764
		齐齐哈尔	62.420	0.36	嫩江	储水	25.0	4 009
		双鸭山	8.270	0.04	乌苏里江	储水	19.8	23 942
		大庆	47.300	0.78	嫩江	引提	12.5	2 651
		佳木斯	44.480	0.22	松花江	引提	51.1	11 488
		七台河	1.970	0.07	松花江	储水	4.5	23 076
		黑河	6.250	0.03	黑龙江	储水	3.2	5 120
	111		287.215	0.26			183.7	6 395
	2 中温带山丘草原玉米储水灌溉区	呼伦贝尔市	19.141	0.42	海拉尔河	储水	4.6	2 393
		兴安盟	28.333	0.26	额尔古纳河	储水	11.8	4 165
	112		47.474	0.34			16.4	3 450
	3 中温带农林混合灌溉区	伊春	4.820	0.31	汤旺河	混合	3.9	7 988
		绥化	47.950	0.33	通肯河	混合	17.1	3 556
		鹤岗	14.760	0.33	松花江	混合	15.3	10 386
	113		67.530	0.33			36.2	5 365
	4 中温带长白山北段储水灌溉区	鸡西	16.610	0.30	乌苏里江	混合	36.5	21 969
		牡丹江	8.310	0.14	牡丹江	储水	10.2	12 298
	114		24.920	0.22			46.7	18 744
	5 中温带松江上游平原混合灌溉区	松原	55.597	0.45	松花江	混合	8.9	1 603
		白城	43.656	0.44	洮儿河	井灌	13.5	3 099
	115		99.253	0.45			22.4	2 261
	6 中温带上白山混合灌溉区	通化	10.959	0.35	哈泥河	混合	9.8	8 942
		白山	0.434	0.08	哈泥河	混合	0.2	4 608
		延边	8.700	0.02	朝阳河	引提	5.0	5 747
	116		20.093	0.15			15.0	7 465
11			546.485					0

（续表）

二级区	三级区	地市	灌溉面积（万 hm^2）	灌溉/耕地	水系	工程类型	灌溉用水（亿 m^3）	灌溉用水（m^3/hm^2）
2 辽河流域半干旱春玉米灌溉区	1 暖温带辽河平引提原灌溉区	沈阳	25.754	0.41	浑河	引提	15.6	6 057
		营口	7.318	0.69	大辽河	混合	5.8	7 926
		辽阳	6.797	0.42	太子河	混合	7.6	11 181
		盘锦	9.546	0.66	辽河	储水	10.0	10 476
	121		49.415	0.55			39.0	7 892
	2 中温带辽西山丘混合灌溉区	通辽市	64.022	0.62	西辽河	井灌	21.6	3 379
		赤峰市	40.588	0.41	老哈河	混合	12.5	3 067
		锦州	15.720	0.35	小凌河	混合	4.0	2 519
		阜新	9.796	0.20	大凌河	储水	2.5	2 542
		朝阳	15.888	0.33	大凌河	混合	2.1	1 322
		葫芦岛	7.199	0.30	辽东湾	混合	2.6	3 612
	122		146.014	0.37			123.2	8 440
	3 中温带辽东山丘混合灌溉区	大连	6.907	0.21	渤海	井灌	5.3	7 673
		鞍山	7.275	0.29	太子河	混合	6.6	9 072
		抚顺	3.368	0.27	浑河	混合	3.2	9 501
		本溪	1.734	0.30	太子河	储水	1.0	5 825
		丹东	7.757	0.38	鸭绿江	混合	7.6	9 798
		铁岭	15.725	0.27	辽河	储水	7.8	4 960
		四平	19.196	0.21	东辽河	井灌	5.5	2 844
		辽源	3.158	0.13	东辽河	混合	2.7	8 613
	123		65.120	0.26			39.7	6 095
12			264.149				325.8	12 335

（续表）

二级区	三级区	地市	灌溉面积（万 hm^2）	灌溉/耕地	水系	工程类型	灌溉用水	
							（亿 m^3）	（m^3/hm^2）
3 海河流域半干旱春玉米灌溉区	4 暖温带海河北部山丘井灌灌溉区	承德市	10.831	0.40	武烈河	引提	6.0	5 540
		张家口市	24.889	0.36	洋河	引提	6.9	2 788
		秦皇岛市	12.988	0.76	滦河	井灌	5.6	4 273
		唐山市	46.239	0.85	滦河	井灌	14.2	3 077
		大同市	11.809	0.25	桑干河	井灌	3.2	2 735
	131		106.756	0.52			36.0	3 367
	5 中温带海河西部山丘混合灌溉区	阳泉市	0.876	0.12	桃河	混合	0.3	3 858
		长治市	7.504	0.22	漳河	混合	2.4	3 238
		朔州市	12.171	0.45	恢河	混合	3.4	2 810
		忻州市	12.739	0.26	牧马河	混合	4.4	3 462
	132		33.290	0.26			32.2	9 661
13			140.046				114.7	8 187
4 黄河流域干旱春玉米灌溉区	1 暖温带黄河中游混合灌溉区	太原市	5.017	0.32	汾河	井灌	1.9	3 787
		晋城市	4.075	0.22	丹河	井灌	1.1	2 650
		晋中市	14.110	0.36	潇河	混合	4.6	3 267
		吕梁市	11.219	0.13	川河	混合	2.9	2 585
		呼和浩特市	20.550	0.64	大黑河	混合	6.2	3 036
		包头市	12.734	0.47	黄河	混合	5.5	4 351
		乌海市	0.669	0.29	黄河	井灌	0.8	11 360
		阿拉善盟	8.700	0.99	黄河	井灌	1.6	1 839
		延安市	2.260	0.09	延河	储水	0.60	2 655
		榆林市	12.850	0.22	无定河	储水	4.47	3 479
	141		92.184	0.37			29.7	3 222
	2 中温带黄河中游引提灌溉区	鄂尔多斯市	24.273	0.90	黄河	引提	18.6	7 672
		巴彦淖尔市	65.272	0.93	黄河	引提	40.2	6 157
	142		89.545	0.91			58.8	6 568
14			181.729	53			88.5	4 871

城市工业对灌溉用水的影响。

①城市用水与灌溉用水：从统计中发现大城市的灌溉供水能力要低于一般地市，农业供水如沈阳市 6 057 m^3/hm^2、哈尔滨市 5 764 m^3/hm^2、长春市 5 632 m^3/hm^2、太原市 3 787m^3/hm^2、呼和浩特市 3 036m^3/hm^2，比一般地市灌溉供水要小（表 13-4）。

②工业城市用水与灌溉用水：从统计中发现泛大工业城市的灌溉供水能力要低于一般地市，如大庆市 2 651m^3/hm^2、唐山市 3 077m^3/hm^2、大同市 3 367m^3/hm^2，较一般城市要小数倍（表 13-4）。

③降水与灌溉用水：地区降水少，受水资源限制，供水能力要小如松原市 1 603 m^3/hm^2、朝阳市 1 322m^3/hm^2、阿拉善盟 1 839m^3/hm^2，较一般城市要小数倍（表 13-4）。

3. 灌溉工程特点

灌溉工程受水源条件限制，灌溉采用工程不同，可分为四类。

①储水灌溉：一般山丘区水库是主要水源，由水库向农田供水，输水工程根据输水距离不同，分为两类：一是长距离多用水地区，一般由河流作输送，然后再分水到总干；二是灌溉农田地势高的地区，需要建泵站提水。该类地区有 111、112 2 个三级区。

②井灌：在平原区，多利用地下水，直接在本地打井提水灌溉，工程简单管理方便，投资省。131、141 2 个三级区中以井灌为主，包含部分储水、提水、混合灌溉。

③引提灌溉：该类型主要以引河水灌溉，出现在大江河两岸，河水不易干枯。引提又分为两种情况：如能自流灌溉，则用引水闸自流输水，反之需要建泵站提水灌溉。该类有 142 区。

④混合类灌溉区：由于三级区包含不同类型水源的地市，出现同一三级区中含有不同类型，称为混合类，除上述各区外基本都属于该类。

四、各地市灌溉水供需平衡分析

灌溉水源是发展灌溉的先决条件，不同水资源状况需要采取不同的开发战略，了解分析水资源与供水能力，可看出开发水平。

1. 水资源与灌溉用水分析

①农田公顷平均水资源状态：单位面积平均水资源是研究农业资源的重要指标，均水资源是当前水资源能分配给灌溉用水的指标，以 m^3/hm^2 表示。

在第Ⅰ区 13 个三级区中排名前三是 116、113、112，资源最小是 141、132、122 三区。

最大 116 与最小 122 相差 20 倍，可见，两区在灌溉发展上要采取的对策是截然不同的。

按玉米需水计算（一般需水净定额为 6 000m^3/hm^2）满足要求毛定额要大于 12 000 m^3/hm^2，这样看小于 12 000m^3/hm^2 的就有 7 个三级区（表 13-5）属于理论缺水区。

②灌溉用水现状分析：灌溉供水是根据近年各地市实际灌溉用水量与灌溉面积比换算得出，表 13-6 是 60 个地市近年实际供水量，分析看出大于 20 000m^3/hm^2，共 3 个地市，有双鸭山、七台河、鸡西，该三区位于黑龙江三江平原，主要灌溉面积是

水稻，用水较大。超过 10 000m^3/hm^2，共 6 个地市牡丹江、佳木斯、乌海市、辽阳、盘锦、鹤岗。最小小于 2 000m^3/hm^2 有阿拉善盟、松原、朝阳，这三区恰是东北西部干旱区。

表 13-5　13 个三级区公顷平均水资源排名序列表　（单位：m^3/hm^2）

小区序号	田均水量	小区序号	田均水量	小区序号	田均水量	小区序号	田均水量	小区序号	田均水量
116	49 215	123	26 565	115	10 215	142	3 720	122	2 400
113	37 215	114	17 100	121	7 515	141	3 540		
112	29 925	111	12 720	131	4 425	132	2 685		

表 13-6　灌溉供水分区　（单位：m^3/hm^2）

供水分区	三级区名	包含地市	灌溉供水	田均水资源量
一型	114 中温带长白山北段储水灌溉区	鸡西、牡丹江	18 750	17 100
	121 暖温带辽河平原引提灌溉区	沈阳、营口、辽阳、盘锦	7 890	7 515
	116 中温带长白山混合灌溉区	通化、白山、延边	7 470	49 215
二型	142 中温带黄河中游引提灌溉区	鄂尔多斯市、巴彦淖尔市	6 570	3 720
	111 中温带松嫩平原储引灌溉区	长春、吉林、哈尔滨、齐齐哈尔、双鸭山、大庆、佳木斯、七台河、黑河	6 390	12 720
	123 中温带辽东山丘混合灌溉区	大连、鞍山、抚顺、本溪、丹东、铁岭、四平、辽源	6 090	26 565
三型	113 中温带农林混合灌溉区	伊春、绥化、鹤岗	5 370	37 215
	112 中温带山丘草原玉米储水灌溉区	呼伦贝尔市、兴安盟	3 450	29 925
	131 暖温带海河北部山丘井灌灌溉区	承德市、张家口市、秦皇岛市、唐山市、大同市	3 360	4 425
	141 暖温带黄河中游混合灌溉区	太原市、晋城市、晋中市、吕梁市、呼和浩特市、包头市、乌海市、阿拉善盟、延安市、榆林市	3 225	3 540
	132 中温带海河西部山丘混合灌溉区	阳泉市、长治市、朔州市、忻州市	3 180	2 685
	122 中温带辽西山丘混合灌溉区	通辽市、赤峰市、锦州、阜新、朝阳、葫芦岛	3 105	2 400
	115 中温带松江上游平原混合灌溉区	松原、白城	2 265	10 215

③灌溉用量分析：根据黑龙江各市统计节水机具拥有量，看出与各市单位灌溉面积用水量有关，凡是拥有节水灌溉机具多的地市，单位灌溉面积用水量就小，发展节水灌溉对水旱田都有显著变化（图 13-2）。

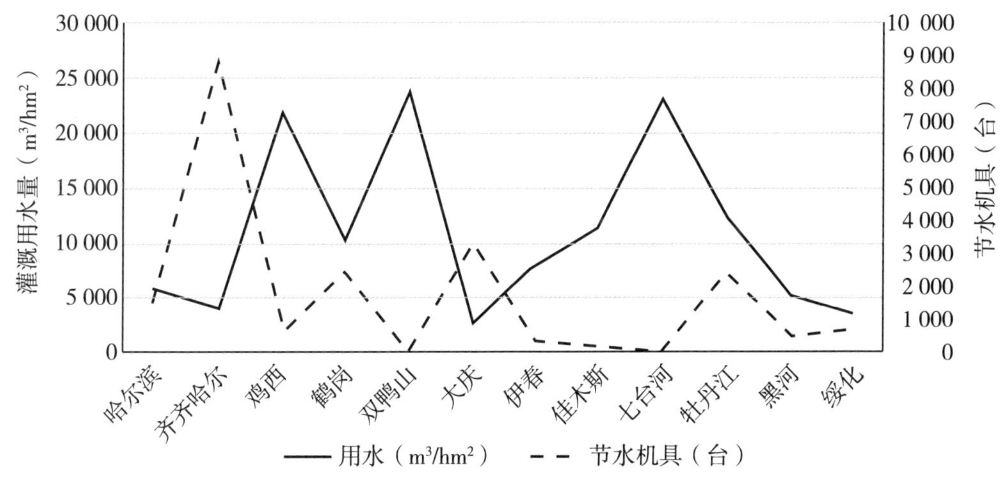

图 13-2　节水灌溉机具与单位面积灌溉用水量对比

④三级区灌溉用水分类：根据灌溉用水可分为 3 种类型。

一型：以水田为主用水区，三级区平均用水定额为 7 500～15 000m^3/hm^2，该类型区水资源较丰富，其中，121 区虽然本地水资源较少，但有大型水库外地补给。

二型：水旱混合用水类型，用水量为 6 000～6 750m^3/hm^2，该类型既有水田也有旱田。

三型：旱田为主用水区，水田很少，用水量为 300～4 500m^3/hm^2。

⑤各三级区公顷平均水资源与用水对比：图 13-2 各市及分区的水资源与用水曲线图，明显看出如下几个特点：A. 同一三级区平均水资源量基本一致，水资源较高小区均位于东北的东部山区，而水资源低的地区位在华北北部及内蒙古沙漠区；B. 供水与水资源密切相关，亩均水资源多则供水较充裕；C. 从 131、132、141、142 四个区平均水资源均小于平均用水量，用水增多部分主要来自海河上游水库与黄河引水；D. 平均用水量较少的区都是旱田灌溉区，如 112、115、131、132、141、142。

2. 灌溉水供需平衡分析

灌溉用水量主要决定因素有有效降水、地下水补给、灌溉水利用系数，用水决定作物种类与地区气候条件，总起来就是作物需水量。写成供需水平衡计算式：

$$M = M_0/\eta \tag{13-1}$$

式中：

M—灌溉需水毛定额；

M_0—灌溉需水净定额；$M_0 = K_l \sum_j^n (E_j - P_j - H_j)$；

η—供水工程输水系统有效利用率（估算一般土渠 0.4、夯实土渠 0.5、砌石 0.6、混凝土+膜 0.7、管道 0.9~0.95）；

K_l—不同节水灌溉措施下的作物需水量修正系数（无资料时可参考：玉米地面沟畦灌 1、喷灌 0.7~0.9、滴灌 0.5~0.7、覆膜滴灌 0.3~0.5 等）；

E_j—不同生育期作物的需水量；

P_j—不同生育期内有效降水量；

H_j—不同生育期内地下水有效补给量（地下水位埋深大于 3m 为 0）。

有效降水系指较长系列降水能有效渗入土壤，能被作物吸收的雨量，下式是根据中国旱田灌溉试验（包括玉米、小麦、棉花等主要农作物）各地有效降水资料综合分析获得的估算经验公式（该式只适用多次降水，不适用一次降水），曾用于中国节水灌溉区划中。

$$\mu = 1.04 \times EXP(-0.00113 \times p_0) \tag{13-2}$$

$$p = \mu p_0 \tag{13-3}$$

式中：

p—阶段有效降水量，mm；

μ—有效降水量利用系数；

p_0—阶段内降水总量，mm；

由灌溉水供需平衡分析公式看出，要降低灌溉用水可采取以下措施。

①提高灌溉水利用系数：提高输水利用系数和田间水利用系数，可减少灌溉水损失，则供水可减少。全国 2014 年平均灌溉水利用系数仅为 0.45~0.5。应大力发展渠道防渗工程，对远距离输水实现输水管道化。

②发展节水灌溉给水方法：有压节水可提高输水与田间水两项利用系数，如果进一步发展无压给水，节水效果更佳。

③发展集雨田间工程：集雨工程能增加降水有效利用系数，在旱涝同时发生地区，从排水中更多的留住雨水，是有效增加水源措施。

④回灌超采的地下水：对原有地下水位在 3m 以上地区，由于超采，地下水无法补给作物，如果采取地下水回灌措施，灌溉用水也会减少。

⑤生物措施：通过作物育种及基因改良，培育耐旱品种，降低作物需水量，灌溉供水也能减少。

⑥减少棵间蒸发：作物需水由两项组成作物蒸腾用水与棵间土壤蒸发，改良土壤、对土壤表层喷施土壤蒸发抑制剂，可减少土壤蒸发。

3. 各地市灌溉用水与水资源供需平衡分析

通过 13-1 公式对 60 个地市分析，只有 1/2 地市水资源满足旱田灌溉需要，其他地市均显不足，必须由外地引入水资源（图 13-3）。如果提高灌溉水利用系数由现状 0.5 提高到 0.8，可以减少外地引用水量。从实际灌溉用水（加上有效降水）与玉米需水平衡看，只有 5 个地市还有不足，但计算没考虑输水损失，如果考虑输水损失，不足地市还会增加（表 13-7）。

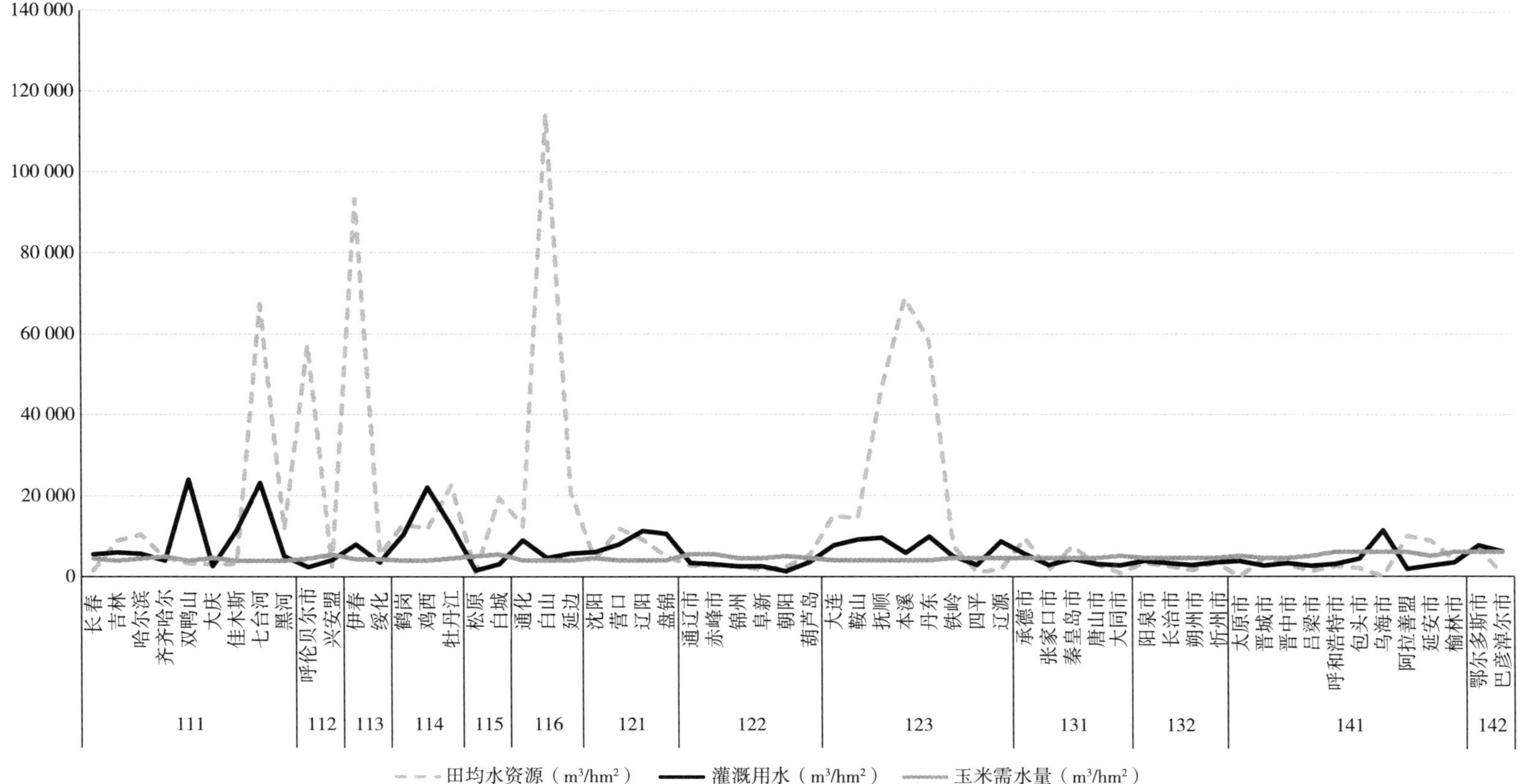

图 13-3　60 个地市平均田均水资源与平均灌溉供水对比图

表 13-7　田均水资源与玉米灌溉用水平衡分析（需水量根据中国玉米需水量等值线）

地市	田均水资源 (m^3/hm^2)	灌溉用水 (m^3/hm^2)	给水类型	玉米需水量 (m^3/hm^2)	年均降水 (mm)	降水有效系数	有效雨量 (mm)	用需平衡 (m^3/hm^2)
长春	1 553	5 632	外引	4 500	500	0. 59	296	4 088
吉林	9 049	6 117	自供	4 000	600	0. 53	317	5 285
哈尔滨	10 468	5 764	自供	4 500	500	0. 59	296	4 220
齐齐哈尔	4 763	4 009	外引	5 000	450	0. 63	281	1 824
双鸭山	3 271	23 942	外引	4 000	700	0. 47	330	23 243
大庆	3 112	2 651	外引	4 700	500	0. 59	296	907
佳木斯	3 187	11 488	外引	4 000	700	0. 47	330	10 789
七台河	67 408	23 076	自供	4 000	700	0. 47	330	22376
黑河	11 648	5 120	自供	4 000	500	0. 59	296	4 075
111	12 717	9 756	自供	4 300	572	0. 55	308	8 534
呼伦贝尔市	57 256	2 393	自供	4 500	400	0. 66	265	540
兴安盟	2 587	4 165	外引	5 500	400	0. 66	265	1 312
112	29 921	3 279	自供	5 000	400	0. 66	265	926
伊春	93 277	7 988	自供	4 300	500	0. 59	296	6 643
绥化	5 454	3 556	自供	4 300	500	0. 59	296	2 211
113	49 366	5 772	自供	4 300	500	0. 59	296	4 427
鹤岗	12 915	10 386	自供	4 000	600	0. 53	317	9 554
鸡西	11 700	21 969	自供	4 000	600	0. 53	317	21 136
牡丹江	22 497	12 298	自供	4 500	600	0. 53	317	10 966
114	15 704	14 884	自供	4 167	600	0. 53	317	13 885
松原	1 038	1 603	外引	5 000	400	0. 66	265	(750)
白城	19 378	3 099	自供	5 500	350	0. 70	245	50
115	10 208	2 351	自供	5 250	375	0. 68	255	(350)
通化	12 369	8 942	自供	4 000	800	0. 42	337	8 312
白山	114 456	4 608	自供	4 000	800	0. 42	337	3 977
延边	20 831	5 747	自供	4 000	1000	0. 34	336	5 107
116	49 219	6 433	自供	4 000	867	0. 39	337	5 799
沈阳	4 131	6 057	外引	4 500	700	0. 47	330	4 858
营口	11 854	7 926	自供	4 000	600	0. 53	317	7 093
辽阳	9 065	11 181	自供	4 000	700	0. 47	330	10 482
盘锦	5 013	10 476	自供	4 000	600	0. 53	317	9 643
121	7 516	8 910	自供	4 125	650	0. 50	323	8 019
通辽市	2 717	3 379	外引	5 500	400	0. 66	265	526
赤峰市	2 627	3 067	外引	5 500	350	0. 70	245	18

（续表）

地市	田均水资源（m^3/hm^2）	灌溉用水（m^3/hm^2）	给水类型	玉米需水量（m^3/hm^2）	年均降水（mm）	降水有效系数	有效雨量（mm）	用需平衡（m^3/hm^2）
锦州	2 591	2 519	外引	4 500	600	0.53	317	1 187
阜新	1 699	2 542	外引	4 500	700	0.47	330	1 343
朝阳	2 373	1 322	外引	5 000	450	0.63	281	(864)
葫芦岛	5 333	3 612	自供	4 500	650	0.50	324	2 355
122	2 890	2 740	外引	4 917	525	0.58	294	761
大连	15 010	7 673	自供	4 000	700	0.47	330	6 974
鞍山	14 194	9 072	自供	4 000	700	0.47	330	8 372
抚顺	45 920	9 501	自供	4 000	800	0.42	337	8 870
本溪	68 786	5 825	自供	4 000	900	0.38	339	5 210
丹东	58 393	9 798	自供	4 000	1 000	0.34	336	9 157
铁岭	7 422	4 960	自供	4 500	800	0.42	337	3 829
四平	1 088	2 844	外引	4 500	600	0.53	317	1 512
辽源	1 750	8 613	外引	4 500	800	0.42	337	7 482
123	26 570	7 286	自供	4 188	788	0.43	333	6 426
承 德 市	9 396	5 540	自供	4 500	700	0.47	330	4 340
张家口市	1 522	2 788	外引	4 500	500	0.59	296	1 244
秦皇岛市	7 402	4 273	自供	4 500	700	0.47	330	3 074
唐山市	2 951	3 077	外引	4 500	700	0.47	330	1 878
大同市	873	2 735	外引	5 000	500	0.59	296	691
131	4 429	3 683	外引	4 600	620	0.52	316	2 245
阳泉市	3 283	3 858	外引	4 500	500	0.59	296	2 314
长治市	2 525	3 238	外引	4 500	600	0.53	317	1 906
朔州市	1 570	2 810	外引	4 500	600	0.53	317	1 478
忻州市	3 381	3 462	外引	4 500	600	0.53	317	2 129
132	2 690	3 342	外引	4 500	575	0.54	311	1 957
太原市	24	3 787	外引	5 000	500	0.59	296	1 743
晋城市	4 472	2 650	外引	4 500	600	0.53	317	1 318
晋中市	2 917	3 267	外引	4 500	600	0.53	317	1 935
吕梁市	1 297	2 585	外引	5 000	500	0.59	296	540
呼和浩特市	2 520	3 036	外引	6 000	400	0.66	265	(316)
包头市	2 035	4 351	外引	6 000	400	0.66	265	998
乌海市	0	11 360	外引	6 000	400	0.66	265	8 007
阿拉善盟	9 987	1 839	自供	6 000	200	0.83	166	(2 502)
延安市	8 778	2 655	自供	5 000	500	0.59	296	610

（续表）

地市	田均水资源（m^3/hm^2）	灌溉用水（m^3/hm^2）	给水类型	玉米需水量（m^3/hm^2）	年均降水（mm）	降水有效系数	有效雨量（mm）	用需平衡（m^3/hm^2）
榆林市	3 992	3 479	外引	6 000	400	0.66	265	126
141	3 602	3 901	外引	5 400	450	0.63	274	1 246
鄂尔多斯市	6 887	7 672	自供	6 000	300	0.74	222	3 895
巴彦淖尔市	563	6 157	外引	6 000	300	0.74	222	2 380
142	3 725	6 915	外引	6 000	300	0.74	222	3 137

五、Ⅰ华东北部春玉米灌溉与补偿灌溉混合区灌溉发展对策

一区玉米种植面积和总产占全国比重最大，是玉米产业发展的重点地区。

1. Ⅰ华东北部春玉米灌溉与补偿灌溉混合区在中国玉米生产中的特点

①玉米种植集中：玉米种植面积 1 837万 hm^2 是其他三区的总和，占全国玉米种植面积的 49.35%，总产占全国 53%，2013 年玉米种植面积占耕地 53%。从图 13-4 中看出玉米种植区集中连片，主要集中松辽流域。

②玉米生产集约化程度高：随着农村土地改革三权分置的落实，专业玉米种植大户逐年增多，规模经营 667hm^2 到 1.3 万 hm^2 不等，集约化在全国十分突出。

③农业机械化水平高：集约化经营为机械化提供前提条件，大户自筹数百万元购置系列农机具，从机翻、机播、机械化施药、机械化收割、机械化入仓系列作业，大大提高了机械化水平，降低了生产成本。

④灌溉工程特点：该区灌溉分区跨越灌溉农业区和补偿灌溉农业区，灌溉农业区灌溉作物主要是玉米，灌溉面积占耕地面积比重在 50%~90%（表 13-4），补偿灌溉农业区较低，因为该区降水为 800~1 200mm。但随着玉米单产的提高，灌溉应有很大发展空间。

2. Ⅰ华东北部春玉米灌溉与补偿灌溉混合区灌溉发展建议

根据上述玉米种植特点，随着国家种植结构的调整，该区适合发展春玉米种植，形成种植产业化，将该区（图 13-4）建成中国世界级的玉米带，并配套农业、水利科技、金融现代化的服务体系，包含农耕技术、灌溉技术、机械、信息、产销等各种专业服务体系，这样可大大降低生产成本和经营风险（参见第八章第六节）。

六、三级区建议发展的节水措施

1. 111 中温带松嫩平原储引灌溉区

①概况分析：中温带松嫩平原储引灌溉区包含长春、吉林、哈尔滨、齐齐哈尔、双鸭山、大庆、佳木斯、七台河、黑河 9 个地市，地势属山丘区，灌溉水源主要利用水库与提引松嫩江水，水资源属贫水区，从平均田均水资源与丰产型补偿灌溉需要来看，大部分地市（哈尔滨、黑河、吉林除外，见表 13-7）缺水，现实灌溉用水高于平均水资源量（表 13-5、表 13-6），是因为该区耕地灌溉率仅 0.26，还有大部耕地要按高产要求进行补偿

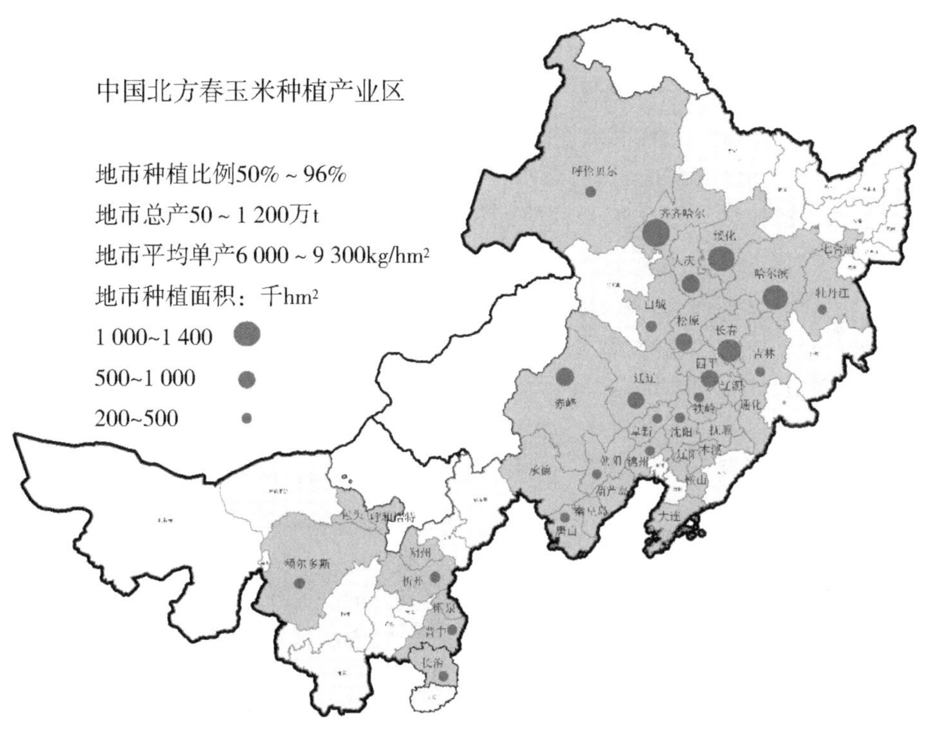

图 13-4　I 中玉米面积大于 200 千 hm² 地市分布图

式灌溉，但目前灌溉工程建设没能跟上，灌溉农田占用了其他没灌溉农田的水资源量。

②发展方向：发展节水型社会，城市、工业、农业用水向现代化迈进，减少单位生产耗水量，减少工农业 GDP 万元产值的用水指标。

③节水措施：该区以储水水源为主，节水主攻方向是输水系统，加强输水工程的渠道防渗（在有冻土地区注意采用防渗工程的防冻措施）、增加管道输水比重，优先发展向城镇、厂矿供水管道化，节省输水损失即可增加对农业供水。对农业节水应采取：A. 增加节水工程投入，降低亩用水量，玉米发展覆膜滴灌，平原区发展大型喷灌（如时针式、平移式喷灌）；B. 扩大灌溉面积，将工农业节约下的水资源用以扩大补偿式灌溉面积。

2. 112 中温带山丘草原玉米储水灌溉区

①概况分析：中温带山丘草原玉米储水灌溉区只有呼伦贝尔和兴安盟，地势地形为山丘草原和荒漠，干旱少雨，灌溉水源主要利用水库水（尼尔基水库 86 亿 m^3、察尔森水库 12. 5 亿 m^3。）水资源属缺水区，其中，呼伦贝尔由于森林草原多而耕地少，表现为平均水资源多，可将水库水供应较多灌溉面积，耕地灌溉率 0. 42 也高于兴安盟的 0. 26，玉米单产较高平均为 9 037kg/hm^2，而兴安盟仅为 3 795kg/hm^2。

②发展方向：该区是农林牧区，玉米生产应向辅助林牧业发展，玉米种植向农业、水利现代化产业化发展，为牧业提供饲料。

③节水措施：该区以储水水源为主，节水主攻方向是输水系统，加强输水工程的渠道防渗，该区降水 300~400mm，水资源十分宝贵，供水应逐步实现管道化，优先发展向城

镇供水管道化，减少输水损失。对农业增加节水工程投入，降低亩用水量，玉米发展覆膜滴灌，平原区发展大型喷灌（如时针式、平移式喷灌）。

3. 113 中温带农林混合灌溉区

①概况分析：中温带农林混合灌溉区有伊春、绥化、鹤岗，地形丘陵平原，覆盖森林与农田，年雨量为500~650mm，灌溉水源主要利用水库水、地下水及河水，伊春由于是以森林为主水资源较多，绥化玉米种植面积是耕地面积的96%，水资源属于贫水区，鹤岗位于三江平原，水资源属富水区。三地耕地灌溉率均在0.3左右，但水旱灌溉面积不同，绥化、伊春以玉米为主，鹤岗是以水稻为主。

②发展方向：该区三市农林产业化方向不同，伊春以林为主、绥化以玉米为主、鹤岗以水稻为主，但目标是一致的都要向产业现代化发展，并要降低单位GDP用水标准。

③节水措施：该区以混合供水工程供水，在节水措施上要对症下药，除输水节水措施外，玉米产区要发展有压节水灌溉，对提水灌溉泵站工程，要向现代化、信息化、智能化发展。

4. 114 中温带长白山北段储水灌溉区

①概况分析：中温带长白山北段储水灌溉区有鸡西、牡丹江两市位于长白山北段山丘区，该区年雨量为700~1 200 mm，灌溉水源主要利用水库水、河水，鸡西位属乌苏里江流域，虽然水量较多但耕地多水资源仍显不足；牡丹江市雨量1 200 mm，水资源丰富，鸡西耕地灌溉率0.3，灌溉面积以水稻为主。牡丹江耕地灌溉率0.14，由于雨量在1 000mm以上，旱田灌溉很少。

②发展方向：该区发展方向以水稻节水为主，玉米主要防治涝害。

③节水措施：水稻节水主攻方向是控制灌溉与水稻旱种技术。玉米需要防治涝害。

5. 115 中温带松江上游平原混合灌溉区

①概况分析：中温带松江上游平原混合灌溉区有松原、白城两市位于松江上游平原区，该区年雨量为300~400mm，灌溉水源主要利用地下水，白城位于兴安岭老头山东侧山前平原多湿地，松原是松花江多支源头的汇聚地，由于降水稀少本地水资源很少，但源头雨量丰富，耕地灌溉率在0.4以上，玉米种植占耕地50%以上。灌溉面积以玉米为主。

②发展方向：该区发展方向以玉米向产业化、集约化、农业灌溉现代化方向发展。

③节水与防灾措施：地势平坦适宜发展大型喷灌，但该区春季风大，在风害地区则适宜发展覆膜滴灌。为防止春季风剥，备用移动式喷灌设备，在风灾来临前进行喷灌，增加土壤湿度，防止风剥。无霜期短玉米初秋会出现初霜冻，备用喷灌设备可进行防霜冻喷灌。

6. 116 中温带白山混合灌溉区

①概况分析：中温带白山混合灌溉区，有通化、白山、延边三地市，位于长白山中段，通化、白山属鸭绿江上游，延边属图们江流域。该区受黄海、日本海海风及长白山脉影响，年降水量是东北地区最高的地区，年雨量为800~1 200mm，玉米面积虽然占耕地面积50%左右，但灌溉较少，属雨养农业，灌溉主要用于水稻。

②发展方向：该区玉米种植在山间谷地，地块零星无法形成集约化生产，应向合作社模式发展，并将玉米深加工以山区特点形成以玉米为源头的生物链产业集群，向工业化农

业发展。

③水利与防灾措施：山区玉米种植在二阶台地或山坡上，土壤层很薄，容易产生风灾倒伏、山洪冲刷，要加强水土保持。春季山上冰雪消融谷地常发生冷害与渍涝，要做好排水工程。

7. 121 暖温带辽河引提灌溉区

①概况分析：暖温带辽河引提灌溉区有沈阳、营口、辽阳、盘锦等地市，位于辽河中下游平原区，该区年雨量为700~800mm，灌溉水源主要利用东部山区水库及地下水。该区是辽宁粮仓，玉米种植比例在50%左右，其中盘锦是水稻产区，玉米很少。灌溉上下游输水主要依靠河流，虽然河流渗漏较大，但在辽河平原，地表水、河水、地下水、回归水能互相转化，可得到充分利用。该区玉米基本处于雨养状态，只是干旱年玉米灌溉面积才会增多。

②发展方向：该区地势平坦适合发展产业化、集约化经营方式，农业机械化水平较高，发展方向以玉米为主的补偿灌溉现代化农业区。

③节水与防灾措施：地势平坦适宜发展大型喷灌，但该区是辽宁重要涝区，旱涝兼有，以涝为主，旱灾频率低。适宜发展灌排兼备水利工程。

8. 122 中温带辽西山丘混合灌溉区

①概况分析：中温带辽西山丘混合灌溉区有通辽市、赤峰市、锦州、阜新、朝阳、葫芦岛等地市，该区位于辽河流域西岸，该区年雨量为400~600mm，灌溉水源主要利用地下水与蓄水，其中，通辽市、赤峰市、朝阳属于灌溉农业，锦州、阜新、葫芦岛降水量大于500mm，属于补偿灌溉农业。该区玉米种植比例为60%~90%，几乎无水田。灌溉面积以玉米为主，耕地灌溉率0.3~0.6，其中通辽、赤峰较高，朝阳较低。

②发展方向：其中，通辽市、赤峰市土地广袤，适合大规模专业化发展，其他地市应以合作模式产业化方向发展，共同目标是奔向玉米产业化、集约化、农业灌溉现代化方向发展。

③节水措施：通辽市、赤峰市地势平坦适宜发展大型喷灌，对春季风大，有风害地区则适宜发展覆膜滴灌。锦州、阜新、葫芦岛地区发展中型喷灌，备用春季抗旱设备。

9. 123 中温带辽东山丘混合灌溉区

①概况分析：中温带辽东山丘混合灌溉区有大连、鞍山、抚顺、本溪、丹东、铁岭、四平、辽源等地市，该区长白山南端，年雨量为700~1 200mm，灌溉水源主要利用水库、地下水，雨量丰富，灌溉以水田为主，旱田属雨养农业，耕地灌溉率很低在0.15~0.3，玉米种植面积占耕地面积50%~80%，灾害以涝害为主。

②发展方向：该区粮食作物以玉米为主，但山丘阻隔连片土地不多，适宜发展合作式中小型产业化经营，加强山丘区农田建设，增强抵抗洪涝灾害能力。

③节水与防灾措施：局部灌溉区宜发展覆膜滴灌，增加早春地温，山谷温度低无霜期短玉米初秋会出现初霜冻，备用喷灌设备可进行防霜冻喷灌。

10. 131 暖温带海河北部山丘井灌灌溉区

①概况分析：该区有承德、张家口、秦皇岛、唐山、大同五市，该区年雨量为500~600mm，灌溉水源主要利用水库与地下水，位于海河流域的秦皇岛、唐山位邻渤海地势平

坦耕地灌溉率较高为 0.80 左右，玉米种植面积占耕地面积 50%以上。承德、张家口、大同位于燕山山脉，其中，张家口、大同玉米种植面积占耕地面积较少仅为 25%~30%，承德却高达 70%，但三市耕地灌溉率较低只在 0.25~0.39。

②发展方向：该区多是杂粮区，发展方向以多种经营，发展特色经济，小区域形成各自特点的专业化，其中包括玉米地域性产业化、集约化，并向农业灌溉现代化方向发展。

③节水与防灾措施：该区为补偿灌溉区，春季风大易发生春旱，应备足抗旱设备与机具，在风害地区则适宜发展覆膜滴灌，为防止春季风剥备用移动式喷灌。同时加快渠道防渗建设提高输水利用系数。

11. 132 中温带海河西部山丘混合灌溉区

①概况分析：该区有阳泉、长治、朔州、忻州 4 市，位于太行山脉中段，海河流域上游，年雨量为 600~700mm，灌溉水源主要利用水库与地下水，玉米种植面积占耕地面积 50%~60%，耕地灌溉率只有忻州较高为 0.45，其他 3 市在 0.12~0.26，大部分属雨养农业。

②发展方向：该区属山区农业，多种经营，玉米发展方向以中小型产业化，并发展各类特色经济产业化，集约化、向农业现代化方向发展。

③节水与防灾措施：提高输水利用系数，发展渠道防渗工程，玉米发展覆膜滴灌，备足防旱物资及机械设备。

12. 141 暖温带黄河中游混合灌溉区

①概况分析：该区有太原、晋城、晋中、吕梁、呼和浩特、包头、乌海、阿拉善盟、延安、榆林等 10 个地市，该区年雨量变化在 200~700mm。其中，区分为两部分：太原、晋城、晋中、吕梁属补偿灌溉农业区；呼和浩特、包头、乌海、阿拉善盟、延安、榆林为灌溉农业区，但同属黄河流域中游地区。灌溉水源主要利用黄河各支流水，属混合型灌溉水源，平均水资源很低在 1 500~3 000m^3/hm^2。玉米种植面积各市差异很大，比重较大地区有晋中、呼和浩特、包头、阿拉善占耕地面积 50%~80%，其他地市为 10%~30%。灌溉面积以玉米为主，耕地灌溉率在 0.10~0.9，发展不平衡，阿拉善最高。

②发展方向：该区杂粮区，应向多种特色经济发展，对玉米较集中地区发展中小型产业化，以合作模式进行经营。向农业灌溉现代化方向发展。

③节水与防灾措施：按地势有两种类型，平坦沙漠区和山丘高塬区，可发展不同类型的喷灌、滴灌，并发展渠道防渗工程，提高输水利用系数。

13. 142 中温带黄河中游引提灌溉区

①概况分析：该区有鄂尔多斯、巴彦淖尔 2 市，鄂尔多斯玉米种植面积占耕地面积 70%以上，巴彦淖尔较低为 47%。年降水量 100~300mm，以牧业为主，粮食作物灌溉面积以玉米为主。耕地灌溉率在 0.90 以上。

②发展方向：该区发展方向农牧并重，玉米为牧业服务向产业化、集约化、农业灌溉现代化方向发展。

③节水与防灾措施：地势平坦适宜发展大型喷灌，但该区春季风大，在风害地区则适宜发展覆膜滴灌。为防止春季风剥，备用移动式喷灌设备，春季风灾来临前进行喷灌，增加土壤湿度，防止风剥。

第二节　Ⅱ华西北部春玉米灌溉农业区灌溉节水发展措施

中国春玉米分布在北方的东北和西北，但两地自然条件截然不同，东北气候寒冷雨量较多，光照短积温低，而西北气候温暖雨量少光照长积温高。由此形成东北是补偿灌溉农业，西北是灌溉农业。

一、资源特点

该区光热资源丰富，水资源短缺，但在天山、昆仑山、阿尔泰山、祁连山上分布众多大雪山、和著名冰川（一号冰川、音苏盖提冰川、汗腾格里冰川、其格拉孜冰川、科可萨依冰川、土盖别里齐冰川、天山托木尔冰川、七一冰川、老虎沟冰川）环绕，在中国多民族的千百年开发下成为美丽富饶之乡。

1. 水资源概况

该区水资源缺乏，从表 13-8 看出内陆河水资源较多，而黄河上游区水资源较少。田均水资源最少是兰州，因为田均水资源是扣除城市用水后耕地拥有的水资源，兰州是负值，即使城市用水也需要外地支援，水资源最多地区是新疆沿天山南侧有地形坡前雨的地区，最大雨量可达 800mm，其中克孜勒苏自治州平均水资源达 130 350m^3/hm^2，各地市平均水资源详见表 13-8。

表 13-8　Ⅱ华西北部春玉米灌溉农业区主要参数表

二级区	三级区	地市	玉米面积（千 hm^2）	总产（万 t）	玉米单产（kg/hm^2）	玉米种植比例（%）	田均水资源（m^3/hm^2）
1 黄河流域干旱春玉米灌溉区	1 中温带黄河中上游山丘引提灌溉区	兰州	36	19	5 300	17.3	-165
		金昌市（永昌）	12	13	10 403	18.3	465
		白银市（皋兰）	87	41	4 757	28.2	525
		天水市	90	59	6 555	23.6	6 540
		定西市（华家岭）	171	79	4 607	33.0	2 565
		临夏州	56	44	7 862	38.8	5 520
		海东市（西宁）	37	20	5 321	16.5	4 320
		吴忠市（盐池）	72	61	8 390	69.3	-30
		固原市	85	51	5 972	81.3	4 065
		中卫市	50	44	8 893	15.8	1 335
	211		696	430	6 806	34.2	2 520

（续表）

二级区	三级区	地市	玉米面积（千 hm^2）	总产（万 t）	玉米单产（kg/hm^2）	玉米种植比例（%）	田均水资源（m^3/hm^2）
1 黄河流域干旱春玉米灌溉区	2 中温带黄河上游混合灌溉区	武威市	90	96	10 695	35.3	3 345
		平凉市	56	33	5 940	15.1	2 550
		庆阳市	62	30	4 841	13.7	1 935
		陇南市（武都）	73	39	5 307	25.6	25 320
		银川市	44	38	8 568	38.4	-1 545
		张掖市	82	63	7 672	33.0	16 230
		石嘴山市	41	31	7 495	53.0	-720
	212		448	330	7 141	30.6	5 145
21			1 144	760	6 975	41.8	3 540
2 内河流域干旱春玉米灌溉区	1 暖温带内陆河引提灌溉区	嘉峪关（酒泉）	1	1	11 429	35.2	-10 785
		酒泉市	20	19	9 527	12.5	15 795
		伊犁哈萨克自治州	318	305	9 574	23.2	0
		伊犁哈萨克自治州直属县	136	135	9 911	24.0	25 440
		塔城地区	144	141	9 765	23.2	8 805
		阿勒泰地区	38	34	9 000	20.8	87 585
		博尔塔拉自治州	47	48	10 093	34.8	18 435
		内·克孜勒苏自治州	20	11	5 414	38.5	130 350
	221		725	693	9 339	26.5	34 455
	2 亚热带内陆河沙丘引提灌溉区	昌吉回族自治州	91	89	9 750	14.5	5 190
		阿克苏地区	84	57	6 782	13.7	9 495
		喀什地区	180	108	5 998	34.0	19 905
		和田地区	72	41	5 729	41.8	78 150
	222		428	296	7 065	26.0	28 185
22			1 153	989		26.3	32 220

2. 耕地资源

西南地区地广人稀，土地多沙漠戈壁，耕地面积占土地面积比例很少，如新疆耕地面积 331 万 hm^2，但土地面积高达 166 万 km^2，耕地只占 2%，玉米种植面积也是该区的主要粮食作物，一般种植比例为 30%~50%。由于光热资源较好，日较差大玉米光合产物干物质积累多，所以该区玉米单产较高，高产玉米达 8 000~10 000kg/hm^2，是全国大面积高产地区。

二、自然条件特点

1. 气象条件

该区降水少日照充足，所以，积温较高，但分布差异大，黄河流域偏低为 2 000~3 000℃，内陆河流域积温较高为 3 000~4 000℃，降水量各地分布不均，差异很大，雨量最大在天山附近，沙漠地带雨量少，总体上该区降水是全国最少地区，但蒸发量是全国最大地区，大部分地市干燥度为 3~5，局部地区高达 10~20，其中，最大为和田高达 50。雨量分布与东北华北不同，分布集中在 4—10 月，各月较均衡，暴雨较少（图 13-5）。

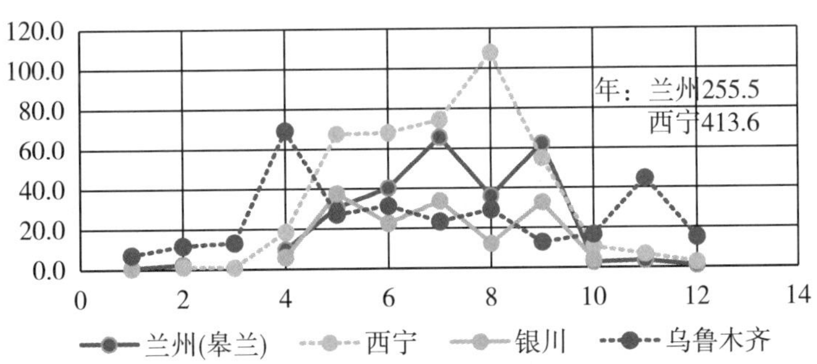

图 13-5　Ⅱ华东北部春玉米补偿灌溉区典型城市降水过程曲线

2. 地形条件

该区内有中国著名塔克拉玛干、古尔班通古特、库木塔格、腾格里、库布齐、五大沙漠；有天山、昆仑山、祁连山；有塔里木、准噶尔、吐鲁番三大盆地，这些都是中国乃至世界著名的地形。多样的地形造就了多样农牧业，特色的农业结构，特色的灌溉工程（表 13-9）。

表 13-9　Ⅱ华西北部春玉米灌溉农业区与玉米灌溉相关自然条件对照表

地市	积温（℃）	干燥度 蒸发/降水	地形	地市	积温（℃）	干燥度 蒸发/降水	地形
兰州	2 900	1.5	山	张掖市	2 600	5	山
金昌市	2 000	2	山丘	石嘴山市	3 576	5	山
白银市	2 280	1.5	山	嘉峪关	2 800	2	山丘
天水市	2 600	1	山	酒泉市	3 200	2	山丘
定西市	2 280	1.5	山	伊犁哈萨克自治州	3 768	10	山
临夏州	3 000	1.5	山	伊犁哈萨克自治州直属县	3 768	10	山
海东市	2 865	3	高山	塔城地区	3 591	5	山
吴忠市	4 065	5	山	阿勒泰地区	2 913	3	山
固原市	2 910	5	山	博尔塔拉自治州	3 801	5	山
中卫市	3 825	5	山	内・克孜勒苏自治州	5 073	10	山

（续表）

地市	积温（℃）	干燥度 蒸发/降水	地形	地市	积温（℃）	干燥度 蒸发/降水	地形
武威市	2 500	2	山丘	昌吉回族自治州	3 990	25	沙丘
平凉市	2 800	1	山	阿克苏地区	4 638	10	沙丘
庆阳市	3 648	1	山	喀什地区	4 926	10	沙丘
陇南市	3 000	1	山	和田地区	5 157	50	沙丘
银川市	4 002	5	山				

三、农田灌溉特点

1. 灌溉工程特点

该区是全国最大的灌溉农业区，没有灌溉就没有农业，但由于由于气候、地形的不同，又造成灌溉的多样性。

①坎儿井地下引水工程：在降水稀少地表蒸发大的吐鲁番，利用天山雪山融水渗入地下水，创造了坎儿井灌溉工程，地下引水减少蒸发与渗漏，提高了灌溉水利用系数。

②蓄引结合类型：中国最大内陆河塔里木河是由天山、昆仑山冰雪融化的山水形成，蜿蜒 2 137km，河长居全国第四位。塔河干支流沿岸修建了众多引水灌溉工程，近年上游修建了大型阿尔塔什水库，是新疆主要灌溉区（参看第十章中国灌溉排水工程的多样性部分）。

③灌溉后盐碱化：由于蒸发与干热风特大（图 13-6、图 13-7）干燥度局部地区高达 100，灌溉定额高，灌后土壤蒸发盐分留在地表，灌溉工程必须有防治次生盐碱化的功能。

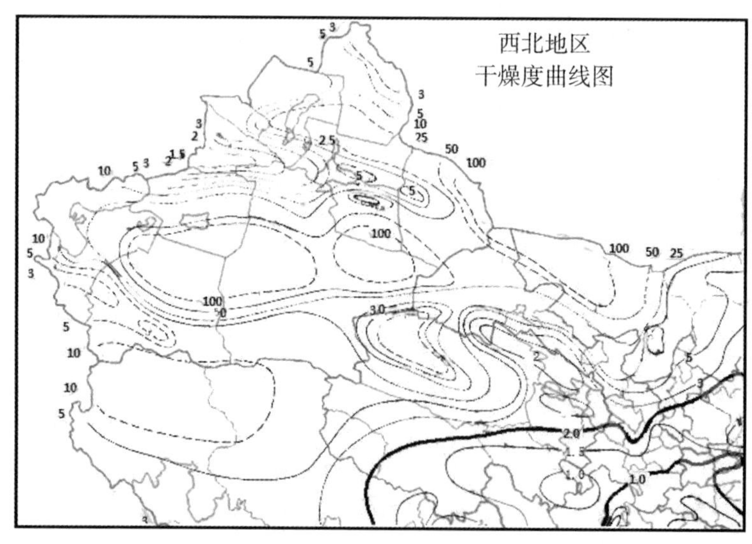

图 13-6　西北地区干燥度分布图

（根据 360 图片整理）

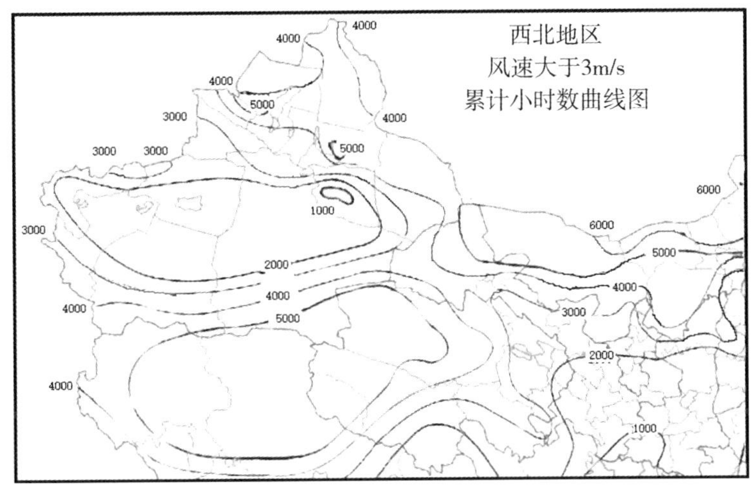

图 13-7　西北地区风速大于 3m/s 累计小时分布曲线图

（根据 360 图片整理）

2. 灌溉面积

该区大部分地区耕地灌溉系数在 0.7 以上，其中，秦岭一带由于降水较多，灌溉面积最少不足耕地 10%，但大 90%地区有 8 个地市，占地市总数 31%，随着灌溉工程的扩建，西北地区的灌溉面积应有扩大空间（表 13-10）。

表 13-10　Ⅱ华东北部春玉米补偿灌溉区灌溉参数对比表

二级区	三级区	地市	灌溉（万 hm^2）	灌溉/耕地	水系	工程类型	灌溉用水（亿 m^3）	灌溉用水（m^3/hm^2）
1 黄河流域干旱春玉米灌溉区	1 中温带黄河中上游山丘引提灌溉区	兰州	10.7	0.51	黄河	引提	6.3	5 888
		金昌市	9.9	0.91	黄河	储水	6.9	6 972
		白银市	13.0	0.42	黄河	引提	7.6	5 831
		天水市	4.7	0.12	渭河	引提	2.8	5 910
		定西市	5.4	0.11	黄河	引提	3.5	6 523
		临夏州	5.5	0.38	黄河	引提	3.5	6 346
		海东市	5.3	0.41	青海湖	引提	9.7	18 215
		吴忠市	11.9	0.38	黄河	储水	19.0	15 920
		固原市	4.0	0.38	清水河	储水	0.9	2 176
		中卫市	8.5	0.32	黄河	储水	14.0	16 476
	211		79.0	0.36			74.2	9 026

（续表）

二级区	三级区	地市	灌溉（万 hm^2）	灌溉/耕地	水系	工程类型	灌溉用水（亿 m^3）	灌溉用水（m^3/hm^2）
1 黄河流域干旱春玉米灌溉区	2 中温带黄河上游混合灌溉区	武威市	23.2	0.91	石羊河	混合	12.4	5 346
		平凉市	3.7	0.10	泾河	井灌	1.9	5 202
		庆阳市	3.2	0.07	黄河	混合	0.7	2 104
		陇南市	2.6	0.09	嘉陵江	混合	0.6	2 308
		银川市	12.0	0.93	黄河	混合	22.1	18 484
		张掖市	17.6	0.70	黑河	混合	21.8	12 369
		石嘴山市	7.3	0.94	黄河	混合	10.9	14 879
	212		69.6	0.57			70.4	8 670
21			148.6	0.47			289.1	8 876
2 内河流域干旱春玉米灌溉区	1 暖温带内陆河引提灌溉区	嘉峪关	1.0	0.41	讨赖河	混合	0.7	6 893
		酒泉市	28.3	0.99	疏勒河	储水	28.4	10 035
		伊犁哈萨克自治州	94.2	0.69	伊犁河	引提		
		伊犁哈萨克自治州直属县	33.6	0.59	伊犁河	引提	25.3	7 530
		塔城地区	4.1	0.07	额敏河	引提	13.9	34 069
		阿勒泰地区	19.8	0.79	额尔齐斯河	引提	17.5	8 851
		博尔塔拉自治州	14.4	1.00	博尔塔拉河	引提	8.5	5 911
		内・克孜勒苏自治州	4.1	0.80	克孜勒苏河	储水	18.0	44 044
	221		199.4	0.67			112.3	16 762
	2 亚热带内陆河沙丘引提灌溉区	昌吉回族自治州	46.1	0.73	玛纳斯河	引提	32.7	7 086
		阿克苏地区	51.5	0.84	塔里木河	引提	53.6	10 404
		喀什地区	57.7	1.00	叶尔羌河	引提	47.0	8 141
		和田地区	16.9	0.98	喀拉喀什河	引提	16.5	9 758
	222		172.3	0.89			149.8	8 847
22			371.7	0.75			524.1	13 718

四、各地市灌溉供需平衡分析

1. 水资源与供水能力分析

①水资源分析：水资源有 3 个特点：一是黄河流域，本地资源都不足，需要从黄河提取流域内水量进行平衡（表 13-11）；二是内陆河流域，由于降水少，农业是按水源发展农业，没有水就没有农业，所以，集中仅有水源，适度开发耕地，反而使耕地的用水基本得到保证；三是得到水资源保证的地区，耕地占国土面积比例远小于本地水资源不足地

区，如新疆耕地只占国土面积 2%，宁夏耕地占国土面积 20%，相差 10 倍。总体看该区现有耕地占有水资源基本能保持供给，但干旱年会有亏缺。

②农业供水能力：表 13-11 中灌溉用水是水利工程近年能提供给灌溉面积的水量，各地市基本满足玉米需水，黄河流域，用水都大于本地水资源量，外引黄河水。在现有灌溉面积中供水充足，但内陆河流域可供开发的耕地很多，受水源限制，灌溉面积有限，增加水利调控能力是今后扩大耕地发展灌溉的重点。如新疆地表水年均 800 亿 m^3，现有调蓄能力为 80 亿 m^3，占地表径流 10%左右，低于全国平均径流调节能力 12%，而新疆开发急需水资源供给，有很大开发潜力。

2. 灌溉水供需平衡分析

以下灌溉用水供需平衡分析是在没考虑输水损失条件计算的，因为，各地输水工程状况区别很大，统计资料不足，所以，分析仅供各地作为起点参数参考。

（1）计算依据。

①分析计算依据：其中，降水以全国多年平均降水等值线图内插取用；玉米需水量引用第六章中玉米需水量等值线图内插而得；灌溉用水取用可查找的近年各省或地区水资源公报（年份不等）。

②计算公式依据：用本章供需水平衡计算式 13-1、式 13-2。

（2）灌溉水供需平衡分析。

①该区供需平衡特点：从表 13-11 中看出，供需平衡基本都能满足，但这种平衡是在限制耕地开发水平下的平衡，如果放开限制，根据人文地理科学规划，土地、水、光热充分利用，人民物资文化生活提高到发达地区水平，这里的平衡就会明显失衡。例如，城市化水平提高，城市用水、工业用水、农业现代化后农村生活用水等都会与灌溉争水，平衡就成失衡。为了发展需要，现在的任务是扩大调蓄能力，降低用水指标，提高水资源效益水平。

②降低需水量扩大灌溉面积：从表 13-11 中看出玉米需水量居全国最高水平，该值是在沟畦灌溉方法下试验成果，作物需水量是个变值，由两部分组成，一是作物自身生长活动需水；二是土壤蒸发损失，两部分都有可行措施，控制变小：作物生长耗水可用生物科技技术进行培育节水型品种筛选。棵间蒸发可用灌水技术改变，如滴灌、覆膜灌、地下灌、负压给水等灌水技术，地表湿度降低，土壤蒸发也会减少。这些技术能将需水量减少 10%~30%。

③提高输水利用系数措施：表 13-11 中看出灌溉水量居全国最高水平，原因明显是客观气候条件所致，但也有技术因素，例如以色列，位于干旱沙漠地区，但农业用水效率高达 90%~95%，表 13-11 中玉米需水量是净需水量不含输水损失量，如果输水利用系数是 0.9，毛需水量则在 4 444~6 666m^3/hm^2，如果输水利用系数只是 0.45，毛需水量则高达 8 888~13 333m^3/hm^2，可见，降低毛需水量的重要。

④利用生物科技培育节水耐盐玉米新品种：通过作物育种及基因改良，培育耐旱耐盐品种，降低作物需水量。

⑤扩大水资源调蓄能力：该区调蓄水资源能力仍有较大空间，在国民经济发展的前提下，投入更多财力资源，建设水利蓄水工程，给扩大灌溉面积和开发新的工业化农业打下基础。

表 13-11　水资源与玉米灌溉用水平衡分析

地市	水资源（m^3/hm^2）	灌溉用水（m^3/hm^2）	给水类型	玉米需水量（m^3/hm^2）	年均降水（mm）	降水有效系数	有效雨量（mm）	用需平衡（m^3/hm^2）
兰州	(164)	5 888	外引	4 000	400	0.66	265	4 535
金昌市	463	6 972	外引	5 000	300	0.74	222	4 195
白银市	528	5 831	外引	4 500	300	0.74	222	3 554
天水市	6 544	5 910	自供	4 300	500	0.59	296	4 565
定西市	2 566	6 523	外引	4 000	500	0.59	296	5 479
临夏州	5 518	6 346	自供	4 000	600	0.53	317	5 514
海东市	4 323	18 215	自供	4 000	500	0.59	296	17 171
吴忠市	(32)	15 920	外引	5 000	300	0.74	222	13 143
固原市	4 071	2 176	外引	4 500	400	0.66	265	323
中卫市	1 336	16 476	外引	5 000	200	0.83	166	13 136
211	2 515	9 026	外引	4 430	400	0.67	257	7 161
武威市	3 338	5 346	外引	5 000	300	0.74	222	2 569
平凉市	2 548	5 202	外引	4 700	500	0.59	296	3 457
庆阳市	1 941	2 104	外引	5 000	450	0.63	281	(82)
陇南市	25 322	2 308	自供	4 000	600	0.53	317	1 476
银川市	(1 552)	18 484	外引	5 500	200	0.83	166	14 644
张掖市	16 230	12 369	自供	5 500	300	0.74	222	9 092
石嘴山市	(727)	14 879	外引	5 500	200	0.83	166	11 038
212	4 410	8 670	外引	5 029	364	0.70	239	6 028
嘉峪关	(10 785)	6 893	外引	6 500	100	0.93	93	1 322
酒泉市	15 798	10 035	自供	6 500	100	0.93	93	4 464
伊犁哈萨克自治州			外引		600	0.53	317	(1 832)
伊犁哈萨克自治州直属县	25 443	7 530	自供	5 000	600	0.53	317	5 697
塔城地区	8 811	34 069	自供	5 000	600	0.53	317	32 236
阿勒泰地区	87 578	8 851	自供	3 500	100	0.93	93	6 280
博尔塔拉自治州	18 429	5 911	自供	3 500	400	0.66	265	5 058
内・克孜勒苏自治州	130 345	44 044	自供	5 000	400	0.66	265	41 691
221	39 374	16 762	自供	5 000	363	0.71	220	11 864
昌吉回族自治州	5 193	7 086	自供	5 000	131	0.90	117	3 261
阿克苏地区	9 502	10 404	自供	5 000	180	0.85	153	6 931
喀什地区	19 911	8 141	自供	5 000	190	0.84	159	4 736
和田地区	78 151	9 758	自供	5 000	150	0.88	132	6 075
222	28 189	8 847	自供	5 000	163	0.87	140	5 251

五、各三级区建议发展的节水措施

（一）黄河流域干旱春玉米灌溉区

1. 211 中温带黄河中上游山丘引提灌溉区

①概况分析：中温带黄河中上游山丘引提灌溉区有兰州、金昌市（永昌）、白银市（皋兰）、天水市、定西市（华家岭）、临夏州、海东市（西宁）、吴忠市（盐池）、固原市、中卫市等10地市，地处六盘山黄土高原，该区年雨量为200~600mm，其中属嘉陵江源头白龙江一带雨量较多达600~700mm，兰州至吴忠一带雨量最少仅为200~300mm，灌溉水源主要利用地表水与提引黄河水。玉米种植比例不均，平均30%左右，最多在吴忠和固原为70%~80%，单产变差也很大，最高金昌为10 000kg/hm^2，而定西、白银不足金昌一半。由于降水的分布差异大，灌溉比例也各异，雨多的天水、定西只有10%左右，而雨少的金昌却高达90%，平均36%。

②发展方向：由于玉米种植比例少无法形成大面积连片的区域优势，玉米应发展小区域集中与合作模式经营，灌溉向管道式输水提高输水利用系数方向发展。

③节水措施：A. 该区积温不高，与增温措施结合发展地膜覆盖滴灌是最好的节水之路，地膜覆盖即可减少棵间蒸发，又能降低作物需水量，加之滴灌效果节水十分显著。B. 此外就是输水管道化，管道化不仅在小面积上（如井灌）应用，更要逐步在大型灌溉工程中应用，以提高整体工程水资源利用系数。C. 加快灌溉现代化进程，利用水利工程与管理系统现代化，可科学编制优化调动水资源、灌溉设备组合成最佳灌溉方案，获取区块效益最大化（表13-12）。

表13-12　不同灌溉方法节水效果

试验地区	灌溉方法	耗水量（m^3/hm^2）	产量（kg/hm^2）	水分生产率（kg/m^3）	水分生产率对比（%）
宁夏	覆膜沟灌	4 935	11 520	2.33	303
	沟灌	5 160	10 725	2.08	270
甘肃1	覆膜沟灌	5 904	8 490	1.44	187
	沟灌	7 104	7 065	0.99	129
甘肃2	覆膜	3 380	8 904	2.63	342
	膜下滴灌	3 040	13 791	4.53	589
	不覆膜	2 790	2 154	0.77	100

资料取自文献［8］、［9］、［10］、［11］

2. 212 中温带黄河上游混合灌溉区

①概况分析：中温带黄河上游混合灌溉区有武威市、平凉市、庆阳市（西峰镇）、陇南市（武都）、银川市、张掖市、石嘴山市（惠农），该区位于祁连山脉北侧，境内北邻巴丹吉林沙漠和腾格里沙漠，年降水200~300mm（只有陇南雨量较多），水资源受冰雪融水与城市用水影响，水资源量差异很大，如银川是负值，因为境内降水产生水资源不足

以供城市用水，农田用水平均水资源是负值，地区用水需要引外界协调，而有冰雪径流的张掖平均水资源 16 230m³/hm²；该区积温 2 500~4 000℃，其中，银川最高；玉米种植面积占耕地面积比率不高，平均只有 31%，其中最高石嘴山为 53%，最低庆阳为 14%。灌溉面积占耕地面积分布不均，平均为 57%，大于 90%有武威、银川、石嘴山 3 市。

②发展方向：该区虽然是灌溉农业区，但发展不平衡，灌溉开发好的地区玉米单产 7 000~10 000kg/hm²，相反灌溉面积较少的地区玉米单产仅 4 000~5 000kg/hm²。发展灌溉工程是主攻方向，在 21 世纪灌溉工程发展中，要起点高，将现代化、信息化、智能化结合在工程中，如果资金不足也要预留发展空间。

③节水措施：从玉米灌溉用水供需平衡分析中看出，该区因水资源不足以满足用水需要，都是从外部提引内陆河与黄河资源，虽然从单位面积用水量看并不多，但灌溉面积比例较少的地市，需要节水扩大灌溉面积，寻找节水环节，用农业、水利现代化的视角分析扩大灌溉，采取提高农业稳产、高产的措施。对于灌溉面积比例高的地市，公顷水旱平均用水 10 000m³ 左右，虽然用水作物含有水稻和小麦面积，但应还有节水空间。应在输水系统与灌溉制度上，用软硬件提升标准（参考第十章第四节玉米现代化灌溉排水系统模式）。

（二）内河流域干旱春玉米灌溉区

1. 221 暖温带内陆河引提灌溉区

①概况分析：暖温带内陆河引提灌溉区有嘉峪关（酒泉、酒泉市、伊犁哈萨克自治州（伊宁）、伊犁哈萨克自治州直属县（市）（伊宁）、塔城地区、阿勒泰地区、博尔塔拉自治州（温泉）、内·克孜勒苏自治州（阿合奇），该区位于天山、阿勒泰山地带，境内有世界有名的塔里木、准格尔、吐鲁番三大盆地，有国内最大的塔克拉玛干大沙漠。该区年雨量变化较大，有降水接近 0mm 地区，也有伊犁河流域 800mm 地区，但平均年降水量在 100~200mm。灌溉水源主要利用冰雪融化形成的内陆河水及部分调蓄库水，最大河流塔里木河，属国内第四长河。水资源极其贫乏，灌溉主要以大面积的雨水、冰雪融水汇集，供给极少的耕地面积用水。该区耕地面积仅占土地面积的 2%，但灌溉比率最高达 99%。玉米面积比例不高仅在 30% 左右，但光热资源优势居全国最高水平，单产在 10 000kg/hm²左右。

②发展方向：该区玉米灌溉发展以输水系统管道化为主攻方向，因为该区水面蒸发是全国最高的地区，一般地区输水损失忽略蒸发损失，因为，在干燥度小于 2 时输水损失中蒸发损失占 5%左右，而新疆干燥度在 5~100，渠道中蒸发损失是不能忽略。管道化能减少渗漏和蒸发损失，输水利用率高达 95%以上。在附录文献 17 中，给出南疆、北疆的水面蒸发估算经验公式（13-4、13-5），根据该式可估算出防渗渠道的蒸发损失仅在 10%以上。

北疆：经验公式 $$E=8.878t^{0.9791} \tag{13-4}$$

南疆： $$E=52.118\exp(0.0591t) \tag{13-5}$$

式中：

E—月平均蒸发量，mm；

t—月平均气温，℃。

③节水措施：根据新疆的特点，除加强输水系统升级外，节水田间工程也需要采取不同灌溉方法进行试验探讨，如地下灌溉措施，新疆土壤蒸发大，改变土壤水分由上向下湿

润为由下向上湿润，会减少棵间蒸发，进而改善地表盐分过多积累。地下灌溉方法有渗灌、滴灌、负压给水、毛细给水、痕灌、地下喷射灌溉（参考《灌溉试验研究方法》文献［19］）。随着科技的进步，地下灌溉的有些缺点，会得到解决，如地下向上供水，湿润速度缓慢，不能满足作物苗期用水需要，如果将地下低压喷射灌溉结合在渗灌、滴灌、负压给水、零压给水中，就会创造出适合高温少雨的新疆灌溉新模式。

2. 222 亚热带内陆河沙丘引提灌溉区

①概况分析：亚热带内陆河沙丘引提灌溉区有昌吉回族自治州（蔡家湖）、阿克苏地区、喀什地区、和田地区等四地市，虽然昌吉位于北疆距南疆三地区遥远，但同属沙漠将其联系在一起，境内有塔克拉玛干沙漠与古尔班通古特沙漠，境内又有两大盆地塔里木盆地与准格尔盆地，该区年雨量为 100~200mm，蒸发量是全国最大地区，干燥度在 50~100，灌溉水源主要利用塔里木河冰雪融水，昌吉回族自治州有多条天山北麓冰雪融水小河供作灌溉水源。该区灌溉面积比率是全国最高地区，其中喀什地区达到 100%，平均在 90%以上。该区积温是中国北方最高地区，在 4 000~5 000℃，玉米种植比例不高，仅为 26%，但单位面积产量较高达 7 000~10 000kg/hm^2。该区处在中国多风大风分布区内，平均年蒸发量大于 2 000mm，玉米需水量居全国最高水平。

②发展方向：从该区自然条件与玉米种植状况分析，玉米在该区农业中不占主导地位，但却是全国玉米单产最高地区，在适合玉米发展的小区域，应发展集约化经营模式，形成产业化现代化，在合作化、企业化生产中，提高科研投入，在灌溉模式上下功夫，创建新疆灌溉新模式。喷灌模式不适合新疆高温、大风、高蒸发的自然条件（图 13-8、图 13-9），喷灌的水量损失在 30%[21] 左右。应发展大型管道式输水，融合国内外先进灌溉技术，创新出中国玉米灌溉农业新模式。

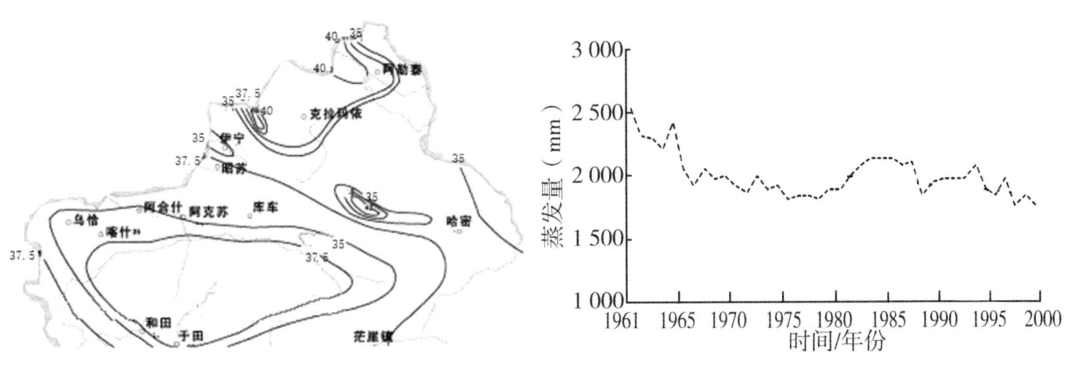

图 13-8　新疆百年最大风速等值线图

图 13-9　新疆阿拉尔市 1961—2000 年蒸发量

（图 13-8 引自 360 图片；图 13-9 引自文献［20］）

③节水措施：研发改进滴灌、渗灌、负压给水、痕灌、零压灌等地下供水方法，改变开敞式输水模式，逐步扩大管道式输水灌溉面积，形成灌溉水从地下与根系需水直通连接，将输水、灌水损失减到最小，灌灌水利用系数提到最高，赶超发达国家水平。要由点到面踏实前行。

第三节　Ⅲ华北中东部夏玉米补偿灌溉区灌溉节水发展措施

该区位于黄河中下游连接淮海流域，西起秦岭汉中平原，经太行山脉和豫西山地，东到黄海、渤海和山东丘陵，北起燕山山脉，西南到桐柏山和大别山，东南至苏、皖北部，与长江中下游平原相连。延展在北京市、天津市、河北省、山东省、河南省、安徽省和江苏省等省市，是中国北方富饶之地。

该区灌溉分区情况详见第二章，本章重点将对三级区灌溉发展策略进行分析。

一、资源特点

该区拥有中国最大华北平原，地域广袤是中华文明发源地，也是中华农耕起源之地，是夏禹治水开创灌溉农业，传承与发展古老中华农耕文化的中心地带。

1. 水资源概况

该区水资源受城乡与工业用水影响，水资源十分紧张，长时间的地下水超采，平原区地下水由漏斗点状分布逐步连成一片，超采主要因素是人口密集与耕地占土地面比重大（40%~60%），又因作物为一年玉米小麦轮作，雨水满足不了作物需求。田均水资源 1 500~4 500m^3，其中，陕西汉中平原，由于受秦岭地形影响，隶属汉江源头降水较多，田均水资源相对要高些，在 30 000m^3 以上（表 13-14）。

到 2014 年历经 10 余年努力，长 1 400m 的南水北调中线输水工程建设完成，向黄河以北开闸送水，每年可输水 95 亿 m^3，不仅灌溉用水得到缓解，也为各省（市）的国民经济用水提高了保证率，表中北京田均水资源就是因送水后得到提升，如果没有南水北调田均水资源要小于 1 500m^3/hm^2。

2. 耕地资源

该区是中国人口最密集地区之一，人均耕地少（表 13-13），农业耕作制度一年一季半，主要种植冬小麦与夏玉米，冬麦在上年秋东播种越冬后当年六月收获，接冬麦收获后播种夏玉米。玉米面积占耕地面积 30%~60%，其中河北、河南、山东、山西、陕西比例在 50%左右，安徽较少在 20%左右（表 13-14），由于生育期较春玉米短，单位面积产量略低，在 5 000~7 000kg/hm^2，是中国第二大玉米产区。

表 13-13　夏玉米产区各省（市）耕地资源与人均占有量统计表

省份	耕地（万 hm^2）	总面积（万 hm^2）	人口（万人）	耕地/总土地	人均耕地（hm^2/人）	省份	耕地（万 hm^2）	总面积（万 hm^2）	人口（万人）	耕地/总土地	人均耕地（hm^2/人）
北京	16	1.61	1 961	0.10	0.01	山西	384	15.67	3 630	0.25	0.11
天津	48	1.19	1 007	0.41	0.05	陕西	480	20.58	3 664	0.23	0.13
河北	619	18.88	7 287	0.33	0.09	安徽	422	13.96	5 950	0.30	0.07
河南	717	16.7	9 413	0.43		江苏	689	10.72	7 976	0.64	0.09
山东	751	15.8	9 579	0.48	0.08						

2013—2015 年资料

表 13-14　Ⅲ华北中东部夏玉米补偿灌溉区玉米种植与水资源参数表

二级区	三级区	地市	玉米面积（千 hm^2）	总产（万 t）	玉米单产（kg/hm^2）	种植比例（%）	田均水资源（m^3/hm^2）
1 海河流域半干旱夏玉米灌溉区 300	1 暖温带海河中部平原混合灌灌溉区	天津市辖区	135	102	7 577	34	1 080
		廊坊市	212	120	5 668	58	1 455
		沧州市	467	233	4 998	63	1 335
		衡水市	290	172	5 920	52	990
		邢台市	327	202	6 180	50	1 515
		邯郸市	340	265	7 785	52	1 350
	311		1 771	1 094	6 355	52	1 290
	2 暖温带海河中西部山丘平井灌区	北京市辖区	114	75	6 567	52	8 820
		石家庄市	337	232	6 873	59	2 475
		保定市	463	290	6 257	61	3 375
		安阳市	141	92	6 521	35	2 625
	312		1 056	689	6 555	51	4 320
31			2 827	1 783	6 438		2 550
2 黄河流域半干旱夏玉米灌溉区	1 暖温带海河平原混合灌溉区	东营市	56	29	5 196	25	3 690
		威海市	82	47	5 709	43	3 645
		日照市	71	46	6 476	43	7 125
		德州市	459	364	7 935	85	4 545
		聊城市	377	232	6 162	71	3 210
		滨州市	216	128	5 933	57	4 920
		开封市	95	53	5 511	22	2 475
		濮阳市	71	45	6 346	26	2 070
		许昌市	107	67	6 288	31	2 160
	321		1 534	1 011	6 173	45	3 765
	2 暖温带黄河下游丘平混合灌溉区	济南市	211	133	6 306	79	6 525
		青岛市	258	181	6 991	63	1 005
		淄博市	125	74	5 944	59	4 290
		烟台市	206	129	6 288	48	8 925
		潍坊市	395	265	6 711	57	1 515
		郑州市	130	62	4 758	53	1 995
		鹤壁市	61	43	7 076	60	3 045
		新乡市	160	100	6 251	34	2 520
	322				1 546		
	3 暖温带黄河中游混合灌溉区	运城市	302	170	5 608	59	990
		临汾市	229	136	5 918	46	1 545
		洛阳市	148	70	4 755	35	3 255
		平顶山市	139	67	4 839	22	2 145
		焦作市	95	70	7 409	48	3 000
		三门峡市	39	17	4 334	19	4 425
		南阳市	181	99	5 466	18	5 550
	323		1 134	629	5 476	35	2 985

（续表）

二级区	三级区	地市	玉米面积（千 hm^2）	总产（万 t）	玉米单产（kg/hm^2）	种植比例（%）	田均水资源（m^3/hm^2）
2 黄河流域半干旱夏玉米灌溉区	4 亚热带黄河中游混合灌溉区	西安市	164	92	5 608	67	5 745
		铜川市	30	16	5 427	47	2 955
		宝鸡市	130	67	5 187	43	11 970
		咸阳市	161	96	5 978	45	1 290
	324		485	272	5 550	51	5 490
	5 亚热带黄河中游储水灌溉区	渭南市	206	107	5 181	40	1 500
		汉中市	80	24	2 986	39	70 335
		安康市	148	45	3 081	75	33 780
		商洛市	82	35	4 249	61	18 090
	325		515	211	3 874	54	30 930
32			5 215	3 111	5 656		7 485
3 淮河流域湿润多季玉米灌溉区	1 亚热带长淮出口引提灌溉区	苏州市	2	1	7 500	53	460 125
		南通市	50	37	7 500	11	4 770
		盐城市	98	53	5 400	13	3 960
		宿迁市	59	44	7 500	13	3 825
	331		208	135	6 975	22	118 170
	2 亚热带淮河中上游混合灌溉区	淮北	35	16	4 623	26	2 025
		亳州	101	47	4 607	20	1 950
		宿州	170	68	4 003	35	2 310
		蚌埠	51	24	4 586	17	1 065
		阜阳	156	77	4 914	27	4 200
		枣庄市	119	83	6 948	50	4 395
		济宁市	254	195	7 660	42	1 710
		菏泽市	366	214	5 852	30	1 155
	332		1 254	723	5 399	31	2 355
	3 亚热带淮河上游井灌溉区	漯河市	85	55	6 450	45	2 175
		商丘市	206	135	6 556	29	2 730
		周口市	212	129	6 081	27	3 435
	333		503	319	6 362	34	2 775
	4 亚热带淮河蒙山引提灌溉区	徐州市	153	138	7 546	26	5 685
		泰安市	194	154	7 927	55	3 135
		莱芜市	30	18	6 132	43	6 630
		临沂市	261	175	6 689	31	5 310
	334		638	485	7 074	39	5 190
	5 亚热带淮河上游储水灌溉区	信阳市	28	13	4 494	5	15 195
		驻马店市	316	171	5 399	35	6 390
	335		345	183	4 947	20	10 800
33			2 948	1 846	6 120		26 205

二、自然条件特点

该区属北温带与亚热带交叉半干旱区，年雨量 600～1 000 mm，由北向南逐步增多，地势平坦，内有黄河、海河、淮河由此流入海洋。

1. 气象条件

该区气候温和，积温 4 000～5 000℃，无霜期 200～250 天，适宜农作物一季半的生长；降水蒸发较平衡，干燥度在 1～2，降水受太平洋季风型气候影响，年内雨量分布呈单峰型（图 13-10），4—6 月干旱少雨，7—9 月雨量集中大于全年 80%，时常造成干旱，过后却是大雨连连，旱灾过后涝灾接连而来。

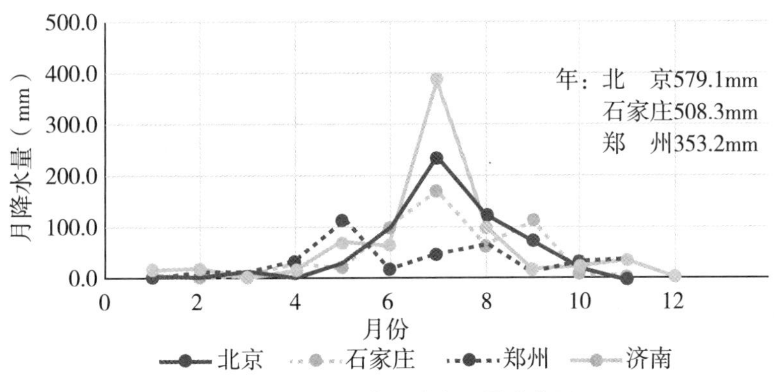

图 13-10　区中典型城市雨量分布图

2. 地形条件

境内大部分为黄河、海河、淮河冲积平原，俗称黄淮海平原，北起燕山南麓，南达大别山北侧，西倚太行山一伏牛山，东临渤海和黄海，跨越京、津、冀、鲁、豫、皖、苏 7 省市，面积 30 万 km^2，是中国第二大平原称为华北平原，与中国第一大的东北平原（35 万 km^2）遥相呼应形成中国两大粮仓。

位于上游的山丘区，适宜修建水库塘坝，拦蓄河水，为下游提供灌溉水源，同时，调节了河流洪峰，减轻平原区的洪涝灾害。新中国成立后修建了众多大型水利工程，如黄河上三门峡、小浪底水库，仅小浪底库容就 126. 5 亿 m^3，海河流域建成的 31 座大型水库总库容 255 亿 m^3，淮河流域建成大型水库 38 座总库容 202 亿 m^3，华北平原的水库建设极大地缓解了洪涝灾害，为该区的农业生产提高了抗御旱涝灾害能力（表 13-15）。

表 13-15 Ⅲ华北中东部夏玉米补偿灌溉区玉米灌溉相关自然条件对照表

二级区	三级区	地市	积温（℃）	干燥度 蒸发/降水	区位地形
1 海河流域半干旱夏玉米灌溉区	1 暖温带海河中部平原混合灌灌溉区	天津市辖区	4 422	1.5	平
		廊坊市	4 422	2	平
		沧州市	4 230	2	平
		衡水市	4 380	2	平
		邢台市	4 320	2	丘平
		邯郸市	4 320	2	丘平
	311		4 349	1.9	
	2 暖温带海河中西部山丘平井灌区	北京市辖区	4 419	1.5	山丘平
		石家庄市	4 200	2	山丘平
		保定市	4 320	2	山丘平
		安阳市	4 320	1.5	山丘平
	312		4 314	1.7	
31			4 334	1.8	
2 黄河流域半干旱夏玉米灌溉区	1 暖温带海河平原混合灌溉区	东营市	4 545	2	平
		威海市	3 954	2	平
		日照市	4 356	2	平
		德州市	4 620	2	平
		聊城市	4 512	2	平
		滨州市	4 491	2	平
		开封市	4 440	1.5	平
		濮阳市	4 350	1.5	平
		许昌市	4 500	1.5	平
	321		4 418	1.8	
	2 暖温带黄河下游丘平混合灌溉区	济南市	4 722	2	丘平
		青岛市	3 825	2	丘平
		淄博市	4 524	2	丘平
		烟台市	3 891	2	丘平
		潍坊市	4 452	2	丘平
		郑州市	4 440	1.5	丘平
		鹤壁市	4 320	1.5	丘平
		新乡市	4 380	1.5	丘平
	322		4 319	1.8	
	3 暖温带黄河中游混合灌溉区	运城市	3 800	1.5	山丘
		临汾市	3 800	1.5	山丘
		洛阳市	4 380	1.5	山丘平
		平顶山市	4 650	1.5	山丘
		焦作市	4 410	1.5	丘
		三门峡市	4 380	1.5	山
		南阳市	5 220	1.5	山丘
	323		4 377	1.5	

（续表）

二级区	三级区	地市	积温（℃）	干燥度 蒸发/降水	区位地形
2 黄河流域半干旱夏玉米灌溉区	4 亚热带黄河中游混合灌溉区	西安市	5 238	2	丘
		铜川市	3 945	2	山丘
		宝鸡市	4 893	2	山丘
		咸阳市（西安）	4 935	2	丘
	324		4 752	2	
	5 亚热带黄河中游储水灌溉区	渭南市（西安）	5 283	2	丘
		汉中市	5 082	2	山丘
		安康市	5 565	2	山丘
		商洛市（商州）	4 647	2	山丘
	325		5 144	2	
32			4 528	1. 8	
3 淮河流域湿润多季玉米灌溉区	1 亚热带长淮出口引提灌溉区	苏州市	5 880	1	平
		南通市	5 157	1	平
		盐城市	5 019	1	平
		宿迁市	5 037	1	平
	331		5 273	1	
	2 亚热带淮河中上游混合灌溉区	淮北	5 286	1	平
		亳州	5 232	1	平
		宿州	5 250	1	平
		蚌埠	5 421	1	平
		阜阳	5 160	1	平
		枣庄市	4 668	2	平
		济宁市	4 800	2	平
		菏泽市	5 127	2	平
	332		5 118	1. 3	
	3 亚热带淮河上游井灌溉区	漯河市	4 500	1. 5	平
		商丘市	4 560	1. 5	平
		周口市	5 100	1. 5	平
	333		4 720	1. 5	
	4 亚热带淮河蒙山引提灌溉区	徐州市	5 154	1	丘
		泰安市	4 497	2	丘平
		莱芜市	4 518	2	丘平
		临沂市	4 557	2	丘平
	334		4 681	1. 7	
	5 亚热带淮河上游储水灌溉区	信阳市	5 340	1. 5	丘平
		驻马店市	4 800	1. 5	丘平
	335		5 070	1. 5	
33			4 997	1. 409	

三、农田灌溉特点

该区是中国唯一夏玉米灌溉区，夏玉米是在盛夏季节播种，是在该区雨季较多期间下种，所以夏玉米在该区是一种补偿式灌溉农业，是介于雨养农业与补偿灌溉农业之间，但当今是追求高产稳产以满足中国人口不断增加对粮食的需求时期，也是创建玉米 10 000~15 000kg/hm^2 的攻坚阶段，灌溉就成为必不可少的条件。

1. 灌溉工程特点

该区从灌溉水源看，是河流引水、水库蓄水、地下提水三分天下，在黄河淮河两岸河流提水较多，在山前平原以水库蓄水为主，平原则地下水为主。在山西省、陕西省黄土高原地区，一般塬区地势较高大部分需要二级或多级提水，而淮河的两岸地势低洼，大部分为一级提水，泵站大流量大，有中国最大泵，如江都排灌站设计流量达 473m^3/s。在平原区另一特点是灌排两用，由于旱涝交替发生，造就了灌溉排水兼顾的特色。井灌也是该区最为突出的特色，表现为超采严重，到了产生灾害程度，造成水环境遭到破坏，现在需要严格控制地下水超采，并要积极修复。

2. 灌溉面积

由于接近两季的作物需水，700mm 左右雨量已经满足不了用水需求，尤其是冬麦需水期恰是该区少雨季节（100~150mm），没有灌溉就无法获得高产（图 13-11），单就冬小麦来说，该区就属灌溉农业区，有灌溉才有该区的两季作物。因此，造成了该区灌溉面积比重大于东北平原，灌溉面积系数在 0.6~0.85（表 13-16）。

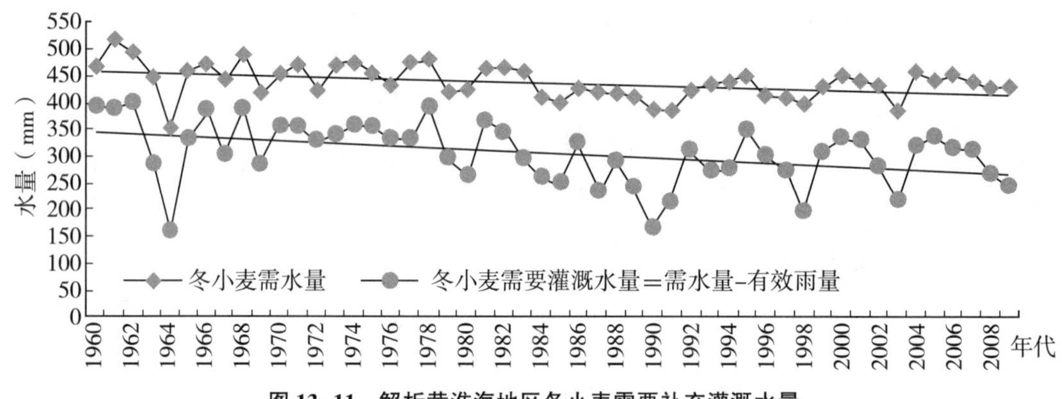

图 13-11 解析黄淮海地区冬小麦需要补充灌溉水量

（引自文献［39］）

表 13-16　Ⅲ华北中东部夏玉米补偿灌溉区灌溉参数对比表

二级区	三级区	地市	灌溉面积（万 hm^2）	灌溉/耕地	水系	工程类型	灌溉用水（亿 m^3）	灌溉用水（m^3/hm^2）
1 海河流域半干旱夏玉米灌溉区	1 暖温带海河中部平原混合灌灌溉区	天津市辖区	30.8	0.785	海河	混合	11.80	3 831
		廊坊市	23.0	0.626	永定河	混合	5.38	2 336
		沧州市	45.7	0.614	南运河	混合	9.96	2 180
		衡水市	47.6	0.846	阳河	混合	13.00	2 731
		邢台市	55.9	0.863	沙河	混合	12.60	2 253
		邯郸市	52.5	0.808	滏阳河	混合	12.30	2 343
	311		255.5	0.757			65.04	2 612
	2 暖温带海河中西部山丘平井灌区	北京市辖区	14.3	0.647	潮白河	混合	10.90	7 622
		石家庄市	50.8	0.885	滹沱河	井灌	21.00	4 135
		保定市	64.4	0.845	府河	井灌	23.00	3 570
		安阳市	29.4	0.720	海河	井灌	8.20	2 787
	312		158.9	0.774			63.10	4 528
31			414.5	0.764				
2 黄河流域半干旱夏玉米灌溉区	1 暖温带海河平原混合灌溉区	东营市	16.9	0.753	黄河	引提	5.42	3 216
		威海市	15.0	0.784	黄海	储水	1.42	948
		日照市	11.7	0.716	黄海	储水	3.02	2 582
		德州市	45.2	0.839	马颊河	混合	13.83	3 061
		聊城市	49.4	0.929	黄河	引提	12.26	2 481
		滨州市	31.1	0.826	黄河	混合	10.67	3 434
		开封市	31.3	0.719	黄河	井灌	10.75	3 438
		濮阳市	21.2	0.789	黄河	井灌	5.58	2 631
		许昌市	23.0	0.669	黄河	井灌	7.43	3 229
	321		244.7	0.781			70.39	2 780
	2 暖温带黄河下游丘平混合灌溉区	济南市	24.7	0.922	黄河	混合	8.69	3 512
		青岛市	33.2	0.803	黄海	混合	3.11	938
		淄博市	12.5	0.593	小清河	混合	5.24	4 177
		烟台市	27.4	0.633	黄海	储水	3.92	1 432
		潍坊市	53.7	0.773	潍河	储水	8.19	1 526
		郑州市	18.0	0.737	黄河	混合	4.88	2 713
		鹤壁市	8.3	0.816	黄河	井灌	3.11	3 731
		新乡市	32.8	0.706	黄河	混合	11.70	3 569
	322		210.6	0.748			48.84	2 700
	3 暖温带黄河中游混合灌溉区	运城市	32.2	0.622	黄河	井灌	8.70	2 705
		临汾市	13.9	0.281	汾河	混合	4.90	3 529
		洛阳市	13.3	0.314	黄河	储水	4.13	3 101
		平顶山市	18.9	0.296	黄河	储水	3.70	1 962
		焦作市	15.8	0.803	黄河	井灌	5.91	3 742
		三门峡市	5.1	0.245	黄河	储水	1.55	3 020
		南阳市	44.2	0.446	汉水	混合	11.50	2 601
	323		143.4	0.429			40.39	2 952

（续表）

二级区	三级区	地市	灌溉面积（万 hm^2）	灌溉/耕地	水系	工程类型	灌溉用水	
							（亿 m^3）	（m^3/hm^2）
2 黄河流域半干旱夏玉米灌溉区	4 亚热带黄河中游混合灌溉区	西安市	16.3	0.668	渭河	混合	5.25	3 219
		铜川市	1.8	0.271	渭河	储水	0.17	971
		宝鸡市	14.8	0.494	渭河	混合	3.72	2 508
		咸阳市（西安）	22.7	0.637	渭河	混合	6.32	2 780
	324		55.6	0.517			15.46	2 370
	5 亚热带黄河中游储水灌溉区	渭南市（西安）	33.1	0.637	渭河	混合	10.53	3 181
		汉中市	10.8	0.526	汉江	混合	13.00	12 048
		安康市	3.8	0.191	汉江	储水	4.18	11 058
		商洛市（商州）	2.1	0.154	丹江	储水	1.57	7 621
	325		49.7	0.377			29.28	8 477
32			704.0	0.607			204.36	
3 淮河流域湿润多季玉米灌溉区	1 亚热带长淮出口引提灌溉区	苏州市	18.8	0.656	太湖	混合	14.00	7 431
		南通市	38.2	0.819	长江	混合	21.00	5 504
		盐城市	68.3	0.877	串场河	引提	42.00	6 152
		宿迁市	31.3	0.712	骆马湖	引提	28.00	8 951
	331		156.5	0.766			105.00	7 009
	2 亚热带淮河中上游混合灌溉区	淮北	14.2	0.524	濉河	混合	2.16	1 527
		亳州	44.7	0.447	淮河	混合	6.51	1 457
		宿州	41.1	0.425	沱河	混合	4.54	1 105
		蚌埠	22.6	0.192	淮河	混合	9.89	4 384
		阜阳	39.5	0.687	颍河	混合	9.90	2 510
		枣庄市	15.1	0.629	微山湖	混合	3.52	2 333
		济宁市	44.1	0.731	南四湖	混合	17.43	3 951
		菏泽市	51.4	0.423	红卫河	混合	17.00	3 308
	332		272.5	0.507			70.95	2 572
	3 亚热带淮河上游井灌溉区	漯河市	14.5	0.769	淮河	井灌	1.40	963
		商丘市	59.2	0.835	淮河	井灌	9.50	1 605
		周口市	58.4	0.749	沙颍河	井灌	12.60	2 158
	333		132.1	0.784			23.50	1 575
	4 亚热带淮河蒙山引提灌溉区	徐州市	43.8	0.736	微山湖	引提	33.87	7 729
		泰安市	25.8	0.730	大汶河	引提	6.16	2 389
		莱芜市	4.0	0.576	大汶河	储水	1.55	3 915
		临沂市	37.7	0.447	沂河	储水	10.49	2 785
	334		111.2	0.622			52.07	4 205
	5 亚热带淮河上游储水灌溉区	信阳市	39.7	0.644	淮河	储水	12.10	3 044
		驻马店市	47.6	0.533	淮河	储水	9.90	2 078
	335		87.4	0.589			22.00	2 561
33			759.8	0.631			273.52	3 585

四、各地市灌溉供需平衡分析

1. 水资源与供水能力分析

根据各地市本地水资源分析计算得出的耕地占有水资源（表 13-18），该区农田用水由玉米需水（这里夏玉米需水指净需水量（表 13-17）和冬小麦需水组成，而冬小麦是跨年作物，一部分需水（播种—越冬）是前一年水量，在平衡计算中需要扣除。

从表 13-18 中看出全区基本都显示不能满足 2 种作物需水要求，灌溉供水都是占用非合理用水和通过近年国民经济各项节水措施节约的水量以及南水北调中线送水的调节，使各地市近年灌溉供水较前几年有改善，下面进行灌溉水供需平衡分析，以对比各地市具体供水能力。

2. 灌溉水供需平衡分析

夏玉米净需水量取用近年国内不同地区试验值（表 13-17），对于没有试验资料地区引用图 13-12，进行内插取值（表 13-19）。

表 13-17　夏玉米需水量试验参考值 需水量　　　　（单位：mm）

地区	需水量	文献序号	地区	需水量	文献序号	地区	需水量	文献序号
通州	470	22	山东陵县	388	32	蓬莱	380	35
豫北	417	23	济南	346	24	高唐	360	35
咸阳	400	25	运城	427	24	新泰	340	35
禹城	370	27	蚌埠	401	24	淮北	401	36
安阳	460	28	栾城	361	33	鹤壁	402	38
杨陵	350	29	洛阳	350	34			

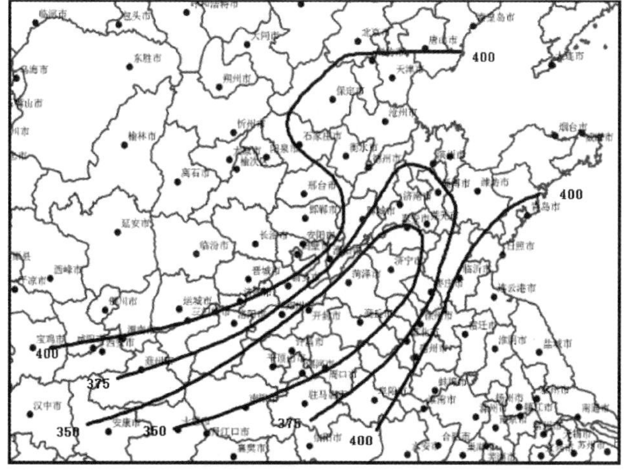

图 13-12　2000—2015 年夏玉米高产下等值线图

灌溉用水供需平衡分析计算参考13-1式中相关因素，对于一年有跨年用水作物则用下式计算：

$$\Delta W = W - M_1 - M_2 - M_K \quad (13-6)$$

式中：

ΔW—农田可用水量与灌溉净需水量差值（没考虑输水损失），m^3/hm^2；

W—农田可用水量，等于灌溉供水与有效利用降水、地下水补给水量之和，m^3/hm^2；

M_1、M_2—冬小麦灌溉用水净定额与夏玉米灌溉用水净定额（见13-1式），m^3/hm^2；

M_K—跨年作物的另一年作物需水量，m^3/hm^2（本处为冬小麦播种-越冬需水量）；

冬小麦净需水量取地区平均值4 500m^3/hm^2进行估算，冬小麦M_K值参考文献［40］取330m^3/hm^2。

表13-19中列出灌溉用水平衡分析成果，最后一项是平衡结果，计算中已经扣除了跨年用水（计算中忽略了地下水补给水量），有括弧的为负值，表示供水量仍然不能满足高产条件下的两茬作物需要。从近年（2013—2015年资料）实际供水看，基本都满足不了高产用水需求，因为，冬小麦高产需水为4 500m^3/hm^2，玉米为4 000m^3/hm^2，两者扣除越冬水也在8 000m^3/hm^2左右，不考虑输水损失，表内大于该值的也寥寥无几，如考虑输水损失，就没有满足的地市。表中给出输水利用系数较高达0.85，田间仍然沟畦灌，但也只有10个左右地市能满足丰产下需水要求。只有输水、田间节水措施齐努力（表13-18中滴灌+输水利用系数0.8），全区才基本满足夏玉米单产在10 000kg/hm^2时的需水量（表13-19）。

表13-18　不同节水措施时在现状灌溉供水能力下满足丰产条件下需水量的地市表

输水有效系数0.55时	输水利用系数0.85时	滴灌+输水利用系数0.8时
只有汉中与安康满足	北京、汉中、安康、商洛、苏州、南通、盐城、宿迁、徐州等满足	除威海、青岛、潍坊、铜川、宿州、漯河、商丘有微量不足外全部满足

表13-19　水资源与玉米灌溉用水平衡分析

三级区	地市	田均水资源（m^3/hm^2）	灌溉用水（m^3/hm^2）	给水类型	玉米需水量（m^3/hm^2）	降水（mm）			输水利用系数0.85沟畦灌	滴灌+输水利用系数0.8
						冬麦越冬	冬麦玉米	有效		
1暖温带海河中部平原混合灌灌溉区	天津市	1 080	3 831	外引	4 000	140	560	428	(1 686)	1 939
	廊坊市	1 455	2 336	外引	3 800	140	560	428	(2 946)	594
	沧州市	1 335	2 180	外引	3 800	120	480	392	(3 463)	77
	衡水市	990	2 731	外引	3 800	120	480	392	(2 912)	628
	邢台市	1 515	2 253	外引	4 000	120	480	392	(3 625)	0
	邯郸市	1 350	2 343	外引	4 000	120	480	392	(3 535)	90
2暖温带海河中西部山丘平井灌区	北京市	8 820	7 622	外引	4 500	140	560	428	1 517	5 356
	石家庄	2 475	4 135	外引	4 000	100	400	350	(2 168)	1 457
	保定市	3 375	3 570	外引	3 900	120	480	392	(2 190)	1 392
	安阳市	2 625	2 787	外引	4 500	120	480	392	(3 679)	159

（续表）

三级区	地市	田均水资源（m^3/hm^2）	灌溉用水（m^3/hm^2）	给水类型	玉米需水量（m^3/hm^2）	降水（mm）			输水利用系数0.85沟畦灌	滴灌+输水利用系数0.8
						冬麦越冬	冬麦玉米	有效		
1暖温带海河平原混合灌溉区	东营市	3 690	3 216	外引	3 900	120	480	392	（2 545）	1 038
	威海市	3 645	948	外引	3 900	140	560	428	（4 451）	（869）
	日照市	7 125	2 582	外引	3 900	160	640	459	（2 511）	1 072
	德州市	4 545	3 061	外引	3 900	120	480	392	（2 699）	883
	聊城市	3 210	2 481	外引	3 500	120	480	392	（2 808）	604
	滨州市	4 920	3 434	外引	3 750	120	480	392	（2 149）	1 369
	开封市	2 475	3 438	外引	3 500	140	560	428	（1 490）	1 921
	濮阳市	2 070	2 631	外引	3 500	140	560	428	（2 297）	1 114
	许昌市	2 160	3 229	外引	3 500	140	560	428	（1 699）	1 713
2暖温带黄河下游丘平混合灌溉区	济南市	6 525	3 512	外引	3 750	140	560	428	（1 710）	1 808
	青岛市	1 005	938	外引	4 000	160	640	459	（4 273）	（648）
	淄博市	4 290	4 177	外引	3 750	120	480	392	（1 407）	2 112
	烟台市	8 925	1 432	外引	3 750	160	640	459	（3 484）	34
	潍坊市	1 515	1 526	外引	3 750	140	560	428	（3 697）	（178）
	郑州市	1 995	2 713	外引	3 750	120	480	392	（2 870）	648
	鹤壁市	3 045	3 731	外引	4 000	140	560	428	（1 786）	1 839
	新乡市	2 520	3 569	外引	4 000	130	520	411	（2 121）	1 504
3暖温带黄河中游混合灌溉区	运城市	990	2 705	外引	4 200	140	560	428	（3 047）	663
	临汾市	1 545	3 529	外引	4 200	140	560	428	（2 223）	1 487
	洛阳市	3 255	3 101	外引	3 750	120	480	392	（2 482）	1 036
	平顶山	2 145	1 962	外引	3 500	140	560	428	（2 966）	446
	焦作市	3 000	3 742	外引	4 000	120	480	392	（2 135）	1 490
	三门峡	4 425	3 020	外引	4 000	120	480	392	（2 858）	767
	南阳市	5 550	2 601	外引	3 500	140	560	428	（2 327）	1 085
4亚热带黄河中游混合灌溉区	西安市	5 745	3 219	外引	4 000	180	720	485	（1 732）	1 893
	铜川市	2 955	971	外引	4 000	180	720	485	（3 979）	（354）
	宝鸡市	11 970	2 508	外引	4 000	180	720	485	（2 442）	1 183
	咸阳市	1 290	2 780	外引	4 000	180	720	485	（2 170）	1 455
5亚热带黄河中游储水灌溉区	渭南市	1 500	3 181	外引	4 000	200	800	507	（1 550）	2 075
	汉中市	70 335	12 048	自供	3 500	200	800	507	7 906	11 317
	安康市	33 780	11 058	外引	3 500	200	800	507	6 916	10 327
	商洛市	18 090	7 621	外引	3 500	200	800	507	3 479	6 891
1亚热带长淮出口引提灌溉区	苏州市	460 125*	7 431	自供	4 000	200	800	507	2 700	6 325
	南通市	4 770	5 504	外引	4 000	200	800	507	773	4 398
	盐城市	3 960	6 152	外引	4 000	200	800	507	1 421	5 046
	宿迁市	3 825	8 951	外引	4 000	200	800	507	4 220	7 845

（续表）

三级区	地市	田均水资源 (m^3/hm^2)	灌溉用水 (m^3/hm^2)	给水类型	玉米需水量 (m^3/hm^2)	降水（mm）			输水利用系数 0.85 沟畦灌	滴灌+输水利用系数 0.8
						冬麦越冬	冬麦玉米	有效		
2 亚热带淮河中上游混合灌溉区	淮北	2 025	1 527	外引	4 000	180	720	485	(3 424)	201
	亳州	1 950	1 457	外引	4 000	180	720	485	(3 494)	131
	宿州	2 310	1 105	外引	4 000	180	720	485	(3 846)	(221)
	蚌埠	1 065	4 384	外引	4 000	200	800	507	(347)	3 278
	阜阳	4 200	2 510	外引	4 000	200	800	507	(2 221)	1 404
	枣庄市	4 395	2 333	外引	3 750	160	640	459	(2 584)	935
	济宁市	1 710	3 951	外引	3 500	160	640	459	(671)	2 741
	菏泽市	1 155	3 308	外引	3 500	160	640	459	(1 315)	2 097
3 亚热带淮河上游井灌溉区	漯河市	2 175	963	外引	3 500	140	560	428	(3 966)	(554)
	商丘市	2 730	1 605	外引	3 500	130	520	411	(3 497)	(85)
	周口市	3 435	2 158	外引	3 500	140	560	428	(2 770)	641
4 亚热带淮河蒙山引提灌溉区	徐州市	5 685	7 729	外引	3 750	180	720	485	3 073	6 591
	泰安市	3 135	2 389	外引	3 500	160	640	459	(2 233)	1 178
	莱芜市	6 630	3 915	外引	3 500	160	640	459	(707)	2 705
	临沂市	5 310	2 785	外引	4 200	160	640	459	(2 660)	1 050
5 亚热带淮河上游储水灌溉区	信阳市	15 195	3 044	外引	3 500	700	0.47	330	(1 884)	1 528
	驻马店市	6 390	2 078	外引	3 500	700	0.47	330	(2 851)	561

五、各二级区适宜节水工程类型

该区在一级区下按流域区分为 3 个二级区，流域不同完全体现了各自的灌溉特性。

（一）31 海河流域半干旱夏玉米灌溉区

海河流域山区平原面积各半，河流短小汇流面积小，耕地比重较大人口密集，水资源短缺严重，现状灌溉供水能力小，平均 5 000m^3/hm^2，不到黄河流域的一半。

1. 发展方向

该区是华北平原中心地带，玉米种植与 32 个二级区连成一片，形成中国第二个玉米带，又是主要灌溉区，玉米应向灌溉现代化、玉米生产规模化、集约化、区块化、服务体系化发展，形成政府引导的玉米生产体系，由农、机、水、学、研、企业参加的攻坚团队，采用微压、零压、负压等具有中国特色的灌溉模式。解决水资源缺口要双向努力，采取外引水为辅内节水为主的方针。

2. 节水措施

节水与开源并举，将农田基本建设标准升级，灌溉输水系统向管道化发展，提高径流调节能力，中国目前径流调节系数已由 1999 年 0.17 提高到 2015 年 0.32，但与美国等发达国家比（美国径流调节系数 0.46）仍然有很大上升空间，调节能力提高，可拦截汛期排掉的水量。发展节水型经济，工农业同时节约用水，创新灌溉方法，提高水资源利用系数（以色列淡水资源人均116m^3，使用量是资源量的2.5倍），利用回归水、再生水、农田集雨增加灌溉水源，同时要保护水环境，采取回灌地下水恢复农田自然水平衡。

（二）32 黄河流域半干旱夏玉米灌溉区

黄河流经黄土高原，因河低塬高黄土冲刷造成黄河水含沙大，但黄河汇流面积大，本区处于黄河中下游，得力于黄河流量的补给，创造了沿岸古老的灌溉文化。

1. 发展方向

由于河水水位与灌溉农田的高差大，多数水源是提引工程，而且农田在山丘塬地上，地块零碎，成为提水高、输水爬坡、交叉从横、梯田满山的状态，要改变设备老旧、自动化程度低、施工难的现状，应创造农田水利建设自动化、工业化、输水系统管道化新标准，创新一套山丘区新型灌溉系统，以上升为现代化山区灌溉系统。

2. 节水措施

从表13-19中看出，该区涵盖部分海河南部以黄河流域夏玉米种植为主的32个地市，地形复杂农田平、坡、梯多样，造成单位面积用水高低不等，虽然夏玉米单产水平相差不多，但灌溉供水却相差1倍左右，重要原因之一是供水工程类型不同，井灌多，送水距离短，输水损失小；此外耕作水平也有差距，土地平整、土质质地、土层厚薄不同，造成用水增加；再者输水工程建筑质量差，山丘交叉工程跑冒滴漏损失大。因此，首先要确定用水增加原因，然后采取对应措施。在发展方向中应强调输水系统工程尽量管道化；针对坡田梯田，田间灌水措施要提高自动化水平，采取自动控制、小定额、勤灌水；采用微压、零压、负压、覆膜等技术降低棵间蒸发损失（一般棵间损失占需水量30%），使灌溉用水量向海河流域趋近。

（三）33 淮河流域湿润多季玉米灌溉区

淮河流域南北差异处于半干旱向湿润气候类型转换地带，山丘与平原玉米种植季节不同，北部或山上一般是春玉米，南部、平原是夏玉米。

1. 发展方向

淮河流域上游在山东河南部分，中下游在安徽江苏，上游雨量少而下游雨量多，上游玉米种植比例为30%～50%，下游为10%～30%。上下游要采取不同的玉米生产模式，上游与黄河、海河流域相连一片，参与夏玉米集约化专业化生产；下游区玉米在本地不是主流粮食作物，应以局部合作模式发展现代化补偿灌溉。该区虽然雨量为700～1 000mm，但因两季作物需水，水资源并不充裕，要提高输水利用系数。

2. 节水措施

上游区要采取输水、田间工程同时上升新水平，下游区水稻、小麦、玉米同时开展节水，其中，水稻更是重点。更新泵站、输水系统、水库等机械设备向信息化、智能化提升；同时，改革灌溉管理体制，基层站点向无人值守、远程控制、遥控遥测发展，科学管理软件化，科学调度整体优化，提高水资源利用系数、提高灌溉水利用系数。

六、各三级区建议发展的节水措施

1. 311 暖温带海河中部平原混合灌溉区

①概况分析：311 暖温带海河中部平原混合灌溉区有天津市辖区、廊坊市、沧州市、

衡水市、邢台市、邯郸市，该区位于华北平原北端，地势平坦低洼，耕地占该区国土面积的30%~40%，耕地连片，灌溉以井灌为主，灌溉占耕地面积比重高达70%~85%；气候温和年积温4 300℃左右，为一年一季半作物种植提供了光热资源；年降水在700mm左右，满足在低产条件下需水，但常遭遇旱灾，只有灌溉才能保证正常生产，由于人口密集大城市集中，工农业用水十分短缺，是全国耕地田均水资源最少地区（1 290m^3/hm^2），平均不足平均不足1 500m^3/hm^2，是全国平均田均水资源百分之一；该区是中国夏玉米的主产区，玉米种植面积占耕地面积的50%~60%。

②发展方向：该区是夏玉米中心产区，应建立中国玉米第二个玉米带，产业区建设要向集约化、产业化、服务体系化（参见第十章部分相关内容）发展，将现代化、信息化、智能化结合在工程中，如果资金不足也要预留发展空间。

③节水措施：该区农田平整宽广，风较少，适宜发展大型微压喷灌及微压滴灌覆膜灌等节水节能双节灌溉模式，改革提升灌区管理系统，向集中管理田间无人值守、智能遥控方向发展。

2. 312暖温带海河中西部山丘平原井灌区

①概况分析：312暖温带海河中西部山丘平原井灌区有北京市辖区、石家庄市、保定市、安阳市，该区位于太行山与东部平原过渡区，该区除部分山丘区外气候、积温、降水、水资源与311区相同，玉米种植与311区连成一片，玉米种植、灌溉比也基本相同。

②发展方向：该区包含首都及河北省会石家庄，是地区政治、经济、文化、科研技术中心，在第二大玉米带建设中负有试点、带领责任，建设玉米产业带是农业升级向现代化发展的重要组成部分，也是农业、水利体制改革的重要内容；水利、农机软硬件升级是一项开创性工作，需要产学研相结合，走出有中国特色的农业产业化现代化之路。

③节水措施：针对目前采用的有压节水灌溉方法存在能耗较大的问题，中国很多研究人员提出毛细给水、负压给水、痕灌给水、零压给水新技术，这是一种给水器无需压力的"双节"给水方法，可以称作"植物智能给水"（具体可参考第九章"四创新"植物智能给水理论"），该区研究院所很多，科研力量强大，在消化有压节水灌溉的同时，开展适合本地玉米无压双节由植物主动吸水新的供水方法，开创适合中国能源和水源紧缺地区的灌溉发展，走出中国特色的节水灌溉之路。

3. 321暖温带海河平原混合灌溉区

①概况分析：321暖温带海河平原混合灌溉区，位于海河平原南部，由海、黄、淮三河交叉地域组成，有海河流域南部的东营市、德州市、聊城市、滨州市、濮阳市；独立入海的威海市、日照市；淮河上游的开封市、许昌市。地势以平原为主，有部分丘陵，年降水600~800mm，田均水资源在2 250~4 500m^3/hm^2，干燥度在2左右，积温均衡在4 500℃，玉米种植比例各市不均衡为25%~85%，耕地灌溉率很高为0.8到0.9。

②发展方向：该区属华北平原一部分，应加强夏玉米带建设，走专业化、规模化发展道路。

③节水措施：该区水资源也是极度短缺，但雨量较丰富，留住雨水是发展节水灌溉的重点，在独流入海的日照、威海径流调节系数仅为20%~30%，发展空间很大；平原区也要拦截雨水，如东营每年降水量46多亿m^3，但地表水资源仅3.56亿m^3（引自2011年山

东水资源年报)，大部分流入海洋，要利用各种措施留住淡水，如塘坝、湿地、村屯水泡、农田集雨等措施拦蓄降水径流。节水措施同312区，该区有沿海地市，在井灌地区一定注意采补平衡，维持地下水位与海水位平衡，不能造成海水倒灌，保持滨海水环境良性循环。

4. 322暖温带黄河下游丘陵平原混合灌溉区

①概况分析：322暖温带黄河下游丘陵平原混合灌溉区有济南市、青岛市、淄博市、烟台市、潍坊市、郑州市、鹤壁市、新乡市，该区灌溉水源以引黄河水为主，自然条件与321基本相同，也有沿海地区。玉米种植面积比例、灌溉面积比例系数也基本与321相同。该区旱涝受黄河影响。

②发展方向：加入夏玉米带。

③节水措施：措施类同321灌溉区。

5. 323暖温带黄河中游混合灌溉区

①概况分析：323暖温带黄河中游混合灌溉区有运城市、临汾市、洛阳市、平顶山市、焦作市、三门峡市、南阳市，该区位于山西太行、吕梁、河南的熊耳、伏牛山区，气候不同于黄河下游平原，气候湿润干燥度较低在1~1.5，积温略低，降水500~600mm。玉米种植比例20%~40%，灌溉面积比例系数也小于下游平原为0.2~0.6，平均0.45。

②发展方向：与华北平原夏玉米带条件不同，区内地块零散，无大面积平原，灌溉水源主要是储水与提引黄河水。玉米种植比例小，不是本地重要农业产业支柱，应与其他产业融合，多种经营协调发展，灌溉管理同样需要向现代化、信息化、智能化发展，为多种经济服务。

③节水措施：节水重点在输水系统上，措施逐步实施输水管道化，泵站设备更新，提高水泵效率与调控能力，优化配水提高用水效率。

6. 324亚热带黄河中游混合灌溉区

①概况分析：324亚热带黄河中游混合灌溉区有西安市、铜川市、宝鸡市、咸阳市(西安)，该区北依黄土高原南靠秦岭，渭河由西向东穿过，形成关中盆地，灌溉历史悠久，号称八百里秦川，如今是路上新丝绸之路的起点。气候温和积温4 000~5 000℃，降水600~700mm，干燥度2.0，适宜小麦和玉米轮作，水资源紧缺，灌溉以井灌为主。玉米种植比例40%~60%，单产水平处于中等为5 500kg/hm^{2}左右。耕地灌溉率较高在0.5~0.7。

②发展方向：该区雨量适中，但调蓄能力很低，该区2011年降水总量377亿m^3，2015年降水总量278亿m^3，而库容总量仅18.7亿m^3，调节系数5%~7%，所以，扩大灌溉面积和提高灌溉保证率需要水源，而今井灌已造成地下水超采，漏斗连片。发展方向应加大水利投入，建设大中小各类调蓄工程（包含地下水回灌、集雨)，水利建设要起点高，将现代化、信息化、智能化结合在工程中，为西北灌溉现代化作出示范。如果资金不足也要预留发展空间。

③节水措施：玉米是该区主要粮食作物，根据该区干燥度与风速状态（干燥度2、风速年均大于3m/s）以及基本风压（附注)，在西北地区都是最小的地区，其风速累计小时是全国最少的地区（图13-13、图13-14)，发展大面积自动化低压微喷是一项好的

选择。

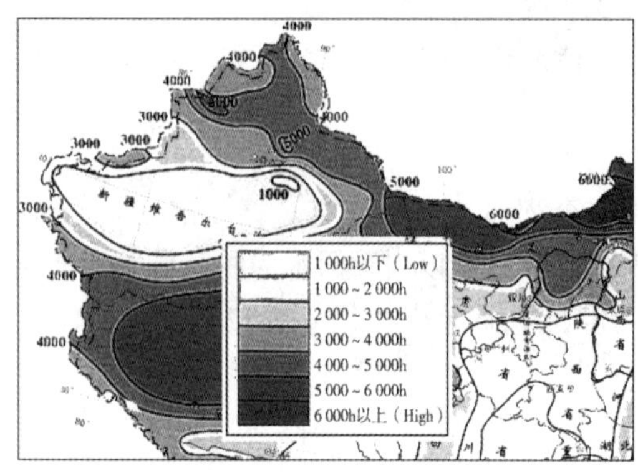

图 13-13　风速大于 3m/s 一年累计小时数

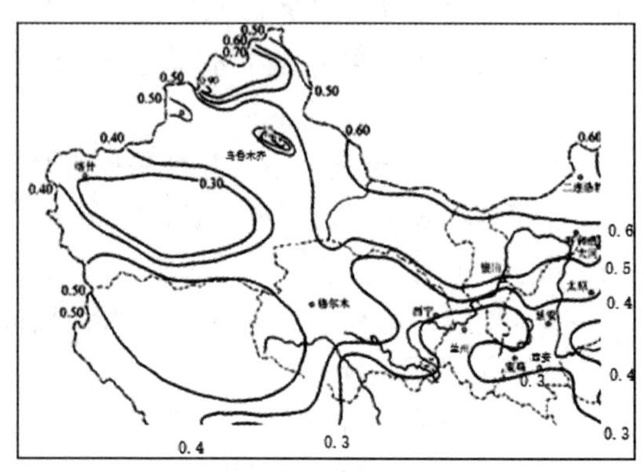

图 13-14　基本风压分布曲线（单位：kn/m²）

7. 325 亚热带黄河中游储水灌溉区

①概况分析：325 亚热带黄河中游储水灌溉区有渭南市（西安）、汉中市、安康市、商洛市（商州），该区主要位于秦岭以南，属汉江发源地，受秦岭影响，气候与长江中游相似，积温、雨量高于 324 区，雨量 1 000mm，田均均水资源 2 000m³/hm²，其中，安康、商洛玉米种植比重 60%～75%，但耕地灌溉率不足 20%，由于雨量较多大部属雨养农业；汉中、渭南则相反，玉米面积比例 40%，而耕地灌溉率却高达 60%以上。

②发展方向：由于该区降水多在发展灌溉工程中要将排水考虑在内，灌排兼顾；同时要考虑丰水与枯水年作物需水，雨养农业作物供水主动权在天，农业丰歉也在天，从该区玉米单产与降水看出灌溉率高的汉中、渭南不受降水多少影响，产量稳定，而安康、商洛受降水影响，雨量多反而产量低，雨量少却产量高，说明安康受涝灾影响较大。从图 13-15 的 2000—2015 年的粮食总产变化对比也能看出，雨养比重大的安康与灌溉比重大的渭南明显不同，渭南总产虽有波动但上升趋势明显，安康不但没有上升，还有下降趋势（表 13-20）。

表 13-20　降水与产量

（单产：kg/hm²，雨量：mm）

地市	2011 年		2013 年	
	单产	降水	单产	降水
汉中	2 897	1 334	2 986	1 052
安康	2 863	1 232	3 081	655
商洛	4 009	1 009	4 249	575
渭南	4 997	731	5 181	385

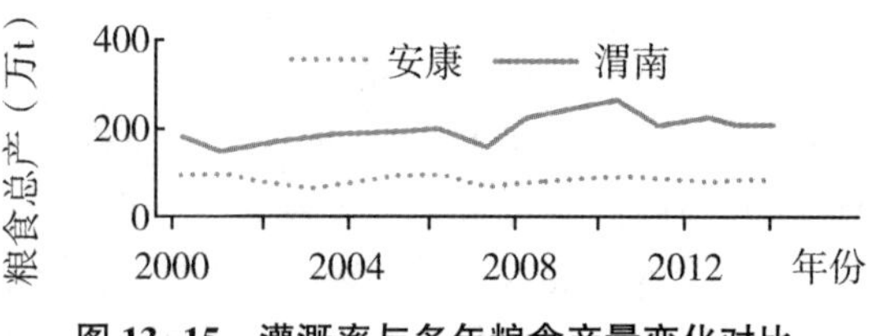

图 13-15　灌溉率与多年粮食产量变化对比

从分析看出，对降水较多地区水利农田基本建设同样重要，中国人口众多，粮食生产来不得大的波动，需要建设稳产高产才能满足人民生活的需要，该区主攻方向是加强水利建设，该区有效库容仅 50 亿 m³，而 2011 年降水量 941 亿 m³，调节系数仅 0.054，远小于全国平均值 0.32，径流调节不但起蓄水作用同时，也能调节河流流量，起到防洪减轻洪涝灾害。发展方向是提高径流调节系数，灌溉与排水工程同发展，建设稳产高产农田。

③节水措施：该区是西北地区最适合发展喷灌的地区，干燥度与风都较小，喷灌较滴灌投资小，但要注意选择低压、微压喷灌，喷灌最大缺点是耗能高，要研究开发适合本地的微压喷灌设备。

8. 331 亚热带长淮出口引提灌溉区

①概况分析：331 亚热带长淮出口引提灌溉区有苏州市、南通市、盐城市、宿迁市，该区位于长江和淮河入海地区，气候属温带向亚热带过渡区，气候温和，根据地形不同既有夏玉米种植也有春玉米种植，积温 5 000℃以上，干燥度低仅 1.0，年降水 800mm，亩均水资源 3 750~4 500m^3，玉米种植比例仅 10%左右，但耕地灌溉率高达 0.8，其中，水稻比重较大，不是玉米重要产区。该区旱涝发生几率接近同等（表 13-21），也是中国重要涝区。

表 13-21　典型地市近三年旱涝灾害对比　（面积单位：千 hm^2）

典型区	灾害	2014			2013			2012		
		受灾	成灾	成灾比例	受灾	成灾	成灾比例	受灾	成灾	成灾比例
江苏	旱灾	473	155	0.33	284	150	0.53	366	221	0.60
	涝灾	57	18	0.32	243	40	0.16	546	194	0.36
安徽	旱灾	283	60	0.21	405	234	0.58	616	276	0.45
	涝灾	310	162	0.52	316	194	0.61	482	219	0.45

②发展方向：该区处在长淮入海口平原，地势低洼干旱与洪涝威胁几率相当，在发展灌溉中同样要重视排水。玉米比例小要根据地区特点采取多种经营模式，灌溉区建设在改革中不但要对硬件升级，同时也要配套适合当地特点的管理软件，将配水提升到科学优化、智能调度管理。

③节水措施：旱田与水田一同采取措施，其中水田节水更重要，该区另一特点是滨海地区，要把节水与防盐碱化、提水灌溉与防海水倒灌结合，把水利灌溉措施与生物育种耐旱耐盐碱措施多方平衡，寻找切合点。加强农田水环境平衡措施，寻找可持续发展的科学模式。

9. 332 亚热带淮河中上游混合灌溉区

①概况分析：332 亚热带淮河中上游混合灌溉区有淮北、亳州、宿州、蚌埠、阜阳、枣庄市、济宁市、菏泽市，该区位于淮河中上游平原，玉米种植比例 20%~40%，该区部分地市也有春玉米种植，耕地灌溉率很高在 0.7~1.0。年降水 800~1 000mm，田均水资源较少在 1 125~3 000m^3/hm^2，积温在 5 000℃以上。

②发展方向：从表 13-21 中看出安徽的特点是旱涝灾害中涝比旱要严重，山东菏泽一带具有相同特性，所以，在灌溉工程建设要兼顾排水问题。该区另一特点是玉米在粮食作物中不占优势，粮食生产中稻、麦、玉米三足鼎立，在农业结构布局中要根据区域内不同产业组成，实现小区域的各具特点的规模化经营模式，在灌溉建设和管理发展中硬件软

件要全覆盖。

③节水措施：该区玉米节水只是全局节水一部分，重在选用先进的灌溉方法，改革给水器，提高灌水利用系数。节水灌溉中微压喷灌、微压滴灌、覆膜灌都适合本地自然条件。

10. 333 亚热带淮河上游井灌溉区

①概况分析：333 亚热带淮河上游井灌溉区有漯河市、商丘市、周口市，该区位于河南境内，地势平坦地下水资源丰富，灌溉以提取地下水为主，玉米种植比例 30%左右，耕地灌溉率 0.70～0.80，该区积温 4 000～5 000℃，年降水 650～700mm，亩均水资源 1 500～3 000m^3 较低。

②发展方向：该区的平原属于华北大平原一部分，适宜参加华北夏玉米带建设，形成区域内一部分，应整合在玉米生产规模化、集约化、区块化、服务体系化中。

③节水措施：该区自然条件适合发展大中型微压喷灌，可将灌水利用系数一次提高到 0.8 左右。

11. 334 亚热带淮河蒙山引提灌溉区

①概况分析：334 亚热带淮河蒙山引提灌溉区，有徐州市、泰安市、莱芜市、临沂市，该区位于蒙山地区，地势属于平原一部分，有少部分丘陵区，年降水 800～900mm，亩均水资源 200～400m^3，该区积温 4 500～5 000℃。玉米种植比例 30%～50%，耕地灌溉率 0.5～0.7。

②发展方向：参加华北夏玉米带建设。

③节水措施：升级储水、提水工程与设备，实现现代化、信息化、智能化跨越。

12. 335 亚热带淮河上游储水灌溉区

①概况分析：335 亚热带淮河上游储水灌溉区有信阳市、驻马店市，该区位于淮河干流发源地，气候温和，年降水量 700mm，积温 5 000℃ 以上，田均水资源高 6 000～15 000m^3，玉米种植比例信阳仅 5%，驻马店 35%，不是玉米主产区。

②发展方向：按多种产业模式发展。

③节水措施：该区水资源丰富，径流调节能力很高，库容总量 75 亿 m^3，而 2011 年地表水仅 51 亿 m^3，但耕地灌溉率仅居全国平均水平，干旱年仍然有重灾发生。要扩大灌溉面积，提高水库管理水平，科学调度提高灌溉水的利用率。

第四节　Ⅳ华西南春夏秋玉米补偿灌溉区灌溉节水发展措施

Ⅳ区位于中国西南横跨 3 个农业耕作类型区，与以上 3 个区最大的不同，是光热与水资源十分丰富，又地形复杂多变，造成玉米有的春天种（在山丘与高寒地区），有的夏天种（在双季耕作区），有的是秋天或冬天种（在三季耕作区）（图 13-16）。

玉米主要种植在四川、云贵地区，两湖与广西只在山丘积温低的地区与麦豆等杂粮套或复种植。

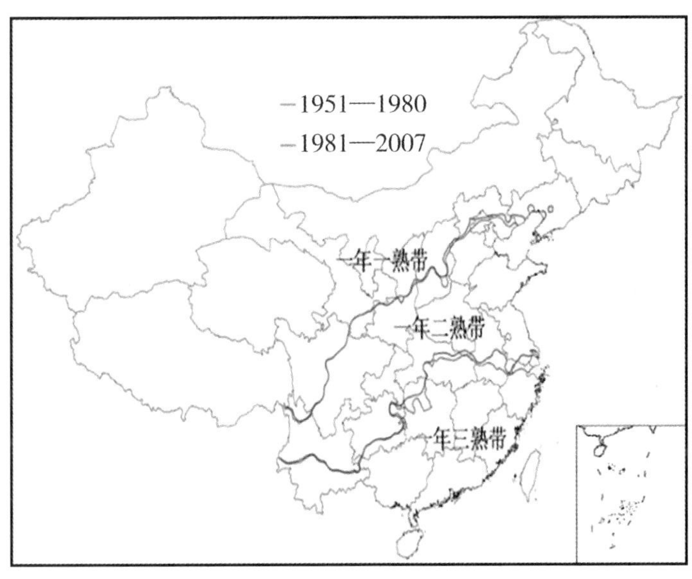

图 13-16　中国农业轮作制度分布图

（引自文献［54］）

一、资源特点

1. 水资源概况

该区年均降水量 1 000~2 000mm，而在怒江澜沧江地域降水高达 3 000mm 以上，田均水资源在 15 000m^3/hm^2 以上，是北方省份的数倍，供水潜力很大。但由于年度间的变差很大，丰水年与枯水年差 40%以上，水资源也会供不应求，造成作物干枯。进入 21 世纪以来，云贵地区常发生干旱，并造成巨大损失。由于地区多雨过去忽视旱地农田的水利工程建设，从表 13-22 中看出 2 000 年前该区地表水调节系数小于 0. 1，年内与年际间无法拦截雨季的雨水，当多天无雨时，作物无灌溉水源。从表中看出国家“十一五”、“十二五”期间大力发展水利建设，状况有明显改进，调节系数逐步接近全国平均水平（表 13-23），但怒澜流域仍然落后，需要加强。

表 13-22　地表水水资源调节能力发展状况

地区	年代	地表水量（亿 m^3）	大中蓄水（亿 m^3）	总库容 2014			其中		
				大中小（亿 m^3）	库容（亿 m^3）	调节系数	大型座	中型座	调节系数
四川	2005	2 573	124				11	103	0. 05
	2010	2 573	165. 79				12	105	0. 06
	2015	2 573	497	8 086	497	0. 19	45	197	0. 19
云南	2005	1 968	80				4		0. 04
	2010	1 968	64				8	191	0. 03
	2015	1 968	85	6 101	375	0. 19	11	224	0. 04

（续表）

地区	年代	地表水量（亿 m³）	大中蓄水（亿 m³）	总库容 2014			其中		
				大中小（亿 m³）	库容（亿 m³）	调节系数	大型座	中型座	调节系数
贵州	2005	1 153	153				8	26	0.13
	2010	1 153	200				15	35	0.17
	2015	1 153	299	2 316	435	0.38	21	71	0.26
湖北	2005	942	278				60	236	0.30
	2010	942	282				66	259	0.30
	2015	942	369	6 546	1 249	1.33			0.39

表 13-23　2015 年西南诸河与长江流域水库调节能力

流域	地表水（亿 m³）	大 240 座（亿 m³）	中 1322 座（亿 m³）	调节系数	流域	地表水（亿 m³）	大 11 座（亿 m³）	中 104 座（亿 m³）	调节系数
长江	10190	1805.7	183.1	0.20	西南	5014	34.8	18.8	0.01

该区水资源另个特点是水环境逐渐变差，随着工矿企业发展，水资源受到污染，过去的清水，现在变得污浊（图 13-17 和表 13-24）。该区不但要自己健康发展经济，还肩负向北方供水的国家复兴大局责任，2015 年国家出台实施《水污染防治行动计划》，建立全国及重点区域水污染防治协作机制，全国都已投入为子孙恢复绿水青山环境治理中。

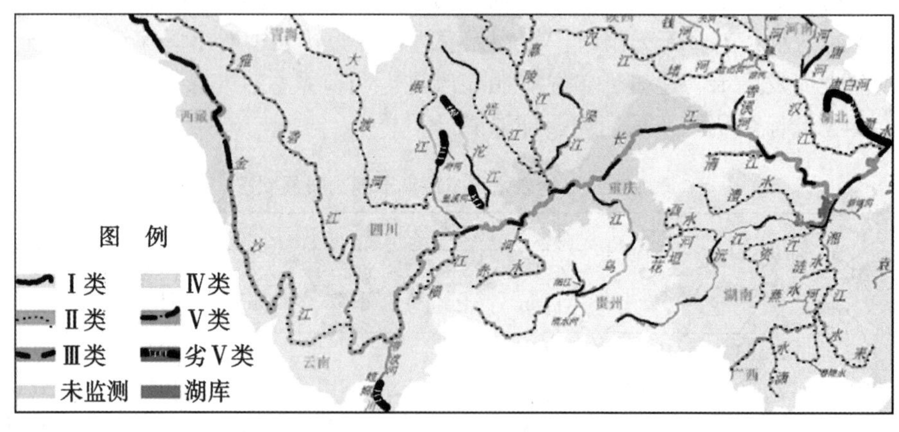

图 13-17　长江流域玉米分区Ⅵ区地域河流 2015 年水质状态

（摘自《中国环境状况公报》2015）

表 13-24　地域河流水质状态　（单位:%）

地区	Ⅰ	Ⅱ	Ⅲ	Ⅳ	Ⅴ	劣Ⅴ
长江	54.6		24.2	8.6	5	7.6
西南	75.8		21.6	1.2	0.2	1.2
贵州	0	76.5	4.9	7.8	0.5	10.3

2. 耕地资源

该区地广人稀，土地资源丰富，但耕地资源并不多，多崇山峻岭，平均人均耕地仅 0.1~0.17hm^2，平坝种水稻，山坡种玉米，平均玉米种植比例为 20%~30%（表 13-25），玉米单产山上山下差异很大，不同季节玉米也不同，平均变化为 3 000~7 000kg/hm^2。令人称奇是该区的先辈们用智慧和勤劳创造出美丽如画的各类梯田，吸引国内外游客、旅行家、摄影师、画家们观光。

表 13-25　Ⅳ华西南春夏秋玉米补偿灌溉区玉米种植与水资源参数表

二级区	三级区	地市	玉米面积（千 hm^2）	总产（万 t）	玉米单产（kg/hm^2）	种植比例（%）	田均水资源（m^3）
1 珠江流域湿润多季玉米灌溉区	1 亚热带珠江上游储水灌溉区	南宁市	72	33	4 526	12	1 109
		百色市	45	23	5 000	68	15 735
		河池市	460	368	8 000	12	4 239
		布依族苗族自治州	89	45	5 000	45	3 953
		曲靖	51	25	5 000	19	329
		玉溪	87	63	7 200	18	678
		楚雄	137	72	5 250	18	518
		西双版纳	103	54	5 250	37	5 615
	411		1 045	682	5 653	29	4 022
	2 亚热带珠江与澜怒江上游混合灌溉区	保山	224	162	7 200	21	2 063
		普洱	131	39	3 000	33	3 250
		临沧	76	26	3 450	26	1 615
		文山	47	25	5 250	21	985
		德宏	29	17	6 000	24	3 060
		怒江	18	7	3 750	27	10 143
	412		524	275	4 775	25	3 519
41			1 569	958	5 269		3 802

（续表）

二级区	三级区	地市	玉米面积（千 hm^2）	总产（万 t）	玉米单产（kg/hm^2）	种植比例（%）	田均水资源（m^3）
2 长江流域湿润多季玉米灌溉区	1 亚热带长江中游混合灌溉区	邵阳市	80	41	5 040	18	1 516
		岳阳市	31	15	4 710	10	1 535
		张家界市	14	17	12 253	46	14 351
		郴州市	47	19	4 083	24	3 971
		湘西	40	15	3 696	23	2 159
	421		213	106	5 956	24	4 706
	2 亚热带长江中上游混合灌溉区	重庆	33	18	5 530	22	1 902
		自贡市	50	23	4 500	24	365
		泸州市	95	43	4 500	24	1 143
		绵阳市	69	42	6 000	34	2 238
		广元市	69	62	9 000	41	3 548
		遂宁市	153	69	4 500	45	338
		内江市	87	52	6 000	93	583
		乐山市	40	18	4 500	58	3 414
		眉山市	57	43	7 500	23	1 487
		宜宾市	47	25	5 460	23	1 115
		广安市	73	33	4 500	27	1 068
		达州市	20	11	5 460	24	2 878
		巴中市	31	24	7 800	14	4 181
		资阳市	9	4	4 500	12	469
	422		831	466	5 696	33	1 766
	3 亚热带长江中游南北两岸储水灌溉区	黄石市	13	5	3 666	14	2 123
		十堰市	83	38	4 558	47	3 344
		宜昌市	102	49	4 791	38	2 171
		襄阳市	156	81	5 197	34	653
		咸宁市	20	8	4 310	12	2 719
		恩施自治州	126	66	5 242	88	8 499
		神农架林区	2	1	4 419	34	22 414
	423		501	248	4 597	38	5 989
	4 亚热带长江中游南岸储水灌溉区	永州市	53	23	4 417	16	2 680
		怀化市	74	29	3 886	25	3 304
		娄底市	43	21	4 886	25	1 750
	424		170	73	4 396	22	2 578

（续表）

二级区	三级区	地市	玉米面积（千 hm^2）	总产（万 t）	玉米单产（kg/hm^2）	种植比例（%）	田均水资源（m^3）
2 长江流域湿润多季玉米灌溉区	5 中温带长江上游混合灌溉区	雅安市	21	9	4 500	36	14 698
		阿坝	11	8	7 800	14	50 502
		甘孜	82	37	4 500	12	3 8027
		凉山	41	32	7 800	23	4 635
	425		154	86	6150	21	26 966
	6 亚热带长江中上游南岸储水灌溉区	贵阳市	70	42	6 000	38	3 364
		六盘水市	154	115	7 500	23	3 110
		遵义市	47	35	7 500	18	605
		安顺市	174	117	6750	16	4 904
		毕节市	71	58	8 250	17	1 287
		铜仁市	86	58	6 750	12	20 114
		布依族苗族自治州	46	31	6 750	17	1 816
		苗族侗族自治州	84	57	6 750	12	1 082
	426		731	514	7031		4 535
	7 亚热带长江上游南岸混合灌溉区	昆明	216	110	5 089	20	377
		昭通	39	29	7 500	29	937
		丽江	161	121	7 500	20	2 212
		红河	173	104	6 000	21	1 734
		大理	64	43	6 750	24	1 070
		迪庆	10	5	5 000	28	11 769
	427		663	412	6 307	24	3 016
42			3 264	1 905	5 810		41 722
			4 832	2 862			

二、自然条件特点

1. 气象条件

该区属亚热带湿润气候，干燥度为 0.5~1.5（表 13-26），温度较高，年平均积温为 5 000~7 000℃，但受地形影响，在高寒山区积温为 2 500~4 000℃，由于积温山上山下变差很大（表 13-26），玉米种植季节不同，山上一般一季，山下可与其他作物套复种，可实现两季种植。玉米搭配的耕作制度不同，玉米种植季节也不同，产生了该区玉米多季的特点，即使在同一村落，也可能有不同季的玉米种植。一般耕作制度有以下几种形式：西南丘陵小麦、玉米、大豆间套复种；甘薯、玉米、蔬菜；湖南 春玉米-夏玉米；玉米-晚稻；湖南、广西等省区也有三季种植，推广将玉米与短生育杂粮蔬菜复种。从而形成玉米春、夏、秋、冬都有种植，所以，能形成三季种植，主要是气候适合，积温能满足玉米在不同季节生长。

该区降水年内分配呈多种形态，如四川呈现单峰型，重庆是双峰型，昆明是多峰型，与北方单峰型略有不同。但总体上依然是雨季在 4—10 月，同中国主流雨季一样。降水虽然很多，但年际变化较大，丰水年与枯水年变差在 45%左右，虽然常年能满足 2~3 季作物生长，但枯水年常发生干旱，玉米受灾严重（图 13-18）。

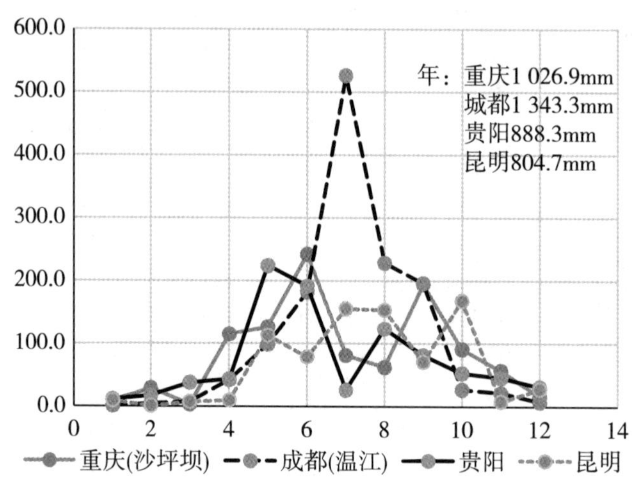

图 13-18　西南地区典型城市降水年内分布

2. 地形条件

该区地形复杂，有小平原、高塬、盆地、雪山等地形，人们常形容早穿皮袄午穿纱，围着火炉吃西瓜。多山多雨造成洪涝与伴生地质灾害较多（表 13-26）。

表 13-26　Ⅳ华西南春夏秋玉米补偿灌溉区与玉米灌溉相关自然条件对照表

二级区	三级区	地市	积温（℃）	干燥度 蒸发/降水	区位地形
1 珠江流域湿润多季玉米灌溉区	1 亚热带珠江上游储水灌溉区	南宁市	7 764	0. 50	平
		百色市	8 064	0. 75	山丘
		河池市	7 362	0. 50	山丘
		布依族苗族自治州	5 034	0. 50	山
		曲靖	4 770	1. 50	山
		玉溪	5 190	1. 50	山
		楚雄	7 440	1. 50	山
		西双版纳	7 560	0. 50	山
	411		6 648	0. 91	
	2 亚热带珠江与澜怒江上游混合灌溉区	保山	5 670	1. 50	高山
		普洱	6 840	0. 75	山
		临沧	6 240	0. 75	山
		文山	7 080	0. 50	山
		德宏	5 670	0. 75	山
		怒江	5 070	1. 50	高山
	412		6 095	0. 96	

（续表）

二级区	三级区	地市	积温（℃）	干燥度 蒸发/降水	区位地形
41			6 406	0. 93	
2 长江流域湿润多季玉米灌溉区	1 亚热带长江中游混合灌溉区	邵阳市	5 772	0. 50	山丘
		岳阳市	6 039	0. 50	丘平
		张家界市	5 964	0. 50	山
		郴州市	6 507	0. 50	山丘
		湘西	5 607	0. 50	山丘
	421		5 978	0. 50	
	2 亚热带长江中上游混合灌溉区	重庆	6 609	0. 50	山丘平
		自贡市	6 420	0. 50	平
		泸州市	6 189	0. 50	山丘平
		绵阳市	5 991	1. 50	山丘平
		广元市	5 568	0. 50	山丘
		遂宁市	6 072	1. 50	平
		内江市	6 231	0. 50	平
		乐山市	6 243	1. 50	山丘平
		眉山市	6 150	1. 50	平
		宜宾市	6 423	0. 50	山丘
		广安市	6 162	0. 50	平
		达州市	5 973	0. 50	丘平
		巴中市	5 694	0. 50	山丘
		资阳市	6 159	0. 50	平
	422		6 135	0. 79	
	3 亚热带长江中游南北两岸储水灌溉区	黄石市	5 490	0. 75	丘平
		十堰市	5 190	0. 75	山丘
		宜昌市	5 160	0. 75	山丘平
		襄阳市	5 190	0. 75	丘平
		咸宁市	5 610	0. 75	丘平
		恩施自治州	5 130	0. 75	山丘
		神农架林区	5 190	0. 75	山
	423		5 280	0. 75	
	4 亚热带长江中游南岸储水灌溉区	永州市	6 078	0. 50	山丘
		怀化市	5 799	0. 50	山丘
		娄底市	5 949	0. 50	山丘
	424		5 942	0. 50	
	5 中温带长江上游混合灌溉区	雅安市	5 538	0. 50	山
		阿坝	2 331	1. 50	山
		甘孜	2 193	1. 50	山
		凉山	6 123	1. 50	山
	425		4 046	1. 25	

（续表）

二级区	三级区	地市	积温（℃）	干燥度 蒸发/降水	区位地形
2 长江流域湿润多季玉米灌溉区	6 亚热带长江中上游南岸储水灌溉区	贵阳市	4 905	0.50	山
		六盘水市	4 083	0.50	山
		遵义市	5 460	0.50	山
		安顺市	4 797	0.50	山
		毕节市	4 662	0.50	山
		铜仁市	5 889	0.50	山
		布依族苗族自治州	5 649	0.50	山
		苗族侗族自治州	5 358	0.50	山
	426		5 100	0.50	
	7 亚热带长江上游南岸混合灌溉区	昆明	5 070	1.50	山
		昭通	5 100	1.50	高山
		丽江	5 070	2.00	高山
		红河	7 080	0.50	山
		大理	5 070	1.50	山
		迪庆	5 070	2.00	高山
	427		5 410	1.50	
42			5 517	0.82	

三、农田灌溉特点

该区地表水资源丰富，中小水库塘坝众多，灌溉多是引库水灌溉，也会形成双库或多库联合配水，形成长藤结瓜式灌溉区，有利于水源丰歉互补。该区又是中国水资源最丰富的地区，著名的南水北调工程的水源地，为破解中国北方缺水阻碍国民经济发展作出巨大贡献。

1. 灌溉工程特点

山丘区为水利工程提供了拦蓄地面径流的有利地形，也为灌溉提供灌溉水源，又由于山丘区上下游落差大，为自流灌溉节省了输水能源。从表 13-27 中看出，井灌、提水灌溉面积及供灌溉水量，6 个省区都只占很小的比重，这同华北地区形成显明的不同，该区灌溉面积主要靠自流引水与蓄水。

表 13-27　Ⅳ区内相关省份灌溉工程类型及供水工程类型组成对比表

省份	灌溉面积组成（千 hm^2）					供水组成（亿 m^3）			
	总面积	井灌	固定站	流动机	喷滴管	泵站	引水	蓄水	机电井
四川	2 553	4.5	228	20	97.38	0.38	73.4	49.7	0.66
占比（%）		0.18	8.93	0.78	3.81	0.31	59.13	40.04	0.53
贵州	1 131	2.94	67	4.8	35.36	2.57	14.1	18.8	0.12
占比（%）		0.26	5.92	0.42	3.13	7.22	39.62	52.82	0.34

（续表）

省份	灌溉面积组成（千 hm^2）					供水组成（亿 m^3）			
	总面积	井灌	固定站	流动机	喷滴管	泵站	引水	蓄水	机电井
云南	1 588	25	133	6	59.18	6.8	60.5	50.1	0.62
占比（%）		1.57	8.38	0.38	3.73	5.76	51.26	42.45	0.53
湖北	2 379	142	773	182	44.38	22.4	41.6	76.8	0.83
占比（%）		5.97	32.49	7.65	1.87	15.82	29.37	54.23	0.59
湖南	2 739	10	801	195	27.03	29	29.1	110	1.08
占比（%）		0.37	29.24	7.12	0.99	17.14	17.20	65.02	0.64
广西	1 523	6	225	27	12.72	17.7	59.1	122.3	1.26
占比（%）		0.39	14.77	1.77	0.84	8.83	29.50	61.04	0.63

2. 灌溉面积

玉米灌溉在该地区所占比重很小，基本属雨养农业，其中，湖北、湖南、广西等省区只有很少地市种植玉米（表 13-25），并且只在山区坡地上种植玉米。灌溉面积中主要是水田（表 13-28），但在有玉米种植的地市，玉米比重还是占有重要地位。该区灌溉发展不平衡，在高山地区灌溉工程较少，而在盆地、坝地、小平原灌溉工程面积较大，且历史悠久，如四川盆地都江堰灌区已有数千年历史，灌溉面积系数在 0.05～0.95 差别悬殊（表 13-29）。

表 13-28　Ⅳ区内相关省份水田及水浇地在耕地中的比重%

省份	耕地	其中（%）			省份	耕地	其中（%）		
		水田	水浇地	旱田			水田	水浇地	旱田
四川	100	41	1.7	57.2	湖北	100	50.7	9.3	40
贵州	100	27.5	0.3	72.3	湖南	100	78.9	0.1	21
云南	100	23	1	76	广西	100	44.4	0.1	55.5

引自 2015 中国农村统计年鉴

表 13-29　Ⅳ华西南春夏秋玉米补偿灌溉区灌溉参数对比表

二级区	三级区	地市	灌溉面积（万 hm^2）	水系	工程类型	灌溉用水（亿 m^3）	灌溉用水（m^3/hm^2）	灌溉系数 灌溉/耕地
1 珠江流域湿润多季玉米灌溉区	1 亚热带珠江上游储水灌溉区	南宁市	25	邕江	储水	23.5	9 525	0.40
		百色市	11	右江河	储水	11.8	11 125	0.25
		河池市	9	金城江	储水	10.3	11 999	0.44
		黔南	11	南盘江	储水	8.7	7 587	0.62
		曲靖	18	南盘江	储水	9.1	4 992	0.16
		玉溪	7	南盘江	储水	5.2	7 407	0.25
		楚雄	9	礼社江	储水	8.4	9 385	0.22
		西双版纳	5	澜沧江	储水	4.3	8 617	0.39
	411		95			81.3	8 830	0.34

（续表）

二级区	三级区	地市	灌溉面积（万 hm^2）	水系	工程类型	灌溉用水（亿 m^3）	灌溉用水（m^3/hm^2）	灌溉系数 灌溉/耕地
1 珠江流域湿润多季玉米灌溉区	2 亚热带珠江与澜怒江上游混合灌溉区	保山	14	怒江	混合	7.4	5 378	0.33
		普洱	12	澜沧江	混合	7.5	6 039	0.25
		临沧	10	南定河	混合	6.3	6 243	0.20
		文山	14	盘龙河	混合	5.0	3 492	0.18
		德宏	11	怒江	混合	5.8	5 061	0.44
		怒江	2	那曲河	混合	0.8	5 316	0.15
	412		64			32.8	5 255	0.26
41			158			114.1	7 266	0.30
2 长江流域湿润多季玉米灌溉区	1 亚热带长江中游混合灌溉区	邵阳市	28	资江	混合	18.6	6 587	0.64
		岳阳市	31	洞庭湖	混合	16.0	5 066	0.98
		张家界市	5	娄水	混合	3.3	6 323	0.43
		郴州市	19	东江	混合	12.5	6 706	0.96
		湘西	16	牛角河	混合	6.5	3 923	0.69
	421		100			56.8	5 721	0.74
	2 亚热带长江中上游混合灌溉区	重庆	68	长江	混合	585.3	4 605	0.33
		自贡市	9	釜溪河	混合	3.2	3 567	0.64
		泸州市	13	长江	混合	3.2	2 403	0.63
		绵阳市	21	涪江	引提	10.1	4 754	0.75
		广元市	8	嘉陵江	混合	2.8	3 358	0.50
		遂宁市	12	涪江	混合	2.7	2 345	0.76
		内江市	12	沱江	混合	2.8	2 369	0.73
		乐山市	13	岷江	混合	9.2	7 152	0.85
		眉山市	16	岷江	混合	11.2	6 910	0.95
		宜宾市	16	长江	混合	3.5	2 203	0.66
		广安市	9	渠江	混合	6.3	7 127	0.51
		达州市	15	长江	混合	3.7	2 507	0.48
		巴中市	8	通江	混合	2.0	2 363	0.55
		资阳市	17	沱江	混合	5.4	3 142	0.64
	422		237			97.4	3 914	0.64
	3 亚热带长江中游南北两岸储水灌溉区	黄石市	5	长江	储水	4.1	7 857	0.58
		十堰市	4	丹江	储水	4.2	11 509	0.21
		宜昌市	11	长江	储水	5.0	4 456	0.42
		襄阳市	27	汉江	储水	13.7	5 050	0.60
		咸宁市	9	长江	储水	7.9	8 515	0.58
		恩施	12	长江	储水	1.5	1 193	0.87
		神农架	0.025	南河	混合	0.06	16 000	0.04
	423		69			36.4	12 940	0.47

（续表）

二级区	三级区	地市	灌溉面积（万 hm^2）	水系	工程类型	灌溉用水		灌溉系数 灌溉/耕地
						（亿 m^3）	（m^3/hm^2）	
2 长江流域湿润多季玉米灌溉区	4 亚热带长江中游南岸储水灌溉区	永州市	29	湘江	储水	18.1	6 299	0.88
		怀化市	19	沅水	储水	11.4	5 938	0.64
		娄底市	9	涟水	引提	8.6	9 295	0.54
	424		57			38.0	7 177	0.69
	5 中温带长江上游混合灌溉区	雅安市	5	大渡河	混合	4.2	8 019	0.93
		阿坝	2	岷江	引提	0.7	4 662	0.25
		甘孜	2	雅砻江	混合	1.3	6 197	0.23
		凉山	16	雅砻江	混合	11.6	7 320	0.45
	425		25			17.8	6 550	0.46
	6 亚热带长江中上游南岸储水灌溉区	贵阳市	6	乌江	储水	3.3	5 347	0.58
		六盘水市	4	北盘江	储水	2.1	5 259	0.13
		遵义市	22	乌江	储水	13.3	6 173	0.26
		安顺市	7	北盘江	储水	4.1	6 002	0.23
		毕节市	8	六冲河	储水	3.0	3 862	0.08
		铜仁市	7	锦江	储水	4.2	5 920	0.15
		黔西南	10	北盘江	储水	3.0	2 946	0.19
		黔东南	13	清水江	储水	8.7	6 632	0.35
	426		76			41.6	5 268	0.25
	7 亚热带长江上游南岸混合灌溉区	昆明	12	普渡河	储水	6.5	5 363	0.27
		昭通	10	金沙江	混合	4.9	5 031	0.13
		丽江	6	金沙江	混合	4.8	7 767	0.33
		红河	18	元江	混合	10.3	5 783	0.27
		大理	16	洱海	混合	9.3	5 827	0.37
		迪庆	1	长江	混合	1.2	8 169	0.22
	427		63			37.0	6 323	0.27
42			627			878.9	7 266	0.49

四、各地市灌溉供需平衡分析

该区虽然雨量是中国最多地区，但年内与年际间分配不均，由于作物耕作是 2~3 季，在春、秋和冬季雨量少的阶段，作物也常发生干旱，尤其旱作农业会造成旱涝灾害。

1. 水资源与供水能力分析

从整体看该区水资源与灌溉供水都能达到平衡，平均田均水资源在 15 000~150 000 m^3/hm^2，而灌溉用水在 500m^2/hm^2 左右，田均水资源是公顷供水量的数倍（表 13-25、表 13-29）。但上述平衡是在灌溉占耕地比重平均 40%下作出的，如果耕地灌溉率提升，要保持现有田均供给水量，则必须提高地表水资源的调节系数（表 13-22）。综合看该区供水能力潜力很大。

2. 灌溉水供需平衡分析

该区灌溉水供需平衡分析较复杂，因为耕作制度多样，作物间作、轮作、复种、播种季节不同等，造成分析需要大量篇幅来表述，限于本书的内容限制，只能选择部分组合进行分析。

（1）耕作制度与选择。该区耕作制度受积温影响，同地块不同海拔积温不同，积温低的山地及高山区，只有一季玉米，盆地与坝地等小平原能耕作二季作物，湖南、广西地势低平地区能种植三季。与玉米适应的耕作类型，如表 13-30 所示，这里分析只选用春玉米、玉米+稻、玉米+麦，3 种 6 省（区）种植较多的组合。

表 13-30　Ⅳ区玉米耕作制度组合形式

省份	一季（高山区）	二季（盆地、坝地、高塬）			三季		
	春玉米	春玉米-小麦	小麦-秋玉米	玉米-杂粮	春玉米-水稻-蔬菜	早稻-中稻-冬玉米	春菜-夏玉米-晚稻
四川	○	○	○	○	○		
贵州	○	○	○	○			
云南	○	○	○	○			
湖北		○	○	○			
湖南		○	○	○	○	○	○
广西	○	○	○	○	○	○	○

（2）与玉米复种作物需水量。

①玉米需水量：由于西南地区玉米种植多在山地，早年需水量试验资料很少，现收集该地区近年试验资料（见文献［45~53］、［66~69］），编绘了图 13-19Ⅵ区玉米需水量等值线图，用作玉米需供水量平衡分析。图 13-19 中看出一季玉米耕作条件好产量高的地区需水量多，如成都盆地，云南坝地；双季、山地地区需水量低，如四川阿坝、广西百色山区。

②早稻和中晚稻需水量：水稻试验资料较多，参照 20 世纪 80—90 年代及近年资料（文献［57~65］）取用需水量值（图 13-20）。

③冬小麦需水量：参考文献［63］、［70］取用。

（3）有效降水量计算。

①玉米有效降水系数：取用中国旱田多省计算经验公式，详见公式 13-2。

②早稻有效降水系数：引用文献［60］多年观测试验数据（表 13-31），分析出经验公式：

早稻有效降水系数：
$$P1 = 9.45 * p^{-0.449} \tag{13-7}$$

式中：

P1—早稻有效降水系数，以小数表示；

p—早稻生育阶段降水量，mm。

③晚稻有效降水系数：引用文献［60］多年观测试验数据（表 13-31），分析出经验公式：

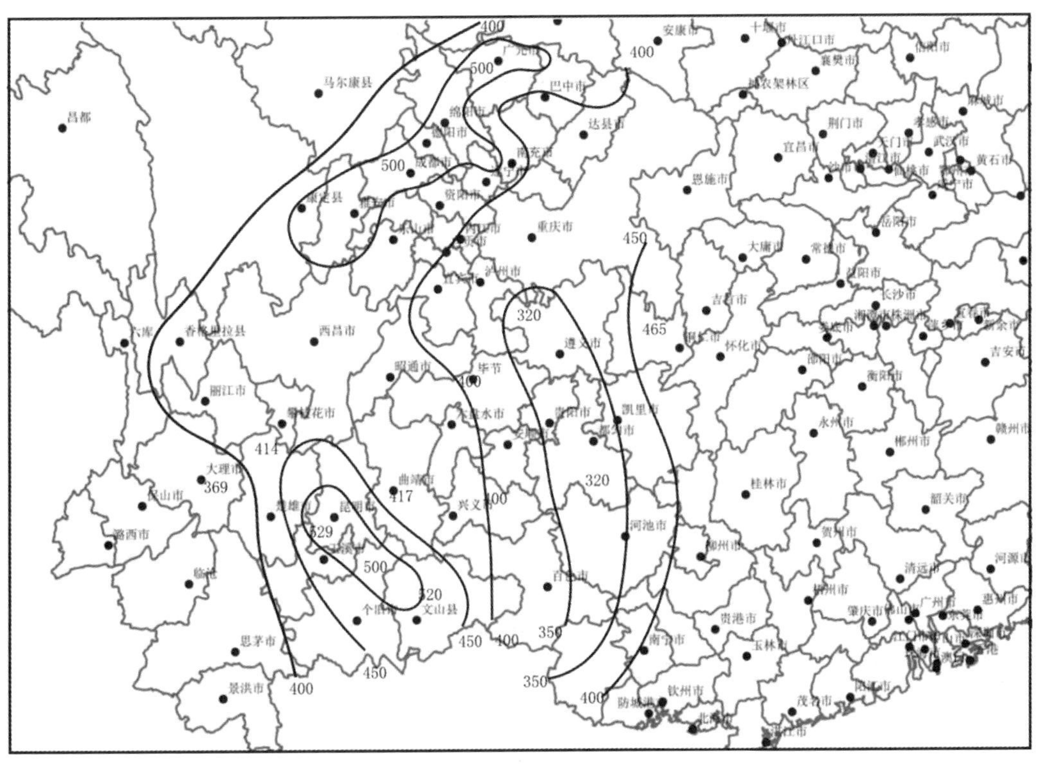

图 13-19　Ⅵ区玉米需水量等值线图

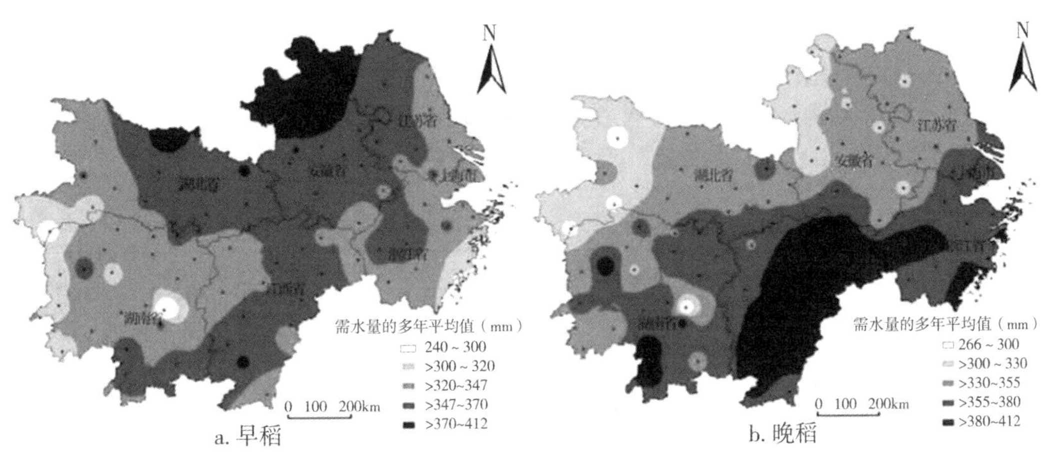

图 13-20　南方水稻需水量分块参考图

（引自文献［58］）

$$P2 = 10.85 * p^{-0.48} \tag{13-8}$$

式中：

P2—晚稻有效降水系数，以小数表示；

p—晚稻生育阶段降水量，mm。

表 13-31　南方双季稻降水分布实测资料　（单位：mm）

年代	早稻雨量	晚稻雨量	全年雨量	晚稻占比	早稻占比	秋冬
1984	429.3	265.1	835.6	0.51	0.32	141.2
1985	211.2	324.4	855.3	0.25	0.38	319.7
1986	306.6	191.3	644.9	0.48	0.30	147
1987	374.9	189.6	932.8	0.40	0.20	368.3
1988	461.4	230.4	766.6	0.60	0.30	74.8
1989	838.6	479.9	1 558.5	0.54	0.31	240
1990	508.9	339.3	1 172	0.43	0.29	323.8
1991	220.2	336.2	619.5	0.36	0.54	63.1
1992	545.4	258.6	1 211.9	0.45	0.21	407.9
1993	458.7	229.3	879.4	0.52	0.26	191.4
1994	515.9	173.4	997.7	0.52	0.17	308.4
1995	538.5	166.7	878	0.61	0.19	172.8
1996	193.7	317.1	714.6	0.27	0.44	203.8
1997	309.5	281.9	960.3	0.32	0.29	368.9
1998	573.3	266.7	872.1	0.66	0.31	32.1
1999	480.3	317.4	1 077.1	0.45	0.29	279.4
2000	635.7	322.3	1 165.8	0.55	0.28	207.8
多年平均	447.2	275.9	949.5	0.47	0.30	226.5

引自文献［60］

④冬麦阶段降水系数：根据四川、湖北、湖南3省典型区（表13-32）冬小麦生育阶段降水在全年降水占比，来估算各省（区）对应地市的生育期降水量。而降水有效系数计算式仍然取用旱田有效系数的计算经验式。

表 13-32　冬麦生育期降水量占比统计

省份	月份（mm）							全生育期（mm）	全年比重
	11	12	1	2	3	4	5/3＊2		
四川	30.5	9.0	5.0	7.9	15.0	62.7	89.1	219.2	0.20
湖北	50.4	26.4	32.1	44.7	79.1	115.7	100.8	449.2	0.39
湖南	24.3	21.6	60.8	64.8	101.3	108.0	216.0	596.7	0.42

（4）玉米耕作制度下灌溉水供需平衡计算。

①一季玉米不灌平衡分析：从表13-33看出，一季玉米，自然降水只有少部分地市能满足春玉米需水量要求，而大部分地市不能满足春玉米需水要求。即使无需灌溉的地市，遇到干旱年，仍会产生旱灾，有灌溉工程会提高稳产高产保证率。

②二季玉米复种不灌平衡分析：2种复种组合，在自然降水条件下，玉米和水稻组合

大部分不能满足需水要求（表 13-33）。只有少数几个地市能够满足要求。玉米和小麦组合接近各半平衡与不平衡。

③降水加灌溉水量供需平衡分析：对灌溉给水状态分析两种情况：灌溉平衡 1，供水加有效降水，不考虑输水损失，区内所有地市，大部分能满足作物需水要求。灌溉平衡 2，考虑输水损失，渠系水利用系数为 0.5，计算结果能满足需水要求与不能满足需水要求各占一半（表 13-33）。

从水量供需平衡计算结果看出，有近一半地市灌溉给水量远大于需要水量，说明节水空间非常大，相反也说明灌溉水利用系数很低。

表 13-33　灌溉供需水平衡分析　　　灌溉供水/作物需水量

地市	灌溉用水 (m^3/hm^2)	作物需水量（mm）				降水	生育期降水量（mm）				有效降水（mm）				自然平衡（mm）			灌溉平衡 1（mm）总平衡 1	灌溉平衡 2（mm）总平衡 2
															一季	两季			
		玉米	早稻	晚稻	冬麦	（mm）	玉米	早稻	中晚稻	冬麦	玉米	早稻	晚稻	冬麦	玉米	玉米+水稻	玉米+小麦		
南宁市	9525	400	400	386	246	1400	564	512	756	588	338	246	253	315		11	212	1165	688
百色市	11125	300	433	362	246	1200	553	470	648	504	332	226	234	297		70	249	1362	805
河池市	11999	300	433	362	246	1400	564	512	756	588	338	246	253	315		135	312	1512	912
黔独山	7587	400		500		1200	634	470	648		317	226	234		45	(222)	45	537	158
曲靖	4992	420		500		1000	741	425	540		222	204	213		(198)	(485)	(198)	14	(235)
玉溪	7407	530		500		1000	741	425	540		222	204	213		(308)	(595)	(308)	146	(225)
楚雄	9385	420		500		800	634	376	408		190	188	179		(230)	(551)	(230)	388	(82)
西景洪	8617	400		500		1600	0	551	864		0	264	272		(19)	(248)	(19)	614	183
保山	5378	360		630		1600	967	551	864		290	264	272		21	(338)	21	200	(69)
普洱	6039	350		630		1600	967	551	864		290	264	272		31	(328)	31	276	(26)
临沧	6243	350		630		1600	967	551	864		290	264	272		31	(328)	31	297	(16)
文山	3492	520		630		1000	741	425	540		222	204	213		(298)	(715)	(298)	(366)	(540)
德宏	5061	400		630		2000	1056	623	1080		317	299	305		45	(280)	45	226	(27)
怒江	5316	350		630		1000	1040	425	540		0	204	213		(128)	(545)	(128)	(13)	(279)
邵阳市	6587	350		380	246	1400	529	512	756	588	339	246	253	315		85	280	939	610
岳阳市	5066	350		380	246	1400	529	512	756	588	339	246	253	315		85	280	787	534
桑植	6323	350	413	420	246	1400	529	512	756	588	339	246	253	315		45	280	913	596
郴州市	6706	350	460	420	246	1600	523	551	864	672	335	264	272	327		99	328	999	663
湘西	3923	350		420	246	1400	529	512	756	588	339	246	253	315		45	280	673	476
重庆	4605	400		390	246	1100	670	448	594	220	288	215	224	178		(190)	(91)	271	40
自贡市	3567	400		400	246	1000	662	425	540	200	265	204	213	166		(255)	(148)	101	(77)
泸州市	2403	400		400	246	1200	726	470	648	240	290	226	234	190		(185)	(75)	55	(65)
绵阳市	4754	500		470	246	800	580	376	432	160	232	188	189	139		(503)	(329)	(27)	(265)
广元市	3358	500		470	246	1100	696	448	594	220	278	215	224	178		(390)	(211)	(54)	(222)
遂宁市	2345	400		470	246	1000	662	425	540	200	265	204	213	166		(325)	(148)	(91)	(208)
内江市	2369	400		470	246	1000	662	425	540	200	265	204	213	166		(325)	(148)	(88)	(207)
乐山市	7152	450		470	246	1600	807	551	864	320	323	264	272	232		(185)	(1)	530	173

（续表）

地市	灌溉用水（m^3/hm^2）	作物需水量（mm）				降水	生育期降水量（mm）				有效降水（mm）				自然平衡（mm）			灌溉平衡1（mm）	灌溉平衡2（mm）
															一季	两季			
		玉米	早稻	晚稻	冬麦	（mm）	玉米	早稻	中晚稻	冬麦	玉米	早稻	晚稻	冬麦	玉米	玉米+水稻	玉米+小麦	总平衡1	总平衡2
眉山市	6910	450		470	246	1000	662	425	540	200	265	204	213	166		(375)	(198)	316	(30)
宜宾市	2203	400		470	246	800	580	376	408	160	232	188	179	139		(413)	(229)	(193)	(303)
广安市	7127	400		470	246	1100	696	448	594	220	278	215	224	178		(290)	(111)	423	67
达州市	2507	400		470	246	1100	696	448	594	220	278	215	224	178		(290)	(111)	(39)	(164)
巴中市	2363	400		470	246	1100	696	448	594	220	278	215	224	178		(290)	(111)	(53)	(171)
资阳市	3142	450		470	246	1000	662	425	540	200	265	204	213	166		(375)	(198)	(61)	(218)
黄石市	7857	350	370	330	300	1200	642	470	648	468	315	226	234	287		(7)	75	778	385
十堰市	11509	350	370	330	300	900	569	401	459	351	279	201	190	246		(132)	(47)	1019	443
宜昌市	4456	350	370	330	300	1200	642	470	648	468	315	226	234	287		(7)	75	438	215
襄阳市	5050	350	370	330	300	900	569	401	459	351	279	201	190	246		(132)	(47)	373	120
咸宁市	8515	350	370	330	300	1400	671	512	756	546	329	246	253	306		58	141	992	566
恩施	1193	350	350	330	300	1400	671	512	756	546	329	246	253	306		58	141	260	200
神农	16000	350	350	330	300	1000	1040	425	540	390	0	204	213	261		(81)	(3)	1519	719
永州市	6299	300	400	350	246	1400	529	512	756	588	339	246	253	315		165	330	960	645
怀化市	5938	300	400	350	246	1400	529	512	756	588	339	246	253	315		165	330	924	627
娄底市	9295	300	400	350	246	1400	529	512	756	588	339	246	253	315		165	330	1260	795
雅安市	8019	500				1600	807	551	864		323	264	272		(36)			802	401
阿坝	4662	400				800	580	376	408		232	188	179		(122)			466	233
甘孜	6197	400				900	623	401	459		249	201	190		(95)			620	310
凉山	7320	420				1000	662	425	540		265	204	213		(88)			732	366
贵阳市	5347	320		500		1200	634	470	648		317	226	234			(142)	125	393	126
六盘水市	5259	400		500		1200	634	470	648		317	226	234			(222)	45	304	41
遵义市	6173	320		500		1100	614	448	594		307	215	224			(177)	99	440	131
安顺市	6002	350		500		1200	634	470	648		317	226	234			(172)	95	429	129
毕节市	3862	400		500		1000	591	425	540		296	204	213		(8)	(295)	(8)	91	(102)
铜仁市	5920	460		450		1400	660	512	756		330	246	253			(166)	30	426	130
黔西南	2946	400		450		1200	634	470	648		317	226	234		45	(172)	45	123	(24)
黔东南	6632	400		450		1400	660	512	756		330	246	253		90	(106)	90	557	225
昆明	5363	530		630		800	634	376	408		190	188	179		(340)	(791)	(340)	(254)	(523)
昭通	5031	400		630		1000	741	425	540		222	204	213		(178)	(595)	(178)	(92)	(343)
丽江	7767	400		630		1000	741	425	540		222	204	213		(178)	(595)	(178)	182	(207)
红河	5783	500		630		1000	741	425	540		222	204	213		(278)	(695)	(278)	(117)	(406)
大理	5827	360		630		1000	741	425	540		222	204	213		(138)	(555)	(138)	28	(264)
迪庆	8169	400		630		800	634	376	408		190	188	179		(210)	(661)	(210)	156	(252)

注：灌溉平衡1：供水加有效降水，不考虑输水损失；灌溉平衡2：考虑输水损失，渠系水利用系数为0.5

五、二级区适宜节水工程类型

Ⅳ区以流域划分为2个二级区，41区是珠江流域湿润多季玉米灌溉区、42区是长江流域湿润多季玉米灌溉区。Ⅳ区特点是水资源丰富，但发展不平衡，主要表现在水利工程建设上，最为明显的是对地表水资源调节能力的差异，表13-34为6省（区）调节系数对比，云南省与湖北省相差6倍。该区的水资源调蓄不但对本地发展起重要作用，而且也是国家全局南水北调中主要水源地。

表13-34 Ⅳ区各省水库近年蓄水调节能力对比 （水量：亿 m^3）

省份	地表水量	蓄水量	调节系数	省份	地表水量	蓄水量	调节系数
四川	2 219	497	0.22	湖南	1 569	220	0.14
云南	1 968	123	0.06	湖北	942	340	0.36
贵州	1 061	310	0.29	广西	1 728	250	0.14

注：全国2015年统计总库容2 581亿 m^3、径流量（多年平均）26 380亿 m^3，调节系数0.325

（一）41珠江流域湿润多季玉米灌溉区

①发展方向：该区位在珠江主要干流右江上游，包含广西西部和云贵的东部地区，水资源丰富，但玉米种植率低仅20%~30%，而且灌溉系数也低为0.3（其中，主要是水稻）大部分是雨养农业，玉米单产3 000~6 000kg/hm^2，是全国单产最低的地区，主要原因除农作因素外，是玉米多种植在山区，地块零散灌排工程修建成本高于平地，农田基本建设滞后，无法保证旱能灌涝能排，而且在灌溉工程建设中要兼顾排水设施一同规划。所以，该区发展方向是加大农田基本建设投入，扩大旱涝保收面积。

②节水措施：该区玉米灌溉系数低，首先要发展灌溉面积，对已有灌溉面积要提高灌溉水利用系数，从该区灌溉用水定额看出，有2种情况：一种是给水多于需水；另一种相反，两种情况需要分别对待（表13-33）。给水量大的地区需要改善输水工程，降低渠系输水损失，该区气候湿润，蒸发少，渠系无需特意管道化（节水工程除外），进行渠道防渗，减少渗漏损失。对于供水不足的地区，要增加调蓄能力，控制更多水源，增加水量供给。

（二）42长江流域湿润多季玉米灌溉区

①发展方向：长江流域水资源高于珠江流域，从灌溉给水供需平衡看：一是灌溉供水充足，较突出的问题是水质明显下降，其中，四川省的沱江、岷江最为严重（图13-17，表13-24）。二是灌溉发展不平衡，其中，四川省发展较好，灌溉水利用系数达0.6以上，但云南省较低只有0.1~0.3。三是水资源调节能力低（表13-22），四川、云南是中国水资源大省，虽然近年加大了开发力度，但仍低于全国水平（表13-34）。今后发展重点是加大水环境保护，控制污染源，根据地方水环境特点，制定地方有关水环境因素的控制保护条例。继续对大型水利控制工程的建设加大力度，为地区乃至国家解困水资源不足作出贡献。

②节水措施：该区虽然是中国水资源最丰富地区，但由于对水资源调节能力不足（如云南地表水调节系数仅0.06），干旱灾害常造成巨大损失（表13-35），建设农田灌溉

排水工程，加强水利工程建设，提高改造自然建立稳产高产农田的意识，在建设中树立高起点，紧跟国家农业现代化的步伐，对水资源首先是开源，在开源中建设节水型的灌溉工程。

该区农田多在山坡，先辈创造出利用山势自流式梯田灌溉系统，应认真总结自流灌溉系统规律与内涵，将现代化技术融入其中，如自动控制、远程无线遥控技术，并改革管理经营模式，实现农田三权分置，土地向集中经营流转，使灌溉生产向产业化、专业化、集约化发展，充分利用山区特有的物种优势，综合经营，建设现代化的山区农业。

表 13-35　贵州铜仁市干旱发生频率分析成果表　（单位：%）

地名	碧江	松桃	江口	玉屏	万山	沿河	德江	思南	印红	石阡	平均
60d 以上（特旱）	17.5	12.5	7.5	10.0	10.0	17.5	15.0	25.0	20.0	20.0	
40~59d（大旱）	42.5	42.5	35.0	40.0	37.5	47.5	50.0	42.5	40.0	35.0	
25~39d（中旱）	25.0	27.5	27.5	32.5	35.0	15.0	20.0	22.5	25.0	25.0	
15~24d（轻旱）	2.5	2.5	12.5	7.5	5.0	7.5	5.0	2.5	10.0	7.5	
15d 以下（无旱）	12.5	15.0	17.5	10.0	12.5	10.0	10.0	7.5	5.0	12.5	11.5

引自文献［53］

六、各三级区建议发展的节水措施

1. 411 亚热带珠江上游储水灌溉区

①概况分析：亚热带珠江上游储水灌溉区有南宁市、百色市、河池市、黔南布、族苗族自治州（独山）、曲靖（沾益）、玉溪、楚雄、西双版纳（景洪）等 9 个地市，地处云贵高原与珠江三角洲过渡带，右江上游，年降水 1 200mm 左右，积温是玉米规划区最高的地区在 6 000~8 000℃，适宜农作物发展 2~3 季耕作制，玉米种植面积占耕地面积 18%~60%，其中百色最高达 68%，玉米单产多数在 5 000kg/hm^2 左右，最高河池 8 000 kg/hm^2，耕地灌溉率各地市发展不均为 0.15~0.62，最高黔南州为 0.62（相关参数，见表 13-25至表 13-29）。

②发展方向：该区玉米种植分散，不易形成产业集约化，应该因地制宜，发展多种经营模式，发展现代化水利灌溉排水工程，为多种经营服务，为现代化农业服务。根据地形特点综合规划，建设大中小相结合的水利控制工程，留住水资源，为整体国民经济发展服务，扩大灌溉面积，建设稳产高产农田。建设中要以现代化标准为起点，建一处是一处，长远规划逐步实施。

③节水措施：在现有梯田灌溉系统的基础上，充分利用土地三权分置的法律保障，实施合作化、企业化、专业化经验模式，在梯田灌溉系统中将新的拦蓄、节水、排水措施融入其中，将灌溉服务与管理提升到新的高度，走出中国特式的灌溉现代化之路，打造中国山区灌溉现代化标准（参考第十章第四节玉米现代化灌溉排水系统模式）。

2. 412 亚热带珠江与澜怒江上游混合灌溉区

①概况分析：亚热带珠江与澜怒江上游混合灌溉区有保山、普洱（思茅）、临沧、文山、德宏（瑞丽）、怒江等 6 个地市，位于右江上游年降水与西南怒江、澜沧江中游，境内大山被澜沧江、怒江切割成南北走向的高山丘陵。玉米是当地主要粮食作物，但种植比

例不多仅占耕地的20%~25%。该区灌溉面积占耕地面积1/4左右，玉米大部分是雨养，灌溉比例很小。该区虽然处在中国最南边界，但地势在海拔2 000~4 000m的高塬山区，积温在5 000~6 500℃，一般一季或套复种两季，玉米单产很低仅3 000~6 000kg/hm^2。

②发展方向：该区属雨养农业，灌溉面积主要用于水稻，旱田种植在山丘，干旱经常威胁旱作作物，所以，玉米单产很低，但发展不平衡，灌溉发展好的地区玉米单产也能达到7 000kg/hm^2，雨养玉米单产一般为3 000kg/hm^2，发展灌溉工程是主攻方向。

③节水措施：该区与411分区自然条件类似，只是地势更高且积温低，灌溉措施与411区相同。

3. 421 1 亚热带长江中游混合灌溉区

①概况分析：亚热带长江中游混合灌溉区有邵阳、岳阳市、张家界市（桑植）、郴州市、湘西（吉首）等5个地市。该区位于湖南境内，五地市自然条件类似，玉米种植区均属丘陵山区，玉米面积不多仅占耕地20%左右，只有张家界占比高达46%，玉米单产平均不高为4 000~5 000kg/hm^2，但唯有张家界单产高达12 253kg/hm^2。该区气象参数较均衡，积温为6 000℃，降水1 600mm，气候湿润，干燥度0.5。耕地灌溉率在全国属最高水平，平均为0.74，其中，最高岳阳达0.99。

②发展方向：该区灌溉发展较均衡，但玉米单产出现两极分化现象，高低相差3倍之多，而自然条件相似，总结寻找差距是未来重点工作，应推广先进经验，补足短板，是提高整体生产水平的关键。该区耕地灌溉率很高但用水量高于作物需水量（表13-33），应扩大旱田和水田的先进节水方法的面积，提高灌溉水利用率。

③节水措施：该区自然条件好，水资源充足，蒸发量小，玉米可选择喷灌，但要选择节能型微压喷灌，以节约灌溉用水，支援城乡化增加的用水。

4. 422 亚热带长江中上游混合灌溉区

亚热带长江中上游混合灌溉区有重庆、自贡市（内江）、泸州市、绵阳市、广元市、遂宁市、内江市、乐山市、眉山市（乐山市）、宜宾市、广安市（南充市）、达州市（达县）、巴中市、资阳市等14个地市，位于四川盆地，气候温和，年平均积温为6 000℃，年雨量1 000~1200mm，干燥度为0.5~1.5，地势平缓，是中国重要粮食产区，一年适合两季农耕。玉米种植比例不均，平均在20%左右，延盆地边缘较高，其中内江市高达93%，单产平均为4 500kg/hm^2，其中，广元市最高为9 000kg/hm^2。该区有世界著名的都江堰灌区，平均耕地灌溉率0.64，最高眉山市达0.95。

①概况分析：该区水资源丰富，但盆地内地市自产水不足以满足国民经济各项需要，从农田亩均水资源看出远小于灌溉用水量，用水是由河流径流中抽取，径流是跨境流通，但径流量是随年降水多少而变化，四川省的径流调节系数很低，改革前小于0.1（表13-22），发展到2015年达到0.19，但还低于0.32的全国平均水平。由于四川省经济发展，工业污水不规范排放，长江流域水质下降（图13-17，表13-24），尤其沱江、岷江污染严重。

②发展方向：一是从该区径流调节系数低着手，狠抓水利建设增加对水资源的调控能力，确保农作物有坚强的抗御旱涝灾害能力；二是建立地方法规严控水污染企业，还江河水清鱼肥；三是加速实现千年都江堰灌溉系统升级配套，向水利灌溉现代化迈进（参考

第十章第四节玉米现代化灌溉排水系统模式）。

③节水措施：借助国家对水资源开发加大投入的有利时机，应调动各级政府对水利建设的积极性，多方筹资建设中小水库、塘坝，促进地面水资源调节系数赶超全国平均水平，建设稳产高产农田（2013—2014 年 2 年旱灾面积占耕地面积 7%，并有 1/3 成灾），使玉米单产从现有的 4 000~5 000kg/hm^2 水平，上升到巴中、广元 8 000~9 000kg/hm^2 水平，有了水才能扩大灌溉面积。从灌溉水平衡分析看出，按输水利用系数 0.5 计算，仍有 11 个地市不能满足作物需水需要（表 13-33），说明现在的灌溉供水能力还显不足。

5. 423 亚热带长江中游南北两岸储水灌溉区

①概况分析：亚热带长江中游南北两岸储水灌溉区有黄石市、十堰市（郧西县）、宜昌市、襄阳市（老河口）、咸宁市（嘉鱼）、恩施自治州、神农架林区（房县）等 7 个地市，该区位于湖北境内东西两侧丘陵山区，气候湿润年降水量 800~1 200mm，积温 5 000~5 500℃，适宜两季作物，玉米种植比例在 15%~40%，单产较低为 4 000~5 000 kg/hm^2。该区灌溉面积占耕地平均为 47%，低于 422 区，灌溉水源以蓄水为主（四川省以自流引水为主，见表 13-27），体现了灌区径流调节系数居全国最高水平（水库库容调节系数大于 1 见表 13-22，其中大中型水库近年实际蓄水调节系数 0.36，表 13-34），并且水源取水工程主要用泵站（表 13-27）。

②发展方向：该区位于湖北这个千湖之省，水库有 6 000 多座，但干旱也常发生（2012—2014 年连续 3 年都有水旱灾害，最高 2012 年受灾农田达 27%，其中，成灾 40%），从地表水资源调节能力看，不应该有如此多的成灾面积，这里反映出在充分利用水资源上，还有很多潜力可挖。利用好水利工程，充分发挥工程效益，使水利工程管理上新档次是今后发展的重点。应对水利工程管理进行改革，挖掘体制潜力、挖掘管理技术潜力、挖掘人才潜力、挖掘设备潜力，升级信息化、自动化、智能化、网络化水平，利用高新软件技术，统筹科学调度，发挥截流潜力，把水最大化地留下来，多库联合优化调度的用起来，使水利工程尽快实现水利现代化。

③节水措施：从玉米灌溉水用需平衡分析中看出，该区用水的各市供水量，在两种供需平衡方式下，给水都大于作物需水，可见水资源利用系数太低（表 13-33）。该区水旱田灌溉供水都有节水潜力，玉米发展微压喷灌是一种节水好方法。此外该区玉米灌溉田比例很小，需要扩大玉米灌溉面积。

6. 424 亚热带长江中游南岸储水灌溉区

①概况分析：亚热带长江中游南岸储水灌溉区有永州市、怀化市（平江）、娄底市（双峰）3 个地市，3 市位于湖南西南山丘区，气候温热多雨，积温为 6 000℃，年雨量 1 400~1 600mm，水资源丰富，适宜 2~3 季作物生长，玉米种植面积占耕地面积 15%~25%，单产较低为 4 000~4 800kg/hm^2，玉米多种植在坡地，虽然整体耕地灌溉系数较大 0.5~0.8，但玉米灌溉比例不大。

②发展方向：玉米是该区的小作物，玉米生产体系还没有形成，虽然不是主流粮食作物，但也影响地区整体经济发展，低产是坏事但也给地区农业发展提供了较大上升空间。根据该区的自然条件，玉米在该区有翻倍的潜力（张家界单产为 10 000kg/hm^2）。该区玉米发展，一是要加强区域的产业定位，玉米产区不要反复动摇，应科学规划，形成稳定的

产业区域化，建立小区域的玉米生产一条龙综合服务体系。二是要创建玉米抗旱排涝的农田基本建设模式，平整的土地基本都有灌溉系统，但山丘区玉米田缺少涝能排、旱能灌的水利系统，只有建设山丘区的稳产保障系统，才能创建高产田。

③节水措施：从玉米用水供需平衡分析中看出，该区用水远大于作物需水（表 13-33），其多余水量比湖北省还多，采取措施基本同湖北 423 区。

7. 425 中温带长江上游混合灌溉区

①概况分析：中温带长江上游混合灌溉区有雅安市、阿坝藏族羌族自治州、甘孜藏族自治州、凉山彝族自治州（盐源）等 4 个市州，位于四川省西部高山海拔在 2 000m 以上地区，自然生产条件差，积温在雅安、凉山略高为 5 000℃，阿坝、甘孜却很低为 2 200℃，年降水 900mm 左右，雅安较多为 1 600mm，公顷水资源很高都大于 15 000 m^3/hm^2，其中阿坝高达 50 000m^3/hm^2，是该次全国灌溉区划中亩均水资源最高地区（是全国最低的地区千倍以上），只有凉山较低为 5 000m^3/hm^2。玉米种植比重为 15%～30%，其中雅安与凉山水旱各占一半，玉米能实行套复种，阿坝、甘孜主要是一季杂粮和玉米。雅安、凉山处盆地边缘，灌溉系数雅安为 0.9，凉山为 0.45，阿坝、甘孜为 0.24，但玉米处于雨养状态，玉米单产雅安、甘孜较低为 4 500 kg/hm^2，凉山、阿坝较高为 7 500 kg/hm^2。

②发展方向：玉米是该区重要粮食作物，但耕作制度落后，科技融入量低，光热水土资源没能充分发挥作用，主攻方向：一是升级科技在耕作制度中的作用，如良种、机械化、雨养农业保水技术、植保技术、施肥技术，加强政府引导组织科技培训。二是进行农田基本建设提高抗灾能力，山丘区农田建设有很大困难，但当社会经济发展到今天水平，治理这些老大难问题应列入议程，正像脱贫一个不能少似的，农田抗灾也应该脱困，动员民众、动员一切资金流向山丘农业现代化建设。

③节水措施：南方山丘玉米低产的困境基本相同，归根结底是耕作制度原始，农田建设滞后，要赶上平原区，也要有“一块不能丢，脱贫奔小康”的精神。措施基本类同 423 区。

8. 426 亚热带长江中上游南岸储水灌溉区

①概况分析：亚热带长江中上游南岸储水灌溉区有贵阳市、六盘水市（盘县）、遵义市、安顺市、毕节市、铜仁市、黔西南布依族苗族自治州、黔东南苗族侗族自治州（凯里）等 8 个地市州，该区位于贵州境内北西南丘陵山区，气候湿润，年降水 1 200mm，其中，铜仁最高达 1 600 mm，田均水资源较高，在 15 000～45 000m^3/hm^2，积温 4 000～5 800℃，适合两季作物生长，玉米是该区第一大粮食作物，占耕地面积 15%～30%，单产平均在 7 000kg/hm^2 左右，处于Ⅳ区最高水平。耕地灌溉系数除贵阳 0.5 以外均小于 0.25，玉米自然属于雨养农业，很少灌溉。

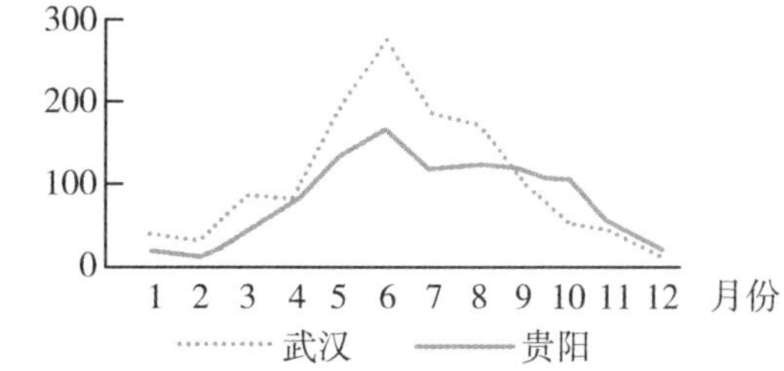

图 13-21　贵阳和武汉近年年内雨量分配

对比 423 区，两区自然条件相似，但玉米单产多个地市平均相差 2 500kg/hm^2

左右，其原因可从图 13-21 中看出，该区年内贵阳与武汉 4—10 月降水分布有明显差别，贵阳各月较均衡，武汉单峰凸出，是产生 426 区雨养玉米与 423 区玉米单产相差很大的主要原因。

②发展方向：贵州省近年连续发生严重干旱，引起全国的关注，为什么多雨的省份却连年旱灾，这里用图 13-22 和图 13-23 来注释内外因引起灾害原因。A. 外因，虽然年雨量高达 1 200mm，但年内分布变差较大，正常年内分布与北方比，生育期较均衡，也是玉米正常年产量较高（图 13-21），但是不是每年生育期分配都均衡，一旦作物临界期缺水严重，就会出现旱灾，如图 13-22、图 13-23 所示，2011 年、2013 年 7 月降水严重减少，造成旱灾发生，2010 年虽然 6—8 月 3 个月雨量正常，但是将 2009 年 11 月至 2010 年 4 月连起来看，将近半年降水不足 50mm，玉米下种是 3—4 月，造成春旱，同样会发生旱灾，这是旱灾的外因。B。内因，由于农田灌溉工程不足，耕地灌溉系数仅 0. 25，除去水田面积占有灌溉面积 75%外，旱田灌溉比例只有 0. 06，干旱发生时不能利用调节水源进行灌溉，造成成灾比例 60%以上（图 13-23）。

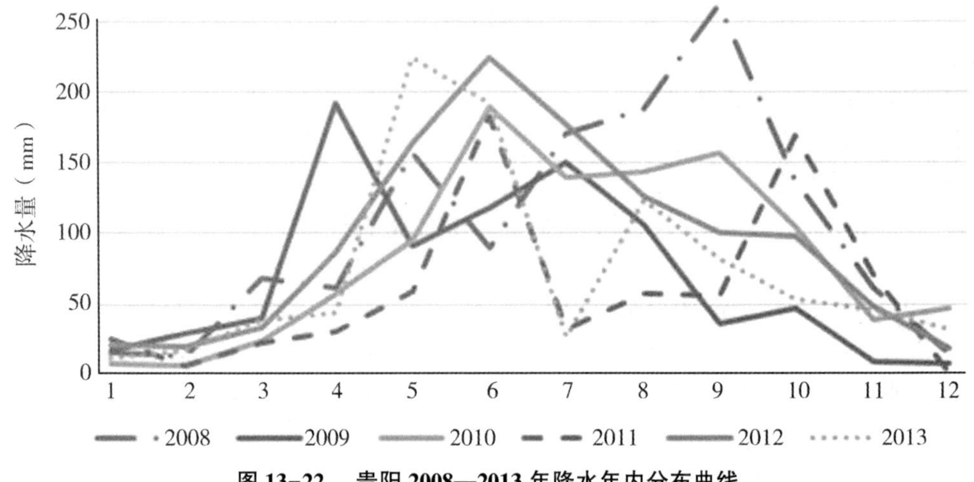

图 13-22　贵阳 2008—2013 年降水年内分布曲线

从上述图 13-22 和图 13-23 看出，自然灾害发生是无法改变的，但抵御能力大小在于人类准备的措施，该区水资源、调节能力都很强，但缺乏“最后一公里”的终点措施，农田基本建设缺失，山丘区旱田灌溉工程确实有难度，但当国民经济发展到今天，能力已增强，关键是如何安排资金。如此发展方向已经明确，除了加强农业科技投入外，重点是农田基本建设，将坡耕地水利化。

③节水措施：从玉米用水供需平衡分析中看出（表 13-33），该区水资源与供水足以满足用水需要，耕地灌溉系数太低在 0. 1～0. 25，无法抵御异常干旱，发展扩大灌溉面积是解决增产及有效用水的关键。

9. 427 亚热带长江上游南岸混合灌溉区

①概况分析：亚热带长江上游南岸混合灌溉区有昆明、昭通、丽江、红河（江城）、大理、迪庆（德钦）等 6 个地市州，位于云南省北部高山地区，海拔 2 000～4 000m，积

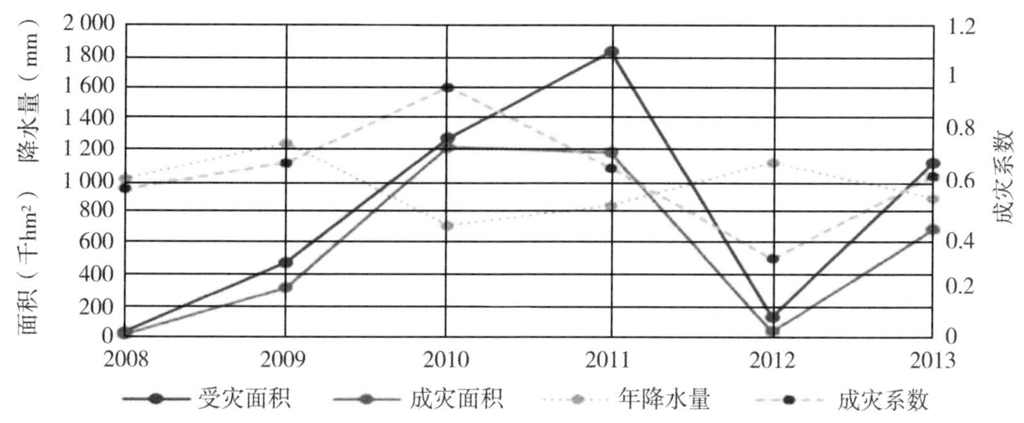

图 13-23　贵州全省 2008—2013 年降水年干旱灾害参数曲线

温 5 000℃，年降水 800～1 000mm，水资源丰富，但农耕区田均水资源不高在 15 000 m^3/hm^2，玉米基本一年一季，与小作物混套种可作两季耕作，如春玉米套大豆，冬玉米（10 月至翌年 3 月）复种粮食与蔬菜。玉米种植面积占耕地面积 20%～30%，单产为 5 000～7 000kg/hm^2 处于中等水平，耕地灌溉系数 0.2 左右，玉米基本处于雨养状态，很少配套灌溉工程。

②发展方向：该区灌溉能力基本与贵州相似，在水资源调节能力上不如贵州省，调节系数只有 0.18，所以，抗御水旱自然灾害能力远小于贵州省，发展方向同贵州省。

③节水措施：从玉米用水供需平衡分析中看出，自然降水可以满足单季玉米需水要求，但双季需水就有欠缺。该区措施同 426 区，首先要扩大灌溉面积，提高农田稳产高产能力，在建设规划中要选择节水类型的灌溉方法和工程结构。对现有灌溉工程要升级，向水利现代化、信息化、智能化发展。云南有美丽峻峭山水，在高山区水利化中发展多种经营模式，充分发挥大山中优美、清净、情景优势，形成大山旅游文化，让高山区融入国家大发展的浪潮中。

附注

基本风压：基本风压是以当地比较空旷平坦的地面上离地 10m 高统计所得的 50 年一遇 10min 平均最大风速为标准，kN/m^2，（《建筑荷载规范》附录）

参考文献

［1］　郑利均，贾彪，等. 膜下滴灌制种玉米需水量与需水规律的研究［J］. 新疆农业科学，2013，50（1）.

［2］　李蔚新，王忠波，等. 膜下滴灌条件下玉米灌溉制度试验研究［D］. 农机化研究，2016，1.

［3］　李蔚新. 黑龙江省西部地区玉米膜下滴灌灌溉制度试验研究（学位论文）［D］. 东北农业大学，2015.

［4］　范雅君，吕志远. 河套灌区玉米膜下滴灌灌溉制度研究［J］. 干旱地区农业研

究，2015（1）.
[5] 魏永华，陈丽君. 膜下滴灌条件下不同灌溉制度对玉米生长状况的影响［J］. 东北农业大学学报，2011.
[6] 宋毅夫. 作物喷灌灌溉规律的研究［J］. 喷灌技术，1987（1）：7-13.
[7] 李应罡，孙红叶，等. 塔克拉玛干沙漠腹地土壤蒸发抑制剂对土壤水分蒸发和分布的影响分析［J］. 科技成果论文选编，2013.
[8] 张建保，周立华，等. 覆膜玉米节水灌溉制度试验研究［J］. 宁夏农林科技，2008（3）.
[9] 赵有彪，于安芬，等. 绿洲灌区覆膜方式对制种玉米产量和水分利用效率及灌溉效益的影响［J］. 节水灌溉，2013（5）.
[10] 马聪娟. 不同栽培方式对制种玉米产量及水效益的影响［J］. 新疆农垦科技，2014（7）.
[11] 谢夏玲，赵元忠，等. 膜下滴灌棉花、玉米的需水规律及其产量效应研究［D］. 第七次全国微灌大会论文汇，2008，8，28.
[12] 袁江杰，李光永，等. 膜下滴灌和地下滴灌条件下玉米耗水、生长和产量对比［J］. 灌溉排水学报，2015.
[13] 严新军. 内陆干旱区平原水库防蒸发节水试验研究［J］. 新疆农业大学，2004，5，1.
[14] 闵骞. 水库水面蒸发量的气象学预测［J］. 南昌水专学报，1994（2）.
[15] 王景山，李海霞，等. 宁夏灌区渠道衬砌后输水损失量变化研究［J］. 人民黄河，2015，1.
[16] 王晶. 渠道流量损失计算探讨［J］. 湖南水利水电，2009（6）.
[17] 胡安焱，郭西万. 新疆平原地区水面蒸发量预测模型研究［J］. 水文，2006，2.
[18] 程进，古丽·别克木汗. 首尾测算法在农业灌溉用水有效利用系数测算中的应用［J］. 新疆农业科学，2012.
[19] 段爱旺，肖俊夫，宋毅夫，等. 灌溉试验研究方法［M］. 中国农业科学技术出版社，2015，10.
[20] 王建勋，胡云喜，等. 19612000 年新疆阿拉尔垦区蒸发量的变化特征［J］. 气象与环境，2008.
[21] 宋毅夫，许贞顺，等. 喷灌水量损失的测定［J］. 喷灌技术，1987（1）.
[22] 谭鉴利. 北京地区夏玉米耗水与生长规律田间试验研究（学位论文）［D］. 扬州大学，2013，5.
[23] 刘占东，肖俊夫，刘祖贵，等. 高产条件下夏玉米需水量与需水规律研究［J］. 节水灌溉，2011（6）.
[24] 肖俊夫，刘占东，陈玉民. 中国玉米需水量与需水规律研究［J］. 玉米科学，2008. 16（4）.
[25] 宋同. 泾惠渠灌区冬小麦夏玉米连作需水量及灌水模式研究［J］. 灌溉排水

学报，2017，1.
[26]　赵娜娜，刘钰，等. 夏玉米作物系数计算与耗水量研究 [J]. 水力学报，2010，8.
[27]　任鸿瑞，罗毅. 鲁西北平原冬小麦和夏玉米耗水量的实验研究 [J]. 灌溉排水学报，2004，8.
[28]　何军，李飞，等. 单、双作物系数法计算夏玉米需水量对比研究 [J]. 安徽农业科学，2013，41 (3).
[29]　陈凤，蔡焕杰，等. 杨凌地区冬小麦和夏玉米蒸发蒸腾和作物系数的确定 [J]. 农业工程学报，2006，5.
[30]　黄仲冬，齐学斌，等. 气候变化对河南省冬小麦和夏玉米灌溉需水量的影响 [J]. 灌溉排水学报，2015.
[31]　陈博，欧阳竹，程维新，等. 近 50a 华北平原冬小麦_ 夏玉米耗水规律研究 [J]. 自然资源学报，2012.
[32]　左余宝，逄焕成，等. 鲁北地区麦秸盖田对夏玉米需水量、作物系数及水分利用效率的影响 [J]. 水利与建筑，2009 (4).
[33]　张喜英，裴冬. 太行山山前平原冬小麦和夏玉米灌溉指标研究 [J]. 农业工程学报，2002，11.
[34]　郭宵. 冬小麦——夏玉米连作耗水特点与灌溉模式研究（学位论文） [D]. 华北水利水电学院，2012，5.
[35]　骆洪义，聂宜民，等. 山东省冬小麦夏玉米需水规律分区研究 [J]. 土壤，1995 (5).
[36]　李震. 淮北地区夏玉米需水规律及调水栽培技术 [J]. 现代农业科技，2014 (6).
[37]　张爱华. 淮北地区夏玉米需水规律分析 [J]. 现代农业科技，2014 (18).
[38]　刘占东，刘祖贵，等. 高产条件下夏玉米需水特征及农田水分管理 [J]. 灌溉排水学报，2013，8.
[39]　杨晓琳，宋振伟，等. 黄淮海农作区冬小麦需水量时空变化特征及气候影响因素分析 [J]. 中国生态农业学报，2012，3.
[40]　孙爽，杨晓光，等. 中国冬小麦需水量时空特征分析 [J]. 农业工程学报，2013，8.
[41]　朱梅，王振龙. 淮北平原农作物生长期有效降水量的研究 [J]. 安徽农业大学学报，2013，40 (5).
[42]　孙仁华. 黄淮海平原农作物典型年降水量计算方法的探讨 [J]. 自然资源，1993 (2).
[43]　刘占东，段爱旺，肖俊夫，等. 旱作物生育期有效降水量计算模式研究进展 [J]. 灌溉排水学报，2007.
[44]　奚联光，李少明，等. 云南高原山坡旱地玉米需水量及需水模数测定研究 [J]. 作物杂志，2002 (3).

[45] 白树明，黄中艳，等. 云南玉米需水规律及灌溉效应的试验研究［J］. 中国农业气象，2003，8.

[46] 奚联光，李少明，等. 滇中山坡旱地一年两熟作物需水量测定研究［J］. 云南农业大学学报，2003，6.

[47] 刘浏，商崇菊，等. 黔中地区玉米作物系数及作物需水量研究［J］. 安徽农业科学，2010，38（19）.

[48] 孙璐，高晓丽，等. 贵州省夏玉米生育期内降水与需水量空间分布研究［J］. 中国农村水利水电，2015.

[49] 陆耀凡，廖雪萍，等. 广西右江河谷旱作灌溉需水量变化特征［J］. 气象研究与应用，2015，3.

[50] 庞艳梅，陈超，等. 1961-2010 年四川盆地玉米有效降水和需水量的变化特征［J］. 农业工程学报，2015（S1）.

[51] 龙志长，段盛荣，等. 湖南省春玉米生育气候条件分析及种植区划［J］. 作物研究，2005，19（2）.

[52] 陆广驰. 河池市金城江区春玉米生长的气象条件分析［J］. 现代农业科技，2013，4.

[53] 舒国勇，钟有萍，等. 贵州省铜仁市杂交玉米避旱栽培技术及减灾对策［J］. 西南师范大学学报，2012.

[54] 中国农业大学. 中国耕作制度研究进展与展望［J］. 引自. http：//www.doc88.com.

[55] 赵强基. 中国南方耕作制度的发展和展望［J］. 中国农业科学，1990 年 23（5）.

[56] 刘浩. 90 年代中国耕作制度发展展望［J］. 耕作与栽培，1992（2）.

[57] 钟武云. 湖南稻田耕作制度改革的形势与对策［J］. 作物研究，2003（3）.

[58] 李勇，杨晓光，等. 1961—2007 年长江中下游地区水稻需水量的变化特征［J］. 农业工程学报，2008.

[59] 陈豊文，陈献，等. 有效雨量计算及利用方法回顾［Z］. 引自 http：//www. docin. com.

[60] 郑恩玉，林义钱. 水稻生长期的降水利用率分析［J］. 浙江水利科技，2003（2）.

[61] 陈豊文，刘振宇. 连续型机率分配模式应用于台湾灌区有效雨量之推估［Z］. 引自 http：//www. taodocs. com/p-8882625. html.

[62] 徐小波，周和平，等. 干旱灌区有效降水量利用率研究［J］. 节水灌溉，2010（12）.

[63] 陈玉民，郭国双，等. 中国主要作物需水量与灌溉［M］. 水利电力出版社，1995，2.

[63] 王朝勇. 四川省水稻需水量等值线图研究成果［J］. 四川水利，1991（2）.

[64] 张鸿，姜心禄，等. 四川丘陵季节性干旱区水稻田间耗水量研究［J］. 杂交

水稻，2012，27（1）.
[65] 王新华，郭美华，等. 云南蒙自坝子主要作物需水量及灌溉需水量研究［J］. 安徽农业科学，2011，39.
[66] 孙璐，高晓丽，等. 贵州省夏玉米生育期内降水与需水量空间分布研究［J］. 中国农村水利水电，2015.
[67] 杨兴强，叶长青. 鄂北岗地夏玉米生产现状、存在问题及发展对策［J］. 中国种业，2016（7）.
[68] 方尊超，李有明. 鄂北岗地玉米生产潜力及配套增产措施［J］. 现代农业科技，2009（20）.
[69] 李有明，郭莉，等. 襄阳市玉米生产发展现状与对策建议［J］. 湖北农业科学，2015，9.
[70] 孙爽，杨晓光，等. 中国冬小麦需水量时空特征分析［J］. 农业工程学报，2013，8.
[71] 邓小华. 永州市玉米生产现状及发展对策［J］. 作物研究，2000（4）.
[72] 董成兵. 阿坝州玉米生产潜力分析及增产措施［J］. 种植技术，2015（9）.
[73] 关友胜，黎映菊. 云南省中海拔地区冬早熟玉米栽培技术［J］. 现代农村科技，2010（10）.
[74] 高显生. 冬玉米栽培技术［J］. 云南农业，1997（11）.

第十四章　玉米排水分区的工程措施分析

中国玉米种植区共划分四大排水区，区内虽然包含既有易涝耕地并又有玉米种植的地市，但各地市易涝面积占耕地面积的比例差别很大，为有一个整体涝区分布及涝区面积比重不同的认知，特按各地市易涝面积占耕地面积比例的不同划分为 4 个等级，将易涝面积大于 10%以上的地市绘入图内（图 14-1）供参考，以方便了解全国涝区分布状况。

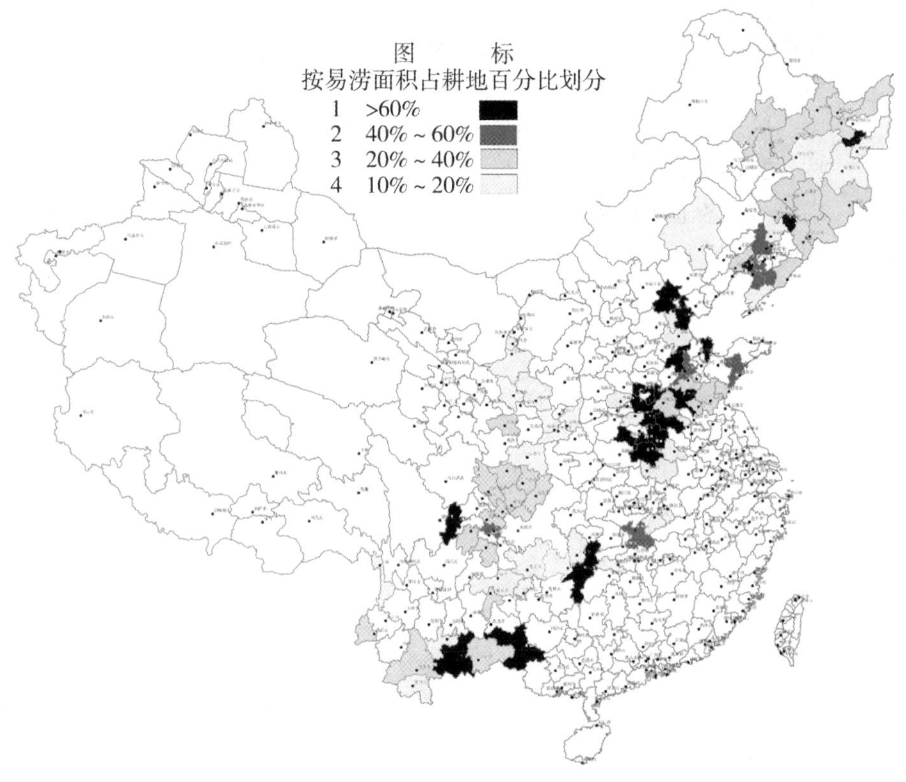

图 14-1　中国玉米种植区涝区分布

中国季风气候特点导致雨量年内年际间总是变化无常，春天多干旱，进入夏季转眼间久盼无雨的农田突袭暴雨，往往旱灾过后接连就是洪涝，这种情景在东北和华北是屡见不鲜。玉米是喜水而又不耐涝的作物，排水自然是中国玉米产区的重要保障。

本章是与第三章排水区划相对应章节，区划根据玉米产区自然特点将全国玉米产区划分为 4 个大区，该章将与之对应分析各排水分区的排水措施。

中国涝区传统分为三大涝区：松辽平原、淮河平原、珠江三角洲。从图 14-2 全国一日最大降水等值线图可看出，该三区的日降水较大且变差较大，最大日降水均超过 200mm。本章主要讨论的是玉米种植区的排水问题，所以，对非玉米区则不在本章的讨论范围内。

对最大日降水小于 50mm 的地区，没划分在玉米排水区划内，所以，本章论述的重点是东北、华北、华中与西南地区，而华东、西北、华南大部分不在区划内。

图 14-2　中国 342 地市州 1951—2013 年最大日降水等值线图（单位：mm/d）

第一节　I 华东北部春玉米排水区的排水工程发展策略

东北春玉米主要分布在松辽大平原，分布在平原中部和西部，西部少雨干旱，中部平原低洼易涝。新中国成立以来大力开展农田基本建设，20 世纪中期在松辽平原修建了大量排水工程，为松辽平原稳产高产创造基础。但进入 21 世纪后粮食生产提升到新的高度，农田基本建设也需要升级到新的阶段。

一、I 华东北部春玉米排水区概述

华东北部春玉米排水区主要包括东北 3 省全部、内蒙古东部、华北北部部分地区。全区 41 个地市包含：鹤岗、双鸭山、佳木斯、长春、松原、白城、大庆、绥化、兴安盟、齐齐哈尔、伊春、黑河、吉林、通化、白山、延边、哈尔滨、鸡西、七台河、牡丹江、沈阳、锦州、营口、阜新、辽阳、盘锦、铁岭、辽源、大连、鞍山、抚顺、本溪、丹东、葫芦岛、承德市、秦皇岛市、唐山市、通辽市、赤峰市、朝阳、四平等。

1. **内涝区域分布**

图 14-3 是该区内涝发生最多、内涝面积较大连片的平原涝区，其他山丘区虽有内涝，但分布在沟谷之中。

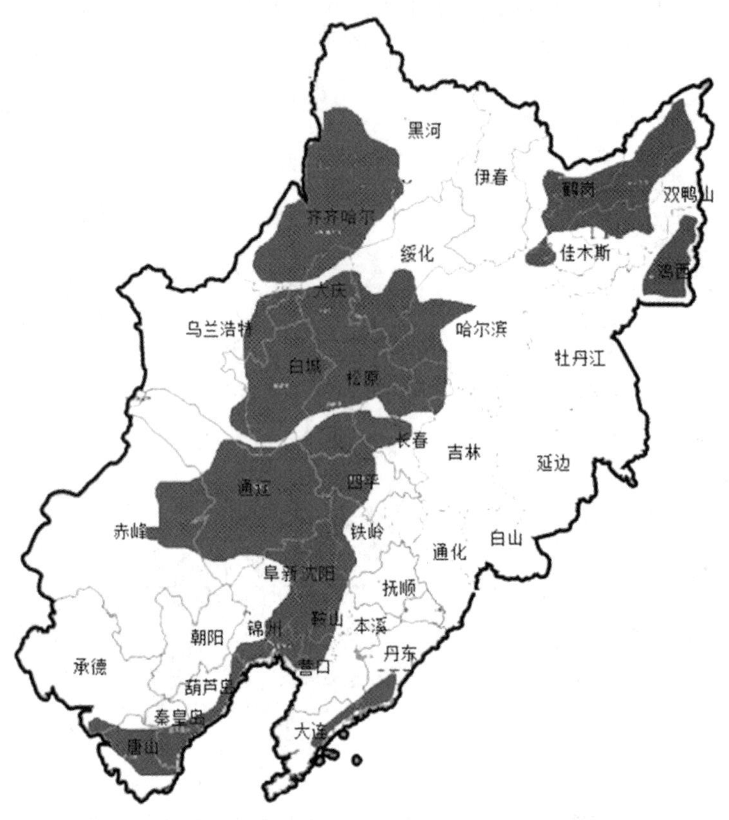

图 14-3　华东北部春玉米排水区连片涝区分布

2. **内涝频率**

该区也是中国内涝灾害频发地区，这可从张继权作的“东北地区建国以来洪涝灾害时空分布规律研究”中反映出来，表 14-1 是摘录该文的统计分析成果。

表 14-1　辽河中下游洪涝频率统计表

年代	灾害发生频率（%）	其中比例（%）		
		大涝	中涝	小涝
1798—1977	57.0	10.0	25.5	21.5
1978—1997	30.0	20.0	0	10.0
1998—2016	26.3	0	5.3	21.1

东北洪涝灾害危害主要是解放初期的几场洪水，后期开展了轰轰烈烈的治水大运动，

建设了大批水库和排水站，虽然洪涝仍然发生，但成灾危害大大缩小。

根据文献［16］崔巍的资料统计及近年统计资料，对 1798—1977 年及辽宁 1978—2016 年的洪涝灾害进行统计，将洪涝灾害发生频率列入表 14-1 中。

从表 14-1 中看出经过长期努力，洪涝灾害有所降低，表现在大中型洪灾明显降低，但也反映了在小型内涝中仍然不减。东北整体也与辽宁一致，表 14-2 统计了新中国成立后的洪涝灾害发生年代，以东北全区统计发生洪涝灾害频率在 38%左右，每 3 年有 1 次。

表 14-2　华东北部洪涝灾害发生年代一览表

地域	特大涝灾	严重涝灾	一般涝灾
辽宁省	1985	1954，1960，1964，1986	1953，1955，1957，1962，1975
吉林省	1986	1956，1985，1988	1957，1981，1987，1984，1989
黑龙江省	1981，1985	1957，1960，1961，1983，1988	1956，1962，1963，1964，1984，1986，1987
内蒙古东四（市）		1988	1956，1957，1977，1985，1986
松花江流域	1985	1981，1983，1986，1988	1956，1960，1963，1964，1984，1987
辽河流域	1985	1954，1960，1964，1986	1953，1955，1956，1957，1962，1969，1975，1977
东北区	1985	1981，1983，1986，1988	1954，1956，1957，1960，1962，1963，1964，1984，1987

引自文献［12］

3. 华东北部春玉米排水区排水工程现状

该区耕地面积 2 793.4 万 hm^2，玉米种植面积 1 552 万 hm^2，占耕地 55.6%。耕地中易涝面积 553.0 万 hm^2，易涝系数系数 19.8%，2013 年洪涝面积 401.4 万 hm^2。经过新中国 60 年的涝区治理，兴修大型综合水利工程，该区修建水库近 4 000 座，库容 887 亿 m^3，地面径流（1 630.06 亿 m^3）调节系数达到 54.4%。该区是中国最大涝区，受洪涝威胁最大最多，虽然径流调节得到极大提高，大型洪水得到有效控制，大型江河干流洪水威胁极少发生，但河道两岸堤坝不能及时将平原暴雨径流排入河道，集聚到堤前农田，形成暴雨成灾。即使进入 21 世纪，内涝仍有发生。现有排涝工程大部分是 20 世纪建成，工程在 20 世纪对中国东北农田起到稳产的重要作用。在中国水资源紧缺下，地下水大量开发造成地下水位下降，使有些平原涝区内涝灾害有所缓解，因此，对排涝工程维护有所忽视，造成工程完好率下降，加之 20 世纪 60—70 年代修建的排水工程至今早已超过使用寿命。由于在一段时间内对农田水利的投入下降，排水设备维护更新不足，致使如今完好率不足（表 14-3）。进入 21 世纪，情况逐步好转，但欠账太多很难一下子扭转，需要时间。目前是灌溉工程发展是历史上最好时段，灌溉面积近 10 年（2005—2015 年）以 15%速度增长，灌溉面积发展到近 6 500 万 hm^2（近 10 亿亩）。近几十年没有发生大的洪灾，可看出大江大河的防洪效果，但内涝灾害南北方还同样频频发生，由此看出有重灌轻排的倾向。

中国城乡排水的顶层设计方针，需要调整，对城乡排水设计标准需要在总结近十几年的经验教训中，开展深入研究。

表 14-3　东北三省部分排水工程现状及抗涝标准

省份	排水站（座）				机泵（台）				排水闸座	治理标准		
	1980年前	1980以后	总计	完好率%	一二类	三四类	总计	完好率%		<5%	5%~10%	10%
辽宁	724	395	1 119	15	1 630	1 186	2 816	23	1 272		17	83
吉林	132	165	297	11	170	322	811	21	57	26.7	32	41.3
黑龙江	151	38	189							72.4	25.7	1.9

注：表中数据引自文献［1］、［2］、［6］、［10］

4. Ⅰ华东北部春玉米排水区近年受灾状况

表 14-4 是 2006—2014 年（表内仅列出 2010—2014 年的 5 年，发生频率统计含 2006—2009 年资料）该地区主要省份的（3 省农田均属该区）的洪涝灾害统计资料，从中看出发生灾害较重的是辽宁省，次之黑龙江省，但易涝面积黑龙江比重最大，涝灾损失最大。

表 14-4　东北 3 省近 5 年洪涝受灾程度统计　　（面积：千 hm^2）

年代	灾害	辽宁		吉林		黑龙江		成灾比例（%）
		面积	占耕地（%）	面积	占耕地（%）	面积	占耕地（%）	
2010	受灾	852.51	17.13	58.15	0.83	234.80	1.48	62.10
	成灾	529.39	10.64	40.05	0.57	155.53	0.98	
	绝收	197.54	3.97	9.88	0.14	42.75	0.27	
2011	受灾	272.72	5.48	58.15	0.83	234.80	1.48	54.95
	成灾	149.87	3.01	40.05	0.57	155.53	0.98	
	绝收	39.28	0.79	9.88	0.14	42.75	0.27	
2012	受灾	593.56	11.93	86.15	1.23	561.65	3.54	68.19
	成灾	404.74	8.13	35.82	0.51	317.43	2.00	
	绝收	88.80	1.78	3.74	0.05	83.69	0.53	
2013	受灾	277.00	5.57	614.00	8.77	2 654.00	16.74	60.29
	成灾	167.00	3.36	322.00	4.60	1 850.00	11.67	
	绝收	48.00	0.96	149.00	2.13	815.00	5.14	
2014	受灾	0.01	0.00	8.55	0.12	544.93	3.44	
	成灾	0.01	0.00	4.03	0.06	297.39	1.88	
	绝收	0.01	0.00	1.04	0.01	96.68	0.61	
平均	受灾	399.16	8.02	165.00	2.36	846.04	5.34	62.68
	成灾	250.20	5.03	88.39	1.26	555.18	3.50	
	绝收	74.73	1.50	34.71	0.50	216.17	1.36	
发生大涝频率（%）		11		0		11		
发生中涝频率（%）		22		0		11		
发生小涝频率（%）		44		11		11		

注：1 大涝：涝灾面积>占耕地 15%、中涝：10%~20%、小涝：5%~10%

注：2 表中统计频率含 2006—2009 年资料，此处没有列出

该区内蒙古和河北的地市，易涝面积均较小（图 14-4）。

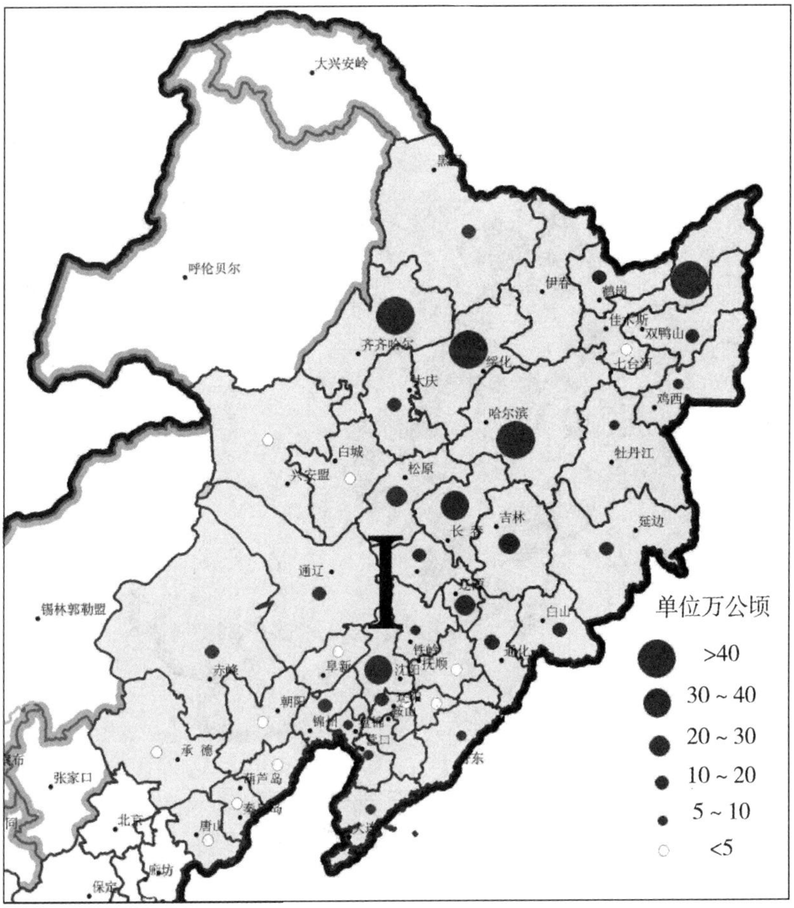

图 14-4　I 华东北部春玉米排水区易涝面积分布

二、二级分区简介

华东北部春玉米排水区二级区共分 2 个，11 松江流域排水区，12 辽河流域排水区。

（一）11 松江流域排水区

1. 11 松江流域排水区涝区分布

松江流域共有 20 个地市，包含兴安盟、松原、齐齐哈尔、大庆、鹤岗、佳木斯、黑河、长春、白城、鸡西、伊春、双鸭山、七台河、绥化、吉林、延边、哈尔滨、白山、牡丹江、通化等，涵盖大小兴安岭、长白山地区、黑松乌三江平原。

该区是中国玉米面积最大的涝区，涝区中大部分属黑龙江农垦区。涝区分两部分：一是平原涝区，主要分布在平坦低洼地区，如三江平原、嫩江平原，特点是涝区连片，也是治理重点涝区；二是山丘谷地涝区，该类型涝区特点面积狭小零星，治理也困难，主要分布在图 14-5 中没有标出的地区，面积非常小，一般年份不宜产生涝灾，但一旦发生会在局部产生巨大损失。

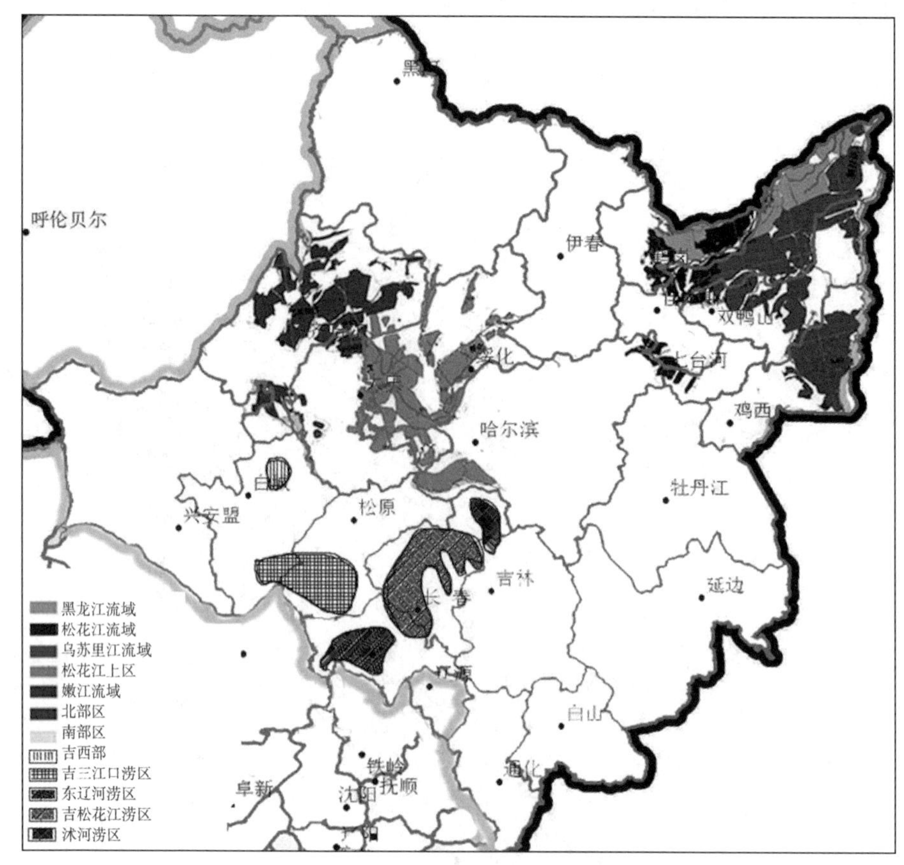

图 14-5　11 松江流域排水区涝区分布

参考文献［11］

2. 洪涝灾害特点

（1）自然条件对洪涝灾害影响。自然条件中影响洪涝最大是降水类型、地形、土壤、气温等。该区位在中国最北端，春天气温低；东西两侧有两条著名的山脉，东有长白山脉西有大小兴安岭；内涝的重要因素是雨量大小与时空分布特点，该区是典型的年内单峰降水分布类型，雨量集中在 7—8 月。

这种自然条件形成该区洪涝灾害的特点。

①平原宽广干流河道比降平缓：由于干流比降在 1‰～0. 1‰，入河一级支流比降 3‰～10‰，洪峰来临造成干流顶托，堤防两岸农田内水无法自流排泄，河道流长洪水过程数天至十余天。超过作物耐淹时间，灾情损失大。

②雨量集中 7—8 月洪峰反复出现：雨量集中 1～2 个月，使洪涝灾害出现先后叠加。如 1998 年嫩江 2 月内出现 4 次洪峰[19]，灾害叠加灾情加重。

③山丘峡谷陡峭易产生次生灾害：山丘区虽然内涝面较小，但一旦发生，山洪来势凶猛，百姓最怕山笑，水流汹涌澎湃移山倒海，不但淹没庄稼更甚者是毁坏农田与田间建筑物，甚至人民生命财产。

④低温与春涝结合：寒冷的春季冰雪消融，然而表层以下土壤仍然处于冰冻状态，水滞留地表，形成渍害。农田不能及时播种，已经播种的作物，已经萌芽的种子会发生死亡，造成春季渍涝。

（2）洪涝灾害主要类型。

①洪涝：主要发生在干流两岸，特大洪水漫堤倾泻，流向低洼农田，会形成淹涝，水深没过作物；秋涝，内水无法从洼地排除，长久的积蓄在农田中直到秋收，群众称为秋涝。

②内涝：中国一般大小江河干流都设防修筑堤防，洪水来临，堤内农田暴雨与洪水相遇，农田雨水无法向河道自流排除，河道两岸农田积水成灾，称为内涝，黑龙江平原面积大，内涝是主要涝灾。

③过水涝：发生在山丘区，该区地面比降在1%以上，山水下泄水流湍急，冲倒庄稼瞬时流过，但庄稼已冲倒，并且挂满泥沙，形成过水涝，也称泥涝。

④盐涝：龙江嫩江平原、三江平原都有盐碱发生，涝害常伴随盐碱侵袭农田。

⑤渍涝：松花江涝区渍涝发生概率很高，春天冰雪融化，顺山而下，平原土壤只有表层融化，深层仍在冰冻状态，地表土壤饱和，长时无法排除形成春季渍涝。危害农时耕作。

⑥坐水涝：黑龙江两大平原洼地常有沼泽湿地，一旦暴雨成灾，四周高内水无法排泄，形成坐水涝灾。

⑦冰排涝：嫩江是个“U”形河流，发源在小兴安岭后向南流到通河县转弯再向北流，到同江市汇入黑龙江。当春天冰雪消融中游河水开融，河中冰排由南向北流动，但此时北方河冰并没融化，当阻力大于冰排流动力时，冰坝逐渐形成，河水暴涨，冰排即可涌入农田，形成北方独有的冰排涝灾。

3. 排水工程现状

（1）治理标准。受早期经济条件限制，即使已进行涝灾治理的农田，标准也仅仅是3~5年一遇的标准，而且仍有部分没能治理。2013年国家提高了排水设计标准，一般地区5~10年一遇，经济发达地区可采用重现期10~20年，当前该地区正在根据国家大型泵站更新改造计划，对原有泵站进行改造升级，新建排水工程已经进入新时期的快速建设中。

（2）排水工程运行效果。根据该地区的相关文献（文献［6］、［7］、［8］、［9］、［19］、［20］、［21］）报道看出，该区排水工程运行效果没有充分发挥出来，工程完好率不足1/3，机电设备老化，洪涝来临，不能全员开动。

当前通过“十二五”更新改造，部分工程得到改善，已开始进入“十三五”水利建设新阶段，开创了历史最好水利建设时期。

（3）现有径流调节能力。根据2015年统计，该区水库库容488亿 m^3，地表径流1 123亿 m^3，径流调节系数已达到43.5%，处于全国较高水平。

（4）洪涝抗灾能力。以黑龙江为例，2013年农田受灾面积2 645千 hm^2，直接经济损失327.47亿元，占国民经济总产值（4 382.9亿元）7%，对内涝灾害抵抗能不足，与国家“十二五”规划提出的洪涝灾害年均损失率0.6%，相差甚远。

（5）存在问题。

①重灌轻涝：旱涝是阻碍农田高产稳产的两大灾害，一般受旱面积较大，所以，花费人力、物力、财力要大，各层都很重视，但由于大型洪涝灾害，在大型水利工程兴建后，发生几率逐年减少，加之国民经济各行业用水增加，农田地下水位下降，内涝有减弱趋势，人们对洪涝灾害产生侥幸心理，有所忽视。但因一段时间的忽视，使排水投入减少，工程老化，管理减弱，导致近年城乡洪涝灾害频发，这需要认真总结其经验教训。

②排水工程管理不足：排水工程不是每年都需要的，一旦两年无涝灾，人们就麻痹，缺乏危机意识，有的田间末级排水沟被填埋，一旦洪水下山，手忙脚乱，开机机不转，用渠渠没了，方觉日常管理缺失。

③长远规划不足：主管部门缺乏主观能动性，“人无远虑必有近忧”，一个地区没有防治洪涝的长远规划，一旦发生洪涝就无法应对，造成灾害损失惨重。因此，基层水利主管部门需要制定长远防治洪涝灾害规划，逐步实施，想方设法地动员各种力量，不等不靠实现规划。一个地区还要有一个水利发展的蓝图，并以法规固定下来，不得随意改变已定规划。

④缺乏法律意识：国家法律已明确，根据地方实际需要，可以规范有利地方各项事业发展的地方法律，要制定涝区管理法，保护排水工程，农田排水各级沟渠，要受法律保护，绝不允许个人、企业、组织随便填埋。并调动一切人力和财力资源实现地区水利工程建设。

4. 发展对策

（1）适应农业现代化、水利现代化发展。中国在“十三五”规划中提出农业现代化，水利是为农业服务的，要以农业现代化、水利现代化标准为目标，在抵抗洪涝渍害上补短板。从排水工程现状看，大型水利工程防洪能力接近发达国家水平，但在抗洪涝灾害上，标准差距较大，水利现代化的洪涝损失应该低于1%，而易涝面积占比最大的黑龙江，与现代化抗灾能力（小于1%）相差很大（现状是7%），从排水工程角度看，要提高排水能力，一是要将易涝面积都置于排水工程的保护下；二是要提高排水工程设计标准逐步达到十年一遇水平；三是排水工程完好率达到100%；四是防洪排水系统逐步提升到信息化、自动化、智能化水平。

（2）提高排水工程治理标准。根据《农田排水工程技术规范》（Sl4-2013）要求，设计暴雨重现期采用5~10年，经济发达地区可采用10~20年，设计暴雨按3日暴雨3日排除计算。

（3）构建洪涝灾害治理体系。为实现农业现代化、水利现代化，对洪涝灾害治理，建议采取如下措施。

①制定洪涝灾害治理整体规划：以各地市为单位，根据本地自然条件，拿出以实现水利现代化为目标的涝区治理整体规划蓝图，并提交政权机构审核，以地方法律形式为保护，逐步实施。

②明确规划目标标准：规划以国家规范为标准，以水利现代化为目标，在认真总结本地经验教训的基础上，吸收国内外现代化经验，高标准、高起点，有的放矢的采用现代排水技术，对易涝区作出规划。

③根据地区特点建设排水工程：要针对不同涝区（平原涝区、山丘涝区等）、不同内涝类型（洪涝、内涝、渍涝、盐涝、冰排涝等），采用相适应的排水工程治理措施。

④规划要融入高科技：制定规划要根据21世纪时代特点，将自动化、信息化、智能化、大数据化、远程控制技术等时代特点纳入其中，虽然一时不能全部实行，但要留有位置，因为，水工建筑使用寿命是50~100年。

⑤规划要纳入现代化管理硬件系统：改变过去一站一渠管理模式，要将现代化管理需要的硬件建设纳入进去。

（4）健全排水工程管理体系。

①创新涝区管理系统：以水利管理体制改革为契机，构建不同大小涝区管理体制，不同管理级别的管理模式：如无人值守泵站、巡检维修机构、远程控制体系等管理机构、管理制度等。

②创新不同体制统筹模式：水利管理体制改革，必然出现不同体制，如家庭管理模式、企业化管理单位、集体所有制管理等，应在国家政体下运行，统一在国家防灾抗灾体系下运行。

（二）12 辽河流域排水区

12辽河流域排水区是Ⅰ区中第二个二级区，包含承德、赤峰、抚顺、营口、铁岭、辽源、四平、秦皇岛、沈阳、本溪、阜新、朝阳、通辽、鞍山、唐山、大连、丹东、辽阳、葫芦岛、锦州、盘锦共21个地市。

1. 12 辽河流域排水区涝区分布

该区除辽宁全省外还有吉林、内蒙古、河北部分地区，涝区面积小于11二级区，但该区涝灾发生频率高于11二级区（表14-4），涝灾面积占耕地面积比重也大于11区。

涝区分四部分：一是平原涝区，主要分布在平坦低洼地区，主要在辽河、浑太、大小凌河流域中下游平原区，也是重灾涝区；二是山丘谷地涝区，该区分布在长白山脉南端，浑河、太子河、鸭绿江流域上游的山谷地区，涝区零星分布面积小；三是沿海滨海涝区，分布在辽东半岛沿海、渤海西北部海岸线地区，特点土壤含盐较高；四是西北部涝区，属科尔沁沙漠区，位于西辽河上游，为坨间涝区（图14-6）。

2. 洪涝灾害特点

（1）自然条件对洪涝灾害影响。该区东北区南端，有辽东半岛插入黄海与渤海之间，受海洋影响较大，长白山余脉深入辽东半岛，海风由东南吹向辽河平原，千山迎接海风形成山脉的东南坡降水丰富，雨量在1 000 mm以上，雨量掠过辽河平原向西北逐步减弱，形成该区总趋势是东涝西旱局面，但也并不全然。由于年内雨量分布同全国规律一致，夏季雨量占据全年雨量的70%左右，使西北部干旱区常有干旱过后又有暴雨发生，常形成洪涝灾害。影响该区洪涝灾害发生的主要因素有以下几种：

①河道比降平缓含沙量大：辽河发源于沙漠区，辽河不但河道比降平缓，而且含沙仅次于黄河，中下游干流比降在0.1‰~1‰，由于泥沙淤积，河床较高，两岸排水困难。中下游堤防两岸农田内水无法自流排泄，河道流长洪水过程达一周。

②雨量集中：雨量集中在每年的1~2个月，单日最大雨量高于11区，如1985年特大洪涝，致使下游辽河主堤决口，是数十年来最大洪灾。

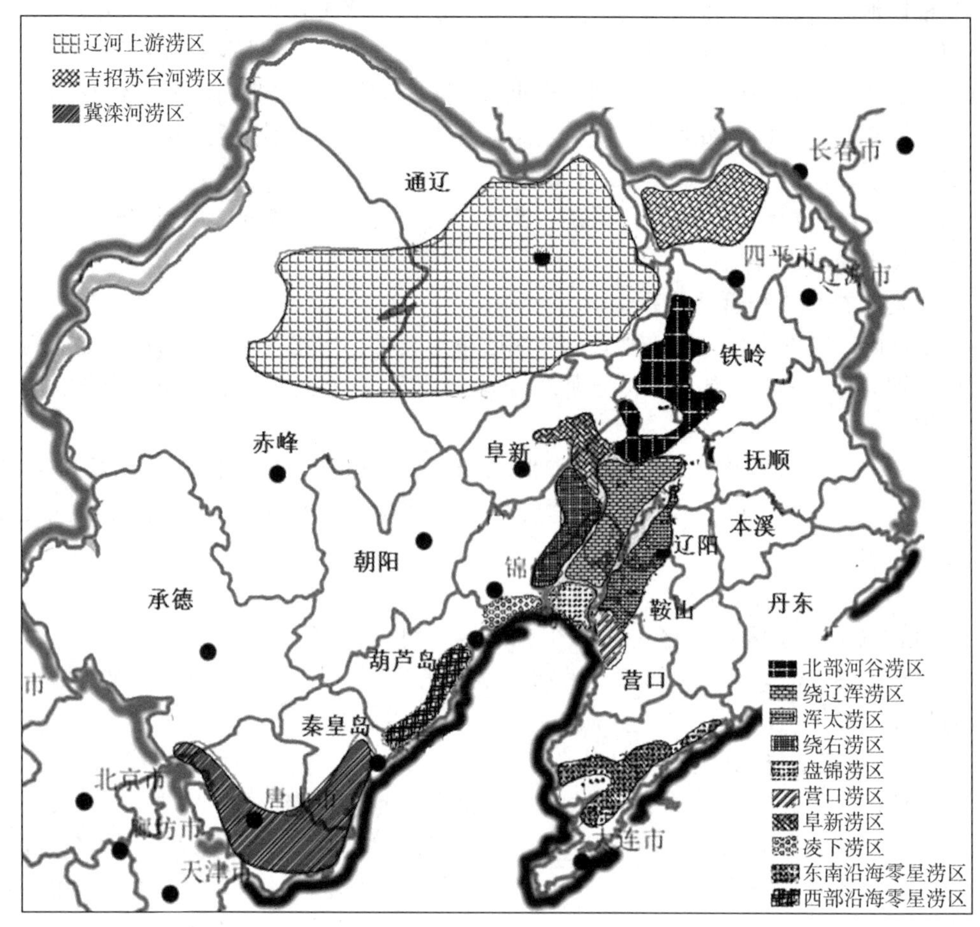

图 14-6　辽宁省涝区分布

③东部山区雨量大：山区遭遇强暴雨，灾害损失惨重，2013 年 8 月 16 日 11：00—23：00，一日普降暴雨最大测点雨量达 405.5mm，1 小时最大降水量达 106mm，洪水冲毁农田、水工建筑物、铁路、公路交通桥梁多处。

④低温渍涝：春季冰雪消融，山区的山水从山坡流入山脚农田，形成冷寖田，冷水滞留农田长达数周，造成贻误农时，农田不能及时播种，造成春季渍涝。

（2）洪涝灾害主要类型。

①洪涝：主要发生在铁岭以下干流两岸，历史上辽河洪水频发常常堤溃水泄，辽河平原上千公顷良田颗粒无收，洼地“水住姥家”形成秋涝。新中国成立后辽河上中游修建众多大型水库，两岸堤防多次提高标准，防洪能力达到百年一遇，洪涝灾害得到控制，很少成灾。

②内涝：干流两岸地面平缓比降在 2‰~0.1‰，河道淤积河床抬高，两岸农田内水无法自流排除，内涝经常发生。

③过水涝：主要发生在东部山丘区，年降水量较大，且暴雨强度大，山陡雨大加之雨携风来，东部又是玉米产区，7—8 月玉米体高，山坡土层又薄，玉米难抗风雨，过水倒

伏，形成过水涝。

④盐涝：沿黄、渤海岸区，洪水受海潮顶托，含盐河水同时侵扰农田，涝灾过后盐碱已流入土壤，形成盐涝，治涝也必治碱。

⑤渍涝：该区渍涝主要发生在春季，在有山丘、沙丘的地区，冬季在沙丘、山丘上面积累的冰雪，春季升温后冰雪消融，涓涓水流沿表层沙土渗入山前、坨前的农田，冰冷的饱和的土壤水，无法播种，危害农时耕作。

⑥坨间涝：在沙漠区，沙丘会积蓄暴雨，虽然坨间的农田不会形成水面积水涝，但暴雨过后，沙坨积蓄的雨水会缓慢地向农田渗入，较长时间影响作物生长，形成夏季的渍涝，也称为沙漠区特有的坨间洼地涝灾。

⑦锅底涝：东部山丘区，环山洼地形成小盆地，山水汇流盆地农田，四周高雨水无处排放，历史积蓄杂草一般都会形成一小块草炭沼泽，沼泽周围人们开发的农田就会成为暴雨的受害者，形成锅底涝。

3. 排水工程现状

（1）治理标准。由于常受洪涝危害，该区治理标准略高于 11 二级涝区，现涝区工程虽然逐年在维修升级，但投入不足，大部分田间工程仍然处在 5 年一遇标准，机电设备按十年一遇标准配备，但完好率很低。

（2）排水工程运行效果。根据近年暴雨灾害考验结果可以看出，每当洪涝发生仍有成灾地区。2010 年辽宁年降水量 984mm，相当 20 年一遇，大于十年一遇治理标准，受灾 852. 51 千 hm^2，占耕地 17. 13%，成灾率 62%，说明工程没能充分发挥效益，排水站开机率没能达到满载运行。该区排水工程运行效果没有充分发挥出来，工程完好率不足 1/3。

（3）现有径流调节能力。根据 2015 年统计该区水库库容 398 亿 m^3，地表径流 507 亿 m^3，径流调节系数已达到 78%，处于全国高水平。

（4）抗洪涝灾害能力。以辽宁为例，2010 年（近年受灾面积最大）农田受灾面积 2 645 千 hm^2，直接经济损失 272. 9 亿元，虽然农业损失严重，但工业产值较高，损失按国民经济总产值（18 278 亿元）计算为 1. 5%，与 11 二级区比，防灾能力较强，但与国家标准要求洪涝灾害损失率小于 0. 6%，还有差距。

（5）存在问题。

①排水工程管理：当前处于水利体制改革阶段，排水工程管理比较混乱。

②排水工程老化：中小型排水工程，多数已到达寿命期，但维修滞后，水工、机电设备等寿命期已超期。

③长远规划不足：该区工业基础较好，但相对南方排水工程规划滞后，排水闸站规划理念跟随不上 21 世纪的潮流。应该充当带动东北地区水利现代化的先行者。

④缺少法规管理：由于没有相关涝区管理法规，造成国家建设，多方管理，管理混乱，工程维护困难，维修没资金，发展不可持续。

4. 发展对策

参照 11 二级区的内容，这里略。

三、三级排水区的排水工程发展策略

Ⅰ华东北部春玉米排水区按自然条件不同，采取的排水措施略有不同，共区分为 7 个三级区，现分述如下。

（一）111 三江低洼平原机排排水区

该区由鹤岗、双鸭山、佳木斯三地市组成，位于中国著名的三江（黑龙江、松花江、乌苏里江）平原区，是松嫩汇流后与黑龙江汇流处，平原东南有小兴安岭与长白山余脉成月牙形环抱，水资源丰富，三江冲积土层肥沃，号称北大荒也是北大仓。

1. 涝区特点

（1）自然条件。地形：三面环山的地形，造成暴雨汇流时间短暂，上游坡流急促，下游地面比降平缓变化在 0.6‰~0.1‰，加之地势低洼，湿地密布，地下水位高，造成内涝频发；该区日最大降水在 100mm 左右，由于特殊地形条件，内涝经常发生。

（2）易涝面积。三地市总易涝面积 45 万 hm^2，易涝面积占耕地 19%，近年发生洪涝 23.4 万 hm^2。

2. 治理现状

（1）治理工程。现有水库容量 11.8 亿 m^3，地表水 140 亿 m^3，径流调节系数 8.4%，现状调节能力很低，但在建工程规模很大，防洪治涝等项目投资巨大达数百亿元，在建工程的防洪排涝标准基本按国家 2013 年标准进行。工程项目也列入国家重点项目，未来治理成效会有很大提高。

（2）工程类型。该区治理工程可分三段：一是山区排水，以自流为主；二是由山区到平原过渡区，排水以排水闸与回水堤配合为主；三是平原区河水顶托，无法自流，只有建站排水。

（3）治理效果。20 世纪受经济发展限制，工程标准低，虽然有些治理，但效果有限，内涝灾害没能根治，洪涝少见了但内涝仍然频发。规划的治理工程，正在建设中，发挥成效需待时日。

（4）存在问题。对现有工程需要加强管理，尽快搞好水利体制改革，建立完善洪涝灾害防治构架，培训专业队伍，加快现有工程维修改造。

3. 治理策略

（1）治理方针。抓住国家水利大发展的有利时机，调动一切可利用的资金，按新时期现代化的标准，精准规划、高标准实施，向本地区水利现代化前进，创建稳产高产的新时期的北大仓。

（2）治理标准。进入 21 世纪，水利事业也像其他行业一样要走出中国特色的水利现代化：建设防洪涝区治理一体化网络系统，用信息化、智能化的思维思想指导，构建机电设备、无线通信、远程控制、智能管理的洪涝治理工程体系，建设实体工程，组建管理机构，培训队伍。

（3）主要工程措施。

①防洪：增加地表径流调蓄能力，建设大型水库工程，将径流的控制能力提高到 50%以上，使径流的控制权掌握在自己手里。

②山区：精细规划（规划到每个山头、每个沟岔），将下山的水流用坚固的截流沟，归顺到划定的排水干渠中，阻挡它肆意横行，毁坏庄稼、冲毁民宅，保护农田和人民生命财产。

③山丘至平原过渡区：修建节制闸与回水堤，配套智能水位监测系统、闸门智能启闭系统，根据河水变化，自动控制回水堤的关闭，抢排内水。

④平原区：建立大中小型排水站，根据地势与自然流域，划分不同大小区域，根据排水区经济价值，建设10年、20年重现期标准、尽量实现无人值守、远程操控的排水站。

⑤田间交叉工程：按国家标准要求建设，田间排水沟网有3种类型：一是一般排水沟，按排模设计；二是考虑排盐碱，按排除盐碱需要的沟深设计；三是地下水位高，需要降低地下水位，沟深按地下水临界深度要求进行设计，此时，可考虑用暗管、鼠道进行设计。

（二）112 松江平原机排自排排水区

112松江平原机排自排排水区包括长春、松原、白城、大庆、绥化等五地市。位于松花江嫩江汇合处，在松嫩平原中部，该区向四周展开就是丘陵区。

1. 涝区特点

（1）自然条件。①地形：位于松嫩平原中部地势低洼，多沼泽，河道比降在0.5‰~0.2‰，长春与绥化境内有丘陵。②降水：该区最大一日降水量在130mm左右，

（2）易涝面积。易涝面积129.6万hm^2，易涝面积占耕地面积22.6%，近年洪涝灾害面积91.9万hm^2。

2. 治理现状

（1）治理工程。现有水库库容52.2亿m^3，地面径流量121亿m^3，径流调节系数42.9%，调节能力较好。现有治涝工程标准低，其中，大庆（胖头泡蓄滞洪区）、绥化（阁山水库）“十二五”规划的治涝工程正在建设中，现建工程标准全按10年一遇标准，建成后抗洪涝灾害能力有较大提高，另外，中小型泵站也在更新升级中。

（2）工程类型。排涝工程主要是回水堤与泵站工程。

（3）治理效果。从吉林“十二五”水利规划减灾目标看出，10%的洪涝灾害损失率远大于国家“十二五”规划目标0.6%，治理效果不够理想。

（4）存在问题。①该区中的长春、松原是吉林重要涝区，而且近年易涝面积仍然占有很大比重，现有工程完好率低，灾害发生时不能很好保护农田。②涝区管理：现有工程维护管理需要提高。③排水工程能力不足，不适应农业发展要求。

3. 治理策略

（1）治理方针。构建适应现代化农业的排水系统，提高抗御洪涝灾害的能力，将洪涝灾害损失率降低到国内平均水平（国家规划2015年为0.6%，到2020年达到0.4%）。

（2）治理标准。提高治理标准达到重现期10~20年（参考农田排水工程技术规范SL4-2013）。扩大保护范围，尤其山区排水工程（该区中的长春、绥化都有山丘区）。

（3）主要工程措施。平原区涝区治理已有半个世纪的经验，但山丘区排水缺少经验。山丘区排水特点是封闭区明显，但区内汇水类型复杂，尤其是农田外的山水，径流大坡面比降大水势凶猛，治田需要先治山。山区农田排水需要山谷与农田统一规划，统一治理。

（三）113 大兴安岭山平区混排排水区

该区包括兴安盟、齐齐哈尔、伊春、黑河4个地市，位于嫩江发源地。该区齐齐哈尔市是全国玉米种植最大地区，仅一市面积超过1 400千hm^2。

1. 涝区特点

（1）自然条件。嫩江发源于大小兴安岭，大小兴安岭成人字形分布在嫩江上游平原的西北，当季风雨从东南吹向嫩江平原受大小兴安岭阻挡，形成坡前降水，雨量较丰富，最大日降水135mm。该区由大小兴安岭山水滋润，形成众多湿地，星罗棋布在嫩江平原上，称为全国著名的嫩江湿地，靠近大兴安岭山下有全国著名的黑龙江南瓮河国家级自然保护区，面积近23万hm^2，是东北最大的保护湿地。同样受大小兴安岭的暴雨影响，该区也是重要涝区。

（2）易涝面积。该区总易涝面积66万hm^2，占耕地面积14%，近年发生洪涝灾害面积46万hm^2。

2. 治理现状

（1）治理工程。该区现有水库库容126亿m^3，占地表径流36.6%，较11、12三级区小，需要提高洪涝灾害防御能力。内涝治理前期工程治理标准低，一般为3~5年重现期标准，而且年久已近寿命期。

但随着“十二五”“十三五”水利规划开展，滞洪区、河流堤防、排水渠网、中小水库、泵站更新等涝区治理工程先后上马，已经在该地轰轰烈烈展开。

（2）工程类型。该区涝区主要是平原涝区，但山丘平原过渡区也有部分面积，现有治理以回水堤、排水闸为主，山区以截流沟、导水渠为主，平原少有排水泵站。

（3）治理效果。按上述治理现状，洪涝灾害虽然得到一定控制，但效果没有达到预期，以齐齐哈尔市为例，2013年洪涝渍害受灾面积63万hm^2，成灾率50%，经济损失32亿元，洪涝灾害损失率2.65%，比国家治理标准要求的0.6%损失率高出4倍。

（4）存在问题。存在问题该区类同黑龙江其他地市：①治理标准低：3年一遇；②治理没有全覆盖涝区：20世纪虽然开展了涝区治理会战，但受资金限制，只治理了主要涝区；③重灌轻排：由于农业体制变化，忽视洪涝威胁，个体无法发展农田排水工程，部分末级排水沟渠毁坏；④管理体制混乱：变革时期没能及时调整涝区管理系统，造成管理不到位，维修无资金，排水系统完好率得不到保障，暴雨来临手忙脚乱，内涝不能及时排除。

3. 治理策略

（1）治理方针。根据相关资料报道，该区现有治理方针不够全面，例如齐齐哈尔地区的河道比降0.2‰~0.1‰，洪水历时在2~4天，靠自流排水，满足不了10年重现期排水要求，应该提高到3日降水3日排除的标准，应将治理方针调整到平原以机排为主，过渡区以自排为主，山区治山治水综合治理。

（2）治理标准。参照《农田排水工程技术规范》（SL4-2013），不同地区根据经济条件，选择上下限，进行规划与建设。

（3）主要工程措施。由于土地宽广，平原区应采用大中型排水泵站，山区要将排涝与沟谷水土保持工程一同规划一同治理（参考《水土保持工程设计规范》GB 51018—2014）。

（四）114长白山区自排排水区

该区包括吉林、通化、白山、延边、哈尔滨、鸡西、七台河、牡丹江8个地市，位于长白山脉北段与中段，全部属于山丘区，海拔 500~2 000 m。

1. 涝区特点

（1）自然条件。长白山由北向西南延伸覆盖全区，该区森林面积高达 84%，覆盖率大于 75%，季风雨由东南吹向西北，恰好与长白山脉迎面相遇，形成坡面雨，年平均降水在 1 000~1 200 mm。一日最大降水 100~170mm。

（2）易涝面积。合计易涝面积 112 万 hm^2，占耕地面积 26.5%。

2. 治理现状

（1）治理工程。该区主要是山区面积，适合建库蓄水，现有总库容 297.7 亿 m^3，径流调节系数 57.8%，河流发生的洪涝灾害得到控制，但沟谷等小流域大部分没有工程治理（表 14-5），局部洪涝灾害发生频频。内涝治理却是短板，内涝每年均有发生，虽然农田受灾面积不大，但次生灾害严重。

表 14-5　华东北部三省区水土流失治理现状

省份	土地面积	水土流失面积		已治理面积			
	1	2	3	4	5	6	7
	10^4km^2	10^4km^2	2/1 占比 %	10^4km^2	4/2 占比%	其中工程占比 %	其中植物占比 %
辽宁	15	4.35	29.00	4.17	95.89	12.12	85.26
吉林	18	1.70	9.44	1.50	87.99	5.35	94.60
龙江	46	8.97	19.50	2.66	29.61	5.84	80.02

2011—2013 年资料[30]

（2）工程类型。各地市建有国家小流域治理不同级别示范区，东北黑土区是典型的水力侵蚀区，多年来在治理中积累了丰富经验。防止水土流失以小流域为单元，小流域治理与治涝相结合，治坡与治沟相结合，治水与农田基本建设相结合，对山、水、田、林、路进行统一规划，灌溉与排水相结合，工程措施与生物措施相结合，形成了有效控制水土流失的综合防护体系。小流域治理主要工程有：①在治沟中沟上游修跌水、谷坊；②中游修淤地坝；③中下游修骨干坝、护岸、堤防，并配合植物防护工程。

（3）治理效果。国家设立水土保持科技示范园区，其中，长白山区辽吉黑有三处。土壤保持监测站网，其中，设在东北辽吉黑蒙地区有 12 站。示范区效果很好，但限于每年资金有限以及地方积极性还没能调动起来，小流域治理没能全面推开，如何大面积开展还需要探讨。在没有治理的地区，内涝仍然肆虐，例如，2012 年 7 月 24 日长春、通化、白山暴雨受灾 3.4 万人，受灾 1.2 千 hm^2损失 3 900 万元；2013 年 8 月 4 日、8 月 14 日、8 月 20 日通辽等 8 市先后发生暴雨成灾，造成农作物 216 千 hm^2受水灾，人员、建筑物等财产损失 54.9 亿元；2014 年 7 月 23 日延边、吉林、通化、白山等 8 市 115 万人，受灾 233 千 hm^2，损失 47.9 亿元；2015 年 6 月 15 时吉林、辽源、通化 3 市 3 万人，2.5 千 hm^2受灾，损失 230 余万元；2016 年 9 月 12 日通化 3 千人，0.3 千 hm^2受灾，损失 0.02 亿元。

（4）存在问题。由于山区治理牵涉面广，需要很多投资，治理困难多，资金不足。这里不是工程年久失修问题，而是还没治理，需要治理。这需要时间及能力，但也需要唤起各阶层引起高度重视，积极地筹措资金加快治理步伐，力争早日得到解决。

3. 治理策略

（1）治理方针。中国在“十二五”及“十三五”规划中[32]，编制了规划蓝图，提出针对近年来洪涝灾害暴露出的防洪重点薄弱环节，以保障人民生命财产安全为根本，以防洪薄弱地区和山洪地质灾害易发地区为重点，以中小河流、江河主要支流、小型水库除险加固以及山洪灾害防治、易灾地区水土流失综合治理等为主要内容，工程措施和非工程措施相结合，力争用5~10年时间，使防洪减灾体系薄弱环节的突出问题得到基本解决，防御洪涝和山洪地质灾害的能力显著增强，易灾地区生态环境得到明显改善，防灾减灾长效机制更加完善。山洪地质灾害防治专项规划（水利部分）的主要任务是开展灾害调查评价，完善专群结合的监测预警体系，实施重点山洪沟治理，以提高山洪灾害防治能力。以国务院批准的《全国山洪灾害防治规划》为基础，编制山洪地质灾害防治专项规划（水利部分）、易灾地区生态环境综合治理专项规划（水利部分）蓝本，作出的长远规划已获通过。

（2）治理标准。依据《中华人民共和国水土保持法》《中华人民共和国水法》《中华人民共和国防洪法》《中华人民共和国环境保护法》相关规定，按国家不同时期的规范标准拟定治理标准，并依据国家发展经济水平，来逐步提高治理标准，同时，也依据地区防治能力可适当采用规范的上下限。

（3）主要工程措施。工程措施基本参照本地或相邻市县水土保持科技示范园区已有成果经验，结合本地的群众实践制定。

（4）加强非工程措施的建设。在工程治理措施的同时，也要加强非工程措施的建设，包括中型水库、小型水库的通信、报警通信手段建设、监测雨情、水情和工情组网建设，建立现代化管理网站。

（五）121 辽河低洼平原机排排水区

该区包括沈阳、锦州、营口、阜新、辽阳、盘锦、铁岭、辽源 8 个地市，位于辽河中游两岸平原区。

1. 涝区特点

（1）自然条件。辽河上游由东辽河、西辽河组成，该区地势低洼，河道比降在0.5‰~0.1‰，由于上游西辽河经过科尔沁沙漠，下游河道淤积，成为地上河。东辽河发源于长白山区，河水含有林区丰富腐殖质，辽河平原土壤肥沃。该区平均一日最大降水170mm，暴雨灾害发生频率要高于松嫩平原（表 14-4）。

（2）易涝面积。全区易涝面积 104 万 hm^2，占耕地面积 43.6%，是该一级排水分区中易涝系数最大地区，受灾频率高、面积广、灾情重，也是全国主要涝区。

2. 治理现状

（1）治理工程。该区阜新、铁岭、辽阳等境内有部分山区，适宜修建水库，20 世纪修建大中小众多水库，总库容 52.7 亿 m^3，径流调节系数 42%，有效防治了大型洪水灾害发生。

该区也是国家重点治理内涝地区，治理标准 80%达到 10 年一遇，进入 21 世纪后，标准能进一步提高。

（2）工程类型。由于地势低洼，该区排水工程以机排为主（表 14-4），在有自排条件的地区并且有内外水错峰地区的排水站，同时，配有自排闸，以在内水暴雨而外河洪峰没有来临时，可打开自排闸，以减少机排费用。中上游能自流抢排的地区建有回水堤和自排闸无须建站排水。

排水最重要的是划分排水区，严格的封闭排水分区，采用高水高排低水低排，能自排不机排，严防排水区封闭被破坏，造成内水灾害窜串，灾害重叠，群众称为灾害窜糖葫芦。

（3）治理效果。在 20 世纪 70—80 年代，大量排水站网确保农业粮食产量成倍增长，大片涝区连年丰收。但进入 90 年代，排水工程管理松懈，维修滞后，致使涝灾发生重演。该区的变化是全国的一个缩影，与上述 111、112、113 等治理效果发展趋势是一致的，从全国的 2014 年洪涝灾害统计图 14-7 可看出，这些变化一目了然。

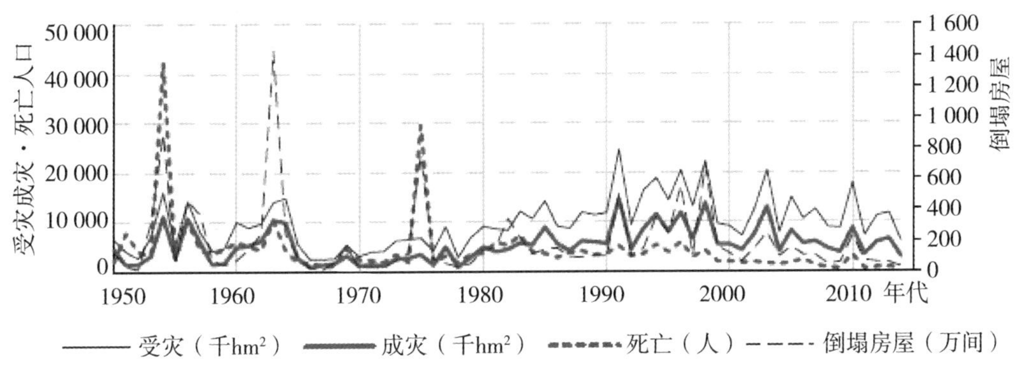

图 14-7　全国 1950—2014 年间洪涝灾害过程曲线

（4）存在问题。存在问题基本同 111、112、113 区，问题在机电设备上较前三区多一些，该区排水站大部分是独立的排水专用，与灌溉站共用较少，设备寿命早已超期。“十一五”期间开始逐步更新，但至今只完成一部分，排水渠系也急需清淤，田间交叉工程需要按农业机械化升级进行重新配套。

3. 治理策略

（1）治理方针。按农业、水利现代化标准，进行新一轮的排水工程建设升级。

（2）治理标准。根据不同地市经济实力，将排水工程治理标准提升到 10~20 年一遇的水平。机电设备向自动化、信息化、智能化迈进；非工程建设向智能采集、远程操控、大数据积累，构建多系统通信、监测、数据采集、控制网络方向发展。

（3）主要工程措施。采用 21 世纪的排水技术、施工技术，用高效快速的中国速度，创造建设崭新的农田排水系统。建设远程无人值守排水泵站、智能排水闸、具有检测网络的排水渠网、为农业稳产高产保驾护航的水利现代化的排水服务体系。

（六）122 辽宁东部山区自排排水区

本区包括大连、鞍山、抚顺、本溪、丹东等 5 个地市，地处长白山南端余脉，大连、丹东西邻黄海。

1. 涝区特点

（1）自然条件。除沿海区外，都是低山丘陵区，海拔在 500~1 500 m，临海较近，降水量较多，年雨量在 800~1 200 mm。最大一日暴雨平均 200mm。

（2）玉米种植。该区玉米种植 97 万 hm^2，占耕地面积 57%，是当地主要口粮。单产 6 000 kg/hm^2。

（3）易涝面积。低山丘陵易涝面积较少，总计有 21 万 hm^2，占耕地面积 16%。近年洪涝灾害面积 19 万 hm^2。

2. 治理现状

（1）治理工程。影响该区主要是山洪的次生灾害，对农田、村屯、各类建筑物的破坏，为保护农田及人民生命财产，修建了大量大中小水库，共有水库库容 266 亿 m^3，径流调节系数高达 92%，处于全国先进水平。山丘区小河流治理主要是维护河道稳定，保护二阶台地农田，主要工程措施是各种护岸工程，如丁坝、护岸、滚坝；涝区建交叉建筑物。

（2）工程类型。防洪以建设大中小水库为主，治涝以整治小河流域的河道治理，保护农田为主。

（3）治理效果。防洪中水库基本解决了大中型洪水灾害，防洪效果明显保护了大区域的人民安居乐业。但小沟谷治涝滞后，田间农田建筑物、结构、标准有待深入研究，需要提高建设标准，研究抵御洪水破坏的能力。

（4）存在问题。沟谷农田建筑物标准偏低、结构不合理，遇到超标准洪水，破坏严重。山区暴雨次生灾害监管、监测、预报能力有限，小流域治理面积不足。

3. 治理策略

（1）治理方针。参照 114 三级区制定本区治理方针。

（2）治理标准。参照 114 三级区制定本区治理标准。

（3）主要工程措施。该区小河有些是独流入海，河流流长短河流比降大，流急冲刷力强，治理工程需要有耐冲耐破坏力强的材料和结构，在设计中不但要计算承重力、结构受力、过流能力等，还要要验算冲刷强度及基础耐冲刷深度，并设计基础保护措施，有关计算方法可参考文献［32］、［33］、［34］。

（七）123 辽河上游山丘区自排排水区

该区包含葫芦岛、承德、秦皇岛、唐山、通辽、赤峰、朝阳、四平等 8 个地市，该区位于辽河西侧及环渤海湾西北部辽西走廊地区。

1. 涝区特点

（1）自然条件。该区跨越辽吉冀蒙四省区，地形复杂有北部通辽赤峰沙漠干旱区，有四平朝阳辽河西部半干旱区，有环渤海葫芦岛、承德、秦皇岛、唐山平原丘陵区。涝区类型各异，是东北平原向华北平原的过渡区。

该区年降水从渤海湾向内陆逐渐减少，变化在 700~400mm，但一日最大暴雨几乎接近 165mm。

（2）易涝面积。易涝面积 201 万 hm^2，占耕地面积 25%，

2. 治理现状

（1）治理工程。该区水库库容 79. 3 亿 m^3，由于区内多市处在东北干旱区内，地表径流很少，径流调节系数高达 85%，虽然大型洪水得到控制，但中小水库设计标准低，小

区域洪涝常有发生。内涝治理纳入农田基本建设中，如秦皇岛、唐山河流地面比降较大，以自流排水为主，与小流域治理相结合，形成排水体系；赤峰通辽涝区治理也以纳入高标准农田建设中，已建有田成方、林成网、路相通、渠相连园林式的现代农业示范园区，做到了规模化生产、机械化作业，做到了排涝和灌溉分离，彻底解决了涝渍的问题。

（2）工程类型。该区大部分是干旱区，地面比降较大，以自流排水为主，田间排水纳入方田建设中，大型排水渠沟已结合小流域的自然排水，基本没有专属排水泵站。

（3）治理效果。由于工程非专业排水设计，工程标准低，一般降水可以顺利排出内水，保护农田，但一遇较大暴雨内涝灾害依然发生，这些地区几乎每年都能见到洪涝灾害报道。

（4）存在问题。防洪：中小水库调蓄保证率低，暴雨常常超防洪水位，放水又发现河道行洪能力降低，如秦皇岛、唐山 2012 年 7 月 21 日至 8 月 2 日连续降水，所有大中型水库全部提闸泄洪，47 座小型水库满溢流，河道洪水暴涨，造成严重洪涝灾害。但该区治涝没有引起足够重视，没能纳入到规划治理中。

3. 治理策略

（1）治理方针。逐步提高认识，把小流域、小面积洪涝治理由重点治理逐步到上升到全面治理，涵盖每个可能危害的地区，并严格按国家“十三五”规划要求进行治理。

（2）治理标准。参照参考文献［31］、［35］、［36］、［37］，提出的治理标准。

（3）主要工程措施。参照全国中小河流治理重点县综合整治和水系连通试点规划内容，根据本地市自然特点，进行科学规划，分区分批按投入能力，有计划逐步实施。

第二节　Ⅱ华北部春玉米排水区的排水工程发展策略

华北部春玉米排水区位于华北北部、西北东部的黄河流域春玉米种植区，包括太原、呼和浩特、天水、银川等 22 个地市。位在黄土高原上，没有大平原，没有连片涝区。该区有 3 个级分区，4 个三级分区，在三级分区中 22、23 为独立分区（图 14-8）。

一、Ⅱ华北部春玉米排水区概述

华北北部积温较低不适宜种植夏玉米，大部分种植春玉米，为配合玉米区划，将华北区按玉米分为春夏两区。

1. Ⅱ华北部春玉米排水区自然条件

该区自然条件分为三块：一块是以黄河中游南北走向河段两岸地区，东岸是太行吕梁山区，西岸是黄土高原；第二块是黄河河套沙漠区；第三块是黄河支流渭河流域上游区。年降水量 200~500mm，大部分属干旱区，一日最大降水量变化在 100~140mm，虽然处于干旱少雨区，但受季风雨型影响，雨量年内年际间变差大，暴雨也同样威胁该区，洪涝灾害也经常发生。从表 14-6 中看出近 10 年发生大于 4% 耕地面积的洪涝灾害频率很高，几近 2~3 年就发生 1 次。

但该区按中国近 60 年洪涝灾害发生规律分级标准（表 14-7），按受灾面积大小区分，该区属于洪涝小灾区域（表 14-6）。

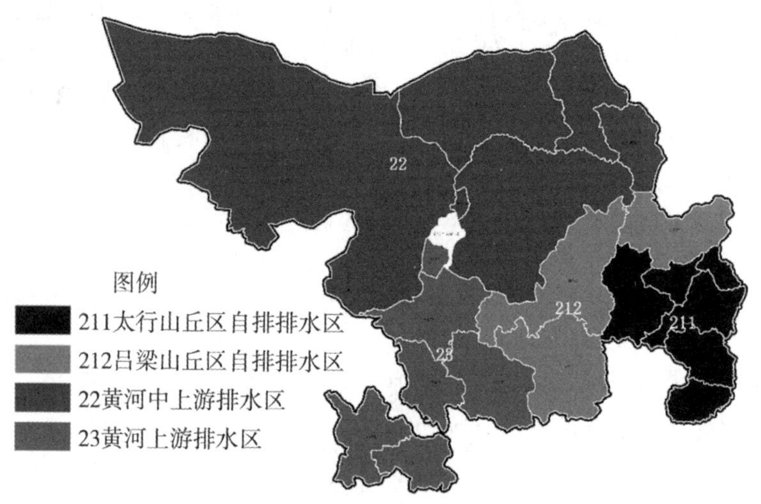

图 14-8　Ⅱ华北部春玉米排水区三级分区

表 14-6　该区所在省份近年最大受灾面积按受灾面积灾害评级表

省份	发生年份	耕地面积（千 hm^2）	最重灾害面积（千 hm^2）	占耕地比重（%）	受灾等级	近年发生大于4%的频率%
内蒙古	2012	7 147.2	954	13.3	小灾	44
山西	2007	4 455.8	520	11.7	小灾	22
陕西	2007	4 050.3	462	11.4	小灾	44
宁夏	2006	1 107.1	77	7.0	小灾	11
甘肃	2013	4 658.8	284	6.1	小灾	44

表 14-7　根据国内 1950—2014 年洪涝灾害统计拟定的洪涝灾害等级表

洪涝灾害级别	受灾面积占耕地（%）	因灾死亡人口占总人口（‰）	受灾倒塌房屋占总房屋（‰）	受灾经济损失占 GDP（%）
微灾	<4	<0.002	<0.10	<0.20
小灾	4.0~14.0	0.002~0.022	0.10~2.60	0.20~2.65
中灾	14.0~24.0	0.022~0.042	2.60~5.10	2.65~5.10
大灾	24.0~34.0	0.042~0.062	5.10~7.60	5.10~7.55
重灾	34.0~40.0	0.062~0.082	7.60~10.0	7.55~10.0
巨灾	>40	>0.082	>10.0	>10.0

注：表中分析数据取 1950—2014 年洪涝灾资料（2014 年中国水旱灾害公报）及 2006—2014 年各省灾害资料

2. Ⅱ华北部春玉米排水区排水工程现状

该区耕地面积 689 万 hm^2，其中，易涝面积 39.9 万 hm^2，易涝系数 5.8%，近年易涝面积 27 万 hm^2。

该区与平原涝区的治理不同，因地形与洪涝灾害发生形式不同，没有大面积连片的单一的涝区治理工程。农田排水是结合在灌溉工程、小流域综合治理、土地综合利用建设、梯田规划治理之中，没有单独的排水规划、治涝规划。如甘肃总结出“梁、峁、沟、坡”全面规划，“田、林、路、渠”综合配套的原则，在小流域河道治理中：坚持“大弯就势、小弯取直，等高线、绕山转，宽适度、长不限”的原则，做到“田宽、面平、地埂坚实”“田、林、路、渠”综合推进，集中整山、整坡、整流域治理，整片带开发。

3. Ⅱ华北部春玉米排水区排水工程特点

（1）以小流域治理为中心。该区地形以梁、峁、沟、坡形式分布，农田也在河道两侧的梁、峁、沟、坡之上，基本以小流域为单元，排水包含在小流域治理之中。

（2）农田以坡田、梯田为主。田间排水是梯田类型排水系统：排水工程以截流沟、引（导）水渠、跌水、渡槽等工程为主。

（3）干旱区排水类型。干旱是该区主要矛盾，蒸发大，造成灌溉农田盐碱化，排水工程必须考虑排盐问题。

二、二级分区简介

该区有 3 个二级排水区，其中，有 2 个是独立二级区。独立二级区下面没有三级区，2 个独立二级区放入三级区展开论述。下面仅对 21 黄河中下游排水区简介。

21 黄河中下游排水区包含太原市、阳泉市、长治市、晋城市、晋中市、忻州市、吕梁市、延安市、榆林市等 9 个地市，位于黄河中下游两岸，黄河左岸有太行山、吕梁山，其中太行山地区为海河流域，吕梁山是黄河流域；右岸是连绵的黄土高原。高原黄土厚度在 50~80m，最厚达 180m，含有丰富的矿物质养分，是中国古代农耕文化的摇篮。

该区耕地面积 334 万 hm^2，其中，易涝面积占耕地面积平均为 3.8%。玉米面积 119 万 hm^2，占耕地面积 35%。日最大降水量 80~140mm。内涝主要以渍涝为主。

三、三级区排水区排水工程发展策略

三级区排水工程发展策略叙述包含 2 个三级区和 2 个独立二级区，下面对这 4 个分区的排水问题进行介绍。

（一）211 太行山丘区自排排水区

该区包含太原、阳泉、长治、晋城、晋中 5 个地市，位于太行山区，海河上游。

1. 涝区特点

（1）自然条件。太行山海拔在 1 200 m 以上，五台山最高 3 061 m，是华北平原与黄土高原的分界线，水系属海河流域，是海河多条干流的发源地，而该区恰处于由高山向平原的过渡区，河流上游河道比降大，上游冲刷严重，中游坡度骤减，流缓沙沉，河床越淤越高，依堤束水，造成上游山洪下游农田排水受阻。

夏季太行山直面黄海吹来的雨云，雨云受高山阻挡形成坡面雨，使得该区雨量分布由东向西递减，该区年降水变化在 600~700mm，但一日最大暴雨 100~150mm 来临时，山高坡陡径流很快形成，极易造成山洪次生灾害。以太原为例，据统计受山洪威胁的面积占土地面积的 34.7%。局部发生山洪的几率几乎每年都有，但范围较小，随机性发生防范困难（表 14-8）。

表 14-8　太原市管区山洪易发区统计

县（市、区）名称	山洪灾害易发区域		总面积（km^2）
	个数	乡（镇、街办）名称	
合计	12		2 427
清徐县	3	清源、东于、马峪	606
万柏林区	3	化客头、西铭、白家庄	299
古交市	7	镇城底、桃园、马兰、西曲、东曲、河口	1 522

注：数据引自”太原市山洪灾害防治及防汛十二五规划”

（2）易涝面积。易涝面积 201 万 hm^2，占耕地面积 25%，近年发生涝灾面积 5.5 万 hm^2较小。

2. 治理现状

（1）治理工程。该区水库库容 8.7 亿 m^3，地表径流 38.3 亿 m^3，径流调节系数 23%，洪水已得到部分控制，但中小水库设计标准低，小区域洪涝常有发生，该区主要灾害是山洪防治，进入 21 世纪后，国家投入提高，该区已纳入治理重点地区，尤其“十二五”计划开始后，拟定了山洪防治专项规划。对中小型河流整治、建设中小水库、扩大小流域水土保持治理，坡耕地沟谷修建截流沟、淤地坝、滚水坝、拦沙坝、格栅坝、谷坊等，将内涝治理纳入农田基本建设中。并且将非工程治理也纳入山洪治理中，建设降水、径流、山洪易发的监测、通信、预警系统。

（2）工程类型。该区大部分属半干旱区，坡地比降较大，农田排水以自流排水为主，田间排水纳入坡地治理中，大型排水渠沟已结合小流域的自然排水。防洪以水库建设为主，该区径流调节系数较低，应逐步扩大调蓄能力。

（3）治理效果。该区洪涝灾害以山洪威胁最大，山洪发生随机性很强，覆盖面积较大，治理投入费用高。从现状看，要全面治理很困难，需要长期投入，逐步收效。目前大型洪涝灾害基本控制，但局部洪涝灾害仍然屡屡发生。

（4）存在问题。

①防洪：径流调节系数较Ⅰ区低很多，中小水库调蓄保证率低，暴雨常常超防洪水位，河道淤积行洪能力降低，如太原市 2009 年 7 月、8 月、9 月暴雨连发造成防洪工程水毁、民间房屋倒塌、农田被淹。

②治涝：该区农田位于坡面上较多，常遭水毁，治理时应提高标准，增强抵御毁坏能力。

3. 治理策略

（1）治理方针。该区对洪涝灾害治理已经找到重点，并采取了相应措施，编制了“山洪防治规划”，治理方针以山洪治理为重点，带动小河流域防洪、水土保持、坡地改造升级统筹规划，分期治理。

（2）治理标准。国家在“十三五”水利规划中，对小流域、排水工程都提出新的标准，要在原有基础上进一步升级，具体标准是根据本地自然条件与经济发展水平，按国家标准采取可实施的目标，详细参考文献［31］、［35］。

（3）主要工程措施。工程部分应参照全国中小河流治理重点县综合整治和水系连通试点规划内容，非工程部分应依据农业、水利现代化的标准，以信息化、智能化、大数据化、远程控制为标尺，根据该区自然特点，进行科学规划，分区分批按投入能力，有计划逐步实施。

（二）212 吕梁山丘区自排排水区

该区包括忻州、吕梁、延安、榆林 4 个地市，位于黄河中游北南流向段的左右岸，东有吕梁山海拔 1 500～2 800 m，是黄土高原起点，西是一望无际的黄土高原，海拔 800～3 000m，土层深厚，水土流失是中国最严重地区之一。

1. 涝区特点

（1）自然条件。该区跨越黄河涵盖山西、陕西等省 4 个地市，均属黄土高原，地形沟壑纵横，吕梁山区植被率 24.5%，水土流失面积 73%，而黄河西岸榆林地区则是黄土沙漠干旱区，植被稀疏。降水也是由东向西逐步减弱，吕梁地区年雨量 600～700mm，而延安榆林地区则为 400～500mm，一日最大降水 100～140mm，相反黄河西一日最大降水要高于东部吕梁山区，这是植被调节效果。该区特点是同处山丘区，农田在梁、峁、沟、坡上，暴雨集中。

表 14-9　榆林明代洪涝灾害发生频率分析

年	洪涝频次	年	洪涝频次	年	洪涝频次	年	洪涝频次
1370	2	1440	5	1510	5	1580	8
1380	2	1450	6	1520	7	1590	0
1390	0	1460	6	1530	6	1600	2
1400	0	1470	2	1540	5	1610	6
1410	1	1480	8	1550	4	1620	5
1420	3	1490	5	1560	5	1630	10
1430	2	1500	8	1570	2	1640	2

引自文献［34］

虽然地处沙漠边缘干旱区，但受暴雨变差大，仍时有暴雨发生，造成洪涝不断，如 2012 年榆林连日暴雨平均降水量为 267.7mm，而最大降水量清涧县甚至达到 438.9mm，全市经济损失 11.95 亿元占榆林 GDP（2 707 亿元）的 0.44%，达到小灾水平。2012 年、2013 年、2016 年、2017 年榆林延安连续发生山洪灾害，虽然为小灾水平（表 14-7），但发生频率与古代（表 14-9）相同。2013 年同样发生 200 年一遇降水，虽然农田受灾面积不多，但人员财产损失严重，达到小灾水平。

（2）易涝面积。现有耕地 218 万 hm^2，易涝面积 9.6 万 hm^2，占耕地面积 4.4%，但玉米面积较大，占耕地 26%。近年发生洪涝面积 6.3 万 hm^2，其中，吕梁地区比重较大。

2. 治理现状

（1）治理工程。该区径流量 51 亿 m^3，水库库容 24 亿 m^3，径流调节系数 46%，近年治理加大了力度，在供水工程上增加建设大中小水库，对原有病险库进行维修，对河流进行综合治理，例如榆林的无定河综合治理重点工程，启动了防洪体系不完善、水土流失仍然严重地区的治理改造项目，加强包括水污染防治、水生态修复、防洪减灾、水土保持、水资源优化配置、土地开发整理、岸线管理与利用、流域信息化建设等的规划与实施。遏制水生态环境恶化趋势，使河湖健康保障体系和长效机制得以建立。基本实现干流及重要支流沿线实现水土流失由“局部好转”向“总体好转、良性循环”的根本转变。近年还建设了林王圪堵水库，库容达3.8亿m^3的大型水利枢纽。

（2）工程类型。治理工程基本同21区类似。

（3）治理效果。20世纪时的治理因受经济实力限制，工程标准低、覆盖面小，并且有一段时间投入降低，致使现在灾害仍不能杜绝，但大型洪涝基本得到控制，小型山洪仍然不断发生，目前“十二五”规划的工程正在建设中，收效需要时间。“十三五”规划已经启动，治理经费有很大增加，待工程全部完成后会将排水工程提高到新水平。

（4）存在问题。该区暴雨特点是小范围、短历时、高强度，一旦发生，就是暴风骤雨，中小水库调蓄保证率低，且年久维护不足，常常超防洪水位，对下游村落威胁巨大。现有洪涝防治体制与发生小范围短历时救灾体制不适应。现有山洪灾害治理规划一般以县为单位，规划无法具体到村落、沟岔，覆盖面积局限。

3. 治理策略

（1）治理方针。加速维修现有山洪治理工程，针对山洪发生面积小、历时短、突发性的特点，将防治规划基础单元下放到村落，逐级汇总，措施落实到沟岔。一次性全覆盖规划，逐步分段实施，发动群众调动各方力量筹措资金，先重点后一般，加快步伐，解脱山洪威胁。

（2）治理标准。提高原有山洪治理工程标准，制定新标准，以水利现代化为标尺，新工程高起点、高质量、高速度，具体内容与标准参照参考文献［31］、［35］、［36］、［37］拟定。

（3）主要工程措施。该区包含沙漠地形的山洪治理，要将治沙、小流域治理、水土保持治理、山洪治理等结合共同实施。治理措施可参照全国中小河流治理重点县综合整治和水系连通试点规划内容以及沙漠治理经验（参见文献［44］、［45］）采用。

（三）22 黄河中上游排水区（独立二级区）

该区包含呼和浩特、包头、鄂尔多斯、巴彦淖尔、乌海、阿拉善盟6个地市，该区位于蒙古草原区，内有中国著名沙漠巴丹吉林、库布齐、腾格里、毛乌素等沙漠。

1. 涝区特点

（1）自然条件。沙漠区内涝与平原和山区不同，沙漠区内由风沙移动形成沙丘、沙山，形成起伏状态，当春季沙丘、沙山融雪的冷水，逐步由地下渗入坨间或坨前农田，会造成春季渍涝。夏季暴雨时沙漠很少有径流，大部分渗入沙山、沙坨内，而后逐步的渗入农田，造成夏季渍涝。该区年降水从呼和浩特市向西降水量逐步减少，变化在400~100mm，一日最大降水110~180mm。暴雨规律也十分反常，阿拉善年平均降水200mm，但最大日降水高达180mm，呼和浩特年降水400mm，但一日最大降水反而是130mm。其中，地形影响是重要原因，阿拉善位于贺兰山敖包疙瘩山峰西侧。对该区影响最大气象因素是蒸发，以阿拉善为例，年蒸发量变化在2 000~3 500 mm，是降水的20~35倍。由于强烈的蒸发造成土地盐碱化。阿拉善是该区的缩影，其他地市基本一致。

(2) 易涝面积。该区大面积是沙漠，易涝面积几乎可忽略不计。但玉米种植面积82.2万hm^2占耕地面积55%，且一日最大暴雨较大，没有易涝农田不等于没有洪涝灾害，由于暴雨经常发生，洪涝危害人民生命财产，同时，也对农田造成重大破坏。

该区洪涝灾害特点：一是突然发生，不好预测。二是不确定性，今年这里明年那里。如阿拉善2012年左旗巴润别立镇突降暴雨成灾、2013年阿拉善左旗巴彦浩特山洪灾害、2015年阿拉善右旗阿拉腾敖包镇受灾。三是小灾，受灾面积小（几千公顷）、损失局部（一县一镇一乡一村）。四是概率低，因为灾害虽然有发生，但受灾区域有多变性，重复概率低。

2. 治理现状

(1) 治理工程。该区是大片沙漠径流有限，基本无大型水库建设，主要是大型灌溉工程建设。排水面积很小，洪涝灾害频率较低，受灾只在局部地区。治理主要针对山洪次生灾害，治理工程基本采用小型水土保持类型的淤地坝、拦沙坝、滚水坝、谷坊、沟头防护等小流域治理工程。

(2) 工程类型。该区大部分是干旱区，没有专项治涝工程，治涝工程融入水土保持工程中。

(3) 治理效果。由于缺乏山洪防护规划与建设，暴雨一旦发生，极易产生灾害。

(4) 存在问题。沙丘区洪涝虽然是局部，概率低，但对于可能产生灾害地区却是严重威胁。

3. 治理策略

(1) 治理方针。将局部山丘区域受山洪威胁的地区纳入小流域与水土保持治理规划中，并将重点山洪治理列为专项，纳入水利工程发展计划中。将山洪治理列为议事日程，目标是逐步解除山洪威胁。

(2) 治理标准。参照参考文献［31］、［35］、［36］、［37］提出的治理标准。

(3) 主要工程措施。该区的沙漠区蒸发产生土地盐碱化，在参照全国中小河流治理重点县综合整治和水系连通试点规划内容的基础上，认真总结当地治碱经验，采取适当的工程措施，在山洪排水中如何巧妙利用洪水洗碱，也是该区深入研究的课题。

(4) 非工程措施。同样要以水利现代化标准，建设自动化、信息化、智能化的水利控制体系。

(四) 23 黄河上游排水区（独立二级区）

该区包括天水、平凉、庆阳、定西、银川、吴忠、固原等7个地市。地处黄河支流渭河流域，银川、吴忠背靠贺兰山，固原、庆阳、平凉、天水境内有六盘山，海拔3 000 m。

1. 涝区特点

(1) 自然条件。该区位于黄土高原与青藏高原过渡区，境内南有南北走向的六盘山，山高2 500~2 900 m，山区降水较多气候湿润植被郁郁葱葱；北有贺兰山，山高2 000~3 000 m，山脉呈北南偏西走向，且西坡地形趋缓东坡是陡峭断层带，也是强烈地震带，断层东侧是黄河由南向北冲积形成的宁夏平原，自古就有完整的灌溉系统，是中国北方著名的塞北江南富庶之地。该区年降水从银川向南逐渐增加，变化在200~600mm，一日最大暴雨100~160mm。

（2）洪涝灾害。易涝面积 24.8 万 hm^2，占耕地面积 12.1%，由于宁夏平原蒸发量大（干燥系数为 5），易涝区有次生盐碱化问题。宁夏虽然年雨量只有 200mm，但年内暴雨较多，并以突发性出现强度大，频率高，局部受灾整体灾情小。据清代记载统计洪涝发生频次高，灾情中等（图 14-9）。甘肃地区洪涝以庆阳、平凉一带为主，如 2011 年庆阳市正宁县 10 月 10 日山河镇李家川村窑洞倒塌 1 人死亡、2013 年 7 月 25 日强降水引发洪涝、山体滑坡灾害，造成天水、庆阳等 19 个县受灾，22 人死亡、1.7 万间房屋倒塌、受灾面积 21.8 千 hm^2、经济损失 33.2 亿元，甘肃省经济损失 199.67 亿元，占 2013 年 GDP3.2%，按经济损失分级达到中等洪涝灾害水平。

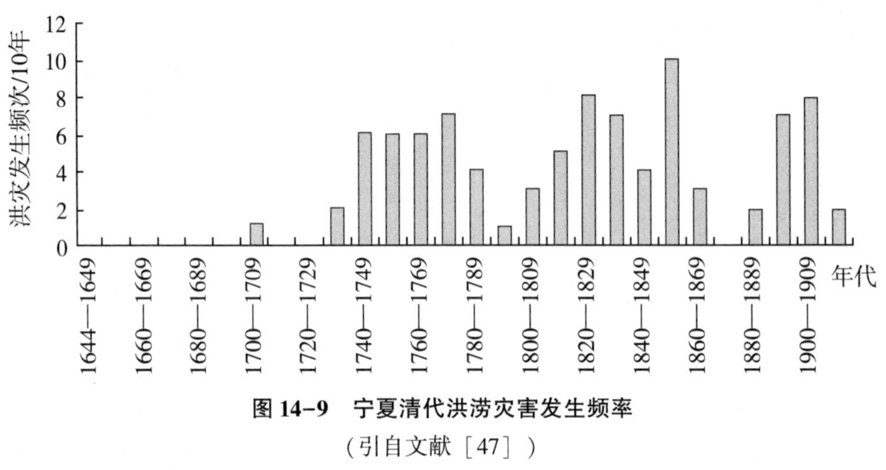

图 14-9　宁夏清代洪涝灾害发生频率

（引自文献［47］）

2. 治理现状

（1）治理工程。该区水库库容 12.5 亿 m^3，径流调节系数 20%，控制能力较低。农田排水在平地多与灌溉渠系一同布设，山丘区排水则与小流域治理结合，与梯田建设结合，没有大片涝区专项治理的大型排水工程。

（2）工程类型。该区处于西北干旱区，地面比降较大，以自流排水为主，田间排水纳入方田建设中，山丘区排水与小流域治理结合，基本没有专属排水泵站。表 14-10 是小流域治理典型模式。

表 14-10　小流域水土保持治理典型治理项目

工程项目	目的	工程形式
径流汇聚工程	治理水土流失	漏斗式、膜侧式、长方形竹节式、燕尾式、道路式聚流坑，隔坡软硬水平阶
小型拦蓄工程	利用雨水	沟头防护、谷坊、涝池、小型淤地坝、滚水坝
集雨工程	控制地表径流	产流场、水窖、节水系统
道路网络	交通网络	流域内、梯田、林草管理等交通道路
梯田排水	山洪控制	截流沟、导洪渠、联通沟、护坡、丁坝、跌水等

（3）治理效果。由于水土保持治理面积有限，黄土高原降水冲刷严重，以平凉为例，全市年输沙量 7 000 万 t，土壤侵蚀模数 6 700 t/km^2，截至 2005 年全市 18 座中小型水库，

1.36 亿 m^3库容，已被淤积 5 000 万 m^3，使水库降低了调节能力。同时，耕地遭到破坏，全市耕地减少 1.5 万 hm^2[51]。宁夏水土流失面积占全省面积 71%，土地遭到侵蚀，表现为沟头逐年延伸、沟谷每年向下切割，地貌变化，同时，土壤有机质流失。沟谷侵蚀加剧了山洪发生、山体滑坡、崩塌地步。

（4）存在问题。一是水土流失急需治理，遏制土壤流失速度；二是山洪危害严重，危害人民生命财产；三是耕地逐年减少，需要保护耕地；四是治理投入不足；五是风沙侵蚀淤积排水沟渠。

3. 治理策略

（1）治理方针。扩大小流域河道、水土保持覆盖面积，按国家水利改革精神改革荒山、荒漠、小河管理模式，调动一切积极因素，提高治理面积、治理标准，开展山洪灾害治理全覆盖规划，逐步提高遏制山洪能力。

（2）治理标准。参照参考文献［31］、［35］、［36］、［37］提出的治理标准。

（3）主要工程措施。该区位于沙漠与黄土高原交界区，在小河流治理整治中要结合沙漠治理措施，并增加生物治水治沙和水土保护措施比重，植被重造与恢复关系现有工程的效益发挥。

（4）非工程措施。加强非工程措施中的信息网络基础建设，编制完整现代化监控网络体制。

第三节　Ⅲ华北部夏玉米排水区与排水发展策略

该区是中国夏玉米产区，玉米洪涝灾害主要发生在夏秋季节，由于地下水的超采，干旱更显突出，内涝频率降低。但着遇强降水局部地区仍然损失巨大。需要在治理中引起注意。

一、Ⅲ华北部夏玉米排水区概述

该区位于中国夏玉米产区，主要分布在黄淮海平原，共包含 53 个地市，划分为 4 个二级区，12 个三级区。该区玉米种植面积 1 011.4 万 hm^2，占耕地面积 43.5%。

1. Ⅲ华北部夏玉米排水区概况

该区位于中国华北平原，耕地面积 2 323.7 万 hm^2，是中国重要粮食生产区。有易涝面积 885.7 万 hm^2，易涝系数 0.38。近年洪涝面积 624 万 hm^2。

该区大部分位于黄淮海平原，也包含山西、陕西南部山区。平原有连片的大型涝区，而山丘区的涝区位在沟谷间及小河两岸。该区各地降水较均匀，年均降水在 700~800mm，但年内主要雨量集中在 7—8 月，春旱夏涝是该区常态。农田受害主要集中在平原区（图 14-10），洪涝集中在盛夏季节，历史上是中国主要重灾区，旱涝交替发生，新中国成立后开展了长时间的大型水利控制工程建设，同时，又广泛的开展群众性的涝区治理建设，大型洪涝灾害得到控制，农田内涝也得到治理，大面积严重涝害基本得到控制，局部内涝时常发生（表 14-11），即使发生内涝，成灾比例远小于Ⅰ、Ⅳ两区。

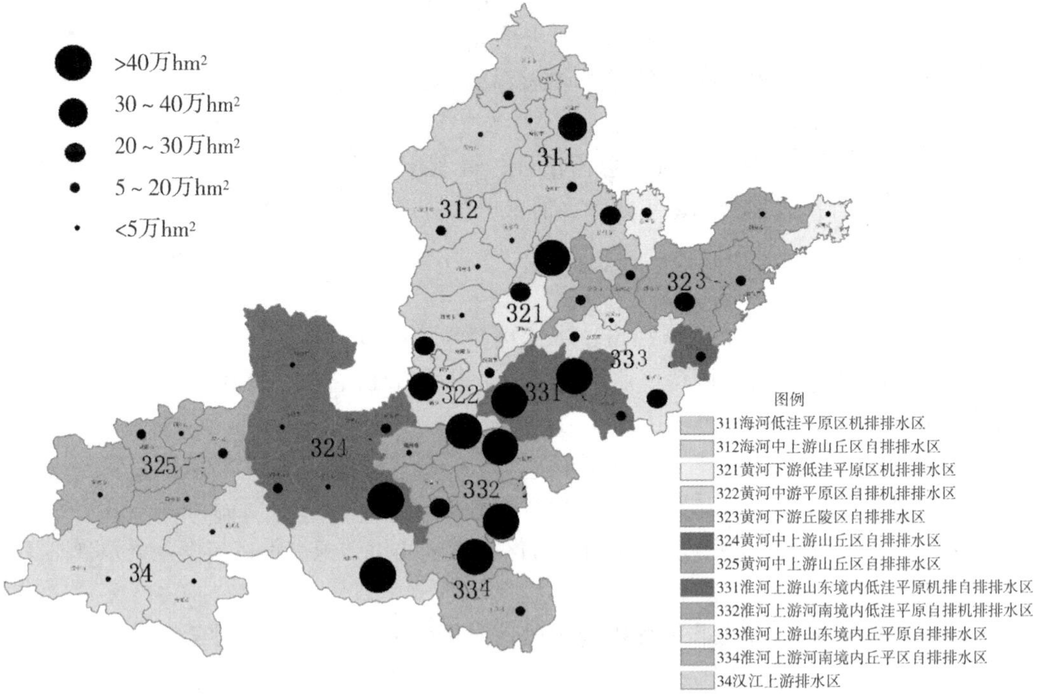

图 14-10 Ⅲ华北部夏玉米排水区主要涝区及三级区分布

表 14-11 四大一级区洪涝灾害对比

一级区	参与省份	最大受灾面积（千 hm²）					微灾	小灾(%)	中大灾(%)	重巨灾(%)
		最大受灾面积	成灾系数	占耕地（%）	平均占比重	成灾系数	<4	4~14	14~34	>34
一区	内蒙古	955	0.55	13.4	16.94	0.60	55.5	44.4	11.1	0
	辽宁	853	0.62	20.9						
	吉林	615	0.52	11.1						
	黑龙江	2 654	0.70	22.4						
二区	山西	520	0.23	12.8	10.15	0.42	44.4	33.3	11.1	0
	内蒙古	955	0.55	13.4						
	陕西	462	0.33	11.4						
	甘肃	284	0.69	6.1						
	宁夏	78	0.30	7.0						
三区	北京	73	0.52	31.6	19.80	0.45	55.5	44.4	11.1	0
	天津	166	0.72	37.7						
	河北	562	0.57	8.9						
	山西	520	0.23	12.8						
	山东	1 616	0.28	21.5						
	河南	1 167	0.47	14.7						
	陕西	462	0.33	11.4						

（续表）

一级区	参与省份	最大受灾面积（千 hm²）					微灾	小灾(%)	中大灾(%)	重巨灾(%)
		最大受灾面积	成灾系数	占耕地（%）	平均占比重	成灾系数	<4	4~14	14~34	>34
	安徽	1 561	0.64	27.2						
	江苏	1 173	0.64	24.6						
	重庆	1437	0.44	64.3						
四区	四川	811	0.55	13.6	32.66	0.55	22.2	55.5	22.2	0
	贵州	399	0.59	8.9						
	湖北	1 611	0.48	34.5						
	湖南	2101	0.52	55.4						

注：内蒙古、山西省跨区地市

（数据引自 2006—2014 年中国水旱灾害公报）

2. Ⅲ华北部夏玉米排水区排水工程现状

自 20 世纪 50—60 年代开始，兴建了大型水利枢纽工程，到目前为止拥有水库库容 680 亿 m^3，径流调节系数高达 62.5%，对洪水具有很高控制能力。平原进行了土地整治，开展农田基本建设，农田实现农、林、路、电、沟、渠方田化，排水系统融入农田基本建设中，并形成常态化、制度化建设形势，每年秋冬按当年工程需要开展群众性的建设与维修活动，为第二年农业生产打下基础。大型低洼涝区修建了灌排结合泵站和专用排水站。

在山丘与平原过渡地带，地面比降较大，排水采取自流排水系统，修建回水堤与排水闸，在山丘区，排水系统与小流域、水土保持、坡田治理工程相结合，修筑梯田、谷坊等。

3. Ⅲ华北部夏玉米排水区洪涝灾害特点

该区是 2 年三季种植制度，但 700~800mm 降水无法满足逐年递增的作物需水要求，干旱缺水成为地区主要矛盾，并且干旱与洪涝发生频率，干旱远高于洪涝，尤其是地下水超采区的农田水环境处在非自然状态，洪涝灾害被弱化。河北省是该区洪涝发生的中心地区，现以河北为例分析该区旱涝特点。表 14-12 是河北省明朝以来统计资料，看出清代、民国时期洪涝灾害明显增加，洪涝高于干旱，新中国成立后，水旱灾害发生几率减少了。表 14-14 是新中国成立后河北省 60 年每 10 年的水旱灾害发生频率变化情况，表 14-14 中显示洪涝灾害逐年减少，而旱灾有逐年增加趋势。从洪涝灾害近年的统计看出，河北省 2006—2014 年只有 2 次处于小灾水平。由于进行了海河治理，新中国成立后洪涝灾害减少，从图 14-10 中看出灾害面积河北省减少，河南省、山东省成为易涝面积最大地区。灾害主要发生在丘陵向平原过渡区，以山洪涝灾为主，因为洪灾发生特点是突发性、狂暴性、破坏性，突然袭击造成重大损失，国民经济越发展越需要强大的抗灾能力，以保护建设成就。

表 14-12　河北省历史水旱灾害统计

时代	起讫年份	统计年限	合计次数		特大灾次		合计频率(%)		特大灾频率(%)	
			洪涝	旱	洪涝	旱	洪涝	旱	洪涝	旱
明代	1368—1643	276	81	69	7	11	29.3	25.0	2.5	4.0
清代	1644—1911	268	170	110	13	5	63.4	41.0	4.9	1.9
民国时期	1912—1948	37	35	19	3	1	94.6	51.4	8.1	2.7
建国以来	1949—1990	42	12	20	1	0	28.6	47.6	2.4	—

表格引自文献［64］

二、二级区简介

该区以河流流域为界划分 4 个二级区，横跨海河、黄河、淮河、长江 4 个流域。

（一）31 海河流域排水区

1. 31 海河流域排水区分布

该区包括天津、廊坊市、沧州市、衡水市、德州市、北京、石家庄市、保定市、邢台市、邯郸市、等 10 个地市，位于海河流域中下游，涝区主要分布在低洼平原区（图 14-11），河流发源于太行山，有永定河、子牙河等多条支流呈扇形汇聚天津地区入海，历史是中国重要涝区，新中国成立后，在上游修建十几座大型水利枢纽，洪水得以控制，涝区发生洪涝几率减少，抗灾能力极大提高。

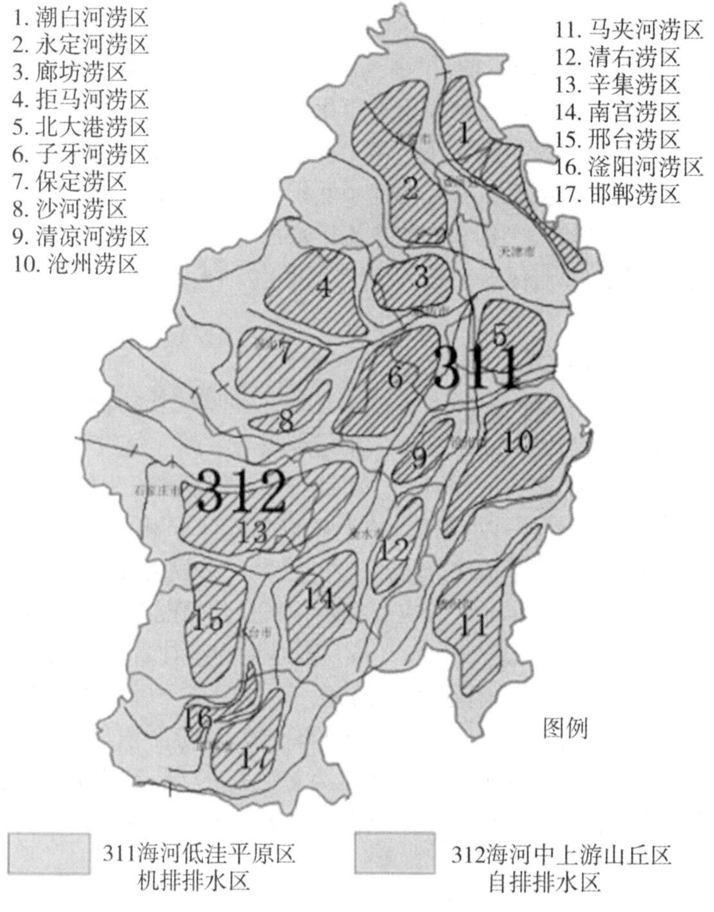

图 14-11　31 海河流域排水区涝区分布

2. 洪涝灾害特点

（1）自然条件与社会发展对洪涝灾害影响。该区分布在海河平原，海河没有统一干流，多条支流在入海口处汇聚，流程短小，滨海区地势低洼，海拔 2~3m，局部比海面低，子牙河地面比降由太行山到石家庄为3.1‰，石家庄到衡水为0.45‰，衡水到沧州为0.06‰[69]，暴雨发生时，河水从山前凶猛奔向平原，但平原1：15 000的比降水流缓慢，致使中段河水常常泛滥。即使两岸加高堤防，但又使堤内内水无法排泄，是该区洪涝灾害的主要成因。除地形影响外，常有特大暴雨发生，该区特大暴雨形成主要原因是季风雨型与地形雨型合并而成，太平洋的季风雨吹向河北大平原，移动到邯郸、邢台、石家庄一带突然受太行山阻挡，在山前形成坡前雨，使较大的季风雨又集聚，形成特大的坡前暴雨，暴雨加地形使该区洪涝常常发生。

总结该区自然条件与社会发展对洪涝灾害影响，主要特点如下。

①平原低洼：由于河道比降在0.06‰~5‰突变，洪峰来临造成干流顶托，堤防两岸农田低洼内水无法自流排泄，影响面积宽广灾情损失大。

②雨量集中8月洪峰反复出现：新中国成立以来海河发生特大洪涝就有1956年8月、1963年8月、1996年8月3次，均在8月，其中，1963年8月降水中心区滹沱河的3日雨量达1 457 mm、7日降水达2 050 mm，创下国内最高纪录[68]，灾害叠加灾情加重（表14-13）。

表14-13　河北省邯郸、邢台特大暴雨灾害损失

地区	项目 级别	年份月	雨量 1~4日（mm）	受灾面积/受灾比例 （万公顷/%）	死亡率 （人/‰）	经济损失 （亿元）	占gdp （%）
邯郸	项目	1996.8	300	1.97/3.0	159/0.018	51	13.4
	灾害级别			微灾	小灾	巨灾	
邢台	项目	2016.7	200~600	11.33/17.7	225/0.031	10.5	0.53
	灾害级别			中灾	中灾	小灾	

③水库调节能力增强洪涝灾害逐步减弱：新中国成立后进行大型水库建设，库容超过了该区径流量1.5倍之多（地面径流86.5亿 m^3，水库库容150亿 m^3），径流调节系数174.2%居全国之首。强大的抗灾能力，使该区水旱灾害发生几率，由水灾大于旱灾变成旱灾大于水灾（表14-14）。

表14-14　新中国成立后河北省每个十年水旱灾害发生几率变化

水旱灾害	1949—1958	1959—1968	1969—1978	1979—1988	1989—1998	1999—2008
洪涝（%）	13.1	15.1	7.9	4.6	10	10
旱灾（%）	4	12.1	11	24.7	30	20

数据引自文献［64］、［65］

（2）洪涝灾害主要类型。

①特大暴雨：由于独特的面向海洋的太行山脉与迎面的季风雨垂直，突然升高的雨云，温度骤然降低，雨量倾盆而下，形成高达数百毫米雨量，产生强大的破坏力。

②渍涝：平原地势低洼，突遇夏季暴雨，土壤水突然饱和，地面10‰~20‰比降，内

水排泄缓慢，农田容易产生渍涝。

③滨海盐涝：河流洪水与海潮顶托，沿海农田会遭遇盐碱侵害。

3. 排水工程现状

（1）治理标准。20 世纪开展了大规模的涝区治理建设，但限于经济能力所限，治理标准低，也仅仅是 3~5 年一遇的标准，而且年久寿命已尽。2013 年国家颁布的《农田排水工程技术规范》（SL4-2013），提高了排水设计标准，一般地区采用 5~10 年一遇，经济发达地区可采用重现期 10~20 年，小河流域、涝区排水系统需要升级。

（2）排水工程运行效果。大型洪涝已经得到很好控制，但小河流域河道行洪不畅通，排水系统年久失修，维护不足，加之现有工程设计标准低，在特大洪涝面前，显得软弱无力。

（3）现有径流调节能力。根据 2015 年统计，该区水库库容 488 亿 m^3，地表径流 1 123 亿 m^3，径流调节系数已达到 43.5%，处于全国较高水平。

（4）存在问题。

①重灌轻涝：经过多年治理洪涝灾害减弱，但受旱面积较大，受灾频率增加，超采地下水位下降，农田干渴，人们对洪涝灾害产生侥幸心理，有所忽视。由于洪涝不是连年发生，思想有些麻痹，对排水防洪涝有所疏忽，一旦发生会造成措手不及。

②排水工程管护不足：在查阅各地的治涝文献时，几乎都要将维护管理不足列为一条缺陷。不同层次的缺欠，会造成不同的后果，上层缺欠使排水经费不足，下层的缺欠使现有工程维护缺失，设备完好率不足，一旦洪水下山，手忙脚乱，开机机不转，用渠渠没了，方较日常管理缺失。

③长远规划不足：国民经济发展了，山洪是对城乡居民和农业生产的最大威胁。应把山洪治理提到议事日程，制定长远治理规划。20 世纪该区的洪涝灾害已基本得到治理，21 世纪应把山洪地质灾害治理好。

4. 发展对策

（1）适应农业现代化、水利现代化发展。该区是中国最重要的粮食生产基地，也是农业现代化走在前面的核心地区，中国在“十三五”规划中提出了农业现代化、水利现代化的发展目标。该区抗洪灾害能力已达到发达国家水平（径流条件能力大于 40%~60%），但在抗涝灾害上，标准差距较大，达到水利现代化时灾害损失应该低于 1%，而该区占比发展不平衡，如邯郸 1996 年灾损 13%，而邢台 2016 年灾损 0.4%，（现代化抗灾能力小于 1%），可能受灾面积不同造成如此大差距。目标是要提高排水能力：一是要将易涝面积都置于排水工程的保护下；二是要提高排水工程设计标准，逐步达到十年以上一遇水平；三是要使排水工程完好率达到 100%；四是要将防洪排水系统逐步提升到信息化、自动化、智能化水平。

（2）提高排水工程治理标准。虽然该区农田排水基本进行了治理，但标准大部在 5 年一遇，根据《农田排水工程技术规范》（Sl4-2013）标准要求，设计暴雨重现期应采用 5~10 年，经济发达地区可采用 10~20 年，设计暴雨按 3 日暴雨 3 日排除计算。接受局部特大暴雨成灾的经验教训，将排水工程升级提到工作日程。抓住“十三五”建设时机，将排水系统提升一级。

（3）构建洪涝灾害治理体系。该区洪涝威胁是主要矛盾，为实现农业现代化、水利现代化，对洪涝灾害治理，应采取如下措施。

①制定洪涝灾害治理整体规划：将小河流域防洪同城市防洪一体规划，以水利部规划为标尺，以各地市为单位，根据本地自然条件，制定出以实现水利现代化为目标的涝区治理整体规划蓝图，并提交政权机构审核，以地方法规形式发布，逐步实施。

②规划目标：在认真总结本地经验教训的基础上，吸收国内外现代化经验，高标准、高起点，有的放矢地采用现代排水技术，对易涝区作出规划。

③排水工程特点：平原涝区以机排为重点、山丘到平原过渡区以自排为重点，山丘涝区以山洪及次生地质灾害为重点，对洪涝、内涝、渍涝、盐涝等灾害类型，采取适宜的综合治理措施。

④规划融入高科技：将涝区排水工程监测系统融入灾害防治大系统中，将自动化、信息化、智能化、大数据化、远程控制技术等纳入规划中，虽然一时不能全部实行，但要留有实施位置，因为，水工建筑使用寿命是50~100年。

（4）健全排水工程管理体系。采取的措施与Ⅰ区管理体系建议相同（规划参照文献[96]、[97]、[98]、及附件1-2）。

（二）32黄河中游排水区

1. 32黄河中游排水区分布

该区包含山东、山西、陕西、河南四省中：东营市、威海市、聊城市、滨州市、开封市、鹤壁市、濮阳市、许昌市、济南市、淄博市、烟台市、潍坊市、运城市、临汾市、郑州市、洛阳市、平顶山市、新乡市、焦作市、三门峡市、西安市、铜川市、宝鸡市、咸阳市（西安）、渭南市（西安）共26个地市。黄河流域农田易涝区主要分布在黄河中下游地区，上下游地形复杂，中游是黄土高原，下游是黄河冲积平原。黄河是中国含沙量最大的河流，下游河底高于两岸地面，形成地上河，汇入支流很少，山水分别流入两岸内的海河与淮河，下游黄河两岸的农田基本属于淮海流域，只有很少面积属于黄河流域。如郑州、新乡本是紧邻黄河，灌溉用水取自黄河，但大部分山水是流入淮海流域。

黄河流域涝区连片较少，大致可划分5片（图14-12），其他基本是山丘区。

2. 洪涝灾害特点

（1）自然条件与社会发展对洪涝灾害影响。黄河中上游流经沙漠与黄土高原干旱地区，年降水在400mm以下，但暴雨强度不逊于下游，造成大面积水土流失，河流含沙最重时段能浮起人。所以黄河既是中国农耕文化的摇篮，又是水旱灾害的重灾区。

新中国成立后，治理黄河成为国家重点项目，在全流域修建大量大型水利工程，目前大型的洪水灾害已得到控制，兴利除害得以实现。但局部洪涝、小流域的治理任重而道远，尤其山丘区的山洪治理任务繁重。

①平原少山丘多：由于河道已成地上河，下游平原基本向淮海河排水，区内基本是山丘地区，山丘农田以梯田、坡地为主，排水与小流域治理相结合。

②年雨量少但暴雨集中：该区年降水较均匀，是中国雨量等值线唯一一段东西走向的区域，年雨量在600~800mm，雨量集中7—8月，一日最大降水在1 000~2 000 mm，东高西低。

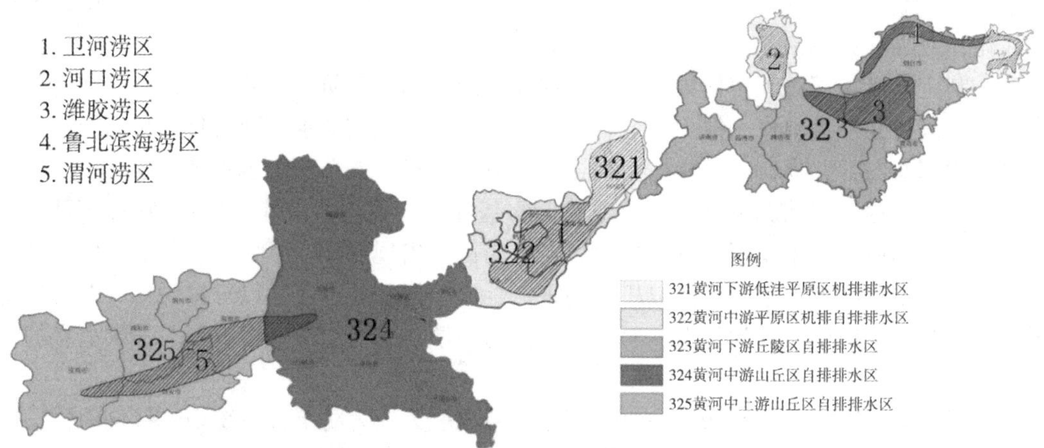

图 14-12　32 黄河中游排水区涝区分布

③水库调节能力增强：新中国成立后进行了大型水库建设，总库容达 285 亿 m^3，径流调节系数高达 86.3%。大面积洪涝灾害得到控制。

（2）洪涝灾害主要类型。

①山洪：山丘区洪涝特点是地域小，农田面积小，但山丘区植被率低，暴雨产流多，径流雨量倾盆而下，形成次生灾害率高，造成强大的破坏力。

②渍涝：图 14-12 中标示的涝区主要是平原地带，地势低洼，夏季暴雨，土壤水突然饱和，地面比降 10‰左右，内水排泄缓慢，农田容易产生渍涝。

③滨海盐涝：山东沿海内涝有盐碱侵害。

3. 排水工程现状

（1）治理标准。全区排水工程设计标准都较低，大多 3~5 年一遇，且同其他地区一样，大量排水工程建于 20 世纪，完好率不足。

（2）排水工程运行效果。大面积洪涝已得到控制，局部小流域洪涝仍常有发生，但很少灾害跨省发生，都属于局部地区，而且以乡镇为单元较多。

（3）现有径流调节能力。地表径流 330 亿 m^3，径流调节系数 86%，处于全国较高水平。

（4）存在问题。

①河道淤积：大小河流都存在河道淤积问题，平原区农田也同样存在淤积问题，维修管理滞后。

②排水工程管理：该区呈东西长条分布，各地洪涝各有特点，需要建立不同的排水管理系统，如滨海区应治涝同时治碱，中部平原涝区与灌溉区重叠，需要灌排结合，山丘区多梯田应与小流域共同治理，需要根据地区洪涝特点建立对应的管理系统。

③长远规划不足：山洪治理是该区重要项目，需要有长远规划。

4. 发展对策

（1）主要对策。治理对策应同国家农业现代化、水利现代化发展相适应，与上述各分区基本一致，不再展开论述。

（2）构建洪涝灾害治理体系。该区处于黄河上下游区，上下游洪涝灾害差异很大，构建洪涝灾害治理体系有所不同，具体内容，放在三级区内论述。

（三）33 淮河流域排水区

1. 33 淮河流域排水区分布

该区包括济宁市、日照市、枣庄市、菏泽市、郑州市、开封市、许昌市、漯河市、商丘市、周口市、泰安市、莱芜市、临沂市、信阳市、驻马店市等 15 个地市，位于淮河流域。淮河跨越山东、河南、安徽、江苏、湖北 5 省，淮河发源山东泰山、河南伏牛山、及山东、河南、湖北交接的大别山，呈蚌形由洪泽湖从三江营入海。该区三面环山但从山区到淮河平原，过渡段流经很短，区域以低洼平原为主。该排水区是以夏玉米种植区进行划分，淮河大部地区以水稻为主，所以，种稻地市没有在区划中，图 14-13 是夏玉米种植区的涝区分布图。

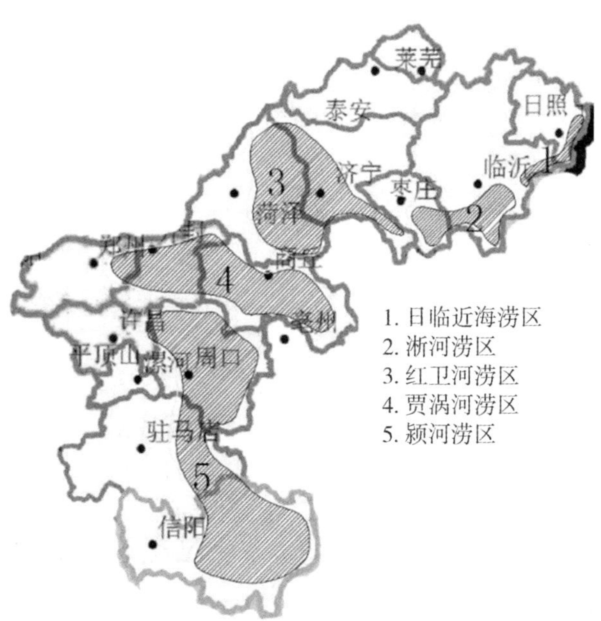

图 14-13　淮河流域排水区涝区分布

2. 洪涝灾害特点

（1）自然条件与社会发展对洪涝灾害影响。淮河与黄河历史上曾多次交锋，黄河强大的流量携带泥沙，每当入海口淤高，黄河泛滥造成改道，就会向南侧低洼区滚动，与淮河汇流入海，一旦把淮河入海口淤高，就又往北滚动，返回黄河古河道，形成新的入海口，可是黄河的滚动使淮河被动的被侵犯，淮河入海口也被淤高，造成淮河宣泄受阻，引起淮河成为多灾的河流，据统计在公元前 246 年到 1948 年的 2194 年间发生洪涝灾害 979 次，成灾率 45%，几乎 2 年一灾。新中国成立后治淮轰轰烈烈展开，修建大型控制水利工程，全流域已建成大中小型水库 5 700 多座，总库容 279 亿 m^3，其中大型水库 38 座，总库容 202.61 亿 m^3。流域性洪涝灾害得到控制。

①平原低洼：淮河河道是国内比降最小的河道，山丘区地面比降 2.7‰，而山丘与入海口的中间平原宽 490km 降差仅 16m，折算比降为 0.03‰，比海河 0.06‰还要平缓。平缓造成洪峰来临后引起干流顶托，堤防两岸农田低洼内水无法自流排泄，影响面积宽广灾情严重。

②雨量集中暴雨成灾：暴雨集中在 7—8 月，最大 1 日暴雨 1 000 mm，3 日最大暴雨 1 600 mm（表 14-15）。

表 14-15 淮河流域最大降水量统计 （雨量单位：mm）

日期	河名	站名	最大 1 小时降水量	最大 12 小时降水量	最大 24 小时降水量	最大 3 天降水量	最大 7 天降水量
1954. 7	淮河	王家坝	64. 6	212. 9	259. 3	444. 5	649. 5
1963. 7	沂河	前城子	155. 0	320. 0	320. 0	349. 4	676. 8
1965. 8	串场河	大丰坝	118. 0	453. 7	672. 6	917. 3	933. 2
1968. 7	淮河	尚庄	不详	269. 8	431. 5	581. 6	799. 0
1975. 8	洪汝河	林庄	173. 0	954. 4	1 060. 3	1 605. 3	1 631. 1
1982. 7	沙颍河	排路	71. 2	571. 6	655. 3	812. 2	907. 7

引自文献［66］

③水库调节能力强：该区现有水库库容 176 亿 m^3，是径流量 104%，有很好对洪水的调节条件，洪涝灾害逐步减弱。

（2）洪涝灾害主要类型。

①特大暴雨：由于面向海洋，季风雨由太平洋吹来，进入三面环山的淮河流域，大量雨云把雨水留在了淮河流域，由此自然地形与雨型相加，造成了该区的特大暴雨。雨量高达 1 000 mm 以上，水流产生强大的破坏力，是淮河多灾的自然特性。

②渍涝：淮河平原地势非常平缓，山丘地面比降在 0. 3‰，河水急剧流向平原，但平原地面比降很缓，水又极缓慢的下泄，两岸内水又有特大暴雨汇流，无法排入外河，农田自然形成渍涝。

③滨海盐涝：淮河下游的盐城市，就是始于沿海低洼而成的城市。沿海农田在排水时要同时解决盐碱化的威胁。

3. 排水工程现状

（1）治理标准。涝区治理已得到低标准的治理，排水以机排为主，但标准低，涝区治理标准与其他地区有同样问题：自排、机排、小河堤坝防洪等标准普遍低，不适应现代化和经济发展需要。

（2）排水工程运行效果。治理效果是大灾已得到控制，局部洪涝就全区而然连年均有发生。

（3）现有径流调节能力。根据 2015 年该区水库库容统计，径流调节系数 104%，能力很强，但中小水库设计标准低，不能满足特大暴雨时的安全需要。

（4）存在问题。

①小流域治理薄弱：经过多年洪涝灾害治理，大面积基本得到控制，但小流域山洪灾害上升，成为不但威胁农田，更是威胁整体地区建设的大问题。

②排水工程管理不完善：该区与其他分区同样存在排水管理体系不健全、管理制度不完备、管理维修缺少经费等问题。结果是排水工程效率低，灾害发生时农田得不到应有的保护。

③现有排水工程不适应国民经济发展需要：该区农业单产虽有很大提高，但仍常有小面积的洪涝灾害发生，农业稳产高产就要免受灾害，使农田得到更好保护，因此，该区排水工程需要随着国民经济发展同步提升。

4. 发展对策

（1）防洪治涝建设要与经济发展水平相适应。该区经济发展处于国内先进行列，应该加大与经济实力相匹配的投入，以保护发展建设成果，在农业现代化、水利现代化发展中先行。

（2）提高排水工程建设标准。防洪治涝标准是根据经济实力拟定，小流域治理、田间排水系统、泵站建设等工程标准应该按国家标准的上限制定。根据该区历史贡献与科技实力，应创新发展模式，开创融入时代的新技术，纳入洪涝治理工程中。

（3）构建洪涝灾害治理体系。参照海河流域体系建设的建议，内容基本一致，不再赘述。

（四）34 汉江上游排水区

1. 34 汉江上游排水区涝区分布

该区包括南阳市、汉中市、安康市、商洛市四市，位于长江支流汉江上游，内有秦岭和大巴山，其中，只有南阳盆地地势平缓，有连片涝区（图 14-14），其他地区主要是山丘，海拔 1 000~3 000 m，涝区零星分布在山谷间。

2. 洪涝灾害特点

（1）自然条件。该区处在中国南北气候带分界区，位于秦岭以南，属于亚热带湿润区，降水充沛年雨量 900~1 200 mm，一日最大雨量相对较小为 120mm，植被较好，洪涝灾害主要是山洪，受灾面积分布在局部地区。

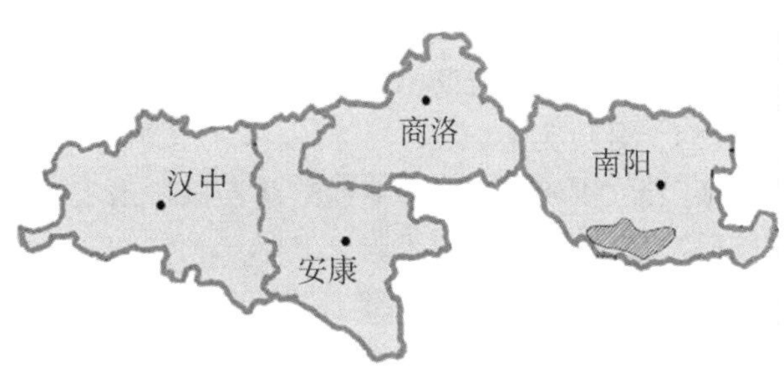

图 14-14　34 汉江上游排水区涝区分布

（2）洪涝灾害主要类型。

①河水泛滥：由于独特的面向海洋的太行山脉与迎面的季风雨垂直，突然升高的雨云，温度骤然降低，雨量倾盆而下，形成高达数百毫米雨量，大面积汇集的雨水涌入河流，泛滥成灾，产生强大的破坏力。例如，2010 年 7 月 18 日安康地区特大暴雨，18：00 汉江干流洪峰流量达到 25 537 m^3/s，安康城区段汉江流量最高达 21 700 m^3/s，洪涝造成全市 10 县区、168 个乡镇、104.7 万人受灾，倒塌房屋 47 700 间，农作物受灾面积 8.739 万 hm^2，直接经济损失 23 亿元，占当年安康 GDP 的 7%，达到大灾水平（表 14-7），局部山洪常有发生。

②山洪灾害：由于大面积山区年雨量高达 1 000 mm，地面植被好蒸发量小，土壤长期处于饱和状态，一旦暴雨来临，山区产流多径流量大，流速大，破坏力大，造成损失巨大。

③次生灾害：暴雨造成的山洪、泥石流、山体滑塌灾害，可发生在沟沟汊汊，造成多点爆发状态。

3. 排水工程现状

（1）山洪治理处于起步阶段。该区山区面广，主要威胁来自山洪，但山洪治理面积大分布广，任务繁重，投入巨大，现阶段只是处于调查、规划阶段，工程也是试点开展。

（2）排水工程运行效果。虽然排水工程进行了一些基本建设，但标准低，从陕西省近年洪涝灾害统计看出，每年均有小面积洪涝灾害发生。

（3）现有径流调节能力。该区现有水库库容 72.6 亿 m^3，地表径流 508 亿 m^3，径流调节系数已达到 14.3%，处于全国较低水平，调节能力不足。

（4）存在问题。

①山洪治理滞后：治理刚入起步阶段。

②排水工程管理体系不健全：重灌轻排，排水管理体系没有像灌溉一样得到重视，排水工程的管理规章制度和运行机制不完善，维修养护不到位。

③长远规划不足：洪涝灾害小流域治理规划目前局限在试点阶段，缺少长远规划，应尽快制定防治洪涝灾害的远景规划，分期逐步实施。

4. 发展对策

（1）建立完整山洪防治预警体系。

①制定洪涝灾害治理整体规划：将小河流域防洪标准同城市防洪一体规划。

②采用现代科学技术：在认真总结本地经验教训的基础上，吸收国内外现代化经验，高标准、高起点将现代科技纳入排水工程建设中。

③突出重点综合防治：以防止山洪为重点，结合小流域防洪、水土保持、梯田坡田综合规划，分项实施。

④建立洪涝灾害预警系统：将涝区排水工程监测系统融入灾害防治大系统中，将自动化、信息化、智能化技术融入其中。

（2）提高排水工程治理标准。现有排水工程标准低，不适应国民经济发展需要，在小流域治理、农田排水系统、泵站建设等方面，将建设标准提高到“十三五”规划水平。

（3）建立完善的排水管理体系。现有排水管理混杂在灌溉、水土保持中，管理力量软弱无力，应改革其管理体系，强化洪涝治理工程中的排水管理队伍。

三、三级区排水区排水工程发展策略

（一）311 海河低洼平原区机排排水区

1. 涝区特点

该区包括天津、廊坊、沧州、衡水、德州 5 个地市，位在海河下游。

（1）自然条件。海河下游地势低洼，天津等临海地区局部有低于海平面地区，该区历史上是洪涝重灾区，经过 60 多年治理，修建水库提高调节能力，洪涝发生几率大幅度降低。年降水 600~700mm，而一日最大降水 150~260mm。局部暴雨是产生灾害的主要原因，小面积局部洪涝灾害仍有发生。

（2）易涝面积。该区基本是低洼平原。玉米种植面积 156 万 hm^2 占耕地面积 60%，有易涝农田 91 万 hm^2，占耕地面积 35%。虽然涝区几乎涵盖全区，但洪涝灾害轻重、受灾面积大小、淹水时长、人口密度、经济发展水平等因素有很大不同，灾害发生造成损失也差别很大。进行洪涝灾害区划，为灾害治理升级十分重要。为研究洪涝灾害风险，天津进行了洪涝灾害风险区划，图 14-15 是天津市暴雨洪涝灾害风险区划图[69]。

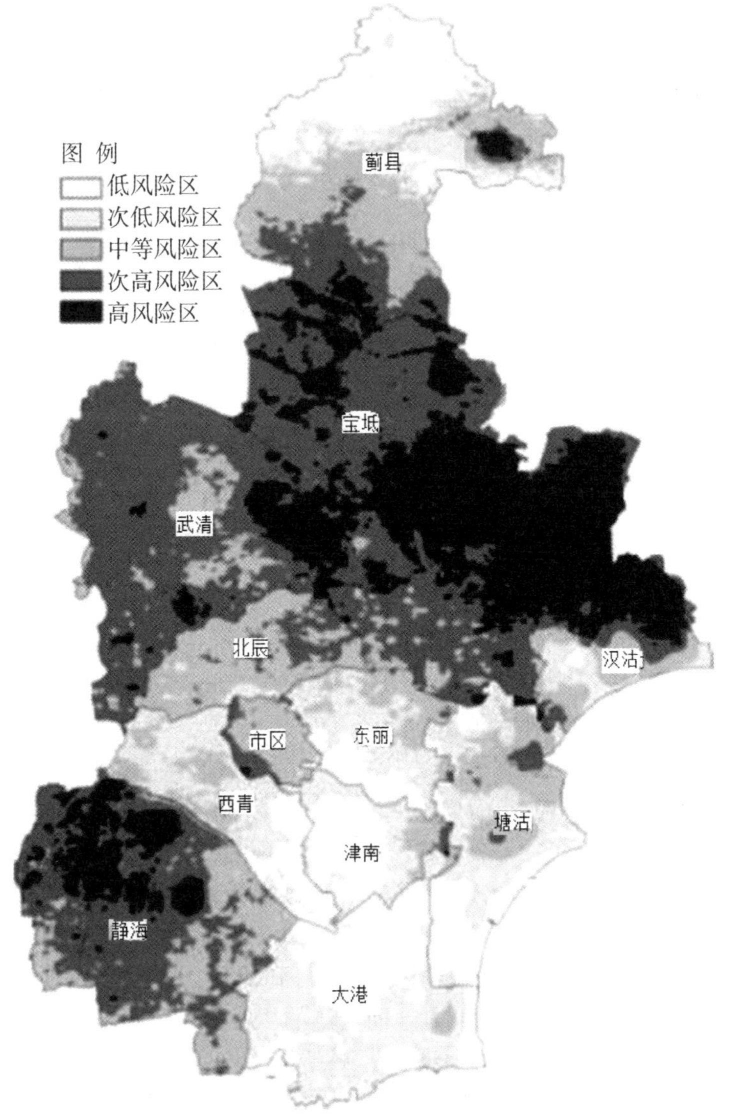

图 14-15　天津市暴雨洪涝灾害风险区划图

2. 治理现状

（1）治理工程。该区虽然是平原区，但为控制洪水，利用一切可能修水库条件，建设了大量大中小型平原水库，为洪涝治理发挥了重要作用。全区已建水库库容 58 亿 m^3，大于该区地面径流量，是径流量的 1.25 倍。低洼农田排水以排水泵站为主，自排区排水以回水堤与排水闸为主。

（2）工程类型。农田基本实现方田化，农田中沟林路电同时布设，但排水设计标准低。

（3）治理效果。工程寿命期已近，管理缺失，完好率不足，即使小型内涝也常有发生。

3. 治理策略

（1）治理方针。做好洪涝灾害治理升级规划，提升现有排水系统设计标准，升级机排泵站能力，认真总结现有工程排水能力，科学论证在高水平下将自排、排水闸、回水堤、排水泵站划分界限，当自排无法保证农田高产稳产时要升级为机排。提高对农田洪涝灾害保护能力。

（2）治理标准。参照参考文献［31］、［35］、［36］、［37］提出的治理标准。

（3）建设洪涝灾害管控系统。充分运用现代化科技手段，建立完善的洪涝灾害管控系统的硬件建设与软件建设，培养管控技术队伍，提高现有管理队伍业务水平。

（4）采取非工程措施。按照水利现代化标准，建设自动化、信息化、智能化的防治洪涝灾害的服务体系。

（二）312 海河中上游山丘区自排排水区

该区包括北京、石家庄、保定、邢台、邯郸等 5 个地市，位于太行山与海河平原过渡带。

1. 涝区特点

（1）自然条件。该区位于太行山东麓，华北平原区内，年雨量 600~700mm，但受太行山影响，一日最大降水却高达年雨量的一半，如石家庄、邢台都曾发生过 359mm、600mm 的特大暴雨，受灾巨大，邯郸也发生过日降水 200mm。主要产生原因是季风雨与太行山迎风坡面雨合成促其暴雨量剧增。

（2）易涝面积。该区是山丘到平原过渡区，山区在该区西部边缘，由于处在过渡带，地面比降较大，易涝面积较小，易涝面积 35.3 万 hm^2，占耕地面积 12.4%。洪涝发生在河流两岸。该区洪涝灾害特点：一是突然发生，不好预测；二是不确定性，由于暴雨强度大，不仅农田受害，更威胁到交通、水利设施、居民房舍，对国民经济损失巨大。

2. 治理现状

（1）治理工程。平原部分因农田基本建设已得到治理，耕地实现方田化，山区已建成多座大型水库，水库库容 88 亿 m^3，是地面径流的 2.4 倍，对洪水调控能力很强。排水工程以自流为主。山区治理主要针对山洪次生灾害，水土保持处于试点到推广阶段。以河北省为例，河北水土流失总面积 45 000 km^2，到 2015 年已有工程治理面积 4 333 km^2，占总面积 9.5%，水土保持主要工程有淤地坝、拦沙坝、滚水坝、谷坊、沟头防护等形式。

（2）治理效果。由于山洪防护建设处于刚起步，山洪控制工程薄弱，暴雨一旦发生，下游排水能力不足，易发洪涝灾害，在超强暴雨下灾害更无法控制。

3. 存在问题

（1）山洪治理滞后，灾害发生损失严重。

（2）洪涝灾害管理预警系统不健全。

（3）排水工程管理系统缺失。

4. 治理策略

（1）治理方针。以山洪治理为重点，制定小流域综合治理长远规划，调动各方力量从基层做起，规划到沟沟汊汊，规划一经形成，由地方形成正式文件，建立地方法律法规，加以保护，逐步实施。

（2）提高排水工程治理标准。参照参考文献［31］、［35］、［36］、［37］提出的治理标准。

（三）321 黄河下游低洼平原区机排排水区

1. 涝区特点

该区包括东营、威海、聊城、滨州 4 个地市，位于山东鲁北地区。

（1）自然条件。该区在黄河入海口，由黄河冲积而成的黄河三角洲地区，境内除黄河外，黄河北岸有属海河流域独流入海的徒骇河与马夹河，南岸有小清河也是独流入海，黄河泛滥常造成入海口的滚动，入海口区域黄河故道交错，地势低洼，有中国最大河口湿地，面积 21 万 hm^2。徒骇河与马夹河被京杭大运河拦腰截断，区域汇水主要是本地降水。其中，威海市位于半岛顶端，区内多丘陵，径流为小河面向黄海独流入海。

（2）洪涝频发。该区年降水 600mm，一日最大降水 150~230mm，内涝引发有 3 种情况：一是洪涝，该区河道密布，大小河流都能引发洪水灾害；二是内涝，内涝主要是外河与内地暴雨同时发生，河水顶托内水不能排除；三是洼地雨水无处外泄，群众称为“关门淹”也称“坐堂水”；四是黄河冰凌水，冰凌在黄河中上游常发生，下游发生少见，但也有发生几率。这些洪涝形式造成了该区洪涝灾害频发，表 14-16 和表 14-17 引用文献［70］的数据资料，以滨州市为例，证明了黄河下游洪涝灾害频发的特性。2 000 年来有文字记载的灾害表明，黄河既是中华民族的母亲河，又是老师，教育她的子孙如何用好她的资源，必须防范她的愤怒。

表 14-16　滨州市西汉至民国期间有记载洪涝灾害发生次数统计表

年代	涝灾次数	其中有记载引发灾害河流次数			
		黄河	小清河	徒骇河	马夹河
西汉元狩三年（公元前 120）—元正二十七年（1937）	60				
明洪武元年（1368）—崇祯十六年（1643）	59	3	1		
清顺治元年（1644）—宣统三年（1911）	97	19	11	21	4
民国时期（1911—1948）	27	2	1	1	1

数据引自文献［70］

表 14-17　滨州市新中国成立后洪涝灾害发生次数统计表

新中国成立	1949—1958	1959—1968	1969—1978	1979—1988	1989—1998
涝灾次数	10	9	9	8	10
其中大灾	2	3	2	2	2

数据引自文献［70］

2. 治理现状

（1）治理工程。该区除威海外，洪涝治理工程主要是平原型的排水系统，防洪修建了中小型水库，总库容 25 亿 m^3，占径流量 83%，洪水得到控制调节。农田基本建设已成常年的建设活动，农田已方田化，田间排水系统基本形成，涝区以机排为主。开展了小流域防洪治理、防洪堤坝升级配套、中小水库除险加固、高标准农田综合治理、沙化综合治理等专项工程建设。

（2）工程类型。该区主要面积是滨海平原，采用的排水工程类型有退水闸、防潮闸、回水堤、排水泵站、临时排水泵站等，田间排水网还考虑了降低地下水位，与盐碱治理结合。

（3）治理效果。由于工程大部分为20世纪建设，标准低，加之管理维修不足，工程完好率低，运行除涝效果达不到要求。

3. 存在问题

（1）治理工程标准低。低标准的治理满足不了农田高产稳产需要。

（2）工程维护不到位。防洪河道、排水沟渠、排水泵站、排水机电设备等，平时维护、监管不到位，运行时不能发挥设计效率。

（3）排水管理滞后。原有管理体制不健全，管理责任不明晰，管理法制不配套。地方缺少依法治水、管水意识，而地方政府对洪涝治理又缺少法律支撑体系。

4. 治理策略

（1）治理方针。将与洪涝灾害治理有关的项目统筹到统一洪涝灾害长远规划中，跟随国家现代化水平，制定长远科学规划，在统筹下分项目、分地区、分步骤，逐步实施。详细内容参照31区相应部分。

（2）治理标准。参照参考文献［31］、［35］、［36］、［37］提出的治理标准。要以水利现代化标准，建设自动化、信息化、智能化的排水控制体系。

（3）主要工程措施。该区临海，排水工程应考虑海洋对工程影响，并防治海洋给土地带来的威胁，工程要预防与适应海洋的影响。其他工程措施参照平原与山丘的治理方法。

（四）322黄河中游平原区自排机排排水区

1. 涝区特点

该区包括新乡、安阳、鹤壁、濮阳4个地市，位于太行山南麓，黄河与海河交界处，该区同有海河、黄河流域面积，灌溉用黄河水，山水多流入海河。

（1）自然条件。该区是太行山南麓到黄海平原跨流域的过渡区，山丘高在千米以下，平原海拔100m左右，但濮阳地势低洼。地面比降较大，排水自排面积多，低洼区较少。内有徒骇河、卫河属海河流域，局部小河流入黄河。玉米面积433千hm^2，占耕地面积35%。年降水600mm。

（2）易涝面积。该区易涝面积90万hm^2，占耕地面积72%，虽然排水条件较好，但易涝面积比例较大。该区一日最大暴雨170~250mm，相当一日降水达到一年的1/3，而平时小河可能断流，突然暴雨会使河水瞬间暴涨，河道比降大，水流奔腾，灾害发生几率很大。2016年7月9日新乡市共有61个乡镇雨量超过100mm，强降水主要集中在辉县、卫辉、新乡，最大降水量出现在新乡观测站，达345.3mm，大于300mm的雨量站点有17个，已经突破历史极值，造成严重内涝灾害。

2. 治理现状

（1）治理工程。该区已建水库库容总计6.4亿m^3，占径流量53%，在建中小水库多座，平原区已基本实现农田工程、水、电、路、林完整结构，并开始高标准农田建设，提高抵御旱涝灾害能力。

（2）工程类型。该区大部分是平原，排水工程融入灌溉网络系统，桥涵闸交叉工程都与灌溉系统并行布设。防洪工程已纳入小流域治理当中。

（3）治理效果。多年农田基本建设效果显著，为粮食高产稳产提供了保证，洪涝灾害虽有发生，但损失可控制在最小范围。

3. 存在问题

（1）现有工程标准低。不适应农业、水利现代化运行需要。

（2）水利工程建设存在重灌溉轻排水。灌溉虽然面大，但灾害性质缓慢，给预防抢救留有一定时间，而洪涝灾害来得突然，预测困难、抢救时间短暂、灾害损失影响面广、损失巨大。由于新中国成立以来，确实花费大力进行防洪建设，成绩喜人效果喜人，但任务繁重，来不得歇脚，在新阶段需要更上一层楼，将小流域、山洪、次生地址灾害防治提到日程。

（3）管理问题。管理体制不适应现代农业发展要求。

4. 治理策略

（1）治理方针。该区的洪涝灾害主要成因是洪水控制能力不足，河道通洪能力不足，根据两个不足补短板，配合高标准农田建设，提升防洪排涝工程建设标准。

（2）治理标准。参照参考文献［31］、［35］、［36］、［37］提出的治理标准。

（3）主要工程措施。修建保证率高的大中型水库，提高调控能力；疏浚河道修筑堤坝，提高河道通洪能力。

（五）323 黄河下游丘陵区自排排水区

1. 涝区特点

该区包括济南、青岛、淄博、烟台、潍坊 5 个地市，位于山东省中东部，境内有淄河、潍河等多条独流流入渤海的小河，及流入黄海的大沽河。

（1）自然条件。该区背靠泰山、鲁山、沂山面向渤海，众多小河独流入海，山高千余米流长 150km 左右，排水条件较好，但山区到平原仅 30m 至 5km，落差在 900m 左右，平原地形平缓，是形成小河下游突发洪涝的重要因素。从潍坊的暴雨洪涝风险区划图中（图 14-16）就明显看出地形与暴雨相加，是重大涝灾发生的基本条件，灾害损失的决定因素复杂，也是社会经济问题。该区处于滨海地区，同样有受海潮影响的排水问题。

（2）暴雨特点。虽然泰山只有 1 500 m 高，但临海只有 150km，浓厚雨云从海上飘向泰山，直接影响济南地区，以 2007 年 7 月 18 日暴雨为例，一小时降水 151mm，2 小时降水 167mm，三小时降水 173mm，突显雨量超强，暴雨历时短，后果是径流高峰形成快，峰值高，洪水猛。济南外排河道小清河源短流急，河道比降 5‰~19‰，进入平原突然变缓比降 0. 5‰~0. 1‰，河道宣泄受阻，洪涝极易发生。根据潍坊资料统计 1993—2007 年的 15 年降水资料，大于 1 日雨量 190mm，每年均有县市发生，3 日雨量大于 237mm 的，有 6 年发生，大于 230mm 特大暴雨概率 40%。

2. 治理现状

（1）治理工程。该区是平原与山丘各半，排水工程采取平原与山丘两种洪涝治理模式，并且也有面向海洋的临海防治海潮工程。田间排水防治盐碱化，同时，建设防止海水

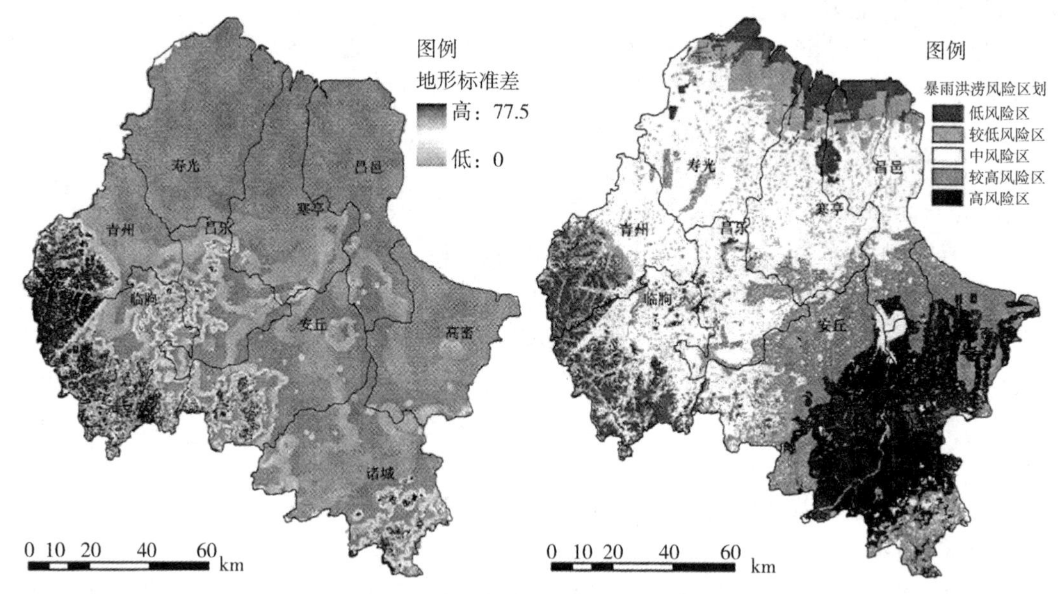

图 14-16　潍坊暴雨洪涝风险区划图

（引自文献［72］）

倒灌与海水入侵工程。试验利用排水压盐、压制海水入侵综合利用。

该区为控制洪水已修建大中小型水库，库容 81 亿 m^3，占径流量的 88%，大面积洪水基本得到控制。

（2）治理效果。该区面临多种自然灾害，任务艰巨，现有工程除水库建设充分发挥效益外，山区洪涝、大风海潮、海侵治理正在进行中，局部自然灾害仍有发生。

3. 存在问题

（1）已有洪涝治理工程标准低。小型水库设计标准、排水沟渠、闸站保证率低，满足不了新阶段的需要。

（2）工程管理滞后。该区处在山、平、水、海、风自然条件多变地区，建设与管理同等重要，现有体制制度不适应现代化农业、水利发展需要。

4. 治理策略

（1）治理方针。面对多变自然环境，要将多种自然灾害进行综合治理，在总结新中国成立以来抗灾斗争中经验与教训的基础上，作出全局性统一且又分类、又分项、又内联的长远规划，并将规划以地方法规形式进行保护，实施中根据经济发展分阶段、逐步实现。

（2）治理标准。参照参考文献［31］、［35］、［36］、［37］提出的治理标准。

（3）主要措施。该区山丘治理、平原涝区治理与其他分区同类治理工程基本一致，唯有海潮与海风产生的水盐灾害强度与其他分区不同，不同之处是面向大海是宽广的平原区，人口密集，是工农业重要生产地区，国民经济产值高地区，一旦海潮与海风相加，会造成巨大损失。需要有创新措施、创新工程，需要探索研究。

（4）非工程措施。建设灾害预报预警系统，要按照水利现代化标准，建设自动化、信息化、智能化的水利控制体系。高标准、高起点配置需要的硬件与软件（规划参照文献［96］、［97］、［98］及附件1-2）。

（六）324 黄河中游山丘区自排排水区

1. 涝区特点

该区包括运城、临汾、洛阳、平顶山、焦作、三门峡6个地市，位于黄河中游L形段，左岸是吕梁山南端，右岸是崤山、熊耳山、伏牛山。

（1）自然条件。该区群山林立山峰层峦叠嶂，峡谷皱断，黄河北侧运城、临汾境内有运城盆地与临汾盆地，地势较平坦。北岸有黄河支流汾河、涑水河，南岸有洛河，平顶山有淮河水系的颍河发源水系沙河。该区多年平均雨量700~800mm，但年际与年内时空分布变异很大，加之山峰陡峭，遇到较小暴雨（如60~100mm）就会发生洪涝与地质灾害。例如，该区洛阳各县市2006—2017年的11年间共有5次较大洪涝灾害，分别是2006年7月1—2日雨量100mm；2007年7月29—31日，雨量100mm；2009年8月1日洛阳市的宜阳县短时降水100mm；2010年07月29洪灾造成洛阳通往栾川的洛栾快速通道多处山体滑坡和道路塌方；2017年7月17洛阳市的栾川县、洛龙区等地短时暴雨与大风农田成灾。虽然暴雨不如其他地区强烈（200~600mm），但地形影响很大，全区均属山区，山峰高1 500~2 500 m，并且坡度大，短时暴雨产流大、入渗少。如果与前期的中小降水相遇，在土壤水饱和状态下再遇暴雨，地质灾害极易发生。

（2）易涝面积。该区有大面积山区，黄河北部有两盆地的平坦小块高平原（200~500m），易涝面积69万hm^2，占耕地面积28%。该区洪涝灾害特点：一是发生频率高，以运城为例，近1 000年统计较大洪水灾害168次，从1949—1999年的50年间，发生全市性洪涝8次[72]，几率16%；二是小范围，地域内主要是山区，受山峰阻隔，降水较大时山谷成灾，而降水较小的山谷区恰好久旱逢甘霖，如洛阳的连年洪涝，但受灾面积小主要是微涝灾害；三是洪涝带来地质灾害概率高，由于山高坡陡，如果与前期小雨相遇，极易造成山洪，形成滑坡、泥石流、崩塌等地质灾害。

2. 治理现状

（1）治理工程。该区坐落在大山之中适于大型水库建设，现有水库库容151亿m^3，径流条件系数151%，居全国较高水平，耕地分布在山谷及山间小面积的阶地上，洪涝治理以小河流域防洪工程为主，山谷基本是小型水土保持类型淤地坝、拦沙坝、滚水坝、谷坊、沟头防护等小流域治理工程。

（2）治理效果。虽然径流调节系数超过径流的1.5倍，但局部溪流不在大型水库的调节范围，如大型水库产流区，水库只能防护水库下游两岸面积，上游降水是水库集水区。该区水土保持面积中工程措施只占20%~30%，小河防洪治理标准较低，当前洪涝灾害常在超标准暴雨的不同地区轮番发生。

3. 存在问题

（1）山洪轮番发生。由于治山工程覆盖面小，大部分只靠植物措施无法解决山洪问题，需要配合工程措施。治理山洪是该区主要问题。

（2）山洪预测预警系统不健全。在预测预警系统建设中，硬件软件建设的覆盖面不足。

4. 治理策略

（1）治理方针。该区的大型水库建设除大流域需要外，当地应该转向小流域防洪，山洪地质灾害治理，治理从基层普查入手，从一村一沟一谷规划做起，洪水、山洪、水土、农田综合治理，长远与近期结合，规划要多次多层论证，依法通过后，应分步分区逐项实施，解除山洪威胁，让人民安居乐业。

（2）治理标准。参照参考文献［31］、［35］、［36］、［37］提出的治理标准。

（3）主要工程措施。在参照全国中小河流治理重点县综合整治和水系连通试点规划内容的基础上，认真总结当地山洪治理经验，吸收国内外山洪治理模式，按各山区特点配套适合的工程。

（4）非工程措施。建设时可参照其他地区采用的科学技术拟定。

（七）325 黄河中上游山丘区自排排水区

1. 涝区特点

该区包括西安、铜川、宝鸡、咸阳、渭南 5 个地市，位于黄河中上游渭河流域，境内有著名关中盆地，南依秦岭北面子午岭、六盘山，渭河由西向东由渭南入黄河。

（1）自然条件。关中盆地海拔 400m 左右，西高东低，由渭河冲积而成的高平原，区域内高平原与山丘各半，农业集中在高平原，八百里秦川是中国农耕文化的摇篮。境内渭河有数十条小河组成，其中，泾河、洛河汇入渭河再流入黄河，渭北河流泥沙含量闻名世界，洛河流域属黄土梁峁沟壑区，面蚀强烈，洪水期每立方米水含沙达 36%~60%，早年曾利用淤地造田。

渭河河水由两部分组成，南岸由秦岭方向来水大，北岸泾洛两河来高含沙水流，汛期渭河河道淤高，河道行洪能力逐年下降。

（2）易涝面积。该区易涝面积 8.1 万 hm^2，占耕地面积 15%，涝区分布在渭河两岸滩地，及泾洛与渭河入口滩地。

该区历史就是洪涝经常发生的地区，以渭南为例，图 14-17 是引自文献［74］的该区 1700—1950 年的洪涝发生次数，从图 14-17 中看出 250 年间发生洪涝 117 次，同时，发生的空间规模指数 0.4 以上的灾害占 14.5%，指数 0.6 以上的占灾害总数的 2.6%。

2. 治理现状

（1）治理工程。该区水库库容 21.4 亿 m^3，占径流量 22%，低于全国平均水平，洪涝控制能力较低。从陕西全省看，水土保持工程措施治理率为 22.6% 与邻省山西省比低 6%。

小流域治理任务繁重，例如，铜川市境内有石川河和洛河两大水系，共有 10km^2以上小流域 145 个，到 2015 年已治理 5 个，计划 2020 年达到 7 个，可看出任务仍十分繁重；西安市将排涝水纳入五水统筹中（治污水、保供水、留雨水、排涝水、抓节水）并将排水与集雨相结合，将留住的涝水回灌变成水资源，并把河流治理列为洪涝治理重点，提升排水标准，升级改造。反映了该区虽在干旱区，但根据洪涝威胁，把排水系统升级列为建设重点。

（2）工程类型。该区地形地貌复杂多样，山、川、塬、梁、沟、谷均有分布，黄土高原区中此类面积约占 70%，排水类型属山丘型。与其他地区不同的是该区河流泥沙特大，工程中增加了河道清理工程，各市有专业公司，备有绞吸船、挖泥船、泥浆泵、吹填船等。

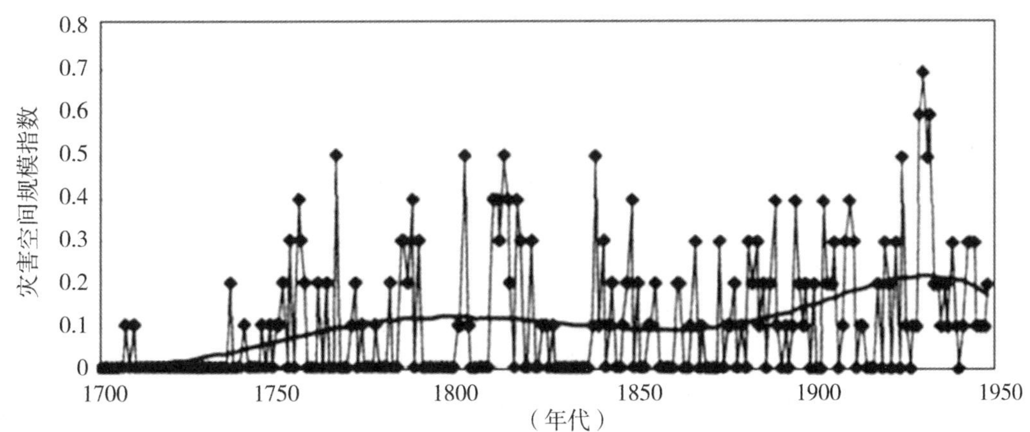

注：灾害空间规模指数指每次灾害发生地点数

图 14-17　渭南地区历史 1700—1949 年间洪涝发生次数

（引自文献［74］）

（3）治理效果。由于小河流域的河道治理标准低，又面积大沟谷多，水土流失区已治理面积微小，洪涝灾害仍有发生，但大型洪涝灾害明显减少，图 14-18 是文献［63］对陕西省各地近 543（1470—2012 年）年旱涝发生灾害等级轻重的统计，从中看出清末到民国旱涝频繁，新中国成立初期，因民国时期的工程治理很少，1950—1980 年洪涝也时有发生，但经过大型水利控制工程建设，极重级洪涝灾害害已不再发生，进入 2000 年后重级灾害也不再发生，但小型局部洪涝仍有发生（表 14-18）。

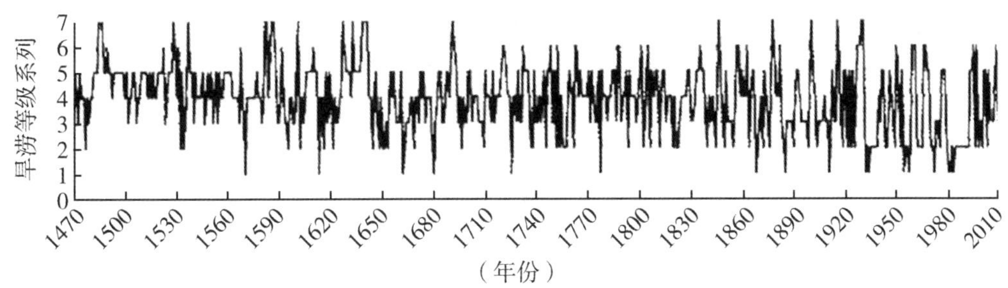

注：灾害空间规模指数指每次灾害发生地点数

图 14-18　关中地区 543 年旱涝发生灾害等级系列变化图

（引自文献［63］）

表 14-18　陕西省 2006—2014 年洪涝灾害受灾面积占耕地比重分级表

2006	2007	2008	2009	2010	2011	2012	2013	2014	灾情分级发生次数			
									<4 微	4~14 轻	14~34 重	>34 极重
0. 05	0. 11	0. 03	0. 01	0. 09	0. 08	0. 03	0. 06	0. 02	4	5	0	0

数据引自水利部水旱灾害公报

3. 存在问题

（1）治理工程标准。现有工程普遍低。

（2）小流域治理。已治理效果明显，但治理速度缓慢。

4. 治理策略

（1）治理方针。该区干旱威胁面广，但水灾威胁对经济损失更大，因此，洪涝治理中要创新巧妙地将害水变利水，应在此领域加大研究力度，转变思维，例如平原洼地排水的传统方法是利用泵站排入河道，现在可考虑在该类型区，利用泵站寻找有利地形（如湿地、上下游雨期相错）分段分块建洪水回收泵站、或在田间与集雨结合、或库库相连调配等，将洪水回收储起来加以利用。

（2）治理标准。参照参考文献［31］、［35］、［36］、［37］提出的治理标准。

（3）主要工程措施。该区河道淤积严重，古有淤沙造地，今有吸沙清淤，扩宽河道，可将河道清淤与土地整治相结合，让淤沙成为有计划造地的一部分。其他小流域、水土保持等治理工程基本与其他分区一致。

（4）非工程措施。该区大专院校和科研单位多技术力量强，应在非工程措施建设中参与创新建设，开发自主软件及检测仪表，为地区水利现代化、管理智能化服务，将该区洪涝灾害管理系统赶超发达国家水平。

（八）331 淮河上游山东境内低洼平原机排自排区

1. 涝区特点

该区包含济宁、日照、枣庄、菏泽 4 个地市，位于淮河流域，背靠泰山，南向黄河，境内有淮河支流泗水、红卫河，独山湖、微山湖，京杭大运河从两湖穿过。

（1）自然条件。该区属淮河平原，但北邻黄河，如果黄河溢流，该区是首当其冲的黄泛区，该区地势低洼海拔 50m 以下，有一半面积属高平原，年降水 700～800mm。平原区地面坡度 0.2‰-0.1‰，据统计 1470—1949 年发生涝灾 175 次，几率 36.5%，新中国成立后 1951—1990 年发生洪涝灾害 9 次，几率减少到 22.5%。近年以菏泽为例，1990—2017 年的 1993 年、2003 年、2004 年、2006 年、2010 年、2013 年、2017 年每年降水在 700mm 以上，但灾害层级在微灾、小灾范围。日照临海内水属独流入海，河流短小，排水顺畅，但地面比降大，暴雨汇流快山洪猛烈，破坏力强。

（2）易涝面积。该区易涝面积 98 万 hm^2，占耕地面积 36.2%。

2. 治理现状

（1）治理工程。该区水库库容 37.1 亿 m^3，径流调节系数 96.2%，农田基本实现沟网化，河流防洪也得到基本治理。

（2）工程类型。菏泽、济宁排水工程以平原类型为主，日照沿海，有防潮工程，枣庄山丘较多，治理工程以山丘类型为主。

（3）治理效果。洪涝灾害已得到一定控制，水库建设基本控制住大型洪涝灾害发生。但治理标准太低，无法满足农业机械化和国民经济发展需要。

3. 存在问题

（1）河道防洪标准低。现有河道防洪标准为 5 年一遇，治涝 3 年一遇，标准太低。

（2）田间排水工程配套不全。排水系统交叉建筑物配套不全。

（3）管理体制不完善。需要进行改革，制定有关规章制度，健全管理体制和运行机制。

4. 治理策略

(1) 治理方针。将农田基本建设升级，进行水利工程建设与管理体制深化改革，配合农田三权分置进行，将小型排水工程与田间排水建设和管理提升到新的水平。

海潮影响排水出口，为保证排水达到预期，临海排水出口必须考虑海潮影响，防海潮需要科学设计，因为海潮与潮汐规律有关，如天文潮、风暴潮、气象潮、海啸等，考虑不周会造成巨大损失。表 14-19 是湛江统计的潮汐影响海浪高度。

表 14-19　湛江 1953—1986 年潮汐与洪水相关性[76]

增值 m	<1	1. 0~2. 0	2. 0~3. 0	>4	合计
次数	59	25	7	1	92
频率%	64. 2	27. 2	7. 6	1	100

(2) 治理标准。参照参考文献［31］、［35］、［36］、［37］提出的治理标准。

(3) 主要工程措施。该区的低洼区是排水没有彻底解决内涝的区域，或按新标准自排无法满足排水要求地块，应该建排水泵站解决。小河防洪要通过提高设计标准、疏通河道增大泄水能力，提高对两岸农田的保护。

(九) 332 淮河上游河南境内低洼平原自排机排区

1. 涝区特点

该区包括郑州、开封、许昌、漯河、商丘、周等 6 个地市，位于淮河上游河南省境内，境内有颍河等多条支流。

(1) 自然条件。该区是河南最低洼地区，有 1/3 面积在海拔 50m 以下，地面比降 0. 2‰~0. 14‰，年降水变化在 800~1 000 mm，一日最大降水 200~250mm。2000 年 7 月涡河、贾鲁河特大暴雨，3 日雨量 250mm、5 日雨量 600mm，2004 年 7 月漯河境内暴雨 20h 降水最大雨强 310mm，其上游区降水 400~430mm，洪水特点来势凶猛，一个小时澧河道水位就升高 5m，堤顶水深 50cm，发生了堤坝决口，水灾面积 9. 8 万 hm^2，占耕地面积 54%，直接经济损失 5. 4 亿元，占漯河市 GDP 的 14. 6%，灾害面积与经济损失均属巨灾（表 14-7）[77]。

(2) 易涝面积。该区易涝面积 184 万 hm^2，占耕地面积 68%。玉米种植面积 835. 2 万 hm^2 占耕地 35%。该区处于山丘与平原过渡带，从漯河洪水过程看出：上游山区暴雨洪峰形成快，给下游防范造成困难，灾害极易发生。

该区洪涝灾害特点：一是暴雨强度大，一次暴雨过程 300~600mm，相当于半年多降水量；二是连续性，如 2000 年几乎全域受灾，紧接着 2004 年又发生特大灾害；三是面积大，小河防洪标准 3~5 年一遇，标准低容易超标，加之平原区，溢漫后受灾面宽广。

2. 治理现状

(1) 治理工程。现有水库库容 11. 9 亿 m^3，占径流量 43. 9%，农田基本形成沟、田、林、路方田化，小河治理标准达 3~5 年一遇。

(2) 工程类型。该区由山区向低洼平原过渡，大部分比降较大，一般洪水过程历时短，内水与外水有错峰机会，多数地区适合自流排水，排水工程类型为排水闸、回水堤等。

（3）治理效果。由于大中型水库建设，防洪效果明显，但小河排水工程标准太低，超标降水发生几率太多，治理效果有限，容易发生小区域严重洪涝灾害。

3. 存在问题

（1）治理工程标准低。小河治理标准一般只有 3~5 年一遇。

（2）工程类型单一。以排水闸涵为主，但对地势比降小于 0. 15‰的局部洼地，且外河洪峰历时大于 48h 的地区，错峰自排会影响作物生长，不利稳产高产保护。

（3）预警体系不全。现有的洪涝灾害预测预报预警体系不健全，软硬件配备不完善。

4. 治理策略

（1）治理方针。紧跟国家水利现代化建设，将防洪治涝工程体系提升到 21 世纪水平，以适应农业、水利现代化需要，为高标准农田建设保驾护航。

（2）治理标准。参照参考文献［31］、［35］、［36］、［37］提出的治理标准。

（3）主要工程措施。提高中小河流治理标准至 10~30 年一遇，农田排水系统设计标准升级到 10~20 年一遇。

（4）工程管理。深化工程管理系统改革，让管理体制适应水利现代化，自动化、信息化、智能化工程建设需要。

（十）333 淮河上游山东境内丘平区自排排水区

1. 涝区特点

该区包括泰安、莱芜、临沂 3 个地市，位于山东省鲁中地区，境内有泰山、蒙山，是淮河沭河发源地，同时，也是黄河支流大汶河的发源地。

（1）自然条件。泰山高峰海拔 1 524 m，全境都属山丘区，年降水在 700~800mm 间，一日最大降水 150~270mm。是淮河发源地之一，地面比降大排水条件好。但由于暴雨强度较大，山洪灾害威胁大。以大汶河为例，从公元前 37 年到 1643 年的 1680 年间，洪水灾害发生 53 次，清至民国间水灾 27 次，新中国成立以来洪涝灾害 12 次，大汶河境内近 60 年的年降水最大 1 362 mm，最小 393. 5mm，相差 3. 46 倍，是产生洪涝重要原因之一[79]。该区的山丘区极易随暴雨产生地质灾害，以临沂为例，文献［81］统计了 2009—2013 年降水与滑坡、崩塌、泥石流等地质灾害发生概率，从表 14-20，看出，雨量只要在大雨级别以上，就能产生地质灾害，但暴雨发生概率较大，以 7 月发生最多。

表 14-20　临沂近年降水与地质灾害关系[81]　（雨量：mm）

年份	6 月	7 月	8 月	9 月	合计
2009	63. 1	147. 3	122. 9	21. 1	354. 4
2010	39. 2	143. 4	322. 4	104. 7	609. 7
2011	49. 9	119. 8	379. 7	58. 2	607. 6
2012	11. 8	517. 4	119. 3	111. 8	760. 3
2013	25. 8	302. 7	167	93. 4	588. 9
产生地质灾害次数	3	12	3	2	20

（2）易涝面积。该区易涝面积 23 万 hm^2，占耕地面积 24%。玉米种植面积 26 万 hm^2 占耕地面积 31%。该区地形复杂，例如，临沂境内有较大河流沂河和沭河，支流东汶河、蒙河等 1 035 条，小流域更多。

2. 治理现状

（1）治理工程。该区现有水库库容 51.6 亿 m^3，占径流量 74.8%，地势平坦，农田基本实现沟、田、林、路方田与条田化。小河流域治理、水土保持、涝区治理、排水河道沟渠清淤成为常态化每年冬春的建设任务。低洼区也在新增排灌站。

水土保持治理已经展开，例如，泰安市，1987 年普查水土流失面积有 3 964 km^2，到 2008 年已治理 2 692 km^2，治理比例达 68%，但根据山东全省统计已治理面积中工程治理占 43%[83]。

除小流域治理以外，该区是山东地质灾害多发区，各市都制定了 2003—2020 年的地质灾害防治规划，与洪涝有关地质灾害是崩塌、泥石流、滑坡，现已着手重点治理。

（2）工程类型。该区地形复杂，高山、丘陵、平原都有，其中，主要以山丘为主。涝区治理以中小河道治理为重点，平原排水以排水闸为主，低洼区以机排为主，30°以上坡陡山丘区是以山洪与地质灾害治理为主。水土保持工程已融入小河流域治理中。

（3）治理效果。河流洪水灾害已得到控制，小流域洪水仍有发生，但暴雨一旦发生，仍会产生灾害。例如，泰安市 2016 年多县受内涝灾害，2016 年粮食产量 262 万 t 较 2015 年和 2014 年的 280 万 t 减产 6%。

3. 治理策略

（1）治理方针。加速小河流域治理，提高水土保持工程治理比例，细化地质灾害治理规划，实施逐村逐沟落实，控制山洪灾害损失，为高标准农田建设保驾护航，逐步解除山洪威胁。

（2）治理标准。参照参考文献［31］、［35］、［36］、［37］提出的治理标准。

（3）主要工程措施。以小流域治理措施、水土保持工程措施、地质灾害治理措施为依据，制定规划，采用 21 世纪的新科技，以水利现代化为目标。

（十一）334 淮河上游河南境内丘平区自排排水区

1. 涝区特点

该区有信阳、驻马店 2 个市，位于豫南淮河上游，是淮河干流发源地。

（1）自然条件。该区以丘陵平原地形为主，境内有多条淮河支流，年雨量 1 000~1 200 mm，最大日降水 300~420mm，是河南省雨量最多地区。该区位于中国气候南北分界区域内，境内南北雨量差异大（表 14-21），造成该区洪涝灾害频发。如驻马店历史记录统计，从公元前 184 年到 1949 年，驻马店共发洪水 113 次，小的洪灾几乎年年都有。1951—1990 年 40 年间，驻马店洪涝灾害共发生 30 次，灾害频率 75%，其中，成灾面积大于 13.3 万 hm^2的年份有 10 次，灾害面积占耕地面积 15%[84]。

表 14-21 驻马店暴雨特征表[84]

年月	日期	暴雨中心	最大雨量（mm）
1956 年 6 月	2—8 日	平兴县	500

（续表）

年月	日期	暴雨中心	最大雨量（mm）
1965 年 7 月	7—12 日	西平、泌阳	300~400
1972 年 7 月	1—3 日	泌阳县	600
1975 年 8 月	5—7 日	泌阳县	1 600
1982 年 7 月	20—22 日	遂平、泌阳	400~500

（2）易涝面积。该区易涝面积 74.5 万 hm^2 占耕地 49%，其中，驻马店占比高达 73%。该区易涝以驻马店为重，洪涝灾害特点：一是受灾面积大，1976—1984 年，7 年都有洪涝，其中成灾面积在 26 万 hm^2 以上的就有 3 年，占耕地面积 30%；二是灾害频率高，群众称大雨大灾小雨小灾；三是小水量高水位大灾害，河道狭窄且淤积，造成河道流量虽然不大，水位却抬高很快，堤防容易溢漫，灾害重。洪涝不但危害人民生命财产，同时，也对农田造成重大破坏。

2. 治理现状

（1）治理工程。该区新中国成立后，大兴水利，修建了大型水利枢纽，总库容 34 亿 m^3，是径流量的 2.25 倍，其中，驻马店是 3.2 倍，虽然洪水得到控制，但山洪不在水库的控制范围。水土流失治理是防治山洪灾害的最佳方案。该区水土流失最重县是泌阳，水土流失面积 1 092 km^2，占全县面积 40%，采用“林果上山、粮田下川、坡面林草、径流防拦”的模式“十一五”治理了 152km^2，根据文献［85］、［86］、［87］综合信息，至 2015 年已治理面积 500km^2，约占全县水土流失面积 48%。

（2）工程类型。该区大部分是丘陵平原区，以平原治涝模式为主，山区以小流域治理为主，属小河防洪与水土保持治理工程类型。

（3）治理效果。虽然大型水库已控制了洪水，但洪涝灾害并没根除，原因有二：一是河道治理与管理维护都没能紧跟调洪措施；二是水库上游洪涝，水库无法解决，而山区治理正在进行中，需要时间完成，所以现在洪涝发生频率不见减少，可是灾害等级下降了。

（4）存在问题。主要是河道管理缺失。

3. 治理策略

（1）治理方针。坚持小河流域治理，提高治理工程标准；坚持农田基本建设，提高田间排水工程标准，完善田间配套工程；坚持水土保持，提高治理质量，解除洪水威胁，保护高标准农田建设成果。

（2）建立洪涝灾害监控体系。参照 323 三级区。

第四节　Ⅳ华南部多季玉米排水区的排水工程发展策略

Ⅳ华南部多季玉米排水区位于长江、淮河、珠江、澜怒流域，玉米排水区划是以玉米种植季节为主因的区划，该区位在中国南方亚热带，玉米种植可以在春、夏、秋、冬四季中根据地形海拔高度变化，选择播种季节。

一、Ⅳ华南部多季玉米排水区概述

该区包含长江流域 42 个地市、淮河流域 11 个地市、珠江流域 6 个地市、澜怒流域 9 个地市，共 68 个地市（表 14–22）。

表 14–22　Ⅳ华南部多季玉米排水区地市表

41 长江流域排水区（52 个）								
徐州	蚌埠	神农架林区	眉山	泸州	安顺	宿州	淮北	襄阳
苏州	阜阳	邵阳	宜宾	绵阳	毕节	恩施	怀化	资阳
南通	黄山	岳阳	广安	广元	铜仁	湘西	贵阳	丽江
盐城	黄石	张家界	达州	遂宁	黔西南布依族苗族自治州		咸宁	娄底
宿迁	十堰	郴州	雅安	内江	黔东南苗族侗族自治州		重庆	六盘水
合肥	宜昌	永州	巴中	乐山	昭通	自贡	亳州	遵义
42 珠怒江上游排水区（16 个）								
百色	昆明	保山	楚雄	西双版纳	怒江	德宏	玉溪	临沧
河池	曲靖	普洱	红河	大理	文山	黔南布依族苗族自治州		

1. 涝区分布

该区共 68 个地市的易涝面积主要分布在四川省、贵州省（图 14–19）。

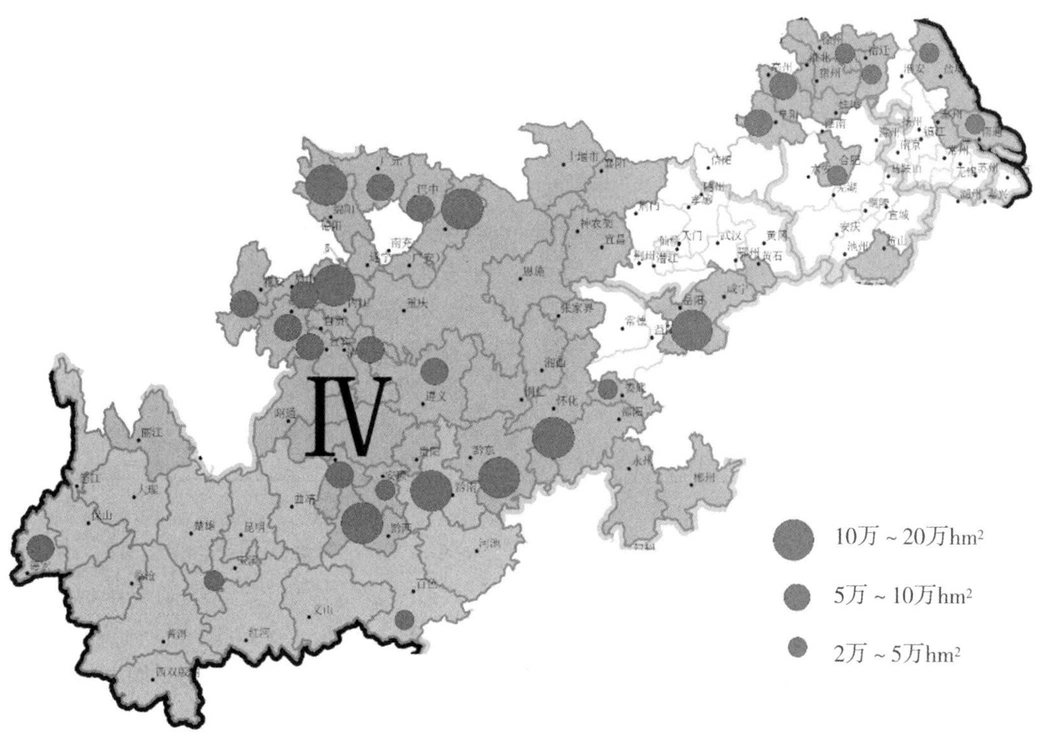

图 14–19　Ⅳ华南部多季玉米排水区易涝面积分布

2. Ⅳ华南部多季玉米排水区自然条件

该区位于中国亚热带季风气候区，气温较高年积温6 000~7 000℃，降水800~2 000 mm，雨季在6月、7月、8月的3个月，一日最大降水100~300mm。地形以山丘为主占80%以上，没有大平原，有中国四大盆地之一的四川盆地，总面积约26万km^2。

该区农田以水稻为主，玉米是第二大作物，玉米种植面积553万hm^2，占耕地面积23.1%。该区洪涝灾害特点与北方平原不同，与地形密切关，该区地形有海拔4 000~7 000 m高山，一般山地海拔1 000~3 000 m，有崎岖不平的云贵高原，海拔1 000~2 000 m。

3. Ⅳ华南部多季玉米排水区排水工程现状

该区有玉米面积553.6万hm^2，占耕地面积23%，易涝面积315万hm^2，占耕地面积13%。该区洪涝灾害与北方大平原不同，低洼易涝面积较少，洪涝灾害是以山洪形式出现，山洪的危害要比平原的内涝严重，因为，内涝威胁农田作物，灾害致使作物减产，最大是绝收，但山洪会危及人民生命财产以及国家水利建设、交通运输、民宅等。从表14-23中看出，近9年中最大灾害的年受灾级别均超过受灾面积40%的巨灾标准，损失占国民经济GDP的比例多数超过1%，说明抗灾能力较弱，如果按以地市计算，可能受灾损失比例会更高。

表14-23　该区地市所在省份2006—2014年最大灾害年的洪涝灾害参数对比表

省份	最大受灾面积（千hm^2）	发生年份	受灾占耕地比（%）	经济损失（亿元）	GDP（亿元）	占GDP（%）	水利损失（亿元）	水损占总损失比（%）
江苏	1 173	2006	64	68	21 700	0.3	4.9	7.2
安徽	1 561	2007	64	116	7 361	1.6	19.2	16.5
湖北	1 611	2010	48	211	12 866	1.6	27.0	12.8
湖南	2 101	2010	52	247	12 939	1.9	67.0	27.1
广西	1 339	2008	59	156	7 021	2.2	27.9	17.9
重庆	1 437	2010	44	61	5 693	1.1	10.6	17.5
四川	811	2012	55	351	23 900	1.5	69.4	19.8
贵州	399	2010	59	31	3 662	0.9	3.1	9.9
云南	450	2007	52	34	6 178	0.5	6.1	18.1

该区洪涝治理除水库建设外，主要表现在小流域治理与水土保持治理上，由于地市治理资料很少，图14-20、图14-21是该区所在省份的治理统计资料，反映出该区包含省份的小流域和水土保持治理现状。从图中看出小流域治理中江苏、安徽属江淮平原，山丘很少不是两省的治理重点。在其他7省区中治理面积最大是四川省、云南省，治理面积超过7万km^2，需要治理面积大，但占土地比例较小；按治理占土地面积比例计，贵州、重庆处于领先地位。

该区的江苏省、安徽省水土流失面积小，治理已全覆盖。在多山丘省份，湖北水土保持治理也已全覆盖，但工程治理比重小于15%，说明水土控制能力并不强，因为水土保

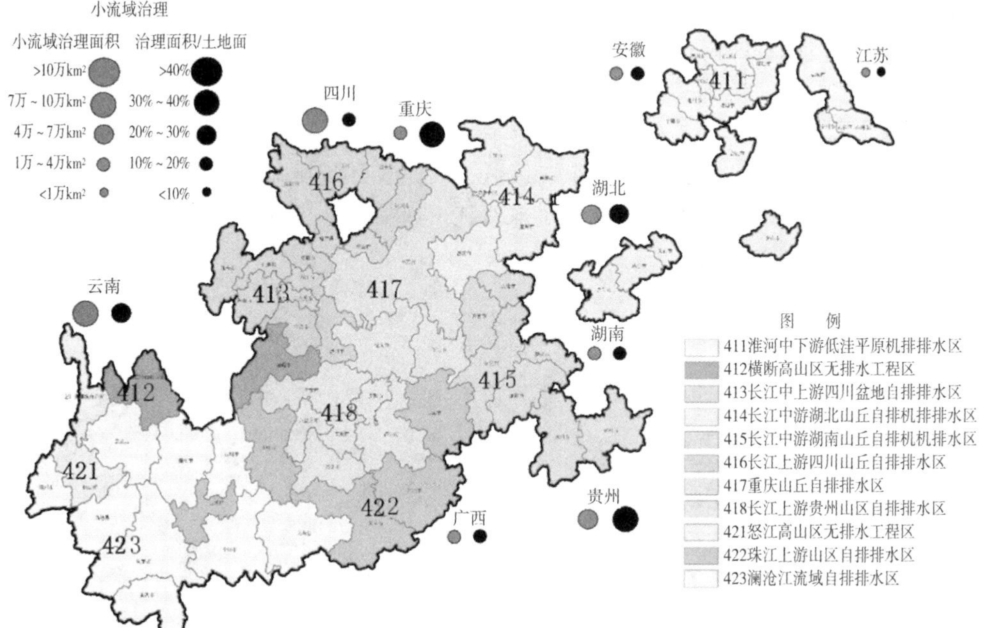

图 14-20　Ⅳ华南部多季玉米排水区以省为单位的小流域治理现状

（数据取自全国水利普查报告）

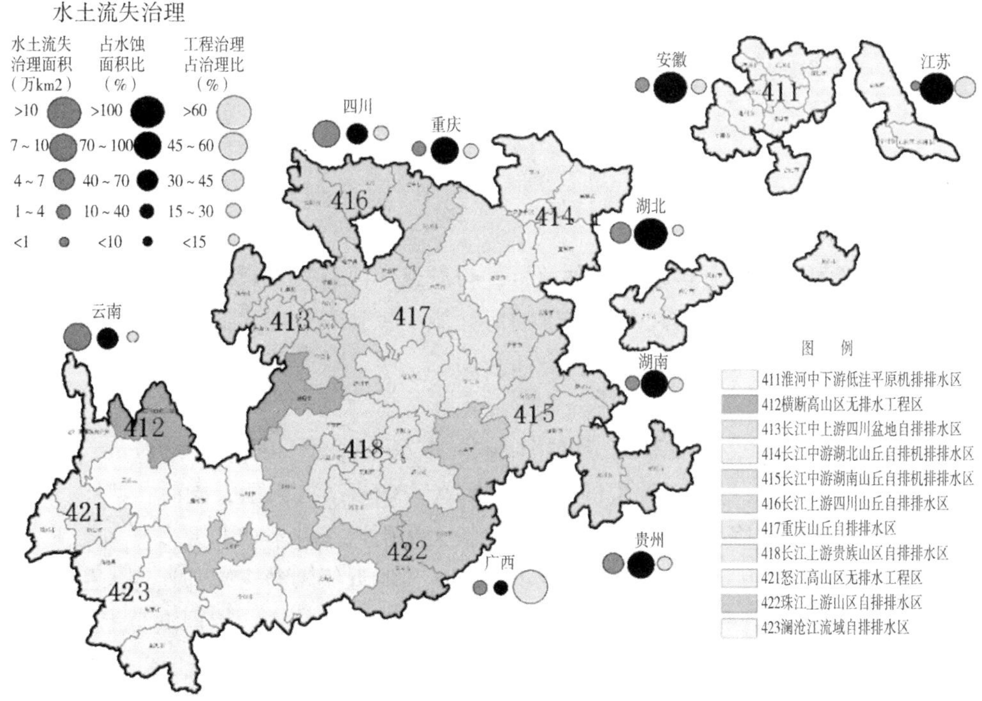

图 14-21　Ⅳ华南部多季玉米排水区以省为单位的水土流失治理现状

（数据取自全国水利普查报告）

持措施中有采用植物治理，植物治理比重超过 85%，其中，工程治理比重较大是广西但治理面积较小。整体看西南水土保持任务重，需要治理面积大，是土地面积 30%左右。

二、二级区简介

Ⅳ华南部多季玉米排水区共分 2 个二级区，一是长江流域排水区，凡是位于长江上中下游有玉米种植的地市均列入其中；二是珠怒江上游排水区，珠江下游基本是水田，上游属广西云贵地区（图 14-22）。

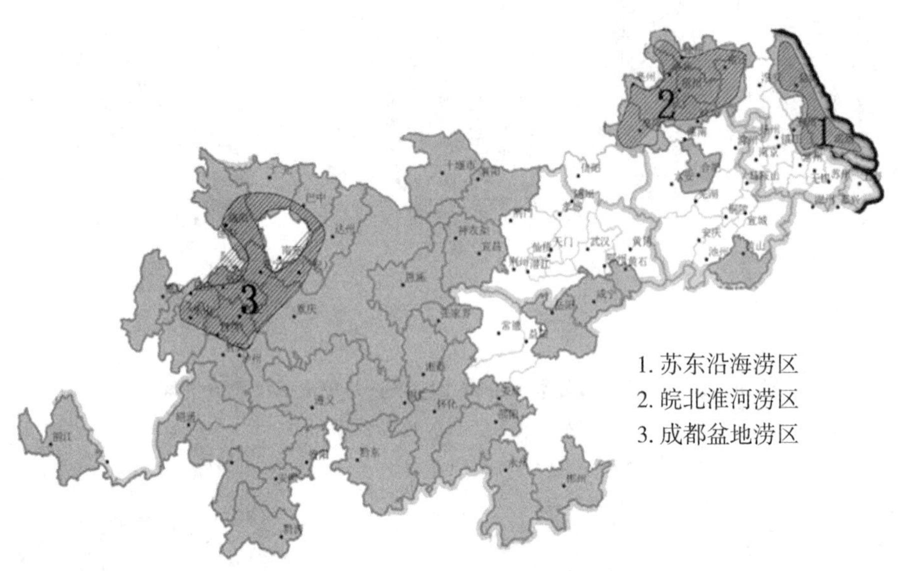

图 14-22　41 长江流域排水区涝区分布

（一）41 长江流域排水区

1. 涝区分布

该区包含淮河流域属于多季玉米种植区，与夏玉米区分列入长江流域。该区涝区中较大连片的平原地区只有三片：江苏省东部沿海盐城一带，安徽省北部淮河平原及四川省城都平原。其他均属山丘谷地零星涝区，分布在山谷，小流域与降水型沟谷两岸。

2. 洪涝灾害特点

（1）自然条件与社会发展对洪涝灾害影响。该区年降水 1 000~1 600 mm，最大日降水 150~300mm，年内雨量分布比中国北方较分散，有 6—7 月梅雨，同时，7 月、8 月、9 月也有连阴雨，虽然年降水多于北方，但一般特大暴雨概率并不比北方多。

该区多是山丘地区，不属于中国传统洪涝地区，但近年洪涝灾害却连连发生，原因有二：一是对洪水认识不深，中国传统三大涝区，千百年深受其害，治理洪涝十分重视，新中国成立后加大力度治理，效果明显。相反非洪涝区，自然排水条件优越，地面比降大，有点降水很快流走了，但随着各项事业发展，人类活动对自然环境的改变，情况有了变化，包括暴雨强度的变化，对洪涝治理重要性的忽视，缺少防范手段；二是治理意识滞后，对防治洪涝认识不足，措施跟不上。

（2）洪涝灾害主要类型。

①暴雨：由于山丘区，加之雨季拉长，土壤水长期处于饱和状态，其中，一场不大的暴雨也会成灾。

②山洪：山丘区山上径流来势凶猛，所有水流都急速向山谷汇聚，洪峰形成快，洪水流速快，破坏力强，防护堤坝和桥梁不坚固容易冲垮。

③渍涝：山区坡面土壤水饱和，即使没有水流，土壤水也会缓慢向山脚农田缓慢渗流，农田会长时间超过最佳土壤含水量，造成渍害。

④泥涝：该区玉米多数种植山坡沟谷平坦区，含泥沙水流，漫过被风松动的玉米（根系），玉米倒伏，泥水从倒伏的玉米流过，泥沙留在玉米茎叶表面，影响玉米呼吸而减产。

⑤重涝：雨季拉长，会形成灾害过后又形成二次洪涝。

3. 排水工程现状

（1）治理工程。

①水库建设：该区水资源丰富，山丘区适宜修建大型水利枢纽工程，全区现有水库库容 1 138 亿 m^3，占地表径流 31%，虽然库容总量大，但该区水资源也多，调节能力低于全国平均水平（34%）。

②小流域治理：从所在省份的普查资料看，平均治理面积占土地面积 19. 38%，低于中国北方地区（21. 33%）。

③水土保持：从所在省份的普查资料看，水土保持已治理流失面积 88%，其中，工程治理占已治理面积 26. 7%，治理水平远高于中国北方，尤其工程治理面积占比高出北方一倍多。

④涝区治理：涝区治理基本得到覆盖，其中，3~5 年一遇占 31. 8%，5~10 年一遇占 47. 8%，10 年一遇以上占 20. 4%。

（2）排水工程运行效果。长江流域大型水库虽然按控制能力比例较低，但干流洪水已得到有效控制，而小流域与水土保持治理，因辐射面宽工程巨大，需要逐步完成，近年随着经济好转，治理速度加快。但暴雨治理面仍有局限、工程标准较低，局部洪涝、山洪常有发生。

4. 存在问题

①重灌轻涝：该区粮食以水稻为主，水稻具有天然的耐劳性，玉米基本分布在山丘区，并且分散在山间坡谷地区，有忽视涝区的现象，山洪的危害应逐步引起关注。

②排水工程管理不足：由于过去的忽视，对山洪防范的管理也重视不够。

③长远规划不足：山洪引起的地质灾害缺少长远规划，治理措施落实不具体。

5. 发展对策

（1）建立水利现代化洪涝灾害治理体系。

①制定洪涝灾害治理整体规划：将小河流域防洪、水土保持、坡地整治统筹规划，一旦通过以法律形式固定，逐年实施，造福一方。

②提高工程建设标准：吸收国内外现代化经验，高标准、高起点将自动化、信息化融入工程中，根据经济实力分段分片逐步落实。

③明确工程建设重点：平原涝区已机排为重点、山丘到平原过渡区以自排为重点，山丘涝区山洪治理为重点。

（2）建立洪涝灾监测预警抢险管控体系。

①建立洪涝工程管理体系：将洪涝工程与灌溉工程置于同等地位，建立管理组织。

②建立监测预报预警系统：从硬件建设与组织建设同时入手，以软实力（发动群众）到硬实力（监测、通讯系统建设）同时并进。

③建立抢险体系：群众组织与专业队伍并重，顶层与基层形成统一队伍，纳入防汛体系。

（二）42 珠怒江上游排水区

该区包括云贵和广西 3 省区共 16 个地市（图 14-23），位于珠江、怒江、澜沧江上游，境内多高山峡谷。

图 14-23　42 珠怒江上游排水区涝区分布

1. 42 珠怒江上游排水区涝区分布

境内连片平原很少，主要有两块较大河谷小平原海拔 50~200m，一处是百色右江上游剥隘河入口处；另一处是澜沧江景洪一带。其他涝区是零星山沟谷地（图 14-23）。

2. 洪涝灾害特点

（1）自然条件与社会发展对洪涝灾害影响。

①高山大川：该区位于云贵高原，海拔 1 000~5 000 m，西北邻青藏高原，境内除长江外有澜沧江及怒江，澜沧江源于青海唐古拉山，海拔 5 200 m，澜沧江属跨国河流下游称湄公河，流经老挝、缅甸、泰国、柬埔寨、越南，该河允景洪水文站，实测洪水最大流量 12 800 m^3/s，1966 年澜沧江、金沙江发生最大洪水，使云南 10 个州 28 个县市受灾，

冲淹农田 1.9 万 hm^2，倒塌房屋 3 713 间，冲毁桥梁 202 座等建筑。怒江流入缅甸后改称萨尔温江，怒江流域有世界著名的怒江大峡谷，怒江傈僳族自治州，两岸山岭险峻，落差大，水急滩高，4 000 m 以上高峰有 20 余座，排在雅鲁藏布江大峡谷、科罗拉多大峡谷之后是世界第三大峡谷，怒江流域雨量大，泸水县年降水最高达到 3 932 mm。

②雨量大雨期长：降水从 5—10 月，洪峰反复出现，灾害会连续发生。可从怒江气象参数看出这种典型气象状况（表 14-24）。

表 14-24　怒江气象降水参数（1971—2000 年平均值）

项目	1月	2月	3月	4月	5月	6月	7月	8月	9月	10月	11月	12月
平均气温（℃）	7.5	8.6	10.5	13.6	17.8	20.6	21.3	21.2	19.5	15.9	11.2	7.9
平均降水量（mm）	61.2	128.1	243.0	226.3	143.4	222.4	203.8	155.5	172.5	149.7	50.2	31.7
降水天数（日）	9.7	15.2	21.1	22.6	21.6	25.8	27.2	24.9	23.8	16.8	8.9	5.5
平均风速（m/s）	0.6	0.8	0.8	0.8	0.9	0.9	0.9	0.8	0.6	0.6	0.5	0.4

（2）洪涝灾害主要类型。

①洪水：由于山高坡陡，这里的山比一般山要高 1～2 倍，加之雨量大，洪水凶猛流急，澜沧江主要干支流比降为 4‰～6‰，一般河流上游为 3‰。

②冰雹：山高雨云随山上升，容易形成冰雹，引起暴雨、冰雹、山洪灾害叠加。

3. 排水工程现状

①水库建设：该区水能资源丰富，山丘区适宜修建大型水利枢纽工程，但大部分以发电为主，调节库容相对较小，虽然水库总库容达 160.8 亿 m^3，但相对水资源丰富地区，径流调节系数只有 8.1%，处于全国最低水平。

②小流域治理：从云贵、广西 3 省区的普查资料看出，平均治理面积已占土地面积 20.8%，高于长江流域（19.38%）。

③水土保持：水土保持治理平均占到水蚀失面积 64%，其中，工程治理占已治理面积 31.5%，治理水平远高于中国北方，也高于长江流域。

④涝区治理：涝区治理基本得到覆盖，其中，治理标准 3～5 年一遇占 63.1%，5～10 年一遇占 32.4%，大于 10 年一遇占 2.32%。

4. 存在问题

①洪水调控能力不足：在确保生态环境安全条件下，应逐步提高调控能力。

②排水工程标准较低：洪涝治理工程标准太低，低于长江流域，10 年一遇只有 2.3%。

5. 发展对策

（1）洪涝灾害治理方针。以提高防洪调节能力为中心，以山洪治理为重点，为国民经济现代化提供安全水利生态环境。

（2）提高排水工程治理标准。充分利用国民经济快速发展有利时机，提高灾害防治工程标准（参考文献［31］、［35］、［36］、［37］），保民生安居乐业。

（3）健全排水工程管理体系。

①加强洪涝工程管理：完善洪涝治理工程管理体系建设。

②完善洪涝灾害监测预报预警系统：建立上下统筹完善的洪涝监测预警系统，融入自动化、信息化技术，克服大山阻隔困难，确保信息通达沟沟汊汊，每个村庄。

③建立抢险体系：广泛发动群众，建立群众组织与专业队伍有机结合统一指挥抢险队伍。

三、三级区排水区排水工程发展策略

为细化分析第Ⅳ区中不同地域的排水特点，对该区划分的2个二级区进一步分级，共分为11个三级区，现分别讨论这些三级区的排水发展策略。

（一）411淮河中下游低洼平原机排排水区

该区包含徐州、苏州、南通、盐城、宿迁、合肥、淮北、亳州、宿州、蚌埠、阜阳等11个地市，其中，主要地市位于淮河流域，是中国气候南北分界过渡地区，气温较高，玉米可在春夏播种属多季玉米，所以，划在第Ⅳ区中。

1. 涝区特点

（1）自然条件。淮河流域是中国传统三大涝区之一，该区位于淮河中下游，境内有涡河、北淝河、浍河、新汴河等多条淮河支流，河网密布，地势低洼常受洪涝威胁。该区年降水800~1 000 mm，因临近黄海，受太平洋季风影响，日最大降水200~300mm。

该区洪涝灾害可通过宿州的历史记录得到了解，民国时1902—1912年连续发生11次水灾，新中国成立后出现大洪水5次（为1954年、1963年、1965年、1982年、1996年），全市受灾面积超过10万hm^2的有23年，超过15万hm^2的有15年，超过20万hm^2的有9年，可见灾害发生的频率与灾情的严重程度（参见文献［89］）。

（2）易涝面积。该区易涝面积历史上高达200多万hm^2，经过治淮，近年易涝面积约30万hm^2，占耕地面积10%左右，大型洪涝灾害得到控制。

2. 治理现状

（1）水库建设。该区位于淮河平原，不宜修建大型水库，总库容42.4亿m^3，占径流量12%。但该区上游修建了很多大型水库，如许昌、驻马店、信阳各市的径流调节系数在100%~320%，超当地径流量的数倍，保护了淮河下游地区的安全。

（2）涝区治理。该区主要位于安徽境内，安徽涝区已治理面积227万hm^2，其中，3~5年一遇标准占治理面积41%，5年一遇为55%，10年一遇为4%。

（3）治理效果。境内淮河大型洪涝得到控制，局部灾害仍有发生。

3. 存在问题

（1）洪涝治理标准低。工程设计标准太低，不适应农业现代化、水利现代化需要。

（2）工程管理落后。对已建洪涝治理工程管理不规范，工程效益不能完好发挥。

4. 治理策略

（1）治理方针。根据新时期国民经济发展需要，提高现有洪涝治理工程标准，制定适应新时期的洪涝治理规划，对农田排水、小流域治理、水土保持进行长远规划，逐步分阶段落实。

（2）治理标准。参照参考文献［31］、［35］、［36］、［37］提出的治理标准。

（3）主要工程措施。提高小河流域防洪、田间排水系统标准，低洼地区更新、建立现代化排水泵站，配套田间交叉工程。

（4）非工程措施。完善现有排水工程管理体系，建设现代化的洪涝灾害监测、预报、预警、救灾系统。

（二）412 横断高山区无排水工程区

1. 涝区特点

该区有昭通、丽江 2 个市，位于云南省北部横断山脉南麓长江流域，昭通境内有洛泽河、洒鱼河、牛栏江，流入金沙江；丽江境内金沙江由南向北穿过，有二级以上支流 93 条。境内大山林立，有五莲峰、绵绵山、云岭、点苍山，海拔 5 000 m，有著名玉龙雪山风景以险、奇、美、秀著称于世。

（1）自然条件。该区年降水 800～1 200 mm，最大日降水 100～200mm，境内高山陡峭，丛入云霄，气候属高山气候，垂直变化明显，所以容易造成局地雨量突变，形成大风雷雨冰雹灾害。如怒江 2012 年截至 7 月 17 日 18：00，洪涝灾害共造成昭通市 3 县（区）11 个乡镇，人员伤亡房屋倒塌、作物受灾；2013 年 6 月 21 日暴雨造成洪涝灾害直接经济损失 1.16 亿元；2015 年 8 月镇雄县“8・17”山洪泥石流灾害，作物受灾 8.26 万 hm^2；还有 2016 年 6 月 21 日、2017 年 6 月 21 日等多年连续发生洪涝灾害。

（2）易涝面积。该区易涝面积 2.3 万 hm^2，占耕地面积 3.8%，山丘耕地中梯田比例大，但易涝面积占耕地面积比例较小。

（3）洪涝灾害类型。受山地气候影响，以山洪灾害为主，也时有河水洪灾发生。山高谷深水流湍急岸坡陡峭，呈“V”形河床，具有“高、深、窄、曲、陡”的特点，防洪堤坝只在河宽地带设置。山洪往往与地质灾害同时发生，对人民生命财产威胁很大。

2. 治理现状

（1）治理工程。该区水库总库容 9.8 亿 m^3，占径流量 4.7%，低于全国平均水平 34%；该区在“十一五”“十二五”“十三五”水利规划中，都将防洪建设列为头等大事，积极发展中小水库建设，增强调控洪水能力，该区很少有真正的低洼涝区，洪涝灾害主要是山洪。

（2）工程类型。防洪工程主要是修建蓄水工程，及在河流入口小型冲积扇地带建设堤坝。但这两项仍是该地区短板，需要加大建设力度，提高工程建设标准。

（3）治理效果。由于大小河流域河道治理滞后，小流域治理任务繁重，处在起步阶段，山洪灾害没有得到控制，只在非工程措施方面加强工作，因此，山洪灾害时有发生。

3. 治理策略

（1）治理方针。以提高洪水调控能力为中心，加强防护堤坝建设，以山洪地质灾害为重点，从调查研究入手，发动群众从基层开始，做好治理长远规划，不漏一山一沟，对编制的治理规划应以地方法规确定，分期分批逐步实施。

（2）治理标准。参照参考文献［31］、［35］、［36］、［37］提出的治理标准。

（3）地质灾害治理。参考有关泥石流治理的要求制定。

（4）非工程措施。建立洪涝山洪管理体系，建立山洪监测、预报、预警、抢险体系。

（三）413 长江中上游四川盆地机排自排排水区

该区包括眉山、广安、资阳、自贡、遂宁、内江等 6 个地市，位于四川盆地中部，土地平坦是成都平原一部分。

1. 涝区特点

（1）自然条件。四川盆地四面环山，西部青藏高原海拔5 000 m，东有大巴山、大娄山环绕，长江从盆地东南绕过，境内有岷江、沱江、涪江、嘉陵江等多条支流由西北向东南密布盆地，流向长江。盆地海拔 450~750m，地面平均坡度 3‰~10‰，地表相对高差都在 20m 左右，所以，排水条件较好，内涝不易发生，但该地形也易造成洪涝灾害，山高水急而盆地周围高，盆底就容易受灾。该区盆地四周年雨量 1 200~1 600 mm，盆地 800~1 000 mm，恰好支流上游雨量最多 1 600 mm，地形加不利的雨型，给盆地带来不利的洪涝条件。

近年区域内不断有洪涝发生，较大灾害如 2007 年 7 月 8 日、2012 年 6 月 30 日、2013 年 6 月 29 日、2016 年 9 月 18 日等分别在域内不同地区暴雨成灾，最大 3 日暴雨船山区老池乡达 619. 3mm。内江市处于盆底区，据文献［90］引述，内江地区多连雨，暴雨，并记录了洪涝灾害发生频率（表 14-25、表 14-26）。

表 14-25　内江市 1961—2005 年各地洪涝灾害次数统计

次数 / 年份	内江		东兴		资中		威远		隆昌	
	洪涝	大涝	洪涝	大涝	洪涝	大涝	洪涝	大涝	洪涝	大涝
1961—1970	7	1	7	1	6	2	8	0	4	0
1971—1980	6	1	6	1	7	1	4	0	4	2
1981—1990	8	1	8	1	11	1	6	1	7	0
1991—2000	3	0	3	0	4	0	2	0	6	0
2001—2005	1	0	1	0	1	0	0	0	0	0

表 14-26　内江市 1961—2005 年各地暴雨各月旬出现次数分布[90]

（雨量单位：mm）

月 / 旬 / 地名	3			4			5			6			7			8			9			10		
	上	中	下	上	中	下	上	中	下	上	中	下	上	中	下	上	中	下	上	中	下	上	中	下
内 ≥50				1			1	2	5	6	7	18	21	15	15	10	16	19	13	2	1		2	
江 ≥100									1		2	5	4	3	1	3	2	3	2					
东 ≥50				1			1	2	5	6	7	18	19	15	13	8	16	19	13	2	1		2	
兴 ≥100									1		2	5	4	3	1	3	2	3	2					
资 ≥50		1					1	3	2	4	4	15	15	13	14	16	17	12	10	3	1		1	
中 ≥100										1	1	3	6	4	3	4	4		2					
威 ≥50						1		4	3	4	8	14	15	17	13	17	15	10	9	1				
远 ≥100								1				6	1	2	2	1	3	1		2	1			
隆 ≥50					1	2	3	4	8	5	5	21	24	12	8	12	15	19	9	4	2			1
昌 ≥100								1			3	4	5	3			1	2	1		1			

（2）易涝面积。该区易涝面积 35.4 万 hm^2，占耕地面积 33.1%。该区虽然都是平坦之地，但内涝分布不同，上游内涝面积要小，下游要多，整体内涝远低于北方平原。该区一日最大雨量在 200~260mm，从表 14-26 看出，暴雨出现主要分布在 5—9 月，是中国南方与北方最大区别，由此造成南方洪涝灾害来临早于北方。

2. 治理现状

（1）治理工程。该区处于盆地中心地区，地势低洼，不宜修建水库，水库总库容 3.64 亿 m^3，占径流量 2%，也是洪涝多发原因之一。洪涝治理以水土保持、河道堤坝防护、农田排水、建设高标准农田等工程为主。

（2）治理效果。由于小河流域河道治理标准低，从全省涝区治理资料看出，治涝标准 3~5 年一遇占 55%，5~10 年占 43%，大于 10 年只占 2%。治理面积也小，在特大暴雨时，局部地区洪涝灾害轮番发生。

3. 治理策略

（1）治理方针。加强以洪涝灾害治理为中心，提高地面径流调节能力，提高堤防设计标准；农田田间排水为抵御连雨的渍涝要加强高标准农田建设，提高排水能力。制定长远规划，为鱼米之乡稳产高产保驾护航。

（2）治理标准。参照参考文献［31］、［35］、［36］、［37］提出的治理标准。

（3）非工程措施。该区位于中国著名都江堰灌区内，应将防汛、排水管理融为一体，建设世界一流的现代化、水利监测、灌排预报、洪涝灾害预测预报、抢险救灾为一体的管理系统。

（四）414 长江中游湖北山丘自排排水区

该区包括黄山、黄石、十堰、宜昌、襄阳、咸宁、恩施、神农架林区等 8 个地市，位于长江中游两岸湖北省地区，内有长江支流，北岸有汉江、南岸有清江，是湖北玉米产区。

1. 涝区特点

（1）自然条件。湖北省虽然是千湖之省，但该区是湖北玉米产区，多分布在山丘地带，有武当山、大巴山、长江三峡，海拔 1 000~3 000 m，年降水 1 000~1 200 mm，恩施最高 1 600 mm，最大 1 日降水 120~360mm，黄石最高。只有宜昌、襄阳、黄石有部分平原外，该区地形属山丘区，多地洪涝灾害是山区类型，涝区分布在河谷、山间谷地，洪涝以山洪形式出现。如 2008 年 7 月 22 日特大暴雨袭击襄樊市，18h 降水量达 293.9mm；2012 年 8 月 6 日保康县降水量 207.3mm，由此引发境内多处山体滑坡、泥石流，桥梁、道路、田地、房屋水毁；2013 年 6 月 20 日，襄阳局地降水量达 113.2mm 也发生洪涝灾害。

（2）易涝面积。该区易涝面积 6.5 万 hm^2，占耕地面积 5%，涝区分布在山间谷地，受灾属局部类型，影响面只在局部地区。

2. 治理现状

（1）治理工程。该区为丘陵山地，适宜修建水库，现有水库总库容 408 亿 m^3，占径流量 72.3%，高于全国平均水平 34%，对下游平原区洪涝灾有很高控制能力。从湖北省统计湖北涝区治理标准较高，治理工程 10 年一遇以上占治理工程 40%，在全国位居前列。

湖北小流域治理占全省土地面积 29%，高于全国平均水平 19%，处于较高水平，但水土保持工程治理占治理面积比例只有 9%，处于落后状态。

（2）治理效果。涝区治理标准较高，洪水灾害得到控制，但局部洪涝灾害没能控制好，与水土保持工程缺失有关。

3. 治理策略

（1）治理方针。以山洪地质灾害为重点，加强水土保持工程治理，提高治理标准，做好泥石流灾害防治规划。

（2）非工程措施。建立洪涝山洪管理体系，建立山洪监测、预报、预警、抢险体系。

（五）415 长江中游湖南山丘自排排水区

该区包括邵阳、岳阳、张家界、郴州、永州、怀化、娄底、湘西等 8 个地市，位于湖南省境内，西邻云贵高原，区内有澧水、沅江、资水、湘江多条长江支流。

1. 涝区特点

（1）自然条件。该区境内多山有武陵山、雪峰山、越城岭、骑田岭等山峰，除岳阳外都是湘西丘陵山区，是玉米产区。年平均降水 1 200~1 600 mm，1 日最大降水 150~300mm。自然条件与 414 区类似，没有大面积平原，洪涝属山区类型，洪涝加山洪，多地质灾害。如邵阳 2014 年 6 月 19 日 8：00 至 21 日 8：00，邵阳市各地普降暴雨到大暴雨，局部特大暴雨，降水量超过 200mm 的站点有 14 站，最大站点雨量为绥宁县枫木团站 273. 1mm；2015 年 6 月 8 日开始，发生最强降水过程，全市灾害导致河岸两边城镇被淹、大量房屋倒损、农作物严重受损；2017 年 7 月 2 日 12 时止，洪涝灾害共导致全市 12 个县市区 180 个乡镇，倒塌房屋 1 797 间，直接经济损失 37. 1 亿元。2015 年 11 月 15 日冬季将至，一场历史上罕见的洪涝灾害骤降；2015 年 7 月 4 日，郴州汝城县境内普遭强降水，降水量最大的三江口镇达 244. 8mm，产生泥石流灾害损失严重；2014 年湖南省怀化市共遭遇 9 次洪涝灾害侵袭，截至 7 月底，洪涝造成全市 13 个县市区重复受灾，受灾人口 376. 1 万人，紧急转移安置 19. 8 万人，需紧急生活救助 13. 5 万人，倒塌房屋 4 954 间，严重损坏房屋 14 398 间，农作物受灾面积 22. 69 万 hm^2，直接经济损失 42. 7 亿元。

从该区各市的实例中，看出洪涝灾害特点：一是高频率：如邵阳 2014 年、2015 年、2017 年接连发生灾害；在史料记载中，永州也有如下记录[92]：公元 101—1949 年的 1848 年间，洪灾发生 33 次，20 世纪 50 年代 10 年发生 1 次，60 年代 5 年发生 1 次，70 年代 2. 5 年发生 1 次，80 年代 3. 3 年发生 1 次，90 年代 2 年发生 1 次，说明该区与其他地区不一样的现象。二是多发性：一年能连续发生多次洪涝，如怀化一年发生 9 次灾害，并且一次经济损失高达 42. 7 亿元，同样现象也发生在永州，据永州统计 20 世纪的 1954 年、1966 年、1988 年、1990 年、1995 年、1996 年、1998 年平均每年发生 3. 1 次洪涝，2002 年永州市一年有 6 次洪涝（这和该区雨型有关，雨量年内较均衡，参见表 14-27）。三是重灾，多次重复，灾害叠加，如 1996 年一年发生 6 次灾害。四是四季均能发生涝灾，如 2015 年永州 11 月 15 日发生洪涝。

表 14-27　永州 1971—2000 年平均雨量年内分配[92]

项目	1月	2月	3月	4月	5月	6月	7月	8月	9月	10月	11月	12月
平均气温（℃）	6.0	7.5	11.4	17.7	22.4	26.1	28.8	28.0	24.2	19.0	13.6	8.6
平均降水（mm）	84.1	110.1	143.5	190.1	223.2	159.6	125.0	141.4	57.6	79.8	62.8	42.6
降水日数（d）	16.3	16.1	18.9	18.2	17.3	14.2	10.7	12.1	9.4	11.6	9.5	9.4
平均风速（m/s）	3.0	3.1	3.2	3.0	2.9	3.0	3.1	2.7	3.0	3.0	3.0	3.0

（2）易涝面积。该区易涝面积 45.2 万 hm^2，占耕地面积 23.4%。

2. 治理现状

（1）治理工程。该区水库库容 182.4 亿 m^3，占径流量 24.3%，低于全国平均水平 34%，涝区治理中 3~5 年一遇标准占治理面积的 31%，5~10 年一遇占 52%，10 年一遇以上占 17%，治理标准处于全国较好水平。小流域治理面积占土地面积 14.6%，属较低水平。水土保持治理面积占水蚀面积 15%，也处于全国较低水平，但水土保持工程治理面积占治理面积的 49%。

（2）治理效果。由于小河流域的河道治理面积少，水土流失区已治理面积也较少，因此局部洪涝有增加趋势，但大型洪涝控制能力却较强。

3. 治理策略

（1）治理方针。以局部洪涝灾害治理为中心，增加小流域治理面积，增加水土保持治理比重，重点防治山洪局部洪涝灾害，制定长远规划，逐步实施。

（2）治理标准。参照参考文献［31］、［35］、［36］、［37］提出的治理标准。

（3）非工程措施。建立洪涝山洪管理体系，建立山洪监测、预报、预警、抢险体系。

（六）416 长江上游四川省山丘自排排水区

该区包括宜宾、达州、雅安、巴中、泸州、绵阳、广元、乐山 8 个地市，位于成都平原周边地区，位在高山与盆地过渡地带。

1. 涝区特点

该区地形特点是山丘到平原过渡区域短，河水水流急喘，冲刷大，境内多条河流的发源地雨水丰富。多年平均降水 1 000~1 600 mm，1 日最大降水 200~320mm，成都气象雨季与湖南省不同（1—12 月雨量较均衡），雨季 6—9 月，雨量大于 100mm。如 2012 年 7 月 26 日晚至 7 月 27 日，雅安市出现了较强降水，10 个乡镇日降水量已超过 100mm，最大降水点在名山红岩为 231.0mm，直接经济损失近亿元；2013 年 7 月，四川盆地中西部出现持续强降水过程，局地大暴雨，部分站点日降水量突破历史极值，其中，7 日傍晚至 10 日，都江堰幸福镇过程雨量已达 999.7mm。此次降水过程时间集中、强度大引发洪涝、山体滑坡和泥石流等灾害，截至 7 月 11 日 9：00 统计，德阳、雅安、成都、绵阳、广元等 14 市（自治州）64 个县（区、市）145.3 万人受灾，直接经济损失 53.7 亿元；2015 年 8 月 16 日晚至 17 日，泸州叙永县遭暴雨袭击，引发山洪，从 16 日开始，四川盆地大部、攀西地区普降大到暴雨，绵阳、遂宁、成都、南充、资阳、宜宾、德阳、泸州等降大暴雨，截至 18 日 8：00，全省累计降水量超过 200mm 有 17 县 127 站，超过 300mm 有 6 县 13 站；2016 年 6 月 18—19 日，泸州市境内遭遇暴雨袭击（最大站点 1 700 mm），导致多地发生洪涝和泥石流等灾害。

从上述灾情看出该区洪涝特点：一是突然袭击，雨量较大辐射面积较大；二是洪水凶猛流急浪大，对河流两岸破坏严重；三是灾害发生频率高，近 5 年发生 4 次。

2. 治理现状

（1）治理工程。该区易涝面积 65 万 hm^2 占耕地面积 41%，得到治理的面积还较少，小流域治理全省已治理面积占土地面积 17%，但该区山区面积比例大，治理比例要低于该值。该区已建水库总库容 10.1 亿 m^3，占径流量 1.7%，与全国平均水平 34%相差甚远。

（2）治理效果。由于小河流域河道治理标准低，又面积大沟谷多，水土流失区已治理面积占全省需治理面积的 63%，但工程治理面积只占 22%，所以，局部洪涝屡屡发生。

3. 治理策略

（1）治理方针。以洪涝灾害治理为中心，增强地面径流调控能力，力争径流调控系数达到 40%，提高小河治理标准，扩大治理面积，提高治理水土流失标准，增加工程治理比例，给地区国民经济发展保驾护航。

（2）治理标准。参照参考文献［31］、［35］、［36］、［37］提出的治理标准。

（3）非工程措施。建立洪涝山洪管理体系，建立山洪监测、预报、预警、抢险体系，早日实现水利现代化。

（七）417 重庆市山丘自排排水区

该区包括重庆市所属各市县，位于长江三峡地区沿江两岸，境内有大巴山、巫山、武陵山、大娄山环绕，长江三峡风景秀丽，世界闻名。

1. 涝区特点

该区位四川盆地东部边缘，从盆地进入山区，境内以山丘地形为主，三峡区域山势陡峭隘崖险峻，该区年平均降水 1 200 mm，一日最大雨量 130mm。洪涝灾害属山区类型，重庆市 4—10 月的多年平均雨量都大于 100mm，由于山高坡陡一般暴雨都可能成灾，洪涝灾害 4—10 月均能发生。如 2014—2017 年的 4 年间，每年都有局部灾情，特别是 2014 年 8 月 31 日晚上，重庆市奉节县迎来强降水，在短短 2 个小时内，奉节县部分乡镇的降水量就达到了 120~150mm，降水引发了山洪，产生“8.31”洪灾，直接经济损失达 30 亿元以上（大于 10%是巨灾），占奉节 2014 年 GDP16%。

同样的灾害在 2016 年、2017 年也在异地发生，2016 年 6 月 30 日 8：00 至 9 日 8：00，潼南县 12 个乡镇累计降水量均达到 200mm 以上，降水最大的新华镇达到 324mm；2017 年 6 月 8—9 日，多地持续降水，部分地区发生洪涝灾害，8 日 12：00 左右，奉节县竹园镇龙池乡山体出现垮塌，9 日凌晨至 9 日上午 8：00，万州造成的堰塞湖再次漫堤 4 条主干线塌方 10 余处，忠县 4 条主干线共发生塌方十余处，巫溪县通城镇、双阳乡、兰英乡多处垮塌、山体滑坡，损失严重。

通过近期的灾害事件，可以看出该区洪涝特点：一是 1 次降水过程就会引起多县区多点受灾；二是灾害主要表现为发生次生灾害，如泥石流、山体崩塌、山体滑坡、水毁交通等；三是产生堰塞湖，灾害更为严重；四是损失巨大，超过国民经济 10%，影响民生及经济发展。

（1）自然条件。境内多座山峰海拔 1 500~2 400 m，穿过巫山到达湖北省宜昌就走出西部大山，到达长江中下游平原区。世界著名的三峡水利枢纽，回水区在该区境内，回水直到重庆东侧。

（2）易涝面积。该区易涝面积 21.2 万 hm^2，占耕地面积 10.3%，涝区分布在盆地与山间谷地。该区洪涝灾害特点是以地质次生灾害为主，农田在坡地，梯田面积 51.5 千 hm^2 居全国排位第三，仅次于甘肃省（84.8 千 hm^2），四川省（59.6 千 hm^2），如果按水土保持面积比例（1.6%），应该居全国第一位，甘肃省（1.1%），四川省（0.5%）次之。

2. 治理现状

（1）治理工程。该区已建水库库容 22 亿 m^3，占径流量 4%，径流已进入三峡库区。坡耕地治理位列全国第一位。小流域治理面积占土地面积 35.4%，也位列全国第三，次于北京市、宁夏回族自治区。水土保持治理面积占水蚀面积比例 77%，但其中工程治理仅占 26%，低于先进地区。

（2）治理效果。由于小河流域河道治理、水土流失治理还有很多任务没有完成，治理标准也低，局部洪涝没有减少，仍然连续发生。

3. 治理策略

（1）治理方针。该区主要威胁来自局部山洪及由山洪引发的地质次生灾害，后期治理以小流域治理，水土保持为中心，提高治理标准，扩大面积，做好长远规划（尤其是洪涝与地质灾害治理），逐年落实，保护好该地区民生安全与经济建设。

（2）治理标准。参照参考文献［31］、［35］、［36］、［37］提出的治理标准。

（3）非工程措施。建立洪涝山洪管理体系，建立山洪监测、预报、预警、抢险体系，早日实现水利现代化。

（八）418 长江上游贵州省山区自排排水区

该区包括贵阳、六盘水、遵义、安顺、毕节、铜仁、黔西南布依族苗族自治州、黔东南苗族侗族自治州等 8 个地市，位于贵州境内，长江流域上游乌江上游鸭池河流域，地形处在云贵高原东端。

1. 涝区特点

该区是云贵高原一部分，贵州省高原起伏较大，山脉较多称为“山原”，海拔在 1 000~1 500 m，贵州省山原是典型的喀斯特地形，石灰岩广布，到处都有溶洞、石钟乳、石笋、石柱、地下暗河、峰林等，

（1）自然条件。境内有大娄山、赤水河、六冲河，区内年均降水 1 200 mm，日最大降水 150~248mm，年内雨季为 5—9 月，月均雨量大于 150mm，也是洪涝最易发生季节。如 2011 年 6 月，贵州省暴雨发生洪涝灾害，全省 14 个县（市）不同程度遭受暴雨洪涝灾害，受灾人口 40 余万。灾情最重的望谟县，望谟、紫云、德江、铜仁、江口、印江、石阡、松桃、湄潭、凤冈、雷山、长顺、贵定、罗甸共 14 个县（市）也不同程度遭受暴雨洪涝灾害，受灾人口 43.82 万人，紧急转移安置 9.83 万人；农作物受灾面积 2 万 hm^2。2012 年 5 月 18—19 日，六盘水、毕节 2 市部分县区出现强对流天气，引发大风冰雹洪涝灾害，冰雹最长持续时间达 30min，最大直径达 2cm，六盘水、毕节 2 市 4 个县（区）5.6 万人受灾，直接经济损失近 1 800 万元。2014 年 7 月 15 日 20：00 至 16 日 16：00，贵

阳市城区已降水169.5mm，清镇213.5mm，导致川黔铁路泥石流断道有35趟列车停运。2017年6月月9日夜间开始，贵州省出现较大范围降水天气过程，其中，6月10日8：00至11日8：00，贵州省丹寨县扬武乡降水量达242.3mm，共造成丹寨、织金、雷山等16个县（市、区）不同程度遭受暴雨洪涝灾害，共计12.7万人受灾。

（2）易涝面积。该区易涝面积22.1万hm^2，占耕地面积8.3%，涝区分布河谷两岸及岩溶洼地。

2. 治理现状

（1）治理工程。该区已建水库总库容82.7亿m^3，占径流量18.4%，低于全国平均水平（34%）。贵州全省小流域治理6.2万km^2，占土地面积34%，位在全国较高水平；水土流失治理面积占水蚀面积85.6%，其中，工程治理占27%，居全国中等水平；全省涝区治理工程标准：3~5年一遇占总治理的54%，5~10年占43%，10年以上占3%。

（2）治理效果。地面径流调节系数低于40%，与发达地区对洪涝控制能力的差距很大，因小河流域河道治理标准低，水土保持工程治理比重低，所以，涝区治理标准达不到当前的要求（10%以上），由于这些指标没能实现，导致抗灾能力不足，洪涝灾害抵抗能力连一场一般暴雨都抵抗不了，所以，局部及区域性灾害时常发生。

3. 治理策略

（1）治理方针。以洪涝和山洪灾害治理为中心，全面提升小河治理、水土保持、涝灾治理全面提升工程设计标准，在新阶段水平下制定洪涝灾害治理规划，一旦确定以法规形式确定，逐年实施。

（2）非工程措施。建立洪涝山洪管理体系，建立山洪监测、预报、预警、抢险体系，早日实现水利现代化。

（九）421怒江高山区无排水工程区

该区只有保山、怒江两市，位于沿江上下游，怒江两岸山高谷深，峡谷深邃，山崖峻峭，雨水自由流淌，江水一泻千里。

1. 涝区特点

（1）自然条件。怒江发源西藏，进入云南省流向改为由北向南流，云南省段长650km两岸海拔4 000 m左右，北高南低，流入缅甸后改称萨尔温江，最后注入印度洋的安达曼海。

表14-28　怒江降水年内分布

	1月	2月	3月	4月	5月	6月	7月	8月	9月	10月	11月	12月
平均气温（℃）	7.5	8.6	10.5	13.6	17.8	20.6	21.3	21.2	19.5	15.9	11.2	7.9
平均降水量（mm）	61.2	128.1	243.0	226.3	143.4	222.4	203.8	155.5	172.5	149.7	50.2	31.7
降水日数（d）	9.7	15.2	21.1	22.6	21.6	25.8	27.2	24.9	23.8	16.8	8.9	5.5
平均风速（m/s）	0.6	0.8	0.8	0.8	0.9	0.9	0.9	0.8	0.6	0.6	0.5	0.4

1971—2000年统计资料

怒江西岸是高黎贡山，东岸是怒山隔澜沧江是云岭，大山南北走向，与中国北边构成青藏高原骨架的喜马拉雅山、冈底斯山、唐古拉山等几大山系均呈东西排列不同，将这群南北走向群山称为横断山脉。区域内全部为高山大川，如怒江州总面积 14 703 km^2，人口 52 万，而耕地面积仅 5.06 万 hm^2，占土地面积 3.4%。该区有玉米种植 11.5 万 hm^2，占耕地面积 22.3%，该区多年平均降水 100~2 000 mm，一日最大雨量 100mm，雨季为 2—10 月（表 14-28）从该区自然条件看出，该区人少山多，山谷地和坡地的农田无排水系统，但洪涝威胁是该区的巨大灾害，洪涝治理是不可或缺的工程建设，正如云南在地质灾害防治中方案中所示（图 14-24），该区列为云南地质灾害最强活动区，文献［95］介绍，这里峡谷区城镇，江面与可居住土地非常峡窄，很难找到修筑堤防与排水设施的地块。如 2016 年 2 月 27 日因受冷空气和南支槽影响，怒江傈僳族自治州贡山独龙族怒族自治县境内出现持续降水，江水猛涨，多处发生山体塌方，致 30 余间房屋倒损，近 2 200 人受灾。

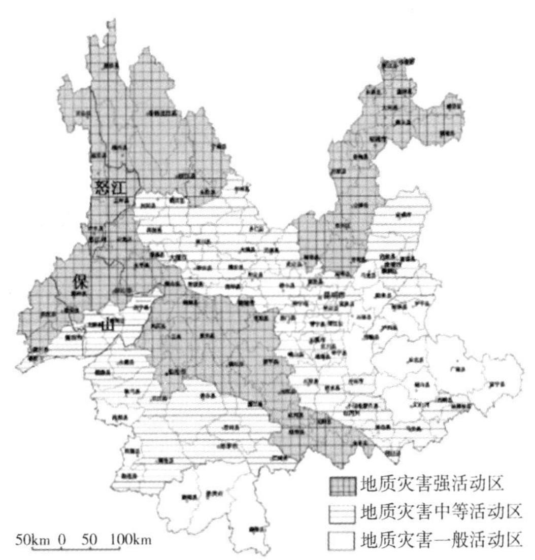

图 14-24　怒江、保山地质灾害等级

注：引自《2011 年云南省地质灾防治方案》

（2）易涝面积。该区易涝面积 1.7 万 hm^2，占耕地面积 3.3%，涝区分布在河谷两岸滩地。

2. 治理现状

（1）治理工程。该区已建水库总库容 5.1 亿 m^3，占径流量 1.3%，小流域治理、水土保持治理、涝区治理情况与 423 区云南全省状况相同。

（2）治理效果。洪水控制能力较弱，洪涝治理不足，局部洪涝山洪没能控制。

3. 治理策略

（1）治理方针。加强洪水调节控制能力，从小流域治理、水土保持入手，增强抗灾能力建设，保护国民经济发展和民生安全。

（2）治理标准。参照参考文献［31］、［35］、［36］、［37］提出的治理标准。

（3）非工程措施。在工程抗灾能力不足时，非工程措施更显重要，克服大山阻隔架设空中信息高速公路，为监测、预报、预警、抢险现代化，保护民生、经济建设安全保驾护航。

（十）422 珠江上游山区自排排水区

该区包括百色、河池、黔南布依族苗族自治州、曲靖、玉溪、文山 6 个地市，位于广西壮族自治区、贵州省、云南省南部毗连区，地形属低山丘陵区，境内是珠江西江干流的发源区，主要支流有剥隘河、南盘江、北盘江。境内多山与云南高原不同，被称为贵州山原，高原海拔千米，熔岩地形奇特山岭纵横，地表崎岖，俗有“地无三里平，天无三日晴”。

1. 涝区特点

（1）自然条件。该区多年平均降水 1 200~1 600 mm，一日最大降水量 100~240mm，雨季为 5—10 月，月平均雨量大于 100mm，最大雨量发生在 6—7 月。另外，该区一日内雨量时段也有特殊规律，文献［94］研究得出：贵阳 48 年间发生的特大暴雨有 8 年均发生在夜间，这一成果对灾害防治，尤其对泥石流的预警提供了注意的时间段（表 14-29）。以该区近 8 年的灾害发生特点区分，将该区的洪涝灾害分为如下类型。

表 14-29　3—10 月特大暴雨发生时段统计

站名	发生日期	夜间降水量（mm）	白天降水量（mm）
思南	1998 年 7 月 22 日	218.8	18.2
江口	1985 年 7 月 3 日	216.1	43
六枝	1992 年 6 月 15 日	256.3	0
镇宁	1985 年 6 月 4 日	205.8	0
镇宁	2000 年 6 月 25 日	229.9	1.5
平坝	1991 年 7 月 9 日	229.3	36.9
贵定	1999 年 6 月 30 日	205.1	29.8
都匀	2000 年 6 月 8 日	301.0	6.4

①大区域性洪涝：如 2011 年 6 月 3—6 日遵义市中东部、安顺市、铜仁地区、黔西南州北部及东部、黔南州大部、黔东南州等大面积发生洪涝。

②连续发生洪涝：贵州 2017 年 6 月 6—12 日 18：00，大范围强降水共造成丹寨、织金、雷山等 16 个县（市、区），成灾，6 月 9 日夜间以来，贵州省出现较大范围降水天气过程，其中，6 月 10 日 8：00 至 11 日 8：00，丹寨县扬武乡降水量达 242.3mm，属于特大暴雨。6 月 11 日 12：00 至 12 日 7：00，特大暴雨袭击了织金县桂果镇，降水量达 210.7mm。与此类似 2014 年 7 月 16 日到 7 月 16 日晚，贵阳市 24 小时降水量 201.7mm，突破历史极值。贵州气象灾害应急响应连提 3 次，灾害影响交通不能正常运行。

突发性洪灾　2015 年 7 月 15 日凌晨，该县蓼皋镇、太平营乡、大坪场镇、孟溪镇、妙隘乡等乡镇骤降特大暴雨，有的乡镇降水量达 303mm，松江河水位猛涨，引发松桃有水文记载以来最大洪涝灾害，灾情十分严重，全县 12.8 万人受灾，直接经济损失 4.58 亿元。

暴风雨冰雹混合型　2016 年 4 月 15 日贵阳市下起大雨，并夹杂着冰雹。观山湖区朱昌 32.8mm，主要降水区位于贵阳的中部一带。20：00 以后，雨势就开始减弱，贵阳还出现了瞬时大风，达到 24m/s，风力达到了 9 级，灾害重叠。

2. 治理现状

（1）治理工程。该区已建水库总库容 82.7 亿 m^3，占径流量 18%，低于全国平均水平（34%）。该区由 3 省份的相关地市构成，从 3 省份小流域治理看发展不均衡，广西壮族自治区小流域治理占土地面积只有 8%，而贵州省是 34%，云南省是 20%；水土保持治理面积广西壮族自治区占该治理面积 31%、贵州省 95%、云南省 65%；

（2）治理效果。洪水控制能力不足，小流域治理面积少，洪涝灾害没能控制，局部灾害频发。

3. 治理策略

（1）治理方针。该区要根据洪涝灾害发生特点，以提高洪涝灾害控制能力为中心，加强水库建设、小流域治理、提高水土保持工程治理比重，以山洪治理为重点，搞好长远规划，逐步落实，为国民经济发展保驾护航。

（2）治理标准。参照参考文献［31］、［35］、［36］、［37］提出的治理标准。

（3）非工程措施。在洪涝工程治理不健全条件下，尽快建成洪涝灾害监测、预测、预报、抢险系统。

（十一）423 澜沧江流域自排排水区

该区包括昆明、普洱、临沧、楚雄、红河、西双版纳、大理、德宏等8个地市，位于澜沧江上游，北邻云贵高原，北依青藏高原，是中国水能资源最丰富地区。

1. 涝区特点

该区境内有无量山、哀牢山等多个大山，有怒江支流南定河，把边江、元江，怒江、澜沧江由北向南川流而过。

（1）自然条件。云南高原位于哀牢山以东云岭以南，故称为云南高原，高原山地顶部呈宽广平坦和缓起伏地面，在起伏的山岭间，有许多湖盆和坝子，如洱海、滇池。该区年降水量分布差异很大，瑞丽、临沧受云岭、无量山、哀牢山阻隔来自孟加拉湾的雨云，形成强烈的坡前降水，年雨量2 000~3 000 mm，同样在三座大山的阻隔下，山后雨量骤然减少，年雨量减少到800mm的大理、楚雄成条状分布区。太平洋来的雨云由东南沿海逐步向青藏高原移动，雨量逐渐减少，到达昆明地区年雨量1 000~1 200 mm。该区最大一日降水110~250mm，虽然日降水不大，但受高原微地形的影响，坝子与山地高差也在1 000 m左右。该区雨季为5—9月，月雨量100~200mm，洪涝灾害也同样发生在雨季。如昆明历史洪涝灾害统计：1812—1911年的99年间发生洪涝64次，发生几率64%（表14-30）。近年昆明洪涝也同样发生，2008年11月3日、2010年6月25日、2013年7月19日、2014年9月17—18日、2017年6月12日这10年间，共发生5次洪涝。2017年入汛后昆明各县（市、区）陆续进入雨季，降水过程明显增多，强降水频繁出现。截至7月7日，昆明市平均降水量429mm，造成昆明12个县（市、区）56个乡镇、14.69万人不同程度受灾。上述灾害发生类型不同，有台风引起的暴雨、有连续降水引发的河流洪水、有突发的特大暴雨，与其他地市洪涝灾害类似。

表14-30　昆明历史洪涝灾害发生年份时序表（1321—1911）

时序//a	洪涝灾害发生年	发生年数
1312—1411	1324，1326，1394，1404，1409	5
1412—1511	1446，1450，1455，1481，1482，1501，1502，1509	8
1512—1611	1512，1525，1530，1533，1538，1548，1549，1553，1554，1558，1561，1566，1567，1570，1571，1573，1581，1586，1593，1600	20
1612—1711	1620，1623，1625，1638，1639，1649，1650，1663，1664，1671，1672，1677，1678，1680，1687，1691，1694，1695，1696，1697，1704，1706，1707，1708	24

（续表）

时序//a	洪涝灾害发生年	发生年数
1712—1811	1713，1724，1729，1730，1736，1737，1738，1739，1741，1743，1744，1745，1748，1749，1751，1752，1757，1764，1765，1766，1767，1768，1770，1772，1774，1775，1777，1778，1784，1787，1788，1791，1794，1801，1802，1804，1805，1806，1810，1811	40
1812—1911	1812，1815，1816，1823，1824，1827，1828，1830，1833，1834，1835，1836，1839，1842，1844，1846，1852，1853，1854，1855，1857，1859，1860，1861，1862，1864，1865，1868，1870，1871，1872，1875，1876，1877，1879，1880，1881，1882，1883，1884，1886，1887，1889，1890，1891，1892，1893，1894，1895，1897，1898，1899，1901，1902，1903，1904，1905，1906，1907，1908，1909，1910，1911	64

引自文献［93］

（2）易涝面积。该区易涝面积16万hm^2，占耕地面积4.8%，涝区分布在河谷两岸滩地，大部耕地分布在坡地坝子。

2. 治理现状

（1）治理工程。该区已建水库总库容73.1亿m^3，占径流量6.3%，低于全国平均水平（34%）。云南全省小流域治理7.73万km^2，占土地面积20.17%；水土保持治理面积7.18万km^2占水蚀面积65%，但工程治理面积占比只有1.4%；涝区治理工程的治理标准3~5年一遇占总治理面积的64%，5~10年一遇占28%，10年一遇以上占8%。

（2）治理效果。该区河道比降大为4‰左右，小河流域河道治理标准低，水流急湍，破坏力大，局部洪涝发生频率较高，涝区面积小，灾害主要是由洪涝引发的地质灾害。

3. 治理策略

（1）治理方针。该区年初是旱季，水旱灾害常是连续发生。涝区面积小，但由于雨量分配集中，即使大雨连降也会引起洪涝灾害，地形又常造成地质灾害，水灾威胁对经济损失大。治理方针是：增强对洪涝灾害的重视，提高河道治理标准，加强小河流域治理，提高水土保持工程治理比例，补齐洪涝灾害治理短板，为地区经济发展、民生安全搞好水利建设。

（2）治理标准。参照参考文献［31］、［35］、［36］、［37］提出的治理标准。

（3）非工程措施。克服高山峻岭的阻隔，架起空中洪涝灾害预报预警抢险空中高速网络，建全洪涝山洪管理体系，建立山洪监测、预报、预警、抢险系统。

附件一　泥石流防治预防措施概要

一、预防方针

牢固树立以人为本的工作理念，坚持“安全第一、常备不懈、以防为主、全力抢险”的山洪地质灾害工作方针，精心组织、周密部署，实现零伤亡。

二、制定泥石流防治预案

汛前以政府防汛指挥部为中心，各市委办参加，制定《山洪泥石流地质灾害抢险应急预案》。

预案包含如下。

1. 建立山洪泥石流地质灾害预防预警抢险队伍

(1) 设立山洪泥石流地质灾害预防预警中心。

(2) 设立山洪泥石流地质灾害抢险队（发动群众组织与专业队结合）。

2. 组织泥石流地质灾害易发区普查

水利、农业、国土、交通、住建、经信、气象、安监等部门下乡普查。

(1) 河流防洪工程险情险段检查（绘制详图）。

(2) 山洪泥石流易发区普查（培训专业地质勘察知识，绘制详图）。

3. 组织人员落实

4. 抢险物资检查

5. 人员职能培训

提高思想认识，增强责任感和紧迫感，岗前锻炼、山洪灾害防治、山洪灾害预警监测系统操作使用以及灾情统计等培训，进一步提高基层防汛工作人员的业务能力，强化应急保障，提升救援能力。

6. 落实抢险方案

针对具体险情险段落实抢险预案。

7. 资金筹措

三、组织措施

1. 完善组织机构强化责任落实

防汛责任人，确保责任落实，人员在岗，履职到位。

2. 密切跟踪把握汛情灾情特点

统一一线指挥，及时救助。

注：该文参照四川省雅安 3 年防汛泥石流零伤亡经验缩。

附件二　山洪灾害防治区开展山洪灾害防治非工程措施建设简介

一、编制依据

（1）《全国山洪灾害防治规划》。

（2）《山洪灾害防御预案编制大纲》。

（3）《山洪灾害防治县级非工程措施建设实施方案编制大纲》。

（4）《山洪灾害防治县级监测预警系统建设技术要求》。

（5）其他相关标准、规程、规范、管理办法。

二、建设目标与任务

1. 目标

建设山洪灾害防治监测预警系统，提高全民防灾避灾意识，有效防御山洪灾害。

2. 任务

山洪灾害防治非工程措施建设，主要包括山洪灾害普查、危险区的划定、临界雨量和水位等预警指标、监测预警系统建设、责任制体系建立、防御预案编制和人员培训。

三、现状调查与评估

1. 山洪灾害普查

（1）普查原则。以人为本保障人民生命安全，最大限度地减轻人员伤亡和财产损失普查不遗漏原则，要调查所有受山洪灾害威胁的小流域的所有居住点进行逐点调查、评估。

（2）工作内容。

①普查项目：所有小流域自然和经济社会基本情况（人口、分布）；山洪灾害类型、历史山洪灾害（灾情）；山洪灾害威胁的主要经济设施分布情况。

普查成果详细要求参见《山洪灾害防治县级监测预警系统建设技术要求》。

②危险区的划定：根据普查的结果，划定山洪灾害防治区内危险区、安全区。

2. 预警指标的确定

根据历史降水及山洪灾害情况，结合地形、地貌、植被、土壤类型等，确定每个小流域或乡村各级临界雨量、水位等预警指标（实践中不断完善）汇表如库。

四、监测预警系统建设

1. 监测项目

（1）水雨情监测。项目：雨量站、水位站国家站网观测项目。

（2）观测站。根据经济条件可建标准站、简易站、自动化站，按技术要求选择测量设备。

2. 站网布设

（1）雨量站布设。雨量站布设考虑分区控制、流域控制、地形控制等原则，将可利用原有站点纳入，根据需要可分不同级别布设。成果上图。

（2）水位站布设。水位监测站应考虑不同流域面积、山洪灾害影响程度、影响范围和保护范围的水库、临近居民区的河段。成果上图。

3. 通信设施设备

按照各类监测站的采集方式和信息传输方式，主要针对自动监测站配置相应的监测与传输设备，并根据实际情况进行相关安装设施配置与土建工程。

五、监测预警平台

1. 平台组成与功能

监测预警平台是山洪灾害监测预警系统数据信息处理和服务的核心，主要由计算机网络、数据库、应用系统组成，主要功能包括信息汇集、信息服务、预警信息发布模块等。

2. 信息汇集与分析服务

（1）信息汇集。主要由数据接收处理单元（硬件设备）和实时数据接收处理软件构成。数据接收处理单元主要由数据接收通信设备、数据接收处理计算机、电源以及设备安装设施和避雷系统组成。

（2）信息分析服务。信息服务应具有信息查询、实时水雨情监视、气象国土等相关部门信息服务、水情预报服务等功能。

（3）预警信息发布模块。预警信息发布模块根据不同的预警等级，及时向各类预警对象发布预警信息。

（4）监测预警平台软硬件配置。根据各县的实际情况，选用网络设备、数据库、应用系统软件等。

3. 预警系统

预警系统建设是在监测信息采集及预报分析决策的基础上，通过确定的预警程序和方式，将预警信息及时、准确地传送到山洪灾害可能威胁区域，使接收预警区域人员根据山洪灾害防御预案，及时采取防范措施，最大限度地减少人员伤亡。

（1）系统组成。根据预警信息的不同获取渠道，分为从县级监测预警平台获取信息和群测群防获取信息 2 种途径。预警信息的发布，主要由各级山洪灾害防御指挥部门根据决策流程决策后发布。

（2）预警流程。预警信息可通过监测预警平台制作、发布。各级防汛指挥部门通过监测预警平台向县、乡（镇）、村、组及有关部门和单位责任人发布预警信息。

（3）预警信息发布。根据预警信息获取途径不同，预警发布权限归属不同的防汛负责人（或防汛部门）。县级预警信息由县级防汛负责人（或防汛部门）授权后统一发布。群测群防监测点预警信息，由监测人员和相关责任人自行发布。

（4）预警发布内容。主要包括：洪水预报，雨量，溪河、水库山塘水位监测信息，预警等级，准备转移通知、紧急转移命令等。

（5）预警信息发布对象。预警信息发布对象为可能受山洪威胁的城镇、乡村、居民点、学校、工矿企业、旅游景点等。根据关联监测站、预警等级确定不同的发布对象。

（6）预警发布方式。预警分为两个阶段：内部预警（对防汛人员和相关责任人）和外部预警（对社会公众）。

六、责任制组织体系

建立县、乡（镇）、村、组、户五级山洪灾害防御责任制体系，组织指挥机构主要在县、乡（镇）、村建立。

1. 组织指挥机构

各级设立指挥部，指挥部与防汛抗旱指挥部合署办公，由防汛抗旱指挥部统一指挥。下设工作组（监测组、信息组、转移组、调度组、保障组）及应急抢险队。

2. 抢险救援组织

根据各层指挥系统确立，设置各种救灾、抢险、运输等组织。

以下内容从略。

附表 14-1　全国各省份 2006—2014 年洪涝受灾面积统计

年份	2006	2007	2008	2009	2010	2011	2012	2013	2014
全国	10 521.9	12 548.9	8 867.0	8 748.2	17 866.7	7 191.5	11 218.0	11 777.5	5 919.4
北京	2.4	5.1	0.0			42.1	73.1	34.1	
天津	3.3	5.0	0.0			3.8	166.3	7.5	
河北	120.7	491.2	54.5	119.9	92.0	227.3	562.0	281.5	11.1
山西	34.0	520.0	56.5	53.0	152.9	240.8	96.9	145.1	32.1
内蒙古	195.2	59.1	434.0	449.3	215.6	387.4	954.7	388.1	104.7
辽宁	86.0	42.5	173.2	20.4	852.5	272.7	593.6	277.4	0.0
吉林	133.0	23.5	51.7	37.0	386.5	58.2	86.2	614.9	8.6
黑龙江	1 121.7	69.0	159.4	1 570.4	916.5	234.8	561.7	2 654.0	544.9
上海		20.8	0.0	16.3		24.2	11.6	27.3	
江苏	1 173.4	1 122.7	242.5	329.4	527.8	292.4	546.1	243.8	57.9
浙江	230.9	771.5	372.4	430.8	292.6	317.5	617.6	679.4	177.7
安徽	741.5	1 561.1	524.3	522.8	1 072.0	396.2	482.3	316.4	310.8
福建	840.0	216.2	146.4	158.3	429.2	58.8	134.0	271.3	146.7
江西	653.2	204.0	970.4	482.6	1 784.2	437.0	451.5	344.5	358.1
山东	366.5	661.9	124.5	761.1	1 615.5	335.4	1 376.8	993.4	109.9
河南	318.8	906.0	73.7	100.0	1 166.5	64.1	149.9	64.5	1.8

（续表）

年份	2006	2007	2008	2009	2010	2011	2012	2013	2014
湖北	283.0	1 353.0	1 179.0	832.4	1 610.6	891.1	618.8	455.7	131.2
湖南	1 069.1	757.8	679.5	557.5	2 100.8	502.7	757.7	376.7	815.1
广东	1 123.5	350.5	1 095.4	325.1	550.5	204.1	289.2	1 120.0	691.2
广西	830.7	402.5	1 338.8	322.2	598.3	534.5	507.8	531.9	918.9
海南	14.0	127.4	211.4	106.4	287.8	236.6	69.8	160.7	203.6
四川	260.3	890.0	206.1	667.1	1 436.6	519.9	245.6	98.4	212.3
重庆	97.0	520.0	86.1	319.4	394.2	172.3	811.4	744.9	288.5
贵州	114.4	177.0	185.9	195.7	398.5	111.1	250.6	129.3	364.3
云南	220.2	450.0	248.8	148.9	182.8	101.1	306.9	157.9	274.0
西藏	4.8	5.3	5.2		15.1	4.0	5.5	8.9	9.8
陕西	194.2	462.0	134.1	60.7	373.8	314.3	131.5	237.9	64.4
甘肃	149.0	195.0	71.3	109.9	252.3	102.0	241.1	284.2	43.3
青海	21.8	10.5	9.8	12.8	14.7	20.6	30.0	40.0	9.0
宁夏	78.0	37.4	4.5	30.0	10.5	21.8	28.7	31.8	17.0
新疆	68.0	27.7	8.6	136.5	62.6	59.5	56.1	12.8	12.8

附表 14-2　各省份受灾面积占耕地面积系数及受灾面积百分比分级表

省份	年份									受灾面积比例分级（%）			
	2006	2007	2008	2009	2010	2011	2012	2013	2014	<4	4~14	14~34	>34
全国总计	0.09	0.10	0.07	0.07	0.15	0.06	0.09	0.10	0.05	0	8	1	0
北京	0.01	0.02	0.00		0.00	0.18	0.32	0.15	0.00	6	6	3	0
天津	0.01	0.01	0.00		0.00	0.01	0.38	0.02	0.00	8	0	1	0
河北	0.02	0.08	0.01	0.02	0.01	0.04	0.09	0.04	0.00	7	2	0	0
山西	0.01	0.13	0.01	0.01	0.04	0.06	0.02	0.04	0.01	7	2	0	0
内蒙古	0.03	0.01	0.06	0.06	0.03	0.05	0.13	0.05	0.01	4	5	0	0
辽宁	0.02	0.01	0.04	0.00	0.21	0.07	0.15	0.07	0.00	5	2	2	0
吉林	0.02	0.00	0.01	0.01	0.07	0.01	0.02	0.11	0.00	7	2	0	0
黑龙江	0.09	0.01	0.01	0.13	0.08	0.02	0.05	0.22	0.05	3	5	1	0
上海	0.00	0.09	0.00	0.07	0.00	0.10	0.05	0.11	0.00	5	4	0	0
江苏	0.25	0.24	0.05	0.07	0.11	0.06	0.11	0.05	0.01	1	6	2	0
浙江	0.12	0.40	0.19	0.22	0.15	0.17	0.32	0.35	0.09	0	2	5	2
安徽	0.13	0.27	0.09	0.09	0.19	0.07	0.08	0.06	0.05	0	7	2	0
福建	0.63	0.16	0.11	0.12	0.32	0.04	0.10	0.20	0.11	1	4	3	1
江西	0.23	0.07	0.34	0.17	0.63	0.15	0.16	0.12	0.13	0	3	4	2
山东	0.05	0.09	0.02	0.10	0.21	0.04	0.18	0.13	0.01	3	4	2	0
河南	0.04	0.11	0.01	0.01	0.15	0.01	0.02	0.01	0.00	7	1	1	0
湖北	0.06	0.29	0.25	0.18	0.35	0.19	0.13	0.10	0.03	1	3	4	1
湖南	0.28	0.20	0.18	0.15	0.55	0.13	0.20	0.10	0.22	0	2	6	1

（续表）

省份	年份									受灾面积比例分级（%）			
	2006	2007	2008	2009	2010	2011	2012	2013	2014	<4	4~14	14~34	>34
广东	0.40	0.12	0.39	0.11	0.19	0.07	0.10	0.40	0.24	0	6	3	0
广西	0.20	0.10	0.32	0.08	0.14	0.13	0.12	0.13	0.22	0	9	0	0
海南	0.02	0.18	0.29	0.15	0.40	0.33	0.10	0.22	0.28	1	7	1	0
重庆	0.12	0.40	0.09	0.30	0.64	0.23	0.11	0.04	0.09	1	7	1	0
四川	0.02	0.09	0.01	0.05	0.07	0.03	0.14	0.13	0.05	3	6	0	0
贵州	0.03	0.04	0.04	0.04	0.09	0.02	0.06	0.03	0.08	6	3	0	0
云南	0.04	0.07	0.04	0.02	0.03	0.02	0.05	0.03	0.05	4	4	0	0
西藏	0.01	0.01	0.01		0.04	0.01	0.02	0.02	0.03	9	0	0	0
陕西	0.05	0.11	0.03	0.01	0.09	0.08	0.03	0.06	0.02	4	5	0	0
甘肃	0.03	0.04	0.02	0.02	0.05	0.02	0.05	0.06	0.01	6	3	0	0
青海	0.04	0.02	0.02	0.02	0.03	0.04	0.06	0.07	0.02	7	2	0	0
宁夏	0.07	0.03	0.00	0.03	0.01	0.02	0.03	0.03	0.02	8	1	0	0
新疆	0.02	0.01	0.00	0.03	0.02	0.01	0.01	0.00	0.00	9	0	0	0

附表 14-3　洪涝面积成灾率

省份	年份									成灾系数	
	2006	2007	2008	2009	2010	2011	2012	2013	2014	最小	最大
全国总计	0.53	0.48	0.51	0.43	0.49	0.47	0.52	0.56	0.48	0.43	0.56
北京	1.00	0.04				0.40	0.52	0.64		0.04	1.00
天津	0.82	0.62				1.00	0.72	0.90		0.62	1.00
河北	0.55	0.55	0.53	0.41	0.51	0.49	0.57	0.65	0.66	0.41	0.66
山西	0.37	0.23	0.01	0.57	0.18	0.60	0.58	0.61	0.49	0.01	0.61
内蒙古	0.77	0.66	0.37	0.36	0.77	0.57	0.55	0.76	0.68	0.36	0.77
辽宁	0.38	0.38	0.00	0.26	0.62	0.55	0.68	0.61	1.00	0.00	1.00
吉林	0.50	0.72	0.57	0.42	0.73	0.69	0.42	0.52	0.47	0.42	0.73
黑龙江	0.67	0.29	0.33	0.51	0.71	0.66	0.57	0.70	0.55	0.29	0.71
上海		0.52		0.49		0.38	0.79	0.31		0.31	0.79
江苏	0.64	0.32	0.61	0.22	0.17	0.26	0.36	0.16	0.32	0.16	0.64
浙江	0.45	0.54	0.44	0.51	0.49	0.50	0.43	0.47	0.43	0.43	0.54
安徽	0.52	0.64	0.64	0.37	0.48	0.37	0.45	0.62	0.52	0.37	0.64
福建	0.35	0.54	0.46	0.49	0.47	0.54	0.47	0.42	0.41	0.35	0.54
江西	0.59	0.47	0.29	0.62	0.55	0.54	0.59	0.50	0.51	0.29	0.62
山东	0.53	0.23	0.66	0.24	0.28	0.51	0.57	0.68	0.35	0.23	0.68
河南	0.36	0.57	0.71	0.33	0.47	0.47	0.21	0.06	0.00	0.00	0.71
湖北	0.58	0.48	0.79	0.39	0.48	0.28	0.51	0.35	0.48	0.28	0.79
湖南	0.46	0.61	0.43	0.59	0.52	0.45	0.53	0.53	0.53	0.43	0.61
广东	0.52	0.37	0.51	0.26	0.46	0.39	0.42	0.40	0.43	0.26	0.52

（续表）

省份	年份									成灾系数	
	2006	2007	2008	2009	2010	2011	2012	2013	2014	最小	最大
广西	0.56	0.28	0.59	0.36	0.42	0.43	0.31	0.29	0.34	0.28	0.59
海南	0.53	0.45	0.46	0.80	0.66	0.46	0.52	0.58	0.66	0.45	0.80
重庆	0.51	0.55	0.51	0.53	0.44	0.51	0.31	0.47	0.29	0.29	0.55
四川	0.31	0.46	0.54	0.37	0.34	0.47	0.55	0.54	0.48	0.31	0.55
贵州	0.58	0.40	0.66	0.22	0.59	0.59	0.50	0.37	0.52	0.22	0.66
云南	0.30	0.52	0.48	0.59	0.61	0.51	0.60	0.58	0.58	0.30	0.61
西藏	0.86	0.89	0.75		0.00	0.36	0.65	0.44	0.32	0.00	0.89
陕西	0.49	0.33	0.11	0.41	0.47	0.66	0.68	0.65	0.67	0.11	0.68
甘肃	0.76	0.62	0.50	0.55	0.62	0.73	0.76	0.69	0.58	0.50	0.76
青海	0.73	0.48	0.13	0.29	0.65	0.00	0.78	0.64	0.85	0.00	0.85
宁夏	0.30	0.86	0.80	0.51	0.87	0.40	0.30	0.58	0.54	0.30	0.87
新疆	0.34	0.59	0.50	0.74	0.68	0.59	0.78	0.83	0.83	0.34	0.83

参考文献

[1] 张淑芬. 辽宁省涝区现状及治理对策研究［J］. 中国农村水利水电，2006（3）.

[2] 阎宝宏，李峙松，等. 黑龙江垦区大中型涝区存在的问题及治理措施［J］. 现代农业，2000（8）.

[3] 姜渭玲，唐立波. 交口灌区内涝灾害成因分析及防治对策［J］. 陕西水利，2012（6）.

[4] 乔光，吕景文，等. 菏泽市平原洼地涝灾成因分析及治理对策［J］. 山东水利科技论坛 2006，2006.

[5] 白鹏翔. 陕西省渭北地区农田内涝盐碱灾害与治理对策［J］. 陕西水利，2011（4）.

[6] 亚红，宋青海. 吉林省涝区治理现状探讨［J］. 吉林水利，2011（12）.

[7] 赵加敏，安清平. 黑龙江省松嫩平原易旱易涝耕地综合治理技术研究［J］. 黑龙江水利科技，2012.

[8] 于海英，许春波，等. 三江平原近期防洪治涝工程建设的必要性［J］. 黑龙江水利科技，2006（1）.

[9] 刘正茂，刘景瑞，等. 三江平原近期防洪治涝工程对水文及生态过程的影响分析［J］. 黑龙江水利科技，2008.

[10] 姜尚方，陈柯明，等. 辽宁省治涝状况及今后设想［J］. 东北水利水电，1998（8）.

[11] 闫红，王明强. Arcgis 在黑龙江省涝区分布分析中的应用［J］. 黑龙江水利科技，2014（10）.

[12] 张继权，东北地区建国以来洪涝灾害时空分布规律研究［J］. 东北师大学报，2006（3）.

[13] 张志斌，齐宝林，等. 内蒙古自治区暴风雨统计参数分布规律［J］. 干旱区资源与环境，2007（4）.

[14] 苏桂武，高庆华. 中国雨涝的灾害分析［M］. 气象出版社，2017，11.

[15] 穆连萍. 辽宁省洪水灾害分析与减灾措施［J］. 水土保持研究，2007（3）.

[16] 崔巍，毛玉凤，等. 辽河流域中下游地区洪涝灾害分析［J］. 东北水利水电，2009（5）.

[17] 黄会平，张昕，等. 1949—1998 年中国大洪涝灾害若干特征分析［J］. 灾害学，2007，3.

[18] 赵先丽，李丽光，等. 1988—2007 年辽宁主要农业气象灾害分析［J］. 气象与环境学报，2009，4.

[19] 刘志贤. 抚远县兴阳涝区规划. 黑龙江水利科技，2013（4）.

[20] 景学义，郭家林，等. 松花江干流洪水、枯水评估及预测和对策建议［D］. 推进气象科技创新加快气象事业发展（论文），2001，3.

[21] 张明，高伟民. 98_ 嫩江_ 松花江流域特大洪水灾害及其对黑龙江省社会经济的影响［J］. 灾害学，1999.

[22] 刘晓艳，张婷婷. 辽河干流水文泥沙信息实证研究［J］. 人民珠江，2014（1）.

[23] 兰荣华，刘冠军. 辽宁省中部平原及东南沿海涝区排水模数分析［J］. 水利水电工程设计，2005（2）.

[24] 孟德宝，张竹梅. 黑龙江省大型泵站更新改造项目分析［J］. 黑龙江水利科技，2014（1）.

[25] 盛长滨. 嫩江流域历史洪水传播特征分析［J］. 东北水利水电，2008（11）.

[26] 水利部，财政部. 中小河流治理工程初步设计指导意见［Z］. 水规计，2011.

[27] 水利部. 国标《水土保持工程设计规范（GB 51018—2014）》［S］. 2014，12.

[29] 刘永宏，曹建军，等. 内蒙古水土流失现状与治理对策［J］. 内蒙古林业科技，2002（1）.

[30] 水利部. 第一次全国水利普查水土保持情况公报［R］. 2013，5.

[31] 水利部. 全国中小河流治理和中小水库除险加固、山洪地质灾害防治（水利部分）、易灾地区生态环境综合防治［Z］. 专项规划编制工作方案，2010，10.

[32] 俞艳. 山区河流桥墩基础冲刷计算与防护方法研究［D］. 西南科技大学（学位论文），2015，6.

[33] 方世龙，陈红. 桥墩局部冲刷防护工程特性研究综述［J］. 水利水电技术，2007，8.

[34] 康家涛. 冲刷对桥墩安全性的影响研究［D］. 中南大学（学位论文），2008，11，29.

[35]　水利部. 全国重点地区中小河流近期治理建设规划工作大纲［Z］. 2008，7.
[36]　水利部. 全国中小河流治理重点县综合整治和水系连通试点规划［Z］. 2013，5，17.
[37]　宜兴市水利农机局. 江苏省宜兴市中小河流治理重点县综合整治及水系连通试点规划［Z］. 2012，10.
[38]　胡铁松，刘权斌. 洪涝灾害损失划分的原则与方法初探［J］. 武汉大学学报，2011，8.
[39]　武晟，汪志荣，等. 不同下垫面径流系数与雨强及历时关系的实验研究［J］. 中国农业大学学报，2006.
[40]　刘德林，刘贤赵，等. 胶东山丘区典型流域径流年内分配特征量化研究［J］. 山地学报，2007，5.
[41]　马文瀚，梁虹. 喀斯特流域地貌类型对枯水径流特征的影响分析［J］. 贵州大学学报，2002，11.
[42]　胡继扎，杨三平，等. 淮河上游山区迎河小流域年降水与径流特征分析［J］. 水土保持研究，2007，8.
[43]　邵天杰，赵景波. 榆林地区明代洪涝灾害特征分析［J］. 干旱区资源与环境，2009，1.
[44]　贺凤彩. 吕梁山区局部性暴雨洪水灾害特征及防范对策［J］. 山西水利，2007，10.
[45]　王晓刚. 国内荒漠化治理经验总结及对新疆的几点建议［G］. 引自 www.doc88.com/p-9.
[46]　郭彩赟，韩致文. 库布齐沙漠生态治理与开发利用的典型模式［J］. 西北师范大学学报，2017（1）.
[47]　李艳芳，赵景波. 清代宁夏吴忠一带洪涝灾害研究［J］. 干旱区资源与环境，2009，4.
[48]　王海英，刘桂环，等. 黄土高原丘陵沟壑区小流域生态环境综合治理开发模式研究——甘肃省定西地区九华沟流域为例［J］. 自然资源学报，2004，19.
[49]　国土资源部. DZT-0220-2006 泥石流灾害防治工程勘查与设计规范［S］. 2006，9，1.
[50]　中国地质调查局. DZ/T0239—2004. 泥石流灾害防治工程设计规范［S］. 2004，10.
[51]　刘晓春，白婕，等. 平凉市水土流失现状、成因及治理措施［J］. 国土与自然资源研究，2005（2）.
[52]　马斌. 宁夏水土流失现状与防治对策［J］. 农业科学研究，2009（12）.
[53]　梁勇，宋国强，等. 石家庄洪涝灾害防治研究［J］. 河北水利，1997（5）.
[54]　卢忠康，成清扬. 谈长江流域洪涝灾害的成因与防治［J］. 镇江高专学报，1999（1）.
[55]　于晶晶，万金红，等. 长江流域洪涝灾害致灾成因及减灾建议［J］. 研究探

讨，2017，2.

[56] 张崇旺. 解读长江流域的洪涝灾害［J］. 安徽大学学报，2006（6）.

[57] 穆从贺. 冯煦与淮河流域洪涝灾害治理［C］. 安徽省管子研究会2010年年会暨全国第五届管子学术研讨会（论文集），2010，3.

[58] 王奇，秦福荣，等. 辉县市涝区存在的问题及对策措施［J］. 河南水利与南水北调，2015（7）.

[59] 刘琳. 山东省洪涝灾害分析及减灾对策初探［J］. 山东水利，2009. 11-12.

[60] 宋晓辉，田秀霞. 邯郸市"96.8"洪涝分析［J］. 中国气象学会2007年年会天气预报预警和影响评估技术（论文集），2007，11.

[61] 孟翠玲，徐宗学. 山东省近50多年来的旱涝时空分布特征［J］. 北京师范大学水科学研究院（论文文摘），2006.

[62] 邵晓梅，刘劲松. 河北省旱涝指标的确定及其时空分布特征研究［J］. 自然灾害学报，2001（4）.

[63] 徐小钰，朱记伟. 陕西省1470—2012年旱涝灾害时空分布特征及演变趋势分析［J］. 西安理工大学，2015（2）.

[64] 許月卿，邵晓梅，等. 河北省水旱灾害发生情况统计分析［J］. 国土与自然资源研究，2001（2）.

[65] 王宏，余锦华，等. 基于Z指数的河北省旱涝多尺度变化特征［J］. 气象与环境学报，2012，2.

[66] 徐丰，牛继强. 淮河流域的洪涝灾害与治理对策［J］. 许昌学院学报，2004，9.

[67] 卢路，刘家宏，等. 海河流域历史水旱序列变化规律研究［J］. 长江科学院院报，2011，11.

[68] 杨艳玲，赵立敏，等. 子牙河流域防洪减灾工程措施［J］. 河北水利水电技术，2002（4）.

[69] 刘德义，傅宁，等. 基于3S技术的天津市洪涝灾害风险区划与分析［J］. 中国农学通报，2010，26.

[70] 田家怡，潘怀剑，等. 滨州市洪涝灾害与减灾对策［J］. 滨州师专学报，2001，12.

[71] 陈淑芬，张克峰，等. 济南市"7.18"严重洪涝灾害成因分析［J］. 山东师范大学学报，2008，12.

[72] 李辉. 基于GIS的潍坊市暴雨洪涝灾害风险区划［D］. 南京信息工程大学（学位论文），2012，5.

[73] 侯会玲. 运城市洪涝灾害成因分析及抗洪抢险体会［J］. 山西水利，2005（3）.

[74] 王长燕，赵景波，等. 公元1700—1949年渭南地区洪涝灾害特征分析［J］. 干旱区资源与环境，2009，23（6）.

[75] 林红娟. 菏泽市平原洼地涝灾成因分析及治理对策［J］. 中国河道治理与生

态修复技术专刊，2009.
[76]　刘瑜华. 湛江市暴雨洪水与海潮灾害特点及防治对策分析［J］. 建材与装饰，2007，7.
[77]　孔笑峰，刘爱娇. 澧河上游 04・7 暴雨洪水灾害分析及对策建议［D］. 青年治淮论坛论文集，2005.
[78]　丁月良. 项城市防洪工程现状及洪涝灾害成因分析［J］. 防汛与抗旱，2002（3）.
[79]　周长城. 大汶河流域洪涝灾害成因分析及防治对策［J］. 中国电子商务，2014（10）.
[80]　周天宇. 临沂市环境地质灾害现状及防治分析［D］. 山东科技大学地球科学与工程学院，2015，7，18.
[81]　王翔. 2009~2013 年临沂地市质灾害发生情况与降水量相关性分析［J］. 安徽农业科学，2014.
[82]　姚春梅，杨全城. 山丘区突发性地质灾害发育与地形地貌相关性分析［J］. 中国人口资源与环境，2015.
[83]　李中军. 泰安市小流域综合治理效益分析［D］. 山东农业大学（学位论文），2010，12，12.
[84]　杨锋. 驻马店洪涝灾害的特点及成因分析［J］. 天中学刊，2001（2）.
[85]　赵玉红，赵世星，等. 驻马店市水土流失敏感性评价与防治对策［J］. 河南水利，2003（4）.
[86]　张志远，丁小霞. 泌阳县二郎庙小流域水土保持措施布设及效益预测［J］. 河南水利与南水北调，2014.
[87]　保存泌阳县长江流域暂行水土保持生态示范区［Z］. 引自“百度文库”上传，2011，8，2.
[88]　李四代. 怒江州泸水县六库镇城市洪涝灾害现状调查及防治对策分析［J］. 城市建设，2009（24）.
[89]　钱进. 宿州市洪涝灾害成因及防洪措施［J］. 防汛与抗旱，2001（1）.
[90]　张春辉. 内江洪涝特点及成因分析［J］. 四川气象，2007（1）.
[91]　国家防汛抗旱总指挥部办公室. 山洪灾害防治县级监测预警系统建设技术要求［Z］. 2010，8.
[92]　田亚平，刘金友. 永州市洪涝灾害的成因机制分析与减灾对策研究［J］. 衡阳师范学院学报，2006（1）.
[93]　杨蕊，王龙. 昆明历史洪涝灾害时间序列分形特征研究［J］. 安徽农业科学，2012. 40（7）.
[94]　卢瑞荆. 贵州暴雨洪涝的气候特征分析［D］. 兰州大学（学位论文），2010，5，1.
[95]　李四代. 怒江州泸水县六库镇城市洪涝灾害现状调查及防治对策分析［J］. 城市建设，2009（2）.

[96] 国土资源部. 泥石流灾害防治工程勘查规范（DZ/T0220—2006）[S]. 2006, 11, 1.

[97] 中国地质调查局. 泥石流灾害防治工程设计规范（DZ/T0239—2004）[S]. 2004, 10.

[98] 重庆市建设委员会. 地质灾害防治工程设计规范（DB50/5029—2004）[S]. 2004, 2.